HANDBOOK OF CHEMICAL PRODUCTS

化工产品手册 第六版

胶黏剂

张军营　展喜兵　程珏　编

U0231097

化学工业出版社
·北京·

《化工产品手册》第六版之一。主要介绍了各种胶黏剂的组成、技术性能、特点、用途、施工工艺、安全性、包装及运输、生产单位等信息。共收集了约1200个品种，尤其是有大量新品种。适合于胶黏剂的研究、生产及应用的科技人员查阅。

图书在版编目（CIP）数据

化工产品手册·胶黏剂/张军营，展喜兵，程珏编. —6版.
北京：化学工业出版社，2016.3（2023.6重印）
ISBN 978-7-122-26150-2

Ⅰ.①化…　Ⅱ.①张…②展…③程…　Ⅲ.①胶黏剂-手册　Ⅳ.①TQ43-62

中国版本图书馆CIP数据核字（2016）第015071号

责任编辑：夏叶清　　　　装帧设计：尹琳琳
责任校对：程晓彤

出版发行：化学工业出版社（北京市东城区青年湖南街13号　邮政编码100011）
印　　装：北京科印技术咨询服务有限公司数码印刷分部
880mm×1230mm　1/32　印张21½　字数940千字　2023年6月北京第6版第7次印刷

购书咨询：010-64518888　　　　售后服务：010-64518899
网　　址：http://www.cip.com.cn
凡购买本书，如有缺损质量问题，本社销售中心负责调换。

定　　价：98.00元　**版权所有　违者必究**

京化广临字2015——30号

前言

胶黏剂产品可通过简单的工艺把特定的同质或异质且形状复杂的物体或器件连接在一起，同时也可以赋予一些特殊的功能，如绝缘、导热、导电、导磁、透明、阻尼、吸声、吸波、缓释、防护等性能，已经广泛应用于国民经济的各个领域，成为一种不可或缺的重要精细化学品。为了便于详细了解和查找使用胶黏剂产品，需要根据不同的性能进行分类编写，但是胶黏剂产品的种类广、牌号和型号复杂，相应的生产厂家多，应用领域涉及国民经济和生活的各个领域，性能要求各异，既有同性异类，也有同类异性，难以按性能进行分类编撰。从表面上看，胶黏剂的组成、外观、性状和功能千差万别，都是有不同的技术配方和工艺的产品，当面对如此多的选择时，使得进行合适的胶黏剂选择成为一个困难的过程。胶黏剂的性能由其结构决定，而其结构是由相应的技术配方和工艺所决定的。为了更好地引导读者正确科学地选用胶黏剂，需要根据胶黏剂的特征属性来分类，并编制成册，以便对比参考。一般而言，按照主体树脂结构类型、功能属性、固化程序特点和胶黏剂厂商提供的信息来选用胶黏剂产品。但是了解和掌握胶黏剂配伍原理、各原料作用、基本属性、分类及基本性能，无论对于胶黏剂研究者还是使用者都是特别重要的。这些一般性知识，是同胶黏剂制造商或同用户相互交谈有关胶黏剂体系的某些特征或需要变化的事项的基础。为了便于理解胶黏剂产品，应该对胶黏剂组成及主要组分的作用进行了解。

随着现代产业的发展，对新型胶黏剂提出了更高的要求，如现代产业包括风能、电子、LED、高铁等领域的发展，催生了许多胶黏剂产品；随着现代环境意识的加强和原材料的发展，不仅促进了胶黏剂产品的发展，也淘汰了一些产品，因此，胶黏剂无论是从产量上还是品种上都有较快的发展；另外，许多新生的胶黏剂企业不断壮大，国外的一些大小化工企业也在中国投产，因此，胶黏剂的产品信息发生了较大变化，原有的产品信息难以满足要求，因此，需要编写《化工产品手册》第六版《胶黏剂》分册。

本书是在《化工产品手册》前版的基础上进行了大量的删改和补充，删除了不少过时的产品，增添了许多新的品种牌号，汇集了胶黏剂领域诸多国内外知名企业和研究机构的上千种不同牌号的产品。这些产品虽然仅限于我们收集到产品资料，也基本能够反映出胶黏剂产品的国内外现状。本书得到了许多胶黏剂生产企业的支持，我们深表感谢。大部分信息都来自各个生产厂家，有些是专门按要求提供的，如果需要更多信息可同生产厂家沟通。本手册结合现代胶黏剂的应用和结构特点，按产品的基本结构组成和应用领域分成两部分：基础篇和应用篇。对于书中的每个产品牌号，一般包含名称、英文名、主要组成、产品技术性能、特点及用途、施工工艺、毒性及防护、包装及运输、生产单位等。“其他”类产品指的是主要组成不明确（未说明）或者不适于分类的产品。书末包含胶黏剂专用名词汇编和胶黏剂相关标准。对于书中存在的不足，恳请广大读者批评指正。

编　者

目录

引言

基础篇

A 环氧树脂胶黏剂

■ Aa 低温和室温固化环氧胶黏剂

■ Ab 中（高）温固化环氧胶黏剂

■ Ac 水下固化环氧胶黏剂

■ Ad 单组分环氧胶黏剂

B 聚氨酯胶黏剂

Ba 单组分聚氨酯胶黏剂

Bb 单组分湿固化聚氨酯胶黏剂

C 丙烯酸酯及其改性丙烯酸酯胶黏剂

Ca 丙烯酸酯胶黏剂

Cb 氰基丙烯酸酯胶黏剂

Cc 厌氧型胶黏剂

D 有机硅胶黏剂及密封剂

Da 单组分有机硅胶黏剂

Db 双组分硅酮密封胶

E 酚醛和脲醛胶黏剂

F 水基胶黏剂

Fa 丙烯酸酯乳液

Fb 乙酸乙烯酯及其衍生物乳液

G 热熔胶

Gc 其他类型热熔胶

H 压敏胶

Ha 乳液压敏胶

Hb 溶液压敏胶

Hc 热熔压敏胶

Hd 压敏胶黏带

I 橡胶型胶黏剂

Ia 氯丁橡胶胶黏剂

Ib 丁基、丁腈橡胶胶黏剂

Ic 聚硫橡胶胶黏剂

Id 其他类型橡胶胶黏剂

J 紫外光固化及双固化型胶黏剂

K 聚氯乙烯胶黏剂

L　溶剂型胶黏剂

La　树脂型溶剂胶黏剂

Lb　橡胶型溶剂胶黏剂

M　耐高温胶黏剂

Ma　无机胶黏剂

Mb 聚酰亚胺胶黏剂

Mc 双马来酰亚胺胶黏剂

Md 氰酸酯胶黏剂

N 其他类型胶黏剂

应用篇

O 导电胶和导热绝缘胶

Oa 导热绝缘胶黏剂

Ob 导电胶黏剂

P 新能源（风电叶片、太阳能电池）

Pa 风电叶片

Pb 太阳能电池

Q 机械密封和车辆工程

Qa 机械修补

Qb 机械密封

Qc 车辆工程

R 电器设备和电子元器件

Ra 电气设备粘接剂和灌封胶

S 建筑、道路和桥梁

T 包装、皮革制品和纺织品

U 宇航工业及船舶港口

V 其他应用

附录 A 胶黏剂（密封剂）有关的（专用）名词术语汇编

附录 B 胶黏剂国家标准目录

产品名称中文索引

产品名称英文索引

引　言

一般而言，按照主体树脂的结构类型、功能属性、固化程序特点和胶黏剂厂商提供的信息来选用胶黏剂产品。但是了解和掌握胶黏剂的配伍原理、各原料的作用、基本属性、分类及基本性能，无论是对于胶黏剂研究者还是使用者都是特别重要的。这些一般性知识是胶黏剂制造商同用户相互交谈有关胶黏剂体系的某些特征或需要变化的事项的基础。为了便于理解胶黏剂产品，应该对胶黏剂的组成及主要组分的作用进行了解。

一、胶黏剂的组成

胶黏剂产品都是多组分体系。了解胶黏剂各组分的作用是理解和掌握胶黏性能的关键。

现代胶黏剂不仅要求能够完全满足粘接性能和特殊功能的要求，也要满足使用工艺性能、环境性能等其他要求。一种单一物质难以同时满足这些要求，因此往往需要多种不同作用的原料通过科学配伍，取长补短，满足各种实际需求。在胶黏剂配制时，所需要的每一种独立原料称为组分（component），胶黏剂属于多组分体系，是由多种组分通过物理混合或化学反应制备而成的。胶黏剂的组成决定了胶黏剂产品的最终性能特点，如应用范围、表面处理要求和粘接的费用指标等。一般正规的胶黏剂产品制造商提供的MSDS（Material Safety Data Sheet，化学品安全说明书）和TDS（Technical Data Sheet，产品技术数据表）中，都会对其胶黏剂产品的主要成分和性能进行描述。因此，从组成上入手了解胶黏剂产品非常重要。

胶黏剂的种类不同，配方各异，组成差别也巨大。有使用天然物质为基础的天然胶黏剂，也有以合成原料为基础的合成胶黏剂。随着现代化工技术的发展，利用天然的动植物为基础的天然胶黏剂产品基本都可被现代合成产物所取代，因此，下边主要介绍一下合成胶黏剂组成的主要类型。根据各组分在胶黏剂配方中的作用来分，包括以下几类主要组分。

1. 基体树脂（或粘接料）

所谓的基体树脂或粘接料，是指各组分中对胶黏剂的固化性质、强度和耐候性等起关键作用的组分，一般情况下基体树脂所占的体积分数最大。一旦选定基体树脂，其它所需组分的大概类型也就决定了。常用的胶黏剂基体树脂一般为可聚合单体、低分子量低聚物、高分子量的线型聚合物或乳胶。由可聚合单体和低分子量低聚物组成的体系，需要在固化过程中通过聚合反应或交联反应形成具有足够强度的交联高分子网络，因此，一般为反应型，而由高分子量的线型聚合物或乳胶为基体树脂的胶黏剂主要为溶剂型。

常用的反应型基体主要有以下几种。①含不饱和键的单体或预聚物。如α-氰基丙烯酯（如502）、丙烯酸酯（包括α-甲基丙烯酯）、苯乙烯、不饱和聚酯、端丙烯酸酯预聚物（如环氧丙烯酸酯、聚醚丙烯酸酯、聚氨酯丙烯酸酯）。其固化反应一般是通过不饱和双键的自由基聚合实现固化，常见的产品有单包装的光固化丙烯酸酯和厌氧胶，双包装的第二代丙烯酸酯工程胶黏剂、骨水泥和不饱和聚酯胶等类型。这类主体树脂组成的胶黏剂产品的主要特点是固化速度快，固化时间一般在几十分钟内可形成固定，适合于流水线作业和快速维修，已经用于喇叭生产、螺纹紧固、微电子芯片、铸造件砂眼密封、汽车维修、家庭日常维修及医疗卫生等行业，应用领域广。②环氧封端的化合物或预聚物，也称环氧树脂。如双酚A型、双酚F型、酚醛型和聚醚型等缩水甘油醚型环氧树脂、缩水甘油酯型环氧树脂、脂环型环氧树脂和混合型环氧树脂。其固化过程是依靠环氧环的开环加成，环氧树脂与固化剂形成交联网络结构，实现从液体至固体的固化过程，形成牢固的胶接。该体系最大的特点是固化收缩率低，粘接范围广，可通过配方调整，性能从高强高模的结构粘接至弹性密封粘接，应用领域涉及高科技领域，如航天航空飞行器、电子电器装备、风力发电叶片和汽车制造，也包括普通的民用领域，如普通桥梁和建筑的建造以及维修补强。③含异氰酸酯预聚物，一般也称为聚氨酯胶黏剂体系。一般为双包装体系，主体常采用端羟基聚醚（PPO）、多羟基化合物（如三羟甲基丙烷）与过量的甲苯二异氰酸酯（TDI）、异氟二酮二氰酸酯（IPDI）等异氰酸酯反应生成的异氰酸酯封端的预聚物，也有使用多聚异氰酸酯（如三聚TDI、HID等）

制成的，另一包装为多羟基预聚物或有机胺预聚物。双包装体系常用的有聚氨酯灌封胶、密封胶、浇注胶、电子封装胶、铁路道渣胶等聚氨酯体系或聚脲体系，主要是依靠端异氰酸酯与多元醇或胺的反应形成交联体系而固化。也可通过异氰酸酯封端的预聚物配制成单包装的湿固化体系，依靠异氰酸酯与空气中的水分子发生系列反应而固化。如汽车风挡密封胶和建筑密封胶等。该类体系的特点是可制成弹性密封胶，力学强度大，伸长率高，粘接性能好。④有机硅和硅烷化聚合物。如以端羟基聚二甲基聚硅氧烷（如 107 硅橡胶）、含氢硅油和乙烯基硅油、硅烷化聚氨酯（SPU）、硅烷化聚醚（MS 树脂）等为主体树脂，可制成单包装密封胶和双包装密封胶，用于玻璃、水泥、塑料和金属的粘接密封，如硅酮结构胶、有机硅密封胶、SPU 密封胶、MS 密封胶、电子灌封胶、有机硅导热灌封胶等。该类胶的固化原理是通过烷氧基硅烷水解和硅羟基缩合实现交联固化，或通过硅氢与乙烯基加成形成固化。该类胶的特点是对玻璃、石材和水泥的粘接力优良，制成的密封胶的耐老化性比聚氨酯密封胶好，耐温性优良。⑤含巯基低聚物。端巯基聚硫醚或多硫化物预聚物是聚硫橡胶密封胶的主要成分，通过巯基的氧化偶联而固化，一般配制成双包装体系或三包装体系。该类密封胶的特点是耐油、耐老化性良好。一般用于飞机油箱密封胶、建筑和下水管道密封胶。⑥含羟甲基预聚物，主要是以甲醛与胺或酚反应形成的预聚物为主体。该类胶的历史比较早，主要有脲醛胶、酚醛胶和三聚氰胺甲醛树脂等。在高温和催化剂的作用下通过羟甲基间的脱水、脱醛或烷基化形成缩合反应而固化，一般用于木材加工行业，如胶合板、中密度板和高密度板的制造，也可用于耐高温漆和耐高温胶黏剂，如刹车片胶和摩擦片的制造。该胶的特点是耐高温，但是性脆，固化过程需要高温，同时放出小分子。⑦热塑性弹性体。由于具有热塑性，常用于热熔胶和溶剂型胶黏剂的基体。如 EVA、SIS、SBS、无规聚丙烯、α-聚烯烃、TPU、多元聚酰胺等，可与增黏剂和增塑剂混合制成书籍装订热熔胶、热熔胶棒、热封胶胶带和胶膜、纺织带封口胶、衬衣用热熔胶粉、热收缩管用胶、热封包装带等，该类胶是依靠加热熔化或软化，趁热压合粘接，冷却融体凝固形成固化。该胶的特点是固化速率快，适合生产线使用，但是耐温性不好。⑧橡胶和弹性体，常用于溶剂型接触胶黏剂的基体。主要包括氯丁橡胶、SBR、丁腈橡胶、聚氨酯弹性体、天然橡胶等，常用于家具贴皮、装饰胶、覆膜和贴合等领域，如SBS万能胶、塑-塑覆膜胶和塑-铝覆膜胶、包装箱搭口胶、箱包和鞋胶及补带胶等。该类胶主要通过溶剂溶解形成流动，施工后溶剂挥发形成从液体到自粘至固体过程形成固化粘接，其主要特点是通过调控开放时间，形成具有良好的初始粘接强度，可通过接触加压即完成粘接，使用工艺简单，在许多需要手工完成的领域具有很好的优势。⑨乳胶。常用的有EVA乳胶、VAE乳胶、丙烯酸酯乳胶、丁苯胶乳、天然胶乳等，常用于木材、纸张等透气性材料的粘接，最近也可用于压敏胶的制造。如常用的白乳胶、卷烟胶、乳胶漆、乳胶腻子、指接胶即属于该类，其主要是通过分散剂中水的挥发和水的表面张力、乳胶粒子相互聚并和自粘成膜而固化。该胶的特点是不使用溶剂，但是固化受环境和材质的影响较大。

常用的胶黏剂基体的主要类型和特点如表1所示。

表1　常用胶黏剂基体树脂的类型和固化原理

基体树脂的种类	举例	市场上胶黏剂名称	固化(硬化)原理
含双键的单体	(甲基)丙烯酸甲(乙、丙、丁)酯、不饱和树脂、苯乙烯、α-氰基丙烯酸酯、双马树脂、端丙烯酸酯预聚物(如环氧丙烯酸酯、聚醚丙烯酸酯、聚氨酯丙烯酸酯)等	双包装的丙烯酸AB胶、蜜月胶、丙烯酸工程胶、不饱和聚酯胶、螺纹紧固胶等	过氧化物和还原促进剂分开包装，混合后产生自由基，引发其中的单体聚合
		单包装的光固化胶、光刻胶、光阻胶、厌氧胶	由其中的光引发剂或过氧化物在光或变价过渡金属的作用下产生自由基，引发聚合
		瞬干胶、α-氰基丙烯酸酯胶、502胶、508胶等	由氢氧根离子或路易斯碱等引发的α-氰基丙烯酸酯阴离子聚合
环氧树脂(含环氧基低聚物)	双酚A型、双酚F型、酚醛型和聚醚型等缩水甘油醚型环氧树脂、缩水甘油酯型环氧树脂、脂环型环氧树脂及混合型环氧树脂	有双包装的俗称环氧“万能胶”、环氧AB胶、环氧结构胶、自流平环氧地坪、透明LED封装胶、电子灌封胶、蜂窝结构胶、环氧建筑结构胶、环氧修补胶和补强胶、风力叶片合模胶	一般是环氧树脂及辅料混合物为一包装，含活性氢物质(如含氨基有机胺、含巯基聚醚)或含酸酐物质为一包装，使用时，进行混合后，环氧基团与活性氢或酸酐进行开环加成产生固化
		单包装的结构芯片包封“黑胶”、汽车折边胶、焊缝胶、水下胶黏剂	通过潜伏性固化剂，在高温下与环氧基团的开环反应，形成聚合固化

续表

基体树脂的种类	举例	市场上胶黏剂名称	固化(硬化)原理
含异氰酸酯预聚物	一般为端氢基聚醚与过量的 TDI、IPDI 等反应生成的氰酸酯封端的预聚物,也有多聚异氰酸酯	双包装聚氨酯灌封胶、密封胶、浇注胶、电子封装胶、铁路道渣胶	通过端异氰酸酯与多元醇或胺的反应形成交联体系而固化
		PUR、汽车风挡玻璃胶,聚氨酯密封胶、单包装发泡胶等	通过不同分子中的端异氰酸酯与空气中的水分反应形成脲而固化
含硅羟基、硅氢、硅乙烯基和烷氧基聚硅氧烷	端羟基聚二甲基硅氧烷(107 硅橡胶)、含氢硅油和乙烯基硅油、硅烷化聚氨酯(SPU)、硅烷化聚醚(MS 树脂)	有单包装和双包装的玻璃胶、硅酮结构胶、有机硅密封胶、SPU 密封胶、MS 密封胶、电子灌封胶、有机硅导热灌封胶等	通过烷氧基硅烷水解和硅羟基缩合形成交联固化,或通过硅氢与乙烯基加成形成固化
含巯基低聚物	聚硫橡胶	聚硫密封胶	通过巯基的氧化偶联形成固化
含羟甲基预聚物	脲醛、酚醛和三聚氰胺甲醛树脂	胶合板用三醛胶、脲醛胶粉、刹车片胶、酚醛清漆	通过羟甲基间的脱水、脱甲醛和烷基化形成缩合反应而固化
热塑性弹性体	EVA、SIS、SBS、无规聚丙烯、α-聚烯烃、TPU、多元聚酰胺等	书籍装订热熔胶、热熔胶棒、热封胶胶带和胶膜、纺织带封口胶、衬衣用热熔胶粉、热收缩管用胶、热封包装带等	依靠加热熔化或软化,趁热压合粘接,冷却融体凝固形成固化
橡胶	氯丁橡胶、SBR、丁腈橡胶、聚氨酯弹性体、天然橡胶等	主要为接触型胶黏剂:车带胶黏剂、装饰胶、SBS 万能胶、覆膜胶、搭口胶	通过溶剂溶解形成流动,施工后溶剂挥发形成从液体到自粘至固体过程形成固化粘接
乳胶	EVA 乳胶、VAE 乳胶、丙烯酸酯乳胶、丁苯胶乳、天然胶乳等	白乳胶、卷烟胶、乳胶漆、乳胶腻子	通过水的挥发和表面张力、乳胶粒子相互聚并和自粘成膜而固化

2. 固化剂(硬化剂)、促进剂、抑制剂或阻聚剂

为了保持胶黏剂产品在使用之前为可流动状态,在贴合之后又能够固化才能形成牢固的粘接,对于表 1 中的反应型胶黏剂的基体,需要使用固化剂、促进剂、抑制剂或阻聚剂调节。固化剂是能够通过与基体树脂进行化学反应而引起固化的物料。不同类型的基体,需要的固化剂类型不同,对配比的要求也不一样。如环氧胶的固化剂(如胺、酸酐)有

临界混合量的要求，如稍偏离制造商对混合的规定量要求，将会对胶黏剂体系有重大的影响。有些固化剂则要求不太严格，如双包装的丙烯酸酯胶和不饱和聚酯，则配比范围较宽。固化剂最终参与到固化后的胶黏剂体系当中，对固化特性和胶黏剂体系的最终性质有很大的影响，因此，固化剂也是影响胶黏剂性能的关键原料，不仅对固化速度有重要的影响，对体系的模量、强度和耐温性也是重要的决定因素，如双氰胺固化的环氧树脂的结构强度较大，用聚酰胺和长链聚醚胺固化剂的柔韧性较好。

促进剂、抑制剂或阻聚剂可以加速或延缓固化速率。这些也是关键组分之一，能控制胶黏剂配方的固化速率，贮存寿命和工作寿命。如厌氧胶用于塑料件的粘接时，就需要使用三氯化铁溶液进行促进，否则固化速率比较慢。对于自由基聚合的丙烯酸酯、光固化胶和厌氧胶，需要使用酚类阻聚剂增加贮存稳定性。如单通包装的聚氨酯胶黏剂，常使用磷酸等酸性物质作为稳定剂，防止贮存过程中的异氰酸酯的自聚。加成型硅橡胶，常使用乙炔基环己醇类物质作为铂催化硅氢加成的高效抑制剂或延迟剂，可以增加低温下的适用期。

3. 稀释剂

为了调节胶黏剂中基体树脂或粘接料的黏度，有时需要使用稀释剂进行调节，它主要是通过降低黏度来改善使用工艺、胶层厚度和加工条件。一般稀释剂为小分子物质或低分子物质，又分为活性稀释剂和非活性稀释剂。活性稀释剂是指在固化时能够参与固化反应，作为形成交联链节的一部分形成交联网络的一部分，所以最终胶黏剂的特性由粘接料和稀释剂的反应物决定。非活性的稀释剂是指不会参与固化反应的惰性物质，固化后起到增塑剂的作用，一般减弱最终物理性质，有时会析出，影响粘接性能。

4. 填料

在功能性胶黏剂配方体系中，填料可以改进其流变特性、模量、强度和功能特性，它是非粘接性物质。在性能富余的体系，也可通过使用填料降低胶黏剂产品的成本。选用不同的填料，可使胶黏剂的某些性质有重大的改变，如热膨胀性、导电性、导热性、收缩率、黏度和耐热性等性质。如导热胶黏剂，一般使用大量的氧化铝、碳化硅、氮化硅等导热填料来实现导热性能，导电胶黏剂中使用大量的银粉、金粉、铜粉、石墨等导电填料来实现导电功能，触变性胶黏剂使用气相法二氧化硅来实现触变性，高填充量的胶黏剂可明显提高耐高温性能等。一般而言，填料的类型、粒径分布、表面处理等对填充量、分散状况和性能有重要的影响。

5. 载体和增强剂

在有些胶黏剂体系当中，有时需要引入薄纤维、织物、纸张或膜类载体和增强剂以形成片状胶黏剂和/或带状胶黏剂。如压敏胶带中，常用PP膜作为载体制成背材，同时，背材也可具有装饰或其它功能作用，环氧结构胶膜一般使用尼龙纱作为基材，便于铺胶和裁剪。在膜或结构胶带中，载体一般是多孔的，并被胶黏剂饱和，玻璃、聚酯和尼龙纤维是支撑胶黏剂膜的常用载体。这时，载体有提供使用胶黏剂方法的作用，也起到增强剂作用和控制胶黏剂最终厚度的内皮层作用。

6. 增塑剂

胶黏剂中加入增塑剂起到调节挠曲性和/或拉伸性的作用，同时与非活性稀释剂相似，也可降低胶体或热熔胶的熔融黏度。对于基体树脂而言，增塑剂是不挥发溶剂，可将聚合物分子链分开，当体系受力时，分子链段容易变形，增加弹性和降低模量。一般增塑剂对基体树脂的黏弹性有影响，而活性稀释剂只简单地降低体系黏度，增塑剂增加挠曲性和降低模量。聚合物的玻璃化转变温度会随着增塑剂用量的增加而降低。

7. 增黏剂

用于现代胶黏剂配方中的增黏剂包括脂肪烃石油树脂和芳香烃石油树脂、萜烯和松香改性酯等。增黏剂常用于热熔胶和压敏胶体系当中，提高粘接力或“初始强度”，以有助于产品组装。一般而言，在胶黏剂中加入增黏剂虽然会增加黏附性和剥离强度，但往往会降低低温下的性能。

8. 增稠剂、触变剂

使用增稠剂和触变剂来调节胶黏剂的流变行为，可以调节胶层厚度和施工特性。对膏状胶黏剂或高黏度胶黏剂往往使用增稠剂和触变剂来调节触变性。所谓的触变性是指形成的胶黏剂体系在较大的剪切力的作用下（如搅拌和混合时），黏度变小，便于施工和混胶，当在静止状态下或较小的剪切应力时，黏度急剧增加，失去流动，防止在垂直粘接面的流胶和挂胶，保持胶层厚度。该类物质主要有两大类，一种是通过物理相互作用的液体物质，另一类是具有特殊粒径和形貌的固体填料。触变剂还有抗下陷性和防止填料沉降的作用，保持胶黏剂组成的均匀性。如风力叶片用合模胶，使用时粘接面长达几十米，胶层厚度高达几厘米，粘接面有平面，也有立面，使用时还要求能够混合均匀，因此，要求具有良好的触变性。像汽车风挡玻璃用 PU 密封胶、玻璃幕墙用的有机硅结构胶等都是使用了触变剂的膏状胶黏剂。

9. 成膜助剂

一般用于乳胶型胶黏剂体系当中。根据乳胶体系的固化原理，在室温或固化温度下，乳胶粒子待水分挥发后应该能够自粘成膜，从而形成胶接。但是人们知道，只有聚合物的玻璃化转变温度（T_g）较低，低于室温或固化温度以下时才可以自粘成膜。对于胶层而言，T_g低于固化温度时，室温下为低模量的高弹态，粘接力较低，而形成的胶接体系又希望在室温下强度较高，进而要求体系的T_g较高。为了克服这样的矛盾，通过使用成膜助剂来实现。成膜助剂一般都是具有增塑作用的降低乳胶粒子的T_g的物质，在水分挥发后，乳胶粒子在此状态下能够自粘成膜，当在后期使用过程中，成膜助剂会逐渐挥发，体系的T_g逐渐升高，强度逐渐增大，最终形成一个具有较高强度的体系。从此可以看出，大部分具有良好强度和耐温性的乳胶型胶黏剂产品中，并不是完全没有 VOC。

10. 抗氧剂、抗水解剂及杀真菌剂、稳定剂

以聚合物为基础的胶黏剂产品在贮存或使用过程中都会发生光分解、热氧老化、水解、界面脱附和应力脱附等现象，影响粘接接头的使用寿命。为了减缓老化进程，在胶黏剂配方中要加入抗老化剂、抗水解剂、偶联剂和稳定剂等。水基胶黏剂体系中还要加入抗霉菌剂和抗微生物剂。

11. 表面活性剂和润湿剂

在水基胶黏剂中加入表面活性剂和润湿剂，目的是使乳液或胶液稳定。也可将添加剂加到水基配方中，当系统在贮存时受到重复冻融循环时有稳定性。

胶黏剂配方中添加剂的说明经常是一般性的和简单的，按字面上的意义，可有成千上万种添加剂能用于胶黏剂体系中，如何选择取决于胶黏剂的组成、如何应用、系统费用和要获得的性质。

二、胶黏剂分类

从分类学来看，任何事物之所以有多种分类方法，是因为这个事物有多个属性，也就是可以按事物的某种属性进行分类。因此，了解胶黏剂的分类，也就可以理解胶黏剂的基本属性。

胶黏剂有许多分类法，如按胶黏剂的基体的来源分为合成胶黏剂和天然胶黏剂两类，按基体的化学结构分为无机胶黏剂和有机胶黏剂，按基体的类型可分为树脂型、橡胶型和复合型等。工业上几个通用的胶黏剂分类方法能满足大多数要求，具体分类如下。

1. 按粘接强度

按粘接强度和能力进行分类有结构胶和非结构胶。结构胶是有高强度和性能的材料，是指粘接强度大于被粘材料力学性能的胶黏剂。按此定义，同一种胶黏剂随着粘接对象的不同，其类型也不同。如同一种胶黏剂，用于木材粘接时，粘接强度大于木材，则为结构胶，当用于高强度金属合金时，则为非结构胶。因此，也有按剪切强度大小进行分类的，定义剪切强度大于 6.89MPa 的为结构胶，并有耐大多数通用操作环境的能力，能抵抗高负荷作用而不被破坏。结构胶一般有较好的寿命，非结构胶在中等负荷下会蠕变，并长期在环境中时会降解，经常被用于临时连接或短期连接中。非结构胶的例子有某些压敏胶、热熔胶和水基胶黏剂等。

2. 按固化物的化学结构

可按化学组成对胶黏剂进行分类，如按广泛的意义分为如下几种类型。

（1）热固性胶黏剂

指胶黏剂固化后，分子链相互化学交联，形成了空间网状结构，加热不能流动或软化，也不能溶于溶剂。由于热固性胶黏剂固化后的交联密度大，使其耐热性和耐溶剂性更好，且在高温下受力作用的弹性形变小，粘接件可在90～200℃下使用。其剪切强度高，而剥离强度差。热固性胶黏剂主要用于高温受力部件的粘接，大多数材料都可用热固性胶黏剂粘接，但重点还是结构粘接。

（2）热塑性胶黏剂

相对于热固性胶黏剂而言，固化后胶黏剂分子没有相互交联，仍呈线型，受热时可反复软化或溶于溶剂或分散于水中。热塑性胶黏剂是单组分体系，可靠熔体冷却（热熔胶）或溶剂和水分的蒸发固化。常用的乳白胶、热熔胶、装饰胶等都属于热塑性胶黏剂。热塑性胶黏剂的使用温度通常不超过60℃，只在某些用途中可达90℃。这类胶黏剂的耐蠕变性差，剥离强度低。常用于粘接非金属材料，尤其是木材、皮革、软木和纸张。除了一些较新的反应型热熔胶黏剂外，热塑性胶黏剂一般不能用于结构粘接。

（3）弹性体胶黏剂

这种胶黏剂的固化物具有橡胶的特性。供应形式有溶剂型、乳液型、胶带型、单组分或双组分无溶剂型或糊状型。固化方法因胶黏剂类型和形态的不同而异，可以配成反应型胶黏剂，也可以是溶剂挥发型，也可以是压敏型或自粘型。根据品种不同，使用温度低温可达－110℃，高温在60～204℃。硅橡胶或氟硅橡胶的耐温性较好。虽然粘接强度比较低，但具有优异的韧性和伸长率。接头的特点是弯曲性好，主要用于粘接橡胶、织物、金属箔、纸张、皮革和塑料薄膜等柔性材料与柔性材料或柔性材料与钢性材料，一般用于非结构件的胶接。

（4）复合型胶黏剂

也称高分子合金型胶黏剂，是由两种不同类型的热固性树脂、热塑性树脂或弹性体组合而成的，属于热固性胶黏剂。名称中一般以热固性树脂为主，辅以第二种树脂或橡胶的名称，如环氧-丁腈胶黏剂、环氧-聚硫胶黏剂。热固性树脂胶黏剂具有良好的耐热性、耐溶剂性和高的粘接力，但初始粘接力、耐冲击和弯曲性能比较差，固化时需加压。而热塑性树脂和橡胶胶黏剂的性能则恰恰相反。利用热固性树脂与热塑性树脂或弹性体相互配合的胶黏剂（复合型胶黏剂）可取长补短，使胶黏剂的耐温性不变或降低得较小，且更柔韧，更耐冲击。通常以溶剂形式、载体或无载体胶膜形式使用。它是非常重要的一种形式，在宇航、航空、兵器和船舶等工业中作为结构胶黏剂使用。

3. 按贮运时的包装数目

为了便于在贮存过程中保持胶黏剂为液体状态，混合后又可以快速固化形成固体，一般把树脂基体及其配合物放在一个包装中，固化剂和促进剂及其配合物放入另一包装，使用时再按比例进行混合后再施胶和固化，这种包装形式的胶黏剂称为双包装胶黏剂，市场上也称为双组分（two-part）胶黏剂。如果只有一个包装，通过加热、光照、空气湿气引起固化的胶黏剂类型称为单组分胶黏剂，这里的“组分”（part）不是指胶黏剂的原料组分、成分（components），是指包装的数目。无论是单组分胶黏剂还是双组分胶黏剂，都是由多种原料配制而成的。

4. 按固化方式

根据胶黏剂的固化方式和原理进行分类，胶黏剂的固化方式有化学反应型和非转化型。非转化型又分为溶剂型和乳液型、热熔型和塑化型及压敏型。

(1) 通过固化反应的类型（包括用固化剂或外加能源如加热、辐射、表面催化等使之反应）

① 湿固化胶黏剂

② 辐射（可见光、紫外光、电子束等）固化胶黏剂

③ 通过基体催化的胶黏剂（厌氧胶）

④ 热固化型胶黏剂

⑤ 双组分胶黏剂

(2) 通过失去溶剂或水分而固化的胶黏剂

① 接触胶（溶剂型，两面涂胶，待溶剂基本挥发后进行合拢，依靠自粘粘接）

② 湿敏型胶黏剂（如邮票背面的预涂胶）

③ 溶剂型胶黏剂

④ 乳胶（液）型胶黏剂

(3) 通过温度变化

① 热熔胶

② 塑化型胶黏剂（PVC 糊树脂）

(4) 压敏型

(5) 复合型（多种固化方式复合在一起）

① 热熔+反应型（PUR）

② 溶剂+反应型

③ 热熔+压敏型

④ 溶剂+压敏型

⑤ 热熔+光固化+压敏型

5. 按物理形式

按物理形态分类是广泛应用的胶黏剂分类法。胶黏剂体系在许多形态下是有效的，最一般的形式如下。

(1) 多组分无溶剂的液体或膏状

(2) 单组分无溶剂的液体或膏状

(3) 单组分溶剂的液体

(4) 固体状（如胶粉、胶带、胶膜、胶棒和胶线等）

6. 按功能或应用领域

有些胶黏剂是专门为某一应用研发的，并获得了市场的认可，有时也有按领域进行分类的，如汽车胶、建筑胶、电子胶、医用胶、密封胶、灌封胶、导热胶、导电胶等。

7. 按综合费用

费用不是胶黏剂的分类方法，但它是选择专用胶黏剂的重要因素，也是确定胶黏剂能否使用的因素，因此，费用可作为分类和选择的方法，如非直接，至少也是间接的。预测胶黏剂费用时，不仅要考虑胶黏剂本身的价格，也要考虑为得到可靠的接头时相应的工装和工艺费等所需要的每一样费用。因此，胶黏剂的使用费用必须包括劳务费、装置费、胶黏剂固化所需的时间成本及由于舍弃有缺陷的接点而带来的经济损失。

三、胶黏剂的性能及应用

为了评价胶黏剂的使用性能，目前已经建立了许多标准来评价胶黏剂的性能指标，这些性能参数对于胶黏剂的评价和选用非常有用，目前主要的性能指标有如下类型。

粘接性能：剪切强度、剥离强度、冲击强度、持久强度、疲劳强度。

耐环境性能：高低温性能、耐老化性能、大气老化性能。

工艺性能：固化速率、凝胶时间、开放时间、适用期。

功能性能：导电性能、导热性能、绝缘性能、透光性能、收缩率、吸水率等。

基础篇

A 环氧树脂胶黏剂

环氧胶黏剂在20世纪中期被商品化，它能与许多基材有很好的粘接性（除了某些低表面能、未处理的塑料和弹性体外），通常被称为“万能胶”。其优越性为工艺性能好、粘接强度高、收缩率小、耐介质和电器绝缘性好等，但也存在脆性和耐冲击性能差的问题，常需用增韧剂改性。鉴于这种胶的优点，广泛用于汽车、航空航天、建筑、电子等领域。

商用环氧胶黏剂主要由环氧树脂、固化剂两部分组成，为满足不同用途的需要，改进胶黏剂的性能，配胶时可加入填料、增韧剂、稀释剂和其它助剂等。可用于制备胶黏剂的环氧树脂的种类较多，商品化的主要有脂环型和缩水甘油型两大类，以缩水甘油醚、缩水甘油酯和缩水甘油醚胺最为常用，如双酚A、双酚F和酚醛缩水甘油醚型环氧树脂和缩水甘油胺型多官能度环氧树脂（AG-80、AFG-90等）等。常用的固化剂有脂肪族或芳香族多元胺、聚酰胺（聚二聚酸酰胺）、聚醚胺、酸酐、酚醛树脂、三氟化硼单乙胺和潜伏性固化剂［如热引发的双氰胺，湿引发的烯胺（酮亚胺）和光引发的硫鎓盐和碘鎓盐等］。

为了便于使用，根据胶黏剂的固化工艺和最终用途，市场上有室温环氧胶（单组分常温湿固化环氧胶和双组分室温固化环氧胶）、中温环氧胶和高温环氧胶、耐热环氧胶、改性环氧胶（韧化环氧胶、环氧-酚醛胶、环氧-尼龙胶、环氧-聚硫胶等）和功能环氧胶（导电胶、导磁胶和导热胶）等叫法。

单组分常温湿固化环氧胶是一种以酚醛改性酮亚胺作为固化剂固化的环氧胶，其特点是可在潮湿和低温条件下进行固化，并能改进环氧树脂固化物的耐温性和耐腐蚀性能。酚醛改性酮亚胺固化剂，它是先由苯酚、甲醛、间苯二胺反应生成酚醛胺，然后再与甲基异丁酮反应生成酚醛改性酮亚胺。目前国内正在努力研究低温、低湿下的快速固化环氧胶的快速固化技术。

耐热环氧树脂胶黏剂是采用改性环氧树脂配制而成的一种胶黏剂，一般使用温度不超过 200℃，但是通过改性和大量使用填料，也有可在 250℃长期使用、400℃下间歇使用、460℃下短期使用的品种。这种胶黏剂的基体树脂一般是引入较多的刚性基团或提高固化物的交联密度，比如带芴基、萘环的环氧树脂和多官能团环氧树脂，或者用马来酰亚胺、有机硅改性的环氧树脂胶黏剂粘接的钻机刹车片均能达到 460℃短期耐高温、高强度的要求。

要提高环氧树脂的强度，一般通过添加第二组分来增韧树脂，提高环氧树脂的韧性，主要有液态橡胶增韧、聚氨酯增韧、弹性微球增韧、热致液晶聚合物（TLCP）增韧和聚合物共混、共聚改性等。液态橡胶增韧改性一般是指含端羧基、氨基、羟基、硫醇基、环氧基的液态丁腈橡胶、聚丁二烯等，与环氧树脂相混溶，在固化过程中析出，形成“海岛模型”的两相结构，通过活性基团的相互作用，在两相界面上形成化学键而起到增韧作用。近年来，除了采用纯活性液态橡胶的预反应加成物之外，已发展到第二代采用高官能度环氧树脂和第三代采用金属茂催化剂制备嵌段共聚体改性环氧预聚物，通过这样的改性之后，不但提高了剥离强度，而且整体力学性能和热性能并未明显降低。聚氨酯增韧环氧胶是通过聚氨酯和环氧树脂形成半立穿网络聚合物（SIPN）和互穿网络聚合物（IPN），起到强迫互溶和协同效应，使高弹性的聚氨酯与良好粘接性的环氧树脂有机结合在一起，通过互补和强化从而取得良好的增韧效果。一般是采用高性能的芳杂环聚合物聚砜、聚醚酮、聚醚醚酮、聚醚砜、聚醚酰亚胺和聚碳酸酯、聚苯醚等热塑性聚合物与环氧树脂共混改性，制备环氧结构胶黏剂，在 −55～175℃的宽温度范围内，具有高强度、高韧性、耐久性和优良的综合性能。采用核壳聚合物微球（芯是聚丁二烯或聚丙烯酸酯，壳层是聚甲基丙烯酸甲酯、聚苯乙烯）增韧环氧树脂的效果更为理想，其壳层层数可以是一层、二层，也可以是三层、四层，粒子大小和分布的均匀性对增韧效果的影响都很大。

Aa 低温和室温固化环氧胶黏剂

Aa001 环氧胶 HY-913

【英文名】 epoxy adhesive HY-913

【主要组成】 二缩水甘油醚 600、环氧 601（E-20）、多羟基聚醚 621、石英粉、铝粉、三氟化硼乙醚溶液、磷酸。

【产品技术性能】 剪切强度：9.8～11.8MPa（粘接材料：玻璃钢）、10.7～12.7MPa（粘接材料：铝合金）、13.7～14.7MPa（粘接材料：铜）。

【特点及用途】 使用温度为－15～60℃，能于－15℃固化，用于冬季野外机动车辆、机械等小型机件的临时急修。

【施工工艺】 该胶是 A/B 双组分，两者的质量配比为 100g∶(2～5) g；在 0～20℃固化 6～24h；混合胶的适用期为 1～3min（－10～20℃）。

【包装及贮运】 贮存期 1 年以上，贮存时严禁与水接触，以防失效。

【生产单位】 天津市合成材料工业研究所有限公司。

Aa002 环氧胶黏剂 SK-101

【英文名】 epoxy adhesive SK-101

【主要组成】 二官能度缩水甘油醚、改性脂肪胺、稀释剂等。

【产品技术性能】 耐温范围：－40～100℃；剪切强度（钢-钢）：≥12MPa；固化速率：常温 30min 硬化；化学性能：耐油、耐水和耐弱酸碱。

【特点及用途】 本品为双组分室温快速固化环氧胶，强度高，使用方便，低温可固化（－5℃），可在水中固化。粘接金属、陶瓷、玻璃、石墨等材料，如彩电、冰箱、仪器仪表、铁桶、高档家具、农具用品、机械设备。

【施工工艺】 粘接面去除油、除锈、清洁干燥；A、B 两组分挤出同等胶量，混合均匀，涂于粘接面，合拢压实即可，破损面较大时，可在棉布上均匀涂胶后，贴在粘接面上压紧，再在棉布上涂一层薄薄的胶，有利于提高粘接效果，也可采用外敷捆扎或机械加固的方法来提高粘接强度。

【包装及贮运】 阴凉、干燥处密封保存，保质期 1 年。过期经检验合格可继续使用。非易燃品。包装规格为 20mL 铝管包装，1kg/套、12kg/件铁桶包装。

【生产单位】 湖南神力胶业集团。

Aa003 快固透明环氧结构胶 WD3205

【英文名】 fast and transparent epoxy adhesive WD3205

【主要组成】 环氧树脂、固化剂等。

【产品技术性能】 外观：A 组分和 B 组分为无色透明；定位时间：3～5min；透光率：＞90%；拉伸剪切强度：≥3MPa（A3 钢-A3 钢），≥1MPa（A3 钢-A3 钢，150℃）。

【特点及用途】 粘接材料广，固化后透明、收缩小，防水、防弱酸碱、防油；用于家庭日常粘接维修，如金属、陶瓷、木材、硬塑料、玻璃的粘接等，特别适用于玻璃工艺品的加工。

【施工工艺】 粘接面去除油、除锈、清洁干燥；A、B两组分按照1∶1（质量比）混合均匀，涂于粘接面，合拢压实即可。

【包装及贮运】 包装规格为20g铝管吸塑或50g双管包装。本产品密封、避光，放置于阴凉、干燥处密封保存。本产品在运输装卸过程中应避免重压、挤压。

【生产单位】 上海康达化工新材料股份有限公司。

Aa004 环氧胶黏剂 SY-21

【英文名】 epoxy adhesive SY-21

【主要组成】 改性环氧树脂、胺类固化剂、助剂等。

【产品技术性能】 外观：甲组分为乳白色糊状液体，乙组分为棕黄色糊状液体。固化后的产品性能如下。常温剪切强度：24.0MPa；常温浮动剥离强度：2.1kN/m；工作温度：－55～60℃；标注测试标准：以上数据测试参照企标Q/6S 522—2011。

【特点及用途】 可常温固化，有较高的强度和韧性，耐介质性好。可用于金属、非金属、复合材料及陶瓷等的结构胶接，广泛应用于大型框架结构中铝合金板材与加强筋的胶接、机床螺钉的固定和石材的胶接等。

【施工工艺】 该胶是双组分胶（甲/乙），甲组分和乙组分的质量比为5∶3。注意事项：温度低于15℃时，应采取适当的加温措施，否则对应的固化时间将适当延长；当混合量大于200g时，操作时间将会缩短。25℃时的凝胶、定位时间为5h，达到最高强度的时间为72h，也可60℃/2h固化。

【毒性及防护】 本产品固化后为安全无毒物质，但混合前两组分应尽量避免与皮肤和眼睛接触，若不慎接触眼睛，应迅速用清水清洗。

【包装及贮运】 包装：1kg/套，保质期1年。贮存条件：室温、阴凉、干燥处贮存。本产品按照非危险品运输。

【生产单位】 中国航空工业集团公司北京航空材料研究院。

Aa005 环氧胶黏剂 SY-23B

【英文名】 epoxy adhesive SY-23B

【主要组成】 改性环氧树脂、胺类固化剂、助剂等。

【产品技术性能】 外观：甲组分为琥珀色黏稠液体，乙组分为乳白色糊状液体。固化后的产品性能如下。常温剪切强度：30.9MPa；常温浮动剥离强度：4.2kN/m；工作温度：－55～60℃；标注测试标准：以上数据测试参照企标Q/6S 1368—1999。

【特点及用途】 可常温固化，有较高的强度和韧性，耐介质性好。可用于金属、非金属、复合材料及陶瓷等的结构胶接，广泛应用于自行车前叉复合材料的胶接、高尔夫球头的胶接以及钓鱼竿的胶接等。

【施工工艺】 该胶是双组分胶（甲/乙），甲组分和乙组分的质量比为1∶1。注意事项：温度低于15℃时，应采取适当的加温措施，否则对应的固化时间将适当延长；当混合量大于200g时，操作时间将会缩短。25℃时的凝胶、定位时间为5h，达到最高强度的时间为72h，也可60℃/2h固化。

【毒性及防护】 本产品固化后为安全无毒物质，但混合前两组分应尽量避免与皮肤和眼睛接触，若不慎接触眼睛，应迅速用清水清洗。

【包装及贮运】 1kg/套，保质期1年。贮存条件：室温、阴凉、干燥处贮存。本产品按照非危险品运输。

【生产单位】 中国航空工业集团公司北京航空材料研究院。

Aa006 环氧胶黏剂 SY-28

【英文名】 epoxy adhesive SY-28

【主要组成】 改性环氧树脂、固化剂、助剂等。

【产品技术性能】 外观：甲组分为浅白色糊状物，乙组分为浅黄色糊状物。固化后的产品性能如下。拉伸剪切强度：23.0MPa；工作温度：−55～60℃；标注测试标准：以上数据测试参照 Q/6S 1492—1999 和 HB 5164。

【特点及用途】 具有良好的力学性能，具有良好的室温贮存的优点。主要用于航空领域及航天、民用。

【施工工艺】 混合前，甲、乙两组分应分别搅拌均匀后，再将甲、乙两组分按1∶1的配比称量，充分搅拌均匀。注意事项：配置后的胶黏剂的操作期夏季约为 2h，冬季约为 3h，超过操作期的胶黏剂会影响粘接强度。

【毒性及防护】 本产品固化后为安全无毒物质，但混合前两组分应尽量避免与皮肤和眼睛接触，若不慎接触眼睛，应迅速用清水清洗。

【包装及贮运】 包装：0.5kg/桶、5kg/桶、20kg/桶，保质期 1 年。贮存条件：室温、阴凉、干燥处贮存。本产品按照非危险品运输。

【生产单位】 中国航空工业集团公司北京航空材料研究院。

Aa007 环氧胶黏剂 SY-36

【英文名】 epoxy adhesive SY-36

【主要组成】 改性环氧树脂、胺类固化剂、助剂等。

【产品技术性能】 外观：甲组分为琥珀色黏稠液体，乙组分为乳白色糊状液体。固化后的产品性能如下。常温剪切强度：35.6MPa；湿热老化后的剪切强度：27.4MPa；常温浮动剥离强度：4.53kN/m；体积电阻率：1.5×10^{15} Ω·cm；绝缘电阻：1.6×10^{6} MΩ；吸水性：19mg；工作温度：−55～60℃；标注测试标准：以上数据测试参照企标 Q/6S 2279—2009 和 TB/T 2975。

【特点及用途】 可常温固化，有较高的强度和韧性，耐介质性好。可用于金属、非金属、复合材料及陶瓷等的结构胶接，广泛应用于铁路现场及工厂的结构胶接、石材及机床的胶接和固定等。

【施工工艺】 该胶是双组分胶（甲/乙），甲组分和乙组分的质量比为 5∶3。注意事项：温度低于 15℃时，应采取适当的加温措施，否则对应的固化时间将适当延长；当混合量大于 200g 时，操作时间将会缩短。25℃时的凝胶、定位时间为 5h，达到最高强度的时间为 72h，也可 60℃/2h 固化。

【毒性及防护】 本产品固化后为安全无毒物质，但混合前两组分应尽量避免与皮肤和眼睛接触，若不慎接触眼睛，应迅速用清水清洗。

【包装及贮运】 1.12kg/套，保质期 1 年。贮存条件：室温、阴凉、干燥处贮存。本产品按照非危险品运输。

【生产单位】 中国航空工业集团公司北京航空材料研究院。

Aa008 环氧胶黏剂 SY-37

【英文名】 epoxy adhesive SY-37

【主要组成】 改性环氧树脂、胺类固化剂、助剂等。

【产品技术性能】 外观：甲组分为无色或微带黄色透明黏稠液体；乙组分为无色或微带黄色透明黏稠液体。固化后的产品性能如下。常温剪切强度：35.4MPa；−55℃剪切强度：33.1MPa；40℃剪切强度：23.7MPa；60℃剪切强度：12.1MPa；常温浮动剥离强度：5.1kN/m；工作温度：−55～60℃；标注测试标准：以上数据测试参照企标 Q/6S 1566—2011。

【特点及用途】 可常温固化，透明，有较高的强度和韧性，耐介质性好。可用于金属、非金属、复合材料及陶瓷等的结构胶接，电子元器件的密封盒粘接，传感器的密封。

【施工工艺】 该胶是双组分胶（甲/乙），甲组分和乙组分的质量比为10∶9。注意事项：温度低于15℃时，应采取适当的加温措施，否则对应的固化时间将适当延长；当混合量大于200g时，操作时间将会缩短。25℃时的凝胶、定位时间为5h，达到最高强度的时间为72h，也可60℃/2h固化。

【毒性及防护】 本产品固化后为安全无毒物质，但混合前两组分应尽量避免与皮肤和眼睛接触，若不慎接触眼睛，应迅速用清水清洗。

【包装及贮运】 1kg/套或50g/支，保质期1年。贮存条件：室温、阴凉、干燥处贮存。本产品按照非危险品运输。

【生产单位】 中国航空工业集团公司北京航空材料研究院。

Aa009 环氧胶黏剂 SY-38

【英文名】 epoxy adhesive SY-38

【主要组成】 改性环氧树脂、胺类固化剂、助剂等。

【产品技术性能】 外观：甲组分为白色黏稠液体，乙组分为棕色黏稠液体。固化后的典型性能如下。

性能	指标	典型值
常温剪切强度/MPa	≥15	22.6
-55℃剪切强度/MPa	≥15	21.1
80℃剪切强度/MPa	≥2.5	5.98
常温浮动剥离强度/(kN/m)	≥3.2	7.03

工作温度：-55～80℃；标注测试标准：以上数据测试参照企标Q/6S 2155—2010。

【特点及用途】 可常温固化，低黏度，可灌注，有较高的强度和韧性，耐介质性好。可用于复合材料与泡沫芯等的结构胶接，电子元器件的灌注密封。

【施工工艺】 该胶是双组分胶（甲/乙），甲组分和乙组分的质量比为2∶1。注意事项：温度低于15℃时，应采取适当的加温措施，否则对应的固化时间将适当延长；也可65℃/2h固化。

【毒性及防护】 本产品固化后为安全无毒物质，但混合前两组分应尽量避免与皮肤和眼睛接触，若不慎接触眼睛，应迅速用清水清洗。

【包装及贮运】 1.5kg/套，保质期1年。贮存条件：室温、阴凉处贮存。本产品按照非危险品运输。

【生产单位】 中国航空工业集团公司北京航空材料研究院。

Aa010 环氧胶黏剂 SY-40

【英文名】 epoxy adhesive SY-40

【主要组成】 改性环氧树脂、胺类固化剂、助剂等。

【产品技术性能】 外观：甲组分为黄色黏稠液体，乙组分为白色黏稠糊状。固化后的产品性能如下。常温剪切强度：37.2MPa；-60℃剪切强度：30.3MPa；80℃剪切强度：20.5MPa；120℃剪切强度：6.88MPa；150℃剪切强度：4.12MPa；200℃剪切强度：3.02MPa；常温浮动剥离强度：2.5kN/m；工作温度：-60～200℃；标注测试标准：以上数据测试参照企标Q/6S 1738—2001。

【特点及用途】 可常温固化，耐热温度达200℃。可用于金属、木材、陶瓷及部分硬质塑料的粘接，也可用于玻璃钢的修补。广泛应用于电子元器件的密封和粘接等。

【施工工艺】 该胶是双组分胶（A/B），A组分和B组分的质量比为5∶6。注意事项：温度低于15℃时，应采取适当的加温措施，否则对应的固化时间将适当延长；当混合量大于200g时，操作时间将会缩短。

【毒性及防护】 本产品固化后为安全无毒

物质，但混合前两组分应尽量避免与皮肤和眼睛接触，若不慎接触眼睛，应迅速用清水清洗。

【包装及贮运】 1kg/套，保质期1年。贮存条件：室温、阴凉、干燥处贮存。本产品按照非危险品运输。

【生产单位】 中国航空工业集团公司北京航空材料研究院。

Aa011 环氧胶黏剂 SY-46

【英文名】 epoxy adhesive SY-46

【主要组成】 改性环氧树脂、胺类固化剂、助剂等。

【产品技术性能】 外观：甲组分为黄色黏稠液体，乙组分为白色黏稠糊状。固化后的产品性能如下。常温剪切强度：31.8MPa；70℃剪切强度：9.06MPa；湿热老化后的常温剪切强度：17.6MPa；常温浮动剥离强度：6.68kN/m；工作温度：－60～70℃；标注测试标准：以上数据测试参照企标 Q/6S 2156—2010。

【特点及用途】 可常温固化，韧性良好。用途：可用于金属、木材、陶瓷及部分硬质塑料的粘接，也可用于玻璃钢的修补。广泛应用于电子元器件的密封和粘接等。

【施工工艺】 该胶是双组分胶（A/B），A组分和B组分的质量比为5∶7。注意事项：温度低于15℃时，应采取适当的加温措施，否则对应的固化时间将适当延长；当混合量大于200g时，操作时间将会缩短。25℃时的凝胶、定位时间为6h，达到最高强度的时间为72h，也可60℃/2h固化。

【毒性及防护】 本产品固化后为安全无毒物质，但混合前两组分应尽量避免与皮肤和眼睛接触，若不慎接触眼睛，应迅速用清水清洗。

【包装及贮运】 1kg/套，保质期1年。贮存条件：室温、阴凉、干燥处贮存。本产品按照非危险品运输。

【生产单位】 中国航空工业集团公司北京航空材料研究院。

Aa012 环氧胶黏剂 SY-47

【英文名】 epoxy adhesive SY-47

【主要组成】 改性环氧树脂、胺类固化剂、助剂等。

【产品技术性能】 外观：甲组分为黄色黏稠液体；乙组分为白色黏稠糊状。固化后的产品性能如下。常温剪切强度：31.6MPa；70℃剪切强度：8.74MPa；湿热老化后的常温剪切强度：22.7MPa；常温浮动剥离强度：9.74kN/m；工作温度：－60～70℃；标注测试标准：以上数据测试参照企标 Q/6S 2316—2010。

【特点及用途】 可常温固化，韧性好，强度高。可用于金属、木材、陶瓷及部分硬质塑料的粘接，也可用于玻璃钢的修补。广泛应用于电子元器件的密封和粘接以及飞机的内装饰等。

【施工工艺】 该胶是双组分胶（A/B），A组分和B组分的质量比为2∶1。注意事项：温度低于15℃时，应采取适当的加温措施，否则对应的固化时间将适当延长；当混合量大于200g时，操作时间将会缩短。25℃时的凝胶、定位时间为4h，达到最高强度的时间为72h，也可60℃/2h固化。

【毒性及防护】 本产品固化后为安全无毒物质，但混合前两组分应尽量避免与皮肤和眼睛接触，若不慎接触眼睛，应迅速用清水清洗。

【包装及贮运】 1kg/套，保质期1年。贮存条件：室温、阴凉、干燥处贮存。本产品按照非危险品运输。

【生产单位】 中国航空工业集团公司北京

航空材料研究院。

Aa013 环氧胶黏剂 SY-48

【英文名】 epoxy adhesive SY-48

【主要组成】 改性环氧树脂、胺类固化剂、助剂等。

【产品技术性能】 外观：甲组分为黄色黏稠液体，乙组分为白色黏稠糊状。固化后的产品性能如下。常温剪切强度：26.9MPa；70℃剪切强度：6.49MPa；湿热老化后的常温剪切强度：16.3MPa；工作温度：−60～70℃；标注测试标准：以上数据测试参照企标 Q/6S 2317—2010。

【特点及用途】 可常温固化，强度高，黏度低，可灌注。可用于金属、木材、陶瓷及部分硬质塑料的粘接，也可用于玻璃钢的修补。广泛应用于电子元器件的密封和粘接以及飞机的内装饰等。

【施工工艺】 该胶是双组分胶（A/B），A组分和B组分的质量比为4∶5。注意事项：温度低于15℃时，应采取适当的加温措施，否则对应的固化时间将适当延长；当混合量大于200g时，操作时间将会缩短。25℃时的凝胶、定位时间为4h，达到最高强度的时间为72h，也可60℃/2h固化。

【毒性及防护】 本产品固化后为安全无毒物质，但混合前两组分应尽量避免与皮肤和眼睛接触，若不慎接触眼睛，应迅速用清水清洗。

【包装及贮运】 包装：1kg/套，保质期1年。贮存条件：室温、阴凉、干燥处贮存。本产品按照非危险品运输。

【生产单位】 中国航空工业集团公司北京航空材料研究院。

Aa014 环氧胶黏剂 SY-49

【英文名】 epoxy adhesive SY-49

【主要组成】 改性环氧树脂、胺类固化剂、助剂等。

【产品技术性能】 外观：甲组分为白色黏稠液体，乙组分为淡黄色黏稠糊状。固化后的产品性能如下。常温剪切强度：39.6MPa；70℃剪切强度：15.2MPa；常温浮动剥离强度：10.1kN/m；工作温度：−60～70℃。

【特点及用途】 可常温固化，韧性好，强度高。可用于金属、木材、陶瓷及部分硬质塑料的粘接，也可用于玻璃钢的修补。广泛应用于电子元器件的密封和粘接以及飞机的内装饰等。

【施工工艺】 该胶是双组分胶（A/B），A组分和B组分的质量比为5∶2。注意事项：温度低于15℃时，应采取适当的加温措施，否则对应的固化时间将适当延长；当混合量大于200g时，操作时间将会缩短。25℃时的凝胶、定位时间为4h，达到最高强度的时间为72h，也可60℃/2h固化。

【毒性及防护】 本产品固化后为安全无毒物质，但混合前两组分应尽量避免与皮肤和眼睛接触，若不慎接触眼睛，应迅速用清水清洗。

【包装及贮运】 包装：1kg/套，保质期1年。贮存条件：室温、阴凉、干燥处贮存。本产品按照非危险品运输。

【生产单位】 中国航空工业集团公司北京航空材料研究院。

Aa015 环氧胶黏剂 SY-TG1

【英文名】 epoxy adhesive SY-TG1

【主要组成】 改性环氧树脂、胺类固化剂、助剂等。

【产品技术性能】 外观：乳白色或淡黄色板状。固化后的产品性能如下。常温剪切强度：52.6MPa；湿热老化后的剪切强度：39.8MPa；常温浮动剥离强度：9.9kN/m；体积电阻率：$2.7\times10^{15}\ \Omega\cdot cm$；绝缘电阻：$7.5\times10^{5}\ M\Omega$；吸水性：19mg；2000000次疲劳后挠度与母材变化率：1.1%；工作温度：—55～120℃；标注测试标准：以上数据测试参照企标 Q/6S 1322—1997 和 TB/T 2975。

【特点及用途】 中温（120～150℃）固化，有较高的强度和韧性，耐介质性好，绝缘性好，耐疲劳性好。主要用于制造铁路无缝线路钢轨胶接绝缘接头。

【施工工艺】 该胶为单组分胶，直接与被粘物组装，加温加压固化。注意事项：注意加压时机，以求获得良好的胶接接头。

【毒性及防护】 本产品固化后为安全无毒物质，但混合前两组分应尽量避免与皮肤和眼睛接触，若不慎接触眼睛，应迅速用清水清洗。

【包装及贮运】 包装：2 张板材/套，保质期 1 年。贮存条件：室温、阴凉、干燥处贮存。本产品按照非危险品运输。

【生产单位】 中国航空工业集团公司北京航空材料研究院。

Aa016 环氧胶黏剂 SY-TG3

【英文名】 epoxy adhesive SY-TG3

【主要组成】 改性环氧树脂、胺类固化剂、助剂等。

【产品技术性能】 外观：甲组分为乳白色糊状液体，乙组分为黄色糊状液体。固化后的产品性能如下。常温剪切强度：40.9MPa；湿热老化后的剪切强度：32.1MPa；常温浮动剥离强度：5.45kN/m；体积电阻率：$5.7\times10^{13}\Omega\cdot cm$；绝缘电阻：$1.1\times10^{4}M\Omega$；吸水性：19mg；工作温度：—55～70℃；标注测试标准：以上数据测试参照企标 Q/6S 2182—2008 和 TB/T 2975。

【特点及用途】 可常温固化，有较高的强度和韧性，耐介质性好，耐疲劳性好。可用于金属、非金属、复合材料及陶瓷等的结构胶接，广泛应用于铁路现场及工厂的结构胶接、石材及机床的胶接和固定等。

【施工工艺】 该胶是双组分胶（甲/乙），甲组分和乙组分的质量比为 3∶1。注意事项：温度低于 15℃时，应采取适当的加温措施，否则对应的固化时间将适当延长；当混合量大于 200g 时，操作时间将会缩短。25℃时的凝胶、定位时间为 1.5h，达到最高强度的时间为 72h，也可 60℃/2h 固化。

【毒性及防护】 本产品固化后为安全无毒物质，但混合前两组分应尽量避免与皮肤和眼睛接触，若不慎接触眼睛，应迅速用清水清洗。

【包装及贮运】 包装：1.12kg/套，保质期 1 年。贮存条件：室温、阴凉、干燥处贮存。本产品按照非危险品运输。

【生产单位】 中国航空工业集团公司北京航空材料研究院。

Aa017 室温快速固化环氧胶黏剂 SG-856

【英文名】 fast curing epoxy adhesive SG-856

【主要组成】 二官能度缩水甘油醚、特种胺类固化剂、改性剂等。

【产品技术性能】 执行标准：Q/ZJP-01—2007。

本品按胶的固化速率可分为 K1、K2、K3 型。

项目＼型号	K1	K2	K3
外观	A 组分：无色透明或乳白色黏稠液体；B 组分：无色或微黄色透明黏稠液体		
黏度(25℃)/Pa·s	A 组分：10～40；B 组分：10～20		
固化速率/min	4～5	25～30	50～60
拉伸剪切强度/MPa ≥	8	8	8

【特点及用途】 室温（25℃）下 5min 至 1h 胶凝初固，系列产品分 5min 初固、

30min 初固、60min 初固等多种型号。使用方便，可粘接各种金属材料和非金属材料（如塑料、皮革、陶瓷、玻璃、宝石及木材等），固化后具有耐水、油及化学品的优良性能，可打磨、钻孔及填充，广泛用于工业制造、装配、维修和家用电器、日用品的修补。

【施工工艺】 ①将被粘材料表面清洁干燥，光滑表面最好先经砂磨。② 将管端盖子旋下，以盖顶刺穿管口铝封，从 A、B 两管挤出等量胶液及固化剂，用调胶板调混均匀后使用。适用期内用完，避免浪费。③ 将调好的胶液均匀涂在待黏合与修补的器材表面，室温下合拢至初固定位、保养 24h 后使用。

【毒性及防护】 低毒性，在通风环境下施工，A、B 两组分包装的盖子请勿互换。勿让儿童触及。

【包装及贮运】 包装：10g×2 铝管包装，15g×2 铝管包装，1kg×2 聚乙烯塑料瓶包装。贮运：本品应于干燥、阴凉、避光处密封保存，贮存期为半年，本产品按照一般危险品运输。

【生产企业】 浙江金鹏化工股份有限公司。

Aa018 铁板玻璃胶 WD3633

【英文名】 adhesive WD3633 for glass and iron

【主要组成】 环氧树脂、固化剂、助剂等。

【产品技术性能】 外观：蓝色（A 组分），黄色（B 组分）。固化后的产品性能如下。6h 剪切强度：≥15MPa；操作时间：≥7min；表干时间：≤20min；标注测试标准：以上数据测试参照企标 Q/TECA 249—2014 和 GB/T 7124。

【特点及用途】 脱胶工艺简单，速度快，价格便宜。主要用于铁板与玻璃的粘接。

【施工工艺】 该胶是双组分胶（A/B），A 组分和 B 组分的质量比为 2∶1。注意事项：恒温［(25±2)℃］贮存，低温可能导致胶黏剂变稠或出现结晶，若出现结晶可采用 50～60℃ 温水或烘箱加热的方式解决。

【毒性及防护】 本产品固化后为安全无毒物质，但混合前两组分应尽量避免与皮肤和眼睛接触，若不慎接触眼睛，应迅速用清水清洗并及时就医。

【包装及贮运】 包装：1.5kg/套，保质期 1 年。贮存条件：室温、阴凉处贮存。本产品按照危险品运输。

【生产单位】 上海康达化工新材料股份有限公司。

Aa019 双组分环氧结构胶 EP701

【英文名】 two-part epoxy structural adhesive EP701

【主要组成】 改性环氧树脂、改性胺类固化剂、助剂等。

【产品技术性能】 外观：无色透明；密度：1.12g/cm³（A 组分），1.13g/cm³（B 组分）；初固时间（25℃）：5min。室温固化 24h 后的产品技术性能如下。剪切强度（碳钢）：14.6MPa；硬度：80 Shore D；本体强度：45MPa。

【特点及用途】 该产品可室温快速固化，也可通过加热进一步提高其固化速度。该产品对金属、塑料、陶瓷等基材均有良好的附着力和粘接性能。可适用于机器点胶和手工点胶工艺。广泛用于电子、电器行业各种基材的定位和粘接。

【施工工艺】 该胶是双组分胶（A/B），A 组分和 B 组分的质量比为 1∶1，体积配比为 1∶1。注意事项：本产品在室温混合 0.5g 的初固时间为 5min，如果混合量加大时操作时间将会缩短。

【毒性及防护】 本产品固化后为安全无毒物质，但混合前两组分应尽量避免与皮肤和眼睛接触，若不慎接触眼睛，应迅速用清水清洗。

【包装及贮运】 包装：50mL/套，保质期1年。贮存条件：室温、阴凉处贮存。本产品按照非危险品运输。

【生产单位】 北京市海斯迪克新材料技术公司。

Aa020 室温固化环氧胶 HYJ 系列

【英文名】 room temperature curing epoxy adhesive HYJ series

【主要组成】 改性环氧树脂、胺类固化剂、助剂等。

【产品技术性能】 外观：无色透明液体或白色或黑色黏稠液体（A 组分），浅黄色或棕黄色液体（B 组分）。固化后的产品性能如下。热变形温度：≥50℃（GB/T 1634.1—2004）；体积电阻率（25℃）：$\geqslant 1\times 10^{13}\Omega\cdot cm$（GB/T 1410—2006）；介电常数（25℃）：≤5（GB/T 1409—2006）；介质损耗角正切（25℃）：$\leqslant 5\times 10^{-2}$（GB/T 1409—2006）；击穿强度（25℃）：≥25kV/mm（GB/T 1408.1—2006）。

【特点及用途】 室温固化，25℃以上30min 适用期，25℃/24h 或 60℃/2～4h 即可固化。固化物具有良好的电性能和力学性能。可用于不宜加热固化的电器、电子元件的绝缘灌封。

【施工工艺】 双组分胶（A/B），A 组分和 B 组分的质量比详见说明书。注意事项：1. 使用前应认真阅读本说明书，确认产品技术要求后再使用；2. 当使用电炉等加热装置加热物料时，物料容器和加热源之间要保持一定的距离，切勿直接接触，并需不断搅拌，以免造成容器底部过热焦化；3. A 组分在较高的温度环境下长时间存放，有沉淀倾向，若有沉淀出现，用前只需认真搅拌均匀，对灌封产品的性能无影响；4. A、B 两组分必须按给定的配比准确称量，并充分搅拌均匀；5. A、B 两组分一旦混合即有化学反应发生，黏度逐渐增大，因此，一次配料量不宜过大，混合物料的温度不得超过 35℃，且最好在 10～20min 内用完；6. A、B 两组分取料时，必须使用不同的工具，不得混用，更不得将一组分带入另一组分的包装内，以免造成整桶料报废；7. A、B 两组分取料完毕应将桶盖严，以免带入有害杂质，特别是 B 组分遇空气中的水分及二氧化碳易变质，用毕更要及时将桶盖严；8. 对温度、称量等计量器具要定期校验，以保证工艺程序的正确执行。

【毒性及防护】 本产品固化后为安全无毒物质，但混合前两组分应尽量避免与皮肤和眼睛接触，若不慎接触眼睛，应迅速用清水清洗。

【包装及贮运】 包装：A 组分用内有防护涂层的铁桶包装，净重 25kg；B 组分用内有防护涂层的铁桶或塑料桶包装，净重 15kg。贮存条件：贮存于阴凉、干燥处，贮存期为半年。本产品按照非危险品运输。

【生产单位】 天津市合成材料工业研究所有限公司。

Aa021 室温固化有填料环氧胶 HYJ 系列

【英文名】 room temperature curing epoxy adhesive with fillers HYJ series

【主要组成】 改性环氧树脂、固化剂、助剂和填料等。

【产品技术性能】 外观：黑色、白色或红棕色黏稠液体（A 组分），黄色或棕黄色液体（B 组分）。固化后的产品性能如下。热变形温度：≥50℃（GB/T 1634.1—2004）；体积电阻率（25℃）：$\geqslant 1\times 10^{13}\Omega\cdot cm$（GB/T 1410—2006）；介电系数（25℃）：≤5（GB/T 1409—2006）；介质损耗角正切（25℃）：$\leqslant 5\times 10^{-2}$（GB/T 1409—2006）；击穿强度（25℃）：≥25kV/mm（GB/T 1408.1—2006）。

【特点及用途】 采用环氧树脂-改性胺体

系，该材料可在室温及 60℃固化，具有良好的电性能和力学性能。可用于不宜加热固化的电器、电子元件的绝缘灌封。

【施工工艺】 1. A 组分预热：将 A 组分放入烘箱内加热。条件：冬季，60℃/4～6h；春、秋，40℃/4～6h；夏季可不预热。2. 将 A 组分认真搅拌均匀，根据需要量准确称取 A 组分于容器中。3. 根据配比称取相应的 B 组分于上述容器中，认真搅拌均匀。4. 将混合物料灌入样件中。按规定的固化条件进行固化。用户可根据本厂条件和以往经验，参照上述操作要点确定适宜的灌封工艺。注意事项：1. 使用前应认真阅读本说明书，确认产品技术要求后再使用；2. 当使用电炉等加热装置加热物料时，物料容器和加热源之间要保持一定的距离，切勿直接接触，并需不断搅拌，以免造成容器底部过热焦化；3. A 组分在较高的温度环境下长时间存放，有沉淀倾向，若有沉淀出现，用前只需认真搅拌均匀，对灌封产品的性能无影响；4. A、B 两组分必须按给定的配比准确称量，并充分搅拌均匀；5. A、B 两组分一旦混合即有化学反应发生，黏度逐渐增大，因此，一次配料量不宜过大，混合物料的温度不得超过 35℃，且最好在 10～20min 内用完；6. A、B 两组分取料时，必须使用不同的工具，不得混用，更不得将一组分带入另一组分的包装内，以免造成整桶料报废；7. A、B 两组分取料完毕应将桶盖严，以免带入有害杂质，特别是 B 组分遇空气中的水分及二氧化碳易变质，用毕更要及时将桶盖严；8. 对温度、称量等计量器具要定期校验，以保证工艺程序的正确执行。

【毒性及防护】 本产品固化后为安全无毒物质，但混合前两组分应尽量避免与皮肤和眼睛接触，若不慎接触眼睛，应迅速用清水清洗。

【包装及贮运】 包装：A 组分用内有防护涂层的铁桶包装，净重 25kg；B 组分用内有防护涂层的铁桶或塑料桶包装，净重 15kg。贮存条件：贮存于阴凉、干燥处，贮存期为半年。本产品按照非危险品运输。

【生产单位】 天津市合成材料工业研究所有限公司。

Aa022 陶瓷片粘接胶 HT2060

【英文名】 ceramic bonding adhesive HT2060

【主要组成】 环氧树脂、固化剂、助剂等。

【产品技术性能】 外观：银灰色黏稠液；密度：1.20g/cm^3。固化后的产品性能如下。硬度：80 Shore D（GB/T 2411—2008）；剪切强度：22MPa（GB/T 7124—2008）；工作温度：−60～160℃。

【特点及用途】 粘接强度高，韧性好，耐热性、耐水性、耐老化性好，可长期在 −60～160℃的环境下使用。适用于耐磨陶瓷片的粘贴，特别是电厂、水泥、矿山、冶金等行业遭受强烈的粉料冲刷或浆料冲蚀磨损严重的设备粘贴耐磨陶瓷片。也可用于各种机械零件的局部磨损、腐蚀、破裂及铸造缺陷的修补，以及各种金属材料的粘接。

【施工工艺】 1. 清理和准备：清除陶瓷表面的油污，建议使用回天清洗剂 7755 清洗，效果更好。2. 调胶：根据用量，按质量比 4∶1 称取 A、B 两组分，混合均匀，使之成为均一的颜色。3. 涂胶：将胶刮在粘接面上，用力压实，排除胶层中的缝隙、气孔。4. 固化：常温 1d 可固化，如果要更快固化，可适当加温，80℃/2～3h 即可固化。5. 上述反应为放热反应，配胶时应注意：(1) 调胶量越多，固化反应速率越快；(2) 环境温度越高，固化反应速率越快；(3) 要想达到最佳性能，必须严格按照规定的比例配制；(4) 环境温度低于 10℃时，可预热修补面；

(5) 完全固化后方可达到最佳物理力学性能。6. 缩短固化时间的方法：(1) 提高环境温度；(2) 提高待修工件温度；(3) 涂敷修补剂后用红外灯、碘钨灯等热源加热，但热源应距修复层 400mm 以外（环境温度不得高于 100℃），不可用火焰直接加热。注意事项：1. 未用完的胶液应密封保存，以便下次再用；2. 受过污染的胶液不能再装入原包装罐中，以免影响罐中剩余胶液的性能；3. 产品长期放置，A 组分底部可能有轻微的填料沉降，使用前搅拌均匀后再使用，不影响产品性能。

【毒性及防护】 1. 远离儿童存放。2. 对皮肤和眼睛有刺激作用，建议在通风良好处使用。3. 若不慎接触眼睛和皮肤，立即擦拭后用清水冲洗。

【包装及贮运】 包装：500g/套，5kg/套，保质期 1 年。贮存条件：室温、阴凉处贮存。本产品按照非危险品运输。

【生产单位】 湖北回天新材料股份有限公司。

Aa023 高强度结构胶 HT7311

【英文名】 high strength structural adhesive HT7311

【主要组成】 环氧树脂、固化剂、助剂等。

【产品技术性能】 外观：白色黏稠液体；密度：1.10g/cm³。固化后的产品性能如下。硬度：78 Shore D（GB/T 2411—2008）；剪切强度：25MPa（GB/T 7124—2008）；抗压强度：86MPa（GB/T 1041—2008）；拉伸强度：38MPa（GB/T 6329—1996）；工作温度：−60～120℃。

【特点及用途】 使用方便，韧性好，粘接强度高，耐老化性好，对金属、陶瓷、工程塑料、木材等各种材料有较好的粘接性。可以用于金属、陶瓷、工程塑料、木材、石材、玻璃等各种材料的粘接。

【施工工艺】 1. 清理和准备：清除陶瓷表面的油污，建议使用回天清洗剂 7755 清洗，效果更好。2. 调胶：根据用量，按质量比 1∶1（或体积比 1∶1）称取 A、B 两组分，混合均匀，使之成为均一的颜色。3. 涂胶：将胶刮在粘接面上，用力压实，排除胶层中的缝隙、气孔。4. 固化：常温 1d 可固化，如果要更快固化，可适当加温，80°/2～3h 即可固化。5. 上述反应为放热反应，配胶时应注意：(1) 调胶量越多，固化反应率越快；(2) 环境温度越高，固化反应率越快；(3) 要想达到最佳性能，必须严格按照规定的比例配制；(4) 环境温度低于 10℃时，可预热修补面；(5) 完全固化后方可达到最佳物理力学性能。6. 缩短固化时间的方法：(1) 提高环境温度；(2) 提高待修工件温度；(3) 涂敷修补剂后用红外灯、碘钨灯等热源加热，但热源应距修复层 400mm 以外（环境温度不得高于 100℃），不可用火焰直接加热。注意事项：1. 未用完的胶液应密封保存，以便下次再用；2. 受过污染的胶液不能再装入原包装罐中，以免影响罐中剩余胶液的性能；3. 产品在贮存和运输过程中请勿倒置，否则 A 组分铝管底部可能出现轻微泄漏，影响产品外观和使用。

【毒性及防护】 1. 远离儿童存放；2. 对皮肤和眼睛有刺激作用，建议在通风良好处使用；3. 若不慎接触眼睛和皮肤，立即擦拭后用清水冲洗。

【包装及贮运】 包装：500g/套，保质期 1 年。贮存条件：室温、阴凉处贮存。本产品按照非危险品运输。

【生产单位】 湖北回天新材料股份有限公司。

Aa024 高温修补剂 HT2737

【英文名】 high temperature resistant putty HT2737

【主要组成】 耐温环氧树脂、耐温固化剂、助剂等。

【产品技术性能】 外观：灰色膏状物；密度：1.58g/cm³。固化后的产品性能如下。硬度：80 Shore D（GB/T 2411—2008）；剪切强度：17MPa（GB/T 7124—2008）；抗压强度：87MPa（GB/T 1041—2008）；拉伸强度：36MPa（GB/T 6329—1996）；工作温度：－60～250℃。

【特点及用途】 耐化学性能好，耐油耐候性能优良，耐温可达250℃。适用于高温工况下设备磨损、划伤、腐蚀、破裂部件的修补，如蒸汽管、热油管、发动机缸体、造纸烘缸、塑料成型模具等。

【施工工艺】 1. 清理和准备：打磨待修表面，露出金属本体并使之粗糙；清除油污，建议使用回天清洗剂7755清洗，效果更好。2. 调胶：根据用量，按质量比2∶1称取A、B两组分，混合均匀，使之成为均一的颜色。3. 涂胶：将胶刮在修补面上，用力压实，排除胶层中的缝隙、气孔，成型、抹平。4. 固化：常温2d可固化，如果要更快固化，可适当加温，80℃/2～3h即可固化。5. 上述反应为放热反应，配胶时应注意：(1) 调胶量越多，固化反应速率越快；(2) 环境温度越高，固化反应速率越快；(3) 要想达到最佳性能，必须严格按照规定的比例配制；(4) 环境温度低于10℃时，可预热修补面；(5) 完全固化后方可达到最佳物理力学性能。6. 缩短固化时间的方法：(1) 提高环境温度；(2) 提高待修工件温度；(3) 涂敷修补剂后用红外灯、碘钨灯等热源加热，但热源应距修复层400mm以外（环境温度不得高于100℃），不可用火焰直接加热。注意事项：1. 未用完的胶液应密封保存，以便下次再用；2. 受过污染的胶液不能再装入原包装罐中，以免影响罐中剩余胶液的性能。

【毒性及防护】 1. 远离儿童存放；2. 对皮肤和眼睛有刺激作用，建议在通风良好处使用；3. 若不慎接触眼睛和皮肤，立即擦拭后用清水冲洗。

【包装及贮运】 包装：250g/套，保质期2年。贮存条件：室温、阴凉处贮存。本产品按照非危险品运输。

【生产单位】 湖北回天新材料股份有限公司。

Aa025 耐磨涂层 TS226

【英文名】 wear-resistant coating TS226

【主要组成】 环氧树脂、增韧剂、固化剂、二氧化硅、气相白炭黑、氧化铝等。

【产品技术性能】 外观：灰色；密度：2.05g/cm³。固化后的产品性能如下。抗压强度：95.0MPa（GB/T 1041—2008）；拉伸强度：30.0MPa（GB/T 6329—1996）；剪切强度：10.0MPa（GB/T 7124—2008）；弯曲强度：62.0MPa（GB/T 9341—2008）；硬度：89 Shore D（GB/T 2411—2008）；工作温度：－60～160℃。

【特点及用途】 以超硬陶瓷和耐磨细填料为骨材的双组分聚合陶瓷复合材料，固化速度快，操作方便，立面和顶面不流淌。用于一般负荷冲蚀磨损和磨粒磨损工况的大面积修复和预保护涂层。与钢铁、水泥、陶瓷、铝及很多金属均有很好的粘接力。

【施工工艺】 该胶是双组分胶（A/B），A组分和B组分的质量比为3.5∶1，体积配比为3.0∶1。注意事项：温度低于15℃时，应采取适当的加温措施，否则对应的固化时间将适当延长；当混合量大于200g，时操作时间将会缩短。

【毒性及防护】 本产品固化后为安全无毒物质，但固化前应尽量避免与皮肤接触，若不慎溅入眼睛，应迅速用大量清水冲洗。

【包装及贮运】 包装：10kg/套，保质期1年。贮存条件：室温、阴凉、干燥处贮存。本产品按照非危险品运输。

【生产单位】 北京天山新材料技术有限公司。

Aa026 减摩涂层 TS316

【英文名】 low friction coating TS316

【主要组成】 环氧树脂、增强剂、润滑剂、固化剂等。

【产品技术性能】 外观：灰黑色胶泥状物质；密度：1.53g/cm³。固化后的产品性能如下。抗压强度：98.0MPa（GB/T 1041—2008）；拉伸强度：37.0MPa（GB/T 6329—1996）；剪切强度：20.0MPa（GB/T 7124—2008）；弯曲强度：60.0MPa（GB/T 9341—2008）；硬度：81 Shore D（GB/T2411—2008）；摩擦系数：0.032（GB/T 3960）；磨痕宽度：1.8mm（JB/T 3578）；磨损率：1.42×10^{-8} mm³/（N·m）（JB/T 3578）；工作温度：－60～120℃。

【特点及用途】 双组分，中黏度，立面不流淌。固化后具有优异的耐磨性能和自润滑性能。可进行机械加工。适合复印成型法制备大型机床导轨、高精度机床导轨的减摩涂层，也可修复研损的导轨，如大型龙门铣床、龙门刨床、立式车床、落地镗床等，大大降低了导轨的刮研工作量，提高其配合精度，消除导轨的爬行现象。

【施工工艺】 该胶是双组分胶（A/B），A组分和B组分的质量比为6∶1，体积配比为4∶1。注意事项：温度低于15℃时，应采取适当的加温措施，否则对应的固化时间将适当延长；当混合量大于200g时，操作时间将会缩短。

【毒性及防护】 本产品固化后为安全无毒物质，但固化前应尽量避免与皮肤接触，若不慎溅入眼睛，应迅速用大量清水冲洗。

【包装及贮运】 包装：6kg/套，1kg/套，保质期18个月。贮存条件：室温、阴凉、干燥处贮存。本产品按照非危险品运输。

【生产单位】 北京天山新材料技术有限公司。

Aa027 高精度定位胶 TS355

【英文名】 high-precision fixing adhesive TS355

【主要组成】 环氧树脂、增强剂、固化剂等。

【产品技术性能】 外观：灰色流体状物质；密度：1.9g/cm³。固化后的产品性能如下。抗压强度：120.0MPa（GB/T 1041—2008）；拉伸强度：45.0MPa（GB/T 6329—1996）；剪切强度：18.0MPa（GB 7124—2008）；硬度：≥80 Shore D（GB/T 2411—2008）；工作温度：－60～160℃；固化后的收缩率：≤0.02%。

【特点及用途】 由多种高强度超细骨材、树脂与固化剂构成的双组分复合材料，具有很好的流动性。固化后具有极小的收缩率及很高的抗压强度。适用于小间隙结构件的连接定位，例如机床立柱、床身连接等调整定位后的注胶定位。

【施工工艺】 该胶是双组分胶（A/B），A组分和B组分的质量比为12∶1。注意事项：温度低于15℃时，应采取适当的加温措施，否则对应的固化时间将适当延长；当混合量大于200g时，操作时间将会缩短。

【毒性及防护】 本产品固化后为安全无毒物质，但固化前应尽量避免与皮肤接触，若不慎溅入眼睛，应迅速用大量清水冲洗。

【包装及贮运】 包装：500g/套，保质期1年。贮存条件：室温、阴凉、干燥处贮存。本产品按照非危险品运输。

【生产单位】 北京天山新材料技术有限公司。

Aa028 耐腐蚀涂层 TS406

【英文名】 erosion-resistant coating TS406

【主要组成】 环氧树脂、增韧剂、固化剂、兰染料、气相白炭黑等。

【产品技术性能】外观：灰色稀胶泥状物质；密度：1.68g/cm³。固化后的产品性能如下。抗压强度：110.0MPa（GB/T 1041—2008）；拉伸强度：47.0MPa（GB/T 6329—1996）；剪切强度：19.0MPa（GB 7124—2008）；弯曲强度：61.0MPa（GB/T 9341—2008）；硬度：76 Shore D（GB/T 2411—2008）；工作温度：−60～150℃。

【特点及用途】稀胶泥状，以超硬陶瓷为骨材的双组分聚合陶瓷复合材料。适用于石油、化工、矿山机械、制药等领域各类遭受腐蚀的设备、零件的局部修复和预保护。

【施工工艺】 该胶是双组分胶（A/B），A组分和B组分的质量比为5∶1，体积配比为4∶1。注意事项：温度低于15℃时，应采取适当的加温措施，否则对应的固化时间将适当延长；当混合量大于200g时，操作时间将会缩短。

【毒性及防护】 本产品固化后为安全无毒物质，但固化前应尽量避免与皮肤接触，若不慎溅入眼睛，应迅速用大量清水冲洗。

【包装及贮运】 包装：500g/套，保质期1年。贮存条件：室温、阴凉、干燥处贮存。本产品按照非危险品运输。

【生产单位】 北京天山新材料技术有限公司。

Aa029 高强度耐高温环氧胶 TS843

【英文名】 epoxy adhesive TS843 with high-strength and high-temperature resistance

【主要组成】 环氧树脂、增韧剂、固化剂、气相白炭黑、氢氧化铝等。

【产品技术性能】 外观：灰黑；密度：1.4g/cm³。固化后的产品性能如下。对接拉伸剪切强度：30.0MPa（GB/T 6329—1996）；抗压强度：80.0MPa（GB/T 1041—2008）；剪切强度：22.0MPa（GB/T 7124—2008）；剥离强度：2.0MPa（GB/T 2791—1995）；硬度：80 Shore D（GB/T 2411—2008）；工作温度：−60～180℃。

【特点及用途】 本品为可用于高温环境、双管触变性配比为2∶1的高强度高韧性长操作时间的环氧结构胶黏剂，长期耐温150℃，短时间可耐180℃，黏度高，固化收缩率低。适用于各种对颜色无特殊要求，操作时间适宜，初固化速度快，能2∶1混合的场合。可粘接珠宝、金属、石器、木材、陶瓷以及大部分塑料。

【施工工艺】 该胶是双组分胶（A/B），A组分和B组分的体积配比为2∶1。注意事项：温度低于15℃时，应采取适当的加温措施，否则对应的固化时间将适当延长；当混合量大于200g时，操作时间将会缩短。

【毒性及防护】 本产品固化后为安全无毒物质，但固化前应尽量避免与皮肤接触，若不慎溅入眼睛，应迅速用大量清水冲洗。

【包装及贮运】 包装：400mL/双管，保质期2年。贮存条件：室温、阴凉、干燥处贮存。本产品按照非危险品运输。

【生产单位】 北京天山新材料技术有限公司。

Aa030 双组分结构胶黏剂 3M™ Scotch-Weld™ 7240

【英文名】 two-part adhesives 3M™ Scotch-Weld™ 7240

【主要组成】 改性环氧树脂、增韧剂、助剂、改性胺固化剂等。

【产品技术性能】 外观：透明；密度：1.05/1.12g/cm³；剪切强度：20.4MPa/

内聚破坏/打磨 Al-Al，24.3MPa/内聚破坏/CFRP；30d 老化（70℃，95%湿度）：19.9MPa/内聚破坏/打磨 Al-Al；剥离强度：＞100 N/25mm；压缩强度：45～50MPa；标注测试标准：以上数据测试参照 EN 2243。

【特点及用途】 韧性好，良好的剥离强度和剪切强度，良好的耐湿热老化性，烟火毒性认证（欧洲各国标准）。主要用于粘接金属和复合材料。

【施工工艺】 该胶是双组分胶（A/B），A 组分和 B 组分的体积配比为 1∶2，双胶筒配合打胶枪和混合嘴，操作非常方便。注意事项：温度低于 16℃时，应采取适当的加温措施，否则对应的固化时间将适当延长；可以通过升高温度的方法加快固化。

【毒性及防护】 本产品固化后为安全无毒物质，但混合前两组分应尽量避免与皮肤和眼睛接触，若不慎接触眼睛，应迅速用清水清洗。

【包装及贮运】 包装：400mL/5gal 套，保质期 15 个月（400mL），24 个月（5gal）。贮存于 16～27℃的阴凉干燥处。本产品按照非危险品运输。

【生产单位】 3M 中国有限公司。

Aa031 双组分环氧结构胶黏剂 3M™ Scotch-Weld™ DP100plus（LH）

【英文名】 two-part epoxy adhesives 3M™ Scotch-Weld™ DP100plus（LH）

【主要组成】 改性环氧树脂、助剂、改性胺固化剂等。

【产品技术性能】 外观：透明；密度：1.14/1.18g/cm^3。固化后的产品性能如下。初固化时间：10min 表干，20min 达到操作强度（大于 0.34MPa）；硬度：83 Shore D；剪切强度：24MPa/内聚破坏/刻蚀 Al-Al，4.5MPa/PC；7d 老化（120℃）：24MPa/内聚破坏/刻蚀 Al-Al；拉伸强度：12.76MPa；体积电阻：6.7×10^{11}Ω；标注测试标准：以上数据测试参照 ASTM D 1002，ASTM D 882。

【特点及用途】 粘接材料广，固化速率快，固化后有一定的柔性；强度高，较好的耐湿热老化性，低卤素（LH 版），UL HB 认证（非 LH 版）。主要用于粘接金属、塑料，也可以应用于电子、交通、建筑暖通、标牌等的组装。

【施工工艺】 该胶是双组分胶（A/B），A 组分和 B 组分的体积配比为 1∶1，双胶筒配合打胶枪和混合嘴，操作非常方便。注意事项：温度低于 16℃时，应采取适当的加温措施，否则对应的固化时间将适当延长；可以通过升高温度的方法加快固化。

【毒性及防护】 本产品固化后为安全无毒物质，但混合前两组分应尽量避免与皮肤和眼睛接触，若不慎接触眼睛，应迅速用清水清洗。

【包装及贮运】 包装：50mL/400mL/5gal 套，保质期 15 个月。贮存于 16～27℃ 的阴凉干燥处。本产品按照非危险品运输。

【生产单位】 3M 中国有限公司。

Aa032 双组分环氧结构胶黏剂 3M™ Scotch-Weld™ D P420（LH）

【英文名】 two-part epoxy adhesives 3M™ Scotch-Weld™ DP420（LH）

【主要组成】 改性环氧树脂、增韧剂、助剂、改性固化剂等。

【产品技术性能】 外观：类白/黑色；密度：1.10/1.12g/cm^3。固化后的产品性能如下。硬度：75～80 Shore D；剪切强度：30MPa/内聚破坏/刻蚀 Al-Al，27.6MPa/内聚破坏/打磨铜-铜；14d 老化（93℃，100%湿度）：27.6MPa/内聚破坏/刻蚀 Al-Al；体积电阻：1.3×10^{14}Ω；标注测试标准：以上数据测试参照

ASTM D 1002。

【特点及用途】 粘接材料广，耐冲击强度高，剥离和剪切强度优异，极好的耐湿热老化性，低卤素（LH 版），通过 UL HB 认证。主要用于粘接金属，可以应用于电子、交通、建筑暖通、标牌等的组装。

【施工工艺】 该胶是双组分胶（A/B），A 组分和 B 组分的体积配比为 1∶2，双胶筒配合打胶枪和混合嘴，操作非常方便。注意事项：温度低于 16℃时，应采取适当的加温措施，否则对应的固化时间将适当延长；可以通过升高温度的方法加快固化。

【毒性及防护】 本产品固化后为安全无毒物质，但混合前两组分应尽量避免与皮肤和眼睛接触，若不慎接触眼睛，应迅速用清水清洗。

【包装及贮运】 包装：50mL/套，保质期 15 个月。贮存于 15～27℃ 的阴凉干燥处。本产品按照危险品运输。

【生产单位】 3M 中国有限公司。

Aa033 环氧胶黏剂 HYJ-4

【英文名】 epoxy adhesive HYJ-4

【主要组成】 二官能度缩水甘油醚、胺类固化剂、填料等。

【产品技术性能】 外观：灰色或浅黄色；密度：1.38g/cm³。固化后的产品性能如下。铝-铝拉剪强度：≥15MPa（－40℃）、≥18MPa（室温）、≥4MPa（100℃）；标注测试标准：拉剪强度按 GB/T 7124—2008。

【特点及用途】 室温固化。适用于粘接各类金属、非金属，适用于大面积粘接和套装。

【施工工艺】 本胶黏剂为双组分（A/B）胶，A 组分和 B 组分的配比为（10～11）∶1。固化条件：温度高于 20℃/3d，10～20℃/5～7d。

【包装及贮运】 包装：500g/套、1000g/套，保质期 1 年。贮存条件：室温、阴凉、干燥处存放，应避免阳光直射。

【生产单位】 航天材料及工艺研究所。

Aa034 环氧聚酰胺胶黏剂 HYJ-14

【英文名】 epoxy adhesive HYJ-14

【主要组成】 改性环氧树脂、聚酰胺类固化剂、助剂等。

【产品技术性能】 外观：棕色；密度：1.42g/cm³。固化后的产品性能如下。铝-铝拉剪强度：≥18MPa（－40℃）、≥18MPa（室温）、≥3MPa（100℃）、≥2MPa（150℃）；铝-铝不均匀扯离强度：≥190N/cm；拉离强度：铝-铝；≥25MPa（室温）、≥4MPa（100℃）、≥3MPa（150℃）；钢-钢；≥35MPa（室温）、≥4MPa（100℃）；标注测试标准：拉剪强度按 GB/T 7124—2008，不均匀扯离强度按 GJB 94—1986，拉离强度按 Q/Dq 141—94。

【特点及用途】 室温固化，有较高的粘接强度和冲击韧性。适用于粘接各类金属、非金属。

【施工工艺】 本胶黏剂为双组分（A/B）胶，A 组分和 B 组分的配比为 1.5∶1。固化条件：固化温度应高于 15℃，温度低于 15℃时应采取适当的加温措施。

【包装及贮运】 包装：500g/套、1000g/套，保质期 1 年。贮存条件：室温、阴凉、干燥处存放，应避免阳光直射。

【生产单位】 航天材料及工艺研究所。

Aa035 环氧腻子胶黏剂 HYJ-15

【英文名】 epoxy putty HYJ-15

【主要组成】 改性环氧树脂、胺类固化剂、填料等。

【产品技术性能】 外观：灰色或浅黄色；密度：1.8g/cm³。固化后的产品性能如下。铝-铝拉剪强度（室温）：≥25MPa；拉离强度（室温）：≥10MPa；标注测试标准：拉剪强度按 GB/T 7124—2008，拉离强度按 Q/Dq 141—94。

【特点及用途】 室温固化，黏稠状腻子。适用于填涂间隙、修整外形、局部密封。

【施工工艺】 本胶黏剂为双组分（A/B）胶，A组分和B组分的配比为5∶1。固化条件：温度高于20℃/3d，10～20℃/（5～7）d。

【包装及贮运】 包装：500g/套、1000g/套，保质期1年。贮存条件：室温、阴凉、干燥处存放，应避免阳光直射。

【生产单位】 航天材料及工艺研究所。

Aa036 环氧胶黏剂 HYJ-60

【英文名】 epoxy adhesive HYJ-60

【主要组成】 改性环氧树脂、填料、助剂和改性固化剂等。

【产品技术性能】 外观：黄色或棕色；密度：1.4g/cm³。固化后的产品性能如下。铝-铝拉剪强度：≥15MPa（－40℃）、≥16MPa（室温）、≥5MPa（120℃）；拉离强度：≥21MPa（室温）、≥7.5MPa（120℃）；标注测试标准：拉剪强度按 GB/T 7124—2008，拉离强度按 Q/Dq 141—94。

【特点及用途】 室温或中温固化，适用于大面积粘接。可满足多数金属、非金属的粘接，特别是非金属复合材料与铝合金的大面积粘接。

【施工工艺】 本胶黏剂为双组分（A/B）胶，A组分和B组分的配比为10∶1。固化条件：室温5～7d或（70±5）℃/2h，一次配胶量可达5kg。

【包装及贮运】 包装：500g/套、1000g/套、5000g/套，保质期1年。贮存条件：室温、阴凉、干燥处存放，应避免阳光直射。

【生产单位】 航天材料及工艺研究所。

Aa037 环氧胶黏剂 HYJ-71

【英文名】 epoxy adhesive HYJ-71

【主要组成】 改性环氧树脂、填料、助剂和固化剂等。

【产品技术性能】 外观：棕色；密度：1.3g/cm³。固化后的产品性能如下。铝-铝拉剪强度：≥10MPa（－40℃）、≥13MPa（室温）、≥1MPa（120℃）；标注测试标准：拉剪强度按 GB/T 7124—2008。

【特点及用途】 室温或中温固化，低黏度。可满足多数金属、非金属的粘接，特别是非金属复合材料与铝合金的大面积粘接和灌封。

【施工工艺】 本胶黏剂为双组分（A/B）胶，A组分和B组分的配比为2∶1。固化条件：室温5～7d或（70±5）℃/2h。

【包装及贮运】 包装：500g/套、1000g/套、5000g/套，保质期1年。贮存条件：室温、阴凉、干燥处存放，应避免阳光直射。

【生产单位】 航天材料及工艺研究所。

Aa038 环氧胶黏剂 FHJ-74

【英文名】 epoxy adhesive FHJ-74

【主要组成】 改性环氧树脂、酚醛树脂、助剂等。

【产品技术性能】 外观：深黄色或红棕色；密度：1.2g/cm³。固化后的产品性能如下。铝-铝拉剪强度：≥8MPa（－40℃）、≥10MPa（室温）、≥1MPa（250℃）；标注测试标准：拉剪强度按 GB/T 7124—2008。

【特点及用途】 室温或中温固化，耐高温。主要可以满足多数金属、非金属的粘接。

【施工工艺】 本胶黏剂为双组分（A/B）胶，A组分和B组分的配比为5∶1。固化条件：室温3～5d或（70±5）℃/2h，固化反应放热较大，配胶量一次不大于500g。

【包装及贮运】 包装：500g/套、1000g/套，保质期1年。贮存条件：室温、阴凉、干燥处存放，应避免阳光直射。

【生产单位】 航天材料及工艺研究所。

Aa039 环氧胶黏剂 FHJ-75

【英文名】 epoxy adhesive FHJ-75

【主要组成】 改性环氧树脂、填料、助剂、酚醛固化剂等。

【产品技术性能】 外观：灰色或黄色；密度：1.4g/cm³。固化后的产品性能如下。铝-铝拉剪强度：≥10MPa（－40℃）、≥10MPa（室温）、≥5MPa（150℃）、≥2MPa（250℃）、≥1MPa（300℃）；标注测试标准：拉剪强度按 GB/T 7124—2008。

【特点及用途】 室温或中温固化，耐高温，可在 300℃短时使用。可满足多数金属、非金属的耐高温粘接。

【施工工艺】 本胶黏剂为双组分（A/B）胶，A 组分和 B 组分的配比为 20∶1。固化条件：室温 3～5d 或（70±5）℃/2h，固化反应放热较大，配胶量一次不大于 500g。

【包装及贮运】 包装：500g/套、1000g/套，保质期 1 年。贮存条件：室温、阴凉、干燥处存放，应避免阳光直射。

【生产单位】 航天材料及工艺研究所。

Aa040 尼龙环氧胶黏剂 NHJ-44

【英文名】 epoxy/nylon adhesive NHJ-44

【主要组成】 改性环氧树脂、尼龙、助剂等。

【产品技术性能】 外观：浅黄色；密度：1.7g/cm³。固化后的产品性能如下。铝-铝拉剪强度：≥10MPa（－253℃）、≥25MPa（－196℃）、≥45MPa（室温）、≥30MPa（80℃）、≥15MPa（120℃）；标注测试标准：拉剪强度按 GB/T 7124—2008。

【特点及用途】 室温或中温固化，高强度，耐低温性优异。适合于 120℃以下金属和非金属的粘接。

【施工工艺】 本胶黏剂为双组分（A/B）胶，A 组分和 B 组分的配比为 100∶1。室温下固化 7d。

【包装及贮运】 包装：500g/套、1000g/套，保质期 1 年。贮存条件：室温、阴凉、干燥处存放，应避免阳光直射。

【生产单位】 航天材料及工艺研究所。

Aa041 小颗粒耐磨损涂层 1201

【英文名】 wear resistant coating 1201

【主要组成】 改性环氧树脂、胺类固化剂、助剂和填料等。

【产品技术性能】 适用期：40 min/100g 混合量；工作温度：－50～120℃；抗压强度：110MPa；拉伸强度：30MPa；剪切强度：15MPa；硬度：90 Shore D。

【特点及用途】 操作性好，可立面施工，固化速度快，减少停车时间。涂层附着坚固，具有优异的耐磨损、耐冲击性能，容易进行混胶。可用于一般负荷磨料磨损和冲蚀磨损设备的大面积修复和预防护，如灰浆泵、水泵、引风机叶轮和壳体、管道、弯管、溜槽、渣浆泵、旋液分离器、离心机叶轮和壳体等的磨损修复及防护。适用于洗煤、选矿的洗选分离系统，电厂、水泥厂和港口集料、输料系统等。

【施工工艺】 打磨待修表面，按比例充分混胶，用胶铲将胶涂敷；按质量比 A∶B＝4∶1 进行混合。

【毒性及防护】 本产品固化后为安全无毒物质，但混合前两组分应尽量避免与皮肤和眼睛接触，若不慎接触眼睛，应迅速用清水清洗。

【包装及贮运】 包装：500g/套或者 10kg/套，保质期 2 年。贮存条件：室温、阴凉处贮存。

【生产单位】 烟台德邦科技有限公司。

Aa042 环氧树脂黏合剂 3510/3610

【英文名】 epoxy resin adhesive 3510/3610

【主要组成】 改性环氧树脂、固化剂和助剂等。

【产品技术性能】 外观：主剂 3510 为黄

色高触变性膏状体，固化剂 3610 为蓝色高触变性膏状体；密度：1.2～1.4g/cm^3；工作温度：－50～120℃；不同温度下 FRP 拉剪强度：＞26MPa（0.5mm 胶层，－40℃）、＞27MPa（0.5mm 胶层，25℃）、＞26MPa（0.5mm 胶层，50℃）、＞11MPa（3mm 胶层，－40℃）、＞14MPa（3mm 胶层，25℃）、＞13MPa（3mm 胶层，50℃）；不同温度下本体拉伸强度：＞50MPa（－40℃）、＞55MPa（25℃）、＞50MPa（50℃）；不同温度下断裂伸长率：＞1.6%（－40℃）、＞2%（25℃）、＞1.7%（50℃）；不同温度下冲击强度：＞11kJ/m^2（－40℃）、＞15 kJ/m^2（25℃）、＞16 kJ/m^2（50℃）。

【特点及用途】 一种高性能的工业黏合剂，使用该产品既能降低制造成本，同时又能获得良好的力学、热学性能，并具有强度高、韧性好、耐高温、耐溶剂性等特点。主要用于船体、风电叶片等大型结构的粘接。

【施工工艺】 按照 3510 与 3610 的质量比为 100∶45 混胶，混胶方式推荐机器混胶，确保混合均匀，然后将混合物压铸进事先准备好的模具中成型，按常温（23±2)℃/24h 后 70℃/7h 进行固化。

【毒性及防护】 本产品固化后为安全无毒物质，但混合前两组分应尽量避免与皮肤和眼睛接触，若不慎接触眼睛，应迅速用清水清洗。

【包装及贮运】 包装：A 200kg/桶，B 90kg/桶，保质期 12 个月。贮存条件：2～8℃贮存。

【生产单位】 烟台德邦科技有限公司。

Aa043 补强胶片 SY-272

【英文名】 reinforcement adhesive sheet SY-272

【主要组成】 环氧树脂、增韧剂、固化剂等。

【产品技术性能】 外观：黑色片状；密度：1.60g/cm^3以下；初粘力：≥5N/mm；补强倍率：≥4。

【特点及用途】 本产品由环氧树脂、增韧剂等材料制造而成。无毒、无味、无污染，具有良好的油面粘接性和补强效果。适用于车身薄板、车门把手、应力集中等处的局部补强，可增强钢板的防撞性、抗疲劳性，防止产生裂纹，减轻震动，消除噪声，降低车身钢板厚度，从而降低制造成本。

【施工工艺】 1. 将胶片上的隔离纸去除，粘贴于需补强的部位压实；2. 随电泳、中涂面漆等工序固化。

【毒性及防护】 本产品为安全无毒物质。

【包装及贮运】 包装：尺寸规格可按用户要求订做，保质期 3 个月。贮存条件：室温、阴凉处贮存。本产品按照非危险品运输。

【生产单位】 三友（天津）高分子技术有限公司。

Aa044 环氧胶黏剂 J-11B 和 J-11C

【英文名】 epoxy adhesive J-11B and J-11C

【主要组成】 环氧树脂、活性稀释剂、固化剂、促进剂等。

【产品技术性能】 外观：无色或浅黄色透明黏稠树脂（甲组分），棕色透明黏稠树脂（乙组分）。固化后的产品性能如下。剪切强度：≥25MPa（20℃）、≥9MPa（60℃）；工作温度：－60～80℃；标注测试标准：以上数据测试参照技术条件 Q/HSY 005—91。

【特点及用途】 黏合度强，韧性强，耐气热交变，耐湿热老化，耐大气老化等。适用于聚酯玻璃钢车身与钢件的粘接，也可用于碳钢、铝合金、不锈钢、碳纤维复合材料、石棉制品、水泥制品、石墨制品等的粘接。

【施工工艺】 该胶是双组分胶（甲/乙），以下是 J-11B 和 J-11C 的分别配比：甲：

乙＝1：1 (J-11B)，甲：乙＝1：1 (J-11C)。将被粘表面首先除去油污，用砂纸打磨或喷砂处理，然后用乙酸乙酯或丙酮将表面擦拭干净备用。注意事项：施工现场的温度不低于18℃，相对湿度应小于70%，交接操作应在清洁、无灰尘、通风良好的环境中进行。

【毒性及防护】 本产品固化后为安全无毒物质，使用中应尽量避免与皮肤和眼睛接触，若不慎接触眼睛，应迅速用清水清洗。

【包装及贮运】 包装：1kg圆铁桶、4kg方铁桶，保质期6个月。贮存条件：产品保存最好在室温下，在阴凉通风处存放，避光密封贮存。本产品按照一般易燃品运输。

【生产单位】 哈尔滨六环胶黏剂有限公司。

Aa045 无味环氧地坪胶

【英文名】 tasteless epoxy floor glue

【主要组成】 环氧树脂、活性稀释剂、固化剂、助剂等。

【产品技术性能】 外观：绿色或蓝色；密度：1.5g/cm³。固化后的产品性能如下。剪切强度：≥20MPa；延伸率：15%；工作温度：－60～150℃；标注测试标准：以上数据测试参照企标 Q/spf 15—2011 和 GB/T 7124—2008。

【特点及用途】 自流平性好，无挥发物和气味，健康环保，对基面的粘接力高，抗冲击，防开裂，耐腐蚀，耐老化。色彩鲜艳。用于水下及潮湿工况下的堵漏修复，如水下或潮湿工况下管道、阀门、壳体、箱体的修补。

【施工工艺】 该胶是双组分胶（A/B），A组分和B组分的质量比为3：1，室温固化。注意事项：当混合量大于1000g时，操作上应快速混合均匀后尽快在地面上摊开，以防散热不利而发生爆聚。

【毒性及防护】 本产品固化后为安全无毒物质，但混合前两组分应尽量避免与皮肤和眼睛接触，若不慎接触眼睛，应迅速用清水清洗。

【包装及贮运】 包装：1kg/套，保质期1年。贮存条件：室温、阴凉处贮存。本产品按照非危险品运输。

【生产单位】 天津市鼎秀科技开发有限公司。

Aa046 等壁厚橡胶衬套石油螺杆钻具专用黏合剂 ZD208

【英文名】 special adhesive ZD208 for rubber bushing oil screw drill

【主要组成】 环氧树脂、固化剂、添加剂、改性剂等。

【产品技术性能】 外观：黑色；密度：1.85g/cm³。固化后的产品性能如下。剪切强度：(30±5) MPa；工作温度：－60～250℃。

标注测试标准：以上数据测试参照企标 DqJy 809—2008 和 GB/T 7124—2008。

【特点及用途】 粘接强度高，耐温好，老化寿命可达20年以上；可室温或加温固化，施工方便。主要用于等壁厚橡胶衬套柔性石油螺杆钻具的金属内外壳体粘接，可大大提高钻杆的散热性，降低橡胶层的承受温度，同时减小了钻具的振动。在同等扭矩下，等壁厚定子的长度可以缩短1/4～1/3，使钻井转向更加自如，同时降低了定子的加工难度和加工成本。也可作高强结构胶使用。

【施工工艺】 该胶是双组分胶（A/B），A组分和B组分的质量比为7：1。注意事项：温度低于15℃时，应采取适当的加温措施，否则对应的固化时间将适当延长；当混合量大于200g时，操作时间将会缩短。

【毒性及防护】 本产品固化后为安全无毒物质，但混合前两组分应尽量避免与皮肤和眼睛接触，若不慎接触眼睛，应迅速用清水清洗。

【包装及贮运】 包装：1kg/套，保质期1年。贮存条件：室温、阴凉处贮存。本产品按照非危险品运输。

【生产单位】 天津市鼎秀科技开发有限公司。

Aa047 专用于PET环氧胶

【英文名】 special epoxy adhesive for PET

【主要组成】 环氧树脂、固化剂、助剂等。

【产品技术性能】 外观：棕红色；密度：1.83g/cm³。固化后的产品性能如下。剪切强度：>10MPa；黏度（25℃）：>100000MPa·s；断裂伸长率：>20%；长期耐温：−45～160℃；标注测试标准：以上数据测试参照企标Q/spe 31—2009和GB/T 7124—2008。

【特点及用途】 双组分室温固化型，柔性与橡胶相似，耐油性远高于各种橡胶。毒性小，使用寿命20年以上。用于PET等塑料薄膜、各种橡胶、纤维制品等的柔性粘接，也可涂在输油管路的法兰盘处作密封圈，取代橡胶密封圈，而且拆装方便。

【施工工艺】 该胶是双组分胶（A/B），A组分和B组分的质量比为2∶1。注意事项：温度低于15℃时，应采取适当的加温措施，否则对应的固化时间将适当延长；当混合量大于200g时，操作时间将会缩短。

【毒性及防护】 本产品固化后为安全无毒物质，但混合前两组分应尽量避免与皮肤和眼睛接触，若不慎接触眼睛，应迅速用清水清洗。

【包装及贮运】 包装：500g/套，保质期1年。贮存条件：室温、阴凉处贮存。本产品按照非危险品运输。

【生产单位】 天津市鼎秀科技开发有限公司。

Aa048 绝缘耐磨胶JN-1

【英文名】 insulation and wear-resistant adhesive JN-1

【主要组成】 环氧树脂、固化剂、耐磨填料、助剂等。

【产品技术性能】 外观：白色；密度：2.3g/cm³。固化后的产品性能如下。剪切强度：(35±5) MPa；工作温度：−60～150℃；硬度：≥96 Shore D；体积电阻率：≥1×10¹⁵ Ω·cm。

【特点及用途】 可室温或加温固化，固化后胶层硬度高，耐磨性能好，抗冲击，绝缘、粘接拉剪强度高，耐腐蚀性和耐老化性能好。用于石油钻杆螺纹连接处及金属管道等的涂覆或粘接。

【施工工艺】 该胶是双组分胶（A/B），A组分和B组分的质量比为3∶1，可室温24h或加温150℃/1h固化。注意事项：温度低于15℃时，应采取适当的加温措施，否则对应的固化时间将适当延长；当混合量大于200g时，操作时间将会缩短。

【毒性及防护】 本产品固化后为安全无毒物质，但混合前两组分应尽量避免与皮肤和眼睛接触，若不慎接触眼睛，应迅速用清水清洗。

【包装及贮运】 包装：500g/套，保质期1年。贮存条件：室温、阴凉处贮存。本产品按照非危险品运输。

【生产单位】 天津市鼎秀科技开发有限公司。

Aa049 玛瑙玉石修补胶MY-1

【英文名】 repair adhesive MY-1 for agate jade

【主要组成】 环氧树脂、补强剂、固化剂、助剂等。

【产品技术性能】 外观：按用户要求调色；密度：2.7g/cm³。固化后的产品性能如下。剪切强度：(30±3) MPa；硬度：

>96 Shore D；工作温度：－60～130℃；标注测试标准：以上数据测试参照企标 Q/spy 12—2014 和 GB/T 7124—2008。

【特点及用途】 双组分、室温固化。粘接力大，硬度高，可打磨抛光。耐腐蚀，永不变色发黄；耐老化性能好。用于玛瑙玉石毛料的缺陷修补。

【施工工艺】 该胶是双组分胶（A/B），A 组分和 B 组分的质量比为 2∶1。注意事项：温度低于 15℃时，应采取适当的加温措施，否则对应的固化时间将适当延长；当混合量大于 200g 时，操作时间将会缩短。

【毒性及防护】 本产品固化后为安全无毒物质，但混合前两组分应尽量避免与皮肤和眼睛接触，若不慎接触眼睛，应迅速用清水清洗。

【包装及贮运】 包装：1kg/套，保质期 1 年。贮存条件：室温、阴凉处贮存。本产品按照非危险品运输。

【生产单位】 天津市鼎秀科技开发有限公司。

Aa050 超低温环氧胶黏剂 HDW

【英文名】 epoxy adhesive HDW with ultra low temperature resistance

【主要组成】 环氧树脂、改性剂、固化剂、补强剂、助剂等。

【产品技术性能】 外观：无色透明；密度：1.2g/cm³。固化后的产品性能如下。剪切强度：≥17MPa（室温）、≥32MPa（－196℃）；体积电阻率：≥1×10¹⁵ Ω·cm；工作温度：－196～150℃；老化寿命：可达 20 年以上。

【特点及用途】 耐超低温，粘接强度高，绝缘、耐腐蚀性和耐老化性能好。此胶对金属、非金属和大多数高分子涂层有很好的粘接力，抗剥离强度高。

【施工工艺】 该胶是双组分胶（A/B），A 组分和 B 组分的质量比为 2.5∶1，室温 6h 以上加 130℃/1h 固化。注意事项：温度低于 15℃时，应采取适当的加温措施，否则对应的固化时间将适当延长；当混合量大于 200g 时，操作时间将会缩短。

【毒性及防护】 本产品固化后为安全无毒物质，但混合前两组分应尽量避免与皮肤和眼睛接触，若不慎接触眼睛，应迅速用清水清洗。

【包装及贮运】 包装：1kg/套，保质期 1 年。贮存条件：室温、阴凉处贮存。本产品按照非危险品运输。

【生产单位】 天津市鼎秀科技开发有限公司。

Aa051 柔性环氧胶黏剂 HR

【英文名】 flexible epoxy adhesive HR

【主要组成】 环氧树脂、柔性改性剂、固化剂、补强剂、助剂等。

【产品技术性能】 外观：微黄；密度：1.2g/cm³。固化后的产品性能如下。剪切强度：≥17MPa（室温）、≥3MPa（120℃）；玻璃化温度（T_g）：102℃；体积电阻率：≥1×10¹⁵ Ω·cm；工作温度：－60～150℃；老化寿命：可达 20 年以上。

【特点及用途】 用环氧树脂改性研制而成的高柔性双组分高强胶黏剂。可室温或加温固化，固化后胶层的柔韧性好，粘接拉剪强度高，耐腐蚀性和耐老化性能好。此胶对金属、非金属和大多数高分子涂层有很好的粘接力，抗剥离强度高。

【施工工艺】 该胶是双组分胶（A/B），A 组分和 B 组分的质量比为 2∶1，室温 6h 以上加 130℃/1h 固化，也可按 50℃/2h 加 130℃/1h 固化。注意事项：温度低于15℃时，应采取适当的加温措施，否则对应的固化时间将适当延长；当混合量大于 200g 时，操作时间将会缩短。

【毒性及防护】 本产品固化后为安全无毒物质，但混合前两组分应尽量避免与皮肤

和眼睛接触，若不慎接触眼睛，应迅速用清水清洗。

【包装及贮运】 包装：500g/套，保质期1年。贮存条件：室温、阴凉处贮存。本产品按照非危险品运输。

【生产单位】 天津市鼎秀科技开发有限公司。

Aa052 透明光学环氧胶 HTML01

【英文名】 optically transparent epoxy adhesive HTML01

【主要组成】 环氧树脂、固化剂、助剂等。

【产品技术性能】 外观：无色透明；密度：1.2g/cm³。固化后的产品性能如下。外观：固化物无色透明；透光率：93%；折射率：1.52；剪切强度：≥8MPa；工作温度：－50～120℃；标注测试标准：以上数据测试参照企标 Q/spt 22—99。

【特点及用途】 室温 5h 固化，无色透明，透光率高，几乎不吸收可见光，耐油、耐溶剂，抗震性好，固化收缩率小。用于复合透镜、复合棱镜等各种光学玻璃、光导纤维、有机玻璃及 PET 薄膜等透明制品的粘接。也可用于玉石翡翠、玛瑙、玻璃制品的修饰、汽车划痕修补、风挡玻璃裂纹修复以及金属、石材、木材、玻璃、陶瓷等材料的粘接、密封、防腐。

【施工工艺】 该胶是双组分胶（A/B），A 组分和 B 组分的质量比为 2∶1，室温 5h 固化。注意事项：温度低于 15℃时，应采取适当的加温措施，否则对应的固化时间将适当延长；当混合量大于 200g 时，操作时间将会缩短。

【毒性及防护】 本产品固化后为安全无毒物质，但混合前两组分应尽量避免与皮肤和眼睛接触，若不慎接触眼睛，应迅速用清水清洗。

【包装及贮运】 包装：500g/套，保质期1年。贮存条件：室温、阴凉处贮存。本产品按照非危险品运输。

【生产单位】 天津市鼎秀科技开发有限公司。

Aa053 凯华牌地铁专用胶

【别名】 JGN 型地铁灌封胶

【英文名】 adhesive for subway

【主要组成】 改性环氧树脂、改性固化剂、助剂等。

【产品技术性能】 外观：浅黄色半透明液体（甲组分），黄色半透明液体（乙组分）；密度：0.9～1.1g/cm³；混合黏度：≤500MPa·s。固化后的产品性能如下。抗拉强度：≥20MPa（GB/T 2567—2008）；受拉弹性模量：≥1500MPa；伸长率：≥1.8%；抗弯强度：≥30MPa（GB/T 2567—2008）；抗压强度：≥50MPa（GB/T 2567—2008）；钢-钢拉伸抗剪强度：≥12MPa（GB/T 7124—2008）；钢-钢不均匀扯离强度：≥15kN/m（GJB 94—1986）；与混凝土的正拉黏结强度：≥2.5MPa，且为混凝土内聚破坏（GB 50367—2013）；不挥发物含量（固体含量）：≥99%（GB/T 2793—1995）。

【特点及用途】 流动性好，渗透力强，主要应用于混凝土缝隙灌注修补、表面密封防腐、防渗。主要应用于地铁施工工程中。

【施工工艺】 该胶是双组分胶（甲/乙），甲组分和乙组分的质量比为 3∶1。注意事项：温度低于 15℃时，应采取适当的加温措施，否则对应的固化时间将适当延长；当混合量大于 5000g 时，操作时间将会缩短。

【毒性及防护】 本产品固化后为安全无毒物质，但混合前两组分应尽量避免与皮肤和眼睛接触，若不慎接触眼睛，应迅速用清水清洗。

【包装及贮运】 包装：10kg/桶或者按需要包装，保质期 1 年。贮存条件：室温、阴凉处贮存。本产品按照非危险品运输。

【生产单位】 大连凯华新技术工程有限公司。

Aa054 凯华牌高触变碳纤维胶

【别名】 JGN型高触变碳纤维胶

【英文名】 thixotropic adhesive for carbone firber

【主要组成】 改性环氧树脂、改性固化剂、助剂等。

【产品技术性能】 外观：灰白色高触变膏状物（甲组分），黑色高触变膏状物（乙组分）；密度：1.3～1.6g/cm^3。固化后的产品性能如下。抗拉强度：≥40MPa（GB/T 2567—2008）；受拉弹性模量：≥2500MPa；伸长率：≥1.8%；抗弯强度：≥55MPa（GB/T 2567—2008）；抗压强度：≥75MPa（GB/T 2567—2008）；钢-钢拉伸抗剪强度：≥18MPa（GB/T 7124—2008）；钢-钢不均匀扯离强度：≥20kN/m（GJB 94—1986）；与混凝土的正拉黏结强度：≥2.5MPa，且为混凝土内聚破坏（GB 50367—2013）；不挥发物含量（固体含量）：≥99%（GB/T 2793—1995）；国内首家通过GB 50728—2011产品认证。

【特点及用途】 与各种品牌的碳纤维都有良好的适配性，主要应用于建筑物、铁路桥梁、公路桥梁、吊车梁等钢筋混凝土结构粘贴碳纤维的加固补强。用途：碳纤维片材加固的配套用胶，适用于高强碳纤维布、碳纤维板、玻璃纤维、芳纶纤维的粘贴，可与各种品牌的碳纤维布配套使用，主要应用于建筑物、铁路桥梁、公路桥梁、吊车梁等钢筋混凝土结构粘贴碳纤维的加固补强，具有良好的抗水、盐、油、碱及稀酸的能力。

【施工工艺】 该胶是双组分胶（甲/乙），甲组分和乙组分的质量比为1∶1。注意事项：温度低于15℃时，应采取适当的加温措施，否则对应的固化时间将适当延长；当混合量大于2kg时，操作时间将会缩短。

【毒性及防护】 本产品固化后为安全无毒物质，但混合前两组分应尽量避免与皮肤和眼睛接触，若不慎接触眼睛，应迅速用清水清洗。

【包装及贮运】 包装：10kg/桶或者按需要包装，保质期1年。贮存条件：室温、阴凉处贮存。本产品按照非危险品运输。

【生产单位】 大连凯华新技术工程有限公司。

Aa055 凯华牌灌缝胶

【别名】 JGN型灌缝胶

【英文名】 potting adhesive

【主要组成】 改性环氧树脂、改性固化剂、助剂等。

【产品技术性能】 外观：浅黄色半透明液体（甲组分），黄色半透明液体（乙组分）；密度：0.9～1.1g/cm^3；混合黏度：≤500MPa·s。固化后的产品性能如下。抗拉强度：≥20MPa（GB/T 2567—208）；受拉弹性模量：≥1500MPa；伸长率：≥1.8%；抗弯强度：≥30MPa（GB/T 2567—2008）；抗压强度：≥50MPa（GB/T 2567—208）；钢-钢拉伸抗剪强度：≥12MPa（GB/T 7124—2008）；钢-钢不均匀扯离强度：≥15kN/m（GJB 94—1986）；与混凝土的正拉黏结强度：≥2.5MPa，且为混凝土内聚破坏（GB 50367—2013）；不挥发物含量：≥99%（GB/T 2793—1995）。

【特点及用途】 流动性好，渗透力强，主要应用于混凝土裂缝灌注修补、表面密封防腐、防渗。主要用途是建筑物裂缝的修补、粘接。

【施工工艺】 该胶是双组分胶（甲/乙），甲组分和乙组分的质量比为3∶1。注意事项：温度低于15℃时，应采取适当的加温措施，否则对应的固化时间将适当延长；当混合量大于2000g时，操作时间将会缩短。

【毒性及防护】 本产品固化后为安全无毒物质，但混合前两组分应尽量避免与皮肤和眼睛接触，若不慎接触眼睛，应迅速用清水清洗。

【包装及贮运】 包装：10kg/桶或者按需要包装，保质期1年。贮存条件：室温、阴凉处贮存。本产品按照非危险品运输。

【生产单位】 大连凯华新技术工程有限公司

Aa056 凯华牌灌钢胶

【别名】 JGN型灌钢胶

【英文名】 potting adhesive

【主要组成】 改性环氧树脂、改性固化剂、助剂等。

【产品技术性能】 外观：乳白色半透明液体（甲组分），红棕色半透明液体（乙组分）；密度：1.0～1.2g/cm³。固化后的产品性能如下。抗拉强度：≥40MPa（GB/T 2567—2008）；受拉弹性模量：≥2500MPa；伸长率：≥1.5%；抗弯强度：≥50MPa（GB/T 2567—2008）；抗压强度：≥70MPa（GB/T 2567—2008）；钢-钢拉伸抗剪强度：≥20MPa（GB/T 7124—2008）；钢-钢不均匀扯离强度：≥20kN/m（GJB 94—1986）；与混凝土的正拉黏结强度：≥2.5MPa，且为混凝土内聚破坏（C50砼）（GB 50367—2013）；不挥发物含量：≥99%（GB/T 2793—1995）；国内首家通过GB 50728—2011产品认证。

【特点及用途】 外包钢建筑结构胶，流淌性好，浸润性好，渗透力强，粘接力大，强度高，经国检中心认证检验，各项技术指标均超过国家强制性标准GB 50367—2006《混凝土结构加固设计规范》中A级胶的要求。主要应用于新旧建筑物钢筋混凝土结构加固外包钢后灌注加固。

【施工工艺】 该胶是双组分胶（甲/乙），甲组分和乙组分的质量比为3：1。注意事项：温度低于15℃时，应采取适当的加温措施，否则对应的固化时间将适当延长；当混合量大于2000g时，操作时间将会缩短。

【毒性及防护】 本产品固化后为安全无毒物质，但混合前两组分应尽量避免与皮肤和眼睛接触，若不慎接触眼睛，应迅速用清水清洗。

【包装及贮运】 包装：12kg/桶，保质期1年。贮存条件：室温、阴凉处贮存。本产品按照非危险品运输。

【生产单位】 大连凯华新技术工程有限公司。

Aa057 凯华牌锚固植筋胶

【别名】 JGN型枪式锚固结构胶

【英文名】 anchor adhesive

【主要组成】 改性环氧树脂、改性固化剂、助剂等。

【产品技术性能】 外观：白色膏状物（甲组分）；黑色膏状物（乙组分）；密度：1.2～1.5g/cm³。固化后的产品性能如下。抗拉强度：≥30MPa（GB/T 2567—2008）；受拉弹性模量：≥2500MPa；伸长率：≥1.5%；抗弯强度：≥40MPa（GB/T 2567—2008）；抗压强度：≥70MPa（GB/T 2567—2008）；钢-钢拉伸抗剪强度：≥18MPa（GB/T 7124—2008）；钢-钢不均匀扯离强度：≥20kN/m（GJB 94—1986）；与混凝土的正拉黏结强度：≥2.5MPa，且为混凝土内聚破坏（C50砼）（GB 50367—2013）；不挥发物含量（固体含量）：≥99%（GB/T 2793—1995）。

螺杆尺寸	钻孔直径 D /mm	钻孔深度 /mm	设计抗拉力 /kN	设计抗剪力 /kN
M8	10	80	7.9	7.9
M10	12	90	12.0	12.2
M12	14	110	17.4	17.8

续表

螺杆尺寸	钻孔直径 D /mm	钻孔深度 /mm	设计抗拉力 /kN	设计抗剪力 /kN
M16	18	145	30.0	33.0
M20	24	180	48.2	51.9
M24	28	220	69.0	74.2
M30	35	280	83.1	120.0

【特点及用途】 特点：锚固力高，适合重型安装与固定；与结构体完全结合，效果如同预埋；抗震动性强，不会产生孔洞风化、老化；非膨胀性化学黏结力，不会造成基材破坏，且有补强作用；广泛适用于混凝土、岩石等多种基材，可配合不同长度和直径的钢筋或螺栓使用，施工更灵活，使用更经济；固化速度快，安装时间短；无需配胶，施工简单、快速、方便；倒吊面、吊挂系统的使用效果亦佳，−5～40℃的温度范围均可施工；耐热性能好；使用安全、清洁。用途：主要用于建筑物各部位梁、柱的钢筋植入、扩建、改建、加固补强、幕墙施工、设备固定安装、房屋装修等工程。长期工作环境温度≤100℃。经国检中心认证检测，JGN型锚固植筋胶的各项技术指标均超过国家强制性标准 GB 50367—2013《混凝土结构加固设计规范》中A级胶的要求。

【施工工艺】 双管塑料筒包装，使用胶枪直接打出，施工方便。注意事项：施胶时最初打出的部分请注意是否混合均匀。

【毒性及防护】 本产品固化后为安全无毒物质，但混合前两组分应尽量避免与皮肤和眼睛接触，若不慎接触眼睛，应迅速用清水清洗。

【包装及贮运】 包装：双管塑料筒包装，每支 360mL/450mL，保质期 1 年。贮存条件：室温、阴凉处贮存。本产品按照非危险品运输。

【生产单位】 大连凯华新技术工程有限公司。

Aa058 凯华牌耐高温建筑结构胶

【别名】 JGN 耐高温建筑结构胶

【英文名】 building structural adhesives

【主要组成】 改性环氧树脂、改性固化剂、助剂等。

【产品技术性能】 外观：乳白色半透明液体（甲组分）；黄色棕色透明液体（乙组分）；混合密度：(1.5±0.1) g/cm³；混合黏度：≤500MPa·s(23℃)；不挥发物含量（固体含量）：≥99%（GB/T 2793—1995）；固化后的产品性能如下。抗拉强度：≥40MPa（GB/T 2567—2008）；受拉弹性模量：≥3500MPa；伸长率：≥1.3%；抗弯强度：≥50MPa（GB/T 2567—2008）；抗压强度：≥70MPa（GB/T 2567—2008）；钢-钢拉伸抗剪强度：≥20MPa（GB/T 7124—2008）；钢-钢不均匀扯离强度：≥20kN/m（GJB 94—1986）；与混凝土的正拉黏结强度：≥2.5MPa，且为混凝土内聚破坏（C50 砼）(GB 50367—2013)；耐温性能：钢-钢剪切，≥12MPa（100℃）、≥11MPa（120℃）、≥10MPa（130℃）、≥9MPa（150℃）。

【特点及用途】 主要应用于建筑物、铁路桥梁、公路桥梁、吊车梁等钢筋混凝土结构粘贴钢板的加固补强。常温固化，在高温下仍然具有很高的强度。可用于钢筋混凝土新旧建筑物受弯受拉构件粘钢加固（维修粘钢加固、抗震粘钢加固、提高构件荷载能力粘钢加固等），钢板与混凝土、混凝土与混凝土、钢板与钢板之间的粘贴；在普通建筑结构胶不能适用的高温场合，需要采用耐高温建筑结构胶。

【施工工艺】 该胶是双组分胶（甲/乙），甲组分和乙组分的质量比为 3∶1。注意事项：当混合量大于 2000g 时，操作时间将会缩短。

【毒性及防护】 本产品固化后为安全无毒物质，但混合前两组分应尽量避免与皮肤

和眼睛接触，若不慎接触眼睛，应迅速用清水清洗。

【包装及贮运】 包装：12kg/桶或者按需要包装，保质期1年。贮存条件：室温、阴凉处贮存。本产品按照非危险品运输。

【生产单位】 大连凯华新技术工程有限公司。

Aa059 凯华牌耐高温碳纤维结构胶

【别名】 JGN耐高温碳纤维结构胶

【英文名】 structural adhesive for carbon fiber

【主要组成】 改性环氧树脂、改性固化剂、助剂等。

【产品技术性能】 外观：乳白色半透明液体（甲组分），黄色棕色透明液体（乙组分）；混合密度：（1.0±0.1）g/cm³；不挥发物含量（固体含量）：≥99%（GB/T 2793—1995）；混合黏度：≤500MPa·s（23℃）。固化后的产品性能如下。抗拉强度：≥40MPa（GB/T 2567—2008）；受拉弹性模量：≥2500MPa；伸长率：≥1.8%；抗弯强度：≥55MPa（GB/T 2567—2008）；抗压强度：≥75MPa（GB/T 2567—2008）；钢-钢拉伸抗剪强度：≥18MPa（GB/T 7124—2008）；钢-钢不均匀扯离强度：≥20kN/m（GJB 94—1986）；与混凝土的正拉黏结强度：≥2.5MPa，且为混凝土内聚破坏（GB 50367—2013）；耐温性能：钢-钢剪切，≥12MPa（100℃）、≥11MPa（120℃）、≥10MPa（130℃）、≥9MPa（150℃）。

【特点及用途】 与各种品牌的碳纤维都有良好的适配性，主要应用于建筑物、铁路桥梁、公路桥梁、吊车梁等钢筋混凝土结构粘贴碳纤维的加固补强。在高温下仍然具有很高的强度。用途：碳纤维片材加固的配套用胶，适用于高强碳纤维布、碳纤维板、玻璃纤维、芳纶纤维的粘贴，可与各种品牌的碳纤维布配套使用，主要应用于建筑物、铁路桥梁、公路桥梁、吊车梁等钢筋混凝土结构粘贴碳纤维的加固补强，具有良好的抗水、盐、油、碱及稀酸的能力。在普通耐温等级的碳纤维胶不能适用的高温场合，需要采用耐高温碳纤维结构胶。

【施工工艺】 该胶是双组分胶（甲/乙），甲组分和乙组分的质量比为3∶1。注意事项：温度低于15℃时，应采取适当的加温措施，否则对应的固化时间将适当延长；当混合量大于2000g时，操作时间将会缩短。

【毒性及防护】 本产品固化后为安全无毒物质，但混合前两组分应尽量避免与皮肤和眼睛接触，若不慎接触眼睛，应迅速用清水清洗。

【包装及贮运】 包装：10kg/桶或者按需要包装，保质期1年。贮存条件：室温、阴凉处贮存。本产品按照非危险品运输。

【生产单位】 大连凯华新技术工程有限公司。

Aa060 凯华牌碳纤维结构胶

【别名】 JGN型碳纤维结构胶

【英文名】 structural adhesive for carbon fiber

【主要组成】 改性环氧树脂、改性固化剂、助剂等。

【产品技术性能】 外观：乳白色半透明液体（甲组分），黄色棕色透明液体（乙组分）；密度：1.2～1.5g/cm³；不挥发物含量（固体含量）：≥99%（GB/T 2793—1995）。固化后的产品性能如下。抗拉强度：≥40MPa（GB/T 2567—2008）；受拉弹性模量：≥2500MPa；伸长率：≥1.8%；抗弯强度：≥55MPa（GB/T 2567—2008）；抗压强度：≥75MPa（GB/T 2567—2008）；钢-钢拉伸抗剪强度：≥18MPa（GB/T 7124—2008）；钢-钢不均匀扯离强度：≥20kN/m（GJB 94—1986）；

与混凝土的正拉黏结强度：≥2.5MPa，且为混凝土内聚破坏（GB 50367—2013）；国内首家通过 GB 50728－2011 产品认证。

【特点及用途】与各种品牌的碳纤维都有良好的适配性，主要应用于建筑物、铁路桥梁、公路桥梁、吊车梁等钢筋混凝土结构粘贴碳纤维的加固补强。作为碳纤维片材加固的配套用胶，适用于高强碳纤维布、碳纤维板、玻璃纤维、芳纶纤维的粘贴，可与各种品牌的碳纤维布配套使用，主要应用于建筑物、铁路桥梁、公路桥梁、吊车梁等钢筋混凝土结构粘贴碳纤维的加固补强，具有良好的抗水、盐、油、碱及稀酸的能力。

【施工工艺】该胶是双组分胶（甲/乙），甲组分和乙组分的质量比为 3∶1。注意事项：温度低于 15℃时，应采取适当的加温措施，否则对应的固化时间将适当延长；当混合量大于 2000g 时，操作时间将会缩短。

【毒性及防护】本产品固化后为安全无毒物质，但混合前两组分应尽量避免与皮肤和眼睛接触，若不慎接触眼睛，应迅速用清水清洗。

【包装及贮运】包装：10kg/桶或者按需要包装，保质期 1 年。贮存条件：室温、阴凉处贮存。本产品按照非危险品运输。

【生产单位】大连凯华新技术工程有限公司。

Aa061 凯华牌建筑结构修补胶

【别名】JGN-Ⅲ型修补胶

【英文名】repair adhesive for building

【主要组成】改性环氧树脂、改性固化剂、助剂等。

【产品技术性能】外观：白色膏状物（甲组分）；黑色膏状物（乙组分）；密度：1.2～1.5g/cm³；不挥发物含量（固体含量）：≥99%（GB/T 2793—1995）。固化后的产品性能如下。抗拉强度：≥30MPa（GB/T 2567—2008）；受拉弹性模量：≥2500MPa；伸长率：≥1.5%；抗弯强度：≥40MPa（GB/T 2567—2008）；抗压强度：≥70MPa（GB/T 2567—2008）；钢-钢拉伸抗剪强度：≥18MPa（GB/T 7124—2008）；钢-钢不均匀扯离强度：≥20kN/m（GJB 94—1986）；与混凝土的正拉黏结强度：≥2.5MPa，且为混凝土内聚破坏（C50 砼）（GB 50367—2013）。

【特点及用途】工艺性能好，触变性能优良。主要应用于钢筋混凝土出现剥离脱落、钢筋外露等构件的修复以及粘钢加固混凝土表面的修补整平。经国检中心认证检验，JGN-Ⅲ建筑结构胶的各项技术指标均超过国家强制性标准 GB 50367—2006《混凝土结构加固设计规范》中 A 级胶的要求。

【施工工艺】该胶是双组分胶（甲/乙），甲组分和乙组分的质量比为 3∶1。注意事项：温度低于 15℃时，应采取适当的加温措施，否则对应的固化时间将适当延长；当混合量大于 2kg 时，操作时间将会缩短。

【毒性及防护】本产品固化后为安全无毒物质，但混合前两组分应尽量避免与皮肤和眼睛接触，若不慎接触眼睛，应迅速用清水清洗。

【包装及贮运】包装：12kg/桶，保质期 1 年。贮存条件：室温、阴凉处贮存。本产品按照非危险品运输。

【生产单位】大连凯华新技术工程有限公司。

Aa062 凯华牌粘钢结构胶

【别名】JGN-Ⅱ型建筑结构胶

【英文名】repair adhesive for building

【主要组成】改性环氧树脂、改性固化剂、助剂等。

【产品技术性能】外观：白色膏状物（甲

组分)；黑色膏状物（乙组分)；密度：1.4～1.6g/cm^3；不挥发物含量（固体含量)：≥99%（GB/T 2793—1995)。固化后的产品性能如下。抗拉强度：≥40MPa（GB/T 2567—2008)；受拉弹性模量：≥3500MPa；伸长率：≥1.3%；抗弯强度：≥50MPa（GB/T 2567—2008)；抗压强度：≥70MPa（GB/T 2567—2008)；钢-钢拉伸抗剪强度：≥20MPa（GB/T 7124—2008)；钢-钢不均匀扯离强度：≥20kN/m（GJB 94—1986)；与混凝土的正拉黏结强度：≥2.5MPa，且为混凝土内聚破坏（C50 砼）（GB 50367—2013)；国内首家通过 GB 50728—2011 产品认证。

【特点及用途】 特点：拉伸、剪切强度高，抗冲击、耐老化、耐疲劳性能优良；具有优异的触变性，较好的抗水、油、碱及稀酸介质的能力；夏季施工不流淌，冬季低温施工可操作性好，性能卓越。不掺有挥发性溶剂和非反应性稀释剂；固化剂主成分不含乙二胺；不含甲醛，无毒无害，绿色环保。用途：1. 钢筋混凝土新旧建筑物受弯受拉构件粘钢加固（维修粘钢加固、抗震粘钢加固、提高构件荷载能力粘钢加固等)，钢板与混凝土、混凝土与混凝土、钢板与钢板之间的粘贴；2. 锚固钢筋、螺栓；3. 金属、陶瓷、石材、木材、玻璃等材料的自粘与互粘；4. 各种金属框架与混凝土的黏结、固定；5. 测试陶瓷、砂浆黏结强度的试件粘贴。

【施工工艺】 该胶是双组分胶（甲/乙)，甲组分和乙组分的质量比为 3∶1。注意事项：温度低于 15℃时，应采取适当的加温措施，否则对应的固化时间将适当延长；当混合量大于 4kg 时，操作时间将会缩短。

【毒性及防护】 本产品固化后为安全无毒物质，但混合前两组分应尽量避免与皮肤和眼睛接触，若不慎接触眼睛，应迅速用清水清洗。

【包装及贮运】 包装：12kg/桶，保质期1年。贮存条件：室温、阴凉处贮存。本产品按照非危险品运输。

【生产单位】 大连凯华新技术工程有限公司。

Aa063 凯华牌植筋胶

【别名】 JGN 型植筋胶

【英文名】 anchor adhesive JGN

【主要组成】 改性环氧树脂、改性固化剂、助剂等。

【产品技术性能】 外观：灰白色膏状物（甲组分)，黑色黏稠物（乙组分)；密度：1.5～1.7g/cm^3；固含量：≥99%。固化后的产品性能如下。粘接强度：钢-钢（钢套筒法）剪切强度≥18MPa；胶体性能：劈裂抗拉强度≥8.5MPa，抗弯强度≥50MPa，抗压强度≥60MPa；耐温指标：胶黏剂完全固化后的环境使用温度不得超过 60℃；湿热老化：90d 后钢-钢抗剪强度下降率≤10%；抗冻融：50 次冻融循环后钢-钢剪切强度≥18MPa；耐介质：10%硫酸、10%烧碱、20%盐水、酒精、汽油、丙酮、甲苯中浸泡 3 个月后，钢-钢剪切强度保持率≥95%。

【特点及用途】 JGN 植筋锚固结构胶的黏结强度高，耐老化、耐疲劳性能优良，国内首家通过 GB 50728—2011 产品认证。主要适用于钢筋、螺栓的锚固，被广泛应用于建筑、桥梁工程中螺纹钢、圆钢、螺杆、地脚螺栓、金属型材与混凝土、岩石、砖墙等基材的锚固生根。

【施工工艺】 该胶是双组分胶（甲/乙)，甲组分和乙组分的质量比为 3∶1。注意事项：温度低于 15℃时，应采取适当的加温措施，否则对应的固化时间将适当延长；当混合量大于 2kg 时，操作时间将会缩短。

【毒性及防护】 本产品固化后为安全无毒物质，但混合前两组分应尽量避免与皮肤

和眼睛接触，若不慎接触眼睛，应迅速用清水清洗。

【包装及贮运】 包装：12kg/桶或者按需要包装，保质期 1 年。贮存条件：室温、阴凉处贮存。本产品按照非危险品运输。

【生产单位】 大连凯华新技术工程有限公司。

Aa064 胶黏剂 RTP-801

【英文名】 adhesive RTP-801

【主要组成】 改性环氧树脂、固化剂等。

【产品技术性能】 1. 粘接 20$^{\#}$ 钢、铝合金、紫铜和不锈钢的剪切强度均大于 15MPa。2. 不同材料相粘接的常温拉伸强度，LY12CZ 铝-被银压电陶瓷、黄铜-被银压电陶瓷大于 15MPa；20$^{\#}$ 钢-被银压电陶瓷大于 20MPa；20$^{\#}$ 钢-压电陶瓷大于 25MPa。3. 20$^{\#}$ 钢粘接件不同温度和老化时间后的常温测试强度见下表。

老化温度/℃ \ 剪切强度/MPa \ 老化时间/h	0	168	336	504
130	23.3	28	26.9	27.4
150	23.3	27.6	28.6	26
170	23.3	27.6	28.5	30
190	23.3	29.6	27.5	24.3

4. 20$^{\#}$ 钢粘接件在 70～150℃ 的乙基硅油中浸泡 500h 后，常温测试剪切强度略有提高，为 25.4～27.2MPa。5. 硬度（布氏 HB）：18.5～21。6. 体积电阻率：$1.75\times10^{15}\sim1.08\times10^{16}\Omega\cdot cm$。

【特点及用途】 使用温度范围为常温至 190℃，常温固化具有中温固化的粘接强度，用于压电陶瓷换能器的胶接装配，也可用于铝合金、不锈钢和铜等金属以及玻璃、陶瓷、玻璃钢、胶水和硬塑料等材料的粘接。

【施工工艺】 甲、乙两组分按照 4∶1（质量比）混合均匀，需要时可另加 280 目石英粉 2.5 份。适用期为 20℃/1h，将胶液涂于经清洁处理的被粘物表面上，使胶层薄而均匀。若气温较低时，被粘件可稍加加热后再涂胶，压力 0.05～19.6MPa，25℃需要 24h。

【包装及贮运】 将本产品密封存放于阴凉、干燥处。贮存期为 6 个月。

【生产单位】 黎明化工研究设计院有限责任公司。

Aa065 快固胶黏剂 J-2015

【英文名】 fast curing adhesive J-2015

【主要组成】 环氧树脂、改性固化剂等。消耗定额：环氧树脂 550kg/t，固化剂 260kg/t，填料 250kg/t。

【产品技术性能】 外观：黄褐色；

不同材料的粘接剪切强度见下表。

材料名称	25℃/5h	60℃/2h
LY12CZ	15MPa	20MPa
45$^{\#}$ 钢	13MPa	19MPa
不锈钢	13MPa	24MPa
黄铜	15MPa	16MPa

【特点及用途】 本品室温 1h 就可初固化，使用简便。能粘接金属、陶瓷、胶木等多种材料，亦可作为家庭修补用。

【毒性及防护】 本产品无溶剂、毒性低，但仍不应直接接触，如皮肤、衣服上粘有胶时，可用酒精棉球擦去，万一进入眼睛时，应立即用水冲洗，并请医生诊断。

【包装及贮运】 将本产品密封存放于阴

凉、干燥处。贮存期为6个月。

【生产单位】 黎明化工研究设计院有限责任公司。

Aa066 常温快速固化环氧胶 HY-911

【英文名】 room temperature rapid curing epoxy adhesive HY-911

【主要组成】 由（甲）双酚A环氧树脂、液体端羧基聚丁二烯和（乙）特殊的三氟化硼络合物作固化剂组成。

【产品技术性能】 外观：甲组分为乳黄色黏稠状物，乙组分为琥珀色黏稠液体；黏度：1～3Pa·s。1. 铝合金在不同配比和不同测试温度下的强度见下表。

配比(甲：乙)		3：1	5：1	7：1
剪切强度/MPa	常温	≥21	≥20	≥18
	100℃	≥2	≥8	≥10

2. 耐老化性能：铝合金粘接件在下列条件下老化后常温测试强度，剪切强度为27MPa（150℃热老化200h）、22.9MPa（自然老化半年）。3. 耐介质性能：铝合金粘接件在下列条件下接种浸泡后常温测试强度。

介质及条件	浸汽油30d	浸水10d	水煮5h	空白
剪切强度/MPa	24.8	24.8	19.5	21.7

【特点及用途】 使用温度范围为－60～120℃，这种胶使用方便，固化速度快，粘接强度高，在稍高的温度下仍有较高的粘接强度，适合快速定位粘接、应急修复及某些特殊场合。用于油井引爆管和射孔弹的密封和粘接，玻璃钢管的粘接，代替铜焊等。

【施工工艺】 配比为甲：乙＝(3～9)：1。每次1～3g量，配比温度25℃，混合时间1～3min，刮涂后迅速叠合，25℃下固化需0.5～2h。

【包装及贮运】 甲、乙两组分分别装于软管中。贮存于干燥阴凉处，贮存期为半年。本品为非危险品，按一般化工产品运输。

【生产单位】 天津市合成材料工业研究所有限公司。

Aa067 常温瞬时固化环氧胶 HY-911（Ⅱ）

【英文名】 instant epoxy adhesive HY-911（Ⅱ）

【主要组成】 由（A）双酚A环氧树脂、聚氯乙烯溶胶、石英粉、气相白炭黑和（B）三氟化硼四氢呋喃络合物、磷酸、2-甲基咪唑、气相白炭黑组成。

【产品技术性能】

固化时间/h	剪切强度/MPa
0.5	10.1～15.9
1	14.6～18.3
2	17.6～20.6
24	19.6

【特点及用途】 固化速度快，用于金属和除烯烃以外的非金属材料的粘接。

【施工工艺】 每次1～3g量，配比温度25℃，混合时间1～3min，刮涂后迅速叠合，25℃下固化需0.5～2h，A、B两组分用完后将盖旋紧。

【包装及贮运】 甲、乙两组分分别装于软管中。贮存于干燥阴凉处，贮存期为半年。本品为非危险品，按一般化工产品运输。

【生产单位】 天津市合成材料工业研究所有限公司。

Aa068 双组分室温固化糊状胶 SY-21、SY-23B

【英文名】 two-part room temperature curable paste adhesive SY-21、SY-23B

【主要组成】 环氧树脂、固化剂和其它助剂等。

【产品技术性能】

<table>
<tr><th colspan="2">性　能</th><th>SY-21</th><th>SY-23B</th></tr>
<tr><td rowspan="2">外观</td><td>甲组分</td><td>乳白色糊状</td><td>琥珀色黏稠液体</td></tr>
<tr><td>乙组分</td><td>棕黄色糊状</td><td>乳白色糊状</td></tr>
<tr><td>质量比</td><td>甲：乙</td><td>4：3</td><td>1：1</td></tr>
<tr><td rowspan="2">室温剪切强度/MPa</td><td>铝合金</td><td>24</td><td>30.9</td></tr>
<tr><td>钛合金</td><td>28</td><td>29.5</td></tr>
<tr><td colspan="2">Bell 剥离强度/(kN/m)</td><td>2.1</td><td>4.2</td></tr>
</table>

【特点及用途】 SY-21、SY-23B 均为可室温固化的双组分环氧树脂，有较高的强度和韧性，耐介质好。用于金属、非金属、复合材料及陶瓷等的粘接。SY-21 胶已用于大型框架结构中铝合金板材与加强筋的胶接。SY-23B 已用于 GOLF 碳纤维球杆与钛合金球杆头的胶接。

【施工工艺】 铝试样表面可进行磷酸阳极化处理，其它试样可采用砂纸打磨处理，用丙酮擦拭；分别从甲、乙两组分中按照要求混合至颜色均一。25℃时 100g 胶的施工期为 2h，将配好的胶均匀涂在待粘接面上，然后将其合拢、定位并施以接触压力固化。25℃/5h，60℃/(2～4h)，100℃/1h 固化。

【包装及贮运】 SY-21、SY-23B 胶均分为甲、乙两个组分，分别用塑料瓶（每组 2kg）或铁桶（8.5kg）包装。该胶应密闭贮存于阴凉、干燥处，切忌吸水和长期敞露。贮存期为 1 年。SY-21、SY-23B 胶均不含挥发性溶剂，可以按照非易燃易爆化学品运输。

【生产单位】 中国航空工业集团公司北京航空材料研究院。

Aa069 透明环氧胶 SK-110

【英文名】 transparent epoxy adhesive SK-110

【主要组成】 环氧树脂、固化剂和其他助剂等

【产品技术性能】

<table>
<tr><th rowspan="2">产品名称</th><th rowspan="2">配比</th><th colspan="3">指标</th></tr>
<tr><th>外观</th><th>固化速度</th><th>剪切强度/MPa</th></tr>
<tr><td>10min 快干透明环氧胶</td><td>A：B=(1～1.5)：1</td><td>A、B 两组分均为无色或浅黄色黏稠液体</td><td>5～10min 硬化（常温调胶 5～10g）</td><td>≥8</td></tr>
</table>

【特点及用途】 固化快、粘接强度高、耐水、耐油、耐弱碱、耐老化。广泛应用于金属和非金属材料的自粘和互粘，用于硬质材料的粘接和修补，建筑材料的粘接，汽车零件、电子元件的组装，宝石玉器、工艺品及古董的粘接和修补。

【施工工艺】 1. 粘接面去油、除锈、清洁和干燥；2. A、B 两组分按表格中的配比混匀后涂于粘接表面，合拢施压即可，常温 3～10min 硬化，24h 达到最高强度。

【包装及贮运】 34mL/套软管包装或 24kg/套、40kg/套塑料桶大包装。阴凉干燥处密封保存，保质期为 1 年，按非易燃品运输。

【生产单位】 湖南神力胶业集团。

Aa070 快固化黑白胶 SK-113

【英文名】 fast curing adhesive SK-112

【主要组成】 环氧树脂、固化剂和其他助剂等。

【产品技术性能】 外观：A 组分为乳白色至灰色黏稠液体，B 组分为黑色至灰黑色黏稠液体；剪切强度（钢-钢）：≥8MPa；固化速度：常温 30min 初硬化；耐温范围：－40～100℃；化学性能：耐油、耐水、耐弱酸碱。

【特点及用途】 本品为双组分室温快固环氧胶，强度高，低温可固化，也可在水中固化。可以用来粘接金属、陶瓷、石墨、

石材等材料，如彩电、冰箱、仪器仪表、水灶、铁桶、高档家具、日常用品、农具用品、机械设备。

【施工工艺】 1. 粘接面去油、除锈、清洁和干燥；2. A、B两组分按质量比1∶1混匀后，涂于粘接表面，合拢施压即可，破损面较大时，可在棉布上均匀涂胶后贴在粘接面上压紧，再在棉布上涂一层薄薄的胶，有利于提高粘接效果，也可采用外敷捆扎或机械加固的方法来提高粘接强度。

【包装及贮运】 34g/套铝管包装或20kg/套、40kg/套塑料桶大包装。阴凉干燥处密封保存，保质期为1年，按非易燃品运输。

【生产单位】 湖南神力胶业集团。

Aa071 透明环氧胶（SK-115、SK-116、SK-117、SK-118、SK-1171、SK-1181）

【英文名】 transparent epoxy adhesive（SK-115、SK-116、SK-117、SK-118、SK-1171、SK-1181）

【主要组成】 环氧树脂、固化剂和其他助剂等。

【产品技术性能】

产品名称	型号	指标		
		外观	固化速度	剪切强度/MPa
固化透明环氧胶(1∶1)	SK-115	A组分为浅黄色或无色黏稠液体;B组分为浅黄色或棕红色黏稠液体	30min硬化	≥8
固化透明环氧胶(1∶1)	SK-116		1h硬化	≥10
固化透明环氧胶(1∶1)	SK-117		2h硬化	≥8
固化透明环氧胶(1∶1)	SK-118		4h硬化	≥10
固化透明环氧胶(2∶1)	SK-1171	A、B两组分为均匀无色透明液体	2h硬化	≥8
固化透明环氧胶(2∶1)	SK-1181		4h硬化	≥10

【特点及用途】 室温固化、耐水、耐油、耐弱碱、耐老化性能优良，韧性好，强度高。广泛应用于金属和非金属材料的自粘和互粘，如玻璃、陶瓷、金属、木材等；用于电子灌封、建筑、家具、化工、工艺品等行业。

【施工工艺】 1. 粘接面去油、除锈、清洁和干燥；2. A、B两组分按表格中的配比混匀后，涂于粘接表面，合拢施压即可。

【包装及贮运】 40kg/套塑料桶大包装。阴凉干燥处密封保存，保质期为1年，按非易燃品运输。

【生产单位】 湖南神力胶业集团。

Aa072 水箱灶专用胶 SK-119

【英文名】 adhesive SK-119 for water trunk

【主要组成】 环氧树脂、固化剂和其它助剂等。

【产品技术性能】 外观：A组分为灰白色黏稠液体；B组分为棕黄色至灰黑色黏稠液体；剪切强度（钢-钢）：≥10MPa；固化速度：常温2～3h硬化；耐温：－20～100℃。

【特点及用途】 本品为双组分环氧胶，具有优良的粘接密封性能、耐水、耐压等特点。适用于水箱灶中金属与金属的粘接密封和修补堵漏，对金属、陶瓷、混凝土有良好的粘接性。

【施工工艺】 1. 粘接面去油、除锈、清洁和干燥；2. A、B两组分按体积比1∶1混匀后，涂于粘接表面，合拢施压即可。

【包装及贮运】 1kg/套、12kg/件或7kg/套、14kg/件铁桶包装。阴凉干燥处密封保存，保质期为1年，按非易燃品运输。

【生产单位】 湖南神力胶业集团。

Aa073 环氧型胶黏剂 SW-2（SW-3）

【英文名】 epoxy adhesive SW-2（SW-3）

【主要组成】 环氧树脂、胺类固化剂及增韧剂等。

【产品技术性能】 剪切强度：≥9.8MPa（－60℃）、≥14.7MPa（25℃）、≥9.8MPa（60℃）；不均匀抽离强度（25℃）：≥150kN/m。

【特点及用途】 双组分、无溶剂、室温固化。可用于钢、铝、不锈钢、黄铜及玻璃钢、木材、陶瓷等材料的粘接和汽车拖拉机等零件的修补。

【施工工艺】 1. 粘接面去油、除锈、清洁和干燥；2. 甲、乙两组分按体积比2.5：1混匀后，涂于粘接表面，合拢施压即可，25℃时，固化24h。

【毒性及防护】 微毒，避免与皮肤直接接触。

【包装及贮运】 1kg、5kg铁桶包装。阴凉干燥处密封保存，保质期为1年，按非易燃品运输。

【生产单位】 上海华谊（集团）公司—上海市合成树脂研究所。

Aa074 室温固化环氧树脂胶黏剂J-18

【英文名】 room temperature curable epoxy adhesive J-18

【主要组成】 环氧树脂、聚乙烯缩丁醛、聚酰胺固化剂等。

【产品技术性能】 剪切强度：≥18MPa（－55℃）、≥10MPa（20℃）、≥3MPa（60℃）；非抽离强度（25℃）：≥30kN/m；剥离强度：≥2kN/m；以上测试参考CB-SH-0009—85。

【特点及用途】 双组分溶剂型胶黏剂，室温固化，适用期长，施工简单，无毒无异味，耐油、耐水、耐大气老化。广泛用于各种金属、非金属的粘接，用于人造革、软硬泡沫塑料与金属的粘接，也可以用于飞机、汽车、轮船及建筑内部的装饰。

【施工工艺】 1. 粘接面去油、除锈、清洁和干燥；2. 甲、乙两组分按2.5：1混匀后，涂于粘接表面，合拢施压即可，25℃时，24h基本固化，7d达到最高强度。

【毒性及防护】 甲组分溶剂无毒、溶质有毒，乙组分无毒。应在通风处配胶，固化后的固化产物无毒。

【包装及贮运】 用1kg以上的铁桶包装。阴凉干燥处密封保存，保质期为半年，按非易燃品运输。

【生产单位】 黑龙江省科学院石油化学研究院。

Aa075 室温固化环氧树脂胶黏剂J-22

【英文名】 room temperature curable epoxy adhesive J-22

【主要组成】 环氧树脂、增韧剂、聚酰胺固化剂等。

【产品技术性能】 剪切强度：≥25MPa（20℃）、≥6MPa（60℃）；非抽离强度（25℃）：≥600kN/m；拉伸强度：≥45MPa。

【特点及用途】 双组分室温固化，适用期长，施工简单，无毒无异味，耐油、耐水、耐湿热、韧性好。广泛用于各种金属、非金属的粘接、密封和修补。

【施工工艺】 1. 粘接面去油、除锈、清洁和干燥；2. 甲、乙两组分按1：1混匀后，涂于粘接表面，合拢施压即可，25℃时，24h基本固化，7d达到最高强度，也可以80℃固化2h。

【毒性及防护】 甲组分溶剂无毒，乙组分有毒。应在通风处配胶，固化后的固化产物无毒。

【包装及贮运】 用1kg以上的铁桶或者塑料桶按照组分分别包装。阴凉干燥处密封保存，保质期为半年，按非易燃品运输。

【生产单位】 黑龙江省科学院石油化学研究院。

Aa076 室温固化环氧树脂填充料 J-22-1

【英文名】 room temperature curable epoxy potting material J-22-1

【主要组成】 环氧树脂、增韧剂、聚酰胺固化剂等。

【产品技术性能】 剪切强度：≥30MPa（－55℃）、≥30MPa（20℃）、≥5MPa（80℃）；非抽离强度（20℃）：90～100kN/m；拉伸强度（20℃）：≥50MPa。

【特点及用途】 双组分，无溶剂，室温固化，适用期长，施工简单，无毒无异味，耐油、耐水、耐湿热、韧性好。广泛用于各种金属、非金属的粘接、密封和修补。用于直升机、飞机的制造。

【施工工艺】 1. 粘接面去油、除锈、清洁和干燥；2. 甲、乙两组分按1∶1混匀后，涂于粘接表面，合拢施压即可，25℃时，24h基本固化，7d达到最高强度，也可以80℃固化2h。

【毒性及防护】 甲组分溶剂无毒，乙组分有毒。应在通风处配胶，固化后的固化产物无毒。

【包装及贮运】 用1kg以上的铁桶或者塑料桶按甲乙组分分别包装。室温密封避光保存，保质期为半年，按非易燃品运输。

【生产单位】 黑龙江省科学院石油化学研究院。

Aa077 微波方舱用胶黏剂 J-119

【英文名】 adhesive J-119 with microwave square storehouse

【主要组成】 环氧树脂、聚酰胺固化剂等。

【产品技术性能】 剪切强度：≥20MPa（－55℃）、≥20MPa（20℃）、≥5MPa（100℃）；非抽离强度（25℃）：≥35kN/m；适用期：≥5～6h；以上测试参考 Q/HSY 046—93。

【特点及用途】 双组分室温固化，适用期长，施工简单。广泛用于各种金属、非金属的粘接、密封和修补。用于军用微波方舱、摩托车、拖拉机、农用机械的制造。

【施工工艺】 1. 粘接面去油、除锈、清洁和干燥；2. 甲、乙两组分按1∶1混匀后，涂于粘接表面，合拢施压即可，25℃时，24h基本固化，7d达到最高强度，也可以60℃固化2h。可以大面积涂胶，工艺粗犷。

【毒性及防护】 甲组分溶剂无毒，乙组分有毒。应在通风处配胶，固化后的固化产物无毒。

【包装及贮运】 用1kg以上的铁桶包装。阴凉干燥处密封保存，保质期为半年，按非易燃品运输。

【生产单位】 黑龙江省科学院石油化学研究院。

Aa078 室温固化高韧性环氧结构胶黏剂 J-135

【英文名】 room temperature curable epoxy structural adhesive J-135 with high tougheness

【主要组成】 改性环氧树脂、丁腈橡胶、混合类固化剂等。

【产品技术性能】 剪切强度：≥20MPa（－55℃）、≥25MPa（25℃）、≥9.1MPa（80℃）；T型剥离强度（25℃）：≥25N/cm；以上测试参考 Q/HSU 059—95。

【特点及用途】 双组分室温固化，高剥离强度，在胶层厚度较高的情况下仍具有很高的剪切强度。主要用于各种金属、非金属及复合材料结构件的胶接，特别适用于表面不规则、不平整、配合间隙大、固化时胶接面不能施压的结构件间的胶接。

【施工工艺】 1. 粘接面去油、除锈、清洁和干燥；2. 甲、乙两组分按100∶23混匀后，涂于粘接表面，合拢施压即可，25℃时，6～8h凝胶，4～7d达到最高强度，也可以 60℃固化 2h。可以大面积涂胶，工艺粗犷。

【毒性及防护】 配胶、涂胶应在通风处进行。如不慎有胶接触皮肤，应用脱脂棉球蘸乙酸乙酯把胶擦去，再用肥皂水和清水清洗皮肤。

【包装及贮运】 甲组分用小铁桶密封包装，乙组分用细口玻璃瓶密封包装。阴凉干燥处密封保存，保质期为半年，按非易燃品运输。

【生产单位】 黑龙江省科学院石油化学研究院。

Aa079 室温固化耐高温胶黏剂 J-168

【英文名】 room temperature curable adhesive J-168 with high heat resistance

【主要组成】 改性环氧树脂、填料、聚酰胺固化剂等。

【产品技术性能】 剪切强度：≥20MPa（−55℃）、≥13.5MPa（20℃）、≥5.1MPa（100℃）、≥4.5MPa（125℃）、≥1MPa（250℃）；以上测试参考 CB-SH-0109—2001。

【特点及用途】 多组分，室温固化，耐高温、耐热老化性能优异。长期耐热 200℃，短期耐 250℃。广泛用于耐高温金属、非金属材料的粘接。已用于飞机不可拆卸螺栓的固定。

【施工工艺】 1. 粘接面去油、除锈、清洁和干燥；2. 甲、乙、丙三组分按 100∶20∶12 混匀后，涂于粘接表面，合拢施压即可，25℃时，1d 达到最高强度，也可以 60℃固化 1h。

【毒性及防护】 甲组分无毒，乙、丙两组分有毒。应在通风处配胶，固化后的固化产物无毒。

【包装及贮运】 用 1kg 以上的铁桶或塑料桶按组分分别包装；室温密封避光贮存，贮存期为 1 年，按照一般易燃品发运。

【生产单位】 黑龙江省科学院石油化学研究院。

Aa080 室温固化耐高温环氧树脂胶黏剂 J-183

【英文名】 room temperature curable epoxy adhesive J-183 with high heat resistance

【主要组成】 改性环氧树脂、醚巯固化剂、叔胺等

【产品技术性能】 剪切强度：≥20MPa（−55℃）、≥20MPa（20℃）、≥1.4MPa（200℃）；室温凝胶时间：20min；以上测试参考 WS9 9921-2000。

【特点及用途】 易配制，室温快速固化，耐高温。用于各种金属、非金属、复合材料结构件的胶接、密封，电子器件的灌封以及军品、民用产品的快速修补。

【施工工艺】 1. 粘接面去油、除锈、清洁和干燥；2. 甲、乙两组分按 1∶1 的比例混匀后，室温的适用期为 8～10min。将混合胶液迅速涂于已经处理好的工件的待粘接表面或者待填充空腔，施压接触定位。25℃时，20min 可凝胶，1～3d 后可达到最高强度。

【毒性及防护】 本产品低毒。如不慎有胶接触皮肤，应用脱脂棉球蘸乙酸乙酯把胶擦去，再用肥皂或清水洗净皮肤。

【包装及贮运】 甲、乙两组分分别用铝制软管密封包装；室温密封避光贮存，贮存期为半年，按照一般易燃品发运。

【生产单位】 黑龙江省科学院石油化学研究院。

Aa081 隐身涂层用粘接材料 J-194

【英文名】 bonding material J-194 for camouflage coatings

【主要组成】 环氧树脂、增韧剂、固化剂等。

【产品技术性能】 剪切强度：≥15MPa（20℃）；黏附强度：≥8MPa；柔韧性（20℃）：1mm；以上测试参考 CB-SH-

0096—2000。

【特点及用途】 双组分，室温固化，柔韧性好。该胶黏剂材料主要用于××型号导弹的弹头，作为隐身涂层基体材料使用。

【施工工艺】 1. 粘接面去油、除锈、清洁和干燥；2. 甲、乙两组分按 10∶1 混匀后，涂于粘接表面，合拢施压即可，室温下快速定位，7d 达到最高强度。

【毒性及防护】 甲组分无毒，乙组分有毒。应在通风处配胶，固化后的固化产物无毒。

【包装及贮运】 用 1kg 以上的铁桶或塑料桶按组分分别包装；室温密封避光贮存，贮存期为 1 年，按照一般易燃品发运。

【生产单位】 黑龙江省科学院石油化学研究院。

Aa082 室温固化耐高温胶黏剂 J-200-1B

【英文名】 room temperature curable adhesive J-200-1B with heat resistance

【主要组成】 改性环氧树脂、增韧剂、固化剂等。

【产品技术性能】 剪切强度：≥20MPa（−55℃）、≥25MPa（20℃）、≥12MPa（125℃）、≥8MPa（150℃）、≥4MPa（200℃）、≥2MPa（250℃）；90°剥离强度：≥4kN/m；以上测试参考 CB-SH-0016—2001。

【特点及用途】 双组分，室温固化，耐热、剥离强度高。广泛应用于各种耐热金属、非金属的粘接、密封和修补。

【施工工艺】 1. 粘接面去油、除锈、清洁和干燥；2. 甲、乙、丙三组分按 100∶32∶5 混匀后，涂于粘接表面，合拢施压即可，室温下 24h 达到最高强度。

【毒性及防护】 甲组分无毒，乙组分有毒，丙组分无毒。应在通风处配胶，固化后的固化产物无毒。

【包装及贮运】 用 1kg 以上的铁桶或塑料桶按组分分别包装；室温密封避光贮存，贮存期为 1 年，按照一般易燃品发运。

【生产单位】 黑龙江省科学院石油化学研究院。

Aa083 结构胶黏剂 WSJ-628

【英文名】 structural adhesive J-611

【主要组成】 环氧树脂、固化剂、助剂等。

【产品技术性能】 外观：A 组分为浅黄色黏稠液体，B 组分为深棕色黏稠液体；剪切强度（45# 钢）：≥15MPa（−60℃）、≥20MPa（20℃）、≥15MPa（50℃）。

【特点及用途】 该胶黏剂强度高，使用方便。可用于金属、玻璃、陶瓷、水泥及塑料、橡胶的粘接。

【施工工艺】 1. 粘接面去油、除锈、清洁和干燥以及粗化，粗化后用丙酮或溶剂汽油擦净晾干；2. 甲、乙两组分按质量比 5∶2 混匀后，涂于粘接表面，合拢施压即可，室温下放置 24h。

【包装及贮运】 该胶黏剂有大小两种包装形式，大包装为镀锌铁皮桶，A 组分每桶净重 2kg，B 组分每桶净重 0.8kg；小包装为金属软管，A 组分每管净重 100g，B 组分每管净重 40g，阴凉处贮存，保质期为 12 个月。过期后经检验合格仍可使用。该胶不含溶剂，可按非危险品运输。

【生产单位】 中国兵器工业集团第五三研究所。

Aa084 导轨胶黏剂 J-2012

【英文名】 adhesive J-2012 for guide rail

【主要组成】 环氧树脂、固化剂、改性剂和填料。消耗定额（kg/t）：环氧树脂（工业级）250；改性剂 1（工业级）125；固化剂（工业级）200；改性剂 2（工业级）150；填料（工业级）300。

【产品技术性能】 外观：A 组分为浅黑色黏稠液体，B 组分为棕黄色黏稠液体；黏度：6～7 Pa·s(A 组分)，60～62 Pa·s(B 组分)；剪切强度：≥18MPa（钢-钢）、≥14MPa（钢-聚四氟乙烯-钢）；剥离强度：≥20N/cm（聚四氟乙烯-钢）。

【特点及用途】 用于活化聚四氟乙烯软带和机床导轨以及金属、非金属（聚烯烃材料除外）的粘接与修补。

【包装及贮运】 50g、100g 牙膏管装；250g、500g 塑料瓶装。贮存于阴凉干燥处，贮存期 12 个月。

【生产单位】 黎明化工研究设计院有限责任公司。

Aa085 结构胶 XH-11

【英文名】 stuctural adhesive XH-11

【主要组成】 环氧树脂、固化剂、改性剂等。

【产品技术性能】 外观：甲组分为浅黄色黏稠液体，乙组分为白色或浅黄色黏稠液体；使用活性期：3h 左右；剪切强度：≥22MPa（钢-钢）、≥20MPa（铝-铝）、≥22MPa（钢-钢，大气老化一年后）、≥180MPa（铝-铝，大气老化一年后）。

【特点及用途】 适用于钢、铁、玻璃、陶瓷、水泥等材料的结构粘接。

【施工工艺】 对被粘面用砂纸进行粗糙化表面处理，再用丙酮进行脱脂处理，按照甲、乙两组分体积比 1∶1 从软管中挤出混合均匀。涂于被粘接表面，被粘面叠合固定，常温下 24h 即可达到最高强度，冬季最好在 80℃下 2h 固化。

【包装及贮运】 500g/组、5kg/组塑料瓶装。贮存于阴凉干燥处，贮存期 12 个月。

【生产单位】 湖北回天新材料股份有限公司。

Aa086 透明快固结构胶 HT-118/HT-119

【英文名】 transparent and rapid structure adhesive HT-118/HT-119

【主要组成】 环氧树脂、固化剂、改性剂等。

【产品技术性能】

牌号	外观	黏度/mPa·s	初固时间/min	剪切强度/MPa
HT-118	无色透明	A：1000 B：300	5	≥20（Al-Al）
HT-119	无色透明	A：1000 B：100	30	≥25（Al-Al）

【特点及用途】 粘接金属、硬塑料、石材；固化快、强度高、无色透明、表面光滑、耐老化性好、配比简单。

【施工工艺】 对被粘面用砂纸进行粗糙化表面处理，再用丙酮进行脱脂处理，按照甲、乙两组分 1∶1 进行混合，双面涂胶定位即可。

【包装及贮运】 20g/组、50g/组、2kg/组塑料瓶装。贮存于阴凉干燥处，贮存期 12 个月。

【生产单位】 湖北回天新材料股份有限公司。

Aa087 磁芯胶 SY-151

【英文名】 magnetic adhesive SY-151

【主要组成】 环氧树脂、固化剂、改性剂、增韧剂、稀释剂、填料等。

【产品技术性能】 适用期：室温 1h（100g 样品）；固化时间（室温）：≥24h；剪切强度：≥15MPa。

【特点及用途】 由 A、B 两组分组成，具有良好的施工性能，固化后的产物耐候性、耐湿性、绝缘性良好，与金属、水泥、塑料等具有良好的附着力，可室温固化。

【施工工艺】 对被粘面用砂纸进行粗糙化表面处理，再用丙酮进行脱脂处理，按照 A、B 两组分 1∶1 从软管中挤出混合均匀。涂于被粘接表面，被粘面叠合固定即可。

【包装及贮运】 B 组分必须密封保存，

A、B两组分混合（不超过100g）后必须在适用期内用完。

【生产单位】 三友（天津）高分子技术有限公司。

Aa088 环氧道钉胶 SY-404

【英文名】 epoxy adhesive SY-404 for road nail

【主要组成】 环氧树脂、固化剂、改性剂、增韧剂、稀释剂、填料等。

【产品技术性能】 外观：甲乙两组分均为白色黏稠液体；适用期：100g样品，室温20min；固化时间（室温）：初固室温2h，完全固化室温24h；剪切强度：≥12MPa。

【特点及用途】 由A、B两组分组成，具有良好的施工性能，固化后的产物耐候性、耐湿性、绝缘性良好，与金属、水泥、塑料等具有良好的附着力，可室温固化。可用于将机械零部件粘贴于多种材质表面，如混凝土、水泥或沥青，同时也可用于粘贴塑料（ABS塑料）路面标线于各种道路，如混凝土或沥青路面。

【施工工艺】 对被粘面用砂纸进行粗糙化表面处理，再用丙酮进行脱脂处理，按照A、B两组分1∶1从软管中挤出混合均匀。涂于被粘接表面，被粘面叠合固定即可。

【包装及贮运】 B组分必须密封保存，A、B两组分混合（不超过100g）后必须在适用期内用完。

【生产单位】 三友（天津）高分子技术有限公司。

Aa089 环氧树脂灌封胶 6301

【英文名】 epoxy potting adhesive 6308

【主要组成】 环氧树脂、固化剂和助剂等。

【产品技术性能】 外观：A组分为黑色透明液体；B组分为褐色透明液体；密度：1.12～1.15g/cm³（A组分），1.12g/cm³（B组分）；黏度：A组分为900～1100MPa·s，B组分为40～120MPa·s。固化物的性能如下。硬度：＞80 Shore D；体积电阻率：$1.6\times10^{14}\,\Omega\cdot cm$；介电强度：＞30kV/mm；介电常数（25℃，1MHz）：4±0.05；剪切强度（铁-铁）：＞10MPa；使用温度：－40～130℃。

【特点及用途】 主要用于灌注要求较高的小型电子器件线圈或线路板的封装，如互感器、镇流器。

【施工工艺】 1. 配胶。A胶和B胶按质量比2∶1混合，搅拌均匀后进行灌封。在室温条件下自行固化，现配现用，每次配胶量不宜过多，通常100g混合胶在25℃下的可操作时间为1～2h，配胶量多可操作时间短。2. 固化。在25℃固化6～8h胶可变硬，24h后可完全固化。

【毒性及防护】 本产品无溶剂、毒性低，但仍不应直接接触，如皮肤、衣服上粘有胶时，可用酒精棉球擦拭，万一进入眼睛时，应立即用水冲洗，并请医生诊治。

【包装及贮运】 塑料瓶包装1.5kg/套。属于非危险品，按一般化学品贮运，贮存期为1年。A组分在贮存过程中颜料会有所沉淀，应搅拌均匀后使用。

【生产单位】 上海回天化工新材料有限公司。

Aa090 环氧树脂灌封胶（透明型）6308

【英文名】 transparent epoxy potting adhesive 6308

【主要组成】 环氧树脂、固化剂和助剂等。

【产品技术性能】 外观：A组分为无色透明液体，B组分为无色至浅黄色透明液体；黏度：A组分为1700～1800MPa·s，B组分为600～800MPa·s。固化物的性能如下。硬度：＞76 Shore D；体积电阻率：1.2×

$10^{15}\Omega\cdot cm$;介电强度：>25kV/mm；介电常数（25℃，1MHz）：3.1±0.1；固化收缩率：<0.8%；剪切强度（铁-铁）：>10MPa；使用温度：−40～120℃。

【特点及用途】 主要用于灌注要求较高的小型电子器件线圈或线路板的封装，如互感器、镇流器。

【施工工艺】 1. 配胶。A胶和B胶按质量比2∶1混合，搅拌均匀后进行灌封。在25℃下可操作时间为30～40min，每次配胶量不宜过多。2. 固化。在25℃固化5～6h胶可变硬，24h后基本固化。

【毒性及防护】 本产品无溶剂、毒性低，但仍不应直接接触，如皮肤、衣服上粘有胶时，可用酒精棉球擦拭，万一进入眼睛时，应立即用水冲洗，并请医生诊治。

【包装及贮运】 属于非危险品类，按照一般化学品贮运，阴凉干燥处贮存，贮存期为1年。

【生产单位】 上海回天化工新材料有限公司。

Ab 中（高）温固化环氧胶黏剂

Ab001 结构胶黏剂 LY-0505 系列

【英文名】 structural adhesive LY-0505 series

【主要组成】 改性环氧树脂、固化剂、助剂等。

【产品技术性能】 外观：黑色糊状；密度：1.30～1.60g/cm³；不挥发物含量：≥98%；固化条件：150～200℃/（30～60）min。在标准固化条件下（170℃/30min）的性能如下。剪切强度：≥22MPa（室温）（实测值约 31），≥20MPa（过烘烤）（实测值约 31，内聚破坏），≥12MPa（欠烘烤）（实测值约 29，内聚破坏）；T 型剥离强度：≥200N/25mm（实测值约 320，内聚破坏）；测试标准：以上数据测试参照企标 Q/LY-0505—2011。

【特点及用途】 LY-0505 结构胶适用于汽车制造用油面、镀锌冷轧钢板，无需表面处理，可机械或人工涂布，具有良好的抗下垂性，固化温度范围宽，施工性能优异。LY-0505 结构胶不含有机溶剂，无毒、无刺激性气味，对环境无污染。可根据客户要求添加不同直径、不同数量的玻璃微珠进行胶层厚度精确控制和提升初始装配强度，防止工件位移错位。用途：产品主要用于车身 3H 框架梁、车门、发动机罩、后备箱罩或类似零件的结构粘接和点焊部位，可以代替点焊、铜焊、铆接和其它机械固定的方法。产品经电泳工序固化后，对粘接或点焊部位起到结构粘接的作用，增加车身静态刚性、抗冲击性、抗疲劳性，提升汽车的安全性能。

【施工工艺】 对于支装产品，根据工艺要求，将尖嘴出口削成合适大小，将支装产品打开管盖，装上尖嘴，将支装产品装在胶枪上挤压在被粘接表面。如果采用气动注胶枪，如出胶速度过快或过慢，可适当调整气动枪入枪阀门气压，以获得满意的效果；对于桶装产品，桶装产品需要专用涂胶机械涂胶，涂胶机械的压缩比建议最小为 48∶1，采用涂胶机械将本品挤压在被粘接表面，与内板采用包边、点焊等工艺组装。注意事项：冬季施工环境温度低时，建议施工前对本品采用预先加热，支装产品可采用恒温干燥箱加热，桶装产品可采用压盘加热或桶四周加热，加热温度不要超过 45℃，累计加热时间不要超过 8h；未固化前产品可采用丙酮、二甲苯等有机溶剂清除，固化后产品只能采取机械方法清除；使用前双方需根据应用方的情况选择合适强度的产品，并做好相应产品的试用工作。

【毒性及防护】 本产品为安全无毒物质，施工应佩戴防护手套，尽量避免与皮肤和眼睛直接接触，若不慎接触眼睛，应迅速用清水清洗，严重时送医。

【包装及贮运】 钢桶装，每桶 250kg 或 25kg；硬塑料管装，每支 400g，每箱 50 支。贮运条件：原包装平放贮存在阴凉干燥的库房内，贮存温度以不超过 25℃为宜，严禁侧放、倒放，防止日光直接照射，并远离火源和热源。在上述贮存条件下，贮存期为 6 个月。库房存放请遵循先进先出原则。

【生产单位】 北京龙苑伟业新材料有限公司。

Ab002 胶黏剂 WSJ-6893

【英文名】 adhesive WS J-6893

【主要组成】 环氧树脂、胺类固化剂等。

【产品技术性能】 外观：A 组分为无色或淡黄色黏稠液体，B 组分为棕色或蓝色黏稠液体；剪切强度（45# 钢-钢）：≥18MPa（室温）；90°剥离强度（45# 钢-四氟板）：≥1.5kN/m；使用温度：−55～60℃。

【特点及用途】 本产品主要用于钢板、铁板与聚四氟乙烯板的粘接，同时也适用于其它金属、橡胶、陶瓷、玻璃及塑料间的粘接。

【施工工艺】 1. 表面处理：金属界面，喷砂或用砂纸均匀打磨，用丙酮或汽油擦洗、晾干；聚四氟乙烯界面，钠-萘化学处理。2. 配胶：按规定配比（A∶B=2∶1）将 A、B 两组分按质量份称取、混合、搅拌均匀；特殊情况时经验证也可按体积比 2∶1 配胶，配制好的胶液（不大于 500g）应在 30min 内用完。3. 粘接：将粘接界面均匀涂胶，在接触压力≥0.05MPa 的条件下胶接。4. 固化：固化过程应保持适当的压力（≥0.05MPa），固化温度和时间可选用以下方法之一，(1) 室温下固化 48h，(2) 80～90℃下固化 3h。注意事项：使用时通风并根据实际情况做好安全保障工作，应避免皮肤长期接触，不小心粘在手上的胶液，可先用丙酮等溶剂擦洗，再用清水冲洗。

【毒性及防护】 避免长期接触皮肤，不小心粘在手上的胶液，可先用丙酮等溶剂擦洗，再用清水冲洗。

【包装及贮运】 WS J-6893 胶黏剂为 A、B 双组分室温固化胶黏剂，包装于镀锌铁桶或塑料桶内，每桶净重不大于 20kg。贮存条件：该产品应贮存在阴凉、通风的库房内。贮存期为 1 年，超过贮存期经检验合格后仍可使用。该产品在运输时不许倒置，并防止日晒或高温。

【生产单位】 济南北方泰和新材料有限公司。

Ab003 胶膜 SY-24B

【英文名】 adhesive film SY-24B

【主要组成】 改性环氧树脂、胺类固化剂、助剂、涤纶载体等。

【产品技术性能】 外观：蓝色膜状；单位面积质量：（300±30）g/m²。固化后的产品性能如下。常温剪切强度：36.7MPa；−55℃剪切强度：31.0MPa；80℃剪切强度：25.1MPa；湿热老化后的剪切强度：27.6MPa；常温浮动剥离强度：8.5kN/m；铝蜂窝滚筒剥离强度：上板 68.7N/mm，下板 95.6N/mm；工作温度：−55～80℃；标注测试标准：以上数据测试参照企标 Q/6S 1428—2011。

【特点及用途】 中温（120～150℃）固化，有较高的强度和韧性，耐介质性好，耐疲劳性好。用于板-板和板-芯的胶接，广泛应用于铁路列车地板、壁板、车门的胶接以及建筑铝幕墙的板-芯结构胶接。

【施工工艺】 该胶为单组分胶，直接与被粘物组装，加温加压固化。注意事项：注意加压时机以及被粘物的表面处理，以求获得良好的胶接构件。

【毒性及防护】 本产品固化后为安全无毒物质，但混合前两组分应尽量避免与皮肤和眼睛接触，若不慎接触眼睛，应迅速用清水清洗。

【包装及贮运】 成卷供应，100m²/卷，塑料膜和纸箱包装。贮存条件：−18℃的贮存期为 9 个月或 4℃的贮存期为 3 个月。本产品按照非危险品运输。

【生产单位】 中国航空工业集团公司北京航空材料研究院。

Ab004 糊状胶黏剂 SY-H1

【英文名】 paste adhesive SY-H1

【主要组成】 改性环氧树脂、固化剂、助剂等。

【产品技术性能】 1. 基本性能与老化后的性能见下表。

性能(胶接试片为磷酸阳极化表面处理的 LY12CZ 铝合金)	剪切强度/MPa			
	室温	80℃	120℃	150℃
原始(120℃固化 3h)强度	29.7	29.6	23.1	14.5
室温浸水 30d 后的强度	32.7	—	—	12.3
热老化 1000h 后的强度	25.3	—	—	17.1
-55℃保持 3h,然后室温保持 21h,共循环 30d 后的强度	28.9	34	18.4	13.7

2. SY-H1 胶黏剂粘接不同材料的剪切强度见下表。

测试温度/℃	室温	80	120	150	175	200
PAA 处理的 LY12CZ 铝合金试片(HB 5164—81)/MPa	24.8	—	—	13.9	—	—
经丙酮清洗的复合材料试片(HB 5164—81)/MPa	17	—	—	3.56	—	—
经砂纸打磨和丙酮清洗的复合材料试片(HB 5164—81)/MPa	17.6	—	—	4.26	—	—
经喷砂处理的 30CrMnSiA 钢试片(HB 5164—81)/MPa	30.5	33.6	22	17.2	12.2	10.2

【特点及用途】 该胶属于中温(100～150℃)固化结构胶，具有强度高、耐老化性能好、施工方便等特点。适用于铝合金、钢、钛合金、碳纤维复合材料和陶瓷等金属及非金属材料的粘接。

【施工工艺】 铝合金按照 HB/Z 192 进行磷酸阳极处理，再用刮刀或其它适当的工具施加胶黏剂，为 100～300g/m²，SY-H，糊状胶黏剂的工艺参数如下：固化压力为 0.1～0.3MPa；升温速率为 2～4℃/min；固化温度与时间为(100±2)℃/10h 或者(120±2)℃/3h 或(150±2)℃/1h(温度指胶层温度)，保温结束后，降温至 60℃以下，卸压，取出胶接件。

【包装及贮运】 该产品不属于危险品，4℃以下运输不超过 10d 或室温(30℃以下)运输不超过 5d，应在不高于-5℃的温度下贮存，保质期为 1 年。

【生产单位】 中国航空工业集团公司北京航空材料研究院。

Ab005 发泡胶 SY-P9

【英文名】 foming adhesive SY-P9

【主要组成】 改性环氧树脂、固化剂、助剂等。

【产品技术性能】

性能		指标
挥发分含量/%		≥1
单位面积质量/(g/m²)		1900±200
膨胀率/%		75～150
厚胶层剪切强度/MPa	(23±2)℃	≥4.5
	(80±2)℃	≥2.5
	(23±2)℃[(70±2)℃,相对湿度 95%～100%,750h]	≥4.5

续表

性能		指标	
		被粘物	
		LY12CZ	2024-T3
厚胶层剪切强度/MPa	(−55±2)℃	10.53	—
	(23±2)℃	6.72	10.2
	(80±2)℃	6.45	9.03
	(70±2)℃[相对湿度 95%～100%，750h,(23±2)℃]	5.34	6.12

【特点及用途】 该胶为中温固化膜状结构胶，具有一定的自黏性，可用于夹层结构中金属蜂窝及非金属蜂窝的拼接及各类构件的填充和封边。可在−55～70℃长期使用。已用于直升机纵梁、隔框、下蒙皮等的中温夹层结构的蜂窝芯拼接、填充、封边以及复合材料制件的填充。

【施工工艺】 1. 表面处理：铝合金进行磷酸阳极化处理；2. 铺贴胶膜：铺贴时注意排除气泡，局部温度不应高于 50℃；3. 固化条件：温度 120～125℃/2h，升温速率为 1.5～2.5℃/min。

【包装及贮运】 以聚乙烯薄膜为隔离层，成卷包装，4℃以下运输，有效期为−18℃下贮存 9 个月。本产品按照非危险品运输。

【生产单位】 中国航空工业集团公司北京航空材料研究院。

Ab006 发泡胶 SY-P11

【英文名】 foming adhesive SY-P11

【主要组成】 改性环氧树脂、固化剂、助剂等。

【产品技术性能】

性能		指标
外观		黄色无载体带状膜，厚度为(1.65±0.4)mm
密度/(g/cm³)		固化前为 1.1，固化后为 0.3～0.45
挥发分含量/%		<1.2
膨胀率/%		175～300
剪切强度(LY12CZ 铝合金)/MPa	室温	7.67
	80℃	7.5

【特点及用途】 该胶具有一定的自黏性，在常温条件下可借助电吹风进行封边贴合及蜂窝芯拼接组装，可用于夹层结构中金属蜂窝及非金属蜂窝承力构件的制造，可在−55～80℃长期使用。已用于飞机雷达天线罩中蜂窝芯的拼接及边缘连接。

【施工工艺】 1. 表面处理：与匹配的主体胶要求的表面处理相同；2. 固化条件：温度 (130±5)℃，时间 2～2.5h，压力与匹配的主体胶一致。

【包装及贮运】 用双面脱模纸或聚乙烯薄膜将发泡胶隔离，成卷包装，贮存于−5～18℃ 的冷藏箱中。贮存期为 12 个月。本产品按照非危险品运输。

【生产单位】 中国航空工业集团公司北京航空材料研究院。

Ab007 胶膜 SY-24C

【英文名】 adhesive film SY-24C

【主要组成】 改性环氧树脂、胺类固化剂、助剂、涤纶和尼龙载体等。

【产品技术性能】 外观：黄色膜状。

性能	Ⅰ型	Ⅱ型
单位面积质量	(146±13)g/m²	(292±25)g/m²

Ⅰ型固化后的产品技术性能及典型性能见下表。

性能	指标	典型值
常温剪切强度/MPa	31	37.1
-55℃剪切强度/MPa	28	33.5
80℃剪切强度/MPa	21	27.4
湿热老化后的剪切强度/MPa	24	26.8
常温浮动剥离强度/(kN/m)	6.0	7.98

Ⅱ型固化后的产品技术性能及典型性能见下表。

性能	指标	典型值
常温剪切强度/MPa	35	42.4
-55℃剪切强度/MPa	35	40.8
80℃剪切强度/MPa	21	28.9
湿热老化后的剪切强度/MPa	26	28.6
常温浮动剥离强度/(kN/m)	6.0	9.73
蜂窝滚筒剥离强度/(N/mm)	60	99

工作温度：-55～80℃；标注测试标准：以上数据测试参照企标 Q/6S 928—2010。

【特点及用途】 中温（120～130℃）固化，航空级结构胶膜，有较高的强度和韧性，耐介质性好，耐疲劳性好。用途：Ⅰ型用于板-板结构的胶接，Ⅱ型用于板-板和板-芯结构的兼容胶接，广泛应用于直升机、运输机等承力结构和次承力结构的胶接。

【施工工艺】 该胶为单组分胶，可与SY-D9底胶配套使用，或直接与被粘物组装，加温加压固化。注意事项：注意加压时机以及被粘物的表面处理，以求获得良好的胶接构件。

【毒性及防护】 本产品固化后为安全无毒物质，但固化前应尽量避免与皮肤和眼睛接触，若不慎接触眼睛，应迅速用清水清洗。

【包装及贮运】 成卷供应，50m²/卷，塑料膜和纸箱包装。贮存条件：-18℃的贮存期为12个月或5℃的贮存期为3个月。本产品按照非危险品运输。

【生产单位】 中国航空工业集团公司北京航空材料研究院。

Ab008 胶膜 SY-24M

【英文名】 adhesive film SY-24M

【主要组成】 改性环氧树脂、胺类固化剂、助剂、涤纶载体等。

【产品技术性能】 外观：黄色膜状。

性能	单位面积质量/(g/m²)
Ⅰ型	146±13
Ⅱ型	220±25
Ⅲ型	292±25
Ⅳ型	416±25

Ⅲ型固化后常规产品的技术性能及典型性能见下表

性能	指标	典型值
大板开槽常温剪切强度/MPa	29	35.4
大板开槽-55℃剪切强度/MPa	29	31.0
大板开槽80℃剪切强度/MPa	21	23.8
大板开槽120℃剪切强度/MPa	4.5	8.44
大板开槽湿热老化后的剪切强度/MPa	23	30.4
常温板-板滚筒剥离强度/(N/mm)	245	375
常温蜂窝滚筒剥离强度/(N/mm)	67	103

标注测试标准：以上数据测试参照企标 Q/6S 2351—2010。

【特点及用途】 中温（120～130℃）固化，航空级结构胶膜，有较高的强度和韧性，耐介质性及耐疲劳性好，高耐久性。室温下的贮存期长。用途：Ⅰ型、Ⅱ型用于板-板结构的胶接，Ⅲ型用于板-板和板-芯结构的兼容胶接，Ⅳ型用于要求高剥离强度的板-芯结构的胶接，应用于运输机等承力结构和次承力结构的胶接。

【施工工艺】 该胶为单组分胶，可与SY-D12底胶配套使用，或直接与被粘物组装，加温加压固化。注意事项：注意加压时机以及被粘物的表面处理，以求获得良好的胶接构件。

【毒性及防护】 本产品固化后为安全无毒物质，但固化前应尽量避免与皮肤和眼睛接触，若不慎接触眼睛，应迅速用清水清洗。

【包装及贮运】 成卷供应，50m²/卷，塑料膜和纸箱包装。贮存条件：−18℃的贮存期为12个月或5℃的贮存期为3个月。本产品按照非危险品运输。

【生产单位】 中国航空工业集团公司北京航空材料研究院。

Ab009 自力-2结构胶黏剂（胶液、胶膜）

【英文名】 strucutural adhesive (film)

【主要组成】 环氧树脂、丁腈橡胶、双氰胺等。

【产品技术性能】 外观：乳白色或淡粉色。固化后的产品性能如下。

性能		胶液	胶膜
剪切强度	−55℃	≥32MPa	≥30MPa
	常温	≥28MPa	≥26MPa
	60℃	≥20MPa	≥18MPa
	100℃	≥9MPa	≥8MPa

不均匀撕离强度（20±5)℃：≥600N/cm；工作温度：−45～150℃；标注测试标准：以上数据测试参照技术条件CB-SH-0003—2006。

【特点及用途】 具有较高的机械强度，较好的疲劳性能和良好的耐温-湿老化性能及工艺性能。适用于金属（铝、钢、不锈钢、铜、钛等）及非金属（玻璃钢等）的粘接。

【施工工艺】 涂胶前将包装桶中的胶液搅匀，涂两遍胶，每次涂胶后室温晾置15～20min。在（80±5)℃下预热15～20min，然后合拢固化，胶膜粘接时不用预固化，放在夹具中，保持压力0.3～0.4MPa，固化温度（170±5)℃，保持2h，随炉自然冷却至室温取出。

【毒性及防护】 本产品固化后为安全无毒物质，使用中应尽量避免与皮肤和眼睛接触，若不慎接触眼睛，应迅速用清水清洗。

【包装及贮运】 胶液：1kg/塑料桶、10kg/塑料桶，胶膜：公斤或平方米（可选），保质期六个月。贮存条件：产品最好在（20±5)℃以下避光密封（相对湿度不大于75%）贮存。本产品按照一般易燃品运输。

【生产单位】 哈尔滨六环胶粘剂有限公司。

Ab010 耐高温胶黏剂EP-200

【英文名】 epoxy resin adhesive EP-200 with high temperature resistance

【主要组成】 改性环氧树脂、有机胺固化剂等。

【产品技术性能】 外观：产品颜色为黑色，如需方要求，则颜色可调；产品具有一定的触变性、流动性（可调整），适用于灌封，灌封后表面光滑无气泡；黏度（60～70℃)：4000～5000mPa·s。固化后的产品性能如下。长期使用温度：−65～200℃；对铝合金、不锈钢、镍/镉镀层、塑料有良好的粘接强度；粘接（剪切）强度：≥15MPa（室温）、≥5MPa（200℃)；硬度：(90±5) Shore D；体积电阻率：≥$1\times10^{15}\Omega\cdot cm$；介电强度：≥16kV/mm；氧指数：≥27。

【施工工艺】 1. 表面处理。金属表面处理：金属表面要打磨处理，将表面的黏附物打磨去除，裸露出新鲜表面后用抹布清理干净。粘接前用丙酮擦拭脱脂。如用化学氧化表面处理或阳极氧化处理，粘接效果更好。2. 粘接准备。如果温度较低（25℃以下），可将金属表面加热至40～50℃，以便涂胶。不锈钢、橡胶的粘接面要分别涂胶，涂胶量为800g/m²，涂胶后进行黏合，加1～2kg/m²压力，在80℃下固化4～5h，取出室温放置24h后卸压，完成粘接。

【毒性及防护】 本品含有环氧树脂及高沸点有机胺固化剂，对皮肤和眼睛有刺激作用，若不慎触及眼睛，应立即用清水冲洗并送到医院检查。如果触及皮肤应立即用肥皂水冲洗。请勿将已倒出的胶液倒回原包装，以免污染胶液。远离儿童存放。

【包装及贮运】 包装：1kg/桶，4kg/桶，18kg/桶。贮存条件：双组分，马可铁桶包装，常温密封、避光保存，室温贮存期一年，按一般易燃品贮运。

【生产单位】 海洋化工研究院有限公司。

Ab011 中温固化有填料 HYJ 系列环氧胶

【英文名】 epoxy adhesive HYJ series with fillers

【主要组成】 改性环氧树脂、固化剂、助剂等。

【产品技术性能】 外观：白色、棕红色或黑色黏稠液体（A组分），浅黄色或棕黄色液体（B组分）。固化后的产品性能如下。硬度（25℃）：（95±5）Shore D（GB 2411—2008）；弯曲强度（25℃）：≥（110±10）MPa（GB 9341—2008）；体积电阻率（25℃）：≥1.0×10^{15}Ω·cm（GB 1410—2006）；介电系数（25℃）：3.7±0.5（GB 1409—2006）；介质损耗角正切（25℃）：$1.0\times10^{-2}\sim2.5\times10^{-2}$（GB 1409—2006）；击穿强度（25℃）：≥30kV/mm（GB 1408.1—2006）；标注测试标准：以上数据测试参照企标Q/12HG 6563—2012。

【特点及用途】 1. 黏度低，对线圈的浸渗性能好；2. 适用期长，固化快，周期短，工艺性良好；3. 优异的耐热性能，力学性能及电气绝缘性能；4. 低毒，无污染。主要用于各种规格的绝缘灌封，还可用于各种高压电气电子元件的灌封。

【施工工艺】 1. A组分在（60±5）℃、133～400Pa（1～3mmHg）真空脱泡2～5h。B组分在（35±5）℃、133～400Pa（1～3mmHg）真空脱泡2～4h。2. 称量A、B两组分并充分混合。3. 将试件在100℃/2h的条件下预热去潮。4. 预热试件在真空设备内665～1060Pa（5～8mmHg）灌封。5. 灌封后恢复常压，将试件送入烘箱内固化。6. 自然冷却、测试。注意事项：1. 使用前应认真阅读本说明书，确认产品技术要求后再使用；2. A组分在较高的温度环境下长时间存放，有沉淀倾向，若有沉淀出现，用前只需认真搅拌均匀，对灌封产品的性能无影响；3. A、B两组分取料时，必须使用不同的工具，不得混用，更不得将一组分带入另一组分的包装内，以免造成整桶料报废；4. A、B两组分取料完毕应将桶盖严，以免带入有害杂质，特别是B组分遇空气中的水分及二氧化碳易变质，用毕更要及时将桶盖严；5. 对温度、称量等计量器具要定期校验，以保证工艺程序的正确执行。

【毒性及防护】 本产品固化后为安全无毒物质，但混合前两组分应尽量避免与皮肤和眼睛接触，若不慎接触眼睛，应迅速用清水清洗。

【包装及贮运】 A组分：用内有防护涂层的铁桶包装，净重25kg；B组分：用内有防护涂层的铁桶或塑料桶包装，净重20kg。贮存条件：避光、通风、干燥，在5～30℃、相对湿度70%以下的贮存期为一年。运输按丙类易燃品运输。

【生产单位】 天津市合成材料工业研究所

有限公司。

Ab012 胶黏剂 HYJ-29

【英文名】 adhesive HYJ-29

【主要组成】 环氧树脂、耐温固化剂、填料等。

【产品技术性能】 外观：浅黄色；密度：1.5g/cm³。固化后的产品性能如下。铝-铝拉剪强度：≥10MPa（－196℃）、≥15MPa（室温）、≥13MPa（110℃）、≥9MPa（150℃）、≥1.5MPa（200℃）；铝-铝拉离强度：≥45MPa（室温）、≥15MPa（110℃）；不均匀扯离强度：≥120N/cm（室温）；标注测试标准：拉剪强度按 GB/T 7124—2008，拉离强度按 Q/Dq 141—94，不均匀扯离强度按 GJB 94—1986。

【特点及用途】 中温固化，具有触变性，耐温性能好，工作温度为－196～200℃。适用于各类金属、非金属的粘接和大面积粘接，可在－196～200℃长期工作。

【施工工艺】 本胶黏剂为双组分（A/B）胶，A 组分和 B 组分的配比为 5∶1。固化工艺：(70±5)℃/3h。

【包装及贮运】 包装：500g/套、1000g/套，保质期 1 年。贮存条件：室温、阴凉、干燥处存放，应避免阳光直射。

【生产单位】 航天材料及工艺研究所。

Ab013 胶黏剂 HYJ-47

【英文名】 adhesive HYJ

【主要组成】 环氧树脂、聚硫橡胶、助剂和固化剂等。

【产品技术性能】 外观：棕色；密度：1.2g/cm³；铝-铝拉剪强度：≥15MPa（－40℃）、≥20MPa（室温）、≥2.5MPa（135℃）；标注测试标准：拉剪强度按 GB/T 7124—2008。

【特点及用途】 中温固化，具有一定的韧性，耐液压油性能优异，工作温度为－40～135℃。主要适用于各机构油滤器及液压机构的粘接及密封。

【施工工艺】 本胶黏剂为双组分（A/B）胶，A 组分和 B 组分配的比为 5∶1。固化工艺：(70±5)℃/3h，本胶黏剂有臭味，操作时应穿戴防护用品。

【包装及贮运】 包装：500g/套、1000g/套，保质期 1 年。贮存条件：室温、阴凉、干燥处存放，应避免阳光直射。

【生产单位】 航天材料及工艺研究所。

Ab014 低温胶黏剂 Dq622J-104

【英文名】 low temperature resistance adhesive Dq622J-104

【主要组成】 环氧树脂、填料、助剂等。

【产品技术性能】 外观：灰色或浅黄色；密度：1.2g/cm³；铝-铝拉剪强度：≥18MPa（－196℃）、≥15MPa（室温）；标注测试标准：拉剪强度按 GB/T 7124—2008。

【特点及用途】 中温固化，低黏度，耐超低温，可在液氢环境中使用。适用于工作温度为低温环境特别是液氮、液氢环境的粘接，胶黏剂黏度低，也适用于灌封。

【施工工艺】 本胶黏剂为三组分（A/B/C）胶，A 组分、B 组分和 C 组分的配比为 20∶4∶1。固化工艺：(70±5)℃/6h。

【包装及贮运】 包装：500g/套、1000g/套，保质期 1 年。贮存条件：室温、阴凉、干燥处存放，应避免阳光直射。

【生产单位】 航天材料及工艺研究所。

Ab015 高温固化胶膜 HT-603

【英文名】 high-temperature curable film adhesive HT-603

【主要组成】 改性环氧树脂、丁腈橡胶、固化剂等。

【产品技术性能】 外观：灰色胶膜，厚度为 0.35～0.40mm。固化后的产品性能如下。

项目		测试值
剪切强度(Al-Al)/MPa ≥	(−55±2)℃	30.0
	(23±2)℃	30.0
	(150±2)℃	15.0
90°板-芯剥离强度/(N/cm) ≥	(23±2)℃	40.0

标注测试标准：以上数据测试参照企标 CB-SH-0090—99。

【特点及用途】 胶接强度高，耐介质、耐老化性能优异，可在−55～150℃长期使用。主要用于金属、复合材料等承力的板-板结构、无孔蜂窝结构的胶接。

【施工工艺】 固化条件为 (175±5)℃/2.5～3h，固化压力为 0.2～0.3MPa。

【毒性及防护】 本产品固化后为安全无毒物质，但应尽量避免与皮肤和眼睛接触，若不慎接触眼睛，应迅速用清水清洗。

【包装及贮运】 用隔离纸作为隔离层，每卷胶膜为 2.0m^2 并套有塑料袋。贮存条件：产品必须在干燥、密封、避光的场所贮存。于−18℃以下的保存期为 12 个月；于−4～0℃的保存期为 6 个月；常温存放累计时间不超过 20d。本产品按照非危险品运输。

【生产单位】 黑龙江省科学院石油化学研究院。

Ab016 高强度胶黏剂 J-32

【英文名】 high strength adhesive J-32

【主要组成】 由（甲）改性环氧树脂及（乙）氨类固化剂构成的双组分胶黏剂。

【产品技术性能】 外观：甲组分是一种浅黄色黏稠的糊状物；乙组分是一种淡黄色细粉末，存放时间长时其颜色变深，但不影响性能。固化后的产品性能如下。

项目		指标
剪切强度/MPa	(−55±2)℃	≥25
	(23±2)℃	≥30
	(100±2)℃	≥20
非均匀扯离强度/(N/cm)		≥400

标注测试标准：以上数据测试参照企标 SH-8405。

【特点及用途】 粘接强度高，耐疲劳性能好。可以用于各种金属结构件的粘接，可用于玻璃钢、陶瓷、热固性树脂等非金属材料的粘接。

【施工工艺】 该胶是双组分胶（A/B），A 组分和 B 组分的质量比为 4.7∶1。按比例混合均匀后将胶涂于经过表面处理的被粘材料表面，涂薄薄一层后合拢。固化条件为 80℃/2h，固化压力为接触压。

【毒性及防护】 本产品固化后为安全无毒物质，但混合前两组分应尽量避免与皮肤和眼睛接触，若不慎接触眼睛，应迅速用清水清洗。

【包装及贮运】 包装：双组分分别包装。贮存条件：密封保存在阴凉、避光、干燥处。远离火源，同时应防止受油类、酸、碱等有害物质的侵蚀。贮存期为 1 年。本产品按照非危险品运输。

【生产单位】 黑龙江省科学院石油化学研究院。

Ab017 耐高温修补胶 J-48

【英文名】 repair adhesive J-48 with high temperature resistance

【主要组成】 环氧树脂、橡胶、酸酐固化剂等。

【产品技术性能】 粘接件在不同温度下的测试强度：剪切强度，28MPa（−60℃）、27MPa（20℃）、12MPa（175℃）；剥离强度：40N/cm；蜂窝件剥离强度：30N/cm。

【特点及用途】 1. 使用温度为−60～175℃；2. 挥发分低，流动性好，能现场修补。该胶主要用于板-板和板-芯粘接件的各种修补黏合，也可用于铁铸件与黄铜件以粘接代替锡焊。

【施工工艺】 1. 配胶：按照规定比例配制，现用现配，适用期大于 5h；2. 涂胶：涂胶 2～3 次，每次涂完后晾置 20min，最后一次晾置后合拢；3. 固化条件：接触压力为 0.3MPa，100℃需 3h 或者 60℃为 6h 或者室温 7d。

【毒性及防护】 本产品固化后为安全无毒物质，但混合前两组分应尽量避免与皮肤和眼睛接触，若不慎接触眼睛，应迅速用清水清洗。

【包装及贮运】 玻璃瓶或塑料瓶桶装。贮存期为 1 年。本产品按照一般危险品运输。

【生产单位】 黑龙江省科学院石油化学研究院。

Ab018 结构胶 J-101

【英文名】 structure adhesive J-101

【主要组成】 甲组分：E-44 环氧树脂、端羧基液体丁腈、KH-560、三羟甲基丙烷三丙烯酸酯和叔胺催化剂；乙组分：一缩二乙二醇双（γ-氨丙基）醚、混合胺和催化剂等。

【产品技术性能】 粘接件（LY12CZ 铝材 3mm）在不同温度下的测试强度：剪切强度，36.19MPa（－55℃）、38.25MPa（20℃）、24.58MPa（80℃）；T 剥离强度（室温，法国 2024T/3 铝材 0.4mm）：48.7N/cm；湿热老化［（70±2）℃，RH100%，30d］剪切强度下降率：9.4%（25℃）、13%（80℃）；盐雾试验：剥离强度下降率：2.1%。

【特点及用途】 配方中采用了环氧树脂与端羧基丁腈胶进行预反应，使在厚胶层下具有较高的剪切强度，胶层为 1.6mm 时，其强度约为 37MPa。胶具有良好的耐震动疲劳性能、耐碳氢燃油及液压油浸泡性能。本产品已应用于航空航天工业部件的生产中。

【施工工艺】 1. 粘接时甲、乙两组分按照 100∶23（质量比）混合，排除胶内气泡即可使用；2. 固化条件：室温下预固化 12h，然后在 90℃固化 2h。

【毒性及防护】 本产品固化后为安全无毒物质，但混合前两组分应尽量避免与皮肤和眼睛接触，若不慎接触眼睛，应迅速用清水清洗。

【包装及贮运】 玻璃瓶或塑料瓶桶装。室温密封避光贮存，贮存期为 1 年。本产品按照一般危险品运输。

【生产单位】 黑龙江省科学院石油化学研究院。

Ab019 铝合金胶接结构用修补胶黏剂 J-150

【英文名】 structure adhesive J-150 for reparing aluminum alloy

【主要组成】 环氧树脂、增韧剂和固化剂等。

【产品技术性能】 剪切强度：≥28MPa（－55℃）、≥28MPa（20℃）、≥12MPa（130℃）；剥离强度：≥5kN/m（20℃）、≥2.5kN/m（130℃）；以上测试参考 Q/HSY 074—1997。

【特点及用途】 双组分，高强度，高剥离，耐热性好。可以广泛用于金属、非金属的粘接，已用于飞机铝合金结构的修补。

【施工工艺】 1. 粘接时甲、乙两组分按照 12∶1.4（质量比）混合，排除胶内气泡即可使用，将胶涂覆在经过处理的被粘接材料表面，施加接触压，定位固化；2. 固化条件：80℃固化 4h 或者 120℃固化 2h。

【毒性及防护】 甲组分无毒，乙组分有毒。本产品固化后为安全无毒物质，但混合前两组分应尽量避免与皮肤和眼睛接触，若不慎接触眼睛，应迅速用清水清洗。

【包装及贮运】 用 1kg 以上的铁桶或塑料桶按组分分别包装。室温密封避光贮存，贮存期为 1 年。本产品按照一般易燃品运输。

【生产单位】 黑龙江省科学院石油化学研究院。

Ab020 滑油滤网耐高温胶黏剂 J-152

【英文名】 adhesive J-150 with heat resistance for slid oil colatorium

【主要组成】 改性环氧树脂、弹性体和固化剂等。

【产品技术性能】 剪切强度：≥20MPa（−55℃）、≥20MPa（20℃）、≥10MPa（200℃）；以上测试参考 CB-SH-0118—1997。

【特点及用途】 双组分，室温预固化，适用期长，配胶简单。可以广泛用于金属、非金属的粘接，已用于飞机发动机制造。

【施工工艺】 1. 粘接时甲、乙两组分按照 11∶2（质量比）混合，排除胶内气泡即可使用，将胶涂覆在经过处理的被粘接材料表面，施加接触压，定位固化；2. 固化条件：80℃固化 4h 或者 120℃固化 2h。

【毒性及防护】 甲组分无毒，乙组分有毒。本产品固化后为安全无毒物质，但混合前两组分应尽量避免与皮肤和眼睛接触，若不慎接触眼睛，应迅速用清水清洗。

【包装及贮运】 用 1kg 以上的铁桶或塑料桶按组分分别包装。室温密封避光贮存，贮存期为 1 年。本产品按照一般易燃品运输。

【生产单位】 黑龙江省科学院石油化学研究院。

Ab021 发泡胶 J-60

【英文名】 foaming adhesive J-60

【主要组成】 改性环氧树脂、芳胺类固化剂等。

【产品技术性能】 外观：灰色粉状 F、粒状 L、棒状 B、带状 D。固化后的产品性能如下。

项目	指标	
挥发分/%≤	1.0	
视密度/(g/cm³)	0.60～0.65	0.45～0.50

续表

项目		指标	
粉状、粒状、棒状抗压强度/MPa	−55℃ ≥	15.0	9.0
	常温 ≥	15.0	9.0
	175℃ ≥	8.0	4.0
管剪强度/MPa	−55℃ ≥	5.0	3.0
	常温 ≥	5.0	3.0
	175℃ ≥	2.0	1.0

标注测试标准：以上数据测试参照企标 CB-SH-50—2003。

【特点及用途】 可在−55～175℃长期使用。适用于铝蜂窝及芳纶纸蜂窝夹层结构件的局部填充与补强及拼接。

【施工工艺】 室温下升温至 175℃，在 175℃下固化 2h，然后降至室温。

【毒性及防护】 本产品固化后为安全无毒物质，但应尽量避免与皮肤和眼睛接触，若不慎接触眼睛，应迅速用清水清洗。

【包装及贮运】 200g 包装。产品密封保存，避免阳光直接照射，远离火源、热源。15～25℃的保存期为 1 个月。−18℃的保存期为 1 年。本产品按照非危险品运输。

【生产单位】 黑龙江省科学院石油化学研究院。

Ab022 防腐底胶 J-70

【英文名】 anti-corrosion primer J-70

【主要组成】 改性环氧树脂、芳胺类固化剂等。

【产品技术性能】 外观：胶液为浅棕色液体；胶干，甲组分为浅黄色固体树脂，乙组分为白色粉状促进剂。固化后的产品性能如下。

项目		指标
剪切强度/MPa	室温 ≥	25.0
	150℃ ≥	12.0
多节点 T 型剥离强度(与 J-71 夹芯胶配套)		涂底胶后的强度大于未涂底胶强度的 90%
耐点滴腐蚀试验		碱洗铝箔浸底胶后提高 10 倍

标注测试标准：以上数据测试参照企标 CB-SH-0056—86。

【特点及用途】 与 J-71 铝蜂窝夹芯胶黏剂具有良好的匹配性，可在－55～150℃长期使用。适用于制造耐腐蚀铝蜂窝。

【施工工艺】 将底胶稀释到所需浓度，然后将表面处理过的铝箔浸底胶，室温晾干或180℃下烘 1～2min。固化温度为 175～180℃，固化时间为 3h，固化压力为（0.5±0.02）MPa。

【毒性及防护】 本产品固化后为安全无毒物质，但混合前两组分应尽量避免与皮肤和眼睛接触，若不慎接触眼睛，应迅速用清水清洗。

【包装及贮运】 胶液用 5kg 或 10kg 聚乙烯桶包装。胶干以 1kg 为单位。甲、乙两组分分别独立包装。产品在干燥、密封、避光的场所贮存。－18℃下的贮存期为 6 个月。本产品按照非危险品运输。

【生产单位】 黑龙江省科学院石油化学研究院。

Ab023 糊状胶黏剂 J-81

【英文名】 paste adhesive J-81

【主要组成】 由（A）改性环氧树脂及（B）固化剂构成的双组分胶黏剂。

【产品技术性能】 外观：A 组分是一种黄绿色糊状物，B 组分是一种棕褐色液体。固化后的产品性能如下。

项目		指标
浮动剥离强度/(kN/m)[(23±2)℃]，	≥	0.4
金属剪切强度/MPa	(－55±2)℃ ≥	19.0
	(23±2)℃ ≥	18.0
	(150±2)℃ ≥	10.0
	(180±2)℃ ≥	4.5

标注测试标准：以上数据测试参照企标 Q/HSY 008—2003。

【特点及用途】 粘接强度高，耐湿热性能好，可在－55～150℃长期使用。可用于粘接金属-金属、金属-非金属及复合材料。用于飞机拉杆和发动机壳的粘接，蜂窝夹层的灌注和其它结构件内部的填充、嵌入。

【施工工艺】 该胶是双组分胶（A/B），A 组分和 B 组分的质量比为 100：12.5。按比例混合均匀后将胶涂于经过表面处理的被粘材料表面，涂薄薄一层后合拢。固化条件：90℃/3h，固化压力为0.03～0.07MPa；或室温固化 24h，卸压，继续固化 7d，其常温力学性能达到指标要求。

【毒性及防护】 本产品固化后为安全无毒物质，但混合前两组分应尽量避免与皮肤和眼睛接触，若不慎接触眼睛，应迅速用清水清洗。

【包装及贮运】 双组分分别包装 200g 和 25g。该胶黏剂应密封保存在阴凉、避光、干燥处。在 15℃以下的贮存期为 1 年。本产品按照非危险品运输。

【生产单位】 黑龙江省科学院石油化学研究院。

Ab024 胶黏剂 J-88

【英文名】 adhesive J-88

【主要组成】 由（A）改性环氧树脂及（B）固化剂构成的双组分胶黏剂。

【产品技术性能】 外观：A 组分为黄色黏稠状，B 组分为深棕色黏稠状。固化后的产品性能如下。

项目		指标
金属剪切强度/MPa	(－55±2)℃ ≥	23.0
	(23±2)℃ ≥	24.0
	(80±2)℃ ≥	5.4

标注测试标准：以上数据测试参照企标 Q/HSY 015—92。

【特点及用途】 该胶主要用于粘接金属-金属，层压材料-层压材料的胶接。用于飞机金属模块和层压板及层压板间的胶接。

【施工工艺】 该胶是双组分胶（A/B），A 组分和 B 组分的质量比为 4.7：1。按比例混合均匀后将胶涂于经过表面处理的被粘材料表面，涂薄薄一层后合拢。固化条件：(120±2)℃/20min，固化压力为0.015MPa。

【毒性及防护】 本产品固化后为安全无毒物质，但混合前两组分应尽量避免与皮肤和眼睛接触，若不慎接触眼睛，应迅速用清水清洗。

【包装及贮运】 采用双组分分别包装。胶黏剂应密封保存在阴凉、避光、干燥处，远离热源、火源，在15℃以下的贮存期为1年。本产品按照非危险品运输。

【生产单位】 黑龙江省科学院石油化学研究院。

Ab025 高温载体结构胶膜 J-98

【英文名】 high-temperature curable structure adhesive film J-98

【主要组成】 改性环氧树脂、丁腈橡胶、固化剂等。

【产品技术性能】 外观：灰色胶膜。固化后的产品性能如下。

项目		指标
厚度/mm		0.32～0.36
单位面积质量/(g/m²)		380±38
挥发分/% ≤		1.0
剪切强度(Al-Al)/MPa ≥	(−55±2)℃	28.0
	(23±2)℃	28.0
	(150±2)℃	15.0
浮动剥离强度/(kN/m) ≥	(23±2)℃	5.0
滚筒剥离强度/(kN/m) ≥	(23±2)℃	5.0

标注测试标准：以上数据测试参照企标 Q/HSY 025—92。

【特点及用途】 粘接强度高，该产品可在−55～150℃下长期使用。适用于金属、非金属及复合材料蜂窝夹层结构和板-板结构的胶接。该产品已广泛应用于多种型号的直升机、导弹上。

【施工工艺】 固化条件为(180±5)℃/90min，固化压力为(0.3±0.02)MPa。

【毒性及防护】 本产品固化后为安全无毒物质，但应尽量避免与皮肤和眼睛接触，若不慎接触眼睛，应迅速用清水清洗。

【包装及贮运】 用隔离纸作为隔离层，每卷胶膜为2.0m²并套有塑料袋。该产品必须在干燥、密封、避光的场所贮存。在−18℃以下的贮存期为9个月，常温(20～25℃)存放累计不超过20d。本产品按照非危险品运输。

【生产单位】 黑龙江省科学院石油化学研究院。

Ab026 高温载体结构胶膜 J-99

【英文名】 high-temperature curable structure film adhesive J-99

【主要组成】 改性环氧树脂、丁腈橡胶、固化剂等。

【产品技术性能】 外观：灰色胶膜。固化后的产品性能如下。

项目		指标
厚度/mm		0.22～0.26
单位面积质量/(g/m²)		300±30
挥发分/% ≤		1.0
Al-Al 剪切强度/MPa≥	(−55±2)℃	28.0
	(23±2)℃	28.0
	(150±2)℃	15.0
浮动剥离强度/(kN/m) ≥	(23±2)℃	5.0
滚筒剥离强度/(kN//m) ≥	(23±2)℃	5.0

标注测试标准：以上数据测试参照企标 Q/HSY 039—2003。

【特点及用途】 粘接强度高，该产品可在−55～150℃下长期使用。适用于金属、非金属及复合材料蜂窝夹层结构和板-板结构的胶接。该产品已广泛应用于多种型号的直升机、导弹上。

【施工工艺】 固化条件为(180±5)℃/90min，固化压力为(0.3±0.02)MPa。

【毒性及防护】 本产品固化后为安全无毒物质，但应尽量避免与皮肤和眼睛接触，若不慎接触眼睛，应迅速用清水清洗。

【包装及贮运】 用隔离纸作为隔离层，每卷胶膜为 2.0m^2 并套有塑料袋。该产品必须在干燥、密封、避光的场所贮存。在 −18℃以下的贮存期为 9 个月，常温（20～25℃）存放累计不超过 20d。本产品按照非危险品运输。

【生产单位】 黑龙江省科学院石油化学研究院。

Ab027 底胶 J-100

【英文名】 Primer J-100

【主要组成】 改性环氧树脂、芳胺类固化剂等。

【产品技术性能】 外观：蓝色半透明液体。固化后的产品性能（与 J-99 配合使用）如下。

项目		指标
不挥发物含量/%		15±1.5
Al-Al 剪切强度/MPa≥	(−55±2)℃	28.0
	(23±2)℃	28.0
	(150±2)℃	15.0
浮动剥离强度/(kN/m)≥	(23±2)℃	5.0

标注测试标准：以上数据测试参照企标 Q/HSY 026—2003。

【特点及用途】 与 J-98、J-99 高温载体结构胶膜配套使用，具有好的耐湿热性和耐盐雾性。可在 −55～150℃长期使用。适用于铝合金板-板胶接及铝合金板与蜂窝芯材的胶接，已广泛应用于多种型号的直升机、导弹上。

【施工工艺】 1. 已处理好的试件表面喷涂 J-100 高温固化底胶，其厚度为 2～8μm；室温晾置 20min，于（85±5)℃烘箱中烘 20min。干燥后的底胶试片的有效存放期为 20d（室温）。在已喷涂底胶并烘干的试片上，配合 J-98 或 J-99（B）胶膜使用，注意排除胶膜裹进的气泡。2. 固化温度：(180±5)℃；固化时间：(90±5) min；固化压力：(0.30±0.02) MPa。

【毒性及防护】 本产品固化后为安全无毒物质，但应尽量避免与皮肤和眼睛接触，若不慎接触眼睛，应迅速用清水清洗。

【包装及贮运】 用聚乙烯塑料桶或瓶密封包装。产品必须在干燥、密封、避光的场所贮存。在常温（20～25℃）的贮存期为 9 个月。

【生产单位】 黑龙江省科学院石油化学研究院。

Ab028 高温结构胶膜 J-116

【英文名】 high-temperature curable structure film adhesive J-116

【主要组成】 改性环氧树脂、丁腈橡胶等。

【产品技术性能】 外观：J-116A 黄色胶膜（厚度 0.35～0.40mm）、J-116A 绿色胶膜（厚度 0.55～0.60mm）、J-116B 灰色胶膜（厚度 0.15～0.20mm）。固化后的产品性能如下。

项目		指标	
		J-116A	J-116B
挥发分/%	≤	1.0	1.0
Al-Al 剪切强度/MPa ≥	(−55±2)℃	24.5	24.5
	(23±2)℃	24.5	24.5
	(135±2)℃	14.7	14.7
	(150±2)℃	13.3	13.3
90°板-板剥离强度/(N/cm) ≥	(23±2)℃	58.0	75.0

标注测试标准：以上数据测试参照企标 Q/HSY 043—2003。

【特点及用途】 该产品以其优异的综合性能成为国内高强度、高韧性、高耐久性结构件制造的首选产品。适用于各种承力钣金结构件、金属蜂窝结构件和复合材料等非金属材料的粘接。其中 J-116A 胶膜用于板-芯胶接；J-116B 胶膜用于板-板胶接。已在多种型号的战斗机、运输机等获得广泛的应用。

【施工工艺】 固化条件为（175±5）℃/3h，固化压力为（0.3±0.02）MPa。

【毒性及防护】 本产品固化后为安全无毒物质，但应尽量避免与皮肤和眼睛接触，若不慎接触眼睛，应迅速用清水清洗。

【包装及贮运】 用隔离纸作为隔离层，每卷胶膜为2.0m^2并套有塑料袋。产品必须在干燥、密封、避光的场所贮存。在－18℃以下的贮存期为6个月，常温（20～25℃）存放累计不超过20d。本产品按照非危险品运输。

【生产单位】 黑龙江省科学院石油化学研究院。

Ab029 带状发泡结构胶黏剂 J-118

【英文名】 foaming structural adhesive J-118

【主要组成】 环氧树脂、增强材料、铝粉、潜伏性固化剂等。

【产品技术性能】 不同温度下管式剪切强度：≥6MPa（－55℃）、≥7MPa（室温）、≥3MPa（135℃）、≥2MPa（175℃）；流淌距离：4～8mm；挥发分：≤1%；膨胀比：1/（2.5±0.3）；压缩强度（室温）：≥13MPa；标注测试标准：以上数据测试参照企标 Q/HSY 045—2003。

【特点及用途】 单组分包装、带状供货、室温贮存期长。固化过程中的流淌距离小、挥发分低。固化后胶层泡孔均匀，具有耐高低温、高强度、耐震动疲劳和高耐久性等特点。主要用于金属及非金属蜂窝夹芯结构件中夹芯件的侧面与毗邻的梁、肋和边框的胶接与填充，还可以用于各种金属件和非金属件复合材料结构件内空腔、缝隙的填充与密封。

【施工工艺】 根据所需胶接部位的空间大小和形状选择适当厚度的胶带并进行裁剪，在电吹风微热下将胶带贴于经适当表面处理的工件的表面上。使施胶部位处于常压下，置于烘箱或热压罐中升温加热固化，使工件从室温开始经约90min升至175℃，在此温度下保持2h后，停止加热，使其自然冷却到室温时即可卸去工装。

【毒性及防护】 本品基本无毒、无味，不易燃。接触胶膜后应洗手。

【包装及贮运】 带状胶膜用聚乙烯薄膜作隔离层成卷包装，外加纸箱或木箱供货。供应厚度为1mm、1.5mm、2mm、3mm。室温贮存或运输应远离热源及火源，避免日晒雨淋。夏季室温运输期不得超过7d。－18℃冰柜贮存，保质期为半年。

【生产单位】 黑龙江省科学院石油化学研究院。

Ab030 缓蚀底胶 J-117

【英文名】 anti-corrosion primer J-117

【主要组成】 改性环氧树脂、芳胺类固化剂等。

【产品技术性能】 外观：黄色液体。固化后的产品性能如下。

项　目		指　标
不挥发物含量/%		10～15
缓蚀剂含量(占不挥发物含量)/%		4.0～6.5
Al-Al剪切强度(与J-116A或J-116B配合使用)/MPa　≥	(－55±2)℃	24.5
	(23±2)℃	24.5
	(135±2)℃	14.7
	(150±2)℃	13.3
90°板-板剥离强度[(23±2)℃,与J-116A配合使用]/(N/cm)　≥		75.0
90°板-芯剥离强度[(23±2)℃,与J-116B配合使用]/(N/cm)　≥		58.0

标注测试标准：以上数据测试参照企标 Q/HSY044—2003。

【特点及用途】 与J-116高温结构胶膜配套使用，J-117缓蚀底胶耐介质、耐老化和耐腐蚀性能优异，与J-116胶膜配合使用，构成高耐久性结构胶接体系。可在－55～150℃长期使用。适用于各种承力钣金结构件、金属蜂窝结构件和复合材料等非金属材料的粘接。其中 J-116A 胶膜用于板-芯胶接；J-116B 胶膜用于板-板胶接。已在多种型号的战斗机、运输机等获得广泛的应用。

【施工工艺】 1. 已处理好的试件表面喷涂 J-100 高温固化底胶，其厚度为 5～10μm；室温晾置 20min，于 (85±5)℃烘箱中烘 20min。干燥后的底胶试片的有效存放期为 20d (室温)。在已喷涂底胶并烘干的试片上，配合 J-116 胶膜使用，注意排除胶膜裹进的气泡。2. 固化温度：(175±5)℃；固化时间：3h；固化压力：(0.30±0.02) MPa。

【毒性及防护】 本产品固化后为安全无毒物质，但应尽量避免与皮肤和眼睛接触，若不慎接触眼睛，应迅速用清水清洗。

【包装及贮运】 用聚乙烯塑料桶或瓶密封包装。贮存条件：避光，远离热源。0～5℃ 贮存 6 个月；10～25℃ 贮存 3 个月。

【生产单位】 黑龙江省科学院石油化学研究院。

Ab031 粉状（粒状、棒状）发泡胶 J-121

【英文名】 powder (granular、stick) foaming adhesive J-121

【主要组成】 改性环氧树脂、芳胺类固化剂等。

【产品技术性能】 外观：灰色粉状 F、粒状 L、棒状 B。固化后的产品性能如下。

项目			指标		
挥发分/%		≤	1		
视密度/(g/cm³)			0.28～0.30	0.45～0.47	0.60～0.65
抗压强度/MPa	-55℃	≥	3.0	10.0	20.0
	常温	≥	3.0	10.0	20.0
	135℃	≥	2.0	5.0	10.0
	175℃	≥	1.0	4.5	8.5
管剪强度/MPa	-55℃	≥	1.0	3.0	6.0
	常温	≥	1.0	3.0	6.0
	135℃	≥	0.7	1.5	2.5
	175℃	≥	0.5	1.0	2.0

标注测试标准：以上数据测试参照企标 Q/HSY 067—1995。

【特点及用途】 耐热老化及耐各种化学介质的性能优异。可在－55～175℃长期使用。可用于铝合金及芳纶纸蜂窝夹层结构件的格孔中或其它结构件内部的填充、嵌入，以增加结构件的局部抗压强度，也可用于蜂窝夹芯之间的拼接。已在多种型号的战斗机、运输机等获得广泛的应用。

【施工工艺】 固化温度：(175±5)℃，固化时间：2.5～3h，固化压力：0.015MPa。

【毒性及防护】 本产品固化后为安全无毒物质，但应尽量避免与皮肤和眼睛接触，若不慎接触眼睛，应迅速用清水清洗。

【包装及贮运】 用塑料袋包装密封，每袋净重为 0.5kg。外加纸箱或木箱包装。贮存条件：密封保存，避免阳光直接照射，远离火源、热源。15～25℃的保存期为 1 个月，－18℃的保存期为 1 年，本产品按照非危险品运输。

【生产单位】 黑龙江省科学院石油化学研究院。

Ab032 环氧结构胶膜 J-138

【英文名】 epoxy structure adhesive film J-138

【主要组成】 改性环氧树脂、丁腈橡胶、固化剂等。

【产品技术性能】 外观：浅黄色胶膜（厚度 0.35～0.42mm）。固化后的产品性能如下。

项 目			指 标
挥发分/%	≤		1.0
Al-Al 剪切强度/MPa	≥	(-55±2)℃	28.0
		(23±2)℃	28.0
		(135±2)℃	20.0
		(150±2)℃	15.0
90°板-板剥离强度/(N/cm)	≥	(23±2)℃	4.0
90°板-芯剥离强度/(N/cm)	≥	(23±2)℃	4.0

标注测试标准：以上数据测试参照企标 Q/HSY 122—2008。

【特点及用途】 改性环氧结构胶膜，具有高强度、优异的工艺性等特点。用途：适用于金属、非金属及复合材料的胶接与共固化胶接。该产品已在雷达罩、导弹等获得较好的应用。

【施工工艺】 固化条件为（150±5）℃/3～4h，固化压力为 0.3～0.5MPa。

【毒性及防护】 本产品固化后为安全无毒物质，但应尽量避免与皮肤和眼睛接触，若不慎接触眼睛，应迅速用清水清洗。

【包装及贮运】 用隔离纸作为隔离层，每卷胶膜为 2.0m² 并套有塑料袋。贮存条件：产品必须在干燥、密封、避光的场所贮存。在－18℃以下的贮存期为 6 个月，常温（20～25℃）存放累计不超过 20d，本产品按照非危险品运输。

【生产单位】 黑龙江省科学院石油化学研究院。

Ab033 阻尼构件结构胶膜 J-165

【英文名】 damping structure adhesive film J-165

【主要组成】 改性环氧树脂、聚砜、固化剂等。

【产品技术性能】 外观：厚度为（0.15±0.02）mm 的绿色胶膜。固化后的产品性能如下。

项目		指标
挥发分/% ≤		0.8
剪切强度/MPa	－55℃ ≥	25.0
	常温 ≥	20.0
	100℃ ≥	10.0
板-板 90°剥离强度(常温)/(N/cm) ≥		80.0
和碳/环氧复合材料共固化成型,拉剪强度/MPa ≥		10.0
和丁基橡胶型阻尼材料粘接拉剪强度/MPa		
C－胶膜－橡胶－胶膜－C ≥		2.5(或阻尼橡胶材料破坏)
Al－胶膜－橡胶－胶膜－Al ≥		3.0(或阻尼橡胶材料破坏)
和丁基橡胶型阻尼材料粘接90°剥离强度/(N/cm)		
Al－胶膜－橡胶－胶膜－Al ≥		80.0

标注测试标准：以上数据测试参照企标 CB-SH-0083—99。

【特点及用途】 高韧性的改性环氧结构胶膜。可用于粘接阻尼橡胶，并与复合材料共固化成型。

【施工工艺】 固化温度：(175±5)℃；固化时间：3.0h；固化压力：(0.4±0.02) MPa。

【毒性及防护】 本产品固化后为安全无毒物质，但应尽量避免与皮肤和眼睛接触，若不慎接触眼睛，应迅速用清水清洗。

【包装及贮运】 用隔离纸作为隔离层，每卷胶膜为 2.0m² 并套有塑料袋。产品必须在干燥、密封、避光的场所贮存。在－18℃以下的贮存期为 6 个月。常温存放累计时间不超过 20d。本产品按照非危险品运输。

【生产单位】 黑龙江省科学院石油化学研究院。

Ab034 双组分胶液 J-201

【英文名】 two-part adhesive J-201

【主要组成】 由（甲）改性环氧树脂及（乙）固化剂构成的双组分胶黏剂。

【产品技术性能】 外观：甲组分是一种黑色黏稠状液体；乙组分是一种浅色树脂液体。固化后的产品性能如下。

性能	指标
抗扯强度/MPa ≥	4.90(或橡胶破坏：≥3.92)
剥离强度(橡胶与橡胶之间)/(kN/m) ≥	2.35
剥离强度(橡胶与金属之间)/(kN/m) ≥	3.92(48h)或 4.70(72h)

标注测试标准：以上数据测试参照企标 CB-SH-0110—2001。

【特点及用途】 既可以冷粘，又可以热硫化粘接。主要适用于橡胶-金属以及橡胶-非金属材料之间的粘接。

【施工工艺】 按甲：乙=4.5：1（质量比）的比例配胶，混合均匀后方可使用。冷粘：0.1～0.2kg/cm² 的压力下，温度不低于20℃的条件下保持48h或72h（24h后负荷可除去）后即可。热粘：温度（143±2)℃，压力0.3MPa，时间30～60min。

【毒性及防护】 本产品固化后为安全无毒物质，但混合前两组分应尽量避免与皮肤和眼睛接触，若不慎接触眼睛，应迅速用清水清洗。

【包装及贮运】 双组分分别包装。甲组分：于室温下贮存，贮存期6个月；乙组分：于−4℃以下的冰柜中贮存，贮存期6个月。本产品按照非危险品运输。

【生产单位】 黑龙江省科学院石油化学研究院。

Ab035 改性环氧胶黏剂 J-204 系列

【英文名】 modified epoxy adhesive J-204

【主要组成】 由（甲）改性环氧树脂及（乙）固化剂构成的双组分胶黏剂。

【产品技术性能】 固化后的产品性能如下。

项 目		指标			
		J-204	J-204Ⅱ	J-204D	J-204 胶液
剪切强度/MPa	23℃ ≥	25	30	30	—
	100℃ ≥	10	—	20	—
使用配比		A：B=100：12	A：B=100：50	A：B=100：25	A：B=1：1
硬度		—	—	—	2H～4H
固含量		—	—	—	A组分 50% B组分 25%

标注测试标准：以上数据测试参照企标 CB-SH-0131—2003。

【特点及用途】 J-204系列胶由J-204、J-204Ⅱ、J-204D以及J-204胶液组成。该系列产品的特点是胶接强度高，并具有优异的耐介质性能。可以适用于金属、非金属、复合材料等的粘接。该系列产品已经成功应用于兵器、导弹壳体、变压器、汽车砂轮片等，效果良好。

【施工工艺】 室温（25～30℃）需要固化5～7d；或室温放置约5h，再于（80±2)℃下固化2h；压力为接触压力。

【毒性及防护】 本产品固化后为安全无毒物质，但混合前两组分应尽量避免与皮肤和眼睛接触，若不慎接触眼睛，应迅速用清水清洗。

【包装及贮运】 A、B两组分分别用聚乙烯塑料容器或马口铁桶包装密封，配套供应。贮存条件：密封贮存在阴凉、干燥、避光处。自生产之日起，在15℃以下的贮存期为6个月。本产品按照非危险品运输。

【生产单位】 黑龙江省科学院石油化学研究院。

Ab036 三元乙丙橡胶粘接用胶黏剂 J-215

【英文名】 adhesive J-215 for EPDM

【主要组成】 改性环氧树脂、三元乙丙橡胶、固化剂等。

【产品技术性能】 外观：黑色液体。固化后的产品性能如下。

项 目	指 标
不挥发物含量/%	15±1.5
扯离强度(室温)/MPa ≥	3.0(或被粘材料破坏)

标注测试标准：以上数据测试参照企

标 Q/HSY 115—2003。

【特点及用途】 具有较好的耐烧蚀性能。主要应用于三元乙丙橡胶之间及三元乙丙橡胶与金属之间的粘接，已用于系列固体火箭发动机绝热层的胶接。

【施工工艺】 固化温度：(160±2)℃；固化压力：0.3MPa；固化时间：40～60min。

【毒性及防护】 本产品固化后为安全无毒物质，但应尽量避免与皮肤和眼睛接触，若不慎接触眼睛，应迅速用清水清洗。

【包装及贮运】 胶液用铁桶包装。该产品应低温避光密封贮存。20℃下的贮存期约为 6 个月。本产品按照非危险品运输。

【生产单位】 黑龙江省科学院石油化学研究院。

Ab037 金属底涂胶黏剂 J-230

【英文名】 primer J-230 for metal

【主要组成】 改性环氧树脂、三元乙丙橡胶等。

【产品技术性能】 外观：深灰色液体。固化后的产品性能如下。

项目	指标
不挥发物含量/%	22～26
扯离强度(室温)/MPa， ≥	4.5(或被粘材料破坏)
180°剥离强度(室温)/(kg/2.5cm) ≥	15.0(或被粘材料破坏)

标注测试标准：以上数据测试参照企标 Q/HSY 121—2007。

【特点及用途】 与 J-215 三元乙丙橡胶胶黏剂配套使用，用于三元乙丙橡胶与金属的热硫化粘接；也可以作为单涂层胶黏剂用于丁腈橡胶与金属的热硫化粘接。已用于系列固体火箭发动机三元乙丙橡胶绝热层的胶接。具有较好的耐烧蚀性能。

【施工工艺】 固化温度为(160±5)℃，固化压力大于 0.3MPa，固化时间为 60min。

【毒性及防护】 本产品固化后为安全无毒物质，但应尽量避免与皮肤和眼睛接触，若不慎接触眼睛，应迅速用清水清洗。

【包装及贮运】 胶液用铁桶包装。该产品应低温避光密封贮存。20℃下的贮存期约为 12 个月。本产品按照非危险品运输。

【生产单位】 黑龙江省科学院石油化学研究院。

Ab038 低密度 PMI 泡沫拼接胶黏剂 J-249

【英文名】 adhesive J-249 for low density PMI foaming splice

【主要组成】 由(A)改性环氧树脂、轻质微球及(B)固化剂构成的双组分胶黏剂。

【产品技术性能】 外观：A 组分为白色黏稠糊状，B 组分为白色或淡黄色粉状。固化后的产品性能如下。

项目	指标
视密度/(g/cm³)	0.4～0.6
抗压强度(室温)/MPa ≥	20
抗压强度(150℃)/MPa ≥	12
剪切强度(室温)/MPa ≥	15
剪切强度(150℃)/MPa ≥	8
挥发分/% ≤	0.5
平拉强度(PMI 泡沫拼接后)/MPa ≥	3.0(或高于泡沫本体平拉强度)

标注测试标准：以上数据测试参照企标 Q/HSY 133—2012。

【特点及用途】 粘接强度高，与 PMI 相容性好。主要用于飞行器、宇航器中环氧预浸料-PMI 泡沫夹层结构的制造以及蜂窝夹芯结构的拼接和填充。此外，还适用于金属或各种复合材料结构中不规则、不平整，固化时两表面之间的拼接、填充。

【施工工艺】 该胶是双组分胶(A/B)，A 组分和 B 组分的质量比为 7∶1。在室温条件下放置至 6h 以上，使粘接试件初步定型后，再按照用户选择的预浸料固化工艺规范进行。

【毒性及防护】 本产品固化后为安全无毒物质，但混合前两组分应尽量避免与皮肤和眼睛接触，若不慎接触眼睛，应迅速用清水清洗。

【包装及贮运】 双组分分别包装。胶黏剂应密封保存在阴凉、避光、干燥处，远离热源、火源，同时应防止受油类、酸、碱等有害物质的侵蚀。贮存期为 1 年。本产品按照非危险品运输。

【生产单位】 黑龙江省科学院石油化学研究院。

Ab039 复合材料表面膜 J-266

【英文名】 composite surfacing film J-266

【主要组成】 改性环氧树脂、固化剂等。

【产品技术性能】 外观：黑褐色胶膜［厚度（0.12±0.02）mm］；单位面积质量：（146±24）g/m^2。固化后的产品性能如下。

项目			指标
挥发分/%		≤	2.0
流动性(面积)		≥	15%
耐湿热老化性[(70±2)℃,RH (95±5)%,500h]			不出现表面损伤和不规整
耐航空介质性[(23±2)℃/6h]	航空润滑油 4109 或 4106		无软化、起泡
	喷气燃油 RP-3 或 RP-5		
	航空液压油 YH-15		
耐高低温循环老化性[(80±2)~(−55±2)℃,5 个循环]			不出现表面损伤和不规整
相容性			能与中高温环氧基预浸料共固化

标注测试标准：以上数据测试参照企标 Q/HSY 132—2008。

【特点及用途】 具有双重固化能力，与中温、高温固化的碳纤维-环氧预浸料、玻璃纤维-环氧预浸料、凯普拉纤维-环氧预浸料的相容性好，能够共固化。可消除结构表面的多孔性，防止湿气进入，提供外观平滑致密的表面；可省去一次打底漆、刮腻子工序，减轻结构重量；可与各种金属屏蔽材料相复合，起到电屏蔽的作用。用于复合材料结构件的制造中。

【施工工艺】 按环氧基预浸料固化工艺执行。

【毒性及防护】 本产品固化后为安全无毒物质，但应尽量避免与皮肤和眼睛接触，若不慎接触眼睛，应迅速用清水清洗。

【包装及贮运】 产品用隔离纸作为隔离层，成卷密封包装。产品必须在干燥、密封、避光的场所贮存。在−18℃下可存放 6 个月；在 4℃下可存放 3 个月；在 27℃、相对湿度≤60%的条件下可存放 30d。本产品按照非危险品运输。

【生产单位】 黑龙江省科学院石油化学研究院。

Ab040 高温固化结构胶膜 J-271

【英文名】 high-temperature curing structure film adhesive J-271

【主要组成】 环氧树脂等。

【产品技术性能】

型号	J-271A	J-271B	J-271C	J-271M	J-271U
外观	绿色胶膜	绿色胶膜	绿色胶膜	蓝色胶膜	蓝色胶膜
胶膜质量/(g/m^2)	390.4±24.4	292±24.4	244±24.4	158.6±12.2	146.4±12.2

固化后的产品性能如下。

1. 胶膜在铝胶接接头上的最低要求见下表。

测试项目	试验环境	J-271A	J-271B	J-271M	J-271U
单剪搭接剪切强度/MPa	(−54±1)℃	22.75	22.75	20.7	20.7
	(24±3)℃	26.20	26.20	24.1	24.1
	(103±3)℃	24.82	24.82	22.0	22.0
	(121±3)℃	20.68	20.68	20.7	20.7
Bell 剥离强度/(N/cm)	(−54±1)℃	21	21		
	(24±3)℃	21	21		
	(121±3)℃	21	21		
单剪搭接剪切强度/MPa	盐雾 30d	26.20	26.20		
	湿热老化(49±3)℃，湿度 95%～100% 30d	26.20	26.20		
蠕变强度/mm≤	(24±3)℃，在 11.0MPa 192h	0.38	0.38		
	(121±3)℃，在 5.5MPa 192h	0.38	0.38		
持久应力	湿热老化 71℃，湿度 95%～100%，10.3MPa	60d 不断	60d 不断		
滚筒剥离强度/(N·cm/cm)	(24±3)℃	53.4			
蜂窝平面拉伸强度/MPa	(−54±1)℃	5.51		2.76	2.76
	(24±3)℃	5.51		2.76	2.76
	(121±3)℃	3.54		2.76	2.76

2. 胶黏剂在预（共）固化碳/环氧与钛合金胶接试样的最低要求见下表。

测试项目	试验环境	J-271A	J-271B	J-271M	J-271U
双搭接剪切强度/MPa	(−54±1)℃	28.9	28.9	20.7	20.7
	(24±3)℃	30.7	30.3	24.1	24.1
	(103±3)℃	22.0	20.0	15.2	15.2
	(121±3)℃	19.3	16.5	13.8	13.8

3. 胶黏剂在复合材料上胶接的最低要求见下表。

测试项目	试验环境	J-271A	J-271C	J-271M
复材双搭接剪切强度/MPa	(−54±1)℃	23.4	23.4	23.4
	(24±3)℃	27.6	27.6	27.6
	(71±2)℃	22.0	22.0	22.0
	(132±2)℃	6.55	6.55	6.55
复材双搭接剪切强度/MPa	湿热老化 71℃，湿度 95%～100%，14d，(71±2)℃测	22.0	22.0	22.0
	湿热老化 71℃，湿度 95%～100%，1000h，(71±2)℃测	20.7	20.7	20.7
蜂窝平面拉伸强度/MPa	(−54±1)℃	4.48	4.48	4.48
	(24±3)℃	4.48	4.48	4.48
	(71±2)℃	3.79	3.79	3.79
		3.27	3.27	3.27
梁式剪切强度/MPa	湿热老化(71±2)℃，湿度 95%～100%，14d，(71±2)℃测	试样破坏应为芯子或面板，不应是胶		

标注测试标准：以上数据测试参照企标 Q/HSY 150—2010。

【特点及用途】 强度高，工艺性能好，可与预浸料共固化。J-271A：主要用于层板及夹层结构中碳/环氧复材或金属接头的胶接，还可用于碳/环氧预浸料与碳/环氧复材或金属之间的共固化胶接；J-271B：主要用于金属之间、碳/环氧复材之间的层板胶接；J-271C：主要用于碳/环氧复材之间、碳/环氧预浸料与蜂窝芯材的胶接及共固化胶接；J-271M：主要用于金属之间、碳/环氧复材之间、碳/环氧预浸料与蜂窝芯材之间的胶接与共固化胶接；J-271U：主要用于碳/环氧预浸料与蜂窝芯材的胶接。

【施工工艺】 固化温度：(180±5)℃；固化时间：70～120min；固化压力：0.1～0.6MPa。

【毒性及防护】 本产品固化后为安全无毒物质，但应尽量避免与皮肤和眼睛接触，若不慎接触眼睛，应迅速用清水清洗。

【包装及贮运】 用隔离纸作为隔离层，每卷胶膜为 $2.0m^2$ 并套有塑料袋。贮存条件：产品必须在干燥、密封、避光的场所贮存。在−18℃以下的贮存期为 9 个月，常温（20～25℃）存放累计不超过 20d。本产品按照非危险品运输。

【生产单位】 黑龙江省科学院石油化学研究院。

Ab041 耐温结构底胶 J-298

【英文名】 high-temperature resistant structure primer J-298

【主要组成】 改性环氧树脂、芳胺类固化剂等。

【产品技术性能】 外观：土黄色液体；不挥发物含量：10%～15%。固化后的产品性能（与 J-116 配合使用）如下。

项目		指标
剪切强度(Al-Al)/MPa ≥	(−55±2)℃	25.0
	(23±2)℃	25.0
	(150±2)℃	15.0
90°板-板剥离强度(Al-Al)/(N/cm) ≥	(−55±2)℃	25
	(23±2)℃	40
	(150±2)℃	25
90°板-芯剥离强度(Al-Al)/(N/cm) ≥	(−55±2)℃	20
	(23±2)℃	30
	(150±2)℃	20
铝蜂窝滚筒剥离强度/(N/mm) ≥	(23±2)℃	100

标注测试标准：以上数据测试参照企标 Q/HSY 197—2012。

【特点及用途】 具有优异的耐介质、耐老化和耐腐蚀性能。可以与 J-299 高韧性双马结构胶膜配套使用，适用于粘接金属构件，广泛应用于战斗机中。

【施工工艺】 已处理好的试件表面喷涂 J-298 底胶，其厚度为 5～10μm；室温晾置 20min，于（85±5)℃烘箱中烘 20min。干燥后的底胶试片的有效存放期为 20d（室温）。在已喷涂底胶并烘干的试片上，配合 J-299 胶膜使用，注意排除胶膜裹进的气泡。固化压力和时间：室温加热加压至（0.6±0.05）MPa，升温到（185±2)℃，保温 1h，在等压（195±5)℃下后处理 5h；蜂窝区：(0.2±0.05）MPa。

【毒性及防护】 本产品固化后为安全无毒物质，但应尽量避免与皮肤和眼睛接触，若不慎接触眼睛，应迅速用清水清洗。

【包装及贮运】 用聚乙烯塑料桶或瓶密封包装。贮存条件：干燥、密封、避光的场所贮存。在−18℃以下的保存期为 6 个月和常温（20～25℃）存放 30d。

【生产单位】 黑龙江省科学院石油化学研究院。

Ab042 低温固化耐高温结构胶膜 J-300

【英文名】 high temperature resistant structure adhesive film J-300

【主要组成】 改性耐高温树脂、丁腈橡胶、胺类固化剂等。

【产品技术性能】 外观：浅黄色胶膜，厚度为（0.38±0.02）mm。固化后的产品性能如下。

项目		指标
挥发分/% ≤		1
剪切强度(Al-Al)/MPa ≥	(23±2)℃	16
	(200±2)℃	16
	(250±2)℃	13
	(300±2)℃	8
平拉强度/MPa ≥	(23±2)℃	2.0

【特点及用途】 粘接强度高，耐高温性能优异。主要用于铝壳体蜂窝夹层结构的制造。

【施工工艺】 固化条件为（180±5）℃/3h，固化压力为（0.3±0.02）MPa，升温速率为1.0～3.0℃/min，卸压条件：试样应在保压下自然降温至60℃以下卸压。

【毒性及防护】 本产品固化后为安全无毒物质，但应尽量避免与皮肤和眼睛接触，若不慎接触眼睛，应迅速用清水清洗。

【包装及贮运】 用隔离纸作为隔离层，每卷胶膜为2.0m² 并套有塑料袋。贮存条件：产品必须在干燥、密封、避光的场所贮存。在－18℃以下的贮存期为6个月，常温（20～25℃）存放累计不超过20d。本产品按照非危险品运输。

【生产单位】 黑龙江省科学院石油化学研究院。

Ab043 高阻层胶膜 J-305

【英文名】 adhesive film J-305

【主要组成】 环氧树脂、胺类固化剂、炭黑等。

【产品技术性能】 外观：黑灰色胶膜［厚度为（0.20±0.30）mm］；柔韧性（0.20mm固化胶膜）：R50圆弧弯曲10次无断裂。固化后的产品性能如下。

项目		指标
剪切强度(Al-Al)/MPa ≥	(23±2)℃	18.0
	(160±2)℃	10.0
铝蜂窝滚筒剥离强度/(N/mm) ≥	(23±2)℃	50
湿热老化(Al-Al,55℃,RH=98%～100%湿热老化1000h)后,常温剪切强度保持率/% ≥		80
电阻/MΩ		50～100
130℃/3h后,电阻变化率/%		≤50

标注测试标准：以上数据测试参照企标Q/HSY 211—2013。

【特点及用途】 电阻值控制在50～100MΩ。主要适用于导流条的制造。

【施工工艺】 固化温度和时间：（130±2）℃下固化3h；固化压力：（0.1±0.02）MPa［剪切试件固化压力为（0.3±0.02）MPa］；升温速率：1.0～3.0℃/min；卸压条件：试样应在保压下自然降温至60℃以下卸压。

【毒性及防护】 本产品固化后为安全无毒物质，但应尽量避免与皮肤和眼睛接触，若不慎接触眼睛，应迅速用清水清洗。

【包装及贮运】 产品用隔离纸作为隔离层，成卷密封包装。贮存条件：产品必须在干燥、密封、避光的场所贮存。在－18℃下可存放6个月；室温存放累计不超过20d。本产品按照非危险品运输。

【生产单位】 黑龙江省科学院石油化学研究院。

Ab044 耐高温环氧胶膜 J-317

【英文名】 high-temperature resistant adhesive film J-317

【主要组成】 改性环氧树脂、芳香胺类固化剂等。

【产品技术性能】 外观：灰色胶膜，厚度为0.35～0.40mm。固化后的产品性能如下。

项目		指标
剪切强度/MPa	(−55±2)℃，≥	30.0
	(23±2)℃，≥	30.0
	(150±2)℃，≥	20.0
	(200±2)℃，≥	8.0
	(250±2)℃，≥	2.0
剥离强度[(23±2)℃]/(N/cm)	90°板-板，≥	40.0
	90°板-芯，≥	40.0
挥发分/%	≤	1.0

标注测试标准：以上数据测试参照企标 Q/HSY 205—2013。

【特点及用途】 粘接强度高，该产品可在−55～200℃下长期使用。该胶可用于金属、非金属和复合材料的蜂窝夹层结构和板-板结构的胶接，可在−55～200℃下长期使用。

【施工工艺】 固化压力：(0.3±0.02)MPa；固化温度：试片温度 175～180℃；固化时间：(180±5)min；升温速率：1.5～3.0℃/min；卸压条件：试样应在保压下自然降温至 60℃以下卸压。

【毒性及防护】 本产品固化后为安全无毒物质，但应尽量避免与皮肤和眼睛接触，若不慎接触眼睛，应迅速用清水清洗。

【包装及贮运】 用隔离纸作为隔离层，每卷胶膜为 2.0m^2 并套有塑料袋。贮存条件：产品必须在干燥、密封、避光的场所贮存。于−18℃以下的保存期为 12 个月；于−4～0℃的保存期为 6 个月；常温存放累计时间不超过 20d。本产品按照非危险品运输。

【生产单位】 黑龙江省科学院石油化学研究院。

Ab045 低密度表面膜 J-366

【英文名】 low density composite surfacing film J-366

【主要组成】 环氧树脂、固化剂、轻质填料等。

【产品技术性能】 外观：黑褐色胶膜，厚度≤0.1mm，单位面积质量为(98±10)g/m^2。固化后的产品性能如下。

项目		要求
挥发分/%	≤	1.5
表面质量		表面应光滑无凹坑，无需额外的整平剂
耐航空介质性	航空润滑油 4109 或 4106	1. 表面胶膜层应无目视损伤
	喷漆燃油 RP-3 或 RP-5	2. 在介质中浸泡至少 7d 后，表面硬度下降不超过 2 个铅笔
	航空液压油 YH-15	硬度等级
耐热循环		80℃/15min～−55℃/15min，循环 5 次，不出现表面损伤
耐湿热性能		(70±2)℃，RH(95±5)%，500h，不出现表面损伤
交叉画线附着力		交叉画线附着力评级均至少为 7
工艺相容性		与中温(120℃)、高温(180℃)环氧树脂复合材料实现共固化

【特点及用途】 1. 低密度特性；2. 高的表面质量（低流动性、致密平滑）；3. 双重固化能力，与中温（120℃）或高温（180℃）预浸料均可以固化成型；4. 长的外置时间（≥45d）；5. 强抗 UV 辐射；6. 无需打磨具有良好的漆膜附着力；7. 无孔隙以保障表面质量的持久性；8. 可用于防雷击胶膜的制造。主要用于复合材料结构件的制造，如直升机中相关复合材料。

【施工工艺】 按环氧基预浸料固化工艺执行。

【毒性及防护】 本产品固化后为安全无毒物质，但应尽量避免与皮肤和眼睛接触，若不慎接触眼睛，应迅速用清水清洗。

【包装及贮运】 产品用隔离纸作为隔离层，成卷密封包装。产品必须在干燥、密封、避光的场所贮存。在－18℃下可存放12个月；在（25±2）℃下可存放45d。本产品按照非危险品运输。

【生产单位】 黑龙江省科学院石油化学研究院。

Ab046 防雷击表面膜 J-366-LSP

【英文名】 composite surfacing film J-366-LSP against lighting strike

【主要组成】 环氧树脂、金属网、固化剂等。

【产品技术性能】 外观：防雷击表面膜的单位面积质量（包括胶膜、金属网）为（171±20）g/m^2，金属铜网面积重量为（73±12）g/m^2。固化后的产品性能如下。

项目		要求
挥发分/% ≤		1
表面质量		表面应光滑无凹坑，无需额外的整平剂
耐航空介质性	航空润滑油 4109 或 4106	1. 表面胶膜层应无目视损伤；
	喷漆燃油 RP-3 或 RP-5	2. 在介质中浸泡至少 7d 后，表面硬度下降不超过 2 个铅笔
	航空液压油 YH-15	硬度等级
耐热循环		表面胶膜层裂纹数量不允许超过 8 个裂纹，且各裂纹的长度应小于 2.5mm
交叉画线附着力		交叉画线附着力评级均至少为 7
耐盐雾腐蚀		1. 与刻线边缘距离超过 6.4mm 的区域没有金属溶蚀现象； 2. 没有气泡； 3. 暴露后交叉画线附着力评级至少为 7
电阻		与国外 EA9845.010 LCS.015PSF 产品相当
工艺相容性		与中温（120℃）、高温（180℃）固化环氧树脂复合材料实现共固化
防雷击性能		采用防雷击胶膜制成的复合材料典型试件通过防雷击试验

【特点及用途】 J-366 低密度表面膜与轻质铜网复合后构成低密度防雷击表面膜；满足飞机防雷击功能。可以用于复合材料结构件的制造中，如直升机。

【施工工艺】 按环氧基预浸料固化工艺执行。

【毒性及防护】 本产品固化后为安全无毒物质，但应尽量避免与皮肤和眼睛接触，若不慎接触眼睛，应迅速用清水清洗。

【包装及贮运】 产品用隔离纸作为隔离层，成卷密封包装。产品必须在干燥、密封、避光的场所贮存。在－18℃下可存放12个月；在（25±2）℃下可存放45d。本产品按照非危险品运输。

【生产单位】 黑龙江省科学院石油化学研究院。

Ab047 胶黏剂 LWF

【英文名】 adhesive LWF

【主要组成】 改性环氧树脂、固化剂等。

【产品技术性能】 固化前的产品性能如下。

项目	指标				
	LWF	LWF-1	LWF-2A	LWF-2B	LWF-9
外观	蓝色胶膜	绿色胶膜	白色载体胶膜	白色载体胶膜	粉色胶膜
厚度/mm	0.35～0.40	0.15～0.20	0.36～0.40	0.18～0.22	0.35～0.40
单位面积质量/(g/m^2)	—	—	430±30	240±24	—

固化后的产品性能如下。

项目			指标				
			LWF	WF-1	LWF-2A	LWF-2B	LWF-9
剪切强度/MPa	(23±2)℃	≥	30.0	25.0	28.0	26.0	28.0
	(70±2)℃	≥	25.0	20.0	23.0	23.0	23.0
	(100±2)℃	≥	20.0	16.0	16.0	16.0	16.0
	(120±2)℃	≥	15.0	10.0	12.0	12.0	—
剥离强度/(kN/m)	90°板-板[(23±2)℃]	≥	3.0	6.0	—	4.0	—
	90°板-芯[(23±2)℃]	≥	3.5	—	4.0	—	4.0
挥发分/%		≤	1.0	1.0	1.0	1.0	1.0

标注测试标准：以上数据测试参照企标 CB-SH-004—2013。

【特点及用途】 胶接强度高，耐介质、耐老化性能优良。适用于金属、复合材料等板-板结构、无孔蜂窝结构的胶接。已在多种型号的飞机、导弹中获得广泛的应用。

【施工工艺】 固化温度：120～125℃；固化时间：2～3h；固化压力：(0.2±0.02) MPa。

【毒性及防护】 本产品固化后为安全无毒物质，但应尽量避免与皮肤和眼睛接触，若不慎接触眼睛，应迅速用清水清洗。

【包装及贮运】 用隔离纸作为隔离层，每卷胶膜为 2.0m² 并套有塑料袋。贮存条件：产品必须在干燥、密封、避光的场所贮存。于－18℃以下的保存期为 6 个月，常温［(23±2)℃］存放累计时间不超过 15d。本产品按照非危险品运输。

【生产单位】 黑龙江省科学院石油化学研究院。

Ab048 发泡胶黏剂 LWP

【英文名】 foam adhesive LWP

【主要组成】 改性环氧树脂、偶氮发泡剂、胺类固化剂等。

【产品技术性能】 外观：深灰色粉状 F、粒状 L、带状 D。固化后的产品性能如下。

项目			指标	
挥发分/%		≤	1.0	
视密度/(g/cm³)			0.60～0.65	0.45～0.50
抗压强度/MPa	－55℃	≥	15.0	10.0
	常温	≥	15.0	10.0
	100℃	≥	8.0	6.0
管剪强度/MPa	－55℃	≥	5.0	3.0
	常温	≥	5.0	3.0
	100℃	≥	3.5	2.0
	120℃	≥	3.0	1.5
带状胶流淌/cm		≤	1.5	1.5
带状胶膨胀比		≥	1∶(2.5±0.5)	1∶(2.5±0.5)

标注测试标准：以上数据测试参照企标 Q/HSY 198—2012。

【特点及用途】 中温固化，固化后孔隙均匀、强度高。可用于蜂窝夹芯的格孔中或其它结构件内部的填充、嵌入，以增加结构件的局部抗压强度，也可用于蜂窝夹芯之间的拼接。

【施工工艺】 固化温度为 (125±5)℃；时间为 2.5～3h；压力为 (0.2±0.02) MPa。

【毒性及防护】 本产品固化后为安全无毒物质，但应尽量避免与皮肤和眼睛接触，若不慎接触眼睛，应迅速用清水清洗。

【包装及贮运】 500g 包装。贮存条件：密封保存，避免阳光直接照射，远离火源、热源。15～25℃的保存期为 1 个月，－18℃的保存期为 6 个月。本产品按照非危险品运输。

【生产单位】 黑龙江省科学院石油化学研究院。

Ab049 高温固化胶黏剂 SJ-2

【英文名】 high-temperature curable adhesive film SJ-2

【主要组成】 改性环氧树脂、丁腈橡胶、胺类固化剂等。

【产品技术性能】 外观：SJ-2 高温固化胶黏剂由草绿色 SJ-2A 胶膜（厚度为 0.35～0.40mm）和浅黄色 SJ-2C 底胶组成。固化后的产品性能如下。

项目		指标	
		SJ-2A 胶膜	SJ-2C 底胶
剪切强度/MPa	-55℃ ≥	30.0	与 SJ-2A 配套使用，其指标同胶膜一致
	常温 ≥	30.0	
	150℃ ≥	15.0	
90°板-芯剥离强度/(N/cm) ≥		40.0	
挥发物/% ≤		1.5	—

标注测试标准：以上数据测试参照企标 Q/HSY 004—2003。

【特点及用途】 该产品的胶接强度高，耐介质、耐老化等综合性能优异。该产品已在多种航空航天飞行器上获得了广泛的应用。

【施工工艺】 固化温度：(180±5)℃；固化时间：3h；固化压力：(0.3±0.02) MPa。

【毒性及防护】 本产品固化后为安全无毒物质，但应尽量避免与皮肤和眼睛接触，若不慎接触眼睛，应迅速用清水清洗。

【包装及贮运】 用隔离纸作为隔离层，每卷胶膜为 2.0m² 并套有塑料袋。贮存条件：产品必须在干燥、密封、避光的场所贮存。在-18℃以下的贮存期为 9 个月，常温（20～25℃）存放累计不超过 20d。本产品按照非危险品运输。

【生产单位】 黑龙江省科学院石油化学研究院。

Ab050 纸蜂窝夹芯胶黏剂 Z-3

【英文名】 adhesive Z-3 for paper honeycomb sandwich

【主要组成】 改性环氧树脂、芳胺类固化剂等。

【产品技术性能】 外观：胶液为均匀液体；胶干：甲组分为黏稠的树脂，乙组分为含有配合剂的橡胶块，丙组分为固体树脂块。固化后的产品性能如下。

项目		指标
剪切强度/MPa	室温 ≥	25.0
	100℃ ≥	15.0
多节点 T 型剥离强度(常温)/(N/cm) ≥		4.0

标注测试标准：以上数据测试参照企标 CB-SH- 0095—2000。

【特点及用途】 具有节点强度高、耐湿热、耐介质等特点。主要用于牛皮纸、鸡皮纸及其它各类纸蜂窝芯材的制造，如赛艇壁板蜂窝夹层结构等。

【施工工艺】 1. 干胶溶解后将胶液调整至适中黏度，用清洁的刷子沿一个方向均匀地涂在胶接的表面上，涂胶 3～4 次，总胶量约 300g/m²，每涂完一次胶需在室温下晾置 20min，然后在 80℃烘箱中保持 20min，取出后合拢。2. 固化温度：(130±2)℃；固化时间：(2.5±0.5) h；固化压力：0.3～0.5MPa。

【毒性及防护】 本产品固化后为安全无毒物质，但应尽量避免与皮肤和眼睛接触，若不慎接触眼睛，应迅速用清水清洗。

【包装及贮运】 胶液用 5kg 或 10kg 等塑料桶包装。胶干以 2kg 份为单位。甲、乙、丙三个组分独立包装。贮存条件：液态，在-18℃以下可存放一年，0～4℃可存放 8 个月，18～20℃可存放 30d；固态，在-18℃以下可存放一年，0～4℃可存放 6 个月，18～20℃可存放 15d。本产品按照非危险品运输。

【生产单位】 黑龙江省科学院石油化学研

究院。

Ab051 胶膜 SY-14K

【英文名】 adhesive film SY-14K

【主要组成】 改性环氧树脂、固化剂、助剂等。

【产品技术性能】 外观：黄色膜状，表面均匀、无杂质，并带有针织尼龙载体。固化后的性能如下。常温剪切强度：45.0MPa（GB/T 7124）；常温浮辊剥离强度：8.00kN/m（GB/T 7122）；工作温度：30～150℃；标注测试标准：以上数据测试参照 Q/6S 2183—2008。

【特点及用途】 生产过程不需要溶剂，既节约又环保，具有良好的力学性能，具有良好的室温贮存的优点（>9 个月）。

【施工工艺】 低温下贮存的胶膜取出后，不得立即打开封装，应于室温放置 6h 左右，直到胶膜恢复至室温冷凝水消失后方可拆封取出胶膜。注意事项：未用完的胶膜应重新封装，尽快送回冰箱（或冷库）保存。

【毒性及防护】 安全无毒物质。

【包装及贮运】 包装：$30m^2$/箱。贮存条件：胶膜应贮存于 10～35℃、相对湿度不大于 65% 的环境中，避免日光直接照射，远离热源。如有条件也可在冷库中贮存。胶膜从生产日期起，室温贮存期为 9 个月，－18℃冷库中的贮存期为 2 年。本产品按照非危险品运输。

【生产单位】 中国航空工业集团公司北京航空材料研究院。

Ab052 胶膜 SY-14M

【英文名】 adhesive film SY-14M

【主要组成】 改性环氧树脂、固化剂、助剂等。

【产品技术性能】 外观：表面平整、均匀、无杂质。固化后的产品性能如下。复材 23℃双搭接剪切强度：30.0MPa（BSS 7202）；复材夹层结构 23℃平面拉伸强度：7.00MPa（BSS 7205）；工作温度：30～150℃；标注测试标准：以上数据测试参照 YMS 2206 版次 B。

【特点及用途】 生产过程不需要溶剂，既节约又环保，具有良好的力学性能，具有良好的工艺黏性。

【施工工艺】 低温下贮存的胶膜取出后，不得立即打开封装，应于室温放置 6h 左右，直到胶膜恢复至室温冷凝水消失后方可拆封取出胶膜。注意事项：未用完的胶膜应重新封装，尽快送回冰箱（或冷库）保存。

【毒性及防护】 安全无毒物质。

【包装及贮运】 包装：$30m^2$/箱。贮存条件：胶膜从生产日期起，－18℃冷库中的贮存期为 1 年，另外在常温累计外置期不超过 1 个月。本产品按照非危险品运输。

【生产单位】 中国航空工业集团公司北京航空材料研究院。

Ab053 胶黏剂 SY-13-2

【英文名】 adhesive SY-13-2

【主要组成】 改性环氧树脂、固化剂、助剂等。

【产品技术性能】 外观：甲组分为棕红色半透明溶液，乙组分为黄色黏稠混合液。固化后的产品性能如下。室温剪切强度：25.0MPa（HB 5164）；150℃剪切强度：9.00MPa（HB 5164）；室温 90°剥离强度：8.70kN/m（GJB 446）；工作温度：－55～150℃；标注测试标准：以上数据测试参照 Q/6S 315—89。

【特点及用途】 具有良好的力学性能。主要应用于航空领域及航天、民用、蜂窝制品等。

【施工工艺】 将甲、乙两组分分别搅拌均匀，然后按照 1∶3 的质量比称取甲乙两组分，在清洁的容器内混合搅拌均匀。使用时应远离火源。

【毒性及防护】 本产品固化后为安全无毒物质，但混合前两组分应尽量避免与皮肤和眼睛接触，若不慎接触眼睛，应迅速用清水清洗。

【包装及贮运】 5kg/桶或15kg/桶。贮存条件：密封贮存于30℃以下阴凉、干燥的库房内，避免日光直接照射，远离火源及电源。贮存期为半年。本胶黏剂为易燃液体，在运输、贮存和使用过程中，应遵守易燃品的相关规定。

【生产单位】 中国航空工业集团公司北京航空材料研究院。

Ab054 灌封料 SY-12 系列

【英文名】 potting materials SY-12 series

【主要组成】 环氧树脂、固化剂、填料等。

【产品技术性能】 外观：黑色黏稠液体；密度：(1.35±0.05) g/cm³ (A组分)，(1.05±0.05) g/cm³ (B组分)；黏度：(15000±2000) mPa·s(A组分)，(60±10) mPa·s(B组分)。固化后的产品性能如下。硬度：(80±5) Shore D；剪切强度：≥15MPa；体积电阻率：≥1×10^{15} Ω·cm；介电强度：15～25kV/ mm。

【特点及用途】 固化后形成坚硬的树脂体，对电子器件起到保护密封的作用。用途：用于电路板、数码块、变压器、电路夹套、互感器、需阻燃的电路、电子元器件等的封装。

【施工工艺】 按质量比准确称量后混合搅拌均匀即可使用。注意事项：胶料应在阴凉干燥处密封保存，任一组分如有分层，使用前需搅匀再称量，不影响使用效果。

【毒性及防护】 本产品固化后为安全无毒物质，但混合前两组分应尽量避免与皮肤和眼睛接触，若不慎接触眼睛，应迅速用清水清洗。

【包装及贮运】 包装：4kg/桶，保质期6个月。贮存条件：室温、阴凉处贮存。本产品按照非危险品运输。

【生产单位】 三友（天津）高分子技术有限公司。

Ab055 环氧胶黏剂 DW-3

【英文名】 epoxy adhesive DW-3

【主要组成】 环氧树脂、柔性固化剂、助剂等。

【产品技术性能】 剪切强度：≥17.7MPa（室温）、≥17.7MPa（−196℃）。

【特点及用途】 可在−269～60℃的范围内使用，韧性好。主要用于低温环境下使用的多种零部件的粘接。

【施工工艺】 使用时将甲、乙、丙三组分按照5：1：0.2的比例搅拌均匀即可。被粘接物经表面处理涂胶，在60℃固化8h或100～130℃固化1～2h。

【毒性及防护】 微毒，避免与皮肤直接接触。

【包装及贮运】 包装：1kg或5kg桶装，保质期24个月。贮存条件：室温、阴凉处贮存。本产品按照非危险品运输。

【生产单位】 上海华谊（集团）公司—上海市合成树脂研究所。

Ab056 环氧胶黏剂 E-4

【英文名】 epoxy adhesive E-4

【主要组成】 环氧树脂、酚醛树脂、聚乙烯醇缩甲乙醛等。

【产品技术性能】 固含量：20%～25%；黏度：(1±0.5) Pa·s；剪切强度（LY12CZ铝合金）：≥19.6MPa（室温）、≥4.9MPa（180℃）；不均匀扯离强度（LY12CZ铝合金）：≥19.6kN/m（室温）。

【特点及用途】 胶液甲、乙两组分混合后在室温可使用时间为24h，固化后粘接性能优良，短时间可耐200℃高温。适用于需耐热的铝、钢等金属和玻璃钢等的粘接。

【施工工艺】 按照甲：乙＝100：（0.5～1）配比。铝合金可用0#或2#砂布打毛，经硫酸重铬酸钠溶液化学处理；钢可用喷砂处理后用丙酮等溶剂去油污；玻璃钢可用0#砂布打毛后用丙酮等溶剂去油污；将混合后的酸放置片刻，用棒或刮刀均匀涂于被粘接物表面，放置15～30min，涂第二次，共涂胶三次后叠合固化，固化压力为0.1～0.2MPa，固化温度80℃下1h，再升温130℃下4h。

【毒性及防护】 胶液有易挥发溶剂，因此涂胶场所应通风良好。使用时应尽量避免与皮肤接触，一旦接触可用丙酮擦净，用水清洗。

【包装及贮运】 胶液分甲、乙两组分包装，常规包装为1kg、3kg。本胶甲组分是大量易挥发溶剂，属于易燃危险品，应贮存在通风、干燥、阴凉的库房内，远离火源和热源。运输按照易燃危险品的规定办理。

【生产单位】 上海华谊（集团）公司—上海市合成树脂研究所。

Ab057 环氧胶黏剂 E-16

【英文名】 epoxy adhesive E-16

【主要组成】 环氧树脂、增韧剂、改性咪唑等。

【产品技术性能】 剪切强度（LY12CZ硬铝合金）：≥19.6MPa（室温）；不均匀扯离强度（LY12CZ铝合金）：≥14.7kN/m（室温）、≥29.4kN/m（60℃）。

【特点及用途】 双组分无溶剂环氧胶黏剂，中温固化，对金属有良好的粘接性能。主要用于超声波换能器的粘接和金属与金属、金属与非金属的粘接。

【施工工艺】 按照甲：乙＝8：1配比。金属表面可用砂布打磨或喷砂处理，丙酮擦洗。有条件的铝合金要用硫酸重铬酸钠溶剂化处理。配酸时按比例将甲、乙两组分在容器内搅拌均匀，再均匀涂于被粘材料表面，叠合后放入烘箱内120℃固化2～3h。

【毒性及防护】 胶液有不愉快的气味，因此涂胶场所应通风良好。使用时应尽量避免与皮肤接触，一旦接触可用丙酮擦净，用水清洗。

【包装及贮运】 胶液分甲、乙两组分包装，常规包装为1kg、4kg。胶液室温贮存期为1年，过期经复测强度合格后可继续使用，属于易燃危险品，应贮存在通风、干燥、阴凉的库房内，远离火源和热源。运输按照易燃危险品的规定办理。

【生产单位】 上海华谊（集团）公司—上海市合成树脂研究所。

Ab058 胶黏剂 SY-14C/SY-D4

【英文名】 adhesive SY-14C/SY-D4

【产品技术性能】

1. 温度对固化物力学性能的影响见下表。

性能	(−55±3)℃	(23±3)℃	(150±3)℃	(175±3)℃
剪切强度/MPa ≥	28	30	18	16
90°剥离强度(板-板)/(kN/m)	—	5.9	3.9	—
90°剥离强度(板-芯)/(kN/m)	—	4.4	2.5	—

2. 不同温度下不同材质的力学性能测试见下表。

性能	表面处理	(−55±2)℃	(23±2)℃	(150±2)℃	(175±2)℃
剪切强度/MPa ≥	FPL	36.3	36.9	25.3	—
	CAA	38.4	38.6	29.9	—
	PAA	—	39.7	27.5	27.3

续表

性能	表面处理	(−55±2)℃	(23±2)℃	(150±2)℃	(175±2)℃
90°剥离强度(板-板)/(kN/m)	FPL	—	5.9	3.9	—
	CAA	7.08	7.22	6.18	—
	BPAA	9.29	9.98	7.87	—

表面处理	蜂窝滚筒剥离强度/(N/m)	90°剥离强度(150℃,板-芯)/(kN/m)	蜂窝平面拉伸强度/MPa	
			(23±2)℃	(150±2)℃
FPL	146	5.77	9.21	3.86

3. 老化条件对固化物力学性能的影响见下表。

性能	原始数据	150℃热老化216h	7.5%NaCl水浸泡1056h	70℃,RH100%湿热老化时间/h			
				210	400	700	1000
剪切强度/MPa	39.9	35.8	33	—	27.6	27.7	24
剥离强度/(kN/m)	7.35	6.68	6.36	7.44	6.7	5.74	5.6

以上测试参考 Q/6S 1111—1997 和 Q/6S 1112—1997。

【特点及用途】 该胶长期使用温度为 −55～175℃，在 200℃可短期使用。已用于歼击轰炸机的副翼、水平尾翼和方向舵及运输机的机身壁板等的蜂窝结构胶接。

【施工工艺】 预装的配合间隙一般不大于 0.2mm，面板与蜂窝芯之间的配合间隙为 0～0.05mm；表面处理时铝合金以磷酸阳极化为宜；喷涂 SY-D4 抑制腐蚀底胶，厚度为 2～8μm，在 (110±10)℃烘 0～60min，将胶膜贴在预热到 60～70℃的被粘物上，再在 (110±10)℃烘 0.5～1h；固化温度为 (178±3)℃，固化时间为 (2±0.5) h，固化压力为 0.1～0.3MPa。

【生产单位】 中国航空工业集团公司北京航空材料研究院。

Ab059 高强度结构胶 TS811

【英文名】 structural adhesive TS811

【主要组成】 环氧树脂、增韧剂、固化剂、偶联剂等。

【产品技术性能】 外观：黄色；密度：1.23g/cm³。固化后的产品性能如下。剪切强度：49.3MPa；剥离强度：12N/cm；冲击强度：18 J/m²；拉伸强度：68.5MPa；工作温度：−60～150℃。

【特点及用途】 结合强度高，韧性好，应力分布均匀，对零件无热影响和热变形，施工方便。用于金属、陶瓷、工程塑料之间的自粘与互粘，如机床床身、大型电机地脚及各种箱体断裂的粘接。

【施工工艺】 1. 表面处理：除锈、粗化，用手动或电动打磨工具打磨待修补部位，除去锈蚀层并使表层适当粗化。2. 清洗：用脱脂棉蘸天山清洗剂或丙酮清洗打磨过的表面以除去残存油污，无油无水的新铸件可免此步骤。3. 混合修补剂：将 A 组分和 B 组分按质量比 4∶1 进行混合至颜色一致为好，并在 45min 内用完，随用随配. 4. 涂敷、黏合：若用于结构件的连接，需将两连接面均涂敷一层胶，然后黏合，黏合后最好错动几次，有利于空气排出；紧密接触时，胶层厚度不能太厚，以 0.1～0.2mm 为佳；若用于修补断轴、机体裂纹，应采取适当的穿芯加套、加金属键等机械加强措施，配合间隙为 0.1～0.2mm。5. 固化：室温 24h 可完全固化，温度低于 15℃时，应采取适当的加温措施，这样不仅可以缩短时间，同时可提高粘接强度，重要结构件的粘接应采用如下条件，室温放置 2h，80℃固化 3h。

【毒性及防护】 本产品固化后为安全无毒

物质，但固化前应尽量避免与皮肤接触，若不慎溅入眼睛，应迅速用大量清水冲洗。

【包装及贮运】 包装：250g/套，保质期24个月。贮存条件：室温、阴凉、干燥处贮存。本产品按照非危险品运输。

【生产单位】 北京天山新材料技术有限公司。

Ab060 力矩马达高温胶

【英文名】 high temperature resistant adhesive for torque motor

【主要组成】 三官能度缩水甘油酯、聚酚醛环氧树脂等。

【产品技术性能】

1. 铝合金粘接件在不同温度下的测试强度见下表。

测试温度/℃	−40	−65	150	200
剪切强度/MPa，≥	20.2	16.5	11.1	8

2. 粘接不同材料的测试强度见下表。

材料		铝	45[#]钢	黄铜
剪切强度/MPa，≥	常温	20.4	23.8	14.8
	150℃	17.5～22.5	22.5	16
不均匀扯离强度/(N/cm)	常温	305	—	—
T型剥离强度/(N/cm)	常温	18	—	—

3. 耐老化性能：铝合金粘接件150℃热老化100h后测试剪切强度，14.9MPa（常温）、16.3MPa（150℃）。

4. 耐介质性能见下表。

试验条件	介质	水	沸水	煤油
	时间	30d	5h	30d
剪切强度/MPa ≥	常温	16.8	18.3	20.5
	150℃	12.1	10.2	16.2

【特点及用途】 该胶长期使用温度为−40～150℃。特点是固化温度低，高温150℃时强度大，性能稳定。主要用于高温下定子中磁钢与纯铁的粘接。

【施工工艺】 配胶按照甲：乙＝20：1进行，然后刷涂或刮涂，在100℃下固化3h。

【生产单位】 天津市合成材料工业研究所有限公司。

Ab061 抗蠕变环氧胶HY-917

【英文名】 creep-resistance epoxy adhesive HY-917

【主要组成】 由（甲）酚醛环氧树脂、液体丁腈橡胶和（乙）咪唑固化剂等组成。

【产品技术性能】 1. 铝合金粘接件在不同温度下测试剪切强度：17～19MPa（常温）、14～18MPa（110℃）、9～11MPa（150℃）；2. 110℃抗蠕变性能，套接直径6×5，在轴向应力80N下，时间1000h，蠕变量小于0.5μm。

【特点及用途】 该胶长期使用温度为室温～110℃。特点是工艺性能好，在常温和中温时具有优良的抗蠕变性能。主要用于金属部件抗蠕变结构的粘接。

【施工工艺】 配胶按照甲：乙＝160：7进行混合，条件为50g量，然后刮涂，70℃固化3h，然后再120℃再固化2h，也可以在120℃下固化3～4h。

【包装及贮运】 甲、乙两组分分装。贮存于干燥、阴凉处。贮存期为1年。本品为非危险品，可按照一般化工产品运输。

【生产单位】 天津市合成材料工业研究所有限公司。

Ab062 耐强碱、耐高温环氧胶SK-151

【英文名】 alkali and high temperature resistant epoxy adhesive SK-151

【产品技术性能】 外观：A组分为棕红色黏稠液体；B组分为黄色黏稠液体；拉伸剪切强度：≥12MPa（钢-钢，25℃×48h，室温测试）；拉伸剪切强度：≥

7MPa（钢-钢，25℃×48h，200℃测试）。

【特点及用途】 耐强碱，耐高温，工作温度能达 200℃，瞬间温度可达 350℃，耐水、耐油、耐老化性优良，该胶对钢、铁、铝、陶瓷、玻璃钢等材料均有良好的粘接性和密封性，粘接件可在 200℃以下长期使用，适用于蒸汽管道、输送带、仪表仪器、模具、量具等。

【施工工艺】 清除被粘物的油污、水分、灰尘，除锈打磨，清洁并干燥；配胶按照 A∶B=1∶1 混合均匀后，涂于被粘物表面，贴和施压固化即可，常温初固化，24h 达较高强度，也可待胶初固化后将粘接件加温 100℃，保温 1h，自然冷却即可，加温后不仅能提高粘接强度，还能提高胶的耐老化性能。

【包装及贮运】 500g/套、1000g/套铁听包装。贮存于干燥、阴凉处。贮存期为半年。本品为非危险品，可按照一般化工产品运输。

【生产单位】 湖南神力胶业集团。

Ab063 低黏度灌封胶黏剂 J-2004

【英文名】 low viscosity potting adhesive J-2004

【主要组成】 环氧树脂（700kg/t）、固化剂（200kg/t）、稀释剂（150kg/t）和助剂（100kg/t）等。

【产品技术性能】 外观：淡黄色；黏度：4.5 Pa·s(A 组分)，0.017 Pa·s(B 组分)；拉伸强度：>39MPa。

【特点及用途】 可用于各种电子元器件的绝缘灌封，金属、玻璃、陶瓷的粘接；还可以用于封装、层压、表面涂覆等。

【施工工艺】 1. 配比：A、B 两组分以 4∶1（质量比）的比例搅拌均匀；2. 固化条件：50～60℃/4h，25℃/24h；3. 作灌封材料时，搅拌应真空脱泡，以保证绝缘性良好。

【毒性及防护】 本产品无溶剂、毒性低，但仍不应直接接触，如皮肤、衣服上粘有胶时，可用酒精棉球擦拭，万一进入眼睛时，应立即用水冲洗，并请医生诊治。

【包装及贮运】 按照一般化工产品运输，贮存期为半年，超过贮存期，经检验符合质量标准仍可使用。

【生产单位】 黎明化工研究设计院有限责任公司。

Ab064 阻燃灌封胶 J-2020

【英文名】 flame-retardant potting adhesive J-2020

【主要组成】 环氧树脂、酸酐固化剂和助剂等。

【产品技术性能】 外观：白色；黏度：(90±30) Pa·s(A 组分)，(0.08±0.025) Pa·s(B 组分)；密度：1.83g/cm^3（A 组分），1.2g/cm^3（B 组分）；拉伸强度：>39MPa；体积电阻率：>1×10^{15} Ω·cm；介电强度：>20kV/mm；热变形温度：110℃；难燃型（UL-94）：V-0；可使用时间：>4 h。

【特点及用途】 本产品是环氧树脂-酸酐阻燃型双组分灌封胶，具有电气绝缘性、阻燃性、浸渍性，并具有黏度低、使用期长、固化放热温度低、固化速率快、工艺性能优良等特点。主要用于彩电一体化回扫变压器、高压电子元器件、高压变压器、高压电子点火线圈、高压电源等器件的阻燃绝缘灌封。

【施工工艺】 1. 配比：A、B 两组分以 100∶30（质量比）的比例搅拌均匀；2. 固化条件：78℃/2.5h＋110℃/2.5h；3. 使用时要真空脱泡，有条件者最好真空灌封。

【毒性及防护】 本产品无溶剂、毒性低，但仍不应直接接触，如皮肤、衣服上粘有胶时，可用酒精棉球擦拭，万一进入眼睛时，应立即用水冲洗，并请医生诊治。

【包装及贮运】 20kg/桶，按照一般化工产品运输，A 组分有可能产生沉淀，存放时应定期翻动；B组分要防止吸湿，贮存期为半年。

【生产单位】 黎明化工研究设计院有限责任公司。

Ab065 韧性环氧树脂浇注料 J-2090

【英文名】 epoxy resin casting material J-2090

【主要组成】 环氧树脂、改性胺固化剂和助剂等。

【产品技术性能】 外观：褐红色；黏度：A组分（10±2）Pa·s，B组分（7±3）Pa·s；密度：A组分（1.4±0.2）g/cm^3，B组分（1.2±0.2）g/cm^3；凝胶时间：28～35min/60℃；体积电阻率：$>1\times10^{12}\ \Omega\cdot cm$；介电强度：>15kV/mm。

【特点及用途】 本产品是环氧树脂-改性胺体系双组分半柔性浇注料，具有常温固化、配比简单和操作性能好的优点，其固化物的收缩率小，成型尺寸稳定，电气性能优良，具有较好的耐冲击和抗开裂性能，主要用于各种电子和电气产品的浇注绝缘。

【施工工艺】 1. 配比：A、B两组分以1∶1（质量比）的比例搅拌均匀；2. 固化条件：25℃下24～48h或者60℃下2h。

【毒性及防护】 本产品无溶剂、毒性低，但仍不应直接接触，如皮肤、衣服上粘有胶时，可用酒精棉球擦拭，万一进入眼睛时，应立即用水冲洗，并请医生诊治。

【包装及贮运】 20kg/桶，按照一般化工产品运输，A组分有可能产生沉淀，存放时应定期翻动；B组分要防止吸湿，贮存期为半年。

【生产单位】 黎明化工研究设计院有限责任公司。

Ab066 石油容器补漏胶 HY-962

【英文名】 adhesive HY-962 for oil container leakproof

【主要组成】 由（甲）环氧树脂、活性增韧剂、填料和（乙）胺固化剂等组成。

【产品技术性能】 在不同配比下，铝粘接件的粘接性能如下。

配比(甲∶乙)	剪切强度/MPa	T型剥离强度/(N/cm)
1∶1	≥10	≥25
1.5∶1	≥15	≥20
2∶1	≥18	≥15
3∶1	≥20	≥8

【特点及用途】 常温使用，室温下快速固化、韧性好。主要用于石油制品包装容器的快速修补，也可以用于其它金属容器的修补及部件的粘接

【施工工艺】 1. 配比：甲、乙两组分以（1～3）∶1，适用期为3～5g、25℃下3～5min的比例搅拌均匀。2. 涂胶：将胶均匀地涂布在被粘接件上，渗漏点可以涂得厚些，然后贴上玻璃布，再往上涂一层胶，贴上玻璃布，反复几次，最后再涂上一层胶液；管材补漏可采用玻璃布缠绕法。3. 固化条件：25℃下10～20min初固化，加热2～3h可完全固化。

【毒性及防护】 本产品无溶剂、毒性低，但仍不应直接接触，如皮肤、衣服上粘有胶时，可用酒精棉球擦拭，万一进入眼睛时，应立即用水冲洗，并请医生诊治。

【包装及贮运】 甲、乙两组分分别包装。贮存于阴凉、干燥处，贮存期为1年。

【生产单位】 天津市合成材料工业研究所有限公司。

Ac 水下固化环氧胶黏剂

Ac001 湿面修补剂 HT2626

【英文名】 underwater repair putty HT2626

【主要组成】 改性环氧树脂、水下固化剂、助剂等。

【产品技术性能】 外观：棕红；密度：1.36g/cm³。固化后的产品性能如下。硬度：80 Shore D（GB/T 2411—2008）；剪切强度：18MPa（GB/T 7124—2008）；抗压强度：90MPa（GB/T 1041—2008）；拉伸强度：36MPa（GB/T 6329—1996）；工作温度：－60～150℃。

【特点及用途】 棕红色膏状物，室温固化，可在潮湿环境或水中对破裂的箱体、管路、法兰、阀门、船舶等进行堵漏、修复。主要用于潮湿工况或水中对管道、阀门、泵壳、箱体、法兰进行堵漏修复，广泛应用于船舶行业堵漏。

【施工工艺】 1. 清理和准备：打磨待修表面，露出金属本体并使之粗糙；清除油污，建议使用回天清洗剂 7755 清洗，效果更好。2. 调胶：根据用量，按质量比 6∶1称取 A、B两组分，混合均匀，使之成为均一的颜色。3. 涂胶：将胶刮在修补面上，用力压实，排除胶层中的缝隙、气孔，成型、抹平。4. 固化：常温 1d 可固化，如果要更快固化，可适当加温，80℃/ 2～3h 即可固化。5. 上述反应为放热反应，配胶时应注意：（1）调胶量越多，固化反应速率越快；（2）环境温度越高，固化反应速率越快；（3）要想达到最佳性能，必须严格按照规定的比例配制；（4）环境温度低于 10℃时，可预热修补面；（5）完全固化后方可达到最佳物理力学性能。6. 缩短固化时间的方法：（1）提高环境温度；（2）提高待修工件温度；（3）涂敷修补剂后用红外灯、碘钨灯等热源加热，但热源应距修复层 400mm 以外（环境温度不得高于 100℃），不可用火焰直接加热。注意事项：1. 未用完的胶液 A 组分和 B 组分应分别密封保存，以便下次再用；2. 受过污染的胶液不能再装入原包装罐中，以免影响罐中剩余胶液的性能。

【毒性及防护】 1. 远离儿童存放。2. 对皮肤和眼睛有刺激作用，建议在通风良好处使用。3. 若不慎接触眼睛和皮肤，立即擦拭后用清水冲洗。

【包装及贮运】 包装：500g/套，保质期 2 年。贮存条件：室温、阴凉处贮存。本产品按照非危险品运输。

【生产单位】 湖北回天新材料股份有限公司。

Ac002 水下修补黏合剂 HSX-2

【英文名】 underwater repair adhesive HSX-2

【主要组成】 环氧树脂、改性剂、添加剂、固化剂、助剂等。

【产品技术性能】 外观：灰色；密度：1.5g/cm³。固化后的产品性能如下。剪切强度：≥15MPa；延伸率：6%；工作温度：－60～150℃；标注测试标准：以上数据测试参照企标 Q/spf 09—2011 和 GB/T 7124。

【特点及用途】 潮湿工况下固化，对金属的粘接力好，耐腐蚀，耐老化。用于水下及潮湿工况下的堵漏修复，如水下或潮湿工况下管道、阀门、壳体、箱体的修补。

【施工工艺】 该胶是双组分胶（A/B），A 组分和 B 组分的质量比为 3∶1。注意事项：温度低于 15℃时，应采取适当的加温措施，否则对应的固化时间将适当延长；当混合量大于 200g 时，操作时间将会缩短。

【毒性及防护】 本产品固化后为安全无毒物质，但混合前两组分应尽量避免与皮肤和眼睛接触，若不慎接触眼睛，应迅速用清水清洗。

【包装及贮运】 包装：1kg/套，保质期 1 年。在室温、阴凉处贮存。本产品按照非危险品运输。

【生产单位】 天津市鼎秀科技开发有限公司。

Ac003 湿面修补胶 TS626

【英文名】 underwater repair putty TS626

【主要组成】 改性环氧树脂、水下固化剂等。

【产品技术性能】 固化前的产品技术性能如下。外观：棕红色；密度：1.7g/cm³。固化后的产品性能如下。压缩强度：91.2MPa；剪切强度：27.2MPa；弯曲强度：56.6MPa；硬度：96 Shore D；工作温度：−60～150℃；以上测试参考企标 Q 石/J 37-02—95。

【特点及用途】 固化速率快，25℃以上 5～10min 可固化止漏，可在温度低于 5℃的寒冷气候下使用，与基体的结合强度高。可带水、带压施工，方便可靠。用于潮湿环境或水中修复阀门、管道、油箱等的泄漏。

【施工工艺】 1. 停机修补：损伤部位用锉刀、砂轮、砂纸等磨去锈蚀，用天山清洗剂或丙酮清洗待修部位，用 TS626 紧急修补剂涂敷于破损处，再贴上玻璃纤维布加强即可；2. 带压堵漏：压力小于 0.3MPa 时，可先用带压堵漏棒或软塞子止漏；压力大于 0.3MPa 时，用半圆形对开家具或其它家具加强，注胶止漏，涂敷 TS626，缠天山玻璃纤维带加强。

【毒性及防护】 本产品固化后为安全无毒物质，但混合前两组分应尽量避免与皮肤和眼睛接触，若不慎接触眼睛，应迅速用清水清洗。

【包装及贮运】 500g/套，保质期 1 年；贮存条件：室温、阴凉处贮存。本产品按照非危险品运输。

【生产单位】 北京天山新材料技术有限公司。

Ac004 水下固化环氧胶 SK-102

【英文名】 underwater epoxy adhesive SK-102

【主要组成】 改性环氧树脂、水下固化剂等。

【产品技术性能】 剪切强度（钢-钢）：≥12MPa；固化速率：常温 30min 硬化；化学性能：耐油、耐水、耐弱酸碱；工作温度：−40～100℃。

【特点及用途】 室温固化速率快，高硬度。不垂流，高强度，在低温潮湿条件下可固化。广泛用于金属和非金属材料的粘接，如水下管道的粘接等。

【施工工艺】 1. 粘接面去油、除锈、清洁和干燥；2. A、B 两组分挤出同等胶量，混合均匀，涂于被粘接面，合拢压实即可；3. 破损面较大时，可在棉布上均匀涂胶后，贴在粘接面上压紧，再在棉布上涂一层薄薄的胶，有利于提高粘接效果，也可采用外敷捆扎或机械加固的方法来提高粘接强度。

【毒性及防护】 本产品固化后为安全无毒物质，但混合前两组分应尽量避免与皮肤

和眼睛接触，若不慎接触眼睛，应迅速用清水清洗。

【包装及贮运】 34mL/套铝管包装，1kg/套、12kg/套铁桶包装；在室温、阴凉处贮存。本产品按照非危险品运输。

【生产单位】 湖南神力胶业集团。

Ac005 水中固化环氧胶黏剂

【英文名】 underwater epoxy adhesive

【主要组成】 环氧树脂、水下固化剂、助剂等。

【产品技术性能】

性能		指标			
		低黏度型		高黏度型	
外观		甲组分 棕色液体	乙组分 白色黏稠	甲组分 白色半透明膏状体	乙组分 黄色膏状体
胶体自身强度/MPa	压缩	＞60		＞80	
钢-钢粘接强度/MPa	剪切	＞26		＞20	
	拉伸	＞45		＞35	
钢-混凝土粘接强度		C80 混凝土破坏		C80 混凝土破坏	
钢-钢水下剪切强度/MPa		＞15		＞12	
钢-钢水下拉伸强度/MPa		＞30		＞26	
钢-钢剪切强度（水下贮存一年）/MPa		16		15	
钢-钢拉伸强度（水下贮存一年）/MPa		30		26	
耐湿热老化/(时间 h/剪切 MPa)		2000/24		2000/14	
混合后的黏度/mPa·s		1000～1500		—	
混合比例(质量比)		甲：乙＝1:(0.3～0.4)		甲：乙＝1:(0.3～0.5)	
操作温度/℃		－5～45		－5～45	
可操作时间/min		45		60	
固化时间/h		1		1～2	
循环冻融试验		－10℃冰箱中冷冻，在室温 20℃解冻，1000h×40 次，剪切强度不下降			

【特点及用途】 1. 能在水中、潮湿、干燥、低温（－5℃以上）和常温条件下固化，且有很高的粘接强度和耐老化性；2. 固化配比范围广，能根据需要调整可操作时间；3. 触变性好，施工不流淌；4. 操作简单，施工工艺性好，能缩短工期，降低造价，有显著的技术经济效益；5. 用于大坝、隧洞、输水管、水池等建筑工程的水下或潮湿环境下的粘接和缺陷修补；6. 可广泛地应用于土建、冶金、冶炼、矿山机械铸造、模具造型、军工、地下电缆和民品用胶；7. 可根据不同温度选用低温固化型（－5～0℃）、低温偏湿固化型（0～10℃）、常温固化型（10～40℃）。

【施工工艺】 1. 基层和被粘物表面的锈、油污、灰尘、蜡和松动表面要清除干净。可采用凿除、钢丝刷除、喷砂、打磨等处理方法，然后再用专用溶剂清洗。2. 甲乙两组分混合搅拌要均匀，搅拌速度宜慢勿快。3. 抹涂胶黏剂不宜过厚。4. 施工前可根据环境、温度、工艺等综合情况试配最佳方案。5. 气温较低时，可在搅拌前将胶连桶水浴加热或直接加入。6. 可以用 M6～M8 粘接内胀螺栓加压固定，螺栓间距一般为 300～500mm。

【包装及贮运】 1. 塑料桶包装，每桶质量为 1kg、3kg 、5kg、10kg 和 20kg；2. 用一般交通工具运输；3. 不宜倾斜或倒置，不得曝晒雨淋，不得与尖锐金属撞击；4. 存放于通风干燥处，存放环境温度为 5～35℃；贮存时间为 1 年，本产品不属于有毒、易燃、易爆危险品。

【生产单位】 武汉大筑建筑科技有限公司。

Ad 单组分环氧胶黏剂

Ad001 单组分粘接胶 6911

【英文名】 one-component adhesive 6911

【主要组成】 环氧树脂、填料、助剂等。

【产品技术性能】 外观：浅黄色黏稠液体；黏度（25℃/5r/min）：100～250Pa·s；凝胶时间［（150±1)℃］：120～180s。固化后的产品性能如下。体积电阻率：≥1×10^{15}Ω·cm；电气强度：≥20kV/mm；玻璃化转变温度（DSC，10℃/min）：≥115℃；线膨胀系数（TMA）：≤4.2×10^{-5} K^{-1}；硬度（25℃）：≥85 Shore D；吸水性（沸水1h）：≤0.3%。

【特点及用途】 加温固化型，具有良好的触变性；固化物的粘接强度高，耐温性优异，并具有一定的柔韧性。本产品主要用于金属、陶瓷等材料的粘接，也适用于工程塑料、玻璃等材料的粘接。

【施工工艺】 该胶是单组分环氧树脂。固化条件：120℃/40～60min或150℃/15～30min。注意事项：本产品的有效期会随存放温度的上升而迅速缩短，开封后未用完的产品需密封后按存放要求贮存；产品在使用前必须从冷藏环境中取出在常温下放置1h以上解冻后使用；使用前，将被粘接面进行除潮、去油污和粉尘处理；取适量6911粘接剂涂于被粘物，然后使两被粘物接触，固定，最好施加一定的压力，然后再加温固化。

【毒性及防护】 本产品固化后为安全无毒物质，但固化前应尽量避免与皮肤和眼睛接触，若不慎接触眼睛和皮肤，应迅速用清水或生理盐水清洗15min，并就医诊治；若不慎吸入，应迅速将患者转移到新鲜空气处；如不能迅速恢复，马上就医。若不慎食入，应立即就医。

【包装及贮运】 包装：塑料桶装，也可视用户需要而改为指定规格包装。贮存条件：本产品应密封存放在10℃以下的干燥环境中，有效期为3个月。本产品为非危险品，按一般化学品贮存、运输。

【生产单位】 绵阳惠利电子材料有限公司。

Ad002 高强度结构胶 SY-248

【英文名】 high strength structural adhesive SY248

【主要组成】 改性环氧树脂、增韧剂、固化剂等。

【产品技术性能】 外观：红色或用户指定颜色；密度：1.60g/cm^3以下。固化后的产品性能如下。剪切强度：≥30MPa；剥离强度：≥200N/25mm。

【特点及用途】 该密封胶为单组分、无溶剂、腻子状物，无毒无味、手感好，高温烘烤不流淌。用途：该胶主要用于汽车车身电泳后工艺孔、大缝隙或其它缺陷的密封、填平。

【施工工艺】 该密封胶用手可直接操作，施工过程中不粘手。对车身孔、缝等处用手将密封胶直接塞堵、压实、抹平即可。

【毒性及防护】 本产品固化后为安全无毒

物质，但固化前应尽量避免与皮肤和眼睛接触，若不慎接触眼睛，应迅速用清水清洗。

【包装及贮运】 1kg/块、2kg/块、25kg/箱，保质期 3 个月。贮存条件：室温、阴凉处贮存。本产品按照非危险品运输。

【生产单位】 三友（天津）高分子技术有限公司。

Ad003 单组分环氧胶 SY-12 系列

【英文名】 one-component epoxy adhesive SY-12 series

【主要组成】 环氧树脂、潜伏性固化剂、填料等。

【产品技术性能】 外观：黑色黏稠液体；密度：(1.30±0.05) g/cm³；黏度：(11000±2000) mPa·s。固化后，剪切强度：>12MPa；硬度：(75±5) Shore D；吸水率：<0.1%；体积电阻率：≥1×10¹⁴ Ω·cm；工作寿命 (25℃)：>30d。

【特点及用途】 加热后快速固化，适合于自动化流水线；对各种材料甚至塑料都具有很高的粘接力；优秀的尺寸稳定性，产品具有优异的耐冷热冲击性。用途：用于线路板上芯片的封装及继电器、温控元件、传感器、铁氧化磁芯线圈的密封、固定、粘接等。

【施工工艺】 滴胶的工具有点胶壶、点胶机、针筒。滴胶量视需密封空间的大小和形状而定，然后把已滴胶的产品放入加热箱或烘道进行烘干。注意事项：使用前应先把整桶未开封的黑胶从冰箱中取出，让整桶黑胶的温度回升至室温（需 4～5h）才可开封使用。多余的胶液不要返回到原始包装内，以避免污染剩余胶水。

【毒性及防护】 本产品固化后为安全无毒物质。

【包装及贮运】 4kg/桶。5℃以下贮存，保质期 3 个月。本产品按照非危险品运输。

【生产单位】 三友（天津）高分子技术有限公司。

Ad004 结构胶（高剥离、耐冲击型）

【英文名】 structural adhesive (T-peeling and impact resistance)

【主要组成】 改性环氧树脂、低温增韧剂、低分子橡胶、助剂等。

【产品技术性能】 外观：黑色或蓝色；密度：1.20g/cm³。固化后的产品性能如下。剪切强度：≥250MPa；剥离强度：≥255N/25mm；冲击剥离强度：≥35N/mm；硬度：≥70 Shore D；工作温度：−40～100℃；标注测试标准：以上数据测试参照企标 MS 715-60-1。

【特点及用途】 高温固化型，170℃/20min 可固化，固化后与钢板的结合强度高，可以替代或减少部分焊点。主要用于汽车制造行业钢板搭接部位以及折边部位。

【施工工艺】 该胶是单组分，加热固化型。注意事项：在自动化生产线上使用时，涂胶泵需要加温。

【毒性及防护】 本产品固化后为安全无毒物质，无重金属或有害物质添加，符合 VOC 检测标准，但应尽量避免与皮肤和眼睛接触，若不慎接触眼睛，应迅速用清水清洗。

【包装及贮运】 包装：400g/管，25kg/桶，250kg/桶。室温、阴凉处贮存，保质期 3 个月。本产品按照非危险品运输。

【生产单位】 保光（天津）汽车零部件有限公司。

Ad005 防锈密封胶

【英文名】 antirust sealant

【主要组成】 环氧树脂、改性环氧树脂、固化剂、防锈剂、助剂等。

【产品技术性能】 外观：黑色均匀膏状

物；密度：≤1.35g/cm³。固化后的产品性能如下。耐腐蚀性：盐雾试验1000h，涂胶部位无腐蚀；剪切强度：≥8MPa；耐弯曲性：在直径为50mm的圆柱上做弯曲试验，无裂纹现象；流淌性：≤5mm；工作温度：−40～100℃；标注测试标准：以上数据测试参照企标。

【特点及用途】 高温固化型，170℃/20min可固化，固化后与钢板的结合强度高，可以有效地防止汽车钢板生锈的问题。用于汽车制造行业钢板搭接部位或难以电泳的位置。

【施工工艺】 该胶是单组分，加热固化型。注意事项：在自动化生产线上使用时，可以机器人喷涂，也可以手工喷涂。

【毒性及防护】 本产品固化后为安全无毒物质，无重金属或有害物质添加，符合VOC检测标准，但应尽量避免与皮肤和眼睛接触，若不慎接触眼睛，应迅速用清水清洗。

【包装及贮运】 包装：400g/管，25kg/桶，200kg/桶。室温、阴凉处贮存，保质期3个月。本产品按照非危险品运输。

【生产单位】 保光（天津）汽车零部件有限公司。

Ad006 低温固化环氧胶黏剂 EP615

【英文名】 low-temperature curable epoxy adhesive EP615

【主要组成】 改性环氧树脂、潜伏性固化剂、助剂等。

【产品技术性能】 外观：白色、黑色；密度：1.41g/cm³；固化温度：≥80℃。固化后的产品性能如下。剪切强度：20MPa（碳钢）、12MPa（FR-4）；硬度：80 Shore D；热膨胀系数：50×10^{-6}℃$^{-1}$（T_g以下）；164×10^{-6}℃$^{-1}$（T_g以上）（ASTM E 228）；T_g（DSC）：50℃。

【特点及用途】 EP615是一种单组分低温固化环氧胶黏剂。设计用于热敏感的光电组件和其它微电子器件。这种材料提供了优异的光反射特性。适用于多种电子元器件的固定和粘接，对大多数塑料以及金属、陶瓷等有很好的附着力。推荐用于LED背光模组及其他热敏性器件的粘接。

【施工工艺】 该胶可用于压电陶瓷阀高速点胶和SMT点胶工艺。注意事项：使用时将产品从冰箱中取出，室温放置2～4h，使胶液温度达到室温水平；在回温过程中请勿打开包装瓶盖或针筒堵头；针筒包装回温时需保持头向下竖直放置。

【毒性及防护】 本产品固化后为安全无毒物质，但应尽量避免与皮肤和眼睛接触，若不慎接触眼睛，应迅速用清水清洗。

【包装及贮运】 包装：30mL/套。阴凉、干燥处贮存，−25～−15℃的保质期为6个月。

【生产单位】 北京市海斯迪克新材料技术公司。

Ad007 单组分胶 HY-976

【英文名】 one-part adhesive HY-976

【主要组成】 环氧树脂、固化剂、填充料。

【产品技术性能】 外观：灰白膏状（目测）；非挥发分：>98%；黏度（25℃）：100Pa·s；剪切强度：≥20MPa；T型剥离强度：≥20N/mm。

【特点及用途】 黏度适中，可用涂胶机涂胶，适合流水作业；粘接强度高、韧性好，在施工中不流淌；室温下有长的贮存期限。用于金属与非金属的粘接，电子器件的粘接与密封。特别适用于百叶片的粘接。

【施工工艺】 将胶均匀涂于被粘接面上，合拢胶头，在140℃下固化2h，然后自然冷却至室温。

【毒性及防护】 本产品固化后为安全无毒物质，但混合前两组分应尽量避免与皮肤和眼睛接触，若不慎接触眼睛，应迅速用清水清洗。

【包装及贮运】 在室温、阴凉处贮存。本产品按照非危险品运输。

【生产单位】 天津市合成材料工业研究所有限公司。

Ad008 单组分低温固化环氧结构胶 3M™ Scotch-Weld™ 6011系列

【别名】 6011NS Black，6011NSTF

【英文名】 low temperature curing one-part epoxy adhesive 3M™ Scotch-Weld™ 6011 series

【主要组成】 改性环氧树脂、助剂等。

【产品技术性能】 外观：类白/黑色；密度：1.45～1.55g/cm³；开放时间：14d/23℃。固化后的产品性能如下。硬度：78 Shore D；剪切强度：18MPa/内聚破坏/打磨 Al-Al，13MPa/打磨 Al-PC/ABS，8.5MPa（Al-PC/ABS）老化后（65℃，95%湿度）；标注测试标准：以上数据测试参照 ASTM D 1002。

【特点及用途】 粘接材料广；单组分无需搅拌，低温快速固化，耐湿热性好，密封性能优。可以用于粘接塑料和金属、PCB 电路板等，还可应用于电子、微电子产品等的组装。

【施工工艺】 使用前要先解冻到室温，可以用风扇帮助加快解冻，但是不要加热。使用气动或喷射的方式点胶。推荐的固化温度和时间：60℃/10min，70℃/8min，85℃/3.5min，90℃/2min。注意事项：从冰柜中取出 6011 时，不要直接手握胶管，要从胶管尾塞处拿 6011；解冻时，6011 要直立，不要横躺；建议解冻后一次性用完一管 6011，避免重复多次解冻使用。

【毒性及防护】 本产品固化后为安全无毒物质，但固化前应尽量避免与皮肤和眼睛接触，若不慎接触眼睛，应迅速用清水清洗。

【包装及贮运】 包装：30mL/套，贮存于－20℃以下的环境中，保质期 12 个月。本产品按照非危险品运输。

【生产单位】 3M 中国有限公司。

Ad009 结构胶 YK-6

【英文名】 structural adhesive YK-6

【主要组成】 环氧树脂、尼龙改性物、固化剂。

【产品技术性能】 Al-Al 搭接剪切强度：27MPa；Al-Al 浮动剥离强度：4.5kN/m；芳纶布-芳纶布 T 型剥离强度：2kN/m；以上测试参照企业标准 Q/TMS 1145—2012。

【特点及用途】 粘接强度较高，胶接件的耐冲击、动态力学性能好；为单组分、潜伏性热固化树脂。可为金属结构胶接，高性能复合材料的基体树脂。

【施工工艺】 干胶或胶膜，粘接或作为复合材料基体树脂时，只须将被粘接件定位、施以接触压力，在下述温度条件下固化：120℃/120min＋150℃/15min。

【毒性及防护】 干胶或胶膜，固化前后均无毒。

【包装及贮运】 干胶或胶膜用防粘纸包裹、隔离，再以编织袋或其它外包装物包好，贮运：不得日晒、雨淋，不得在高温处存放；为非危险品贮运。有效贮存、保管、使用期：35℃以下 4 个月，－4℃以下 270d，35℃以下外置 21d。

【生产单位】 北京郁懋科技有限责任公司。

Ad010 凯华牌耐高温结构胶

【别名】 单组分耐高温结构胶

【英文名】 structural adhesive with high temperature-resistance

【主要组成】 改性环氧树脂、改性固化剂、助剂等。

【产品技术性能】 外观：白色或浅黄色膏状物；密度：1.2～1.6g/cm³；固含量：≥99%。固化后的产品性能如下。剪切强度：

>30MPa(25℃)、>20MPa(100℃)、>16MPa(150℃)、>5MPa(190℃)；湿热老化：90d后钢-钢抗剪强度下降率≤10%；抗冻融：50次冻融循环后钢-钢剪切强度≥25MPa；耐介质：10%硫酸、10%烧碱、20%盐水、酒精、汽油、丙酮、甲苯中浸泡3个月后，钢-钢剪切强度保持率≥95%。

【特点及用途】 无毒、无味，不含任何溶剂。具有耐高温、粘接强度高、粘接面广、耐酸、耐碱、耐油、稳定性好等优点。其优越的耐高温性能使之广泛应用于刹车片、电瓷元器件、电容器、电子元件等方面的粘接。

【施工工艺】 1. 除去被粘物表面的锈、油污，最好进行酸蚀或喷砂处理。2. 在两被粘物表面涂胶，粘接。若胶液黏度大，可加热至40℃左右再涂胶。3. 在不小于0.05MPa的接触压力下于140℃/60min加热固化即可。注意事项：如果被粘接工件比较大，需要适当延长固化时间。

【毒性及防护】 本产品固化后为安全无毒物质，固化前应尽量避免与皮肤和眼睛接触，若不慎接触眼睛，应迅速用清水清洗。

【包装及贮运】 包装：5kg/桶或者按需要包装，保质期1年。在室温、阴凉处贮存。本产品按照非危险品运输。

【生产单位】 大连凯华新技术工程有限公司。

Ad011 带状发泡胶 J-29

【英文名】 foming adhesive J-29

【主要组成】 改性环氧树脂、酚醛树脂、填料、潜伏性固化剂和发泡剂等。

【产品技术性能】 1. 管式剪切强度（密度为0.6g/cm³ 左右时）：≥4.2MPa（-60℃）、≥4.2MPa（20℃）、≥1MPa（150℃）、≥0.7MPa（175℃）；2. 密度为0.45～0.65g/cm³，发泡比为1∶1.5；3. 流淌性：从常温1.5h升到175℃时的最大流淌性为1.5～2cm；4. 挥发分：样品从常温1.5h升到175℃时，固化2h后，平均挥发分不大于1.5%；5. 粘接件经175℃、200h老化，或经过（55±2)℃、相对湿度95%～100%下老化2000h，或经-60℃至常温至175℃热交变处理数十次，或者在苯、乙酸乙酯、汽油、水、乙醇等介质中浸泡4～6个月，其高温和常温的管式剪切强度下降率均小于30%。

【特点及用途】 1. 使用温度范围为-60～175℃；2. 室温下为胶带，固化后呈现刚性泡沫，填充剂的密封性能好。该胶主要用于表面不规则、间隙大、配合不好的或者固化时胶接面无法施压的两个表面间的粘接，也可用于空腔的填充、密封剂蜂窝结构件的补强。

【施工工艺】 1. 将胶带夹于经表面处理过的被粘接件之间；2. 固化工艺：在常压下，从常温经1.5h左右升温至160～175℃保持2h，自然降至室温。

【包装及贮运】 有四种不同厚度（0.05～0.25mm）的胶带成卷包装。在-5℃以下密封避光贮存，贮存期为半年；常温贮存及运输期为15d。按照非危险品运输。

【生产单位】 黑龙江省科学院石油化学研究院。

Ad012 耐高温胶黏剂 J-44-1

【英文名】 high temperature resistant adhesive J-44-1

【主要组成】 环氧树脂、弹性体、固化剂等。

【产品技术性能】 剪切强度：≥22MPa（-55℃）、≥24MPa（20℃）、≥8MPa（200℃）、≥7MPa（250℃）、≥4MPa（300℃）；非均匀扯离强度：≥500N/cm；以上测试参考CB-SH-0033085。

【特点及用途】 单组分，耐高温，韧性好。已经广泛用于飞机整流罩的制造、轧钢滚的修理。

【施工工艺】 单组分室温涂胶晾置20min，再涂一层晾置20min，80℃烘20min，加压、升温180℃固化2h。

【毒性及防护】 低毒，应在通风处配胶，固化后的固化物无毒。

【包装及贮运】 用1kg以上的铁桶或塑料桶包装。低温密封避光贮存，贮存期为半年。按照一般易燃品运输。

【生产单位】 黑龙江省科学院石油化学研究院。

Ad013 胶黏剂 J-47

【英文名】 adhesive J-47

【主要组成】 由环氧树脂、丁腈橡胶和改性胺类固化剂等组成单组分胶液或胶膜。分为A、B、C和D四种类型。

【产品技术性能】 粘接件在不同温度下的测试强度如下。剪切强度：≥25MPa（20℃）、≥18MPa（100℃）、≥10MPa（130℃）；剥离强度：≥70N/cm（板-板）、≥45N/cm（板-蜂窝材料）。

【特点及用途】 使用温度范围为－60～130℃，具有良好的工艺性和粘接强度；A型、B型、C型主要用于结构件的粘接，D型是发泡胶，用于空腔的填充和蜂窝的补强，A型可用于碳纤维复合材料结构件的粘接。

【施工工艺】 用A型、D型时，将胶膜直接贴于被粘物体表面，用C型时，粘接蜂窝结构需将浅灰色一面贴在蜂窝芯一面，黄色一面贴于面板上；用B型做底胶时，则先在被粘物表面上涂一层底胶，晾置25min，于60℃预热20min后再贴胶膜。单独使用时胶液需涂胶两次。压力为0.1～0.5MPa，在120～130℃固化2～3h。

【毒性及防护】 低毒，应在通风处配胶，固化后的固化物无毒。

【包装及贮运】 胶液用单组分瓶包装，胶膜用纸箱或木箱包装，均须在低温下贮存。

【生产单位】 黑龙江省科学院石油化学研究院。

Ad014 表面贴装胶（SMT胶）SY-141、SY-142、SY-143

【英文名】 adhesive SY-141、SY-142、SY-143 for surface mount technology

【主要组成】 由环氧树脂、固化剂、促进剂、触变剂及填料组成。

【产品技术性能】

性能	SY-141	SY-142	SY-143
外观	黄色或红色膏状物	黄色或红色膏状物	黄色或红色膏状物
密度/(g/cm^3)	1.2±0.1	1.2±0.1	1.2±0.1
不挥发分/%	＞99	＞99	＞99
黏度/Pa·s	60±20	200±50	60±20
固化条件	150℃/45～55s或 120℃/80～120s	150℃/45～55s或 120℃/80～120s	150℃/60～80s或 120℃/120～150s
粘接强度/MPa	＞10	＞10	＞10
耐热性（250℃，10s）	不脱落	不脱落	不脱落
体积电阻率/Ω·cm	＞1×10^{12}	＞1×10^{12}	＞1×10^{12}
介电常数	3～4	3～4	3～4
介电损耗角正切	＜2×10^{-2}	＜2×10^{-2}	＜2×10^{-2}
贮存期	40℃，＞15d 10℃，＞6个月	40℃，＞15d 10℃，＞6个月	40℃，＞15d 10℃，＞6个月

【特点及用途】 本产品为单组分、无毒、无味膏状物，具有固化速率快、贮存稳定、初黏性较好、施工时不流淌、不拖尾等特点。适用于在波峰焊之前将片式元器

件粘接在印刷电路板上，可使用高速贴片机或模板、丝网印刷等方式涂胶。

【毒性及防护】 胶液为环氧体系，涂胶及固化时应保持通风。使用时应尽量避免与皮肤接触，一旦接触皮肤可用丙酮擦拭，用水清洗。

【生产单位】 三友（天津）高分子技术有限公司

Ad015 环氧折边胶 SY-241、SY-242

【英文名】 rolling edge adhesive SY-141、SY-142、SY-143

【主要组成】 由双酚A环氧树脂、固化剂、促进剂、触变剂、增韧剂及填料组成。

【产品技术性能】

性能	SY-241	SY-242
外观	黑色膏状物	黑棕色膏状物
密度/(g/cm³)	1.4～1.6	1.4～1.6
不挥发分/%	≥98	≥98
黏度/Pa·s	40～50	80～90
流动性/mm	≤5	≤5
固化条件	140℃/1h	160℃/0.5h
剪切强度/MPa	≥20	≥20
剥离强度/(N/25mm)	≥98	≥150
贮存期	6个月	6个月

【特点及用途】 本产品为单组分，无溶剂，可油面粘接，固化后有很高的粘接强度。可取代或部分取代点焊，用于汽车车门、发动机罩盖、车厢盖等处的粘接。

【毒性及防护】 胶液为环氧体系，涂胶及固化时应保持通风。使用时应尽量避免与皮肤接触，一旦接触皮肤可用丙酮擦拭，用水清洗。

【生产单位】 三友（天津）高分子技术有限公司。

Ad016 电子电器灌封胶 HT66

【英文名】 potting adhesive HT66 for electrical equipment

【主要组成】 环氧树脂及潜伏性固化剂等。

【产品技术性能】 外观：黑色均匀黏稠液体；密度：1.2g/cm³；黏度：20～80Pa·s。固化物的性能如下。

硬度(Shore D)		体积电阻率/Ω·cm		介电强度/(kV/mm)		剪切强度/MPa	
25℃	120℃	25℃	120℃	25℃	120℃	铝-铝	钢-钢
80	30	4×10^{14}	8×10^{10}	10	2	16	16

【特点及用途】 应用于IC电路、电容器、微继电器、半导体元件、电视机、电机、汽车等各类电器、电子元件的灌封。

【施工工艺】 1. 表面处理：被粘物表面清除灰尘、油污和油脂；2. 涂胶：长期存放发现有沉淀分层时，可使用玻璃棒搅匀，可使用手工涂、针管、压力泵注胶；3. 固化条件如下。

固化温度/℃	固化时间/min
80	180
100	60
120	30
140	20
160	10
180	5

【毒性及防护】 本产品无溶剂、毒性低，但仍不应直接接触，如皮肤、衣服上粘有胶时，可用酒精棉球擦拭，万一进入眼睛时，应立即用水冲洗，并请医生诊治。

【包装及贮运】 1kg铁罐，纸箱每件8罐。25℃下可贮存3个月，40℃可贮存2周。

【生产单位】 湖北回天新材料股份有限公司。

B 聚氨酯胶黏剂

分子链上含有重复氨基甲酸酯基团的高分子聚合物，统称为聚氨基甲酸酯，简称聚氨酯。工业上聚氨酯的合成一般都是通过多元醇和多异氰酸酯聚合而成的，按其所含官能团的多少，可以制成线型的热塑性树脂或体型的热固性树脂。制成的胶黏剂的包装数与环氧胶的包装数一样，聚氨酯也有单或双包装（组分）配方，它可在室温或加温时固化。与环氧胶不同的是，聚氨酯胶黏剂一般是柔性的，具有橡胶的特征，有相对高的剥离强度，且低温强度较好，在低温时，仍有特别高的强度。聚氨酯胶的润湿能力和挠曲性好，它可以与诸多基材，包括一些难粘的塑料都能很好地粘接。聚氨酯胶黏剂从应用领域可以分为以下几种：汽车用聚氨酯胶、木材用聚氨酯胶、鞋用聚氨酯胶黏剂、包装（复合膜）用聚氨酯胶、建筑用聚氨酯胶和油墨用聚氨酯连结料。

聚氨酯胶黏剂从结构组成和功能可分为如下几种。

1. 多异氰酸酯胶黏剂：该胶的主要组成是多异氰酸酯单体，活泼的NCO（异氰酸酯基）能够与被粘接材料表面的极性基团反应，对橡胶、金属、皮革、塑料、纤维有很高的粘接力。该类胶黏剂一般用作底胶或底涂剂使用，由于含有较多的游离异氰酸根基团，对潮气敏感，有毒性且通常含有有机溶剂，因此较少以单体的形式单独使用，而是将它混入橡胶类胶黏剂或用作交联剂。

2. 双组分聚氨酯胶黏剂：一组分是NCO封端预聚物，另一组分是含有活泼氢固化剂（多元醇或多元胺）。此类胶黏剂有溶剂型和非溶剂型两种。通过混合后NCO与活性氢的加成形成聚合或交联而固化。

3. 单组分聚氨酯胶黏剂：该胶包括湿固化型（端异氰酸酯基聚氨酯预聚体可与潮气反应而交联固化）、封闭型（用苯酚或丙酮肟等封闭剂将异氰酸酯保护起来，在加热时释放出封闭剂，异氰酸酯可以与活泼氢进行反应)、热熔胶和乳胶（液）型。单组分聚氨酯胶黏剂较双组分聚氨酯胶黏剂的一个明显的优点是其使用时不需要进行化学计量，也不需要添加其它的交联剂，只利用空气或基材表面的水分就可以固化，产生粘接作用，给操作者带来了极大的方便，所以目前的应用比较广泛，在某些领域具有其它胶黏剂所无法替代的优势。

4. 发泡型聚氨酯胶黏剂：该胶适用于超低温下的粘接，便于泡沫塑料与金属和泡沫塑料的自身粘接。该类体系包括物理发泡和化学发泡两大类。化学发泡是利用异氰酸酯与水反应生产二氧化碳气体而发泡，物理发泡是利用低沸点物质，如二甲醚、氟利昂等气雾抛射剂而发泡。

5. 压敏胶黏剂：聚氨酯压敏胶是由聚醚多元醇与二异氰酸酯反应生成的。聚氨酯压敏胶分为溶剂型和乳化型。此胶耐低温、耐非极性溶剂、耐汗以及粘接强度性能优越，但成本高。

6. 水性聚氨酯胶黏剂：该胶是指聚氨酯溶于水或分散于水中而形成的胶黏剂。在实际应用中，水性聚氨酯以聚氨酯乳液或分散液居多，水溶液型较少。近年来针对水性聚氨酯胶黏剂干燥速率慢、对非极性基材的润湿性差、初黏性低以及耐水性不好等问题进行了大量的研究并取得了较大的进展。

7. 聚氨酯热熔胶：聚氨酯热熔胶是由线型或少量支链的 TPU 树脂配以有关助剂制成的。室温下是固体，使用时加热熔融涂布，经压合冷却，在数秒至数分钟内即完成粘接；常加工成粉、条、膜、带、块等形状，贮运、使用方便，在专用热熔机、器具的配合下涂胶，浪费少，并可回收再利用，常用于织物的复合、书籍装订、包装、装饰件、家具制造等领域，尤其适用于高速的生产线。反应型 PU 热熔胶（PUR）属于湿固化 PU 热熔胶。由于热熔粘接后，胶中的端 NCO 基可与环境中或基材表面的湿气、活泼氢进一步反应固化，其粘接强度、耐温、耐湿、耐介质、耐蠕变等性能进一步提高，因此是性能更为优异的一种 PU 热熔胶，更适合于高要求的装配流水线。

Ba 单组分聚氨酯胶黏剂

Ba001 胶黏剂 WSJ-6601

【英文名】 adhesive WSJ-660

【主要组成】 聚氨酯弹性体、溶剂等。

【产品技术性能】 外观：蓝色或无色低黏度液体；黏度（20℃）：～（220±80）mPa·s；固体含量：(20±5)％。

【特点及用途】 1. 环保，无三苯及辐射性元素；2. 对没有做底涂处理的 PP 材质和 PP 发泡也会有优良的粘接性；3. 在35℃、密闭条件下，不会散发出传统氯丁型胶的橡胶臭味。该胶黏剂主要应用于门板、侧围等部位表皮材料（PE、PP 等）与底材（改性 PP 板、ABS 等）的吸塑粘接与复合。

【施工工艺】 1. WSJ-6601V 胶黏剂适用于常温喷胶、刷胶、滚胶等多种涂胶方式；2. 被粘材质可单面施胶或双面施胶，单面施胶量为（150±20）g/m^2；3. 底材干燥时间：80℃/5min；4. 面材加热温度：(130±10)℃；5. 施加压力：贴合后施加压力 2～6MPa；6. 胶枪清洗剂：丙酮、乙酸乙酯等。

【毒性及防护】 避免长时间和重复吸入该物质的蒸气，如果已经超出暴露极限，使用国家有关劳动保护条件认可的呼吸器以防止过量暴露。在好的抽风设施或通风良好的施胶条件中工作，以符合暴露极限的要求。

【包装及贮运】 产品的包装为 14kg 铁桶并附有牌号及合格证。贮存条件：产品按危险品运输，应贮存在 15～30℃的干燥、通风环境中，运输及贮存应避免日照、防火，并备有消防器材。按易燃品贮存，置放于符合国家有关消防条例及化学品贮存条件的场所，保质期12 个月。

【生产单位】 济南北方泰和新材料有限公司。

Ba002 胶膜 J-199B

【英文名】 adhesive film J-199B

【主要组成】 聚氨酯、石油树脂、增黏剂等。

【产品技术性能】 外观：淡黄色薄膜。固化后的产品性能如下。剪切强度：≥3MPa（常温）；工作温度：－45～80℃；标注测试标准：以上数据测试参照技术条件 CB-SH-0138—2004。

【特点及用途】 具有良好的耐老化、耐热交变、耐疲劳、耐盐雾腐蚀等综合性能，耐各种化学介质性能及优良的使用工艺性能。适用于铝合金及其它金属材料与非金属材料之间的粘接，目前用在电冰箱蒸发器的粘接上，主要应用在纸蜂窝加工过程中的定位粘接，也用于其它材料的粘接。

【施工工艺】 1. 该胶膜应用于纸蜂窝加工时，将胶膜的一面先用电熨斗（温度为100～120℃）热压上一层布然后将胶膜从防粘纸上剥离下来；2. 将剥离下来的胶膜的胶面用电熨斗（100～120℃）热压在纸蜂窝面上，然后在工装平台上涂布一层工装胶（厂家自备），将纸蜂窝部件上的布面与工装胶面黏合；3. 粘接好的纸蜂窝在进行铣、刨加工后，将该部件从工装平台上完整地剥离下来后，将纸蜂窝后面的胶膜慢慢地剥离下来，再进行下一步生产。注意事项：若室温低于 20℃ 则把膜放在 20～25℃ 烘箱内放置 10～20min 再进行检测。

【毒性及防护】 本产品固化后为安全无毒物质。

【包装及贮运】 包装：内衬塑料袋封装，按面积计算，纸箱封装。保质期两年。贮存条件：产品要保存在阴凉、干燥并且温度不高于 20℃ 的情况下，远离火源、热源，禁止接触各类溶剂及受有机物的污染。本产品按照一般易燃品运输，运输过程中要避免挤压和曝晒、雨淋。

【生产单位】 哈尔滨六环胶粘剂有限公司。

Ba003 表印油墨连接料 PU-1070

【英文名】 ink binder PU-1070

【主要组成】 聚氨酯树脂、乙酸乙酯、乙醇。

【产品技术性能】 外观：淡黄色透明液体；黏度：1500mPa·s；固含量：70%；标注测试标准：以上数据测试参照国标 GB/T 2793—1995，GB/T 2794—2013。

【特点及用途】 优良的粘接性能，良好的复溶性，良好的耐油脂性，良好的酯溶性，不含苯类及酮类溶剂，安全环保。用于无苯无酮表印油墨连接料。

【施工工艺】 该树脂需与颜料、助剂共同研磨后使用。

【毒性及防护】 本产品干燥后为安全无毒物质，但干燥前应尽量避免与皮肤和眼睛接触，若不慎接触眼睛，应迅速用清水清洗。

【包装及贮运】 包装：180kg/桶，保质期 1 年。贮存条件：室温、阴凉处贮存。

【生产单位】 北京高盟新材料股份有限公司。

Ba004 油墨连接料 GM9008

【英文名】 ink binder GM9008

【主要组成】 聚氨酯树脂、乙酸乙酯、异丙醇。

【产品技术性能】 外观：淡黄色透明液体；黏度：800mPa·s；固含量：35%；标注测试标准：以上数据测试参照国标 GB/T 2793—1995，GB/T 2794—2013。

【特点及用途】 优越的耐蒸煮性，优秀的耐热性和耐化学性，对各种塑料薄膜具有优异的附着牢度，不黄变，耐光性好，具有优异的润湿性及复合强度，不含苯类及酮类溶剂，安全环保。用于无苯无酮凹版印刷油墨连接料。

【施工工艺】 该树脂需与颜料、助剂共同研磨后使用。

【毒性及防护】 本产品干燥后为安全无毒物质，但干燥前应尽量避免与皮肤和眼睛接触，若不慎接触眼睛，应迅速用清水清洗。

【包装及贮运】 包装：180kg/桶，保质期 1 年。贮存条件：室温、阴凉处贮存。

【生产单位】 北京高盟新材料股份有限公司。

Ba005 单组分聚氨酯密封胶 HT8921

【英文名】 one-part polyurethane sealant HT8921

【主要组成】 聚氨酯预聚物、碳酸钙、增塑剂。

【产品技术性能】 外观：黑色、白色、灰色，膏状物；密度：1.30g/cm³。固化后的产品性能如下。拉伸强度：约 2MPa；断裂伸长率：约 500%；硬度：约 40 Shore A；标注测试标准：以上数据测试参照企标 Q 石/J 37-02—95。

【特点及用途】 高触变、不流淌、低气味聚氨酯胶。产品黏度小，触变性好，便于手工施胶。固化后的胶层为弹性体，有良好的抗冷热变化、抗应力变化等性能。可喷漆、可打磨、无腐蚀，立面和顶部施工不流淌。对各种基材有广泛的附着力。用于客车空调、焊缝、行李箱等部位的密封，船舶、机车、建筑、涂装等行业的密封及低强度粘接。

【施工工艺】 1. 清洁表面：清理干净施胶表面，除去锈迹、灰尘、水和油污等；2. 施胶：在胶筒尖嘴上切一个适宜的小孔，胶嘴口的内径应视施胶宽度而定，装入胶枪开始进行施胶操作。注意事项：聚氨酯胶在施胶和固化过程中，避免与含有羟基、氨基等的化学品接触，该类物质会导致聚氨酯胶不固化或固化不完全。

【毒性及防护】 本产品固化后为安全无毒物质，但混合前应尽量避免与皮肤和眼睛接触，若不慎接触眼睛，应迅速用清水清洗。

【包装及贮运】 包装：600mL/支，软包，贮存期为6个月。贮存条件：室温、阴凉处贮存。本产品按照非危险品运输。

【生产单位】 湖北回天新材料股份有限公司。

Ba006 单组分聚氨酯胶 HT8960

【英文名】 one-part polyurethane adhesive HT8960

【主要组成】 聚氨酯树脂、增塑剂、填料、助剂等。

【产品技术性能】 外观：黑色膏状物；密度：1.10～1.30g/cm^3（GB/T 13354—1992）；固含量：≥99.5%（GB/T 2793—1995）；表干时间（23℃，50%RH）：20～45min（GB/T 13477.5—2002）；固化后的产品性能如下。固化速率［(23±2)℃，(50±5)%RH］：3～5 mm/24h；拉伸强度：≥6MPa（GB/T 528—2009）；断裂伸长率：≥350%（GB/T 528—2009）；撕裂强度：≥20kN/m（GB/T 529—2008）；剪切强度：≥3.5MPa（GB/T 7124—2008）；硬度：45～60 Shore A（GB/T 531—2008）；工作温度：－40～90℃。

【特点及用途】 黑色、高强度、低黏度、定位时间短、低气味、无溶剂、固化后胶层为弹性体，有良好的抗冷热变化、抗应力变化等性能。本体强度高、耐老化性能优良、拉丝短。主要用于汽车原厂玻璃流水线的粘接密封，广泛应用于轿车、客车、高速列车等大型风挡玻璃的粘接与密封以及乘用车顶篷的粘接。

【施工工艺】 在胶筒尖嘴上切一个适宜的小孔，胶嘴口的内径应视施胶宽度而定，装入胶枪开始进行施胶操作。注意事项：环境的温湿度对聚氨酯胶的表干及固化影响很大，过低的温度，固化偏慢；过高的温湿度，表干偏快。最佳操作环境条件为温度20～30℃、湿度50%～70%RH；超出温度5～35℃、湿度35%～75%RH的范围请谨慎施工。聚氨酯胶在施胶和固化过程中，避免与含有羟基、氨基等的化学品接触，该类物质会导致聚氨酯胶不固化或固化不完全。

【毒性及防护】 本产品固化后为安全无毒物质，但固化前应尽量避免与皮肤和眼睛接触，若不慎接触眼睛，应迅速用清水清洗。

【包装及贮运】 包装：310mL，保质期9个月；600mL，保质期6个月；240kg，保质期6个月。贮存条件：室温、阴凉处贮存。本产品按照非危险品运输。

【生产单位】 湖北回天新材料股份有限公司。

Ba007 聚氨酯密封剂 1924

【英文名】 polyurethane sealant 1924

【主要组成】 聚异氰酸酯预聚体、填料、助剂等。

【产品技术性能】 颜色：黑色/灰色/白色；密度：(未固化）约1.3 kg/L（其中黑色约1.2 kg/L）；表干时间：35～55min。固化后的产品性能如下。硬度：35～55 Shore A；

拉伸强度：≥2.0N/mm^2；断裂伸长率：约600%；撕裂强度：约12N/mm；适用温度：−40～90℃；标注测试标准：以上数据测试参照企标Q/SJTSX 0004.1。

【特点及用途】 单组分材料，良好的弹性，优秀的耐候性、耐老化性能，表面可涂漆，适合多种材料的黏合，无腐蚀性。主要用于运输业、汽车制造及修理行业、海运业、集装箱制造及修理、热力及通风系统、各种维护修理。

【施工工艺】 香肠装1924的使用：适用于管状胶枪，使用时将胶装入枪内，将头部剪开，装上配套的嘴即可正常施胶。包装一旦打开，应该在尽量短的时间内把胶用完。铝筒装1924的使用：在筒开口的铝箔封口处开孔，装上塑料胶嘴，用快刀在胶嘴上按所需尺寸开口，打开封尾，取出干燥剂，装入注胶枪内即可使用。注意事项：施胶时避免空气裹入胶内，施胶3h内要避免接触水、乙醇、玻璃水，当粘接较重的材料时，在固化时间内需借助辅助工具固定。

【毒性及防护】 本产品固化后为安全无毒物质，但混合前应尽量避免与皮肤和眼睛接触，若不慎接触眼睛，应迅速用清水清洗。

【包装及贮运】 包装：310mL/400mL/600mL。室温、阴凉处贮存，保质期9个月。本产品按照非危险品运输。

【生产单位】 北京市天山新材料技术有限公司。

Ba008 聚氨酯粘接剂1956

【英文名】 polyurethane adhesive 1956

【主要组成】 聚异氰酸酯预聚体、填料和助剂等。

【产品技术性能】 外观：黑色；密度（未固化）约1.18 kg/L；触变稳定性（抗下垂性）：极佳；表干时间：40～60min；固化速度（24 h）：4 mm。固化后的产品性能如下。硬度：约55 Shore A；拉伸强度：6.0N/mm^2；断裂伸长率：约500%；撕裂强度：20N/mm；剪切强度：4.0N/mm^2；适用温度：−40～90℃；标注测试标准：以上数据测试参照企标Q/SJTSX 0004.1。

【特点及用途】 单组分材料，抗拉伸、剪切、撕裂强度高，优秀的耐候性、耐老化性能，表面可涂漆，适合多种材料的黏合，无腐蚀性。主要用于玻璃以及车体钢板、铝板、玻璃钢、漆面的黏合。固化迅速，可在短时间内达到预期应力，缩短施工时间。

【施工工艺】 在使用1956时温度不能低于5℃，为了便于使用，贮存温度应在5～25℃，在低温下施工时，建议先将胶筒加热至35℃。铝筒装1956的使用：在筒开口的铝箔封口处开孔，装上塑料胶嘴，用快刀在胶嘴上按所需尺寸开口，打开封尾，取出干燥剂，装入注胶枪内即可使用。注意事项：在玻璃边缘单独使用1756清洗剂，玻璃表面无抗辐射陶瓷涂层时与1762底剂一起使用可以加强粘接强度，使用时用干净的棉花等材料涂薄薄的一层即可；施胶时避免空气裹入胶内，施胶三个小时内要避免接触水、乙醇、玻璃水，当粘接较重的材料时，在固化时间内需借助辅助工具固定。

【毒性及防护】 本产品固化后为安全无毒物质，但混合前应尽量避免与皮肤和眼睛接触，若不慎接触眼睛，应迅速用清水清洗。

【包装及贮运】 包装：310mL/400mL/600mL。室温、阴凉处贮存，保质期9个月。本产品按照非危险品运输。

【生产单位】 北京市天山新材料技术有限公司。

Ba009 单组分聚氨酯粘接密封胶3901

【别名】 风挡玻璃粘接胶

【英文名】 one-component polyurethane

sealant adhesive 3901

【主要组成】 聚氨酯树脂、助剂、填料等。

【产品技术性能】 外观：黑色；密度：1.2～1.35g/cm³；拉伸强度：≥15MPa。

【特点及用途】 固化速率快，适于机械及气动施胶，工艺性强。粘接性能优秀，可靠性高；可用于汽车、船舶、机车等交通运输设备风挡玻璃的粘接，以及各种常规内装材质的粘接。

【施工工艺】 可使用气动胶枪施胶，也可选用气动打胶泵、自动涂胶系统。注意事项：风挡玻璃粘接时，应配合客户工艺进行表面清理及底涂处理工艺，推荐配套使用德邦 3920 聚氨酯胶专用清洗剂及德邦 3921B 玻璃用底涂剂。

【毒性及防护】 本产品固化后为安全无毒物质，但混合前两组分应尽量避免与皮肤和眼睛接触，若不慎接触眼睛，应迅速用清水清洗。

【包装及贮运】 包装：600mL/软包装，保质期 1 年。贮存条件：室温、阴凉处贮存。

【生产单位】 烟台德邦科技有限公司。

Ba010 单组分无溶剂聚氨酯覆膜胶 WANNATE® 6091

【英文名】 one component solvent-free laminating adhesives WANNATE ® 6091

【主要组成】 改性异氰酸酯、多元醇、助剂等.

【产品技术性能】

项目	指标	执行标准
外观	淡黄色液体	目测
黏度(65℃)	(10000±4000)mPa·s	WHPU/T 011-407 GB/T 12009.3—2009
不挥发物含量	100%	GB/T 2793—1995
操作温度	70～90℃	—

【特点及用途】 操作简单，使用方便，复合产品的外观以及综合性能好。适用于纸和透明薄膜及纸和铝箔的复合，可应用于制作食品、药品、化妆品、日用品等的包装袋。

【施工工艺】 1. 复合设备：可适用于任何无溶剂复合机。2. 工作温度：要求涂布辊温度在 70～90℃。3. 涂布量：涂布量为 2.0～4.0g/m²，建议应根据具体情况如复合结构、油墨状况、内容物及应用要求等做相应的调整。4. 固化：为确保 WANNATE® 6091 胶黏剂系统的充分固化而提供固化所需的湿度环境是必要的，一般要求在室温环境下湿度至少大于 50% 才能够进行生产，一般复合 48h 后可以复卷和分切，最终完全固化需要在环境温度条件下存放 7～10d。注意事项：1. 复合基材如 PE、CPP、BOPP、PET、PA 等薄膜均需表面处理，其表面张力：PE、BOPP、CPP 要达到 38 达因以上，PET 达到 50 达因以上，PA 达到 52 达因以上；2. 建议将胶水提前在 50～70℃ 预热后使用，以适合无溶剂设备运行的特点；3. 建议正式投产前做一个小批量的试运行，以确保成功率；4. 如果复合设备停止运行 60min 以上需对计量辊、转移辊等用溶剂彻底清洗；5. 切勿将本产品与其它类型的黏合剂混合使用。

【毒性及防护】 WANNATE® 6091 在呼吸吸入和皮肤吸收方面的毒性较低；低的挥发性使之在通常条件下短时间暴露接触（如少量泄漏、撒落）所产生的毒害性很少。一旦溅到皮肤上或眼内，应立即用清水冲洗，皮肤用肥皂水洗净。误服，请立即就医对症处理。

【包装及贮运】 WANNATE ® 6091 200kg/桶和 25kg/桶 2 种包装规格，保质期 1 年。贮存条件：本品应室温密闭贮存于阴凉干燥处，本产品在贮存和运输过程中不属于易燃液体、爆炸品、腐蚀品、氧化品、毒害品和放射危险品，不属于危险品。

【生产单位】 万华化学（北京）有限公司。

Ba011 木材胶 WANNATE® 6302

【英文名】 wood binder WANNATE ® 6302

【主要组成】 异氰酸酯、多元醇、助剂等。

【产品技术性能】 固化前的产品性能见下表。

项目	指标	执行标准
外观	棕色液体	目测
黏度(25℃)/mPa·s	150~400	GB/T 12009.3—2009 WHPU/T 011-407
NCO含量/%	10.9~12.9	GB/T 12009.4—1989
密度(25℃)/g/cm³	1.05~1.15	GB/T 4472—2011

固化后的产品性能如下。粘接强度：木材破坏（松木）、3.4MPa（红木）。

【特点及用途】 单组分聚氨酯木材胶无甲醛挥发，具有黏度低、固化快、施胶少、固化后无毒等特点，不仅能用于干木材的粘接，同时能用于较高含水率的湿木材的粘接。主要应用于刨切单板、刨切薄木、刨切木皮的拼方、拼板和指接。本品对各种不同密度、不同含水率的木材均有良好的粘接性，不仅能用于干木材的粘接，对较高含水率的湿木材的粘接同样优异。

【施工工艺】 该产品黏度低，施工性能好，可进行刮涂、滚涂、喷涂。注意事项：胶水用多少取多少，用完后及时严格密封包装，避免与水汽反应变质固化等。在操作时应小心谨慎，防止各原料与皮肤的直接接触及溅入眼内，请穿戴必要的防护用品（手套、防护镜、工作服等）。一旦溅到皮肤上或眼内，应立即用清水冲洗，皮肤用肥皂水洗净。

【包装及贮运】 包装 20kg/20L 桶，220kg/210L 红色中性桶。保质期 6 个月。贮存条件：该产品含有溶剂，在贮存和运输中属于易燃液体，属于危险品，要远离所有点火源或高温热源，防止被水、碱或清洁剂溶液污染。在 15~25℃的温度范围内遮光防潮保存，同时应注意避免与其它有反应及腐蚀的产品存放在一起。保持容器密闭，贮存在干燥通风处。本产品按照易燃易爆危险品运输。

【生产单位】 万华化学（北京）有限公司。

Ba012 聚氨酯风挡玻璃胶 WD8510

【英文名】 polyurethane adhesive WD8510 for windshield glass

【产品技术性能】 外观：黑色膏状物；断裂伸长率：≥400%；表干时间：15~60min；剪切强度：≥4MPa；固化速度(24h)：2~6mm；撕裂强度：≥12N/mm；固含量：≥96%；下垂度（垂直）：≤0mm；硬度：45~60 Shore A；低温属性：−45℃无断裂；拉伸强度：≥5MPa；施工温度：5~35℃；工作温度：−45~90℃，短时可达到 120℃。

【特点及用途】 单组分，膏状，不流淌，使用方便。固化速率快，附着力强，弹性好。密封性能好，耐油性、耐水性、耐候性好。用于汽车风挡玻璃和车窗玻璃的粘接和密封，以及顶棚、车身、地板等接缝的粘接和密封。

【施工工艺】 将玻璃与框架要粘接的部位除油、除灰，保持干燥，玻璃的涂胶部位需要用清洗剂和底涂剂进行处理，用胶枪涂胶，即可安装玻璃。

【包装及贮运】 塑料管包装，300mL×25 支/箱。产品在运输和装卸过程中避免倒放、碰撞和重压，防止日晒雨淋和高温。25℃以下干燥处贮存，防止日光直射，远离火源。贮存期 9 个月。

【生产单位】 上海康达化工新材料股份有限公司。

Ba013 塑料包装材料用聚氨酯胶黏剂 M-9411

【英文名】 polyurethane adhesive M-9411 for plastic packing materials

【产品技术性能】 外观：无色透明液体；固含量：12%左右；黏度：1200mPa·s；剥离强度（聚乙烯编织布，20℃）：≥6 N/m。

【特点及用途】 用于粘接 PE、PP 复合膜，聚丙烯编织袋生产线的粘接成型。适用 PP 袋自动生产线 80～100m/min 车速的粘接成型线的各项技术要求。

【毒性及防护】 易燃品，应用时必须加强通风。

【包装及贮运】 聚氨酯固体胶用纸箱包装，每箱 25kg；聚氨酯增黏树脂基固化剂用 15kg 铁桶包装。贮存于阴凉干燥处，贮存期 12 个月。

【生产单位】 山东省科学院新材料研究院。

Ba014 磁带用聚氨酯胶黏剂 J-1012

【英文名】 binder J-1012 for magnetic tape

【主要组成】 多元醇、多异氰酸酯和溶剂等。

【产品技术性能】 外观：白色粒状固体；硬度：≥90 Shore A；软化点：≥110℃；溶液黏度（30%丁酮溶液）：1.5～5.5Pa·s；拉伸强度：≥30MPa；断裂伸长率：600%。

【特点及用途】 溶解于磁带生产线上的常用溶剂，如环己酮、丁酮，溶解后呈微黄色清澈液体。常温溶解于常用溶剂即可使用。本品可用于各类磁记录材料的生产，并可用于其它领域。

【毒性及防护】 本品为固体，无毒。

【包装及贮运】 贮存于阴凉干燥处，贮存期 12 个月。

【生产单位】 黎明化工研究设计院有限责任公司。

Ba015 聚氨酯胶黏剂 J-1015

【英文名】 polyurethane adhesive J-1015

【主要组成】 聚酯二醇、TDI、MDI、扩链剂等反应得到的固体热塑性聚氨酯弹性体，溶解在丙酮、丁酮、甲苯和乙酸乙酯混合溶剂中而得。

【产品技术性能】 溶液黏度（15%固含量）：0.3～1.5Pa·s；剥离强度：2.6～4.1kN/m/初粘（PV 革），1.5kN/m/最终（PV 革-EXA 革），3.6kN/m（材料破坏）/牛皮-橡胶底，3kN/m（材料破坏）/猪皮-橡胶底，7kN/m/PV 革-PVC 低，7.3kN/m（材料破坏）/PV 革-PV 低。

【特点及用途】 本产品对多种材质具有良好的粘接强度，有较好的耐水性和贮存稳定性，尤其是初粘强度高。适合于制鞋流水线作业。

【施工工艺】 在清洗后的被粘材料上涂刷胶，间隔 3min，70～80℃活化 6～8min，压合，室温放置 24h。

【包装及贮运】 贮存于阴凉干燥处，贮存期 12 个月。

【生产单位】 黎明化工研究设计院有限责任公司。

Ba016 单组分聚氨酯胶黏剂 PU-94-116

【英文名】 one-part adhesive PU-94-116

【主要组成】 聚醚二醇、扩链剂、TDI 和乙酸乙酯。

【产品技术性能】 外观：微黄色透明黏稠液体；软化点：≥110℃；黏度：480～5000Pa·s；粘接强度：4.3～7 N/15mm（BOPP-彩印纸，材质破坏），4.3～5.3 N/15mm（BOPP-白版纸，材质破坏），1.7 N/15mm（BOPP-聚乙烯膜，膜断）。

【特点及用途】 单组分使用方便、无毒、胶液透明，适用于纸-塑复合，复合的样品图像清晰、光亮透明。

【施工工艺】 端 NCO 基聚氨酯在湿气的作用下产生大分子，同时溶剂挥发成膜。使用时乙酸乙酯稀释至 20%固含量，将胶液涂于电晕处理的双向拉伸 PP 上，红外光（70～80℃）烘干 15s，与彩印纸贴合，稍加压，室温放置一周。

【包装及贮运】 贮存于阴凉干燥处，贮存期 6 个月。

【生产单位】 黎明化工研究设计院有限责任公司。

Ba017 覆面胶 SY-403

【英文名】 laminated adhesive SY-403

【主要组成】 本产品是以改性聚氨酯、增黏剂为主体，辅以其它稳定剂及溶剂配成而成的。

【产品技术性能】 外观：浅黄色透明黏稠液体；黏度：1200～2500mPa·s；不挥发分含量：25%～35%；粘接强度（皮革-皮革）：1.5MPa。

【特点及用途】 由改性聚氨酯采用最新的加工工艺精制而成的单组分胶黏剂，具有室温固化、初粘力好、使用方便等特点。固化后胶膜柔软、强度高、耐久性好、毒性低、不含苯类溶剂，可广泛用于木器加工、皮革覆膜、工艺装饰等领域。

【施工工艺】 使用时可单面涂胶，30s 后覆膜、压平即可。

【包装及贮运】 贮存于阴凉干燥处，贮存期 6 个月以上。

【生产单位】 三友（天津）高分子技术有限公司。

Ba018 单组分聚氨酯密封胶

【英文名】 one-part polyurethane sealant

【主要组成】 聚醚聚氨酯、DOP 增塑剂、抗下垂剂、抗氧剂、填料等。

【产品技术性能】 伸长率：≥300%；拉伸强度：2MPa；硬度：50 Shore A；触干时间：12～48h；粘接强度：＞0.58MPa（玻璃）、＞0.7MPa（铝）、＞0.88MPa（水泥块）；垂度：＜3 mm；挤出性：11.4 mL/s。

【特点及用途】 可用于建筑、冷库嵌缝、汽车制造、汽车空调机生产、燃气仪表组装。

【施工工艺】 单组分不需现场混合，使用时从包装筒挤胶嘴挤出，之前先用刀切开挤胶嘴端部。

【包装及贮运】 密封在塑料包装筒中，贮存于阴凉干燥处，贮存期 6 个月以上。

【生产单位】 黎明化工研究设计院有限责任公司。

Ba019 聚氨酯密封胶

【英文名】 polyurethane sealant

【主要组成】 以聚醚多元醇与 TDI 制备的液态聚氨酯预聚体为基料，配以 DOP、填料、颜料、催化剂、流动性能调节剂、抗下垂剂和抗氧剂等，是一种膏状密封胶。

【产品技术性能】 外观：白色或灰色膏状物；拉伸强度：≥1.96MPa；伸长率：≥300%；抗流淌性（垂直）：＜3mm。

【特点及用途】 本品为单组分，室温固化。固化后呈橡胶状，有弹性，对金属、木材、水泥构件等有良好的粘接性。用于车辆、仪表、制冷设备、建筑物嵌缝密封。

【施工工艺】 涂于清洁干燥的被密封处，室温放置固化。

【包装及贮运】 330mL 弹壳式塑料桶包装，贮存于阴凉干燥处，贮存期 6 个月以上。

【生产单位】 黎明化工研究设计院有限责任公司。

Bb 单组分湿固化聚氨酯胶黏剂

Bb001 顶棚骨架胶 PK-618

【英文名】 automotive interior adhesive PK-618

【主要组成】 PU 树脂、环氧树脂、增黏树脂、交联剂、其它助剂。

【产品技术性能】 外观：黄棕色、透明无杂质均匀胶液；黏度（50℃）：300～600mPa•s;标注测试标准：以上数据测试参照企标 ZKLT-ZL-BZ-003。

【特点及用途】 环保型无溶剂胶，喷水受热固化，粘接强度高，固化后强度高、耐温性好。用途：主要用于聚氨酯泡沫、玻纤等湿法工艺制造汽车顶棚的热压成型；也可以用于类似材料如无纺布、毛毡、泡沫等的复合热压粘接。

【施工工艺】 辊筒施胶，喷水热压固化。注意事项：作业场所严禁烟火，维持通风良好，操作时穿戴好个人防护用具。

【毒性及防护】 本产品固化后为安全无毒物质，但使用过程中应尽量避免与皮肤和眼睛接触，若不慎接触眼睛，应迅速用大量清水清洗。

【包装及贮运】 包装：50kg/桶或 200kg/桶。室温、阴凉处贮存，保质期半年。

【生产单位】 重庆中科力泰高分子材料股份有限公司。

Bb002 高温钣金密封胶 SY-888G

【英文名】 high temperature metal sealant SY888G

【主要组成】 聚氨酯、增黏剂、增塑剂等。

【产品技术性能】 外观：黑色；密度：1.60g/cm^3 以下；表干时间：30～60min。固化后的产品性能如下。拉伸强度：≥4MPa；拉伸率：≥400％。

【特点及用途】 本产品是一种单组分、常温湿气固化的耐高温密封胶。具有附着力强、弹性好，耐水、耐油、耐高温、耐老化、耐震动疲劳等性能。与钢板、铁板、木材、陶瓷、玻璃和塑料等具有良好的粘接相容性。用途：适用于车身内外焊缝、板缝、舱门、流水槽、顶盖、地板等部位。

【施工工艺】将胶放入胶枪中并剪去封口。切割胶嘴后，使用带活塞的手动或气动胶枪施工。为了保证胶层厚度的一致性，建议打三角形的胶条。不要在温度低于 10℃或高于 35℃的环境下施工，对基材和胶最适宜的温度为 15～30℃。

【毒性及防护】 本产品固化后为安全无毒物质，但固化前应尽量避免与皮肤和眼睛接触，若不慎接触眼睛，应迅速用清水清洗。

【包装及贮运】 310mL 硬包装，400mL、600mL 软包装，保质期 6 个月。贮存条件：室温、阴凉处贮存。本产品按照非危险品运输。

【生产单位】三友（天津）高分子技术有限公司。

Bb003 单组分粘接密封胶

【别名】 Sikaflex®-221

【英文名】 one-part sealant
【主要组成】 单组分聚氨酯、助剂和填料等。
【产品技术性能】 外观：白色、灰色、黑色、褐色；密度：1.3kg/L。固化后的产品性能如下。拉伸强度：约 1.8N/mm² (CQP 036-1/ISO 37)；断裂延伸率：约 500% (CQP 036-1/ISO 37)；撕裂强度：约 7N/mm (CQP 045-1/ISO 34)；硬度：40Shore D；工作温度：－40～90℃。
【特点及用途】 本产品是一种高性能、多用途、抗下垂的单组分聚氨酯密封胶，其和空气中的湿气反应而固化，形成永久弹性体。低气味、耐老化、无腐蚀、可喷漆、可打磨；和许多基材有良好的粘接性；通过 NSF的认证，可以与食品偶尔接触它适用于需要较高粘接强度的永久弹性密封。适用的基材包括木头、金属、金属底漆和面漆(双组分系统)、陶瓷材料和塑料。
【施工工艺】 硬包装：刺穿筒嘴的薄膜即可。软包装：将胶放入胶枪并剪去封嘴。根据接缝的宽度切割胶嘴，用合适的手动或气动胶枪将胶打进接缝，小心操作，避免产生气泡。一旦打开包装，则必须在相对短的时间内用完。注意事项：关于如何选择及安装合适的泵胶系统，请咨询西卡工业部的系统工程部门。
【毒性及防护】 对于有关运输、操作、贮存及化学品处理的信息及建议，用户应参照实际的安全数据表，其包括了物理的、生态的、毒理学的及其它的安全相关数据。
【包装及贮运】 硬包装 300mL；软包装 400mL 和 600mL；小桶装 23L；大桶装 195L。保质期 12 个月。贮存条件：室温、阴凉处贮存。本产品按照非危险品运输。
【生产单位】 西卡（中国）有限公司。

Bb004 不发泡，耐候性聚氨酯填缝胶

【英文名】 unfoaming and weather resistance polyurethane potting adhesive
【别名】 Sikaflex®-221WR
【主要组成】 单组分聚氨酯、助剂和填料等。
【产品技术性能】 外观：黑色；密度：1.25kg/L。固化后的产品性能如下。拉伸强度：约 1.8N/mm² (CQP 036-1/ISO 37)；断裂伸长率：约 600% (CQP 036-1/ISO 37)；撕裂强度：约 8N/mm (CQP 045-1/ISO 34)；硬度：30Shore D；工作温度：－40～90℃。
【特点及用途】 本产品是一种高品质的单组分聚氨酯密封胶，其和空气中的湿气反应而固化，形成永久弹性体。Sikaflex®-221 WR 具有优良的抗紫外线和耐候性能。有弹性，不发泡，耐紫外辐射，耐候性好，无腐蚀，可打磨，在多种基材上的粘接性好。适用于需要较高粘接强度的永久弹性密封。适用的基材包括木头、金属、金属底漆和面漆（双组分系统）、陶瓷材料和塑料。
【施工工艺】 软包装：将胶放入胶枪中并剪去封口。根据接缝的宽度切割胶嘴，用合适的手动或气动胶枪将胶打进接缝，小心操作，避免基材和胶之间留有气泡。一旦打开包装，则必须在相对短的时间内用完。注意事项：不要在低于 5℃ 或高于 40℃的温度条件下施工。对基材和密封胶最佳的温度是 15～25℃。
【毒性及防护】 对于有关运输、操作、贮存及化学品处理的信息及建议，用户应参照实际的安全数据表，其包括了物理的、生态的、毒理学的及其它的安全相关数据。
【包装及贮运】 软包装 400mL 和 600mL，保质期 12 个月。贮存条件：室温、阴凉处贮存。本产品按照非危险品运输。
【生产单位】 西卡（中国）有限公司。

Bb005 结构黏结胶

【英文名】 structural adhesive

【别名】 Sikaflex®-252

【主要组成】 单组分聚氨酯、助剂。

【产品技术性能】 外观、白色、黑色、灰色；密度：1.2kg/L。固化后的产品性能如下。硬度：约 50Shore A（CQP 023-1/ISO 868）；拉伸强度：约 3MPa（CQP 036-1/ISO 37）；断裂伸长率：约 400%（CQP 036-1/ISO 37）；撕裂强度：约 7N/mm（CQP 045-1/ISO 34）；剪切强度：约 2.5MPa（CQP 046-1/ISO 4587）；工作温度：10～35℃。

【特点及用途】 抗下垂单组分膏状聚氨酯黏结剂，通过与空气中的湿气反应而固化，形成永久弹性体。有弹性，可喷涂，优良的填缝性能，良好的抗动态应力性能，振动阻尼，无腐蚀，电绝缘，可黏结多种基材。适用于结构黏结并具有优良的抗动态应力性能。适用于黏结的基材主要有木材、金属、铝（包括阳极氧化铝面）、钢材（包括磷化、镀铬、镀锌表面）、金属底漆和漆面（双组分系统）、陶瓷材料和塑料等。

【施工工艺】 硬包装：刺穿筒嘴的薄膜即可。软包装：将胶放入胶枪并剪去封嘴。注意事项：不要在温度低于 10℃或高于 35℃的环境中施工，对基材和胶最适宜的温度是 15～25℃。对于硬管包装的胶黏剂，建议使用气动活塞式胶枪施工。

【毒性及防护】 关于化学品的运输、使用、贮存及处理方面的信息和建议，用户应参考材料安全数据表，其中包含了物理的、生态学的、毒性的以及其它相关的安全数据。

【包装及贮运】 硬支装 300mL，软支装 400mL 和 600mL，小桶 23 L，大桶 195 L。保质期 12 个月。贮存条件：室温、阴凉处贮存。本产品按照非危险品运输。

【生产单位】 西卡（中国）有限公司。

Bb006 聚氨酯机械胶 AM-120C

【英文名】 polyurethane mechanical sealant AM-120C

【主要组成】 聚醚多元醇、异氰酸酯、填料等。

【产品技术性能】 外观：白色、灰色膏状物；表干时间：30～60min；密度：约 1.4g/cm^3。固化后的产品性能如下。硬度：35～50Shore A；拉伸强度：≥1.5MPa；剪切强度：≥1.0MPa；撕裂强度：≥6.0N/mm；断裂伸长率：≥400%；服务温度：－45～90℃；标注测试标准：以上数据测试参照企标 Q/CL 069—2006。

【特点及用途】 AM-120C 聚氨酯机械密封胶为中强度、中模量、密封类聚氨酯密封胶，单组分、室温湿气固化，高固含量，耐候性、弹性好，固化过程中及固化后不会产生任何有害物质，对基材无污染。表面可漆性强，可在其表面涂覆多种漆和涂料。可用于各种车辆的车体可视部分及一般接缝的密封，如裙板、行李舱盖板、汽车地板、钣金等。

【施工工艺】 1. 用棉纱清除涂胶部位表面的尘土、油污及明水。如果表面有易剥落锈蚀，应事先用金属刷清除，必要时还可用丙酮等有机溶剂擦拭表面。2. 根据施工部位的形状将密封胶的尖嘴切成一定形状的大小，用手动胶枪或气动胶枪将胶涂在施工部位。3. 缝隙中鼓出的胶可用刮板刮平或肥皂水抹平，如有的部位不慎被胶所污染，则应尽早用丙酮等溶剂清除；如胶已固化，需要用刀片切割或打磨。注意事项：1. 开封后应当天用完，否则需严格密封保存；2. 在温度 15～35℃、湿度 55%～75%RH 的条件下施工最佳。

【毒性及防护】 本产品固化后为安全无毒物质，但应尽量避免与皮肤和眼睛接触，若不慎接触眼睛，应迅速用清水清洗。

【包装及贮运】 包装：400mL/支、600mL/支，保质期9个月。贮存条件：建议在25℃以下的干燥库房内贮存，避免高温、高湿。

【生产单位】 山东北方现代化学工业有限公司。

Bb007 多用途聚氨酯胶 AM-130

【英文名】 multi-use polyurethane sealant AM-130

【主要组成】 聚醚、异氰酸酯、填料等。

【产品技术性能】 外观：白色、黑色、灰色膏状物。固化后的产品性能如下。硬度：≥35Shore A；拉伸强度：≥1.8MPa；剪切强度：≥1.5MPa；撕裂强度：≥7.0N/mm；断裂伸长率：≥300%；服务温度：−45～90℃；标注测试标准：以上数据测试参照企标 Q/CL 069—2006。

【特点及用途】 AM-130密封胶为中强度、中模量、密封类聚氨酯密封胶，单组分、室温湿气固化，高固含量，耐候性、弹性好，固化过程中及固化后不会产生任何有害物质，对基材无污染。表面可漆性强，可在其表面涂覆多种漆和涂料。可用于车体接缝密封、玻璃嵌缝密封、厢体密封及其它一般缝隙密封。

【施工工艺】 1. 用棉纱清除涂胶部位表面的尘土、油污及明水。如果表面有易剥落锈蚀，应事先用金属刷清除，必要时还可用酒精、丙酮等有机溶剂擦拭表面。2. 根据施工部位的形状将密封胶的尖嘴切成一定形状的大小，用手动胶枪或气动胶枪将胶涂在施工部位。3. 缝隙中鼓出的胶可用刮板刮平或肥皂水抹平。如有的部位不慎被胶所污染，则应尽早用丙酮等溶剂清除。如胶已固化，需要用刀片切割或打磨。注意事项：1. 开封后应当天用完，否则需严格密封保存；2. 在温度15～35℃、湿度55%～75%RH的条件下施工最佳；3. 当环境温度低于10℃或出胶速度达不到工艺要求时，建议在60℃烘箱里至少烘烤30min。

【毒性及防护】 本产品固化后为安全无毒物质，但应尽量避免与皮肤和眼睛接触，若不慎接触眼睛，应迅速用清水清洗。

【包装及贮运】 包装：300mL/支、400mL/支、600mL/支，保质期9个月。贮存条件：建议在25℃以下的干燥库房内贮存，避免高温、高湿。

【生产单位】 山东北方现代化学工业有限公司。

Bb008 遇水膨胀止水胶 PM-402

【英文名】 expansion sealant PM-402

【主要组成】 聚醚、异氰酸酯、填料等。

【产品技术性能】 外观：黑色、灰色膏状物；密度：约1.4g/cm³；表干时间：≤24h。固化后的产品性能如下。拉伸强度：≥1.0MPa；粘接强度：≥0.2MPa；抗水压力：≥2MPa；体积膨胀率：≥400%（PM-402）；断裂伸长率：≥400%；服务温度：−45～90℃；标注测试标准：以上数据测试参照企标 Q/CL 147—2010。

【特点及用途】 PM-402遇水膨胀止水胶为单组分聚氨酯膏状密封胶，具有良好的填充性和粘接性，对施工面无严格的要求，使用方便；固化后形成的橡胶体具有较高的本体强度、良好的柔性和耐化学介质性能；遇水后可产生膨胀，从而起到很好的密封、止水效果。用于各种隧道、输（排）水管道、矿井、人防工程等地下工程结构施工缝、后浇带、底板与立墙、连续墙、桩墙的接缝，穿墙管等的防水密封。

【施工工艺】 1. 对施工表面进行清理；2. 将密封胶放入专用挤胶枪，根据施工缝的大小按要求挤到缝隙中；3. 涂敷的密封胶在固化前应避免与水接触。注意事项：1. 应避免在雨天及长期与水接触的地方直接施工，以免胶体提前膨胀；2. 如在浇铸处施工，应在浇捣前的24h

施工；3. 浇捣混凝土时应小心，避免损害材料的密封性。

【毒性及防护】 本产品固化后为安全无毒物质，但应尽量避免与皮肤和眼睛接触，若不慎接触眼睛，应迅速用清水清洗。

【包装及贮运】 包装：400mL/支、600mL/支，保质期 9 个月。贮存条件：建议在25℃以下的干燥库房内贮存，避免高温、高湿。

【生产单位】 山东北方现代化学工业有限公司。

Bb009 遇水膨胀止水胶 PM-401

【英文名】 expansion sealant PM-401

【主要组成】 聚醚、异氰酸酯、填料等。

【产品技术性能】 外观：黑色灰色膏状物；密度：约 1.4g/cm^3；表干时间：≤24h。固化后的产品性能如下。拉伸强度：≥1.0MPa；粘接强度：≥0.4MPa；抗水压力：≥2MPa；体积膨胀率：≥220%；断裂伸长率：≥400%；服务温度：－45～90℃；标注测试标准：以上数据测试参照企标 Q/CL 147—2010。

【特点及用途】 PM-401 遇水膨胀止水胶为单组分聚氨酯膏状密封胶，具有良好的填充性和粘接性，对施工面无严格的要求，使用方便；固化后形成的橡胶体具有较高的本体强度、良好的柔性和耐化学介质性能；遇水后可产生膨胀，从而起到很好的密封、止水效果。主要用于各种隧道、输（排）水管道、矿井、人防工程等地下工程结构施工缝、后浇带、底板与立墙、连续墙、桩墙的接缝，穿墙管等的防水密封。

【施工工艺】 1. 对施工表面进行清理；2. 将密封胶放入专用挤胶枪，根据施工缝的大小按要求挤到缝隙中；3. 涂敷的密封胶在固化前应避免与水接触。注意事项：1. 应避免在雨天及长期与水接触的地方直接施工，以免胶体提前膨胀；2. 如在浇铸处施工，应在浇捣前的 24h 施工；3. 浇捣混凝土时应小心，避免损害材料的密封性。

【毒性及防护】 本产品固化后为安全无毒物质，但应尽量避免与皮肤和眼睛接触，若不慎接触眼睛，应迅速用清水清洗。

【包装及贮运】 包装：400mL/支、600mL/支，保质期 9 个月。贮存条件：建议在25℃以下的干燥库房内贮存，避免高温、高湿。

【生产单位】 山东北方现代化学工业有限公司。

Bb010 聚氨酯玻璃密封胶 3M™ OEM 590

【英文名】 polyurethane glass sealant 3M™ OEM 590

【主要组成】 多元醇、异氰酸酯、助剂等。

【产品技术性能】 外观：类白/棕色；密度：1.12/1.03g/cm^3；表干时间：25～40min（温度 73F 和 50% 相对湿度）。固化后的产品性能如下。撕裂强度：大于0.9MPa（5h/23℃/50%相对湿度）；撕裂强度：大于 3.5MPa（7d/23℃/50%相对湿度）；碰撞试验（美国联邦机动车安全标准 212）：通过（测试条件：3h/23℃/50%相对湿度）；标注测试标准：以上数据测试参照 Ford SAE J 1529。

【特点及用途】 单组分、湿固化，粘接不同材料，一般用于粘接车窗材料，强度高。一般用于粘接玻璃、PMMA、PC 等窗户和风挡玻璃。

【施工工艺】 硬包装和肠形软包装配合胶枪和打胶设备使用，操作非常方便。注意事项：温度低于 5℃时，应采取适当的加温措施，否则对应的固化时间将适当延长。

【毒性及防护】 本产品固化后为安全无毒物质，但固化前应尽量避免与皮肤和眼睛接触，若不慎接触眼睛，应迅速用清水清洗。

【包装及贮运】 包装：硬包装 310mL 和肠形袋软包装 600mL，保质期 12 个月。贮存条件：请将产品贮存在 90F（32℃）以下的未开封原始容器中。本产品按照非危险品运输。

【生产单位】 3M 中国有限公司。

Bb011 潮气固化聚氨酯 3M™ Scotch-Weld™ EZ250150

【英文名】 moisture curing polyurethane 3M™ Scotch-Weld™ EZ250150

【主要组成】 改性聚氨酯预聚物、助剂等。

【产品技术性能】 外观：类白色；密度：0.91g/cm^3；剪切强度：10.3MPa/PC-PC，8.8MPa/基材破坏/PA-PA；标注测试标准：以上数据测试参照 ASTM D 1002。

【特点及用途】 能够迅速建立强度，高效率。粘接的材料比较广泛，固化快，残胶易清除。

【施工工艺】 加热后，将胶水施于洁净的基材表面，完成装配。注意事项：因为胶水是潮气固化，所以如果粘接面积大，需要长一些的固化时间。

【毒性及防护】 本产品固化后为安全无毒物质，但因为是加热施胶，所以注意防烫。

【包装及贮运】 包装：300mL/套，保质期12个月。贮存条件：贮存于 16～27℃的干燥阴凉处。本产品按照非危险品运输。

【生产单位】 3M 中国有限公司。

Bb012 潮气固化聚氨酯 3M™ Scotch-Weld™ TE200

【英文名】 moisture curing polyurethane 3M™ Scotch-Weld™ TE200

【主要组成】 改性聚氨酯预聚物、助剂等。

【产品技术性能】 外观：类白色；密度：0.89g/cm^3；剪切强度：15.2MPa/基材破坏/PC-PC、8.6MPa/基材破坏/PA-PA；标注测试标准：以上数据测试参照 ASTM D 1002。

【特点及用途】 能够迅速建立强度，高效率。粘接的材料比较广泛，残胶易清除。

【施工工艺】 加热后，将胶水施于洁净的基材表面，完成装配。注意事项：因为胶水是潮气固化，所以如果粘接面积大，需要长一些的固化时间。

【毒性及防护】 本产品固化后为安全无毒物质，但是因为是加热施胶，所以注意防烫。

【包装及贮运】 包装：300mL/套，保质期 12 月。贮存条件：贮存于 16～27℃的干燥阴凉处。本产品按照非危险品运输。

【生产单位】 3M 中国有限公司。

Bb013 聚氨酯胶黏剂 WANNATE®6112

【英文名】 polyurethane adhesive WANNATE® 6112

【主要组成】 改性 MDI 预聚物、多元醇、助剂等。

【产品技术性能】

项 目	指标	执行标准
外观	浅黄色液体	目测
黏度(25℃)/mPa·s	2000～3600	GB/T 12009.3—2009
NCO 含量/%	10.1～11.1	GB/T 12009.4—1989
相对密度(25℃)	1.05～1.1	GB/T 4472—2011

固化后的产品性能如下。拉伸强度：10～30MPa（GB/T 528—2009）；断裂伸长率：400%～900%（参照 GB/T 528—2009）。

【特点及用途】 固化速率快；安全环保，不含 TDI 和溶剂；使用便利，单组分湿固化，对设备和施工的要求相对较低；弹性和黏结效果优异。用于塑胶运动场地的施工建造、常见橡胶产品黏结、铝材等金属黏结等多种基材的黏结和防护等。

【施工工艺】 该胶是单组分胶，通过湿气进行固化。注意事项：由于活性较高，应避免在高温高湿下施工，以免影响使用效果；使用温度低于15℃时，应采取适当的措施加快固化，否则固化时间将适当延长。

【毒性及防护】 本产品为安全环保型塑胶黏合剂，固化后为安全无毒物质，但固化前应尽量避免与皮肤和眼睛接触，若不慎接触，应迅速用大量清水冲洗。

【包装及贮运】 包装：215kg/桶，保质期6个月。贮存条件：通风良好的室内密封贮存，本产品按照非危险品运输。

【生产单位】 万华化学（北京）有限公司。

Bb014 湿固化胶黏剂 WANNATE®8029

【英文名】 moisture curing adhesive WANNATE® 8029

【主要组成】 异氰酸酯、多元醇、助剂等。

【产品技术性能】

项目	指标	执行标准
外观	棕色液体	目测
黏度(25℃)	1600～3000mPa·s	GB/T 12009.3—2009 WHPUT 011-407
NCO含量	21.5%～23.5%	GB/T 12009.4—1989
密度(25℃)	1.19～1.21g/cm³	GB/T 4472—2011

固化后的产品性能如下。剥离强度：>6N/cm（GB/T 2791—1995）。

【特点及用途】 固化速率快，较好的耐湿气性，较长的操作时间。用于汽车顶篷生产中聚氨酯泡沫、玻纤、无纺布之间的粘接。

【施工工艺】 辊胶35～50g/m²，喷水20～30g/m²。注意事项：贮存及施胶设备注意防潮、防水。

【毒性及防护】 本产品固化后为安全无毒物质，但应尽量避免与皮肤和眼睛接触，若不慎接触眼睛，应迅速用清水冲洗，必要时就医。

【包装及贮运】 包装：240kg/桶，保质期3月。贮存条件：室温、阴凉干燥处贮存。本产品按照非危险品运输。

【生产单位】 万华化学（北京）有限公司。

Bb015 塑胶胶黏剂 WANNATE®6157

【英文名】 rubber granule binder WANNATE® 6157

【主要组成】 异氰酸酯、多元醇、助剂等。

【产品技术性能】

项目	指标	执行标准
外观	淡黄色或黄色液体	目测
黏度(25℃)	2000～3600mPa·s	WHPU/T 011-407
NCO含量	8.75%～9.75%	GB 12009.4—1989
密度(25℃)	1.05～1.10g/cm³	GB/T 4472—2011

固化后的产品性能如下。1. 胶膜性能，拉伸强度：16～25MPa（GB/T 528—2009）；断裂伸长率：500%～1000%（GB/T 528—2009）。2. 橡胶块性能（施胶量为1∶7），拉伸强度：0.5～3MPa（GB/T 528—2009）；断裂伸长率：50%～150%（GB/T 528—2009）。

【特点及用途】 安全环保，不含TDI和溶剂；理化性能优异，弹性和黏结效果优异；使用便利，单组分湿固化，对设备和施工的要求相对较低。作为塑胶运动场地施工建造、常见橡胶产品等黏结所用胶黏剂。

【施工工艺】 该胶是单组分胶，通过湿气进行固化。注意事项：温度低于20℃时，应采取适当的措施加快固化，否则固化时间会延长，对施工使用形成一定的影响。

【毒性及防护】 本产品为安全环保型塑胶黏合剂，固化后为安全无毒物质，但固化前应尽量避免与皮肤和眼睛接触，若不慎接触，应迅速用大量清水冲洗。

【包装及贮运】 包装：200kg/桶，保质期6个月。贮存条件：通风良好的室内密封贮存，本产品按照非危险品运输。

【生产单位】 万华化学（北京）有限公司。

Bb016 再生泡沫胶 WANNATE®8023

【英文名】 rebounded foam binder WANNATE® 8023

【主要组成】 改性异氰酸酯、助剂等。

【产品技术性能】

项 目	指标	执行标准
外观	棕色液体	目测
NCO含量	17.8%～18.8%	GB/T 12009.4—1989
黏度(25℃)	1200～1600mPa·s	GB/T 12009.3—2009
密度(25℃)	1.14～1.16g/cm³	GB/T 4472—2011

【特点及用途】 与海绵的结合强度高，较为环保。主要应用于再生海绵的黏结。

【施工工艺】 该胶是单组分湿固化工艺，可使用水或水蒸气固化。注意事项：产品置于通风良好的环境中严格密封保存。若贮存温度太低（低于10℃）可导致其中产生结晶现象。应避免于50℃以上环境中长期存放，以免生成不溶性固体并使黏度增加。

【毒性及防护】 本产品在呼吸吸入和皮肤吸收方面的毒性较低；低的挥发性，使之在通常条件下短时间暴露接触（如少量泄漏、撒落）所产生的毒害性很少。一旦溅到皮肤上或眼内，应立即用清水冲洗，皮肤用肥皂水洗净。误服，请立即就医对症处理。

【包装及贮运】 包装：230kg/桶，保质期6个月。贮存条件：室温、阴凉处贮存。

【生产单位】 万华化学（北京）有限公司。

Bb017 单组分湿固化聚氨酯密封胶

【英文名】 one-component moisture curing polyurethane sealant

【主要组成】 聚氨酯预聚体、填料、其它助剂等。

【产品技术性能】 外观：灰色膏状物；触干时间（25℃，50%RH)：10～36min；垂度（50℃)：≤3mm；硬度：50～60Shore A；使用温度：-50～80℃；拉伸强度：1～2MPa；断裂伸长率：100%～300%；拉伸黏附强度：0.6MPa（玻璃）、0.9MPa（混凝土）、0.7MPa（铝）；以上测试参考Q/HLB 015—90。

【特点及用途】 本产品是一种无溶剂单组分湿固化聚氨酯密封胶，有抗下垂性，可嵌填垂直接缝和顶缝，固化后胶层为橡胶状，有弹性。适用于船舶、制冷设备、建筑物、仪表等的密封。

【施工工艺】 清理干净接缝内的锈蚀物、灰尘、涂料等。在缝口两边粘上防污胶条（玻璃胶纸或牛皮纸胶带)，用发泡聚乙烯条填塞接缝，调节接缝深度并避免三面粘接；用挤胶枪或刮刀填入胶料，用竹片抹平并休整。撕去防污胶纸条，固化后方能触摸，防止脏物污染。

【毒性及防护】 本品的固化物无毒，固化前如不慎接触到皮肤、眼睛等部位，应立即用水冲洗，严重时要立即就医。

【包装及贮运】 产品封装在塑料管壳式包装容器中，每只净重400g，三只封装在内装干燥剂的铝箔复合袋中，每六袋装在一个纸箱中，即每箱18支胶。本产品无毒、不燃、不爆。贮运时防止雨淋曝晒。贮存期（25℃，50%RH）4～6个月。

【生产单位】 黎明化工研究设计院有限责任公司。

Bb018 单组分聚氨酯胶黏剂 SG-717

【英文名】 one-part polyurethane adhesive SG-717

【主要组成】 环氧化合物和异氰酸酯缩聚物、助剂等。

【产品技术性能】 外观：浅黄色透明液体；黏度（涂-4 杯）：<250s；异氰酸酯含量：8%～10%；拉伸剪切强度（铝-铝）：≥17MPa。

【特点及用途】 本胶单组分、无溶剂，使用方便，胶膜柔软，具有耐水、耐油、耐振动、耐低温等特点，使用温度范围为－55～110℃。本产品用于金属、非金属材料、各种塑料、木材及织物的粘接。特别适用于聚苯乙烯泡沫、尼龙的黏合，也可用作上光剂。

【施工工艺】 使用时，在洁净的材料表面均匀涂胶，晾置 30min 后贴合，室温放置 48h 以上，为了加速固化可添加少量有机胺类催化剂。

【毒性及防护】 本品有少量异氰酸酯单体，对人体有一定的毒性，施工时环境应通风。

【包装及贮运】 500g 瓶装，外加瓦楞纸箱；1kg 铁听装，外加瓦楞纸箱。

【生产单位】 浙江金鹏化工股份有限公司。

Bc 多组分聚氨酯胶黏剂

Bc001 聚氨酯胶黏剂 J-980

【英文名】 polyurethane adhesive J-980

【主要组成】 含氨基甲酸酯预聚物、交联剂、助剂等。

【产品技术性能】 外观：无色透明或绿色液体（A 组分），无色透明液体（B 组分）；黏度（23℃）：400～600mPa·s（A 组分），50～100mPa·s（B 组分）；固含量：(13.5±1)%（A 组分），(25±2)%（B 组分）；初粘力：≥0.93kg/cm²（80℃，PVC 革-PVC 革）。

【特点及用途】 采用先进的聚合工艺、特种分子结构组装的聚氨基甲酸酯技术，产品具有优异的高低温、耐水解、耐酸碱等性能。综合技术指标完全达到国际标准，是国内汽车内饰替代进口的最佳胶种。产品主要应用于底材［ABS、亚麻模压板、木粉板（带无纺布）、棉毡模压板、PS 板］等与表皮材质（PVC、布、无纺布）的复合。

【施工工艺】 1. 将 A、B 两组分按比例（B组分的用量为 8%～10%）搅拌混合均匀后，在气压大于 3kg 的条件下，均匀喷涂在底材上。2. 光面材质喷涂量为（120±20）g/m²，毛面及多孔性材质喷涂量为（140±20）g/m²。3. 底材喷胶后在（65±5)℃的条件下烘烤 15min，面材（PVC）在 100～130℃的条件下预热透，立即与底材吸塑复合，保压至面材温度降至 40℃以下，卸压出模。面材是布、泡沫等的无需预热。4. 复合产品夏季 48h，冬季（0℃以上环境）96h，达到最终产品技术性能。注意事项：1. 配制的胶液在 20～40℃的环境中，在 4h 内用完，在0～25℃的环境中 8h 内用完；2. 喷胶的底材在 20～40℃的环境中 8h 用完，在 0～20℃的环境中 24h 用完；3. 喷枪内的胶用完，需立即用清洗剂清洗干净存放。

【毒性及防护】 本产品固化后为安全无毒物质，但混合前应尽量避免与皮肤和眼睛接触，若不慎接触，应迅速用清水清洗。

【包装及贮运】 A 组分产品的包装为 15kg 铁桶并附有牌号及合格证，B 组分 G-100 为 15kg 铝瓶包装。贮存条件：产品按危险品运输，应贮存在 15～30℃的干燥、通风的环境中，运输及贮存应避免日照、防火，并备有消防器材。

【生产单位】 济南北方泰和新材料有限公司。

Bc002 静电植绒胶

【英文名】 electrostatic flocking adhesive

【主要组成】 含氨基甲酸酯预聚物、胺类固化剂和助剂等。

【产品技术性能】 外观：A 组分为浅褐色或深褐色；固体含量：≥30%；黏度：（500±100）mPa·s。外观：B 组分为微黄色；固体含量：≥50%；黏度：（1800±200）mPa·s。NCO 含量：10%～11%；游离 TDI：≤2.0%。

【特点及用途】 该产品具有强度高、手感好、耐热性和耐溶剂性优良等特点。适用于 PVC、ABS、PU、EPDM、PE 膜、橡塑等基材的植绒。

【施工工艺】 1. 配胶：A 组分∶B 组分＝100∶(20～35)；2. 涂胶、植绒：涂胶于被粘的表面，再静电植绒。

【毒性及防护】 本产品固化后为安全无毒物质，但混合前应尽量避免与皮肤和眼睛接触，若不慎接触，应迅速用清水清洗。

【包装及贮运】 15kg 或 5kg 桶装或罐密封包装。贮存条件：该产品含有易燃的有机溶剂，贮存或作业场所要求通风良好，严禁烟火，在阴凉干燥处存放，避免日光直射。本产品按规定条件贮存，在密封不破坏的前提下，出厂后 6 个月内符合本规定的指标。

【生产单位】 济南北方泰和新材料有限公司。

Bc003 火电厂湿烟囱防腐专用胶 QS-1404

【英文名】 anti-corrosion adhesive QS-1404 for wet chimney

【主要组成】 沥青改性聚氨酯、助剂等。

【产品技术性能】 外观：甲组分为黑色膏状，乙组分为棕色黏稠液体；抗拉强度：＞1.2MPa；断裂伸长率：＞100%。

【特点及用途】 施工方便，强度高，伸长率高。用于火电厂湿法脱硫烟囱防腐专用。

【施工工艺】 该胶是双组分胶（A/B），A 组分和 B 组分的质量比为 12∶1，搅拌均匀后在规定时间内使用。

【毒性及防护】 本产品固化后为安全无毒物质，但混合前两组分应尽量避免与皮肤和眼睛接触，若不慎接触眼睛，应迅速用清水清洗。

【包装及贮运】 13kg/套，保质期 1 年；贮存条件：室温、阴凉处贮存。本产品按照非危险品运输。

【生产单位】 北京金岛奇士材料科技有限公司。

Bc004 双组分聚氨酯密封胶 SY-MGL-2100A/B

【英文名】 two-part polyurethane sealant SY-MGL-2100A/B

【主要组成】 聚氨酯、增黏剂、固化剂等。

【产品技术性能】 外观：主剂为白色，固化剂为淡黄色。固化后的产品性能如下。拉伸强度：≥8MPa；拉伸率：≥60%；硬度：≥60Shore D。

【特点及用途】 对基材的粘接力优异；耐热性及耐候性良好；固化速率快；固化过程中无刺激性气体产生。适用于木材、塑料预制件、聚氨酯夹芯板、泡沫板、铝蜂窝板、聚苯乙烯泡沫板、玻璃钢板、铝板、钢板等材料的结构粘接与密封。

【施工工艺】 1. 将 A、B 两组分按 1∶1 的比例倒入或挤入合适的容器中。2. 用合适的设备（电动搅拌器或普通棍状物）搅拌均匀。3. 用刮涂或其它方式施用于需粘接部位。使用方法二（AB 管）：1. 将胶管放入手动或气动双组分胶枪；2. 拆掉胶管前端堵塞，旋上螺旋挤出型胶嘴，根据需要切好胶嘴出口的大小；3. 启动胶枪，挤出约 20cm 舍弃，然后施用于基材需粘接或密封部位。清洗方法：推荐清洗溶剂为丙酮、丁酮。

【毒性及防护】 本产品固化后为安全无毒物质，但固化前应尽量避免与皮肤和眼睛接触，若不慎接触眼睛，应迅速用清水清洗。

【包装及贮运】 SY-MGL-2100A 20kg/桶，SY-MGL-2100B 20kg/桶。可根据客户需要调整。620mLAB 连体管、400mLAB 连体管，保质期 6 个月。贮存条件：室温、阴凉处贮存。本产品按照非危险品运输。

【生产单位】 三友（天津）高分子技术有限公司。

Bc005 聚氨酯结构胶 WD8003

【英文名】 polyurethane structural adhesives WD8003

【主要组成】 聚醚多元醇、固化剂、填料、助剂等。

【产品技术性能】 外观：棕褐色黏稠液体（A组分），乳白色黏稠胶体（B组分）；密度：1.26g/cm³（A组分），1.31g/cm³（B组分）。固化后的产品性能如下。剪切强度：>10MPa（铝-铝）（GB/T 7124—2008）；90°剥离强度：40～50N/cm（铝-铝）（GJB 446—1988）；工作温度：－60～80℃；标注测试标准：以上数据测试参照企标Q石/J 37-02—95。

【特点及用途】 具有优良的韧性、耐剥离性等特点。其固化后具有良好的抗热冲击性能，固化形成一种硬弹性的物质，其体积在固化前后没有明显的变化。用于粘接金属、木材、塑料及硬发泡材料。

【施工工艺】 将A组分和B组分按1∶4（质量比）在短时间内混合至均匀。混合后的黏合剂只能在有限的时间内使用，否则将会凝胶而不能使用。注意事项：粘接表面的预处理，被涂表面应干燥、无尘、无油脂及其它污物。塑料表面的脱模剂要清除干净。若被黏合表面经过打磨和喷砂处理，黏合力会明显增加。

【毒性及防护】 本产品固化后为安全无毒物质，但混合前两组分应尽量避免与皮肤和眼睛接触，若不慎接触眼睛，应迅速用清水清洗。

【包装及贮运】 包装：A组分0.5kg/罐，B组分2.0kg/桶。贮存条件：25℃以下贮存，贮存期为6个月。

【生产单位】 上海康达化工新材料股份有限公司。

Bc006 快速橡胶修补剂 WD8321

【英文名】 rapid repairing adhesive WD8321 for rubber

【主要组成】 多异氰酸酯、聚醚多元醇、固化剂、助剂等。

【产品技术性能】 外观：无色或浅黄色流体（A组分），黑色流体（B组分）；密度：1.05～1.1g/cm³。固化后的产品性能如下。拉伸强度：7MPa；撕裂强度：35 N/mm；断裂伸长率：250%；硬度：78～92Shore A。

【特点及用途】 可现场修复包胶滚筒，室温快速表干固化；优异的粘接性与耐磨性；双管配套胶枪使用方便、操作简单。适用于矿山、电厂、化工、冶炼、码头等繁忙场合的滚筒包胶的现场注胶包覆或修复问题。

【施工工艺】 打磨清洁修补滚筒表面，A、B两组分按体积比1∶1配比，搅拌均匀浇注于专用模具之内流平、固化即可。该材料施工时需WD855专用清洗剂配合使用，可提高与金属滚筒的粘接强度。建议12h后开机试运行，加温养护可适当缩短养护时间。注意事项：如双管内的胶不能一次性使用完，可不用拆卸混合头，将其一起倒置固化密封。

【毒性及防护】 本产品固化后为安全无毒物质，但混合前两组分应尽量避免与皮肤和眼睛接触，若不慎接触眼睛，应迅速用清水清洗。

【包装及贮运】 包装：430g/套，保质期1年。贮存条件：室温、阴凉处贮存。本产品按照非危险品运输。

【生产单位】 上海康达化工新材料股份有限公司。

Bc007 快速橡胶修补剂 WD8325

【英文名】 rapid repairing adhesive WD8325 for rubber

【主要组成】 多异氰酸酯、聚醚多元醇、固化剂、助剂等。

【产品技术性能】 外观：无色或浅黄色流体（A组分），黑色流体（B组分）；密度：1.05～1.1g/cm^3。固化后的产品性能如下。拉伸强度：7MPa；撕裂强度：35N/mm；断裂伸长率：300%；硬度：70～85Shore A；T型剥离强度：25N/cm或基材破坏。

【特点及用途】 室温快速表干固化；优异的粘接性与耐磨性；双管配套胶枪使用方便、操作简单。适用于矿山、电厂、化工、冶炼、码头等繁忙场合的橡胶磨损、脱落的修补问题。

【施工工艺】 该胶是双组分胶（A/B），A组分和B组分的体积配比为1∶1。打磨清洁修补面，用专用胶枪打胶，均匀抹涂于施工处即可。在50～70℃的条件下加热固化1～2h（视客户自身要求而定）即可运行。注意事项：如双管内的胶不能一次性使用完，可不用拆卸混合头，将其一起倒置固化密封。

【毒性及防护】 本产品固化后为安全无毒物质，但混合前两组分应尽量避免与皮肤和眼睛接触，若不慎接触眼睛，应迅速用清水清洗。

【包装及贮运】 包装：430g/套，保质期1年。贮存条件：室温、阴凉处贮存。本产品按照非危险品运输。

【生产单位】 上海康达化工新材料股份有限公司。

Bc008 通用型三明治板胶黏剂

【别名】 SikaForce-7710 L35

【英文名】 adhesive for sandwich panels

【产品技术性能】 外观：米黄色；密度：1.6 kg/L。固化后的产品性能如下。硬度：约80Shore D（CQP 537-2）；拉伸强度：约11N/mm^2（CQP 545-2/ISO 527）；断裂伸长率：约9%（CQP 545-2/ISO 527）；剪切强度：约9N/mm^2（CQP 546-2/ISO 4587）；工作温度：15～30℃。

【特点及用途】 本产品是双组分聚氨酯胶黏剂，室温固化，无溶剂，操作时间长/挤压时间短，参照IMO Res. A. 653（16）通过防火认证。适用于粘接三明治板的材料，如金属、纤维水泥、木材、聚酯玻璃钢、膨胀型或挤出型泡沫，如聚苯乙烯发泡材料、聚氨酯发泡材料、石棉材料和其它建筑材料。

【施工工艺】 该胶是双组分胶（A/B），A组分和B组分的质量比为100∶19，体积配比为100∶25。注意事项：温度低于15℃时，应采取适当的加温措施，否则对应的固化时间将适当延长；当混合量大于200g时，操作时间将会缩短。

【毒性及防护】 关于对化学品运输、操作、贮存及处理的信息和建议，用户应参照实际的安全数据表，其包括了物理的、生态的、毒理学的及其它的安全相关数据。

【包装及贮运】 包装：1000L包装，贮存期为6个月。贮存条件：SikaForce®-7710 L35应在10～30℃的干燥环境下贮存。不要暴露在阳光直射和霜冻的环境下。一旦打开包装，应该避免产品吸收空气中的水汽。运输过程中的最低温度不要低于－20℃且不超过7d。

【生产单位】 西卡（中国）有限公司。

Bc009 嵌入式轨道浇注树脂

【英文名】 casting resin for embedded orbit

【主要组成】 异氰酸酯、聚醚多元醇、助剂等。

【产品技术性能】 外观：黑色黏稠液体（A组分），棕色液体（B组分）；黏度（25℃）：≤5000mPa·s（A组分），（500±100）mPa·s（B组分）。固化后的产品性能如下。硬度：60～90Shore A；拉伸强度：≥1.0MPa；断裂伸长率：≥50%；剪切强度：≥1.0MPa；拉伸剪切强度：≥1.5MPa；介电常数：≥2.0；体积电阻率：≥1.0×10^{10} Ω·cm；标注测试标准：以上数据测试参照企标Q/12HG 6810—2014。

【特点及用途】 常温固化、操作简单。主要用于嵌入式轨道的浇注。

【施工工艺】 该树脂是双组分树脂（A/B)，A组分和B组分的质量比为100：22。注意事项：产品应密闭保存，包装打开后尽量一次使用完毕。

【毒性及防护】 本产品固化后为安全无毒物质，但混合前两组分应尽量避免与皮肤和眼睛接触，若不慎接触眼睛，应迅速用清水清洗。

【包装及贮运】 包装：8kg /套，保质期12个月。贮存条件：室温、阴凉处贮存。本产品按照非危险品运输。

【生产单位】 天津市合成材料工业研究所有限公司。

Bc010 双组分聚氨酯胶黏剂 HT8641

【英文名】 two-part polyurethane adhesive HT8641

【主要组成】 多元醇、异氰酸酯等。

【产品技术性能】 外观：灰白色至浅黄色膏状物体（甲组分)，棕褐色液体（乙组分)；黏度：2500000mPa·s(甲组分)，450mPa·s(乙组分)；适用期：60min；剪切强度（铝-铝)：8.0MPa；工作温度：−40～90℃。

【特点及用途】 HT8641双组分聚氨酯胶是双组分聚氨酯结构胶，该产品粘接强度高，适用期长，耐水、耐低温、不霉变、无毒、无腐蚀，抗冲击和耐久性能优异。不含游离的TDI，安全、环保。可以用于金属、陶瓷、水泥、木材、ABS、PU、玻璃及玻璃钢等材料的自粘或互粘。

【施工工艺】 1. 清理：清洁待粘接表面，使其清洁、干燥；2. 配胶：调胶比例为甲：乙=4.6：1（质量比）或者4：1（体积比)；3. 施胶：适用期内完成施胶，施加接触压力；4. 固化：室温固化或加热固化。注意事项：未用完的胶液应密封保存，以便下次再用；受过污染的胶液不能再装入原包装桶中。

【毒性及防护】 本产品固化后为安全无毒物质。B组分含异氰酸酯类物质，对皮肤和眼睛有刺激。建议在通风良好处使用。若不慎接触眼睛和皮肤，立即用清水冲洗。

【包装及贮运】 包装：A组分250kg/桶，B组分250kg/桶；保质期1年。贮存条件：室温、阴凉处贮存。

【生产单位】 湖北回天新材料股份有限公司。

Bc011 双组分聚氨酯胶黏剂 HT8643

【英文名】 two-part polyurethane adhesive HT8643

【主要组成】 多元醇、异氰酸酯、阻燃剂等。

【产品技术性能】 外观：浅黄色膏状物（甲组分)，棕褐色液体（乙组分)；密度：A组分1.5g/mL，B组分1.3g/mL；适用期：30min。固化后的产品性能如下。硬度：84Shore A（HG/T 2368—2011）；断裂伸长率：95%（GB/T 528—2009)；拉伸强度：8.5MPa（GB/T 528—2009)；剪切强度：木塑-带漆铝面4.5MPa、铝-铝（打磨）5.0MPa（GB/T 7124—2008)；T型剥离强度（铝-铝)：56N/cm（GB/T 2791—1995)；损耗因数：0.35（20℃)、0.25（30℃)、0.042（50℃)（GB/T 16406—1996)；防火要求（DIN 5510-2—2009)：可燃性等级S4、烟雾释放等级SR2、烟气毒性FED=0.15；工作温度：−40～90℃。

【特点及用途】 HT8643双组分聚氨酯胶黏剂是一种环保、阻燃型双组分聚氨酯胶黏剂，与木材、木塑板、铝合金、涂漆表面等常见基材粘接良好，具有优异的防火、减震降噪的性能。主要用于木材、木塑板、金属等的粘接和互粘。用于车内部件的安装，如动车车厢地板的支撑粘接、地板线槽的粘接。

【施工工艺】 1. 清理：清洁待粘接表面（未涂底漆的铝板需打磨处理），使其清洁、干燥。2. 配胶：调胶比例为 A∶B=6∶1（质量比），迅速混合均匀至颜色一致，可使用专用混合机混胶，效果更好。3. 施胶：适用期内完成施胶，施加接触压力。4. 固化：室温固化或加热固化。室温 23℃ 固化 1d，剪切强度可达 3.0MPa，即可进行下道工序。加热可加快固化速率。注意事项：未用完的胶液应密封保存，以便下次再用；受过污染的胶液不能再装入原包装桶中。

【毒性及防护】 本产品固化后为安全无毒物质。B组分含异氰酸酯类物质，对皮肤和眼睛有刺激。建议在通风良好处使用。若不慎接触眼睛和皮肤，立即用清水冲洗。

【包装及贮运】 包装：6kg/桶（A 组分），1kg/桶（B组分）；保质期 1 年。贮存条件：室温、阴凉处贮存。

【生产单位】 湖北回天新材料股份有限公司。

Bc012 高强度橡胶修补剂 TS 919N

【英文名】 rubber repair adhesive TS919N with high strength

【主要组成】 聚氨酯预聚体、TDI、MDI、丁酮、邻苯二甲酸二辛酯、有机胺等。

【产品技术性能】 外观：黑色；密度：1.10g/cm^3。固化后的产品性能如下。拉伸强度：28MPa（GB/T 528—2009）；断裂伸长率：600%（GB/T 528—2009）；直角撕裂强度：75kN/m（GB/T 529—2008）；绝缘强度：17kV/mm（GB/T 1695—2005）；硬度：75Shore A（GB/T 531.1—2008）；工作温度：<85℃。

【特点及用途】 高强度、高韧性、高弹性的双组分冷硫化橡胶修补剂，具有极好的抗冲击磨损性能。室温快速固化，固化后中等硬度，综合性能优异，绝缘强度高。用于运输带接头的封口，橡胶破损修补，耐磨橡胶涂层，10kV 及以下的绝缘灌封。

【施工工艺】 该胶是双组分胶（A/B），A 组分和 B 组分的质量比为 4∶1。注意事项：TS919N 固化较快，在配胶时要快速搅拌均匀，并尽快将调好的胶倒在待修表面，用胶刀刮平。搅拌后放置的时间越长，固化后的结合强度会越低。环境温度越高，固化越快，因此，在温度超过 30℃或使用 1749 促进剂时更要注意配胶、施胶时间。

【毒性及防护】 本产品固化后为安全无毒物质，但固化前应尽量避免与皮肤接触，若不慎溅入眼睛，应迅速用大量清水冲洗。

【包装及贮运】 包装：500g/套，保质期 1 年。贮存条件：室温、阴凉、干燥处贮存，远离火源。本产品按照非危险品运输。

【生产单位】 北京天山新材料技术有限公司。

Bc013 聚氨酯结构胶 TS850

【英文名】 polyurethane adhesive TS850

【主要组成】 聚异氰酸酯预聚体、填料、交联剂等。

【产品技术性能】 外观：淡黄色膏状（A 组分），黑色膏状（B 组分）；密度：(1.4±0.1) g/cm^3（A 组分），(1.1±0.1) g/cm^3（B 组分）。固化后的产品性能如下。体积比：A∶B=1∶1；质量比：A∶B=1.34∶1；混合后的状态：黑色膏状；操作时间：18～28min；初固时间：35～55min；可承压时间：10min（80℃）/120min（23℃）；硬度（ShoreD）：45～60；剪切强度：>13MPa；工作温度：−40～80℃。

【特点及用途】 高强度、高韧性的双组分

室温固化聚氨酯结构粘接剂，具有极好的粘接性能、抗冲击性能、耐水性能、电绝缘性能和耐腐蚀性能。用于机动车车身复合材料零部件的粘接，如 SMC、BMC、RTM、FRP 等和金属材料之间的粘接。

【施工工艺】 ①被粘接表面需进行打磨、清洗处理。表面应清洁、干燥、无油、无尘。②将 TS850 放入配套的胶枪中，轻推推杆至双组分刚刚出胶，然后安装好混合胶嘴。③施胶时，要匀速进行，施工间隙要连续。长时间放置后胶液会在混合胶嘴中固化。施胶后快速合拢、压实，保证胶黏剂与基材浸润，紧密接触。④施胶后卸下混胶嘴，将密封螺栓拧紧，使余下的 TS850 处于密闭状态保存，留待下一次使用。混合胶嘴，一次性使用，继续施胶时应更换新的混胶嘴。注意事项：温度升高将缩短操作时间；混胶量的增加也将缩短操作时间。

【毒性及防护】 本产品固化后为安全无毒物质，但混合前应尽量避免与皮肤和眼睛接触，若不慎接触眼睛，应迅速用清水清洗。

【包装及贮运】 包装：600mL，保质期 12 个月。贮存条件：室温、阴凉处贮存。本产品按照非危险品运输。

【生产单位】 北京市天山新材料技术股份有限公司。

Bc014 聚氨酯粘接剂 TS956

【英文名】 polyurethane adhesive TS956

【主要组成】 聚异氰酸酯预聚体、助剂、交联剂等。

【产品技术性能】 外观：乳白色液体（A 组分），棕色液体（B组分）；密度：(1.5±0.1)g/cm³（A 组分），(1.2±0.1)g/cm³（B组分）。固化后的产品性能如下。混合后的状态：浅黄色液体；操作时间：30～60min；初固时间：80～110min；硬度：45～65ShoreD；剪切强度：>12MPa；工作温度：−40～80℃。

【特点及用途】 高强度、高韧性的双组分室温固化聚氨酯结构粘接剂，具有极好的粘接性能、抗冲击性能、耐水性能、电绝缘性能和耐腐蚀性能。用于机动车车身复合材料零部件的粘接，如 SMC、BMC、RTM、FRP 等和金属材料之间的粘接。

【施工工艺】 1. 被粘接表面需进行打磨、清洗处理。表面应清洁、干燥、无油、无尘。2. 施胶：推荐用量为 200～400g/m²，具体每种基材的用胶量按质量比 A：B=4：1的比例配胶，使用搅拌设备进行搅拌，搅拌速度适中，避免产生过多的气泡。搅拌均匀后尽快从包装桶内倒出进行施工，避免混合后桶内放热缩短操作时间。注意事项：温度升高将缩短操作时间；混胶量的增加也将缩短操作时间。

【毒性及防护】 本产品固化后为安全无毒物质，但混合前应尽量避免与皮肤和眼睛接触，若不慎接触眼睛，应迅速用清水清洗。

【包装及贮运】 包装：10kg/套，保质期 12 个月。贮存条件：室温、阴凉处贮存。本产品按照非危险品运输。

【生产单位】 北京市天山新材料技术股份有限公司。

Bc015 聚氨酯密封胶 3M™ 550FC/AC61

【英文名】 polyurethane sealant 3M™ 550FC/ AC 61

【主要组成】 多元醇、异氰酸酯、助剂等。

【产品技术性能】 外观：白色、黑色或灰色（550FC），白色（AC61）；表干时间：(15±5) min（条件：73F 和 50% 相对湿度）。固化后的产品性能如下。撕裂强度：>0.49MPa（条件：1h/23℃/50%相对湿度）；撕裂强度：2.1MPa（条件：1d/23℃ /50% 相对湿度）；断裂伸长率：>250%。

【特点及用途】 1. 快速、恒定的固化率(操作时间小于 1h，固化速率不受湿度或温度的影响)；2. 高强度；3. 卓越的抗冲击性能和减震性能；4. 卓越的防水性。主要用于黏结同质或异质材料，包括复合材料、塑料、木材和金属。

【施工工艺】 双组分手持式涂胶机便于点胶；大包装施胶设备便于大面积或连续施胶的应用。混合体积的比例为 10∶1。注意事项：温度低于 5℃时，应采取适当的加温措施，否则对应的固化时间将适当延长；可以通过升高温度的方法加快固化。

【毒性及防护】 本产品固化后为安全无毒物质，但固化前应尽量避免与皮肤和眼睛接触，若不慎接触眼睛，应迅速用清水清洗。

【包装及贮运】 包装：硬包装 310mL 和肠形袋软包装 600mL，保质期 12 个月。贮存条件：请将产品贮存在 90F (32℃)以下的未开封的原始容器中。本产品按照非危险品运输。

【生产单位】 3M 中国有限公司。

Bc016 结构胶黏剂 3M™ Scotch-Weld™ DP609

【英文名】 structural adhesive 3M™ Scotch-Weld™ DP609

【主要组成】 多元醇、异氰酸酯、助剂等。

【产品技术性能】 外观：类白/棕色；密度：1.12/1.03g/cm³；剪切强度：14MPa(刻蚀 Al-刻蚀 Al)、12.9MPa(PC-PC)。

【特点及用途】 优秀的柔韧性，耐应变能力和低温性能好。粘接塑料和喷漆的金属以及表面处理过的金属，可以应用在电子、交通、建筑等领域。

【施工工艺】 该胶是双组分胶(A/B)，A 组分和 B 组分的体积配比为 1∶1，双胶筒配合打胶枪和混合嘴，操作非常方便。注意事项：温度低于 16℃时，应采取适当的加温措施，否则对应的固化时间将适当延长；可以通过升高温度的方法加快固化。

【毒性及防护】 本产品固化后为安全无毒物质，但混合前两组分应尽量避免与皮肤和眼睛接触，若不慎接触眼睛，应迅速用清水清洗。

【包装及贮运】 包装：50mL/套，保质期 12 个月。贮存条件：贮存于 15～25℃之间的阴凉干燥处。本产品按照非危险品运输。

【生产单位】 3M 中国有限公司。

Bc017 聚氨酯密封胶黏剂 Dq552J-91A

【英文名】 polyurethane sealant Dq552J-91A

【主要组成】 聚醚多元醇、聚酯多元醇、异腈酸酯、助剂。

【产品技术性能】 外观：无色或浅黄色；密度：1.1g/cm³。固化后的产品性能如下。铝-铝拉剪强度(室温)：≥14MPa；硬度：65～85Shore D；断裂伸长率：≥50%；体积电阻率：≥4.0×10¹⁴ Ω·cm；击穿电压：≥15 kV/mm；标注测试标准：拉剪强度按 GB/T 7124—2008，硬度按 GB/T 531.1—2008，拉伸强度、伸长率按 GB/T 528—2009，体积电阻率按 GB/T 3048.2—2007，击穿电压按 QJ 1990.4—1990。

【特点及用途】 中温固化，高强度、高硬度、高韧性、耐低温、耐压、耐水。广泛用于耐压密封、深水密封及低温粘接密封，可做涂料及浇注件。

【施工工艺】 本胶黏剂为双组分(A/B)胶，A 组分和 B 组分的配比为 110∶100。固化条件为 60℃/8h。

【包装及贮运】 包装：500g/套、1kg/套，保质期 1 年。贮存条件：室温、阴凉、干燥处存放，应避免阳光直射。

【生产单位】 航天材料及工艺研究所。

Bc018 聚氨酯密封胶黏剂 Dq552J-91B

【英文名】 polyurethane adhesive Dq552J-91B

【主要组成】 聚醚多元醇、聚酯多元醇、异腈酸酯、助剂。

【产品技术性能】 外观：无色或浅黄色；密度：1.1g/cm^3。固化后的产品性能如下。铝-铝拉剪强度（室温）：≥13MPa；硬度：50～80Shore A；断裂伸长率：≥100%；体积电阻率：≥$4.0\times10^{14}\Omega\cdot cm$；击穿电压：≥18 kV/mm；标注测试标准：拉剪强度按 GB/T 7124—2008，硬度按 GB/T 531—2009，拉伸强度、伸长率按 GB/T 528—2009，体积电阻率按 GB/T 3048.2—2007，击穿电压按 QJ 1990.4—1990。

【特点及用途】 中温固化，高强度、高韧性、耐低温、耐压、耐水。广泛用于耐压密封、深水密封及低温粘接密封，可做涂料及浇注件。

【施工工艺】 本胶黏剂为双组分（A/B）胶，A 组分和 B 组分的配比为 110∶100。固化条件为 60℃/8h。

【包装及贮运】 包装：500g/套、1kg/套，保质期 1 年。贮存条件：室温、阴凉、干燥处存放，应避免阳光直射。

【生产单位】 航天材料及工艺研究所。

Bc019 聚氨酯密封胶黏剂 Dq552J-109

【英文名】 polyurethane adhesive Dq552J-109

【主要组成】 聚酯多元醇、异腈酸酯、助剂。

【产品技术性能】 外观：无色或浅黄色；密度：1.1g/cm^3。固化后的产品性能如下。铝-铝拉剪强度：≥15MPa（室温）；硬度：60～80Shore A；断裂伸长率：≥200%；体积电阻率：≥$4.0\times10^{14}\Omega\cdot cm$；击穿电压：≥18 kV/mm；标注测试标准：拉剪强度按 GB/T 7124—2008，硬度按 GB/T 531—2009，拉伸强度、伸长率按 GB/T 528—2009，体积电阻率按 GB/T 3048.2—2007，击穿电压按 QJ 1990.4—1990。

【特点及用途】 中温固化，高韧性、耐低温、耐压、耐水。广泛用于耐压密封、深水密封及低温粘接密封，可做涂料及浇注件。

【施工工艺】 本胶黏剂为双组分（A/B）胶，A 组分和 B 组分的配比为 110∶100。固化条件为 60℃/8h。

【包装及贮运】 包装：500g/套、1kg/套，保质期 1 年。贮存条件：室温、阴凉、干燥处存放，应避免阳光直射。

【生产单位】 航天材料及工艺研究所。

Bc020 聚氨酯阻尼胶黏剂 Dq552J-115

【英文名】 damping polyurethane adhesive Dq552J-115

【主要组成】 聚醚多元醇、聚酯多元醇、异腈酸酯、助剂。

【产品技术性能】 外观：无色或浅黄色；密度：1.1g/cm^3。固化后的产品性能如下。铝-铝拉剪强度（室温）：≥5MPa；硬度：30～60Shore D；断裂伸长率：≥200%～400%；阻尼系数：0.4～1.2；标注测试标准：拉剪强度按 GB/T 7124—2008，硬度按 GB/T 531—2009，伸长率按 GB/T 528—2009，阻尼系数按 GJB 981—1990。

【特点及用途】 中温固化，低黏度、阻尼范围广。主要用于浇注阻尼胶片、阻尼灌封。

【施工工艺】 本胶黏剂为双组分（A/B）胶，A 组分和 B 组分的配比为 110∶35。在 60℃下固化 8h。

【包装及贮运】 包装：500g/套、1kg/套，保质期 1 年。贮存条件：室温、阴凉、干燥处存放，应避免阳光直射。

【生产单位】 航天材料及工艺研究所。

Bc021 柔性聚氨酯黏合剂

【英文名】 flexible polyurethane adhesive

【主要组成】 聚酯多元醇、MDI、助剂等。

【产品技术性能】 外观：浅黄色；密度：1.2g/cm³。固化后的产品性能如下。剪切强度：≥12MPa；硬度：50～95Shore A；延伸率：≥200%；工作温度：可在−70～150℃长期使用，可在−196℃下一次性使用；标注测试标准：以上数据测试部分参照企标 Q/spp 51—2012。

【特点及用途】 双组分，室温固化，粘接力高，耐温性好，可在−70～150℃长期使用，是一种出色的低温胶。主要用于皮革、橡胶、塑料、纤维制品等柔性材料的粘接。

【施工工艺】 该胶是双组分胶（A/B），A组分和B组分的质量比为5∶1，室温24h内固化。注意事项：密封保存B组分。

【毒性及防护】 本产品固化后为安全无毒物质，但混合前两组分应尽量避免与皮肤和眼睛接触，若不慎接触眼睛，应迅速用清水清洗。

【包装及贮运】 包装：500g/套，保质期1年。贮存条件：室温、阴凉处贮存。本产品按照非危险品运输。

【生产单位】 天津市鼎秀科技开发有限公司。

Bc022 无溶剂双组分聚氨酯黏合剂 FP133B/FP412S

【英文名】 solventless two-part polyurethane adhesive FP133B/FP412S

【主要组成】 聚酯多元醇、异氰酸酯和助剂等。

【产品技术性能】 FP133B（A组分）：外观：微黄色透明液体；密度：1.1g/cm³；固含量：100%；黏度（23℃）：（4000±2000）mPa·s。FP412S（B组分），外观：微黄色透明液体；密度：1.1g/cm³；固含量：100%；黏度（23℃）：（3500±1500）mPa·s。

【特点及用途】 无溶剂，无VOC释放，具有环保性；高黏合强度；良好的耐化学性及耐热性；良好的浸润性，提供良好的外观效果和具有经济效益。适用于软包装复合膜制品用的聚氨酯胶黏剂。

【施工工艺】 该胶是双组分胶（A/B），A组分和B组分的质量比为100∶60，在0～50℃配量和搅拌，施工涂布量为1.5～3g/m²。

【毒性及防护】 本产品固化后为安全无毒物质，但混合前两组分应尽量避免与皮肤和眼睛接触，若不慎接触眼睛，应迅速用清水清洗。

【包装及贮运】 包装：FP133B 25kg/桶，FP412S 25kg/桶。贮存条件：室温、阴凉处贮存。本产品按照非危险品运输。

【生产单位】 北京华腾新材料股份有限公司，北京市化学工业研究院。

Bc023 双组分聚氨酯黏合剂 UK2850/UK5000

【英文名】 two-part polyurethane adhesive UK2850/UK5000

【主要组成】 聚酯多元醇、异氰酸酯、溶剂和助剂等。

【产品技术性能】 固化前的产品性能如下。UK2850（A组分），外观：淡黄色透明液体；固含量：(75±2)%；黏度（20℃）：(3500±1000)mPa·s。UK5000（B组分），外观：微黄色透明液体；固含量：(75±2)%；NCO含量：(13.0±0.5)%。

【特点及用途】 1. 本品对含铝箔的结构有很好的粘接强度；2. 对透明基材复合可耐121℃、30min杀菌、消毒（不适合于铝箔、真空镀铝结构的水煮、蒸煮）；3. 黏度较低，可以在较高固含涂布，有很好的经济性；4. 有良好初粘、加工和润湿性能，复合制品有较好的粘接强度；5. 使用本品制得的复合制品有良好的透明度和弹性、耐老化、无气味。适用于软包装复合膜制品用的聚氨酯胶黏剂。

【施工工艺】 该胶是双组分胶（A/B），A 组分和 B 组分的质量比为 5∶1。注意事项：1. 聚乙烯和聚丙烯薄膜必须经过电晕处理。聚乙烯薄膜的表面张力尽可能达到或大于 40dyn，不得低于 39dyn；聚丙烯的表面张力不应低于 38dyn。2. 胶黏剂与待复合材料中的其它组分如油墨、薄膜助剂、涂层以及包装的内容物之间可能会发生相互作用，并导致无法预见的质量变化。尤其是在下列情况下：聚乙烯薄膜中含有乙酸乙烯酯，滑爽剂含量大于 300×10^{-6}，或者含有一些特殊助剂，如抗静电剂、抗雾剂、颜料、染料等。必须首先进行试验，以确认胶黏剂与复合的材料即被包装物之间的适合性，方可批量生产，以防发生不必要的质量事故。在应用不加固化剂的聚氨酯油墨印刷制品时，一定要加大固化剂的用量，并经试验证明可以达到质量标准后，方可批量生产。

【毒性及防护】 本产品固化后为安全无毒物质，但混合前两组分应尽量避免与皮肤和眼睛接触，若不慎接触眼睛，应迅速用清水清洗。

【包装及贮运】 包装：UK2850 20kg/桶，UK5000 4kg/桶。贮存条件：室温、阴凉处贮存。本产品按照非危险品运输。

【生产单位】 北京华腾新材料股份有限公司，北京市化学工业研究院。

Bc024 双组分聚氨酯黏合剂 UK8015/UK5880A

【英文名】 two-part polyurethane adhesive UK8015/UK5880A

【主要组成】 聚酯多元醇、异氰酸酯、助剂等。

【产品技术性能】 固化前的产品性能如下。UK8015（A 组分），外观：淡黄色透明至微不透明液体；固含量：(50±2)%；黏度（20℃）：(500 ± 300) mPa·s。UK5880A（B 组分），外观：微黄色透明液体；固含量：(65±2)%；NCO 含量：(11.0±0.5)%。

【特点及用途】 特点：1. 有极佳的粘接强度，并可有效防止存放过程中的脱层现象；2. 使用本品制得的复合制品有良好的透明度和弹性，耐老化性好；3. 本品有较好的流平性，有较好的耐介质、耐热性能。适用于软包装复合膜制品用的聚氨酯胶黏剂。

【施工工艺】 该胶是双组分胶（A/B），A 组分和 B 组分的质量比为 5∶1。注意事项：1. 聚乙烯和聚丙烯薄膜必须经过电晕处理。聚乙烯薄膜的表面张力尽可能达到或大于 40dyn，不得低于 39dyn；聚丙烯的表面张力不应低于 38dyn。2. 胶黏剂与待复合材料中的其它组分如油墨、薄膜助剂、涂层以及包装的内容物之间可能会发生相互作用，并导致无法预见的质量变化。尤其是在下列情况下：聚乙烯薄膜中含有乙酸乙烯酯，滑爽剂含量大于 300×10^{-6}，或者含有一些特殊助剂，如抗静电剂、抗雾剂、颜料、染料等。必须首先进行试验，以确认胶黏剂与复合的材料即被包装物之间的适合性，方可批量生产，以防发生不必要的质量事故。3. 在应用不加固化剂的聚氨酯油墨印刷制品时，一定要加大固化剂的用量，并经试验验证可以达到质量标准后，方可批量生产。

【毒性及防护】 本产品固化后为安全无毒物质，但混合前两组分应尽量避免与皮肤和眼睛接触，若不慎接触眼睛，应迅速用清水清洗。

【包装及贮运】 包装：UK8015 20kg/桶，UK5880 4kg/桶。贮存条件：室温、阴凉处贮存。本产品按照非危险品运输。

【生产单位】 北京华腾新材料股份有限公司，北京市化学工业研究院。

Bc025 食品包装用复合胶黏剂 UK2898/UK5070

【英文名】 adhesive UK2898/UK5070 for food packaging

【主要组成】 聚酯多元醇、异氰酸酯和溶剂乙酸乙酯。

【产品技术性能】 UK2898，外观：黄色透明液体；固含量：(73±2)%；黏度(20℃)：(10000±2000)mPa·s；密度：1.15g/cm^3。UK5070，外观：黄色透明液体；固含量：(71±2)%；黏度(20℃)：(1500±500)mPa·s；密度：1.2g/cm^3。

【特点及用途】 黏度较低，可以在15%～35%的工作浓度下使用（高固含量使用必须有相应的网线辊配合，以保证需要的涂布量）；有良好的机械加工性能和润湿性能，复合后的制品有较高的粘接强度；不适合做加热、消毒制品。

【施工工艺】 1. 混合比：UK2898∶UK5070＝5∶1，湿度较大的地区或稀释剂水分超标，适当提高固化剂含量；2. 溶剂：乙酸乙酯、丙酮；溶剂水含量不得超过300μg/g，醇含量不得超过200μg/g；芳香族和醇类溶剂不宜使用；3. 稀释：根据固含量要求现将溶剂加入UK2898中充分搅拌后，再将固化剂UK5070加入到稀释好的UK2898中充分搅拌；4. 适用期：取决于胶液固含量、存放温度和稀释剂中的水分，各种条件正常的情况下1～2d无明显的黏度增加；5. 涂布：适合任何光辊及网线辊的干法复合机；6. 涂布量：干基涂布量在2～3.5g/m^2之间选择，需进行热加工或深度加工的涂胶量增加，印刷过的膜的涂胶量应做相应的调整；7. 工作浓度：推荐使用浓度在25%～38%之间选择，最佳使用浓度为30%～35%；8. 复合压力：在不损坏薄膜的情况下，应尽可能提高复合压力；9. 熟化：熟化室48～72h［熟化温度一般在(50±5)℃］，室温不低于20℃自然熟化4～5d，冬天注意作业环境。

【毒性及防护】 本产品固化后为安全无毒物质，但混合前两组分应尽量避免与皮肤和眼睛接触，若不慎接触眼睛，应迅速用清水清洗。

【包装及贮运】 包装：UK2898 20kg/桶，UK5070 4kg/桶。在包装完整的情况下存放在防晒、阴凉干燥处，贮存期为1年。

【生产单位】 北京市化学工业研究院。

Bc026 食品包装用复合胶黏剂 UK9050/UK5050

【英文名】 adhesive UK9050/UK5050 for food packaging

【主要组成】 聚酯多元醇、异氰酸酯和溶剂乙酸乙酯。

【产品技术性能】 UK9050，外观：黄色透明液体；固含量：(50±2)%；黏度(20℃)：(800±200)mPa·s；密度：1.05g/cm^3。UK5050，外观：黄色透明液体；固含量：(60±2)%；黏度(20℃)：100～150mPa·s；密度：1.05g/cm^3。

【特点及用途】 黏度较低，可以在15%～25%固含量的情况下使用；有良好的机械加工性能和润湿性能，复合后的制品有较高的粘接强度；复合制品有良好的透明度和弹性，耐老化，无气味。不适合做加热、消毒制品。

【施工工艺】 1. 混合比：UK9050∶UK5050＝10∶1.5，湿度较大的地区或稀释剂水分超标，适当提高固化剂含量；2. 溶剂：乙酸乙酯、丙酮；溶剂水含量不得超过300μg/g，醇含量不得超过200μg/g；芳香族和醇类溶剂不宜使用；3. 稀释：根据固含量要求现将溶剂加入UK9050中充分搅拌后，再将固化剂UK5050加入到稀释好的UK9050中充分搅拌；4. 适用期：

取决于胶液固含量、存放温度和稀释剂中的水分，各种条件正常的情况下1～2d无明显的黏度增加；5. 涂布：适合任何光辊及网线辊的干法复合机；6. 涂布量：干基涂布量在2～3.5g/m^{2}之间选择，需进行热加工或深度加工的涂胶量增加，印刷过的膜的涂胶量应做相应的调整；7. 工作浓度：推荐使用浓度在25%～38%之间选择，最佳使用浓度为30%～35%；8. 复合压力：在不损坏薄膜的情况下，应尽可能提高复合压力；9. 熟化：熟化室24～48h［熟化温度一般在（50±5)℃］，室温不低于20℃自然熟化4～5d，冬天注意作业环境。

【毒性及防护】 本产品固化后为安全无毒物质，但混合前两组分应尽量避免与皮肤和眼睛接触，若不慎接触眼睛，应迅速用清水清洗。

【包装及贮运】 包装：UK9050 20kg/桶，UK5050 3kg/桶。在包装完整的情况下存放在防晒、阴凉干燥处，贮存期为1年。

【生产单位】 北京市化学工业研究院。

Bc027 食品包装用复合胶黏剂 UK9650/UK5020

【英文名】 adhesive UK9650/UK5020 for food packaging

【主要组成】 聚酯多元醇、异氰酸酯和溶剂乙酸乙酯。

【产品技术性能】 UK9650，外观：黄色透明液体；固含量：(50±2)%；黏度(20℃)：(800±200) mPa·s；密度：1.05g/cm^3。UK5020，外观：黄色透明液体；固含量：(75±2)%；NCO：(13±0.5)%；黏度(20℃)：(3600±600) mPa·s；密度：1.2g/cm^3。

【特点及用途】 具有初黏性良好的特点(尤其是对铝箔)，可以在25%～30%固含量的情况下使用；有良好的机械加工性能和润湿性能，复合后的制品有较高的粘接强度；复合制品有良好的透明度和弹性，耐老化，无气味。

【施工工艺】 1. 混合比：UK9650∶UK5020＝10∶1.3，湿度较大的地区或稀释剂水分超标，适当提高固化剂含量；2. 溶剂：乙酸乙酯、丙酮；溶剂水含量不得超过300μg/g，醇含量不得超过200μg/g；芳香族和醇类溶剂不宜使用；3. 稀释：根据固含量要求现将溶剂加入UK9650中充分搅拌后，再将固化剂UK5020加入到稀释好的UK9650中充分搅拌；4. 适用期：取决于胶液固含量、存放温度和稀释剂中的水分，各种条件正常的情况下1～2d无明显的黏度增加；5. 涂布：适合任何光辊及网线辊的干法复合机；6. 涂布量：干基涂布量在2～3.5g/m^{2}之间选择，需进行热加工或深度加工的涂胶量增加，印刷过的膜的涂胶量应做相应的调整；7. 工作浓度：推荐使用浓度在25%～30%之间选择，最佳使用浓度为30%～35%；8. 复合压力：在不损坏薄膜的情况下，应尽可能提高复合压力；9. 熟化：熟化室48～72h［熟化温度一般在（50±5)℃］，室温不低于20℃自然熟化4～5d，冬天注意作业环境。

【毒性及防护】 本产品固化后为安全无毒物质，但混合前两组分应尽量避免与皮肤和眼睛接触，若不慎接触眼睛，应迅速用清水清洗。

【包装及贮运】 包装：UK9650 20kg/桶，UK5020 3kg/桶。在包装完整的情况下存放在防晒、阴凉干燥处，贮存期为1年。

【生产单位】 北京市化学工业研究院。

Bc028 食品包装用复合胶黏剂 UK9075/UK5070

【英文名】 adhesive UK9075/UK5070 for food packaging

【主要组成】 聚酯多元醇、异氰酸酯和溶剂乙酸乙酯。

【产品技术性能】 UK9075，外观：黄色透明液体，黏度（20℃）：（10000±2000）mPa·s。UK5070，外观：黄色透明液体；固含量：（71±2）%；黏度（20℃）：（1500±500）mPa·s；密度：1g/cm³。

【特点及用途】 黏度较低，可以在15%～25%固含量的情况下使用；有良好的机械加工性能和润湿性能，复合后的制品有较高的粘接强度；复合制品有良好的透明度和弹性，耐老化，无气味。不适合做加热、消毒制品。

【施工工艺】 1. 混合比：UK9075∶UK5070＝5∶1湿度较大的地区或稀释剂水分超标，适当提高固化剂含量；2. 溶剂：乙酸乙酯、丙酮；溶剂水含量不得超过300μg/g，醇含量不得超过200μg/g；芳香族和醇类溶剂不宜使用；3. 稀释：根据固含量要求现将溶剂加入UK9075中充分搅拌后，再将固化剂UK5070加入到稀释好的UK9075中充分搅拌；4. 适用期：取决于胶液固含量、存放温度和稀释剂中的水分，各种条件正常的情况下1～2d无明显的黏度增加；5. 涂布：适合任何光辊及网线辊的干法复合机；6. 涂布量：干基涂布量在2～3.5g/m²之间选择，需进行热加工或深度加工的涂胶量增加，印刷过的膜的涂胶量应做相应的调整；7. 工作浓度：推荐使用浓度在25%～38%之间选择，最佳使用浓度为30%～35%；8. 复合压力：在不损坏薄膜的情况下，应尽可能提高复合压力；9. 熟化：熟化室24～48h［熟化温度一般在（50±5）℃］，室温不低于20℃自然熟化4～5d，冬天注意作业环境。

【毒性及防护】 本产品固化后为安全无毒物质，但混合前两组分应尽量避免与皮肤和眼睛接触，若不慎接触眼睛，应迅速用清水清洗。

【包装及贮运】 包装：UK9650 20kg/桶，UK5020 3kg/桶。在包装完整的情况下存放在防晒、阴凉干燥处，贮存期为1年。

【生产单位】 北京市化学工业研究院。

Bc029 双组分高温蒸煮覆膜胶 WANEXEL® 761A/WANNATE® 6072

【别名】 耐辛辣内容物型覆膜胶

【英文名】 two-component laminating adhesives WANEXEL® 761A/WANNATE® 6072

【主要组成】 改性异氰酸酯、多元醇、助剂等。

【产品技术性能】

品名	WANEXEL® 761A	WANNATE® 6072	执行标准
外观	黄色或棕色液体	淡黄色液体	目测
固含量	58%～62%	73%～77%	GB/T 2793—1995
黏度	800～2500mPa·s	1000～4000mPa·s	GB/T 12009.3—2009
配合比（质量比）	6	1	—

【特点及用途】 操作简单，使用方便，复合后产品的外观以及综合性能好。广泛的适用性和高性能的耐蒸煮双组分溶剂型聚氨酯黏合剂。适用于铝箔、预处理过的聚乙烯、聚丙烯、聚酯、聚酰胺薄膜、喷涂金属的薄膜、玻璃纸等的干式复合，可应用于制作食品、药品、化妆品、日用品等的包装袋。

【施工工艺】 1. 稀释：先往主剂中加入乙酸乙酯，充分搅拌，再加入固化剂，固化剂务必倒净，或预留少量乙酯将桶涮净，再充分搅匀。2. 涂布方式：可适用于任何光辊及网纹辊的干复机。3. 工作浓度：一般推荐使用110线网纹辊涂布，优选工作浓度在30%～35%之间。4. 涂布量：为适应不同的要求，干基涂布量在4.0～5.0g/m²之间，残留溶剂应小于10mg/m²。5. 干燥：必须注意要有足够的风量、风速和温度；从膜入口到出口的温度控制在50～60℃、

60～70℃、70～80℃之间。6. 复合辊：在不损坏薄膜的情况下，应尽可能提高复合辊的压力和温度。温度一般控制在 50～80℃。易受温度影响的薄膜采用 50～60℃，其它薄膜可采用 70～80℃。7. 固化期：复合制品应在（50±5）℃下熟化 48～72h 以上方可进入下道工序。

【毒性及防护】 本产品固化后为安全无毒物质，但混合前两组分应尽量避免与皮肤和眼睛接触，若不慎接触眼睛，应迅速用清水清洗。

【包装及贮运】 包装：WANNATE® 6072 20kg/桶；WANEXEL® 761A 120kg/桶。贮存条件：室温、阴凉处贮存。本产品按照危险品运输。

【生产单位】 万华化学（北京）有限公司。

Bc030 双组分耐溶剂型覆膜胶 WANEXEL® 760A/WANNATE® 6072

【英文名】 two-component laminating adhesives WANEXEL® 760A/WANNATE® 6072

【主要组成】 改性异氰酸酯、多元醇、助剂等。

【产品技术性能】

性能	WANEXEL® 760A	WANNATE® 6072	执行标准
外观	淡黄色透明至浑浊液体	淡黄色透明液体	目测
固含量	(60±2)%	(75±2)%	GB/T 2793—1995
黏度	(1800±1000)mPa·s	(2000±1000)mPa·s	GB/T 12009.3—2009
配合比	6	1	—

【特点及用途】 操作简单，使用方便，复合后产品的外观以及综合性能好。尤其适用于农药、溶剂等化学介质。适用于铝箔、预处理过的聚乙烯、聚丙烯、聚酯、聚酰胺薄膜、喷涂金属的薄膜、玻璃纸等的干式复合，可应用于制作食品、药品、化妆品、日用品等的包装袋。

【施工工艺】 1. 稀释：先往主剂中加入乙酸乙酯，充分搅拌，再加入固化剂，固化剂务必倒净，或预留少量乙酯将桶涮净，再充分搅匀。2. 涂布方式：可适用于任何光辊及网纹辊的干复机。3. 工作浓度：一般推荐使用 110～120 线网纹辊涂布，优选工作浓度在 30%～35%之间。4. 涂布量：为适应不同的要求，干基涂布量要求大于 4.0g/m²。5. 干燥：必须注意要有足够的风量、风速和温度；从膜入口到出口的温度控制在 50～60℃、60～70℃、70～80℃之间。6. 复合辊：在不损坏薄膜的情况下，应尽可能提高复合辊的压力和温度。温度一般控制在 50～80℃。易受温度影响的薄膜采用 50～60℃，其它薄膜可采用 70～80℃。7. 固化期：复合制备后至少在（50±5）℃下熟化 72h 以上方可进入下道工序。

【毒性及防护】 本产品固化后为安全无毒物质，但混合前两组分应尽量避免与皮肤和眼睛接触，若不慎接触眼睛，应迅速用清水清洗。

【包装及贮运】 包装：WANEXEL® 760A 21kg/桶；WANNATE® 6072 3.5kg/桶。贮存条件：室温、阴凉处贮存。本产品按照危险品运输。

【生产单位】 万华化学（北京）有限公司。

Bc031 无溶剂覆膜胶 WANNATE® 6092A/WANEXEL® 792B

【英文名】 solvent-free laminating adhesives WANNATE® 6092A/WANEXEL® 792B

【主要组成】 改性异氰酸酯、多元醇、助剂等。

【产品技术性能】

性能	WANNATE® 6092A	WANEXEL® 792B
外观	淡黄色液体	淡黄色液体
不挥发物含量/%	100	100

续表

性能	WANNATE® 6092A	WANEXEL® 792B
密度/(g/cm³)	1.11	0.96
黏度/mPa·s	1100±500 (25℃)	700±200 (25℃)
配合比	100	75
涂布温度	建议常温或 30~40℃	

本黏合剂复合制品符合下列卫生安全法规：1. GB 9683—88《复合食品包装袋卫生标准》；2. GB 9685—2008《食品容器、包装材料用添加剂使用卫生标准》；3. GB/T 10004—2008《包装用塑料复合膜、袋干法复合、挤出复合》中的 5.6、5.7。

【特点及用途】 流平好，适用于常温操作，复合外观好，基材通用性强，开放时间长，复合好的膜材可以耐 100℃水煮。适用于预处理过的聚乙烯、聚丙烯、聚酯、聚酰胺薄膜、镀铝膜等的无溶剂复合，可应用于制作食品、药品、化妆品、日用品等的包装袋。

【施工工艺】 该胶是双组分胶（A/B），A 组分和 B 组分的质量比为 100∶75。1. 复合设备：可适用于任何无溶剂复合机（应具有精确的混胶系统和张力控制系统）；2. 配比涂布：涂布量为 1.0~2.0g/m²，建议应根据具体情况如生产环境、复合结构、油墨状况、内容物及应用要求对双组分配比以及涂布量等做相应的调整；3. 固化期：建议在（45±5)℃下熟化至少 24h 后分切。注意事项：1. 复合基材如 PE、CPP、BOPP、PET、PA 等薄膜均需表面处理，其表面张力 PE、BOPP、CPP 要达到 38 达因以上，PET 达到 50 达因以上，PA 达到 52 达因以上。2. 薄膜添加剂的种类、浓度都对复合膜的粘接强度有影响，使用前要进行选择，尤其是爽滑剂在薄膜中的含量是至关重要的，一定要严格控制。3. 建议将胶水提前在 30~40℃预热后使用，以适合无溶剂设备高速复合的特点。4. 建议正式投产前做一个手工混胶的复合小试，以确保成功率。5. 如果复合设备停止运行 30min 以上需对混胶系统及计量辊、转移辊用乙酸乙酯彻底清洗。6. 切勿将本产品与其它类型的黏合剂混合使用。

【毒性及防护】 WANNATE® 6092A 在呼吸吸入和皮肤吸收方面的毒性较低；低的挥发性使之在通常条件下短时间暴露接触（如少量泄漏、撒落）所产生的毒害性很少。一旦溅到皮肤上或眼内，应立即用清水冲洗，皮肤用肥皂水洗净。误服，请立即就医对症处理。

【包装及贮运】 包装：WANNATE® 6092A 20kg/桶，/WANEXEL® 792B 15kg/桶，保质期 1 年。贮存条件：本品应室温密闭贮存于阴凉干燥处，本产品在贮存和运输过程中不属于易燃液体、爆炸品、腐蚀品、氧化品、毒害品和放射危险品，不属于危险品。

【生产单位】 万华化学（北京）有限公司。

Bc032 双组分无溶剂聚氨酯结构胶 WL-8601

【英文名】 two-part solventless polyurethane adhesive WL-8601

【主要组成】 聚酯多元醇、异氰酸酯、助剂等。

【产品技术性能】

性能	主剂 A	固化剂 B
外观	白色膏状物	茶褐色液体
密度/(g/cm³)	1.56	1.24
固含量/%	100	100
黏度/mPa·s	35000±5000	200±50
室温剪切强度(Al-Al)/MP	≥8	
硬度(Shore D)	60~80	
可操作时间（可调节）/min	30~90	
表干时间（可调节）/h	4	
使用温度/℃	−40~70	
涂胶量/(g/m²)	150~250	

【特点及用途】 该产品是一种微发泡型室温固化胶黏剂，使用方便、固化速率快、粘接强度高，抗冲击、抗震疲劳、耐低温、耐老化、耐水性能优良。适用于金属、木材、泡沫、塑料、玻璃及陶瓷等复合材料的粘接，如粘接聚氨酯夹芯板、泡沫板、铝蜂窝板、聚苯乙烯泡沫板、玻璃钢板、铝板、钢板等，广泛应用于建筑行业及汽车制造业。

【施工工艺】 1. 该产品的主剂与固化剂按5∶1的比例混合搅拌均匀后使用。特殊产品配比请咨询本公司技术人员。2. 施工面应保持清洁、干燥无油灰，胶液涂刷要均匀。注意事项：胶黏剂在使用过程中要注意密封保存，现配现用。避免该产品与皮肤接触。工作场所应保持良好的通风。

【毒性及防护】 本产品固化后为安全无毒物质，但混合前两组分应尽量避免与皮肤和眼睛接触，若不慎接触眼睛，应迅速用清水清洗。

【包装及贮运】 包装：20kg/桶（主剂A），4kg/桶（固化剂B）。贮存条件：应密封存放于室内阴凉干燥处，贮存期为6个月。

【生产单位】 无锡市万力黏合材料有限公司。

Bc033 干式复合聚氨酯胶黏剂

【英文名】 polyurethane adhesive for dry laminate

【主要组成】 聚酯型聚氨酯的乙酸乙酯溶液。制法：在反应器中加入聚酯二醇、溶剂和MDI、TDI，NCO∶OH＝1.1∶1，TDI∶MDI＝80∶20（体积比），在（95±5)℃反应4h，降温加稀释溶剂，搅匀制得胶的主组分，测定黏度和异氰酸酯含量。

【产品技术性能】 固含量：40%～50%；黏度：1470～2000mPa·s；粘接强度（PE-PP)：1.55～1.85 N/15mm（材质破坏）。

【特点及用途】 固含量高、黏度低、贮存稳定、低温流动性好。适用于干式复合生产线。

【施工工艺】 1. 主剂与固化剂的配比为100∶(1.5～2)，加入乙酸乙酯稀释至16%～18%，均匀混合后使用；2. 熟化温度40～60℃，熟化时间24～48h，或者60～80℃/10s左右。

【毒性及防护】 本产品采用低毒溶剂，固化后的毒性符合常规潜艇室内要求。在使用过程中若不慎粘到皮肤或衣服上，可用丙酮棉球擦去。

【包装及贮运】 密封在塑料包装筒中，贮存于阴凉干燥处，贮存期6个月以上。

【生产单位】 黎明化工研究设计院有限责任公司。

Bc034 胶黏剂301

【英文名】 adhesive 301

【主要组成】 聚多元醇、异氰酸酯、助剂等。消耗定额：多元醇250kg/t，异氰酸酯150kg/t，扩链剂20kg/t，增黏剂20kg/t，增强剂10kg/t，溶剂10kg/t。

【产品技术性能】 外观：A组分为浅黄色或半透明黏稠液体，B组分为白色透明黏稠液体，C组分为浅黄色透明液体；黏度：A组分1～4mPa·s，B组分170～220mPa·s。

【特点及用途】 本产品用于阻尼材料和钢的粘接。可用于船舶、航空、机械、车辆、桥梁、电子仪表和环境工作中减震材料、降噪材料的粘接。该胶黏剂具有良好的初黏性和高的粘接强度，且具有优异的耐水、耐海水及耐油性能。

【施工工艺】 1. 配比：A、B、C三组分以100∶10∶2（质量）的比例均匀混合使用；2. 室温固化24h；3. 施工条件：温度0～35℃，湿度≤90%；4. 适用期：大于30min。

【毒性及防护】 本产品采用低毒溶剂，固化后的毒性符合常规潜艇室内要求。在使用过程中若不慎粘到皮肤或衣服上，可用丙酮棉球擦去。

【包装及贮运】 密封在塑料包装筒中，贮存于阴凉干燥处，贮存期6个月以上。

【生产单位】 黎明化工研究设计院有限责任公司。

Bc035 胶黏剂1016

【英文名】 adhesive 1016

【主要组成】 聚多元醇和异氰酸酯合成主剂、异氰酸酯改性后制成固化剂等。消耗定额：多元醇250kg/t，异氰酸酯100kg/t，助剂50kg/t，溶剂600kg/t。

【产品技术性能】 外观：A组分为浅黄色透明液体，B组分为无色透明液体；黏度：A组分1000～3000mPa·s，B组分200～400mPa·s。

【特点及用途】 本产品是用于干式复合包装材料如PET、OPP、CPP、LDPE和铝箔等的双组分胶黏剂。可满足一般干式复合机的生产工艺条件。该胶黏剂固含量高，黏度低，贮存稳定，涂布性好，粘接强度高，耐久性优良，柔软性好，耐油、耐低温性能优异。

【施工工艺】 1. 配比：按助剂：固化剂＝100：(10～20)（质量比）的比例均匀混合使用；2. 干燥稳定60～80℃；3. 熟化温度40～60℃，湿度≤90%；4. 熟化时间：24～48h；5. 干式复合加工时，将固含量稀释至15%～25%，涂敷量控制在1.5～3g/m²（以干胶机），根据使用要求调整。

【毒性及防护】 本产品采用低毒溶剂，在使用过程中若不慎粘到皮肤或衣服上，可用丙酮棉球擦去。

【包装及贮运】 密封在塑料包装筒中，贮存于阴凉干燥处，贮存期6个月以上。

【生产单位】 黎明化工研究设计院有限责任公司。

Bc036 胶黏剂SUR

【英文名】 adhesive SUR

【主要组成】 （甲）端异氰酸酯四氢呋喃-环氧丙烷共聚醚为主体和（乙）MOCA固化剂等。

【产品技术性能】 外观：红色透明黏稠液体；黏度：14～18 Pa·s；不同条件下粘接不同材料的常温测试强度如下。

粘接材料		不锈钢-丁腈海绵	丁腈海绵	丁腈海绵-丁腈橡胶
剥离强度/(N/25mm)	48%～57%RH	160(海绵断)	113	122
	82%～88%RH	133	108	103
	>93%RH	133	121	110

【特点及用途】 无溶剂，耐海水操作，无湿度要求，主要用于粘接丁腈海绵、丁腈橡胶、不锈钢和钢等材料，可用于水下产品的生产中。

【施工工艺】 1. 配比：湿度小于70%，甲：乙＝100：(3.3～5.6)；湿度为70%～90%时，甲：乙：吸水剂＝100：1.1：10；湿度大于90%时，甲：乙：吸水剂＝100：1.1：15；胶液适用期为室温1h。2. 涂胶：用聚四氟乙烯或金属刮板将胶液涂于被粘部件，稍待片刻即可贴合，并用滚筒辊几下，以尽量除去贴合中的气泡，涂胶量为0.182kg/m²。3. 常温下固化7d。

【包装及贮运】 密封在塑料包装筒中，贮存于阴凉干燥处，贮存期6个月以上。

【生产单位】 黎明化工研究设计院有限责任公司。

Bc037 聚氨酯胶J-58

【英文名】 polyurethane adhesive J-58

【主要组成】 聚酯型聚氨酯、助剂、交联剂等。

【产品技术性能】 剪切强度：9.8MPa；180°剥离强度：78～98 N/cm。

【特点及用途】 粘接剥离强度高，耐水、耐低温性良好。适用于特种鞋底的粘接，如聚氨酯底、橡胶底、合成塑料底等；汽车、电车内部装饰用；并适用于橡胶、塑料、玻璃钢、纤维及金属等材料之间的粘接。

【施工工艺】 在聚氨酯中加入3%～5%的异氰酸酯，搅匀，涂胶两遍（最好在60℃下预热10min），放置15min，立即快速粘接。

【包装及贮运】 5kg、10kg、20kg塑料桶包装，大于100kg用铁桶包装。

【生产单位】 黑龙江省科学院石油化学研究院。

Bc038 普通聚酯型聚氨酯覆膜胶黏剂

【英文名】 polyester polyurethane adhesive for film lamiantion

【产品技术性能】

性能	主剂		固化剂	
	5004	7504	G5004	G7504
外观	无色或浅黄色透明黏稠液体		无色或浅黄色透明黏稠液体	
固含量/%	50±2	75±2	50±2	75±2
黏度/mPa·s	300～800	8000～13000	40～80	2500～8000
NCO含量/%	—		9±0.5	13±1
T型剥离强度/（N/15mm）	≥3（或基材破坏）			
pH值	5～7		5～7	
贮存期	12个月		12个月	

两组分及稀释剂的参考配比见下表。

型号	主剂	稀释剂	固化剂	固含量/%	备注
5004	10	10～18	2～2.2	27～20	厚油墨，复合固化剂取上限，稀释剂取下限
7504	10	15～30	2～2.2	33～21	

【特点及用途】 适用于经表面活化处理的聚乙烯、聚丙烯、聚酯、聚酰胺等薄膜之间的复合，不适宜镀铝膜、纯铝箔与上述薄膜之间的复合。本产品具有低黏度和良好的涂布性能，经其复合后得到的产品具有透明度高、初粘力强、持粘牢、耐老化性好、耐水性能优良和无毒无味等优点，本产品可广泛适用于食品包装业、印刷业、塑料彩印业和书刊装潢等方面。

【施工工艺】 1. 配胶：根据所选配比，先将稀释剂倒入已经称量好的主剂中，搅拌均匀后再加入固化剂，经充分搅拌后即可倒入胶槽使用。配制数量级选择的配比都应做好记录，防止配胶发生错误。2. 涂布量：胶液的固含量为20%～30%，干胶质量为1.9～3g/m^2。3. 烘道温度：55～65℃，65～75℃，75～85℃分三级逐渐提高。4. 压辊温度和压力：55～85℃，15～20MPa。5. 熟化：复合后的薄膜应放在44～55℃的熟化室熟化，一般熟化12h以后可以分裁，24h后可达到使用强度，48h后可达到最高强度。

【包装及贮运】 1. 包装：镀锌铁桶。50%：主剂20kg/桶，固化剂4kg/桶；75%：主剂22kg/桶，固化剂4.6kg/桶。2. 贮运：本产品为易燃易爆物品，应存放于阴凉、干燥处，贮运时必须要注意防水、防潮、隔热。3. 本胶主剂的贮存期为1年，固化剂为半年。

【生产单位】 浙江金鹏化工股份有限公司。

Bc039 高性能聚氨酯覆膜胶黏剂

【英文名】 high performance polyurethane laminate adhesive

【产品技术性能】

性能	主剂			固化剂	
	5002	7502	7503	G5002	G7502
外观	无色或浅黄色透明黏稠液体			无色或浅黄色透明黏稠液体	
固含量/%	50±2	75±2	75±2	50±2	75±2
黏度/mPa·s	300～800	8000～13000	15000～25000	40～80	2500～8000
NCO 含量/%	—			9±0.5	13±1
T 型剥离强度/(N/15mm)	≥3(或基材破坏)				
pH 值	5～7			5～7	
贮存期	12 个月			12 个月	

两组分及稀释剂的参考配比如下。

型号	主剂	稀释剂	固化剂	固含量/%	备注
5002	10	10～18	2～2.2	27～20	厚油墨,铝塑复合,固化剂取上限,稀释剂取下限
7502	10	15～30	2～2.2	33～21	
7503	10	14～25	2.2～2.5	35～25	

【特点及用途】 适用于经表面活化处理的聚乙烯、聚丙烯、聚酯、聚酰胺等薄膜之间的复合，不适宜镀铝膜、纯铝箔与上述薄膜之间的复合。本产品具有低黏度和良好的涂布性能，经其复合后得到的产品具有透明度高、初粘力强、持粘牢、耐老化性好、耐水性能优良和无毒无味等优点，其中 7503 型铝箔专用覆膜胶是本公司开发出的新型专用胶，用于铝箔与上述薄膜之间的复合，本产品可广泛适用于食品包装业、印刷业、塑料彩印业和书刊装潢等方面。

【施工工艺】 1. 配胶：根据所选配比，先将稀释剂倒入已经称量好的主剂中，搅拌均匀后再加入固化剂，经充分搅拌后即可倒入胶槽使用。配制数量级选择的配比都应做好记录，防止配胶发生错误。2. 涂布量：胶液的固含量为 20%～30%，干胶质量为 1.9～3g/m²，复合镀铝膜、纯铝箔时，胶液的固含量为 25%～35%，干胶质量为 2.5～4.5g/m²。3. 烘道温度：55～65℃，65～75℃，75～85℃分三级逐渐提高。4. 压辊温度和压力：55～85℃，15～20MPa。5. 熟化：复合后的薄膜应放在 44～55℃的熟化室熟化，一般熟化 12h 以后可以分裁，24h 后可达到使用强度，48h 后可达到最高强度。

【包装及贮运】 1. 包装：镀锌铁桶。50%：主剂 20kg/桶，固化剂 4kg/桶；75%：主剂 22kg/桶，固化剂 4.6kg/桶。2. 贮运：本产品为易燃易爆物品，应存放于阴凉、干燥处，贮运时必须要注意防水、防潮、隔热。3. 本胶主剂的贮存期为 1 年，固化剂为半年。

【生产单位】 浙江金鹏化工股份有限公司。

Bc040 无溶剂双组分聚氨酯胶黏剂 PU-815

【英文名】 two-part solvent-free polyurethane adhesive PU-815

【产品技术性能】 外观：淡黄色；操作时间：20～30min；达到最终强度所需时间：7d。

【特点及用途】 无溶剂，双组分交联固化，固化过程中不需蒸发和吸收，因此可用于粘接两种非极性材料（如橡胶和金属），室温或较低温度下固化速率快，使用方便，强度高，耐水、耐介质、耐老化性能好，无刺激性气味，使用温度为－60～60℃。可作为地板铺设、建筑及修复用胶，特别适用于橡胶卷材、快材地板及用于潮湿、高荷载区或室外。也适用于各种类型的乙烯卷材和快材地板、沥青板、原木板及运动弹性地板等。

【施工工艺】 1. 粘接面应该干燥无污，钢板面应无锈蚀；2. 主剂∶固化剂＝4∶1（质量比），混合搅拌后使用，应该现配现用；3. 根据基材渗透性及现场条件，允许通过短时间晾胶来增加黏性。

【包装及贮运】 贮存在阴凉处，甲、乙两组分分放，甲组分必须密封以防止吸湿固化变质，低温阴凉条件下的贮存期为 12 个月。

【生产单位】 海洋化工研究院有限公司。

Bc041 无溶剂双组分聚氨酯胶黏剂 PU-816

【英文名】 two-part solvent-free polyurethane adhesive PU-815

【产品技术性能】 外观：淡黄色；最终强度：7d。

【特点及用途】 强度高，耐水、耐介质、耐老化性能好，无刺激性气味，硬化后收缩量低。可作为地板铺设、建筑及修复用胶，特别适用于橡胶卷材、快材地板及用于潮湿、高荷载区或室外。也适用于软的或具有伸缩性的基层上，如沥青板、原木板及运动弹性地板等。

【施工工艺】 用量为 300～1200g/m²，使用温度：固化后为－60～60℃；工作时间：20～30min；刮刀规格：平整背衬-A2；粘接面应干燥无污，主剂∶固化剂＝4∶1（质量比），根据基材渗透性及现场条件，允许通过短时间晾胶来增加黏性。

【包装及贮运】 8kg/桶（主剂），2kg/桶（固化剂）包装。贮存在阴凉处，甲、乙两组分分放，甲组分必须密封以防止吸湿固化变质，低温阴凉条件下的贮存期为 12 个月。

【生产单位】 海洋化工研究院有限公司。

Bc042 聚氨酯胶黏剂 PU-820

【英文名】 polyurethane adhesive PU-820

【产品技术性能】 外观：淡黄色黏稠液体；固体含量：＞82%；黏度：2100～3000mPa·s；压剪强度（木材-木材）：≥1.6MPa；剪切强度（木材-PVC）：PVC 破坏。

【特点及用途】 该胶属于低毒甚至无毒的胶黏剂，胶层韧性好，既可以作为单组分，也可以配合固化剂作为双组分胶黏剂使用。主要用于木材加工、塑料制品、纤维等材料的粘接。

【施工工艺】 1. 木材加工用：称量一定量的胶液，根据环境温度，加入 0～0.8%的催化剂搅匀后即可使用；2. 木-塑复合用：使用时需要加入 50%固化剂（Ⅱ），搅匀后即可使用。

【包装及贮运】 该产品可以存放在阴凉、干燥处。

【生产单位】 海洋化工研究院有限公司。

Bc043 复合包装用双组分聚氨酯胶黏剂

【英文名】 two-part polyurethane adhesive for packaging

【主要组成】 主体胶（DMT、己二酸、乙二醇等合成聚酯树脂）、固化剂（TDI 与三羟甲基丙烷加成物）和溶剂（乙酸乙酯）。

【产品技术性能】

性能	DNE 型		DNE 型		DNE 型	
	主体胶	固化剂	主体胶	固化剂	主体胶	固化剂
外观	无色或浅黄色透明胶液		无色或浅黄色透明胶液		无色或浅黄色透明胶液	
固含量/%	50±2	75±2	50±2	75±2	50±2	75±2
黏度/mPa·s	600～1500	800～3000	600～1000	800～2500	2500～3500	2500～3500
配比(质量份)	100	14	100	10	100	20

【特点及用途】 对 PET、PA、复合用PE、PP、铝箔、真空镀铝膜等均有优良的粘接性能。初始粘接力好，成品率高，熟化时间较短，有利于缩短生产周期。用于食品、医药、服装等行业中塑-塑复合、铝-塑复合、各种镀铝膜复合包装材料的制造。

【施工工艺】 根据主体胶与固化剂的配比及拟配制的上胶液浓度，将胶料、溶剂混合均匀，然后在干式复合机上进行涂胶、烘干、复合，最后进行熟化及后道处理即得成品。溶剂加入量＝（主体胶用量×固含量％＋固化剂用量×固含量％）/上胶液浓度。

【包装及贮运】 主体胶 20kg 白铁皮桶装；固化剂分别用 2kg、2.8kg、4kg 白铁罐装。本品属于易燃物质，应按照危险品的要求贮运。

【生产单位】 上海理日化工新材料有限公司。

Bc044 聚氨酯胶黏剂 DW-1

【英文名】 polyurethane adhesive DW-1

【主要组成】 由异氰酸酯为聚氨酯预聚体与固化剂组成的双组分胶黏剂。

【产品技术性能】 拉剪强度（高温）：≥3.92MPa；拉剪强度（－196℃）：≥17.7MPa。

【特点及用途】 可在－269～40℃使用，温度越低，强度越高，能粘接多种金属和非金属材料。主要用于多种低温管道和低温管口的粘接密封，例如液氧、液氢、液氮、液氦以及液化天然气管道的粘接密封。

【施工工艺】 甲组分∶乙组分＝5∶1（质量比），甲、乙两组分按照配比混合均匀即可涂胶，被粘物必须经表面处理。室温固化 1～7d 或 60～100℃固化 1～2h。

【毒性及防护】 微毒，避免与皮肤直接接触。

【包装及贮运】 甲、乙两组分分放，甲组分必须密封以防止吸湿固化变质，低温阴凉条件下的贮存期为 12 个月。

【生产单位】 上海华谊（集团）公司—上海市合成树脂研究所。

Bc045 太阿棒 DU345D

【英文名】 diabond DU345D

【主要组成】 聚氨酯预聚物、固化剂等。

【产品技术性能】 外观：无色半透明；固含量：(13.5±1.5)％；黏度：300～700mPa·s；可使用时间：6h。

【特点及用途】 该产品是用于 PU 以及 PVC 与硬树脂板、ABS 等的粘接，性能优良，且为单面涂胶用的聚氨酯类双组分胶黏剂。又因其初粘力好，也能用于卷曲粘接方式中（单面和双面）。1. 硬树脂板、ABS 单面涂胶即能粘接；2. 耐油、耐热、耐水、耐气候变化且有耐药性；3. 软皮膜、软质塑面及无纺布、尼龙布等覆盖板面的粘接也可。

【施工工艺】 以主剂∶固化剂＝10∶1 的比例充分混合，然后将胶液涂布于树脂板面或 ABS 面，涂敷量为 200～250g/m²，在 80℃下固化 2～4min。

【毒性及防护】 微毒，避免与皮肤直接接触，如果接触皮肤，应立即用清水清洗。

【包装及贮运】 主剂与固化剂分别分放，固化剂必须密封以防止吸湿固化变质，低温阴凉条件下的贮存期为 12 个月。

【生产单位】 上海野川化工有限公司。

Bc046 聚氨酯喷胶 WD8054/WD8075

【英文名】 spray adhesive WD8054/WD8075

【产品技术性能】

性能	WD8054	WD8075
外观	蓝色液体	无色液体
黏度/mPa·s	200～800	200～800
不挥发物含量/%	≥12	≥15
黏性维持期/min	60～90	10～40
干燥时间/min	5(50℃)	10～15
强度	材质破坏	材质破坏

【特点及用途】 具有良好的喷涂性能，既可用手动喷涂也可用设备自动喷涂。具有良好的初始粘接强度和加工性。抗冷热循环、耐老化性能好。主要用于汽车门-侧板、柱板、副仪表板等部件的生产中PVC表皮、PVC泡沫表皮粘接到由木质或注塑塑料制成的预成型件上。

【施工工艺】 1. 使用时每100份胶液需要5～10份固化剂，均匀搅拌；2. 冷材料必须先在室温下放置24h后使用；3. 用1.2mm或1.5mm的平喷嘴或用刷子将胶涂敷在支承衬表面上，建议涂胶量为150～200g/m²；4. 将支承衬和表皮在50℃左右加热数分钟，然后真空吸塑压合。

【包装及贮运】 3kg/铁桶，15kg/铁桶。产品在运输和装卸过程中避免倒放、碰撞和重压，防止日晒雨淋和高温。应贮存于15℃以上的干燥房间内，防止日光直接照射，远离火源，若贮存温度低于15℃，则在使用前应先在18～25℃的温度下放置24～72h后再使用，贮存期为6个月。

【生产单位】 上海康达化工新材料股份有限公司。

Bc047 双组分聚氨酯胶 WSJ-656

【英文名】 two-part polyurethane adhesive WSJ-656

【产品技术性能】 外观：A组分为乳白色液体，B组分为棕色液体；剪切强度（铝-铝）：≥5MPa；使用期：≤1h。

【特点及用途】 适用于各种发泡型保温材料与基材的粘接。该胶的用途广泛，具有良好的耐低温性能。

【施工工艺】 按A组分：B组分＝2：1（质量比）配胶，搅拌均匀即可使用。配制使用前应将A组分搅拌均匀，然后配入B组分；粘接部分均匀涂胶后即可在接触压力下进行粘接，在室温下固化48h。

【毒性及防护】 微毒，避免与皮肤直接接触，如果接触皮肤，应立即用清水清洗。

【包装及贮运】 甲、乙两组分分放，甲组分必须密封以防止吸湿固化变质，低温阴凉条件下的贮存期为12个月。

【生产单位】 中国兵器工业集团第五三研究所。

Bc048 聚氨酯胶黏剂

【英文名】 polyurethane adhesive

【主要组成】 聚氨酯预聚物、固化剂等。

【产品技术性能】 外观：A组分为橙黄色黏稠液体，B组分为白色或微黄色结晶；拉伸强度：≥15MPa；断裂伸长率：≥350%；剥离强度：≥6kN/m；硬度：75～85Shore A。

【特点及用途】 该胶是一种浇注型的聚氨酯弹性体，也是一种新型耐磨橡胶，适用于耐磨胶辊、胶衬的浇铸以及胶接金属、橡胶、塑料等多种材料。

【施工工艺】 1. 表面处理：被粘物表面除油去污，经喷砂或砂布打磨后，用质量比为1：6的KH-550偶联剂与乙醇的混合溶剂擦净，放入100～120℃的烘箱内烘20～30min；2. 配胶：按A组分：B组分＝100：(12～14)（质量比）配胶，A组分加热至75～85℃，B组分加热至140～150℃，熔融后，将两者迅速混合搅拌均匀，并在15～30min内用完；3. 胶接与浇铸：将胶液均匀涂于胶接部位，即可在接触压力下胶接，或将胶液真空脱泡后用于浇铸，在110℃烘箱内固化3h。

【毒性及防护】 微毒，避免与皮肤直接接触，如果接触皮肤，应立即用清水清洗。

【包装及贮运】 甲、乙两组分分放，甲组分必须密封以防止吸湿固化变质，低温阴凉条件下的贮存期为12个月。

【生产单位】 中国兵器工业集团第五三研究所。

C 丙烯酸酯及其改性丙烯酸酯胶黏剂

丙烯酸酯胶黏剂是以丙烯酸酯或丙烯酸酯的衍生物为单体聚合而成的，或以此为单体为主与其它不饱和化合物聚合而成的。丙烯酸酯胶黏剂主要可分为反应型丙烯酸酯胶［第一代、第二代双组分丙烯酸酯胶黏剂和第三代单组分丙烯酸酯胶（UV 胶）、氰基丙烯酸酯、厌氧胶］和非反应型丙烯酸酯胶（乳液型、溶剂型和压敏胶）等。

目前常用的第二代丙烯酸酯结构胶黏剂是 20 世纪 70 年代开发的新型改性丙烯酸酯结构胶。它主要有聚合物弹性体（氯磺化聚乙烯、氯丁橡胶、丁腈橡胶）、丙烯酸酯单体（低聚物）、稳定剂、氧化物（二酰基过氧化物）、还原剂（胺类、硫酰胺）和助促进剂等。此胶具有很高的反应性，固化速率快，粘接综合性能优良，操作便利。该胶中的改性树脂在粘接过程中，在活化剂的作用下，单体与活化剂在接头处会发生接枝反应，从而提高粘接强度。已商品化的第二代丙烯酸酯胶黏剂为双组分，过氧化物在双组分混合后发生氧化还原反应产生的自由基，引发其中的丙烯酸酯单体产生自由基聚合反应而固化。这一特性使得此胶在操作涂胶过程中对工艺条件不严格，用不着进行精心计量和准确混合。该胶主要用于交通行业、机电行业、电声行业（扬声器）和建筑行业。

紫外光固化丙烯酸酯胶黏剂为单组分胶黏剂，主体成分是含丙烯酸酯基的预聚物、光引发剂、光敏剂和其它助剂，在光源产生的紫外光的作用下，光引发剂产生可聚合的自由基或阳离子引发其中的丙烯酸酯中的双键发生聚合，形成交联固化，有时也称为第三代丙烯酸酯胶黏剂。可通过改变丙烯酸酯预聚物的分子链结构和相对分子质量的大小来调节胶黏剂的硬度、柔顺性、黏附性、耐介质性和耐久性等，而固化速率与相对分子质量、官能团的种类和性质有关（详情可以参考紫外光固化胶黏剂部分）。该胶主要用于光电领域（LCD 制造业、光盘制造业）、电子领域（印刷 PCB、手机按键等）、医疗领域和日用品领域（玻璃工艺品组装）。

厌氧胶也是单组分胶黏剂，是由双甲基丙烯酸酯预聚物及其改性树脂、过氧化物（游离基半衰期长、同时具备较小的瞬时游离基浓度的物质，一般为氢过氧化物）、促进剂和助促进剂、稳定剂、增稠剂等组成的，使用时，被粘材料表面的微量变价金属离子、过氧化物产生自由基，同时在隔绝氧的条件下又消除了氧的阻聚作用，从而引发体系中的丙烯酸酯发生聚合，形成交联固化。该胶为单组分，不需加热，也不需光照，可室温快速固化，使用方便，防雾和密封性能良好，一般用于螺纹紧固、法兰密封和铸造件针孔密封。根据固化原理，一般只能用于活性金属表面且没有空气的环境下。在非活性表面（某些金属或塑料）和在抑制剂表面（铬酸盐、氧化物和一些阳极氧化面上）必须使用底涂剂（三氯化铁）或加热才能达到固化。厌氧胶主要是按其用途分类的：螺纹锁固胶、圆柱形固持胶、平面密封胶、管螺纹密封胶、结构胶、真空浸渍胶等。该胶主要用于机械装配、石油化工（法兰密封和管螺纹密封）等。

氰基丙烯酸酯胶黏剂是一种单组分胶黏剂，主要由 α-氰基丙烯酸乙酯（也可以是甲酯、丁酯或辛酯）单体、稳定剂（一般为二氧化硫）、增稠剂和其它助剂构成，主要依靠被粘物表面微量水分产生的氢氧根等碱性物质作用下发生阴离子而固化，因为固化速率极快，有时称它是“超级胶黏剂”，也称“瞬干”胶，早在 1970 年就已经商品化。该胶为单组分，固化速率快，黏度可调性好，固化后胶层透明无色，外观平整。氰基丙烯酸甲酯和乙酯组成的胶黏剂有很好的拉伸剪切强度，氰基丙烯酸丁酯和辛酯比较柔软。虽然和厌氧胶有相似的固化特性，但氰基丙烯酸酯的耐湿性较差，在酸性表面基体上不固化，耐冲击性差，耐热性差，一般只能用于 80℃，因为固化速率太快，难以大面积粘接。

丙烯酸酯胶黏剂的发展及改进方面包括：对于改性丙烯酸酯体系需要提高固化速率、耐热性、冲击性能、贮存稳定性和低气味，开发可以用于低表面能材料粘接胶、低放热胶、无酸胶；对于厌氧胶可以开发多重固化模式厌氧胶（如厌氧/加热，厌氧/UV 或者厌氧/湿固化/UV），增加胶液的贮存稳定性，缩短固化时间和提高耐水性。

Ca 丙烯酸酯胶黏剂

Ca001 胶黏剂 SY-TG2

【英文名】 adhesive SY-TG2

【主要组成】 改性丙烯酸酯树脂、助剂等。

【产品技术性能】 外观：甲组分为琥珀色黏稠液体，乙组分为乳白色糊状液体。固化后的产品性能如下。常温剪切强度：33.6MPa；湿热老化后的剪切强度：24.9MPa；常温浮动剥离强度：4.3 kN/m；工作温度：−55～60℃；标注测试标准：以上数据测试参照企标 Q/6S 2583—2012 和 TB/T 2975。

【特点及用途】 可常温固化，有较高的强度和韧性，耐介质性好。可用于金属、非金属、复合材料及陶瓷等的结构胶接，广泛应用于铁路现场的结构胶接、石材及机床的胶接和固定等。

【施工工艺】 该胶是双组分胶（甲/乙），甲组分和乙组分的质量比为 1∶1。注意事项：温度低于10℃时，应采取适当的加温措施，否则对应的固化时间将适当延长；当混合量大于200g 时，操作时间将会缩短。25℃时的凝胶、定位时间为 0.5h，达到最高强度的时间为 24h，也可 60℃/2h 固化。

【毒性及防护】 本产品固化后为安全无毒物质，但混合前两组分应尽量避免与皮肤和眼睛接触，若不慎接触眼睛，应迅速用清水清洗。

【包装及贮运】 包装：1.4kg/套，保质期9个月。贮存条件：室温、阴凉、干燥处贮存。本产品按照非危险品运输。

【生产单位】 中国航空工业集团公司北京航空材料研究院。

Ca002 丙烯酸酯结构胶 WD1001

【英文名】 acrylic structural adhesive WD1001

【主要组成】 甲基丙烯酸甲酯、甲基丙烯酸、丁腈橡胶、ABS 等。

【产品技术性能】 外观：蓝色（A 组分），红色（B 组分）；密度：1.01g/cm^3（A 组分），1.03g/cm^3（B 组分）。固化后的产品性能如下。拉伸强度：23.1MPa；剪切强度：20.2MPa/60min、23.5MPa/120min、28.1MPa/24h；工作温度：−60～120℃；标注测试标准：以上数据测试参照企标 Q/TECa10—2014。

【特点及用途】 室温快速固化定位，优异的粘接性与耐老化性，较好的防流挂性与耐热性，操作简易，使用方便。可用于铁、钢、铝、钛、不锈钢、ABS、PVC、聚碳酸酯、有机玻璃、聚氨酯、聚苯乙烯、玻璃钢、碳纤维增强材料、铁氧体、陶瓷、水泥、石材、电木、木材等同种或异种材料的粘接。适用于汽车、摩托车、拖拉机和各种机器零部件的修复，各种产品的粘接组装，铭牌、招牌、标识、装潢饰物的粘贴，生产现场和野外各种应急抢修和堵漏，日常用品的修理。

【施工工艺】 该胶是双组分胶（A/B），A 组分和 B 组分的质量比为 1∶1，体积配比为1∶1。注意事项：调胶应尽可能使两组分等量，切勿使任一组分过量太多，避免强度降低、固化不完全；混胶须迅速、均匀，尽可能在30s内将两组分混合均匀，并现配现用；A、B两组分用后须盖严，以免产品吸水而影响粘接强度；手上或被粘接物上多余的胶，未固化前可用酒精清洗干净；严防儿童接触，切勿入口。

【毒性及防护】 本产品固化后为安全无毒物质，但混合前两组分应尽量避免与皮肤和眼睛接触，若不慎接触眼睛，应迅速用清水清洗。

【包装及贮运】 包装：80g/套，保质期1年。贮存条件：室温、阴凉处贮存。本产品按照非危险品运输。

【生产单位】 上海康达化工新材料股份有限公司。

Ca003 改性丙烯酸酯AB胶

【英文名】 modified acrylate AB adhesive

【主要组成】 甲基丙烯酸甲酯、助剂等。

【产品技术性能】 外观：A组分为粉红色液体，B组分为淡蓝色液体；密度：(1±0.05) g/cm^3；定位时间：≤10min；贮存稳定性（80℃）：≥6h；剪切强度：16.5MPa/1h、20.1MPa/24h；工作温度：-60～100℃；标注测试标准：以上数据测试参照标准HG/T 3827—2006。

【特点及用途】 固化速率快，25℃以上5～10min定位，可进行油面粘接，粘接强度高。耐酸碱、水、油介质性好，耐温，耐老化。该产品主要用于车辆机械、化工管道、日用杂品、装饰装修。

【施工工艺】 该胶是双组分胶（A/B），A组分和B组分以质量比1∶1混合使用。注意事项：该胶固化时放出大量的热，一次混胶不宜太多；注意胶帽不要盖错。

【毒性及防护】 本产品固化后为安全无毒物质，但混合前两组分应尽量避免与皮肤和眼睛接触，若不慎接触眼睛，应迅速用清水清洗。

【包装及贮运】 包装：10g/板、20g/板、80g/板，保质期1年。贮存条件：室温、阴凉处贮存。本产品按照非危险品运输。

【生产单位】 抚顺哥俩好化学有限公司。

Ca004 室温快速固化胶黏剂J-39

【英文名】 rapid cure adhesive J-39

【主要组成】 甲酸、过氧化物、丙烯酸酯等。

【产品技术性能】 外观：浅绿色均匀黏稠液体（甲组分），浅红色均匀黏稠液体（乙组分）。固化后的产品性能如下。剪切强度：≥20MPa（室温固化24h）、≥7MPa（室温固化24h后100℃）；工作温度：-45～100℃；标注测试标准：以上数据测试参照技术条件Q/HSY 007—2006。

【特点及用途】 力学性能好，黏度强度高。适用于家用电器、仪表、仪器、汽车、造船、航空和文体用品的制造、组装、维修，以及文物修复，机械维修，日常生活用品的修理等。

【施工工艺】 该胶是双组分胶（甲/乙），配比：甲∶乙=1∶1，目测混合后涂胶、指压合拢。固化后可转入下道工序。注意事项：室温24h后测试性能。

【毒性及防护】 本产品固化后为安全无毒物质，使用中应尽量避免与皮肤和眼睛接触，若不慎接触眼睛，应迅速用清水清洗。

【包装及贮运】 包装：1kg/塑料桶、10kg/塑料桶（按双组分分装），保质期6个月。贮存条件：避光20℃以下密封贮存。本产品按照一般易燃品运输。

【生产单位】 哈尔滨六环胶粘剂有限公司。

Ca005 第二代丙烯酸酯胶黏剂LRS® 8401

【英文名】 second-generation methacrylate adhesive LRS® 8401

【主要组成】（甲基）丙烯酸酯、弹性体、自由基引发剂等。

【产品技术性能】 黏度（25℃）：100000～250000mPa·s；密度：1108～1144kg/m³；操作时间（25℃）：2～4min；初固化时间（25℃）：4～10min；完全固化时间（25℃）：24h。固化后的产品性能如下。断裂拉伸强度：≥30MPa；延伸率：10%；玻璃化转变温度：72℃；剪切强度：≥20MPa（铝材-铝材）（GB/T 7124—2008）；浮辊剥离强度：≥50N/mm（铝材-铝材）（GB/T 7122—1996）；高温剪切强度（82℃）：≥15MPa（铝材-铝材）；剪切强度（500h 盐雾试验）：≥15MPa（铝材-铝材）；标注测试标准：以上部分数据测试参照企标 Q/02HHY 144—2003。

【特点及用途】 通用性——只需最小限度的表面准备即可黏结诸多未处理的金属。耐温性——可在－40～149℃（－40～300F）下使用。耐环境性——耐稀酸、碱、溶剂、油、脂、潮湿和耐候性；优异的抗紫外线性。不流挂——应用于垂直面保持无流挂，提供更大的工艺适应性。LRS® 8401 第二代丙烯酸酯胶黏剂可以代替焊接、铜焊、铆接和其它机械固定的方法，特别适用于在低温环境下遭受高冲击或者高剥离载荷的情况，一系列的操作时间可供选用以满足诸多的工艺要求。LRS® 8401 第二代丙烯酸酯胶黏剂可黏结诸多处理或未处理的金属和工程塑料。特殊的配方设计使得胶黏剂在室温下固化后可以提供最大的冲击强度和剥离强度。

【施工工艺】 1. 表面准备——金属表面去脂、不牢固的污染物或附着的氧化物。少量的润滑油和拉拔油不会对黏结造成影响。大多数塑料在黏结前要求简单清洁。有些材料为了获得最佳性能可能需要打磨。2. 混合—LRS® 8401 第二代丙烯酸酯胶黏剂卡桶将自动按照正确的体积比分配各个组分。一旦混合，丙烯酸酯胶黏剂迅速固化。3. 应用——卡桶胶或自动计量/混合/分配设备。卡桶胶：1. 将卡桶装在胶枪上，打开顶盖；2. 通过挤出少量胶体拉平两个活塞，确保两侧齐平；3. 安装静态混合管，挤出相当于混合管长度的胶体；4. 向基材表面施胶，在操作时间之内配对工件。夹装定位直到胶黏剂达到初固化强度。一旦工件配对，不要再打开工件将胶黏剂暴露于空气中。配对的工件要重新定位，应将其滑动至适当的位置。注意事项：1. 固化——丙烯酸和加速剂一旦混合，固化立即开始。根据不同的丙烯酸，初固化时间为 4～60min。室温下 24h 达到完全固化。在整个固化过程中，基材表面必须保持接触。适当加热可加速固化。如果加热固化，温度不要超过 66℃。固化后胶黏剂变色表明已完全固化；不同的加速剂得到不同的固化颜色。2. 清洗——在胶固化之前，可使用异丙醇、丙酮或甲乙酮（MEK）清洗设备和工具上的胶黏剂。一旦胶黏剂固化，加热胶黏剂至 204℃ 或更高来软化胶黏剂。这样有利于分离制品和清除胶黏剂。

【毒性及防护】 LRS® 8401 是易燃品，不允许在热源或明火附近存放或使用。

【包装及贮运】 包装：400g 双管卡桶包装，亦可提供大包装散胶。贮存条件：4～10℃（40～50F）的条件下，在密封包装中或按照包装标签指示贮存时，从出货日起算保质期为 6 个月。如果存放在低温下，使用前应先使产品回复至室温再使用，防止暴露在紫外线下。

【生产单位】 海洋化工研究院有限公司。

Ca006 第二代丙烯酸酯胶黏剂 LRS® 8403

【英文名】 second generation methacrylate adhesive LRS® 8403

【主要组成】（甲基）丙烯酸酯、弹性体、自由基引发剂。

【产品技术性能】 黏度（25℃）：100000～250000mPa·s；密度：1108～1144kg/m³；操作时间（25℃）：6～10min；初固化时间（25℃）：12～17min；完全固化时间（25℃）：24h。固化后的产品性能如下。断裂拉伸强度：≥30MPa；延伸率：10%；玻璃化转变温度：72℃；剪切强度（室温）：≥20MPa（铝材-铝材）（GB/T 7124—2008）；浮辊剥离强度：≥50N/mm（铝材-铝材）（GB/T 7122—1996）；高温剪切强度（82℃）：≥15MPa（铝材-铝材）；剪切强度（500h盐雾试验）：≥15MPa（铝材-铝材）；标注测试标准：以上部分数据测试参照企标Q/02HHY 144—2003。

【特点及用途】 1. 通用性——只需最小限度的表面准备即可黏结诸多未处理的金属。2. 耐温性——可在－40～149℃（－40～300F）下使用。3. 耐环境性——耐稀酸、碱、溶剂、油、脂、潮湿和耐候性；优异的抗紫外线性。4. 不流挂——应用于垂直面保持无流挂，提供更大的工艺适应性。LRS® 8403第二代丙烯酸酯胶黏剂可以代替焊接、铜焊、铆接和其它机械固定的方法，特别适用于在低温环境下遭受高冲击或者高剥离载荷的情况，一系列的操作时间可供选用以满足诸多的工艺要求。LRS® 8403第二代丙烯酸酯胶黏剂可黏结诸多处理或未处理的金属和工程塑料。特殊的配方设计使得胶黏剂在室温下固化后可以提供最大的冲击强度和剥离强度。

【施工工艺】 1. 表面准备——金属表面去脂、不牢固的污染物或附着的氧化物。少量的润滑油和拉拔油不会对黏结造成影响。大多数塑料在黏结前要求简单清洁。有些材料为了获得最佳性能可能需要打磨。2. 混合——LRS® 8403第二代丙烯酸酯胶黏剂卡桶将自动按照正确的体积比分配各个组分。一旦混合，丙烯酸酯胶黏剂迅速固化。3. 应用——卡桶胶或自动计量/混合/分配设备。卡桶胶：1. 将卡桶装在胶枪上，打开顶盖；2. 通过挤出少量胶体拉平两个活塞，确保两侧齐平；3. 安装静态混合管，挤出相当于混合管长度的胶体；4. 向基材表面施胶，在操作时间之内配对工件。夹装定位直到胶黏剂达到初固化强度。一旦工件配对，不要再打开工件将胶黏剂暴露于空气中。配对的工件要重新定位，应将其滑动至适当的位置。注意事项：1. 固化——丙烯酸和加速剂一旦混合，固化立即开始。根据不同的丙烯酸，初固化时间为4～60min。室温下24h达到完全固化。在整个固化过程中，基材表面必须保持接触。适当加热可加速固化。如果加热固化，温度不要超过66℃。固化后胶黏剂变色表明已完全固化；不同的加速剂得到不同的固化颜色。2. 清洗——在胶固化之前，可使用异丙醇、丙酮或甲乙酮（MEK）清洗设备和工具上的胶黏剂。一旦胶黏剂固化，加热胶黏剂至200℃或更高来软化胶黏剂。这样有利于分离制品和清除胶黏剂。

【毒性及防护】 LRS® 8403是易燃品，不允许在热源或明火附近存放或使用。

【包装及贮运】 包装：400g双管卡桶包装，亦可提供大包装散胶。贮存条件：4～10℃（40～50F）的条件下，在密封包装中或按照包装标签指示贮存时，从出货日起算保质期为6个月。如果存放在低温下，使用前应先使产品回复至室温再使用。防止暴露在紫外线下。

【生产单位】 海洋化工研究院有限公司。

Ca007 第二代丙烯酸酯胶黏剂 LRS® 8410

【英文名】 second generation methacrylate adhesive LRS® 8410

【主要组成】 （甲基）丙烯酸酯、弹性体、自由基引发剂。

【产品技术性能】 黏度（25℃）：100000～

250000mPa·s；密度：1108～1144kg/m³；操作时间（25℃）：20～30min；初固化时间（25℃）：60min；完全固化时间（25℃）：24h。固化后的产品性能如下。断裂拉伸强度：≥30MPa；延伸率：10%；玻璃化转变温度：72℃；剪切强度（室温）：≥20MPa（铝材-铝材）（GB/T 7124—2008）；浮辊剥离强度：≥50N/mm（铝材-铝材）（GB/T 7122—1996）；高温剪切强度（82）℃：≥15MPa（铝材-铝材）；剪切强度（500h 盐雾试验）：≥15MPa（铝材-铝材）；标注测试标准：以上数据测试参照企标 Q/02HHY 144—2003。

【特点及用途】 1. 通用性——只需最小限度的表面准备即可黏结诸多未处理的金属；2. 耐温性——可在－40～149℃（－40～300F）下使用；3. 耐环境性——耐稀酸、碱、溶剂、油、脂、潮湿和耐候性，优异的抗紫外线性；4. 不流挂——应用于垂直面保持无流挂，提供更大的工艺适应性。LRS® 8410 第二代丙烯酸酯胶黏剂可以代替焊接、铜焊、铆接和其它机械固定的方法，特别适用于在低温环境下遭受高冲击或者高剥离载荷的情况，一系列的操作时间可供选用以满足诸多的工艺要求。LRS® 8410 第二代丙烯酸酯胶黏剂可黏结诸多处理或未处理的金属和工程塑料。特殊的配方设计使得胶黏剂在室温下固化后可以提供最大的冲击强度和剥离强度。

【施工工艺】 1. 表面准备：金属表面去脂、不牢固的污染物或附着的氧化物。少量的润滑油和拉拔油不会对黏结造成影响。大多数塑料在黏结前要求简单清洁。有些材料为了获得最佳性能可能需要打磨。2. 混合：LRS® 8403 第二代丙烯酸酯胶黏剂卡桶将自动按照正确的体积比分配各个组分。一旦混合，丙烯酸酯胶黏剂迅速固化。3. 应用：卡桶胶或自动计量/混合/分配设备。卡桶胶：1. 将卡桶装在胶枪上，打开顶盖；2. 通过挤出少量胶体拉平两个活塞，确保两侧齐平；3. 安装静态混合管，挤出相当于混合管长度的胶体；4. 向基材表面施胶，在操作时间之内配对工件。夹装定位直到胶黏剂达到初固化强度。一旦工件配对，不要再打开工件将胶黏剂暴露于空气中。配对的工件要重新定位，应将其滑动至适当的位置。注意事项：1. 固化——丙烯酸和加速剂一旦混合，固化立即开始。根据不同的丙烯酸，初固化时间为 4～60min。室温下 24 h 达到完全固化。在整个固化过程中，基材表面必须保持接触。适当加热可加速固化。如果加热固化，温度不要超过 66℃。固化后胶黏剂变色表明已完全固化；不同的加速剂得到不同的固化颜色。2. 清洗——在胶固化之前，可使用异丙醇、丙酮或甲乙酮（MEK）清洗设备和工具上的胶黏剂。一旦胶黏剂固化，加热胶黏剂至 204℃或更高来软化胶黏剂。这样有利于分离制品和清除胶黏剂。

【毒性及防护】 LRS® 8410 是易燃品，不允许在热源或明火附近存放或使用。

【包装及贮运】 包装：400g 双管卡桶包装，亦可提供大包装散胶。贮存条件：4～10℃（40～50F）的条件下，在密封包装中或按照包装标签指示贮存时，从出货日起算保质期为 6 个月。如果存放在低温下，使用前应先使产品回复至室温再使用。防止暴露在紫外线下。

【生产单位】 海洋化工研究院有限公司。

Ca008 低气味丙烯酸酯结构胶 AC653

【英文名】 low odor acrylic structural adhesive AC653

【主要组成】 丙烯酸单体、树脂、过氧化物、助剂等。

【产品技术性能】 外观：A 组分为乳白色；B 组分为蓝色；黏度：A 组分为 44000mPa·s，B 组分为 21000mPa·s（条件：Brookfield RV，51[#]转子，5.0r/min，23℃）；A、B两组分混合体积比为10∶1；操作时间：6～8min；初固时间：10～12min；全固时间：48h；固化物颜色：深绿色；剪切强度：钢：20.0MPa CF；铝：15.0MPa CF；ABS：4.3MPa SF；PMMA：2.0MPa SF［注：SF表示非胶接处基材破坏；CF表示胶黏剂内聚破坏。标准条件为温度（23±2）℃、相对湿度（50±5）%］。

【特点及用途】 AC653是一款低气味型、双组分丙烯酸结构胶。室温下固化，具有优异的粘接性能和耐老化性能。AC653广泛应用于电子行业金属、塑料及复合材质的结构性粘接。

【施工工艺】 1. 打开包装，先挤出少量胶液，确保两组分都可以挤出，且流动性良好。安装混合管，将双管放入合适的施胶设备，确保挤出的胶液混合均匀。2. 将胶液涂于基材表面，在操作时间内将样件贴合，并施加适当的压力保持一定时间。3. 室温10～12min初步固化，也可加热快速固化，2h后可投入使用。注意事项：1. 固化过程为放热反应，若想降低放热量，请减少混胶量。2. 降低温度会减慢固化速率，升高温度会加快固化速率。3. 必须在可操作时间内将胶涂覆在被粘物表面并进行压合才能获得最佳的粘接效果。

【毒性及防护】 1. 本品属于易燃品，请将本品远离火焰、高热。2. 本品在固化前，请尽量避免与皮肤接触，若不慎溅入眼睛，应迅速用大量清水冲洗。3. 本产品固化后为安全无毒物质。

【包装及贮运】 包装：50mL双组分10∶1胶管。贮存条件：在低温干燥、避光处密封贮存，8～25℃的保质期为12个月。

【生产单位】 北京海斯迪克新材料有限公司。

Ca009 丙烯酸酯结构胶 AC718

【英文名】 acrylic structural adhesive AC718

【主要组成】 丙烯酸单体、树脂、过氧化物、助剂等。

【产品技术性能】

性能	组分A	组分B
外观	灰白色	蓝色
黏度(23℃)(条件:Brookfield RV, 51[#]转子,5.0r/min/mPa·s)	33000	26000
密度/(g/cm³)	0.923	1.125
混合比例		
质量比	8.2	1
体积比	10	1

固化参数：

操作时间/min	2～3
初固时间/min	4～6
固化后的颜色	绿色

固化后的产品性能如下。剪切强度：碳钢，喷砂处理为16.2MPa CF；铝，无处理为18.0MPa CF；ABS为5.5MPa SF；PC为9.3MPa SF；PVC为8.3MPa SF；FR4为12.5MPa AF；180°剥离强度：铝无处理为4.2N/mm CF；［注：SF表示基材破坏；CF表示内聚破坏；AF表示粘接破坏。标准条件为温度（23±2）℃、相对湿度（50±5）%］。

【特点及用途】 AC718是一款高性能双组分甲基丙烯酸酯结构胶，专为热塑性树脂、金属及复合材料的粘接设计，具有优良的耐湿热老化性能。50mL双管包装，两组分按体积比10∶1混合，常温下4～6min初步固化，适当加热可迅速固化。AC718广泛应用于电子行业复合材质的结构性粘接，例如笔记本外壳和手机外壳阳极化处理铝件与ABS、PC的粘接装配。

【施工工艺】 1. 打开包装，确保两组分都可正常挤出；安装混胶嘴，将双管放入合适的施胶设备，正式施胶前，挤出少量胶，确保挤出的胶混合均匀。2. 涂胶：在操作时间内，将胶涂于基材表面并压合。3. 固化：室温 4～6min 初步固化定位；加热可快速固化，1h 后可投入使用。注意事项：1. 必须在可操作的时间内将胶涂覆在被粘物表面并完成压合才能获得最佳的粘接效果。2. 要在推荐的固化温度范围内固化，才能获得最佳的粘接效果，低温会降低固化速率，高温会导致粘接强度下降。

【毒性及防护】 1. 本品属于易燃品，请将本品远离火焰、高热。2. 本品固化前应尽量避免与皮肤接触，若不慎溅入眼睛，应迅速用大量清水冲洗。3. 本产品固化后为安全无毒物质。

【包装及贮运】 包装：50mL 双组分 10：1 胶管。贮存条件：在低温干燥、避光处密封贮存，8～25℃的保质期为 12 个月。

【生产单位】 北京海斯迪克新材料有限公司。

Ca010 低气味结构粘接剂 TS820

【英文名】 low odor structural adhesive TS820

【主要组成】（甲基）丙烯酸酯类单体、增韧树脂、氧化剂、还原剂、促进剂、阻聚剂等。

【产品技术性能】 外观：A 组分为蓝色，B组分为浅绿色；混合后为浅蓝色；密度：1.05g/cm³（A 组分），1.04g/cm³（B 组分）；1.05g/cm³（混合后）；黏度：240～290Pa·s（A 组分），120～160Pa·s（B 组分）；操作时间：10min；初固时间：15min。固化后的产品性能如下。固化后外观：蓝紫色；剪切强度（碳钢-碳钢）：25.8MPa；拉伸强度：20.0MPa；剥离强度：45.4N/cm；固化后收缩率：0.01cm/cm；工作温度：−60～120℃；标注测试标准：GB/T 2794—2013，GB/T 7124—2008，GB/T 6329—1996，GB/T 2791—1995。

【特点及用途】 体积混合比例为 1：1，具有韧性的结构性胶黏剂，无丙烯酸甲酯的刺激性气味。提供卓越的剪切力和剥离力，并且其耐冲击性与耐久性都非常好，只需极少的表面处理即可快速与大部分的金属粘接，可以粘接铜材质部件。适用于粘接各类金属，对于不锈钢及镀锌板粘接有很好的粘接力。

【施工工艺】 1. 表面清洁：对所粘接部件进行表面清洁或打磨处理；2. 涂胶：将双胶管放入 MIXPAC 专用胶枪，安装混胶嘴，施胶于粘接基材表面，合拢粘接；3. 固化：室温 30min 固化定位或者加热快速固化定位。注意事项：1. 降低温度会减慢固化速率，升高温度会加快固化速率，必须在操作时间内将胶液涂覆在被粘物表面并压合才能获得最佳的黏结强度；2. 适用于金属材质的粘接；3. 为了获得最佳粘接强度，建议使用配套的胶枪及混胶嘴。

【毒性及防护】 本产品固化后为安全无毒物质，但固化前应尽量避免与皮肤接触，若不慎溅入眼睛，应迅速用大量清水冲洗，严重时请及时到医院处理。

【包装及贮运】 包装：50mL/套、400mL/套，保质期 9 个月。贮存条件：在阴凉干燥通风处贮存，建议贮存温度在 5～25℃之间。避免阳光直射和远离其它热源。运输：本产品按照非危险品运输。

【生产单位】 北京天山新材料技术有限公司。

Ca011 高性能结构粘接剂 TS828

【英文名】 high performance structural adhesive TS828

【主要组成】（甲基）丙烯酸酯类单体、引发剂、促进剂、阻聚剂、增塑剂等。

【产品技术性能】 外观：A 组分为乳白色，B 组分为深蓝色；密度：0.986g/cm³（A 组分），1.098g/cm³（B 组分），

1.00g/cm³（混合后）；黏度：380000～600000mPa·s（A 组分），50000～220000mPa·s(B 组分)；操作时间：4～6min；初固时间：5～9min。固化后的产品性能如下。固化后外观：绿色；剪切强度（碳钢-碳钢）：32.3MPa；剪切强度（Al-Al）：22.6MPa；拉伸强度：36.2MPa；剥离强度：7.25N/mm；固化后收缩率：0.01cm/cm；工作温度：－60～150℃；标注测试标准：GB/T 2794—2013，GB/T 7124—2008，GB/T 6329—1996，GB/T 2791—1995。

【特点及用途】 体积混合比例为 10：1，固化后强度高，胶层韧性及抗剥离性好，尤其是热强度比较好。粘接基材广泛，可以粘接绝大部分金属、塑料以及复合材料，例如不锈钢、铝、铝镁合金、PC、ABS、FRP 以及 SMC 等。固化速率快，室温 5～9min 可初步固化，20min 可达最终强度的 80％以上。用于工业领域结构件的连接。

【施工工艺】 1. 表面清洁：对所粘接部件进行表面清洁或预处理；2. 涂胶：将双胶管放入 MIXPAC 专用胶枪，打胶至 A、B 两组分尾塞相平，安装混胶嘴混胶，待混合后颜色稳定后，施胶于粘接基材表面；3. 固化：室温 5～9min 固化定位或者加热快速固化定位，20min 后可投入使用。注意事项：1. 降低温度会减慢固化速率，升高温度会加快固化速率，必须在操作时间内将胶液涂覆在被粘物表面并压合才能获得最佳的黏结强度；2. 本产品不能用于粘接铜和镀锌材质的结构件；3. 固化过程为放热过程，若想降低固化放热，应减少调胶量。

【毒性及防护】 本产品固化后为安全无毒物质，但固化前应尽量避免与皮肤接触，若不慎溅入眼睛，应迅速用大量清水冲洗，严重时请及时到医院处理。

【包装及贮运】 包装：490mL/套，保质期 9 个月。贮存条件：在 15～25℃、阴凉、通风、干燥的环境下贮存。运输：本产品按照非危险品运输。

【生产单位】 北京天山新材料技术有限公司。

Ca012 丙烯酸结构胶黏剂 3M™ Scotch-Weld™ DP8805LH

【英文名】 acrylic adhesives 3M™ Scotch-Weld™ DP8805LH

【主要组成】 聚丙烯酸酯、活性稀释剂、引发剂、促进剂等。

【产品技术性能】 外观：类白/蓝色；密度：1.2/1.08g/cm³。固化后的产品性能如下。压缩强度：91.2MPa；剪切强度：26MPa（内聚破坏/Al-Al）、7.6MPa（内聚破坏/ABS-ABS）；标注测试标准：以上数据测试参照 ASTM D 1002。

【特点及用途】 粘接材料广；环保，低气味；高效率，固化速率快；耐冲击强度高。用于粘接塑料和金属，甚至可以粘接油性表面和污染表面，可以应用于电子、交通、建筑暖通、标牌、医疗设备等的组装。

【施工工艺】 该胶是双组分胶（A/B），A 组分和 B 组分的体积配比为 1：10，双胶筒配合打胶枪和混合嘴，操作非常方便。注意事项：温度低于 16℃时，应采取适当的加温措施，否则对应的固化时间将适当延长；可以通过升高温度的方法加快固化。

【毒性及防护】 本产品固化后为安全无毒物质，但混合前两组分应尽量避免与皮肤和眼睛接触，若不慎接触眼睛，应迅速用清水清洗。

【包装及贮运】 包装：50mL/套，保质期 18 个月。贮存条件：贮存于 22℃ 以下的阴凉干燥处，4℃ 的环境有利于延长保质期。本产品按照非危险品运输。

【生产单位】 3M 中国有限公司。

Ca013 触变性快速定位胶 WD1222

【英文名】 thixotropic rapid adhesive WD1222

【产品技术性能】 外观：A组分为蓝色触变状；B组分为红色触变状；初固时间(20℃)：3～8min；固化时间：24h；剪切强度：≥20MPa；拉伸强度：≥15MPa；油面粘接剪切强度：≥20MPa。

【特点及用途】 双管胶包装，配套专用混合头和胶枪，使用方便，可以在立面或顶面上施胶，不流淌。对大多数内饰材料具有良好的粘接力，可以油面粘接。室温快速定位，粘接强度高。可用于塑料、酚醛模塑料等材料汽车仪表总成的组装，车身、顶棚的金属、塑料、木材等材料的结构粘接，其它内饰材料的快速粘接或定位。

【施工工艺】 被粘物表面清洁处理，保证被粘接表面干燥。用胶枪将胶打到被粘物表面，贴合另一被粘物，加压使被粘接的两个表面紧密接触，室温10min定位。

【包装及贮运】 塑料包装，50g×50支/箱。产品在运输和装卸过程中避免倒放、碰撞和重压，防止日晒雨淋、高温。产品应在25℃以下贮存，防止日光直接照射，远离火源。

【生产单位】 上海康达化工新材料股份有限公司。

Ca014 丙烯酸酯结构胶 WD1206

【英文名】 acrylic structure adhesive WD1206

【主要组成】 丙烯酸酯单体、增黏剂、增韧剂、引发剂和稳定剂等。

【产品技术性能】 外观：A组分为无色或微黄色黏稠液体，B组分为浅红色黏稠液体；黏度：7～10Pa•s；固化速率（20℃)：5～10min；剪切强度（钢-钢）：≥20MPa；拉伸强度（钢-钢）≥15MPa；剥离强度（钢-钢）：≥100N/cm。

【特点及用途】 具有韧性好、剥离强度高、固化后胶层透明等特点。用途更加广泛，产品更加美观。可用于铁、钢、不锈钢、黄铜、铝、钛、ABS、PVC、聚氨酯、聚苯乙烯、玻璃钢、碳纤维增强材料、铁氧体、陶瓷、水泥、石材、电木等同种或异种材料的粘接。适用于工艺品的生产，汽车、摩托车、拖拉机和各种机器零部件、各种产品的粘接组装，铭牌、标识、装潢饰物的粘贴。

【施工工艺】 被粘物件不必严格表面处理，只要用砂纸打磨干净而无需脱脂清洗。用打胶机或手工将A、B两组分按照1∶1的比例（体积比或质量比）混合均匀，常温指压下10min左右初步定位，1h后可达到最终强度的70%，24h后达到最大，可以在－60～120℃使用，打胶机使用静态混合器的粘接效果更佳。

【毒性及防护】 皮肤：刺激，可能发生渗透。眼睛：刺激，可能会损害角膜。吸入：对鼻子、喉咙和肺刺激，对敏感神经系统有暂时性的影响。敏感人群可能会有皮肤过敏反应。

【包装及贮运】 20g/盒、80g/盒。产品在运输和装卸过程中避免倒放、碰撞和重压，防止日晒雨淋、高温。产品应在25℃以下贮存，防止日光直接照射，远离火源。

【生产单位】 上海康达化工新材料股份有限公司。

Ca015 耐高温防盗门胶 WD1035

【英文名】 acrylic adhesive WD1035 for robber-proof door

【主要组成】 丙烯酸酯单体、增黏剂、增韧剂、引发剂和稳定剂等。

【产品技术性能】 外观：A组分为浅绿色黏稠液体，B组分为浅红色黏稠液体；黏度：40～80Pa•s；固化速率（20℃)：10～30min；剪切强度（钢-钢)：≥15MPa（高温喷涂前)、≥15MPa（高温喷涂后)；90°剥离强度（钢-钢)：≥120 N/cm（高温喷涂前)、≥100N/cm（高温喷涂后）；抗冲击性能：在 200mm×200mm 粘接试件上，高温喷涂前后用 6mm 钻头打 4～6 孔，无开孔现象。

【特点及用途】 操作方便，固化速率快，耐高温和粘接强度高。专用于粉末喷涂型防盗门的生产，主要用于金属骨架与面板的粘接，可代替传统的焊接工艺，克服了焊接工艺引起门板变形的缺点。

【施工工艺】 将 A、B 两组分按照 1∶1 的比例（体积比或质量比）混合均匀，涂在骨架被粘部位，粘上面板，室温压合 1～2h 后可进行高温喷涂。

【毒性及防护】 皮肤：刺激，可能发生渗透。眼睛：刺激，可能会损害角膜。吸入：对鼻子、喉咙和肺刺激，对敏感神经系统有暂时性的影响。敏感人群可能会有皮肤过敏反应。

【包装及贮运】 A、B 两组分均用塑料瓶包装，2kg/瓶。产品在运输和装卸过程中避免倒放、碰撞和重压，防止日晒雨淋、高温。产品应在 25℃ 以下贮存，防止日光直接照射，远离火源。

【生产单位】 上海康达化工新材料股份有限公司。

Ca016 高性能胶黏剂 SGA-806

【英文名】 high performance adhesive SGA-806

【主要组成】 改性丙烯酸酯、引发剂、促进剂、助剂等。

【产品技术性能】 外观：黏稠液体；室温剪切强度：＞30MPa（钢-钢）、＞20MPa（铝-铝）；T 型剥离强度：≥100 N/25mm（钢-钢）；硬聚氯乙烯、聚苯乙烯、有机玻璃等粘接，均为材料破坏。

【特点及用途】 固化速率快，胶接力强，耐油。胶接材料广泛，对除 PTFE、聚烯烃等少数难粘材料外的材料均有良好的胶接力。主要用于工业元件、电器制品、仪器仪表、电话、音响设备的组装胶接，车辆、机床等的修理胶接，油泵、油罐、化工管道等的堵漏胶接，木工、家具、工艺品、体育用品的组装胶接，冰箱蒸发器的组装胶接等。

【施工工艺】 1. 粘接钢、铁等金属时需经砂纸打磨，使其露出新鲜表面；2. 粘接铝合金如经化学处理或阳极化处理并涂以 1% KH-560 乙醇溶液则效果更佳；3. 双组分目测 1∶1 混合，涂于表面，叠合后施压，室温 30min 定位，12h 达最大胶接强度。

【包装及贮运】 40g×2 支，亦可提供大包装散胶，贮存于低温阴凉处，贮存期为 6 个月。

【生产单位】 海洋化工研究院有限公司。

Ca017 第二代丙烯酸酯胶黏剂 SGA-809

【英文名】 acrylic adhesive SGA-809

【主要组成】 改性丙烯酸酯、引发剂、促进剂、助剂等。

【产品技术性能】 定位时间：5min（紫铜-紫铜）；室温剪切强度：＞20MPa（黄铜-黄铜）、＞20MPa（紫铜-铝合金）、＞20MPa（铝合金-铝合金）、≥20MPa（钢-钢）；硬聚氯乙烯、ABS、有机玻璃、聚苯乙烯等粘接，均为材料破坏。

【特点及用途】 室温固化速率快（5～10min），胶接力强，耐油。胶接材料广泛，表面不需严格处理并可带油粘接，耐介质、耐老化性能好，配比不严格。适用于同种或异种材料的粘接，如铁、铝、钢、不锈钢、ABS、水泥制品、陶瓷、玻璃钢等。

【施工工艺】 1. 粘接钢、铁等金属时需经砂纸打磨，使其露出新鲜表面；2. 粘接铝合金、玻璃、陶瓷并涂以 1% KH-570 乙醇溶液处理则效果更佳；3. 双组分目测 1∶1 混合，涂于表面，叠合后施压，室温 5～10min 定位，10 h 达最大胶接强度。

【包装及贮运】 贮存于低温阴凉处，贮存期为 12 个月。

【生产单位】 海洋化工研究院有限公司。

Ca018 丙烯酸酯室温快固胶 SG-840

【别名】 A/B 液体工具胶

【英文名】 room temperature rapid curing acrylic adhesive SG-840

【主要组成】 甲基丙烯酸酯单体、增韧剂、固化剂、稳定剂等组成的双组分胶黏剂。

【产品技术性能】 外观：A 组分为白色或浅绿色黏稠液体，B 组分为白色或暗红色黏稠液体；黏度：3～4Pa•s；初固定位时间：5～6min；拉伸剪切强度：≥25MPa。

【特点及用途】 本品 A、B 两组分混合后室温下 5～6min 固化，力学性能良好，强度高，耐湿热、耐介质性能优良，韧性好。在室温 5～6min 初固化定位，粘接强度高，适用于各种金属材料和非金属材料的粘接，如铁、铝及其合金、各种塑料、石材、陶瓷、玻璃、木材等，广泛应用于五金机械、仪器仪表、文体用品、车辆、家电、装潢及家庭日用品的修复，使用方便。

【施工工艺】 1. 混合涂胶：A、B 两组分以 1∶1 混合后，涂于被粘接面，指压合拢即可，在 25℃ 下 5～6min 固化定位，放置 24h 时可完全固化，达到最高强度。2. 非混合涂胶：A、B 两组分以 1∶1 混合后，涂于被粘接面，指压合拢即可，施压 5～6min 定位固化，放置 24h 完全固化达到最高强度。

【毒性及防护】 该胶主要含丙烯酸酯，最好在通风环境下施工。使用时避免沾染皮肤；A、B 两组分包装盖子切勿互换。

【包装及贮运】 10g×2 支、15g×2 支铝管纸卡，1kg×2 聚乙烯瓶包装，低温避光保存，保质期为 6 个月，按一般危险品贮运。

【生产单位】 浙江金鹏化工股份有限公司。

Ca019 丙烯酸酯胶黏剂 CP-98

【英文名】 acrylic adhesive CP-98

【产品技术性能】 外观：A 组分为黄色黏稠液体，B 组分为浅棕色黏稠液体；黏度：3～4Pa•s；初定位时间：5～10s，固化 3h 后，剪切强度可达到 22MPa；剪切强度：27.2MPa；拉伸强度：33.5MPa；耐温性：120℃剪切强度 16.8MPa，150℃剪切强度 7.5MPa。

【特点及用途】 本产品室温固化速率快，粘接强度高，耐温性能良好。主要用于金属、玻璃、陶瓷、硬质塑料等材料的自粘和互粘。

【毒性及防护】 该胶主要含丙烯酸酯单体，最好在通风环境下施工。使用时避免沾染皮肤。

【包装及贮运】 贮存稳定性好，室温贮存期为 1 年以上。

【生产单位】 大连凯华新技术工程有限公司。

Ca020 高性能丙烯酸结构工具胶

【英文名】 high performance acrylic adhesive

【产品技术性能】 外观：A 组分为淡黄色，B 组分为半透明藕色；固含量：≥20%（A 组分），≥40%（B 组分）；剪切强度：29MPa（45# 钢）。

【特点及用途】 一种新型快固胶黏剂，具有应用范围广、操作要求低、粘接强度高、固化速率快、使用方便等优点。粘接铁、钢、ABS、PVC 等不同的材料，适用于机械、电器、塑料修复。

【施工工艺】 在 －60～120℃ 的环境下使用，甲、乙两组分按 1∶1 配比配合，常温挤压即可粘接，4～10min 后固化定位，30～60min 可达到使用强度，24h 后达到最高强度。

【毒性及防护】 该胶主要含丙烯酸酯，最好在通风环境下施工。使用时避免沾染皮肤。

【包装及贮运】 贮存稳定性好，室温贮存期为6个月以上。

【生产单位】 江苏黑松林粘合剂厂有限公司。

Ca021 高强度胶 TS802

【英文名】 high strength adhesive TS802

【主要组成】 甲基丙烯酸甲酯、氯磺化聚乙烯、引发剂、促进剂、稳定剂等。

【产品技术性能】 外观：白色；密度：1.18g/cm³。固化后的产品性能如下。剪切强度：32MPa（GB/T 7124—2008）；冲击强度：48J/cm²；拉伸强度：35MPa（GB/T 6329—1996）；剥离强度：38N/cm（GB/T 2791—1995）；工作温度：－60～12℃；固化后的收缩率：0.001cm/cm。

【特点及用途】 结合强度高，韧性好，应力分布均匀，对零件无热影响和热变形。施工方便，用于金属、塑料、皮革、木材之间的自粘与互粘。

【施工工艺】 该胶是双组分胶（A/B），A组分和B组分的质量比为1∶1，将本剂A和固化剂B充分混合，以颜色一致为好，并在10min内用完，随用随配，若用于结构件连接，需将两连接面均涂一层胶，然后黏合，黏合后最好错动几次，以利于空气排出。紧密接触时，胶层厚度不能太厚，以0.1～0.2mm为佳，若用于修补段轴、机体裂纹，应采取适当的穿芯加套、加金属键等机械加强措施，配合间隙0.1～0.2mm；25℃时24h可完全固化，温度低于15℃时，应采取加温措施，这样不仅可以缩短时间，同时可提高粘接强度，重要结构件的粘接应用如下固化条件，即室温2h，80℃固化3h。

【毒性及防护】 本产品固化后为安全无毒物质，但混合前两组分应尽量避免与皮肤和眼睛接触，若不慎接触眼睛，应迅速用清水清洗。

【包装及贮运】 包装：90g/套，保质期1年。贮存条件：室温、阴凉、通风、干燥处贮存。本产品按照非危险品运输。

【生产单位】 北京天山新材料技术有限公司。

Ca022 室温快速固化胶黏剂 J-39

【英文名】 room temperature rapid curing adhesive J-39

【主要组成】 由（甲）甲基丙烯酸甲酯或丙烯酸酯双酯、橡胶和（乙）引发剂等配制而成，有2A、2B、2C及底胶型四种型号。

【产品技术性能】

1. 铝合金粘接件在不同温度下的测试强度如下。

测试温度/℃	－60	室温	100	120
剪切强度/MPa	7.7	23.6	13.2	9.1

2. 剥离性能。90°剥离强度（铝-铝，经化学处理并加FT-1表面处理剂，常温测试）：≥90N/m；180°剥离强度（氯丁橡胶-环氧玻璃钢，橡胶需用FT-2表面处理剂）：＞90N/m（常温）、10N/m（120℃）。

3. 对不同金属材料的油面粘接对比性能如下。

材料		铝合金	钛合金	45#钢	不锈钢
剪切强度/MPa	油面	21.2	34.8	29.2	31.9
	对照	23.6	28.8	35	32.2

4. 耐湿热老化性能。铝合金粘接件在相对湿度98%、温度55℃、1000h后，常温剪切强度为21.4MPa。

5. 耐介质性能。铝合金粘接件在下列介质中，室温浸泡750h后常温测试强度如下。

介质	空白	机油	自来水
剪切强度/MPa	23.6	27.3	23
强度保持率/%	100	116	97

【特点及用途】 使用温度范围为－40～100℃。室温快固，无需严格计量。适用于油面金属的粘接，有广泛的粘接性。韧性和耐热性好，具有易除去性和填充性，适用期长，使用方便，毒性较小，J-39型适用于家电、仪器、汽车、造船、航空、体育用品、文物修复、机械维修以及日常生活中。J-39-2A型适用于一般非结构粘贴，更适用于铭牌粘贴、航空模型、家具、软木等场合。J-39-2B型同J-39型，但更适合大面积和需韧性的场合。J-39-2C型适用于油箱、油管的快速堵漏。

【施工工艺】 甲、乙两组分按照1∶1的比例混合，然后指压合拢，施加压力，8～25℃时10～20min固定，24h完全固化。温度高固化快，温度低固化慢。

【毒性及防护】 本产品固化后为安全无毒物质，但混合前两组分应尽量避免与皮肤和眼睛接触，若不慎接触眼睛，应迅速用清水清洗。

【包装及贮运】 包装：分甲、乙两组分瓶装。20℃以下避光密封保存，贮存期为6～12个月。本品按一般危险品贮运。

【生产单位】 黑龙江省科学院石油化学研究院。

Ca023 强力AB胶

【英文名】 strong AB adhesive

【主要组成】 甲基丙烯酸甲酯、引发剂、促进剂、助剂等。

【产品技术性能】 固化时间（室温）：3～5min；拉伸剪切强度：≥25MPa（钢-钢）、≥15MPa（铝-铝）；冲击强度：≥2kJ/m²。

【特点及用途】 耐酸、碱、水、油介质，耐高低温，耐老化性能好。用于刚性粘接，如钢、铁、铝、钛、ABS、PVC、尼龙等。

【施工工艺】 1. 将黏合面的油脂、尘垢等污染物去除，保持洁净干燥；2. 甲、乙两组分按照1∶1的比例调合，涂于被粘接表面，指压下粘接，5～10min即可定位，30min达到使用强度，24h后达到最高强度；3. 在－60～120℃的范围内使用。

【毒性及防护】 本产品固化后为安全无毒物质，但混合前两组分应尽量避免与皮肤和眼睛接触，若不慎接触眼睛，应迅速用清水清洗。

【包装及贮运】 包装：20g/板×100板/箱，20g/盒×100盒/箱，50g/板×50板/箱。在20℃以下的阴凉处贮存，贮存期为1年。按一般易燃品贮运。

【生产单位】 泉州昌德化工有限公司。

Ca024 丙烯酸A/B胶

【英文名】 acrylate adhesive A/B

【主要组成】 改性丙烯酸酯、促进剂、引发剂等。

【产品技术性能】

性能	CA-5999AB		CA-5999WLAB		CA-5999WAB	
	5999A	5999B	5999WLA	5999WLB	5999WA	5999WB
外观	绿色黏稠液体	红色黏稠液体	半透明黏稠液体	半透明黏稠液体	透明黏稠液体	透明黏稠液体
密度/(g/cm³)	1.01	1.01	1.01	1.01	1.01	1.01
黏度/mPa·s	3500±500	3500±500	3500±500	3500±500	3500±500	3500±500
初固时间/min	3～5		4～7		5～8	
完全固化/h	24		24		24	
固体含量/%	100		100		100	

【特点及用途】 室温固化快，作业性佳，耐冲击力强，耐高温性能好，耐水性好。用于树脂工艺品、圣诞礼品、塑料玩具、陶瓷工艺品、铁、不锈钢、木材的粘接，人造石材等的粘接。

【施工工艺】 1. 清除被粘物表面的水分、灰尘、油污等；2. 双面涂胶，一面涂A胶，另一面涂B胶即可贴合，贴合后需搓动几次。

【毒性及防护】 本产品固化后为安全无毒物质，但混合前两组分应尽量避免与皮肤和眼睛接触，若不慎接触眼睛，应迅速用清水清洗。

【包装及贮运】 包装：20kg/组×10组/件。在20℃以下的阴凉处贮存，贮存期为4～6个月。按一般易燃品贮运。

【生产单位】 泉州昌德化工有限公司。

Ca025 无色半透明青虹胶 HT-1022

【英文名】 translucent adhesive HT-1022

【主要组成】 丙烯酸酯、促进剂、引发剂等。

【产品技术性能】 外观：A组分为无色半透明黏稠液体，B组分为无色半透明黏稠液体；黏度：2～4Pa·s；初定位时间：2～4min；剪切强度：＞20MPa（钢-钢）、≥5MPa（T铁-磁铁）。

【特点及用途】 主要用于玩具、塑胶、金属、发卡饰品、石材、有机玻璃等。为丙烯酸酯结构胶黏剂，反应速度快，强度大。

【施工工艺】 清除被粘表面的水分、灰尘及污染物。在其中一粘接面涂A胶，另一粘接面涂B胶，将两粘接面相互贴合即可。

【毒性及防护】 本产品固化后为安全无毒物质，但混合前两组分应尽量避免与皮肤和眼睛接触，若不慎接触眼睛，应迅速用清水清洗。

【包装及贮运】 A、B两组分分别为1kg包装。在20℃以下的阴凉处贮存，贮存期为6个月。

【生产单位】 湖北回天新材料股份有限公司。

Ca026 扬声器专用胶 HT-1025

【英文名】 adhesive HT-1025 for loudspeaker

【主要组成】 丙烯酸酯、促进剂、引发剂等。

【产品技术性能】 外观：A组分为深红色黏稠液体；B组分为深绿色黏稠液体；黏度：(3500±300) mPa·s；固含量：100%；剪切强度：24MPa；剥离强度：1.5kN/m。

【特点及用途】 主要用于扬声器中磁铁与T铁之间的粘接。不含溶剂，固化后100%固体。常温下固化速率快。

【施工工艺】 清除被粘表面的水分、灰尘及污染物。在其中一粘接面涂A胶，另一粘接面涂B胶，将两粘接面相互贴合即可。黏合5min后得到初步强度。

【毒性及防护】 本产品固化后为安全无毒物质，但混合前两组分应尽量避免与皮肤和眼睛接触，若不慎接触眼睛，应迅速用清水清洗。

【包装及贮运】 A、B两组分分别为1kg包装。在20℃以下的阴凉处贮存，贮存期为6个月。

【生产单位】 湖北回天新材料股份有限公司。

Ca027 扬声器专用胶 HT-1050

【英文名】 adhesive HT-1050 for loudspeaker

【主要组成】 丙烯酸酯、促进剂、引发剂等。

【产品技术性能】 外观：A组分为深红色黏稠液体，B组分深绿色黏稠液体；黏度：(5000±300) mPa·s；固含量：100%；剪切强度：24MPa；剥离强度：1.5kN/m。

【特点及用途】 主要用于扬声器中磁铁与T铁之间的粘接。不含溶剂，固化后100%固体。常温下固化速率快。

【施工工艺】 清除被粘表面的水分、灰尘及污染物。在其中一粘接面涂A胶，另一粘接面涂B胶，将两粘接面相互贴合即可。黏合5min后得到初步强度。

【毒性及防护】 本产品固化后为安全无毒物质，但混合前两组分应尽量避免与皮肤和眼睛接触，若不慎接触眼睛，应迅速用清水清洗。

【包装及贮运】 A、B两组分分别为1kg包装。在20℃以下的阴凉处贮存，贮存期为6个月。

【生产单位】 湖北回天新材料股份有限公司。

Ca028 扬声器专用胶 HT-1053

【英文名】 adhesive HT-1053 for loudspeaker

【主要组成】 丙烯酸酯、促进剂、引发剂等。

【产品技术性能】 外观：A组分为红色半透明液体，B组分为蓝色半透明液体；黏度：(6000±500) mPa·s；固含量：100%；冲击强度：2.8J/m²。

【特点及用途】 用于扬声器三点（鼓纸、音圈和弹波）的粘接。硬化迅速，夏天8～10min，冬天10～15min，固化物耐热可达180℃以上。

【施工工艺】 清除被粘表面的水分、灰尘及污染物。在其中一粘接面涂A胶，另一粘接面涂B胶，将两粘接面相互贴合即可。黏合5min后得到初步强度。

【毒性及防护】 本产品固化后为安全无毒物质，但混合前两组分应尽量避免与皮肤和眼睛接触，若不慎接触眼睛，应迅速用清水清洗。

【包装及贮运】 A、B两组分分别为1kg包装。在20℃以下的阴凉处贮存，贮存期为6个月。

【生产单位】 湖北回天新材料股份有限公司。

Ca029 新搭档AB胶

【别名】 电梯胶

【英文名】 AB adhesive for elevator

【主要组成】 丙烯酸酯、促进剂、引发剂等。

【产品技术性能】 外观：A组分为红色半透明液体；B组分为蓝色半透明液体；适用温度：－60～130℃；初固时间：夏季3～5min，冬季5～10min；剪切强度：≥18MPa（25℃/30min，铝-铝）、≥20MPa（25℃/30min，钢-钢）、≥30MPa（25℃/24h后，钢-钢）。

【特点及用途】 特性是室温固化双组分第二代丙烯酸酯胶，快速固化室温下3～5min即固化。广泛用于车辆、机械、电器、装饰等行业的生产制造与维修，各种铸件、合金部件、仪器仪表的装配，机械车辆零件的维修，汽车塑料面板、保险杠、油箱、水箱、排气管等的快速修复。

【施工工艺】 无需仔细除油，按A∶B＝1∶1的体积比混合涂于需要粘接维修处，固定即可。一般10～20min后转入下一道工序，一次调胶量不宜太多，3～5min内用完。

【毒性及防护】 本产品固化后为安全无毒物质，但混合前两组分应尽量避免与皮肤和眼睛接触，若不慎接触眼睛，应迅速用清水清洗。

【包装及贮运】 铝管纸盒包装：80g/盒，20g/盒；塑料瓶包装：2kg/组。在20℃以下的阴凉处贮存，贮存期为6个月。

【生产单位】 湖北回天新材料股份有限公司。

Ca030 丙烯酸酯胶黏剂 SK-503

【英文名】 acrylate adhesive SK-503

【主要组成】 丙烯酸酯、促进剂、引发剂等。

【产品技术性能】 外观：A组分为浅蓝色黏稠液体；B组分为浅红色黏稠液体；硬化时间：≤10min；耐温范围：－30～100℃；剪切强度（钢-钢）：≥16MPa；耐油、耐水、耐酸，不耐丙酮、甲基丙烯酸甲酯。

【特点及用途】 固化胶膜强韧，耐久、耐候性好。用于铁、铝、不锈钢、ABS塑料、PVC材料、聚苯乙烯、聚氨酯、聚碳酸酯、玻璃钢、有机玻璃、水泥制品等同种或异种材料的粘接或快速堵漏。适用于日常用品的修补；汽车、摩托车、拖拉机及各种机械零部件的快速修补与机件漏油、漏水的堵漏；扬声器、电梯、防盗门、电机、仪器仪表、洗衣机、电视机、冰箱等的装配；消防器材、环保设备、工艺美术品、文体用品、纺织机械、冶金及矿山机械的快速粘接。

【施工工艺】 1. 粘接面去油、除污、清洁并干燥；2. A、B两组分按照体积比1∶1混合均匀后涂于需要粘接维修处，或者将A、B两组分胶分别涂于两粘接面，贴合施压固化。常温5～8min硬化，24h达到最高强度。

【包装及贮运】 20℃以下阴凉干燥处密封保存，贮存期为12个月。严禁日光直射。按一般危险品贮运，可以用一般交通工具运输。20mL/套、65mL/套铝管包装，4kg塑料瓶装；也可由用户自定包装。

【生产单位】 湖南神力胶业集团。

Ca031 青红胶 SK-506

【英文名】 Qinghong adhesive SK-506

【产品技术性能】 外观：A组分为浅蓝色黏稠液体；B组分为浅红色黏稠液体；固化速率（常温）：5～8min；耐温范围：－60～100℃；剪切强度（钢-钢）：≥16MPa。

【特点及用途】 油污表面可粘接，粘接强度高，贮存稳定。用途：1. 模具的设计组装，各种铁氧体、永磁材料的组装；2. ABS塑料、有机玻璃、聚氯乙烯、聚苯乙烯等塑料的粘接；3. 各种标识、标牌、仪器仪表、各种车辆和机械零件的修复以及日常用品的修复。

【施工工艺】 目测按照1∶1混合均匀后涂于需要粘接维修处，或者将A、B两组分胶分别涂于两粘接面，贴合施压固化。常温5～8min硬化，24h达到最高强度。

【包装及贮运】 20℃以下阴凉干燥处密封保存，贮存期为12个月。严禁日光直射。按一般危险品贮运，可以用一般交通工具运输。4kg塑料瓶装；也可由用户自定包装。

【生产单位】 湖南神力胶业集团。

Ca032 扬声器专用胶 SK-510

【英文名】 special adhesive SK-510 for loudspeaker

【产品技术性能】 外观：A组分为浅蓝色黏稠液体；B组分为浅红色黏稠液体；定位时间：5～8min；耐温范围：－30～100℃；剪切强度（钢-钢）：≥18MPa。

【特点及用途】 适用于扬声器磁钢、夹板T铁的粘接。本品是采用最新技术研制成的第二代丙烯酸酯结构胶，室温下固化速率快，强度高，耐水、耐久、耐候性好，调胶配比不严，使用方便，贮存期长。

【施工工艺】 1. 粘接面去油、除污、清洁并干燥；2. A、B两组分按照体积比1∶1混合均匀后涂于需要粘接维修处，或者将A、B两组分胶分别涂于两粘接面，贴合施压固化，常温24h达到最高强度。

【包装及贮运】 20℃以下阴凉干燥处密封保存，贮存期为12个月。严禁日光直射。按一般危险品贮运，可以用一般交通工具运输。4kg塑料瓶装；也可由用户自定包装。

【生产单位】 湖南神力胶业集团。

Cb 氰基丙烯酸酯胶黏剂

Cb001 α-氰基丙烯酸正丁酯

【别名】 SG-504、医用瞬间胶

【英文名】 butyl-2- cyanoacrylate adhesive; medicinal adhesive 504

【主要组成】 α-氰基丙烯酸正丁酯、稳定剂等。

【产品技术性能】 执行标准：Q/ZJP 10—2001。

外观	无色或微黄色透明液体
含量(GC法)/%	≥99
黏度(25℃)/mPa·s	2～5
密度/(g/cm³)	0.985

【特点及用途】 在室温下能快速黏合机体组织，粘接力强且无毒。对组织反应小，不造成血栓，可简单灭菌。可以用作医用胶黏剂的原材料，提供给医用胶生产单位。替代针缝手术，使皮肤切口愈合后不留瘢痕，对创口有止血功能；也可用于内脏器官的黏合和止血。同时可作为α-氰基丙烯酸甲氧基乙酯类胶黏剂的共混改性使用，具有较好的柔软性。

【施工工艺】 按医用胶黏剂的使用方法进行，清洁创口、止血、消毒，在手术粘接部位涂胶，在体温下10s左右即可固化定位。

【毒性及防护】 本品无毒，安全可靠。

【包装及贮运】 聚乙烯塑料桶包装。在低于15℃的阴凉处避光、干燥贮存，贮存期半年。

【生产企业】 浙江金鹏化工股份有限公司。

Cb002 α-氰基丙烯酸甲氧基乙酯瞬间胶

【别名】 SG-5012瞬间胶、低白化瞬间胶

【英文名】 methoxyethyl-2- cyanoacrylate instant adhesive SG5012

【主要组成】 以α-氰基丙烯酸甲氧基乙酯为主体，配以阻聚剂、增稠剂、增强剂、加速剂等组成。

【产品技术性能】 执行标准：Q/ZJP 09—2001。

外观	无色或微黄色透明液体
固化时间/s	≤60
黏度(25℃)/mPa·s	5～120(可调)
拉伸剪切强度/MPa	≥8

【特点及用途】 低白化，低气味，单组分，中速固化，使用方便，粘接力强，粘接材料广泛。可用于钢铁、有色金属、橡胶、皮革、塑料等材料的粘接。特别适用于电器、仪表、机械、电子光信仪等行业，有利于器件的洁净及施工环境的改善。

【施工工艺】 使用前清洁材料表面，干燥。滴上胶液，稍加蠕动，使胶分布均匀，吻合加指触压，片刻后即可粘牢，24h后使用。

【毒性及防护】 本品无毒，低气味，使用时注意通风，谨防溅及眼睛和衣物。

【包装及贮运】 包装：10g、20g聚乙烯塑料瓶；1kg、5kg、20kgPE塑料桶。本品应于干燥、阴凉、避光处密封保存，贮

存期为 6 个月。请勿让儿童触及，慎防溅及眼睛、皮肤和衣物。本产品按照非危险品运输。

【生产企业】 浙江金鹏化工股份有限公司。

Cb003 α-氰基丙烯酸乙酯胶黏剂系列

【别名】 SG-502 瞬间黏合剂、瞬间强力胶系列

【英文名】 ethyl cyanoacrylate adhesive

【主要组成】 由 α-氰基丙烯酸乙酯、阻聚剂、增稠剂、增强剂、加速剂等组成。

【产品技术性能】 执行标准：HG/T 2492—2005。本品的技术要求分为通用型（代号 T）、速固型（代号 S）和增稠型［分为低黏度（代号 Z1）、中黏度（代号 Z2）、高黏度（代号 Z3）］三类，应符合下表的规定。

项目		T	S	Z1	Z2	Z3
外观		无色透明液体	无色透明液体	无色透明或微黄色透明黏稠液体		
固化时间/s,≤		15	5	20	40	50
黏度(25℃)/mPa·s		2～5	2～5	≤70	71～400	≥401
拉伸剪切强度/MPa,≥		12	6	12	12	12
稳定性试验	外观	无色透明液体	无色透明液体	无色透明或微黄色透明黏稠液体		
	固化时间/s,≤	20	8	40	80	100
	黏度(25℃)/mPa·s	2～5	2～5	—	—	—
	拉伸剪切强度/MPa,≥	10	6	10	10	10

【特点及用途】 1. 特点：单组分、不需加热，触压下瞬间粘接，使用温度范围为 −50～80℃。2. 主要用途：用于钢铁、有色金属、橡胶、皮革、塑料、陶瓷、玻璃、木材等材料的自粘或互粘。但用于聚乙烯、聚丙烯、聚四氟乙烯制品时，材料表面需经过特殊处理。通用 T 型中、高黏度系列产品还具有柔韧性，优良的抗水性，填充间隙为 0.1～0.25mm，适用于表面间隙较大及多孔性材料的粘接。速固 S 型（俗称 3s 胶）还适用于增塑型聚氯乙烯和塑料泡沫等难粘材料的粘接。

【新产品规格及性能】

性能＼型号	通用型				柔韧型	耐热型	凝胶型(GEL)	着色型
	JP5502	JP5401	JP5406	JP5495	JP5480	JP5498	JP5454	JP5410
外观	无色或微黄色透明黏性液体				无色或微黄色黏稠液体		乳白色胶体	黑色黏稠胶液
黏度(25℃)/mPa·s	2～5	80～100	20～30	40～50	80～100	80～100	50000～80000	80～200
拉伸剪切强度/MPa,≥	18	18	18	18	18	18	18	12
固化时间(钢铁)/s,≤	8	8	8	8	30	30	60	90
可使用温度/℃	−50～80				−50～100	−50～125	−50～80	−50～80
填充间隙/mm	0.05	0.1	0.05	0.1	0.1	0.1	>0.25	0.2

续表

性能＼型号	通用型				柔韧型	耐热型	凝胶型（GEL）	着色型
	JP5502	JP5401	JP5406	JP5495	JP5480	JP5498	JP5454	JP5410
保质期/月	18	18	18	18	12	12	12	6
特性	低黏度 速固化 强度高 用量少	中黏度 速固化 强度高 保质长	低黏度 速固化 强度高 应用广	低黏度 速固化 强度高 应用广	柔性好 抗冲击 低白化 高性能	耐高温 柔软性 抗水性 高性能	不流淌 触变性 高填充 耐水性	黑颜色 柔软性
用途	适用于金属、橡胶、皮革、塑料、玻璃、陶瓷、石材、宝石等				适用于橡胶、皮革、塑料和金属的柔性粘接	适用于金属、橡胶、陶瓷需耐高温的粘接	适用于金属、木材、泡沫塑料、多孔材料、间隙大的粘接	适用于黑色橡胶、塑料和毛发的粘接

【施工工艺】 1. 涂胶：被粘材料表面清洁干燥，粘接面应平滑吻合，滴上胶液，稍加蠕动研磨，使胶分布均匀，通用 T 型、速固 S 型的胶层厚度应在 0.1mm 以下，每滴可涂 5～6cm²，通用 T 型的涂胶量和胶层厚度随黏度的提高而相应增加。2. 固化条件：接触压力，在室温下数秒钟至数分钟即可瞬间固化。24h 后强度达最大值。

【毒性及防护】 本品稍有刺激性气味但无毒，使用时注意通风。

【包装及贮运】 包装：2g、3gPE 瓶、铝管加吸塑卡、铝塑复合；8g、10g、20g、50gPE 瓶；1kg、5kg、20kgPE 塑料桶。贮运：本品应于干燥、阴凉、避光处密封保存，贮存期为 3 个月至 1 年。请勿让儿童触及，慎防溅及眼睛、皮肤和衣物。本产品按照非危险品运输。

【生产企业】 浙江金鹏化工股份有限公司。

Cb004 聚烯烃难粘材料胶黏剂

【英文名】 adhesive for polyolefin

【主要组成】 由底涂促进剂 P-10 和改性瞬间胶 S506 组成的双组分胶黏剂。

【产品技术性能】 执行标准：QB/T 2568—2002。

项目		指标
树脂含量		≥10%
溶解性		不出现凝胶结块
黏度/mPa·s	普通型	≥90
	中型	≥500
	重型	≥1600
粘接强度/MPa	固化 2h	≥1.7
	固化 16h	≥3.4
	固化 72h	≥6.2
水压爆破强度/MPa		≥2.8

【特点及用途】 1. 底涂促进剂 P-10 为无色透明液体，易挥发，由促进剂溶于环保型混合溶剂配制而成，涂刷于难粘材料表面后能快速渗透并干燥，有效适用期为 48h。2. 改性瞬间胶 S506 由高纯度氰基丙烯酸酯单体添加多种助剂改性而得，涂胶后在难粘材料表面与 P-10 互渗、催化、接枝交联，从而产生高粘接强度，对聚丙烯（PP）的拉伸剪切强度可达 8MPa。3. 产品技术标准为 Q/ZJP 09—2003《聚烯烃难粘材料胶黏剂》。4. 对聚烯烃材料（PE、PP）、工程塑料（PTFE、POM）、特种橡胶（SR、EPDM）等难粘材料均有良好的粘接性能，粘接强度高、快速固化、耐水性良好、使用简便，适用于难粘材料的自粘及与金属的互粘。

【施工工艺】 1. 在难粘材料表面预涂 P-10 底涂剂，自然干燥 2～3min 后备用；2. 在预涂 P-10 后的难粘材料的一面涂 S506 瞬间胶，立即黏合并指触压，5s 后即可粘牢，1h 后可达最高粘接强度；3. 如需在难粘材料制品表面涂饰涂料，可应用预涂本品为底漆的方法依次涂刷 P-10 底涂剂、S506 瞬间胶，表干后再涂刷各种涂料（油墨）装饰该材料表面，黏附牢固度高。

【毒性及防护】 1. 底涂促进剂 P-10 为挥发性易燃品，使用环境应通风，注意防火。2. 改性瞬间胶 S506 极易黏合各种材料，使用时慎防溅及衣物和眼睛，不让儿童触及。

【包装及贮运】 本品可使用期为 3～6 个月，应贮存于阴凉、通风、干燥的库房，用后即盖紧包装容器，可延长保质期。

【生产企业】 浙江金鹏化工股份有限公司。

Cb005 瞬干胶 SY-14 系列

【英文名】 instant adhesives SY-14 series

【主要组成】 氰基丙烯酸酯树脂、增韧剂、阻聚剂等。

【产品技术性能】 外观：无色透明液体；密度：1.1g/cm³；黏度：90～140mPa·s。固化后的产品性能如下。剪切强度：≥12MPa；最大填充间隙：0.1mm；工作温度：－50～80℃。

【特点及用途】 固化迅速且强度高，是一种对表面不敏感、通用型、中等黏度的瞬间粘接剂。主要用于惰性表面，粘接多孔、酸性及吸收性的材料，如塑料、橡胶、皮革、木材、金属等材料的自粘或互粘。

【施工工艺】 被粘材料表面清洁干燥，粘接平面应平滑吻合，滴上胶液，稍加蠕动研磨，使胶分布均匀，涂胶后 30s 内将被粘材料黏合在一起，使两接触面紧密贴合，按数秒即可瞬间固化，24h 后强度达到最大值。

【毒性及防护】 本产品固化后为安全无毒物质，但使用时应避免与皮肤接触及进入眼睛，若因意外，立即用大量清水洗涤并送医，清洗眼睛时，可使用稀碳酸氢钠溶液，触及手时，可用肥皂、水、洗涤液和浮石洗净。

【包装及贮运】 包装：20g/支，保质期 1 年。贮存条件：室温、阴凉处贮存。本产品按照非危险品运输。

【生产单位】 三友（天津）高分子技术有限公司。

Cb006 瞬干胶 1495

【英文名】 instant adhesive1495

【主要组成】 氰基丙烯酸酯单体、促进剂、阻聚剂、增稠剂。

【产品技术性能】 外观：无色透明液体；密度：1.06g/cm³；黏度：45mPa·s；定位时间：30s。固化后的产品性能如下。剪切强度（钢-钢）：20MPa；工作温度：－50～80℃；标注测试标准：HG/T 2492—2005，GB/T 2794，GB/T 7124—2008。

【特点及用途】 低黏度，单组分无溶剂，作业性良好，常温快速固化，高剪切强度，抗剥离性能好，材质适用范围广，使用经济。适合于橡胶、塑料、金属的粘接。

【施工工艺】 1. 表面处理：由于粘接速度很快，所以在粘接之前必须把工件正确定位，并确保工件表面清洁干燥无油脂；2. 涂胶：本产品通常用手工施胶。在工件的一面施胶少许，然后把双面压紧，直到初固，有些材质需要用 1770 底剂。注意事项：1. 保持被粘表面清洁、干燥，胶层越薄，粘接效果越好；2. 相对湿度高可增加固化速率，相对湿度低于 40%，固化速率缓慢；3. 加强现场通风，降低白化现象。

【毒性及防护】 1. 产品与水可以迅速反

应，固化后无毒，因此不要接触皮肤；应少吸入气味，避免引起呼吸道刺激；2. 瞬干胶会迅速黏结皮肤，如接触到皮肤，可用温水冲洗；3. 如果接触到眼睛，立即用大量的清水冲洗并请医生处理；4. 如果误食则立即请医生处理。

【包装及贮运】 包装：20g/瓶，保质期12个月。贮存条件：理想的贮存条件是在阴凉无阳光直射的地方贮存，最佳贮存温度是2～8℃。运输：本产品按照非危险品运输。

【生产单位】 北京天山新材料技术有限公司。

Cb007 氰基丙烯酸胶黏剂 3M™ Scotch-Weld™ CA40H

【别名】 快干胶，瞬干胶 CA

【英文名】 instant adhesive 3M™ Scotch-Weld™ CA40H

【主要组成】 氰基丙烯酸酯、助剂等。

【产品技术性能】 外观：透明清澈；密度：1.05g/cm³。固化后的产品性能如下。剪切强度：9.74MPa（内聚破坏/Al-Al）、5.84MPa（基材破坏/ABS-ABS）；标注测试标准：以上数据测试参照ASTM D 1002。

【特点及用途】 固化速率快，粘接材料广，高效率，黏稠度高。主要用于粘接塑料、金属和橡胶，甚至可以粘接低表面能的材料，可以应用于电子、汽车、标牌、医疗设备等的组装。

【施工工艺】 直接将本产品涂在洁净的产品表面，马上装配即可。注意事项：为了避免白化现象，快干胶的用量要适量。

【毒性及防护】 本产品固化后为安全无毒物质。如一不小心粘到手指，请用温水搓洗。

【包装及贮运】 包装：1floz，1lb/套，保质期9个月。贮存条件：贮存于4℃的阴凉干燥处。本产品按照非危险品运输。

【生产单位】 3M中国有限公司。

Cb008 氰基丙烯酸胶黏剂 3M™ Scotch-Weld™ PR100

【别名】 快干胶，瞬干胶

【英文名】 instant adhesive 3M™ Scotch-Weld™ PR100

【主要组成】 氰基丙烯酸酯、助剂等。

【产品技术性能】 外观：透明；密度：1.06g/cm³。固化后的产品性能如下。剪切强度：14.4MPa（内聚破坏/Al-Al）、6.6MPa（基材破坏/ABS-ABS）；标注测试标准：以上数据测试参照ASTM D 1002。

【特点及用途】 固化速率快，粘接材料广，高效率。可以用来粘接塑料、金属和橡胶，甚至可以粘接低表面能的材料，可以应用于电子、汽车、标牌、医疗设备等的组装。

【施工工艺】 直接将本产品涂在洁净的产品表面，马上装配即可。注意事项：为了避免白化现象，快干胶的用量要适量。

【毒性及防护】 本产品固化后为安全无毒物质。如一不小心粘到手指，请用温水搓洗。

【包装及贮运】 包装：1floz，1lb/套，保质期9个月。贮存条件：贮存于4℃的阴凉干燥处。本产品按照非危险品运输。

【生产单位】 3M中国有限公司。

Cb009 瞬干胶 2401

【别名】 快干胶

【英文名】 cyanoacrylate Adhesive2401

【主要组成】 氰基丙烯酸乙酯、助剂等。

【产品技术性能】 外观：透明液体；密度：1.10g/cm³；黏度：110mPa·s；工作温度：-55～83℃；剪切强度：22MPa；最大填充间隙：0.1mm；固定时间：<20min；

全固时间：24h。

【特点及用途】 本品不含溶剂，利用空气中的水分产生高度聚合，固化迅速而且强度高，是一种对表面不敏感、通用型、中等黏度的瞬间粘接剂。用于惰性表面、难粘材料的粘接，多孔表面、酸性表面及吸收性材料的粘接，如塑料、橡胶、皮革、木器、卡板纸等。

【施工工艺】 涂胶前表面清理干净，然后将胶液涂于被粘接表面。

【毒性及防护】 本产品固化后为安全无毒物质，但混合前两组分应尽量避免与皮肤和眼睛接触，若不慎接触眼睛，应迅速用清水清洗。

【包装及贮运】 包装：20g/瓶，保质期1年。贮存条件：在2～8℃的阴凉干燥处冷藏贮存。

【生产单位】 烟台德邦科技有限公司。

Cb010 瞬干胶WD系列

【英文名】 instant adhesive WD series

【主要组成】 α-氰基丙烯酸乙酯、助剂等。

【产品技术性能】

性能	WD401	WD406	WD415	WD480	WD495	WD496
黏度/mPa·s	110	200	1500	300	45	125
最大填充间隙/mm	0.05	0.05	0.25	0.25	0.1	0.15
剪切强度/MPa	≥22	≥10	≥15	≥26	≥10	≥25
定位时间/s	≤15	≤20	≤30	≤90	≤30	≤30
耐温性/℃	−54～80	−54～80	−54～80	−54～100	−54～80	−54～80

【特点及用途】 WD401：通用型，中等黏度；主要用于惰性表面，粘接多孔、酸性及吸收性材料；是一种对表面不敏感的胶，可用于难粘接的表面。WD406：通用型，低黏度；用于惰性表面，粘接多孔、酸性及吸收性材料。WD415：高黏度，抗冲击性好；主要用于粘接金属表面。WD480：橡胶增强型，中等黏度；耐冲击、耐振动、耐剥离及耐热性能优良。WD495：通用型，中低黏度；主要用于粘接橡胶、金属和塑料件。WD496：中等黏度，初固迅速；用于粘接金属。

【包装及贮运】 20g/瓶。在阴凉干燥处冷藏贮存。

【生产单位】 上海康达化工新材料股份有限公司。

Cb011 快胶502

【英文名】 fast adhesive 502

【主要组成】 α-氰基丙烯酸乙酯、助剂等。

【产品技术性能】 外观：无色透明流动液体；拉剪强度：≥10MPa；固化时间：≤15s；黏度：2～5mPa·s。

【特点及用途】 使用方便，固化速率快，粘接强度高，固化后胶层透明，外观平整。本品可粘接金属、塑料、橡胶、木材和皮革等材料，主要应用于光学仪器、装饰品、广告、工艺美术、玩具、木工、日用杂品等的制造和修理。

【施工工艺】 将黏合面的油脂、尘垢、水分等污染物擦掉，使其干燥；滴上胶液，稍加蠕动，使胶液分布均匀，指压下粘接，室温数秒钟内可固化定位，24h后达到最高强度。

【包装及贮运】 低温、通风、干燥、避光、隔离火源贮存。

【生产单位】 抚顺哥俩好化学有限公司。

Cb012 型瞬干胶400系列

【英文名】 instant adhesive 400 series

【主要组成】 α-氰基丙烯酸酯、助剂等。

【产品技术性能】

性能	401	406	454	460	480	4210	414	415	495	496
外观	透明	透明	透明	透明	黑色	黑色	透明	透明	透明	透明
黏度/mPa·s	110	20	膏状	45	300	160	125	1500	45	125
填充间隙/mm	0.05	0.05	0.05	0.1	0.25	0.25	0.1	0.25	0.1	0.15
剪切强度/MPa	22	22	22	18	26	25	22	25	19	25
初固时间/s	15	15	15	5	90	120	20	20	20	30
工作温度/℃	−54～80	−54～80	−54～80	−54～80	−54～100	−54～121	−54～80	−54～80	−54～80	−54～82

【特点及用途】 401：通用型，中等黏度；主要用于惰性表面，粘接多孔、酸性及吸收性材料；是一种对表面不敏感的胶，可用于难粘接的表面。406：通用型，低黏度；用于惰性表面，粘接多孔、酸性及吸收性材料。454：通用型，低黏度；用于惰性表面，粘接多孔、酸性及吸收性材料。460：是烷氧基乙酯，无白化，低黏度，低气味；粘接后零件洁净无污垢；无需昂贵的通风设备。480：橡胶增强型，中等黏度；耐冲击、耐振动、耐剥离及耐热性能优良。4210：弹性体增强型，中等黏度，耐高温（120℃），热老化强度是普通胶的10倍。414：耐湿性、耐候性好；用于粘接塑料。415：是甲酯，高黏度，抗冲击性好；用于粘接金属。495：通用型，中低黏度；用于粘接橡胶件、塑料件。496：是甲酯，中等黏度，初固迅速；用于粘接金属。

【生产单位】 汉高乐泰（中国）有限公司。

Cc 厌氧型胶黏剂

Cc001 厌氧胶黏剂 WSJ-6231

【英文名】 anaerobic adhesive WSJ-6231

【主要组成】 甲基丙烯酸酯预聚物、催化剂、助剂等。

【产品技术性能】 外观：红色黏稠液体；黏度：1.0～3.0Pa·s；拆卸扭矩：≥25N·m。

【特点及用途】 具有优异的耐油、耐水、抗震、密封、紧固性能。主要用于汽车、农用车、工程机械的发动机、车桥等螺纹的锁固密封，适用于 M36 以下的铁、铜、铝合金螺纹，使用温度为－50～149℃。

【施工工艺】 螺栓、螺母的锁固与密封：1. 清除螺纹表面油污；2. 将胶液滴涂至螺栓与螺母啮合处；3. 组装螺栓与零件；4. 拧上螺母至规定扭矩。螺钉的锁固与密封：1. 清除螺纹表面油污；2. 滴几滴胶液至内螺纹孔底；3. 再将螺钉螺纹表面涂适量胶液；4. 将螺钉拧入螺孔至规定扭矩。注意事项：M12 以下紧固件用普通工具（扳手或螺丝刀）可拆卸；若遇特殊情况难以松动时，可将锁固处局部加热至 160℃，趁热用普通工具拆卸。

【毒性及防护】 避免长期接触皮肤，不小心粘在手上的胶液，可先用丙酮等溶剂擦洗，再用清水冲洗。

【包装及贮运】 WSJ-6231 厌氧胶包装为扁形薄壁聚乙烯塑料瓶或桶，装胶量应小于瓶或桶容量的 4/5，每瓶或桶净重分别为 50g、250g、2500g。外包装为瓦楞纸箱或木箱。贮存条件：WSJ-6231 厌氧胶应贮存于干燥、通风、阴凉的库房里，避免雨淋、日晒或高温。

【生产单位】 济南北方泰和新材料有限公司。

Cc002 预涂螺纹锁固密封厌氧胶 HT7204

【别名】 HT2041

【英文名】 pre-coating anaerobic adhesive HT7204 for thread locking and sealing

【主要组成】 甲基丙烯酸酯、二氧化硅、丙烯酸聚合物、水和微胶囊活化剂等。

【产品技术性能】 外观：甲组分为红色膏状物，乙组分为白色粉末（微胶囊）；黏度：7000～15000mPa·s（Brookfield RVT，5# 转子，20r/min），35000 ～ 70000mPa · s（Brookfield RVT，5# 转子，2.5r/min）；密度：1.10g/cm³；闪点：＞93℃；固定时间：≤30min。固化后的产品性能如下。破坏力矩：8.8 级，M10 磷化螺栓，20～45N·m；8.8 级，M10 镀锌螺栓，10～30N·m(GB/T 18747.1—2002)；工作温度：－50～150℃；耐化学/溶剂性能：在下列条件下老化，并在 22℃测试。

溶剂	温度/℃	强度保持率/%		
		100h	500h	1000h
机油	125	117	96	86
汽油	25	102	113	119
制动液	25	101	105	114
乙醇	25	102	112	112
1：1水：乙二醇	25	119	112	108

标注测试标准：以上数据测试参照企标Q/HT-6。

【特点及用途】 7204预涂螺纹锁固密封厌氧胶是双组分、中高强度、触变性黏度、无毒、水基环保的预涂螺纹锁固密封厌氧胶。混合后预先涂布在螺纹表面上，烘干后形成一层有一定附着力的胶膜。拧入时胶膜中的微胶囊被挤碎，释放出引发剂，促使厌氧胶聚合，填满螺纹旋合部位的全部间隙，形成有一定强度和韧性的热固性塑料，可靠地锁固和密封螺纹旋合部位。主要用于M8-M36螺纹紧固件的锁固和密封。

【施工工艺】 1. 混合：将B组分倒入A组分中，用非金属的玻璃棒、塑料棒、木(竹)棒等沿一个方向缓慢搅拌均匀，防止微胶囊破裂而失效（A、B两组分的重量比为28∶1）。当天用完。防止结皮和微胶囊浸泡破裂而失效。2. 清洗螺纹紧固件，无油污并干燥。3. 涂胶：手工或专用涂胶机将混好的胶液涂于螺纹上，头3牙不涂胶，便于装配时容易进入。涂胶量以烘干后胶完全充满螺纹间隙为准。4. 烘干：将涂好胶的螺栓在70℃×30min的条件下烘干，冷却到室温后包装，存放于通风干燥处，防止受潮。5. 装配：按规范要求一次上紧到规定力矩。为确保达到最大锁固、密封以及胶层的最佳耐介质性能，建议固化时间在72h以上，以保证胶层完全固化。注意事项：A、B两组分要搅拌均匀，否则微胶囊分布不均，预涂好的螺栓在装配后出现个体间锁固力矩差异较大。

【毒性及防护】 本品含丙烯酸和甲基丙烯酸酯类物质，对皮肤和眼睛有刺激。建议在通风良好处使用。远离儿童存放。若不慎接触眼睛和皮肤，立即用清水冲洗。

【包装及贮运】 包装：500g/套，保质期12个月。贮存条件：室温、阴凉处贮存。本产品按照非危险品运输。

【生产单位】 湖北回天新材料股份有限公司。

Cc003 螺纹锁固密封厌氧胶 HT7243

【别名】 HT2431

【英文名】 anaerobic adhesive HT7243 for thread locking and sealing

【主要组成】 甲基丙烯酸酯、气相白炭黑、糖精、异丙苯过氧化氢等。

【产品技术性能】 外观：蓝色液体；黏度：1600～1900mPa·s 触变性(Brookfield RVT，3# 转子，20r/min)，6000～10000mPa·s 触变性(Brookfield RVT，3# 转子，2.5r/min)；密度：1.08g/cm³；闪点：＞93℃；最大填充间隙：0.13mm；固定时间：≤20min。固化后的产品性能如下。破坏力矩：25N·m(GB/T 18747.1—2002)；平均拆卸力矩：10N·m(GB/T 18747.1—2002)；工作温度：−50～150℃；耐化学/溶剂性能：在下列条件下老化，并在22℃测试。

溶剂	温度/℃	初始强度剩有率/%			
		100h	500h	1000h	5000h
机油	125	95	95	95	95
含铅汽油	22	100	100	96	96
制动液	22	100	100	100	100
乙醇	22	100	90	90	85
丙酮	22	100	100	90	90
1∶1水∶乙二醇	87	95	90	85	85

标注测试标准：以上数据测试参照企标Q/HT-6。

【特点及用途】 7243螺纹锁固密封厌氧胶是单组分、触变性黏度、容油性、快速固化、中强度、易拆卸、耐介质性优良的螺纹锁固密封厌氧胶。本品在两个紧密配合的金属表面间并与空气隔绝时固化。主要用于M6-M20螺栓的锁固和密封，防止螺纹锈蚀。

【施工工艺】 清洗螺纹表面，除去油污并干燥，推荐使用回天7755清洗剂以提高清洗效果。将胶均匀地涂于螺纹啮合部位，涂胶量足以填满螺纹间隙，按规范要求一次上紧。间隙较小时密封效果最佳，间隙较大时会影响固化速率。在配合间隙较大时，推荐使用回天 7769 促进剂以提高密封效果。为确保系统达到最大锁固、密封以及胶层的最佳耐介质性能，建议固化时间在 24h 以上，以保证胶层完全固化。注意事项：未用完的胶液密封保存，以便下次再用。受过污染的胶液不能再装入原包装瓶中，以免影响瓶中剩余胶液的性能。不宜用在塑料件上，不宜用于纯氧系统和富氧系统，不能用于氯气或其它强氧化性物质的密封。

【毒性及防护】 本品含丙烯酸和甲基丙烯酸酯类物质，对皮肤和眼睛有刺激。建议在通风良好处使用。若不慎接触眼睛和皮肤，立即用清水冲洗。

【包装及贮运】 包装：50mL/瓶和 250mL/瓶，保质期 1.5 年。贮存条件：室温、阴凉处贮存。本产品按照非危险品运输。

【生产单位】 湖北回天新材料股份有限公司。

Cc004 结构粘接厌氧胶 HT7326

【别名】 HT3261

【英文名】 anaerobic adhesive HT 7326 for thread locking and sealing

【主要组成】 聚酯甲基丙烯酸酯、甲基丙烯酸酯、糖精、异丙苯过氧化氢等。

【产品技术性能】 外观：淡黄色至棕色胶液；黏度：10000～25000mPa·s(Brookfield RVT，4# 转子，20r/min)；密度：1.10g/cm^3；闪点：>93℃；最大填充间隙：0.25mm；固定时间：≤2min。固化后的产品性能如下。室温下全固时间：24h；拉伸剪切强度：≥15MPa（GB/T 7124—1986，钢-钢粘接，使用促进剂 7769，25℃固化 24h）；工作温度：−50～150℃；耐化学/溶剂性能：在下列条件下老化，并在 22℃测试。

溶剂	温度/℃	初始强度剩有率/%			
		100h	500h	1000h	5000h
机油	125	125	125	125	125
含铅汽油	22	100	80	75	70
制动液	22	100	85	80	75
丙酮	22	96	96	95	95
1∶1水∶乙二醇	87	90	50	50	50

标注测试标准：以上数据测试参照企标 Q/HT-6。

【特点及用途】 7326 结构粘接厌氧胶是单组分、中黏度、快速固定、高强度结构粘接厌氧胶。配合回天促进剂 7769 使用，无需混合。粘接刚性材料如金属、玻璃等，如将铁氧体粘接到电机的金属件或扬声器零件上。

【施工工艺】 1. 为了达到最好的粘接效果，粘接前要清洗被粘表面。推荐使用回天 7755 清洗剂以提高清洗效果，除去油污、杂质，干燥。尽量打磨暴露新鲜表面。2. 将回天促进剂 7769 涂在一个面上，晾干。3. 在另一个面上涂回天 7326，均匀，填满间隙。4. 对准合拢，加力压紧几分钟。5. 为确保系统达到最大粘接效果，建议固化时间在 24h 以上，以保证胶层完全固化。注意事项：未用完的胶液应密封保存，以便下次再用。受过污染的胶液不能再装入原包装瓶中，以免影响瓶中剩余胶液的性能。不宜用在塑料件上，不宜用于纯氧系统和富氧系统，不能用于氯气或其它强氧化性物质的密封。远离儿童存放。

【毒性及防护】 本品含丙烯酸和甲基丙烯酸酯类物质，对皮肤和眼睛有刺激。建议在通风良好处使用。若不慎接触眼睛和皮肤，立即用清水冲洗。

【包装及贮运】 包装：50mL/瓶，保质期 18 个月。贮存条件：室温、阴凉处贮存。本产品按照非危险品运输。

【生产单位】 湖北回天新材料股份有限

公司。

Cc005 平面密封厌氧胶 HT7510

【别名】 HT5101

【英文名】 aaerobic flange sealant HT7510

【主要组成】 双酚 A 二甲基丙烯酸酯、甲基丙烯酸酯、气相白炭黑、糖精、异丙苯过氧化氢等。

【产品技术性能】 外观：红色膏状物；黏度：250000～800000mPa·s 触变性（Brookfield RVT，7# 转子，2.5r/min），40000～150000mPa·s 触变性（Brookfield RVT，7# 转子，20r/min）；密度：1.10g/cm³（GB/T 13354—2008）；闪点：>93℃（SH/T 0733—2004）；最大填充间隙：0.25mm；固定时间：≤60min。固化后的产品性能如下。静态剪切强度：≥7.5MPa（GB/T 18747.2—2002）；固化后最大密封压力：36MPa（HB 5313—1993）；工作温度：－50～204℃；耐化学/溶剂性能：在下列条件下老化，并在22℃测试。

溶剂	温度/℃	初始强度剩有率/%			
		100h	500h	1000h	5000h
机油	125	160	165	160	160
含铅汽油	22	20	15	15	15
1∶1水∶乙二醇	87	80	80	80	80

标注测试标准：以上数据测试参照企标 Q/HT-6。

【特点及用途】 7510 平面密封厌氧胶是单组分、触变性黏度、耐高温、耐流体性能优良、刚性胶层的平面密封厌氧胶。本品在两个紧密配合的金属表面间并与空气隔绝时固化。刚性结构（机械加工）紧密配合的平面密封，使用方便，能够有效填充金属面上的不平，阻塞泄漏通道，形成一个完整、连续、100%平面接触的抗震密封垫，填充间隙可达 0.25mm。可丝网印胶。

【施工工艺】 清洗密封表面，除去油污、杂质，干燥，推荐使用回天 7755 清洗剂以提高清洗效果。将一定直径的胶液挤到其中一个平面，形成连续封闭的胶线，将需要密封的部位围起。在 60min 内对准合拢，不得移位。一次上紧螺栓。在配合间隙较大时密封效果差，建议使用回天 7769 促进剂以提高密封效果。为确保系统达到最大密封以及胶层的最佳耐介质性能，建议固化时间在 24h 以上，以保证胶层完全固化。注意事项：未用完的胶液应密封保存，以便下次再用。受过污染的胶液不能再装入原包装瓶中，以免影响瓶中剩余胶液的性能。不宜用在塑料件上，不宜用于纯氧系统和富氧系统，不能用于氯气或其它强氧化性物质的密封。远离儿童存放。

【毒性及防护】 本品含丙烯酸和甲基丙烯酸酯类物质，对皮肤和眼睛有刺激。建议在通风良好处使用。若不慎接触眼睛和皮肤，立即用清水冲洗。

【包装及贮运】 包装：50mL/管和 300mL/筒，保质期 18 个月。贮存条件：室温、阴凉处贮存。本产品按照非危险品运输。

【生产单位】 湖北回天新材料股份有限公司。

Cc006 管螺纹密封厌氧胶 HT7567

【别名】 HT5761

【英文名】 anaerobic sealant HT7567 for pipe thread

【主要组成】 甲基丙烯酸酯、气相白炭黑、糖精、异丙苯过氧化氢等。

【产品技术性能】 外观：白色膏状物；黏度：100000～600000mPa·s 触变性（Brookfield RVT，7# 转子，2.5r/min）；密度：1.10g/cm³（GB/T 13354—2008）；闪点：>93℃（SH/T 0733—2004）；最大填充间隙：0.13mm；固定时间：≤240min。固化后的产品性能如下。破坏力矩：≥1.7N·m（GB/T 18747.1—

2002)；工作温度：−50～200℃；耐化学/溶剂性能：在下列条件下老化，并在22℃测试。

溶剂	温度/℃	初始强度剩有率/%		
		100h	500h	1000h
机油	40	100	100	100
汽油	25	90	80	80
制动液	25	90	90	80
乙醇	25	85	85	85
丙酮	25	75	70	60
三氯乙烷	25	90	90	85
水/乙二醇	87	100	75	75

标注测试标准：以上数据测试参照企标Q/HT-6。

【特点及用途】 7567管路螺纹密封厌氧胶是单组分、耐介质、触变性黏度、耐高温、低强度、即时密封的厌氧型管螺纹密封剂。在两个紧密配合的金属表面间并与空气隔绝时固化。主要用于M80以下锥/锥管路的螺纹密封，特别适合不锈钢件。

【施工工艺】 清洗螺纹表面，除去油污并干燥，推荐使用回天7755清洗剂以提高清洗效果。将胶均匀地涂于螺纹啮合部位，涂胶量足以填满螺纹间隙，按规范的要求一次上紧。间隙较小时密封效果最佳，间隙较大时会影响固化速率。在配合间隙较大时，推荐使用回天7769促进剂以提高密封效果。为确保系统达到最大锁固、密封以及胶层的最佳耐介质性能，建议固化时间在24h以上，以保证胶层完全固化。注意事项：未用完的胶液应密封保存，以便下次再用。受过污染的胶液不能再装入原包装瓶中，以免影响瓶中剩余胶液的性能。不宜用在塑料件上，不宜用于纯氧系统和富氧系统，不能用于氯气或其它强氧化性物质的密封。远离儿童存放。

【毒性及防护】 本品含丙烯酸和甲基丙烯酸酯类物质，对皮肤和眼睛有刺激。建议在通风良好处使用。若不慎接触眼睛和皮肤，立即用清水冲洗。

【包装及贮运】 包装：50mL/管，保质期18个月。贮存条件：室温、阴凉处贮存。本产品按照非危险品运输。

【生产单位】 湖北回天新材料股份有限公司。

Cc007 管螺纹密封厌氧胶HT7577

【别名】 HT5771

【英文名】 anaerobic sealant HT7577 for pipe thread

【主要组成】 甲基丙烯酸酯、气相白炭黑、糖精、异丙苯过氧化氢等。

【产品技术性能】 外观：黄色膏状物；黏度：150000～300000mPa·s（Brookfield RVT，7# 转子，2.5r/min），30000～80000mPa·s（Brookfield RVT，7# 转子，20r/min）；密度：1.09g/cm³ （GB/T 13354—2008）；闪点：＞93℃ （SH/T 0733—2004）；最大填充间隙：0.13mm；固定时间：≤240min。固化后的产品性能如下。破坏力矩：≥15N·m（GB/T 18747.1—2002）；静态剪切强度：≥5MPa（GB/T 18747.2—2002）；工作温度：−50～150℃；耐化学/溶剂性能：在下列条件下老化，并在22℃测试。

溶剂	温度/℃	初始强度剩有率/%		
		100h	500h	1000h
机油	40	100	100	100
汽油	25	90	80	80
制动液	25	90	90	80
乙醇	25	85	85	85
丙酮	25	75	70	60
三氯乙烷	25	90	90	85
水/乙二醇	87	100	75	75

注：以上数据测试参照企标Q/HT-6。

【特点及用途】 7577管路螺纹密封厌氧胶是单组分、高黏度、触变性、中强度、可大间隙固化的厌氧型管螺纹密封剂。在两个紧密配合的金属表面间并与空气隔绝时固化。主要用于M80以下的锥/直螺纹的密封，可用于饮用水系统。

【施工工艺】 清洗螺纹表面，除去油污并干燥，推荐使用回天 7755 清洗剂以提高清洗效果。将胶均匀地涂于螺纹啮合部位，涂胶量足以填满螺纹间隙，按规范的要求一次上紧。间隙较小时密封效果最佳，间隙较大时会影响固化速度。在配合间隙较大时，推荐使用回天 7769 促进剂以提高密封效果。为确保系统达到最大锁固、密封以及胶层的最佳耐介质性能，建议固化时间在 24h 以上，以保证胶层完全固化。注意事项：未用完的胶液应密封保存，以便下次再用。受过污染的胶液不能再装入原包装瓶中，以免影响瓶中剩余胶液的性能。不宜用在塑料件上，不宜用于纯氧系统和富氧系统，不能用于氯气或其它强氧化性物质的密封。远离儿童存放。

【毒性及防护】 本品含丙烯酸和甲基丙烯酸酯类物质，对皮肤和眼睛有刺激。建议在通风良好处使用。若不慎接触眼睛和皮肤，立即用清水冲洗。

【包装及贮运】 包装：50mL/管，保质期 18 个月。贮存条件：室温、阴凉处贮存。本产品按照非危险品运输。

【生产单位】 湖北回天新材料股份有限公司。

Cc008 零件固持厌氧胶 HT7620

【别名】 HT6201

【英文名】 anaerobic retening adhesive HT 7620

【主要组成】 甲基丙烯酸酯、气相白炭黑、糖精、异丙苯过氧化氢等。

【产品技术性能】 外观：绿色液体；黏度：20000～60000mPa·s(Brookfield RVT，5# 转子，2.5r/min)，4000～15000mPa·s (Brookfield RVT，5# 转子，20r/min)；密度：1.16g/cm^3 (GB/T 13354—2008)；闪点：>93℃ (SH/T 0733—2004)；最大填充间隙：0.25mm；固定时间：≤60min。固化后的产品性能如下。静态剪切强度：23MPa (GB/T 18747.2—2002)；工作温度：−50～204℃；耐化学/溶剂性能：在下列条件下老化，并在 22℃测试。

溶剂	温度/℃	初始强度剩有率/%		
		100h	500h	1000h
机油	125	100	100	100
含铅汽油	25	95	95	95
乙醇	25	100	100	80
丙酮	25	95	95	95
水/乙二醇	88	95	85	80

标注测试标准：以上数据测试参照企标 Q/HT-6。

【特点及用途】 7620 固持厌氧胶是单组分、触变性黏度、中高强度、耐高温、耐介质性优良的圆柱形零件固持厌氧胶。本品在两个紧密配合的金属表面间并与空气隔绝时固化。用于径向间隙小于 0.25mm 的固持气门套管、注塑机、阀套、缸套、键槽等，装配轴承和衬套，并使压配合键的固持强度更高，固化后胶体耐温可达 204℃。

【施工工艺】 清洗孔轴配合表面，除去油污并干燥，推荐使用回天 7755 清洗剂以提高清洗效果。将胶均匀地涂于配合部位，胶量足以填满间隙，按规范的要求装配到合适的位置。间隙较小时密封效果最佳，间隙较大时会影响固化速率。在配合间隙较大时，推荐使用回天 7769 促进剂以提高密封效果。为确保系统最大耐压和胶层的最佳耐介质性能，则固化时间在 24h 以上，以保证胶层完全固化。注意事项：未用完的胶液应密封保存，以便下次再用。受过污染的胶液不能再装入原包装瓶中，以免影响瓶中剩余胶液的性能。不宜用在塑料件上，不宜用于纯氧系统和富氧系统，不能用于氯气或其它强氧化性物质的密封。远离儿童存放。

【毒性及防护】 本品含丙烯酸和甲基丙烯酸酯类物质，对皮肤和眼睛有刺激。建议在通风良好处使用。若不慎接触眼睛和皮肤，立即用清水冲洗。

【包装及贮运】 包装：50mL/瓶，保质期18个月。贮存条件：室温、阴凉处贮存。本产品按照非危险品运输。

【生产单位】 湖北回天新材料股份有限公司。

Cc009 零件固持厌氧胶 HT7680

【别名】 HT6801

【英文名】 anaerobic retening adhesive HT7680

【主要组成】 甲基丙烯酸酯、气相白炭黑、糖精、异丙苯过氧化氢等。

【产品技术性能】 外观：绿色液体；黏度：1250mPa·s（测试条件：Brookfield RVT，2# 转子，20r/min）；密度：1.10g/cm³（GB/T 13354—2008）；闪点：>93℃（SH/T 0733—2004）；最大填充间隙：0.25mm；固定时间：15min。固化后的产品性能如下。静态剪切强度：28MPa（GB/T 18747.2—2002）；工作温度：−50～150℃；耐化学/溶剂性能：在下列条件下老化，并在22℃测试。

溶剂	温度/℃	初始强度剩有率/%		
		100h	500h	1000h
机油	40	100	100	100
含铅汽油	25	90	90	80
乙醇	25	85	85	85
丙酮	25	75	75	70
水/乙二醇	87	100	80	75

标注测试标准：以上数据测试参照企标Q/HT-6。

【特点及用途】 HT7680固持厌氧胶是单组分、中黏度、高强度、耐介质性优良的圆柱形零件固持厌氧胶。本品在两个紧密配合的金属表面间并与空气隔绝时固化。用于径向间隙在0.25mm以内间隙配合的金属零件固持，室温可达到最大强度，也可以起到密封作用，使用方便。

【施工工艺】 清洗孔轴配合表面，除去油污并干燥，推荐使用回天7755清洗剂以提高清洗效果。将胶均匀地涂于配合部位，胶量足以填满间隙，按规范的要求装配到合适的位置。间隙较小时密封效果最佳，间隙较大时会影响固化速率。在配合间隙较大时，推荐使用回天7769促进剂以提高密封效果。为确保系统最大耐压和胶层的最佳耐介质性能，则固化时间在24h以上，以保证胶层完全固化。注意事项：未用完的胶液应密封保存，以便下次再用。受过污染的胶液不能再装入原包装瓶中，以免影响瓶中剩余胶液的性能。不宜用在塑料件上，不宜用于纯氧系统和富氧系统，不能用于氯气或其它强氧化性物质的密封。远离儿童存放。

【毒性及防护】 本品含丙烯酸和甲基丙烯酸酯类物质，对皮肤和眼睛有刺激。建议在通风良好处使用。若不慎接触眼睛和皮肤，立即用清水冲洗。

【包装及贮运】 包装：50mL/瓶，保质期18个月。贮存条件：室温、阴凉处贮存。本产品按照非危险品运输。

【生产单位】 湖北回天新材料股份有限公司。

Cc010 螺纹锁固密封剂 1243

【英文名】 sealant 1243 for thread locker

【主要组成】（甲基）丙烯酸酯类单体、引发剂、促进剂、阻聚剂等。

【产品技术性能】 外观：蓝色；密度：1.10g/cm³；黏度：2800mPa·s 触变性；初固时间：10min。固化后的产品性能如下。破坏扭矩/平均拆卸扭矩：20.0N·m/7.0N·m；工作温度：−60～150℃；标注测试标准：JB/T 7311—2008，GB/T 2794，GB/T 18747.1。

【特点及用途】 1. 该胶是单组分胶，操作简单，室温固化；2. 中等强度、触变性黏度，低温固化效果良好，特别适合于轻微油渍表面或惰性表面使用，可用普通扳手拆卸。用于汽车及工业小尺寸螺栓（M6～M20）的锁固与密封。

【施工工艺】 1. 清洗：用1755高效清洗剂清洗螺纹，无油表面可获得最佳锁固效果。2. 涂胶：在螺栓、螺帽、螺孔点胶，建议涂胶至少在3扣以上。3. 装配：装配螺栓、螺帽，拧紧至规定力矩即可。4. 拆卸：用一般扳手拆卸即可，对于一些特殊的场合，可以将螺栓螺母加热至260℃趁热拆卸。注意事项：当在温度较低的环境、惰性材质表面或大间隙条件使用该产品时，可通过使用促进剂1764提升固化速率。

【毒性及防护】 本产品固化后为安全无毒物质，但固化前应尽量避免与皮肤接触，若不慎溅入眼睛，应迅速用大量清水冲洗。

【包装及贮运】 包装：50mL/瓶、250mL/瓶，保质期18个月。贮存条件：在阴凉、干燥、10～28℃的环境下贮存。本产品按照非危险品运输。

【生产单位】 北京天山新材料技术有限公司。

Cc011 螺纹锁固密封剂 1262

【英文名】 sealant 1262 for thread locker

【主要组成】（甲基）丙烯酸酯类单体、引发剂、促进剂、阻聚剂等。

【产品技术性能】 外观：红色；密度：1.10g/cm³；黏度：2000mPa·s 触变性；初固时间：10min。固化后的产品性能如下。破坏扭矩/平均拆卸扭矩：22.0N·m/32.0N·m；工作温度：－60～150℃；标注测试标准：JB/T 7311—2008，GB/T 2794，GB/T 18747.1。

【特点及用途】 1. 该胶是单组分胶，操作简单，室温固化；2. 高强度，触变性黏度，耐化学介质性能好。适用于多种金属表面，特别适用于承受强烈震动和冲击的各种螺纹紧固件。主要用于高冲击、高震动的汽车及工业螺纹连接件的锁固与密封。

【施工工艺】 1. 清洗：用1755高效清洗剂清洗螺纹，无油表面可获得最佳锁固效果。2. 涂胶：在螺栓、螺帽、螺孔点胶，建议涂胶至少在3扣以上。3. 装配：装配螺栓、螺帽，拧紧至规定力矩即可。4. 拆卸：如难以用扳手直接拆卸，可将螺栓螺母加热至260℃趁热拆卸。注意事项：当在温度较低的环境、惰性材质表面或大间隙条件使用该产品时，可通过使用促进剂1764提升固化速率。

【毒性及防护】 本产品固化后为安全无毒物质，但固化前应尽量避免与皮肤接触，若不慎溅入眼睛，应迅速用大量清水冲洗，严重时请及时到医院处理。

【包装及贮运】 包装：50mL/瓶、250mL/瓶，保质期18个月。贮存条件：在阴凉、干燥、10～28℃的环境下贮存。本产品按照非危险品运输。

【生产单位】 北京天山新材料技术有限公司。

Cc012 管螺纹密封剂 1567

【英文名】 thread sealant1567

【主要组成】（甲基）丙烯酸酯类单体、引发剂、促进剂、阻聚剂等。

【产品技术性能】 外观：白色膏状；密度：1.10g/cm³；黏度：554Pa·s；初固时间：120min。固化后的产品性能如下。最大密封压力：71MPa；工作温度：－60～204℃；标注测试标准：JB/T 7311—2008，GB/T 2794；

【特点及用途】 1. 该胶是单组分胶，操作简单，室温固化；2. 具有自润滑性能，装配时不易损伤螺纹。涂密封剂装备后，即能承受一定的压力，完全固化后可承受更高的压力，具有优良的耐介质性能，耐温可达204℃，初固时间长（120min）。

主要用于油、气、汽、水等介质管路螺纹处的密封。允许用于饮用水系统。

【施工工艺】 1. 清洗：用1755高效清洗剂清洗螺纹，无油表面可获得最佳锁固密封效果。2. 涂胶：将密封剂涂在管件的外螺纹上，涂胶的宽度为三道螺纹，应使密封剂充满螺纹的根部，管端空出1～2扣不要涂。对于大管件或间隙，应相应调整涂胶量，并且内螺纹也应涂胶。3. 装配：拧紧接头至正确位置或规定力矩即可；要达到最大的密封压力及最佳的耐介质性，需固化至少24h以上。4. 拆卸：如需拆卸，用一般扳手拆卸即可；大直径的管件（>2in，1in=0.0254m），加热后才能拆卸。拆卸下的管螺纹刷掉残余的密封剂，重新涂上密封剂即可再次装配。注意事项：当在温度较低的环境、惰性材质表面或大间隙条件使用该产品时，可通过使用促进剂1764提升固化速率。

【毒性及防护】 本产品固化后为安全无毒物质，但固化前应尽量避免与皮肤接触，若不慎溅入眼睛，应迅速用大量清水冲洗，严重时请及时到医院处理。

【包装及贮运】 包装：50mL/管、250mL/管，保质期18个月。贮存条件：在阴凉、干燥、10～28℃的环境下贮存。运输：本产品按照非危险品运输。

【生产单位】 北京天山新材料技术有限公司。

Cc013 厌氧型平面密封剂1515

【英文名】 flange sealant1515

【主要组成】（甲基）丙烯酸酯类单体、引发剂、促进剂、阻聚剂等。

【产品技术性能】 外观：紫红色；密度：1.10g/cm³；黏度：1.2×10^6mPa·s；最大填充间隙：0.25mm；初固时间：1～2h。固化后的产品性能如下。最大密封压力(22℃)：32.0MPa；工作温度：－60～150℃；标注测试标准：JB/T 7311—2008。GB/T 2794。

【特点及用途】 1. 该胶是单组分胶，操作简单，室温固化；2. 膏状，适合于机加工的刚性结合面密封，粘接性能优异，操作性能佳，耐介质性能优良。该产品广泛用于泵类、减速器及变速箱体、机体端盖、法兰、汽车桥壳等零件结合面的密封。

【施工工艺】 1. 清洗：用1755高效清洗剂清洗待粘接表面，无油表面可获得最佳密封效果。2. 涂胶：可直接挤在密封面上，形成一个连续封闭的胶圈，其数量要足以完全充满结合部位。也可用短绒胶辊滚涂施工。3. 装配：合拢配件，并用常规方法拧紧螺栓。4. 拆卸：用常规方法即可拆开。拆卸后密封面上的残余胶垫可用1790垫片清除剂或平铲清除。注意事项：1. 本产品不宜在纯氧系统和/或富氧系统中使用，不能作为氯气和其它强氧化性材料的密封剂；2. 当间隙大、温度低及表面惰性时，须配合促进剂1764一起使用。

【毒性及防护】 本产品固化后为安全无毒物质，但固化前应尽量避免与皮肤接触，若不慎溅入眼睛，应迅速用大量清水冲洗，严重时请及时到医院处理。

【包装及贮运】 包装：50mL/瓶、310mL/瓶，保质期18个月。贮存条件：在阴凉、干燥、10～28℃的环境下贮存。运输：本产品按照非危险品运输。

【生产单位】 北京天山新材料技术有限公司。

Cc014 圆柱零件固持剂1680

【英文名】 cylindrical part fixing agent 1680

【主要组成】（甲基）丙烯酸酯类单体、引发剂、促进剂、阻聚剂等。

【产品技术性能】 外观：绿色；密度：1.10g/cm³；黏度：1500mPa·s；初固时间：10min；最大径向间隙：0.25mm。

固化后的产品性能如下。剪切强度：23.2MPa；工作温度：－60～150℃；标注测试标准：JB/T 7311—2008，GB/T 2794，GB/T 18747.2。

【特点及用途】1. 该胶是单组分胶，操作简单，室温固化；2. 中等黏度，高强度，耐溶剂性能优良。适用于粘接固持间隙或过渡配合的各种孔轴配件，提高配合零件的装配连接强度。该产品广泛用于管套、皮带轮、齿轮、转子、风扇与轴的粘接固持及轴承、轴套、塞堵在箱体孔中的粘接固持及螺纹件的永久性锁固。

【施工工艺】1. 清洗：用1755高效清洗剂清洗待装配表面，无油表面可获得最佳固持效果。2. 涂胶：胶液可直接涂上，也可倒入洁净的容器中，刷涂或抹涂。3. 装配：装配时应来回转动零件以使胶液与被粘材料充分浸润；在达到足够的强度前，勿乱动零件。4. 拆卸：需将零件加热到260℃，趁热拆卸。注意事项：1. 当在温度较低的环境、惰性材质表面或大间隙条件使用该产品时，可通过使用促进剂1764提升固化速率；2. 当产品倒入洁净容器中使用时，剩余胶液不得倒回原瓶，防止瓶中胶液被污染。

【毒性及防护】本产品固化后为安全无毒物质，但固化前应尽量避免与皮肤接触，若不慎溅入眼睛，应迅速用大量清水冲洗，严重时请及时到医院处理。

【包装及贮运】包装：50mL/瓶、250mL/瓶，保质期18个月。贮存条件：在阴凉、干燥、10～28℃的环境下贮存。运输：本产品按照非危险品运输。

【生产单位】北京天山新材料技术有限公司。

Cc015 预涂螺纹锁固剂 1204

【英文名】pre-coated threadlocker agent 1204

【主要组成】（甲基）丙烯酸酯类单体、引发剂、促进剂等。

【产品技术性能】外观：A组分为粉红色液体，B组分为白色粉末；黏度：80000mPa·s(A组分)；初固时间：30s（磷化）。固化后的产品性能如下。破坏力矩：30N·m（M10磷化）；工作温度：－54～150℃；标注测试标准：JB/T 7311—2008，GB/T 2794，GB/T 18747.1。

【特点及用途】双组分，高等强度，预先涂覆螺栓表面，满足现场快速装配的需求。该产品用于大批量生产螺栓，快节奏生产管螺纹、丝堵等。适合汽车及零部件企业大规模/快速生产装配。

【施工工艺】1. 表面处理：用1755高效清洗剂清洗待装配表面，晾干，无油表面可获得最佳固持效果。2. 混胶：将A、B两组分按质量比28∶1均匀混合，混合时不要有摩擦动作，避免微胶囊破裂而降低锁固强度及稳定性。3. 涂胶：采用涂胶机或人工刷涂及滚涂等方式将混合好的胶液涂满螺纹的间隙中。4. 烘干：在70～80℃下烘干，烘干时间根据零件的尺寸及形状而定。5. 室温塑封：烘干后冷却至室温，放入塑料袋中塑封备用。6. 装配：装配螺栓、螺帽，拧紧至规定力矩即可。7. 拆卸：可用扳手拆卸。对于一些特殊的场合，禁止用扳手直接拆卸，此时应将螺栓螺母加热至260℃趁热拆卸。注意事项：1. 建议配好的胶液在8h内使用；2. 涂胶后的标准件在贮运过程中要防潮、防磕碰。

【毒性及防护】本产品固化后为安全无毒物质，但固化前应尽量避免与皮肤接触，若不慎溅入眼睛，应迅速用大量清水冲洗，严重时请及时到医院处理。

【包装及贮运】包装：500g/套，保质期12个月。贮存条件：在阴凉、干燥、10～28℃的环境下贮存。运输：本产品按照非危险品运输。

【生产单位】北京天山新材料技术有限公司。

Cc016 预涂干膜螺纹密封剂1516

【英文名】 pre-coated thread sealant1516

【主要组成】 丙烯酸酯乳液、聚乙烯粉、聚四氟乙烯粉等。

【产品技术性能】 外观：铁红色；密度：1.08g/cm³；黏度：75000mPa·s；成干膜时间：20min（80℃）。固化后的产品性能如下。密封压力：气压为0.8MPa；工作温度：－54～150℃；标注测试标准：JB/T7311—2008，GB/T 2794。

【特点及用途】 单组分、高黏度、预涂型干膜螺纹密封剂。该产品适用于传动螺栓、管塞头和接头密封。

【施工工艺】 1. 表面处理：用天山1755除油，除油表面可获得最佳密封效果。2. 涂胶：采用涂胶机或人工刷涂及滚涂等方式将胶液涂满螺纹的间隙中。3. 烘干：在70～80℃下烘干，烘干时间根据零件的尺寸及形状而定。4. 室温塑封：烘干后冷却至室温，放入塑料袋中塑封备用。5. 装配：装配螺栓、螺帽，拧紧至规定力矩即可。6. 拆卸：用一般扳手拆卸即可。注意事项：1. 本产品建议现取现用，不用的时候要进行密封，否则胶液表面易结皮；2. 涂胶后的标准件在贮运过程中要防磕碰。

【毒性及防护】 本产品固化后为安全无毒物质，但固化前应尽量避免与皮肤接触，若不慎溅入眼睛，应迅速用大量清水冲洗，严重时请及时到医院处理。

【包装及贮运】 包装：500g/桶、2kg/桶，保质期12个月。贮存条件：在阴凉、干燥、10～28℃的环境下贮存。运输：本产品按照非危险品运输。

【生产单位】 北京天山新材料技术有限公司。

Cc017 油面紧急修补剂TS528

【英文名】 emergent repair putty TS528 for oiled surfaces

【主要组成】 甲基丙烯酸甲酯、ABS树脂、甲基丙烯酸、异丙苯过氧化氢、氢醌等。

【产品技术性能】 外观：白色；密度：1.00g/cm³。固化后的产品性能如下。剪切强度：32.0MPa（GB/T 7124—2008）；拉伸强度：35.0MPa（GB/T 6329—1996）；剥离强度：38.0N/cm（GB/T 2791—1995）；工作温度：－60～120℃；固化后的收缩率：0.01cm/cm。

【特点及用途】 双组分，25℃时5min固化定位，可带油粘接。适用于油箱、油罐、油管、法兰盘、变压器散热片等由于裂纹、疏松、砂眼、焊接缺陷而引起的渗漏、泄漏修补（注：本品不适合铜质管路的堵漏）。

【施工工艺】 该胶是双组分胶（A/B），A组分和B组分的质量比为1∶1，体积配比为1∶1。注意事项：温度低于15℃时，应采取适当的加温措施，否则对应的固化时间将适当延长；当混合量大于200g时，操作时间将会缩短。

【毒性及防护】 本产品固化后为安全无毒物质，但混合前两组分应尽量避免与皮肤和眼睛接触，若不慎接触眼睛，应迅速用清水清洗。

【包装及贮运】 包装：500g/套，保质期1年。贮存条件：室温、阴凉、通风、干燥处贮存。本产品按照非危险品运输。

【生产单位】 北京天山新材料技术有限公司。

Cc018 厌氧螺纹紧固胶3M™ Scotch-Weld™ TL43

【英文名】 anaerobic threadlocker 3M™ Scotch-Weld™ TL43

【主要组成】 改性丙烯酸树脂、助剂等。

【产品技术性能】 外观：蓝色；密度：1.04g/cm³；初固化时间：15min。固化后的产品性能如下。最大缝隙填充：

0.3mm；破坏扭矩：12～25N·m；拆卸扭矩：5～15N·m；耐温性：－50～150℃；标注测试标准：以上数据测试参照ISO 10964。

【特点及用途】 适用于多数中～粗螺纹螺栓，螺母和螺栓、可拆卸性；抗震动、耐腐蚀，美国军标认证。主要用于螺纹紧固，可以应用在电子、交通、建筑暖通行业。

【施工工艺】 零部件必须保持清洁，清除上面的油污和油脂，在需要的地方涂覆固持胶，组合部件，晾置固化，擦除接缝外残余的密封胶，加热组装部件，以加快固化速率。注意事项：该产品必须在隔绝空气的条件下及金属件活化作用下方可发生固化反应，露在接缝外的密封胶不会发生固化，用抹布即可擦除。某些塑料不宜使用TL42，否则可能会产生应力裂纹。部分防腐化学品会对该厌氧型固化系统产生抑制作用。无论部件是否需要清洁，建议最好开槽处理，镀件密封时需添加AC64活化剂。

【毒性及防护】 本产品固化后为安全无毒物质，但应尽量避免与皮肤和眼睛接触，若不慎接触眼睛，应迅速用清水清洗。可能引起皮肤过敏性反应。

【包装及贮运】 包装：50mL/套，保质期12个月。贮存条件：贮存于21℃以下的阴凉干燥处。危险类别：第9类危害环境物质。

【生产单位】 3M中国有限公司。

Cc019 螺纹锁固厌氧胶2262

【英文名】 anaerobic agent 2262 for threadlocker

【主要组成】 甲基丙烯酸酯及其预聚物、催化剂、助剂等。

【产品技术性能】 外观：红色液体；密度：1.00～1.15g/cm³；工作温度：－50～150℃；黏度：2750mPa·s；破坏力矩：22N·m；平均破坏力矩：30N·m；固定时间：10～30min；全固时间：24h。

【特点及用途】 单组分、触变性黏度、中高强度耐介质性优良的厌氧型螺纹锁固密封剂。该产品主要用于螺纹锁固、密封及发动机碗形塞的密封。

【施工工艺】 涂胶前将被粘接表面清理干净，然后将胶均匀涂于其上。

【毒性及防护】 本产品固化后为安全无毒物质，但混合前两组分应尽量避免与皮肤和眼睛接触，若不慎接触眼睛，应迅速用清水清洗。

【包装及贮运】 包装：50mL/瓶，250mL/瓶，保质期2年。贮存条件：室温、阴凉处贮存。

【生产单位】 烟台德邦科技有限公司。

Cc020 螺纹紧固件锁固密封剂200系列

【英文名】 sealant 200 series for threadlock

【主要组成】 聚丙烯酸酯、活性稀释剂、催化剂等。

【产品技术性能】

性能	222	242	243	262	271	272	277	290
外观	紫色	蓝色	蓝色	红色	红色	红色	红色	绿色
黏度/mPa·s	1200触变	1200触变	2250触变	1800触变	500	9500	700	12
室温固定时间/min	15	15	15	15	20	60	60	15
破坏力矩/N·m	6	12	20	22	28	23	32	10

【特点及用途】 222用于起子头、十字头、小直径螺钉的锁固、密封；242用于螺母的锁固；243用于M20以下螺纹的锁固与密封；262用于螺纹的锁固与密封及发动机碗形塞的密封；271用于螺柱拧入端的锁固；272用于气缸头双头螺栓的

锁固；277 用于大直径螺纹的锁固、密封；290 用于可调螺钉的锁固、焊缝裂纹等。

【毒性及防护】 本产品固化后为安全无毒物质，但混合前两组分应尽量避免与皮肤和眼睛接触，若不慎接触眼睛，应迅速用清水清洗。

【包装及贮运】 包装：50mL/瓶，250mL/瓶，保质期 2 年。贮存条件：室温、阴凉处贮存。

【生产单位】 烟台德邦科技有限公司。

Cc021 螺丝锁固胶 CD-242

【英文名】 screw locking adhesive CD-242

【产品技术性能】 外观：蓝色；密度：1.05g/cm^3；黏度：1200/6000mPa·s 触变性；平均拆卸力矩：4.8N·m；平均破坏力矩：12N·m；温度范围：−54～149℃；固化速率(25℃，初固/全固)：20min/24h。

【特点及用途】 1. 单组分，触变性胶液，隔绝空气后快速固化，使用温度范围广；2. 固化物耐水、耐油、耐震动、耐腐蚀、防锈，具有一定的润滑性以达到精确的夹持负荷；3. 一种可拆卸的通用型螺纹锁固剂，既可取代螺栓垫片防止螺栓松动，拆卸时又极为方便；4. 通用型，应用范围广，中强度，易拆卸。可用于发动机缸体塞片，桥壳螺栓锁固，气缸导套装配，缸头双头螺栓、发动机支架螺母、变速器螺栓、化油器、油泵油嘴，几乎所有螺栓连接的锁固防漏密封。

【施工工艺】 1. 用丙酮或乙酸乙酯擦净表面并干燥；2. 触变性胶液，使用前摇匀；3. 在需密封的部位涂胶；4. 配合后，擦除多余胶液，常温静置固化。20min 初固，24h 后完全固化，并达到最高强度。

【包装及贮运】 10g/支×60 支/箱，50g/支×50 支/箱，250g/支×24 支/箱。常温可保存 1 年。

【生产单位】 泉州昌德化工有限公司。

Cc022 厌氧（螺纹、平面）锁固密封胶 SG-200、SG-500

【英文名】 anaerobic adhesive SG-200、SG-500 for thread-locker

【主要组成】 丙烯酸酯树脂、增塑剂、稳定剂、促进剂等。

【产品技术性能】 外观：蓝色或红色液体；黏度：500～7000mPa·s；闪点：>93℃；最大填充间隙：0.13mm；适用螺栓范围：M2～M36；平均拆卸力矩：4～32N·m；平均破坏力矩：14～38N·m；温度范围：−54～149℃；以上测试参考 Q/ZJP 15—2001。

【特点及用途】 1. 该密封剂在各种情况下，室温即能迅速固化，可靠性高，有良好的触变性、润滑性和密封性，使用十分方便；2. 适用于螺纹紧固件，也可用于要求锁紧力较低的大众型螺纹的锁紧。

【施工工艺】 将胶直接从瓶口滴在螺栓、螺帽或粘接部件表面，然后旋紧或压紧。旋紧时的扭矩依据本身设计的紧固扭矩为标准。

【包装及贮运】 500mL、250mL，红色塑料瓶（管）包装。阴凉干燥处保存。常温可保存 1 年。

【生产单位】 浙江金鹏化工股份有限公司。

Cc023 厌氧型螺纹锁固密封胶 SG-800

【英文名】 anaerobic sealant SG-800 for thread-locker

【主要组成】 丙烯酸酯树脂、增塑剂、稳定剂、促进剂等。

【产品技术性能】 外观：浅黄色或红色液体；黏度：500～7000mPa·s；闪点：>93℃；适用螺栓范围：M2～M36；平均拆卸力矩：4～32N·m；平均破坏力矩：14～38N·m；温度范围：−54～149℃；以上测试参考 Q/ZJP 15—2001。

【特点及用途】 1. 该密封剂在各种情况下，室温即能迅速固化，可靠性高，有良好的触变性、润滑性和密封性，使用十分方便；2. 适用于螺纹紧固件，也可用于要求锁紧力较低的大众型螺纹的锁紧。

【施工工艺】 将胶直接从瓶口滴在螺栓、螺帽或粘接部件表面，然后旋紧或压紧。旋紧时的扭矩依据本身设计的紧固扭矩为标准。

【包装及贮运】 500mL、250mL，红色塑料瓶（管）包装。阴凉干燥处保存，常温可保存1年。

【生产单位】 浙江金鹏化工股份有限公司。

Cc024 渗透剂 TS121

【英文名】 impregnant TS121

【主要组成】 甲基丙烯酸双酯、稀释剂、增塑剂、稳定剂、促进剂等。

【产品技术性能】 平均拆卸力矩：≥3.4N·m；最大密封压力：≥30MPa；剪切强度：≥19MPa；最大填充间隙：≤0.3mm；以上测试参考企标 Q石/J 37-02—95。

【特点及用途】 该渗透剂对铸件、焊缝微孔、疏松有很强的渗透力，无需加温加压即可渗入孔内，密封性强。用于各种压力容器、管道因铸造、焊接产生的微孔、疏松、裂纹的封闭止漏。

【施工工艺】 1. 将渗漏部位用火焰加热，去掉微孔、疏松部位内的水分、液体；2. 冷却至30～40℃时，将TS121渗透剂滴在渗漏处，每间隔3～5min滴一次，滴3～5次即可；3. 室温固化4h后可打压试验，24h后工件可投入使用。

【包装及贮运】 50g/瓶，保质期1年，于室温、阴凉处贮存。本品按非危险品运输。

【生产单位】 北京天山新材料技术有限公司。

Cc025 螺纹锁固密封剂 200 系列

【英文名】 threadlock sealant 200 series

【主要组成】 甲基丙烯酸酯及其预聚物、催化剂等。

【产品技术性能】

性能	222	242	243	262	271	272	277	290
外观	紫色	蓝色	蓝色	红色	红色	红色	红色	绿色
最大填充间隙/mm	0.13	0.13	0.13	0.13	0.13	0.25	0.25	0.1
黏度/mPa·s	1200～5000	1100～5000	2250～12000	1800～5000	500	9500	7000	12
室温固化速率（固定/固全）/（min/24h）	20	20	20	20	20	30	30	20
破坏力矩/N·m	6	12	20	22	28	23	32	10
平均拆卸力矩/N·m	4	5	7	22	31	25	32	29
工作温度/℃	−54～149	−54～149	−54～149	−54～149	−54～149	−54～230	−54～149	−54～149

【特点及用途】 222：低强度、触变性黏度，适用于大多数金属表面，易拆卸；用于M2～M12螺纹的锁固和密封。242：通用型，中强度，触变性黏度；用于M6～M20螺纹的锁固和密封。243：中等强度，快速固化，可用于惰性表面；容油性好，易拆卸；用于M20以下螺纹的锁固与密封。262：高强度，适用于大多数金属表面；触变性黏度，耐化学性好；用于M20以下螺纹的锁固与密封。271：超高强度，中黏度；用于M36以下螺纹的永久性锁固与密封。272：高强度，耐高温230℃；可用于气缸头双头螺栓的锁固。277：高强度，大黏度；耐化学性能优良，适用于活性表面金属；用于M36以下螺纹的永久性锁固与密封。290：中等强度，低黏度，高渗透性，快速固化，适用于惰性表面；用于已装配好的M2～

M12螺纹的锁固与密封；可用于密封焊接缝铸件的砂眼微孔。

【毒性及防护】 本产品固化后为安全无毒物质，但混合前两组分应尽量避免与皮肤和眼睛接触，若不慎接触眼睛，应迅速用清水清洗。

【生产单位】 汉高乐泰（中国）有限公司。

Cc026 结构胶300系列

【英文名】 structure adhesive 300 series

【主要组成】 甲基丙烯酸酯及其预聚物、催化剂等。

【产品技术性能】

性　能	319	324	326	330
外观	琥珀	琥珀	琥珀	琥珀
最大填充间隙/mm	0.4	0.5	0.5	0.5
黏度/mPa·s	2750	16000	18000	67500
室温固化速度(固定/固全)/(min/24h)	1	5	1	5
工作温度/℃	−54～149	−54～149	−54～149	−54～149
剪切强度/MPa	≥10.3	≥14	≥15.2	≥17
适用促进剂	7649	7075	7649	7386

【特点及用途】 319：低黏度，流动性较好，快速固化配用促进剂7649。324：坚固柔韧，耐冲击强度高；用于粘接大多数材料，如玻璃与金属，促进剂用7075。326：快速固化，高强度；用于电镀金属件或扬声器零件等，也适用于粘接玻璃与金属，促进剂用7649。330：橡胶增强柔韧，通用型，柔性好，耐剥离和冲击强度高；快速固化，高强度；用于使用中需要弯曲和弹性的金属薄板及石头、木材之类的多孔材料。

【毒性及防护】 本产品固化后为安全无毒物质，但混合前两组分应尽量避免与皮肤和眼睛接触，若不慎接触眼睛，应迅速用清水清洗。

【生产单位】 汉高乐泰（中国）有限公司。

Cc027 圆柱形零件固持胶600系列

【英文名】 threadlock sealant 200 series

【主要组成】 甲基丙烯酸酯及其预聚物、催化剂等。

【产品技术性能】

性　能	603	609	620	641	648	660	680
外观	绿色	绿色	绿色	黄色	绿色	银灰	绿色
最大填充间隙/mm	0.13	0.13	0.4	0.25	0.15	0.5	0.25
黏度/mPa·s	125	125	8500～22000	525～1950	500	膏状	1250
剪切强度/MPa	≥22.5	≥15.8	≥19	≥11.5	≥25	≥17.2	≥20.7
工作温度/℃	−54～149	−54～149	−54～232	−54～149	−54～175	−54～149	−54～149

【特点及用途】 630：通用型，可用于惰性表面，高强度；对有油表面不敏感，适用于有油的表面；用于径向间隙小于0.1mm的零件的固持。620：耐高温，高黏度，不流淌；固持气门套管、注塑机芯套、阀套、缸套、键槽等；用于径向间隙0.1～0.25mm的零件的固持。609：通用型，低黏度，高强度；适用于过度、过盈或间隙配合；固持键与轴、轴承、小电机转子轴、衬套；提高压配合的强度；修复磨损的孔-轴配合件或超差的零件；用于径向间隙小于0.1mm的零件的固持。641：中强度，易拆卸，用于固持圆柱形配合件，特别适用于需要经常拆卸的场合，适用于轴承装配，用于径向间隙0.1～0.25mm的零件的固持。648：耐高温，高强度，快速固化，特别适用于固持承受温度较高的零件；用于径向间隙小于0.1mm的零件的固持。660：维修用，快速固化，填充间隙大，高强度；修复轴、端盖、键、键槽、轴承、衬套；用于径向间隙0.1～0.5mm的零件的固持。680：

中等黏度，高强度；适用于间隙配合或过渡配合；固持套管、皮带轮、齿轮、转子；修复孔-轴配合件、超差零件；用于径向间隙小于 0.25mm 的零件的固持。

【毒性及防护】 本产品固化后为安全无毒物质，但混合前两组分应尽量避免与皮肤和眼睛接触，若不慎接触眼睛，应迅速用清水清洗。

【生产单位】 汉高乐泰（中国）有限公司。

Cc028 管螺纹密封厌氧胶 WD5567

【英文名】 anaerobic sealant WD5567 for pipe

【主要组成】 预聚物、低聚物、引发剂。

【产品技术性能】 外观：白色膏状；热老化稳定性：≥2h；初固时间：≤120min；耐压：≥69MPa。

【特点及用途】 具有高黏度和耐热性高、耐介质性能好和易拆卸的特点。适用于大口径金属管螺纹的密封和 M80 以下螺纹的密封。

【施工工艺】 先用纱布或毛刷以丙酮或三氯乙烯清洗剂清洗粘接面，以除去油污。待清洗剂干燥后，涂上一层本胶液，然后进行装配。

【毒性及防护】 眼睛：严重刺激性；皮肤：轻微刺激性，敏感人群可能会有皮肤过敏反应；吸入：可能的刺激，可能导致肝、肾损害。

【包装及贮运】 每支 50mL 或 300mL。本产品密封、避光、放置于阴凉通风处。在运输装卸过程中应避免碰撞、重压，防止日光直射。

【生产单位】 上海康达化工新材料股份有限公司。

Cc029 通用型螺纹锁固厌氧胶 WD5352

【英文名】 anaerobic adhesive WD5352

【主要组成】 丙烯酸酯预聚物、稀释剂、引发剂。

【产品技术性能】 外观：淡黄色液体；黏度：0.4～0.6Pa·s；热老化稳定性：≥2h；初固时间：≤20min；扭矩强度：T_b≥30N·m，T_p≥25N·m。

【特点及用途】 高强度，快固化。用于螺纹件的锁固和密封。

【施工工艺】 使用前，先将粘接件用丙酮或三氯乙烯擦洗两次，彻底去除油污。待溶剂挥发后，可均匀涂胶，涂胶量要适当，确保粘接表面布满。将涂好胶的工件，适当地使表面相对运动，以保证胶层均匀并布满。胶接件涂好后，擦去余胶，静置 20min，可初步定位，24h 后可达到最大粘接强度。

【包装及贮运】 每支 50mL 或 250mL。本产品密封、避光、放置于阴凉通风处。在运输装卸过程中应避免碰撞、重压，防止日光直射。

【生产单位】 上海康达化工新材料股份有限公司。

Cc030 渗透型厌氧密封胶 WD5090

【英文名】 impregnating anaerobic sealant WD5090

【主要组成】 预聚物、低聚物、引发剂。

【产品技术性能】 外观：绿色液体；黏度：10～20mPa·s；热老化稳定性：≥2h；初固时间：≤30min；破坏扭矩强度：2.5～11.5N·m；平均拆卸扭矩强度：20～35N·m。

【特点及用途】 低黏度，高渗透。适用于金属焊封、铸件砂眼的渗透密封和 M2～M12 螺纹的锁固和密封。

【施工工艺】 先用纱布或毛刷以丙酮或三氯乙烯清洗剂清洗粘接面，以除去油污。待清洗剂干燥后，将用胶部位加热到 120℃，冷却到 85℃左右，滴上胶液。对于螺纹固持，涂胶后应适当地使螺母和螺栓进行相对运动，以保证胶层均匀，不漏胶，擦去余胶，30min 初步定位，24h 后可达到最大粘接强度。

【毒性及防护】 眼睛：严重刺激性；皮肤：轻微刺激性，敏感人群可能会有皮肤过敏反应；吸入：可能的刺激，可能导致肝、肾损害。

【包装及贮运】 每支50mL或250mL。本产品密封、避光、放置于阴凉通风处。在运输装卸过程中应避免碰撞、重压，防止日光直射。

【生产单位】 上海康达化工新材料股份有限公司。

Cc031 耐高温固持厌氧胶 WD5015

【英文名】 anaerobic sealant WD5015 for flat faces

【主要组成】 预聚物、低聚物、引发剂。

【产品技术性能】 外观：紫色黏稠液体；热老化稳定性：≥5h；初固时间：≤60min；耐压：≥20MPa。

【特点及用途】 该胶单组分，触变性黏度，固化后胶层有弹性，耐压性高，耐介质性好，对钢、铁、铜、铝等均有较好的粘接密封效果。

【施工工艺】 1. 先将待粘接部位用丙酮或三氯乙烯擦洗2次，彻底除去油污和锈渍；2. 待溶剂挥发后，均匀涂胶，涂胶量应确保涂满粘接件表面，不漏胶；3. 涂胶后，尽快合拢胶接面，上紧螺栓，2h可承受轻微压力，24h后可达到最大粘接强度。

【毒性及防护】 眼睛：严重刺激性；皮肤：轻微刺激性，敏感人群可能会有皮肤过敏反应；吸入：可能的刺激，可能导致肝、肾损害。

【包装及贮运】 每支50mL或300mL。本产品密封、避光、放置于阴凉通风处。在运输装卸过程中应避免碰撞、重压，防止日光直射。

【生产单位】 上海康达化工新材料股份有限公司。

Cc032 耐高温固持厌氧胶 WD5020

【英文名】 anaerobic sealant WD5020

【主要组成】 预聚物、低聚物、引发剂。

【产品技术性能】 外观：绿色液体；黏度：4～7Pa·s；热老化稳定性：≥2h；初固时间：≤30min；静剪切强度：≥15MPa。

【特点及用途】 具有耐高温、耐介质、高黏度、高强度和不流淌等特点。主要用于固持气门套管、阀套、缸套、注塑机芯套等处。

【施工工艺】 先用纱布或毛刷用丙酮或三氯乙烯清洗剂清洗粘接面，以除去油污。待清洗剂干燥后，将胶刷涂在粘接面上，再进行装配，0.5h内即可定位，24h后可达到最大粘接强度。

【毒性及防护】 眼睛：严重刺激性；皮肤：轻微刺激性，敏感人群可能会有皮肤过敏反应；吸入：可能的刺激，可能导致肝、肾损害。

【包装及贮运】 每支50mL或250mL。本产品密封、避光、放置于阴凉通风处。在运输装卸过程中应避免碰撞、重压，防止日光直射。

【生产单位】 上海康达化工新材料股份有限公司。

Cc033 触变性螺纹锁固型厌氧胶 WD5042

【英文名】 anaerobic sealant WD5042

【主要组成】 预聚物、低聚物、引发剂。

【产品技术性能】 外观：绿色液体；黏度：800～2000mPa·s；热老化稳定性：≥2h；初固时间：≤30min；破坏扭矩强度：10～25N·m；平均拆卸扭矩强度：1.5～7N·m。

【特点及用途】 耐介质性能好。通用型、中强度、触变性厌氧胶，用于M6～M20螺纹的锁固和密封。

【施工工艺】 先用纱布或毛刷以丙酮或三氯乙烯清洗剂清洗粘接面，以除去油污。待清洗剂干燥后再进行装配，0.5h内即可定位，24h 后可达到最大粘接强度。

【毒性及防护】 眼睛：严重刺激性；皮肤：轻微刺激性，敏感人群可能会有皮肤过敏反应；吸入：可能的刺激，可能导致肝、肾损害。

【包装及贮运】 每支 50mL 或 250mL。本产品密封、避光、放置于阴凉通风处。在运输装卸过程中应避免碰撞、重压，防止日光直射。

【生产单位】 上海康达化工新材料股份有限公司。

Cc034 高强度螺纹锁固型厌氧胶 WD5062

【英文名】 high strength anaerobic adhesive WD5062 for thread-locker

【主要组成】 预聚物、低聚物、引发剂。

【产品技术性能】 外观：红色液体；黏度：1.5～6Pa·s；初固时间：≤30min；破坏扭矩强度：16～38N·m；平均拆卸扭矩强度：10～35N·m；热老化稳定性：≥2h。

【特点及用途】 触变性、高强度、耐介质性能好的厌氧胶，破坏扭矩大于平均拆卸扭矩。适用于 M20 以下螺纹的锁固和密封。

【施工工艺】 先用纱布或毛刷以丙酮或三氯乙烯清洗剂清洗粘接面，以除去油污。待清洗剂干燥后再进行装配，0.5h 内即可定位，24h 后可达到最大粘接强度。

【毒性及防护】 眼睛：严重刺激性；皮肤：轻微刺激性，敏感人群可能会有皮肤过敏反应；吸入：可能的刺激，可能导致肝、肾损害。

【包装及贮运】 每支 50mL 或 250mL。本产品密封、避光、放置于阴凉通风处。在运输装卸过程中应避免碰撞、重压，防止日光直射。

【生产单位】 上海康达化工新材料股份有限公司。

Cc035 中黏度锁固型厌氧胶 WD5071

【英文名】 midium viscosity anaerobic sealant WD5071

【主要组成】 预聚物、低聚物、引发剂。

【产品技术性能】 外观：红色黏稠液体；黏度：400～800mPa·s；完全固化：24h；定位时间：≤30min；破坏扭矩强度：≥18N·m；平均拆卸扭矩强度：≥20N·m；工作温度：−55～149℃。

【特点及用途】 高强度、中等黏度的厌氧胶。适用于 M36 以下螺纹的固持和密封。

【施工工艺】 先用纱布或毛刷以丙酮或三氯乙烯清洗剂清洗粘接面，以除去油污。待清洗剂干燥后再进行装配，0.5h 内即可定位，24h 后可达到最大粘接强度。

【毒性及防护】 眼睛：严重刺激性；皮肤：轻微刺激性，敏感人群可能会有皮肤过敏反应；吸入：可能的刺激，可能导致肝、肾损害。

【包装及贮运】 每支 50mL 或 250mL。本产品密封、避光、放置于阴凉通风处。在运输装卸过程中应避免碰撞、重压，防止日光直射。

【生产单位】 上海康达化工新材料股份有限公司。

Cc036 高黏度固持型厌氧胶 WD5080

【英文名】 high viscosity anaerobic sealant WD5080

【主要组成】 预聚物、低聚物、引发剂。

【产品技术性能】 外观：绿色黏稠液体；黏度：1300～3000mPa·s；完全固化时间：24h；定位时间：≤30min；剪切强度：≥21MPa；工作温度：−55～150℃。

【特点及用途】 高强度、中等黏度。适用于轴和轴承、皮带轮、齿轮的固持。

【施工工艺】 先用纱布或毛刷以丙酮或三氯乙烯清洗剂清洗粘接面，以除去油污。

待清洗剂干燥后再进行装配，0.5h 内即可定位，24h 后可达到最大粘接强度。

【毒性及防护】 眼睛：严重刺激性；皮肤：轻微刺激性，敏感人群可能会有皮肤过敏反应；吸入：可能的刺激，可能导致肝、肾损害。

【包装及贮运】 每支 50mL 或 250mL。本产品密封、避光、放置于阴凉通风处。在运输装卸过程中应避免碰撞、重压，防止日光直射。

【生产单位】 上海康达化工新材料股份有限公司。

D 有机硅胶黏剂及密封剂

有机硅胶黏剂包括以硅树脂或有机硅弹性体为基料的胶黏剂（包括密封剂）两大类。硅树脂由 Si—O—Si 为主链的空间网状结构组成，是硅原子上连接有机基团的交联型半无机高分子聚合物，在高温下可进一步缩合成高度交联且硬而脆的树脂。硅橡胶是一种线形的以 Si—O—Si 为主链的线型聚硅氧烷（分子量从几万到几十万不等），在固化剂及催化剂的作用下形成若干交联点的弹性体，由聚二甲基硅氧烷为主的硅橡胶，也称为硅酮胶。前者主要用于胶接金属和耐热非金属材料，所得胶接件可在－60～250℃的温度范围内使用，后者主要用于胶接耐热橡胶、橡胶与金属以及其它非金属材料，一般可在－60～200℃下使用。

有机硅胶黏剂大致可以分为纯有机硅胶黏剂和改性有机硅胶黏剂。纯有机硅有机胶黏剂主要由活性聚硅氧烷（端羟基硅橡胶，含氢或乙烯基硅油）、固化剂、催化剂、填料和助剂等组成。根据固化反应的差异，又可以分为缩合型、自由基引发型和硅氢加成型；根据组成和功能的不同，可以分为单组分硅胶、双组分硅胶和有机硅压敏胶。有机硅胶黏剂因其自身的分子结构，使得其具有诸多优越的性能，比如耐高低温性能、电气绝缘性、耐候性。目前已在电子电器、航天航空、建筑工业等领域得到了广泛的应用。其缺点是粘接强度低、内聚强度低等，故在使用时或配胶时应加以改性，改性的方法如下：

① 用有机硅硅烷偶联剂处理粘接表面，能增加表面能，提高硅胶的黏附力；

② 将有机硅偶联剂加入到有机硅胶黏剂中，提高胶黏剂的内聚强度；

③ 在胶黏剂中加入适量的气相二氧化硅，实现补强作用；

④ 在有机硅分子结构中，利用化学改性的方法引入活性基团，如酰氧基、氰基、环氧基等，能提高其内聚强度和粘接力；

⑤ 有极性聚合物，如乙烯基树脂、环氧树脂等与硅胶合金化或掺混，提高其内聚强度和粘接性能。

单组分室温硫化（RTV，room temperature vulconization）硅胶主

要含有端羟基聚硅氧烷预聚物、硅烷交联剂、硅烷偶联剂、催化剂、硅油增塑剂，超细填料增强剂、触变剂和其它助剂，依靠硅烷交联剂和硅烷偶联剂与空气中的水分接触后的水解及硅羟基缩合而交联固化。固化时硅烷交联剂和硅烷偶联剂水解时生成小分子，据此有脱酸型、脱肟型、脱醇型、脱胺型、脱酮型、脱酰胺型等。硅烷交联剂是分子中至少含有两个以上可水解的官能团。硅烷偶联剂分子中至少含有两类可反应的官能团，有时也可作用于交联剂。交联剂不仅与体系配方和催化剂有关，与交联剂的结构类型也有关系，不同交联剂类型的固化速率顺序为：脱乙酸型＞胺型＞酮肟型＞酰胺型＞醇型。乙酸型成本低，对大多数材料都有良好的胶接强度，但对金属有腐蚀性，粘接力较低。中性室温硫化硅橡胶由于无腐蚀性，发展较快。酮型 RTV 具有良好的胶接性和耐热性及贮存稳定性，无臭、无腐蚀性，不用有机羧酸金属盐作催化剂，硫化胶无毒。采用混合交联剂也有利于提高胶接强度。

双组分硅胶分缩合型和加成型两种。缩合型是在催化剂有机锡、铅、钛等的作用下由有机硅聚合物末端的羟基与交联剂中可水解基团进行缩合反应，缩合反应主要有脱醇型和脱氢型两大类，催化剂用量一般为 0.1%～5%。加成反应型 RTV 是在铂或铑等催化剂的作用下含乙烯基的硅氧烷与含氢硅氧烷发生硅氢加成而得，催化剂的用量很少，10^{-6} 量纲就可有效。双组分 RTV 的最大优点是表面和内部均匀硫化，可深度硫化。但双组分 RTV 的粘接性能差，常用硅烷偶联剂作底胶或用增黏剂可提高胶接强度。

有机硅压敏胶在胶黏剂中占有重要的地位，它由硅橡胶、MQ 树脂、交联剂、固化剂及有机溶剂组成。其中 MQ 树脂是压敏胶的关键成分，MQ 树脂应能溶于有机溶剂中，具有较低的分子质量及 M/Q 值，有适宜的端硅羟值。有机硅压敏胶主要有溶剂型、热熔型、乳液型、辐射固化型（UV，EB)、树脂改性型及高固含量型等几种。目前大量使用的是溶剂型有机硅压敏胶，其常用的溶剂有苯、甲苯、二氯甲苯、石油醚及其混合溶剂。

Da 单组分有机硅胶黏剂

Da001 单组分有机硅密封剂 HM319

【英文名】 one-part silicone sealant HM319

【主要组成】 液体硅橡胶、补强填料、硫化剂、助剂等。

【产品技术性能】 表干时间：≥10min；密度：≤1.9g/cm³；拉伸强度：≥1.0MPa；扯断伸长率：≥100%；180°剥离强度：≥1.0kN/m；硬度：≥18 Shore A；适用温度：−60～250℃；标注测试标准：以上数据测试参照企标 Q/6S 2121—2007。

【特点及用途】 单组分包装，使用方便，对多种金属、硅酸盐玻璃、聚碳酸酯等材料具有良好的粘接性。可用于空气介质中工作温度为−60～250℃下的结构件镙接、铆接接头和仪表、电子电器、户外设备的表面密封，以及有机硅密封剂密封制件的修补密封、硅橡胶制件的粘接等。

【施工工艺】 该密封剂单组分，可刮涂和灌涂施工。注意事项：施工前，应将刮涂与灌涂表面清洗干净，使之无油污、水分、灰尘、杂物等。不适用于厚度大于6mm的深层密封，如果密封厚度大于6mm，建议分批进行密封。

【毒性及防护】 本产品硫化后为安全无毒物质，但硫化前应尽量避免与眼睛接触，若不慎接触眼睛，应迅速用清水清洗。

【包装及贮运】 310mL 的塑料包装筒密闭包装，同时配备涂胶塑料尖嘴一个。也可以根据使用方的要求，提供其它容积的金属软管包装。贮存条件：产品应在0～30℃的库房内密封贮存，自生产之日起贮存期为9个月。

【生产单位】 中国航空工业集团公司北京航空材料研究院。

Da002 硅酮结构密封胶 MF899

【英文名】 silicone structural sealant MF899

【主要组成】 硅橡胶、硅油、碳酸钙、偶联剂等。

【产品技术性能】

项目			技术指标
颜色			黑、灰、棕、白等
下垂度	垂直放置/mm		≤1
	水平放置		不变形
挤出性/s			≤5
表干时间/h			≤2
硬度(Shore A)			30～60
拉伸黏结性	拉伸黏结强度/MPa	23℃	≥0.80
		90℃	≥0.60
		−30℃	≥0.80
		浸水后	≥0.60
		水-紫外线光照后	≥0.60
	黏结破坏面积/%		≤5
	23℃最大拉伸强度时的伸长率/%		≥100
固化时间(T=25℃,RH=50%)/d			7～14
耐温性/℃			−60～180
耐紫外线臭氧			水-紫外线连续照射2500h，无变化
符合标准	MF899符合下列标准： 1. 国家标准 GB 16776 2. 美国标准 ASTM C 920		

【特点及用途】 1. 高弹性、高模量；2. 中性固化，对被粘表面无腐蚀；3. 良好的耐高低温性能；4. 无需底漆即可对玻璃、铝材等建筑材料具有良好的黏结性；5. 对环境无污染。适用于建筑隐框幕墙的结构装配，也适用于汽车、船舶等耐风压玻璃的安装密封。

【施工工艺】 注胶施工环境推荐 10℃以上，使用手动或气动注胶枪注胶，应沿同一方向均匀注胶，使胶充满被粘缝内，然后修整。为确保密封胶不污染接缝表面，必须使用护面胶带保护，当注胶完毕后，将其除去。注意事项：使用前必须对工程材料进行相容性及黏结性试验并参阅本公司技术资料及安全数据表。

【毒性及防护】 本产品固化后为安全无毒物质，但固化前应尽量避免与皮肤和眼睛接触，若不慎接触眼睛，应迅速用清水清洗。

【包装及贮运】 包装：塑料管装，每管 300mL，每箱 25 管；软包装，每支 592mL，每箱 20 支。贮存条件：在 27℃以下的阴凉、通风、干燥处可贮存 12 个月。本产品按照非危险品运输。

【生产单位】 郑州中原应用技术研究开发有限公司。

Da003 硅酮结构密封胶 MF899-25

【英文名】 silicone structural sealant MF899-25

【主要组成】 硅橡胶、硅油、碳酸钙、偶联剂等。

【产品技术性能】

1. GB 16776 技术指标

项目		技术指标
下垂度	垂直放置/mm	≤3
	水平放置	不变形
挤出性/s		≤10
表干时间/h		≤3
硬度(Shore A)		30～60
黏合时间/h		3～7

续表

1. GB 16776 技术指标

项目			技术指标
拉伸黏结性	拉伸强度/MPa	23℃	≥0.60
		90℃	≥0.50
		－30℃	≥0.50
		浸水后	≥0.50
		水-紫外线光照后	≥0.50
	黏结破坏面积/%		≤5
	23℃最大拉伸强度时的伸长率/%		≥100
热失重/%			≤5
固化时间($T=25$℃,RH＝50%)/d			7～14
热老化	龟裂		无
	粉化		无

2. ETAG 002 技术指标

项目		技术指标
拉伸强度	23℃拉伸强度/MPa	≥0.60
	80℃拉伸强度/MPa	≥0.75
	－20℃拉伸强度/MPa	≥0.75
	黏结破坏面积/%	≤10
剪切强度	23℃剪切强度/MPa	≥0.60
	80℃剪切强度/MPa	≥0.75
	－20℃剪切强度/MPa	≥0.75
	黏结破坏面积/%	≤10
1008h 水-紫外光照	水-紫外光照后的拉伸强度/MPa	≥0.75
	黏结破坏面积/%	≤10
NaCl 环境	NaCl 环境后拉伸强度/MPa	≥0.75
	黏结破坏面积/%	≤10
SO_2环境	SO_2环境后拉伸强度/MPa	≥0.75
	黏结破坏面积/%	≤10
清洁剂	清洁剂水溶液浸泡后拉伸强度/MPa	≥0.75
	黏结破坏面积/%	≤10
	气体包裹	无可见气泡
弹性恢复率	卸载 24h 后的长度变化/初始伸长/%	≤5
体积收缩率/%		≤10

续表

2. ETAG 002 技术指标		
项目		技术指标
抗撕裂	撕裂后的拉伸黏结强度/MPa	≥0.75
机械疲劳	机械疲劳后的拉伸黏结强度/MPa	≥0.75
	黏结破坏面积/%	≤10
弹性模量/(N/mm^2)		实测数据
符合标准	MF899-25 符合下列标准： 1. 国家标准　GB 16776 2. 美国标准　ASTM C 920 3. 欧盟标准　ETAG 002	

【特点及用途】 1. 优异的黏结性能；2. 高弹性、高模量；3. 优异的耐高温、低温性能；4. 优异的耐气候老化性能；5. 对基材无腐蚀，对环境无污染。主要用于建筑幕墙特别是高层、超高层建筑幕墙的结构性装配、大尺寸玻璃板块幕墙的结构性装配、复杂结构建筑幕墙的结构性装配。

【施工工艺】 注胶施工环境推荐 10℃以上，使用手动或气动注胶枪注胶，应沿同一方向均匀注胶，使胶充满被粘缝内，然后修整。为确保密封胶不污染接缝表面，必须使用护面胶带保护，当注胶完毕后，将其除去。注意事项：使用前必须对工程材料进行相容性及黏结性试验。

【毒性及防护】 本产品固化后为安全无毒物质，但固化前应尽量避免与皮肤和眼睛接触，若不慎接触眼睛，应迅速用清水清洗。

【包装及贮运】 塑料管装：每管 300mL，每箱 25 管；软包装：每支 592mL，每箱 20 支。贮存条件：在 27℃以下的阴凉、通风、干燥处可贮存 12 个月。本产品按照非危险品运输。

【生产单位】 郑州中原应用技术研究开发有限公司。

Da004 阻燃密封胶 XL-1207

【英文名】 fire-resistant silicone sealant XL-1207

【主要组成】 有机硅树脂、交联剂、无卤阻燃剂及其它助剂等。

【产品技术性能】 外观：黑色，白色或其它颜色；下垂度：0mm；挤出性：150mL/min；表干时间：1h。固化后的产品性能如下。常温拉伸黏结强度：0.7MPa；最大拉伸黏结强度时的伸长率：100%；位移能力：±12.5%；阻燃性：Fv-0 级；弹性恢复率：60%；硬度：45 Shore A；工作温度：−40～150℃。

【特点及用途】 高模量，中性固化，对金属、镀膜玻璃、混凝土及大理石等建筑材料无腐蚀性；优异的耐气候老化性能及耐高低温性能；卓越的阻燃性能，在燃烧时不会放出浓烟及有毒气体。用途：各类防火门窗黏结密封，各类建筑结构接缝阻燃填缝密封，各类墙面和地面电缆管道、孔洞及伸缩缝等阻燃填缝密封；玻璃装配，金属板、陶瓷板等接缝密封，室内外装饰装修及一般性防水黏结密封。其它需防水、防潮、阻燃要求的黏结密封。

【施工工艺】 基材的黏结表面必须经过清洗。清洗后的基材必须在 1h 内完成施胶。挤注结构胶应稳定连续地进行，不能产生气泡或空穴。施胶后整形表面应在密封剂表干之前进行。在胶完全固化前，不得搬动和承受外力。注意事项：使用环境应清洁，应在 10～40℃、相对湿度为 40%～80%的条件下使用，最低使用温度不能低于 5℃，最高温度不宜高于 40℃，最大允许相对湿度为 80%。使用场所应具有良好的通风条件。

【毒性及防护】 本产品完全固化后无毒性，但在固化之前应避免与眼睛接触，若与眼睛接触，请用大量水冲洗，并找医生处理。本产品在固化过程中会放出酮肟类物质，在施工及固化区应注意通风，以免酮肟类物质的浓度太高而对人体产生不良影响。避免本产品与食物直接接触并放置于小孩触摸不到的地方。

【包装及贮运】 310mL 塑料筒（净容量300mL）包装，保质期 9 个月。贮存条件：产品应在 27℃以下的阴凉干燥处贮存。本产品按照非危险品运输。

【生产单位】 北京中天星云科技有限公司。

Da005 单组分硅酮结构密封胶 XL-1218

【英文名】 one-part silicone structural sealant XL-1218

【主要组成】 有机硅树脂、交联剂、助剂等。

【产品技术性能】 外观：黑色，或其它颜色；下垂度：0mm；挤出性：6s；表干时间：30min。固化后的产品性能如下。常温拉伸黏结强度：0.9MPa；最大拉伸黏结强度时的伸长率：180%；90℃拉伸黏结强度：0.65MPa；−30℃拉伸黏结强度：1.2MPa；热失重：4%；硬度：45 Shore A；工作温度：−50～150℃。

【特点及用途】 中性固化，对金属、镀膜玻璃、混凝土及大理石等建筑材料无腐蚀性；优异的耐气候老化性能；耐高低温性能卓越；对大部分建筑材料具有优良的黏结性。主要用于玻璃、石材（大理石、花岗石）、铝板幕墙和玻璃采光顶及金属结构工程的结构黏结密封。

【施工工艺】 基材的黏结表面必须经过清洗。清洗后的基材必须在 1h 内完成施胶。挤注结构胶应稳定连续地进行，不能产生气泡或空穴。施胶后整形表面应在密封剂表干之前进行。在胶完全固化前，不得搬动和承受外力。注意事项：使用环境应清洁，应在 10～40℃、相对湿度为 40%～80%的条件下使用，最低使用温度不能低于5℃，最高温度不宜高于40℃，最大允许相对湿度为 80%。使用场所应具有良好的通风条件。

【毒性及防护】 本产品完全固化后无毒性，但在固化之前应避免与眼睛接触，若与眼睛接触，请用大量水冲洗，并找医生处理。本产品在固化过程中会放出酮肟类物质，在施工及固化区应注意通风，以免酮肟类物质的浓度太高而对人体产生不良影响。避免本产品与食物直接接触并放置于小孩触摸不到的地方。

【包装及贮运】 310mL 塑料筒（净容量300mL）或 590mL 复合膜软包装。保质期 9 个月。贮存条件：产品应在 27℃以下的阴凉干燥处贮存，本产品按照非危险品运输。

【生产单位】 北京中天星云科技有限公司。

Da006 中性硅酮密封胶 XL-1219

【英文名】 neutral silicone sealant XL-1219

【主要组成】 有机硅树脂、交联剂、助剂等。

【产品技术性能】 外观：黑色，白色或其它颜色；下垂度：0mm；挤出性：280mL/min；表干时间：1h。固化后的产品性能如下。常温拉伸黏结强度：0.7MPa；最大拉伸黏结强度时的伸长率：150%；位移能力：±20%；60%定伸黏结性：无破坏；热失重：5%；硬度：45 Shore A；工作温度：−40～150℃。

【特点及用途】 高模量，中性固化，对金属、镀膜玻璃、混凝土及大理石等建筑材料无腐蚀性；优异的耐气候老化性能；耐高低温性能卓越；对大部分建筑材料具有优良的黏结性。用途：各类门窗安装，玻璃装配，金属板、陶瓷板等的接缝密封，室内外装饰装修及一般性防水黏结密封，其它许多建筑及工业用途。

【施工工艺】 基材的黏结表面必须经过清洗。清洗后的基材必须在 1h 内完成施胶。挤注结构胶应稳定连续地进行，不能产生气泡或空穴。施胶后整形表面应在密封剂表干之前进行。在胶完全固化前，不得搬动和承受外力。注意事项：使用环境应清洁，应在10～40℃、相对湿度为40%～80%的条件下使用，最低使用温度不能低于5℃，最高温度不宜高于40℃，最大允许相对湿度为80%。使用场所应具有良好的通风条件。

【毒性及防护】 本产品完全固化后无毒性，但在固化之前应避免与眼睛接触，若与眼睛接触，请用大量水冲洗，并找医生处理。本产品在固化过程中会放出酮肟类物质，在施工及固化区应注意通风，以免酮肟类物质的浓度太高而对人体产生不良影响。避免本产品与食物直接接触并放置于小孩触摸不到的地方。

【包装及贮运】 310mL塑料筒（净容量300mL）或590mL复合膜软包装。保质期9个月。贮存条件：产品应在27℃以下的阴凉干燥处贮存，本产品按照非危险品运输。

【生产单位】 北京中天星云科技有限公司。

Da007 硅酮密封胶

【别名】 671、681、682

【英文名】 silicone sealant

【主要组成】 硅橡胶、交联剂、助剂等。

【产品技术性能】 外观：透明膏体；密度：(1.0±0.1)g/cm^3；挤出性：≥150mL/min；表干时间：≤20min；下垂度（垂直）：≤2mm；弹性恢复率：≥85%；拉伸强度：≥0.9MPa；扯断伸长率：≥400%；硬度：≥10 Shore A；工作温度：−40～150℃；标注测试标准：以上数据测试参照企标Q/GLH 10—2013。

【特点及用途】 气味小，易挤出，不流淌，施工方便。用途：应用于各类门窗安装、玻璃装配工程的接缝密封和各类装饰填缝，也可用于器件粘接、密封填隙及保护层。

【施工工艺】 清洁被粘物表面，切开胶管管口，装上尖嘴管，装上压胶枪，保持45°胶沿缝隙连续均匀地压出胶料。注意事项：避免眼睛接触，未固化的密封胶可能刺激皮肤，室内使用时请确保通风良好，切勿入口，避免儿童接触，剩余胶料严格密封。

【毒性及防护】 本品按非危险品贮运，使用时注意通风，远离火源和高热，必要时戴防护用品。

【包装及贮运】 包装：240mL/管、300mL/管，保质期9个月。贮存条件：室温、阴凉处贮存。本产品按照非危险品运输。

【生产单位】 抚顺哥俩好化学有限公司。

Da008 室温硫化硅橡胶SN558

【英文名】 RTV silicone SN558

【主要组成】 羟基硅油、硅烷偶联剂、催化剂等。

【产品技术性能】 外观：黑色；黏度：1700mPa·s；密度：1.0g/cm^3。固化后的产品性能如下。拉伸强度：0.4MPa；剪切强度：0.5MPa；硬度：20 Shore A；工作温度：−60～200℃。

【特点及用途】 无溶剂，低离子含量，表干快，对金属无腐蚀。用途：用于刚性电路板、连接器、电器元件或者传感器的保护性涂层；用于LCD面板中柔性线路板及IC的封装；用于LCD模组行业COG、COF保护；可以用于敏感元器件如继电器和高精密的电子器件的涂覆保护等。

【施工工艺】 1. 清洁表面，将被粘物或被涂覆物表面清理干净，并除去锈迹、灰尘和油污等；2. 施胶到已清理干净的表面，使之分布均匀；3.（23±2)℃，(50±5)%湿度条件下，15min表干，48h完全固化（2mm）。低温干燥的气候条件需要延长固化时间。

【毒性及防护】 本产品固化后为安全无毒

物质，但是在操作本产品时始终佩戴防护眼镜，避免未硫化的产品进入眼睛。一旦与眼睛接触，应立即用水冲洗和就诊。尽量避免长时间与皮肤接触。始终保持工作环境通风良好。

【包装及贮运】 包装：1kg/桶，保质期6个月。贮存条件：室温、阴凉处贮存。本产品按照非危险品运输。

【生产单位】 北京市海斯迪克新材料有限公司。

Da009 室温硫化硅橡胶 SN596

【英文名】 RTV silicone rubber SN596

【主要组成】 羟基硅油、硅烷偶联剂、催化剂等。

【产品技术性能】 外观：白色膏状物；密度：1.23g/cm³。固化后的产品性能如下。拉伸强度：1.8MPa；剪切强度：1.6MPa；硬度：26 Shore A；工作温度：−60～200℃。

【特点及用途】 单组分脱醇型室温硫化硅橡胶，中性，低气味，中等黏度。固化物有优异的电器性能、耐候性和抗化学药品性能。用于PCB线路板元器件的固定及电子电器的密封、黏结。

【施工工艺】 1. 清洁表面，将被粘物或被涂覆物表面清理干净，并除去锈迹、灰尘和油污等；2. 施胶到已清理干净的表面，使之分布均匀；3. (23±2)℃，(50±5)%湿度条件下，20min表干，48h完全固化（2mm）。低温干燥的气候条件需要延长固化时间。

【毒性及防护】 本产品固化后为安全无毒物质，但是在操作本产品时始终佩戴防护眼镜，避免未硫化的产品进入眼睛。一旦与眼睛接触，应立即用水冲洗和就诊。尽量避免长时间与皮肤接触。始终保持工作环境通风良好。

【包装及贮运】 包装：310mL/支，保质期6个月。贮存条件：室温、阴凉处贮存。本产品按照非危险品运输。

【生产单位】 北京市海斯迪克新材料有限公司。

Da010 室温硫化有机硅胶黏剂/密封剂 D03

【英文名】 RTV silicone adhesive/sealant D03

【主要组成】 硅橡胶、交联剂、填料和助剂等。

【产品技术性能】 外观：红色；密度：1.77g/cm³；表面失粘时间（标准室温）：≤60min；拉伸强度：≥2.5MPa；扯断伸长率：≥150%；对不锈钢的黏结剪切强度：≥1.5MPa；氧-乙炔火焰烧蚀率(3000℃)：≤0.3mm/s。

【特点及用途】 本品为单组分室温固化硅橡胶胶黏剂/密封剂，具有无气味、无毒、无腐蚀（中性）、使用方便、耐高低温(可在−60～250℃下长期工作)、电绝缘性能优越、耐大气老化和抗烧蚀性能等特点，对玻璃、金属、陶瓷、硅橡皮等材料有良好的粘接性能。本品可以作为抗烧蚀材料和耐高温密封材料使用，也可作为隔热涂层使用，特别适合PTC电加热器的生产和制造。

【施工工艺】 该产品为单组分室温固化硅橡胶胶黏剂/密封剂，作为胶黏剂使用时，胶层厚度宜为（0.4±0.2）mm，在接触压力和常温下固化，7d后达最佳状态。注意事项：涂胶面预先经喷砂或砂皮打毛，用溶剂（汽油、乙醇、丙酮或乙酸乙酯）清洗干净，室温晾干，然后进行涂胶。

【毒性及防护】 本产品固化后为安全无毒物质，固化前应避免与眼睛和皮肤接触，若不慎接触眼睛，应迅速用大量清水清洗。

【包装及贮运】 包装：100g/支、300g/支，保质期半年。贮存条件：贮存在阴凉干燥处。本产品按照非危险品运输。

【生产单位】 上海华谊（集团）公司—上海橡胶制品研究所。

Da011 室温硫化透明硅橡胶胶黏剂 D04

【英文名】 RTV transparent silicone adhesive D04

【主要组成】 硅橡胶、交联剂、填料和助剂等。

【产品技术性能】 外观：透明黏流体；表面失粘时间（标准室温）：30～60min；拉伸强度：≥2.0MPa；扯断伸长率：≥250%；体积电阻率：≥4.0×10^{14} Ω·cm；击穿电压：≥18×10^{6} V/m；对铝合金的黏合强度：≥1.0MPa。

【特点及用途】 本品为脱醇型潮气固化单组分室温硫化硅橡胶胶黏剂，具有透明、流动性好、无气味、无腐蚀（中性）、使用方便、耐高低温（可在－60～200℃下工作）、电绝缘性能优越、耐大气老化以及高温下不黄变等特性。固化时放出极少量的醇，同时完成对材料的粘接，固化后呈半透明弹性体。对玻璃、金属、陶瓷、硅橡皮和树脂层压材料等有良好的粘接性能。本品适合于各种功率的灯具（射灯、新型灯具、节能灯）的制造、硅橡胶绝缘子中伞裙与芯棒的粘接以及电子线路、仪器仪表的薄层灌封。同时也可以作为通用型胶黏剂和密封剂使用。

【施工工艺】 涂胶后，在接触压力和常温下固化，室温放置 72h 硫化完全后才可以使用。7d 后达到最佳性能。注意事项：涂胶面预先经喷砂或砂皮打毛，用溶剂（汽油、乙醇、丙酮或乙酸乙酯）清洗干净，室温晾干，然后进行涂胶。用作灌封时胶层厚度不宜超过 8mm，否则应分层多次灌封。

【毒性及防护】 本产品固化后为安全无毒物质，固化前应避免与眼睛和皮肤接触，若不慎接触眼睛，应迅速用大量清水清洗。

【包装及贮运】 包装：100g/支、300g/支，保质期半年。贮存条件：贮存在阴凉干燥处。本产品按照非危险品运输。

【生产单位】 上海华谊（集团）公司—上海橡胶制品研究所。

Da012 单组分 RTV 硅橡胶胶黏剂 D05

【英文名】 one-part RTV silicone adhesive D05

【主要组成】 硅橡胶、交联剂、填料和助剂等。

【产品技术性能】 外观：透明或白色膏状体；表面失粘时间（标准室温）：30～60min；拉伸强度：≥3.0MPa；扯断伸长率：≥250%；体积电阻率：≥3.0×10^{14} Ω·cm；击穿电压：≥15×10^{6} V/m；对铝合金的黏合强度：≥2.0MPa。

【特点及用途】 本品为脱醇型潮气固化单组分室温硫化硅橡胶胶黏剂/密封剂，具有不易流淌、高强度、无味无腐蚀性的特点，对金属、玻璃、硅橡胶、油漆表面和某些塑料等均有良好的黏合效果，可在－60～200℃下长期工作，耐大气老化和电性能优越，是一种高强度、高性能、通用型有机硅胶黏剂/密封剂。本品可以在航空航天、电子电器、仪器仪表、机械工业等领域作为耐高温胶黏剂/密封剂使用。

【施工工艺】 该产品为单组分室温固化硅橡胶胶黏剂/密封剂，涂胶时，胶层厚度宜为（0.4±0.2）mm，在接触压力下常温固化，7d 达最佳状态。注意事项：涂胶面预先经喷砂或砂皮打毛，用溶剂（汽油、乙醇、丙酮或乙酸乙酯）清洗干净，室温晾干，然后进行涂胶。

【毒性及防护】 本产品固化后为安全无毒物质，固化前应避免与眼睛和皮肤接触，若不慎接触眼睛，应迅速用大量清水清洗。

【包装及贮运】 包装：100g/支、300g/支，保质期半年。贮存条件：贮存在阴凉干燥处。本产品按照非危险品运输。

【生产单位】 上海华谊（集团）公司—上海橡胶制品研究所。

Da013 室温硫化有机硅胶黏剂/密封剂 D09

【英文名】 RTV Silicone adhesive/sealant D09

【主要组成】 硅橡胶、交联剂、填料和助剂等。

【产品技术性能】 外观：透明膏状体；下垂度：≤5mm；表面失粘时间（标准室温）：≤20min；拉伸强度：≥1.2MPa；扯断伸长率：≥300%；对铝合金的黏结剪切强度：≥1.0MPa。

【特点及用途】 本品为单组分室温固化硅橡胶胶黏剂/密封剂，施工时具有垂直施工不流淌、固化时放出微量乙酸、无毒、使用方便、耐高低温（可在−60～200℃下长期工作）、电绝缘性能优越、耐大气老化等特点，对玻璃、铝合金、陶瓷、硅橡皮和树脂层压材料等有良好的粘接性能。本品是硅橡胶-硅橡胶粘接理想的黏合剂，也是铝合金门窗、玻璃幕墙以及玻璃拼接等的专用密封剂/胶黏剂。

【施工工艺】 该产品为单组分室温固化硅橡胶胶黏剂/密封剂，作为胶黏剂使用时，胶层厚度宜为（0.4±0.2）mm，在接触压力和常温下固化，7d后达最佳状态。注意事项：涂胶面预先经喷砂或砂皮打毛，用溶剂（汽油、乙醇、丙酮或乙酸乙酯）清洗干净，室温晾干，然后进行涂胶。

【毒性及防护】 本产品固化后为安全无毒物质，固化前应避免与眼睛和皮肤接触，若不慎接触眼睛，应迅速用大量清水清洗。

【包装及贮运】 包装：100g/支、300g/支，保质期半年。贮存条件：贮存在阴凉干燥处。本产品按照非危险品运输。

【生产单位】 上海华谊（集团）公司—上海橡胶制品研究所。

Da014 室温硫化有机硅胶黏剂/密封剂 D18

【英文名】 RTV silicone adhesive/sealant D18

【主要组成】 交联剂酮肟硅烷、端羟基聚二甲基硅氧烷、填料等。

【产品技术性能】 外观：透明或乳白色膏状体；表面失粘时间（标准室温）：≤30min；拉伸强度：≥1.8MPa；扯断伸长率：≥150%；对铝合金的粘接剪切强度：≥1.5MPa；体积电阻率：≥$1.0\times10^{14}\Omega\cdot cm$；击穿电压：≥15kV/mm。

【特点及用途】 本品为单组分室温湿气固化硅橡胶胶黏剂/密封剂，施工时具有不流淌、表干快、使用方便、耐高低温（可在−60～200℃下长期工作）、电绝缘性能优越、耐大气老化等特点，对玻璃、铝合金、陶瓷、硅橡皮和塑料（PVC、ABS、TBE）等有良好的粘接性能。本品可以在航天航空、电子电器、机械工业、汽车工业、建筑等领域作为胶黏剂和密封剂使用，也可以作为通用型胶黏剂/密封剂使用。

【施工工艺】 该产品为单组分室温固化硅橡胶胶黏剂/密封剂，作为胶黏剂使用时，胶层厚度宜为（0.4±0.2）mm，在接触压力和常温下固化，7d后达最佳状态。注意事项：涂胶面预先经喷砂或砂皮打毛，用溶剂（汽油、乙醇、丙酮或乙酸乙酯）清洗干净，室温晾干，然后进行涂胶。

【毒性及防护】 本产品固化后为安全无毒物质，固化前应避免与眼睛和皮肤接触，若不慎接触眼睛，应迅速用大量清水清洗。

【包装及贮运】 包装：100g/支、300g/支，保质期半年。贮存条件：贮存在阴凉干燥处。本产品按照非危险品运输。

【生产单位】上海华谊（集团）公司—上海橡胶制品研究所。

Da015 单组分室温固化氟硅胶黏剂/密封剂 F18

【英文名】one-part RTV fluorinated silicone adhesive/sealant F18

【产品技术性能】外观：透明、白色或黑色膏状体；表面失粘时间（标准室温）：≤15min；拉伸强度：≥2.0MPa；扯断伸长率：≥100%；对铝合金的黏结剪切强度：≥1.5MPa；体积电阻率：≥3.0×10^{13}Ω·cm；击穿电压：≥1.0×10^{6}kV/mm。

【特点及用途】本品为潮气固化单组分室温硫化氟硅橡胶胶黏剂/密封剂，具有耐高低温性能（可在−60～200℃下工作）、耐油、耐酸碱和化学介质、耐天候老化、电气性能优越等特点。此外，尚具有不流淌（堆积性好）、固化速率快、无腐蚀和黏合面广的特点。用途：本品可以在航天航空、电子电器、机械工业、汽车工业、建筑等领域涉油或耐酸碱的场合作为胶黏剂和密封剂使用。

【施工工艺】该产品为单组分室温固化硅橡胶胶黏剂/密封剂，作为胶黏剂使用时，胶层厚度宜为（0.4±0.2）mm，在接触压力和常温下固化，7d后达最佳状态。注意事项：涂胶面预先经喷砂或砂皮打毛，用溶剂（汽油、乙醇、丙酮或乙酸乙酯）清洗干净，室温晾干，然后进行涂胶。

【毒性及防护】本产品固化后为安全无毒物质，固化前应避免与眼睛和皮肤接触，若不慎接触眼睛，应迅速用大量清水清洗。

【包装及贮运】包装：100g/支、300g/支，保质期半年。贮存条件：贮存在阴凉干燥处。本产品按照非危险品运输。

【生产单位】上海华谊（集团）公司—上海橡胶制品研究所。

Da016 室温硫化有机硅胶黏剂 SDG-A

【英文名】RTV silicone adhesive SDG-A

【主要组成】硅橡胶、交联剂、填料和助剂等。

【产品技术性能】外观：透明黏流体；表面失粘时间（标准室温）：≤30min；硅橡胶之间的剥离强度：≥1.8kN/m；重金属含量：≤0.0025%；pH值变化量：≤1.0；蒸发残渣量：≤1.0mg；$KMnO_4$消耗量：≤20mg/L；紫外吸收度（220nm）：≤0.3。

【特点及用途】本品为单组分室温固化硅橡胶胶黏剂，无毒，使用方便，耐高低温，耐弱酸碱，对于各类硅橡胶制品具有良好的粘接性能。用途：可适用于各类硅橡胶制品的粘接，应用于医疗卫生用品等领域。

【施工工艺】该产品为单组分室温固化硅橡胶胶黏剂，在室温条件下，1d完全固化，3d达到最佳状态。注意事项：涂胶面预先用无水乙醇清洗干净，室温晾干，然后进行涂胶。

【毒性及防护】本产品固化后为安全无毒物质，固化前应避免与眼睛和皮肤接触，若不慎接触眼睛，应迅速用大量清水清洗。

【包装及贮运】包装：100g/支，保质期一年。贮存条件：贮存在阴凉干燥处。本产品按照非危险品运输。

【生产单位】上海华谊（集团）公司—上海橡胶制品研究所。

Da017 有机硅显影胶黏剂 SDG-ARTV

【英文名】silicone developer adhesive SDG-ARTV

【产品技术性能】外观：蓝色或乳白色黏流体；表面失粘时间（标准室温）：≤

30min；硅橡胶之间的剥离强度：≥1.8kN/m；重金属含量：≤0.0025%。

【特点及用途】 本品为蓝色或乳白色单组分室温固化硅橡胶胶黏剂，具有在X射线下显影的特点。无毒，使用方便，耐高低温，耐弱酸碱，对于各类硅橡胶制品具有良好的粘接性能。可适用于各类硅橡胶制品的粘接，应用于医疗卫生用品等需要显影的领域。

【施工工艺】 该产品为单组分室温固化硅橡胶胶黏剂，在标准室温条件下，1d完全固化，3d达到最佳状态。注意事项：涂胶面预先用无水乙醇清洗干净，室温晾干，然后进行涂胶。

【毒性及防护】 本产品固化后为安全无毒物质，固化前应避免与眼睛和皮肤接触，若不慎接触眼睛，应迅速用大量清水清洗。

【包装及贮运】 包装：100g/支，保质期一年。贮存条件：贮存在阴凉干燥处。本产品按照非危险品运输。

【生产单位】 上海华谊（集团）公司—上海橡胶制品研究所。

Da018 单组分加成型粘接胶 WR7306QT

【英文名】 one-component addtional adhesive WR7306QT

【主要组成】 硅油、填料、助剂、交联剂等。

【产品技术性能】 外观：黑色/白色流动液体；固化时间（125℃）：120min；固化时间（150℃）：60min。固化后的产品性能如下。介电损耗因数（1MHz）：0.002；介电常数（1MHz）：3.2；体积电阻率：2.0×10^{15} Ω·cm；击穿强度：25.9kV/mm；拉伸剪切强度（Al-Al）：3.2MPa；拉伸强度：5.8MPa；断裂伸长率：230%；撕裂强度：15kN/m；硬度：45 Shore A；热导率：0.45W/(m·K)；工作温度：−60～250℃。

【特点及用途】 单组分，易于使用，固化过程收缩极小。固化物耐臭氧和紫外线，具有良好的耐候性和耐老化性能。本产品的流动性非常好，可作为灌封使用。具有良好的粘接性能。固化物在很宽的温度范围（−60～250℃）内保持橡胶弹性，电气性能优良。本产品用作电子器件的耐高温粘接、绝缘、灌封。

【施工工艺】 该胶是单组分加成型硅橡胶。注意事项：胶料应密封、低温贮存，胶料液面的空间不能太大。本品属于非危险品，但勿入口和眼。某些材料、化学品、固化剂及增塑剂会抑制该产品的固化，下列材料需格外注意，1. 有机锡和其它有机金属化合物；2. 含有有机锡催化剂的有机硅橡胶；3. 硫、聚硫、聚砜或其它含硫材料；4. 胺、聚氨酯或含胺材料；5. 不饱和烃类增塑剂；6. 一些焊接剂残留物。

【毒性及防护】 本产品固化后为安全无毒物质，但固化前应尽量避免与皮肤和眼睛接触，若不慎接触眼睛和皮肤，应迅速用清水清洗15min，如果刺激或症状加重应就医处理；若不慎吸入，应迅速将患者转移到新鲜空气处；如不能迅速恢复，马上就医。若不慎食入，应立即就医。

【包装及贮运】 塑料桶装；也可视用户需要而改为指定规格包装。贮存条件：密封贮存于温度为0～10℃以下的洁净环境中，贮存有效期一般为6个月。本产品为非危险品，按一般化学品贮存、运输。

【生产单位】 绵阳惠利电子材料有限公司。

Da019 平面密封硅橡胶 HT7587

【英文名】 silicone rubber sealant HT7587 for flat surface

【主要组成】 液体硅橡胶、纳米碳酸钙、交联剂等。

【产品技术性能】 外观：蓝色细腻膏状

物；密度：1.40g/cm^3；表干时间：15min。固化后的产品性能如下。常温拉伸强度：2.3MPa；断裂伸长率：450%（GB/T 528—2009）；剪切强度：1.5MPa（GB/T 7124—2008）；耐油拉伸强度：2.1MPa；断裂伸长率：500%（GB/T 528—2009）；耐温拉伸强度：2.5MPa；断裂伸长率：460%（GB/T 528—2009）；硬度：40 Shore A；工作温度：−60～250℃。

【特点及用途】 不产生刺激性低分子物质，无“三废”，无公害，属环保型产品；拉伸强度、伸长率优异，粘接范围广，且粘接强度高；固化速率快，耐油性和耐高温性能好。该产品主要用于工程机械法兰面的密封。

【施工工艺】 清理干净施胶表面，用胶枪施胶于待密封端面，并使之形成连续的胶环；合拢两密封端面并用螺栓紧固；1h初固。注意事项：温度低于5℃时，应采取适当的加温加湿措施，否则对应的固化时间将适当延长；未用完的胶应立即拧紧盖帽、封住管嘴保存，再次使用时，若封口处有少许结皮，去除后即可，不影响正常使用。

【毒性及防护】 本产品固化后为安全无毒物质，但应尽量避免与皮肤和眼睛接触，若不慎接触眼睛，应迅速用清水清洗。

【包装及贮运】 包装：310mL/支，保质期1年。贮存条件：室温、阴凉处贮存。本产品按照非危险品运输。

【生产单位】 湖北回天新材料股份有限公司。

Da020 平面密封硅橡胶 HT7598

【英文名】 silicone rubber sealant HT7587 for flat surface

【主要组成】 液体硅橡胶、纳米碳酸钙、交联剂等。

【产品技术性能】 外观：黑色膏状物；密度：1.35g/cm^3（GB/T 13354—2008）；表干时间（25℃、55% RH）：15min（GB/T 13477.5—2002）；拉伸强度：2.5MPa；断裂伸长率：400%；硬度：35 Shore A（GB/T 531.1—2008）；工作温度：−60～260℃。

【特点及用途】 不产生刺激性低分子物质，无公害；具有很高的拉伸强度、粘接强度和断裂伸长率，粘接强度高；固化速率快，耐油性和耐高温性能好。用于工程机械法兰面的密封。

【施工工艺】 清理干净施胶表面，用胶枪施胶于待密封端面，并使之形成连续的胶环；合拢两密封端面并用螺栓紧固；1h初固。注意事项：温度低于5℃时，应采取适当的加温加湿措施，否则对应的固化时间将适当延长；未用完的胶应立即拧紧盖帽、封住管嘴保存，再次使用时，若封口处有少许结皮，去除后即可，不影响正常使用。

【毒性及防护】 本产品固化后为安全无毒物质，但应尽量避免与皮肤和眼睛接触，若不慎接触眼睛，应迅速用清水清洗。

【包装及贮运】 包装：310mL/支，保质期1年。贮存条件：室温、阴凉处贮存。本产品按照非危险品运输。

【生产单位】 湖北回天新材料股份有限公司。

Da021 平面密封硅橡胶 HT7599

【英文名】 silicone rubber sealant HT7599 for flat surface

【主要组成】 液体硅橡胶、纳米碳酸钙、交联剂等。

【产品技术性能】 外观：蓝色细腻膏状物；密度：1.45g/cm^3；表干时间：10min。固化后的产品性能如下。常温拉伸强度：3.0MPa；断裂伸长率：250%（GB/T 528—2009）；剪切强度：1.5MPa（GB/T 7124）；耐油拉伸强度：2.9MPa；断裂伸长率：300%（GB/T 528—2009）；

耐温拉伸强度：2.8MPa；断裂伸长率：260%（GB/T 528—2009）；硬度：50 Shore A；工作温度：−60～250℃。

【特点及用途】 绿色环保，高强度，低黏度，粘接范围广，且粘接强度高；固化速率快，耐油性和耐高温性能好。主要用于工程机械法兰面的密封。

【施工工艺】 清理干净施胶表面，用胶枪施胶于待密封端面，并使之形成连续的胶环；合拢两密封端面并用螺栓紧固；1h初固。注意事项：温度低于5℃时，应采取适当的加温加湿措施，否则对应的固化时间将适当延长；未用完的胶应立即拧紧盖帽、封住管嘴保存，再次使用时，若封口处有少许结皮，去除后即可，不影响正常使用。

【毒性及防护】 本产品固化后为安全无毒物质，但应尽量避免与皮肤和眼睛接触，若不慎接触眼睛，应迅速用清水清洗。

【包装及贮运】 包装：310mL/支，保质期1年。贮存条件：室温、阴凉处贮存。本产品按照非危险品运输。

【生产单位】 湖北回天新材料股份有限公司。

Da022 硅橡胶平面密封剂 1527T

【英文名】 silicone flange sealant1527T

【主要组成】 聚二甲基硅氧烷、碳酸钙、白炭黑、肟基硅烷等。

【产品技术性能】 外观：透明；密度（未固化）：约1.0kg/L；表干时间：3～15min。固化后的产品性能如下。硬度：30 Shore A（GB/T 531.1—2008）；拉伸强度：1.3N/mm²（GB/T 528—2009）；断裂伸长率：约350%（GB/T 528—2009）；剪切强度：1.3N/mm²（GB/T 7124—2008）；适用温度：−54～210℃。

【特点及用途】 透明，单组分室温硫化硅橡胶，耐候性好，电绝缘性能优异，防霉变，耐六氟化硫，应用于电气设备及其它机械设备的密封与防水。主要用于保护机械震动面的导线，粘接密封面，密封管道系统，变压器的密封与防水，高压开关外部防水密封，配电箱的密封防水。

【施工工艺】 为了获得最佳密封效果，用TONSAN1755清理待密封表面，将胶嘴切至要求的尺寸，装入施胶枪，将密封剂在待密封表面涂成一个连续的封闭胶线，涂胶后立即合拢装配，除去被挤出的多余的胶，开封后尽可能一次用完，一次未用完，再次使用时，挤掉已固化的部分后，继续使用。注意事项：施胶时，保证通风。避免让未固化的胶长时间的接触皮肤。本产品不能用于纯氧体系或富氧体系，同时不能用于密封氯或其它强氧化性材料。

【毒性及防护】 本产品固化后为安全无毒物质，但混合前应尽量避免与皮肤和眼睛接触，若不慎接触眼睛，应迅速用清水清洗。

【包装及贮运】 包装：85mL/310mL，保质期12个月。贮存条件：室温、阴凉处贮存。本产品按照非危险品运输。

【生产单位】 北京市天山新材料技术有限公司。

Da023 硅橡胶平面密封剂 1527W

【英文名】 silicone sealant 1527W

【主要组成】 聚二甲基硅氧烷、碳酸钙、白炭黑、肟基硅烷等。

【产品技术性能】 外观：黑色；密度（未固化）：约1.38kg/L；表干时间：5～20min。固化后的产品性能如下。硬度：30 Shore A（GB/T 531.1—2008）；拉伸强度：2.0N/mm²（GB/T 528—2009）；断裂伸长率：约300%（GB/T 528—2009）；适用温度：−54～210℃；体积电阻率：3.3×10^{15} Ω·cm（GB/T 1692—2008）；击穿电压：26kV/mm（GB/T 1695—2005）。

【特点及用途】 白色，单组分室温硫化脱肟型硅橡胶，低气味，电绝缘性能优异，耐候性好，耐六氟化硫，应用于电气设备的密封与防水。主要用于保护机械震动面的导线，粘接密封面，密封管道系统，变压器的密封与防水，高压开关外部防水密封，配电箱的密封防水。

【施工工艺】 为了获得最佳密封效果，用TONSAN1755清理待密封表面，将胶嘴切至要求的尺寸，装入施胶枪，将密封剂在待密封表面涂成一个连续的封闭胶线，涂胶后立即合拢装配，除去被挤出的多余的胶，开封后尽可能一次用完，一次未用完，再次使用时，挤掉已固化的部分后，继续使用。注意事项：施胶时，保证通风。避免让未固化的胶长时间的接触皮肤。本产品不能用于纯氧体系或富氧体系，同时不能用于密封氯或其它强氧化性材料。

【毒性及防护】 本产品固化后为安全无毒物质，但混合前应尽量避免与皮肤和眼睛接触，若不慎接触眼睛，应迅速用清水清洗。

【包装及贮运】 包装：85mL/310mL，保质期12个月。贮存条件：室温、阴凉处贮存。本产品按照非危险品运输。

【生产单位】 北京市天山新材料技术有限公司。

Da024 即时密封型硅橡胶密封剂 1590

【英文名】 silicone sealant1590

【主要组成】 聚二甲基硅氧烷、碳酸钙、白炭黑、肟基硅烷等。

【产品技术性能】 外观：黑色；密度（未固化）：约1.38kg/L（GB/T 13477.2—2002）；表干时间：2～10min（JB/T 7311—2008）。固化后的产品性能如下。硬度：45 Shore A（GB/T 531.1—2008）；拉伸强度：2.0N/mm^2（GB/T 528—2009）；断裂伸长率：约450%（GB/T 528—2009）；剪切强度：1.9N/mm^2（GB/T 7124—2008）；适用温度：−54～210℃。

【特点及用途】 黑色、高黏度、无腐蚀性、低气味、低挥发性的单组分室温硫化硅橡胶黏结剂/密封剂。提供即时密封。可用于发动机油底壳、正时链罩壳、齿轮室等的平面密封。

【施工工艺】 为了获得最佳密封效果，用可赛新®1755清理待密封表面，将胶嘴切至要求的尺寸，装入施胶枪，将密封剂在待密封表面涂成一个连续的封闭胶线，涂胶后立即合拢装配，除去被挤出的多余的胶，开封后尽可能一次用完，一次未用完，再次使用时，挤掉已固化的部分后，继续使用。注意事项：施胶时，保证通风。避免让未固化的胶长时间的接触皮肤。本产品不能用于纯氧体系或富氧体系，同时不能用于密封氯或其它氧化性材料。

【毒性及防护】 本产品固化后为安全无毒物质，但混合前应尽量避免与皮肤和眼睛接触，若不慎接触眼睛，应迅速用清水清洗。

【包装及贮运】 包装：310mL/20kg，保质期12个月。贮存条件：室温、阴凉处贮存。本产品按照非危险品运输。

【生产单位】 北京市天山新材料技术有限公司。

Da025 硅橡胶密封剂 1591

【英文名】 silicone sealant 1591

【主要组成】 聚二甲基硅氧烷、碳酸钙、白炭黑、肟基硅烷等。

【产品技术性能】 外观：灰色；密度（未固化）：约1.36kg/L（GB/T 13477.2—2002）；表干时间：5～15min（JB/T 7311—2008）。固化后的产品性能如下。硬度：45 Shore A（GB/T 531.1—2008）；拉伸强度：2.8N/mm^2（GB/T 528—2009）；断裂伸长率：约450%（GB/T

528—2009)；剪切强度：2.0N/mm^2（GB/T 7124—2008)；适用温度：－54～210℃。

【特点及用途】 黑灰色，单组分室温硫化硅橡胶，无流动性、中高黏度，高伸长率，固化速率快，耐润滑油性能优异，提供即时密封性能。主要用于发动机油底壳，代替传统密封垫，改善金属与密封垫之间的高温密封性，高温粘接包括硅橡胶在内的多数基材。

【施工工艺】 为了获得最佳密封效果，用可赛新®1755 清理待密封表面，将胶嘴切至要求的尺寸，装入施胶枪，将密封剂在待密封表面涂成一个连续的封闭胶线，涂胶后立即合拢装配，除去被挤出的多余的胶，开封后尽可能一次用完，一次未用完，再次使用时，挤掉已固化的部分后，继续使用。注意事项：施胶时，保证通风。避免让未固化的胶长时间的接触皮肤。本产品不能用于纯氧体系或富氧体系，同时不能用于密封氯或其它强氧化性材料。

【毒性及防护】 产品固化后为安全无毒物质，但混合前应尽量避免与皮肤和眼睛接触，若不慎接触眼睛，应迅速用清水清洗。

【包装及贮运】 包装：310mL/20kg，保质期 9 个月。贮存条件：室温、阴凉处贮存。本产品按照非危险品运输。

【生产单位】 北京市天山新材料技术有限公司。

Da026 硅橡胶平面密封剂 1596Fa

【英文名】 silicone sealant 1596Fa

【主要组成】 聚二甲基硅氧烷、碳酸钙、白炭黑、肟基硅烷等。

【产品技术性能】 外观：灰色；密度（未固化)：约 1.42kg/L（GB/T 13477.2—2002)；表干时间：7～20min（JB/T 7311—2008)。固化后的产品性能如下。硬度：65 Shore A（GB/T 531.1—2008)；拉伸强度：3.0N/mm^2（GB/T 528—2009)；断裂伸长率：约 220%（GB/T 528—2009)；剪切强度：2.5N/mm^2（GB/T 7124—2008)；适用温度：－54～210℃。

【特点及用途】 灰色，单组分室温硫化硅橡胶，中等黏度，高模量，高强度，中等固化速率，中等断裂伸长率，耐润滑油性能优良，热强度高。用于发动机水系统平面密封、变速器壳体密封。

【施工工艺】 为了获得最佳密封效果，用可赛新®1755 清理待密封表面，将胶嘴切至要求的尺寸，装入施胶枪，将密封剂在待密封表面涂成一个连续的封闭胶线，涂胶后立即合拢装配，除去被挤出的多余的胶，开封后尽可能一次用完，一次未用完，再次使用时，挤掉已固化的部分后，继续使用。注意事项：施胶时，保证通风。避免让未固化的胶长时间的接触皮肤。本产品不能用于纯氧体系或富氧体系，同时不能用于密封氯或其它强氧化性材料。

【毒性及防护】 本产品固化后为安全无毒物质，但混合前应尽量避免与皮肤和眼睛接触，若不慎接触眼睛，应迅速用清水清洗。

【包装及贮运】 包装：310mL/20kg，保质期 12 个月。贮存条件：室温、阴凉处贮存。本产品按照非危险品运输。

【生产单位】 北京市天山新材料技术有限公司。

Da027 密封硅橡胶 2587

【英文名】 RTV silicone sealant2587

【主要组成】 端羟基聚硅氧烷、交联剂、助剂等。

【产品技术性能】 外观：蓝色膏状；密度：1.22～1.35g/cm^3；工作温度：－54～210℃；拉伸强度：1.7MPa；断裂伸长率：350%；表干时间：8～30min；硫化深度：2mm/24h。

【特点及用途】 单组分、室温硫化硅酮密封胶。本品无腐蚀性，低气味，低挥发性，耐润滑油性能优良。主要用于动力机械如汽车、工程机械、内燃机、矿山机械等冲压件或间隙大的平面密封，如汽车车桥等部位。

【施工工艺】 现将待粘接部位清洗干净，然后用气动胶枪或手动胶枪施胶。

【毒性及防护】 本产品固化后为安全无毒物质，但混合前两组分应尽量避免与皮肤和眼睛接触，若不慎接触眼睛，应迅速用清水清洗。

【包装及贮运】 包装：310mL/筒，保质期 1 年。贮存条件：室温、阴凉处贮存。

【生产单位】 烟台德邦科技有限公司。

Da028 耐高温密封胶 TS1096

【英文名】 high temperature resistant sealant TS1096

【主要组成】 端羟基硅油、交联剂、填料、助剂等。

【产品技术性能】 最大密封压力：≥28MPa；剪切强度：≥12MPa；最高使用温度：≥260℃。

【特点及用途】 该单组分硅酮类胶黏剂耐温 260℃，高温密封性好。用于高温工况平面、管螺纹密封剂的螺纹锁固。

【施工工艺】 涂敷于平面或螺纹处，拧紧压紧即可，固化条件为室温 24h。

【毒性及防护】 本品属于无毒、非易燃易爆品。

【包装及贮运】 塑料瓶包装，贮存于阴凉、干燥、通风处，保质期 1 年。

【生产单位】 北京市天山新材料技术有限公司。

Da029 耐候性硅酮密封胶 YD-863

【英文名】 weather-proofing silicone sealant YD-863

【主要组成】 以羟基封端的聚二甲基硅氧烷作基料，配合以交联剂、增塑剂、填料、催化剂、特种防老剂等均匀混合而成。

【产品技术性能】 外观：黑、灰、古铜、白颜色；硬度：23 Shore A；完全固化时间（25℃，50%RH）：3～7d；断裂强度：0.84MPa；表干时间：≤45min；耐久性：合格；耐候性：合格。

【特点及用途】 产品使用方便、单组分、室温固化；中性固化、无腐蚀性。耐高低温（－60～250℃）、耐油、耐水、电气绝缘和优异的耐候性。用于玻璃幕墙装配的非结构性黏合，混凝土、石材及铝板间的伸缩夹口填补，在一般户外采光棚能广泛使用。

【施工工艺】 使用前应先做相容性和附着力试验，确认合格后才能使用。所有的施工表面都必须清洁、干燥、无霜，不洁表面可用酒精、丁酮之类的溶剂清洗。

【毒性及防护】 本品属于无毒、非易燃易爆品。

【包装及贮运】 310mL 塑料胶管包装，贮存于阴凉、干燥、通风处，保质期 1 年。

【生产单位】 无锡市建筑材料科学研究所有限公司。

Da030 中性硅酮密封胶 YD-865

【英文名】 neutral silicone sealant YD-865

【主要组成】 以羟基封端的聚二甲基硅氧烷作基料，在真空下与交联剂、增塑剂、填料、催化剂、特种防老剂等均匀混合而成。

【产品技术性能】外观：灰、古铜、白颜色；拉伸强度：0.84～1.5MPa；表干时间（25℃，50% RH）：45min；下垂度：0mm；恢复率：92%；剥离粘接性：73.2 N/25mm（玻璃基材）、47.6 N/25mm（PVC 基材）、90 N/25mm（铝基材）。

【特点及用途】 铝合金门窗、装饰装潢的非结构性粘接密封；汽车、船舶等耐油、耐水密封；节能灯、电器上连接点和端子的绝缘密封；浴槽、水池的接缝密封；屋顶、厨房漏水处的修理。

【施工工艺】 所有的施工表面都必须清洁、干燥、无霜，不洁表面可用酒精、丁酮之类的溶剂清洗。

【毒性及防护】 本品属于无毒、非易燃易爆品。

【包装及贮运】 310mL 塑料胶管包装，100mL 金属软管包装。贮存于阴凉、干燥、通风处，保质期 1 年。

【生产单位】 无锡市建筑材料科学研究所有限公司。

Da031 单组分硅酮车灯密封胶 WD6602A

【英文名】 one-part silicone sealant WD6602A for autolamp

【产品技术性能】 外观：灰色膏状；表干时间：5min；固化速率：≥1mm/24h；剪切强度（7d）：≥0.8MPa。

【特点及用途】 中性单组分，使用方便，毒性低。对金属玻璃、PC、ABS、PVC、有机玻璃等材料的粘接效果好，经过底涂处理，对 PP 材料也有良好的粘接力。密封防水性好，耐酸碱、耐高低温。具有很好的弹性、抗震动、抗冲击。用于各种车灯底座与灯罩的粘接和密封。

【施工工艺】 1. 清理干净被粘车灯底座和灯罩表面；2. 若车灯底座为聚丙烯材料，则在上胶前先底涂聚丙烯表面处理剂，待表面处理剂完全挥发后再上胶；3. 将有机硅酮密封胶均匀涂在车灯底座的胶槽内，装上车灯罩，并用橡皮筋或夹具将底座和灯罩固定。

【包装及贮运】 塑料桶包装，5kg/桶。产品在运输和装卸过程中避免倒放、碰撞和重压，防止日晒雨淋、高温。在 25℃ 以下贮存，防止日光直接照射，远离火源。贮存期 1 年。

【生产单位】 上海康达化工新材料股份有限公司。

Da032 灌封胶 WD6700 系列

【英文名】 potting adhesive WD6700 series

【产品技术性能】

产品型号	WD6703	WD6704	WD6705
硬度(Shore A)	25	30	20
介电常数	3	3	3
介电损耗角正切	0.005	0.005	0.002
介电强度/(V/m)	1.4×10^7	1.4×10^7	1.5×10^7
拉伸强度/MPa	1	1	0.5
断裂伸长率/%	200	150	100
表面电阻率/Ω	1×10^{14}	1×10^{14}	5×10^{14}
体积电阻率/Ω·cm	1×10^{14}	1×10^{14}	1×10^{15}
表干固化时间/min	3～30	3～30	3～30
耐温性/℃	-60～150	-60～250	-60～200

【特点及用途】 WD6703：适用于电子元器件、仪表仪器、光学仪器、空调、电冰箱、冷柜、汽车配件的防漏粘接等的黏合与密封。WD6704：适用于电加热器、小型元器件、耐高温的仪器仪表、汽车配件的防漏粘接等密封。WD6705：胶体透明，适用于电子元器件的灌封、表面涂覆等。

【生产单位】 上海康达化工新材料股份有限公司。

Da033 酸性硅酮密封胶

【英文名】 acid silicone sealant

【主要组成】 端羟基硅油、交联剂、填料、助剂等。

【产品技术性能】 外观：红色细腻均匀膏体；硫化类型：脱酸型；硫化后状态：中等模量；施工温度：5～35℃；表面硫化时间：10～20min；深度固化：1～2mm/d；使用温度：-60～250℃；拉伸强度：≥1MPa；扯断伸长率：≥300%；硬度：≥20 Shore A；耐压性：≥7.85MPa（室

温）、≥6.86MPa［（80±5）℃］、≥6.86MPa［（150±5）℃］。

【特点及用途】 室温快速硫化，具有触变性，不流淌，耐老化性能好，耐油、耐水、耐稀酸碱、耐高低温，在－60～250℃的范围内可以使用，具有良好的密封性、抗震性和抗冲击性能。本品可替代各种橡胶垫、石棉垫、软木塞和纸垫，用于汽车、摩托车、管道和各种水泵等机电设备的平面法兰、盖板结合面的密封。

【施工工艺】 1. 清除密封面上的油脂、水分、尘埃等污物，使其干燥；2. 依据机械内部组件的形状连续均匀涂胶，涂胶厚度为1.5～3.5mm；3. 室温晾置10～20min后合拢部件装配即可。

【包装及贮运】 在低温、通风和干燥处贮存。

【生产单位】 抚顺哥俩好化学有限公司。

Da034 免垫片密封胶586

【英文名】 gasket free sealant 586

【主要组成】 端羟基硅油、交联剂、填料、助剂等。

【产品技术性能】 外观：黑色细腻均匀膏体；硫化类型：脱肟型；硫化后状态：中等模量；施工温度：5～35℃；表面硫化时间：10～20min；深度固化：1～2mm/d；使用温度：－60～260℃；拉伸强度：≥1MPa；扯断伸长率：≥300%；硬度：≥20 Shore A；耐压性：≥10MPa（室温）、≥6.86MPa［（80±5）℃］、≥6.86MPa［（150±5）℃］。

【特点及用途】 优异的耐油、耐水、耐候性，在－60～260℃之间保持优异的密封性能，触变性，不流淌。本品可替代垫片，用于汽车、摩托车和各种机械设备的发动机、齿轮箱等部位的凸缘结合面实施密封，广泛用于机械各部位的密封防漏（间隙≤6mm）。

【施工工艺】 1. 清除密封面上的油脂、水分、尘埃等污物，使其干燥；2. 将胶涂于被粘接物表面，并涂成一连续胶圈，切勿立即投入使用，待自行固化完全后（≥24h），形成弹性抗震密封垫片，方可起到密封防漏的作用。

【包装及贮运】 在低温、通风和干燥处贮存，55g/支×100支/箱，100g/支×100支/箱。

【生产单位】 泉州昌德化工有限公司。

Da035 室温硫化硅酮密封胶588

【英文名】 RTV silicone sealant 588

【主要组成】 端羟基硅油、交联剂、填料、助剂等。

【产品技术性能】 外观：红色细腻均匀膏体；硫化类型：脱肟型；硫化后状态：中等模量；施工温度：5～35℃；表面硫化时间：10～20min；深度固化：1～2mm/d；使用温度：－60～300℃；拉伸强度：≥1MPa；扯断伸长率：≥300%；硬度：≥20 Shore A；耐压性：≥10MPa（室温）、≥6.86MPa［（80±5）℃］、≥6.86MPa［（150±5）℃］。

【特点及用途】 本品为单组分室温硫化中性硅酮密封胶，固化时，无刺激性乙酸气味。为高档汽车、轿车设计替代进口产品，国际领先配方，全进口原材料。耐高温300℃以上。触变性、不流淌，使用时可替代垫片，维修时易拆卸。用于汽车、摩托车、发动机缸体、油底壳、变速器、端面和法兰盘、桥壳等结合面的密封，各种液压机械设备、水泵、液压泵、空压机等需密封的结合面。

【施工工艺】 1. 清除密封面上的油脂、水分、尘埃等污物，使其干燥；2. 将胶涂于被粘接物表面，并涂成一连续胶圈，切勿立即投入使用，待自行固化完全后（≥24h），形成弹性抗震密封垫片，方可起到密封防漏的作用。

【包装及贮运】 在低温、通风和干燥处贮

存，55g/支×100支/箱，100g/支×100支/箱。

【生产单位】 泉州昌德化工有限公司。

Da036 耐高温硅酮密封胶系列

【英文名】 high temperature resistant silicone sealant series

【主要组成】 端羟基硅油、交联剂、填料、助剂等。

【产品技术性能】

性能	SK-601	SK-602	SK-604
外观	红色膏状	蓝色膏状	黑色膏状
耐温范围/℃	-60～250	-60～150	-60～200
表干时间(25℃，50%RH)/min	≤30	≤30	≤30
硬度(Shore A)	25～30	25～30	25～30
扯断伸长率/%	≥300	≥200	≥250

【特点及用途】 具有耐高低温、无腐蚀、耐老化、韧性好、易拆卸等特点，可以代替固体垫片，是汽车制造和修理行业优良的密封剂。红色高温硅酮密封胶主要用于机动车辆的引擎、气门室盖垫、油底壳垫、水泵垫、水喉管、水箱胶管、后桥等几个法兰接触面的密封；黑色和蓝色高温硅酮密封胶主要用于各种机动车辆的引擎、变速箱、化油器、水喉管、水箱胶管、后桥等几个法兰接触面的密封。

【施工工艺】 1. 清除密封面上的油脂、水分、尘埃等污物，使其干燥；2. 将胶涂于被粘接物表面，立即组合，除去多余的密封胶。使用后立即拧紧帽盖，并清除挤胶管中未固化的胶。

【包装及贮运】 在25℃以下干燥处密封贮存，保质期6个月。过期如胶无异常，可继续使用。按非危险品贮运。包装规格为50g、85g，铝管吸塑包装。

【生产单位】 湖南神力胶业集团。

Da037 室温硫化硅酮密封胶 HT-586

【英文名】 RTV silicone sealant HT-586

【产品技术性能】 外观：黑色黏稠膏体；密度：1.2～1.3g/cm³；不挥发物含量：≥96%；挤出性：30mL/min；表干时间：10～30min；拉伸强度：2MPa；扯断伸长率：300%；硬度：30～60 Shore A；密封压力：≥10MPa；耐各种润滑油：优良；耐温：-50～260℃。

【特点及用途】 适用于各机械部位的密封防漏。代替橡胶垫、石棉垫和纸垫。

【施工工艺】 清除施工表面的油污、灰尘。胶液均匀涂在密封端面上，用螺栓紧固即可。

【包装及贮运】 300mL/筒，55g/支，110g/支。贮存在27℃以下的阴凉干燥处，贮存期为1年。

【生产单位】 湖北回天新材料股份有限公司。

Da038 室温硫化硅橡胶 SY-811

【英文名】 RTV silicone sealant SY-811

【主要组成】 硅酮树脂、无机填料、触变剂、交联剂、促进剂等。

【产品技术性能】 外观：白色膏状物；密度：1.05～1.08g/cm³；表干时间（15℃以上）：≤0.5h；拉伸强度：≥2.5MPa；扯断伸长率：500%；硬度：20～30 Shore A；耐温：-50～200℃；体积电阻率：≥10^{13}Ω·cm。

【特点及用途】 可在空气中水汽的作用下进行交联反应固化成橡胶状固体，本产品固化后为中性无腐蚀橡胶状固体，具有良好的弹性、密封性和电气绝缘性，并可在-50～200℃下长期使用。可用于玻璃、金属、塑料等材料及电子元器件的密封粘接。

【施工工艺】 将胶桶切开，用胶枪根据用量大小挤出即可。本产品固化时间长短与胶层厚度和温度、湿度有关，固化时应在温度5℃以上、相对湿度50%以上的环境为宜。

【生产单位】 三友（天津）高分子技术有限公司。

Da039 幕墙结构密封胶固邦 4001

【英文名】 silicone sealant GB4001 for screen wall glass

【主要组成】 端羟基硅油、交联剂、填料、助剂等。

【产品技术性能】 外观：黑色膏状物；表干时间：20～30min；拉伸强度：2MPa；剥离强度：8.6kN/m；耐温范围：－50～90℃。

【特点及用途】 单组分，使用简单。高强度，高模量，耐候性好。中性，对基材无腐蚀性，不污染环境。适用于工地或厂房施工的结构性幕墙组合配件的粘接系统。能将玻璃直接跟金属连接成单一系统，适用于半隐或全隐的幕墙设计。

【包装及贮运】 310mL 胶瓶包装。本品为安全无毒、非易燃物质。贮存期为 12 个月。

【生产单位】 北京固特邦材料技术有限公司。

Da040 硅酮密封胶固邦 1000 系列

【英文名】 silicone sealant GB1000 series

【主要组成】 端羟基硅油、酸性交联剂、填料、助剂等。

【产品技术性能】

牌号	外观	表干时间/min	剥离强度/(kN/m)	拉伸强度/MPa
GB 1001	透明	5～10	7.8	2
GB 1002	黑色	5～10	7.2	1.8
GB 1003	银灰色	5～10	7.2	1.8
GB 1004	古铜色	5～10	7.2	1.8
GB 1005	白色	5～10	7.2	1.8
GB 1006	黑色	5～10	7.2	1.8

【特点及用途】 单组分，无需调配，挤出即用。硫化后有优良的弹性，耐候性好。不含任何有机溶剂，对人体无害。适用于玻璃、瓷砖、铝合金门窗、橱窗的密封与粘接；鱼缸、室内各种场合的粘接与密封。在－50～203℃仍保持良好的弹性。

【包装及贮运】 310mL 胶瓶包装。本品为安全无毒、非易燃物质。贮存期为 12 个月。

【生产单位】 北京固特邦材料技术有限公司。

Da041 硅酮密封胶固邦 2000 系列

【英文名】 silicone sealant GB2000 series

【主要组成】 端羟基硅油、中性交联剂、填料、助剂等。

【产品技术性能】

牌号	外观	表干时间/min	剥离强度/(kN/m)	拉伸强度/MPa
GB 2001	透明	10～15	6.2	1.5
GB 2002	黑色	10～15	6	1.35
GB 2003	银灰色	10～15	6	1.35
GB 2004	古铜色	10～15	6	1.35
GB 2005	白色	10～15	6	1.35
GB 2006	黑色	10～15	6	1.3

【特点及用途】 单组分，无需调配，挤出即用。中性，对基材无腐蚀，对人体无害。适用于玻璃、铝合金门窗、陈列柜、艺术品的密封与粘接，混凝土、石材及铝板之间的伸缩夹口密封，大型冷库内饰墙板的填缝与密封，汽车风挡玻璃的密封安装。

【包装及贮运】 310mL 胶瓶包装。本品为安全无毒、非易燃物质。贮存期为 12 个月。

【生产单位】 北京固特邦材料技术有限公司。

Da042 电子专用密封胶 XL-1216

【英文名】 silicone sealant XL-1216 for electronics

【主要组成】 端羟基硅油、交联剂、填料、助剂等。

【产品技术性能】 表干时间：1～2h

(GB/T 13477.2—2002)；挤出性：≤10s (GB/T 13477.2—2002)；黏度：58000～68000mPa·s；硬度：20～50 Shore A (ASTM C 661)；剥离强度：≥0.9N/mm (GB/T 13477.2—2002)；位移能力：±12.5%（ASTM C 719)；加热失重：≤6%（ASTM C 792)；老化试验：合格 (ASTM C 793)。

【特点及用途】 良好的弹性、拉伸性能，使用方便；优秀的耐候性、耐老化性；中性固化，对金属、磁性材料、混凝土及大理石无腐蚀；对大多数材料具有优异的粘接性。可用于电视机、计算机等电器的变压器的骨架与磁性材料的粘接密封，要求密封胶具有一定流动性的其它多种用途，适用于流水线操作。

【施工工艺】 1. 不作为结构密封胶使用；2. 不能在潮湿表面施工或长期浸泡在水中；3. 不用于含油表面或渗油表面。

【包装及贮运】 300mL 塑料桶，应贮存于5～25℃的阴凉干燥处。贮存期自生产之日起为6个月。

【生产单位】 北京中天星云科技有限公司。

Da043 中性硅酮防霉密封胶 XL-1212

【英文名】 neutral silicone sealant XL-1212 with mould proof

【主要组成】 端羟基硅油、交联剂、填料、助剂等。

【产品技术性能】 表干时间：≤3min (GB/T 13477.2—2002)；下垂度：≤2mm (GB/T 13477.2—2002)；挤出性：≥80mL/min (GB/T 13477.2—2002)；弹性恢复率：≥60% (GB/T 13477.2—2002)；160%定伸粘接性，粘接与内聚破坏面积：≤5% (GB/T 13477.2—2002)；最大拉伸强度：≥0.4MPa (GB/T 13477.2—2002)；最大伸长率：≥200% (GB/T 13477.2—2002)；位移能力：±20%（ASTM C 719)；防霉性：0级（最高级）(GB/T 1741—2007)。

【特点及用途】 单组分、中模量，中性无酸腐蚀，室温固化。对大多数基材具有优异的粘接性。防霉性能卓越。优异的耐气候性能。用于各类厨房用具、卫生洁具、食品冷库的防潮密封，各类门窗玻璃的安装，玻璃、大理石、铝板等幕墙的填缝密封。

【包装及贮运】 300mL 塑料桶。应贮存于5~25℃的阴凉干燥处。贮存期自生产之日起为9个月。

【生产单位】 北京中天星云科技有限公司。

Da044 大板玻璃用酸性硅酮结构密封胶 XL-1204

【英文名】 acid silicone structural sealant XL-1204 for large glass

【主要组成】 端羟基硅油、酸性交联剂、填料、助剂等。

【产品技术性能】 表干时间：10～20min (GB/T 13477.2—2002)；下垂度：≤1mm (GB/T 13477.2—2002)；挤出性：≥80mL/min (GB/T 13477.2—2002)；硬度：≥15 Shore A (ASTM C 661)；弹性恢复率：≥60% (GB/T 13477.2—2002)；弹性模量 (160%)：>0.4MPa (GB/T 13477.2—2002)；拉伸强度：≥0.45MPa (GB/T 13477.2—2002)；位移能力：±25%（ASTM C 719)。

【特点及用途】 快速室温固化硅酮密封胶；单组分、中模量、使用方便。对大多数建筑材料具有优异的粘接性，固化后形成中模量永久弹性体，可承受等于接缝宽度±25%的移动，优异的耐气候老化功能。用于各类门窗安装，幕墙粘接密封，玻璃装配工程以及大玻璃的粘接密封，玻璃橱窗展台。

【包装及贮运】 300mL 塑料桶。应贮存于5～25℃的阴凉干燥处。贮存期自生产之日起为9个月。

【生产单位】 北京中天星云科技有限公司。

Da045 中性硅酮结构密封胶 XL-1210

【英文名】 neutral silicone structural sealant XL-1210

【主要组成】 端羟基硅油、中性交联剂、填料、助剂等。

【产品技术性能】 表干时间：30～120min (GB/T 13477.2—2002)；下垂度：≤1mm (GB/T 13477.2—2002)；挤出性：≤10s (GB/T 13477.2—2002)；硬度：25～40 Shore A (ASTM C 661)；剥离强度：≥0.9N/mm (GB/T 13477.2—2002)；位移能力：±25% (ASTM C 719)；加热失重：≤6% (ASTM C 792)；老化试验：合格 (ASTM C 793)。

【特点及用途】 良好的弹性、拉伸性能、使用方便；优秀的耐候性、耐老化性能；中性固化，对金属、镀膜玻璃、混凝土及大理石无腐蚀。对大多数材料具有优异的粘接性，色泽光亮，表面光洁。用于各类门窗安装，铝合金、铝板、幕墙的粘接密封，陶瓷、水泥、多种金属及屋顶的一般性密封，中空玻璃二道粘接密封及其它多种用途。

【施工工艺】 1. 不作为结构密封胶使用；2. 不能在潮湿表面施工或长期浸泡在水中；3. 不用于含油表面或渗油表面。

【包装及贮运】 300mL 塑料桶。应贮存于5～25℃的阴凉干燥处。贮存期自生产之日起为12个月。

【生产单位】 北京中天星云科技有限公司。

Da046 硅酮结构密封胶 XL-1418

【英文名】 silicone structural sealant XL-1418

【主要组成】 端羟基硅油、交联剂、填料、助剂等。

【产品技术性能】 表干时间：30～100min (GB/T 13477.2—2002)；下垂度：≤3mm (GB/T 13477.2—2002)；挤出性：≤10s (GB/T 13477.2—2002)；硬度：35～60 Shore A (ASTM C 661)；加热失重：≤6% (ASTM C 792)；拉伸粘接性：≥0.7MPa (标准条件)、≥0.45MPa (88℃)、≥0.7MPa (－29℃)、≥0.45MPa (浸水后)、≥0.45MPa (老化试验后) (GB/T 13477.2—2002)。

【特点及用途】 本品为单组分，使用方便；优秀的耐候性、耐老化性能；中性固化，对金属、镀膜玻璃、混凝土及大理石无腐蚀。对大多数材料具有优异的粘接性，力学强度高。用于玻璃幕墙、大理石、花岗石幕墙和采光顶及金属结构工程的结构粘接密封，陶瓷、水泥、多种金属及屋顶的一般性密封，中空玻璃二道粘接密封及其它多种建筑及工业用途。

【施工工艺】 1. 不作为结构密封胶使用；2. 不能在潮湿表面施工或长期浸泡在水中；3. 不用于含油表面或渗油表面。

【包装及贮运】 300mL 塑料桶。应贮存于5～25℃的阴凉干燥处。贮存期自生产之日起为12个月。

【生产单位】 北京中天星云科技有限公司。

Da047 建筑用单组分硅酮结构密封胶 XL-1218

【英文名】 one-part silicone structural sealant XL-2218

【主要组成】 端羟基硅油、交联剂、填料、助剂等。

【产品技术性能】

检测项目	国标 GB 16776—1997	企标 Q/SJXLN 003—2000	典型值
下垂度/mm	≤3	≤1	0
挤出性/s	≤10	≤8	2.9
表干时间/min	≤180	≤120	35
硬度(Shore A)	30～60	30～55	40

续表

检测项目	国标 GB 16776—1997	企标 Q/SJXLN 003—2000	典型值
加热失重/%	≤10	≤10	2.8
拉伸粘接性/MPa			
标准条件	≥0.45	≥0.5	1.05
90℃	≥0.45	≥0.45	0.86
-30℃	≥0.45	≥0.6	1.58
浸水后	≥0.45	≥0.45	0.98
水-紫外线后	≥0.45	≥0.45	0.91

【特点及用途】 单组分，使用方便；中性固化，对金属、镀膜玻璃、混凝土及大理石无腐蚀；良好的耐候性及耐老化性；对大部分建筑材料具有优良的相容性，不需要底涂。与其它中性硅酮具有良好的相容性。用于玻璃、石材及金属结构工程的结构粘接密封，中空玻璃二道粘接密封及其它建筑及工业密封。

【包装及贮运】 包装为 300mL 塑料桶，600mL 软管。应贮存于 5～25℃的阴凉干燥处。贮存期自生产之日起为 12 个月。

【生产单位】 北京中天星云科技有限公司。

Db 双组分硅酮密封胶

Db001 隔热有机硅涂料 GSZ301

【英文名】 heat-insulation silicone coating GSZ301

【主要组成】 液体硅橡胶、补强填料、硫化剂、助剂等。

【产品技术性能】 活性期：≥1.0h；耐热性：在（300±4)℃的条件下老化 200h 不起皮、不鼓泡、不开裂、不脱落；适用温度：−60～300℃；以上数据测试参照企标 Q/6S 1996—2004。

【特点及用途】 该产品耐高低温性能好，适合喷涂和刷涂。适用于大型货车发动机的隔热罩等部位，在金属表面起到热防护作用，也可使用于其它需要热防护的部位。

【施工工艺】 该密封剂包含三组分，组分一和组分二的质量配比为 100：(2.2～3.3)，组分三为配套底涂，可刷涂或喷涂施工。注意事项：用清洁干燥的棉布蘸汽油仔细地擦拭掉制件表面上的油脂、灰尘等污物，晾干后刷涂配套底涂，晾置15～30min 后即可刷涂或喷涂隔热有机硅涂料组分一和组分二的混合物。

【毒性及防护】 本产品硫化后为安全无毒物质，但硫化前应尽量避免与皮肤、眼睛接触，若不慎接触眼睛，应迅速用清水清洗。

【包装及贮运】 组分一装入铁皮桶中，净重 10～15kg；组分二装入塑料小口瓶中，净重 90～180g；组分三装入塑料桶中，净重 700～1400g。贮存条件：涂料应贮存在 0～28℃、相对湿度小于 80%的库房内，组分一密封贮存；组分二应贮存在有干燥剂的干燥器中，干燥器中不能有酸性气体；组分三要密封保存。组分一的贮存期为 6 个月，组分二和组分三的贮存期为 3 个月。

【生产单位】 中国航空工业集团公司北京航空材料研究院。

Db002 封口密封剂 HM310

【英文名】 silicone sealant HM310

【主要组成】 液体硅树脂、耐热填料、硫化剂、助剂等。

【产品技术性能】 活性期：≥4～12h；表干时间：≤12h，可室温固化；耐热性：耐热（500℃×36h）后漆膜不起皮、不鼓泡、不开裂、不脱落，1.0MPa 气压下不漏气；标注测试标准：以上数据测试参照企标 Q/6S 1997—2003。

【特点及用途】 具有良好的耐热、耐冲击、不腐蚀金属等性能；对不锈钢、钛合金、高温合金等金属材料具有良好的附着力。用途：用于不锈钢、钛合金、高温合金等金属缝隙之间的密封，也可用作耐 500℃的高温涂层。

【施工工艺】 该密封剂包含三组分，组分一和组分二、组分三的质量配比为 100：64：(3.5～4.5)，可用适量甲苯或二甲苯调整黏度。注意事项：用清洁干燥的棉布蘸汽油仔细地擦拭掉制件表面上的油脂、灰尘等污物。

【毒性及防护】 本产品硫化后为安全无毒物质，但硫化前应尽量避免与皮肤、眼睛接触，若不慎接触眼睛，应迅速用清水清洗。

【包装及贮运】 组分一用玻璃瓶包装，单元包装为500g；组分二用广口容器包装，单元包装为350g；组分三用塑料瓶包装，单元包装为40g；亦可按使用方要求或双方商定进行包装。贮存条件：组分一、组分二应在0～30℃、相对湿度小于80%的库房内密封贮存；组分三应贮存在有干燥剂的干燥器中，干燥器中不能有酸性气体逸出。贮存期为6个月。

【生产单位】 中国航空工业集团公司北京航空材料研究院。

Db003 高温密封剂 HM311

【英文名】 high-temperature resistant silicone sealant HM311

【主要组成】 液体硅树脂、耐热填料、硫化剂、助剂等。

【产品技术性能】 表干时间：≤2～6h；耐热性：耐热（800℃×36h）后漆膜不起皮、不鼓泡、不开裂、不脱落，2.0MPa气压下不漏气；标注测试标准：以上数据测试参照企标 Q/6S 2188—2003。

【特点及用途】 具有良好的耐热、耐冲击、不腐蚀金属等性能；对不锈钢、钛合金、高温合金等金属材料具有良好的附着力。用途：用于不锈钢、钛合金、高温合金等金属缝隙之间的密封，也可用作耐800℃的高温涂层。

【施工工艺】 该密封剂为双组分，组分一和组分二的质量配比为100∶100，可用适量甲苯或二甲苯调整黏度。注意事项：用清洁干燥的棉布蘸汽油仔细地擦拭掉制件表面上的油脂、灰尘等污物。

【毒性及防护】 本产品硫化后为安全无毒物质，但硫化前应尽量避免与皮肤、眼睛接触，若不慎接触眼睛，应迅速用清水清洗。

【包装及贮运】 组分一用玻璃瓶包装，单元包装为500g；组分二用广口容器包装，单元包装为500g；亦可按使用方要求或双方商定进行包装。贮存条件：应在0～30℃、相对湿度小于80%的库房内密封贮存，贮存期为6个月。

【生产单位】 中国航空工业集团公司北京航空材料研究院。

Db004 耐高温高强度有机硅密封剂 HM321

【英文名】 silicone sealant HM321with high-temperature and high-strength resistance

【主要组成】 液体硅树脂、补强填料、硫化剂、助剂等。

【产品技术性能】 密度：≤1.25g/cm³；活性期：2～8h；硬度：30～50 ShoreA；拉伸强度：≥4.5MPa；拉断伸长率：≥350%；剪切强度：≥4.0MPa；180°剥离强度：≥5.0N/mm；使用温度：－60～250℃；标注测试标准：以上数据测试参照企标 Q/6S 2270—2013。

【特点及用途】 具有高强度，良好的耐候性、耐高低温性、防霉性和电性能。与底涂配套使用对钢、钛合金和铝合金等金属材料、复合材料和陶瓷材料具有良好的粘接性能。用于各种机械设备的螺接和铆接、电子电气系统的密封。

【施工工艺】 HM321密封剂分为Ⅰ型和Ⅱ型，其中Ⅰ型为三组分，Ⅱ型为双组分。Ⅰ型组分一和组分二、组分三的质量配比为100∶0.9∶1。Ⅱ型组分一和组分二的质量配比为100∶(5.5～7)。注意事项：将被密封的材料表面用汽油或丙酮清洗干净，涂上一层配套底涂，干燥40min，待充分干燥后方可涂胶。

【毒性及防护】 本产品硫化后为安全无毒物质，但硫化前应尽量避免与皮肤、眼睛接触，若不慎接触眼睛，应迅速用清水清洗。

【包装及贮运】 Ⅰ型密封剂以基膏、硫化剂、催化剂三组分的形式配套供应。基膏用铁桶或有内盖的螺旋口塑料桶包装，单元包装为1kg、2kg、5kg，硫化剂、催化剂用螺旋口塑料瓶包装，单元包装硫化剂为15g、30g、75g，催化剂为15g、30g、75g，也可按照需方的规定进行包装。Ⅱ型密封剂以基膏、硫化剂双组分的形式配套供应。基膏用铁桶或有内盖的螺旋口塑料桶包装，单元包装为1kg；硫化剂用螺旋口塑料瓶包装，单元包装硫化剂为75g，也可按照需方的规定进行包装。贮存条件：密封剂应在0～30℃的环境下密封贮存，贮存期为6个月。

【生产单位】 中国航空工业集团公司北京航空材料研究院。

Db005 硅酮结构密封胶 MF881

【英文名】 silicone structural sealant MF881

【主要组成】 硅橡胶、硅油、碳酸钙、偶联剂等。

【产品技术性能】

项目			技术指标
外观		A组分	白色均匀膏状物
		B组分	黑色、半透明均匀膏状物
下垂度/mm		垂直	≤1
		水平	不变形
适用期/min			≥20
表干时间/h			≤2
硬度(Shore A)			30～60
拉伸黏结性	拉伸黏结强度/MPa	23℃	≥0.8
		90℃	≥0.6
		-30℃	≥0.8
		浸水后	≥0.6
		水-紫外线光照后	≥0.6
	黏结破坏面积/%		≤5
	23℃时最大拉伸强度时的伸长率/%		≥100

续表

项目		技术指标
耐温性/℃		-60～180
耐紫外线臭氧		水-紫外线连续照射2500h，无变化
人工老化后的机械性能	1008h水-紫外光照后的拉伸黏结强度/MPa	≥0.75
	NaCl环境后的拉伸黏结强度/MPa	≥0.75
	SO_2环境后的拉伸黏结强度/MPa	≥0.75
	清洁剂水溶液浸泡后的拉伸黏结强度/MPa	≥0.75
	黏结破坏面积/%	≥10
符合标准	MF881符合下列标准： 1. 国家标准 GB 16776 2. 美国标准 ASTM C 920	

【特点及用途】 1. 高弹性、高模量；2. 优异的耐高温、低温性和耐气候老化性能；3. 中性快速固化，对被粘表面无腐蚀；4. 无需底漆即可对大多数建筑材料具有良好的黏结性；5. 对环境无污染。主要用于建筑隐框幕墙的结构装配，也可用于汽车、船舶等耐风压玻璃的安装、密封。

【施工工艺】 该胶应在密闭的混合打胶机系统混合，A、B两组分按12∶1的质量比均匀混合，也可根据实际需要改变混合比例，调节固化速率，A、B两组分的质量比为A∶B=(11～14)∶1。注意事项：B组分能与空气中的水发生反应，不可长期暴露在空气中。

【毒性及防护】 本产品固化后为安全无毒物质，但固化前应尽量避免与皮肤和眼睛接触，若不慎接触眼睛，应迅速用清水清洗。

【包装及贮运】 大桶包装：A组分200L铁桶，B组分20L塑料桶；中桶包装：A组分20L塑料桶，B组分310mL塑料管。贮存条件：在27℃以下的阴凉、通风、干燥处可贮存 12 个月。本产品按照非危险品运输。

【生产单位】 郑州中原应用技术研究开发有限公司。

Db006 硅酮结构密封胶 MF881-25

【英文名】 silicone structural sealant MF881-25

【主要组成】 硅橡胶、硅油、碳酸钙、偶联剂等。

【产品技术性能】

1. GB 16776 技术指标

项目			技术指标
下垂度/mm		垂直	≤3
		水平	不变形
适用期/min			≥20
挤出性/s			≤ 10
表干时间/h			≤ 3
硬度(Shore A)			30～60
黏合时间/h			≤ 48
拉伸黏结性	拉伸黏结强度/MPa	23℃	≥0.6
		90℃	≥0.5
		-30℃	≥0.5
		浸水后	≥0.5
		水-紫外线光照 300h	≥0.5
	黏结破坏面积/%		≤5
	23℃时最大拉伸强度时的伸长率/%		≥100
热老化	热失重/%		≤5
	龟裂		无
	粉化		无

2. ETAG 002 技术指标

项目		技术指标
拉伸黏结性	23℃拉伸黏结强度/MPa	≥0.6
	80℃拉伸黏结强度/MPa	≥0.75
	-20℃拉伸黏结强度/MPa	≥0.75
	黏结破坏面积/%	≤10
剪切黏结性	23℃剪切强度/MPa	≥0.6
	80℃剪切强度/MPa	≥0.75
	-20℃剪切强度/MPa	≥0.75
	黏结破坏面积/%	≤10

续表

2. ETAG 002 技术指标

项目		技术指标
1008h 水-紫外光照	水-紫外光照后的拉伸黏结强度/MPa	≥0.75
	黏结破坏面积/%	≤10
NaCl 环境	NaCl 环境后拉伸黏结强度/MPa	≥0.75
	黏结破坏面积/%	≤10
SO_2 环境	SO_2 环境后拉伸黏结强度/MPa	≥0.75
	黏结破坏面积/%	≤10
清洁剂	清洁剂水溶液浸泡后拉伸黏结强度/MPa	≥0.75
	黏结破坏面积/%	≤10
气体包裹		无可见气泡
弹性恢复率	卸载 24h 后的长度变化/初始伸长/%	≤5
体积收缩率/%		≤10
抗撕裂	撕裂后的拉伸黏结强度/MPa	≥0.75
机械疲劳	机械疲劳后的拉伸黏结强度/MPa	≥0.75
	黏结破坏面积/%	≤10
弹性模量/(N/mm^2)		实测数据
符合标准	MF881-25 符合下列标准： 1. 国家标准 GB 16776 2. 欧盟标准 ETAG 002	

【特点及用途】 1. 优异的黏结性能；2. 高弹性、高模量；3. 优异的耐高温、低温性能；4. 优异的耐气候老化性能；5. 对基材无腐蚀，对环境无污染。主要用于高层、超高层建筑幕墙的结构性装配，大尺寸玻璃板块幕墙的结构性装配，复杂结构建筑幕墙的结构性装配。

【施工工艺】 该胶应在密闭的混合打胶机系统混合，A、B 两组分按 12∶1 的质量比均匀混合，也可根据实际需要改变混合比例调节固化速率，A、B 两组分的质量比为 A∶B＝(11～14)∶1。注意事项：1. 使用前必须对工程材料进行相容性及黏结性试验。2.B组分能与空气中的水发生反应，不可长期暴露在空气中。

【毒性及防护】 本产品固化后为安全无毒物质，但固化前应尽量避免与皮肤和眼睛接触，若不慎接触眼睛，应迅速用清水清洗。

【包装及贮运】 大桶包装：A组分200L铁桶，B组分20L塑料桶；中桶包装：A组分20L塑料桶，B组分310mL塑料管。贮存条件：在27℃以下的阴凉、通风、干燥处可贮存12个月。本产品按照非危险品运输。

【生产单位】 郑州中原应用技术研究开发有限公司。

Db007 双组分硅酮结构密封胶 XL-2218

【英文名】 two-part silicone structural sealant XL-2218

【主要组成】 有机硅树脂、交联剂、助剂等。

【产品技术性能】 外观：A组分为白色，B组分为黑色；适用期：60min；表干时间：90min。固化后的产品性能如下。常温拉伸黏结强度：0.9MPa；最大拉伸黏结强度时的伸长率：170%；90℃拉伸黏结强度：0.7MPa；−30℃拉伸黏结强度：1.3MPa；热失重：4%；硬度：40 Shore A；工作温度：−40～150℃。

【特点及用途】 中性固化，对金属、镀膜玻璃、混凝土及大理石等建筑材料无腐蚀性；优异的耐气候老化性能；耐高低温性能卓越；对大部分建筑材料具有优良的黏结性。可用于玻璃、铝板幕墙及金属结构工程的结构黏结密封，中空玻璃二道黏结密封。

【施工工艺】 混合比：A∶B=(9～11)∶1（体积）或（11～14）∶1（重量），用专用双组分打胶机施胶或手工将A、B两组分计量并混合均匀后使用。基材的黏结表面必须经过清洗。清洗后的基材必须在1h内完成施胶。挤注结构胶应稳定连续地进行，不能产生气泡或空穴。施胶后整形表面应在密封剂表干之前进行。在胶完全固化前，不得搬动和承受外力。注意事项：增大或减少B组分的比例可以提高或降低固化速率，但是不得超出上述比例范围，否则会引起固化不正常或导致胶性能下降。使用环境应清洁，应在10～40℃、相对湿度为40%～80%的条件下使用，最低使用温度不能低于5℃，最高温度不宜高于40℃，最大允许相对湿度为80%。使用场所应具有良好的通风条件。

【毒性及防护】 本产品完全固化后无毒性，但在固化之前应避免与眼睛接触，若与眼睛接触，请用大量水冲洗，并找医生处理。本产品在固化过程中会放出醇类物质，在施工及固化区应注意通风，以免醇类物质浓度太高而对人体产生不良影响。避免本产品与食物直接接触并放置于小孩触摸不到的地方。

【包装及贮运】 A组分190L，B组分19L。保质期9个月。贮存条件：产品应在27℃以下的阴凉干燥处贮存。本产品按照非危险品运输。

【生产单位】 北京中天星云科技有限公司。

Db008 硅酮中空玻璃密封胶 XL-2239

【英文名】 silicone sealant XL-2239 for window and door insulation glass

【主要组成】 有机硅树脂、交联剂、助剂等。

【产品技术性能】 外观：A组分为白色，B组分为黑色；下垂度：0mm；适用期：75min；表干时间：100min。固化后的产品性能如下。常温拉伸黏结强度：0.75MPa；最大拉伸黏结强度时的伸长率：100%；弹性恢复率：85%；热失重：6%；硬度：35 Shore A；工作温度：

－40～150℃。

【特点及用途】 双组分，固化速率可调，深部固化快；中性固化，对金属、镀膜玻璃、混凝土及大理石等建筑材料无腐蚀性；优异的耐气候老化性能及耐高低温性能；对大部分材料具有优良的黏结性，主要用于中空玻璃二道黏结密封。

【施工工艺】 混合比：A∶B=(9～12)∶1（体积）或（12～15）∶1（重量），用专用双组分打胶机施胶或手工将A、B两组分计量并混合均匀后使用。基材的黏结表面必须经过清洗。清洗后的基材必须在1h内完成施胶。挤注结构胶应稳定连续地进行，不能产生气泡或空穴。施胶后整形表面应在密封剂表干之前进行。在胶完全固化前，不得搬动和承受外力。注意事项：增大或减少B组分的比例可以提高或降低固化速率，但是不得超出上述比例范围，否则会引起固化不正常或导致胶性能下降。使用环境应清洁，应在10～40℃、相对湿度为40%～80%的条件下使用，最低使用温度不能低于5℃，最高温度不宜高于40℃，最大允许相对湿度为80%。使用场所应具有良好的通风条件。

【毒性及防护】 本产品完全固化后无毒性，但在固化之前应避免与眼睛接触，若与眼睛接触，请用大量水冲洗，并找医生处理。本产品在固化过程中会放出醇类物质，在施工及固化区应注意通风，以免醇类物质浓度太高而对人体产生不良影响。避免本产品与食物直接接触并放置于小孩触摸不到的地方。

【包装及贮运】 包装：A组分185L，B组分19L。保质期9个月。贮存条件：产品应在27℃以下的阴凉干燥处贮存。本产品按照非危险品运输。

【生产单位】 北京中天星云科技有限公司。

Db009 硅橡胶胶黏剂 GPS-2

【英文名】 silicone adhesive GPS-2

【产品技术性能】 外观：甲组分为砖红色糊状物，乙组分为浅黄色透明液体；硬度：35～50 Shore A；拉伸强度：≥2.2MPa；扯断伸长率：≥180%；永久变形：≤3.0；黏合强度：>1.5MPa；脆性温度：≤－60℃。

【特点及用途】 本品为双组分室温硫化硅橡胶胶黏剂，适用于各种硫化橡胶、硅氟橡胶以及海绵和各种经表面处理的金属（铝、铜、镍、钢等）、非金属（陶瓷、玻璃、玻璃钢）之间的黏合，黏合件能在－60～200℃下长期使用。本品可用于飞机制造业、电子仪表和电缆等行业。

【施工工艺】 使用前按甲组分∶乙组分=(9～20)∶1（质量比）配合，充分混合均匀，施胶。配好的胶，活性期为1h。注意事项：被粘物先用溶剂如丙酮、无水乙醇等清洁至无油污、灰尘等脏物时待用。

【毒性及防护】 本产品固化前应避免与眼睛和皮肤接触，若不慎接触眼睛，应迅速用大量清水清洗并就医。

【包装及贮运】 包装：甲组分4kg/桶，乙组分300g/桶，金属表面处理剂100g/罐，橡胶表面处理剂100g/罐。贮存条件：贮存在阴凉干燥处，保质期为半年。

【生产单位】 上海华谊（集团）公司—上海橡胶制品研究所。

Db010 有机硅灌封胶 GT-4

【英文名】 silicone pouring sealant GT-4

【主要组成】 端羟基聚二甲基硅氧烷、交联剂、填料和助剂等。

【产品技术性能】 外观：甲组分为乳白色糊状物，乙组分为浅黄色透明液体；硬度：(40±5)Shore A；拉伸强度：≥2.0MPa；对铝合金的黏结剪切强度：≥0.4MPa；体积电阻率：≥1.0×10^{14}Ω·cm；击穿电压：≥18kV/mm。

【特点及用途】 本品为双组分室温硫化有机硅灌封胶，具有多种黏度、无气味、无腐蚀（中性）、使用方便、耐高低温（可在−60～180℃下工作）、电绝缘性能优越、耐大气老化等特性。施以底涂剂对玻璃、金属、陶瓷、硅橡皮和树脂层压材料等有良好的粘接性能。本品可应用于电器、电缆接插头的灌注、绝缘和密封。

【施工工艺】 甲、乙两组分按一定的重量比［夏天（15∶1）、冬天（13∶1）］充分调匀后即可使用。施工期为1～2h（在温度25℃、湿度60%～70%的条件下）。灌封好后置于室温下自然硫化，7d后可达到理想强度。注意事项：被粘物先用溶剂如丙酮、无水乙醇等清洁至无油污、无灰尘等方可使用。

【毒性及防护】 本产品固化后为安全无毒物质，固化前应避免与眼睛和皮肤接触，若不慎接触眼睛，应迅速用大量清水清洗。

【包装及贮运】 包装：甲组分4kg/桶，乙组分300g/桶。贮存条件：贮存在阴凉干燥处，保质期半年。本产品按照非危险品运输。

【生产单位】 上海华谊（集团）公司一上海橡胶制品研究所。

Db011 工业装配用快速固化双组分黏结密封胶

【别名】 Sikasil® AS-785

【英文名】 two-part fast curing silicone rubber adhesive

【主要组成】 端羟基聚硅氧烷、交联剂、助剂等。

【产品技术性能】 外观：白色；密度：1.44g/cm³。固化后的性能如下。硬度：约45 Shore A（CQP 023-1/ISO 868）；拉伸强度：约2.3N/mm²（CQP 036-1/ISO 37）；断裂伸长率：约250%（CQP 036-1/ISO 37）；100%模量：约1.2N/mm²（CQP 036-1/ISO 37）；接口位移承受能力：±25%（ASTM C 719）。

【特点及用途】 双组分、无腐蚀、快速固化硅酮黏结密封胶，专为工业制造设计。在多种基材上的黏结性能优异；低挥发性；优越的耐UV、耐候性能；在广泛的温度范围内保持弹性；优异的长期性能；固化时无需湿气。适用于工业领域高性能要求的黏结及密封应用。

【施工工艺】 该胶是双组分胶（A/B），A组分和B组分的质量比为13∶1，体积配比为10∶1。注意事项：Sikasil® AS-785的两组分在具体施工前须按比例（±10%误差）混合均匀并无气泡。市场上大部分的计量及混合设备都适用。具体建议请咨询西卡工业部系统工程部门。

【毒性及防护】 关于化学品的运输、使用、贮存及理化方面的信息和建议，用户可以参考材料安全数据表，其中包含了物理的、生态学的、毒性的以及其它相关的安全数据。

【包装及贮运】 包装：大桶（A组分）260kg，保质期12个月。贮存条件：室温、阴凉处贮存。本产品按照非危险品运输。

【生产单位】 西卡（中国）有限公司。

Db012 硅橡胶胶黏剂 GXJ-24

【英文名】 silicone rubber adhesive GXJ-24

【主要组成】 硅橡胶、填料、助剂等。

【产品技术性能】 外观：红色；密度：1.8g/cm³。固化后的产品性能如下。铝-铝拉剪强度：≥2MPa（室温）、≥1MPa（150℃）；标注测试标准：拉剪强度按GB/T 7124—2008。

【特点及用途】 室温固化，耐高温，防烧蚀性能优异。可满足多数金属、非金属的粘接，用于耐温密封或耐烧蚀部位的密封粘接。

【施工工艺】 本胶黏剂为三组分（A/B/C）胶，A组分、B组分和C组分的配比为100∶4∶1。可操作时间：≥1h；固化条件：室温7d。

【包装及贮运】 包装：500g/套、1000g/套，保质期1年。贮存条件：室温、阴凉、干燥处存放，应避免阳光直射。

【生产单位】 航天材料及工艺研究所。

Db013 胶黏剂 GXJ-38

【英文名】 adhesive GXJ-38

【主要组成】 硅橡胶、填料、助剂等。

【产品技术性能】 外观：红色；密度：$1.7g/cm^3$。固化后的产品性能如下。铝-铝拉剪强度：≥1.5MPa（室温）、≥0.5MPa（150℃）；铝-玻璃钢拉剪强度：≥2MPa（室温）、≥1MPa（150℃）；标注测试标准：拉剪强度按 GB/T 7124—2008。

【特点及用途】 室温固化，耐高温，耐烧蚀。可满足多数金属、非金属的粘接，用于耐温密封或耐烧蚀部位的密封粘接，特别适用于耐温、耐烧蚀密封。

【施工工艺】 本胶黏剂为三组分（A/B/C）胶，A组分、B组分和C组分的配比为100∶4∶1。可操作时间：≥1h；固化时间：室温7d。

【包装及贮运】 包装：500g/套、1000g/套，保质期1年。贮存条件：室温、阴凉、干燥处存放，应避免阳光直射。

【生产单位】 航天材料及工艺研究所。

Db014 胶黏剂 GXJ-63

【英文名】 adhesive GXJ-63

【主要组成】 改性硅橡胶、填料、助剂。

【产品技术性能】 外观：红色；密度：$1.6g/cm^3$。固化后的产品性能如下。铝-铝拉剪强度：≥2MPa；拉离强度：≥5MPa；不均匀扯离强度：≥19N/cm；体积电阻率：≥10^{14}Ω·cm；标注测试标准：拉剪强度按 GB/T 7124—2008，拉离强度按 Q/Dq 141—94，不均匀扯离强度按 GJB 94—1986，体积电阻率按 QJ 1990.2—1990。

【特点及用途】 室温固化，有较高的粘接强度，密封性好。适用于金属和非金属的粘接、局部防热密封。

【施工工艺】 本胶黏剂为双组分（A/B）胶，A组分和B组分的配比为100∶2。固化条件：室温7d。

【包装及贮运】 包装：500g/套、1000g/套，保质期1年。贮存条件：室温、阴凉、干燥处存放，应避免阳光直射。

【生产单位】 航天材料及工艺研究所。

Db015 耐烧蚀胶黏剂 GXJ-69

【英文名】 adhesive GXJ-69 with ablation resistance

【主要组成】 改性硅橡胶、填料、助剂。

【产品技术性能】 外观：红色；密度：$1.7g/cm^3$。固化后的产品性能如下。铝-铝拉剪强度：≥2MPa；体积电阻率：≥10^{14}Ω·cm；标注测试标准：拉剪强度按 GB/T 7124—2008，体积电阻率按 QJ 1990.2—1990。

【特点及用途】 室温固化，有较高的粘接强度，耐烧蚀和密封性好。适用于金属和非金属的粘接、局部防热密封及防热套装。

【施工工艺】 本胶黏剂为双组分（A/B）胶，A组分和B组分的配比为100∶2。固化条件：室温7d。

【包装及贮运】 包装：500g/套、10000g/套，保质期1年。贮存条件：室温、阴凉、干燥处存放，应避免阳光直射。

【生产单位】 航天材料及工艺研究所。

Db016 多功能套装胶黏剂 Dq442J-86

【英文名】 multi-functional adhesive Dq442J-86

【主要组成】 改性硅橡胶、填料、助剂。

【产品技术性能】 外观：白色黏稠液体；密度：$0.6g/cm^3$。固化后的产品性能如下。铝-铝拉剪强度：≥2MPa；拉伸强度：≥2MPa；热导率：≤0.15W/(m·K)；标注测试标准：拉剪强度按 GB/T 7124—2008，拉伸强度按 GB/T 528—2009，热导率按 GJB 329—1987。

【特点及用途】 室温固化，低密度，低热

导率，耐温可达250℃，防核辐射，可成型胶片。适用于金属和非金属的粘接、大面积防热套装及填缝密封。

【施工工艺】 本胶黏剂为双组分（A/B）胶，A组分和B组分的配比为100∶2。固化条件：室温7d。

【包装及贮运】 包装：500g/套、1000g/套，保质期1年。贮存条件：室温、阴凉、干燥处存放，应避免阳光直射。

【生产单位】 航天材料及工艺研究所。

Db017 耐烧蚀胶黏剂Dq441J-122

【英文名】 adhesive Dq441J-122 with ablation resistance

【主要组成】 改性硅橡胶、填料、助剂。

【产品技术性能】 外观：红色；密度：1.7g/cm^3。固化后的产品性能如下。铝-铝拉剪强度：≥2MPa；拉伸强度：≥2MPa；伸长率：≥50%；硬度：45～55 ShoreA；击穿电压：≥10kV/mm；标注测试标准：拉剪强度按GB/T 7124—2008，拉伸强度、伸长率按GB/T 528—2009，硬度按GB/T 531.1—2008，击穿电压按QJ 1990.4—1990。

【特点及用途】 室温固化，绝缘，耐高温，耐烧蚀。可满足多数金属、非金属的粘接，用于耐温密封或耐烧蚀部位的密封粘接，特别适用于耐温、耐烧蚀密封。

【施工工艺】 本胶黏剂为双组分（A/B）胶，A组分和B组分的配比为100∶1。固化条件：室温7d。

【包装及贮运】 包装：500g/套、1000g/套，保质期1年。贮存条件：室温、阴凉、干燥处存放，应避免阳光直射。

【生产单位】 航天材料及工艺研究所。

Db018 耐高温密封剂Da441J-108

【英文名】 sealant Da441J-108 with heat resistance

【主要组成】 硅橡胶、交联剂、助剂等。

【产品技术性能】 外观：红色；密度：1.4g/cm^3。固化后的产品性能如下。钢-钢拉剪强度：≥2.0MPa（室温）；钢-钢拉剪强度：≥0.5MPa（400℃）；标注测试标准：Dq 139—94。

【特点及用途】 室温固化，耐高温达400℃。适用于金属、玻璃、陶瓷和玻璃钢复合材料的粘接及密封。

【施工工艺】 本胶黏剂为双组分（A/B）胶，A组分和B组分的配比为100g∶(3～5)g。胶黏剂适用期：大于60min；固化条件：室温7d。

【包装及贮运】 包装：500g/套、1000g/套，保质期1年。贮存条件：室温、阴凉、干燥处存放，应避免阳光直射。

【生产单位】 航天材料及工艺研究所。

Db019 高透明加成型硅橡胶黏合剂GJS-13

【英文名】 high transparent silicone rubber adhesive GJS-13

【主要组成】 低黏度乙烯基液体硅橡胶、含氢硅油、增黏剂、氯铂金固化剂、助剂等。

【产品技术性能】 外观：无色透明；密度：1.3g/cm^3；黏度：8000mPa·s。固化后的产品性能如下。剪切强度：≥0.5MPa；硬度：45 Shore A；工作温度：−60～250℃；标注测试标准：以上数据测试参照企标Q/spb 213—2014。

【特点及用途】 流动性好，透明度高，绝缘、无毒、无挥发物，老化寿命长，耐水、耐酸盐等介质性好；加温固化，施工期长，适合大规模流水线作业，可采用针筒注射点胶或浇注等施工操作，生产效率高。可在−60～250℃长期使用。用于LED灯具等光学仪器和设备，也可作密封胶使用。

【施工工艺】 可采用针筒注射点胶或浇注等施工操作。加温150℃/10min迅速固化。

【毒性及防护】 本产品为安全无毒物质，但固化前应尽量避免与皮肤和眼睛接触，若不慎接触眼睛，应迅速用清水清洗。

【包装及贮运】 包装：500g/套，保质期一年。贮存条件：室温避光下贮存。本产品按照非危险品运输。

【生产单位】 天津市鼎秀科技开发有限公司。

Db020 高强真空黏合剂 D310J-98

【英文名】 adhesive D310J-98 for high vacuum

【主要组成】 硅树脂、固化剂、添加剂、助剂等。

【产品技术性能】 外观：黑色；密度：1.8g/cm³。固化后的产品性能如下。剪切强度：≥25MPa；粘接面的漏率：≤5×10^{-11} Pa·m³/s（氦质谱检漏）；工作温度：−60～280℃；老化寿命：≥20年；标注测试标准：以上数据测试参照企标 Q/spb 81—2005。

【特点及用途】 该黏合剂具有一定的韧性，能很好地消除金属和玻璃之间因膨胀系数不同而在使用中随温度变化所引起的封接应力。用它可把玻璃和金属牢固地粘接在一起，并可达到真空气密的要求，其操作完全在室温下进行，施工容易，封接效率及可靠性非常高，并可简化封接工艺，成本低。用于航天器真空管和电子显示屏的密封、等离子雷达反应釜的真空封接、热管式太阳能真空集热器的金属端盖与玻璃管的封接。

【施工工艺】 该胶是双组分胶（A/B），A组分和B组分的质量比为7：1。注意事项：室温固化期间必须维持一定的接触压力。

【毒性及防护】 本产品固化后为安全无毒物质，但混合前两组分应尽量避免与皮肤和眼睛接触，若不慎接触眼睛，应迅速用清水清洗。

【包装及贮运】 包装：500g/套、1000g/套，保质期1年。贮存条件：室温、阴凉处贮存。本产品按照非危险品运输。

【生产单位】 天津市鼎秀科技开发有限公司。

Db021 高弹性硅橡胶黏合剂 GJS-97

【英文名】 highly elastic silicon rubber adhesive GJS-97

【主要组成】 端羟基液体硅橡胶、BL-2柔性改进剂、添加剂、固化剂、助剂等。

【产品技术性能】 外观：A组分为白色（颜色可定制），B组分为黄色；密度1.4g/cm³。固化后的产品性能如下。剪切强度≥1.5MPa/7d；工作温度：−196～260℃；延伸率＞400%；标注测试标准：以上数据测试参照企标 Q/spb 22—1993。

【特点及用途】 双组分室温固化型，保存期长；非常适宜柔性粘接和延伸率要求高的密封环境使用；粘接强度高，可深层固化，不含有机锡，无毒性；老化寿命长，耐介质性好，电气绝缘强度高，气密性好，在260℃以下不会出现返粘现象。用于钛合金、不锈钢、铝合金、碳钢等金属材料及陶瓷、玻璃、玻璃钢、各种橡胶和塑料以及织物等材料的自粘或互粘。

【施工工艺】 该胶是双组分胶（A/B），A组分和B组分的配比为3：1（质量比）。室温2h初凝，完全固化需室温7d。注意事项：未固化前加温不能超过70℃。

【毒性及防护】 本产品为安全无毒物质，但混合前两组分应尽量避免与皮肤和眼睛接触，若不慎接触眼睛，应迅速用清水清洗。

【包装及贮运】 包装：500g/套、1000g/套，保质期1年。贮存条件：室温、阴凉处贮存。本产品按照非危险品运输。

【生产单位】 天津市鼎秀科技开发有限公司。

Db022 加成型双组分硅橡胶黏合剂 GJS-12

【英文名】 additional two-part silicone rubber adhesive GJS-12

【主要组成】 乙烯基液体硅橡胶、含氢硅

油、增黏剂、氯铂金固化剂、添加剂、助剂等。

【产品技术性能】 外观：白红或定制；密度：1.53g/cm³；黏度：15000mPa·s。固化后的产品性能如下。剪切强度：≥3MPa；硬度：(45±5) Shore A；工作温度：−65～250℃；标注测试标准：以上数据测试参照企标 Q/spb 212—2014。

【特点及用途】 粘接强度高，绝缘性好，无毒、无挥发物，老化寿命长，耐水、耐酸、耐盐等介质性好；加温固化，施工期长，适合大规模流水线作业，便于浸涂、滚涂、印刷等施工操作，生产效率高。可在−65～250℃长期使用。用于金属材料及陶瓷、玻璃、玻璃钢和织物等材料的自粘或互粘，也可作密封胶使用。

【施工工艺】 可浸涂、滚涂、丝网印刷等施工操作。加温 150℃/10min 迅速固化。注意事项：低温保存。

【毒性及防护】 本产品为安全无毒物质，但固化前应尽量避免与皮肤和眼睛接触，若不慎接触眼睛，应迅速用清水清洗。

【包装及贮运】 包装：500g/套，保质期 1 年。贮存条件：室温避光下贮存。本产品按照非危险品运输。

【生产单位】 天津市鼎秀科技开发有限公司。

Db023 硅橡胶黏合剂 GJS-68

【英文名】 silicon rubber adhesive GJS-68

【主要组成】 端羟基液体甲基硅橡胶、SRA 固化剂、填料、助剂等。

【产品技术性能】 外观：A 组分为铁红色(颜色可定制)，B 组分为黄色；密度：1.5g/cm³。固化后的产品性能如下。剪切强度：≥5MPa/7d；工作温度：−196～280℃；标注测试标准：以上数据测试参照企标 Q/spb 21—1990。

【特点及用途】 室温固化，固化剂不含有机锡，毒性小；老化寿命长，耐水、耐酸、耐盐、耐润滑油等介质性好，电气绝缘强度高，真空热失重和可凝挥发物低，可在−196～280℃长期使用。它对硬性材料的室温粘接强度可达 5MPa 以上，−196℃时的粘接强度达 15MPa。此胶的本体拉伸强度为 2MPa，延伸率为 190%，剥离强度≥15N/cm，经 350℃/2min 后粘接强度可达 2.5MPa 以上。作为电器灌封胶使用可实现深层固化。其表面疏水，不粘性好，电绝缘性高，耐压≥19kV/mm，体积电阻率≥1014Ω·cm。适用于钛合金、不锈钢、铝合金、碳钢等金属材料及陶瓷、玻璃、玻璃钢、各种橡胶和塑料以及织物等材料的自粘或互粘，也可作密封胶及套装胶使用。

【施工工艺】 该胶是双组分胶（A/B)，A 组分和 B 组分的配比为（4～5)：1（质量比)。室温 2h 初凝，24h 固化度 70%以上，完全固化需室温 7d。注意事项：未固化前加温不能超过 70℃。

【毒性及防护】 本产品为安全无毒物质，但混合前两组分应尽量避免与皮肤和眼睛接触，若不慎接触眼睛，应迅速用清水清洗。

【包装及贮运】 包装：500g/套、1000g/套，保质期 1 年。贮存条件：室温、阴凉处贮存。本产品按照非危险品运输。

【生产单位】 天津市鼎秀科技开发有限公司。

Db024 医用硅橡胶黏合剂 HT

【英文名】 medical silicon rubber adhesive HT

【主要组成】 高纯端羟基液体硅橡胶、无毒固化剂、助剂等。

【产品技术性能】 外观：棕红；密度：1.83g/cm³。固化后的产品性能如下。压缩强度：91.2MPa；剪切强度：0.1MPa/60min、1.7MPa/120min、4.4MPa/180min (GB/T 7124—2008)；弯曲强度：56.6MPa (GB/T 9341—2008)；硬度：96 Shore D；工作温度：−60～150℃。

【特点及用途】 体系中不含有正硅酸乙

酯、二月桂酸二丁基锡、氯铂酸、重金属和有机溶剂等有毒物质，粘接强度和本体强度都比普通硅橡胶黏合剂高。它在固化时发生脱醇缩合反应，对人体健康完全无害。双组分，通过调整二者的配比可改变凝胶时间，以满足不同的使用要求。其固化物无色透明，无毒无味，生理惰性，富有弹性。用于医疗整形填充和医疗器械的粘接。

【施工工艺】 该胶是双组分胶（A/B），A组分和B组分的质量比为（2～6）：1。

【毒性及防护】 本产品为安全无毒物质，若不慎接触眼睛，应迅速用清水清洗。

【包装及贮运】 包装：500g/套，保质期1年。贮存条件：室温、阴凉处贮存。本产品按照非危险品运输。

【生产单位】 天津市鼎秀科技开发有限公司。

Db025 有机硅密封剂 XM31

【英文名】 silicone sealant XM31

【主要组成】 液体硅橡胶、补强剂、硫化剂、防霉剂等。

【产品技术性能】 密度：1.15g/cm^3；热导率：0.217W/(m·K)；线膨胀系数：236×10^{-6}℃$^{-1}$；体积电阻率：(2.5～5)×10^{14}Ω·cm；介电强度（50Hz）：0.07～11.7kV/mm；拉伸强度：≥2.5MPa；T型剥离强度：≥2kN/m；硬度：34 Shore A。

【特点及用途】 适用于飞机发动机高温部位的密封。使用温度为－60～230℃。具有耐大气老化、耐水、耐盐雾性、电绝缘性及对金属的防护性能。

【施工工艺】 按甲组分100g、乙组分2～6mL的配比混合。粘金属前需涂处理剂，然后涂敷密封剂。至少3d后才可用压缩空气进行气密检查。完全硫化时间为7d。

【毒性及防护】 本产品硫化后为安全无毒物质，但硫化前应尽量避免与皮肤、眼睛接触，若不慎接触眼睛，应迅速用清水清洗。

【生产单位】 中国航空工业集团公司北京航空材料研究院。

Db026 有机硅密封剂 XM33

【英文名】 silicone sealant XM33

【主要组成】 液体硅橡胶、补强剂、硫化剂、防霉剂等。

【产品技术性能】 外观：绿色；密度：1.13g/cm^3；热导率：0.219W/(m·K)；线膨胀系数：232×10^{-6}℃$^{-1}$；体积电阻率：3×10^{12}Ω·cm；介电强度（50Hz）：9～10kV/mm；拉伸强度：≥1MPa；断裂伸长率：≥200%；T型剥离强度：≥1.5kN/m；硬度：35～40 Shore A。

【特点及用途】 用于电气元件及电子计算机磁芯板的密封，使用温度为－60～200℃，能防腐、耐大气老化、耐水、耐湿热、电绝缘。

【施工工艺】 双组分配比为100g和2.5～4.5mL，硫化条件：常温7d以上。

【毒性及防护】 本产品硫化后为安全无毒物质，但硫化前应尽量避免与皮肤、眼睛接触，若不慎接触眼睛，应迅速用清水清洗。

【生产单位】 中国航空工业集团公司北京航空材料研究院。

Db027 高温修补胶 TS747

【英文名】 high temperature resistant repair putty TS747

【主要组成】 改性有机硅树脂、固化剂等。

【产品技术性能】 压缩强度：≥60MPa；剪切强度：≥6MPa；冲击强度：≥10J/cm^2；硬度：≥30 Shore D。

【特点及用途】 该双组分修补剂耐温450℃。用于高温工况平面密封及灌封、填补。

【施工工艺】 按A：B＝20：1（质量比）称量，混合均匀后施工，适用期在为25℃下1～2h，固化条件为25℃下7d或80～100℃下3～4h。

【毒性及防护】 本品属于无毒、非易燃易爆品。

【包装及贮运】 塑料盒包装。贮存于阴凉、干燥、通风处，保质期1年。

【生产单位】 北京市天山新材料技术有限公司。

Db028 模具胶800系列

【英文名】 mould adhesive 800 series

【主要组成】 硅橡胶、填料、交联剂组成。

【产品技术性能】

技术指标		801		802	
		A组分	B组分	A组分	B组分
硫化前	外观	白色黏稠	浅黄色液体	白色黏稠	微黄色液体
硫化前	密度/(g/cm³)	1.3		1.2	
硫化前	可操作时间/min	30～60		≤20	
	表干时间/h	3～6		3	
	A：B配比	100：(3～10)		100：(1.8～2.5)	
硫化后	拉伸强度/MPa	2～3.8		4.3	
硫化后	撕裂强度/(kN/m)	20～26		23～28	
硫化后	硬度(Shore A)	31～40		21～25	
硫化后	伸长率/%	400		500	
硫化后	热收缩率/%	1.5		<0.5	

【特点及用途】 本产品主要用于高频压花、文物复制、精密铸造、工艺品制造、石膏板制作等行业的制模材料。

【施工工艺】 将A、B两组分按上表中的比例混合均匀，待气泡消除后即可进行浇注和涂刷（真空脱泡最好），3h左右可脱模，24h模具可完全固化，不需要进行烘烤即可使用。

【包装及贮运】 25kg/塑料桶。阴凉干燥处贮存。

【生产单位】 湖北回天新材料股份有限公司。

Db029 建筑用双组分硅酮结构密封胶XL-2218

【英文名】 two-part silicone structural sealant XL-2218

【主要组成】 硅橡胶、填料、交联剂组成。

【产品技术性能】

检测项目	国标 GB 16776—2005	企标 Q/SJXLN 003—2000	典型值
下垂度/mm	≤3	≤1	0
挤出性/s	≤10	≤8	1.2
适用期/min	≥20	≥20	50
表干时间/min	≤180	≤120	60
硬度(Shore A)	30～60	30～55	40
加热失重/%	≤10	≤10	3.2
拉伸粘接性/MPa			
标准条件	≥0.45	≥0.5	1.02
90℃	≥0.45	≥0.45	0.67
-30℃	≥0.45	≥0.6	1.2
浸水后	≥0.45	≥0.45	0.758
水-紫外线后	≥0.45	≥0.45	0.77

【特点及用途】 本产品为双组分，A组分为白色，B组分为黑色，建议A、B两组分的混合比为13：1。中性固化，对金属、镀膜玻璃、混凝土及大理石无腐蚀。良好的耐候性及耐老化性。对大部分建筑材料具有优良的相容性，不需要底涂。与其它中性硅酮具有良好的相容性，用于玻璃、石材及金属结构工程的结构粘接密封，中空玻璃二道粘接密封及其它建筑及工业密封。

【包装及贮运】 包装：A组分260kg/桶，B组分20kg/桶。应贮存于5～25℃的阴凉干燥处。贮存期自生产之日起为12个月。

【生产单位】 北京中天星云科技有限公司。

E 酚醛和脲醛胶黏剂

酚醛树脂是最早用于胶黏剂工业的合成树脂之一。早在 1907 年美国发明出酚醛树脂，1921 年便试制成功胶黏剂，并得到广泛的应用。酚醛树脂目前广泛应用于木材、塑料、各种金属材料的粘接，并用其制备砂轮和各种层压板等。其工艺简单、成本低廉、粘接力高、耐热性好，在 300℃仍具有一定的粘接强度。但其缺点是脆性大、玻璃强度低。通过合金化技术使其综合性能达到结构胶黏剂的要求。

酚醛胶黏剂是由酚醛树脂和固化剂组成的，制备时为提高胶黏剂的性能和涂胶方便也可添加其它助剂。按照树脂合成的反应条件，酚醛树脂可分为两大类：线性酚醛胶黏剂和热固性酚醛胶黏剂。酚醛胶黏剂具有良好的耐热性、耐介质性能等，且粘接强度高、成本低廉，在 300℃还有一定的强度。故被广泛应用于木材及其制品领域，此外，还可作为底胶对金属粘接起表面预处理作用；作为铸造用砂、磨轮和制动器内衬复合材料。酚醛胶黏剂主要是以单组分、溶液或粉料供应的。

E001 结构胶黏剂 J-01

【英文名】 structural adhesive J-01

【主要组成】 高温酚醛树脂、丁腈橡胶、抗氧化剂等。

【产品技术性能】 外观：棕红。固化后的产品性能如下。剪切强度：≥24MPa（−45℃）、≥20MPa（20℃）、≥9MPa（150℃）；非均匀扯离强度：≥500N/cm（20℃）；工作温度：−45～150℃；标注测试标准：以上数据测试参照技术条件 CB-SH-0001。

【特点及用途】 具有突出的耐介质、耐高低温交变、耐盐雾腐蚀、耐热老化、耐大气等性能。可在−40～150℃的温度范围内使用。用于粘接金属、非金属结构件，是优良的航空结构胶，也可用于轿车的液压传动装置中金属粉末带和离合器的粘接及大电机磁屏蔽的粘接上。

【施工工艺】 在处理好的表面上涂两次胶，每次间隔 20～30min，然后在 80℃预热 30min，加 0.3MPa 压力 160℃恒温 2～3h 即可，随炉冷却。

【毒性及防护】 本产品固化后为安全无毒物质，使用中应尽量避免与皮肤和眼睛接触，若不慎接触眼睛，应迅速用清水清洗。

【包装及贮运】 包装：1kg/塑料桶、10kg/塑料桶，保质期 1 年。贮存条件：产品保存最好在 25℃以下，切忌直接曝晒。本产品按照一般易燃品运输。

【生产单位】 哈尔滨六环胶粘剂有限公司。

E002 无溶剂胶液 J-03B

【英文名】 solventless adhesive J-03B

【主要组成】 酚醛树脂、丁腈橡胶、固化剂等。

【产品技术性能】 外观：棕黄色至黄褐色。固化后的产品性能如下。剪切强度：≥30MPa（−60℃）、≥20MPa（20℃）、≥7MPa（150℃）；非均匀扯离强度：≥60N/cm（20℃）；工作温度：−60～150℃；标注测试标准：以上数据测试参照技术条件 CB-SH-0002—96。

【特点及用途】 对于铝、铜等金属和玻璃钢等非金属材料具有较高的黏合强度，有较好的耐乙醇、汽油、水等性能及良好的弹性；胶液可在−60～150℃的条件下工作。适用于航空、造船、电器机器制造工业作为结构胶使用。

【施工工艺】 涂胶前将包装桶中的胶液搅匀，涂两遍胶，每次涂胶后室温晾置15～20min。在（80±5）℃下预热 20～30min，然后合拢固化，压力 0.3MPa，在 160℃下固化 2h，随炉冷却。

【毒性及防护】 本产品固化后为安全无毒物质，使用中应尽量避免与皮肤和眼睛接触，若不慎接触眼睛，应迅速用清水清洗。

【包装及贮运】 包装：1kg/塑料桶、10kg/塑料桶，保质期 6 个月。贮存条件：产品保存最好在 25℃以下，切忌直接曝晒。本产品按照一般易燃品运输。

【生产单位】 哈尔滨六环胶粘剂有限公司。

E003 胶黏剂 J-04B

【英文名】 adhesive J-04B

【主要组成】 酚醛树脂、丁腈橡胶、固化剂等。

【产品技术性能】 外观：淡黄色至浅棕色。固化后的产品性能如下。剪切强度：≥23MPa（−40℃）、≥23MPa（20℃）、≥8MPa（250℃）、≥4MPa（300℃）；不挥发物含量：（40±5）%；工作温度：−45～300℃；标注测试标准：以上数据测试参照技术条件 Q/HSY 094—2006。

【特点及用途】 具有优异的高温热稳定性、粘接性能，耐各种化学介质性能及优良的使用工艺性能。适用于汽车、火车、拖拉机、摩托车鼓式或盘式刹车片制造中摩擦片与蹄铁之间的粘接。

【施工工艺】 涂胶前将包装桶中的胶液搅匀，涂两遍胶，每次涂胶后室温晾置15～20min。在80℃下预热20～30min，然后合拢固化，放在夹具中，保持压力0.3～1MPa，固化温度180℃，保持60～70min。

【毒性及防护】 本产品固化后为安全无毒物质，使用中应尽量避免与皮肤和眼睛接触，若不慎接触眼睛，应迅速用清水清洗。

【包装及贮运】 包装：10kg/塑料桶、30kg/纸箱，保质期6个月。贮存条件：产品保存最好在20℃以下，切忌直接曝晒。本产品按照一般易燃品运输。

【生产单位】 哈尔滨六环胶粘剂有限公司。

E004 结构胶黏剂（胶液、胶膜）J-15

【英文名】 structural adhesive/film J-15

【主要组成】 热固性高邻位酚醛树脂、丁腈橡胶、固化剂等。

【产品技术性能】 外观：胶液为棕色透明黏稠液体（甲组分），乳白色黏稠液体，光照变成棕红色（乙组分），白色结晶或粉末（丙组分），胶膜为棕黄色。固化后的产品性能如下。

性能	胶液	胶膜
剪切强度（铝合金）	常温：≥30MPa 150℃：≥16MPa 250℃：≥8MPa	常温：≥18MPa 60℃：≥13MPa 100℃：≥6MPa

不均匀扯离强度（铝合金）：常温≥600 N/cm；工作温度：－45～150℃；标注测试标准：以上数据测试参照技术条件CB-SH-0008—2006。

【特点及用途】 具有良好的耐老化、耐热交变、耐疲劳、耐盐雾腐蚀等综合性能，耐各种化学介质性能及优良的使用工艺性能。胶接件可在150℃以下长期使用，250℃以下短期使用。用途：适用于铝合金板的粘接，胶液已用于飞机壁板、水上飞机、船底扩散器维修、反坦克导弹等，胶膜主要用于航空蜂窝结构和全胶接结构，亦可用于机械、汽车拖拉机制造、电器制造等工业部门，在歼击机、导弹弹翼的板板交接中也采用了这种胶膜。

【施工工艺】 涂胶前将包装桶中的胶液搅匀，按甲：乙：丙：乙酸乙酯＝1：4：0.1：4的比例配好并搅拌均匀，涂两遍胶，每次涂胶后室温晾置15～20min。胶膜粘接时只薄薄的涂一层底胶，室温晾置15～20min后将剪好的胶膜贴在一面试片上，将另一片只涂底胶的试片与其合拢，不须预固化即可。将涂好胶液的铝试片放入80℃烘箱中预热20～30min，然后合拢固化，试片放在夹具中，保持压力0.3～0.4MPa，固化温度（170±5)℃，保持3h。注意事项：胶膜粘接时，注意不要裹进气泡。

【毒性及防护】 本产品固化后为安全无毒物质，使用中应尽量避免与皮肤和眼睛接触，若不慎接触眼睛，应迅速用清水清洗。

【包装及贮运】 胶液：塑料桶包装（按甲乙比例配桶）；胶膜：平方米；保质期6个月。贮存条件：产品保存最好在25℃以下避光密封贮存。本产品按照一般易燃品运输。

【生产单位】 哈尔滨六环胶粘剂有限公司。

E005 黑色亚光浸胶

【英文名】 black calendar adhesive

【主要组成】 酚醛树脂、固化剂等。

【产品技术性能】 外观：黑色。固化后的产品性能如下。剪切强度：≥14MPa（常温）、≥3.5MPa（250℃）；工作温度：

−55～250℃；标注测试标准：以上数据测试参照技术条件 Q/HSY 092—2009。

【特点及用途】 该胶是 J-04B、JM-11（FH-118）胶黏剂的配套产品，具有优异的高温热稳定性、耐各种化学介质性能及优良的使用工艺性能，浸后蹄铁表面黑色、亚光、耐磨、耐腐蚀。适用于汽车、火车、拖拉机、摩托车等刹车蹄铁的浸胶上光。

【施工工艺】 浸胶前将包装桶中的胶液搅匀，将钢试片在溶液中浸一下，挂起来晾置 20min 后涂上粘胶。在 80℃烘箱中预热 20～30min，然后合拢。试片放在夹具中，保持压力 0.3～1MPa，固化温度与所配套使用粘胶的固化温度、时间相同。

【毒性及防护】 本产品固化后为安全无毒物质，使用中应尽量避免与皮肤和眼睛接触，若不慎接触眼睛，应迅速用清水清洗。

【包装及贮运】 包装：25kg/塑料桶，保质期 6 个月。贮存条件：产品保存最好在 20℃以下贮存，低温避光密封贮存，切忌直接曝晒。本产品按照一般易燃品运输。

【生产单位】 哈尔滨六环胶粘剂有限公司。

E006 结构胶黏剂 JX-9

【英文名】 structural adhesive JX-9

【主要组成】 丁腈橡胶、酚醛树脂、固化剂等。

【产品技术性能】 外观：甲组分为乳白色的 20%乙酸乙酯溶液；乙组分为橘黄色或暗红色的 30%乙酸乙酯液体；剪切强度：27.4MPa（25℃）、12.7MPa（−60℃）、14.7MPa（100℃）、8.8MPa（150℃）；不均匀扯离强度：68.6kN/m；剥离强度：5.9kN/m。

【特点及用途】 本品为双组分高温硫化结构胶黏剂，可用于多种结构材料（如铝合金、钢、不锈钢、玻璃钢、工程塑料、陶瓷等）的粘接。本品也可用于航空、航天、机械等领域的金属件的粘接。

【施工工艺】 1. 胶液配制：甲组分∶乙组分＝2∶1（必要时可加乙酸乙酯稀释）。2. 胶液胶接工艺：将配制好的胶液涂刷于经阳极化表面处理的胶接件上，均匀纵横交叉涂刷若干次，每次霜干燥 30min，然后在 65～70℃烘干 24h，单面胶层厚度（0.04～0.05mm）进行搭接固化。3. 固化压力为 0.5MPa；固化温度和时间为 180℃/2h。注意事项：1. 固化完毕后，自然冷却，室温停放 24h，方可进行测试；2. 铝合金表面处理可采用铬酸、磷酸阳极化；3. 阳极化处理的胶接件需带干净的手套去拿，并且 24h 内用完，以防污染。

【毒性及防护】 本产品固化前含有溶剂，具有一定的毒性。施工场合应具备良好的通风条件。产品避免与眼睛和皮肤接触，若不慎接触眼睛，应迅速用大量清水清洗并就医。

【包装及贮运】 甲组分：4kg/桶；乙组分：300g/桶。保质期半年。贮存条件：贮存在阴凉干燥处。本产品按照危险品运输。

【生产单位】 上海华谊（集团）公司—上海橡胶制品研究所。

E007 结构胶黏剂 JX-10

【英文名】 structural adhesive JX-10

【主要组成】 丁腈橡胶、酚醛树脂、固化剂等。

【产品技术性能】 外观：甲组分为乳白色，乙组分为黄色透明；剪切强度：27.4MPa（25℃）、14.7MPa（−60℃）、11.8MPa（150℃）、4.9MPa（250℃）；不均匀扯离强度：58.8kN/m；剥离强度：5.9kN/m。

【特点及用途】 本品为双组分高温硫化结构胶黏剂，可用于多种结构材料（如铝合金、钢、不锈钢、玻璃钢、工程塑料、陶瓷等）的粘接。用途：本品可用于航空、航天、机械等领域的金属件的粘接。

【施工工艺】 1. 胶液配制：甲组分：乙组分=1：1（必要时可加乙酸乙酯稀释）。2. 胶液胶接工艺：将配制好的胶液涂刷于经阳极化表面处理的胶接件上，均匀纵横交叉涂刷若干次，每次霜干燥 30min，然后在 65℃ 烘干 24h，单面胶层厚度（0.04～0.05mm）进行搭接固化。3. 固化工艺：固化压力为 0.5MPa；固化温度和时间为 180℃/2h。注意事项：1. 固化完毕后，自然冷却，室温停放 24h，方可进行测试；2. 铝合金表面处理可采用铬酸、磷酸阳极化；3. 阳极化处理的胶接件需带干净的手套去拿，并且 24h 内用完，以防污染。

【毒性及防护】 本产品固化前含有溶剂，具有一定的毒性。施工场合应具备良好的通风条件。产品避免与眼睛和皮肤接触，若不慎接触眼睛，应迅速用大量清水清洗并就医。

【包装及贮运】 甲组分：4kg/桶；乙组分：300g/桶。保质期半年。贮存条件：贮存在阴凉干燥处，本产品按照危险品运输。

【生产单位】 上海华谊（集团）公司—上海橡胶制品研究所。

E008 结构胶黏剂 JX-12、JX-12-1

【英文名】 structural adhesive JX-12、JX-12-1

【主要组成】 丁腈橡胶、酚醛树脂、固化剂等。

【产品技术性能】 外观：甲组分为深褐色黏稠液体［固含量为（23±2)%］；乙组分为红棕色黏稠液体［固含量为（70±4)%］。

性能	指标			
	JX-12			JX-12-1
被粘接材料	剥离强度/(kN/m)	黏合强度(拉伸法)/MPa	剪切强度/MPa	剥离强度/(kN/m)
帆布-铝	2.7	4.9	—	2.7
70℃/24h 浸水	—	4.4	—	—
Al-Al	—	—	3	—

【特点及用途】 具有较好的耐油、耐水性和耐疲劳性，可在 −40～120℃ 使用，150℃下短期使用。主要用于帆布、铝、有机玻璃、铜、钢、尼龙、木材等材料的粘接。

【施工工艺】 1. 胶液配制：甲组分：乙组分＝21：27（必要时可加乙酸乙酯稀释）。2. 胶液胶接工艺：粘接材料先经过打毛，并用乙酸乙酯清洁表面，涂胶三次，每次涂胶后晾干 2～30min，进行黏合、固化。3. 固化工艺：固化温度和时间为 40℃/72h 或者 70℃/10h 或者 25℃/10d。

【毒性及防护】 本产品固化前含有溶剂，具有一定的毒性。施工场合应具备良好的通风条件。产品避免与眼睛和皮肤接触，若不慎接触眼睛，应迅速用大量清水清洗并就医。

【包装及贮运】 胶液 3kg 包装于马口铁桶。保质期半年。贮存条件：贮存在阴凉干燥处。本产品按照危险品运输。

【生产单位】 上海华谊（集团）公司—上海橡胶制品研究所。

E009 高温胶黏剂 Da643J-111

【英文名】 adhesive Da643J-111 with high temperature resistance

【主要组成】 改性酚醛、增韧剂、固化

剂等。

【产品技术性能】 外观：灰黑色；密度：1.4g/cm³。固化后的产品性能如下。钢-钢拉剪强度（室温）：≥2.0MPa；钢-钢拉剪强度（1000℃）：≥1.0MPa；石墨-石墨压剪强度（室温）：≥4.0MPa；石墨-石墨压剪强度（1000℃）：≥2.0MPa。

【特点及用途】 130℃固化 2h，耐高温达 1000℃以上。适用于金属、陶瓷和 C-C、C-SiC 复合材料的粘接，可在 1000℃使用。

【施工工艺】 本胶黏剂为双组分（A/B）胶，A 组分、B 组分的配比为 45g∶55g。注意事项：固化时间：室温 7d。胶黏剂适用期大于 60min。

【包装及贮运】 包装：500g/套、1000g/套，保质期 1 年。贮存条件：室温、阴凉、干燥处存放，应避免阳光直射。

【生产单位】 航天材料及工艺研究所。

E010 高性能接触胶 3M™ Scotch-weld TM1099

【英文名】 high performance adhesive 3M™ Scotch-weld TM1099

【主要组成】 丙酮、丙烯腈聚合物、酚醛树脂、抗氧化剂等。

【产品技术性能】 外观：褐色；密度：0.89g/cm³。固化后的产品性能如下。剪切强度：9MPa（Al-Al）；标注测试标准：以上数据测试参照 ASTM D 1002。

【特点及用途】 粘接材料范围宽；快干、耐老化、耐油耐增塑剂；加热达到更高的强度。可用于 PVC、高密度板、防火板、饰面板以及泡棉等软质材料的粘接。

【施工工艺】 可以采用刷涂/挂涂/滚涂/喷涂工艺进行施工。

【包装及贮运】 包装：1gal/套，保质期 15 个月。贮存条件：贮存于 15～27℃的阴凉干燥处。本产品按照危险品运输。

【生产单位】 3M 中国有限公司。

E011 室温固化耐高温酚醛胶 SFS15

【英文名】 high temperature resistant phenolic adhesive SFS15

【主要组成】 液体酚醛树脂、固化剂、耐温改性剂、助剂等。

【产品技术性能】 外观：棕红；密度：1.7g/cm³。固化后的产品性能如下。室温粘接压剪强度：≥20MPa；1500℃下的粘接强度：≥5MPa；工作温度：−60～1500℃；标注测试标准：以上数据测试参照企标 Q/spf 99—2013。

【特点及用途】 双组分室温固化，室温和高温下的粘接强度高，耐烧蚀性能好，老化寿命长。用于耐高温热电偶的粘接固定与密封，高温炉内壁防热衬的粘接等。

【施工工艺】 该胶是双组分胶（A/B），A 组分和 B 组分的质量比为 4∶1。注意事项：密封保存 B 组分。

【毒性及防护】 本产品固化后为安全无毒物质，但混合前两组分应尽量避免与皮肤和眼睛接触，若不慎接触眼睛，应迅速用清水清洗。

【包装及贮运】 包装：500g/套，保质期 1 年。贮存条件：室温、阴凉处贮存。本产品按照非危险品运输。

【生产单位】 天津市鼎秀科技开发有限公司。

E012 酚醛缩醛黏合剂 FS01

【英文名】 phenolic acetal adhesive FS01

【主要组成】 液体酚醛、缩醛、助剂等。

【产品技术性能】 外观：棕红；密度：1.2g/cm³。固化后的产品性能如下。剪切强度：25MPa；工作温度：−60～150℃；标注测试标准：以上数据测试参照企标 Q/spf 11—1988。

【特点及用途】 单组分室温固化型，粘接力好，绝缘，耐湿热性好，耐老化性能优越，抗疲劳性好，耐酸碱盐腐蚀。用于金属、玻璃、陶瓷、无机材料等的粘接。

【施工工艺】 将胶液均匀涂布在被粘接面上，合拢粘接件，在室温下固化。

【毒性及防护】 本产品固化后为安全无毒物质，若不慎接触眼睛，应迅速用清水清洗。

【包装及贮运】 包装：1kg/套，保质期1年。贮存条件：室温、阴凉处贮存。本产品按照易燃危险品运输。

【生产单位】 天津市鼎秀科技开发有限公司。

E013 胶（膜）J-15、J-15-HP

【英文名】 adhesive (film) J-15、J-15-HP

【主要组成】 由（甲）热固性高邻位酚醛树脂、（乙）混炼丁腈橡胶和（丙）氯化物催化剂等组成胶液或胶膜。J-15-HP胶是改性产物。

【产品技术性能】 1. 铝合金粘接件在不同温度下的测试强度见下表。

测试温度/℃	−60	20	100	150	250	300
剪切强度/MPa	≥28	30～32	22～25	16～18	8～10	5～6
不均匀扯离强度/(N/cm)	—	70～1000	380～400	—	—	—

2. 耐老化性能：人工加速老化条件为紫外光照，每30min降雨9min，温度控制在40～80℃（降雨时为40℃），相对湿度为60%～80%；铝合金粘接件按上述条件老化，于不同温度测试强度。

老化时间/d		0	18	45	90	135
剪切强度/MPa	常温	32.7	35.7	36.7	37	35
	100℃	24.3	24.1	23.5	23.8	23
不均匀扯离强度/(N/cm)	常温	840	—	977	895	900

3. 疲劳性能：疲劳剪切应力为19MPa，应力系数$K=0.418$，试验频率为100周/s，应力比$R=0.1$，疲劳试验循环次数$N>1.33\times10^7$。

4. 常温下的持久强度见下表。

原始剪切强度/MPa	持久剪切强度/MPa	应力系数	持久时间[(20±5)℃]/h	结果	剩余剪切强度/MPa
34.2	16.8	0.49	1600	未断	32.5
34.2	16.8	0.44	3600	未断	32.5
34.2	20	0.64	1600	未断	34.6(材料断)

【特点及用途】 使用温度范围为−60～260℃，具有较高的静态强度、疲劳强度、持久强度和耐湿热、耐大气老化等综合性能。主要用于各种金属结构件的粘接。已在电子仪器、电机制造方面得到应用，在飞机、汽车、拖拉机工业中也开始试用。

【施工工艺】 1. 配胶：甲：乙：丙=1：4：0.1，按比例均匀调和；2. 涂胶：铝合金材料经化学表面处理后涂胶；3. 固化条件：压力0.1～0.3MPa，180℃需3h。

【包装及贮运】 甲、乙两组分瓶装。贮存于避光干燥处，胶膜贮存于冰箱中。胶液按照一般易燃品运输。

【生产单位】 黑龙江省科学院石油化学研究院。

E014 耐高温胶黏剂 J-151

【英文名】 adhesive J-151 with high heat resistance

【主要组成】 改性酚醛树脂、弹性体等。

【产品技术性能】 剪切强度：≥20MPa（－55℃）、≥20MPa（20℃）、≥7MPa（200℃）；剥离强度：≥2kN/m（20℃）。

【特点及用途】 单组分、耐高温。广泛应用于耐高温金属、非金属材料的粘接，已用于飞机刹车片的制造。

【施工工艺】 单组分在经过处理的表面上薄薄涂胶，室温涂胶晾置20min，再涂一层胶晾置20min，80℃烘干20min，加压、升温150℃固化0.5h。

【毒性及防护】 该产品低毒。应在通风处配胶，固化后的固化产物无毒。

【包装及贮运】 用1kg以上的铁桶或塑料桶包装。低温贮存于避光干燥处，贮存期为半年。按照一般易燃品运输。

【生产单位】 黑龙江省科学院石油化学研究院。

E015 胶液 XY-502

【英文名】 glue XY-502

【主要组成】 由（甲）丁腈混炼胶的乙酸乙酯溶液和（乙）间苯二酚甲醛树脂酒精溶液组成的双组分胶。

【产品技术性能】 外观：黑色胶液；黏度（涂-1黏度计）：7～12s；5470-1硫化胶条与碳钢粘接的剥离强度常温48h后≥100N/25mm，72h后≥120N/25mm；5470-1未硫化胶条与碳钢粘接，经热粘硫化后的拉伸强度≥5MPa；5470-1硫化胶条本身粘接，于常温48h后，剥离强度≥60N/25mm；以上测试参考HG 6-676—74标准。

【特点及用途】 胶液对金属无腐蚀作用，硫化后胶膜的耐燃油和润滑油性能良好。主要用于丁腈硫化或未硫化胶与钢、铝等金属的热粘或冷粘。也可以要求高弹性的金属间的粘接。

【施工工艺】 1. 配胶：甲∶乙＝4.5∶1，将胶液按比例混匀，停放0.5h待用。适用期为8h。2. 涂胶：在25℃以上、相对湿度不大于65%的条件下涂胶2遍。第一次晾置30～40min，第二次晾置20～25min后贴合。3. 硫化条件：冷粘时，在一定压力下硫化48h；热粘时，在压力10MPa下，143℃需要30～60min。

【包装及贮运】 分1kg、3kg、5kg三种规格，用密封的包装桶装。贮存在0～25℃的库房中，距热源1.5m以上。贮存期为半年。

【生产单位】 重庆长江橡胶制造有限公司。

E016 胶黏剂 CH-505、CH-506

【英文名】 adhesive CH-505、CH-506

【主要组成】 由（甲）丁腈橡胶和（乙）酚醛树脂（酸催化）溶于乙酸乙酯组成。

【产品技术性能】 粘接不同材料在不同温度下的测试剪切强度见下表。

材料	－60℃	20℃	100℃	250℃
铝合金	≥30MPa	≥30MPa	≥20MPa	≥10MPa
钢	—	≥30MPa	≥20MPa	≥6MPa
不锈钢	—	≥30MPa	—	≥6MPa
黄铜	—	≥20MPa	≥15MPa	≥6MPa

【特点及用途】 1. 使用温度范围：－60～250℃；2. 粘接强度高，耐老化、耐疲劳和持久强度等综合性能优良。主要用于各种金属的粘接，适用于汽车、拖拉机的刹车带、离合器中的粘接，也可用于修复或机器制造中零部件的粘接。

【施工工艺】 1. 配胶：甲∶乙＝1∶4，CH-505另加丙组分0.1。适用期，常温，5d。2. 涂胶：涂胶3～5遍，每次涂后晾置20min，最后一次晾置30～60min，并于80℃预热5min后搭接。3. 固化条件：压力≥0.3MPa，160℃下3h或者170℃需要2.5h。

【包装及贮运】 100g、0.5kg、1kg铁皮桶装。贮存于阴凉干燥处，贮存期为半年。按易燃品规则运输。

【生产单位】 重庆长江橡胶制造有限公司。

E017 薄木装饰板用水基胶黏剂 A-03

【英文名】 water-based adhesive A-03 for decorative veneer

【主要组成】 聚乙烯醇缩甲醛改性脲醛树脂、助剂等。

【产品技术性能】 外观：白色均匀黏稠液；固含量：(53±2)%；黏度：8～12 Pa·s；室温剪切强度：≥4MPa；耐水性：试件在60℃的水中浸泡 3h，测湿态剪切强度为3.5～4.5MPa；在室温水中浸泡 1 年仍然保持相当的粘接强度；将此湿试件放入63℃的烘箱中烘干 3h，试片不开裂，不开胶；热剥离强度好：当热压的薄木装饰板刚离开压机，温度约 90℃，立即用手做 90°的剥离试验，薄木板局部破坏，胶层完好。

【特点及用途】 使用温度范围是常温，耐水性好，粘接强度高。主要用于薄木片与胶合板或碎粒板的粘接，也可用于生产薄木装饰板。

【施工工艺】 1. 涂胶：在胶合板或碎粒板上涂 110～120g/m^2 的涂胶量，贴上厚度约 0.25mm 的薄木片；2. 固化条件：压力 0.5～1MPa，105～110℃热压 60s。

【包装及贮运】 25kg、50kg 塑料桶包装。贮存于阴凉、通风的库房中。贮存期大于6 个月。本品属于非易燃、易爆产品。

【生产单位】 海洋化工研究院有限公司。

E018 新型低毒脲醛胶 A-01-B

【英文名】 low toxic urea-formaldehyde adhesive A-01-B

【主要组成】 水性脲醛树脂、氯化铵。

【产品技术性能】 固含量：(63±2)%；黏度（涂-4 黏度计）：25～55s；pH 值：7.5 ～ 9；游离甲醛含量：0.15% ～0.55%；水溶性：≥2L；室温剪切强度：≥4MPa；耐水性：三层胶合板试剂在(63±2)℃的水中浸泡 3h，取出室温晾置（约 10min），测湿态剪切强度为 2.6MPa；木制品中游离甲醛的释放量：9 层胶合板，每 100g 板释放甲醛 0.1285mg，一般产品为 1.46g。

【特点及用途】 使用温度范围是常温，释放甲醛含量低，粘接强度高。主要用于制造胶合板、纤维板和碎粒板。

【施工工艺】 1. 配胶：在 100g 树脂中加入 0.8～1 份氯化铵，制胶合板时需要再加入 8 份面粉，调和均匀；2. 涂胶：采用刷涂；3. 固化条件：常温或加热固化。

【包装及贮运】 200kg 镀锌桶包装。贮存于阴凉、通风的库房中。20～25℃的贮存期大于 3 个月。水性黏稠液，不燃、不爆，按照一般规定贮运。

【生产单位】 海洋化工研究院有限公司。

F 水基胶黏剂

水基胶黏剂与溶剂型胶黏剂相比，具有无溶剂释放、环境友好、无毒、不可燃、使用安全、成本低等优点；固含量可高达 50%～60%；分子量大，很小的上胶量就可以达到相当高的复合强度，是溶剂胶黏剂发展的趋势。但是，与反应型胶黏剂相比，在耐水性、强度、基材适应性等方面还是有较大的差距，选用时应综合考虑。水基胶黏剂主要包括水性聚氨酯、丙烯酸酯乳液、聚乙酸乙烯乳液、EVA 乳液和水基环氧树脂等。

水性聚氨酯（APU）是将聚氨酯细粒分散于连续水相中形成的二元胶体。水性聚氨酯胶黏剂的合成方法主要有以下几种：①在聚氨酯树脂结构中引入部分亲水基团，使其自乳化；②丙酮法：先制得含—NCO 端基的高黏度预聚体，再加入丙酮以降低黏度，然后用亲水单体扩链，在高速搅拌下加入水中，通过强力剪切作用使之分散在水中，乳化后减压蒸馏回收溶剂即制得 PU 水分散体系；③封端异氰酸酯法：选择合适的封闭剂（酚、醇、酰胺），将对水敏感的异氰酸酯的端—NCO 基团保护起来，使其失去活性，再加入扩链剂和交联剂共乳化制成乳液使用时，通过一定的温度及特种催化剂解蔽，再生成—NCO 端基，扩链制备水性聚氨酯。水性聚氨酯胶黏剂存在着干燥速度慢、对非极性基材的润湿性差、初黏性低以及耐水性不好等问题。将水性 PU 与其它乳液共混或共聚进行改性，可综合各自性能上的优势，包括水性聚氨酯与环氧树脂改性可提高对基体的黏合性、涂饰光亮度、机械性能、耐热性和耐水性等，也可胶接聚丙烯薄膜。丙烯酸改性聚氨酯乳液（PUA 乳液）将聚氨酯优良的拉伸强度、抗冲击强度、柔性和耐磨损性好与丙烯酸树脂良好的附着力、低成本等优点相结合，被称为“第 3 代水性聚氨酯”。

水性丙烯酸乳液是应用最广的品种，因为其具有优良的保色、透明性、耐光和耐候性、耐久性、低温性能好、对紫外线的降解作用不敏感，具有高粘接强度和剪切强度与优良的抗氧化性。丙烯酸酯类单体很容易进行乳液聚合，可根据分子设计和粒子设计的方法合成出软硬程度不同的乳液胶黏剂。目前，丙烯酸酯类乳液胶黏剂存在的问题是在耐水性、粘接性、耐热性等方面尚不能完全满足使用要求，其中主要包括核/壳结构粒子设计与有机硅改性。

聚乙酸乙烯乳液是使用比较早的一个品种，早期使用的 PVAc 乳液为聚乙酸乙烯酯均聚物，广泛应用于木材加工、家具组装、包装材料等领域，俗称白乳胶。但传统的 PVAc 乳液的耐寒、耐水、耐湿性能较差。鉴于此，PVAc 乳液改性包括：①通过乙酸乙烯酯单体与（甲基）丙烯酸酯、乙烯、含羟基和羧基的单体等进行共聚改性，改善耐水性和抗蠕变性能；②可通过共聚合合成有互穿网络结构的乳液，由于聚合物网络间的交叉渗透起到协同作用，改善了聚合物的性能。

EVA 乳液即乙酸乙烯-乙烯共聚乳液。EVA 分子中，由于乙烯的引入，使 VAc 均聚物高分子链中无规则的嵌段共聚了乙烯软单体，活性增加，产生了内增塑作用。通常的 EVA 乳液具有较低的成膜温度，力学性能和贮存稳定性好；其胶膜具有较好的耐水耐酸碱性，具有内增塑性且表面张力低，胶膜耐碱性、抗蠕变性和耐高温性好。为了进一步提高胶膜的耐水性、耐溶剂性和强度，可采用共混法、加助剂法和共聚法对 EVA 乳液改性，从而提高其性能和拓宽其应用范围。

水基环氧分散体不含有机溶剂，可黏合多种类型的基材，适当固化后可提高它的黏合强度和提供多种优良性质，且对环境友好，常用作层压胶黏剂、涂料、底漆、织物和玻璃胶黏剂、混凝土增黏剂等。水基环氧分散体是多官能团环氧树脂，每分子可含有 2 个、6 个或 8 个环氧基，它们比相似的双酚 A 环氧树脂具有更高的玻璃化温度。由于多官能团的环氧体系提供较高的交联密度，其耐热性和耐化学性增加。环氧水基分散体常用水溶的和水分散的物质作交联剂，如双氰胺、取代咪唑和胺等。

目前水性胶黏剂主要用于以下几个领域。

1. 木材加工行业：采用水性聚氨酯替代传统的三醛胶（脲醛、酚醛和三聚氰胺-甲醛），可以解决三醛胶性能方面的缺陷和环境污染问题，使用传统酚醛胶黏剂粘接木材时，通常要将木材进行干燥处理，这不仅消耗大量的能耗，而且会造成材料的干燥缺陷。异氰酸酯预聚体胶黏剂分子结构中活泼—NCO基团能与基材表面的水和羟基等活性基团反应生成聚脲结构，从而实现很好的粘接。由于湿固化异氰酸酯胶黏剂具有高含水率条件下的固化能力且高度环保，现在各国正大力进行用于木材的异氰酸酯胶黏剂的改性研究。

2. 包装印刷行业：包括包装复合和印刷纸制品后的加工。纸塑覆膜胶既要求对非极性、低表面能的塑料薄膜表面与极性的纸张表面均具有好的黏合力；而且对油墨也必须有好的亲和性。水乳型纸塑复合胶黏剂主要有EVA树脂、丙烯酸树脂、苯丙乳液、聚氨酯等。EVA树脂胶黏剂对非极性材料有较好的黏结性能，胶层透明，价格低廉；聚丙烯酸酯类胶黏剂的黏结强度高，粘接范围广，对被粘物表面性能要求低，且透明性好、光亮度高，耐光耐水性好；聚酯型聚氨酯胶黏剂具有较高的粘接强度、耐热性和耐油性，聚醚型聚氨酯胶黏剂具有较好的耐水性、耐低温性和冲击韧性。水性聚氨酯具有极好的粘接性能、耐磨性、耐擦伤性和良好的低温性能、高光泽性能，在水性印刷油墨领域具有广阔的应用前景。

3. 水基胶在非刚性黏合中的应用比例也是较大的，它主要用于织物黏合、制鞋业、服装等，如今这方面的比例正逐步增大。

Fa 丙烯酸酯乳液

Fa001 水性纸塑冷贴胶 IDY-204

【英文名】 emulsion adhesive IDY-204 for the lamination of paper/polymer films

【主要组成】 聚丙烯酸酯类、助剂等。

【产品技术性能】 外观：乳白色流动性液体；黏度（涂 6 杯）：标称值 40～150s；固含量：20%～55%；T 型剥离强度：材料破坏或者剥离强度≥2.6 N/15mm；pH 值：5～7；耐模切性：无跳膜现象；耐低温性：无跳膜现象；贮存稳定性：6 个月；标注测试标准：以上数据测试按照相关国标进行。

【特点及用途】 室温冷贴，加工速度快，亮度好，成本低，能耗低。环保卫生，无毒无污染。可用于各种纸张和聚合物膜的复合。广泛用于包装、宣传品和书封面的制备。

【施工工艺】 本产品涂布在聚合物膜表面，直接与纸张基材室温贴合，自然固化。复合层在胶层由半透明变成透明后即可分切。注意事项：聚合物膜的表面张力必须达到 39 达因以上；上胶量由纸张的表面状况决定。

【毒性及防护】 本产品无毒，但若不慎接触眼睛，应迅速用清水清洗。

【包装及贮运】 包装：50kg/桶，保质期半年。贮存条件：室温、阴凉处密封贮存。本产品按照非危险品运输。

【生产单位】 宁波阿里山胶粘制品科技有限公司。

Fa002 水性金卡胶 IDY-401

【英文名】 emulsion adhesive IDY-401 for the lamination of card paper/aluminum polymer films

【主要组成】 聚丙烯酸酯类、助剂等。

【产品技术性能】 外观：乳白色流动性液体；固含量：40%～55%；黏度（涂-6 杯）：40～100s；T 型剥离强度：材料破坏；pH 值：5～7；耐模切性：无跳膜现象；贮存稳定性：6 个月。

【特点及用途】 室温冷贴经烘道烘干，加工速度快，平整度好，成本低，能耗低。环保卫生，无毒无污染。主要用于各种卡纸和镀铝膜的复合。广泛用于包装、宣传品和书封面的制备。

【施工工艺】 本产品涂布在镀铝膜表面，和卡纸贴合，经过烘道烘干后即可。注意事项：镀铝膜的表面必须干净；上胶量由纸张的表面状况决定。

【毒性及防护】 本产品无毒，但若不慎接触眼睛，应迅速用清水清洗。

【包装及贮运】 包装：50kg/桶，保质期半年。贮存条件：室温、阴凉处密封贮存。本产品按照非危险品运输。

【生产单位】 宁波阿里山胶粘制品科技有限公司。

Fa003 塑塑复合胶 LA-7010

【英文名】 adhesive LA-7010 for plastic/plastic

【主要组成】 聚丙烯酸树脂、助剂等。

【产品技术性能】 外观：乳白色液体；固含量：(42±1)%；pH 值：6.5～7.5；黏度（NDJ-1）：<50mPa·s。

【特点及用途】 水性丙烯酸酯类黏结剂，无毒、无污染、安全性好；单组分，操作方便，剥离强度高，透明性好，无需熟化，下机当天即可分切，适合高速涂布，经济性好；适合多种基材（BOPP、CPP 和 PE 等基材的复合）及水性和油性油墨，适应性好。适用于印刷膜与食品类和非食品类塑料包装材料的复合。

【施工工艺】 该产品使用时的涂布量（干胶）为 1.0～3.0g/m^2，复合温度为 65～90℃。注意事项：产品使用前，应先将其在包装桶中缓慢搅拌 5～10min，保证胶水整体性能的一致性。产品对复合基材粘接表面的处理要求：聚烯烃薄膜的表面张力值>38dyn/cm，镀铝膜基材要求镀层与基材粘接良好，不脱落；覆膜后的制品必须放置至少 4h，冷却后方可进行后续加工。

【毒性及防护】 该产品可用于食品包装材料的复合，干燥（干胶）后为安全无毒物质，但使用前应尽量避免与皮肤和眼睛接触，若不慎接触眼睛，应迅速用清水清洗。

【包装及贮运】 50kg/桶，有效贮存期为 6 个月，如超过有效贮存期，经检验各项产品技术性能合格后仍可使用。贮存条件：本品应通风干燥保存，避免冻结和曝晒。贮运条件：5～35℃，按照非危险品运输。

【生产单位】 浙江艾迪雅科技股份有限公司。

Fa004 水性密封胶 SY-901

【英文名】 water-based sealant SY-901

【主要组成】 聚丙烯酸酯乳液、填料、助剂等。

【产品技术性能】 外观：白色，密度：1.49g/cm^3；剪切强度：1.31MPa；工作温度：常温。

【特点及用途】 环保无污染，常温 25℃时 30min 内可表干，48h 可完全干透，固化物具有良好的弹性，与基体的附着力强，密封、防腐效果好。主要用于车身的内外焊缝的密封、防尘、防腐。

【施工工艺】 可用涂胶机涂布，也可用手动挤胶枪或刮板涂胶。注意事项：温度低于 25℃时，对应的固化时间将适当延长。

【毒性及防护】 本产品为安全无毒物质。

【包装及贮运】 25kg/桶或者 250kg/桶。贮存条件：室温、阴凉处密封贮存。本产品按照非危险品运输。

【生产单位】 三友（天津）高分子技术有限公司。

Fa005 快干乳胶 3M™ 1000 NF

【英文名】 fast dry emulsion adhesive 3M™ 1000 NF

【主要组成】 聚丙烯酸酯乳液、水、表面活性剂。

【产品技术性能】 外观：白色/蓝色；密度：1g/cm^3；剪切强度：2.4MPa（帆木-帆木）；标注测试标准：以上数据测试参照 ASTM D 1002。

【特点及用途】 粘接材料广，不含 VOC；高效率，固化速率快；耐温性高，对部分材料可单面喷涂，粘接面积大。主要用于高密度板、防火板、饰面板以及泡棉等软质材料的粘接。

【施工工艺】 可以采用低压喷涂工艺对被粘接面进行涂胶，室温下固化。

【包装及贮运】 包装：1gal/套，保质期 6 个月。贮存条件：贮存于 15～27℃的阴凉干燥处，4℃以下胶水不能使用。本产品按照非危险品运输。

【生产单位】 3M 中国有限公司。

Fa006 水性丙烯酸黏合剂 Exceed PA 1090

【英文名】 water-based acrylic adhesive

Exceed PA 1090

【主要组成】 聚丙烯酸树脂、乳化剂、助剂等。

【产品技术性能】 外观：乳白色液体；密度：1.03～1.06g/cm³；pH 值：6.5～7.5；固含量：(42±2)%；复合强度：0.8～1.5 N/15mm（50℃熟化 4h，复合膜：VMCPP/印刷 BOPP）。

【特点及用途】 1. 低泡，适用于更高机速复合；2. 初粘力高，无需熟化，离机可马上分切；3. 与镀铝膜的亲和性高，减少镀铝转移；4. 与溶剂型油墨和水性油墨的相容性好。主要用于食品包装复合用黏合剂。

【施工工艺】 上胶量为（2±0.2）g/m²，180～200 线网线辊，网坑深度为 28～32μm，干燥系统分三段时，从膜入口到出口的温度控制在 65～75～85℃之间，复合温度为 65～90℃，烘道温度≥6m/s。

【毒性及防护】 本产品为水基胶黏剂，产品为安全无毒物质，尽量避免与皮肤和眼睛接触，若不慎接触眼睛，应迅速用清水清洗。

【包装及贮运】 包装：160kg 塑料桶，保质期 1 年。贮存条件：室温、阴凉处贮存。本产品按照非危险品运输。

【生产单位】 北京高盟新材料股份有限公司。

Fa007 可发泡自交联丙烯酸乳液胶黏剂 AE-36

【英文名】 foamable and self-crosslinkable emulsion binder AE-36

【主要组成】 聚丙烯酸酯乳液、乳化剂等。

【产品技术性能】 外观：浅色透明乳液；固含量：(45±1)%；黏度（25℃）：≤100mPa·s；pH 值：5～6；T_g：−36℃；耐溶剂：在多数有机溶剂中不溶解，仅一定程度溶胀。

【特点及用途】 乳液与其它阴离子、非离子型助剂或颜料等的相容性优良，机械发泡性优良，尤其适合于泡沫设备使用，聚合物膜的手感极为柔软，回弹性优良，在多数有机溶剂中不溶解，仅一定程度溶胀。可适用于薄型（15～35 g/m²）无纺布的黏合生产，也可用于多种织物的浸渍整理。

【施工工艺】 1. 涂胶：直接用水稀释到所需工作液浓度，搅匀即可使用，适合于泡沫、喷涂、饱和浸渍等多种设备使用；2. 固化：120～150℃下，该乳液蒸发后所得的膜可充分交联固化。

【毒性及防护】 AE-36 乳液对人体无不良作用，但在加工和使用过程中，必须遵守使用化学品时常用的安全预防措施，应保持工作间的良好通风。

【包装及贮运】 50～200kg 塑料桶包装。在密闭容器内，避免曝晒和冷冻，0～50℃为宜，贮存期为 6 个月。

【生产单位】 中国林业科学院南京林产化工研究所。

Fa008 无纺布用丙烯酸酯共聚乳液 ACENW 系列

【英文名】 acrylic emulsion ACENW series for nonwoven fabrics

【主要组成】 纯丙烯酸酯共聚乳液、助剂等。

【产品技术性能】

牌号	ACENW-11	ACENW-12	ACENW-13
外观	乳白色液体		
固含量/%	40±1		
黏度(25℃)/mPa·s	＜100		
pH 值	4～5		
残留单体/%	＜0.5	＜0.4	＜0.3
粒径/μm	0.1～0.2	0.1～0.2	0.05～0.15

【特点及用途】 该自交联共聚乳液具有高强度、抗皱性好、色白、不粘辊、不粘网

等特点。ACENW-11 型适用于硬型无纺布，可做电缆、鞋帽；ACENW-12 型适用于中软型无纺布，可做黏合衬、热熔衬；ACENW-13 型适用于软型无纺布，可做妇女卫生巾，吸水性好。

【毒性及防护】 无毒，对人体无不良作用。

【包装及贮运】 50kg 塑料桶包装。在密闭容器内，避免曝晒和冷冻，0～50℃为宜，贮存期大于 6 个月。

【生产单位】 中国林业科学院南京林产化工研究所。

Fa009 硬型无纺布专用乳液胶黏剂 AE-35

【英文名】 emulsion binder AE-35 for nonwovens

【主要组成】 丙烯酸酯等单体共聚乳液、助剂等。

【产品技术性能】 外观：胶膜色浅、透明、坚韧、耐水性好；固含量：(45±1)%；黏度（25℃）：≤100mPa·s；pH 值：5～6；T_g：(50±5)℃。

【特点及用途】 主要用于硬型无纺布的黏合生产，也可用于高弹型喷胶棉，长毛绒背面涂胶黏剂，以及各种织物的硬挺整理。

【施工工艺】 1. 直接用水稀释至所需工作液浓度，搅匀即可使用；2. 适合于饱和浸渍、喷涂、泡沫浸渍等设备使用；3. 在 120～150℃ 的温度下，充分固化交联。

【毒性及防护】 AE-35 乳液对人体无不良作用，但在加工和使用过程中，必须遵守使用化学品时常用的安全预防措施，应保持工作间的良好通风。

【包装及贮运】 50～200kg 塑料桶包装。在密闭容器内，避免曝晒和冷冻，0～50℃为宜，贮存期 6 个月。

【生产单位】 中国林业科学院南京林产化工研究所。

Fa010 静电植绒用丙烯酸乳液胶黏剂

【英文名】 acrylic emulsion adhesive for electronic flocking

【主要组成】 交联型聚丙烯酸酯类共聚乳液、助剂等。

【产品技术性能】

性能	FF-1	FF-2	FF-3
外观	乳白色液体		
固含量/%	40±1		
pH 值	3.5～4.5		
粒径/μm	0.1～0.2		
黏度(25℃)/mPa·s	100～200	50～100	100～200
残留单体/%	<0.5	<0.6	<0.5

【特点及用途】 FF-1 型普通植绒用；FF-2 印花植绒用；FF-3 型防鹿皮植绒用。

【施工工艺】 本系列乳液加氨水自增稠黏度提高即可施工应用。

【包装及贮运】 50kg 塑料桶包装。在密闭容器内的贮存期大于 6 个月。

【生产单位】 中国林业科学院南京林产化工研究所。

Fa011 玻璃纤维定型乳液胶黏剂 AE-100

【英文名】 emulsion binder AE-100 for glassfiber setting

【主要组成】 丙烯酸酯共聚阴离子型水乳液、助剂等。

【产品技术性能】 外观：胶膜色浅、透明、坚韧、耐水性好；固含量：(45±1)%；黏度（25℃）：≤100mPa·s；pH 值：5～7；玻璃最低成膜温度：约 45℃；薄膜外观：浅色、透明、坚韧；薄膜耐酸、耐碱性：良好。

【特点及用途】 主要用于玻璃纤维编织物

的定型粘接，如蓄电池隔板、复合墙体网络等，也可用于合成纤维制品的硬框整理。

【施工工艺】 1. 直接用水稀释至所需工作液浓度，搅匀即可使用；2. 适合于饱和浸渍、喷涂、泡沫浸渍等设备使用；3. 烘干固化温度为140～250℃。

【毒性及防护】 AE-35乳液对人体无不良作用，但在加工和使用过程中，必须遵守使用化学品时常用的安全预防措施，应保持工作间的良好通风。

【包装及贮运】 50～200kg塑料桶包装。在密闭容器内，避免曝晒和冷冻，0～50℃为宜，贮存期为6个月。

【生产单位】 中国林业科学院南京林产化工研究所。

Fa012 聚丙烯酸酯浆料GM系列

【英文名】 polyacrylate paste GM series

【主要组成】 丙烯酸甲酯、丙烯酸丁酯、丙烯腈和丙烯酸或甲基丙烯酸共聚物、助剂等。

【产品技术性能】 外观：无色或微黄色透明黏稠液或乳胶液；固含量：30%；拉伸强度：4～10MPa；断裂伸长率：40%～500%；硬度：70～80 ShoreA；再粘程度：0.1～0.4。

【特点及用途】 使用温度为20～60℃，对尼龙、涤纶、玻璃纤维有优良的黏附性，浆膜强韧耐磨、耐水。可用于聚酯、聚酰胺纤维及玻璃纤维经丝上浆，也可用作玻璃、陶瓷器皿的黏合剂。

【施工工艺】 1. 涂胶：用浸扎法；2. 固化：常压，90～120℃需3～5min。

【包装及贮运】 50kg桶装。在阴凉、干燥处密闭贮存。

【生产单位】 上海市纺织科学研究院。

Fa013 地毯泡沫浸渍黏合剂CB

【英文名】 foamed adhesive CB for impregnating carpet

【主要组成】 丙烯酸酯与苯乙烯共聚乳液。

【产品技术性能】 外观：乳白色带荧光乳液；固含量：(40±1)%；黏度：≤100 Pa·s；pH值：2～3；残留单体：≤0.5%。

【特点及用途】 对各种纤维具有良好的胶接力，胶膜坚硬，抗水、发泡性能优良，发泡倍率可任意调节，可加入高比例的填充剂，有优良的机械切变性。可用于地毯泡沫浸渍和单辊筒转移等涂层设备。

【施工工艺】 1. 造泡：按地毯的品种和质量要求，在黏合剂中加入一定比例的填充剂（也可不加）和泡沫稳定剂，搅拌30min以上，然后输送到造泡机；2. 固化：黏合剂发泡密度控制在150～350g/L，一般情况下，在140～150℃固化3～5min。

【包装及贮运】 50kg塑料桶包装。本品贮存于通风阴凉干燥处，贮存温度为5～35℃，防止低温冻结，贮存期在6个月。搬运时轻装轻卸，不得倒置，防止渗漏。

【生产单位】 上海市纺织科学研究院。

Fa014 非织造布滤材用黏合剂SFB

【英文名】 adhesive SFB for filter material of nonwoven fabrics

【主要组成】 自交联丙烯酸酯硬性乳液。

【产品技术性能】 外观：乳白色带蓝色荧光乳液；固含量：(35±1)%；黏度(25℃)：≤50 Pa·s；pH值：2～3；残余单体含量：≤0.5%。

【特点及用途】 有优异的机械切变性，能适应泡沫浸渍法、真空吸液法、饱和浸渍法等多种非织造布生产工艺，胶膜无色透明，耐水、耐酸性良好，对各种天然纤维和合成纤维有良好的胶接力。可用于排水板滤膜、吸尘器滤料、汽车滤清器。

【施工工艺】 浸渍纤维网，预烘，140～150℃焙烘1～2h。

【包装及贮运】 50kg塑料桶包装。本品贮存于通风阴凉干燥处，贮存温度为5～35℃，防止低温冻结，贮存期为6个月。搬运时轻装轻卸，不得倒置，防止渗漏。

【生产单位】 上海市纺织科学研究所。

Fa015 自交联型丙烯酸酯黏合剂 180

【英文名】 self-crosslinking acrylate adhesive 180

【主要组成】 由丙烯酸酯、N-羟甲基丙烯酰胺等组成的乳液。

【产品技术性能】 外观：带蓝色荧光的乳白色乳液；固含量：30%，SD 型 35%；pH 值：3～4；电介质反应：对电介质及阳离子助剂敏感；拉伸强度：6MPa。

【特点及用途】 该系列产品有 180-3、180-5、180-RC 和 180-SD 四种类型。使用温度为室温。加热下自动交联，手感柔软，耐溶剂性能好。180-3 型和 180-5 型用于纺织加工，制造无纺布；180-RC 型用于羊绒衫、针织涤纶、色织中长纤维及克鲁丁等，防止起毛结球和树脂整理用；180-SD 型用于表面涂布，而胶黏剂不会侵入织物内部，以作为各类品种的静电植绒用胶黏剂。

【施工工艺】 1. 涂胶：180-3 型、180-5 型和 180-RC 型，将纺织材料在黏合剂中浸渍后轧干；180-SD 型：在纺织材料表面刮涂；2. 固化：烘干后，180-3 型、180-5 型和 180-SD 型 150℃固化 10min；180-RC 型 170℃固化 2min。

【包装及贮运】 聚乙烯桶或木桶内衬薄膜袋装。常温保存，贮存期为 6 个月。

【生产单位】 上海市纺织科学研究院。

Fa016 网印胶黏剂 FZ-A

【英文名】 screen printing adhesive FZ-A

【主要组成】 自交联型丙烯酸酯共聚乳液。

【产品技术性能】 外观：白色带荧光乳液；固含量：(35±1)%；黏度（室温）：12～25mPa·s；pH 值：2～3；残留单体：≤1%；水溶性可用任意比例水稀释；在常温下贮存稳定，在 3000r/min 离心机下 15min 无分层；80℃/8 h 无显著分层；−4℃/8 h 无显著分层；成膜透明度无色透明，薄膜手感柔软；190℃烘焙 3min 不泛黄；起泡性小，不塞网，不粘嵌辊筒和拖刀，色浆过滤性良好。

【特点及用途】 对纤维具有优良的黏着力，印花后织物手感柔软、色泽鲜艳、牢度好。主要用于纯棉织物及化纤织物的涂料印花，适用于辊筒、圆网、平网印花工艺，操作简单。

【施工工艺】 1. 配胶：乳液加入 0.3%～0.6%工业氨水、0.3%～1%增稠剂 M 即可增稠；2. 固化：150～160℃烘焙 3～5min，或 190℃烘焙 1～2min，或 102～110℃烘焙 20～40min 可达到坚牢固着。

【包装及贮运】 贮存在通风阴凉干燥处，禁止日晒，贮存温度最好控制在 5～30℃，贮存期为 6 个月。

【生产单位】 上海纺织助剂厂。

Fa017 水基高频热合胶 HT-508

【英文名】 high frequency hot seal water-based adhesive HT-508

【主要组成】 丙烯酸酯聚合物、助剂等。

【产品技术性能】 外观：粉红色均匀胶液；固体含量：43%；pH 值：7；挤出性：＜30s；乳胶密度：约 1.1g/cm^3；表观黏度（25℃）：30mPa·s；最低成膜温度：≤5℃；高频热合剥离强度（PVC-木质纤维板）：125N/50mm；老化后的剥离强度（PVC-木质纤维板）：208N/50mm。

【特点及用途】 用于汽车门护板的木质纤维与软 PVC 或 PU 材料的高频热合层压板、纤维板、塑料板、合成革的高频热合或热熔压合。固含量高，干燥速度快，无毒、无害，不污染环境。

【包装及贮运】 25kg/桶、50kg/桶。密闭保存于阴凉干燥处，保质期为6个月。

【生产单位】 湖北回天新材料股份有限公司。

Fa018 水性胶固邦7000系列

【英文名】 water-borne adhesive 7000 series

【主要组成】 聚丙烯酸酯、水、助剂等。

【产品技术性能】

牌号	颜色	固含量/%	适用期/min	剪切强度/MPa
地板胶 GB 7001	半透明	≥50	15～20	≥1.6
瓷砖胶 GB 7002	白	≥60	15～20	≥1.2

【特点及用途】 单组分室温固化聚丙烯酸酯水基胶，具有优良的粘接性能，初始黏附力高，抗滑移。耐水、耐热、抗霜性能大大优于聚乙酸乙烯乳液及聚乙烯醇缩醛。单面涂胶，20min内可调整，大大优于接触型氯丁胶。

【包装及贮运】 1kg、5kg、20kg包装。本品为安全无毒、非易燃物质。贮存期为1年。

【生产单位】 北京固特邦材料技术有限公司。

Fa019 密封剂固邦3000系列

【英文名】 sealant GB3000 series

【主要组成】 聚丙烯酸酯、水、助剂等。

【产品技术性能】

牌号	颜色	表干时间/min	剥离强度/(kN/m)	拉伸强度/MPa
GB 3001	透明	15～20	1.5	0.8
GB 3002	黑色	15～20	1.2	0.8
GB 3003	银灰	15～20	1.2	0.8
GB 3004	古铜	15～20	1.2	0.8
GB 3005	白色	15～20	1.2	0.8
GB 3006	黑色	15～20	1.2	0.8

【特点及用途】 单组分室温固化聚丙烯酸酯水基密封胶，不受阳光影响，耐老化，可阻燃；可用于潮湿的基材上；水基，不含溶剂，无污染。适用于木和砌石工程上的门框和窗板、窗框或砌石之间的密封；一般用途的铝合金门窗密封及混凝土、石棉、水泥、石料、木头及刨花板之间的嵌缝材料。

【包装及贮运】 310mL胶瓶包装。本品为安全无毒、非易燃物质。贮存期为12个月。

【生产单位】 北京固特邦材料技术有限公司。

Fa020 水性胶黏剂D507

【英文名】 water-based adhesive D507

【主要组成】 丙烯酸酯和其他单体共聚乳液。

【产品技术性能】 外观：乳白色液体；固体含量：(60±2)%；pH值：4.5～6；黏度(25℃)：≥2000mPa·s。

【特点及用途】 无毒、无害、无腐蚀，胶膜耐水性和耐热性好，由于是水性热固化胶黏剂，涂胶后即用后成型压边机弯曲热压而成型。可用于黏合质材防火板（三聚氰胺树脂层压而成的装饰板）与防火板、胶合板、刨花板和中密度纤维板之间的粘接。

【施工工艺】 1. 被粘表面必须清洁、平整；2. 用刷子涂胶，可用高压喷枪直接喷涂；3. 喷胶量为 180～220g/m^2；4. 涂胶后加温至 180～220℃，弯曲加压 40s 后黏合成型。

【包装及贮运】 密闭保存于阴凉干燥处，保质期为 12 个月。防止曝晒速冻。属于非危险品，按照一般货物贮运。

【生产单位】 上海东和胶粘剂有限公司。

Fb 乙酸乙烯酯及其衍生物乳液

Fb001 裱纸胶

【英文名】 laminating adhesive

【主要组成】 聚乙酸乙烯酯、助剂等。

【产品技术性能】 外观：乳白液体；黏度：(50～60) $\times 10^4$ mPa·s；固含量：30%～40%；pH 值：5.0～7.0。

【特点及用途】 该产品具有成本低，环保。主要用于卡纸裱坑、裱纸。

【施工工艺】 采用自动裱纸机，需对胶液进行稀释后供上机使用。注意事项：温度低于 15℃时，应采取适当的加温措施，否则对应的干燥时间将适当延长。

【毒性及防护】 本产品干燥后为安全无毒物质，但干燥前应尽量避免与皮肤和眼睛接触，若不慎接触眼睛，应迅速用清水清洗。

【包装及贮运】 50kg/桶，保质期半年。贮存条件：室温、阴凉处贮存。本产品按照非危险品运输。

【生产单位】 洋紫荆油墨（中山）有限公司。

Fb002 彩盒胶

【英文名】 adhesive for colouring box

【主要组成】 乙烯-乙酸乙烯酯共聚物、水性松香树脂、水性助剂等。

【产品技术性能】 外观：乳白色液体；黏度：10000mPa·s；固含量：50%；pH 值：5.0～7.0。

【特点及用途】 环保、水性乳胶。主要用于表面有 BOPP 膜、UV 油等的彩盒粘接。

【施工工艺】 手动、自动上胶，直接使用。注意事项：温度低于 15℃时，应采取适当的加温措施，否则对应的干燥时间将适当延长。

【毒性及防护】 本产品干燥后为安全无毒物质，但干燥前应尽量避免与皮肤和眼睛接触，若不慎接触眼睛，应迅速用清水清洗。

【包装及贮运】 50kg/桶，保质期半年。贮存条件：室温、阴凉处贮存。本产品按照非危险品运输。

【生产单位】 洋紫荆油墨（中山）有限公司。

Fb003 聚乙酸乙烯酯乳液

【别名】 1 号白乳胶

【英文名】 white emulsion adhesive

【主要组成】 乙酸乙烯酯、水、助剂等。

【产品技术性能】 外观：乳白色黏稠液体；不挥发物含量：≥(28.0±2.0)%；pH 值：4.0～7.0；黏度：≥10 Pa·s；灰分：≤3.0%；剪切强度：≥8.0MPa（干强度）、≥3.0MPa（湿强度）；工作温度：10～100℃；标注测试标准：以上数据测试参照企标 Q/GLH 02—2012。

【特点及用途】 完全的环境友好型，水基型不含有机溶剂；黏稠度适中，使用方便；粘接强度高，耐水性能好；广泛应用于地板、木器制品、铅笔等各种木制品的加工安装。同时也适用于书本、无线装订及纤维物品等多孔性材料的粘接，并可配制乳胶漆乳液涂料、聚合物水泥砂浆，用于墙面、地面、建筑装修、美术装潢等。

【施工工艺】 将需要粘接的物品去油质污物，打毛、自然晾干（要求基材含水小于12%）。将白乳胶搅拌均匀后，薄薄涂于粘接物的一面或两面，再用一定的压力挤紧粘接，22h即可。注意事项：环境温度10℃以上使用，干燥温度不宜超过120℃，注意防冻。

【毒性及防护】 本品按非危险品贮运，使用时注意通风，远离火源和高热，必要时戴防护用品。

【包装及贮运】 包装：1kg、4kg、10kg、15kg、20kg，保质期1年。贮存条件：室温、阴凉处贮存。本产品按照非危险品运输。

【生产单位】 抚顺哥俩好化学有限公司。

Fb004 改性白乳胶 VAE

【别名】 2号白乳胶

【英文名】 white emulsion adhesive

【主要组成】 VAE乳液、水、助剂等。

【产品技术性能】 外观：乳白色黏稠液体；不挥发物含量：(28±2)%；pH值：6～9；黏度：10～40Pa·s；灰分：≤15%；剪切强度：≥4.5MPa（干强度）、≥1.0MPa（湿强度）；工作温度：10～100℃；标注测试标准：以上数据测试参照企标 Q/GLH 14—2012。

【特点及用途】 完全的环境友好型，水基型不含有机溶剂；黏稠度适中，使用方便；粘接强度高，耐水性能好。广泛应用于地板、木器制品、铅笔等木制品的加工安装，同时也适用于纤维物品等多孔性材料的粘接，并可配制乳胶漆乳液涂料、聚合物水泥砂浆，用于墙面、地面，建筑装修、美术装潢等。

【施工工艺】 将需要粘接的物品去油质污物，打毛、自然晾干（要求基材含水小于12%）。将白乳胶搅拌均匀后，薄薄涂于粘接物的一面或两面，再用一定的压力挤紧粘接，22h即可。注意事项：环境温度10℃以上使用，干燥温度不宜超过120℃，注意防冻。

【毒性及防护】 本品按非危险品贮运，使用时注意通风，远离火源和高热，必要时戴防护用品。

【包装及贮运】 包装：1kg、4kg、10kg、15kg、20kg。室温、阴凉处贮存，保质期1年。本产品按照非危险品运输。

【生产单位】 抚顺哥俩好化学有限公司。

Fb005 弹性无毒环保胶 292D

【英文名】 elastic and non-toxic glue 292D

【主要组成】 由乙烯、乙酸乙烯酯和有机硅三元共聚而成的高黏度水乳胶体（乳液黏度可定制），并经过助剂净化处理。乙烯、乙酸乙烯酯和有机硅助剂等。

【产品技术性能】 外观：乳白色；密度：1.1g/cm³。固化后的性能如下。剪切强度：>5MPa；延伸率：>300%；工作温度：−50～200℃；标注测试标准：以上数据测试参照企标 HR2009-28。

【特点及用途】 特点：1. 弹性大：是类似橡胶的弹性体，延伸率高，永久变形小；2. 耐高低温性能好：200℃性能基本无变化，−50℃仍具有良好的柔韧性，不会开裂；3. 耐介质性好：耐水和大多数化学介质；4. 透气性好：对氮气、水和二氧化碳等气体有很好的透过率；5. 粘接力高：与各种材料（氟、硅除外）都有很好的粘接力，可用于金属、陶瓷、玻璃、塑料（氟塑料、有机硅除外）和纤维纺织品等材料的自粘或互粘；6. 染色性好：可用水性色浆染色，也可用此乳液和颜料共同制成色浆；7. 绝对无毒无味：不含甲醛、苯系物、重金属及其它VOC等有害物质，气味宜人、无害；8. 工艺性好：可直接作为黏合剂使用，也可加水稀释进行喷涂或浸涂，既可室温固化，也可加温固化，固化过程无有机溶剂挥发，对环境无害。用途：用于金属、陶瓷、玻璃、塑料（氟塑料、有机硅除外）和纤维纺织品等材料的自粘或互粘。

【施工工艺】 刷涂、滚涂、喷涂、浸涂均可，室温或加温（＜100℃）固化。注意事项：温度低于－4℃时，应采取适当的加温措施。

【毒性及防护】 本产品为安全无毒物质，若不慎接触眼睛，应迅速用清水清洗。

【包装及贮运】 包装：1kg/套，保质期1年。贮存条件：室温、阴凉处贮存。本产品按照非危险品运输。

【生产单位】 天津市鼎秀科技开发有限公司。

Fb006 水性无毒可剥胶

【英文名】 water-borne and non-toxic peelable glue

【主要组成】 乙烯-乙酸乙烯酯、丙烯酸酯、水、乳化剂、助剂等。

【产品技术性能】 外观：乳白色；密度：1.1g/cm^3。固化后的产品性能如下。剪切强度：＜0.5MPa；延伸率：＞200%；工作温度：－20～150℃；标注测试标准：以上数据测试参照企标 HR2006-2。

【特点及用途】 本体强度大，延伸率高；胶层固化后可剥离；耐酸碱盐和大多数有机溶剂。室温固化，也可加温固化。固化过程无有机溶剂挥发，对环境无害。主要用于金属、玻璃、塑料（氟塑料、聚烯烃除外）和汽车等表面的临时保护。

【施工工艺】 刷涂、滚涂、喷涂、浸涂均可，室温或加温（＜100℃）固化。

【毒性及防护】 本产品为安全无毒物质，若不慎接触眼睛，应迅速用清水清洗。

【包装及贮运】 包装：1kg/套，保质期1年。贮存条件：室温、阴凉处贮存。本产品按照非危险品运输。

【生产单位】 天津市鼎秀科技开发有限公司。

Fb007 无毒环保瓷砖美缝胶 SPD

【英文名】 non-toxic glue SPD for ceramic tile

【主要组成】 乙烯-乙酸乙烯酯、有机硅、补强剂、颜料和助剂等。

【产品技术性能】 外观：白色、金色、银色等；密度：1.5g/cm^3。固化后的产品性能如下。剪切强度：＞5MPa；延伸率：＞100%；工作温度：－50～200℃；标注测试标准：以上数据测试参照企标 HR210-29。

【特点及用途】 表面光滑如瓷，颜色丰富自然细腻，装饰效果特好，可擦洗，永远如新，永不变黑；防霉抗菌，有利健康；绿色环保：材料先进，无毒、无味，不含卤素、重金属及苯、甲苯、二甲苯等有害物质。用于瓷砖、马赛克、石材、石膏板、木板、玻璃、铝塑板等材料的缝隙装饰。广泛应用于大厅、厨卫间、宾馆、饭店、家庭、医院及商业等场所。

【施工工艺】 胶枪打胶，室温固化。注意事项：温度低于－4℃时，应采取适当的加温措施。

【毒性及防护】 本产品为安全无毒物质，若不慎接触眼睛，应迅速用清水清洗。

【包装及贮运】 包装：300g/套，保质期1年。贮存条件：室温、阴凉处贮存。本产品按照非危险品运输。

【生产单位】 天津市鼎秀科技开发有限公司。

Fb008 改性聚乙酸乙烯乳液

【英文名】 modified polyvinyl acetate emulsion

【主要组成】 聚乙烯醇缩醛改性聚乙酸乙烯乳液。

【产品技术性能】 外观：乳白色黏稠乳液；固含量：(40±2)%；pH 值：6～7；拉伸剪切强度（木材-木材）：≥6MPa；所用测试参考企标 Q/ZJP 10—93。

【特点及用途】 本品为聚乙烯醇缩醛改性聚乙酸乙烯乳胶，具有初粘力强、固化速率快、胶接强度高、耐热、耐水等特点。主要用于胶接木材、纸张、皮革及泡沫塑料等。

【施工工艺】 1. 涂胶：刷涂、辊涂或喷涂，涂胶后晾置片刻。2. 固化：冷压 0.5 h，放置 24 h 以上。

【毒性及防护】 本品乙酸乙烯游离单体含量小于 0.5%，使用安全，对人体无毒，但施工场所应通风。

【包装及贮运】 100g、0.5kg、1kg 塑料瓶，外加瓦楞纸箱；20kg 塑料桶。贮存于常温室内，贮存期为 12 个月。

【生产单位】 浙江金鹏化工股份有限公司。

Fb009 聚氯乙烯塑料贴面胶 SG

【英文名】 adhesive SG for PVC face

【主要组成】 丙烯酸酯和乙酸乙烯共聚物乳液。

【产品技术性能】 外观：乳白色胶液；固含量：(50±2)%；pH 值：5～6；黏度(25℃)：1000～3000mPa·s；剥离强度(PVC-木材)：≥12MPa；所用测试参考企标 Q/ZJP 12—93。

【特点及用途】 本品用于 PVC 膜片与木材复合，也可用于人造革、皮革、帆布、玻璃、金属、木材的自粘与互粘；对于聚苯乙烯、聚氨酯泡沫塑料亦有良好的粘接性能。具有胶合强度高、固化速率快、冻融稳定性好、无毒、无味、贮存期长等优点。使用方便，易于清洗。

【施工工艺】 可刷涂、辊涂或喷涂，涂胶后晾干至半透明，触压固定，24h 后完全固化；也可于 70～80℃加热 30～60s，即可胶黏。

【毒性及防护】 乳液无毒，使用安全。

【包装及贮运】 20kg 塑料桶。室温密闭条件下，贮存期为 12 个月。

【生产单位】 浙江金鹏化工股份有限公司。

Fb010 乙酸乙烯共聚乳液 VBN

【英文名】 vinyl acetate copolymer latex VBN

【主要组成】 丙烯酸丁酯、乙酸乙烯和羟甲基丙烯酰胺等组成的乳液。

【产品技术性能】 固含量：38%～40%；pH 值：4.5～5.5；黏度(25℃)：30～70mPa·s；乳液粒径：0.1～0.2μm。

【特点及用途】 使用温度范围为常温。内交联、内增塑、热固性乳液，耐热、耐水、耐洗且柔软。用作无纺布的胶黏剂，可作服装外衣衣衬、贴墙布等。可用于木材二次加工贴面材料。也可作织物后整理加工的助剂及玻璃纤维的润湿剂。

【施工工艺】 1. 涂胶：涂刷或浸渍。浸渍前可用水稀释至一定浓度，再行使用；2. 固化条件：常温。若添加乙酸锌及过硫酸铵作固化剂，在 90℃烘干，能提高产品的性能。

【毒性及防护】 乳液无毒，使用安全。

【包装及贮运】 40kg 铁桶装，内衬塑料袋。室温密闭条件下，贮存期为 12 个月。贮存中注意防冻。

【生产单位】 中国林业科学院林产化学工业研究所。

Fb011 喷胶棉用乙丙共聚乳液

【英文名】 vinyl acetate-acrylate copolymer latex for spray cotton

【主要组成】 以乙酸乙烯为核，含活性单体的丙烯酸酯为壳的核壳结构乳液。

【产品技术性能】

性能	NW-N	NW-WR
外观	乳白色乳液	
固含量/%	40±1	
pH值	4.5～5.5	
黏度(25℃)/mPa·s	＜50	＜200
粒径/μm	0.1～0.2	—
游离单体/%	＜0.5	＜0.4

【特点及用途】 NW-N适用于普通型喷胶棉的生产，NW-WR型适用于耐洗型喷胶棉的生产。生产的喷胶棉的耐久性和回弹性好。

【毒性及防护】 无毒不燃。

【包装及贮运】 50kg塑料桶。密闭贮存期大于6个月。

【生产单位】 中国林业科学院林产化学工业研究所。

Fb012 乙酸乙烯共聚耐水乳液胶VNA

【英文名】 water-proof vinyl acetate copolymer emulsion adhesive VNA

【主要组成】 乙酸乙烯与含活性基团的单体共聚乳液。

【产品技术性能】

性能	VNA-50	VNA-60
外观	乳白色乳液	
固含量/%	49～51	55～56
pH值	4.5～5.5	
黏度(25℃)/mPa·s	1000～2000	1500～3000
粒径/μm	1～2	
游离单体/%	＜1	

【特点及用途】 有自身交联性，胶合制品耐水、耐热、耐蠕变。用于微薄木和胶合板湿胶黏（薄木含水率为50%～90%），三聚氰胺装饰板与胶合板胶黏，包括后成型装饰板、细木工或家具榫接以及木材拼接，陶瓷、皮革的粘接。

【施工工艺】 在加热或催化剂的作用下冷固化，加压0.2～0.3MPa。

【毒性及防护】 无毒，对人体无害。

【包装及贮运】 50kg纸板筒或铁桶内衬两层塑料纸。密封容器5℃以上贮运。室温贮存期为6～8个月（VNA-50）和5～6个月（VNA-60）。

【生产单位】 中国林业科学院南京林产化学工业研究所。

Fb013 乙酸乙烯共聚乳液VBA

【英文名】 vinyl acetate copolymer latex VBA

【主要组成】 由乙酸乙烯、丙烯酸丁酯和羟甲基丙烯酰胺等组成。

【产品技术性能】 固含量：38%～40%；pH值：4.5～5.5；黏度（25℃）：30～70mPa·s；粒径：0.1～0.2μm。

【特点及用途】 使用温度范围为常温。内交联、内增塑、热固性乳液，耐热、耐水、耐洗且柔软。用作无纺布的胶黏剂，可作服装外衣衣衬底、贴墙布等。可用于木材二次加工贴面材料。也可作织物后整理加工的助剂及玻璃纤维的润湿剂。

【施工工艺】 1. 涂胶：涂刷或浸渍。浸渍前可用水稀释至一定浓度，再行使用；2. 固化条件：常温，若添加乙酸锌及过硫酸铵作固化剂，在90℃烘干，能提高产品的性能。

【包装及贮运】 40kg铁桶装，内衬塑料纸。贮存中注意防冻，贮存期为6～12个月。

【生产单位】 中国林业科学院南京林产化学工业研究所。

Fb014 单组分集成拼板胶SY-921

【英文名】 one-part adhesive SY-921 for make-up

【主要组成】 由VAE乳液共聚物加其它添加剂配制而成。

【产品技术性能】 外观：乳白色黏稠液体；固含量：＞54.5%；密度：1.1g/cm³；黏度

(25℃)：(2500±500) mPa·s；干强度：≥12MPa；湿强度：≥6MPa；煮沸剥离率：≤10%。

【特点及用途】 该胶为单组分，无毒、无味，使用方便，性能优异，对多孔表面和多种薄膜表面有很强的粘接力，耐水性好。

【施工工艺】 本品为单组分，可直接使用。一般单面涂胶。涂胶后需上家具固化，固化压力为0.5～1.2MPa，定位时间为20～60min。

【包装及贮运】 本品需在5～25℃的干燥、通风库中贮存，贮存期为6个月，需防潮、防晒、防高温及冷冻。本品为非危险品。

【生产单位】 三友（天津）高分子技术有限公司。

Fb015 双组分集成拼板胶 SY-922

【英文名】 two-part adhesive SY-922 for make-up

【主要组成】 VAE乳液、交联剂、助剂等。

【产品技术性能】 A组分，外观：乳白色黏稠液体；固含量：≥57%；pH值：5～7；黏度(20℃)：≥4000mPa·s。固化后的产品性能如下。外观：深褐色或棕色液体；干强度：≥12MPa；湿强度：≥6MPa；煮沸剥离率：≤10%。

【特点及用途】 具有粘接强度高、耐水性好等特点，主要用于木材的拼接。

【施工工艺】 1. A、B两组分按100∶(5～10)称重混合，一般不超过4kg；2. 将两组分充分搅拌，混合均匀，配好后需在40min之内用完，随用随配；3. 一般只需要单面涂胶，涂胶量为180～250g/m²，涂胶后立即黏合；4. 涂胶后需上家具固化，固化压力由木质决定，0.5～1.2MPa，定位时间为20～60min。

【包装及贮运】 本品需在5～25℃的干燥、通风库中贮存，贮存期为6个月，需防潮、防晒、防高温及冷冻。本品为非危险品。使用B组分应注意对眼睛及软组织的保护，不慎沾染，需立即用清水冲洗。

【生产单位】 三友（天津）高分子技术有限公司。

Fb016 聚氯乙烯膜/木复合胶黏剂 J-148

【英文名】 adhesive J-148 for PVC film/wood

【主要组成】 改性乙烯-乙酸乙烯乳液。

【产品技术性能】 外观：乳白色黏稠液体；黏度(25℃)：≥6000mPa·s；固含量：45%；pH值：4～6；剥离强度：15.7N/cm。

【特点及用途】 主要用于聚氯乙烯与木质基材的胶接，如PVC贴面家具、电视机壳和音箱的制造。

【施工工艺】 采用辊涂或刷涂上胶，合拢后在接触压力下室温放置24 h。

【包装及贮运】 室温下贮存于阴凉通风处，贮存期为6个月。

【生产单位】 黑龙江省科学院石油化学研究院。

Fb017 胶黏剂 BH-415

【英文名】 adhesive BH-415

【主要组成】 由乙烯-乙酸乙烯-丙烯酸酯改性树脂组成的乳液。

【产品技术性能】 外观：白色乳液；黏度(25℃)：3000～5000mPa·s；固含量：(50±2)%；pH值：4.8±0.5；最低成膜温度：2℃；软化点：65℃；剥离强度：48～76N/2.5cm(干态)、9～15N/2.5cm(湿态)。

【特点及用途】 使用温度范围为−25～55℃，对聚氯乙烯的粘接性好，适合高速复合制品用。适用于各种聚氯乙烯膜片与胶合板、刨花板、纤维板等木制品，纸及印刷纸与聚氨酯泡沫塑料等的黏合。

【施工工艺】 可采用机械设备涂胶贴膜，也可用刷涂或用油印机用胶辊涂胶，贴膜时从板的一端逐步贴起，用油印胶辊推平、排除气泡，使贴膜平整光滑即可。涂胶量一般为 100～120g/m²。贴膜后在室温下干燥 24～48h 后可进行使用。

【包装及贮运】 室温下贮存于阴凉通风处，温度不低于－5℃。贮存期为 6 个月。

【生产单位】 北京市化学工业研究院。

Fb018 橡皮边胶 WD4007

【英文名】 rubber edge adhesive WD4007

【主要组成】 由 VAE 乳液、树脂乳液等组成。

【产品技术性能】 外观：白色黏稠液体；黏度：18～26 Pa·s；不挥发分含量：(53.4±2)%；pH 值：7。

【特点及用途】 具有无毒和操作安全、粘接强度高、性能稳定、胶液固化后无色透明、良好的柔韧性和热塑性等特性。可以粘接纸、木、金属、橡胶等材料，更适用于多孔材料的粘接，如纸质材料与金属的粘接，泡沫材料与金属的粘接，橡胶材料与金属的粘接，该胶目前主要用于扬声器橡胶边与盆架的粘接。

【施工工艺】 采用手工涂胶和使用胶枪涂胶均可。粘接件涂胶后，在室温经 24h 后自然干燥就可达到固化。可对极少量的蒸馏水调节黏度，但在使用前应对粘接强度进行小试，最好采用本厂稀释剂。本胶耐水欠佳，易吸潮，故不宜在低温、高湿度的情况下涂胶和自然干燥。冬季低温可能会结冰，影响使用，不应低于 5℃保存。

【毒性及防护】 该产品涂饰干燥后为安全无毒物质，但涂饰前应尽量避免与皮肤和眼睛接触，若不慎接触眼睛，应迅速用清水清洗。过多吸入蒸气能导致发晕。

【包装及贮运】 塑料桶包装（2kg、25kg 装），有效贮存期为 6 个月，如超过有效贮存期，经检验各项性能指标合格后仍可使用。本品应通风干燥保存，避免冻结和曝晒，贮运条件：5～35℃，按照非危险品运输。

【生产单位】 上海康达化工新材料股份有限公司。

Fb019 集成材结构拼版胶 D55 系列

【英文名】 adhesive D5500 series for pegboard of integrated material

【主要组成】 丙烯酸丁酯、丙烯酸、乙酸乙烯酯、乙烯-乙酸乙烯酯等共聚物组成。

【产品技术性能】

性能	D5598	D5596	D5500	交联剂
外观	乳白色黏稠液体			浅色、深褐色液体
固含量/%	56±2	47±2	47±2	—
黏度/mPa·s	≥4000	≥2500	≥2500	150～250
pH 值	5～7	5～7	5～7	

【特点及用途】 具有无毒、无味、无污染、无腐蚀性的特点，属于绿色环保型产品，并具有耐水、耐老化性能好等优点，产品质量稳定，性能达到国际国内先进标准水平。适用材料为桦树、桐树、松树和榆树等。

【施工工艺】 A 为主剂，B 为交联剂，按 A：B＝100：15 称量并充分搅拌均匀，在使用时可视木材含水率 8%～12%和环境温度的变化而定，一般高频热压 5～8min，常温在 0.8～1.2MPa 的压力下 40～60min 可卸，该胶的施工设备和刀具可用清水清洗。

【包装及贮运】 室温贮运，防止曝晒速

冻。按一般货物贮运，属于非危险品。

【生产单位】 上海东和胶粘剂有限公司。

Fb020 指接地板胶 D50/D40

【英文名】 floor adhesive D50/D40

【主要组成】 聚乙酸乙烯、高分子合成树脂等。

【产品技术性能】

性能	D50	D40
外观	乳白色液体	乳白色液体
固含量/%	50±2	37±2
黏度/mPa·s	6000	5000
pH 值	3～7	3～7

【特点及用途】 具有无毒、无味、无污染、无腐蚀性的特点，属于绿色环保型产品，对各种木材均有很好的粘接性，耐候性、成膜性好，本产品可在5～30℃的温度范围内保持良好的成膜性和粘接强度，剪切强度可达到9.8MPa。

【包装及贮运】 室温贮运，防止曝晒速冻。按一般货物贮运，属于非危险品。

【生产单位】 上海东和胶粘剂有限公司。

Fb021 层压胶 D504

【英文名】 laminating adhesive D504

【主要组成】 由乙酸乙烯、丙烯酸、丙烯酸丁酯三元共聚而成的黏稠液体。

【产品技术性能】

性能	冷压型	热压型
外观	微黄色黏稠乳液	乳白色黏稠液体
固含量/%	56±2	56±2
黏度/mPa·s	≥3500	≥3000
pH 值	3～7	3～7
最低成膜温度/℃	≥0	≥0

【特点及用途】 具有无毒、无味、无污染、无腐蚀性的特点，属于绿色环保型产品，并具有耐水、抗冻、耐老化性，固化时间快，使用方便。主要适用于木质基材木门与木皮的粘贴，对纤维板、PVC板、PS板有较好的粘接力。

【包装及贮运】 室温贮运，贮存期为12个月，防止曝晒速冻。按一般货物贮运，属于非危险品。

【生产单位】 上海东和胶粘剂有限公司。

Fb022 复木胶 D506

【英文名】 adhesive D506 for laminating wood

【主要组成】 由乙酸乙烯、丙烯酸丁酯等共聚而成的黏稠液体。

【产品技术性能】 外观：乳白色黏稠液体；固含量：(50±2)%；黏度：20000～25000mPa·s；pH 值：3～7；最低成膜温度：5℃。

【特点及用途】 具有无毒、无味、无污染、耐水抗冻的特点，高黏度，高强度，高档水性胶黏剂。主要应用于高档精美木材薄片高压积木，中密度纤维板、刨花板的冷热压成型材，复合木材，是高档家具装潢理想的胶黏剂。

【包装及贮运】 室温贮运，防止曝晒速冻。按一般货物贮运，属于非危险品。

【生产单位】 上海东和胶粘剂有限公司。

Fc 水性聚氨酯和其他乳液胶黏剂

Fc001 水性吸塑胶 PK-2589

【英文名】 water-based adhesive PK-2589

【主要组成】 改性水性聚氨酯、助剂等。

【产品技术性能】 外观：乳白色黏稠液体；固化后造成密度板材料破坏终粘耐温强度：60℃烘 24h 不反弹（GB 18583—2008）。

【特点及用途】 1. 具有无毒、安全、无异味、无刺激性、无甲醛等有害气体释放、易清洁的特点；2. 具有软硬度可调，以及耐温、弹性好等优点；3. 低黏度值、良好的喷雾及优异的粘接性能；4. 固化速率快，吸塑后 5～10min 固化可产生强度，48h 后可以实现完全固化并达到最佳强度，带压施工，方便可靠。适用于 PVC 等软质材料和密度板、刨花板、木材等真空吸塑成型，制作木门、橱柜门、音箱板、电脑桌等。

【施工工艺】 该胶是单组分胶，使用时用喷枪喷涂施胶，胶量为 80～120g/m^2。

【毒性及防护】 本产品为安全无毒物质；水性产品，若不慎接触眼睛，可用清水清洗。

【包装及贮运】 20kg/桶，保质期 6 个月。贮存条件：防冻防晒，贮存于阴凉干燥的环境中，贮存环境温度为 5～35℃。本产品按照非危险品运输。

【生产单位】 重庆中科力泰高分子材料股份有限公司。

Fc002 双组分水性聚氨酯胶黏剂 YH667/YH667B

【英文名】 two-part water-borne polyurethane adhesive YH667/YH667B

【主要组成】 水性聚氨酯、水性固化剂、助剂等。

【产品技术性能】 YH667，外观：乳白色分散液；固含量：(28±2)%；黏度（3$^{\#}$ 涂杯，25℃）：14～17s。YH667B，外观：淡黄色液体；固含量：(80±2)%。

【特点及用途】 1. 初粘力好，粘接强度高；2. 极佳的透明性；3. 熟化时间短；4. 100%PU，没有任何添加剂；5. 无毒、环保。该胶黏剂对 PET、BOPP、CPP、PE 等材料具有良好的粘接性能。

【施工工艺】 该胶是双组分胶（A/B），A 组分（YH667）和 B 组分（YH667B）的质量比为 16：1。

1. 涂布量：干基涂布量在 1.0～2.0g/m^{2}之间选择，需进行热加工或深度加工的复合膜，涂布量增大。2. 网线辊：建议使用 160～200 线网线辊，网坑深度为 30～35μm。3. 工作浓度：本品综合固含量为 31%，若上胶量偏大可加去离子水稀释。注意事项：在搅拌条件下将 YH667B 缓慢加入 YH667 中，搅拌均匀，放置 5min 消泡，最好使用隔膜泵送料，混合后的胶黏剂请在 8h 内用完，余胶冷藏（5～10℃）放置，可在 16h 内使用。4. 复合压力：在不损坏薄膜的情况下应尽可能提高复合压力。5. 熟化：最好在 (50±5)℃ 下熟化不低于 12h。停机时，提起刮刀，让涂胶辊接触胶水并保持转动。如停机时间过长，处理掉胶槽内的胶水，彻底清洁上胶辊。如果发生堵版，及时使用乙酸乙酯或丁酮清理。

【毒性及防护】 本产品固化后为安全无毒物质，但混合前两组分应尽量避免与皮肤和眼睛接触，若不慎接触眼睛，应迅速用清水清洗。

【包装及贮运】 包装：YH667 用塑料大口桶包装，50kg/桶；YH667B 铁桶包装，3.1kg/桶。贮存条件：本品应贮存于 5～35℃的阴凉干燥处，防止曝晒和冷冻，有效期为 8 个月。本产品按照非危险品运输。

【生产单位】 北京高盟新材料股份有限公司。

Fc003 胶黏剂 LSPU-500

【英文名】 adhesive LSPU-500

【主要组成】 水性聚氨酯、助剂等。

【产品技术性能】 外观：乳白色蓝光液体；固含量：(50±1)%（GB/T 2793—1995)；黏度：10～45mPa·s（GB/T 2794—2013)；pH 值：7.0～8.0（GB/T 14518—1993)；机械稳定性：无分层或＜1mm（3000r/min，15min)。固化后的产品性能如下。初粘强度：≥1.6N/mm（GB/T 2791—1995)；初耐热/（60℃)：＜3cm（10min)；终粘强度：≥3N/mm（GB/T 2791—1995)；表面张力：30～45mN/m（GB/T 22237—2008)；pH 稳定性：≥7（70℃，72h)；工作温度：室温成膜，45～50℃活化。

【特点及用途】 本品是单组分阴离子型水性聚氨酯黏合剂，固含量高，成膜速度快，乳液稳定性好，粘接强度高，复配性能优良，可与多数乳液如丙烯酸、VAE 等复配使用，活化温度低（45～50℃)，无毒环保。应用于多种极性基材和多孔基材的粘接，尤其适用于软 PVC 材质的粘接。

【施工工艺】 本产品可以单独使用，也可以与其它乳液调配使用，使用前将被黏结物表面清理干净，除去灰尘、油污等，用胶枪将其均匀喷涂于被粘物表面，喷涂后自然干燥 15～30min，也可加热加速胶层干燥，保证粘接温度在活化温度范围内，较高温度有利于胶合并提高使用过程中的耐温性，根据实际粘接效果选择最佳施胶量及粘接工艺。注意事项：1. 被粘接物表面需清理干净，部分材料需要用特定的处理剂进行处理；2. 施胶后，在不低于最低成膜温度下使胶层充分干燥；3. 活化温度不得低于产品的活化温度；4. 在与其它产品复配使用时，须进行稳定性试验。

【毒性及防护】 无毒环保，符合 FDA 175.105、176.170 以及 176.180 的条款。

【包装及贮运】 包装：净重 25kg、50kg、200kg 塑料桶。保质期：6 个月。贮存条件：避光，10～30℃。

【生产单位】 北京林氏精化新材料有限公司。

Fc004 拼版专用胶

【英文名】 pegboard adhesive

【主要组成】 羟基封端聚氨酯预聚体乳液、助剂、交联剂等。

【产品技术性能】

性能	主剂	交联剂
外观	乳白色均匀黏稠液体	棕色液体
固体含量/%	≥40	—
黏度/mPa·s	≥2000	≥150
压缩剪切强度（固化后）/MPa	≥9.8	

【特点及用途】 本产品是水性聚氨酯木材胶黏剂，是双组分反应型胶黏剂，具有粘接强度高、初黏性好等特点。适用于木地板、硬木、门窗及其它木制品黏合。

【施工工艺】 1. 使用前将主剂与交联剂

以100∶15的比例混合均匀，30～60min内使用完毕；2. 基材必须无灰尘、无油渍；3. 一般情况下单面涂胶；4. 陈放时间不超过15min，环境温度高应减少陈放时间，防止胶液干燥。

【毒性及防护】 交联剂有毒，如果接触皮肤后应用水清洗。

【包装及贮运】 主剂为水基乳液，应在5℃以上密封保存，注意防冻、防曝晒，贮存期为6个月。交联剂要密封贮存，防止受潮，贮存期为12个月。

【生产单位】 江苏黑松林黏合剂厂有限公司。

Fc005 水性覆膜胶

【英文名】 water-based paper/plastic laminating adhesive

【主要组成】 苯丙乳液树脂、助剂、水。

【产品技术性能】 外观：乳白带蓝光乳液；pH值：6～8；固含量：38%～50%；黏度（涂4-杯）：15～30s；覆膜效果测试（BOPP亮光膜/哑光膜，标准五色卡纸，10～15m线棒上胶，1～5级，5最好，1最差）如下。快撕脱墨性：4～5级；慢撕脱墨性：5级；耐黄变性[(120±2)℃，2h]：正常；压纹抗起泡性[(60±2)℃，8h]：正常；测试标准：以上数据测试参照企标Q/HYHC 14—2013。

【特点及用途】 本品具有高固体含量、低黏度、工艺适用性好、黏合力强、无毒等优点，是适用于纸塑间复合的聚丙烯酸酯类水性黏合剂。本产品可以增强印刷品的亮度，增加印刷品油墨的耐光性能，提高油墨层防热、防潮的能力，起到保护印迹、美化产品的作用。适用于高档手挽袋、高档彩盒的覆膜；适用于BOPP膜/印刷品、PET激光膜与纸品的覆合。

【施工工艺】 适用于干式覆膜工艺，辊涂胶后烘道温度为60～90℃，压合温度建议为70～90℃，压力为15～30MPa。

【毒性及防护】 本产品为安全无毒物质，但应尽量避免与皮肤和眼睛接触，若不慎接触眼睛，应迅速用清水清洗。

【包装及贮运】 18kg/桶、125kg/桶，保质期为6个月。贮存条件：室温、阴凉处贮存。本产品按照非危险品运输。

【生产单位】 洋紫荆油墨（中山）有限公司。

Fc006 水性环氧PVC地板胶黏剂HS-66

【英文名】 water-based epoxy adhesive for PVC floor HS-66

【主要组成】 甲组分（水性环氧树脂、水性丙烯酸酯共聚物、助剂）；乙组分（改性脂肪胺加成物）。

【产品技术性能】 外观：淡黄色黏性乳液（甲组分），棕红色透明黏稠液体（乙组分）；固含量：(50±2)%；拉伸剪切强度：≥0.3MPa（初粘力）、≥0.8MPa（终粘力）；耐溶剂性：在海水、机油或一般酸碱中浸泡7d后，剪切强度下降小于20%；胶液不溶蚀PVC。

【特点及用途】 使用温度为常温～60℃，以水为介质，无毒、无污染、不燃，初粘力高。可以用于舰船甲板上粘贴PVC地板，也可用于泡沫塑料、岩棉制品、玻璃棉制品及壁纸等的胶接。

【施工工艺】 1. 配胶：按甲∶乙＝10∶(6～7)的比例混合，适用期>4 h；2. 涂胶：刮涂或刷涂，涂胶量为250～300g/m²，室温晾置10～30min，待水分挥发后粘贴；3. 固化：常温固化。

【包装及贮运】 甲、乙两组分分别用塑料桶装，配套供应，分1kg、2kg和5kg装。密闭贮存于阴凉的库房中。非危险品，密闭贮存于阴凉处，贮存期为12个月。

【生产单位】 海洋化工研究院有限公司。

Fc007 圆网印花感光胶 LW-1

【英文名】 photosensitive binder LW-1 for rotary screen printing

【主要组成】 由环氧树脂和聚乙烯醇组成的乳液。

【产品技术性能】 外观：蓝色乳液；pH 值：5～6；固含量：(26±2)%；黏度：(800±200) mPa·s;乳液粒度：≤2μm。

【特点及用途】 光固化胶，毒性小。无筛孔现象，制出花型轮廓光洁，线条清晰。用于圆网印花机上圆网拍照感光制版。

【包装及贮运】 1kg 和 2kg 塑料桶装。密闭贮存于阴凉的库房中。

【生产单位】 海洋化工研究院有限公司。

Fc008 兰宝强力糊 D508

【英文名】 strong paste D508

【产品技术性能】 外观：乳白色乳液；pH 值：3～7；固含量：(50±2)%；黏度(25℃)：15000～20000mPa·s。

【特点及用途】 产品无毒、无味、无污染、耐水、抗冻。需硬化剂，加温使用效果更好，干燥后透明美观。接着力强，耐水性及撞击性好，保存期稳定。适用于各种化学板、胶合板、建筑材料、皮革等。

【施工工艺】 1. 将胶黏剂涂于粘接面后，立即加压，常温下 3h 为初固化，12h 完全固化，软物体则免加压力也可以粘接；2. 粘接面应该保持清洁、平整；3. 本品可以用水作为稀释剂使用，加入量要适宜；4. 粘接木材的含水率不超过12%。

【包装及贮运】 本产品属于非危险品，可在 5～30℃常温下贮运，保质期 12 个月，防止曝晒速冻。

【生产单位】 上海东和胶粘剂有限公司。

Fc009 木工 AB 胶 D509

【英文名】 AB adhesive D509 for woodwork

【产品技术性能】 外观：A 组分为淡红色或无色透明，B 组分为乳白色乳液；木材压缩剪切强度：≥10MPa（干态）、≥4MPa（湿态）。

【特点及用途】 该胶由 A、B 两组分组成，具有无毒、无味、无污染及操作简便等特点。适用于木材、竹质材、胶合板、人造木材、细木工板等，还可适用于建筑装潢，木嵌条与水泥墙面的快速粘接。

【施工工艺】 1. 被粘物木材含水率为 8%～15%，表面需清洁、平整、无油、无尘及去除有碍粘接的污染物；2. 将 A、B 两组分分别涂在两个被粘接物表面，然后稍搓一下后，即可加压定位；3. 加压接触压力 10min 后可卸压，在室温放置一昼夜达到最高强度；4. 该胶在 5℃以上使用，涂胶量为 100～200g/m² 即可；5. 固化条件：A、B 两组分按照 1∶1 的质量比，可在 30～60s 内定位，10～20min 初固化，20h 完全固化。

【包装及贮运】 本产品应密封贮存在 5～30℃的阴凉干燥库房内，贮存期为 3～4 个月，避免日光直射，远离热源，严防冻结变质。B 组分长期放置或低温时出现“冻胶”状时，可加温加热搅拌均匀，恢复流动时方可使用。本产品属于非危险品，可按非危险品贮运。

【生产单位】 上海东和胶粘剂有限公司。

Fc010 聚氯乙烯多用胶 103

【英文名】 PVC adhesive 103

【产品技术性能】 外观：白色黏稠液，膏体；pH 值：4.8～6.2；固含量：50%～56%；黏度（25℃）：5000～13000mPa·s；乳液粒径：0.2～1μm。

【特点及用途】 产品主要适用于各种聚氯乙烯材料，适用于对各种木质、纤维质基材的黏合和胶合，是当代新型装饰装潢、包装行业、无线电音响行业、家具生产等理想的胶黏材料。具有质优价廉、使用方便、卫生清洁、便于清洁、干燥快、强度高、无刺激气味等特点。

【施工工艺】 主要用于PVC塑钢装饰门流水线、橡胶滚筒上胶涂布和手工操作涂布，滚筒上胶量约为120g/m²。复粘后在5kPa的压力下静压24h。

【包装及贮运】 本产品备有1kg、5kg、15kg、50kg塑料桶包装。应密封贮存在5℃以上，贮存期为12个月。本产品属于非危险品。

【生产单位】 苏州市胶粘剂厂有限公司。

Fc011 高级地板胶 SZ-210

【英文名】 floor adhesive SZ-210

【产品技术性能】 外观：乳白色黏稠乳液；pH值：4～5；固含量：≥45%；黏度（25℃）：≥2300mPa·s。

【特点及用途】 本产品是一种强韧性、有永久增塑性的高强度胶黏剂，粘接速度快、坚实、不易老化，耐水、耐弱碱、耐热、耐低温等性能良好。无毒、无臭，属于环保型的产品，使用安全方便。适用于各种高级竹木地板、拼花板、瓷板、地毯与水泥的粘接。

【施工工艺】 在干燥、干净的地面上均匀涂胶，用胶量约为500g/m²。

【包装及贮运】 本产品应密封贮存在5℃以上，贮存期为12个月。本产品属于非危险品，可邮寄、快运。包装规格为7kg塑料瓶装，25kg塑料桶装。

【生产单位】 湖南神力胶业集团。

Fc012 水性木塑复合胶 E-818

【英文名】 water-based adhesive E-818 for laminating wood-plastic

【产品技术性能】 外观：白色黏稠乳液；固含量：50%；pH值：5；黏度（25℃）：1200～18000mPa·s；定位时间：0.5h；剥离强度（PVC膜-木材）：>4.5N/25mm。

【特点及用途】 附黏性好，初黏性高，粘接强度高，硬化速度快，耐水性好。专用于塑料挤塑板（膜）与吸水性较好的基材之间的粘接。

【毒性及防护】 在施工过程中应注意通风良好，佩戴手套及防护眼镜。

【包装及贮运】 本产品需保存在干燥及有遮蔽的场所，环境温度保持在5～40℃，保质期为6个月。

【生产单位】 海洋化工研究院有限公司。

Fc013 彩色弹性防水墙漏胶 HSL-962

【英文名】 colour leak-proof adhesive HSL-962

【产品技术性能】 固体含量：≥65%；拉伸强度：≥1MPa；断裂伸长率：≥300%；不透水性（0.3MPa，30min）：不透水；低温柔韧性（－10℃，直径10mm）：无裂纹；干燥时间：表干时间≤4h，实干时间≤8h。

【特点及用途】 有优良的伸长率及拉伸强度，具有堵漏、防水、无毒、无味、色彩鲜艳、施工方便等特点。主要用于新旧屋面、卫生间、浴室等场合的防水和堵漏。

【施工工艺】 施工前每桶搅拌1～3min，防止沉淀和色差现象，底涂0.5～0.8kg/m²，24h后，再涂第二次、第三次胶，固化后涂膜厚度为1.5～2mm。

【包装及贮运】 塑料桶包装，分别为25kg、50kg。本产品按照普通物运输。贮存温度不超过50℃，最低不低于0℃，保质期为6个月。

【生产单位】 江苏黑松林黏合厂有限公司。

Fc014 水基型彩印覆膜胶

【英文名】 colour printing laminating film adhesive

【产品技术性能】 外观：乳白色黏稠液体；固体含量：50%；黏度（25℃）：≥4500mPa·s；pH值：5～6。

【特点及用途】 本品为绿色环保胶黏剂，初黏性好，胶体透明，无毒、无味，耐温性好。粘接各种彩色印刷的胶版纸、铜版纸、书版纸以及纸袋、牛皮纸等其它难粘接材料。

【施工工艺】 1. 胶液配制，可用适量水进行稀释，调节一定黏度后，即可在湿式复合机上使用；2. 复合工艺（本胶用于彩纸与BOPP膜复合时）：复合温度，常温下操作；复合车速，在5～25m/min之间调节；复合压力，一般要求在1.6MPa以上，在不影响产品质量的前提下，可适当提高。

【包装及贮运】 本产品属于非燃品，按照非危险品运输。贮存于5℃以上，保质期为12个月。

【生产单位】 江苏黑松林黏合厂有限公司。

Fc015 纸餐盒用乳液 HGR-399

【英文名】 emulsion HGR-399 for paper dining box

【产品技术性能】 外观：白色乳液；pH值：5～8；黏度：50～300mPa•s。

【特点及用途】 HGR-399乳液与植物纤维混合后，在成型中能将纤维牢固地粘接在一起，并使纤维流动性好，分布均匀，成型性能优良；有良好的脱模性，特别适用于自动化生产线；无毒、无味，可在自然界中降解，符合环保要求。HGR-399是一种植物纤维（玉米秸秆、稻草秆、芦苇秆、棉花秆、甘蔗渣等）成型用乳液，它可用于一次性植物纤维餐具，如植物纤维碗、餐盒等材料。

【施工工艺】 HGR-399乳液可直接加入植物纤维（粉碎至一定细度），加入量根据纤维种类有所变化，若涂布过程中黏度太大可用水稀释。

【包装及贮运】 保存期为2个月。贮存时应放于干燥、通风良好的库房中，贮存温度为5～25℃。使用前先搅拌再上机使用。

【生产单位】 北京市化学工业研究院。

Fc016 纸餐盒用乳液 HGR-498

【英文名】 emulsion HGR-498 for paper dining box

【产品技术性能】 外观：白色乳液；pH值：5～8；黏度：(300±100) mPa•s。

【特点及用途】 HGR-498乳液涂于纸制品表面，干燥后可耐热油、耐热水、耐酸、耐冷水。HGR-498乳液无毒、无味，可在自然界中降解，符合环保要求。HGR-498乳液干燥后光泽低，形成的膜柔和、自然，易被消费者接受。HGR-498乳液是一种纸制品用乳液，它可用于一次性纸餐盒、纸杯、方便面碗等材料。

【施工工艺】 HGR-399乳液可直接用于纸板涂布，涂布量为30g/m²左右，烘干温度可在100～150℃，最好为120～130℃，不要超过150℃；若涂布过程中黏度太大可用水稀释；涂布完停机时用水冲洗即可，用热水擦拭更佳。

【包装及贮运】 保存期为2个月。贮存时应放于干燥、通风良好的库房中，贮存温度为5～25℃。使用前先搅拌再上机使用。用完将桶盖拧紧，防止灰尘进入桶内。

【生产单位】 北京市化学工业研究院。

G 热熔胶

热熔胶是以热塑性树脂或弹性体为基料，添加增黏剂、增塑剂、抗氧化剂、阻燃剂及填料，经熔融混合而成的无溶剂的固体胶黏剂，通过加热熔化后涂布施胶，冷却后凝固形成固化粘接。它具有粘接迅速、应用面广、无毒、无污染的优点。热熔胶已经在诸多领域得到快速发展，尤其是在印刷、包装等行业已用热熔胶取代钉装和线装，并在建筑、飞机、汽车内装饰、服装及卫生制品等领域也获得了广泛的应用。

根据所用基体树脂的不同，热熔胶包括乙烯乙酸乙烯共聚物(EVA)、聚烯烃、嵌段共聚物（如 SIS、ESIS)、聚酰胺类（PA)、聚酯(PET）和反应型聚氨酯（PUR）等。PUR 热熔胶主要是由聚醚或聚酯多元醇与二异氰酸酯等反应，生成端异氰酸酯预聚体，然后加入不与 NCO 反应的热塑性树脂、增黏树脂、填料等助剂配制而成的。PUR 热熔胶既具有热熔胶无溶剂、初黏性高和定位快等特性，又具有反应性胶黏剂的耐水、耐温、耐蠕变等性能，可用于金属、玻璃、塑料、木材和织物等材料的粘接。PA 热熔胶分为尼龙型热熔胶和二聚酸型热熔胶，其中二聚酸与二元胺或多元胺缩合而成的二聚酸型热熔胶具有熔融范围窄、软化点高、柔韧性较好、无毒、耐油和耐化学性好、耐低温和对极性材料粘接强度好等特点。EVA 是乙烯与乙酸乙烯的共聚物，该胶具有制备方法简单、适用范围广、粘接迅速、较好的胶层韧性和价格低廉等特点。

上述热熔胶不能被环境降解或水解，且在环境中会长期滞留，成为社会的隐患和威胁。绿色环保、功能型热熔胶主要包括可生物降解热熔型胶黏剂、反应型热熔胶和压敏型热熔胶。可降解热熔胶主要以聚乳酸、聚己内酯、聚酯酰胺、聚羟基丁酸/戊酸酯等聚酯类聚合物和天然高分子化合物（如木质素、大豆蛋白、淀粉等）等作为基料，辅以适当的增黏剂、增塑剂和填料等。该胶生物降解是通过水解作用和氧化作用完成的，目前的主要缺点是使用稳定性差、粘接强度有待进一步提高。反应型热熔胶是在热塑性树脂分子中引入可反应的活性基团，用其合成的热熔胶，可通过活性基团反应使之交联固化，从而提高粘接强度及耐热性、耐溶剂等，常见的反应型热熔胶包括湿固化热熔胶（湿固化聚氨酯、有机硅改性热熔胶）和热固型热熔胶（环氧树脂反应型热熔胶）。压敏型热熔胶具有热熔及压敏的双重性能，在熔融状态下涂布，冷却后施加轻压即可快速黏合。水基型热熔胶是指其基体聚合物支链含有功能性羧基或羟基等亲水性官能团的热熔型胶黏剂。使用水基热熔胶时，先涂于被粘接材料的一面，干燥后与另一被粘接材料经加热压合即可，不需要专用热熔胶涂胶设备。

Ga EVA 热熔胶和橡胶型热熔胶

Ga001 书刊无线装订背胶 CHM-3208

【英文名】 spine hot-melt adhesive CHM-3208

【主要组成】 EVA、合成树脂、助剂等。

【产品技术性能】 外观：白色；密度(25℃)：1.02g/cm³；软化点：80℃（ASTM E 28)；黏度（160℃)：8000mPa·s(ASTM D 3238)；工作温度：150～175℃。

【特点及用途】 黏度适中，上机运行范围宽广，固化速率快，不容易粘刀，便于后续操作工艺，热稳定性能好，黏结范围广，美观大方。主要用于书刊无线装订用背胶。

【施工工艺】 适应滚涂上胶。注意事项：佩戴安全防护装备。

【毒性及防护】 本产品固化后为安全无毒物质，注意烧伤，若接触到熔融状态的热熔胶时，应迅速用冷水降温。

【包装及贮运】 包装：25kg/盒，保质期1年。贮存条件：室温、阴凉处贮存。本产品按照非危险品运输。

【生产单位】 富乐（中国）黏合剂有限公司。

Ga002 书刊无线装订边胶 CHM-7216

【英文名】 spine hot-melt adhesive CHM-7216

【主要组成】 EVA、合成树脂、蜡等。

【产品技术性能】 外观：黄色；密度(25℃)：0.98g/cm³；软化点：75℃（ASTM E 28)；黏度（160℃)：3500mPa·s(ASTM D 3238)；工作温度：150～175℃。

【特点及用途】 黏度适中，上机运行范围宽广，固化速率快，热粘力好，热稳定性能好，黏结范围广，美观大方。主要用于书刊无线装订用边胶。

【施工工艺】 适应滚涂上胶。注意事项：佩戴安全防护装备。

【毒性及防护】 本产品固化后为安全无毒物质，注意烧伤，若接触到熔融状态的热熔胶时，应迅速用冷水降温。

【包装及贮运】 包装：25kg/盒，保质期1年。贮存条件：室温、阴凉处贮存。本产品按照非危险品运输。

【生产单位】 富乐（中国）黏合剂有限公司。

Ga003 包装热熔胶 advantra PHC-9256

【英文名】 hot-melt adhesive advantra PHC-9256 for package

【主要组成】 聚合物 EVA、合成树脂、蜡等。

【产品技术性能】 外观：白色；密度(25℃)：0.98g/cm³；软化点：112℃（ASTM E 28)；黏度（160℃)：1300mPa·s(ASTM D 3238)；工作温度：150～175℃。

【特点及用途】 固化速率快，操作性能优异，热稳定性能好，宽广的耐候范围，尤其突出耐热表现，黏结范围广。主要用于纸箱、纸盒的封接。

【施工工艺】 适应喷涂、滚涂等多种形式的上机。注意事项：佩戴安全防护装备。

【毒性及防护】 本产品固化后为安全无毒物质，注意烧伤，若接触到熔融状态的热熔胶时，应迅速用冷水降温。

【包装及贮运】 包装：25kg/袋，保质期1年。贮存条件：室温、阴凉处贮存。本产品按照非危险品运输。

【生产单位】 富乐（中国）粘合剂有限公司。

Ga004 热熔胶膜 HM 系列

【英文名】 hot-melt adhesive film HM Series

【主要组成】 乙烯-乙酸乙烯共聚物、聚乙烯、尼隆等热塑性聚合物。

【产品技术性能】 HM-1 A、B：软化温度（160±5）℃；TC 布-TC 布 剥离强度 10～30N/50mm。HM-2 A、B：软化温度（125±5）℃；TC 布-TC 布 剥离强度 20N/50mm。HM-3 A：软化温度（100±5）℃；TC 布-TC 布 剥离强度 15N/50mm。公司技术标准：Q/TMS 7271—2014。

【特点及用途】 制成不同类型的热熔胶膜，不须施涂，夹置于被粘物间，加热熔融、便可以方便快速粘接。用于纺织材料、纤维隔热材料、泡沫塑料、皮革、木材等的粘接。

【施工工艺】 将热熔胶膜夹置于被粘物间，加温至该胶膜熔点温度的 20℃以上，经数秒（数十秒），冷后粘接完成。

【毒性及防护】 无毒、无味、无污染。

【包装及贮运】 包装：500m/卷，保质期1年。贮运条件：室温、阴凉处贮存。本产品按照非危险品运输。

【生产单位】 北京郁懋科技有限责任公司。

Ga005 热熔胶 RJ-2

【英文名】 hot-melt adhesive RJ-2

【主要组成】 乙烯-乙酸乙烯共聚树脂、增黏树脂、改性剂及助剂等。

【产品技术性能】 外观：淡黄色颗粒状；软化温度：（90±5）℃；黏度（180℃）：（10300 ± 300）mPa · s；剥离强度：120N/25mm。

【特点及用途】 本产品凝固速度适中，无毒、操作简便。主要用于电线电缆护套的粘接，还可粘接塑料、金属、木材等。

【施工工艺】 1. 被粘物表面擦干净；2. 将已熔融的胶液迅速涂上，然后指压片刻。

【包装及贮运】 本品 25kg 聚丙烯编织袋包装。贮存于阴凉干燥处，保质期 12 个月，按照非危险品运输。

【生产单位】 上海华谊（集团）公司—上海市合成树脂研究所。

Ga006 热熔胶 HMF

【英文名】 hot-melt adhesive HMF

【主要组成】 乙烯-乙酸乙烯共聚树脂、增黏树脂、防老剂等。

【产品技术性能】 外观：淡黄色、乳白色薄膜（厚度 0.05～1mm，宽度 500mm）；软化温度：≥93℃；剥离强度：50N/25mm。

【特点及用途】 无溶剂、无毒。适合大面积粘接，适用于地毯、箱包、纺织品贴花、汽车内装潢及纸质过滤器。

【施工工艺】 1. 将胶膜转移至一被粘物，温度为 80℃；2. 两被粘物复合，烫压温度为 120～150℃。

【包装及贮运】 本品 30kg 成卷编织袋包装。贮存于阴凉干燥处，保质期 12 个月，按照非危险品运输。

【生产单位】 上海华谊（集团）公司—上海市合成树脂研究所。

Ga007 热熔胶 J-38

【英文名】 hot-melt adhesive J-38

【主要组成】 乙烯-乙酸乙烯共聚树脂、

增黏树脂、防老剂、抗氧剂等。

【产品技术性能】 粘接疏水带，耐水压：0.6MPa（编织袋破坏）；常温剪切强度：3.0MPa（编织袋破坏）；T型剥离强度：100～200N/2.5cm；粘接的编织袋装25kg沙子，从9m高自由落下，胶缝不开裂。

【特点及用途】 1. 使用温度为－40℃～室温；2. 具有优异的耐水性，良好的柔韧性，橡胶般的弹性，黏结工艺简单，无毒，可长期使用；3. 已用于黏结聚丙烯编织覆膜输水带，黏结纸张、木材、玻璃纤维、塑料、橡胶、皮革及金属等。

【施工工艺】 被粘物表面不需要处理，将胶加热于160～170℃熔融涂胶合拢，冷却至常温就可粘固。

【包装及贮运】 粒状或块状袋装。贮存于阴凉干燥处，室温长期存放不变质，按照非危险品运输。

【生产单位】 黑龙江省科学院石油化学研究院。

Ga008 石油管道热熔胶 J-103

【英文名】 hot-melt adhesive J-103 for oil pipe

【主要组成】 EVA210、乙烯共聚物、SBS、增黏树脂等。

【产品技术性能】 T型剥离强度（PE-PE）：80 N/cm；180°剥离强度（PE-PE）：86.6 N/cm；剪切强度（PE-PE）：1.7MPa；体积电阻率：$2.1\times10^{15}\Omega\cdot cm$；介电强度：20 kV/mm；软化温度：85℃；熔融黏度（190℃）：32500mPa·s；凝固速度：8～10s；吸水性：0.19%。

【特点及用途】 显著提高对PE、PP等非极性材料的粘接强度，可在－30℃下长期使用。应用于辐射交联聚乙烯热缩基片缠绕石油管道口。

【施工工艺】 热熔工艺（熔融温度范围为23℃，峰值温度为97℃）。

【包装及贮运】 贮存于阴凉干燥处，室温长期存放不变质，按照非危险品运输。

【生产单位】 黑龙江省科学院石油化学研究院。

Ga009 书籍装订热熔胶

【英文名】 hot-melt adhesive for book-binding

【主要组成】 EVA树脂、增黏树脂、防老剂、抗氧剂等。

【产品技术性能】

型号	YD-2AB	YD-3AB	YD-1AC/2AC	YD-3AC
外观	乳白色颗粒	白色颗粒	浅黄色或乳白色颗粒	浅黄色颗粒
熔融黏度(150℃)/mPa·s	7500±500	8500±500	2200±500	8000±500
软化温度/℃	≥82	≥82	≥68	≥70
180°剥离强度/(N/25mm)	≥40	≥50	≥35	≥50

【特点及用途】 无毒，无溶剂污染，固化快，粘接强度高，装订速度快。用于书籍、笔记本等的无线装订。

【施工工艺】 将胶加热到110～170℃熔化成液体，在热涂胶后粘接，冷却即具有牢固的粘接强度。

【包装及贮运】 25kg编织袋包装。贮存于阴凉干燥处，室温长期存放不变质，按照非危险品运输。

【生产单位】 浙江亿达胶黏剂有限公司。

Ga010 热熔胶 EVA

【英文名】 hot-melt adhesive EVA

【主要组成】 EVA树脂、增黏树脂、防老剂、抗氧剂等。

【产品技术性能】

型号	YD-1E	YD-2K	YD-2S	YD-2W	YD-3T
外观	浅黄色颗粒	乳白色颗粒	浅黄色颗粒	浅黄色颗粒	黄色块状
熔融黏度(180℃)/mPa·s	4000±500	4800±500	6750±500	7000±500	23000±1000
软化温度/℃	106±2	108±2	102±2	99±2	88±2
180°剥离强度/(N/25mm)	≥30	≥50	≥90	≥40	≥60

【特点及用途】 无毒，无溶剂污染，固化快，粘接强度高。YD-1E用于纸箱封装；YD-2K用于空气净化器；YD-2S用于药瓶铝箔封口；YD-2W用于扬声器、音响等；YD-3T用于鞋用黏合衬。

【包装及贮运】 25kg编织袋包装。贮存于阴凉干燥处，室温长期存放不变质，按照非危险品运输。

【生产单位】 浙江亿达胶黏剂有限公司。

Ga011 书籍装订热熔胶系列

【英文名】 hot-melt adhesive for book-binding

【主要组成】 乙烯和乙酸乙烯共聚物、增黏树脂、防老剂、抗氧剂等。

【产品技术性能】

型号	KG-6底胶	C-21边胶	KG-8底胶	C-22边胶	Z-17底胶
外观	白色或微黄色片状	白色或微黄色片状	白色或微黄色片状	白色或微黄色片状	白色或微黄色片状
熔融黏度(160℃)/mPa·s	5500±500	3000±200	6200±500	3000±500	3000±200
软化温度/℃	82±2	78±2	85±2	80±2	78±2
开放时间/s	7～15	7～15	6～8	9～11	10～20
固化时间/s	3～5	3～15	2～3	3～5	5～8
操作温度/℃	50～170	130～140	160～180	100～120	150～170

【特点及用途】 KG-6底胶用于60g以下胶版纸张的书籍装订底胶。C-21边胶用于一般纸张书籍的封面边胶。KG-8底胶用于70g以上双胶纸或铜版纸张书籍的装订底胶。C-22边胶用于铜版类书本的封面边胶。Z-17底胶用于中等速度机器的书本装订。具有优良的粘接力、耐候性、耐冲击性及贮存稳定性。

【包装及贮运】 贮存于阴凉干燥处，室温长期存放不变质，按照非危险品运输。

【生产单位】 无锡市万力黏合材料有限公司。

Ga012 偏转线圈定位用热熔胶

【英文名】 hot-melt adhesives for fixing deflecting yoke

【主要组成】 乙烯-乙酸乙烯共聚树脂、增黏树脂、助剂等。

【产品技术性能】

型号	EVA-3(B)	EVA-4	EVA-6
外观	黄色的小块、圆棒	白色的小块、圆棒	黄色的小块
软化点(环球法)/℃	≥80	≥95	≥102
熔融黏度(180℃)/Pa·s	4±0.5	4±0.5	4±0.5
表面电阻率/Ω	$>1\times10^{16}$	$>1\times10^{16}$	$>1\times10^{16}$
介电强度/(kV/mm)	>15	>15	>15
酸值	≤4	≤4	≤4

【特点及用途】 使用温度范围为－20～80℃。表面电阻率大，介电强度高。专用于电器中偏转线圈的定位。EVA-6型也可用于电热毯的生产中。

【施工工艺】 胶料在180℃熔融成胶液，热涂于线圈定位处，冷却后定位牢固；也可用热熔枪涂胶定位。

【包装及贮运】 20～30kg编织袋包装。贮存于阴凉干燥处，贮存期12个月。本品属于非危险品。

【生产单位】 上海印刷技术研究所。

Ga013 扬声器专用热熔胶

【英文名】 hot-melt adhesives for loud speaker

【主要组成】 乙烯-乙酸乙烯共聚树脂、增黏树脂等。

【产品技术性能】

型号	EVA-1	EVA-3(C)	EVA-11
外观	黑色长方条	黑色 Φ11 圆棒	无色透明 Φ6.5 小粒或 Φ11 圆棒
软化点(环球法)/℃	≥80	≥80	≥80
熔融黏度/Pa·s	1.2±0.5(160℃)	5.5±0.5(180℃)	2.5±0.5(180℃)
介电强度/(kV/mm)	18	18	18

【特点及用途】 使用温度范围为－20～50℃。黏结速度快，介电强度高，供扬声器黏结，EVA-11也可用于非极性难粘材料的黏结。

【施工工艺】 将胶加热到160～180℃熔化成液体，趁热涂胶后黏结，稍冷却后即牢固地黏结；也可用热熔枪等涂胶。

【包装及贮运】 20kg塑料包装袋装。贮存于阴凉干燥处，贮存期12个月，本品属于非危险品。

【生产单位】 上海印刷技术研究所。

Ga014 电冰箱密封用热熔胶

【英文名】 hot-melt adhesives for sealing refrigerator

【主要组成】 乙烯-乙酸乙烯共聚树脂、增黏树脂、助剂等。加入发泡剂可形成发泡的热熔胶。

【产品技术性能】

型号	EVA -7	EVA-8	发泡热熔胶
外观	淡黄色或黄色块状	淡黄色或黄色块状	白色块状
杂质	任意取样50块，明显杂质少于2块		
软化点(环球法)/℃	75	76±3	83±5
熔融黏度/Pa·s	3.3±0.5(135℃)	2.7±0.3(160℃)	11±1(180℃)

【特点及用途】 使用温度范围为－30～50℃。无毒，黏结密封快速。主要用于电冰箱中密封。

【施工工艺】 将胶块在熔融温度以上加热熔化均匀，取熔化后的胶液热涂密封，冷却即成。

【包装及贮运】 30kg塑料包装袋装。贮存于阴凉干燥处，贮存期12个月，本品属于非危险品。

【生产单位】 上海印刷技术研究所。

Gb 聚酯、聚酰胺和聚氨酯热熔胶

Gb001 反应型聚氨酯热熔胶 WD8665

【英文名】 reactive polyurethane hot-melt adhesive WD8665

【主要组成】 聚酯多元醇、聚醚多元醇、异氰酸酯。

【产品技术性能】 外观：白色固体（常温），透明液体（120℃）；常温剪切强度(ABS-ABS)：＞8MPa (GB/T 7124—2008)；常温剪切强度（铝片-铝片）：＞4MPa (GB/T 7124—2008)。

【特点及用途】 使用方便，粘接强度高，抗湿热老化性能优异。用于手机外壳、平板电脑等电子产品组装时粘接。

【施工工艺】 该胶是单组分胶，于110～120℃专用点胶机点胶。注意事项：黏度会随着加温时间的延长而增大。

【毒性及防护】 本产品固化前为固态胶，加热后为液态胶水，固化后为安全无毒物质。

【包装及贮运】 包装：30mL/只，保质期6月。贮存条件：室温、阴凉处贮存。本产品按照非危险品运输。

【生产单位】 上海康达化工新材料股份有限公司。

Gb002 聚氨酯热熔胶 PUR-3061

【英文名】 hot-melt adhesive PUR-3061

【主要组成】 聚氨酯弹性体、助剂等。

【产品技术性能】 常温外观：白色固体；开发时间（3mm 厚，20℃）：60～90s；密度：1.12g/cm^3；施胶温度：＜125℃；使用温度：－40～80℃（固化后）；粘接强度：2.4MPa（铝-铝）、3.4MPa（ABS-ABS)、2.5MPa（三合板-三合板）。

【特点及用途】 反应型单组分湿固化热熔胶，借助于空气中存在的湿气和被粘体表面附着的湿气与之反应，扩链，生成具有高聚力的高分子聚合物，使黏合力、耐热性、耐低温性等显著提高。用于洗衣机顶盖板、消毒柜顶盖板、书籍装订、汽车车灯、制鞋等的粘接。

【毒性及防护】 本产品固化前为固态胶，加热后为液态胶水，固化后为安全无毒物质。

【生产单位】 无锡万力黏合材料厂有限公司。

Gb003 低黏度织物复合用聚氨酯热熔胶

【别名】 SikaMelt®-9603

【英文名】 reactive polyurethane hot-melt adhesive for fabric

【主要组成】 聚氨酯树脂、助剂等。

【产品技术性能】 外观：透明；密度：1.2kg/L。固化后的产品性能如下。黏度(90℃)：约 7000mPa·s；固化时间：约 8h (CQP 558-1)；初始强度：＜0.01N/mm^2 (CQP 557-1)；工作温度：70～140℃。

【特点及用途】 多功能反应型弹性聚氨酯热熔胶，高最终强度、高韧性；优异的粘接性，优异的耐洗涤及耐清洗性；粘接范围广；分离间隙为 0.1～0.2 mm。可适用于极性聚合物的永久黏结，如 ABS、PC、SMC 和 PVC、木材、泡棉、织物、喷漆钢板。非极性聚合物如 PP 和 PE 在特殊的表面处理后也可以粘接。

【施工工艺】 可通过加热的活塞式硬管装热熔胶枪或合适的热熔设备施工，可施工成薄膜状、点状、条状或喷涂施工，胶黏剂的分离间隙为 0.1～0.2mm。如自动化施工，需要合适的过滤系统。注意事项：应该避免几个小时的停顿周期或者隔夜，特别是温度高于 120℃时。在较长时间中断操作的情况下，设备温度应该低于 100℃。为了避免胶嘴堵塞，请使用干燥油对胶嘴进行清洗。

【毒性及防护】 对于有关使用安全、贮存及化学品处理的信息及建议，用户应参照最新的安全数据表，其包括了物理的、生态的、毒理学的及其它与安全相关的数据。

【包装及贮运】 包装：小桶 20kg，大桶 200kg，保质期 9 个月。贮存条件：室温、阴凉处贮存。本产品按照非危险品运输。

【生产单位】 西卡（中国）有限公司。

Gb004 低黏度织物复合用反应型聚氨酯热熔胶

【别名】 SikaMelt®-9680 LV

【英文名】 reactive polyurethane hot-melt adhesive for fabric

【主要组成】 聚氨酯弹性体、助剂等。

【产品技术性能】 外观：透明；密度：1.2kg/m³。固化后的产品性能如下。黏度（130℃）：约 2000mPa·s；初始强度：约 0.01N/mm²（CQP 557-1）；拉伸强度：约 15N/mm²（CQP 036-3）；断裂延伸率：约 800%（CQP 036-3）；工作温度：90～140℃。

【特点及用途】 多功能反应型弹性聚氨酯热熔胶，高最终强度、高韧性；优异的粘接性；优异的耐洗涤及耐清洗性；粘接范围广；分离间隙为 0.1～1mm。可用于极性聚合物的永久黏结，如 ABS、PC、SMC 和 PVC、木材、泡棉、织物、喷漆钢板。非极性聚合物如 PP 和 PE 在特殊的表面处理后也可以粘接。

【施工工艺】 可通过加热的活塞式硬管装热熔胶枪或合适的热熔设备施工，可施工成薄膜状、点状、条状或喷涂施工，胶黏剂的分离间隙为 0.1～1mm。如自动化施工，需要合适的过滤系统。注意事项：应该避免几个小时的停顿周期或者隔夜，特别是温度高于 120℃时。在较长时间中断操作的情况下，设备温度应该低于 100℃。为了避免胶嘴堵塞，请使用干燥油对胶嘴进行清洗。

【毒性及防护】 对于有关使用安全、贮存及化学品处理的信息及建议，用户应参照最新的安全数据表，其包括了物理的、生态的、毒理学的及其它与安全相关的数据。

【包装及贮运】 包装：硬管装 300g，袋装 2.5kg，小桶 20kg，大桶 195L。保质期 9 个月。

【生产单位】 西卡（中国）有限公司。

Gb005 自熄型热熔胶 3M™ Scotch-Weld™ 3748V0

【英文名】 self-extinguishing hot melt adhesive 3M™ Scotch-Weld™ 3748V0

【主要组成】 多元醇、异氰酸酯、助剂等。

【产品技术性能】 外观：淡黄色；密度：1.09g/cm³；球形软化点：152℃；阻燃性能：UL 94 V-0；剪切强度：1.7MPa（PP-PP），1.48MPa（FR4-FR4）；标注测试标准：以上数据测试参照 3M TM C 3096。

【特点及用途】 优秀的粘接强度，良好的电性能，不腐蚀铜导线，阻燃。可用于印刷电路板的电子领域，以及在涉及低表面能材料的快速粘接和其它需要自熄型的场合。

【施工工艺】 该胶配合 3M™ Polygun™ TC or TCQ Applicator，3M™ Polygun™ EC-Temperature Module＃4，3M™ Polygun™ II Applicator 使用，操作非常方便。

【毒性及防护】 本产品固化后为安全无毒物质，注意操作时防止高温烫伤。

【包装及贮运】 包装：5kg/箱，保质期12个月。贮存条件：贮存于49℃以下的的阴凉干燥处。本产品按照非危险品运输。

【生产单位】 3M中国有限公司。

Gb006 木工聚氨酯热熔胶 HL9648F

【英文名】 polyurethane hot-melt adhesive HL9648F for woodworking

【主要组成】 聚酯多元醇、聚合物、异氰酸酯等。

【产品技术性能】 外观：白色；密度（25℃）：1.02g/cm³；黏度（121℃）：20000mPa·s（ASTM D 3238）；开放时间：30s；工作温度：120～140℃。

【特点及用途】 单组分，反应型热熔胶。初粘力高，开放时间短，热稳定性以及耐化学腐蚀性能好，适用于不同木材、PVC以及塑料之间的黏结，主要用于封边。

【施工工艺】 适应封边机上胶。

【毒性及防护】 本产品固化后为安全无毒物质，注意烧伤，若接触到熔融状态的热熔胶时，应迅速用冷水降温。

【包装及贮运】 包装：16kg/桶，保质期1年。贮存条件：室温、阴凉处贮存。本产品按照非危险品运输。

【生产单位】 富乐（中国）黏合剂有限公司。

Gb007 木工聚氨酯热熔胶 HL9672LT

【英文名】 polyurethane hot-melt adhesive HL9672LT for woodworking

【主要组成】 聚酯多元醇、合成树脂、聚合物、异氰酸酯等。

【产品技术性能】 外观：黄色；密度（25℃）：1.02g/cm³；黏度（150℃）：15000mPa·s(ASTM D 3238)；开放时间：10min；工作温度：145～165℃。

【特点及用途】 单组分，反应型热熔胶。初粘力高，热稳定性以及耐化学腐蚀性能好，适用于不同木材、金属以及塑料之间的黏结。主要用于纸蜂窝的贴合以及平贴。

【施工工艺】 适应喷涂、滚涂等多种形式的上机。

【毒性及防护】 本产品固化后为安全无毒物质，注意烧伤，若接触到熔融状态的热熔胶时，应迅速用冷水降温。

【包装及贮运】 包装：16kg/桶，保质期1年。贮存条件：室温、阴凉处贮存。本产品按照非危险品运输。

【生产单位】 富乐（中国）黏合剂有限公司。

Gb008 木工聚氨酯热熔胶 Rapidex NP2075T

【英文名】 polyurethane hot-melt adhesive Rapidex NP2075T for woodworking

【主要组成】 聚酯多元醇、合成树脂、聚合物、异氰酸酯等。

【产品技术性能】 外观：黄色；密度（25℃）：1.02g/cm³；黏度（177℃）：6500mPa·s（ASTM D 3238）；开放时间：2～3min；工作温度：145～165℃。

【特点及用途】 单组分，反应型热熔胶。初粘力高，热稳定性以及耐化学腐蚀性能好，适用于不同木材、金属以及塑料之间的黏结。主要用于木地板的粘接。

【施工工艺】 适应滚涂形式的上机。

【毒性及防护】 本产品固化后为安全无毒物质，注意烧伤，若接触到熔融状态的热熔胶时，应迅速用冷水降温。

【包装及贮运】 包装：16kg/桶，保质期1年。贮存条件：室温、阴凉处贮存。本产品按照非危险品运输。

【生产单位】 富乐（中国）黏合剂有限公司。

Gb009 纺织聚氨酯热熔胶 TL5201

【英文名】 polyurethane hot-melt adhesive TL5201 for textile

【主要组成】 聚酯多元醇、合成树脂、异氰酸酯等。

【产品技术性能】 外观：透明；密度（25℃）：1.12g/cm^3；黏度（100℃）：6400mPa•s（ASTM D 3238）；开放时间：>5min；工作温度：85～100℃。

【特点及用途】 单组分，反应型热熔胶；初粘力较好，固化后手感柔软，黏结强度高。可以用于纺织复合。

【施工工艺】 喷涂，辊涂，印涂，注入法。

【毒性及防护】 本产品固化后为安全无毒物质，注意防止烧伤，若接触到熔融状态的热熔胶时，应迅速用冷水降温。

【包装及贮运】 包装：16kg/桶，保质期1年。贮存条件：室温、阴凉处贮存。本产品按照非危险品运输。

【生产单位】 富乐（中国）黏合剂有限公司。

Gb010 纺织聚氨酯热熔胶 TL5404D

【英文名】 polyurethane hot-melt adhesive TL5404D for textile

【主要组成】 聚醚多元醇、合成树脂、聚合物、异氰酸酯等。

【产品技术性能】 外观：米白色；密度（25℃）：1.12g/cm^3；黏度（80℃）：7000mPa•s（ASTM D 3238）；开放时间：>5min；工作温度：75～95℃。

【特点及用途】 单组分，反应型热熔胶。初粘力较好，固化后手感柔软。可用于纺织复合。

【施工工艺】 喷涂，辊涂，印涂，注入法。

【毒性及防护】 本产品固化后为安全无毒物质，注意防止烧伤，若接触到熔融状态的热熔胶时，应迅速用冷水降温。

【包装及贮运】 包装：16kg/桶，保质期1年。贮存条件：室温、阴凉处贮存。本产品按照非危险品运输。

【生产单位】 富乐（中国）黏合剂有限公司。

Gb011 聚氨酯反应性热熔胶 PUR01

【英文名】 reactive polyurethane hot melt adhesive PUR04

【主要组成】 聚氨酯弹性体、助剂等。

【产品技术性能】 外观：黑色蜡状固体；密度：1.1～1.2g/cm^3；黏度（110℃）：4000mPa•s；硬度：45 Shore D。

【特点及用途】 单组分湿固化胶，耐湿热性、耐水性、耐油性，对各种材质和界面有良好的粘接性，良好的可靠性能。适用于手机、平板的屏幕与边框的粘接。

【施工工艺】 通过设备加热胶水，在产品边框点胶，2min 内粘贴屏幕，压合一定时间后静置，3～5d 可完全固化。注意事项：需保压一段时间。

【毒性及防护】 本产品固化后为安全无毒物质，但混合前两组分应尽量避免与皮肤和眼睛接触，若不慎接触眼睛，应迅速用清水清洗。

【包装及贮运】 包装：30mL/支，保质期6个月。贮存条件：在5～25℃的阴凉干燥处密封贮存。

【生产单位】 烟台德邦科技有限公司。

Gb012 反应型聚氨酯热熔胶 WANNATE® 6085

【英文名】 reactive hot melt adhesive

WANNATE®6085

【主要组成】 异氰酸酯、多元醇、助剂等。

【产品技术性能】

项目	指标	执行标准号
外观(25℃)	白色固体或胶体	目测
黏度(90℃)	7000～10000mPa·s	JY/T 014—1996

【特点及用途】 无溶剂，环保，操作简单，使用方便，复合织物防水透气，手感好。适用于三级防水面料对TPU、PU、PE、PTFE、PET膜等织物的复合以及泡棉贴合。

【施工工艺】 1. 复合设备：可适用于无溶剂织物复合机；2. 工作温度：要求涂布辊温度在90～130℃；3. 涂布量：涂布量为10～20g/m²，在胶水涂布前，胶水应在90～130℃的温度下提前预热0.5～1h；4. 固化：25℃和50%相对湿度条件下，经过48h可以完全固化；固化速率与基材的厚度、透气性以及温度湿度条件直接相关。注意事项：温度低于25℃、相对湿度小于50%，固化速率变慢，需要加湿保温。

【毒性及防护】 WANNATE®6085在呼吸吸入和皮肤吸收方面的毒性较低；低的挥发性，使之在通常条件下短时间暴露接触（如少量泄漏、撒落）所产生的毒害性很少。一旦溅到皮肤上或眼内，应立即用清水冲洗，皮肤用肥皂水洗净。误服，请立即就医对症处理。

【包装及贮运】 WANNATE ®6085 200kg/桶和20kg/桶2种包装规格，保质期6个月。贮存条件：本品应于室温密闭贮存于阴凉干燥处，本产品在贮存和运输过程中不属于易燃液体、爆炸品、腐蚀品、氧化品、毒害品和放射危险品，不属于危险品。

【生产单位】 万华化学（北京）有限公司。

Gb013 反应型聚氨酯热熔胶 WANNATE® 6086

【英文名】 reactive hot melt adhesive WANNATE®6086

【主要组成】 异氰酸酯、多元醇、助剂等。

【产品技术性能】

项目	指标	执行标准号
外观(25℃)	白色或浅黄色胶体	目测
黏度(90℃)	5000～8000mPa·s	JY/T 014—1996

【特点及用途】 无溶剂，环保，操作简单，使用方便，复合织物防水透气，手感好。适用于五级防水面料对TPU、PU、PE、PTFE、PET膜等织物的复合以及泡棉贴合。

【施工工艺】 1. 复合设备：可适用于无溶剂织物复合机；2. 工作温度：要求涂布辊温度在90～130℃；3. 涂布量：涂布量为10～20g/m²，在胶水涂布前，胶水应在90～130℃的温度下提前预热0.5～1h；4. 固化：25℃和50%相对湿度条件下，经过48h可以完全固化；固化速率与基材的厚度、透气性以及温度湿度条件直接相关。注意事项：温度低于25℃、相对湿度小于50%，固化速率变慢，需要加湿保温。

【毒性及防护】 WANNATE®6086在呼吸吸入和皮肤吸收方面的毒性较低；低的挥发性，使之在通常条件下短时间暴露接触（如少量泄漏、撒落）所产生的毒害性很少。一旦溅到皮肤上或眼内，应立即用清水冲洗，皮肤用肥皂水洗净。误服，请立即就医对症处理。

【包装及贮运】 WANNATE ®6086 200kg/桶和20kg/桶2种包装规格，保质期6个月。贮存条件：本品应于室温密闭贮存于阴凉干燥处，本产品在贮存和运输过程中不属于易燃液体、爆炸品、腐蚀品、氧化品、毒害品和放射危险品，不属于危险品。

【生产单位】 万华化学（北京）有限公司。

Gb014 反应型聚氨酯热熔胶 WANNATE® 6087

【英文名】 reactive hot melt adhesive WANNATE®6087

【主要组成】 异氰酸酯、多元醇、助剂等。

【产品技术性能】

项目	指标	执行标准号
外观(25℃)	白色固体	目测
黏度(90℃)	14000～20000mPa·s	JY/T 014—1996

【特点及用途】 无溶剂，环保，操作简单，使用方便，复合织物防水透气，手感好。适用于高端面料对面料及泡棉的贴合。

【施工工艺】 1. 复合设备：可适用于任何无溶剂织物复合机；2. 工作温度：要求涂布辊温度在 90～130℃；3. 涂布量：涂布量为 10～20g/m²，在胶水涂布前，胶水应在 90～130℃的温度下提前预热 0.5～1h；4. 固化：25℃和 50%相对湿度条件下，经过 48h 可以完全固化；固化速率与基材的厚度、透气性以及温度湿度条件直接相关。注意事项：温度低于 25℃、相对湿度小于 50%，固化速率变慢，需要加湿保温。

【毒性及防护】 WANNATE®6087 在呼吸吸入和皮肤吸收方面的毒性较低；低的挥发性，使之在通常条件下短时间暴露接触（如少量泄漏、撒落）所产生的毒害性很少。一旦溅到皮肤上或眼内，应立即用清水冲洗，皮肤用肥皂水洗净。误服，请立即就医对症处理。

【包装及贮运】 WANNATE ®6087 200kg/桶和 20kg/桶 2 种包装规格，保质期 6 个月。贮存条件：本品应于室温密闭贮存于阴凉干燥处，本产品在贮存和运输过程中不属于易燃液体、爆炸品、腐蚀品、氧化品、毒害品和放射危险品，不属于危险品。

【生产单位】 万华化学（北京）有限公司。

Gb015 低压注塑热熔胶 HM101

【英文名】 low pressure molding adhesive HM101

【主要组成】 聚酰胺、助剂等。

【产品技术性能】 外观：黑色液体；密度：0.95～1.05g/cm³；黏度（200℃）：4000mPa·s；阻燃性：UL94-V0；软化点：165℃；拉伸强度：8MPa；断裂伸长率：600%～700%；硬度：40 Shore D。

【特点及用途】 单组分，流动性好，冷却速度快，良好的可靠性能。适用于手机电池的注塑封装。

【施工工艺】 通过机器向模具里面注塑胶水，5s 内冷却。注意事项：在空气中放置太久需要烘烤去除湿气。

【毒性及防护】 本产品固化后为安全无毒物质，但混合前两组分应尽量避免与皮肤和眼睛接触，若不慎接触眼睛，应迅速用清水清洗。

【包装及贮运】 包装：1kg/袋或者 20kg/袋，保质期 24 个月。贮存条件：在室温阴凉干燥处密封贮存。

【生产单位】 烟台德邦科技有限公司。

Gb016 内燃机空气滤清器胶黏剂

【英文名】 adhesive for air filter of diesel

【主要组成】 聚酰胺、助剂等。

【产品技术性能】

性能	LQB-170	LQB-120
外观	黄色颗粒	黄色颗粒
软化点/℃	165～175	115～125
黏度(200℃)/mPa·s	4000～6500	1800～2500
拉伸强度/MPa	≥16	≥7.5
断裂伸长率/%	≥400	≥360
吸水性/%	0.4	0.5
最适操作温度/℃	180～200	160～190

【特点及用途】 粘接速度快，使用方便且

无毒。用于空气滤清器制造时，粘接强度高，柔韧性和耐热性好。用于汽车灯内燃机纸质空气滤清器的制造。

【施工工艺】 将胶在热熔胶喷涂机熔槽中熔融后对粘接件进行喷涂，冷却中瞬间固化粘接成型。

【包装及贮运】 包装：20kg 编织袋（内衬塑料薄膜）包装，保质期 24 个月。贮存条件：在室温阴凉干燥处密封贮存。

【生产单位】 上海理日化工新材料有限公司。

Gb017 聚酯热熔胶 LR-PES-185

【英文名】 polyester hot-melt adhesive LR-PES-185

【主要组成】 对苯二甲酸、1,4-丁二醇等组成的共缩聚聚酯。

【产品技术性能】 外观：乳白色颗粒、粉末或条状（条状直径 3.9～4.1mm）；增比黏度：0.37～0.42；软化点：(185±5)℃。

【特点及用途】 适用于纤维织物、皮革、木材、金属、陶瓷、塑料等材料的粘接。固化速率快，合适条件下 3～5s 即可固化并完成粘接。不含溶剂，使用时无毒、无污染。可用于制鞋、包装、建材、铸造、电气及其它行业，特别是在高温条件下应用的相关产品。

【施工工艺】 将胶加热熔融后涂胶（采用热熔胶涂布机或喷涂机），冷却中瞬间固化粘接成型。

【包装及贮运】 包装：20kg 编织袋（内衬塑料薄膜）包装，保质期 24 个月。贮存条件：在室温阴凉干燥处密封贮存。

【生产单位】 上海理日化工新材料有限公司。

Gb018 聚酰胺热熔胶 LR-PA

【英文名】 polyester hot-melt adhesive LR-PA

【主要组成】 二聚酸型聚酰胺树脂、增黏剂和助剂等。

【产品技术性能】 外观：乳白色颗粒；熔融黏度（200℃）：2000～4000mPa·s、5000～7000mPa·s、8000～10000mPa·s；软化点：105～110℃、120～130℃、140～150℃、170～190℃；酸值：<10；胺值：<8。

【特点及用途】 适用于皮革、木材、织物、金属、塑料、纸制品等的粘接。对油性物也有较好的粘接力。熔融状态下具有很好的流动性，操作性能好。固化速率快，不含溶剂，使用时无毒、无污染。主要用于电缆热缩套管、汽车滤清器、彩电偏转线圈、制鞋、建材及其它适用行业有关产品的粘接。

【施工工艺】 将胶加热熔融后涂胶（采用热熔胶涂布机或喷涂机），冷却中瞬间固化粘接成型。

【包装及贮运】 包装：20kg 编织袋（内衬塑料薄膜）包装，保质期 24 个月。贮存条件：在室温阴凉干燥处密封贮存。

【生产单位】 上海理日化工新材料有限公司。

Gb019 聚酯热熔胶 LR-PES-130

【英文名】 polyester hot-melt adhesive LR-PES-130

【主要组成】 对苯二甲酸、1,4-丁二醇等组成的共缩聚聚酯。

【产品技术性能】 外观：乳白色颗粒、粉末或条状（条状直径 3.9～4.1mm）；增比黏度：0.41±0.05；软化点（环球法）：(130±5)℃。

【特点及用途】 适用于纤维织物、皮革、木材、金属、陶瓷、塑料等材料的粘接。固化速率快，适用于生产流水线的快速粘接，使用时无毒、无污染。可用于制鞋、包装、建材、铸造、电气及其它行业。本产品还有另外两种衍生型号，130（H）和 130（T）。前者适用于制造需要较高硬度的产品，后者适用于透明制品的粘接、加工。

【施工工艺】 将胶加热熔融后涂胶（采用热熔胶涂布机或喷涂机），冷却中瞬间固化粘接成型。

【包装及贮运】 包装：20kg 编织袋（内衬塑料薄膜）包装，保质期 24 个月。贮存条件：在室温阴凉干燥处密封贮存。

【生产单位】 上海理日化工新材料有限公司。

Gc 其他类型热熔胶

Gc001 中空玻璃用丁基热熔密封胶 MF910G

【英文名】 hot-melt adhesive MF910 G for insulating glass

【主要组成】 丁基橡胶、碳酸钙、炭黑等。

【产品技术性能】

项目	技术指标
颜色	黑、灰、白、透明均质胶泥状
密度/(g/cm³)	约 1.05
固含量/%	100
水蒸气透过率(2mm 厚)/[g/(m²·d)]	≤1.0
工作温度范围/℃	-20～80
耐温性	在 100～150℃的范围内连续 20h 不粉化、不变硬、不失粘、不分解，最高耐热温度为 180℃
符合标准	MF910G 符合下列标准： 1. 行业标准 JC/T 914 2. 国家标准 GB/T 11944

【特点及用途】 1. 单组分，无溶剂，不出雾，不硫化，具有永久塑性；2. 良好的黏结性能；3. 极低的水汽透过率；4. 不污染环境。用途：主要用于中空玻璃的生产，作为中空玻璃的第一道密封胶。

【施工工艺】 使用中空玻璃生产线专用热熔丁基挤出机涂敷，具体使用条件可通过调整温度和压力达到。挤出温度范围为 100～150℃，施工时环境温度要求不低于 10℃。注意事项：清洗、干燥粘接表面，除去灰尘、油污及脂类。

【毒性及防护】 本产品固化后为安全无毒物质，但固化前应尽量避免与皮肤和眼睛接触，若不慎接触眼睛，应迅速用清水清洗。

【包装及贮运】 纸桶包装：7kg/桶，6kg/桶，190kg/桶。贮存条件：在-10～30℃的阴凉、通风、干燥处可贮存 24 个月。本产品按照非危险品运输。

【生产单位】 郑州中原应用技术研究开发有限公司。

Gc002 热熔胶 CHM-1896ZP

【英文名】 hot-melt adhesive CHM-1896ZP

【主要组成】 聚合物、增黏树脂、矿物油、抗氧化剂等。

【产品技术性能】 外观：枕形，加德纳颜色 1# ～4# 布氏黏度（BF DV-Ⅱ 27#）：13000mPa·s(120℃)、4950mPa·s(140℃)、2320mPa·s(160℃)、1250mPa·s(180℃)；软化点（R&B）：约 83℃。

【特点及用途】 该产品具有优良的粘接性能，浅色低气味。可用作卫生巾、纸尿裤用结构胶。

【施工工艺】 建议使用温度：操作温度140～170℃，具体视客户设备而定。建议涂布方式：适用于热熔狭缝刮胶、多线条、螺旋喷系统等。注意事项：1. 不要和其它黏合剂混合使用；2. 热熔胶槽须盖紧，以防杂物掉入影响胶的性能；3. 由于热熔胶使用时须加热，需穿戴个人防护用品。

【毒性及防护】 危险类别：根据化学品分类及标记全球协调制度，此化学品不被列为危险物。呼吸系统防护：在操作本产品时，可能需要呼吸保护，以避免过度接触。如果无法使用一般性室内通风或者不足以消除症状，使用呼吸器。眼睛防护：在操作这个产品时，请佩戴护目镜。皮肤和身体防护：一般不要求。佩戴防化手套以防止长期或反复接触。当材料加热时，请佩戴隔热手套，以防止热灼伤。手防护：一般不要求。如果条件需要，请使用丁腈手套。其它防护：工作现场禁止吸烟、进食和饮水；工作前避免饮用酒精性饮料；工作后，淋浴更衣。

【包装及贮运】 包装：20kg/箱或根据客户需求。贮存条件：封闭保存，应低于40℃，避免阳光直射。贮存期为12个月。

【生产单位】 富乐（中国）粘合剂有限公司。

Gc003 贴标热熔胶 Clarity CHM-2488

【英文名】 hot-melt adhesive Clarity CHM-2488 for label

【主要组成】 弹性体、合成树脂、特种油等。

【产品技术性能】 外观：浅黄色；密度（25℃）：0.98g/cm^3；软化点：68℃（ASTM E 28)；黏度（130℃)：1600mPa·s（ASTM D 3238)；工作温度：130～150℃。

【特点及用途】 黏度低，上机运行速度快，操作性能优异，不拉丝甩胶，热稳定性能好，宽广的耐候范围，黏结范围广，胶膜颜色浅，美观大方。主要用于热熔贴标。

【施工工艺】 适应喷涂、滚涂等多种形式的上机。注意事项：佩戴安全防护装备。

【毒性及防护】 本产品固化后为安全无毒物质，注意烧伤，若接触到熔融状态的热熔胶时，应迅速用冷水降温。

【包装及贮运】 包装：25kg/盒，保质期1年。贮存条件：室温、阴凉处贮存。本产品按照非危险品运输。

【生产单位】 富乐（中国）粘合剂有限公司。

Gc004 长开放时间热熔胶 APAO

【别名】 SikaMelt®-9184

【英文名】 hot-melt adhesive APAO

【主要组成】 反应型聚烯烃热熔胶。

【产品技术性能】 外观：黄色；密度：0.88 kg/m^3。固化后的产品性能如下。黏度（130℃，Brookfield 黏度计)：约10000mPa·s；开放时间：约3min（CQP 559-1)；初始强度：约0.4N/mm^2（CQP 557-1)；工作温度：110～170℃。

【特点及用途】 多用途的长开放时间聚烯烃基反应型装配和层压热熔胶，其与空气中的湿气反应固化后形成不能被熔化的弹性体。对无表面处理的烯烃类材料有出色的粘接性；较高的最终强度，在较宽的温度范围内具有弹性；长开放时间；高初始强度；出色的耐老化和耐热性；可用于层压工艺；不含异氰酸酯。在聚丙烯、木材、织物、无纺布和泡棉等非极性聚合物基材上具有出色的粘接性。

【施工工艺】 可通过合适的热熔设备在容器外直接施工，可施工成薄膜状、点状、条状或喷洒施工。如自动化施工，需要合适的过滤系统。注意事项：为了选择和建立合适的泵系统，请与西卡工业部系统工程部门联系。

【毒性及防护】 对于有关使用安全、贮存及化学品处理的信息及建议，用户应参照最新的安全数据表，其包括了物理的、生态的、毒理学的及其它与安全相关的数据。

【包装及贮运】 包装：硬管装 250g，桶装 15kg。保质期：硬管装 4 个月，其它包装 6 个月。贮存条件：室温、阴凉处贮存。本产品按照非危险品运输。

【生产单位】 西卡（中国）有限公司。

Gc005 耐高温聚烯烃热熔胶 MAP-2/MAP-3/MAP-4

【英文名】 polyolefine hot-melt adhesive MAP-2/MAP-3/MAP-4

【主要组成】 以无规聚丙烯为胶料，添加增黏树脂、聚烯烃改性树脂、填充剂、稀释剂、抗氧剂、偶联剂等熔融混合均匀，冷却成型，切成产品。

【产品技术性能】

性能	MAP-2	MAP-3	MAP-4
软化点/℃	100	147	135
形状	片状	片状	片状
剥离强度(PE-PE)/(N/cm)	30	—	35
剪切强度(PE-PE)/MPa	材质破坏	2.5	1.5

【特点及用途】 粘接强度高，适应温度范围宽，有良好的耐热、耐酸碱、耐腐蚀性及热稳定性，粘接难粘材料，被粘表面不用任何特殊处理。用于石油、化工、电子、包装和日常生活的各个领域中聚烯烃塑料的自粘，防腐蚀输油管线钢管包覆聚乙烯的粘接，聚烯烃编织布、聚氨酯泡沫塑料、木材、纸张等的粘接。

【毒性及防护】 本产品固化后为安全无毒物质，非危险品。

【包装及贮运】 聚丙烯编织袋，内衬聚乙烯薄膜袋，包装：25kg/袋，保质期 24 个月。贮存条件：在室温阴凉干燥处密封贮存。

【生产单位】 山东省科学院新材料研究所。

Gc006 热固型环氧热熔胶 HDD-1

【英文名】 thermosetting epoxy hot melt adhesive HDD-1

【主要组成】 环氧树脂、增黏剂、潜伏性固化剂、助剂、溶剂等。

【产品技术性能】 外观：黄色；密度：1.2g/cm³。固化后的产品性能如下。剪切强度：15MPa；体积电阻率：$\leqslant 1\times 10^{14}\ \Omega\cdot cm$；工作温度：$-60\sim150$℃；标注测试标准：以上数据测试参照企标 Q/spd 01—1996。

【特点及用途】 单组分，使用方便，可涂刷、喷涂、丝网印刷等。粘接强度高，老化性能好。可以用于免漆木门贴皮等的热熔性粘接，金属或非金属的热熔粘接。

【施工工艺】 该胶是单组分胶。涂胶后让溶剂挥发干净，然后粘接并 120℃/1h 固化。

【毒性及防护】 本产品固化后为安全无毒物质，若不慎接触眼睛，应迅速用清水清洗。

【包装及贮运】 包装：1kg/套，保质期半年。贮存条件：室温、阴凉处贮存。本产品按照易燃危险品运输。

【生产单位】 天津市鼎秀科技开发有限公司。

Gc007 高性能铝塑复合热熔胶

【英文名】 hot-melt adhesive for aluminum-plastic lamination

【产品技术性能】

性能	WSJ-501	参考标准
密度	0.9～0.95g/cm³	GB/T 4472
维卡软化点	≥100℃	GB/T 1633
熔体指数(190℃)	0.4～1.2g/10min	GB/T 3682

续表

性能	WSJ-501	参考标准
剥离强度	≥2.8kN/m	GB/T 2791
拉伸强度	≥12MPa	GB/T 1040
断裂伸长率	≥420%	GB/T 1040
硬度	≥40Shore D	GB/T 2411

【特点及用途】 对基体材料聚乙烯、钢、铝等具有优异的粘接性能；具有良好的加工工艺性，流动性好，挤出涂层透明均匀；具有类似聚乙烯树脂的耐候性、耐化学性及力学性能；耐热性好，使用本胶生产铝塑复合管可适用于冷热水管；安全无毒，使用时无任何毒物产生及残留。

【施工工艺】 采用单螺杆挤出机热熔涂敷工艺。以直径30挤出机为例，建议挤出速率为15～50r/min，通过控制挤出机的转速控制胶层厚度，以确保胶层厚度在0.1～0.2mm。

【毒性及防护】 本产品固化后为安全无毒物质，应尽量避免与皮肤和眼睛接触，若不慎接触眼睛，应迅速用清水清洗。

【包装及贮运】 外包装为编织袋，内包装为塑料袋，每袋净重25kg。产品在运输过程中要避免日晒、雨淋、包装破损。产品贮存于干燥、清洁、通风的库房内。有效期为18个月。

【生产单位】 中国兵器工业集团第五三研究所。

Gc008 热熔胶 CH-1

【英文名】 hot-melt adhesive CH-1

【主要组成】 丁基橡胶、增黏剂、助剂等。

【产品技术性能】 外观：白色至淡黄色块状弹性固体；软化温度（环球法）：≥90℃；黏结不同材料的剪切强度：≥3MPa（不锈钢）、≥2MPa（聚乙烯）、≥4MPa（聚氯乙烯）；丁基橡胶黏结件的剥离强度：≥20N/cm。

【特点及用途】 1. 使用温度：常温；2. 快速黏结。主要用于黏结金属、木材、皮革、塑料、橡胶、塑料贴面、玻璃、陶瓷、水泥等材料。

【施工工艺】 将胶先在130～180℃下加热熔融，涂于被粘件表面，迅速搭接。稍加压，自然冷却5min左右即成。或者将胶制成胶片，裁成所需形状夹于待粘面之间，稍加压并加热至上述温度使熔融后，自然冷却即可。

【包装及贮运】 袋装。存放时远离热源，贮存于阴凉干燥处。本品属于非危险品。

【生产单位】 重庆长江橡胶制造有限公司。

Gc009 热熔胶棒 LM-J-5002

【英文名】 hot-melt adhesive bar LM-J-5002

【产品技术性能】 外观：土黄色胶棒；密度：1.85g/cm³；软化点（环球法）：105℃；熔融温度：120～140℃；固化速率：30s；剪切粘接强度（Al-Al）：8.34～9.32MPa；耐蚀性（耐 Syntillo No.2 切削液浸泡）：40d；清洗性：优良。

【特点及用途】 胶棒溶化后呈现黏稠浆状，无毒，无腐蚀，固化速率快，堆积性好。粘接件可用加热的方式拆开，并易用酒精、丙酮、煮沸碱水、磷酸三钠溶液、三乙醇胺水溶液等溶剂清洗干净。用于电子工业中单晶硅、铁氧体、陶瓷材料进行切削抛光等加工时的固定用胶，尤其适用于形状复杂、粘接面小的工件的加工固定。

【包装及贮运】 按照100mm×12mm×10mm的规格包装。贮存于阴凉处，避免受热变形。在40℃以下贮存，贮存期为1年。

【生产单位】 黎明化工研究设计院有限责任公司。

H 压敏胶

压敏胶（PSA）是一类无需借助于溶剂、热或其它手段，只需施加轻度压力，即可与被粘接物黏合的胶黏剂。其特点是粘之容易，揭之不难，在较长时间内胶层不会干固，所以PSA也称不干胶。由于压敏胶具有任意条件下的粘接性，一般压敏胶都制成胶带、胶贴、胶膜、胶片等压敏胶制品。压敏胶制品由压敏胶层、基材和隔离纸（膜）三部分组成。压敏胶制品的黏附特性分别为初粘力、粘接力、内聚力和粘基力。初粘力是指当PSA制品和被粘接物以很轻的压力接触后立即快速分离所表现出的抗分离力，主要与润湿能力有关。粘接力是指用适当的压力和时间进行黏合后，PSA制品和被粘接表面之间所表现出来的抵抗界面分离的能力。内聚力是指胶黏剂层本身的强度；粘基力是指胶黏剂与基材或者胶黏剂和底涂剂及底涂剂和基材之间的粘接力。作为一个好的PSA必须满足四大黏合力之间的平衡，即初粘力＜粘接力＜内聚力＜粘基力。粘接力大于初粘力时，如果发现粘接位置不合适时，可以再剥离和贴合；内聚力大于粘接力，揭除胶带会出现胶层破坏，导致胶黏剂污染被粘接物；粘接力大于内聚力，否则会产生胶层脱落基材的现象。

PSA种类繁多，按照PSA主体材料的成分将其分为橡胶系列和树脂系列两大类，进一步可以分为橡胶型PSA、热塑性弹性体PSA、丙烯酸酯PSA、有机硅PSA及聚氨酯PSA等，其中，丙烯酸酯PSA是目前品种最多、应用最广的一类。

天然橡胶和合成橡胶是组成橡胶型PSA的主体聚合物。它的主要作用是赋予PSA以必要的黏弹性、内聚强度以及耐介质等性能。如今使用较多的有天然橡胶（NR）、合成橡胶包括丁苯橡胶（SBR）、丁基橡胶（BR）以及聚异丁烯橡胶（PIB）等以及它们的再生橡胶等几个主要品种，但由于分子链上含有大量不饱和键而易老化。热塑性弹性体类PSA

是由热塑性聚合物、增黏树脂、增塑剂、抗氧剂以及填料等组成的。其中，最主要的成分就是热塑性弹性体，主要有苯乙烯-异戊二烯-苯乙烯嵌段共聚物（SIS）和苯乙烯-丁二烯-苯乙烯嵌段共聚物（SBS）等。它们都是嵌段共聚物，具有良好的热塑性、弹性和蠕变性能，适用于制备PSA，但是由于SBS、SIS的分子极性小，而且在分子中存在不饱和双键，以此制备的PSA具有对极性材料的粘接强度较低、耐溶剂性差和耐热氧老化性能欠佳等缺点。通过中间橡胶相的改性，如SEBS和SIBS制备的压敏胶，耐老化性能明显得到提高。

丙烯酸酯类PSA是由丙烯酸酯单体和其它乙烯类单体共聚而成的。丙烯酸酯类PSA配方简单、粘接范围广、耐候性佳、耐光性强、耐油性优、耐水性好、不存在相分离和迁移等现象，因而在各个领域中的应用广泛。丙烯酸酯类PSA按照不同类型可分为溶剂型、乳液型、热熔型、水溶胶型和辐射固化型五种。溶剂型丙烯酸酯类PSA是由丙烯酸酯单体在有机溶剂中进行自由基聚合而得的黏稠状液体，加或不加其它添加剂所构成的（分为非交联型、交联型和非水分散型三种）。溶剂型丙烯酸酯类PSA具有平均相对分子质量较低、润湿性好、初粘力大、干燥速率快和耐水性好等诸多优点，至今仍被广泛用于高强度、压敏标签和双面胶带等领域。溶剂型丙烯酸酯类PSA的主要缺点是高温下持粘力不高，通常可采用交联的方法提高其耐高温性能。乳液型丙烯酸酯类PSA是丙烯酸酯类PSA中最重要的一类，由丙烯酸丁酯（BA）、丙烯酸异辛酯（2-EHA）等软单体与AA、丙烯酸羟基乙（丙）酯等功能单体以及MMA、VAc等硬单体经乳液共聚法制备而得。乳液型丙烯酸酯类PSA具有成本低、使用安全、无污染、聚合时间短、对各种材料都有良好的粘接性和涂膜无色透明等优点，但其还存在着耐水性较差、干燥速率较慢等缺点。热熔型丙烯酸酯类PSA是继溶液型PSA和乳液型PSA之后的第三代PSA产品。该类PSA在熔融状态下进行涂布，冷却硬化后施加轻压便能快速黏合。热熔型丙烯酸酯类PSA生产中不使用溶剂，故具有无毒、无废液（有利于环保）、制备简单、使用方便且用途广泛等诸多优点，但其对温度变化的适应性较差。辐射固化型丙烯酸酯类PSA是目前国内外研究的重点方向之一，包括紫外光或电子束固化型胶黏剂。

这类 PSA 一般含有单体、光聚合性低聚物、光引发剂、活化剂、链转移剂和增黏树脂等组分。它们在高温下呈适于涂布的黏稠状液体；使用时将其涂布于基材上，经紫外线或电子束照射后固化成具有实用性能的 PSA 胶黏制品。

有机硅类 PSA 可分为过氧化物硫化型和加成型两种。有机硅类 PSA 不仅像其它 PSA 一样对金属、纸、玻璃、织物和塑料等表面有黏附性，而且对聚四氟乙烯、硅橡胶等低表面能也有很好的黏附性，是唯一能在 －65～260℃的温度范围内使用的 PSA。它具有优异的电性能、对金属无腐蚀、耐冷（热）交变性优、耐腐蚀性佳、耐候性好且对皮肤无刺激等特点。有机硅类 PSA 可用于制造耐热胶带、耐低温胶带、医用胶带和电绝缘胶带等，能广泛应用于医疗及各工业领域。有机硅压敏胶与其它压敏胶相比又有许多不足之处：粘接力小，基材的处理技术非常苛刻；工艺复杂，成本较高；且多数有机硅压敏胶是溶剂型的，干燥和热处理温度比较高（一般在 100～180℃之间）；对于甲基型有机硅压敏胶，除价格很高的聚四氟乙烯等氟化物外，还没有找到合适的隔离纸。PU 类 PSA 属于线型多嵌段共聚物，嵌段中包括交替的软段和硬段。软段一般为聚醚、聚酯或聚烯烃等；硬段一般由异氰酸酯和扩链剂等组成。PU 类 PSA 具有很好的粘接性和耐热性，因而广泛用于织物整理、胶黏剂、涂料和皮革涂饰等行业，并且已成为人们研究和关注的焦点。另外，PU 类 PSA 具有良好的物理力学性能、耐磨性和耐有机溶剂等特点，是具有较大发展前途的绿色环保型材料。

Ha 乳液压敏胶

Ha001 压敏胶黏剂 PSA-98

【英文名】 pressure sensitive adhesive PSA-98

【主要组成】 丙烯酸树脂乳液、助剂等。

【产品技术性能】 外观：乳白色液体；固含量：54%～56%；pH 值：6.0～8.0；黏度（NDJ-1）：50～150mPa•s。

【特点及用途】 产品属于水性丙烯酸酯类黏合剂，无毒、无污染、安全性好；剥离强度高，透明性好；具有良好的内聚力以及初粘力；具有优异的印刷油墨附着力。用于制备 BOPP 压敏胶黏带，适用于普通产品包装、封箱粘接、礼品包装等。

【施工工艺】 该产品使用时涂布量（湿胶）为 10～14g/m²，涂布温度为 65～85℃。注意事项：产品涂布前，应先将其在包装桶中缓慢搅拌 5～10min，保证胶水整体性能的一致性。

【毒性及防护】 该产品用于普通日用品包装，涂布干燥（干胶）后为安全无毒物质，但涂布前应尽量避免与皮肤和眼睛接触，若不慎接触眼睛，应迅速用清水清洗。

【包装及贮运】 50kg/桶，有效贮存期为 6 个月，如超过有效贮存期，经检验各项产品技术性能合格后仍可使用。贮存条件：本品应通风干燥保存，避免冻结和曝晒，贮运条件：5～35℃，按照非危险品运输。

【生产单位】 浙江艾迪雅科技股份有限公司。

Ha002 水溶性压敏胶 DS-125

【英文名】 water-based acrylic pressure-sensitive adhesive DS-125

【主要组成】 丙烯酸酯共聚物、固化剂、溶剂（乙酸乙酯、甲苯）等。

【产品技术性能】 外观：淡黄色半透明液；固含量：(40.0±1.0)%；黏度（23℃）：2000～6000mPa•s。涂布后胶黏剂产品的性能如下。黏着力：11～13N/inch [测试条件：SUS304，180°，(23±2)℃，300mm/min]；持粘力：滑动 0.2mm（40℃，60min，对 SUS304，1kg/inch）；初粘力：32# 以上 [J. DOW 法，(23±2)℃]；水溶性：完全水溶（试样 50mm×100mm，自来水 200mL）。测试样品的制作方法：1. DS-125 为单组分压敏胶，直接称量；2. 将成胶涂布在两张离型纸上，于 90℃ 干燥 3min；3. 将干燥后的离型纸从两面压着到芯材（14g/m² 的不织布）上，最后得到胶带总厚度为（145±5）μm；4. 将此胶带置于 40℃ 下，放置 3d（或在 23℃ 下，放置 7d）后，按照 JIS Z 0237 8 标准测试方法测试后即可。

【特点及用途】 DS-125 是一种油性单组分丙烯酸酯压敏性粘接剂。环保标签用，在清水中可瞬间溶解。适合用于造纸的粘接双面胶带、啤酒瓶标签、环保标签。

【施工工艺】 在室温条件下将胶液均匀涂布于被粘接物表面，加热干燥，形成压敏性胶膜。

【毒性及防护】 本产品含有有机溶剂，应按照 MSDS 所要求的进行操作。DS-125 应尽量避免与皮肤和眼睛接触，若不慎接触眼睛，应迅速用清水清洗。

【包装及贮运】 包装：50kg/桶，保质期 1 年；贮存条件：室温、阴凉处贮存。本产品按照危险品运输。

【生产单位】 三信化学（上海）有限公司。

Ha003 压敏胶 PS-02

【英文名】 pressure sensitive adhesive PS-02

【主要组成】 自交联纯丙烯酸酯乳液、助剂等。

【产品技术性能】 外观：乳白色液体；固含量：47.5%～51.0%；黏度（25℃）：400～600 Pa·s；pH 值：7.5～8.5；T_g：−55℃。

【特点及用途】 固含量高，干燥快，适宜高速涂布，透明度优，剥离强度大。可制造各种商标原纸和各种基材的压敏粘贴商标。

【施工工艺】 在室温条件下将胶液均匀涂布于被粘接物表面，加热干燥，形成压敏性胶膜。

【包装及贮运】 细口及大口塑料桶包装，毛重 130kg，净重 125g/桶。集装箱或整车运输。5～20℃干燥通风处贮存，贮存期 6 个月。

【生产单位】 北京东方罗门哈斯有限公司。

Ha004 压敏胶 Primal PS-90

【英文名】 pressure sensitive adhesive Primal PS-90

【主要组成】 自交联纯丙烯酸酯乳液。

【产品技术性能】 外观：乳白色液体；固含量：(53±0.5)%；黏度：125～300mPa·s；pH 值：9.1～9.8；T_g：−40℃。

【特点及用途】 固含量高，干燥快，适宜高速涂布，有优良的透明度和白度，极好的剥离力、初粘力、持粘力匹配，优良的机械流变性，适合直接涂布及各种基材的转移涂布。适用于各种胶带及不同基材的商标等。

【施工工艺】 在室温条件下将胶液均匀涂布于被粘接物表面，加热干燥，形成压敏性胶膜。

【包装及贮运】 细口及大口塑料桶包装，毛重 130kg，净重 125g/桶。集装箱或整车运输。5～20℃干燥通风处贮存，贮存期 6 个月。

【生产单位】 北京东方罗门哈斯有限公司。

Ha005 压敏胶 Primal EJG-02

【英文名】 pressure sensitive adhesive Primal EJG-02

【主要组成】 自交联纯丙烯酸酯乳液。

【产品技术性能】 外观：乳白色液体；固含量：52%～53%；黏度（25℃）：1300～1800mPa·s；pH 值：8.0～9.0；180°剥离强度：≥7N/25mm；初黏力（钢球号）：≥14#；持粘力：≥4h。

【特点及用途】 固含量高，干燥快，适宜高速涂布，透明度优，涂布性、转移性良好。可制造各种商标原纸和各种基材的压敏粘贴商标。

【施工工艺】 在室温条件下将胶液均匀涂布于被粘接物表面，加热干燥，形成压敏性胶膜。

【包装及贮运】 细口及大口塑料桶包装，毛重 130kg，净重 125g/桶。集装箱或整车运输。5～20℃干燥通风处贮存，贮存期 6 个月。

【生产单位】 北京东方罗门哈斯有限公司。

Ha006 压敏胶 PS-9317

【英文名】 pressure sensitive adhesive

Primal PS-9317

【主要组成】 自交联纯丙烯酸酯乳液。

【产品技术性能】 外观：乳白色液体；固含量：(55±1)%；黏度：>80mPa·s；pH值：7.5～9.5；T_g：-47℃。

【特点及用途】 固含量高，干燥快，适宜高速涂布，有优良的透明度、内聚力、初粘力、剥离力，与各类色母粒有极好的配伍性。用于BOPP胶带、纸胶带、PVC胶带和商标等。

【施工工艺】 在室温条件下将胶液均匀涂布于被粘接物表面，加热干燥，形成压敏性胶膜。

【包装及贮运】 细口及大口塑料桶包装，毛重130kg，净重125g/桶。集装箱或整车运输。5～20℃干燥通风处贮存，贮存期6个月。

【生产单位】 北京东方罗门哈斯有限公司。

Ha007 高剪切多用途丙烯酸系列乳液压敏胶

【英文名】 high-shear and multi-uses acrylic emulsion pressure sensitive adhesive series

【主要组成】 丙烯酸酯共聚乳液。

【产品技术性能】

性能	P型	T型	A型	HS型
固体含量/%	50～52	50～52	50～52	58～60
残留单体/%	<1	<1	<1	<1
黏度/mPa·s	1000～3500	6000～9000	1000～3500	500～2000
pH值	4.4～4.6	4.4～4.6	4.4～4.6	4.7～4.9
粒径/μm	0.1～0.2	0.1～0.2	0.1～0.2	0.3～0.4
特性	持粘力好	黏度高,持粘力好	初粘好,剥离力高	固含量高,剥离力高

【特点及用途】 本系列乳液压敏胶的贮存稳定性良好，还可加氨水自增稠在较大范围内变化黏度，用增稠法或本系列乳液混合等方法 调节内聚力和黏合力的平衡。P型胶涂布的BOPP胶带，持粘力极好；用A型、P型混配涂布BOPP胶带，降低用胶量，保证持粘力和提高剥离力；T型胶无需增稠，直接用转移法涂布铝箔胶带(商标贴)和双面胶带，无局部结团的缺点；A型和HS型乳液可用于丝网印刷PVC铭牌胶合工艺。

【毒性及防护】 无毒，对人体无不良作用。

【包装及贮运】 50～200g塑料桶或200kg铁桶内衬2层塑料包装袋。在密封容器内贮运，避免曝晒和冰冻，室温密封贮存，贮存期大于半年。

【生产单位】 中国林科院林业化学工业研究所。

Ha008 丙烯酸酯压敏胶乳液 Winner-100

【英文名】 acrylic pressure sensitive adhesive Winner-100

【主要组成】 丙烯酸酯乳液。

【产品技术性能】 外观：乳白色液体；固含量：(54±0.5)%；黏度(25℃)：150～300mPa·s；pH值：6.0～6.5；剥离力：≥5N/25mm；初粘力(钢球号)：≥16#；持粘力：≥24h；机械稳定性：良好；膜外观：透明；以上性能测试参照GB/T 4851—2014，GB/T 2792—2014。

【特点及用途】 适用于多种基材、多种涂布方式。主要用于BOPP封箱胶、文具胶、双面胶及不干胶制品。

【毒性及防护】 无毒，不燃，属于非危险品。

【包装及贮运】 包装：200L塑料桶，净重180kg/桶。10～35℃下的贮存期6个月。

【生产单位】 广州宏昌胶粘带厂。

Ha009 压敏胶黏剂 J-686 系列

【英文名】 pressure sensitive adhesive J-686 series

【主要组成】 丙烯酸酯聚合物乳液。

【产品技术性能】 外观：乳白色带蓝色荧光黏稠液体。

型号	J-686	J-686-1	J-686-2	J-686-3
黏度/Pa·s	0.3～3	0.3～3	0.3～1	1.5～4
pH 值	6～7	6～7	6～7	6～7
初黏性/g	＞5	＞5	＞5	＞5
持粘性/h	＞8	＞9	＞7	＞8
剥离强度/(N/cm)	＞1	＞1.5	＞3.5	＞3

【特点及用途】 不含有机溶剂，无毒、无味、无污染，使用安全，固含量高，使用成本低，对各种基材（如铝箔、PP 膜）具有广谱黏附性，并具有优异的耐老化性和耐水性，室温下呈干态，具有干粘性和永久粘性。用于生产各种压敏胶带和标签，也可用于纸塑复合。

【施工工艺】 将乳胶均匀涂于带基材料或标签纸上，于 120℃下烘干，使胶由乳白色变为透明，覆上隔离纸贮存，用时揭开隔离纸即可。

【包装及贮运】 贮存于避光、阴凉（0℃以上）、通风、干燥、洁净处，贮存期 12 个月。

【生产单位】 中国兵器工业集团第五三研究所。

Hb 溶液压敏胶

Hb001 压敏胶 APS-104

【英文名】 pressure sensitive adhesive APS-104

【主要组成】 橡胶弹性体、溶剂等。

【产品技术性能】 外观：浅黄色黏稠状液体；固含量：(30±3)%；180°剥离强度：>8 N/25cm；涂胶量：40～60 g 干胶/m^2。

【特点及用途】 黏附性好，低毒。可用来制作各种基材的压敏胶带、镀铝涤纶聚酯薄膜压敏标签、标牌、商标等。

【施工工艺】 1. 手工刷涂：用板刷于背材上均匀一个方向涂刷一层胶液，避免产生气泡，不需加热烘干，于室温下晾置 30min 左右，溶剂挥发后，覆盖防粘纸，便得到压敏胶纸或制品；2. 机器涂布：涂胶后烘干，一般是 60～80℃，5～10min。

【包装及贮运】 20kg/桶。贮存于阴凉通风处，贮存温度为 10～30℃。胶液采用挥发性大且易燃的溶剂，严禁烟火，远离火源、电源及能产生火种的一切物品。

【生产单位】 海洋化工研究院有限公司。

Hb002 通用万能型双面胶带用压敏胶 DS-145

【英文名】 double-sided pressure-sensitive adhesive DS-145

【主要组成】 丙烯酸酯聚合物、交联剂 A、溶剂等。

【产品技术性能】 外观：透明淡黄色黏稠液；固含量：(45±1.0)%；黏度 (23℃)：6000～11000mPa·s；溶剂：甲苯、乙酸乙酯。涂布后胶黏剂产品的性能如下。黏着力：15～20N/25mm［测试条件：25μm 厚 PET 膜贴合测定，SUS304，180°方向，(23±2)℃，300mm/min］；持粘力：1.2mm/60min /40℃、1.4mm/60min/80℃（对 SUS304，10N/25mm，200μm 后铝箔贴合测定）；初粘力：17#～19# ［J. DOW 法，(23±2)℃］；耐曲面性：对 SUS 良好（ϕ50SUS 管 10μm 厚 PU foam 贴合），对 PE 良好（ϕ50PE 管 10μm 厚 PU foam 贴合）；Pobetack：20℃，600g/ϕ5mm（质量 100g 接触时间 1s，剥离速度为 1mm/min)；20℃，220g/ϕ5mm（质量 100g 接触时间 1s，剥离速度为 1mm/min)。

【特点及用途】 应用于各种材料之间的胶黏剂，特别适用于海绵装饰、金属、PP、PE 等产品的粘接。很好的粘接力，使用温度很广，曲面附着力强，耐曲张力。

【施工工艺】 1. 该胶是双组分胶，将 DS-145 和交联剂 A 按质量比为 100∶1.5 的比例混合；2. 将成胶涂布在两张离型纸上，于 80℃干燥 3min；3. 将干燥后的离型纸从两面压着到芯材（14g/m^2 的无纺布）上，最后得到的胶带总厚度为 (145±5) μm；4. 将此胶带置于 40℃下，放置 3d（或者在室温下放置 7d）后，按照 JISZ 0237 8 标准测试方法测试后即可。测试条件设定：温度为 (23±2)℃，湿度为 (65±5)%。

【毒性及防护】 本产品含有有机溶剂，应

按照 MSDS 所要求的进行操作。DS-145 和交联剂 A 应尽量避免与皮肤和眼睛接触，若不慎接触眼睛，应迅速用清水清洗。

【包装及贮运】 包装：DS-145 50kg/桶，保质期 1 年；交联剂 A，铝罐包装。贮存条件：室温、阴凉处贮存。本产品按照危险品运输。

【生产单位】 三信化学（上海）有限公司。

Hb003 通用万能型双面胶带用压敏胶 DS-250

【英文名】 general double-sided pressure-sensitive adhesive DS-250

【主要组成】 丙烯酸酯聚合物、交联剂 A、溶剂等。

【产品技术性能】 外观：透明淡黄色黏稠液；固含量：(42±1.0)%；黏度（23℃）：10000～16000mPa·s；溶剂：甲苯、乙酸乙酯。涂布后胶黏剂产品的性能如下。黏着力：15～25N/25mm［测试条件：25μm 厚 PET 膜贴合测定，SUS304，180°方向，(23 ± 2)℃，300mm/min］；持粘力：2.5mm/60min /40℃，3.5mm/60min /80℃（对 SUS304，10N/25mm，200μm 后铝箔贴合测定）；初粘力：17# ～20#［J. DOW 法，(23±2)℃］；耐曲面性：对 SUS 良好（ϕ50SUS 管 10μm 厚 PU foam 贴合）；对 PE 良好（ϕ50PE 管 10μm 厚 PU foam 贴合）。

【特点及用途】 对各种被粘接面有很高的粘接力，被广泛应用于金属及低表面能 PP、PE 和 PET 等产品的粘接。使用温度很广，曲面附着力强，耐曲张力。

【施工工艺】 1. 该胶是双组分胶，将 DS-250 和交联剂 A 按质量比为 100∶0.93 的比例混合；2. 将成胶涂布在两张离型纸上，于 80℃干燥 3min；3. 将干燥后的离型纸从两面压着到芯材（14g/m² 的无纺布）上，最后得到的胶带总厚度为（145±5）μm；4. 将此胶带置于 40℃下，放置 3d（或者在室温下放置 7d）后，按照 JISZ 0237 8 标准测试方法测试后即可。测试条件设定：温度为 (23±2)℃，湿度为 (65±5)%。

【毒性及防护】 本产品含有有机溶剂，应按照 MSDS 所要求的进行操作。DS-250 和交联剂 A 应尽量避免与皮肤和眼睛接触，若不慎接触眼睛，应迅速用清水清洗。

【包装及贮运】 包装：DS-250 50kg/桶，保质期 1 年；交联剂 A，铝罐包装。贮存条件：室温、阴凉处贮存。本产品按照危险品运输。

【生产单位】 三信化学（上海）有限公司。

Hb004 液晶显示器偏光片用压敏胶 LC-150

【英文名】 pressure-sensitive adhesive LC-150 for liquid crystal display

【主要组成】 丙烯酸酯聚合物、交联剂 A、溶剂等。

【产品技术性能】 外观：透明淡黄色黏稠液；固含量：(30±1.0)%；黏度（23℃）：2500～4500mPa·s；溶剂：甲苯、乙酸乙酯。涂布后胶黏剂产品的性能如下。黏着力：5.5 ～ 9.5N/25mm［测试条件：对 SUS304，180°方向，(23±2)℃，300mm/min］；持粘力：＜0.5mm/60min /40℃（对 SUS304，10N/25mm）；初粘力：9# ～18#［J. DOW 法，(23±2)℃］。

【特点及用途】 对玻璃板、偏光片有良好的粘接力，在长期高温环境中粘贴使用后，剥离时被贴表面无残胶，无鬼影。主要应用于液晶显示器中的偏光片上。

【施工工艺】 1. 该胶是双组分胶，将 LC-150 和交联剂 A 按质量比为 1000∶2 的比例混合；2. 将成胶涂布在 25μm 厚的 PET 膜上，于 80℃干燥 3min；3. 将干燥后的离型纸从两面压着到芯材（14g/m^2的无纺布）上，最后得到的胶带总厚度为（43±2）μm［其中干胶厚度为（18±2）μm］；4. 将此胶带置于40℃下，放置3d（或者在室温下放置7d）后，按照JISZ 0237 8标准测试方法测试后即可。测试条件设定：温度为（23±2）℃，湿度为（65±5）%。

【毒性及防护】 本产品含有有机溶剂，应按照MSDS所要求的进行操作。LC-150和交联剂A应尽量避免与皮肤和眼睛接触，若不慎接触眼睛，应迅速用清水清洗。

【包装及贮运】 包装：LC-150 50kg/桶，保质期1年；交联剂A，铝罐包装。贮存条件：室温、阴凉处贮存。本产品按照危险品运输。

【生产单位】 三信化学（上海）有限公司。

Hb005 液晶显示器偏光片用压敏胶 LC-151

【英文名】 pressure-sensitive adhesive LC-151 for liquid crystal display

【主要组成】 丙烯酸酯聚合物、交联剂A、溶剂等。

【产品技术性能】 外观：透明淡黄色黏稠液；固含量：（30±1.0）%；黏度（23℃）：2500～4500mPa·s；溶剂：甲苯、乙酸乙酯。涂布后胶黏剂产品的性能如下。黏着力：1.5～5.5N/25mm［测试条件：对SUS304，180°方向，（23±2）℃，300mm/min］；持粘力：＜0.5mm/60min /40℃（对SUS304，10N/25mm）；初黏力：9#～18#［J. DOW法，（23±2）℃］。

【特点及用途】 对玻璃板、偏光片有良好的粘接力，在长期高温环境中粘贴使用后，剥离时被贴表面无残胶，无鬼影。主要应用于液晶显示器中的偏光片上。

【施工工艺】 1. 该胶是双组分胶，将LC-151和交联剂A按质量比为1000∶2的比例混合。2. 将成胶涂布在25μm厚的PET膜上，于80℃干燥3min。3. 将干燥后的离型纸从两面压着到芯材（14g/m^2的无纺布）上，最后得到的胶带总厚度为（43±2）μm［其中干胶厚度为（18±2）μm］。4. 将此胶带置于40℃下，放置3d（或者在室温下放置7d）后，按照JISZ 0237 8标准测试方法测试后即可。测试条件设定：温度为（23±2）℃，湿度为（65±5）%。

【毒性及防护】 本产品含有有机溶剂，应按照MSDS所要求的进行操作。LC-151和交联剂A应尽量避免与皮肤和眼睛接触，若不慎接触眼睛，应迅速用清水清洗。

【包装及贮运】 LC-151 50kg/桶，保质期1年；交联剂A，铝罐包装。贮存条件：室温、阴凉处贮存。本产品按照危险品运输。

【生产单位】 三信化学（上海）有限公司。

Hb006 液晶显示器偏光片用压敏胶 LC-300

【英文名】 pressure-sensitive adhesive LC-300 for liquid crystal display

【主要组成】 丙烯酸酯聚合物，可与交联剂A、交联剂M、交联剂K混合使用，溶剂等。

【产品技术性能】 外观：透明淡黄色黏稠液；固含量：（19±1.0）%；黏度（23℃）：6000～9000mPa·s；溶剂：甲苯、乙酸乙酯。涂布后胶黏剂产品的性能如下。黏着力：7～10N/25mm［测试条件：对SUS304，180°方向，（23±2）℃，300mm/min］；持粘力：＜0.5mm/60min /40℃（对SUS304，10N/25mm）；初黏力：14#～22#［J. DOW法，（23±2）℃］。

【特点及用途】 对玻璃板、偏光片有良好的粘接力，在长期高温环境中粘贴使用后，剥离时被贴表面无残胶，无鬼影。主要应用于液晶显示器中的偏光片上。

【施工工艺】1. 该胶是双组分胶，将LC-300和交联剂A、交联剂M、交联剂K按质量比为1000∶2.53∶0.95∶0.02的比例混合。2. 将成胶涂布在25μm厚的PET膜上，于80℃干燥3min。3. 将干燥后的离型纸从两面压着到芯材（14g/m²的无纺布）上，最后得到的胶带总厚度为（43±2）μm［其中干胶厚度为（18±2）μm］。4. 将此胶带置于40℃下，放置3d（或者在室温下放置7d）后，按照JISZ 0237 8标准测试方法测试后即可。测试条件设定：温度为（23±2）℃，湿度为（65±5）%。

【毒性及防护】本产品含有有机溶剂，应按照MSDS所要求的进行操作。LC-300和交联剂A应尽量避免与皮肤和眼睛接触，若不慎接触眼睛，应迅速用清水清洗。

【包装及贮运】包装：LC-300 50kg/桶，保质期1年；交联剂A，铝罐包装。贮存条件：室温、阴凉处贮存。本产品按照危险品运输。

【生产单位】三信化学（上海）有限公司。

Hb007 无基材压敏胶 DS-180

【英文名】pressure-sensitive adhesive DS-180

【主要组成】丙烯酸酯共聚物、交联剂H、溶剂（乙酸乙酯、丁酮）等。

【产品技术性能】涂布前的产品性能如下。外观：透明淡黄色黏稠液；固含量：（30±1.0）%；黏度（23℃）：5000～12000cPa·s。涂布后胶黏剂产品的性能如下。黏着力：10～13N/inch［测试条件：SUS304，180°方向，（23±2）℃，300mm/min］；持粘力：0mm/60min（40℃，对SUS304，1kg/inch）；初黏力：8#以下［J. DOW法，（23±2）℃］。单面胶带测试样品的制作方法：1. 把粘接剂DS-180和交联剂H按照100∶0.9的比例混合；2. 将成胶涂布在25μm的PET膜上，于90℃干燥3min，得到干胶厚度为（25±1）μm的胶膜；3. 将此胶带置于40℃下，放置3d（或在23℃下，放置7d）后，按照JIS Z 0237 8标准测试方法测试后即可。

【特点及用途】DS-180是一种透明状丙烯酸型纯胶膜，可与交联剂H混合使用，使用范围很广，曲面附着力强，冲切性能优异。对金属铭板、太阳能板、玻璃板有良好的黏合性能，耐候性佳。

【施工工艺】1. 该胶是双组分胶，粘接剂和固化剂胶H的质量比为100∶0.9；实际的比例可以根据应用情况在一定范围内调整。2. 在搅拌桶内倒入100kg的胶水DS-180，启动搅拌机，慢慢倒入交联剂H 0.8kg，搅拌均匀（搅拌速率为1000～2000r/min），时间为15min左右。3. 静置片刻，待气泡完全消除（在条件可能的情况下用盖子盖好，最好不要接触水蒸气）后方可上机涂。4. 在使用交联剂前，请观察其形态有无变化，正常时为水状，如变稠或呈胶水状时请勿使用。因交联剂活性很大，请开启盖子后尽量一次用完，如未用完再次使用前请先查看其形态。交联剂最好不要再次使用，存放时间不宜过长。注意事项：交联剂H极易吸收空气中的水分而变质，保质期在60d以内，开封过后的交联剂H一般只能使用7d左右，具体可通过甲苯稀释来判断。

【毒性及防护】本产品含有有机溶剂，应按照MSDS所要求的进行操作。DS-180和固化剂胶H应尽量避免与皮肤和眼睛接触，若不慎接触眼睛，应迅速用清水清洗。

【包装及贮运】包装：DS-180 50kg/桶，保质期1年；固化剂胶H，铝罐包装。贮存条件：室温、阴凉处贮存。本产品按照危险品运输。

【生产单位】三信化学（上海）有限公司。

Hb008 低温双面及泡棉用压敏胶 DS-1212

【英文名】 double-sided foam pressure-sensitive adhesive DS-1212

【主要组成】 丙烯酸酯共聚物、交联剂H、溶剂（乙酸乙酯、甲苯）等。

【产品技术性能】 涂布前的产品性能如下。外观：透明淡黄色黏稠液；固含量：(48.0±1.0)%；黏度（23℃）：7000～12000cPa·s；涂布后胶黏剂产品的性能如下。黏着力：18～21N/inch［测试条件：SUS304，180°方向，(23±2)℃，300mm/min］；持粘力：一周内不掉落（室温，对SUS304，1kg/inch）；初黏力：6#～16#［J. DOW法，(23±2)℃］。双面胶带测试样品的制作方法：1. 把粘接剂DS-1212和交联剂H按照100∶1.2的比例混合；2. 将成胶涂布在离型纸上，于90℃干燥3min；3. 把干胶转移到中间绵纸25μm，干胶单边65μm，双面胶水厚度145μm；4. 将此胶带置于40℃下，放置3d或在23℃下，放置7d熟化后，按照JIS Z 0237 8标准测试方法测试后即可。

【特点及用途】 对铝板、PP板、玻璃等材质的粘接力强，低温条件下可黏结材料且有80℃耐高温保持力，后期黏性强。用途：耐反翘、耐低温双面胶带，主要用于特殊工业、电子业、电脑配件。

【施工工艺】 1. 该胶是双组分胶，粘接剂和交联剂H的质量比为100∶1.2，实际的比例可以根据应用情况在一定范围内调整。2. 在搅拌桶内倒入100kg的胶水DS-1212，启动搅拌机；慢慢倒入交联剂H 1.2kg，搅拌均匀（搅拌速率在1000～2000r/min之间），时间为15min左右。3. 静置片刻，待气泡完全消除（在条件可能的情况下用盖子盖好，最好不要接触水蒸气）后方可上机涂。4. 在使用交联剂前，请观察其形态有无变化，正常时为水状，如变稠或呈胶水状时请勿使用。因交联剂活性很大，请开启盖子后尽量一次用完，如未用完再次使用前请先查看其形态。交联剂最好不要再次使用，存放时间不宜过长。注意事项：交联剂H极易吸收空气中的水分而变质，保质期在60d以内，开封过后的交联剂H一般只能使用7d左右，具体可通过甲苯稀释来判断。

【毒性及防护】 本产品含有有机溶剂，应按照MSDS所要求的进行操作。DS-1212和交联剂H应尽量避免与皮肤和眼睛接触，若不慎接触眼睛，应迅速用清水清洗。

【包装及贮运】 包装：DS-1212 50kg/桶，保质期1年；固化剂胶H，铝罐包装。贮存条件：室温、阴凉处贮存。本产品按照危险品运输。

【生产单位】 三信化学（上海）有限公司。

Hb009 通用万能型压敏胶 DS-1215

【英文名】 general pressure-sensitive adhesive DS-1215

【主要组成】 丙烯酸酯共聚物、交联剂、溶剂（乙酸乙酯、甲苯）等。

【产品技术性能】 涂布前的产品性能如下。外观：透明淡黄色黏稠液；固含量：(50.0±1.0)%；黏度（23℃）：5000～10000cPa·s；涂布后胶黏剂产品的性能如下。黏着力：19～22N/inch［测试条件：SUS304，180°方向，(23±2)℃，300mm/min］；持粘力：一周内不掉落（室温，对SUS304，1kg/inch）；初黏力：5#～8#［J. DOW法，(23±2)℃］。双面胶带测试样品的制作方法：1. 把粘接剂DS-1215和交联剂H按照100∶1.1的比例混合；2. 将成胶涂布在离型纸上，于100℃干燥3min；3. 把干胶转移到中间绵纸25μm，干胶单边65μm，双面胶水厚度145μm；4. 将此胶带置于40℃下，放置3d或在23℃下，放置7d熟化后，按照JIS Z 0237 8标准测试方法测试后即可。

【特点及用途】 一种油性双组分丙烯酸酯压敏性粘接剂，可与交联剂H混合使用；耐高温、后期黏性好。可用的基材范围广泛，特别适用于泡棉胶带和PET及绵纸双面胶带；主要用于特殊工业、电子业、电脑配件。

【施工工艺】 1. 该胶是双组分胶，粘接剂和交联剂H的质量比为100∶1.1；实际的比例可以根据应用情况在一定范围内调整。2. 在搅拌桶内倒入100kg的胶水DS-1215，启动搅拌机，慢慢倒入交联剂H 1.1kg，搅拌均匀（搅拌速率为1000～2000r/min），时间为15min左右。3. 静置片刻，待气泡完全消除（在条件可能的情况下用盖子盖好，最好不要接触水蒸气）后方可上机涂。4. 在使用交联剂前，请观察其形态有无变化，正常时为水状，如变稠或呈胶水状时请勿使用。因交联剂活性很大，请开启盖子后尽量一次用完，如未用完再次使用前请先查看其形态。交联剂最好不要再次使用，存放时间不宜过长。注意事项：交联剂H极易吸收空气中的水分而变质，保质期在60d以内，开封过后的交联剂H一般只能使用7d左右，具体可通过甲苯稀释来判断。

【毒性及防护】 本产品含有有机溶剂，应按照MSDS所要求的进行操作。DS-1215和固化剂胶H应尽量避免与皮肤和眼睛接触，若不慎接触眼睛，应迅速用清水清洗。

【包装及贮运】 包装：DS-1215 50kg/塑料桶，保质期1年；固化剂胶H，铝罐包装。贮存条件：室温、阴凉处贮存。本产品按照危险品运输。

【生产单位】 三信化学（上海）有限公司。

Hb010 电子及泡棉用压敏胶 DS-1218

【英文名】 foam pressure-sensitive adhesive DS-1218

【主要组成】 丙烯酸酯共聚物、交联剂、溶剂（乙酸乙酯、甲苯）等。

【产品技术性能】 涂布前的产品性能如下。外观：透明淡黄色黏稠液；固含量：(50.0±1.0)%；黏度(23℃)：4000～9000cPa·s；涂布后胶黏剂产品的技术性能如下。黏着力：21～23N/inch［测试条件：SUS304，180°方向，(23±2)℃，300mm/min］；持粘力：一周内不掉落（室温，对SUS304，1kg/inch）；初粘力：5#～8#［J. DOW法，(23±2)℃］。双面胶带测试样品的制作方法：1. 把粘接剂DS-1218和交联剂H按照100∶1.1的比例混合；2. 将成胶涂布在离型纸上，于100℃干燥3min；3. 把干胶转移到中间绵纸25μm，干胶单边65μm，双面胶水厚度145μm；4. 将此胶带置于40℃下，放置3d或在23℃下，放置7d熟化后，按照JIS Z 0237 8标准测试方法测试后即可。

【特点及用途】 一种油性双组分丙烯酸酯压敏性粘接剂，可与交联剂H混合使用；耐高温、耐候性好，耐反翘，后期黏性好，是DS-1215的改进品。可用的基材范围广泛，特别适用于泡棉胶带和PET及绵纸双面胶带；主要用于特殊工业、电子业、电脑配件。

【施工工艺】 1. 该胶是双组分胶，粘接剂和交联剂H的质量比为100∶1.1；实际的比例可以根据应用情况在一定范围内调整。2. 在搅拌桶内倒入100kg的胶水DS-1218，启动搅拌机，慢慢倒入交联剂H 1.1kg，搅拌均匀（搅拌速率为1000～2000r/min），时间为15min左右。3. 静置片刻，待气泡完全消除（在条件可能的情况下用盖子盖好，最好不要接触水蒸气）后方可上机涂。4. 在使用交联剂前，请观察其形态有无变化，正常时为水状，如变稠或呈胶水状时请勿使用。因交联剂活性很大，请开启盖子后尽量一次用完，如未用完再次使用前请先查看其形态。交联剂最好不要再次使用，存放时间不宜过长。注意事项：交联剂 H 极易吸收空气中的水分而变质，保质期在 60d 以内，开封过后的交联剂 H 一般只能使用 7d 左右，具体可通过甲苯稀释来判断。

【毒性及防护】 本产品含有有机溶剂，应按照 MSDS 所要求的进行操作。DS-1218 和固化剂胶 H 应尽量避免与皮肤和眼睛接触，若不慎接触眼睛，应迅速用清水清洗。

【包装及贮运】 包装：DS-1218 50kg/塑料桶，保质期 1 年；固化剂胶 H，铝罐包装。贮存条件：室温、阴凉处贮存。本产品按照危险品运输。

【生产单位】 三信化学（上海）有限公司。

Hb011 低 VOC 压敏胶 DS-1221

【英文名】 pressure-sensitive adhesive DS-1221 with low VOC

【主要组成】 丙烯酸酯共聚物、固化剂、溶剂（乙酸乙酯）。

【产品技术性能】 涂布前的产品性能如下。外观：透明淡黄色黏稠液；固含量：(47.0±1.0)%；黏度（23℃）：7000～15000cPa·s。涂布后胶黏剂产品的性能如下。黏着力：17～21N/inch［测试条件：SUS304，180°方向，(23±2)℃，300mm/min］；持粘力：一周内不掉落（室温，对 SUS304，1kg/inch）；初黏力：6#～16#［J. DOW 法，(23±2)℃］。双面胶带测试样品的制作方法：1. 把粘接剂 DS-1221 和交联剂 H 按照 100∶1.2 的比例混合；2. 将成胶涂布在离型纸上，于 90℃干燥 3min；3. 把干胶转移到绵纸 25μm，干胶单边 65μm，双面胶水厚度 145μm；4. 将此胶带置于 40℃下，放置 3d 或在 23℃下，放置 7d 熟化后，按照 JIS Z 0237 8 标准测试方法测试后即可。

【特点及用途】 DS-1221 是一种低 VOC 环保油性双组分丙烯酸酯压敏性粘接剂，可与交联剂 H 混合使用，耐高温、后期黏性好。主要用于汽车行业、环保、特殊工业、电子业、电脑配件。

【施工工艺】 1. 该胶是双组分胶，粘接剂和交联剂 H 的质量比为 100∶1.2；实际的比例可以根据应用情况在一定范围内调整。2. 在搅拌桶内倒入 100kg 的胶水 DS-1221，启动搅拌机，慢慢倒入交联剂 H 1.2kg，搅拌均匀，时间为 15min 左右。（搅拌机在倒入交联剂时不要停止作业）。3. 静置片刻，待气泡完全消除（在条件可能的情况下用盖子盖好，最好不要接触水蒸气）后方可上机涂。4. 在使用交联剂前，请观察其形态有无变化，正常时为水状，如变稠或呈胶水状时请勿使用。因交联剂活性很大，请开启盖子后尽量一次用完，如未用完再次使用前请先查看其形态。交联剂最好不要再次使用，存放时间不宜过长。注意事项：交联剂 H 极易吸收空气中的水分而变质，保质期在 60d 以内，开封过后的交联剂 H 一般只能使用 7d 左右，具体可通过甲苯稀释来判断。

【毒性及防护】 本产品含有有机溶剂，应按照 MSDS 所要求的进行操作。DS-1221 和交联剂 H 应尽量避免与皮肤和眼睛接触，若不慎接触眼睛，应迅速用清水清洗。

【包装及贮运】 DS-1221 50kg/桶，保质期 1 年；交联剂 H，铝罐包装。贮存条件：室温、阴凉处贮存。本产品按照危险品运输。

【生产单位】 三信化学（上海）有限公司。

Hb012 高超黏性压敏胶 DS-1222

【英文名】 high tack pressure-sensitive adhesive DS-1222

【主要组成】 丙烯酸酯共聚物、交联剂、溶剂（乙酸乙酯、甲苯）等。

【产品技术性能】 涂布前的产品性能如下。外观：透明淡黄色黏稠液；固含量：(40.0±1.0)%；黏度（23℃）：1500～4000cPa·s。涂布后胶黏剂产品的性能如下。黏着力：12～15N/inch［测试条件：SUS304，180°方向，(23±2)℃，300mm/min］；持粘力：≤1mm/1h（80℃，对SUS304，1kg/inch）；初黏力：4#［J. DOW法，(23±2)℃］。双面胶带测试样品的制作方法：1. 把粘接剂DS-1222与交联剂H和交联剂X按照100∶1∶0.8的比例混合；2. 将成胶涂布在离型纸上，于90℃干燥3min；3. 把干胶转移到PET芯材12μm，干胶单边19μm，双面胶带厚度50μm；4. 将此胶带置于40℃下，放置3d或在23℃下，放置7d熟化后，按照JIS Z 0237 8标准测试方法测试后即可。

【特点及用途】 DS-1222是一种油性三组分丙烯酸酯压敏性粘接剂，可与交联剂H和交联剂X混合使用，使用范围很广，曲面附着力强。对各种被粘接面有很高的粘接力，耐高温反翘性能佳。特别适用于薄型PET双面胶带，对铝板、PP板、玻璃板等材质的粘接力强。

【施工工艺】 1. 该胶是三组分胶，粘接剂DS-1222与交联剂H和交联剂X的质量比为100∶1∶0.8；实际的比例可以根据应用情况在一定范围内调整。2. 在搅拌桶内倒入100kg的胶水DS-1222，启动搅拌机，慢慢倒入交联剂H 1.0kg，搅拌均匀后，再慢慢倒入交联剂C 0.8kg继续搅拌，时间为15min左右。(搅拌机在倒入交联剂时不要停止作业)。3. 静置片刻，待气泡完全消除（在条件可能的情况下用盖子盖好，最好不要接触水蒸气）后方可上机涂。4. 在使用交联剂前，请观察其形态有无变化，正常时为水状，如变稠或呈胶水状时请勿使用。因交联剂活性很大，请开启盖子后尽量一次用完，如未用完再次使用前请先查看其形态。交联剂最好不要再次使用，存放时间不宜过长。注意事项：交联剂H极易吸收空气中的水分而变质，保质期在60d以内，开封过后的交联剂H一般只能使用7d左右，具体可通过甲苯稀释来判断。

【毒性及防护】 本产品含有有机溶剂，应按照MSDS所要求的进行操作。DS-1222、交联剂H和交联剂X应尽量避免与皮肤和眼睛接触，若不慎接触眼睛，应迅速用清水清洗。

【包装及贮运】 包装：DS-1222 50kg/桶，保质期1年；交联剂H和交联剂X，铝罐包装。贮存条件：室温、阴凉处贮存。本产品按照危险品运输。

【生产单位】 三信化学（上海）有限公司。

Hb013 超高黏性压敏胶 DS-1286

【英文名】 super tack pressure-sensitive adhesive DS-1286 with

【主要组成】 丙烯酸酯共聚物、交联剂、溶剂（甲苯、乙酸乙酯、正己烷）等。

【产品技术性能】 涂布前的产品性能如下。外观：透明淡黄色黏稠液；固含量：(50.0±1.0)%；黏度（23℃）：2000～5000cPa·s。涂布后胶黏剂产品的性能如下。黏着力：25～30N/inch［测试条件：SUS304，180°方向，(23±2)℃，300mm/min］；持粘力：≤1.2mm/1h（室温，对SUS304，1kg/inch）；初黏力：32#以上［J. DOW法，(23±2)℃］。双面胶带测试样品的制作方法：1. 按照粘接剂15kg、交联剂J 45～90g的比例充分混合；2. 将成胶涂布在离型纸上，于80～100℃干燥3min；3. 把干胶转移到中间绵纸25μm，干胶单边70μm，双面胶水厚度150μm；4. 将此胶带置于40℃下，放置3d或在23℃下，放置7d熟化后，按照JIS Z 0237 8标准测试方法测试后即可。

【特点及用途】 一种油性双组分丙烯酸酯压敏性粘接剂，可与交联剂J混合使用；

初粘性优越、低温性能好。用途：可用的基材范围广泛，特别适用于超高黏性泡棉胶带和PET及绵纸双面胶带；主要用于特殊工业、电子业、电脑配件。

【施工工艺】 1. 该胶是双组分胶，粘接剂DS-1286和交联剂J的质量比为15kg：(45～90) g；实际的比例可以根据应用情况在一定范围内调整。2. 在搅拌桶内倒入15kg的胶水DS-1286，启动搅拌机，慢慢倒入硬化剂J45约90g，搅拌均匀(搅拌速率为1000～2000r/min)，时间为15min左右。3. 静置片刻，待气泡完全消除（在条件可能的情况下用盖子盖好，最好不要接触水蒸气）后方可上机涂。4. 在使用交联剂前，请观察其形态有无变化，正常时为水状，如变稠或呈胶水状时请勿使用。注意事项：此硬化剂J易吸收空气中的水分而变质，保质期在60d以内，开封过后的交联剂J一般只能使用7d左右，具体可通过甲苯稀释来判断。

【毒性及防护】 本产品含有有机溶剂，应按照MSDS所要求的进行操作。DS-1286和交联剂胶J应尽量避免与皮肤和眼睛接触，若不慎接触眼睛，应迅速用清水清洗。

【包装及贮运】 包装：DS-1286 50kg/塑料桶，保质期1年；交联剂胶J，铝罐包装。贮存条件：室温、阴凉处贮存。本产品按照危险品运输。

【生产单位】 三信化学（上海）有限公司。

Hb014 可移除单液型车身贴用压敏胶 MA-1125S

【英文名】 removable pressure-sensitive adhesive MA-1125S for car body

【主要组成】 丙烯酸酯共聚物、交联剂、溶剂（甲苯、乙酸乙酯）等。

【产品技术性能】 涂布前的产品性能如下。外观：透明淡黄色黏稠液；固含量：(40.0±1.0)%；黏度（23℃）：4000～7000cPa·s；涂布后胶黏剂产品的技术性能如下。黏着力：4.5～9N/inch（20min）；黏着力：7.0～11N/inch (24h) [这测试条件：SUS304，180°方向，(23±2)℃，300mm/min]；持粘力：0mm/1h（室温，对SUS304，1kg/inch，200μm厚铝箔贴合法）；初黏力：10#～12# [J. DOW法，(23±2)℃]。测试样品的制作方法：1. MA-1125S胶涂布在一定厚度的隔离纸上，于100℃干燥3min，然后转贴在75μm的PVC膜得到的胶黏制品（其中干胶厚度为20～28μm)；2. 将此胶带置于40℃下，放置3d（或在23℃下，放置7d）后，按照JIS Z 0237 8标准测试方法测试后即可。

【特点及用途】 MA-1125S是一种油性单液型丙烯酸酯压敏性粘接剂，可直接涂布，操作方便。它对钢板、玻璃、喷漆钢板有良好的粘接力，抗增塑剂的迁移性好，可长期在户外高温环境中粘贴使用；它可用于汽车靠近发动机的发热部位，长期耐热，剥离时不残胶；无色透明，抗UV光照射，可长期使用。在常温环境下，保质期为2个月。用于车身贴、冷裱膜、刻字贴、保护膜、单透膜等。

【施工工艺】 1. MA-1125S胶是单组分胶水，可直接涂布。2. 一般直接涂布在一定厚度的离型纸上，于100℃干燥3min，然后转贴在75μm的PVC膜得到的胶黏制品（其中干胶厚度为20～28μm)。3. 将此胶黏制品置于40℃下，放置3d（或在23℃下，放置7d）熟化后，按照JIS Z 0237 8标准测试方法测试后即可。

【毒性及防护】 本产品含有有机溶剂，应按照MSDS所要求的进行操作。MA-1125S应尽量避免与皮肤和眼睛接触，若不慎接触眼睛，应迅速用清水清洗。

【包装及贮运】 MA-1125S 50kg/塑料桶，保质期2个月。贮存条件：室温、阴凉处贮存。本产品按照危险品运输。

【生产单位】 三信化学（上海）有限公司。

Hb015 永久性单液型车身贴用压敏胶 MA-1155S

【英文名】 permenant pressure-sensitive adhesive MA-1155S for car body

【主要组成】 丙烯酸酯共聚物、交联剂、溶剂（甲苯、乙酸乙酯）等。

【产品技术性能】 涂布前的产品性能如下。外观：透明淡黄色黏稠液；固含量：(50.0±1.0)%；黏度（23℃）：4000～9000cPa•s。涂布后胶黏剂产品的性能如下。黏着力：8～12N/inch（20min）；黏着力：9～16N/inch（24h）［测试条件：SUS304，180°，(23±2)℃，300mm/min］；持粘力：0mm/1h（室温，对 SUS304，1kg/inch，200μm 厚铝箔贴合法）；初黏力：14#～16#［J. DOW 法，(23±2)℃］。测试样品的制作方法：1. MA-1155S 胶涂布在一定厚度的隔离纸上，于 100℃干燥 3min，然后转贴在 75μm 的 PVC 膜得到的胶黏制品（其中干胶厚度为 20～28μm）；2. 将此胶带置于 40℃下，放置 3d（或在 23℃下，放置 7d）后，按照 JIS Z 0237 8 标准测试方法测试后即可。

【特点及用途】 MA-1155S 是一种油性单液型丙烯酸酯压敏性粘接剂，可直接涂布，操作方便。它对钢板、玻璃、喷漆钢板有良好的粘接力，抗增塑剂的迁移性好，可长期在户外高温环境中粘贴使用；长期耐热，剥离时不残胶；无色透明，抗 UV 光照射，可长期使用。在常温环境下的保质期为 2 个月。用途：车身贴、冷裱膜、刻字贴、保护膜、单透膜等。

【施工工艺】 1. MA-1155S 胶是单组分胶水，可直接涂布；2. 一般直接涂布在一定厚度的离型纸上，于 100℃干燥 3min，然后转贴在 75μm 的 PVC 膜得到的胶黏制品（其中干胶厚度为 20～28μm）；3. 将此胶黏制品置于 40℃下，放置 3d（或在 23℃下，放置 7d）熟化后，按照 JIS Z 0237 8 标准测试方法测试后即可。

【毒性及防护】 本产品含有有机溶剂，应按照 MSDS 所要求的进行操作。MA-1155S 应尽量避免与皮肤和眼睛接触，若不慎接触眼睛，应迅速用清水清洗。

【包装及贮运】 MA-1155S 50kg/塑料桶，保质期 2 个月。贮存条件：室温、阴凉处贮存。本产品按照危险品运输。

【生产单位】 三信化学（上海）有限公司。

Hb016 保护膜用压敏胶 MK-250

【英文名】 pressure-sensitive adhesive MK-250 for protective film

【主要组成】 丙烯酸酯共聚物、交联剂、溶剂（甲苯、乙酸乙酯）等。

【产品技术性能】 涂布前的产品性能如下。外观：透明淡黄色黏稠液；固含量：(40.0±1.0)%；黏度（23℃）：4000～7000cPa•s；涂布后胶黏剂产品的性能如下。黏着力：4.5～8N/inch（20min）［测试条件：SUS304，180°方向，(23±2)℃，300mm/min］；持粘力：0mm/1h（室温，对 SUS304，1kg/inch，200μm 厚铝箔贴合法）；初黏力：6#～14#［J. DOW 法，(23±2)℃］测试样品的制作方法：1. 把粘接剂 MK-250 和交联剂 X 按照 100：(3～5) 的比例混合；2. 胶涂布在一定厚度的隔离纸上，于 90℃干燥 3min，然后转贴在 25μmPET 膜上得到 (50±2) μm 的胶带［其中干胶厚度为 (25±2) μm］；3. 将此胶带置于 40℃下，放置 3d（或在 23℃下，放置 7d）后，按照 JIS Z 0237 8 标准测试方法测试后即可。

【特点及用途】 MK-250 是一种油性双组分丙烯酸酯压敏性粘接剂，可与交联剂 X 混合使用，对钢板、玻璃、涂塑钢板有良好的粘接力，在长期高温环境中粘贴使用后，剥离时被贴表面无残胶，无鬼影。可用作耐高温、高黏着性保护膜。

【施工工艺】 1. MK-250 是一种油性双组

分丙烯酸酯压敏性粘接剂。把粘接剂 MK-250 和交联剂 X 按照 100：(3～5) 的比例混合；2. 一般直接涂布在一定厚度的离型膜上，于 100℃干燥 3min，然后转贴在一定厚度的 PET 或其它塑料膜得到的保护膜胶黏制品［其中干胶厚度为 (20～28) μm］；3. 将此胶黏制品置于 40℃下，放置 3d（或在 23℃下，放置 7d）熟化后，按照 JIS Z 0237 8 标准测试方法测试后即可。

【毒性及防护】 本产品含有有机溶剂，应按照 MSDS 所要求的进行操作。MK-250 应尽量避免与皮肤和眼睛接触，若不慎接触眼睛，应迅速用清水清洗。

【包装及贮运】 MK-250 50kg/塑料桶，保质期 2 个月。贮存条件：室温、阴凉处贮存。本产品按照危险品运输。

【生产单位】 三信化学（上海）有限公司。

Hb017 低黏着力保护膜用压敏胶 MK-251

【英文名】 low tack pressure-sensitive adhesive MK-251 for protective film

【主要组成】 丙烯酸酯共聚物、交联剂、溶剂（甲苯、乙酸乙酯）等。

【产品技术性能】 涂布前的产品性能如下。外观：透明淡黄色黏稠液；固含量：(30.0±1.0)％；黏度 (23℃)：2500～7000 cPa·s。涂布后胶黏剂产品的性能如下。黏着力：2～100 g/inch (20min)［测试条件：SUS304，180°方向，(23±2)℃，300mm/min］；持粘力：0mm/1h（室温，对 SUS304，1kg/inch，200μm 厚铝箔贴合法）；初黏力：5# ～ 15#［J. DOW 法，(23±2)℃］。测试样品的制作方法：1. 把粘接剂 MK-251 和交联剂 H 按照 100：(0.1～6) 的比例混合；2. 将成胶涂布在 25μm 厚的 PET 膜上，其中干胶厚度为［(10～25) ±2］μm，于 90℃干燥 3min，得到胶带；3. 将此胶带置于 40℃下，放置 3d（或在 23℃下，放置 7d）后，按照 JIS Z 0237 8 标准测试方法测试后即可。

【特点及用途】 MK-251 是一种油性双组分丙烯酸酯压敏性粘接剂，可与交联剂 X 混合使用，可广泛应用于金属、玻璃、塑料等制品的表面保护。用途：低黏着性保护膜。应用于 PE 类、PP 类、BOPP 类、PET 类、PVC 类等保护膜。

【施工工艺】 1. MK-251 是一种油性双组分丙烯酸酯压敏性粘接剂，把粘接剂 MK-251 和交联剂 X 按照 100：(0.1～6) 的比例混合；2. 将成胶涂布在 25μm 厚的 PET 膜上，其中干胶厚度为［(10～25) ±2］μm，于 90℃干燥 3min，得到胶带；3. 将此胶带置于 40℃下，放置 3d（或在 23℃下，放置 7d）后，按照 JIS Z 0237 8 标准测试方法测试后即可。

【毒性及防护】 本产品含有有机溶剂，应按照 MSDS 所要求的进行操作。MK-251 应尽量避免与皮肤和眼睛接触，若不慎接触眼睛，应迅速用清水清洗。

【包装及贮运】 包装：MK-251 50kg/塑料桶，保质期 2 个月。贮存条件：室温、阴凉处贮存。本产品按照危险品运输。

【生产单位】 三信化学（上海）有限公司。

Hb018 中等黏着力保护膜用压敏胶 MK-252

【英文名】 medium tack pressure-sensitive adhesive MK-252 for protective film

【主要组成】 丙烯酸酯共聚物、交联剂、溶剂（甲苯、乙酸乙酯）等。

【产品技术性能】 外观：透明淡黄色黏稠液；固含量：(30.0±1.0)％；黏度 (23℃)：2000～7000cPa·s。涂布后胶黏剂产品的性能如下。黏着力：50～450 g/inch (20min)［测试条件：SUS304，180°方向，(23±2)℃，300mm/min］；持粘力：0mm/1h（室温，对 SUS304，1kg/inch，200μm 厚铝箔贴合法）；初黏力：6# ～16#［J. DOW 法，

(23±2)℃]。测试样品的制作方法：1. 把粘接剂 MK-252 和交联剂 H 按照 100：(0.1～6) 的比例混合；2. 将成胶涂布在 25μm 厚的 PET 膜上，其中干胶厚度为 [(10～25) ±2] μm，于 90℃干燥 3min，得到胶带；3. 将此胶带置于 40℃下，放置 3d（或在 23℃下，放置 7d）后，按照 JIS Z 0237 8 标准测试方法测试后即可。

【特点及用途】 MK-252 是一种油性双组分丙烯酸酯压敏性粘接剂，可与交联剂 H 混合使用，可广泛应用于金属、玻璃、塑料等制品的表面保护。可以作为中等黏着性保护膜，应用于汽车部件在冲压成弯型过程中的保护，电灯开关和跳合面板、CRT 玻璃屏幕、汽车玻璃、汽车灯具、手机的聚碳酸酯视窗部分、大理石盆器等表面的保护。

【施工工艺】 1. MK-252 是一种油性双组分丙烯酸酯压敏性粘接剂，把粘接剂 MK-252 和交联剂 H 按照 100：(0.2～6) 的比例混合；2. 将成胶涂布在 25μm 厚的 PET 膜上，其中干胶厚度为 [(10～25) ±2] μm，于 90℃干燥 3min，得到胶带；3. 将此胶带置于 40℃下，放置 3d（或在 23℃下，放置 7d）后，按照 JIS Z 0237 8 标准测试方法测试后即可。

【毒性及防护】 本产品含有有机溶剂，应按照 MSDS 所要求的进行操作。MK-252 应尽量避免与皮肤和眼睛接触，若不慎接触眼睛，应迅速用清水清洗。

【包装及贮运】 MK-252 50kg/塑料桶，保质期 2 个月。贮存条件：室温、阴凉处贮存。本产品按照危险品运输。

【生产单位】 三信化学（上海）有限公司。

Hb019 干电池标签用压敏胶 T-41

【英文名】 pressure-sensitive adhesive T-41 for battery lable

【主要组成】 丙烯酸酯共聚物、固化剂、溶剂（乙酸乙酯）。

【产品技术性能】 涂布前产品的技术性能如下。外观：透明淡黄色黏稠液；固含量：(35.0 ± 1.0)%；黏度（23℃）：2000～6000cPa•s。涂布后胶黏剂产品的技术性能如下。黏着力：11～15N/inch [测试条件：SUS304，180°方向，(23±2)℃，300mm/min]；持粘力：0～0.5mm（24h，室温，对 SUS304，1kg/inch）；初黏力：5#～15# [J. DOW 法，(23±2)℃]。测试样品的制作方法：1. 把粘接剂 T-41 和交联剂 H 按照 100：0.9 的比例混合；2. 将成胶涂布在离型纸上，于 80～100℃干燥 3min；3. 把干胶和 50μm 的 PVC 膜复合，干胶厚度为 25μm；4. 将此胶黏样品置于 40℃下，放置 3d 或在 23℃下，放置 7d 熟化后，按照 JIS Z 0237 8 标准测试方法测试后即可。

【特点及用途】 T-41 是一种双液型丙烯酸酯类压敏胶；具有优异的耐反翘性能及高黏着力。适用于双层干电池膜标签。

【施工工艺】 1. 该胶是双组分胶，粘接剂和交联剂 H 的质量比为 100：0.9；实际的比例可以根据应用情况在一定范围内调整。2. 在搅拌桶内倒入 100kg 的胶水 T-41，启动搅拌机，慢慢倒入交联剂 H 0.9kg，搅拌均匀，时间为 15min 左右。（搅拌机在倒入交联剂时不要停止作业）。3. 静置片刻，待气泡完全消除（在条件可能的情况下用盖子盖好，最好不要接触水蒸气）后方可上机涂。4. 在使用交联剂前，请观察其形态有无变化，正常时为水状，如变稠或呈胶水状时请勿使用。因交联剂活性很大，请开启盖子后尽量一次用完，如未用完再次使用前请先查看其形态。交联剂最好不要再次使用，存放时间不宜过长。注意事项：交联剂 H 极易吸收空气中的水分而变质，保质期在 60d 以内，开封过后的交联剂 H 一般只能使用 7d 左右，具体可通过甲苯稀释来判断。

【毒性及防护】 本产品含有有机溶剂，应按照 MSDS 所要求的进行操作。T-41 和交联剂 H 应尽量避免与皮肤和眼睛接触，若不慎接触眼睛，应迅速用清水清洗。

【包装及贮运】 T-4150kg/桶，保质期 1 年；交联剂 H，铝罐包装。贮存条件：室温、阴凉处贮存。本产品按照危险品运输。

【生产单位】 三信化学（上海）有限公司。

Hb020 丙烯酸酯溶剂型压敏胶 Winner-300

【英文名】 acrylic pressure sensitive adhesive Winner-300

【主要组成】 丙烯酸酯共聚物、溶剂等。

【产品技术性能】 外观：灰色透明液体；固含量：(48±2)%；黏度（25℃）：2000～3000mPa·s；剥离力：≥7.5N/25mm；初黏力（钢球号）：≥12#；持粘力：≥28h；以上性能测试参照 GB/T 4851—2014，GB 2792-2794-81。

【特点及用途】 主要用于双面胶带、不干胶带、BOPP 封箱胶、文具胶等多种制品。

【毒性及防护】 属于易燃易爆一级危险品。

【包装及贮运】 装于干燥清洁的 200L 塑料桶，净重 180kg/桶。10～30℃下贮存期为 6 个月。

【生产单位】 广州宏昌胶粘带厂。

Hb021 反光材料用压敏胶 FG 200

【英文名】 pressure sensitive adhesive FG 200 for reflective material

【主要组成】 丙烯酸酯聚合物，可与交联剂 A 混合使用，使用甲苯、乙酸乙酯作溶剂。

【产品技术性能】 外观：无色至淡黄色黏稠液体；固含量：(35±1)%；黏度（25℃）：6000～9000 mPa·s；黏着力：9～12N/25mm [测试条件：对 SUS 304，180°方向，(23±2)℃，300mm/min]；初黏力：6#～14# [测试条件：J. DOW 法，(23±2)℃]；持粘力：<0.2mm/60min（测试条件：40℃，对 SUS304，5N/25mm）。

【特点及用途】 本产品广泛用于反光织物、反光膜、玻璃珠、金属反光粉等反光材料的粘接。

【施工工艺】 1. 把胶黏剂 FG200 和交联剂 A 按照 100∶1.5 的比例混合；2. 将胶涂布在 25μm 厚的 PVC 膜上，于 80℃干燥 2min，得到厚度为 (50±2) μm 的胶带 [其中干胶厚度为 (25±2) μm]；3. 将此胶带置于 40℃下，放置 3d（或在 23℃下放置 7d）后，按照 JIS Z 0237 8 标准测试方法测试后即可 [测试条件：温度 (23±2)℃，湿度 (65±5)%]。

【包装及贮运】 本品属于易燃品，室温干燥密闭防火贮存。

【生产单位】 三信化学（上海）有限公司。

Hb022 通用 PVC 车贴广告膜用压敏胶 MK 135

【英文名】 pressure sensitive adhesive MK 135 for PVC films

【主要组成】 丙烯酸酯聚合物，可与交联剂 C 混合使用，使用甲苯、乙酸乙酯作溶剂。

【产品技术性能】 外观：透明至淡黄色黏稠液体；固含量：(40±1)%；黏度（25℃）：3500～6500 mPa·s；黏着力：10N/25mm [测试条件：对 SUS 304，180°方向，(23±2)℃，300mm/min]；初黏力：8#～15# [测试条件：J. DOW 法，(23±2)℃]。

【特点及用途】 对钢板、涂塑钢板有良好的粘接力，在长期高温环境中粘贴使用后，剥离时被贴表面无残胶，无鬼影。广泛用于各种大巴士的车身广告。

【施工工艺】 1. 把胶黏剂 MK 135 和交联剂 C 按照 100∶5 的比例混合；2. 将胶涂布在 25μm 厚的 PVC 膜上，于 80℃干燥 2min，得到厚度为（43±2）μm 的胶带［其中干胶厚度为（18±2）μm］；3. 将此胶带置于 40℃下，放置 3d（或在 23℃下放置 7d）后，按照 JIS Z 0237 8 标准测试方法测试后即可［测试条件：温度（23±2)℃，湿度（65±5)%］。

【包装及贮运】 本品属于易燃品，室温干燥密闭防火贮存。

【生产单位】 三信化学（上海）有限公司。

Hb023 电子行业用低黏力保护膜用压敏胶 MK 100

【英文名】 low tack pressure sensitive adhesive MK 100 for protective film

【主要组成】 丙烯酸酯聚合物，可与交联剂 A 混合使用，使用甲苯、乙酸乙酯作溶剂。

【产品技术性能】 外观：无色至淡黄色黏稠液体；固含量：（30±1)%；黏度(25℃)：2000～5000 mPa·s；黏着力：2.5～4.5N/25mm［测试条件：对 SUS 304，180°方向，（23±2)℃，300mm/min］；初黏力：8#～18#［测试条件：J. DOW 法，（23±2)℃］；持粘力：＜0.2mm/60min（测试条件：40℃，对 SUS304，5N/25mm）。

【特点及用途】 可广泛用于金属、玻璃、塑料等制品的表面保护。应用于汽车部件在冲压成弯型过程中的保护，电灯开关和调合面板、CRT 玻璃屏幕、汽车玻璃、汽车灯具、手机的聚碳酸酯视窗部分、大理石盆器等表面的保护。

【施工工艺】 1. 把胶黏剂 MK 100 和交联剂 A 按照 100∶(1～3) 的比例混合；2. 将胶涂布在 25μm 厚的 PVC 膜上，于 80℃干燥 2min，得到厚度为（50±2）μm 的胶带［其中干胶厚度为（25±2）μm］；3. 将此胶带置于 40℃下，放置 3d（或在 23℃下放置 7d）后，按照 JIS Z 0237 8 标准测试方法测试后即可［测试条件：温度（23±2)℃，湿度（65±5)%］。

【包装及贮运】 本品属于易燃品，室温干燥密闭防火贮存。

【生产单位】 三信化学（上海）有限公司。

Hb024 电子行业用低黏力保护膜用压敏胶 MK 150

【英文名】 low tack pressure sensitive adhesive MK 150 for protective film

【主要组成】 丙烯酸酯聚合物，可与交联剂 A 混合使用，使用甲苯、乙酸乙酯作溶剂。

【产品技术性能】 外观：无色至淡黄色黏稠液体；固含量：（30±1)%；黏度(25℃)：800～2000 mPa·s；黏着力：0.4N/25mm［测试条件：对 SUS 304，180°方向，（23±2)℃，300mm/min］；初黏力：5#～15#［测试条件：J. DOW 法，(23±2)℃］。

【特点及用途】 可广泛用于汽车部件在冲压成弯型过程中的保护，电灯开关和调合面板、CRT 玻璃屏幕、汽车玻璃、汽车灯具、手机的聚碳酸酯视窗部分、大理石盆器等表面的保护。

【施工工艺】 1. 把胶黏剂 MK 150 和交联剂 A 按照 100∶5 的比例混合；2. 将胶涂布在 25μm 厚的 PVC 膜上，于 80℃干燥 2min，得到厚度为（50±2）μm 的胶带［其中干胶厚度为（25±2）μm］；3. 将此胶带置于 40℃下，放置 3d（或在 23℃下放置 7d）后，按照 JIS Z 0237 8 标准测试方法测试后即可［测试条件：温度（23±2)℃，湿度（65±5)%］。

【包装及贮运】 本品属于易燃品，室温干燥密闭防火贮存。

【生产单位】 三信化学（上海）有限公司。

Hb025 压敏胶 PS

【英文名】 pressure sensitive adhesive PS

【主要组成】 丙烯酸丁酯-丙烯酸甲酯共聚物、增黏树脂、乙酸乙酯、汽油等。

【产品技术性能】 外观：淡黄色透明液体；固含量：25%～30%；黏度（25℃）：0.4～1.5Pa·s；剥离强度（常温）：2～4N/cm。

【特点及用途】 使用温度在常温～60℃的范围内；初粘力高，可制作压敏胶带，也可直接涂胶粘贴。可适用于各种塑料薄膜与金属箔、金属和非金属材料的粘贴，如金属或塑料的粘贴，塑料、纸张及标签的粘贴。

【施工工艺】 将本品涂于被粘物表面，在常温下待溶剂挥发后即可黏结。

【包装及贮运】 本品属于易燃品，室温干燥密闭防火贮存。

【生产单位】 上海华谊（集团）公司—上海市合成树脂研究所。

Hc 热熔压敏胶

Hc001 热熔压敏胶

【英文名】 hot-melt pressure sensitive adhesive

【主要组成】 SIS/SBS、增黏剂、助剂等。

【产品技术性能】

型号	01	02	03	04
外观	浅色透明黏性块状固体	浅色透明黏性块状固体	微黄色	浅琥珀色
固含量/%	100	100	100	100b
软化点/℃	86±2	88±2	88±2	90-105
熔融黏度(180℃)/mPa·s	900±200	1100±200	1100±200	1500±300
施工温度/℃	150～170			

【特点及用途】 固含量100%的胶黏剂，常温下带有黏性的弹性固体，因不含有任何溶剂，故无毒、无害、无污染。且比溶剂型压敏胶有更大的内聚强度，其粘贴性随温度的变化而变化。应用于卫生巾、纸尿片结构胶、背胶、胶黏带、标签和商标原纸。

【毒性及防护】 本产品固化后为安全无毒物质。

【生产单位】 无锡市万力黏合材料有限公司。

Hc002 热熔压敏胶 PT-1 型

【英文名】 hot-melt pressure sensitive adhesive PT-1

【主要组成】 SIS合成树脂、增黏剂、助剂等。

【产品技术性能】

外观	浅黄色透明固体
固含量/%	100
软化点/℃	98
熔融黏度/mPa·s	4000(180℃);5500(170℃);7000(160℃);9000(150℃)
180°剥离强度(25℃)/(N/2.5cm)	≥17
持粘性/25℃	≥2h/1kg,2.5cm

【特点及用途】 用于制作高档标签，单(双)面胶带。

【施工工艺】 用于喷涂、刮涂、滚涂系统。推荐使用温度，胶箱150～160℃，胶管、喷头180℃。

【毒性及防护】 本产品固化后为安全无毒物质。

【包装及贮运】 25kg纸箱包装，内衬防粘纸。按易燃物品运输，贮存在阴凉干燥处。

【生产单位】 三友（天津）高分子技术有限公司。

Hc003 热熔压敏胶黏剂 SBS/SIS

【英文名】 SBS/SIS hot melt pressure sensetive adhesive

【主要组成】 SBS、SIS、增黏树脂。

【产品技术性能】 外观：胶膜或胶带；软化点：(88±5)℃；熔融黏度（170℃）：(11±1) Pa·s；剥离强度：≥8N/cm；持粘性能：>120h；初粘性能：13 球号。

【施工工艺】 可用压膜机压成胶膜直接用于黏结，也可用涂布机涂布在各种基材上制成胶带使用。

【特点及用途】 生产包装带、双面胶带、商标原纸，还可用于各种包装。贮存于阴凉通风处。

【生产单位】 黑龙江省科学院石油化学研究院。

Hc004 热熔压敏胶 HPS 系

【英文名】 hot-melt presure sensitive adhesives HPS series

【主要组成】 SBS 热塑性弹性体、增黏剂等。

【产品技术性能】 性状：琥珀色或淡黄色块状弹性透明固体；初粘力（滚球法，钢球号）：14# ～20#；持粘力：6～14 h；剥离强度（180℃）：2.6～10N/cm；软化点：(90±5)℃；熔融温度：160～190℃；熔体黏度（180℃）：5～15Pa·s；渗透性：60℃连续 72 h 无渗透；耐低温：－10～－25℃不脱落；使用温度：－25～60℃。

【施工工艺】 以直接法或间接转移法涂布于压敏胶带带基上。

【特点及用途】 使用温度范围广，黏性好，剥离强度高，内聚力强，黏结迅速。主要用途如下。HPS-GS 型：高级双面胶带、即贴胶纸、装饰装潢胶带等；HPS-WT 型：无碳书写纸、防伪标签、高档商标原纸、即贴胶纸等；HPS-SZA 型：一般商标原纸、彩车装饰胶带等；HPS-SZB 型：一般商标原纸、彩车装饰胶带等；HPS-PS 型：普通双面胶带等；HPS-LB 型：乳白色布基胶带等；HPS-BJ 型：各色布基胶带等；HPS-XH 型：电脑绣花胶带、各式箱包内衬等；HPS-NZ 型：免水牛皮纸封箱胶带等；HPS-MW 型：美纹胶带等；HPS-WS 型：妇女卫生巾、婴儿尿布等；HPS-YL 型：医用透气胶带等。

【包装及贮运】 本品属于非危险品，贮存于阴凉干燥处，可长期贮存。

【生产单位】 浙江省丽水市三力胶业有限公司。

Hc005 热熔压敏胶 HPS-629

【英文名】 hot-melt pressure sensitive adhesive HPS-629

【主要组成】 SIS 三嵌段热塑性弹性体、C5 石油树脂。

【产品技术性能】 外观：淡黄色块状弹性透明固体；软化点：(93±5)℃；初粘力（滚球法，钢球号）：20#；持粘力：>14h；剥离强度：2.6～7.2N/cm；熔融温度：170～190℃；熔融黏度（180℃）：300～500Pa·s；渗透性：加热至 60℃时连续 72h 无渗透，耐低温－10℃不脱落，纯洁度加热至 180℃ 120 目筛网全通过。

【施工工艺】 适用于高速机械化或自动化生产线以直接法或间接转移法的涂布工艺。

【特点及用途】 在常温下使用，黏结迅速，黏结力强，无毒、无害、无“三废”排放，有利于生产操作环境的保护。可应用于纸箱等的黏结和包装。

【包装及贮运】 本品属于非危险品，在阴凉干燥处贮存，贮存期 12 个月。

【生产单位】 浙江龙泉好特胶粘材料有限公司。

Hc006 无溶剂压敏地板胶 A-04

【别名】 PVC 地板胶

【英文名】 solvent-free pressure sensitive floor adhesive A-04

【主要组成】 天然橡胶、氯丁橡胶、丁苯橡胶、增黏树脂等。

【产品技术性能】 外观：胶层为棕褐色均匀黏性固体；不挥发物：100%；熔融黏度：50～150Pa·s；180°剥离强度：≥8 N/cm；0°持粘力（负重 1kg）：15min 不位移；耐介质性：在海水中浸泡 1 周或在有机油中浸泡 24h，强度下降率≤30%。

【特点及用途】 使用温度范围为－10～60℃。不需涂胶，直接粘贴，连续施工，提高功效。具有压敏性，粘贴初粘强度高，贴后即可使用。用于船舰、建筑地面贴 PVC 的地板及布；也可用于水泥地面、涂料地面、钢板上的粘贴。

【施工工艺】 将覆盖在 PVC 地板上的防粘纸揭去，按所需花纹把地板粘贴到地面上，用木锤或橡胶锤轻轻地敲打即可粘住。施工完成后，即可在其上走动或摆放家具及设备等。

【包装及贮运】 以胶带的各种 PVC 地板或胶膜供应，用硬纸箱或木板箱包装。贮存温度为－10～30℃，贮存期超过 1 年，按非危险品贮运。

【生产单位】 海洋化工研究院有限公司。

Hd 压敏胶黏带

Hd001 点焊密封胶带 LY-303

【英文名】 spot welding tape LY-303

【主要组成】 环氧树脂、丁腈橡胶、硫化剂、导电炭黑、助剂等。

【产品技术性能】 外观：黑色带状，厚度为 1.1～1.3mm，宽度为 10mm，或根据客户要求；不挥发物含量：≥85%；固化范围：170～200℃/20～60min。在标准固化条件下（170℃/30min）固化物的性能如下。硬度：15～35 Shore A；剪切强度：≥0.4MPa（非油面）；膨胀率：80%～120%（高膨胀型）、0～60%（低膨胀型）；点焊强度下降率：≤10%；水密性：无透水现象；测试标准：以上数据测试参照企标 Q/LY-0303—2011）。

【特点及用途】 与糊状点焊密封胶相比，本产品无需专门的涂胶设备，宽度厚度预成型避免了糊状胶容易出现得过多造成浪费，过少密封失败。产品具有优异的抗下垂性、可点焊、密封性，固化温度范围宽，对油面、镀锌钢板基材具有优异的初粘性。产品不含有机溶剂，无毒、无刺激性气味，对环境无污染。主要用于车身骨架总成、侧围等部位点焊连接时焊点部位的密封。经电泳工序后固化，将焊点周围与两个焊点之间的缝隙完全密封，有效防止车身漏水、透风和漏尘，保持车内环境，同时对焊点部位进行有效的保护，防止焊点部位被锈蚀，延长车身寿命。

【施工工艺】 被密封件尽量少油、干燥无锈蚀，将本品铺贴于需要密封的部位并除去隔离纸。合拢组件并按工艺规范采用点焊机点焊连接，经电泳工序烘烤后固化，即可对点焊部位产生密封。注意事项：点焊参数通常不受涂胶影响，增加电极压力有利于顺利焊接。正式使用前双方需根据应用方的生产方式、密封部位的情况选择相应型号的产品，并做好相应产品的试用工作。

【毒性及防护】 本产品为安全无毒物质，施工应佩戴防护手套，尽量避免与皮肤和眼睛直接接触，若不慎接触眼睛，应迅速用清水清洗，严重时送医。

【包装及贮运】 硬纸盒装，每盒 1 盘，每箱 10 盒。贮运条件：本产品为非危险物品，可按一般化学产品运输。运输过程应防止雨淋、日光曝晒。原包装平放贮存在阴凉干燥的库房内，贮存温度以不超过 25℃为宜，严禁侧放、倒放，防止日光直接照射，并远离火源和热源。在上述贮存条件下，贮存期为 6 个月。

【生产单位】 北京龙苑伟业新材料有限公司。

Hd002 膨胀胶带 LY-302 系列

【英文名】 expandable tape LY-302 series

【主要组成】 顺丁橡胶、硫化剂、助剂等。

【产品技术性能】 外观：灰黑色带状，以盘供应，尺寸规格可定做；不挥发物含量：≥90%；固化范围：170～200℃/20～60min。在标准固化条件下（170℃/

30min）固化物的性能如下。硬度：20～60 Shore A；剪切强度：非油面≥0.6MPa，油面≥0.4MPa；膨胀率：5%～150%，根据客户要求；过热试验：经200℃、30min过热固化，无过烧现象；测试标准：以上数据测试参照企标Q/LY-0302—2011。

【特点及用途】与糊状减震胶相比，本产品无需专门的涂胶设备，宽度厚度预成型避免了糊状胶容易出现得过多造成浪费，过少减震失败的问题。产品施工性能优异，具有极佳的油面施工性、抗下垂性、减震性。产品固化温度范围宽，对金属基材具有优异的粘接性，不含有机溶剂，无毒、无刺激性气味，对环境无污染。主要用于车门、侧围板、箱盖、发动机盖等外板与加强筋或骨架之间的减震，经电泳工序后固化，将外板与加强梁粘接在一起，阻止了两个刚性材料碰撞震动粘接，同时阻止或减弱了其它震动在两个刚性材料之间的直接连续传播，提升了NVH性能。

【施工工艺】被粘接件尽量少油、干燥无锈蚀，将本品铺贴于需减震部位轻压并除去隔离纸。将外板与加强结构合拢、装配成组件，经电泳工序烘烤后固化，即可起到减震粘接的作用。注意事项：使用前双方需根据应用方的车身情况选择合适硬度、膨胀率的产品，并做好相应产品的试用工作。

【毒性及防护】本产品为安全无毒物质，施工应佩戴防护手套，尽量避免与皮肤和眼睛直接接触，若不慎接触眼睛，应迅速用清水清洗，严重时送医。

【包装及贮运】硬纸盒装，每盒1盘，每箱10盒。贮运条件：本产品为非危险物品，可按一般化学产品运输。运输过程应防止雨淋、日光曝晒。原包装平放贮存在阴凉干燥的库房内，贮存温度以不超过25℃为宜，严禁侧放、倒放，防止日光直接照射，并远离火源和热源。在上述贮存条件下，贮存期为6个月。

【生产单位】北京龙苑伟业新材料有限公司。

Hd003 结构粘接胶带 LY-308A

【英文名】structural tape LY-308A

【主要组成】环氧树脂、丁腈橡胶、硫化剂、助剂等。

【产品技术性能】外观：黑色带状，规格尺寸根据客户要求；密度：≤1.60g/cm^3；不挥发物含量：≥98%；固化范围：150～200℃/30～60min。在标准固化条件下（170℃/30min）固化物的性能如下。剪切强度：≥8MPa，实测值约12MPa；剥离强度：≥40N/25mm，实测值110N/25mm；测试标准：以上数据测试参照企标Q/LY-0308A—2011。

【特点及用途】经电泳工序后固化，增强车身整体刚度，提高防撞性、抗疲劳性，增加车身稳定性，提升车辆NVH性能。产品密度低，抗弯强度高，施工操作方便。对前处理液、电泳液无污染，不含有机溶剂，无毒、无刺激性气味，对环境无污染。用途：适用车身大缝隙、垂直立面等部位的结构粘接。

【施工工艺】被粘接-密封件尽量少油、干燥无锈蚀。将结构胶带铺贴于指定部位，然后按工艺进行组装、焊接。经电泳工序烘烤后固化，即可起到结构粘接的作用。注意事项：冬季施工环境温度低于5℃时，本品油面不易施工，建议施工前对本品采用预先加热的方式，加热温度建议保持在30～45℃，累计加热时间不要超过8h，同时施工表面尽量少油。使用前双方需根据应用方的情况选择合适剪切强度、剥离强度的产品，并做好相应产品的试用工作。

【毒性及防护】本产品为安全无毒物质，施工应佩戴防护手套，尽量避免与皮肤和眼睛直接接触，若不慎接触眼睛，应迅速用清水清洗，严重时送医。

【包装及贮运】 硬纸盒装，每盒1盘，每箱10盒。贮运条件：本产品为非危险物品，可按一般化学产品运输。运输过程应防止雨淋、日光曝晒。原包装平放贮存在阴凉干燥的库房内，贮存温度以不超过25℃为宜，严禁侧放、倒放，防止日光直接照射，并远离火源和热源。在上述贮存条件下，贮存期为3个月。

【生产单位】 北京龙苑伟业新材料有限公司。

Hd004 补强胶片 LY-306 系列

【英文名】 reinforcing adhesive sheet LY-306 series

【主要组成】 环氧树脂、丁腈橡胶、硫化剂、助剂等。

【产品技术性能】 外观：粘接层为黑色片状，背衬浸胶玻璃布，玻纤布根据不同强度厚度不同；规格尺寸根据客户要求；密度：1.3～1.50g/cm³；不挥发物含量：≥98%；初始粘接力：≥3N/25mm；固化范围：150～200℃/30～60min。在标准固化条件下（170℃/30min）固化物的补强倍数如下。

条件	中强度	高强度
挠度 2.5mm	≥2	≥3
挠度 5mm	≥3	≥4
最大破坏时	≥4	≥5

测试标准：以上数据测试参照企标 Q/LY-0306—2011。

【特点及用途】 产品施工性能优异，在油面、低温施工方便，可有效提高生产效率。产品固化温度范围宽，对金属基材具有优异的粘接性，不含有机溶剂，无毒、无刺激性气味，对环境无污染。主要用于车门、车顶、引擎盖、行李箱盖等大面积钣金部位，经电泳工序后固化粘接在钢板上，与钢板形成复合结构，增加车身局部钣金刚性、强度，提升钢板本身固有的共振频率，降低车身对部分振动的敏感性，衰减振动频率和振幅，提升了NVH性能。

【施工工艺】 除去胶片隔离纸，将其铺于需补强的基材上，用手赶压除去气泡并压实即可。经电泳工序烘烤后固化，即可对车身钢板起到增强作用。注意事项：如铺贴位置错误，请于20s内揭下重新铺贴。使用前双方需根据应用方的车身情况选择合适的增强产品，并做好相应产品形状、尺寸的设计工作。

【毒性及防护】 本产品为安全无毒物质，施工应佩戴防护手套，尽量避免与皮肤和眼睛直接接触，若不慎接触眼睛，应迅速用清水清洗，严重时送医。

【包装及贮运】 硬纸盒装。贮运条件：本产品为非危险物品，可按一般化学产品运输。运输过程应防止雨淋、日光曝晒。原包装平放贮存在阴凉干燥的库房内，贮存温度以不超过25℃为宜，严禁侧放、倒放，防止日光直接照射，并远离火源和热源。在上述贮存条件下，贮存期为6个月。

【生产单位】 北京龙苑伟业新材料有限公司。

Hd005 阻尼胶片 LY-191 系列

【英文名】 damping adhesive sheet LY-191 series

【主要组成】 丁基橡胶、软化剂、助剂等。

【产品技术性能】 外观：粘接层为黑色片状，背衬玻璃布或铝箔，规格尺寸根据客户要求；密度：1.60～1.90g/cm³；不挥发物含量：≥95%；初始粘接力：≥19.6N/25mm；耐低温性：碰撞试验后材料不能从其黏结的表面上剥落或掉下；阻尼特性：>0.90；测试标准：以上数据测试参照企标 Q/LY-0191—2011。

【特点及用途】 该类材料与沥青阻尼胶片相比，具有在非常广泛的温度范围内均具有良好的阻尼效果，与车身的黏附性好，在不同的介质表面、低温环境下施工方便，可有效提高生产效率。产品不含有机溶剂，无毒、无刺激性气味，对环境无污染。主要用于车门、车顶、引擎盖、行李箱盖等大面积部位，吸收、衰减车身振动频率和振幅，提升了 NVH 性能。

【施工工艺】 除去胶片隔离纸，将其铺于需阻尼的基材上，用手赶压，确保胶片与基材紧密贴合，无气泡夹杂在胶片与基材之间。该产品可用于焊装、涂装、总装工序，考虑施工的方便性和最终施工后的外观气泡，推荐用于总装工序。注意事项：使用前双方需根据应用方的车身情况选择合适的产品，并做好相应产品形状、尺寸的设计工作。

【毒性及防护】 本产品为安全无毒物质，施工应佩戴防护手套，尽量避免与皮肤和眼睛直接接触，若不慎接触眼睛，应迅速用清水清洗，严重时送医。

【包装及贮运】 硬纸盒装。贮运条件：本产品为非危险物品，可按一般化学产品运输。运输过程应防止雨淋、日光曝晒。原包装平放贮存在阴凉干燥的库房内，贮存温度以不超过 25℃为宜，严禁侧放、倒放，防止日光直接照射，并远离火源和热源。在上述贮存条件下，贮存期为 6 个月。

【生产单位】 北京龙苑伟业新材料有限公司。

Hd006 密封胶带 HM31

【英文名】 sealing tape HM31

【主要组成】 丁基橡胶、高温树脂硫化剂、助剂等。

【产品技术性能】 外观：浅绿色、棕红色；密度：1.1g/cm^3；锥入度：40～60；剪切强度：≥0.07MPa；适用温度：室温～235℃；标注测试标准：以上数据测试参照企标 Q/6S 2505—2012。

【特点及用途】 适用温度范围宽，具有良好的初粘性，同时保证在复合材料固化过程中具有优良的气密性，在固化工艺完成后，胶带用手工很容易从金属模板上清除干净。主要用于复合材料真空成型工艺的密封。

【施工工艺】 金属基板表面铺贴密封胶带的部位应清理干净，将密封胶带与隔离纸一起沿基板表面密封部位边展开，边用手或压辊压在基板表面，密封胶带按使用长度可剪断，长度不够时，允许搭接使用，搭接部位应与基板完全贴合并压实，防止有漏空或间隙出现。注意事项：施工温度在 7～49℃。温度低时，可采用电热吹风机或红外加热器，提高施工部位的表面温度。

【毒性及防护】 本产品固化后为安全无毒物质。

【包装及贮运】 包装：卷成盘状，每卷胶带的规格为 12mm×3mm×7.5m，保质期 12 个月。贮存条件：室温、阴凉处贮存。本产品按照非危险品运输。

【生产单位】 中国航空工业集团公司北京航空材料研究院。

Hd007 通用万能型压敏胶 DS-17

【英文名】 general pressure-sensitive adhesive DS-17

【主要组成】 丙烯酸酯共聚物、交联剂、溶剂（甲苯、乙酸乙酯）等。

【产品技术性能】 外观：透明淡黄色黏稠液；固含量：(45.0 ± 1.0)%；黏度(23℃)：5000～10000cPa·s。涂布后胶黏剂产品的性能如下。黏着力：15～20N/inch [测试条件：SUS304，180°方向，(23±2)℃，300mm/min]；持粘力：≤1.4mm/1h (80℃，对 SUS304，1kg/inch，200μm 厚铝箔贴合法)；初粘力：17#～19# [J. DOW 法，(23±2)℃]。双面胶带测试样品的制作方法：1. 把粘接剂和交联剂 H 按照 100∶0.9的比例充分混合；2. 将成胶涂布在两张离型纸上，于 80～100℃干燥 3min；3. 将干燥后的离型纸从两面压着到芯材

($14g/m^2$的不织布）上，最后得到的胶带总厚度为（145±5）μm；4. 将该此胶带置于40℃下，放置3d或在23℃下，放置7d熟化后，按照JIS Z 0237 8标准测试方法测试后即可。

【特点及用途】 DS-17是一种油性双组分丙烯酸酯压敏性粘接剂，可与交联剂H混合使用。很好的粘接力，使用范围很广，曲面附着力强，耐曲张力。应用于各种材料之间的粘接，特别适用于海绵装饰、金属、PP、PE等产品的粘接。

【施工工艺】 1. 该胶是双组分胶，粘接剂DS-17和交联剂胶H按照比例100∶0.9充分混合；实际的比例可以根据应用情况在一定范围内调整。2. 在搅拌桶内倒入100kg的胶水DS-17，启动搅拌机，慢慢倒入交联剂胶H 0.9kg，搅拌均匀（搅拌速率1000～2000r/min），时间为15min左右。3. 静置片刻，待气泡完全消除（在条件可能的情况下用盖子盖好，最好不要接触水蒸气）后方可上机涂。4. 在使用交联剂前，请观察其形态有无变化，正常时为水状，如变稠或呈胶水状时请勿使用。因交联剂活性很大，请开启盖子后尽量一次用完，如未用完再次使用前请先查看其形态。交联剂最好不要再次使用，存放时间不宜过长。注意事项：此交联剂胶H易吸收空气中的水分而变质，保质期在60d以内，开封过后的交联剂胶H一般只能使用7d左右，具体可通过甲苯稀释来判断。

【毒性及防护】 本产品含有有机溶剂，应按照MSDS所要求的进行操作。DS-17和交联剂胶H应尽量避免与皮肤和眼睛接触，若不慎接触眼睛，应迅速用清水清洗。

【包装及贮运】 DS-17 50kg/塑料桶，保质期1年；交联剂胶H，铝罐包装。贮存条件：室温、阴凉处贮存。本产品按照危险品运输。

【生产单位】 三信化学（上海）有限公司。

Hd008 自粘带 JD-2

【英文名】 self-tack tape JD-2

【主要组成】 以丁基橡胶和聚异丁烯等为主体组成的一种自粘性胶带。

【产品技术性能】 拉伸强度：1.4MPa；扯断伸长率：800%；体积电阻率：$\geqslant 1\times 10^{14}$ Ω·cm；击穿电压强度：≥20 kV/mm；自粘性：缠绕后经室温放置48h切割断面无分层。

【特点及用途】 本品是以硅橡胶为主体材料的硫化弹性带，具有相互缠绕后自粘成一体的特殊性能，使用非常方便。同时又具备硅橡胶的耐高低温、耐天候老化以及优越的电绝缘性能。用途：本品可以用于各种电动机和发动机引线以及电线、电缆、高压输电线、信号线的包扎，起到防水、绝缘、耐热、密封的作用，也可作为H级电工绝缘带使用。

【施工工艺】 撕去聚乙烯隔离膜，在拉伸40%～100%的长度下以半搭接的方式缠绕在被保护物体上。经室温放置48h或150℃/3h之后熔合成一体。

【毒性及防护】 本品无毒、无害。

【包装及贮运】 包装：10kg/箱，保质期8个月。贮存条件：贮存在阴凉干燥处。本产品按照非危险品运输。

【生产单位】 上海华谊（集团）公司—上海橡胶制品研究所。

Hd009 耐高温电绝缘硅橡胶自粘带 JD-70

【英文名】 silicone tape JD-70 with high-temperature resistance and electric-insulation

【主要组成】 硅橡胶、增黏剂、助剂等。

【产品技术性能】 外观：带有聚乙烯隔离膜无基材红色弹性卷状胶带；规格（长、宽、厚）：10000mm×25mm×0.5mm；使用温度：−60～250℃长期使用，短期可耐 300℃；拉伸强度：≥4.4MPa；扯断伸长率：≥350%；300%定伸应力：0.7MPa；体积电阻率：≥10^{15} Ω·cm；击穿电压强度：≥30 kV/mm；自粘性（自粘 10min 后）：剥开材料自身破坏。

【特点及用途】 该自粘带具有良好的自粘性、防水密封绝缘性和优良的耐热老化、耐天候及贮存稳定性。适用于和其它材质的野战被覆线接头的绝缘，也适用于在电讯、电子、电泵、机电、建筑等工业中电线电缆终端和中间连接的绝缘，以及防水密封处理等方面。

【施工工艺】 自粘带是一种自身具有黏着性的材料，在适度拉伸下绕包于被保护体上，即能自粘紧缩成一整体。

【毒性及防护】 本品无毒、无害。

【包装及贮运】 包装：10kg/箱，保质期 24 个月。贮存条件：贮存在阴凉干燥处。本产品按照非危险品运输。

【生产单位】 上海华谊（集团）公司—上海橡胶制品研究所。

Hd010 绝热硅橡胶自粘带 JD-71

【英文名】 heat-insulation self-tack silicone tape JD-71

【主要组成】 硅橡胶弹性体、增黏剂和助剂等。

【产品技术性能】 外观：带有聚乙烯隔离膜无基材灰色弹性卷状胶带；规格（长、宽、厚）：8000mm×25mm×1mm；使用温度：－60～150℃长期使用，短期可耐 200℃；拉伸强度：≥0.5MPa；扯断伸长率：≥100%；体积电阻率：≥1×10^{14} Ω·cm；击穿电压强度：≥20kV/mm；抗烧蚀性：1000℃×5min；自粘性：缠绕后经室温放置 48h 切割断面无分层。

【特点及用途】 本品是以硅橡胶为主体材料的硫化弹性带，具有相互缠绕后自粘成一体的特殊性能，以及短时间抗火焰烧蚀的性能。同时又具备硅橡胶的耐高低温、耐天候老化以及优越的电绝缘等通性。本产品适用于高压绝缘子端头密封，电线、电缆、信号线及各种电动机和发动机引线的包扎，可以起到防火、防水、绝缘、密封的作用。

【施工工艺】 撕去聚乙烯隔离膜，在拉伸 40%的长度下以半搭接的方式缠绕在被保护物体上。经室温放置 48h 或 150℃/3h 之后熔合成一体。

【毒性及防护】 本品无毒、无害。

【包装及贮运】 包装：10kg/箱，保质期 8 个月。贮存条件：贮存在阴凉干燥处。本产品按照非危险品运输。

【生产单位】 上海华谊（集团）公司—上海橡胶制品研究所。

Hd011 丙烯酸泡棉胶带 3M™ VHB™ 4905

【英文名】 acrylic foam tape 3M™ VHB™ 4905

【主要组成】 丙烯酸泡棉基材、丙烯酸胶黏剂、离型膜（纸）等。

【产品技术性能】 外观：透明；密度：0.96g/cm³；厚度：0.5mm；90°剥离强度（不锈钢，72h）：2.1N/mm；正态拉伸强度（Al-Al）：0.69MPa；标注测试标准：以上数据测试参照 ASTM D 3330/D 897。

【特点及用途】 透明、外观漂亮；降低重量、减震、耐久、防腐蚀；贮存时间长（24 个月）。用于粘接金属、玻璃及塑料材料，可以应用于电子、电器、交通工具、建筑、标牌等的组装。

【施工工艺】 该产品为即用型压敏胶带，在 0.1MPa 的压强下，可迅速建立强度，72h 后达到其最大强度。如配合 3M 底涂剂，效果更佳。注意事项：温度低于 10℃时，应采取适当的加温措施，否则产品的初粘性能会降低。

【毒性及防护】 本产品为安全无毒物质。

【包装及贮运】 包装：600mm×33m（可

按客户需要的尺寸加工）。贮存条件：贮存于21℃、50%相对湿度的条件下，保质期24个月。本产品按照非危险品运输。

【生产单位】 3M中国有限公司。

Hd012 丙烯酸泡棉胶带 3M™ VHB™ 4910

【英文名】 acrylic foam tape 3M™ VHB™ 4910

【主要组成】 丙烯酸泡棉基材、丙烯酸胶黏剂、离型膜（纸）等。

【产品技术性能】 外观：透明；密度：0.96g/cm^3；厚度：1mm；90°剥离强度（不锈钢板，72h）：2.6N/mm；正态拉伸强度（Al-Al）：0.69MPa；标注测试标准：以上数据测试参照ASTM D 3330/D 897。

【特点及用途】 透明、外观漂亮；降低重量、减震、耐久、防腐蚀；贮存时间长（24个月）。用于粘接金属、玻璃及塑料材料，可以应用于电子、电器、交通工具、建筑、标牌等的组装。

【施工工艺】 该产品为即用型压敏胶带，在0.1MPa的压强下，可迅速建立强度，72h后达到其最大强度。如配合3M底涂剂，效果更佳。注意事项：温度低于10℃时，应采取适当的加温措施，否则产品的初粘性能会降低。

【毒性及防护】 本产品为安全无毒物质。

【包装及贮运】 包装：600mm×33m（可按客户需要的尺寸加工）。贮存条件：贮存于21℃、50%相对湿度的条件下，保质期24个月。本产品按照非危险品运输。

【生产单位】 3M中国有限公司。

Hd013 丙烯酸泡棉胶带 3M™ VHB™ 4914

【英文名】 acrylic foam tape 3M™ VHB™ 4914

【主要组成】 丙烯酸泡棉基材、丙烯酸胶黏剂、离型膜（纸）等。

【产品技术性能】 外观：白色；密度：0.8g/cm^3；厚度：0.25mm；90°剥离强度（不锈钢板，72h）：2.3N/mm；正态拉伸强度（Al-Al）：0.9MPa；标注测试标准：以上数据测试参照ASTM D 3330/D 897。

【特点及用途】 外观漂亮；降低重量、密封防水、减震、耐久、防腐蚀；贮存时间长（24个月）、高强度。粘接金属、玻璃及高表面能的塑料材料，可以应用于电子、电器、交通工具、建筑、标牌等的组装。

【施工工艺】 该产品为即用型压敏胶带，在0.1MPa的压强下，可迅速建立强度，72h后达到其最大强度。如配合3M底涂剂，效果更佳。注意事项：温度低于15℃时，应采取适当的加温措施，否则产品的初粘性能会降低。

【毒性及防护】 本产品为安全无毒物质。

【包装及贮运】 包装：600mm×33m（可按客户需要的尺寸加工）。贮存条件：贮存于21℃、50%相对湿度的条件下，保质期24个月。本产品按照非危险品运输。

【生产单位】 3M中国有限公司。

Hd014 丙烯酸泡棉胶带 3M™ VHB™ 4915

【英文名】 acrylic foam tape 3M™ VHB™ 4915

【主要组成】 丙烯酸泡棉基材、丙烯酸胶黏剂、离型膜（纸）等。

【产品技术性能】 外观：透明；密度：0.96g/cm^3；厚度：1.5mm；90°剥离强度（不锈钢板，72h）：2.6N/mm；正态拉伸强度（Al-Al）：0.69MPa；标注测试标准：以上数据测试参照ASTM D 3330/D 897。

【特点及用途】 透明、外观漂亮；降低重量、减震、耐久、防腐蚀；贮存时间长

(24个月)。适用于粘接金属、玻璃及塑料材料，可以应用于电子、电器、交通工具、建筑、标牌等的组装。

【施工工艺】 该产品为即用型压敏胶带，在0.1MPa的压强下，可迅速建立强度，72h后达到其最大强度。如配合3M底涂剂，效果更佳。注意事项：温度低于10℃时，应采取适当的加温措施，否则产品的初粘性能会降低。

【毒性及防护】 本产品为安全无毒物质。

【包装及贮运】 包装：600mm×33m（可按客户需要的尺寸加工）。贮存条件：贮存于21℃、50%相对湿度的条件下，保质期24个月。本产品按照非危险品运输。

【生产单位】 3M中国有限公司。

Hd015 丙烯酸泡棉胶带 3M™ VHB™ 4918

【英文名】 acrylic foam tape 3M™ VHB™ 4918

【主要组成】 丙烯酸泡棉基材、丙烯酸胶黏剂、离型膜（纸）等。

【产品技术性能】 外观：透明；密度：0.96g/cm³；厚度：2mm；90°剥离强度（不锈钢板，72h）：2.6N/mm；正态拉伸强度（Al-Al）：0.69MPa；标注测试标准：以上数据测试参照ASTM D 3330/D 897。

【特点及用途】 透明、外观漂亮；降低重量、减震、耐久、防腐蚀；贮存时间长(24个月)。粘接金属、玻璃及塑料材料，可以应用于电子、电器、交通工具、建筑、标牌等的组装。

【施工工艺】 该产品为即用型压敏胶带，在0.1MPa的压强下，可迅速建立强度，72h后达到其最大强度。如配合3M底涂剂，效果更佳。注意事项：温度低于10℃时，应采取适当的加温措施，否则产品的初粘性能会降低。

【毒性及防护】 本产品为安全无毒物质。

【包装及贮运】 包装：600mm×33m（可按客户需要的尺寸加工）。贮存条件：贮存于21℃、50%相对湿度的条件下，保质期24个月。本产品按照非危险品运输。

【生产单位】 3M中国有限公司。

Hd016 丙烯酸泡棉胶带 3M™ VHB™ 4920

【英文名】 acrylic foam tape 3M™ VHB™ 4920

【主要组成】 丙烯酸泡棉基材、丙烯酸胶黏剂、离型膜（纸）等。

【产品技术性能】 外观：白色；密度：0.8g/cm³；厚度：0.4mm；90°剥离强度（不锈钢板，72h）：2.6N/mm；正态拉伸强度（Al-Al）：1.1MPa；标注测试标准：以上数据测试参照ASTM D 3330/D 897。

【特点及用途】 外观漂亮、降低重量、密封防水、减震、耐久、防腐蚀、贮存时间长（24个月）、高强度。粘接金属、玻璃及高表面能的塑料材料，可以应用于电子、电器、交通工具、建筑、标牌等的组装。

【施工工艺】 该产品为即用型压敏胶带，在0.1MPa的压强下，可迅速建立强度，72h后达到其最大强度。如配合3M底涂剂，效果更佳。注意事项：温度低于15℃时，应采取适当的加温措施，否则产品的初粘性能会降低。

【毒性及防护】 本产品为安全无毒物质。

【包装及贮运】 包装：600mm×33m（可按客户需要的尺寸加工）。贮存条件：贮存于21℃、50%相对湿度的条件下，保质期24个月。本产品按照非危险品运输。

【生产单位】 3M中国有限公司。

Hd017 丙烯酸泡棉胶带 3M™ VHB™ 4926

【英文名】 acrylic foam tape 3M™ VHB™ 4926

【主要组成】 丙烯酸泡棉基材、丙烯酸胶

黏剂、离型纸等。

【产品技术性能】 外观：深灰色；密度：0.72g/cm³；厚度：0.4mm；90°剥离强度（不锈钢板，72h）：2.1N/mm；正态拉伸强度（Al-Al）：0.65MPa；标注测试标准：以上数据测试参照 ASTM D 3330/D 897。

【特点及用途】 外观漂亮、降低重量、密封防水、减震、耐久、防腐蚀、贮存时间长（24个月）、泡棉柔软。粘接金属、玻璃及包括软质 PVC 在内的多种塑料材料，可以应用于电子、电器、交通工具、建筑、标牌等的组装。

【施工工艺】 该产品为即用型压敏胶带，在 0.1MPa 的压强下，可迅速建立强度，72h 后达到其最大强度。如配合 3M 底涂剂，效果更佳。注意事项：温度低于 15℃时，应采取适当的加温措施，否则产品的初粘性能会降低。

【毒性及防护】 本产品为安全无毒物质。

【包装及贮运】 包装：600mm×33m（可按客户需要的尺寸加工）。贮存条件：贮存于 21℃、50%相对湿度的条件下，保质期 24 个月。本产品按照非危险品运输。

【生产单位】 3M 中国有限公司。

Hd018 丙烯酸泡棉胶带 3M™ VHB™ 4930

【英文名】 acrylic foam tape 3M™ VHB™ 4930

【主要组成】 丙烯酸泡棉基材、丙烯酸胶黏剂、离型膜（纸）等。

【产品技术性能】 外观：白色；密度：0.8g/cm³；厚度：0.6mm；90°剥离强度（不锈钢板，72h）：3.5N/mm；正态拉伸强度（Al-Al）：1.1MPa；标注测试标准：以上数据测试参照 ASTM D 3330/D 897。

【特点及用途】 外观漂亮、降低重量、密封防水、减震、耐久、防腐蚀、贮存时间长（24个月）、高强度。粘接金属、玻璃及高表面能的塑料材料，可以应用于电子、电器、交通工具、建筑、标牌等的组装。

【施工工艺】 该产品为即用型压敏胶带，在 0.1MPa 的压强下，可迅速建立强度，72h 后达到其最大强度。如配合 3M 底涂剂，效果更佳。注意事项：温度低于 15℃时，应采取适当的加温措施，否则产品的初粘性能会降低。

【毒性及防护】 本产品为安全无毒物质。

【包装及贮运】 包装：600mm×33m（可按客户需要的尺寸加工）。贮存条件：贮存于 21℃、50%相对湿度的条件下，保质期 24 个月。本产品按照非危险品运输。

【生产单位】 3M 中国有限公司。

Hd019 丙烯酸泡棉胶带 3M™ VHB™ 4936

【英文名】 acrylic foam tape 3 M™ VHB™ 4936

【主要组成】 丙烯酸泡棉基材、丙烯酸胶黏剂、离型纸等。

【产品技术性能】 外观：深灰色；密度：0.72g/cm³；厚度：0.64mm；90°剥离强度（不锈钢板，72h）：3.0N/mm；正态拉伸强度（Al-Al）：0.62MPa；标注测试标准：以上数据测试参照 ASTM D 3330/D 897。

【特点及用途】 外观漂亮、降低重量、密封防水、减震、耐久、防腐蚀、贮存时间长（24个月）、泡棉柔软。粘接金属、玻璃及包括软质 PVC 在内的多种塑料材料，可以应用于电子、电器、交通工具、建筑、标牌等的组装。

【施工工艺】 该产品为即用型压敏胶带，在 0.1MPa 的压强下，可迅速建立强度，72h 后达到其最大强度。如配合 3M 底涂剂，效果更佳。注意事项：温度低于 15℃时，应采取适当的加温措施，否则产品的初粘性能会降低。

【毒性及防护】 本产品为安全无毒物质。

【包装及贮运】 包装：60mm×33m（可按客户需要的尺寸加工）。贮存条件：贮存于21℃、50%相对湿度的条件下，保质期24个月。本产品按照非危险品运输。

【生产单位】 3M中国有限公司。

Hd020 丙烯酸泡棉胶带 3M™ VHB™ 4941

【英文名】 acrylic foam tape 3M™ VHB™ 4941

【主要组成】 丙烯酸泡棉基材、丙烯酸胶黏剂、离型纸等。

【产品技术性能】 外观：深灰色；密度：0.72g/cm³；厚度：1.10mm；90°剥离强度（不锈钢板，72h）：3.5N/mm；正态拉伸强度（Al-Al）：0.585MPa；标注测试标准：以上数据测试参照 ASTM D 3330/D 897。

【特点及用途】 外观漂亮、降低重量、密封防水、减震、耐久、防腐蚀、贮存时间长（24个月）、泡棉柔软。粘接金属、玻璃及包括软质PVC在内的多种塑料材料，可以应用于电子、电器、交通工具、建筑、标牌等的组装。

【施工工艺】 该产品为即用型压敏胶带，在0.1MPa的压强下，可迅速建立强度，72h后达到其最大强度。如配合3M底涂剂，效果更佳。注意事项：温度低于15℃时，应采取适当的加温措施，否则产品的初粘性能会降低。

【毒性及防护】 本产品为安全无毒物质。

【包装及贮运】 包装：600mm×20m（可按客户需要的尺寸加工）。贮存条件：贮存于21℃、50%相对湿度的条件下，保质期24个月。本产品按照非危险品运输。

【生产单位】 3M中国有限公司。

Hd021 丙烯酸泡棉胶带 3M™ VHB™ 4950

【英文名】 acrylic foam tape3M™ VHB™ 4950

【主要组成】 丙烯酸泡棉基材、丙烯酸胶黏剂、离型膜（纸）等。

【产品技术性能】 外观：白色；密度：0.8g/cm³；厚度：1.1mm；90°剥离强度（不锈钢板，72h）：4.4N/mm；正态拉伸强度（Al-Al）：0.97MPa；标注测试标准：以上数据测试参照 ASTM D 3330/D 897。

【特点及用途】 外观漂亮、降低重量、密封防水、减震、耐久、防腐蚀、贮存时间长（24个月）、高强度。粘接金属、玻璃及高表面能的塑料材料，可以应用在电子、电器、交通工具、建筑、标牌等的组装。

【施工工艺】 该产品为即用型压敏胶带，在0.1MPa的压强下，可迅速建立强度，72h后达到其最大强度。如配合3M底涂剂，效果更佳。注意事项：温度低于15℃时，应采取适当的加温措施，否则产品的初粘性能会降低。

【毒性及防护】 本产品为安全无毒物质。

【包装及贮运】 包装：600mm×33m（可按客户需要的尺寸加工）。贮存条件：贮存于21℃、50%相对湿度的条件下，保质期24个月。本产品按照非危险品运输。

【生产单位】 3M中国有限公司。

Hd022 丙烯酸泡棉胶带 3M™ VHB™ 4951

【英文名】 acrylic foam tape 3M™ VHB™ 4951

【主要组成】 丙烯酸泡棉基材、丙烯酸胶黏剂、离型膜（纸）等。

【产品技术性能】 外观：白色；密度：0.8g/cm³；厚度：2mm；90°剥离强度（不锈钢板，72h）：3.15N/mm；正态拉伸强度（Al-Al）：0.76MPa；标注测试标准：以上数据测试参照 ASTM D 3330/D 897。

【特点及用途】 外观漂亮、降低重量、密封防水、减震、耐久、防腐蚀、贮存时间长（24个月）、低温初粘性能好。粘接金属、玻璃等高表面能材料，可以应用于电子、电器、交通工具、建筑、标牌等的组装。

【施工工艺】 该产品为即用型压敏胶带，在0.1MPa的压强下，72h后可发挥其设计强度。一般VHB胶带在温度低于10℃时初粘会明显降低，而4951在环境温度为0℃以上的仍具有黏性，可以进行贴合。注意事项：温度低于10℃时，应采取适当的加温措施；可以通过升高温度的方法加快强度的建立。

【毒性及防护】 本产品为安全无毒物质。

【包装及贮运】 包装：600mm×33m（可按客户需要的尺寸加工）。贮存条件：贮存于21℃、50%相对湿度的条件下，保质期24个月。本产品按照非危险品运输。

【生产单位】 3M中国有限公司。

Hd023 丙烯酸泡棉胶带 3M™ VHB™ 4956

【英文名】 acrylic foam tape 3M™ VHB™ 4956

【主要组成】 丙烯酸泡棉基材、丙烯酸胶黏剂、离型纸等。

【产品技术性能】 外观：深灰色；密度：0.72g/cm³；厚度：1.55mm；90°剥离强度（不锈钢板，72h）：3.5N/mm；正态拉伸强度（Al-Al）：0.55MPa；标注测试标准：以上数据测试参照ASTM D 3330/D 897。

【特点及用途】 外观漂亮、降低重量、密封防水、减震、耐久、防腐蚀、贮存时间长（24个月）、泡棉柔软。粘接金属、玻璃及包括软质PVC在内的多种塑料材料，可以应用于电子、电器、交通工具、建筑、标牌等的组装。

【施工工艺】 该产品为即用型压敏胶带，在0.1MPa的压强下，可迅速建立强度，72h后达到其最大强度。如配合3M底涂剂，效果更佳。注意事项：温度低于15℃时，应采取适当的加温措施，否则产品的初粘性能会降低。

【毒性及防护】 本产品为安全无毒物质。

【包装及贮运】 包装：600mm × 16.5m（可按客户需要的尺寸加工）。贮存条件：贮存于21℃、50%相对湿度的条件下，保质期24个月。本产品按照非危险品运输。

【生产单位】 3M中国有限公司。

Hd024 丙烯酸泡棉胶带 3M™ VHB™ 5604A

【英文名】 acrylic foam tape 3M™ VHB™ 5604A

【主要组成】 丙烯酸泡棉基材、丙烯酸胶黏剂、离型膜（纸）等。

【产品技术性能】 外观：白色/灰色；密度：0.72g/cm³；厚度：0.4mm；90°剥离强度（不锈钢板，72h）：2N/mm；正态拉伸强度（Al-Al）：0.5MPa；标注测试标准：以上数据测试参照ASTM D 3330/D 897。

【特点及用途】 外观漂亮、降低重量、密封防水、减震、耐久、防腐蚀；贮存时间长（24个月）；泡棉较硬，耐高温。粘接金属等高表面能材料，可以应用于电子、电器、交通工具、建筑、标牌等的组装。

【施工工艺】 该产品为即用型压敏胶带，在0.1MPa的压强下，可迅速建立强度，72h后达到其最大强度。如配合3M底涂剂，效果更佳。注意事项：温度低于15℃时，应采取适当的加温措施，否则产品的初粘性能会降低。

【毒性及防护】 本产品为安全无毒物质。

【包装及贮运】 包装：600mm×33m（可按客户需要的尺寸加工）。贮存条件：贮存于21℃、50%相对湿度的条件下，保质期 24 个月。本产品按照非危险品运输。

【生产单位】 3M 中国有限公司。

Hd025 丙烯酸泡棉胶带 3MTM VHBTM 5608A

【英文名】 acrylic foam tape 3MTM VHBTM 5608A

【主要组成】 丙烯酸泡棉基材、丙烯酸胶黏剂、离型膜（纸）等。

【产品技术性能】 外观：白色/灰色；密度：0.72g/cm^3；厚度：0.8mm；90°剥离强度（不锈钢板，72h）：2.3N/mm；正态拉伸强度（Al-Al）：0.5MPa；标注测试标准：以上数据测试参照 ASTM D 3330/D 897。

【特点及用途】 外观漂亮、降低重量、密封防水、减震、耐久、防腐蚀、贮存时间长（24 个月）；泡棉较硬，耐高温。粘接金属等高表面能材料，可以应用于电子、电器、交通工具、建筑、标牌等的组装。

【施工工艺】 该产品为即用型压敏胶带，在 0.1MPa 的压强下，可迅速建立强度，72h 后达到其最大强度。如配合 3M 底涂剂，效果更佳。注意事项：温度低于 15℃时，应采取适当的加温措施，否则产品的初粘性能会降低。

【毒性及防护】 本产品为安全无毒物质。

【包装及贮运】 包装：600mm×33m（可按客户需要的尺寸加工）。贮存条件：贮存于 21℃、50%相对湿度的条件下，保质期 24 个月。本产品按照非危险品运输。

【生产单位】 3M 中国有限公司。

Hd026 丙烯酸泡棉胶带 3MTM VHBTM 5611A

【英文名】 acrylic foam tape 3MTM VHBTM 5611A

【主要组成】 丙烯酸泡棉基材、丙烯酸胶黏剂、离型膜（纸）等。

【产品技术性能】 外观：白色/灰色；密度：0.72g/cm^3；厚度：1.1mm；90°剥离强度（不锈钢板，72h）：2.5N/mm；正态拉伸强度（Al-Al）：0.5MPa；标注测试标准：以上数据测试参照 ASTM D 3330/D 897。

【特点及用途】 外观漂亮、降低重量、密封防水、减震、耐久、防腐蚀、贮存时间长（24 个月）；泡棉较硬，耐高温。粘接金属等高表面能材料，可以应用于电子、电器、交通工具、建筑、标牌等的组装。

【施工工艺】 该产品为即用型压敏胶带，在 0.1MPa 的压强下，可迅速建立强度，72h 后达到其最大强度。如配合 3M 底涂剂，效果更佳。注意事项：温度低于 15℃时，应采取适当的加温措施，否则产品的初粘性能会降低。

【毒性及防护】 本产品为安全无毒物质。

【包装及贮运】 包装：600mm×33m（可按客户需要的尺寸加工）。贮存条件：贮存于 21℃、50%相对湿度的条件下，保质期 24 个月。本产品按照非危险品运输。

【生产单位】 3M 中国有限公司。

Hd027 丙烯酸泡棉胶带 3MTM VHBTM 5705

【英文名】 acrylic foam tape 3MTM VHBTM 5705

【主要组成】 丙烯酸泡棉基材、丙烯酸胶黏剂、离型膜（纸）等。

【产品技术性能】 外观：白色/灰色；密度：0.82g/cm^3；厚度：0.5mm；90°剥离强度（不锈钢板，72h）：2N/mm；正态拉伸强度（Al-Al）：0.6MPa；标注测试标准：以上数据测试参照 ASTM D 3330/D 897。

【特点及用途】 外观漂亮、降低重量、密封防水、减震、耐久、防腐蚀、贮存时间长（24 个月）；初粘性能好。粘接金属、玻璃及多种塑料和一些漆面材料，可以应用于电子、电器、交通工具、建筑、标牌等的组装。

【施工工艺】 该产品为即用型压敏胶带，在0.1MPa的压强下，可迅速建立强度，72h后达到其最大强度。如配合3M底涂剂，效果更佳。注意事项：温度低于10℃时，应采取适当的加温措施，否则产品的初粘性能会降低。

【毒性及防护】 本产品为安全无毒物质。

【包装及贮运】 包装：600mm×33m（可按客户需要的尺寸加工）。贮存条件：贮存于21℃、50%相对湿度的条件下，保质期24个月。本产品按照非危险品运输。

【生产单位】 3M中国有限公司。

Hd028 丙烯酸泡棉胶带 3M™ VHB™ 5708

【英文名】 acrylic foam tape 3M™ VHB™ 5708

【主要组成】 丙烯酸泡棉基材、丙烯酸胶黏剂、离型膜（纸）等。

【产品技术性能】 外观：白色/灰色；密度：0.82g/cm³；厚度：0.8mm；90°剥离强度（不锈钢板，72h）：2.3N/mm；正态拉伸强度（Al-Al）：0.55MPa；标注测试标准：以上数据测试参照ASTM D 3330/D 897。

【特点及用途】 外观漂亮、降低重量、密封防水、减震、耐久；防腐蚀、贮存时间长（24个月），初粘性能好。粘接金属、玻璃及多种塑料和一些漆面材料，可以应用于电子、电器、交通工具、建筑、标牌等的组装。

【施工工艺】 该产品为即用型压敏胶带，在0.1MPa的压强下，可迅速建立强度，72h后达到其最大强度。如配合3M底涂剂，效果更佳。注意事项：温度低于10℃时，应采取适当的加温措施，否则产品的初粘性能会降低。

【毒性及防护】 本产品为安全无毒物质。

【包装及贮运】 包装：600mm×33m（可按客户需要的尺寸加工）。贮存条件：贮存于21℃、50%相对湿度的条件下，保质期24个月。本产品按照非危险品运输。

【生产单位】 3M中国有限公司。

Hd029 丙烯酸泡棉胶带 3M™ VHB™ 5711

【英文名】 acrylic foam tape 3M™ VHB™ 5711

【主要组成】 丙烯酸泡棉基材、丙烯酸胶黏剂、离型膜（纸）等。

【产品技术性能】 外观：白色/灰色；密度：0.82g/cm³；厚度：1.1mm；90°剥离强度（不锈钢板，72h）：2.7N/mm；正态拉伸强度（Al-Al）：0.5MPa；标注测试标准：以上数据测试参照ASTM D 3330/D 897。

【特点及用途】 外观漂亮、降低重量、密封防水、减震、耐久、防腐蚀、贮存时间长（24个月），初粘性能好。粘接金属、玻璃及多种塑料和一些漆面材料，可以应用于电子、电器、交通工具、建筑、标牌等的组装。

【施工工艺】 该产品为即用型压敏胶带，在0.1MPa的压强下，可迅速建立强度，72h后达到其最大强度。如配合3M底涂剂，效果更佳。注意事项：温度低于10℃时，应采取适当的加温措施，否则产品的初粘性能会降低。

【毒性及防护】 本产品为安全无毒物质。

【包装及贮运】 包装：600mm×33m（可按客户需要的尺寸加工）。贮存条件：贮存于21℃、50%相对湿度的条件下，保质期24个月。本产品按照非危险品运输。

【生产单位】 3M中国有限公司。

Hd030 丙烯酸泡棉胶带 3M™ VHB™ 5906

【英文名】 acrylic foam tape 3M™ VHB™ 5906

【主要组成】 丙烯酸泡棉基材、丙烯酸胶黏剂、离型膜等。

【产品技术性能】 外观：黑色；密度：0.72g/cm^3；厚度：0.15mm；90°剥离强度（不锈钢板，72h）：1.75N/mm；标注测试标准：以上数据测试参照 ASTM D 3330。

【特点及用途】 外观漂亮、降低重量、密封防水、减震、耐久、防腐蚀、贮存时间长（24 个月），泡棉超级柔软。粘接金属、玻璃及塑料，甚至可以包括多种喷涂涂层材料，可以应用于电子、电器、交通工具等的组装。

【施工工艺】 该产品为即用型压敏胶带，在 0.1MPa 的压强下，可迅速建立强度，72h 后达到其最大强度。如配合 3M 底涂剂，效果更佳。注意事项：温度低于 10℃时，应采取适当的加温措施，否则产品的初粘性能会降低。

【毒性及防护】 本产品为安全无毒物质。

【包装及贮运】 包装：585mm×66m（可按客户需要的尺寸加工）。贮存条件：贮存于 21℃、50％相对湿度的条件下，保质期 24 个月。本产品按照非危险品运输。

【生产单位】 3M 中国有限公司。

Hd031 丙烯酸泡棉胶带 3M™ VHB™ 5907

【英文名】 acrylic foam tape 3M™ VHB™ 5907

【主要组成】 丙烯酸泡棉基材、丙烯酸胶黏剂、离型膜等。

【产品技术性能】 外观：黑色；密度：0.72g/cm^3；厚度：0.2mm；90°剥离强度（不锈钢板，72h）：1.75N/mm；标注测试标准：以上数据测试参照 ASTM D 3330。

【特点及用途】 外观漂亮、降低重量、密封防水、减震、耐久、防腐蚀、贮存时间长（24 个月），泡棉超级柔软。粘接金属、玻璃及塑料，甚至可以包括多种喷涂涂层材料，可以应用于电子、电器、交通工具等的组装。

【施工工艺】 该产品为即用型压敏胶带，在 0.1MPa 的压强下，可迅速建立强度，72h 后达到其最大强度。如配合 3M 底涂剂，效果更佳。注意事项：温度低于 10℃时，应采取适当的加温措施，否则产品的初粘性能会降低。

【毒性及防护】 本产品为安全无毒物质。

【包装及贮运】 包装：585mm×66m（可按客户需要的尺寸加工）。贮存条件：贮存于 21℃、50％相对湿度的条件下，保质期 24 个月。本产品按照非危险品运输。

【生产单位】 3M 中国有限公司。

Hd032 丙烯酸泡棉胶带 3M™ VHB™ 5908

【英文名】 acrylic foam tape 3M™ VHB™ 5908

【主要组成】 丙烯酸泡棉基材、丙烯酸胶黏剂、离型膜等。

【产品技术性能】 外观：黑色；密度：0.72g/cm^3；厚度：0.25mm；90°剥离强度（不锈钢板，72h）：2.10N/mm；标注测试标准：以上数据测试参照 ASTM D 3330。

【特点及用途】 外观漂亮、降低重量、密封防水、减震、耐久、防腐蚀、贮存时间长（24 个月）、泡棉超级柔软。粘接金属、玻璃及塑料，甚至可以包括多种喷涂涂层材料，可以应用于电子、电器、交通工具等的组装。

【施工工艺】 该产品为即用型压敏胶带，在 0.1MPa 的压强下，可迅速建立强度，72h 后达到其最大强度。如配合 3M 底涂剂，效果更佳。注意事项：温度低于 10℃时，应采取适当的加温措施，否则产品的初粘性能会降低。

【毒性及防护】 本产品为安全无毒物质。

【包装及贮运】 包装：585mm×66m（可按客户需要的尺寸加工）。贮存条件：贮存于 21℃、50%相对湿度的条件下，保质期 24 个月。本产品按照非危险品运输。

【生产单位】 3M 中国有限公司。

Hd033 丙烯酸泡棉胶带 3M™ VHB™ 5909

【英文名】 acrylic foam tape 3M™ VHB™ 5909

【主要组成】 丙烯酸泡棉基材、丙烯酸胶黏剂、离型膜等。

【产品技术性能】 外观：黑色；密度：$0.72g/cm^3$；厚度：0.30mm；90°剥离强度（不锈钢板，72h)：2.10N/mm；标注测试标准：以上数据测试参照 ASTM D 3330。

【特点及用途】 外观漂亮、降低重量、密封防水、减震、耐久、防腐蚀、贮存时间长（24 个月），泡棉超级柔软。粘接金属、玻璃及塑料，甚至可以包括多种喷涂涂层材料，可以应用于电子、电器、交通工具等的组装。

【施工工艺】 该产品为即用型压敏胶带，在 0.1MPa 的压强下，可迅速建立强度，72h 后达到其最大强度。如配合 3M 底涂剂，效果更佳。注意事项：温度低于 10℃时，应采取适当的加温措施，否则产品的初粘性能会降低。

【毒性及防护】 本产品为安全无毒物质。

【包装及贮运】 包装：585mm×66m（可按客户需要的尺寸加工)。贮存条件：贮存于 21℃、50%相对湿度的条件下，保质期 24 个月。本产品按照非危险品运输。

【生产单位】 3M 中国有限公司。

Hd034 丙烯酸泡棉胶带 3M™ VHB™ 5915

【英文名】 acrylic foam tape 3M™ VHB™ 5915

【主要组成】 丙烯酸泡棉基材、丙烯酸胶黏剂、离型膜（纸）等。

【产品技术性能】 外观：黑色；密度：$0.69g/cm^3$；厚度：0.4mm；90°剥离强度（不锈钢板，72h)：2.3N/mm；正态拉伸强度（Al-Al)：0.62MPa；标注测试标准：以上数据测试参照 ASTM D 3330/D 897。

【特点及用途】 外观漂亮、降低重量、密封防水、减震、耐久、防腐蚀、贮存时间长（24 个月），泡棉超级柔软。粘接金属、玻璃及塑料，甚至可以包括多种喷涂涂层材料，可以应用于电子、电器、交通工具、建筑、标牌等的组装。

【施工工艺】 该产品为即用型压敏胶带，在 0.1MPa 的压强下，可迅速建立强度，72h 后达到其最大强度。如配合 3M 底涂剂，效果更佳。注意事项：温度低于 10℃时，应采取适当的加温措施，否则产品的初粘性能会降低。

【毒性及防护】 本产品为安全无毒物质。

【包装及贮运】 包装：600mm×33m（可按客户需要的尺寸加工)。贮存条件：贮存于 21℃、50%相对湿度的条件下，保质期 24 个月。本产品按照非危险品运输。

【生产单位】 3M 中国有限公司。

Hd035 丙烯酸泡棉胶带 3M™ VHB™ 5925

【英文名】 acrylic foam tape 3M™ VHB™ 5925

【主要组成】 丙烯酸泡棉基材、丙烯酸胶黏剂、离型膜（纸）等。

【产品技术性能】 外观：黑色；密度：$0.59g/cm^3$；厚度：0.64mm；90°剥离强度（不锈钢板，72h)：3.0N/mm；正态拉伸强度（Al-Al)：0.62MPa；标注测试标准：以上数据测试参照 ASTM D 3330/D 897。

【特点及用途】 外观漂亮、降低重量、密封防水、减震、耐久、防腐蚀、贮存时间长（24 个月)、泡棉超级柔软。粘接金属、玻璃及塑料，甚至可以包括多种喷涂涂层材料，可以应用于电子、电器、交通工具、建筑、标牌等的组装。

【施工工艺】 该产品为即用型压敏胶带，在 0.1MPa 的压强下，可迅速建立强度，72h 后达到其最大强度。如配合 3M 底涂剂，效果更佳。注意事项：温度低于 10℃时，应采取适当的加温措施，否则产品的初粘性能会降低。

【毒性及防护】 本产品为安全无毒物质。

【包装及贮运】 包装：600mm×33m（可按客户需要的尺寸加工）。贮存条件：贮存于 21℃、50%相对湿度的条件下，保质期 24 个月。本产品按照非危险品运输。

【生产单位】 3M 中国有限公司。

Hd036 丙烯酸泡棉胶带 3M^{TM} VHB^{TM} 5932

【英文名】 acrylic foam tape 3M^{TM} VHB^{TM} 5932

【主要组成】 丙烯酸泡棉基材、丙烯酸胶黏剂、离型膜（纸）等。

【产品技术性能】 外观：黑色；密度：0.59g/cm^3；厚度：0.80mm；90°剥离强度（不锈钢板，72h）：3.15N/mm；正态拉伸强度（Al-Al）：0.62MPa；标注测试标准：以上数据测试参照 ASTM D 3330/D 897。

【特点及用途】 外观漂亮、降低重量、密封防水、减震、耐久、防腐蚀、贮存时间长（24 个月），泡棉超级柔软。粘接金属、玻璃及塑料，甚至可以包括多种喷涂涂层材料，可以应用于电子、电器、交通工具、建筑、标牌等的组装。

【施工工艺】 该产品为即用型压敏胶带，在 0.1MPa 的压强下，可迅速建立强度，72h 后达到其最大强度。如配合 3M 底涂剂，效果更佳。注意事项：温度低于 10℃时，应采取适当的加温措施，否则产品的初粘性能会降低。

【毒性及防护】 本产品为安全无毒物质。

【包装及贮运】 包装：600mm×33m（可按客户需要的尺寸加工）。贮存条件：贮存于 21℃、50%相对湿度的条件下，保质期 24 个月。本产品按照非危险品运输。

【生产单位】 3M 中国有限公司。

Hd037 丙烯酸泡棉胶带 3M^{TM} VHB^{TM} 5952

【英文名】 acrylic foam tape 3M^{TM} VHB^{TM} 5952

【主要组成】 丙烯酸泡棉基材、丙烯酸胶黏剂、离型膜（纸）等。

【产品技术性能】 外观：黑色；密度：0.59g/cm^3；厚度：1.10mm；90°剥离强度（不锈钢板，72h）：3.5N/mm；正态拉伸强度（Al-Al）：0.62MPa；标注测试标准：以上数据测试参照 ASTM D 3330/D 897。

【特点及用途】 外观漂亮、降低重量、密封防水、减震、耐久、防腐蚀、贮存时间长（24 个月），泡棉超级柔软。粘接金属、玻璃及塑料，甚至可以包括多种喷涂涂层材料，可以应用于电子、电器、交通工具、建筑、标牌等的组装。

【施工工艺】 该产品为即用型压敏胶带，在 0.1MPa 的压强下，可迅速建立强度，72h 后达到其最大强度。如配合 3M 底涂剂，效果更佳。注意事项：温度低于 10℃时，应采取适当的加温措施，否则产品的初粘性能会降低。

【毒性及防护】 本产品为安全无毒物质。

【包装及贮运】 包装：600mm×33m（可按客户需要的尺寸加工）。贮存条件：贮存于 21℃、50%相对湿度的条件下，保质期 24 个月。本产品按照非危险品运输。

【生产单位】 3M 中国有限公司

Hd038 丙烯酸泡棉胶带 3M^{TM} VHB^{TM} 5962

【英文名】 acrylic foam tape 3M^{TM} VHB^{TM} 5962

【主要组成】 丙烯酸泡棉基材、丙烯酸胶黏剂、离型膜（纸）等。

【产品技术性能】 外观：黑色；密度：

0.64g/cm³；厚度：1.55mm；90°剥离强度（不锈钢板，72h）：3.5N/mm；正态拉伸强度（Al-Al）：0.620MPa；标注测试标准：以上数据测试参照 ASTM D 3330/D 897。

【特点及用途】 外观漂亮、降低重量、密封防水、减震、耐久、防腐蚀、贮存时间长（24个月），泡棉超级柔软。粘接金属、玻璃及塑料，甚至可以包括多种喷涂涂层材料，可以应用于电子、电器、交通工具等的组装。

【施工工艺】 该产品为即用型压敏胶带，在0.1MPa的压强下，可迅速建立强度，72h后达到其最大强度。如配合3M底涂剂，效果更佳。注意事项：温度低于10℃时，应采取适当的加温措施，否则产品的初粘性能会降低。

【毒性及防护】 本产品为安全无毒物质。

【包装及贮运】 包装：600mm×16.5m（可按客户需要的尺寸加工）。贮存条件：贮存于21℃、50%相对湿度的条件下，保质期24个月。本产品按照非危险品运输。

【生产单位】 3M中国有限公司。

Hd039 丙烯酸泡棉胶带 3M™ VHB™ RP16

【英文名】 acrylic foam tape 3M™ VHB™ RP16

【主要组成】 丙烯酸泡棉基材、丙烯酸胶黏剂、离型纸等。

【产品技术性能】 外观：深灰色；密度：0.72g/cm³；厚度：0.4mm；90°剥离强度（不锈钢板，72h）：2.1N/mm；正态拉伸强度（Al-Al）：0.66MPa；标注测试标准：以上数据测试参照 ASTM D 3330/D 897。

【特点及用途】 外观漂亮、降低重量、密封防水、减震、耐久、防腐蚀、贮存时间长（24个月），泡棉柔软；性价比好。粘接金属、玻璃及多种塑料材料，可以应用于电子、电器、交通工具、建筑、标牌等的组装。

【施工工艺】 该产品为即用型压敏胶带，在0.1MPa的压强下，可迅速建立强度，72h后达到其最大强度。如配合3M底涂剂，效果更佳。注意事项：温度低于15℃时，应采取适当的加温措施，否则产品的初粘性能会降低。

【毒性及防护】 本产品为安全无毒物质。

【包装及贮运】 包装：600mm×20m（可按客户需要的尺寸加工）。贮存条件：贮存于21℃、50%相对湿度的条件下，保质期24个月。本产品按照非危险品运输。

【生产单位】 3M中国有限公司。

Hd040 丙烯酸泡棉胶带 3M™ VHB™ RP32

【英文名】 acrylic foam tape 3M™ VHB™ RP32

【主要组成】 丙烯酸泡棉基材、丙烯酸胶黏剂、离型纸等。

【产品技术性能】 外观：深灰色；密度：0.72g/cm³；厚度：0.8mm；90°剥离强度（不锈钢板，72h）：0.32N/mm；正态拉伸强度（Al-Al）：0.59MPa；标注测试标准：以上数据测试参照 ASTM D 3330/D 897。

【特点及用途】 外观漂亮、降低重量、密封防水、减震、耐久、防腐蚀、贮存时间长（24个月）、泡棉柔软、性价比好。粘接金属、玻璃及多种塑料材料，可以应用于电子、电器、交通工具、建筑、标牌等的组装。

【施工工艺】 该产品为即用型压敏胶带，在0.1MPa的压强下，可迅速建立强度，72h后达到其最大强度。如配合3M底涂剂，效果更佳。注意事项：温度低于15℃时，应采取适当的加温措施，否则产品的初粘性能会降低。

【毒性及防护】 本产品为安全无毒物质。

【包装及贮运】 包装：600mm×20m（可按客户需要的尺寸加工）。贮存条件：贮存于21℃、50%相对湿度的条件下，保质期24个月。本产品按照非危险品运输。

【生产单位】 3M中国有限公司。

Hd041 丙烯酸泡棉胶带3M™ VHB™ RP45

【英文名】 acrylic foam tape 3M™ VHB™ RP45

【主要组成】 丙烯酸泡棉基材、丙烯酸胶黏剂、离型纸等、

【产品技术性能】 外观：深灰色；密度：0.72g/cm³；厚度：1.10mm；90°剥离强度(不锈钢板，72h)：3.5N/mm；正态拉伸强度（Al-Al)：0.59MPa；标注测试标准：以上数据测试参照ASTM D 3330/D 897。

【特点及用途】 外观漂亮、降低重量、密封防水、减震、耐久、防腐蚀、贮存时间长（24个月)、泡棉柔软、性价比好。粘接金属、玻璃及多种塑料材料，可以应用于电子、电器、交通工具、建筑、标牌等的组装。

【施工工艺】 该产品为即用型压敏胶带，在0.1MPa的压强下，可迅速建立强度，72h后达到其最大强度。如配合3M底涂剂，效果更佳。注意事项：温度低于15℃时，应采取适当的加温措施，否则产品的初粘性能会降低。

【毒性及防护】 本产品为安全无毒物质。

【包装及贮运】 包装：600mm×20m（可按客户需要的尺寸加工）。贮存条件：贮存于21℃、50%相对湿度的条件下，保质期24个月。本产品按照非危险品运输。

【生产单位】 3M中国有限公司。

Hd042 丙烯酸泡棉胶带3M™VHB™ RP62

【英文名】 acrylic foam tape3M™VHB™ RP62

【主要组成】 丙烯酸泡棉基材、丙烯酸胶黏剂、离型纸等。

【产品技术性能】 外观：深灰色；密度：0.72g/cm³；厚度：1.6mm；90°剥离强度(不锈钢板，72h)：0.35N/mm；正态拉伸强度（Al-Al)：0.55MPa；标注测试标准：以上数据测试参照ASTM D 3330/D 897。

【特点及用途】 外观漂亮、降低重量、密封防水、减震、耐久、防腐蚀；贮存时间长（24个月)、泡棉柔软、性价比好。粘接金属、玻璃及多种塑料材料，可以应用于电子、电器、交通工具、建筑、标牌等的组装。

【施工工艺】 该产品为即用型压敏胶带，在0.1MPa的压强下，可迅速建立强度，72h后达到其最大强度。如配合3M底涂剂，效果更佳。注意事项：温度低于15℃时，应采取适当的加温措施，否则产品的初粘性能会降低。

【毒性及防护】 本产品为安全无毒物质。

【包装及贮运】 包装：600mm×20m（可按客户需要的尺寸加工）。贮存条件：贮存于21℃ 50%相对湿度的条件下，保质期24个月。本产品按照非危险品运输。

【生产单位】 3M中国有限公司。

Hd043 压敏阻尼胶膜YZN-5

【英文名】 damping pressure sensitive adhesive YZN-5

【主要组成】 改性丙烯酸酯。

【产品技术性能】 外观：灰色；密度：2.8g/cm³。固化后的产品性能如下。铝-铝拉剪强度（室温)：≥0.2MPa；125Hz最大阻尼值β_{max}：≥1.5；标注测试标准：拉剪强度按GB/T 7124—2008，阻尼系数按GJB 981—1990。

【特点及用途】 初粘力大，具有较高的黏弹阻尼值；适用于复合阻尼胶片及成型夹层阻尼结构。

【施工工艺】 本品为双面胶，将被粘贴物

表面的油分、水分、尘土等杂质清除干净，然后将胶带（带离型膜）开面贴在被粘物上并施加压力，撕除离型膜，将另一被粘物压合。

【包装及贮运】 包装：卷材或各种规格的平面材料，保质期1年。贮存条件：室温、阴凉、干燥处存放，应避免阳光直射。

【生产单位】 航天材料及工艺研究所。

Hd044 泡棉双面胶带 DT-9123PE

【英文名】 double-sided foam tape DT-9123PE

【主要组成】 PE泡棉、改性丙烯酸酯等。

【产品技术性能】 外观：PE泡棉衬底弹性膜，并附有隔离纸；厚度：(1.0±0.05) mm；持粘力（RT，1kg）：300h。

【特点及用途】 环保无溶剂，对人体无害，并具有初粘力高、持粘力久、抗老化耐候性优异等特点。可用于太阳能组件的铝合金边框的粘接和密封，亦可作为太阳能组件接线盒与背板或支架与背板的粘接，在汽车制造及轨道交通行业内饰材料的粘接上应用广泛。

【施工工艺】 将被粘贴物表面的油分、水分、尘土等杂质清除干净，然后将胶带（带离型膜）开面贴在被粘物上并施加压力，撕除离型膜，将另一被粘物压合。

【毒性及防护】 本产品固化后为安全无毒物质，但混合前两组分应尽量避免与皮肤和眼睛接触，若不慎接触眼睛，应迅速用清水清洗。

【包装及贮运】 在8～28℃的阴凉干燥处贮存，避免阳光直射，避免酸碱性环境。贮存期：24个月。

【生产单位】 烟台德邦科技有限公司。

Hd045 耐老化长效压敏胶 GYM-61

【英文名】 anti-aging pressure sensitive adhesive GYM-61

【主要组成】 液体硅橡胶、丁基橡胶、增黏剂、固化剂、添加剂、助剂等。

【产品技术性能】 外观：无色透明；密度：1.2g/cm^3；黏度：100000mPa·s。固化后的产品性能如下。剪切强度：≥3MPa；工作温度：−60～80℃；标注测试标准：以上数据测试参照企标Q/spb 126—2003。

【特点及用途】 粘接力好，无毒，绝缘性好，老化寿命长，单组分，便于滚涂、印刷等施工操作。主要用于压敏粘接和压敏胶带。

【施工工艺】 可滚涂、刮涂等施工操作。注意事项：易燃，远离火源。

【毒性及防护】 本产品为安全无毒物质，但混合前应尽量避免与皮肤和眼睛接触，若不慎接触眼睛，应迅速用清水清洗。

【包装及贮运】 包装：1kg/套，保质期半年。贮存条件：5℃以下贮存。本产品按照易燃危险品运输。

【生产单位】 天津市鼎秀科技开发有限公司。

Hd046 耐高温硅橡压敏胶 GJS-61

【英文名】 silicone pressure sensitive adhesive GJS-61 with high temperature resistance

【主要组成】 端羟基液体硅橡胶、增黏剂、固化剂、添加剂、助剂等。

【产品技术性能】 外观：无色透明；密度：1.2g/cm^3；黏度：10000mPa·s；固化后的产品性能如下。剪切强度：≥1MPa；工作温度：−70～260℃；标注测试标准：以上数据测试参照企标Q/spb 125—2003。

【特点及用途】 耐温高，粘接力好，无毒，绝缘性好，老化寿命长，单组分，便于滚涂、印刷等施工操作。加温迅速固化，生产效率高。主要用于压敏粘接和压敏胶带。

【施工工艺】 可滚涂、丝网印刷等施工操作。注意事项：低温保存。

【毒性及防护】 本产品为安全无毒物质，但混合前应尽量避免与皮肤和眼睛接触，若不慎接触眼睛，应迅速用清水清洗。

【包装及贮运】 包装：1000g/套，保质期半年。贮存条件：5℃以下贮存。本产品按照非危险品运输。

【生产单位】 天津市鼎秀科技开发有限公司。

Hd047 高性能转移胶膜 3M™468MP

【英文名】 high performance transfer adhesivetape 3M™ 468MP

【主要组成】 丙烯酸泡棉基材、丙烯酸胶黏剂、离型纸等。

【产品技术性能】 外观：透明；密度：1.012g/cm^3；厚度：0.127mm；90°剥离强度（不锈钢板，72h）：1.29N/mm；标注测试标准：以上数据测试参照 ASTM D 3330/D 897。

【特点及用途】 轻薄设计，外观漂亮、降低重量、减震、耐久、防腐蚀、贮存时间长（24 个月）。用于粘接金属、玻璃、PC、ABS及包括硬质 PVC 在内的多种塑料材料，可以应用于电子、电器、交通工具、标牌等的组装。

【施工工艺】 该产品为即用型压敏胶带，在 0.1MPa 的压强下，可迅速建立强度，72h 后达到其最大强度。如配合 3M 底涂剂，效果更佳。注意事项：温度低于 15℃时，应采取适当的加温措施，否则产品的初粘性能会降低。

【毒性及防护】 本产品为安全无毒物质。

【包装及贮运】 包装：1200mm × 200m（可按客户需要的尺寸加工）。贮存条件：贮存于 21℃、50%相对湿度的条件下，保质期 24 个月。本产品按照非危险品运输。

【生产单位】 3M 中国有限公司。

Hd048 棉纸胶带 3M™ 6615

【英文名】 D/C tissue tape 3M™ 6615

【主要组成】 丙烯酸泡棉基材、丙烯酸胶黏剂、离型纸等。

【产品技术性能】 外观：半透明；密度：1.012g/cm^3；厚度：0.15mm；90°剥离强度（不锈钢板，72h）：1.2N/mm；标注测试标准：以上数据测试参照 ASTM D 3330/D 897。

【特点及用途】 轻薄设计、降低重量、耐老化、耐久、防腐蚀、贮存时间长（24 个月）。用于粘接金属、玻璃、PC、ABS 及包括硬质 PVC 在内的多种塑料材料，可以应用于电子、电器、交通工具、标牌等的组装。

【施工工艺】 该产品为即用型压敏胶带，在 0.1MPa 的压强下，可迅速建立强度，72h 后达到其最大强度。如配合 3M 底涂剂，效果更佳。注意事项：温度低于 15℃时，应采取适当的加温措施，否则产品的初粘性能会降低。

【毒性及防护】 本产品为安全无毒物质。

【包装及贮运】 包装：1200mm × 200m（可按客户需要的尺寸加工）。贮存条件：贮存于 21℃、50%相对湿度的条件下，保质期 24 个月。本产品按照非危险品运输。

【生产单位】 3M 中国有限公司。

Hd049 转移胶膜 3M™ 9672LE

【英文名】 transfer adhesive tape 3M™ 9672LE

【主要组成】 丙烯酸泡棉基材、丙烯酸胶黏剂、离型纸等。

【产品技术性能】 外观：透明；密度：1.012g/cm^3；厚度：0.127mm；90°剥离强度（不锈钢板，72h）：1.53N/mm；标注测试标准：以上数据测试参照 ASTM D3330/D 897。

【特点及用途】 轻薄设计、降低重量、减震、耐久、防腐蚀、贮存时间长（24 个月）。用于粘接金属、玻璃、PC、ABS 及包括 PP 在内的多种塑料材料，可以应用于电子、电器、交通工具、标牌等的组装。

【施工工艺】 该产品为即用型压敏胶带，在0.1MPa的压强下，可迅速建立强度，72h后达到其最大强度。如配合3M底涂剂，效果更佳。注意事项：温度低于15℃时，应采取适当的加温措施，否则产品的初粘性能会降低。

【毒性及防护】 本产品为安全无毒物质。

【包装及贮运】 包装：1200mm × 200m（可按客户需要的尺寸加工）。贮存条件：贮存于21℃、50%相对湿度的条件下，保质期24个月，本产品按照非危险品运输。

【生产单位】 3M中国有限公司。

Hd050 转移胶膜3M™ VHB™ F9460PC

【英文名】 transfer adhesive tape 3M™ VHB™ F9460PC

【主要组成】 丙烯酸泡棉基材、丙烯酸胶黏剂、离型纸等。

【产品技术性能】 外观：透明；密度：0.98g/cm^3；厚度：0.05mm；90°剥离强度（不锈钢板，72h）：1.2N/mm；正态拉伸强度（Al-Al）：0.55MPa；标注测试标准：以上数据测试参照ASTM D 3330/D 897。

【特点及用途】 轻薄设计、降低重量、减震、耐久、防腐蚀、贮存时间长（24个月）。用于粘接金属、玻璃、PC、ABS等多种材料，可以应用于电子、电器、交通工具、标牌等的组装。

【施工工艺】 该产品为即用型压敏胶带，在0.1MPa的压强下，可迅速建立强度，72h后达到其最大强度。如配合3M底涂剂，效果更佳。注意事项：温度低于15℃时，应采取适当的加温措施，否则产品的初粘性能会降低。

【毒性及防护】 本产品为安全无毒物质。

【包装及贮运】 包装：1200mm × 200m（可按客户需要的尺寸加工）。贮存条件：贮存于21℃、50%相对湿度的条件下，保质期24个月。本产品按照非危险品运输。

【生产单位】 3M中国有限公司。

Hd051 高性能转移胶膜3M™ 467MP

【英文名】 high performance transfer adhesive tape 3M™ 467MP

【主要组成】 丙烯酸泡棉基材、丙烯酸胶黏剂、离型纸等。

【产品技术性能】 外观：透明；密度：1.012g/cm^3；厚度：0.058mm；90°剥离强度（不锈钢板，72h）：0.9N/mm；标注测试标准：以上数据测试参照ASTM D 3330/D 897。

【特点及用途】 轻薄设计、降低重量、减震、耐久、防腐蚀、贮存时间长（24个月）。用于粘接金属、玻璃、PC、ABS及包括硬质PVC在内的多种塑料材料，可以应用于电子、电器、交通工具、标牌等的组装。

【施工工艺】 该产品为即用型压敏胶带，在0.1MPa的压强下，可迅速建立强度，72h后达到其最大强度。如配合3M底涂剂，效果更佳。注意事项：温度低于15℃时，应采取适当的加温措施，否则产品的初粘性能会降低。

【毒性及防护】 本产品为安全无毒物质。

【包装及贮运】 包装：1200mm × 200m（可按客户需要的尺寸加工）。贮存条件：贮存于21℃、50%相对湿度的条件下，保质期24个月。本产品按照非危险品运输。

【生产单位】 3M中国有限公司。

Hd052 单面聚酯遮光胶带3M™ 601B

【英文名】 single coated black PET tape 3M™ 601B

【主要组成】 丙烯酸泡棉基材、丙烯酸胶黏剂、离型纸等。

【产品技术性能】 外观：黑色；厚度：0.045mm；180°剥离强度（不锈钢板，72h）：0.55N/mm；遮光率：＞99.9%；

标注测试标准：以上数据测试参照 ASTM D 3330/D 897。

【特点及用途】 遮光、轻薄设计、外观漂亮、降低重量、耐老化、耐久。用于遮光，粘接金属、PC、ABS 等多种材料，可以应用于电子、电器、交通工具等的组装。

【施工工艺】 该产品为即用型压敏胶带，在 0.1MPa 的压强下，可迅速建立强度，72h 后达到其最大强度。如配合 3M 底涂剂，效果更佳。注意事项：温度低于 15℃时，应采取适当的加温措施，否则产品的初粘性能会降低。

【毒性及防护】 本产品为安全无毒物质。

【包装及贮运】 包装：1200mm × 200m（可按客户需要的尺寸加工）。贮存条件：贮存于 21℃、50%相对湿度的条件下，保质期 24 个月。本产品按照非危险品运输。

【生产单位】 3M 中国有限公司。

Hd053 双面聚酯遮光胶带 3M™603DC

【英文名】 double coated black PET tape 3M™603DC

【主要组成】 丙烯酸泡棉基材、丙烯酸胶黏剂、离型纸等。

【产品技术性能】 外观：黑色；厚度：0.03mm；180°剥离强度（不锈钢板，72h）：0.4N/mm；遮光率：＞99.9%；标注测试标准：以上数据测试参照 ASTM D 3330/D 897。

【特点及用途】 遮光、轻薄设计、外观漂亮、降低重量、耐老化、耐久。用于遮光，粘接金属、PC、ABS 等多种材料，可以应用于电子、电器、交通工具等的组装。

【施工工艺】 该产品为即用型压敏胶带，在 0.1MPa 的压强下，可迅速建立强度，72h 后达到其最大强度。如配合 3M 底涂剂，效果更佳。注意事项：温度低于 15℃时，应采取适当的加温措施，否则产品的初粘性能会降低。

【毒性及防护】 本产品为安全无毒物质。

【包装及贮运】 包装：1200mm×200m（可按客户需要的尺寸加工）。贮存条件：贮存于 21℃、50% 相对湿度的条件下，保质期 24 个月。本产品按照非危险品运输。

【生产单位】 3M 中国有限公司。

Hd054 可清洁移除 Low-VOC 棉纸胶带 3M™1110

【英文名】 clean removable low-VOC D/C tissue tape 3M™1110

【主要组成】 丙烯酸泡棉基材、丙烯酸胶黏剂、离型纸等。

【产品技术性能】 外观：半透明；厚度：0.15mm；180°剥离强度（不锈钢板，0.5h）：0.82N/mm；标注测试标准：以上数据测试参照 ASTM D 3330/D 897。

【特点及用途】 轻薄设计、外观漂亮、降低重量、耐老化、耐久、防腐蚀。用于粘接金属、玻璃、PC、ABS 等多种材料，可以应用于电子、电器、交通工具、标牌等的组装。

【施工工艺】 该产品为即用型压敏胶带，在 0.1MPa 的压强下，可迅速建立强度，72h 后达到其最大强度。如配合 3M 底涂剂，效果更佳。注意事项：温度低于 15℃时，应采取适当的加温措施，否则产品的初粘性能会降低。

【毒性及防护】 本产品为安全无毒物质。

【包装及贮运】 包装：1200mm × 200m（可按客户需要的尺寸加工）。贮存条件：贮存于 21℃、50%相对湿度的条件下，保质期 12 个月。本产品按照非危险品运输。

【生产单位】 3M 中国有限公司。

Hd055 黑白胶带 3M™6006H

【英文名】 black and white double coated PET tape 3M™6006H

【主要组成】 丙烯酸泡棉基材、丙烯酸胶黏剂、离型纸等。

【产品技术性能】 外观：一面黑色，一面白色；厚度：0.06mm；180°剥离强度（不锈钢板，72h）：0.9N/mm；遮光率：>99.9%；标注测试标准：以上数据测试参照 ASTM D 3330/D 897。

【特点及用途】 遮光、轻薄设计、外观漂亮、降低重量、耐老化、耐久。用于遮光，粘接金属、PC、ABS 等多种材料，可以应用于电子、电器、交通工具等的组装。

【施工工艺】 该产品为即用型压敏胶带，在 0.1MPa 的压强下，可迅速建立强度，72h 后达到其最大强度。如配合 3M 底涂剂，效果更佳。注意事项：温度低于 15℃时，应采取适当的加温措施，否则产品的初粘性能会降低。

【毒性及防护】 本产品为安全无毒物质。

【包装及贮运】 包装：1200mm × 200m（可按客户需要的尺寸加工）。贮存条件：贮存于 21℃、50% 相对湿度的条件下，保质期 24 个月。本产品按照非危险品运输。

【生产单位】 3M 中国有限公司。

Hd056 黑色双面胶带 3M™6106

【英文名】 double coated black PET tape 3M™6106

【主要组成】 丙烯酸泡棉基材、丙烯酸胶黏剂、离型纸等。

【产品技术性能】 外观：黑色；厚度：0.06mm；180°剥离强度（不锈钢板，72h）：0.75N/mm；遮光率：>99.9%；标注测试标准：以上数据测试参照 ASTM D 3330/D 897。

【特点及用途】 遮光、轻薄设计、外观漂亮、降低重量、耐老化、耐久。用于遮光，粘接金属、PC、ABS 等多种材料，可以应用于电子、电器、交通工具等的组装。

【施工工艺】 该产品为即用型压敏胶带，在 0.1MPa 的压强下，可迅速建立强度，72h 后达到其最大强度。如配合 3M 底涂剂，效果更佳。注意事项：温度低于 15℃时，应采取适当的加温措施，否则产品的初粘性能会降低。

【毒性及防护】 本产品为安全无毒物质。

【包装及贮运】 包装：1200mm × 200m（可按客户需要的尺寸加工）。贮存条件：贮存于 21℃、50% 相对湿度的条件下，保质期 24 个月。本产品按照非危险品运输。

【生产单位】 3M 中国有限公司。

Hd057 双面 PET 胶带 3M™6653

【英文名】 double-sided PET tape 3M™6653

【主要组成】 丙烯酸泡棉基材、丙烯酸胶黏剂、离型纸等。

【产品技术性能】 外观：透明；密度：1.012g/cm³；厚度：0.03mm；180°剥离强度（不锈钢板，72h）：0.65N/mm；标注测试标准：以上数据测试参照 ASTM D 3330/D 897。

【特点及用途】 轻薄设计、黏性高、外观漂亮、降低重量、耐久、贮存时间长（24 个月）。用于粘接金属、玻璃、PC、ABS 等多种材料，可以应用于电子、电器、交通工具、标牌等的组装。

【施工工艺】 该产品为即用型压敏胶带，在 0.1MPa 的压强下，可迅速建立强度，72h 后达到其最大强度。如配合 3M 底涂剂，效果更佳。注意事项：温度低于 15℃时，应采取适当的加温措施，否则产品的初粘性能会降低。

【毒性及防护】 本产品为安全无毒物质。

【包装及贮运】 包装：1200mm × 200m（可按客户需要的尺寸加工）。贮存条件：贮存于 21℃、50% 相对湿度的条件下，保质期 24 个月。本产品按照非危险品运输。

【生产单位】 3M中国有限公司。

Hd058 双面PU胶带3M™6657-150

【英文名】 double coated PU tape 3M™6657-150

【主要组成】 丙烯酸泡棉基材、丙烯酸胶黏剂、离型纸等。

【产品技术性能】 外观：半透明；密度：1.012g/cm³；厚度：0.15mm；180°剥离强度（不锈钢板，0.5h）：0.8N/mm；标注测试标准：以上数据测试参照ASTM D 3330/D 897。

【特点及用途】 黏性好、可拉伸移除、轻薄设计、外观漂亮、降低重量。用于粘接金属、玻璃、PC、ABS等多种材料，可以应用于电子、电器、交通工具、标牌等的组装和拆卸。

【施工工艺】 该产品为即用型压敏胶带，在0.1MPa的压强下，可迅速建立强度，72h后达到其最大强度。如配合3M底涂剂，效果更佳。注意事项：温度低于15℃时，应采取适当的加温措施，否则产品的初粘性能会降低。

【毒性及防护】 本产品为安全无毒物质。

【包装及贮运】 包装：1200mm×200m（可按客户需要的尺寸加工）。贮存条件：贮存于21℃、50%相对湿度的条件下，保质期24个月。本产品按照非危险品运输。

【生产单位】 3M中国有限公司。

Hd059 双面可拉伸移除胶带3M™6658-130

【英文名】 double coated stretch release tape 3M™6658-130

【主要组成】 丙烯酸泡棉基材、丙烯酸胶黏剂、离型纸等。

【产品技术性能】 外观：半透明；密度：1.012g/cm³；厚度：0.13mm；180°剥离强度（不锈钢板，24h）：0.65N/mm；标注测试标准：以上数据测试参照ASTM D 3330/D 897。

【特点及用途】 黏性好、方便拆卸、轻薄设计、外观漂亮、降低重量。用于粘接金属、玻璃、PC、ABS等多种材料；可以应用于电子、电器、交通工具、标牌等的组装和拆卸。

【施工工艺】 该产品为即用型压敏胶带，在0.1MPa的压强下，可迅速建立强度，72h后达到其最大强度。如配合3M底涂剂，效果更佳。注意事项：温度低于15℃时，应采取适当的加温措施，否则产品的初粘性能会降低。

【毒性及防护】 本产品为安全无毒物质。

【包装及贮运】 包装：1200mm×200m（可按客户需要的尺寸加工）。贮存条件：贮存于21℃、50%相对湿度的条件下，保质期24个月。本产品按照非危险品运输。

【生产单位】 3M中国有限公司。

Hd060 耐高温棉纸胶带3M™6677

【英文名】 high temperature tissue tape 3M™6677

【主要组成】 丙烯酸泡棉基材、丙烯酸胶黏剂、离型纸等。

【产品技术性能】 外观：半透明；厚度：0.05mm；180°剥离强度（不锈钢板，0.5h）：0.75N/mm；标注测试标准：以上数据测试参照ASTM D 3330/D 897。

【特点及用途】 耐高温、轻薄设计、外观漂亮、降低重量、耐老化、耐久。用于粘接金属、玻璃、PC、ABS等多种材料，可以应用于电子、电器、交通工具、标牌等的组装。

【施工工艺】 该产品为即用型压敏胶带，在0.1MPa的压强下，可迅速建立强度，72h后达到其最大强度。如配合3M底涂剂，效果更佳。注意事项：温度低于15℃时，应采取适当的加温措施，否则产品的初粘性能会降低。

【毒性及防护】 本产品为安全无毒物质。

【包装及贮运】 包装：1200mm × 200m（可按客户需要的尺寸加工）。贮存条件：贮存于 21℃、50% 相对湿度的条件下，保质期 24 个月。本产品按照非危险品运输。

【生产单位】 3M 中国有限公司。

Hd061 双面导热胶膜 3M™6682-200

【英文名】 double-sided heat conductive adhesive tape 3M™6682-200

【主要组成】 丙烯酸泡棉基材、丙烯酸胶黏剂、离型纸等。

【产品技术性能】 外观：白色；厚度：0.2mm；180°剥离强度（不锈钢板，0.5h）：0.6N/mm；标注测试标准：以上数据测试参照 ASTM D 3330/D 897。

【特点及用途】 防火符合 UL94 V1、高导热、外观漂亮、降低重量、耐久、贮存时间长（24 个月）。用于粘接金属、PC、ABS 等多种材料，可以应用于电子、电器、交通工具等的热量导出。

【施工工艺】 该产品为即用型压敏胶带，在 0.1MPa 的压强下，可迅速建立强度，72h 后达到其最大强度。如配合 3M 底涂剂，效果更佳。注意事项：温度低于 15℃时，应采取适当的加温措施，否则产品的初粘性能会降低。

【毒性及防护】 本产品为安全无毒物质。

【包装及贮运】 包装：1200mm × 200m（可按客户需要的尺寸加工）。贮存条件：贮存于 21℃、50% 相对湿度的条件下，保质期 24 个月。本产品按照非危险品运输。

【生产单位】 3M 中国有限公司。

Hd062 棉纸胶带 3M™9080A

【英文名】 tissue tape 3M™9080A

【主要组成】 丙烯酸泡棉基材、丙烯酸胶黏剂、离型纸等。

【产品技术性能】 外观：半透明；密度：1.012g/cm³；厚度：0.15mm；180°剥离强度（不锈钢板，0.5h）：0.8N/mm；标注测试标准：以上数据测试参照 ASTM D 3330/D 897。

【特点及用途】 轻薄设计、外观漂亮、降低重量、耐老化、耐久、防腐蚀、贮存时间长（24 个月）。用于粘接金属、玻璃、PC、ABS 等多种材料，可以应用于电子、电器、交通工具、标牌等的组装。

【施工工艺】 该产品为即用型压敏胶带，在 0.1MPa 的压强下，可迅速建立强度，72h 后达到其最大强度。如配合 3M 底涂剂，效果更佳。注意事项：温度低于 15℃时，应采取适当的加温措施，否则产品的初粘性能会降低。

【毒性及防护】 本产品为安全无毒物质。

【包装及贮运】 包装：1200mm × 200m（可按客户需要的尺寸加工）。贮存条件：贮存于 21℃、50% 相对湿度的条件下，保质期 24 个月。本产品按照非危险品运输。

【生产单位】 3M 中国有限公司。

Hd063 棉纸胶带 3M™9080R

【英文名】 D/C tissue tape 3M™9080R

【主要组成】 丙烯酸泡棉基材、丙烯酸胶黏剂、离型纸等。

【产品技术性能】 外观：半透明；密度：1.012g/cm³；厚度：0.15mm；180°剥离强度（72h，不锈钢板）：1.1N/mm；标注测试标准：以上数据测试参照 ASTM D 3330/D 897。

【特点及用途】 轻薄设计、外观漂亮、降低重量、耐老化、耐久、防腐蚀、贮存时间长（18 个月）。用于粘接金属、玻璃、PC、ABS 等多种材料，可以应用于电子、电器、交通工具、标牌等的组装。

【施工工艺】 该产品为即用型压敏胶带，

在 0.1MPa 的压强下，可迅速建立强度，72h 后达到其最大强度。如配合 3M 底涂剂，效果更佳。注意事项：温度低于 15℃时，应采取适当的加温措施，否则产品的初粘性能会降低。

【毒性及防护】 本产品为安全无毒物质。

【包装及贮运】 包装：1200mm × 200m（可按客户需要的尺寸加工）。贮存条件：贮存于 21℃、50% 相对湿度的条件下，保质期 18 个月。本产品按照非危险品运输。

【生产单位】 3M 中国有限公司。

Hd064 双面 PET 胶带 3M™9119-140

【英文名】 Double Coated PET Tape 3M™ 9119-140

【主要组成】 丙烯酸泡棉基材、丙烯酸胶黏剂、离型纸等。

【产品技术性能】 外观：透明；厚度：0.14mm；180°剥离强度（不锈钢板，0.5h）：0.9N/mm（丙烯酸面）；180°剥离强度（硅胶，0.5h）：0.55N/mm（硅胶面）；标注测试标准：以上数据测试参照 ASTM D 3330/D 897。

【特点及用途】 粘接硅橡胶、TPU，轻薄设计、外观漂亮、降低重量。用于丙烯酸胶面粘接金属、玻璃、PC、ABS 等多种材料；硅胶面粘接硅橡胶、TPU 等材料；可以应用于电子、电器、交通工具、标牌等的硅橡胶材料的粘接。

【施工工艺】 该产品为即用型压敏胶带，在 0.1MPa 的压强下，可迅速建立强度，72h 后达到其最大强度。如配合 3M 底涂剂，效果更佳。注意事项：温度低于 15℃时，应采取适当的加温措施，否则产品的初粘性能会降低。

【毒性及防护】 本产品为安全无毒物质。

【包装及贮运】 包装：1200mm × 200m（可按客户需要的尺寸加工）。贮存条件：贮存于 21℃、50% 相对湿度的条件下，保质期 12 个月。本产品按照非危险品运输。

【生产单位】 3M 中国有限公司。

Hd065 可重工胶带 3M™9415PC

【英文名】 repositionable tape 3M™9415PC

【主要组成】 丙烯酸泡棉基材、丙烯酸胶黏剂、离型纸等。

【产品技术性能】 外观：透明；密度：1.012g/cm³；厚度：0.05mm；180°剥离强度（不锈钢板，72h）：正面 0.54N/mm，背面 0.054N/mm；标注测试标准：以上数据测试参照 ASTM D 3330/D 897。

【特点及用途】 可重新定位，方便重工；轻薄设计，外观漂亮；降低重量、耐久、贮存时间长（24 个月）。用于粘接金属、玻璃、PC、ABS 等多种材料，可以应用于电子、电器、交通工具、标牌等的重工维修。

【施工工艺】 该产品为即用型压敏胶带，在 0.1MPa 的压强下，可迅速建立强度，72h 后达到其最大强度。如配合 3M 底涂剂，效果更佳。注意事项：温度低于 15℃时，应采取适当的加温措施，否则产品的初粘性能会降低。

【毒性及防护】 本产品为安全无毒物质。

【包装及贮运】 包装：1200mm × 200m（可按客户需要的尺寸加工）。贮存条件：贮存于 21℃、50% 相对湿度的条件下，保质期 24 个月。本产品按照非危险品运输。

【生产单位】 3M 中国有限公司。

Hd066 可重工胶带 3M™9425HT

【英文名】 repositionable tape 3M™9425HT

【主要组成】 丙烯酸泡棉基材、丙烯酸胶黏剂、离型纸等。

【产品技术性能】 外观：透明；密度：1.012g/cm³；厚度：0.13mm；180°剥离强度（不锈钢板，72h）：正面 0.49N/mm，

背面0.13N/mm；标注测试标准：以上数据测试参照 ASTM D 3330/D 897。

【特点及用途】 可重新定位，方便重工；轻薄设计，外观漂亮；降低重量、耐久；贮存时间长（24个月）。用于粘接金属、玻璃、PC、ABS等多种材料，可以应用于电子、电器、交通工具、标牌等的重工维修。

【施工工艺】 该产品为即用型压敏胶带，在0.1MPa的压强下，可迅速建立强度，72h后达到其最大强度。如配合3M底涂剂，效果更佳。注意事项：温度低于15℃时，应采取适当的加温措施，否则产品的初粘性能会降低。

【毒性及防护】 本产品为安全无毒物质。

【包装及贮运】 包装：1200mm × 200m（可按客户需要的尺寸加工）。贮存条件：贮存于21℃、50%相对湿度的条件下，保质期24个月。本产品按照非危险品运输。

【生产单位】 3M中国有限公司。

Hd067 棉纸胶带 3M™9448A

【英文名】 D/C tissue tape 3M™9448A

【主要组成】 丙烯酸泡棉基材、丙烯酸胶黏剂、离型纸等。

【产品技术性能】 外观：半透明；密度：1.012g/cm³；厚度：0.15mm；180°剥离强度（不锈钢板，72h）：1.4N/mm；标注测试标准：以上数据测试参照 ASTM D 3330/D 897。

【特点及用途】 轻薄设计、外观漂亮、降低重量、耐老化、耐久、防腐蚀、贮存时间长（24个月）。用于粘接金属、玻璃、PC、ABS以及PP等多种材料，可以应用于电子、电器、交通工具、标牌等的组装。

【施工工艺】 该产品为即用型压敏胶带，在0.1MPa的压强下，可迅速建立强度，72h后达到其最大强度。如配合3M底涂剂，效果更佳。注意事项：温度低于15℃时，应采取适当的加温措施，否则产品的初粘性能会降低。

【毒性及防护】 本产品为安全无毒物质。

【包装及贮运】 包装：1200mm × 200m（可按客户需要的尺寸加工）。贮存条件：贮存于21℃、50%相对湿度的条件下，保质期24个月。本产品按照非危险品运输。

【生产单位】 3M中国有限公司。

Hd068 转移胶膜 3M™9471LE

【英文名】 transfer adhesive tape 3M™9471LE

【主要组成】 丙烯酸泡棉基材、丙烯酸胶黏剂、离型纸等。

【产品技术性能】 外观：透明；密度：1.012g/cm³；厚度：0.058mm；90°剥离强度（不锈钢板，72h）：0.82N/mm；标注测试标准：以上数据测试参照 ASTM D 3330/D 897。

【特点及用途】 轻薄设计，外观漂亮；降低重量、减震、耐久；防腐蚀、贮存时间长（24个月）。用于粘接金属、玻璃、PC、ABS及包括PP在内的多种塑料材料，可以应用于电子、电器、交通工具、标牌等的组装。

【施工工艺】 该产品为即用型压敏胶带，在0.1MPa的压强下，可迅速建立强度，72h后达到其最大强度。如配合3M底涂剂，效果更佳。注意事项：温度低于15℃时，应采取适当的加温措施，否则产品的初粘性能会降低。

【毒性及防护】 本产品为安全无毒物质。

【包装及贮运】 包装：1200mm × 200m（可按客户需要的尺寸加工）。贮存条件：贮存于21℃、50%相对湿度的条件下，保质期24个月。本产品按照非危险品运输。

【生产单位】 3M中国有限公司。

Hd069 双面 PET 胶带 3M™9495LE

【英文名】 high strength double coated tape 3M™9495LE

【主要组成】 丙烯酸泡棉基材、丙烯酸胶黏剂、离型纸等。

【产品技术性能】 外观：透明；密度：1.012g/cm³；厚度：0.17mm；180°剥离强度（不锈钢板，72h）：1.19N/mm；标注测试标准：以上数据测试参照 ASTM D 3330/D 897。

【特点及用途】轻薄设计、高黏性、外观漂亮；降低重量、耐久、贮存时间长（24个月）。用于粘接金属、玻璃、PC、ABS、PP 等多种材料，可以应用于电子、电器、交通工具、标牌等的组装。

【施工工艺】 该产品为即用型压敏胶带，在 0.1MPa 的压强下，可迅速建立强度，72h 后达到其最大强度。如配合 3M 底涂剂，效果更佳。注意事项：温度低于15℃时，应采取适当的加温措施，否则产品的初粘性能会降低。

【毒性及防护】 本产品为安全无毒物质。

【包装及贮运】 包装：1200mm × 200m（可按客户需要的尺寸加工）。贮存条件：贮存于 21℃、50% 相对湿度的条件下，保质期 24 个月。本产品按照非危险品运输。

【生产单位】 3M 中国有限公司。

Hd070 双面离型纸转移胶膜 3M™9617

【英文名】 double linered laminating adhesive 3M™9617

【主要组成】 丙烯酸泡棉基材、丙烯酸胶黏剂、离型纸等。

【产品技术性能】 外观：透明；密度：1.012g/cm³；厚度：0.05mm；90°剥离强度（不锈钢板，72h）：0.9N/mm；标注测试标准：以上数据测试参照 ASTM D 3330/D 897。

【特点及用途】 无气泡贴附、轻薄设计；降低重量、减震、耐久、防腐蚀。用于粘接金属、玻璃、PC、ABS 及包括硬质 PVC 在内的多种塑料材料，可以应用于电子、电器、交通工具、标牌等的组装。

【施工工艺】 该产品为即用型压敏胶带，在 0.1MPa 的压强下，可迅速建立强度，72h 后达到其最大强度。如配合 3M 底涂剂，效果更佳。注意事项：温度低于15℃时，应采取适当的加温措施，否则产品的初粘性能会降低。

【毒性及防护】 本产品为安全无毒物质。

【包装及贮运】 包装：1200mm × 200m（可按客户需要的尺寸加工）。贮存条件：贮存于 21℃、50% 相对湿度的条件下，保质期 12 个月。本产品按照非危险品运输。

【生产单位】 3M 中国有限公司。

Hd071 双面 PET 胶带 3M™55257

【英文名】 double coated PET tape 3M™ 55257

【主要组成】 丙烯酸泡棉基材、丙烯酸胶黏剂、离型纸等。

【产品技术性能】 外观：透明；密度：1.012g/cm³；厚度：0.078mm；180°剥离强度（不锈钢板，72h）：1.05N/mm；标注测试标准：以上数据测试参照 ASTM D 3330/D 897。

【特点及用途】 轻薄设计、黏性高、外观漂亮；降低重量、耐久、贮存时间长（24个月）。用于粘接金属、玻璃、PC、ABS 等多种材料，可以应用于电子、电器、交通工具、标牌等的组装。

【施工工艺】 该产品为即用型压敏胶带，在 0.1MPa 的压强下，可迅速建立强度，72h 后达到其最大强度。如配合 3M 底涂剂，效果更佳。注意事项：温度低于15℃时，应采取适当的加温措施，否则产品的初粘性能会降低。

【毒性及防护】 本产品为安全无毒物质。

【包装及贮运】 包装：1200mm × 200m（可按客户需要的尺寸加工）。贮存条件：贮存于 21℃、50% 相对湿度的条件下，保质期 24 个月。本产品按照非危险品运输。

【生产单位】 3M 中国有限公司。

Hd072 双面 PET 胶带 3M™55260

【英文名】 double cated PET tpe 3M™55260

【主要组成】 丙烯酸泡棉基材、丙烯酸胶黏剂、离型纸等。

【产品技术性能】 外观：透明；密度：1.012g/cm³；厚度：0.21mm；180°剥离强度（不锈钢板，0.5h）：1.38N/mm；标注测试标准：以上数据测试参照 ASTM D 3330/D 897。

【特点及用途】 轻薄设计、黏性高、外观漂亮；降低重量、耐久、贮存时间长（24 个月）。用于粘接金属、玻璃、PC、ABS 等多种材料，可以应用于电子、电器、交通工具、标牌等的组装。

【施工工艺】 该产品为即用型压敏胶带，在 0.1MPa 的压强下，可迅速建立强度，72h 后达到其最大强度。如配合 3M 底涂剂，效果更佳。注意事项：温度低于 15℃时，应采取适当的加温措施，否则产品的初粘性能会降低。

【毒性及防护】 本产品为安全无毒物质。

【包装及贮运】 包装：1200mm × 200m（可按客户需要的尺寸加工）。贮存条件：贮存于 21℃、50%相对湿度的条件下，保质期 24 个月。本产品按照非危险品运输。

【生产单位】 3M 中国有限公司。

Hd073 双面 PVC 胶带 3M™55280

【英文名】 double coated PVC tape 3M™ 55280

【主要组成】 丙烯酸泡棉基材、丙烯酸胶黏剂、离型纸等。

【产品技术性能】 外观：白色；密度：1.012g/cm³；厚度：0.3mm；180°剥离强度（不锈钢板，0.5h）：1.5N/mm；标注测试标准：以上数据测试参照 ASTM D 3330/D 897。

【特点及用途】 轻薄设计、超高黏性、外观漂亮；降低重量、耐久、贮存时间长（24 个月）。用于粘接金属、玻璃、PC、ABS 等多种材料，可以应用于电子、电器、交通工具、标牌等的组装。

【施工工艺】 该产品为即用型压敏胶带，在 0.1MPa 的压强下，可迅速建立强度，72h 后达到其最大强度。如配合 3M 底涂剂，效果更佳。注意事项：温度低于 15℃时，应采取适当的加温措施，否则产品的初粘性能会降低。

【毒性及防护】 本产品为安全无毒物质。

【包装及贮运】 包装：1200mm × 200m（可按客户需要的尺寸加工）。贮存条件：贮存于 21℃、50%相对湿度的条件下，保质期 24 个月。本产品按照非危险品运输。

【生产单位】 3M 中国有限公司。

Hd074 双面 PET 胶带 3M™82505

【英文名】 double coated PET tape 3M™ 82505

【主要组成】 丙烯酸泡棉基材、丙烯酸胶黏剂、离型纸等。

【产品技术性能】 外观：透明；密度：1.012g/cm³；厚度：0.05mm；180°剥离强度（不锈钢板，72h）：正面 0.23N/mm，背面 0.73N/mm；标注测试标准：以上数据测试参照 ASTM D 3330/D 897。

【特点及用途】 可重新定位、方便重工；轻薄设计、外观漂亮；提高产率、降低重量。用于粘接金属、玻璃、PC、ABS 等多种材料，可以应用于电子、电器、交通工具、标牌等的重工维修。

【施工工艺】 该产品为即用型压敏胶带，在 0.1MPa 的压强下，可迅速建立强度，72h 后达到其最大强度。如配合 3M 底涂剂，效果更佳。注意事项：温度低于 15℃时，应采取适当的加温措施，否则产品的初粘性能会降低。

【毒性及防护】 本产品为安全无毒物质。

【包装及贮运】 包装：1200mm × 200m（可按客户需要的尺寸加工）。贮存条件：贮存于 21℃、50%相对湿度的条件下，保质期 18 个月。本产品按照非危险品运输。

【生产单位】 3M 中国有限公司。

Hd075 双面 PET 胶带 3M™93010LE

【英文名】 high strength double coated Tape 3M™93010LE

【主要组成】 丙烯酸泡棉基材、丙烯酸胶黏剂、离型纸等。

【产品技术性能】 外观：透明；密度：1.012g/cm³；厚度：0.1mm；180°剥离强度（不锈钢板，72h）：1.2N/mm；标注测试标准：以上数据测试参照 ASTM D 3330/D 897。

【特点及用途】 轻薄设计、高黏性、外观漂亮；降低重量、耐久、贮存时间长（24 个月）。用于粘接金属、玻璃、PC、ABS、PP 等多种材料，可以应用于电子、电器、交通工具、标牌等的组装。

【施工工艺】 该产品为即用型压敏胶带，在 0.1MPa 的压强下，可迅速建立强度，72h 后达到其最大强度。如配合 3M 底涂剂，效果更佳。注意事项：温度低于 15℃时，应采取适当的加温措施，否则产品的初粘性能会降低。

【毒性及防护】 本产品为安全无毒物质。

【包装及贮运】 包装：1200mm × 200m（可按客户需要的尺寸加工）。贮存条件：贮存于 21℃、50%相对湿度的条件下，保质期 24 个月。本产品按照非危险品运输。

【生产单位】 3M 中国有限公司。

Hd076 超高粘双面 PET 胶带 3M™ GTM710

【英文名】 high peel double coated PET Tape 3M™GTM710

【主要组成】 丙烯酸泡棉基材、丙烯酸胶黏剂、离型纸等。

【产品技术性能】 外观：透明；密度：1.012g/cm³；厚度：0.1mm；180°剥离强度（不锈钢板，0.5h）：1.3N/mm；标注测试标准：以上数据测试参照 ASTM D 3330/D 897。

【特点及用途】 轻薄设计、超高黏性、外观漂亮；降低重量、耐久、贮存时间长（24 个月）。用于粘接金属、玻璃、PC、ABS 等多种材料，可以应用于电子、电器、交通工具、标牌等的组装。

【施工工艺】 该产品为即用型压敏胶带，在 0.1MPa 的压强下，可迅速建立强度，72h 后达到其最大强度。如配合 3M 底涂剂，效果更佳。注意事项：温度低于 15℃时，应采取适当的加温措施，否则产品的初粘性能会降低。

【毒性及防护】 本产品为安全无毒物质。

【包装及贮运】 包装：1200mm × 200m（可按客户需要的尺寸加工）。贮存条件：贮存于 21℃、50%相对湿度的条件下，保质期 24 个月。本产品按照非危险品运输。

【生产单位】 3M 中国有限公司。

Hd077 双面 PE 泡棉胶带 3M™GTM820

【英文名】 double coated PE foam tape 3M™GTM820

【主要组成】 丙烯酸泡棉基材、丙烯酸胶黏剂、离型纸等。

【产品技术性能】 外观：黑色；密度：1.012g/cm³；厚度：0.2mm；180°剥离强度（不锈钢板，72h）：1.4N/mm；标注测试标准：以上数据测试参照 ASTM D 3330/D 897。

【特点及用途】 黏性好、防水；轻薄设计、外观漂亮；降低重量。用于粘接金属、玻璃、PC、ABS 等多种材料；可以应用于电子、电器、交通工具、标牌等的组装。

【施工工艺】 该产品为即用型压敏胶带，在0.1MPa的压强下，可迅速建立强度，72h后达到其最大强度。如配合3M底涂剂，效果更佳。注意事项：温度低于15℃时，应采取适当的加温措施，否则产品的初粘性能会降低。

【毒性及防护】 本产品为安全无毒物质。

【包装及贮运】 包装：1200mm×200m（可按客户需要的尺寸加工）。贮存条件：贮存于21℃、50%相对湿度的条件下，保质期12个月。本产品按照非危险品运输。

【生产单位】 3M中国有限公司。

Hd078 丙烯酸胶带3M™VHB™86420

【英文名】 acrylic tape 3M™VHB™86420

【主要组成】 丙烯酸泡棉基材、丙烯酸胶黏剂、离型纸等。

【产品技术性能】 外观：黑色；密度：0.96g/cm³；厚度：0.2mm；90°剥离强度（不锈钢板，72h）：1.03N/mm；标注测试标准：以上数据测试参照ASTM D 3330/D 897。

【特点及用途】 超强抗跌落、可清洁移除；降低重量、减震、耐久；贮存时间长（24个月）、泡棉柔软。用于粘接金属、玻璃、PC、ABS等多种材料，可以应用于电子、电器、交通工具等的组装。

【施工工艺】 该产品为即用型压敏胶带，在0.1MPa的压强下，可迅速建立强度，72h后达到其最大强度。如配合3M底涂剂，效果更佳。注意事项：温度低于15℃时，应采取适当的加温措施，否则产品的初粘性能会降低。

【毒性及防护】 本产品为安全无毒物质。

【包装及贮运】 包装：660mm×165m（可按客户需要的尺寸加工）。贮存条件：贮存于21℃、50%相对湿度的条件下，保质期24个月。本产品按照非危险品运输。

【生产单位】 3M中国有限公司。

Hd079 聚乙烯保护膜3M™3K04

【英文名】 PE protective film 3M™3K04

【主要组成】 丙烯酸泡棉基材、丙烯酸胶黏剂、离型纸等。

【产品技术性能】 外观：透明；厚度：0.065mm；180°剥离强度（不锈钢板）：18g/in；标注测试标准：以上数据测试参照ASTM D 3330/D 897。

【特点及用途】 透光好，抗静电，可贴附曲面和清洁移除；轻薄设计，外观漂亮；降低重量。用于玻璃、金属、PC等在内的电子产品屏幕和外壳的保护。

【施工工艺】 将保护膜贴附在壳体表面，可配合贴附工具施工，避免气泡产生。注意事项：温度低于15℃时，应采取适当的加温措施，否则产品的初粘性能会降低。

【毒性及防护】 本产品为安全无毒物质。

【包装及贮运】 包装：1020mm×200m（可按客户需要的尺寸加工）。贮存条件：贮存于21℃、50%相对湿度的条件下，保质期12个月。本产品按照非危险品运输。

【生产单位】 3M中国有限公司。

Hd080 聚氯乙烯保护膜3M™330

【英文名】 PVC protective film 3M™330

【主要组成】 丙烯酸泡棉基材、丙烯酸胶黏剂、离型纸等。

【产品技术性能】 外观：白色；厚度：0.13mm；180°剥离强度（不锈钢板）：0.07N/mm；标注测试标准：以上数据测试参照ASTM D 3330/D 897。

【特点及用途】 用于过程保护，可贴附曲面和清洁移除；轻薄设计，外观漂亮；降低重量。用于玻璃、金属、PC等在内的电子产品屏幕和外壳的过程保护。

【施工工艺】 将保护膜贴附在壳体表面，

可配合贴附工具施工，避免气泡产生。注意事项：温度低于15℃时，应采取适当的加温措施，否则产品的初粘性能会降低。

【毒性及防护】 本产品为安全无毒物质。

【包装及贮运】 包装：1020mm × 200m（可按客户需要的尺寸加工）。贮存条件：贮存于21℃、50%相对湿度的条件下，保质期12个月。本产品按照非危险品运输。

【生产单位】 3M中国有限公司。

Hd081 聚氯乙烯保护膜3M™331S

【英文名】 PVC protective film 3M™331S

【主要组成】 丙烯酸泡棉基材、丙烯酸胶黏剂、离型纸等。

【产品技术性能】 外观：蓝色；厚度：0.085mm；180°剥离强度（不锈钢板）：140g/in；标注测试标准：以上数据测试参照ASTM D 3330/D 897。

【特点及用途】 用于过程保护，可贴附曲面和清洁移除；轻薄设计，外观漂亮；降低重量。用于玻璃、PMMA、PC等在内的电子产品屏幕和外壳的过程保护。

【施工工艺】 将保护膜贴附在壳体表面，可配合贴附工具施工，避免气泡产生。注意事项：温度低于15℃时，应采取适当的加温措施，否则产品的初粘性能会降低。

【毒性及防护】 本产品为安全无毒物质。

【包装及贮运】 包装：1020mm × 200m（可按客户需要的尺寸加工）。贮存条件：贮存于21℃、50%相对湿度的条件下，保质期12个月。本产品按照非危险品运输。

【生产单位】 3M中国有限公司。

Hd082 聚酯保护膜3M™87230

【英文名】 PET protective film 3M™87230

【主要组成】 丙烯酸泡棉基材、丙烯酸胶黏剂、离型纸等。

【产品技术性能】 外观：透明；厚度：0.065mm；180°剥离强度（玻璃）：2.0g/in；标注测试标准：以上数据测试参照ASTM D 3330/D 897。

【特点及用途】 透光好，自浸润贴附，可清洁移除；轻薄设计，外观漂亮；降低重量。用于玻璃、金属、PC等在内的电子产品屏幕和外壳的保护。

【施工工艺】 将保护膜贴附在壳体表面，可配合贴附工具施工，避免气泡产生。注意事项：温度低于15℃时，应采取适当的加温措施，否则产品的初粘性能会降低。

【毒性及防护】 本产品为安全无毒物质。

【包装及贮运】 包装：1200mm × 200m（可按客户需要的尺寸加工）。贮存条件：贮存于21℃、50%相对湿度的条件下，保质期12个月。本产品按照非危险品运输。

【生产单位】 3M中国有限公司。

Hd083 聚酰亚胺保护膜3M™87407

【英文名】 polyimide protective film 3M™87407

【主要组成】 丙烯酸泡棉基材、丙烯酸胶黏剂、离型纸等。

【产品技术性能】 外观：琥珀色；厚度：0.065mm；180°剥离强度（不锈钢板，72h）：0.24N/mm；标注测试标准：以上数据测试参照ASTM D 3330/D 897。

【特点及用途】 透光好，可清洁移除；轻薄设计，外观漂亮；降低重量。用于玻璃、金属、PC等在内的电子产品屏幕和外壳的保护。

【施工工艺】 将保护膜贴附在壳体表面，可配合贴附工具施工，避免气泡产生。注意事项：温度低于15℃时，应采取适当的加温措施，否则产品的初粘性能会降低。

【毒性及防护】 本产品为安全无毒物质。
【包装及贮运】 包装：1200mm × 200m（可按客户需要的尺寸加工）。贮存条件：贮存于 21℃、50%相对湿度的条件下，保质期 12 个月。本产品按照非危险品运输。
【生产单位】 3M 中国有限公司。

Hd084 聚丙烯保护膜 3M™87622BP

【英文名】 PP protective film 3M™87622BP
【主要组成】 丙烯酸泡棉基材、丙烯酸胶黏剂、离型纸等。
【产品技术性能】 外观：透明；厚度：0.048mm；180°剥离强度（玻璃）：20g/in；标注测试标准：以上数据测试参照 ASTM D 3330/D 897。
【特点及用途】 透光好，自浸润贴附，抗静电，可贴附曲面和清洁移除；轻薄设计，外观漂亮；降低重量。用于玻璃、金属、PC 等在内的电子产品屏幕和外壳的保护。
【施工工艺】 将保护膜贴附在壳体表面，可配合贴附工具施工，避免气泡产生。注意事项：温度低于 15℃时，应采取适当的加温措施，否则产品的初粘性能会降低。
【毒性及防护】 本产品为安全无毒物质。
【包装及贮运】 包装：1200mm × 200m（可按客户需要的尺寸加工）。贮存条件：贮存于 21℃、50%相对湿度的条件下，保质期 12 个月。本产品按照非危险品运输。
【生产单位】 3M 中国有限公司。

Hd085 聚丙烯保护膜 3M™87622CP

【英文名】 PP protective film3M™87622CP
【主要组成】 丙烯酸泡棉基材、丙烯酸胶黏剂、离型纸等。
【产品技术性能】 外观：透明；厚度：0.063mm；180°剥离强度（玻璃）：65g/in；标注测试标准：以上数据测试参照 ASTM D 3330/D 897。
【特点及用途】 透光好，自浸润贴附，抗静电，可贴附曲面和清洁移除；轻薄设计，外观漂亮；降低重量。用于玻璃、金属、PC 等在内的电子产品屏幕和外壳的保护。
【施工工艺】 将保护膜贴附在壳体表面，可配合贴附工具施工，避免气泡产生。注意事项：温度低于 15℃时，应采取适当的加温措施，否则产品的初粘性能会降低。
【毒性及防护】 本产品为安全无毒物质。
【包装及贮运】 包装：1200mm × 200m（可按客户需要的尺寸加工）。贮存条件：贮存于 21℃、50%相对湿度的条件下，保质期 12 个月。本产品按照非危险品运输。
【生产单位】 3M 中国有限公司。

Hd086 聚酯保护膜 3M™87630

【英文名】 PET protective film 3M™87630
【主要组成】 丙烯酸泡棉基材、丙烯酸胶黏剂、离型纸等。
【产品技术性能】 外观：透明；厚度：0.063mm；180°剥离强度（玻璃）：3.0g/in；标注测试标准：以上数据测试参照 ASTM D 3330/D 897。
【特点及用途】 透光好，可清洁移除；轻薄设计，外观漂亮；降低重量。用于玻璃、金属、PC 等在内的电子产品屏幕和外壳的保护。
【施工工艺】 将保护膜贴附在壳体表面，可配合贴附工具施工，避免气泡产生。注意事项：温度低于 15℃时，应采取适当的加温措施，否则产品的初粘性能会降低。
【毒性及防护】 本产品为安全无毒物质。
【包装及贮运】 包装：1200mm × 200m（可按客户需要的尺寸加工）。贮存条件：

贮存于 21℃、50%相对湿度的条件下，保质期 12 个月。本产品按照非危险品运输。

【生产单位】 3M 中国有限公司。

Hd087 聚酰亚胺薄膜有机硅压敏胶带 JD-37

【英文名】 polyimide film substrate silicone pressure sensitive adhesive tape JD-37

【主要组成】 基材：聚酰亚胺薄膜；压敏胶：有机硅聚合物。

【产品技术性能】 外观：黄褐色卷状物；剥离强度：1.56N/cm；击穿电压：≥4kV；绝缘电阻：≥10^{12}Ω。

【施工工艺】 可采用机械操作或手工操作。

【特点及用途】 耐热性优良，绝缘强度高。可适用于 H 级、F 级电机导线绝缘、固定、修补以及电路印刷版镀锡保护表面等。

【包装及贮运】 贮存于阴凉通风干燥处，贮存期 12 个月。

【生产单位】 上海华谊（集团）公司－上海橡胶制品研究所。

Hd088 压敏胶 NS 系列

【英文名】 pressure sensitive adhesive NS series

【主要组成】 丙烯丁酯、丙烯酸甲酯、丙烯酸等共聚物。

【产品技术性能】

型号	NS-17	NS-22	NS-59	NS-86
外观	无色至淡黄色黏稠液体			
固含量/%	44～46	39～41	39～41	34～36
黏度(25℃)/Pa·s	5～9	3～6	1.8～3	6～12
黏结力/(N/cm)	4.0～5.6	2.8～4.4	4～6	3.6～4.8
初粘力(滚球法,钢球号)	8～16	17～25	10～20	6～14

【施工工艺】 1. 涂布：用涂布机涂胶。2. 固化：80℃干燥 2～3min，然后 40℃熟成 1d。

【特点及用途】 在常温下使用，NS-17：对各种被粘体具有高黏结力，耐剥离性优良；NS-22：涂膜无色透明；NS-59：黏结力高；NS-70：对金属的黏结力高，耐剪切力强，耐汽油性优良；NS-17：通用型；NS-22：制造遮盖性胶带和保护性胶带；NS-59：制造各种以纸张、薄膜为基材的标签、商标等；NS-70：制造高级双面胶带，用于汽车侧身防护条、铭板等物品的黏结。

【包装及贮运】 本品属于易燃品，室温干燥密闭防火贮存。

【生产单位】 浙江宁波综研化学有限公司。

Hd089 两液型丙烯酸酯胶黏剂

【英文名】 two-part acrylate adhesive

【主要组成】 甲：丙烯丁酯、丙烯酸甲酯、丙烯酸等；乙：异氰酸酯。

【施工工艺】 1. 配胶：两组分按一定比例混合；2. 涂胶：用涂布机涂胶；3. 固化：80℃干燥 2～3min，然后 40℃熟成 1d。

【产品技术性能】

型号	NS-20	NS-70	NS-78	NS-91
外观	甲组分为无色至淡黄色黏稠液体			
固含量/%	46～48	29～31	30～32	3～6
黏度(25℃)/Pa·s	7～13	2.5～5.5	12～20	6～12
黏结力/(N/cm)	4.0～5.6	3.2～5.2	4～6	0.4～1.1
初粘力(滚球法,钢球号)	10～20	3～10	<7	15～25

【特点及用途】 在常温下使用，NS-20：对各种被粘体具有高黏结力，耐应力性优良，低温黏结力亦佳；NS-70：分子量高，凝聚力强；NS-78：分子量高，凝聚力强，对基材的密封性好；NS-91：低黏着，易剥离，污染小，通过调节固化剂的用量可调节其黏结力；NS-20：制造以聚乙烯泡棉、橡胶为基材的双面胶带，用于合成革等物品的黏结；NS-70：制造高级双面胶带，用于汽车防护条、挂钩等物品的黏结；NS-78：制造以丙烯酸酯泡棉为基材的超高黏结力胶带；NS-91：制造遮盖性胶带和保护性胶带。

【包装及贮运】 本品属于易燃品，室温干燥密闭防火贮存。

【生产单位】 浙江宁波综研化学有限公司。

Hd090 压敏胶黏带 YmS

【英文名】 pressure sensitive adhesive tape YmS

【主要组成】 聚酰亚胺薄膜（基材）、有机硅（压敏胶）。

【产品技术性能】 外观：黄色卷状物；180°剥离强度：1.6N/cm；拉伸强度：≥50MPa；断裂伸长率：≥30%；体积电阻率：≥10^{13}Ω·cm；击穿电压：≥70MV/m；介质损耗角正切：0.01；介电常数：3～4。

【特点及用途】 耐热性优良，绝缘强度高。可适用于H级电机、电器、仪表的绝缘包扎，电缆、电磁线圈的绝缘修理以及高低温绝缘包扎、遮盖、防粘、密封等。

【施工工艺】 可采用机械操作或手工操作。

【包装及贮运】 贮存于阴凉通风干燥处，贮存期6个月。

【生产单位】 上海华谊（集团）公司—上海合成树脂研究所。

Hd091 电影接片用聚酯胶黏带 PS-4

【英文名】 adhesive tape for movie splicing PS-4

【主要组成】 基材：聚酯薄膜；压敏胶：由丙烯酸丁酯为主的共聚物、增黏树脂。

【产品技术性能】 外观：卷状物；常温180°剥离强度：≥2.8N/cm；持粘位移[对不锈钢，搭接面积（15×20）mm^2，加荷1kg，40℃]：≤0.5mm/h；拉伸强度（50℃）：≥100N/（35×10）mm^2。

【特点及用途】 在60℃长期使用，短期耐温120℃。黏结力强、耐老化、耐热、透明度高，不溢胶、不沾污画面，长期存放不泛黄。适用于黏结聚酯胶片、三乙酸纤维素胶片、录音磁带等各种胶片和带基，特别适用于电影制片厂剪接电影胶片、断片接头和放映队接片。

【施工工艺】 直接粘贴或包扎，将胶带揭去防粘纸，顺着一个方向与被粘接物复合，注意清除空气，并施加一定的压力。

【包装及贮运】 贮存于阴凉通风干燥处，贮存期24个月。

【生产单位】 上海华谊（集团）公司—上海合成树脂研究所。

I 橡胶型胶黏剂

以橡胶为主体材料的胶黏剂称为橡胶胶黏剂。按其应用性能分为结构性橡胶胶黏剂（如丁腈-酚醛、氯丁-酚醛、聚硫-环氧和丁腈-环氧等）和非结构橡胶胶黏剂（氯丁橡胶、丁腈橡胶、硅橡胶、聚硫橡胶、改性天然胶）。在形态上，橡胶胶黏剂有溶剂胶液、水性胶液和薄膜胶带三种形式，其中以溶剂胶液为主，约占75%。

橡胶型胶黏剂具有良好的胶黏性，粘接时只需要加较低的压力；能适应动态性的粘接和不同膨胀系数材料之间的粘接；具有良好的工艺性和高强力。对于不同类型的橡胶胶黏剂，其性能也存在较大的差异。

天然橡胶胶黏剂的粘接性能较差，不能用于众多材料的粘接。因此需要对其改性，改性的方法有环化法、氯化法和掺混法等。氯丁橡胶是一种极性高聚物，它具有较高的内聚力和结晶速度快的特点，因此，用氯丁橡胶胶黏剂涂敷于被粘接物的表面，凝聚力迅速增加，初粘力好，对一些形状特殊的表面不需要加压就贴合得很好，氯丁橡胶胶黏剂使用方便，涂敷工艺性能较好，具有耐臭氧、耐日光、耐油和耐化学介质的性能。它不仅可以粘接极性橡胶和金属，而且可粘接非金属材料。丁腈橡胶胶黏剂具有优良的耐油性和良好的粘接性能，较高的扯离强度，氰基的含量对它的性质有明显的影响。此胶可以分为丁腈-过氯乙烯混合胶和室温硫化丁腈橡胶胶黏剂，它们主要用于丁腈橡胶布、皮革与金属的粘接，尼龙织物、帆布等与铝镁合金的粘接以及金属的粘接。丁苯橡胶胶黏剂的极性小，黏性差，其应用远远不如氯丁橡胶胶黏剂和丁腈橡胶胶黏剂那样广泛，该胶主要用于橡胶工业和电气工业中，粘接橡胶或织物与金属。丁基橡胶胶黏剂主要分为室温硫化丁基橡胶和丁基修补胶，室温硫化丁基胶的粘接性能良好，电性能和密封性能优良，硫化速度快，但对非极性粘接的强度差；丁苯修补胶由于用异氰酸酯改性，其粘接性能明显提高，与丁基橡胶和织物间的粘接剥离强度高。聚异丁烯胶黏剂无色透明，具有良好的耐老化、耐氧化、耐寒等特性，对弱极性材料、非极性材料具有良好的粘接强度。此胶适用于聚酯、聚碳酸酯、聚苯乙烯薄膜、纸张及织物的粘接，还可用于非极性材料聚乙烯、聚四氟乙烯的粘接等。聚硫橡胶胶黏剂具有耐油（如汽油、煤油、润滑油等)、耐溶剂（如苯、甲苯、四氯化碳、丙酮、甲醇、乙酸乙酯）等特性，当粘接性能和电性能较差时，该胶可用于织物与金属、橡胶、皮革等材料的粘接，也可以用于制造密封胶和胶黏带等。

Ia 氯丁橡胶胶黏剂

Ia001 多用途氯丁橡胶胶黏剂 SG-801

【别名】 一粘灵，氯丁-酚醛万能胶

【英文名】 multi-use neoprene rubber adhesive SG-801

【主要组成】 氯丁橡胶、叔丁基酚醛树脂和溶剂。

【产品技术性能】 执行标准：HG/T 3738—2004。

项目	指标
不挥发物含量/%	≥18
黏度(25℃)/mPa·s	≥650(喷胶≥250)
初粘剪切强度/MPa	≥0.7
初粘剥离强度/(kN/m)	≥0.7
剪切强度/MPa	≥1.6
剥离强度/(kN/m)	≥2.6

【特点及用途】 1. 本品耐油、耐水、耐酸碱、耐老化性良好。2. 本品为整合酚醛树脂改性氯丁橡胶胶黏剂，初粘力大，最终粘接力强，使用方便，用于粘接橡胶、皮革、织物、塑料、金属、木材、水泥等。广泛用于汽车、船舶、电子、仪表、家电工业及民用等。

【施工工艺】 使用时先清洁材料表面，必要时用砂布打毛，均匀涂胶 1～2 次，每次涂胶后晾置 10～20min 至表干，合拢、压实平整，放置 24h 以上。

【毒性及防护】 本胶黏剂采用低毒性混合溶剂，但配方含有甲醛，施工环境应通风良好，本品易燃，忌接触火源。用后盖紧，慎防挥发。

【包装及贮运】 包装：30g、40g 铝管加纸盒，外加瓦楞纸箱。1kg、15kg 铁听(桶) 加瓦楞纸箱。本品应贮存于阴凉通风处，避光密封保存，贮存期为半年，本产品按照易燃物品贮运。

【生产单位】 浙江金鹏化工股份有限公司。

Ia002 胶黏剂 FN-309

【英文名】 adhesive FN-309

【主要组成】 氯丁橡胶、增黏树脂、溶剂、助剂等。

【产品技术性能】 外观：浅黄色至棕色黏稠液体；密度：0.93g/cm³；剥离强度：≥26.0N/cm；拉伸强度：≥1.0MPa；标注测试标准：以上数据测试参照企标 Q/CL 071—2008。

【特点及用途】 属于室温固化型胶黏剂，具有黏度高、初粘力高的特点，在潮湿条件下仍能满足强度要求。主要应用于防水材料、建筑装饰、家具、矿山、金属、汽车轮胎、传送带、帆布等的粘接。

【施工工艺】 清除表面灰尘及油污，保持涂胶表面干燥、清洁，对处理后的材质均匀的涂一遍胶，晾至近乎不粘手时黏合即可。注意事项：施工温度及环境湿度会影响胶黏剂的粘接效果，在冬季，要适当的延长晾干时间，施工温度低于 5℃时粘接强度会降低，提高胶液的贮存温度可以有所改善。

【毒性及防护】 急性健康危害如下。眼

睛：引起眼部不适，刺激；皮肤：有刺激感，并引起迟发性渗层疮疹；吞食：刺痛，头痛，呕吐，胃肠炎，胃部压迫感；吸入：可引起呼吸系统不适，过久或重复吸入可以引致过度疲劳，恶心，头痛，兴奋。急救措施如下。眼部接触：将眼睛分开，用洗眼液或者用清水冲洗，就诊；皮肤接触：脱除受污染的衣物，用肥皂或清水洗皮肤，必要时就诊；吞食：用水漱口，饮足量温水，不要催吐，立即就诊；吸入：移至空气清新处，如呼吸困难，输液；如呼吸停止，应进行人工呼吸，保持温暖，立即就诊。工作环境：提供足够的通风，确保不会超过规定的职业暴露限制。保护措施如下。眼睛保护：戴化学安全眼镜；呼吸系统保护：当通风不善，佩戴自吸过滤式防毒面具，如果紧急抢救或撤离时，应佩戴空隙呼吸器或氧气呼吸器；皮肤保护：穿防毒物渗透工作服；个人卫生：衣物若遭污染应立即除下，工作区禁止吸烟、进食和饮水，工作完毕，沐浴更衣，进食前或抽烟前应先洗净双手。

【包装及贮运】 包装：1L、5L、18L、25L 等铁桶包装，保质期 18 个月。贮存条件：应远离火源，贮存于阴凉通风的库房内。本产品属于易燃易爆品，是三类危险化学品。

【生产单位】 山东北方现代化学工业有限公司。

Ia003 输送带粘接剂 TS808FR

【英文名】 high strength conveyor belt bonder TS808FR

【主要组成】 氯丁橡胶、三氯乙烯等。

【产品技术性能】 外观：绿色液体；密度：1.3g/cm^3。固化后的产品性能如下。剥离强度：135N/25mm（GB/T 2791—1995）；工作温度：－55～90℃。

【特点及用途】 双组分，阻燃型，快速粘接，高粘接强度，韧性好。用于棉、缘棉、尼龙、聚酯等层芯输送带接头的快速粘接，橡胶、皮革、金属，陶瓷等材料之间的自粘和互粘。

【施工工艺】 该胶是双组分胶（A/B），A 组分和 B 组分的质量比为 10：1。注意事项：温度低于 15℃时，应采取适当的加温措施，否则对应的固化时间将适当延长；当混合量大于 200g 时，操作时间将会缩短。

【毒性及防护】 固化前应尽量避免与皮肤、眼睛接触，若不慎溅入眼睛，应迅速用大量清水冲洗并求医。

【包装及贮运】 包装：605g/套（A 组分 550g，B 组分 55g），保质期 18 个月。贮存条件：盖紧盒子，在阴凉、干燥处贮存。本产品按照非危险品运输。

【生产单位】 北京天山新材料技术有限公司。

Ia004 氯丁胶黏剂 JX-23

【英文名】 chloroprene adhesive JX-23

【主要组成】 氯丁橡胶、溶剂、硫化剂、助剂等。

【产品技术性能】 外观：黄褐色黏稠状液体；黏度：8.0～18Pa·s；固含量含量：34%～38%；钢-钢剪切强度：≥0.78MPa。

【特点及用途】 本品具有初粘力高、快干、使用方便、工艺简单等特点，并具有一定的耐热、耐水、耐老化及抗震动性能。适用于皮革与织物、塑料（ABS、PC）与铭牌、塑料与塑料、橡胶与金属的黏合等。

【施工工艺】 被粘物表面清洁干净，涂胶两次，每次室温晾干 15～20 min，叠合、压紧、在室温下放置、固化。注意事项：对金属表面进行粘接时，需对金属表面进行打磨或镀锌，然后用溶剂擦净。如遇胶液黏度过大，涂刷困难，可加溶剂乙酸乙酯稀释。

【毒性及防护】 本产品固化前含有溶剂，

具有一定的毒性。施工场合应具备良好的通风条件。产品避免与眼睛和皮肤接触，若不慎接触眼睛，应迅速用大量清水清洗并就医。

【包装及贮运】 包装：3kg/桶，17kg/桶，80g/支，保质期半年。贮存条件：贮存在阴凉干燥处。本产品按照危险品运输。

【生产单位】 上海华谊（集团）公司—上海橡胶制品研究所。

Ia005 氯丁胶黏剂 JX-19-1、JX-19-2

【英文名】 chloroprene adhesive JX-19-1、JX-19-2

【产品技术性能】

性能	JX-19-1	JX-19-2
外观	黄色透明	黑色
固含量含量/%	30～34	30～34
剥离强度/(N/25mm)		
帆布-帆布	≥5	≥5
橡胶-橡胶	≥3	≥3
橡胶-钢	≥1.6	≥1.6
橡胶-铝	≥3	≥3

【特点及用途】 这两款胶主要用于帆布、橡胶、皮革、金属、木材等材料的黏合。

【施工工艺】 1. 对金属表面进行打磨或镀锌，然后用乙酸乙酯擦洗；2. 胶液准备，如遇到胶液黏度过大，涂刷困难，可加溶剂稀释；3. 涂胶工艺：涂胶两次，第一次室温晾干 15～20min，第二次晾干 10～15min（或视溶剂挥发程度而定），叠合、压紧，在室温下放置、固化。

【毒性及防护】 本产品固化前含有溶剂，具有一定的毒性。施工场合应具备良好的通风条件。产品避免与眼睛和皮肤接触，若不慎接触眼睛，应迅速用大量清水清洗并就医。

【包装及贮运】 包装：3kg/桶，15kg/桶，保质期半年。贮存条件：贮存在阴凉干燥处。本产品按照危险品运输。

【生产单位】 上海华谊（集团）公司—上海橡胶制品研究所。

Ia006 氯丁胶 SY-411、SY-412

【英文名】 neoprene rubber adhesive SY-411、SY-412

【主要组成】 氯丁橡胶、溶剂、硫化剂、助剂等。

【主要组成】 以氯丁橡胶为主体，添加适当的酚醛树脂、硫化剂、增黏剂、填料溶解于有机溶剂而成。

【产品技术性能】

性能	SY-411	SY-412
外观	黄色黏稠液体	黄色液体
固体含量/%	30±2	25±2
剪切强度/MPa	≥8	≥10
剥离强度/(N/25mm)	≥30	≥30

【特点及用途】 本胶黏剂为单组分，使用方便，初粘力强，柔韧性好，粘接范围广，特别适用于快速粘接。SY-411 具有固含量高，不拉丝，对金属、玻璃、陶瓷的黏合力强；SY-412 具有柔韧性好，适用于粘接皮革、橡胶等柔韧性物体。该胶的贮存期为 12 个月。

【生产单位】 三友（天津）高分子技术有限公司。

Ia007 特效立时贴 SK-301

【英文名】 adhesive SK-301

【主要组成】 氯丁橡胶、溶剂、硫化剂、助剂等。

【产品技术性能】 外观：浅黄色黏稠液体；固体含量：(24±2)%；黏度：≥1300MPa·s；剥离强度：≥50N/25mm（25℃×72h，牛皮-牛皮）。

【特点及用途】 单组分，快干。初粘性强，胶膜柔韧，耐冲击震动，有较好的耐碱性和耐水性，对橡胶、塑料、金属、木材、皮革制品、纤维材料、保温材料有良好的粘接性。

【施工工艺】 1. 光滑材料先用砂纸或陶

搓打毛，用汽油或丙酮清洗干净；2. 将胶均匀涂在清洁、干燥的粘接面上，晾置片刻，待不粘手时，再涂第二次胶；3. 当用手指触及胶层，有黏性而不拉丝时，对准贴合并施压。切勿错位移动。常温固化 24h 后，可投入使用。

【包装及贮运】 置于阴凉、通风、干燥处密封保存，保质期为 1 年。按照易燃品运输。750mL 铁听装（12 听/件），16kg 铁桶装。

【生产单位】 湖南神力胶业集团。

Ia008 强力胶 SK-305

【英文名】 strong adhesive SK-305

【主要组成】 氯丁橡胶、合成树脂等。

【产品技术性能】 外观：浅黄色黏稠液体；不挥发分含量：(22±2)%；黏度：1000～3000MPa·s。

【特点及用途】 本产品为溶剂型氯丁胶黏剂，有较好的耐水、耐热、耐寒、耐油等特点。主要适用于宾馆、家庭装饰，可用于木地板、塑料地板、各种地毯、橡胶材料、壁纸、纤维织物、天花板等的粘接。

【施工工艺】 1. 光滑材料先用砂纸或陶搓打毛，用汽油或丙酮清洗干净；2. 将胶均匀涂在清洁、干燥的粘接面上，晾置片刻，待不粘手时，再涂第二次胶；3. 当用手指触及胶层，有黏性而不拉丝时，对准贴合并施压。切勿错位移动。常温固化 24h 后，可投入使用。

【包装及贮运】 置于阴凉、通风、干燥处密封保存，保质期为 1 年。如未凝胶，经检验合格后可继续使用，如稍有分层，可搅拌均匀后使用，不影响其它性能。按照易燃品运输。16kg 铁桶包装。

【生产单位】 湖南神力胶业集团。

Ia009 环保型万能胶 801、833

【英文名】 environmental protective adhesive 801、833

【主要组成】 氯丁橡胶、溶剂、助剂等。

【产品技术性能】

性能	801 万能胶	833 万能胶
外观	淡黄色均匀黏稠液体	
固体含量/%	20±2	25±2
黏度/mPa·s	2500	3500
剥离强度/(N/25mm)	50	62.5

【特点及用途】 采用国内外优质材料经特殊工艺加工而成，各项质量标准均达到同类名牌产品的水平，符合国家《室内装饰装修材料胶黏剂中有害物质限量》标准。适用于汽车内饰、制鞋、家具等行业，可黏合三合板、防火板、铝塑板、地板、金属、皮革及橡胶材料。

【施工工艺】 1. 清洁待粘面，去除油污；2. 用毛刷或刮板在两黏合面上由内向外均匀涂胶；3. 在室温下晾置 5～15min，待胶膜接触不粘手时即可黏合；4. 将两黏合面一次性对准，由内向外挤压，排除气泡，用木锤敲击压实，24h 后可达到使用强度。

【包装及贮运】 置于阴凉处存放，贮存期 12 个月。

【生产单位】 江苏黑松林粘合剂厂有限公司。

Ia010 酚醛-氯丁胶固邦 8001、8002

【英文名】 phenolic-chloroprene rubber adhesive 8001、8002

【主要组成】 酚醛树脂、氯丁橡胶、溶剂等。

【产品技术性能】

牌号	8001	8002
外观	浅黄色液体	半透明液体
固含量/%	≥25	≥20
剥离强度/(N/cm)	20	25
拉伸强度/MPa	≥0.8	≥1

【特点及用途】 单组分，使用方便，初粘力高，耐老化。主要适用于 PVC 塑料地板、壁纸、地毯、瓷砖的粘贴，汽车内部装饰用胶，制鞋、木材、家具、皮革、织

物等的日常粘接。

【包装及贮运】 0.5kg、1kg、5kg 包装。本品为安全无毒物质，属于易燃品，按照易燃品贮运。贮存期为1年。

【生产单位】 北京固特邦材料技术有限公司。

Ia011 改性氯丁橡胶胶黏剂 J-93

【英文名】 modified neoprene adhesive J-93

【产品技术性能】 外观：黏稠液体；黏度：1000～2000MPa·s；剥离强度：≥2kN/m。

【特点及用途】 单组分，耐水性能优良，粘接橡胶强度高。适用于橡胶之间以及橡胶与金属之间的粘接。

【施工工艺】 按甲∶乙＝1∶1混合均匀，在经过打磨的表面上薄薄涂胶(0.2mm)，溶剂挥发干净至不粘手时合拢，稍加压即可。

【毒性及防护】 溶剂有毒。应在通风处配胶，固化后的固化产物无毒。

【包装及贮运】 用1kg以上的塑料桶包装。室温密闭避光贮存，贮存期为6个月。一般按照易燃品发运。

【生产单位】 黑龙江省科学院石油化学研究院。

Ia012 胶黏剂 CH-404

【英文名】 adhesive CH-404

【主要组成】 由氯丁橡胶和酚醛树脂等组成。

【产品技术性能】 外观：黏稠液体；固含量：28%～32%；粘接性能（不同固化时间下粘接件的常温测试强度）如下。剥离强度：≥50N/cm（1154胶片自粘，24h），≥120N/cm（1154 胶片自粘，48h），≥50N/cm（1154 胶片-皮革，24h），≥100N/cm（1154胶片-皮革，48h）。

【特点及用途】 1. 使用温度范围为常温～130℃。2. 固化快，初粘力高。主要用于橡胶、皮革、织物、金属和木材等的粘接，适用于皮鞋制造、沙发蓬垫、运输带的冷粘和胶布制品的修补。

【施工工艺】 1. 配胶：甲∶乙＝12∶1；适用期：4h。2. 涂胶：涂胶两遍，每次涂后晾置10～15 min，至微粘时贴合，用锤打或辊压。3. 固化：接触压力，常温24h。

【包装及贮运】 甲胶铁桶装，贮存期为半年；乙胶玻璃瓶包装，贮存期为18个月。按照危险品运输。

【生产单位】 重庆长江橡胶制造有限公司。

Ia013 胶黏剂 CH-406

【英文名】 adhesive CH- 406

【主要组成】 由改性氯丁橡胶和酚醛树脂等溶于苯中组成单组分胶。

【产品技术性能】 固含量：28%～32%。粘接性能（不同固化时间下粘接件的常温测试强度）如下。剥离强度：≥80N/cm（1154 胶片自粘，24h），≥100N/cm（1154 胶片自粘，48h），≥80N/cm（1154 胶片-皮革，24h），≥100N/cm（1154胶片-皮革，48h）。

【特点及用途】 1. 使用温度范围为常温～130℃。2. 固化快，初粘力高。主要用于橡胶、皮革、织物、金属和木材等的粘接，适用于皮鞋制造、沙发蓬垫、运输带的冷粘和胶布制品的修补。

【施工工艺】 1. 涂胶：涂胶两遍，每次涂后晾置10～15 min，最后一次晾至微粘时贴合，锤打或辊压。2. 固化：接触压力，常温24 h。

【包装及贮运】 各种规格的铁桶包装，贮存期为6个月。按照危险品运输。

【生产单位】 重庆长江橡胶制造有限公司。

Ia014 胶黏剂 XY-403

【英文名】 adhesive XY-403

【主要组成】 由（甲）氯丁橡胶、丁腈橡胶和（乙）硫化剂以及溶剂等配制而成。

【产品技术性能】 外观：甲为黑色胶液，乙为乳白色胶液；橡胶相粘的常温剪切强度：≥1.6MPa。

【特点及用途】 常温下使用，耐酸碱，胶膜柔韧。可用于橡胶与橡胶、织物的黏合，如氨水胶囊、排灌胶管、胶布雨衣等制品的黏合和修补。

【施工工艺】 1. 配胶：甲：乙＝6：1，按比例混合均匀。2. 涂胶：涂胶两遍，每遍涂后晾置5～10min，当胶膜不粘手后贴合，用手辊或其他重物滚压。修补排灌胶管时可用涂过胶的帆布条缠绕，最后表面再涂一层胶液。3. 固化：加压，常温需24h。

【包装及贮运】 玻璃瓶装。密封贮存于阴凉干燥处，密封保存。运输中平放，勿倒置和碰撞。贮存期6个月。

【生产单位】 重庆长江橡胶制造有限公司。

Ia015 高强度胶 TS801

【英文名】 rubber adhesive TS808

【主要组成】 氯丁橡胶、酚醛树脂、异氰酸酯等。

【产品技术性能】 外观：黄色液体；密度：1.09g/cm^3。固化后的产品性能如下。剥离强度：49N/cm；工作温度：－196～120℃；剪切强度：21.5MPa；拉伸强度：31.8MPa；冲击强度：52J/cm^2；收缩率（固化时）：0.001cm/cm。

【特点及用途】 结合强度高，韧性好，应力分布均匀，对零件无热影响和热变形。施工方便，用于橡胶、皮革、运输带、金属、陶瓷等材料之间的自粘和互粘。

【施工工艺】 该胶是双组分胶（A/B），A组分和B组分的质量比为3：1，混合后在40min内用完，随用随配。25℃时24h可完全固化，温度低于15℃时，应采取适当的加温措施，这样不仅可以缩短固化时间，同时可以提高粘接强度，重要结构件的粘接应用如下固化条件，室温放置2h，80℃固化3h。

【毒性及防护】 固化前应尽量避免与皮肤、眼睛接触，若不慎溅入眼睛，应迅速用大量清水冲洗并求医。

【包装及贮运】 包装：250g/套，保质期12个月。在阴凉、干燥处贮存。本产品按照非危险品运输。

【生产单位】 北京天山新材料技术有限责任公司。

Ia016 接枝型氯丁胶 WD 2085

【英文名】 grafted neoprene adhesive WD 2085

【主要组成】 氯丁橡胶、丙烯酸酯、溶剂、辅料等。

【产品技术性能】 外观：黄色均匀黏稠液体；不挥发物含量：(19±1)%；黏度：1500～2500MPa·s；剥离强度（ABS-PVC）：≥50 N/25mm。

【特点及用途】 具有较好的初粘性，且室温固化，耐水耐热性好，工艺性能优良。主要用于橡胶、橡胶发泡材料、EVA、PVC、人造革、皮革、塑料等材料的自粘与互粘，特别适用于蜂鸣器行业中聚酯膜与ABS的粘接。

【施工工艺】 1. 表面处理：去除表面油污、去锈，保证被粘物干燥。2. 涂胶：将胶液均匀涂布于被粘接材料表面，放置15～20min，待溶剂挥发后，以不粘手即可黏合，加压使两被粘接面接触，在室温下放置2d可达到较高强度。对于细孔性材料可涂胶2次。

【包装及贮运】 3kg、16kg铁桶包装。本品应贮存于阴凉通风处，避光密封保存，贮存期为半年。

【生产单位】 上海康达化工新材料股份有限公司。

Ia017 橡塑鞋用胶黏剂 SG-864

【英文名】 adhesive SG-864 for shoe

【主要组成】 氯丁橡胶、甲基丙烯酸甲酯、溶剂等。

【产品技术性能】 外观：浅黄色透明黏性液体；固含量：≥15%；黏度（25℃）：1000～1500MPa·s；剥离强度（PVC-PVC）：≥2.5N/cm；执行标准：HG/T 3738—2004。

【特点及用途】 本品为甲基丙烯酸酯接枝氯丁胶黏剂，适用于各种天然橡胶及合成橡胶、PVC人造革、PU合成革、EVA树脂、SBS、TPR及各种织物的黏合，广泛用于运动鞋、旅游鞋的粘接，具有初粘力强、粘接强度高等特点。

【施工工艺】 使用时先清洁材料表面，必要时用砂布打毛，均匀涂胶1～2次，涂胶量为$100g/m^2$左右，每次涂胶后于40～50℃烘10～20min至表干，合拢，0.5MPa压力保持20s，室温放置48h，胶液使用前添加3%～5%异氰酸酯混合后效果更佳。

【毒性及防护】 本胶黏剂采用低毒性混合溶剂，但含甲苯，具有一定的毒性。施工环境应通风良好，本品易燃，忌接触火源。用后盖紧，慎防挥发。

【包装及贮运】 1kg、15kg铁听（桶）加瓦楞纸箱。贮运：本品应贮存于阴凉通风处，避光密封保存，贮存期为半年，本产品按照易燃物品贮运。

【生产单位】 浙江金鹏化工股份有限公司。

la018 鞋用胶黏剂 LTB-921

【英文名】 adhesive LTB-921 for shoe

【主要组成】 多元接枝氯丁橡胶、溶剂、助剂等。

【产品技术性能】 外观：浅黄色透明黏性液体；固含量：(18±1)%；黏度（25℃）：≥（2000±30）MPa·s；剥离强度：≥20N/cm。

【特点及用途】 具有粘接力强、色浅、耐热等特点。应用于真皮、聚氨酯合成革、PVC人造革等材料的粘接。

【施工工艺】 1. 橡胶底、EVA泡沫塑料、真皮等被粘部位必须打毛，并除去细屑；2. 对不同的鞋料应选择相应的偶联剂；3. 使用本胶前需加入固化剂（JQ-1或7900），其加入量一般为胶液的5%左右，加入后必须充分搅拌均匀；4. 上胶要均匀，避免厚薄不同；5. 待胶干燥后必须在黏性保持内进行贴合加压，压力一般在0.5MPa以上保持20s；6. 本产品加入固化剂后要在4h用完，绝对避免与新胶混合。

【毒性及防护】 属于易燃品，使用时注意通风透气，不可接近明火。

【包装及贮运】 本产品置于阴凉处密封贮存，贮存期为半年，本产品按照易燃物品贮运。

【生产单位】 江苏黑松林粘合剂厂有限公司。

la019 橡塑材料用胶黏剂 M-902

【英文名】 adhesive M-902 for rubber-plastic materials

【主要组成】 以氯丁橡胶进行三元接枝共聚，辅以增黏树脂、防耐老化剂、抗紫外线剂、混合溶剂等制成产品。

【产品技术性能】 外观：浅黄色透明液体；固含量含量：19%～20%；黏度（25℃）：2600～3000MPa·s；剥离强度：≥35N/cm。

【特点及用途】 使用后不污染产品，且使用时不必加入固化剂，即可获得良好的粘接强度。用于橡胶、皮革、SBS、PVC、EVA、改性PE发泡体等多种鞋用材料的粘接。

【毒性及防护】 属于易燃品，使用时注意通风透气，不可接近明火。

【包装及贮运】 15kg铁桶包装。本产品置于阴凉处密封贮存，贮存期为半年，本产品按照易燃物品贮运。

【生产单位】 山东省科学院新材料研究所。

Ia020 导线固定胶黏剂 J-186

【英文名】 adhesive J-186 for fixing lead

【主要组成】 接枝氯丁橡胶、活性填料等。

【产品技术性能】 剪切强度：≥2MPa（20℃）；剥离强度：≥2kN/m（20℃），≥2kN/m（75℃）；断裂伸长率：≥150%。

【特点及用途】 应用于国产新型导弹制导系统平台内部的导线固定。适用于多种材质导线的快速固定。

【施工工艺】 该胶属于单组分，应涂胶后立即粘接，快速定位。

【毒性及防护】 固化前组分低毒，应在通风处配胶，固化后的固化产物无毒。

【包装及贮运】 用0.5kg以上的塑料桶包装。室温密封避光贮存，贮存期为半年。按照一般易燃品发运。

【生产单位】 黑龙江省科学院石油化学研究院。

Ia021 氯丁腻子 JN-10

【英文名】 neprene putty JN-10

【主要组成】 氯丁橡胶、酚醛树脂等。

【产品技术性能】 外观：黑色或白色单组分黏稠膏状物；剪切强度（钢-钢）：≥0.5MPa；剥离强度（玻璃-橡皮）：≥2kN/m。

【特点及用途】 用于汽车车身所有里外相同部位接缝的密封，在风挡玻璃的直接粘接及密封部位上，效果极佳，也可用于其它任何欲密封的部位上。

【施工工艺】 1. 清洁被粘物表面，在温度5～35℃、相对湿度50%～80%的条件下涂胶，涂胶厚度应在2mm以下；2. 若胶浆太厚，可用甲苯或乙酸乙酯稀释至施工黏度适中。

【包装及贮运】 本品属于易燃品，使用场所不得有明火，贮存及运输应遵照易燃品的规定。本品马口铁桶包装，每桶4kg。贮存于通风阴凉处，保存期为10个月。

【生产单位】 上海华谊（集团）公司—上海橡胶制品研究所。

Ia022 密封胶 YD-200

【英文名】 sealant YD-200

【主要组成】 以氯丁橡胶为基料，添加一定比例的硫化剂、增黏剂、填料、防老剂等辅料，经塑炼、混炼、溶解、捏合等工序混合配制而成。配比为氯丁橡胶0.25份、酚醛树脂0.8份、填料0.4份、操作油0.03份、助剂0.04份、溶剂0.2份。

【产品技术性能】 表干时间：＜10min；下垂度：0mm；挤出性：100mL/min；低温柔性：−30℃；不同条件下的剥离强度（N/25mm）如下。

项目	3d	7d	27d
帆布-铝	21	23	24
帆布-玻璃	23	25	26
帆布-A3钢	21	24.5	40

【特点及用途】 单组分，室温固化，耐油、耐腐蚀、抗水，固化后有较好的韧性和弹性，对金属及大多数非金属有良好的粘接力。为集装箱、冷藏车、汽车、船舶的密封而设计，也可作为门窗的密封和伸缩缝、周边缝的嵌缝料，也适用于玻璃及铝合金、混凝土、木、金属间的粘接和密封。

【毒性及防护】 产品中含有有机溶剂，使用时应避免长时间与皮肤直接接触。

【包装及贮运】 310mL纸筒状。贮存运输按照易燃品的规则进行。贮存于通风干燥阴凉处，保存期为6个月。

【生产单位】 无锡市建筑材料科学研究所有限公司。

Ia023 太阿棒 DC7000

【英文名】 diabond DC7000

【主要组成】 氯丁橡胶、硫化剂、溶剂、

其它助剂等。

【产品技术性能】 外观：黄褐色；固含量：(21±1)%；黏度：150～400MPa·s；指触干燥时间：2min；粘接保持时间：60min。

1. 粘接强度

性能	剥离强度/(N/25mm)		剪切强度/MPa	
	Al-S	Al-Can	合板-合板	MF-Al
常态				
1h	32	21	1	0.7
24h	48	48	1.7	0.9
48h	52	48	2	1.1
96h	58	50	2.5（材质破坏）	1.2
热老化	59	68	3（材质破坏）	1.6
耐热(80℃)	24	27	0.6	0.4
耐寒(－20℃)	66	62	3.5（材质破坏）	4
耐水(48h)	48	62	1.4	0.9

注：1. Al为铝板，Can为棉帆布，S为石板，MF为装饰板、三聚氰胺板。

2. 试验方法按照日本国家规格JIS K 6854，K 6850。

2. 软化温度：黏合后第一天为120～130℃，黏合后第五天为160～180℃，黏合后第十天为＞200℃［注：1. 试验方法，ASTM D 816，1lbf/inch^2（6894.757Pa）；2. 被粘接材料为钢板-天然橡胶-钢板］。

【特点及用途】 1. 太阿棒DC7000作为木工、建材的高级产品而开发的喷涂型氯丁橡胶类胶黏剂，具有干燥快、粘接保持时间长的特点；2. 粘接力强，初粘性好；3. 耐水、耐老化、耐热性能良好；4. 拉丝少、粒子细而易喷涂，对多孔材质渗透少。用途：1. 用于门板、内装潢的模版、隔离板、家具、桌子及填充料等各种建材的复合粘接；2. 用于建筑内装潢上的粘接；3. 用于汽车内装潢上的粘接；4. 其它如隔热材料、布质纤维、木材、金属、橡胶、皮革等的粘接。

【施工工艺】 1. 前处理：被粘物体表面的水分、垃圾、油污需要彻底清除干净；2. 涂敷方法：用空压喷涂法将胶黏剂均匀涂上（单面涂敷量为150～250g/m^2，双面为300～500g/m^2），喷枪口径为2～2.5mm，空压为3～5kg/cm^2；3. 黏合：在常温下干燥3～15min后即可黏合；4. 加压：黏合后应充分加压使其黏合牢固。

【毒性及防护】 微毒，避免与皮肤直接接触。

【包装及贮运】 在低温阴凉的条件下密封贮存，贮存期6个月。

【生产单位】 上海野川化工有限公司。

Ib 丁基、丁腈橡胶胶黏剂

Ib001 密封胶条 J-83

【英文名】 sealant J-83

【主要组成】 丁基橡胶、增黏树脂、填料等。

【产品技术性能】 外观：色泽均匀无颗粒的均质弹性材料。固化后的产品性能如下。常温剪切强度：≥0.07MPa；常温密封性：≤13Pa；高温密封性：≤27Pa；高温后的剥离性（150℃×4h 或 180℃×4h）：胶条应从模具上整体剥离下来；工作温度：－45～200℃；标注测试标准：以上数据测试参照技术条件 Q/HSY 010—92。

【特点及用途】 具有优异的高温热稳定性、粘接性能、耐各种化学介质性能及优良的使用工艺性能。本产品是一种密封材料，主要用于复合材料、蜂窝结构和金属板胶接等制件在热压罐真空成型工艺的密封。最高使用温度为 200℃。

【施工工艺】 密封胶条试样在规定的环境条件下进行施工的环境温度应为 15～30℃，相对湿度为 40%～70%，环境应清洁。注意事项：保证施工环境温度，环境清洁。

【毒性及防护】 本产品固化后为安全无毒物质，使用中应尽量避免与皮肤和眼睛接触，若不慎接触眼睛，应迅速用清水清洗。

【包装及贮运】 包装：7m/盘，40 盘/纸箱，保质期 6 个月。贮存条件：产品保存在环境温度不高于 25℃、相对湿度不大于 70% 的避光库房中，远离热源，禁止接触各类溶剂及受有机物的污染。本产品按照一般易燃品运输。

【生产单位】 哈尔滨六环胶粘剂有限公司，黑龙江省科学院石油化学研究院。

Ib002 丁基橡胶胶黏剂

【英文名】 butyl rubber adhesive

【主要组成】 由（甲）丁基橡胶、甲苯和（乙）交联剂、增黏剂及补强剂等配合而成。

【产品技术性能】 外观：甲组分为白色溶液，乙组分为黑色溶液；剥离强度：80～90N/25mm（粘接乙丙橡胶-丁基橡胶）。

【特点及用途】 耐候性、耐臭氧性、耐水性、耐化学介质性、耐霉性和耐土壤性等优良。常温硫化。主要用于建筑工程防水材料中乙丙橡胶-丁基橡胶并用防水卷材的粘接。

【施工工艺】 甲、乙两组分按照等量混合。涂于乙丙橡胶-丁基橡胶并用防水卷材上。室温下自然硫化。

【包装及贮运】 存放在阴凉通风处，贮存期为 6 个月。

【生产单位】 北京市化学工业研究院。

Ib003 不干性丁基密封胶 BS 系列

【英文名】 butyl-rubber sealant BS series

【主要组成】 丁基橡胶、助剂等。

【产品技术性能】 外观：银灰色或黑色膏

状体；密度：1.2～1.6g/cm^3。BS-7 胶，固含量：≥98%；锥入度（1/10）：260～320mm；流淌程度：不流淌；耐老化（90℃×48h 后，105℃×24h 后）：表面不硬化，有黏性。BS-12 胶，固含量：≥90%；锥入度（1/10）：（360±40）mm；流淌程度：≤10mm；耐老化（90℃×48h 后，105℃×24h 后）：表面不硬化，有黏性。

【特点及用途】 不含溶剂、不易硬化。施胶后，胶料长期保持黏性，有效提高密封条的密封性能。丁基橡胶独特的分子结构赋予不干胶优秀的耐老化性，以及极低的透气性，可长时间用于室外条件下的密封。使用具备一定压力或加热条件的施胶设备，可使密封胶不间断挤出，适用于连续生产。同时具有优异的施工性能。本品可以应用于门框密封条、车窗玻璃导槽、车窗内外侧条、前后盖密封条、各类机器设备的橡塑件密封条等场合。

【施工工艺】 用喷枪或注胶机在器件表面注入密封胶。注意事项：清洁需密封的表面，使其干燥、无油、无尘、无脂、无其它污物（如无隔离剂等）。

【毒性及防护】 固化前避免与眼睛和皮肤接触，若不慎接触眼睛，应迅速用大量清水清洗并就医。

【包装及贮运】 包装：封装于 20kg 和 200kg 的圆形铁桶中，保质期 9 个月。贮存条件：贮存在阴凉干燥处。本产品按照非危险品运输。

【生产单位】 上海华谊（集团）公司—上海橡胶制品研究所。

Ib004 消音胶片 SY-271R

【英文名】 silencer adhesive sheet SY-271R

【主要组成】 丁基橡胶、聚异丁烯、软化剂等。

【产品技术性能】 外观：黑色片状；密度：1.60g/cm^3 以下；针入度（1/10mm）：60～90。

【特点及用途】 本产品以合成橡胶、合成树脂等材料制造而成。无毒、无味、无污染，良好的油面粘接性，使用方便。适用于车门、机盖外板等易发生震动、产生噪声处，降低汽车运行中的噪声。

【施工工艺】 将胶片上的隔离纸去除，粘贴于车门、机盖板等处，粘贴前若钢板表面的油污太多，可用棉纱擦拭，粘贴后用手压实即可。

【毒性及防护】 本产品为安全无毒物质，但混合前两组分应尽量避免与皮肤和眼睛接触，若不慎接触眼睛，应迅速用清水清洗。

【包装及贮运】 尺寸规格可按用户要求定做。保质期 12 个月。贮存条件：室温、阴凉处贮存。本产品按照非危险品运输。

【生产单位】 三友（天津）高分子技术有限公司。

Ib005 丁基密封胶带 SY-271

【英文名】 butyl sealing tape SY-271

【主要组成】 丁基橡胶、增黏树脂、软化剂等。

【产品技术性能】 外观：黑色带状；密度：1.60g/cm^3 以下；针入度（1/10mm）：60～90。

【特点及用途】 不含挥发性物质，无毒、不污染环境，使用方便。对钢板、漆膜、PE 膜、PVC 膜黏附牢固，对塑料也有一定的黏附力。具有永久的黏性、弹性、密封性、耐高低温性，伸长率高，柔软适宜。防渗漏、防锈蚀、抗变形、抗震动，同时也具有良好的耐压、耐候、耐老化、耐紫外线性能。适用于地下管路的保护、汽车车门防水膜、装饰件、车灯及客车车身板与骨架的减震粘贴，车身板缝、法兰盘等部位的密封，冰箱、空调温控器的密封以及各种水箱的密封，还可用于中空玻璃、下水管道的接口、电子管线接头等的密封及各种工程补漏及风力发电叶片制作中真空袋与叶片模具的密封等方面。

【施工工艺】 1. 除去被粘部位的油污。

2. 将本品连同离型纸铺贴在粘接密封件上，用手压实粘牢。3. 揭掉离型纸，与另一粘接密封件合拢并用手压实粘牢即可。

【毒性及防护】 本产品为安全无毒物质，但混合前两组分应尽量避免与皮肤和眼睛接触，若不慎接触眼睛，应迅速用清水清洗。

【包装及贮运】 以盘供应，尺寸规格可按用户要求定做，保质期 12 个月。贮存条件：室温、阴凉处贮存。本产品按照非危险品运输。

【生产单位】 三友（天津）高分子技术有限公司。

Ib006 不干性阻蚀密封膏 9501D

【英文名】 non-vulcanization anti-corrosion rubber sealant paste 9501D

【主要组成】 聚异丁烯类橡胶、阻蚀剂、填料等。

【产品技术性能】 外观：白色、灰色或用户指定颜色的均质膏状物；密度：≤1.3g/cm^3；不挥发分含量：≥98%；锥入度（0.1mm）：260～360；耐热性（90℃/12h）：经耐热试验后，不流淌，不结皮；耐低温性（40℃）：耐低温试验后，弯曲 180°不开裂；黏附率：≥90%；耐盐雾性（7d）：经中性盐雾试验后，被密封膏包覆的表面无腐蚀缺陷；以上数据测试参照企标 Q/6S 2086—2006。

【特点及用途】 该密封膏是一种以低分子高饱和度橡胶为基的含有特种阻蚀剂的单组分低挥发含量阻蚀型橡胶密封膏，简称为不干性橡胶型阻蚀密封膏，可长期保持柔软性，不硬化、不干裂、不霉变，对光、热、臭氧等具有极高的惰性，实际使用寿命可达 50 年以上，其工艺性能与常用油脂相似，可满足刮涂和灌涂的要求，适用工作温度为－40～90℃，是目前国际上最新一代的不干性密封材料之一。用于悬索桥主缆缠丝前的密封、斜拉桥斜拉索的索体内部填充密封、各类吊索与斜拉索锚具的密封防护、锚管式锚固结构中套管的密封防护。

【施工工艺】 该密封膏为单组分，可刮涂和灌涂施工。注意事项：施工前，应将刮涂与灌涂表面清洗干净，使之无油污、水分、灰尘、杂物等；用于缝内密封时，可直接用手工刮涂或用注胶枪挤出施工；用于包覆涂装时，可采用浸涂法施涂。多余的密封膏可用非金属铲刀除去，并用汽油清洗干净。

【包装及贮运】 25kg/桶，也可提供用户要求规格的包装。贮存条件：产品应在 5～30℃的库房内贮存，远离热源，避免日光直接照射，自生产之日起贮存期为 2 年。本产品按照非危险品运输。

【生产单位】 中国航空工业集团公司北京航空材料研究院。

Ib007 点焊密封胶 LY-3

【英文名】 spot welding sealant LY-3

【主要组成】 环氧树脂、丁腈橡胶、PVC 树脂、硫化剂、助剂等。

【产品技术性能】 外观：单组分深灰色糊状；密度：≤1.5g/cm；不挥发物含量：≥95 %；固化范围：130～170℃/30～60min。在标准固化条件下（130℃/30min）固化物的性能如下。硬度：60～70 ShoreA；剪切强度：≥1.0MPa；点焊强度下降率：≤10%；测试标准：以上数据测试参照企标 Q/LY-0003—2011。

【特点及用途】 具有优良的油面粘接性、密封性、耐介质性和弹性，抗下垂、不流淌，施工性好。固化温度低，范围宽。主要用于车身骨架总成、侧围等部位点焊连接时焊点部位的密封。经电泳工序后固化，将焊点周围与两个焊点之间的缝隙完全密封，有效防止车身漏水、透风和漏尘，保持车内环境，同时对焊点部位进行有效的保护，防止焊点部位被锈蚀，延长车身寿命。

【施工工艺】 被密封件尽量少油、干燥无锈蚀，用注胶枪或注胶机械将本品呈条状涂于需要密封的部位。合拢组件并按工艺规范采用点焊机点焊连接，经电泳工序烘烤后固化，即可对点焊部位产生密封。注意事项：如采用机械注胶方式，涂胶机械压缩比建议最小为 48∶1；点焊参数通常不受涂胶影响，增加电极压力有利于顺利焊接；厂家如采用垂直走线的方式生产时，如想获得更高的耐冲刷性，可采用预烘烤、选用本公司增黏型点焊密封胶或点焊胶带来解决；正式使用前双方需根据应用方的生产方式、密封部位的情况选择相应型号的产品，并做好相应产品的试用工作。

【毒性及防护】 本产品为安全无毒物质，施工应佩戴防护手套，尽量避免与皮肤和眼睛直接接触，若不慎接触眼睛，应迅速用清水清洗，严重时送医。

【包装及贮运】 钢桶装，每桶 25kg 或 250kg；硬塑管装，每支 400g，每箱 50 支。贮运条件：本产品为非危险物品，可按一般化学产品运输。运输过程应防止雨淋、日光曝晒。原包装平放贮存在阴凉干燥的库房内，贮存温度以不超过 25℃为宜，严禁侧放、倒放，防止日光直接照射，并远离火源和热源。在上述贮存条件下，贮存期为 3 个月。库房存放请遵循先进先出原则。

【生产单位】 北京龙苑伟业新材料有限公司。

Ib008 点焊密封胶 LY-301

【英文名】 spot welding sealant LY-301

【主要组成】 环氧树脂、丁腈橡胶、硫化剂、助剂等。

【产品技术性能】 外观：黑色均匀糊状；密度：1.30～1.6g/cm^3；不挥发物含量：≥95%；固化范围：(160～18)℃/(30～60) min。在标准固化条件下（170℃/30min）固化物的性能如下。剪切强度：≥1.0MPa（非油面）；体积变化率：≤10%；抗流挂性：≤5mm；硬度：10～55Shore A；点焊强度下降率：≤10%；测试标准：以上数据测试参照企标 Q/LY-0301—2011。

【特点及用途】 产品施工性能优异，具有极佳的抗下垂性、密封性，可点焊，可机械涂布或人工涂布。产品固化温度范围宽，对油面、镀锌钢板基材具有优异的粘接性。产品不含有机溶剂，无毒、无刺激性气味，对环境无污染。主要用于车身骨架总成、侧围等部位点焊连接时焊点部位的密封。经电泳工序后固化，将焊点周围与两个焊点之间的缝隙完全密封，有效防止车身漏水、透风和漏尘，保持车内环境，同时对焊点部位进行有效的保护，防止焊点部位被锈蚀，延长车身寿命。

【施工工艺】 被密封件尽量少油、干燥无锈蚀，用注胶枪或注胶机械将本品呈条状涂于需要密封的部位。合拢组件并按工艺规范采用点焊机点焊连接，经电泳工序烘烤后固化，即可对点焊部位产生密封。注意事项：如采用机械注胶方式，涂胶机械压缩比建议最小为 48∶1；点焊参数通常不受涂胶影响，增加电极压力有利于顺利焊接；厂家如采用垂直走线的方式生产时，如想获得更高的耐冲刷性，可采用预烘烤、选用本公司增黏型点焊密封胶或点焊胶带来解决；正式使用前双方需根据应用方的生产方式、密封部位的情况选择相应型号的产品，并做好相应产品的试用工作。

【毒性及防护】 本产品为安全无毒物质，施工应佩戴防护手套，尽量避免与皮肤和眼睛直接接触，若不慎接触眼睛，应迅速用清水清洗，严重时送医。

【包装及贮运】 钢桶装，每桶 25kg 或

250kg；硬塑管装，每支400g，每箱50支。贮运条件：本产品为非危险物品，可按一般化学产品运输。运输过程应防止雨淋、日光曝晒。原包装平放贮存在阴凉干燥的库房内，贮存温度以不超过25℃为宜，严禁侧放、倒放，防止日光直接照射，并远离火源和热源。在上述贮存条件下，贮存期为6个月。库房存放请遵循先进先出原则。

【生产单位】 北京龙苑伟业新材料有限公司。

Ib009 减震胶 LY-180

【英文名】 antiflutter adhesive LY-180

【主要组成】 丁腈橡胶、硫化剂、助剂等。

【产品技术性能】 外观：白色或黑色糊状，或根据客户要求；密度：1.3～1.5g/cm³；不挥发物含量：≥93%；固化范围：160～200℃/30～60min。在标准固化条件下（170℃/30 min）固化物的性能如下。硬度：10～40 Shore A，实测值约28 Shore A；剪切强度：≥1.0MPa（非油面，0.2mm厚胶层），实测值约1.2MPa；体积变化率：20%～50%，或根据客户要求，实测值约41%；测试标准：以上数据测试参照企标Q/LY-0180—2011。

【特点及用途】 产品施工性能优异，具有极佳的堆砌性、抗下垂性、充填性，可机械涂布或人工涂布。产品固化温度范围宽，对金属基材具有优异的粘接性，不含有机溶剂，无毒、无刺激性气味，对环境无污染。主要用于车门、侧围板、箱盖、发动机盖等外板与加强筋或骨架之间的减震粘接，经电泳工序后固化，将外板与加强梁粘接在一起，阻止了两个刚性材料的碰撞震动，同时阻止或减弱了其它震动在两个刚性材料之间的直接连续传播。通过减震胶的粘接，增加了车身稳定性，加固了车体结构，改变了车体固有的振动频率，降低了部分外板产生的共振和共鸣，提升了NVH性能。

【施工工艺】 被粘接-密封件尽量少油、干燥无锈蚀。用注胶枪或注胶机械将本品呈点状或条状，打在加强筋上或车身骨架上。与外板组合并采用点焊、卷边、压合等工艺定位（注意：施胶区自然配合不可加压）。经电泳工序烘烤后固化，即可对钢板与加强梁起到粘接、隔震作用。注意事项：如采用机械注胶方式，涂胶机械压缩比建议最小为55∶1；使用前双方需根据应用方的车身情况选择合适剪切强度、硬度、膨胀率的产品，并做好相应产品的试用工作。

【毒性及防护】 本产品为安全无毒物质，施工应佩戴防护手套，尽量避免与皮肤和眼睛直接接触，若不慎接触眼睛，应迅速用清水清洗，严重时送医。

【包装及贮运】 钢桶装，每桶250kg或25kg；硬塑料管装，每支400g，每箱50支。贮运条件：原包装平放贮存在阴凉干燥的库房内，贮存温度以不超过25℃为宜，严禁侧放、倒放，防止日光直接照射，并远离火源和热源。在上述贮存条件下，贮存期为6个月。库房存放请遵循先进先出原则。

【生产单位】 北京龙苑伟业新材料有限公司。

Ib010 非膨胀型减震胶 LY-182

【英文名】 non-expansive antiflutter adhesive LY-182

【主要组成】 丁腈橡胶、硫化剂、助剂等。

【产品技术性能】 外观：黑色均匀膏状，无颗粒，无气泡；密度：1.20～1.60g/cm³；固化后外观：弹性好，无裂纹，无气孔，无变色；固含量：≥95%；固化范围：160～200℃/20～40min。在标准固化条件下（170℃/30min）固化物的性能如下。剪切强度：≥0.4MPa（2mm胶层），实测值 0.65MPa；体积变化率：≤25%，实测值 0.2%；延伸率：≥100%；抗流挂性：≤5mm；硬度：10～40 Shore A，实测值 15 Shore A；测试标准：以上数据测试参照企标 Q/LY-0182—2011。

【特点及用途】 产品施工性能优异，具有极佳的堆砌性、抗下垂性、充填性，可机械涂布或人工涂布。产品固化温度范围宽，对金属基材具有优异的粘接性，不含有机溶剂，无毒、无刺激性气味，对环境无污染。主要用于车门、侧围板、箱盖、发动机盖等外板与加强筋或骨架之间的减震粘接，经电泳工序后固化，将外板与加强梁粘接在一起，阻止了两个刚性材料的碰撞震动，同时阻止或减弱了其它震动在两个刚性材料之间的直接连续传播。通过减震胶的粘接，增加了车身稳定性，加固了车体结构，改变了车体固有的振动频率，降低了部分外板产生的共振和共鸣，提升了 NVH 性能。

【施工工艺】 被粘接-密封件尽量少油、干燥无锈蚀。用注胶枪或注胶机械将本品呈点状或条状，打在加强筋上或车身骨架上。与外板组合并采用点焊、卷边、压合等工艺定位（注意：施胶区自然配合不可加压）。经电泳工序烘烤后固化，即可对钢板与加强梁起到粘接、隔震作用。注意事项：如采用机械注胶方式，涂胶机械压缩比建议最小为 55∶1；使用前双方需根据应用方的车身情况选择合适剪切强度、硬度的产品，并做好相应产品的试用工作。

【毒性及防护】 本产品为安全无毒物质，施工应佩戴防护手套，尽量避免与皮肤和眼睛直接接触，若不慎接触眼睛，应迅速用清水清洗，严重时送医。

【包装及贮运】 钢桶装，每桶 250kg 或 25kg；硬塑料管装，每支 400g，每箱 50 支。贮运条件：原包装平放贮存在阴凉干燥的库房内，贮存温度以不超过 25℃为宜，严禁侧放、倒放，防止日光直接照射，并远离火源和热源。在上述贮存条件下，贮存期为 6 个月。库房存放请遵循先进先出原则。

【生产单位】 北京龙苑伟业新材料有限公司。

Ib011 高膨胀减震填充胶 LY-182DF

【英文名】 high expandable antiflutter adhesive LY-182DF

【主要组成】 丁腈橡胶、硫化剂、助剂等。

【产品技术性能】 外观：黑色糊状，或根据客户要求；密度：1.3～1.5g/cm^3；不挥发物含量：≥93%；固化范围：160～200℃/30～60min。在标准固化条件下(170℃/30 min) 固化物的性能如下。硬度：5～40 Shore A，实测值约 21 Shore A；剪切强度：≥0.5MPa（非油面，0.2mm 厚胶层），实测值约 1.1MPa；体积变化率：150%～700%，或根据客户要求，实测值约 300%；测试标准：以上数据测试参照企标 Q/LY-0182DF—2011。

【特点及用途】 产品经电泳工序后固化迅速膨胀，垂直膨胀率高，可有效解决因间隙变化引起的缺胶问题；如用于空腔填充，可有效填充满空腔，起到填充阻断的作用，有效降低汽车行驶过程中的震动、风噪音和路面噪音，提升车辆 NVH 性能。该产品对油面金属基材具有优异的粘接性，施工操作极其方便。对前处理液、电泳液无污染，不含有机溶剂，无毒、无刺激性气味，对环境无污染。适用于汽车制造过程中有较大间隙，或车身在流水线过程中间隙变化较大的车门、侧围板、箱盖、发动机盖等外板与加强筋或骨架之间的减震粘接，也可用于各门柱、车轮罩和横梁等截面比较小的旁路空腔填充。

【施工工艺】 被粘接、密封或填充的部位件尽量少油、干燥无锈蚀。用注胶枪或注胶机械将本品呈点状或条状，打在加强筋、车身骨架或空腔内，胶条尺寸大小遵循客户相关工艺规程。经电泳工序烘烤后膨胀固化，即可对钢板与加强梁起到粘接、隔震、阻断作用。注意事项：如采用机械注胶的方式，涂胶机械压缩比建议最小为 55∶1；如产品用于空腔填充，需提供相应的数模，由我司进行模拟验证。

【毒性及防护】 本产品为安全无毒物质，施工应佩戴防护手套，尽量避免与皮肤和眼睛直接接触，若不慎接触眼睛，应迅速用清水清洗，严重时送医。

【包装及贮运】 钢桶装，每桶 25kg 或 250kg；硬塑料管装，每支 400g，每箱 50 支。贮运条件：原包装平放贮存在阴凉干燥的库房内，贮存温度以不超过 25℃为宜，严禁侧放、倒放，防止日光直接照射，并远离火源和热源。在上述贮存条件下贮存期为 3 个月。库房存放请遵循先进先出原则。

【生产单位】 北京龙苑伟业新材料有限公司。

Ib012 丁基橡胶胶带 WD202

【英文名】 butyl rubber tape WD202

【产品技术性能】 外观：黑色膏状；剪切强度：≥0.1MPa；拉伸强度：≥0.1MPa；撕裂强度：≥0.8MPa；弯曲性：无裂纹；流淌性：无流淌；伸长率：≥200%。

【特点及用途】 单组分，膏状胶带，使用方便，即粘即用。适用于大多数材料的粘接和密封，密封性能好，耐油性、耐水性、耐候性好。胶带可以反复使用。用于汽车电器线路的固定和防磨，汽车车门防水膜、内饰件的粘贴和窗框、车身接缝、车灯、水箱卷边的密封。

【施工工艺】 将要防磨或密封的部位除油、除灰，保持干燥，直接贴上胶带，用手将胶带抹平压紧，剥离隔离纸即可，或在胶带上贴上另一材料，再用手将其抹平压紧即可。

【包装及贮运】 20mm×2mm×112mm×100 根/箱。产品在运输和装卸过程中避免碰撞和重压，防止日晒雨淋、高温。在 25℃以下干燥处贮存，防止日光直射，远离火源。贮存期 6 个月。

【生产单位】 上海康达化工新材料股份有限公司。

Ib013 挡风玻璃密封胶 JN-8

【英文名】 wind shield glass sealant JN-8

【主要组成】 聚丁基橡胶、助剂等。

【产品技术性能】 外观：黑色单组分膏状物；剥离强度（玻璃与橡胶密封条黏合）：≥0.32kN/m。

【特点及用途】 该密封胶为不干性腻子，胶层长期不干，并保持韧性。可在−40～90℃使用，不脱落，不流淌。该密封胶对表面有涂料的材料如木材、石瓦板、铝、玻璃、防水胶条等有良好的黏着性和耐水性能。它被广泛应用于建筑、机车车辆和各种类型汽车的风窗密封，能达到防风、防水、防寒的满意结果。

【施工工艺】 注胶前先清洁被粘接材料表面。注胶工具用手提式空气挤压枪，工作压力在 0.3MPa 以上。

【包装及贮运】 包装为 4kg，装于马口铁桶。应存放于通风阴凉处。贮存期为 1 年，如超过期限，需要进行再鉴定，符合指标，仍可使用。

【生产单位】 上海华谊（集团）公司—上海橡胶制品研究所。

Ib014 防震密封腻子 JN-15（1、2）

【英文名】 shock-resistant sealant JN-15（1、2）

【主要组成】 聚丁基橡胶、助剂等。

【产品技术性能】 外观：黑色或灰色块状或卷装物；密度：1.4g/cm^3；剥离强度（不锈钢）：≥200N/m；剪切强度（碳钢-

碳钢）：≥0.02MPa；耐温性：经过100℃老化2h后，无流淌。

【特点及用途】 主要用于冰箱压缩机或空调机中作防震、减声密封粘贴。用于建筑堵漏、密封、嵌缝和汽车门窗粘贴、嵌缝。

【施工工艺】 粘贴、密封、嵌缝处需要表面擦净。块状片，剥开单面防粘纸将腻子进行粘贴；卷装物，拨开双面防粘纸将腻子嵌缝。该产品携带方便，无毒，使用安全可靠。

【包装及贮运】 块状的一面用塑料薄膜或玻璃布复合，另一面用单面防粘纸复合，装箱。卷装的用双面防粘纸复合成卷装箱。应置于通风阴凉处，贮存期为1年。如超过期限，需要进行再鉴定，符合指标，仍可使用。

【生产单位】 上海华谊（集团）公司—上海橡胶制品研究所。

Ⅰb015 防震密封腻子 JN-36

【英文名】 shock-resistant sealant JN-36

【主要组成】 聚丁基橡胶、助剂等。

【产品技术性能】 外观：黑色或灰色；密度：1.4g/cm³；剥离强度（不锈钢）：≥200N/m；耐温性：经过100℃老化2h后，无位移脱落；腐蚀性：对钢管经过100℃老化2h后，无位移脱落。

【特点及用途】 用于建筑堵漏、密封、嵌缝，用于汽车门窗粘贴、嵌缝。

【施工工艺】 粘贴、密封、嵌缝处需要表面擦净。卷装物，拨开双面防粘纸将腻子嵌缝。该产品携带方便，无毒，使用安全可靠。

【包装及贮运】 卷装的用双面防粘纸复合成卷装箱。应置于通风阴凉处，贮存期为1年。如超过期限，需要进行再鉴定，符合指标，仍可使用。

【生产单位】 上海华谊（集团）公司—上海橡胶制品研究所。

Ⅰb016 建筑密封胶 YD-300

【英文名】 building sealant YD-300

【主要组成】 以丁基橡胶（25份）为基料，配以增黏剂（5份）、填料（40份）、溶剂（21份）和其它助剂（9份）等均匀混合而成。

【产品技术性能】 下垂度：0mm；耐氧性：合格；热失重：21%；剥离粘接性：20N/25mm。

【特点及用途】 单组分，施工方便，具有永久的黏性和自密性，非常低的湿气及空气渗透性，低温柔性好，抗老化，耐大气腐蚀，耐酸碱。用于中空玻璃的二道密封，集装箱、货柜、汽车、轮船、挂车的接缝，钣金的卷边接缝及重叠部分的密封，浇注砂浆的连接缝、防水部位的密封，家用电器的压缩机中作防震、减声密封粘贴。

【毒性及防护】 胶中含有机溶剂，应避免长时间与皮肤接触。

【包装及贮运】 310mL 纸筒管。应贮存在干燥阴凉处，贮存期为1年。

【生产单位】 无锡市建筑材料科研所有限公司。

Ic 聚硫橡胶胶黏剂

Ic001 室温硫化密封剂 HM199

【英文名】 room temperature vulcanizing sealent HM199

【主要组成】 液体聚硫橡胶、增塑剂、硫化剂、助剂等。

【产品技术性能】 黏度：≤150Pa·s(组分A)，≤150Pa·s(组分B)；活性期：≥1h；拉伸强度：≥0.5MPa；扯断伸长率：≥400%；撕裂强度：≥2.0kN/m；100%定伸模量：≤0.5MPa；100%定伸粘接强度：≥0.1MPa；拉伸粘接扯断伸长率：≥200%；硬度：≥12 Shore A；标注测试标准：以上数据测试参照企标Q/6S 1611—2001。

【特点及用途】 双组分膏状液体，常温下施工硫化，且在缝内能自动流平。对水泥混凝土有良好的粘接能力，能耐受航空燃油、滑油、雨水的浸泡，能耐受高温喷气射流的冲击。用于机场水泥砂浆铺砌层的伸缩缝止水及防燃油渗入的密封、公路水泥砂浆铺砌层的伸缩缝密封、污水处理厂的防水密封等。

【施工工艺】 该密封剂为双组分（A/B)，A组分和B组分的质量比为2∶1。注意事项：施工环境条件应为温度15～45℃，相对湿度20%～80%；严禁在下雨天进行注胶施工，若施工后4～8h下雨，对未达到不粘期的密封剂应有一定的保护措施；雨后，需待道面晾干后，方可进行垫条铺设及注胶施工。

【毒性及防护】 本产品硫化后为安全无毒物质，但混合前两组分应尽量避免与皮肤和眼睛接触，若不慎接触眼睛，应迅速用清水清洗。

【包装及贮运】 包装：A组分每桶质量为20kg，B组分每桶为30kg，保质期1年。贮存条件：室温、阴凉处贮存。本产品可按照非危险品运输。

【生产单位】 中国航空工业集团公司北京航空材料研究院。

Ic002 双组分聚硫中空玻璃专用密封胶 MF840

【英文名】 two-part polysulfide sealant MF840 for insulating glass

【主要组成】 聚硫橡胶、增塑剂 、碳酸钙、偶联剂等。

【产品技术性能】

项　　目	技术指标	
	机械施工	手工施工
A组分	白色、黏稠均匀膏状物	白色、黏稠均匀膏状物
B组分	黑色、黏稠均匀膏状物	黑色、黏稠均匀膏状物
A组分	350～600	180～400
B组分	50～250	50～250

续表

项　目		技术指标	
		机械施工	手工施工
适用期/min		≥20	≥15
表干时间/h		≤2	≤3
下垂度/mm		≤1	≤1
拉伸黏结强度/MPa		≥0.60	≥0.40
硫化后硬度 (Shore A)	5h	≥25	≥15
	24h	≥35	≥25
黏合时间/h		≤24	≤48
符合标准		行业标准　JC/T 486	

注：上述试验条件为温度(23±2)℃，相对湿度(50±5)%，混合比例 A∶B=100∶10，拉伸黏结强度是在上述条件下放置 14d。

【特点及用途】 1. 双组分、室温固化；2. 良好的黏结性能；3. 优异的耐老化性能；4. 不含溶剂及低沸点物质，不污染环境。用途：主要用于建筑、交通运输、制冷等行业的中空玻璃的密封。

【施工工艺】 A、B 两组分的配比范围是质量比 A∶B=100∶(6～12)，在此配比范围内，可通过调整 A、B 两组分的比例来调节密封胶的固化速率（B 组分的量越大，固化速率越快；B 组分的量越小，固化速率越慢）；混合应均匀、无色差。需沿同一方向涂敷，以防气泡裹入胶中，降低中空玻璃的密封性能。注意事项：1. 使用前请做黏结性试验并参阅本公司技术资料及安全数据表；2. 不能与其它密封胶混合使用，否则会影响其黏结性能；3. 施工温度应在 5℃以上，否则会影响密封胶的固化速率和黏结性能。

【毒性及防护】 本产品固化后为安全无毒物质，但固化前应尽量避免与皮肤和眼睛接触，若不慎接触眼睛，应迅速用清水清洗。

【包装及贮运】 大桶包装：A 组分 300kg/桶；B 组分 30kg/桶。中桶包装：A 组分 30kg/桶；B 组分 3.6kg/桶。小桶包装：A 组分 4kg/桶；B 组分 0.48 kg/袋。贮存条件：在阴凉、通风、干燥处可贮存 12 个月。本产品按照非危险品运输。

【生产单位】 郑州中原应用技术研究开发有限公司。

Ic003 室温硫化密封剂 HM106

【英文名】 room temperature vulcanizable sealant HM106

【主要组成】 聚硫橡胶、二氧化锰、助剂等。

【产品技术性能】 外观：灰色；密度：1.65g/cm³。固化后的性能如下。固含量：≥97%；活性期：0.5～4 h（可调）；不粘期：8～24h；黏度：400～1200Pa·s；拉伸强度：≥2.0MPa；120℃/7d 老化后的拉断伸长率：≥150%；剥离强度：≥4kN/m；耐腐蚀性：将铝、钢、钛等金属及双金属试样全浸入 3% 氯化钠盐水中 60℃×20d，金属表面不腐蚀，密封剂不变质；工作温度：－55～120℃；标注测试标准：以上数据测试参照企标 Q/6S 1333—2001。

【特点及用途】 高拉伸强度和粘接强度，老化性能稳定，优异的耐水稳定性；在有表面保护的情况下，综合老化性能寿命达 40 年以上；主要用于结构缝隙的缝内和缝外的防水密封，用于悬索桥梁主缆系统的防护。

【施工工艺】 该胶是双组分胶（A/B），A组分和B组分的质量配比为100：(7～11)，两个组分应混合为均匀无色差的膏状物，混合均匀后密封剂应在其活性期内用手工或注胶枪注射施工并整形。注意事项：施工前，应对被密封表面清洗干净，无油污、水分、灰尘杂物等，施工温度为10～32℃，高温高湿环境下，密封剂的硫化时间短，反之，则硫化时间长；与密封剂粘接的界面应清洗干净。

【毒性及防护】 本产品固化后为安全无毒物质，但混合前两组分应尽量避免与皮肤和眼睛接触，若不慎接触眼睛，应迅速用清水清洗。

【包装及贮运】 5.5kg/套、27.5kg/套，保质期6个月；贮存条件：室温、阴凉处贮存。本产品按照非危险品运输。

【生产单位】 中国航空工业集团公司北京航空材料研究院。

Ic004 聚硫电缆密封胶 S-8

【英文名】 polysulfide sealant S-8

【产品技术性能】 外观：甲组分为黑色膏状物，乙组分为黑色黏稠液；拉伸强度：≥1.2MPa；扯断伸长率：≥200%；永久变形：≤20%；硬度：30～50 Shore A。

【特点及用途】 本品为双组分室温固化的液态密封胶，具有黏度低、易浇注、操作简单，使用方便的特点。同时具有聚硫橡胶的耐水性、耐油性、耐大气老化性、耐盐雾、耐各种化学物质以及优良的电绝缘性能等通性。能在－50～120℃内长期使用。用途：特别适用于各种船舶电缆盒的浇注密封、电子元件的浇注和密封，也适用于各类铝、铜、铁、胶木、有机玻璃、无机玻璃、水泥、陶瓷等金属与非金属的粘接密封。

【施工工艺】 按甲组分：乙组分＝9：1，在玻璃板上用油灰刀搅拌均匀混合。进行涂抹，7～10d后完全固化。注意事项：密封前，工作面先经打毛，再用丙酮或乙酸乙酯清洁表面，然后进行涂胶。

【毒性及防护】 本产品固化前应避免与眼睛和皮肤接触，若不慎接触眼睛，应迅速用大量清水清洗并就医。

【包装及贮运】 包装：甲组分4.5kg/桶；乙组分0.5kg/桶。保质期半年。贮存条件：贮存在阴凉干燥处。本产品按照危险品运输。

【生产单位】 上海华谊（集团）公司—上海橡胶制品研究所。

Ic005 聚硫密封胶 S-3-1

【英文名】 polysulfide sealant S-3-1

【产品技术性能】 外观：甲组分为白色膏状物，乙组分为黑色黏稠液；拉伸强度：≥1.2MPa；扯断伸长率：≥300%；永久变形：≤20%；硬度：30～50 Shore A。

【特点及用途】 S-3-1聚硫密封胶为双组分室温固化的液态密封胶。操作简单，使用方便。具有显著的耐水性、耐油性、耐大气老化性、耐各种化学物质和溶剂性能以及优良的电绝缘性能。其厚型具有色浅、抗流挂特性，适应于立面操作。其薄型具有色浅、流动性好的特点。能在－50～120℃内长期使用。用途：适用于各类铝、铜、铁、胶木、有机玻璃、无机玻璃、水泥、陶瓷等金属与非金属的粘接密封，也适合于金属与非金属材料的狭小缝隙的浇注和密封。

【施工工艺】 按甲组分：乙组分＝9：1，在玻璃板上用油灰刀搅拌混合均匀，进行刮胶，7～10d后完全固化。注意事项：密封前，工作面先经打毛，再用丙酮或乙酸乙酯清洁表面，然后进行涂胶。

【毒性及防护】 本产品固化前应避免与眼睛和皮肤接触，若不慎接触眼睛，应迅速用大量清水清洗并就医。

【包装及贮运】 包装：甲组分 4.5kg/桶；乙组分 0.5kg/桶。保质期半年。贮存条件：贮存在阴凉干燥处。本产品按照危险品运输。

【生产单位】 上海华谊（集团）公司—上海橡胶制品研究所。

Ic006 聚硫密封胶 S-7-1

【英文名】 polysulfide sealant S-7-1

【产品技术性能】 外观：甲组分为黑色膏状物，乙组分为黑色黏稠液；拉伸强度：≥2.0MPa；扯断伸长率：≥200%；永久变形：≤5%；硬度：40～60 Shore A；剥离强度（Al-Al）：≥5.8kN/m。

【特点及用途】 S-7-1 聚硫密封胶为双组分室温固化的液态密封胶。操作简单，使用方便。具有显著的耐水性、耐油性、耐大气老化性、耐各种化学物质和溶剂性能以及优良的电绝缘性能，触变性好，抗流挂特性，能在－50～120℃内长期使用。适用于各类铝、铜、铁、胶木、有机玻璃、无机玻璃、水泥、陶瓷等金属与非金属的粘接密封，适用于各类户外天线罩的粘接密封。

【施工工艺】 按甲组分：乙组分＝9：1，在玻璃板上用油灰刀搅拌混合均匀。进行施胶，7～10d 后完全固化。注意事项：密封前，工作面先经打毛，再用丙酮或乙酸乙酯清洁表面，然后进行涂胶。

【毒性及防护】 本产品固化前应避免与眼睛和皮肤接触，若不慎接触眼睛，应迅速用大量清水清洗并就医。

【包装及贮运】 包装：甲组分 4.5kg/桶；乙组分 0.5kg/桶。保质期半年。贮存条件：贮存在阴凉干燥处。本产品按照危险品运输。

【生产单位】 上海华谊（集团）公司—上海橡胶制品研究所。

Ic007 室温硫化聚硫密封剂 MJ-2

【英文名】 room temperature vulcanizable polysulfide sealant MJ-2

【主要组成】 聚硫橡胶、硫化剂、促进剂等。

【产品技术性能】 不挥发分含量：≥98%；硬度：≥30Shore A；拉伸强度：≥1.76MPa；断裂伸长率：≥150%；T 型剥离强度：≥4kN/m；以上测试参照 CB-SH-0099—2000。

【特点及用途】 该密封胶可以与铝合金（阳极氧化处理）、不锈钢、航空底漆、复合材料及配套涂层良好黏合，具有耐高低温交变（－55～120℃）、耐老化、耐燃油、耐海水环境等特点，用于飞机需要气密、水密等部位。已应用于 J-8、J-11 飞机内部的密封。

【施工工艺】 按照甲：乙：丙＝100：10：1 混合均匀，在经过处理的表面上薄薄涂胶，室温硫化 7d 或 70℃硫化 1d。

【毒性及防护】 固化后的固化物无毒，但混合前两组分应尽量避免与皮肤和眼睛接触，若不慎接触眼睛，应迅速用清水清洗。

【包装及贮运】 用 1kg 以上的铁桶或塑料桶按组分分别包装。室温密封避光贮存，贮存期为 1 年。按照一般易燃品发运。

【生产单位】 黑龙江省科学院石油化学研究院。

Ic008 密封剂 DB-XMI

【英文名】 sealant DB-XMI

【主要组成】 液体聚硫橡胶、硫化剂、促进剂、助剂等。

【产品技术性能】 密度：≤1.65g/cm^3；脆性温度：≤－40℃；不挥发分含量：≥87%；热导率：0.297W/(m·K)；永久变形：≤10%；拉伸强度：≥1.4MPa；断裂伸长率：≥150%；T 型剥离强度：≥2.4kN/m。

【特点及用途】 整体油箱、水上飞机水密结构和座舱系统的密封剂快速修理。长期使用温度为－55～110℃。能在较低温度下施工和快速硫化成弹性体。

【施工工艺】 用刮刀混匀或三辊研磨机上混炼三遍后即可使用。用压注枪压注，也可用丙酮、乙酸乙酯混合溶剂稀释，用毛刷刷涂。23℃/10h 或 10℃以上 24h 后即可充油充压试验。硫化时间为 25℃/8h 或 45℃/2h。
【毒性及防护】 本产品硫化后为安全无毒物质，但混合前两组分应尽量避免与皮肤和眼睛接触，若不慎接触眼睛，应迅速用清水清洗。
【生产单位】 中国航空工业集团公司北京航空材料研究院。

Ic009 密封剂 XM15

【英文名】 sealant XM15
【主要组成】 有三个组分：1. 液体聚硫橡胶、补强剂、增黏剂；2. 硫化剂、调节剂、增黏剂；3. 促进剂。
【产品技术性能】 外观：深黑色；密度：1.4g/cm^3；脆性温度：≤－40℃；永久变形：≤10%；拉伸强度：≥2.94MPa；断裂伸长率：≥300%；T 型剥离强度：≥5.9kN/m。
【特点及用途】 该胶耐大气老化、耐 2 号喷气燃料、耐水，流平性好，主要用于飞机整体油箱的结构密封。长期使用温度为－55～110℃。
【施工工艺】 配胶时将组分 1 和组分 2 在三辊研磨机上混匀后，再加入组分 3，及时混炼均匀。密封施工后，室温（不低于 15℃）7～10d，或 70℃/24h，或 100℃/8h 硫化。
【毒性及防护】 本产品硫化后为安全无毒物质，但混合前两组分应尽量避免与皮肤和眼睛接触，若不慎接触眼睛，应迅速用清水清洗。
【生产单位】 中国航空工业集团公司北京航空材料研究院。

Ic010 双组分密封剂 XM33

【英文名】 two-component sealant XM33
【主要组成】 甲组分（基料）含液体聚硫橡胶、补强剂、增黏剂，乙组分含硫化剂、促进剂等。
【产品技术性能】 不挥发分：≥98%；密度：≤1.68g/cm^3；拉伸强度：≥2MPa；断裂伸长率：≥400%；T 型剥离强度：≥6kN/m。
【特点及用途】 用于飞机座舱、客货舱的密封。使用温度范围为－55～120℃，对阳极化铝合金有良好的粘接性。
【施工工艺】 按照比例称取两组分，手工粗调后，及时在三辊研磨机上混匀后，灌入塑料注筒中，用压注枪立即进行压注或者注射、刮涂、刷涂等施工。自然硫化或者 50℃/48h 硫化。
【毒性及防护】 本产品硫化后为安全无毒物质，但混合前两组分应尽量避免与皮肤和眼睛接触，若不慎接触眼睛，应迅速用清水清洗。
【生产单位】 中国航空工业集团公司北京航空材料研究院。

Ic011 防霉密封剂 XM44

【英文名】 mildew resistant sealant XM44
【主要组成】 液体聚硫橡胶和防霉剂、环氧增黏剂、硫化剂、调节剂、促进剂组成的四组分胶。
【产品技术性能】 外观：棕褐色黏稠膏状；密度：1.4g/cm^3；脆性温度：≤－40℃；拉伸强度：≥2.94MPa；断裂伸长率：≥300%；T 型剥离强度：≥4.9kN/m。
【特点及用途】 主要用于飞机易生霉部位的结构密封。使用温度为－50～120℃，耐多种霉菌、真菌腐蚀。
【施工工艺】 四组分混匀后装入塑料注筒中，手动或气动压注涂敷，或用刮板刮敷，也可刷涂、喷涂。硫化可取下列条件：15℃/28d，25℃/14d，35℃/7d，50℃/3d，70℃/24h，或 100℃/8h。
【毒性及防护】 本产品硫化后为安全无毒物质，但混合前两组分应尽量避免与皮肤和眼睛接触，若不慎接触眼睛，应迅速用清水清洗。
【生产单位】 中国航空工业集团公司北京航空材料研究院。

Id 其他类型橡胶胶黏剂

Id001 高发泡橡胶膨胀胶片 SY279

【英文名】 high foaming rubber expansion film SY279

【主要组成】 三元乙丙橡胶、硫化剂、发泡剂等。

【产品技术性能】 外观：黑色带状；密度：1.15g/cm^3。固化后的产品性能如下。固化条件：160～180℃；发泡倍率：6～12倍；立面烘烤流挂性：≤5cm；初粘性：不脱落、无位移。

【特点及用途】 1. 高发泡膨胀胶片/块是以一种或多种热塑性塑料为基材的一种高发泡膨胀材料；2. 用于填充车身空腔，具有用料少、密封均匀、密封效率高、成型后与腔体材料有良好的黏合力的优点；3. 可以以多种形式和车身连接，定位准确，安装方便。用于填充汽车车身空腔，以达到隔断空气流动的目的，有效地降低汽车行驶中的噪音和震动。

【施工工艺】 该胶块分三部分组成，发泡胶层、胶黏剂层、隔离纸。使用时把隔离纸与胶黏剂层剥离即可。注意事项：1. 在运输过程中，应避免摔、倒放、日晒和雨淋；2. 贮存时避免阳光直射和高温，以避免产品部分变粘或失效。

【毒性及防护】 本产品固化后为安全无毒物质。

【包装及贮运】 纸箱包装，具体规格尺寸及装配形式根据车身空腔的形状大小决定。贮存条件：阴凉干燥处保存，保质期为3个月。

【生产单位】 三友（天津）高分子技术有限公司。

Id002 膨胀胶条 SY-278N

【英文名】 expansion rubber strip SY-278N

【主要组成】 三元乙丙橡胶、发泡剂、硫化剂、促进剂等。

【产品技术性能】 发泡前的产品性能如下。外观：黑色或黑灰色胶条；密度：(0.9±0.1)g/cm^3。发泡后的产品性能如下。密度：≤0.11g/cm^3；发泡体积倍率(180℃×20min)：≥800%。

【特点及用途】 发泡能力高，对空腔结构的填充能力强。主要用于汽车空腔结构中，经加热固化和膨胀，可降低汽车行驶过程中的风噪音。

【施工工艺】 胶条套于尼龙骨架上，尼龙骨架通过卡扣与车身连接。

【毒性及防护】 产品使用过程中请佩戴适当的防护装备（如手套、口罩和防护目镜等)。

【包装及贮运】 经应用试验后决定产品的形状和尺寸（如填充试验、热流试验等），保质期为生产后45d。贮运条件：贮存时避免阳光直射和高温，以避免部分变形和膨胀。遵循先进先出原则。

【生产单位】 三友（天津）高分子技术有限公司。

Id003 膨胀胶片 SY-278

【英文名】 expansion rubber sheet SY-278

【主要组成】 三元乙丙橡胶、发泡剂、硫化剂、促进剂等。

【产品技术性能】 发泡前的产品性能如下。外观：黑色或黑灰色胶条；密度：(1.2±0.1)g/cm³。发泡后的产品性能如下。密度：≤0.12g/cm³；发泡体积倍率(180℃×20min)：≥1000%；发泡高度倍率（180℃×20min)：≥800%。

【特点及用途】 发泡能力高，对空腔结构的填充能力强。主要应用于汽车空腔结构中，经加热固化和膨胀，可降低汽车行驶过程中的风噪音。

【施工工艺】 使用胶钉通过胶片自身的工艺孔与车身连接。

【毒性及防护】 产品使用过程中请佩戴适当的防护装备（如手套、口罩和防护目镜等）。

【包装及贮运】 经应用试验后决定产品的形状和尺寸（如填充试验、热流试验等)，保质期为生产后45d。贮运条件：贮存时避免阳光直射和高温，以避免部分变形和膨胀。遵循先进先出原则。

【生产单位】 三友（天津）高分子技术有限公司。

Id004 膨胀胶带 SY276

【英文名】 expandable rubber tape SY276

【主要组成】 丁苯橡胶、硫化剂、发泡剂等。

【产品技术性能】 外观：黑色带状；密度：1.5g/cm³以下；膨胀率：40%～120%。

【特点及用途】 无毒、无味、无污染，良好的油面粘接性。操作方便、柔韧抗振、耐磷化、不污染电泳底漆系统。主要适用于车门、机盖外板与加强筋、骨架、加强板与外板之间，以及后轮罩之间的填充，起到密封、减振阻尼、增强的作用。

【施工工艺】 装焊之前将胶片贴于零件壁上，用手轻压并除去隔离纸经电泳、中涂、面漆等烘烤工序加热（160～180℃）固化。

【毒性及防护】 本产品固化后为安全无毒物质。

【包装及贮运】 纸箱包装，可按用户指定尺寸制作。贮存条件：阴凉干燥处保存，保质期为6个月。在运输过程中，应避免摔、倒放、日晒和雨淋；贮存时避免阳光直射和高温，以避免产品部分变粘或失效。

【生产单位】 三友（天津）高分子技术有限公司。

Id005 金属橡胶热硫化胶黏剂 WSJ-6694

【主要组成】 甲苯、二甲苯、橡胶、炭黑、偶联剂。

【产品技术性能】 外观：黑色黏稠液体；不挥发分含量：≥20%；细度：≤50μm；黏度（涂-4法)：30～50s；粘接强度（天然橡胶与45号钢)：≥8.0MPa（拉伸法）或15.0kN/m（180°剥离法）或10.0kN/m（90°剥离法)。

【特点及用途】 粘接强度高，可适用于多种金属与橡胶的粘接；可用于天然、乙丙、丁腈等橡胶与金属（铸铁、钢、铝、铝合金、铜)、玻璃钢、织物纤维等基材通过热硫化进行的粘接。

【施工工艺】 1.表面处理：基材表面先经喷砂、打磨或酸洗，再用溶剂汽油或丙酮等脱脂。处理过的基材表面应保持清洁，并在规定的时间内进行涂胶。2.稀释搅拌：可不经稀释直接进行涂胶。若实际操作需要，可加适量甲苯、二甲苯类溶剂稀释。涂胶前应充分搅拌，达到均匀混合后方可使用。3.涂胶干燥：可采用喷涂、刷涂、浸胶等工艺将胶涂覆于基材表面，一般涂一遍即可。涂胶后室温干燥至少1h后方可使用。4.硫化粘接：根据需要可在干燥后立即硫化，亦可在阴凉清洁的环境中停放不超过24h（若在室温、相对湿度小于50%的环境条件下，适用期大于72h)。硫化工艺取决于被粘橡胶的硫化工艺。注意事项：1. 溶剂易挥发，使用完毕应将容器盖紧；2. 溶剂蒸气有一定的危害，操作与使用应加强劳动保护，防止长期吸入或长期皮肤接触。

【毒性及防护】 体系中含有甲苯、二甲苯类溶剂，在使用过程中应加强劳动保护，佩戴手套、防毒面具、防护眼镜等，若皮肤接触到胶黏剂，应迅速采用毛巾蘸取丙酮、乙酸乙酯等溶剂进行擦拭。

【包装及贮运】 包装为1～20L的铁桶，每桶净重1～20kg；外包装为纸箱。亦可根据用户要求采用不同规格的包装。贮存条件：胶黏剂属于易燃品，在使用、运输、贮存过程中必须注意通风、远离热源与明火。应防火、防雨淋、勿倒置、勿撞击。贮存在阴凉、干燥的库房内，自生产之日起贮存期为12个月。

【生产单位】 济南北方泰和新材料有限公司。

Id006 金属橡胶热硫化胶黏剂 WSJ-6695

【主要组成】 甲苯、二甲苯、橡胶、炭黑、偶联剂。

【产品技术性能】 外观：黑色黏稠液体；不挥发分含量：≥18%；黏度（涂-4法）：30～50s；黏合强度（天然橡胶与45号钢）：≥6MPa。

【特点及用途】 粘接强度高，可适用于多种金属与橡胶的粘接。可用于天然、乙丙、丁腈等橡胶与金属（铸铁、钢、铝、铝合金、铜）、玻璃钢、织物纤维等基材通过热硫化进行的粘接。

【施工工艺】 1. 表面处理：基材表面先经喷砂、打磨或酸洗，再用溶剂汽油或丙酮等脱脂。处理过的基材表面应保持清洁，并在规定的时间内进行涂胶。2. 稀释搅拌：可不经稀释直接进行涂胶。若实际操作需要，可加适量甲苯、二甲苯类溶剂稀释。涂胶前应充分搅拌，达到均匀混合后方可使用。3. 涂胶干燥：可采用喷涂、刷涂、浸胶等工艺将胶涂覆于基材表面，一般涂一遍即可。涂胶后室温干燥至少1h后方可使用。4. 硫化粘接：根据需要可在干燥后立即硫化，亦可在阴凉清洁的环境中停放不超过24h（若在室温、相对湿度小于50%的环境条件下，适用期大于72h)。硫化工艺取决于被粘橡胶的硫化工艺。注意事项：1. 溶剂易挥发，使用完毕应将容器盖紧；2. 溶剂蒸气有一定的危害，操作与使用应加强劳动保护，防止长期吸入或长期皮肤接触。

【毒性及防护】 体系中含有甲苯、二甲苯类溶剂，在使用过程中应加强劳动保护，佩戴手套、防毒面具、防护眼镜等，若皮肤接触到胶黏剂，应迅速采用毛巾蘸取丙酮、乙酸乙酯等溶剂进行擦拭。

【包装及贮运】 包装为1L的镀锌铁桶，每桶净重1kg；外包装为瓦楞纸箱，每箱10桶。也可根据用户要求提供其它规格的包装。贮存条件：胶黏剂属于易燃品，在使用、运输、贮存过程中必须注意通风，远离热源与明火。应防火、防雨淋、勿倒置、勿撞击。贮存在阴凉、干燥的库房内，自生产之日起贮存期为12个月。

【生产单位】 济南北方泰和新材料有限公司。

Id007 胶黏剂 PK-300

【英文名】 adhesive PK-300

【主要组成】 环己烷、甲基乙基酮、甲醇、合成橡胶、其它助剂。

【产品技术性能】 外观：红色半透明均匀胶液；黏度（25℃）：200～400mPa·s；以上数据测试参照企标 ZKLT-ZL-BZ-003。

【特点及用途】 干燥快、保粘时间长、作业性良好；粘接力高，初粘性好；耐水、耐老化、耐热性优。用于汽车内饰件 PP/

PE发泡复合面料、PP/PU发泡面料、PP木粉板/复合面料；也可用于其它材料如隔热材、纤维板等的粘接。

【施工工艺】 1. 喷涂，喷雾嘴口径：1.5～2.0mm；空气压力：3.0～5.0kgf/cm^2（1kgf/cm^2＝9.8×10^{4}Pa）；2. 晾置干燥：在干燥箱内干燥3min［(60±10)℃］左右或常温常湿干燥5～10min；激活温度大于60℃，激活后尽快施工；3. 加压：黏合后充分施压，压力大于98kPa/m^2，作用时间大于10s。固化期常温常湿48h。注意事项：本品易燃，远离热源及火花；作业场所严禁烟火，维持通风良好，不用时容器盖紧。

【毒性及防护】 本产品固化后为安全无毒物质，但使用过程中应尽量避免与皮肤和眼睛接触，若不慎接触眼睛，应迅速用大量清水清洗。

【包装及贮运】 包装：15kg/桶。贮存条件：室温、阴凉处贮存，保质期4个月。

【生产单位】 重庆中科力泰高分子材料股份有限公司。

Id008 胶黏剂 PK-359

【英文名】 adhesive for PK-359

【主要组成】 乙酸乙酯、环已烷、丙酮、甲醇、合成橡胶、其它助剂。

【产品技术性能】 外观：浅蓝色均匀胶液；黏度（25℃）：100～300mPa·s；标注测试标准：以上数据测试参照企标ZKLT-ZL-BZ-003。

【特点及用途】 干燥快，喷涂性能佳，故作业性优良；粘接力高，初粘性佳；耐水、耐老化、耐热性优。适用于汽车内饰件PP/PE发泡复合面料、PP/PU发泡面料、PP木粉板/复合面料、其它材料如隔热材料，纤维板等。

【施工工艺】 双面喷涂；空气喷雾嘴口径：1.5～1.8mm；空气压力：3.0～5.0kgf/cm^2；喷涂量：100～150g/m^2；黏合：在干燥的槽里80℃烘2min，趁热贴合；固化期：23℃、65%RH固化48h。注意事项：本品易燃，远离热源及火花；作业场所严禁烟火，维持通风良好，不用时容器盖紧。

【毒性及防护】 本产品固化后为安全无毒物质，但使用过程中应尽量避免与皮肤和眼睛接触，若不慎接触眼睛，应迅速用大量清水清洗。

【包装及贮运】 15 kg/桶。贮存条件：室温、阴凉处贮存，保质期3个月。

【生产单位】 重庆中科力泰高分子材料股份有限公司。

Id009 底盘装甲胶 SY351

【英文名】 armored chassis glue SY351

【主要组成】 热塑性橡胶、增黏树脂、填料、助剂等。

【产品技术性能】 外观：黑色；密度：1.0～1.2g/cm^3。固化后的产品性能如下。附着力：≤2级；耐酸碱性：无开裂、起泡、脱落；耐水性：无开裂、起泡、脱落。

【特点及用途】 喷涂效果好，固化表干速度快。主要用于汽车底盘的防腐蚀、防噪音等。

【施工工艺】 使用喷枪接压缩空气后喷涂于汽车底盘部位。注意事项：产品易挥发，易燃，需要密闭保存。

【毒性及防护】 本产品固化后为安全无毒物质，但应尽量避免与皮肤和眼睛接触，若不慎接触眼睛，应迅速用清水清洗。

【包装及贮运】 包装：1kg/罐。贮存条件：室温、阴凉处贮存，保质期1年。本产品按照非危险品运输。

【生产单位】 三友（天津）高分子技术有限公司。

Id010 常温固化密封胶 SY313h

【英文名】 room temperature curable sealant SY313h

【主要组成】 热塑性橡胶、增黏树脂、填料、助剂等。

【产品技术性能】 外观：黑色；密度：1.0～1.2g/cm³；压流黏度（涂-4杯）：7～15s；流淌性：≤2mm。固化后的产品性能如下。附着力：≤2级；耐热性：90℃/3h。

【特点及用途】 常温固化。用于汽车焊缝、车身密封处等。

【施工工艺】 使用胶枪直接将胶从纸管中挤出并且涂抹在指定位置。注意事项：该产品易挥发易燃，应密闭保存。

【毒性及防护】 本产品固化后为安全无毒物质，但应尽量避免与皮肤和眼睛接触，若不慎接触眼睛，应迅速用清水清洗。

【包装及贮运】 包装：350g/支。贮存条件：室温、阴凉处贮存，保质期半年。本产品按照非危险品运输。

【生产单位】 三友（天津）高分子技术有限公司。

Id011 环保型装饰胶

【别名】 899胶

【英文名】 environmental friendly decorating adhesive

【主要组成】 丁苯橡胶、增黏树脂、助剂、有机溶剂等。

【产品技术性能】 外观：绿色澄清液体；不挥发物含量：≥35%；黏度：200～800mPa·s；拉伸剪切强度（木材-木材）：≥1.0MPa；工作温度：－40～60℃。

【特点及用途】 安全环保，不含有毒物质，初粘性强，柔性物体的粘接，耐温性能好。用于室内装修、美术广告、汽车内饰。

【施工工艺】 清洁被粘物表面，均匀涂刷胶液，晾置5～10min（胶层略显不粘手），一次对准黏合面，排除气泡压实。注意事项：多数用于室内装修，不宜在温度超过60℃的地方使用。

【毒性及防护】 本品属于易燃品，使用时注意通风，远离火源和高热，必要时戴防护用品。

【包装及贮运】 包装：380mL/桶、1.8L/桶、7L/桶、20L/桶。贮存条件：室温、阴凉处贮存，保质期2年。本产品按照非危险品运输。

【生产单位】 抚顺哥俩好化学有限公司。

Id012 高性能喷胶 3M™ 94

【英文名】 high strength spray adhesive 3M™ 94

【主要组成】 合成橡胶、乙酸乙酯、乙醚、丙烷等。

【产品技术性能】 外观：白色/透明；密度：0.94g/cm³；剪切强度：3.5MPa（帆木-帆木）；标注测试标准：以上数据测试参照ASTM D 1002。

【特点及用途】 粘接材料广、快干、低VOC。用于粘接PVC、高密度板、防火板、饰面板以及泡棉等软质材料。

【包装及贮运】 包装：1gal/套，保质期15个月。贮存条件：贮存于15～27℃的阴凉干燥处。本产品按照危险品运输。

【生产单位】 3M中国有限公司。

Id013 接枝改性SBS弹性黏合剂

【英文名】 SBS graft modified elastic adhesive

【主要组成】 SBS橡胶、丙烯酸酯、溶剂、添加剂、助剂等。

【产品技术性能】 固化前的产品性能如下。外观：浅黄色；密度：1.23g/cm³；黏度：10000mPa·s。固化后的产品性能如下。剪切强度：≥5MPa；硬度：40Shore A；工作温度：－55～140℃；标注测试标准：以上数据测试参照企标Q/spb 111—2013。

【特点及用途】 延伸率高，弹性好，绝缘

性，不含重金属和卤素，老化寿命长，耐水、耐酸碱盐等介质性好，可在－50～140℃长期使用。单组分，便于浸涂、滚涂、印刷等施工操作。室温固化，生产效率高。用于金属材料、陶瓷、皮革和织物等材料的自粘或互粘，也可作密封胶使用。

【施工工艺】 可浸涂、滚涂和刷涂等施工操作。注意事项：远离火源保存。

【毒性及防护】 本产品固化后为安全无毒物质，但固化前应尽量避免与皮肤和眼睛接触，若不慎接触眼睛，应迅速用清水清洗。

【包装及贮运】 包装：500g/套，保质期1年。贮存条件：5℃以下贮存。本产品按照易燃危险品运输。

【生产单位】 天津市鼎秀科技开发有限公司。

Id014 防弹衣专用黏合剂 FD09S

【英文名】 bulletproof vests special adhesive FD09S

【主要组成】 液体橡胶、添加剂和助剂等。

【产品技术性能】 外观：乳白色；密度：1.1g/cm^3。固化后的产品性能如下。剪切强度：＞5MPa；延伸率：＞300％；工作温度：－50～200℃；标注测试标准：以上数据测试参照企标 DqJy 811—2009。

【特点及用途】 此产品不含有机溶剂，无毒，对金属和芳纶等纤维织物的粘接力高，柔性好，工艺性甚佳，可室温或加温固化。用于防弹衣的成型，也可用于金属与化纤的粘接。

【施工工艺】 刷涂、滚涂、浸涂均可，室温或加温（＜100℃）固化。

【毒性及防护】 本产品为安全无毒物质，若不慎接触眼睛，应迅速用清水清洗。

【包装及贮运】 包装：1kg/套。贮存条件：室温、阴凉处贮存，保质期1年。本产品按照非危险品运输。

【生产单位】 天津市鼎秀科技开发有限公司。

J 紫外光固化及双固化型胶黏剂

紫外光固化胶黏剂是借助 UV 辐射使粘接材料快速产生粘接性能的一类胶黏剂。UV 固化胶黏剂主要由可聚合的预聚物、光引发剂、活性稀释剂等组成，根据需要可加入增塑剂、稳定剂、消泡剂及偶联剂等各种助剂。

预聚物是构成胶黏剂的主体成分，胶黏剂固化后的诸多性能（粘接强度、硬度、柔韧性、耐老化性等）主要由预聚体的性质决定。根据光固化机理的不同，适用的预聚物结构也应当不同，通常可以分为自由基固化型预聚物和阳离子固化型预聚物。对于自由基固化预聚物体系，(甲基）丙烯酸酯及其衍生物是目前光固化行业内用量最大的一类预聚物，主要是因为丙烯酸酯基团的聚合速率较快，且具有一定的抗氧化聚合能力，根据其结构组成的不同可分为环氧丙烯酸酯、聚氨酯丙烯酸酯、聚醚丙烯酸酯和聚酯丙烯酸酯。环氧丙烯酸酯具有工艺性能好、粘接强度高、体积收缩率小、耐介质性能优良、电绝缘性能良好等特点，是 UV 固化预聚体的重要品种。但其固化物较脆、耐冲击性能较差、撕裂强度低，需加增韧剂改性。聚氨酯丙烯酸酯兼具聚氨酯的高耐磨性、黏附力、柔韧性、高撕裂强度、优良的低温性能以及聚丙烯酸酯卓越的光学性能和耐候性。这种胶黏剂的用途非常广泛，可用于安全玻璃、风挡玻璃、防弹玻璃、液晶显示器等产品的制造。聚酯丙烯酸酯的相对分子质量较低，所以粘接强度亦较低，聚合时间较长，但因其原料价廉易得、湿润性好、柔韧性高，因而在预聚体中仍然占据着重要的位置。

在 UV 固化体系中，活性稀释剂起着关键的作用，它可以调节体系的黏度，还会影响反应速率、聚合程度和物化性能。根据 UV 胶固化后的性能要求，一般应选用气味、刺激性、挥发性低的活性稀释剂。并且活性稀释剂和预聚体的反应活性不能相差太大，若相差太大，稀释剂趋向于均聚或与光引发剂发生加成反应，而不参与预聚体的交联。此时稀释剂起不到交联作用，仅起到类似于增塑剂的作用。一般以丙烯酸酯型活性单体为主，可以分为第一代丙烯酸酯单体（丙烯酸或甲基丙烯酸的酯)、第二代丙烯酸酯多官能单体和第三代丙烯酸酯单体。第一代活性单体的固化速率慢，具有较高的刺激性和毒性，第二代活性单体主要是在分子中引入乙氧基或丙氧基，固化速率快，收缩率小，毒性和刺激性偏小，第三代丙烯酸单体主要有含甲氧基的丙烯酸酯和在丙烯酸酯结构单元中引入氨基甲酸酯或碳酸酯基团，解决了高固化速率与收缩率、低固化程度的矛盾。分子中引入烷氧基后，可以降低单体的黏度和刺激性，以及增加其相容性。

光引发剂是UV固化胶黏剂体系的3大主要组成之一。通过紫外光辐射，光引发剂产生活性基团，引发聚合反应。光引发剂的作用机理是：在紫外光的照射下，光引发剂吸收光能，自身分裂成2个活性自由基，引发预聚体和活性稀释剂发生连锁聚合，使胶黏剂交联固化形成网状结构。如果引发剂的用量过少，聚合速度太慢且不充分，影响胶黏剂的粘接强度；过多则造成浪费。光引发剂要求在紫外光源的光谱范围内，具有较高的吸光效率；具有较高的活性体（自由基或阳离子）量子效率；各组分的相容性好；具有较长的贮存期；光固化以后不会引起颜色的改变（如变黄）；无气味、毒性低；价廉易得、成本较低等。自由基光引发剂可分为两类：单分子裂解型和氢消除型，单分子裂解型光引发剂包括安息香及其衍生物类、苯偶酞缩酮类、苯乙酮类等；氢消除型光引发剂包括二苯甲酮和胺类化合物、硫杂蒽酮类、樟脑醌和双咪嗯等。阳离子光固化体系主要是利用引发剂在光照后产生酸的特点，使一些阳离子聚合反应或酸催化反应得以进行。阳离子光引发剂主要包括碘鎓盐、硫鎓盐、芳茂铁盐等。阳离子光引发剂的优点是引发聚合时不易被氧气阻聚，引发阳离子开环聚合时体积收缩率小、胶层内应力小，且光源熄灭后反应可以继续进行，有利于厚胶层的固化，缺点是易受湿气影响失去活性，且价格较贵。

UV固化胶黏剂按用途的不同可分为层压UV固化胶黏剂、压敏UV固化胶黏剂、复合膜UV固化胶黏剂和双重UV固化胶黏剂。层压UV胶或复合膜UV胶可用于多种透明薄片材料的粘接，如聚酯薄膜、聚乙烯膜与金属箔或纸张的粘接，其组成有聚氨酯丙烯酸酯预聚物、单官能度和多官能度丙烯酸酯单体及引发剂；压敏UV胶主要是由T_g较低的丙烯酸酯构成，将固化胶黏剂涂布于各种基材上，借助UV辐射固化便可得到压敏性实用材料；双重UV胶通过暗反应可以克服光固化胶黏剂的某些限制，在此体系中，体系的交联或聚合反应是通过两个独立的具有不同反应原理的阶段来完成的。其中一个阶段是通过紫外光反应，另一个阶段是通过热固化、湿气固化（硅氧烷型和—NCO 型两类)、氧化固化、厌氧固化反应及混杂光固化（自由基/阳离子混杂体系）等暗反应来进行的。这样就可以利用紫外光使体系快速定型或达到“表干”，而利用暗反应使“阴影”部分或内层充分固化，达到“实干”，为不透明材质间或形状复杂的胶黏剂对象的光固化黏合提供条件。

J001 光学光敏胶 GBN-501

【英文名】 photo-sensitive adhesive GBN-501

【主要组成】 环氧丙烯酸酯型光敏树脂、光敏剂、固化剂等。

【产品技术性能】 清洁度（5mL 胶液尘埃数）：<10；折光率 N_D^{20}：1.55；耐高低温性：（−70℃/2h）～（160℃/2h）；固化收缩率：4.09%；线膨胀系数：$8.39\times10^{-5}\ K^{-1}$；粘接压剪强度：≥18.5MPa；可见光透过率：>90%。

【特点及用途】 具有光学性能好、粘接强度高、耐高低温性能好、操作安全、不污染环境等优点。该产品可用于各种光学透镜、棱镜的组合粘接。

【施工工艺】 按质量比 A∶B＝4∶1 称量，混合均匀，排出气泡即可使用。在清洁的粘接面中心滴加适量胶液，然后合紧粘接面，使胶液均匀地充满粘接面，在外镇流高压汞灯的照射下，使胶液初步固化，实现准确定位。该产品在 60℃ 固化 6h 即可。

【毒性及防护】 本产品固化后为安全无毒物质，但混合前应尽量避免与皮肤和眼睛接触，若不慎接触，应迅速用清水清洗。

【包装及贮运】 产品内包装为黑色塑料瓶，规格主要有 100g、250g、400g，外包装为瓦楞纸箱。贮存条件：避光、阴凉、通风、干燥处贮存，保质期为一年。该系列产品无溶剂，可按一般化学品运输。

【生产单位】 济南北方泰和新材料有限公司。

J002 光敏密封结构胶 GBN-503

【英文名】 photosensitive adhesive GBN-503

【主要组成】 环氧丙烯酸酯、增塑剂、光敏剂等。

【产品技术性能】 外观：A 组分为黄色或浅棕色黏稠液体，B 组分为无色或浅黄色；压缩强度（K_9 玻璃-45# 钢）：≥12MPa。

【特点及用途】 玻璃与金属结合部的粘接密封，如汽车、拖拉机等车辆灯具及其它透光材料的粘接。

【施工工艺】 按质量比 A∶B＝4∶1 称量，混合均匀，排出气泡即可使用。在丙酮擦净的粘接表面滴加适量胶液，然后合紧粘接面，使胶液均匀地充满粘接面，在高压汞灯（125～300W）下照射距离为 10～20cm，照射 5～10min，进行初固化，室温放置 24h 完全固化。

【毒性及防护】 本产品固化后为安全无毒物质，但混合前应尽量避免与皮肤和眼睛接触，若不慎接触，应迅速用清水清洗。

【包装及贮运】 A 组分用 1kg 塑料桶包装，外包黑纸避光。桶上部要留出不少于 1/10 的空间，防止凝胶；B 组分用 1kg 镀锌铁桶包装。存放于避光、阴凉、通风、干燥处，保质期为一年。超期后检验合格可继续使用，运输防止雨淋、曝晒及损伤。

【生产单位】 济南北方泰和新材料有限公司。

J003 紫外光固化胶 SY-13

【英文名】 UV adhesive SY-13

【主要组成】 光敏树脂、光引发剂、助剂等。

【产品技术性能】 外观：无色透明液体；密度：（1.05±0.04）g/cm^3。固化后的产品性能如下。硬度：60～75Shore D；剪切强度：≥10MPa；断裂伸长率：≥120%；标注测试标准：以上数据测试参照企标。

【特点及用途】 在紫外光的照射下瞬间固化，是一种快固、环保型胶黏剂；无色无味（大部分型号）、粘接力强、使用方便。用于玻璃家具、工艺品等用玻璃-玻璃、玻璃-金属（铝、不锈钢等）的粘接及各种玻璃-塑料（如 ABS、PC、PVC、部分

PET 等）之间的粘接或灌封。

【施工工艺】 将胶料均匀涂布于所需粘接或密封处，紫外线灯下照射一段时间即可。注意事项：使用剩下的胶水不可倒回原包装，以免造成污染。

【毒性及防护】 本品对眼睛和皮肤有轻微刺激，若不慎溅入眼睛，请立即用大量清水冲洗，如仍有不适应到医院检查，皮肤接触后请立即用肥皂水冲洗。

【包装及贮运】 包装：250mL/支，保质期 1 年。贮存条件：室温、阴凉处贮存。本产品按照非危险品运输。

【生产单位】 三友（天津）高分子技术有限公司。

J004 高性能耐水煮紫外光固化胶黏剂 UV-3100

【别名】 无影胶

【英文名】 UV-curable adhesive UV-3100

【主要组成】 丙烯酸酯及改性丙烯酸酯、光引发剂。

【产品技术性能】 外观：无色透明液体；密度：1.1～1.2g/cm^3；黏度（25℃）：1000～1500mPa・s；折光率（25℃）：1.470±0.05；闪点：>100℃。固化后的产品性能如下。L 型玻璃粘接强度：>3.0kg 或材料破坏，水煮 5h 后>1.5kg（注：L 型粘接，50×50×4 普通玻璃，力臂 200mm）；标注测试标准：Q/HHY 282—2012（海洋化工研究院企业标准）。

【特点及用途】 具有耐高温、耐水煮等特点。UV-3100 光固化无影胶适用于粘接玻璃-玻璃、玻璃-金属，并且具有良好的粘接强度、耐高温性能，与玻璃有相似的折光率，柔韧性好，耐久性好。在高强度 UV 光下固化速率快，在弱 UV 光下固化速率稍慢。UV-3100 是标准黏度产品，固化速率快，适合小面积粘接。

【施工工艺】 粘接前所有被粘接件要清洗，无油污、灰尘和水。本品为单组分光固化胶黏剂，不需要配制。单面涂覆适量的紫外光固化胶黏剂，紫外光照 15s 定位，定位后继续光照 180s，完成粘接。

【毒性及防护】 本品含有的（甲基）丙烯酸酯对皮肤和眼睛有刺激作用，若不慎触及眼睛，应立即用清水冲洗并到医院检查。如果触及皮肤应立即用肥皂水冲洗。请勿将已倒出的胶液倒回原包装，以免污染胶液。远离儿童存放。

【包装及贮运】 胶黏剂装在 250mL、1000mL 黑色低密度聚乙烯瓶，25kg、200kg 深蓝色塑料桶。贮存条件：胶黏剂应在阴凉通风、隔绝火源、远离热源的库房中贮存，低温阴凉条件下的贮存期为 12 个月。超过贮存期可按本标准的规定检验，合格方可使用。运输时应防止雨淋、日光曝晒，避免碰撞。

【生产单位】 海洋化工研究院有限公司。

J005 紫外光固化胶黏剂 LCD-100

【英文名】 UV curable adhesive LCD-100

【主要组成】 光敏树脂、活性稀释剂、光敏剂和助剂等。

【产品技术性能】 固化时间：10～60s；固化条件：80W/cm，距 10cm；压减强度：3～10MPa；剥离强度：10～20N/25mm；高温耐久性：80℃，90%RH，400h，无异常；冷热循环耐久性：−40～80℃，30 次，无异常；使用温度：−40～80℃。

【特点及用途】 柔韧性好，耐久性好，固化速率快，无毒无味，对玻璃、塑料等透明材料的粘接力强，适用于液晶显示器的粘接密封、光学镜头等。

【包装及贮运】 本品按 50mL、100mL 聚乙烯塑料瓶包装。本品在室温避光处的贮存期为 6 个月，按一般化工产品进行运输。运输和贮存时应该避光，温度不超过 30℃。

【生产单位】 海洋化工研究院有限公司。

J006 压敏胶（UV光、热双固化型）

【英文名】 pressure sensitive adhesive (UV light-heat dual cure)

【主要组成】 改性环氧树脂、低温增韧剂、低分子橡胶、助剂等。

【产品技术性能】 外观：均匀、黏稠胶体、无分层和颗粒；涂胶：方便涂胶，无拉丝现象。固化后的产品性能如下。初始黏结力：≥40N/25mm；烘烤后的流动性：无滑移和流动；固化后黏结强度：≥4MPa；耐低温冲击性：－40℃低温3h以上，(5个循环)，脱落无分层现象；标注测试标准：以上数据测试参照企标MS715-60-1。

【特点及用途】 该胶是单组分，UV光、热双固化型。经过热固化后与钢板及高分子材料的结合强度高，作为中间夹层可以大幅改善高分子材料和钢板的粘接性。主要用于汽车制造行业高分子材料与钢板搭接部位。

【施工工艺】 将该胶先进行紫外光预固化，然后高温固化型，170℃/20min可固化。

【毒性及防护】 本产品固化后为安全无毒物质，无重金属或有害物质添加，符合VOC检测标准，但应尽量避免与皮肤和眼睛接触，若不慎接触眼睛，应迅速用清水清洗。

【包装及贮运】 包装：400g/管，25kg/桶，250kg/桶，保质期3个月。贮存条件：室温、阴凉处贮存。本产品按照非危险品运输。

【生产单位】 保光（天津）汽车零部件有限公司。

J007 紫外光固化丙烯酸酯胶黏剂 SG-860

【英文名】 UV curing acrylics adhesive SG-860

【主要组成】 丙烯酸酯树脂、光敏剂等。

【产品技术性能】 外观：浅黄色透明液体；黏度（25℃）：100～5000mPa·s；剪切强度：≥8MPa；耐水性：水浸泡8d无变化。

【特点及用途】 在室温下使用，经紫外线照射能快速定位，使用十分方便。适用于玻璃、透明塑料和金属或非金属材料的粘接。应用于电子工业、仪器仪表及高级工艺品的制造。

【施工工艺】 将胶涂布于粘接面上，在500～1000W紫外线灯下，距离10cm，10～20s固化。

【毒性及防护】 主要含丙烯酸酯，使用时避免沾染皮肤，如果有接触，要尽快用清水清理。

【包装及贮运】 50g黑色塑料瓶包装，低温、避光保存。

【生产单位】 浙江金鹏化工股份有限公司。

J008 紫外固化胶 UV103

【英文名】 UV curable adhesive UV103

【主要组成】 聚氨酯丙烯酸酯、丙烯酸酯单体、光引发剂等。

【产品技术性能】 外观：淡黄色透明黏稠液体；密度：1.06g/cm^3；黏度：50000mPa·s；表干能量：≤500mJ/cm^2。固化后的产品性能如下。剪切强度：14MPa（PC-PC)、13MPa（PC-PVC)、6MPa（PC-Al）（GB/T 7124—2008)；拉伸强度：21MPa；伸长率：260%；硬度：55Shore D；工作温度：－40～120℃。

【特点及用途】 UV103是一种单组分、无溶剂型紫外线固化胶黏剂，固化后具有优异的柔韧性及耐冲击性能，同时具有良好的耐候性及耐化学药品性能。产品对大多数工程塑料如PC、PVC、ABS、PMMA、环氧板等具有优异的粘接效果，同时对玻璃、金属等材料也有很好的附着力。主要用于柔性线材的保护、连接线的固定和补强、塑料的粘接、玻璃及金属材料的粘接。

【施工工艺】 该胶是单组分紫外线固化胶黏剂，具有触变性，无须混合，一般使用针头压力点胶，利用UV光进行固化。注意事项：产品对光敏感；贮存和操作过程中需要控制在日光、UV光及人工照明环境中的暴露程度；用365nm波长的紫外线灯照射，时间由灯的强度和光距决定。

【毒性及防护】 本产品固化后为安全无毒物质，但固化前应尽量避免与皮肤和眼睛接触，若不慎接触眼睛，应迅速用清水清洗。

【包装及贮运】 包装：1kg/套，保质期1年。贮存条件：室温、阴凉处贮存。本产品按照非危险品运输。

【生产单位】 北京海斯迪克新材料有限公司。

J009 玻璃薄化胶 UV168

【英文名】 glass thinning adhesive UV168UV

【主要组成】 聚氨酯丙烯酸酯、丙烯酸酯单体、光引发剂等。

【产品技术性能】 外观：淡黄色至琥珀色透明液体；密度：1.1g/cm³；黏度：6000mPa·s；固化后的产品性能如下。硬度：70Shore D；伸长率：180%（GB/T 1040.2—2006）；拉伸强度：20MPa（GB/T 1040.2—2006）；剪切强度（玻璃）：12MPa。

【特点及用途】 UV168是一种单组分、无溶剂型紫外线固化胶黏剂。对玻璃有优秀的粘接力，固化后的胶层韧性良好。固化物有较好的耐氢氟酸和耐碱性能，可以用于耐酸碱条件下玻璃的密封。主要用于液晶屏玻璃薄化加工过程中的内部保护，玻璃的粘接和密封。

【施工工艺】 该胶是单组分紫外线固化胶黏剂，无须混合，一般使用针头压力点胶，利用UV光进行固化。注意事项：产品对光敏感；贮存和操作过程中需要控制在日光、UV光及人工照明环境中的暴露程度；用365nm波长的紫外线灯照射，时间由灯的强度和光距决定。

【毒性及防护】 本产品固化后为安全无毒物质，但固化前应尽量避免与皮肤和眼睛接触，若不慎接触眼睛，应迅速用清水清洗。

【包装及贮运】 包装：1kg/套，保质期12个月。贮存条件：阴凉、干燥处贮存。本产品按照非危险品运输。

【生产单位】 北京海斯迪克新材料有限公司。

J010 COG保护胶 UV423TB

【英文名】 ITO/COG overcoat adhesive UV423TB

【主要组成】 聚氨酯丙烯酸酯、光引发剂、颜料、助剂等。

【产品技术性能】 固化前的产品性能如下。外观：蓝色透明液体；黏度：300mPa·s；表干能量：500mJ/cm²；固化后的产品性能如下。硬度：75Shore A；拉伸强度：1.3MPa；断裂伸长率：50%。

【特点及用途】 UV423TB是单组分UV胶，用于需要防潮绝缘的涂层保护。能快速固化，具有良好的表干性能。固化后胶层有良好的柔韧性，并具有优良的抗湿气性能和耐化学品性能。同时具有低离子含量、低水汽渗透率的特点。主要用于ITO/COG/COF保护，TAB末端防潮保护。

【施工工艺】 机械喷涂。注意事项：本产品固化后为安全无毒物质，但固化前应尽量避免与皮肤接触，若不慎溅入眼睛，应迅速用大量清水冲洗。

【毒性及防护】 本产品固化后为安全无毒物质，但应尽量避免与皮肤和眼睛接触，若不慎接触眼睛，应迅速用清水清洗。

【包装及贮运】 包装：1kg/桶，保质期1

年。贮存条件：室温、阴凉处贮存。

【生产单位】 北京海斯迪克新材料有限公司。

J011 共型覆膜胶 UV890SF

【英文名】 conformal coating UV890SF

【主要组成】 改性环氧丙烯酸酯树脂、聚氨酯丙烯酸酯、光引发剂、助剂等。

【产品技术性能】 固化前的产品性能如下。外观：无色至淡绿色（含荧光）；黏度（Brookfield，LV1#，30r/min）：175mPa·s；密度：1.12g/cm³；表干能量：2000mJ/cm²；全固能量：3500mJ/cm²。固化后的产品性能如下。硬度：60Shore D（GB/T 2411—2008）；T_g（DSC）：43℃；温度范围：－40～120℃；附着力：0级（GB 1720—1979）；拉伸强度：9.1MPa（GB/T 6344—2008）；断裂伸长率：50%（GB/T 6344—2008）；体积电阻率：$1.6\times10^{14}\Omega\cdot cm$（GB/T 1410—2006）；介电常数（1MHz）：3.1（GB/T 1409—2006）；介电强度：18kV/mm（GB/T 1408.1—2006）；表面电阻：$3.9\times10^{14}\Omega$（GB/T 1410—2006）。

【特点及用途】 单组分、无溶剂；优异的耐盐雾性能；优异的耐高低温性能；优异的防水、防潮等保护性能；良好的浸润性，适合不同材质的PCB板电子电路覆膜保护，防水、防霉、防腐蚀、抗老化。尤其适用于智能电表、家用电器、汽车电子行业的PCB电路板涂覆保护。

【施工工艺】 刷涂、手工喷涂或机械喷涂。注意事项：本产品固化后为安全无毒物质，但固化前应尽量避免与皮肤接触，若不慎溅入眼睛，应迅速用大量清水冲洗。

【毒性及防护】 本产品固化后为安全无毒物质，但尽量避免与皮肤和眼睛接触，若不慎接触眼睛，应迅速用清水清洗。

【包装及贮运】 包装：1kg/桶，保质期1年。贮存条件：室温、阴凉处贮存。

【生产单位】 北京海斯迪克新材料有限公司。

J012 双重固化共型覆膜胶 UV890SF-75D

【英文名】 dual curable conformal coating UV890SF-75D

【主要组成】 聚氨酯丙烯酸酯、光引发剂、助剂等。

【产品技术性能】 外观：无色至淡绿色（含荧光）；黏度（Brookfield，LV1#，30r/min）：75mPa·s；密度（23℃）：1.10g/cm³；表干能量：1500mJ/cm²；全固能量：3000mJ/cm²。固化后的产品性能如下。使用温度范围：－40～120℃；附着力：0级（GB 1720—1979）；拉伸强度：3.6MPa（GB/T 7124—2008）；断裂伸长率：80%（GB/T 7124—2008）；体积电阻率：$1.4\times10^{14}\Omega\cdot cm$（GB/T 1410—2006）；介电常数：3.0（GB/T 1409—2006）；介电强度：25kV/mm（GB/T 1408.1—2006）；表面电阻率：$4.5\times10^{14}\Omega$（GB/T 1410—2006）。

【特点及用途】 单组分、无溶剂；UV/湿气双重固化；优异的耐盐雾性能；优异的耐高低温性能；优异的防水、防潮等保护性能；良好的浸润性，适合不同材质的PCB板电子电路覆膜保护，防水、防霉、防腐蚀、抗老化。尤其适用于智能电表、家用电器、汽车电子行业的PCB电路板涂覆保护。

【施工工艺】 刷涂、手工喷涂或机械喷涂。注意事项：本产品固化后为安全无毒物质，但固化前应尽量避免与皮肤接触，若不慎溅入眼睛，应迅速用大量清水冲洗。

【毒性及防护】 本产品固化后为安全无毒物质，但应尽量避免与皮肤和眼睛接触，若不慎接触眼睛，应迅速用清水清洗。

【包装及贮运】 包装：1kg/桶，保质期1年。贮存条件：室温、阴凉处贮存。

【生产单位】 北京海斯迪克新材料有限公司。

J013 液态光学透明胶 UV1885

【英文名】 liquid optical clear adhesive UV1885

【主要组成】 合成树脂、丙烯酸酯单体、光引发剂等。

【产品技术性能】 密度：0.92g/cm^3；黏度：3500mPa·s;；折光率（25℃）：1.51。固化后的产品性能如下。硬度：35Shore D；断裂伸长率：200%；粘接强度（玻璃）：1.5MPa；透光率：99%；黄变指数：<1.0；雾度：<1.0%。

【特点及用途】 UV1885是单组分液态光学胶（LOCA），UV固化，低固化收缩率，高透光性，高折射率。产品固化后具有优良的耐高温、低温、湿热、冷热冲击和QUV性能，老化后能够很好地保持材料的光学性能，固化后产品可返修。主要用于手机、平板电脑TP触摸屏与LCM液晶屏的“全贴合”工艺。适用于OGS＋LCM或Lens＋in-Cell、on-Cell等贴合工艺。

【施工工艺】 该胶是单组分紫外线固化胶黏剂，无须混合，使用针头压力点胶，样件真空或常压贴合，利用UV光先进行固化定位，之后再用UV光照射进行全固。注意事项：产品对光敏感；贮存和操作过程中需要控制在日光、UV光及人工照明环境中的暴露程度；用365nm波长的紫外线灯照射，时间由灯的强度和光距决定。

【毒性及防护】 本产品固化后为安全无毒物质，但固化前应尽量避免与皮肤和眼睛接触，若不慎接触眼睛，应迅速用清水清洗。

【包装及贮运】 包装：960mL/套，保质期6个月。贮存条件：室温、阴凉处贮存。本产品按照非危险品运输。

【生产单位】 北京海斯迪克新材料有限公司。

J014 紫外厌氧双重固化胶黏剂 GM-707

【英文名】 UV anaerobic dual-curable adhesive GM-707

【产品技术性能】 外观：淡黄色黏稠液体；黏度（25℃）：700～900mPa·s。固化后的产品性能如下。剪切强度（25℃）：≥15MPa；拉伸强度（25℃）：≥25MPa；相对伸长率（25℃）：80%；弹性模量（25℃）：≥0.5×10^3MPa；标注测试标准：以上数据测试参照企标Q12/HJ67202013。

【特点及用途】 在紫外光的照射下，有良好的表干性，固化物的粘接强度高，耐高低温性能好，在厌氧加热固化后，可以作为结构粘接，若配合促进剂使用，可加快定位时间。适用于两个不透明无机材料的粘接，广泛用于微型马达、蜂鸣片、不透光手表等。

【施工工艺】 紫外光固化条件：在波长365nm、1000W的紫外光下光固化15s表干，80℃加热1h后完全固化。注意事项：应尽量避光保存。

【毒性及防护】 本产品固化后为安全无毒物质。但固化前由于含有丙烯酸酯单体，对皮肤和眼睛有轻微刺激，若不慎溅入眼睛，需用大量清水冲洗，若有不适需到医院检查。

【包装及贮运】 包装：本产品可按用户要求装于1kg、250mL和50mL的黑色塑料容器中。贮存条件：胶黏剂应于25℃以下避光、阴凉、干燥处存放。

【生产单位】 天津市合成材料工业研究所有限公司。

J015 单组分紫外光固化胶黏剂 GM-930

【别名】 无影胶、光敏胶

【英文名】 one-component UVcurable adhesive GM-930

【产品技术性能】 外观：淡黄色黏稠液体；黏度（25℃）：700～1000mPa·s。固化后的产品性能如下。剪切强度，玻璃-不锈钢（25℃）：≥15MPa；拉伸强度，玻璃-不锈钢（25℃）：≥18MPa；相对伸长率，玻璃-不锈钢（25℃）：180%；弹性模量（25℃）：≥175MPa；标注测试标准：以上数据测试参照企标 Q12/HJ67202013。

【特点及用途】 单组分，使用方便；固化速率快，固化后强度高，透明度好。适用于玻璃与金属的粘接密封，特别针对钢木家具制作过程中玻璃台面与不锈钢件的粘接。

【施工工艺】 紫外光固化条件：在波长 365nm、1000W 的紫外光下光固化 60s，完全固化。注意事项：施胶量不要太多，胶层不超过 2μm 的粘接强度较好。

【毒性及防护】 本产品固化后为安全无毒物质。但固化前由于含有丙烯酸酯单体，对皮肤和眼睛有轻微刺激，若不慎溅入眼睛，需用大量清水冲洗，若有不适需到医院检查。

【包装及贮运】 包装：本产品可按用户要求装于 1kg、250mL 和 50mL 的黑色塑料容器中。贮存条件：防晒、防雨、防重压、防碰击及倒置，在运输过程中要远离火源和热源。

【生产单位】 天津市合成材料工业研究所有限公司。

J016 光固化胶 GM-924

【英文名】 UV adhesive GM-924

【主要组成】 缩水甘油酯环氧丙烯酸酯、光敏剂等。

【产品技术性能】 有机玻璃与下列不同材料粘接件的常温测试强度如下表所示。

材料	剪切强度/MPa		
	常温	浸水 24h	25～100℃冷热交变 3 次
铝合金	>7,有机玻璃断裂	7	3.8～7.8
黄铜	4.2～6.3	3.6～7	3～7
钢	4.9～9	5.5～8.8	5～10
PC 材料	3.8	4.1	1～4.5
聚苯乙烯	3.3	3	1.5～3
ABS 塑料	5.2	5.1	3～5

【特点及用途】 属于常温使用，经紫外线照射能迅速固化。主要适用于玻璃、有机玻璃等透明材料与金属或非金属材料的粘接，可用于电子手表线圈的固定。

【施工工艺】 固化条件：700W 中压汞灯，光距为 10cm，光照时间为 2min。

【生产单位】 天津市合成材料工业研究所有限公司。

J017 紫外线固化胶 1866

【英文名】 UV curing adhesive1866

【主要组成】 丙烯酸树脂、（甲基）丙烯酸酯类单体、光引发剂等。

【产品技术性能】 外观：无色透明；密度：1.07g/cm³；黏度：800mPa·s；固化速率：3s。固化后的产品性能如下。压剪强度：>20MPa；硬度：75Shore D；工作温度：−30～150℃。

【特点及用途】 1. 该胶是单组分胶，操作简单，瞬间固化；2. 中等黏度、超高强度通用型结构 UV 胶。主要适用于玻璃制品、玻璃家具、水晶工艺品的粘接。

【施工工艺】 1. 表面处理：用工业酒精清洗基材表面，无油表面可获得最佳粘接效果；2. 涂胶：在粘接面中心处滴加适量的胶液；3. 装配：将两粘接面合紧，使胶液均匀充满粘接表面，排除气泡即可；4. 光照：用 365nm 波长的紫外线灯照射，时间由灯的强度和光距决定，建议用高压汞灯，灯的功率在 1000W 以下，光距为 10～15cm，时间不超过 2min。注意事项：1. 本产品不能用于富氧系统；2. 照射灯光波长应在 300～400nm 的范围内。

【毒性及防护】 本产品固化后为安全无毒物质，但固化前应尽量避免与皮肤接触，若不慎溅入眼睛，应迅速用大量清水冲洗，严重时请及时到医院处理。

【包装及贮运】 包装：250g/瓶，保质期 12 个月。贮存条件：在避光、阴凉、干燥、5～25℃的环境下贮存。本产品按照非危险品运输。

【生产单位】 北京天山新材料技术有限公司。

J018 紫外光固化胶 4321

【英文名】 UV cure adhesives 4321

【主要组成】 丙烯酸酯单体、丙烯酸酯预聚物和光引发剂等。

【产品技术性能】 外观：琥珀色；密度：1.0～1.1g/cm³；黏度：650mPa·s；固化后的性能如下。拉伸强度：10MPa；硬度：50Shore D；工作温度：－50～150℃。

【特点及用途】 一种单组分、中等黏度、紫外光或可见光固化黏合剂，在一定波长的紫外线照射下几秒钟内便可在基材之间形成透明度高、看不出任何胶层的粘接，抗冲击性强。用于抗冲击型玻璃与不锈钢的粘接。

【施工工艺】 涂胶后紫外光照射（光强 12～20mW/cm²），初固化 15s，全固化时间为 120s。注意事项：温度低于 20℃时，使用前需在室温下回温 48h。

【毒性及防护】 本产品固化后为安全无毒物质，但混合前两组分应尽量避免与皮肤和眼睛接触，若不慎接触眼睛，应迅速用清水清洗。

【包装及贮运】 包装：250mL/瓶，保质期 1 年。贮存条件：在 8～28℃的阴凉干燥处贮存。不要受紫外线或日光照射，否则会发生聚合反应。

【生产单位】 烟台德邦科技有限公司。

J019 液态光学胶 8806

【别名】 水胶，LOCA

【英文名】 liquid optically clear adhesive 8806

【主要组成】 改性丙烯酸酯预聚物、活性稀释剂、光引发剂等。

【产品技术性能】 外观：无色透明液态；密度：0.95～1.0g/cm³；折射率：1.51；黏度：3200mPa·s；黄变：＜1；雾度：＜0.2%；收缩率：3%。

【特点及用途】 单组分、中黏度、高透光率的液态光学透明胶。施胶后，在一定波长的紫外线照射下几分钟内便可固化。具有低硬度、高透光率、耐黄变等特点。适用于电容式触摸屏表面保护玻璃与导电玻璃之间的贴合。

【施工工艺】 进行预固化、全固化，须用波长为 365nm 的紫外线灯进行照射。注意事项：固化速率取决于紫外线的强度、光源与胶层的距离和所需固化的深度等。使用完后，须立即盖上盖子。须用黑色胶管进行施胶。

【毒性及防护】 本产品固化后为安全无毒物质，但混合前两组分应尽量避免与皮肤和眼睛接触，若不慎接触眼睛，应迅速用清水清洗。

【包装及贮运】 包装：50g/支，800g/支，保质期 12 个月。贮存条件：在 8～28℃的阴凉干燥处存放。避免受紫外线或日光照射。

【生产单位】 烟台德邦科技有限公司。

J020 紫外光固化丙烯酸胶黏剂 J-157A

【英文名】 UV cure acrylate adhesive J-157A

【主要组成】 丙烯酸酯预聚物、光敏剂和其它助剂等。

【产品技术性能】 外观：黏稠液体；剪切强度：≥8.5MPa；耐水性：水浸 8d 性能无变化。

【特点及用途】 主要在电子线路、机械制造、建筑、修补等行业用于橡胶、塑料、玻璃、木材、石材的胶接，已在太阳能电池边框密封及背板保护层上使用。

【施工工艺】 涂胶后在波长为 1kW 的紫外线灯下，距离 10cm，20s 固化。

【毒性及防护】 本产品固化后为安全无毒物质，但混合前应尽量避免与皮肤和眼睛接触，若不慎接触，应迅速用清水清洗。

【包装及贮运】 贮存条件：避光、阴凉、通风、干燥处贮存，保质期为 6 个月。该系列产品无溶剂，可按一般化学品运输。

【生产单位】 黑龙江省科学院石油化学研究院。

J021 光学光敏胶黏剂系列

【英文名】 photosensitive adhesive series

【主要组成】 光敏树脂、光敏剂、交联剂等。

【产品技术性能】

性能	GBN-502	WSJ-646	WSJ-647
清洁度(5mL 胶液尘埃数)	＜10	＜10	＜10
折光率 N_D^{20}	1.545	1.47～1.48	1.47～1.48
耐高低温性	-60℃/2h；60℃/2h，5 次循环	-45℃4h；60℃/4h	-62℃/5h；120℃/1.5h
固化收缩率/%	6.2	—	—
线膨胀系数/K^{-1}	12.5×10^{-5}	—	—
粘接压剪强度/MPa	≥9.3	15～20	12
可见光透过率/%	＞91	＞90	＞90
主要用途	望远镜、照相机等光学仪器的透镜的胶合	望远镜、照相机等光学仪器的透镜的胶合，其它玻璃制品的粘接，特别适用于自动化连续生产	

【特点及用途】 具有光学性能好、粘接强度高、耐高低温性能好、操作安全、不污染环境等优点。可用于各种光学透镜、棱镜及灯具的粘接。适用于不同工艺粘接多种透明材料。

【施工工艺】 1. 配胶：GBN-502、WSJ-646、WSJ-647 为单组分胶，不需要配胶；2. 粘接：在清洁的粘接面中心滴加适量胶液，然后合紧粘接面，使胶液均匀地充满粘接面，在外镇流高压汞灯的照射下，使胶液初步固化，实现准确定位；3. 后固化：GBN-502 在高压汞灯的照射下固化 5～10min，WSJ-646 在高压汞灯的照射下固化 10～20min；WSJ-647 在高压汞灯的照射下固化 5～20min。

【毒性及防护】 本产品固化后为安全无毒物质，但混合前应尽量避免与皮肤和眼睛接触，若不慎接触，应迅速用清水清洗。

【包装及贮运】 产品内包装为黑色塑料瓶，规格主要有 100g 和 400g，外包装为瓦楞纸箱。贮存条件：避光、阴凉、通风、干燥处贮存，保质期为一年。该系列产品无溶剂，可按一般化学品运输。

【生产单位】 济南北方泰和新材料有限公司；中国兵器工业集团第五十三研究所。

J022 安全玻璃胶黏剂 WSJ-655 系列

【英文名】 WSJ-655 series for safety glass

【主要组成】 光敏树脂、光敏剂、交联剂等组成的单组分胶。

【产品技术性能】

性能	WSJ-655	WSJ-655-1
外观	无色或淡黄色透明液体	无色或淡黄色透明液体
折光率 N_D^{20}	1.4～1.5	1.4～1.5
黏度/mPa·s	30～61	20～50
拉伸强度/MPa	≥6	≥4.3
断裂伸长率/%	≥180	≥180
粘接压剪强度/MPa	≥4	—
适用范围	用于防弹玻璃的生产，用此胶生产的防弹玻璃已达到公安部标准 GA 165—1997	适用于建筑用夹层玻璃的生产，用此胶生产的夹层玻璃已达到国标 GB 15763.3—2006

【特点及用途】 具有黏度小、固化应力小、本体强度大、透光率高等优点。适合大面积玻璃制品的粘接复合，尤其适用于

湿法成型、阳光固化生产防弹玻璃、建筑用夹层玻璃等。

【施工工艺】 1. 按需要的尺寸切割玻璃，并清洗干净待用；2. 用特制塑料带控制玻璃之间的缝隙并密封周边，在其中一边留一灌胶口用于灌胶；3. 将胶液灌入玻璃之间的间隙，待胶液气泡排净后封闭灌胶口，用高压汞灯或阳光照射使胶液固化；4. 重复步骤 1～3 可制成不同性能的 N 层玻璃 $N-1$ 层胶的防弹玻璃或夹层玻璃。

【毒性及防护】 本产品固化后为安全无毒物质，但混合前应尽量避免与皮肤和眼睛接触，若不慎接触，应迅速用清水清洗。

【包装及贮运】 黑色塑料桶包装，每桶 25g。在避光、阴凉、通风、干燥处贮存，保质期为 1 年。该系列产品无溶剂，可按一般化学品运输。

【生产单位】 济南北方泰和新材料有限公司；中国兵器工业集团第五十三研究所。

J023 无影胶 WSJ 200 系列

【英文名】 shadow free adhesive WSJ 200 series

【主要组成】 由丙烯酸酯、交联剂、光敏剂等组成的单组分 UV 胶。

【产品技术性能】

性　能	WSJ-201	WSJ-202	WSJ-203	WSJ-206
外观	无色或淡黄色液体	无色或淡黄色液体	无色或淡黄色液体	无色或淡黄色液体
折光率 N_D^{20}	1.41～1.51	1.41～1.51	1.41～1.51	1.41～1.51
黏度/mPa·s	30～50	30～50	500～1000	1500～2500
压剪强度/MPa	10	15	20	20
应用范围	适用于较大面积玻璃制品的粘接	适用于玻璃与玻璃或玻璃与钢的粘接	适用于较小面积玻璃之间强度较大的粘接	适用于玻璃与铝之间的粘接

【特点及用途】 具有使用方便、固化速率快、透光率高、粘接强度大等优点。主要用于玻璃工艺品、玻璃家具等玻璃制品的粘接，其粘接强度大于玻璃的本体强度。

【施工工艺】 1. 用有机溶剂清洗被粘接面上的油污，晾干待用；2. 粘接：在清洁的粘接面中心滴加适量胶液，然后合紧粘接面，使胶液均匀地充满粘接面，在外镇流高压汞灯的照射下，30s 内使胶液初步固化，10min 可以达到最大强度。

【毒性及防护】 本产品固化后为安全无毒物质，但混合前应尽量避免与皮肤和眼睛接触，若不慎接触，应迅速用清水清洗。

【包装及贮运】 产品内包装为黑色塑料瓶，规格主要有 100g 和 400g，外包装为瓦楞纸箱。贮存条件：避光、阴凉、通风、干燥处贮存，保质期为一年。该系列产品无溶剂，可按一般化学品运输。

【生产单位】 济南北方泰和新材料有限公司；中国兵器工业集团第五十三研究所。

J024 紫外线固化结构胶

【英文名】 UV curable structure adhesive series

【产品技术性能】

产品型号	外观	黏度/mPa·s	伸长率/%	硬度(Shore)	温度范围/℃	包装规格
349	稻草色透明	9500	300	D70	－54～149	50mL 瓶；1L 瓶
352	浅琥珀透明	19500	340	D60	－54～120	250mL 瓶；1L 瓶

续表

产品型号	外观	黏度/mPa·s	伸长率/%	硬度(Shore)	温度范围/℃	包装规格
3491	浅稻草透明	1100	27	D75	−54～120	250mL 瓶；1L 瓶
3492	浅稻草透明	500	5	D79	−54～149	250mL 瓶；1L 瓶
3493	浅稻草透明	5500	260	D75	−54～149	250mL 瓶；1L 瓶
3494	浅稻草透明	5500	200	D70	−54～120	1L 瓶
3751	浅黄色透明	10000	50	D73	−54～120	1L 瓶
3011	浅稻草透明	90	160	D68	−54～120	1L 瓶
3311	浅稻草透明	300	265	D64	−54～120	1L 瓶
LPD3966	透明	650	—	—	—	250mL 瓶

【特点及用途】 349 通用型：紫外线固化，中等黏度，适合粘接玻璃和金属。3491 通用型：快速固化，中等黏度，专门设计用于粘接玻璃，同样用于粘接其它多种材料。3011 医用型：低黏度，渗入式紫外线固化胶黏剂，可以粘接塑料、金属及玻璃，专门设计用于注射后针的粘接；医用级论证。352 通用型：高黏度，坚韧柔性，耐冲击及震动；粘接材料广泛，可使用紫外线或活化剂或两者同时使用，使用紫外线时在几秒钟内固化。3492 通用型：快速固化，低黏度，专门设计用于粘接玻璃，也可粘接其它多种材料。3493 医用型：紫外线固化，中等黏度，适合粘接金属和玻璃。3494 医用型：耐久性好，可见光/紫外线固化，中等黏度，专门设计用于玻璃及金属的粘接。3751 医用型：紫外线固化，中等黏度，快速表干。3311 低黏度，稍有挠曲性，紫外线及可见光固化胶黏剂，对粘接热塑性塑料及快塑的聚氯乙烯粘接最为理想。

【生产单位】 汉高乐泰（中国）股份有限公司。

K 聚氯乙烯胶黏剂

PVC 在胶黏剂方面的应用是 PVC 的非塑料用途，也可以说是 PVC 的特殊应用领域。为适应胶黏剂加工性能（溶解性）和使用性能（黏附性）的要求，通常采用特殊的专用 PVC 树脂，如低分子量的 PVC 悬浮树脂、乳液树脂、溶液法树脂或本体树脂、过氯乙烯树脂及氯乙烯共聚树脂。氯乙烯共聚树脂主要有氯乙烯-乙酸乙烯共聚树脂、氯乙烯-偏氯乙烯共聚树脂和氯乙烯-丙烯腈共聚树脂。尤以氯乙烯-乙酸乙烯共聚树脂最为重要，它还包括氯乙烯-乙酸乙烯共聚树脂中部分水解和/或加入少量马来酸酐、丙烯酸酯等其它共聚单体制成的含有羟基、羧基和/或酯基的氯醋三元或四元共聚树脂。

PVC 胶黏剂的加工通常先将树脂溶解在适宜的溶剂（四氢呋喃、环己酮、二氯甲烷等）中配成树脂溶液。选择的溶剂除了满足来源广、价廉、使用安全和毒性低等一般要求外，从溶解性能的角度选择溶剂时通常遵循的原则是相似相溶原则、溶解度参数相近相溶原则和混合溶剂易溶原则。PVC 胶黏剂加工中通常要加入增塑剂、稳定剂、填充剂、改性剂、润湿剂、增稠剂、稀释剂、触变剂和消泡剂等。

PVC 胶黏剂具有优良的耐热、耐寒、耐水、耐油、耐腐蚀老化及良好的力学性能，施工方便安全，无毒无味，具有一定的阻燃性。用于硬 PVC 制品的粘接，如化工、热电、电镀池槽内 PVC 板的黏合，PVC 电线电缆管及水、汽、油管接头的黏合，塑料玩具行业、PVC 人造革、PVC 篷布雨衣、PVC 地板的黏合等；也适用于 ABS、有机玻璃、AS、聚苯乙烯、PBT、PPO、PC 等材料的交叉黏接；还用于汽车车厢、车身焊缝密封和修整汽车外复件接缝的密封，零部件深层、风机和空调器缝隙的密封，可起到防震、防腐、防漏、减轻噪声和防污染等作用；还可作为汽车底板外表面、左右轮罩内防石击胶。

K001 指压密封胶 SY-26

【英文名】 acupressure sealant SY26

【主要组成】 聚氯乙烯树脂、增黏剂、增塑剂等。

【产品技术性能】 外观：白色；密度：1.60g/cm^3以下；剪切强度：≥2.5MPa。

【特点及用途】 该密封胶为单组分、无溶剂、腻子状物，无毒无味、手感好，高温烘烤不流淌。用途：该胶主要用于汽车车身电泳后工艺孔、大缝隙或其它缺陷的密封、填平。

【施工工艺】 该密封胶用手可直接操作，施工过程中不粘手。对车身孔、缝等处用手将密封胶直接塞堵、压实、抹平即可。

【毒性及防护】 本产品固化后为安全无毒物质，但固化前尽量避免与皮肤和眼睛接触，若不慎接触眼睛，应迅速用清水清洗。

【包装及贮运】 1kg/块、2kg/块、25kg/箱。贮存条件：室温、阴凉处贮存，保质期3个月。本产品按照非危险品运输。

【生产单位】 三友（天津）高分子技术有限公司。

K002 接缝密封胶 LY-2T

【英文名】 seam sealant LY-2T

【主要组成】 PVC树脂、增塑剂、助剂等。

【产品技术性能】 外观：白糊状，或根据客户要求；密度：1.3～1.5g/cm^3；不挥发物含量：≥93%；固化范围：130～170℃/30～60min。在标准固化条件下（140℃/20min）的固化性能如下。硬度：20～60Shore A；剪切强度：≥0.6MPa；测试标准：以上数据测试参照企标Q/LY-002T—2011。

【特点及用途】 产品施工性能优异，具有极佳的施工性、触变性、抗下垂性，产品固化温度范围宽，固化后弹性高，密封好，耐候性能优异。产品对阴极电泳底漆、环氧酯漆等基材表面具有优异的粘接性，不含有机溶剂，无毒、无刺激性气味，对环境无污染。主要用于车门、车厢内等焊缝部位的密封，经中涂、面漆工序后固化，将对焊缝起到密封作用，增强车身的防腐能力，增加车身的美观性。

【施工工艺】 用手动枪、气动枪或注胶机械将本品沿接缝均匀涂布于电泳底漆面上。经预烘烤或不经预烘烤后，涂覆中涂或面漆，随中涂、面漆一起固化，即可起到对接缝部位密封的作用。注意事项：如采用机械注胶的方式，涂胶机械压缩比建议最小为24∶1。本品对部分油漆可湿碰湿施工，对部分油漆则不可湿碰湿施工，使用前双方需根据应用方的油漆种类、固化温度等情况选择合适种类的产品，并做好相应产品的试用工作。

【毒性及防护】 本产品为安全无毒物质，施工应佩戴防护手套，尽量避免与皮肤和眼睛直接接触，若不慎接触眼睛，应迅速用清水清洗，严重时送医。

【包装及贮运】 钢桶装，每桶250kg或25kg；硬塑料管装，每支400g，每箱50支。贮运条件：原包装平放贮存在阴凉干燥的库房内，贮存温度以不超过25℃为宜，严禁侧放、倒放，防止日光直接照射，并远离火源和热源。在上述贮存条件下，贮存期为3个月。

【生产单位】 北京龙苑伟业新材料有限公司。

K003 焊缝密封胶 SY-21

【英文名】 weld sealant SY21

【主要组成】 聚氯乙烯树脂或丙烯酸树脂、增黏剂、增塑剂等。

【产品技术性能】 外观：白色；密度：1.60g/cm^3以下。固化后的产品性能如下。剪切强度：≥1MPa；拉伸强度：≥1MPa；拉伸率：≥100%。

【特点及用途】 基料的单组分、无溶剂型

密封胶；黏度适宜，触变性良好；固化物柔韧，且具有良好的弹性；与中涂漆、面漆的配套性好，无开裂、起泡、变色现象；与电泳底漆等有良好的附着力，密封、防水、防腐蚀效果好并可湿碰湿施工。用于车身的内外焊缝的密封、防水、防尘、防腐。

【施工工艺】 可以用压缩比为（28～60）：1的涂胶机涂布，也可以用手动挤胶枪或刮板涂胶，细小的焊缝处应用橡胶板将多余的密封胶刮去、擦净。

【毒性及防护】 本产品固化后为安全无毒物质，但固化前应尽量避免与皮肤和眼睛接触，若不慎接触眼睛，应迅速用清水清洗。

【包装及贮运】 300mL/支，25kg/桶，250kg/桶。贮存条件：室温、阴凉处贮存，保质期6个月。本产品按照非危险品运输。

【生产单位】 三友（天津）高分子技术有限公司。

K004 抗石击涂料 SY-25

【英文名】 stone crash protection coating SY25

【主要组成】 聚氯乙烯树脂或丙烯酸树脂、增黏剂、增塑剂等。

【产品技术性能】 外观：白色或灰色；密度：1.60g/cm^{3}以下。固化后的产品性能如下。剪切强度：≥1MPa；拉伸强度：≥1MPa；拉伸率：≥100%。

【特点及用途】 以PVC树脂、增黏树脂、增塑剂、触变剂及填料组成的单组分涂料，具有低黏度易喷涂、不流挂的显著特点；固化后具有良好的附着力和弹性，耐石击性和耐腐蚀性能，且具有良好的贮存稳定性。用于汽车轮罩、底盘及车身下侧部的喷涂，起防石击和防腐蚀的作用。

【施工工艺】 采用无气喷涂施工，应该采用流量比较大、压缩比为55：1以上的涂胶设备；按工艺要求用纸基压敏胶带将不需涂胶的部位遮蔽，工艺孔用塑料堵塞好，并在发动机舱、行李箱内放置遮盖护板；喷胶时枪嘴距车身30～50mm，使所形成的扇形雾状胶喷涂到车身上，厚度为1～1.5mm；摘除遮蔽用的胶带、工艺堵塞，取下遮蔽护板；擦净飞溅的涂料；烘干条件为140℃/30min。

【毒性及防护】 本产品固化后为安全无毒物质，但固化前尽量避免与皮肤和眼睛接触，若不慎接触眼睛，应迅速用清水清洗。

【包装及贮运】 25kg/桶，250kg/桶。贮存条件：室温、阴凉处贮存，保质期6个月。本产品按照非危险品运输。

【生产单位】 三友（天津）高分子技术有限公司。

K005 裙边胶 SY-281

【英文名】 skirt adhesive SY281

【主要组成】 乙酸乙烯、氯乙烯树脂或丙烯酸树脂、增黏剂、增塑剂等。

【产品技术性能】 外观：白色或灰色；密度：1.60g/cm^{3}以下。固化后的产品性能如下。剪切强度：≥1MPa；拉伸强度：≥1MPa；伸长率：≥100%。

【特点及用途】 以PVC树脂、增黏树脂、增塑剂、触变剂及填料组成的单组分涂料；具有低黏度易喷涂、不流挂的显著特点；固化后具有良好的附着力和弹性，耐石击性和耐腐蚀性能，且具有良好的贮存稳定性。用于汽车轮罩、底盘及车身下侧部的喷涂，起防石击和防腐蚀的作用。

【施工工艺】 采用无气喷涂施工，应该采用流量比较大、压缩比为55：1以上的涂胶设备；按工艺要求用纸基压敏胶带将不需涂胶的部位遮蔽，工艺孔用塑料堵塞好，并在发动机舱、行李箱内放置遮盖护板；喷胶时枪嘴距车身30～50mm，使所形成的扇形雾状胶喷涂到车身上，厚度为

1～1.5mm；摘除遮蔽用的胶带、工艺堵塞，取下遮蔽护板；擦净飞溅的涂料；烘干条件为140℃/30min。

【毒性及防护】 本产品固化后为安全无毒物质，但固化前尽量避免与皮肤和眼睛接触，若不慎接触眼睛，应迅速用清水清洗。

【包装及贮运】 25kg/桶，250kg/桶。贮存条件：室温、阴凉处贮存，保质期6个月。本产品按照非危险品运输。

【生产单位】 三友（天津）高分子技术有限公司。

K006 抗石击底涂胶

【英文名】 stone crash protection coating

【主要组成】 聚氯乙烯糊树脂、增塑剂、低分子聚酰胺、纳米碳酸钙等。

【产品技术性能】 外观：无沉淀、结块、结皮、分层现象；固含量：≥95%；密度：≤1.5g/cm^3；烘干试验（垂直）：流动≤10mm。固化后的产品性能如下。剪切强度：≥7 kg/cm^2（粘接面≥90%）；耐磨损性（漆膜0.5mm）：≥18kg；硬度：≥70Shore D；耐酸、碱、油、水、盐雾等试验后效果良好；标注测试标准：以上数据测试参照企标MS 731-04 2型。

【特点及用途】 加热硬化型浆糊状涂料，一般涂在车身底部，防止车辆行驶过程中因飞石的刮、碰、漆面的龟裂而发生的返修等现象。可以用于各类车辆的制造行业。

【施工工艺】 手动或自动胶枪。注意事项：冬季在生产线上使用时，需要保证胶体的温度。

【毒性及防护】 本产品固化后为安全无毒物质，无重金属或有害物质添加，符合VOC检测标准，但应尽量避免与皮肤和眼睛接触，若不慎接触眼睛，应迅速用清水清洗。

【包装及贮运】 包装：可桶装（200L）、可罐装（1.5t）等。贮存条件：室温、阴凉处贮存，保质期6个月。本产品按照非危险品运输。

【生产单位】 保光（天津）汽车零部件有限公司。

K007 指压胶 LY-12

【英文名】 finger press sealant LY-12

【主要组成】 PVC树脂、增塑剂、助剂等。

【产品技术性能】 外观：单组分、灰色或灰白色、半硬质腻子；密度：1.5～1.8g/cm^3；不挥发物含量：≥95%；固化范围：140～180℃/20～40min。在标准固化条件下［140℃/40min（低温条件）或170℃/20min（高温条件）］的固化物性能如下。硬度：25～55Shore D；剪切强度：≥1.5MPa；测试标准：以上数据测试参照企标Q/LY-0012—2011。

【特点及用途】 产品施工性能优异，具有极佳的堆砌性、抗下垂性、充填性能。产品的固化温度范围宽，可用于焊装车间或涂装车间，对油面钢板或电泳漆面钢板基材均具有优异的粘接性，固化后的密封性能优良。产品不含有机溶剂，无毒、无刺激性气味，对环境无污染。主要用于车身工艺孔、大缝隙、局部缺陷的填补、修复及车厢内缝。经电泳或中涂、面漆工序后固化，起到修补、防水、防尘、减震的作用。

【施工工艺】 粘接密封件尽量少油、干燥无锈蚀。本品可通用于高温（焊装工序）和低温（涂装工序）。用手或刀切取适量本品，手搓成需要的形状，手压在密封部位即可。注意事项：贮运或施工气温太低时，胶条可能偏硬，请提前置于温暖的环境中（40℃以下）恢复至室温再使用。

【毒性及防护】 本产品为安全无毒物质，施工应佩戴防护手套，尽量避免与皮肤和眼睛直接接触，若不慎接触眼睛，应迅速用清水清洗，严重时送医。

【包装及贮运】 为硬纸箱，箱内用塑料膜包装，每条1kg，每箱25条，或根据客户要求。贮运条件：原包装平放贮存在阴凉干燥的库房内，贮存温度以不超过25℃为宜，严禁侧放、倒放，防止日光直接照射，并远离火源和热源。在上述贮存条件下，贮存期为3个月。

【生产单位】 北京龙苑伟业新材料有限公司。

K008 点焊胶 SY-23 系列

【英文名】 spot welding sealant SY23

【主要组成】 环氧树脂、聚氯乙烯树脂、丁腈橡胶、增塑剂等。

【产品技术性能】 外观：黑色或用户指定颜色；密度：1.60g/cm³以下。固化后的产品性能如下。剪切强度：≥0.5MPa；拉伸强度：≥0.5MPa；拉伸率：≥100%。

【特点及用途】 单组分、无毒、无味，对带防锈油的钢板有良好的黏合力；触变性好，加热固化不流淌；涂胶后不影响点焊。且具有良好的耐油、耐水、耐酸碱、耐化学药品性能，防腐性能好。用于汽车车身、顶盖、底板、侧围、轮罩等的钢板焊接部位，起到密封、防水、防腐蚀的作用，延长汽车的使用寿命。

【施工工艺】 手动涂胶和用涂胶枪自动涂胶均可。直接将胶涂于需点焊的部位即可点焊。

【毒性及防护】 本产品固化后为安全无毒物质，但固化前应尽量避免与皮肤和眼睛接触，若不慎接触眼睛，应迅速用清水清洗。

【包装及贮运】 300mL/支，25kg/桶，250kg/桶。贮存条件：室温、阴凉处贮存，保质期6个月。本产品按照非危险品运输。

【生产单位】 三友（天津）高分子技术有限公司。

K009 聚氯乙烯焊缝胶

【英文名】 PVC sealant

【主要组成】 聚氯乙烯糊树脂、增塑剂、低分子聚酰胺、纳米碳酸钙。

【产品技术性能】 外观：白色糊状；密度：1.55g/cm³。固化后的产品性能如下。剪切强度：≥1.0MPa；断裂伸长率：≥100%；拉伸强度：≥1.0MPa；硬度：≥50～70Shore D；标注测试标准：以上数据测试参照企标 MS 721-35。

【特点及用途】 加热固化型（130～150℃）、防锈、防震、防水、美观。用于汽车制造涂装工程中钢板粘接部位。

【施工工艺】 用压力泵输送，机器人或手工涂抹。注意事项：作为PVC为主体的产品，对于温度、湿气较敏感，对贮存条件有较高的要求。

【毒性及防护】 本产品固化后为安全无毒物质，无重金属或有害物质添加，符合VOC检测标准，但应尽量避免与皮肤和眼睛接触，若不慎接触眼睛，应迅速用清水清洗。

【包装及贮运】 包装：400g/管，25kg/桶，250kg/桶。贮存条件：室温、阴凉处贮存，保质期3个月。本产品按照非危险品运输。

【生产单位】 保光（天津）汽车零部件有限公司。

K010 发泡底涂胶(发泡型、低密度)

【英文名】 foaming primer adhesive

【主要组成】 PVC树脂、增塑剂、稀释剂、附着力促进剂、填料等。

【产品技术性能】 外观：黑色或灰色；密度：1.31g/cm³。固化后的产品性能如下。剪切强度：≥1.5MPa；拉伸强度：≥1.0MPa；断裂伸长率：≥70%；硬度：40～60Shore A；标注测试标准：以上数据测试参照企标 QCC JT122。

【特点及用途】 低温固化型，140℃/

20min 可固化，固化发泡后与钢板的结合强度高，降低车身重量，起到车底盘防石击、防锈等作用。用于汽车制造行业车底盘、车轮罩等部位。

【施工工艺】 喷涂，加热固化型。注意事项：在自动化生产线上使用时，涂胶泵需要加温。

【毒性及防护】 本产品固化后为安全无毒物质，无重金属或有害物质添加，但应尽量避免与皮肤和眼睛接触，若不慎接触眼睛，应迅速用清水清洗。

【包装及贮运】 包装：250kg/桶，1000kg/桶。贮存条件：室温、阴凉处贮存，保质期 6 个月。本产品按照非危险品运输。

【生产单位】 保光（天津）汽车零部件有限公司。

K011 硬质聚氯乙烯胶黏剂 SG-861

【别名】 PVC 胶

【英文名】 rigid polyvinl chloride adhesive SG-861

【主要组成】 聚氯乙烯树脂、溶剂。

【产品技术性能】 执行标准：QB/T 2568—2002。

项目		指标
树脂含量		≥10%
溶解性		不出现凝胶结块
黏度/mPa·s	普通型	≥90
	中型	≥500
	重型	≥1600
粘接强度/MPa	固化 2h	≥1.7
	固化 16h	≥3.4
	固化 72h	≥6.2
水压爆破强度/MPa		≥2.8

【特点及用途】 单组分，用于硬质聚氯乙烯材料（板材、管材）的搭接、套接；也可用于 PVC 人造革、吸塑玩具等的粘接。抗冲击强度高，固化速率快，使用方便。

【施工工艺】 粘接时先将材料表面清洗干净均匀涂胶，间隙较大的黏合件应涂 2 次胶，晾置片刻，合拢施压 0.5h，放置 24h 以上。

【毒性及防护】 本黏合剂的溶剂对人体有一定的毒性，施工环境应加强通风，用后盖紧容器，慎防挥发。

【包装及贮运】 包装：1kg、20kg 铁听（桶）包装，外加瓦楞纸箱。贮运：本品应贮存于阴凉通风处，避光密封保存，贮存期为半年，本产品按照易燃物品贮运。

【生产企业】 浙江金鹏化工股份有限公司。

K012 电镀挂具胶 SY-31 系列

【英文名】 electroplating rack adhesive SY31

【主要组成】 聚氯乙烯树脂、增黏剂、增塑剂、固化剂、触变剂等。

【产品技术性能】

性能	SY-311	SY-312
组分	双组分	单组分
外观	底胶：乳白色糊状物 面胶：绿色膏状物	黑色或绿色膏状物
固化条件	底胶：160～180℃/30min 面胶：160～180℃/30min	160～180℃/30min
耐腐蚀性	耐硫酸、盐酸、硝酸、磷酸、氢氟酸和氢氧化钠性良好	耐硫酸、盐酸、硝酸、磷酸、甲酸性良好
体积电阻率/Ω·cm	—	$>10^{12}$
介电强度/(kV/mm)	—	>50
热变形温度/℃	—	>100

【特点及用途】 用于电镀挂具涂敷，各种金属防腐蚀涂层。粘接力强，触变性好，表面光洁，对电镀液无副作用。

【毒性及防护】 本产品固化后为安全无毒物质，但固化前应尽量避免与皮肤和眼睛接触，若不慎接触眼睛，应迅速用清水清洗。

【包装及贮运】 20kg/桶，5kg/桶，在阴凉、干燥处贮存，贮存稳定期1年。本产品按照非危险品运输。

【生产单位】 三友（天津）高分子技术有限公司。

K013 膨胀减震胶黏剂 HT-805

【英文名】 shock-resistant expandable adhesive HT-805

【主要组成】 PVC、橡胶和助剂等。

【产品技术性能】 外观：灰黑色均匀膏状物；密度：1.47g/cm^3；不挥发分：>99%；压流黏度：98s；常态剪切强度：1.26MPa；油面剪切强度：1.2MPa；高温剪切强度：1.28MPa；膨胀率：60%。

【特点及用途】 用于汽车车门内外板加强筋、车顶加强筋等金属夹层构件中缓冲减震降低噪声等。

【施工工艺】 机械施工，无需仔细去油，直接涂于需减震隔音的部位，在160～200℃烘烤30min即可固化。

【包装及贮运】 5kg、10kg塑料桶装。贮存在阴凉干燥处，贮存期为6个月。

【生产单位】 湖北回天新材料股份有限公司。

K014 聚氯乙烯瞬干胶 PVC

【英文名】 rapid dry PVC adhesive

【主要组成】 聚氯乙烯、溶剂、助剂等。

【产品技术性能】 外观：微黄色透明液体；固含量：18%～20%；黏度：≥1000～1200mPa•s。

【特点及用途】 本产品是一种溶剂型单组分瞬干胶黏剂，可根据不同的使用情况和技术要求，采用不同级别的原料、溶剂、进口助剂等配制，以达到不同的使用技术要求。广泛应用于软质和硬质PVC给水管材与管件的套结、搭接，也可用于PVC材料的树脂片和塑料电镀槽等塑料制品的粘接和预固定。

【毒性及防护】 本产品为易燃品，操作时注意环境通风，远离火源。

【包装及贮运】 室温存放，贮存期为6个月。

【生产单位】 江苏黑松林粘合剂厂有限公司。

L 溶剂型胶黏剂

La 树脂型溶剂胶黏剂

La001 通用塑料胶黏剂 SG-880

【英文名】 general plastic adhesive SG-880

【主要组成】 氯化聚丙烯、改性树脂和溶剂等。

【产品技术性能】 执行标准：Q/ZJP 28—93。外观：无色或淡黄色透明液体；不挥发物含量：15%～18%；黏度：1500～2000mPa·s；拉伸剪切强度：≥4MPa。

【特点及用途】 本胶黏剂适用于难粘接聚烯烃如聚乙烯、聚丙烯等塑料制品的粘接，也可用于聚氯乙烯、聚苯乙烯、ABS等通用塑料制品的黏合，为纸质印刷品与BOPP复合的一种良好的胶黏剂。

【施工工艺】 将氯化聚丙烯、改性树脂经溶剂溶解即得。先将被粘接材料的表面清洗干净（最好用纱布打毛处理），均匀涂胶，上胶量为1.5～2g/dm²，自然干燥5～10min黏合，施加0.2～0.4MPa的压力，0.5h以上固化，24h后使用。

【毒性及防护】 本黏合剂的溶剂对人体有一定的毒性，施工环境应加强通风，用后盖紧容器，慎防挥发。

【包装及贮运】 1kg、15kg铁听（桶）包装，外加瓦楞纸箱。贮存于阴凉通风处，避光密封保存，贮存期为半年，本产品按照易燃物品贮运。

【生产单位】 浙江金鹏化工股份有限公司。

La002 泡沫胶 CD-001

【英文名】 foam adhesive CD-001

【产品技术性能】 外观：淡黄色均匀透明液体；不挥发物含量：≥30%；黏度：500～3500mPa·s；黏附力：聚苯乙烯泡沫材料破坏。

【特点及用途】 环保型装饰胶，粘接迅速，用量少，粘得牢，不腐蚀泡沫，优异的耐水、耐候性。适用于各种软硬泡沫材料与金属、玻璃、有机玻璃、木材、水泥、瓷砖、塑料、皮革、纤维等多种装饰材料的自粘和互粘。

【施工工艺】 1. 保证被粘接材料表面洁净、干爽；2. 两面均匀涂胶，经1～3min晾置至不粘手后合拢，施压；3. 室温放置数小时即可粘牢。

【包装及贮运】 1L/罐，12罐/箱。常温可保存1年。

【生产单位】 泉州昌德化工有限公司。

La003 环保万能胶 SY-401

【英文名】 environmental protection adhesive SY-401

【主要组成】 新型高分子材料、增黏树脂、增强剂、增稠剂、防老剂、表面活性剂、溶剂等。

【产品技术性能】 外观：黄色透明均匀黏稠液体；不挥发物含量：≥35%；黏度：600～1200mPa·s；初粘力（棉帆布-棉帆布）：≥1kN/m；剥离强度（棉帆布-棉帆布）：≥3.5kN/m。

【特点及用途】 该胶为单组分溶剂型胶黏剂，具有良好的施工性能，初粘力大，可室温快速固化，牢固耐久，胶液澄清，粘接力强，耐水、耐酸、耐低温性能好，不含苯类有毒物质，使用时不影响人体健康。适用于居室装修、汽车内饰和美术广告等行业，可粘接胶合板、铝塑板、防火板、高密度板、红榉板等木质材料，还可粘接部分金属、橡胶、塑料、皮革、织物等其它材料。

【施工工艺】 1. 保持被粘接物表面清洁；2. 用毛刷或刮板在黏合面上由内向外均匀涂胶（不能有缺胶、堆胶现象，最好两个黏合面上同时涂胶），晾置 3～10min；3. 一次对准黏合面，由内向外挤压（排除气泡），用橡胶锤或木锤敲击压实，24h 可达到使用强度；4. 若胶液变稠，可用该胶的专用稀释剂进行稀释。

【包装及贮运】 本品属于易燃品，使用时应通风、防火。本品含易挥发溶剂，余胶要密封保存。勿让儿童接触，不可入口。低温、通风、隔离火源。保存期在 24 个月。

【生产单位】 三友（天津）高分子技术有限公司。

La004 聚烯烃胶黏剂 SY-402

【英文名】 polyolefin adhesive SY-402

【主要组成】 新型高分子材料、增黏树脂、增强剂、增稠剂、防老剂、表面活性剂、溶剂等。

【产品技术性能】

性能	SY-402-Ⅰ	SY-402-Ⅱ
外观	淡黄色黏稠液体	深黄色黏稠液体
黏度/mPa·s	600～1200	600～1200
不挥发物含量/%	≥25	≥35
剥离强度（棉帆布-棉帆布）/(kN/m)	≥2.5	≥2

【特点及用途】 该胶为单组分溶剂型胶黏剂，具有良好的施工性能，初粘力大，可室温快速固化，牢固耐久，胶液澄清，粘接力强，耐水、耐酸、耐低温性能好，对聚乙烯、聚丙烯等无需表面处理即可直接进行粘接。

【施工工艺】 1. 保持被粘接物表面清洁；2. 用毛刷或刮板在黏合面上由一侧向另一侧均匀涂胶（不能有缺胶、堆胶现象，最好两个黏合面上同时涂胶），晾置 3～10min；3. 一次对准黏合面，由内向外挤压（排除气泡），用橡胶锤或木锤敲击压实，24h 可达到使用强度；4. 若胶液变稠，可用该胶的专用稀释剂进行稀释。

【包装及贮运】 本品属于易燃品，使用时应通风、防火。本品含易挥发溶剂，余胶要密封保存。勿让儿童接触，不可入口。低温、通风、隔离火源。

【生产单位】 三友（天津）高分子技术有限公司。

La005 透明塑料胶

【英文名】 transparent plastic adhesive

【产品技术性能】 外观：透明均匀黏稠液体；固含量：40%～50%；黏度：600～1200mPa·s；初粘力（棉帆布-棉帆布）：≥1kN/m；剥离强度：＞40N/cm（帆布-帆布）、＞40N/cm（PVC-PVC）、＞8N/cm（PE-PE）、＞25N/cm（铝-橡胶）；浸水后：强度无变化。

【特点及用途】 室温固化，操作方便，具有高强度、高弹性、胶膜柔软、耐水、耐酸碱、长期贮存不变质的特点。可粘接各种难粘的塑料制品，如聚乙烯、聚丙烯、聚氯乙烯、ABS、尼龙等。对塑料与金属、非金属材料的互粘和交叉粘接有独到之处，是家电行业、无线电行业理想的黏合材料。

【施工工艺】 保持被粘接物表面清洁，将胶液均匀地涂于两被黏接表面，稍等 3～6min，两被粘物对准粘合，稍加压力使黏合面更紧密，放置数小时即可。

【包装及贮运】 按危险品贮存运输，生产操作远离火源。有 40g 管装，900g、3kg

听装，2kg 桶装。

【生产单位】 苏州市胶粘剂厂有限公司。

La006 全透明强力胶 SK-308

【英文名】 transparent strong adhesive SK-308

【产品技术性能】 外观：无色透明黏稠液体；不挥发物含量：(45±2)%；黏度：2000～10000mPa·s；拉伸剪切强度：≥2MPa（木材-木材）；剥离强度：≥6 0N/25mm（牛皮-牛皮）。

【特点及用途】 初粘性强，耐水、耐老化性能优良，可粘接各种硬质材料和软质材料。

【施工工艺】 1. 去除粘接面的油污、杂物、灰尘，使粘接面保持清洁；2. 使用前先将胶液上下搅拌均匀；3. 涂胶后晾置片刻，贴合施压固化。

【包装及贮运】 20mL 铝管，750mL/听，16kg 铁桶包装。阴凉干燥处密封保存，保质期 12 个月。按照易燃品贮运。

【生产单位】 湖南神力胶业集团。

La007 塑料多用胶 102

【英文名】 multipurpose adhesive 102

【特点及用途】 单组分溶剂型胶黏剂，室温固化，胶膜柔软，高弹性，粘接强度高，有良好的耐水性和耐酸性。可用来粘接海绵、木材、纸张、织物、塑料等，尤其适用于对聚乙烯、聚丙烯、金属与非金属材料的互粘和交叉粘接。

【施工工艺】 1. 清洁被粘物表面的油污、尘垢等污物，保持清洁干燥；2. 被粘物表面均匀涂胶，晾置 5～15min，以胶膜略显不粘手有干触感时即可黏合；3. 将两黏合面一次性对准，并施加压力压实，24h 后可达到最佳效果。

【毒性及防护】 本产品为易燃品，操作时注意环境通风，远离火源。

【包装及贮运】 室温干燥处密封存放，贮存期为 12 个月。

【生产单位】 江苏黑松林粘合剂厂有限公司。

La008 专用 ABS 胶黏剂 HSL

【英文名】 ABS adhesive HSL

【特点及用途】 单组分溶剂型胶黏剂，具有快速定位、粘接强度高、适用范围广等特点。适用于电视机、录音机等 ABS 与 ABS 硬质塑料、ABS 工程塑料及其它塑料制品等的粘接，并可根据顾客需要配成各种颜色。

【施工工艺】 1. 清洁被粘物表面的油污、尘垢等污物，保持清洁干燥；2. 被粘物表面均匀涂胶，并迅速叠合，紧密接触，室温下放置固化；3. 常温下 30min 即可定位，4h 可以达到使用强度，24h 后可达到最佳效果。

【毒性及防护】 本产品为易燃品，操作时注意环境通风，远离火源。

【包装及贮运】 室温干燥处密封存放，贮存期为 12 个月。

【生产单位】 江苏黑松林粘合剂厂有限公司。

La009 聚氯乙烯胶黏剂 WJN-02

【英文名】 PVC adhesive WJN-02

【主要组成】 聚氯乙烯树脂、助剂、溶剂等。

【产品技术性能】 黏度：1000～1200mPa·s；不挥发物含量：18%～20%；剪切粘接强度：6～7MPa；耐湿热性：湿热循环 1 周，强度基本不变；耐介质性：在 10% NaOH、10% HNO_3、10% H_2S、10% HCl、2%洗衣粉水等溶液中浸泡 1 个月，粘接处无脱落、开裂现象。

【特点及用途】 该胶为单组分，产品使用方便，固化快，粘接剪切强度高。主要用于承插式硬质 PVC 塑料下水管材与管件的粘接，也可用于其它硬质 PVC 塑料制品及有机玻璃、聚苯乙烯塑料管的粘接。

【施工工艺】 将管材与管件的连接部位擦

拭干净，用中等硬度的毛笔将胶液沿一个方向均匀涂于管材外壁及管件承插口内壁，套和后保持 30s 以上的扶持力，2～5min 后即可粘牢固定。

【包装及贮运】 小口塑料瓶或铁听 450g 包装。贮存期为 1 年。

【生产单位】 无锡市建筑材料科学研究所有限公司。

La010 卫生级 PVC 胶黏剂 WJN-03

【英文名】 sanitary grade PVC adhesive WJN-03

【主要组成】 聚氯乙烯树脂、助剂、溶剂等。

【产品技术性能】 黏度：150～180 kPa·s;不挥发物含量：15%～17%；剪切粘接强度：≥6.2MPa；耐液压（2.5MPa，1h)：不渗漏。

【特点及用途】 该胶为单组分，符合给水用管材的卫生标准要求，具有粘接方便、固化快速、剪切粘接强度高的特点，主要用于承口式硬质 PVC 塑料给水管材与管件的粘接，也可用于食品包装用 PVC 塑料制品的粘接。

【施工工艺】 将管材与管件的连接部位擦拭干净，用中等硬度的毛笔将胶液沿一个方向均匀涂于管材外壁及管件承插口内壁，套和后保持 30s 以上的扶持力，2～5min 后即可粘牢固定。

【包装及贮运】 小口塑料瓶或铁听 450g 包装。贮存期为 1 年。

【生产单位】 无锡市建筑材料科学研究所有限公司。

Lb 橡胶型溶剂胶黏剂

Lb001 油性覆膜胶

【英文名】 solvent-based paper/plastic laminating adhesive

【主要组成】 SBS、增黏树脂、溶剂、助剂等。

【产品技术性能】 覆膜前产品的技术性能如下。外观：淡黄至深黄色液体；黏度(25℃，旋转黏度计)：500～2000mPa·s。覆膜效果测试（BOPP亮光膜/哑光膜，标准五色卡纸，10～15m线棒上胶，1～5级，5最好，1最差）如下。快撕脱墨性：4～5级；慢撕脱墨性：5级；耐黄变性［(120±2)℃，2h］：正常；压纹抗起泡性［(60±2)℃，8h］：正常。测试标准：以上数据测试参照企标Q/HYHC 14—2013。

【特点及用途】 无特殊气味，对BOPP、PVC、PET、PA、PP薄膜的粘接力特强，使用方便，油墨适应性优良，覆膜后制品具有透明度高、光亮度佳、保存期长、耐水性好等特点。本产品增加了印刷品油墨的耐光性能，增加了油墨层防热、防潮的能力，起到了保护印迹、美化产品的作用。适用于高档手挽袋、高档彩盒的覆膜；适用于BOPP膜与印刷品、PET激光膜与纸品的覆合。

【施工工艺】 使用本公司配套溶剂与覆膜胶的比例为0.5∶1，也可根据需要调节，压辊应保持一定的温度（68～80℃）与压力（15～25MPa），使干燥后的胶在一定温度下产生一定的熔融。溶剂与覆膜胶使用前请充分搅拌。

【毒性及防护】 对皮肤、黏膜有刺激，对中枢神经系统有麻醉作用，长期接触可致皮肤损害。若不慎接触皮肤，立即用大量清水或肥皂水洗净，如果刺激持续，请就医。

【包装及贮运】 16kg/桶，保质期6个月。贮存条件：室温、阴凉处贮存。本产品按照危险品运输。

【生产单位】 洋紫荆油墨（中山）有限公司。

Lb002 绝缘漆 SY-11

【英文名】 insulating paint SY-11

【主要组成】 丙烯酸树脂、溶剂、助剂等。

【产品技术性能】 外观：无色透明液体；密度：(0.91±0.02)g/cm³；黏度（涂-4）：≥25s。固化后的产品性能如下。附着力（划圈法）：≤2级；体积电阻率：1×10^{14} Ω·cm；击穿电压：≥20kV/mm；介电常数：3.0～3.2。

【特点及用途】 电绝缘性、防潮、防腐性能优良；固化后漆膜饱满，具有优良的绝缘性能和防潮性能，附着力强，坚韧耐久。用于各种印制电路板、电感线圈、变压器的防潮绝缘保护。

【施工工艺】 直接进行喷涂、刷涂或浸渍。注意事项：如果在使用当中发现黏度有增高的趋势，可加入适当的专用溶剂进行调节。

【毒性及防护】 本产品固化后为安全无毒物质，但使用时应尽量避免与皮肤和眼睛接触，若不慎接触眼睛，应迅速用清水清洗。

【包装及贮运】 14kg/桶，保质期6个月。

贮存条件：室温、阴凉处贮存。本产品按照非危险品运输。

【生产单位】 三友（天津）高分子技术有限公司。

Lb003 合成胶 WD2007

【英文名】 synthetic adhesive WD2007

【主要组成】 橡胶、合成树脂、有机溶剂、填料等。

【产品技术性能】 外观：暗棕色黏稠液体；黏度：4.5～6.3Pa•s；不挥发物含量：≥55%；定位时间：5～10min；扯离强度（木屑板-绒布）：材质破坏；软化温度：≥70℃。

【特点及用途】 1. 速度快，施工方便；2. 应用于音响绒布的粘贴、汽车内饰的装潢等方面。

【施工工艺】 用刷子或刮刀将本胶均匀涂在被粘接物上，涂层厚度不宜太厚。待其晾干后，才可将胶接件黏合压紧，被粘接物件即可定位，24h后可达到最大粘接强度。

【包装及贮运】 15kg/桶包装。产品在运输与装卸过程中须轻拿轻放，避免倒放、碰撞与重压，防止日晒、雨淋及高温。产品应在阴凉、通风、干燥的条件下贮存，贮存期1年。

【生产单位】 上海康达化工新材料股份有限公司。

Lb004 快干胶 WD2003

【英文名】 fast cure adhesive WD2003

【主要组成】 甲苯、乙酸乙酯、弹性体等。

【产品技术性能】 外观：棕黄色黏稠液体；黏度：1.8～2.5Pa•s；不挥发物含量：≥44%；粘接强度：毛边纸盆破坏。

【特点及用途】 1. 用于扬声器行业盆架与纸盆、垫边和纸盆粘接的专用胶黏剂；2. 该胶由橡胶、树脂与有机溶剂等原料经过特殊加工制成，其性能优良，质量可靠，对提高扬声器质量可起到很大的作用。

【施工工艺】 适用于胶枪在流水线上使用，亦可手工操作。

【毒性及防护】 摄入能导致过敏，恶心，呕吐及腹泻。扩散进入肺能导致元气大伤及肺水肿。过多吸入蒸气能导致鼻子过敏，发晕，恶心，损伤协调能力，甚至窒息。

【包装及贮运】 采用3kg/听（4听/箱）、15kg/听包装。产品在运输与装卸过程中须轻拿轻放，避免倒放、碰撞与重压，防止日晒、雨淋及高温。产品应在阴凉、通风、干燥的条件下贮存，贮存期1年。

【生产单位】 上海康达化工新材料股份有限公司。

Lb005 强力胶 WD2080

【英文名】 strong adhesive WD2080

【主要组成】 甲苯、合成橡胶等。

【产品技术性能】 外观：棕黄色黏稠液体；黏度：2～4Pa•s；不挥发物含量：(28±2)%；粘接强度（钢板-橡胶）：固化后室温90°剥离强度>30N/cm。

【特点及用途】 1. 具有操作工艺简单、粘接强度高等优点；2. 是为金属、橡胶、塑料、木材、混凝土、皮革等的自粘和互粘生产的单组分溶剂挥发干燥型的胶黏剂。

【施工工艺】 将被粘接物表面进行清洁，然后对两表面进行打毛处理，然后将胶液均匀涂在被粘接物上，涂层厚度不宜太厚。待其晾干后，才可将胶接件黏合压紧，被粘接物件即可定位，24h后可达到最大粘接强度。

【毒性及防护】 摄入能导致过敏，恶心，呕吐及腹泻。扩散进入肺能导致元气大伤及肺水肿。过多吸入蒸气能导致鼻子过敏，发晕，恶心，损伤协调能力，甚至窒息。

【包装及贮运】 采用3kg/听（4听/箱）、15kg/听包装。产品在运输与装卸过程中须轻拿轻放，避免倒放、碰撞与重压，防止日晒、雨淋及高温。产品应在阴凉、通风、干燥的条件下贮存，贮存期1年。

【生产单位】 上海康达化工新材料股份有限公司

限公司。

Lb006 聚烯烃塑料胶 WD2102

【英文名】 polyolefin plastic adhesive

【主要组成】 由有机溶剂、橡胶、树脂与助剂等原料组成。

【产品技术性能】 外观：棕黄色黏稠液体；黏度：1.5～2.5Pa·s；不挥发物含量：≥43%；90°剥离强度：≥25N/25mm。

【特点及用途】 1. 具有粘接强度高、固化快、透明、胶层无气泡、耐水性好等特点；2. 是粘接聚丙烯、聚乙烯、ABS、硬质 PVC、EVA 等各种塑料的专用胶；3. 本产品使用方便，通用性强，是硬质塑料粘接必备的胶黏剂，可以粘接的材料还有有机玻璃、木材、钢、铜、铁、铝。

【施工工艺】 将被粘接物表面进行清洁，然后对两表面进行打毛处理，然后将胶液均匀涂在被粘接物上，涂层厚度不宜太厚。待其晾干 10～15min 后，待溶剂挥发后（以不粘手为准），再次涂一薄层胶，再晾置 10～15min，才可将胶接件黏合压紧，被粘接物件即可定位，24h 后可达到最大粘接强度。对于细孔材料第二次涂胶时可涂厚些。

【毒性及防护】 摄入能导致过敏，恶心，呕吐及腹泻。扩散进入肺能导致元气大伤及肺水肿。过多吸入蒸气能导致鼻子过敏，发晕，恶心，损伤协调能力，甚至窒息。

【包装及贮运】 采用 40g、80g 牙膏管包装。产品在运输与装卸过程中须轻拿轻放，避免倒放、碰撞与重压，防止日晒、雨淋及高温。产品应在阴凉、通风、干燥的条件下贮存，贮存期 1 年。

【生产单位】 上海康达化工新材料股份有限公司。

Lb007 透明塑料胶 WD2104

【英文名】 transparent plastic adhesive WD2014

【主要组成】 由有机溶剂、橡胶、树脂与助剂等原料组成。

【产品技术性能】 外观：浅色黏稠液体；黏度：1.5～4.5Pa·s；不挥发物含量：≥43%；90°剥离强度：≥25N/25mm。

【特点及用途】 1. 具有粘接强度高、固化快、透明、胶层无气泡、耐水性好等特点；2. 是粘接聚丙烯、聚乙烯、ABS、硬质 PVC、EVA 等各种塑料的专用胶；3. 本产品使用方便，通用性强，是硬质塑料粘接必备的胶黏剂，可以粘接的材料还有有机玻璃、木材、钢、铜、铁、铝。

【施工工艺】 将被粘接物表面进行清洁，然后对两表面进行打毛处理，然后将胶液均匀涂在被粘接物上，涂层厚度不宜太厚。待其晾干 10～15min 后，待溶剂挥发后（以不粘手为准），再次涂一薄层胶，再晾置 10～15min，才可将胶接件黏合压紧，被粘接物件即可定位，24h 后可达到最大粘接强度。对于细孔材料第二次涂胶时可涂厚些。

【毒性及防护】 摄入能导致过敏，恶心，呕吐及腹泻。扩散进入肺能导致元气大伤及肺水肿。过多吸入蒸气能导致鼻子过敏，发晕，恶心，损伤协调能力，甚至窒息。

【包装及贮运】 采用 40g、80g 牙膏管包装。产品在运输与装卸过程中须轻拿轻放，避免倒放、碰撞与重压，防止日晒、雨淋及高温。产品应在阴凉、通风、干燥的条件下贮存，贮存期 1 年。

【生产单位】 上海康达化工新材料股份有限公司。

Lb008 强力喷胶 WD2801-1

【英文名】 stronge spray adhesive WD2801-1

【产品技术性能】 外观：土黄色黏稠液体；黏度：0.2～0.5Pa·s；不挥发物含量：≥20%；180°剥离强度：≥30N/cm。

【特点及用途】 黏度低，可喷涂，操作工艺简单。室温固化，初粘力高，最终强度好。具有较好的韧性、耐冲击性、耐水性和耐老化性能。采用了环保型溶剂，不含“三苯、氯化”。用于汽车顶篷、厢体、地板的金属、塑料、木材等材料与 PVC、织物、皮革等内饰材料的复合。用于坐垫等内饰件 PVC、织物、皮革等材料的粘接。用于隔音材料、车窗玻璃密封条的粘接。

【施工工艺】 将被粘接物表面进行清洁，然后对两表面进行打毛处理，然后将胶液均匀涂在被粘接物上，涂层厚度不宜太厚。待溶剂挥发后（以不粘手为准），才可将胶接件黏合压紧，被粘接物件即可定位。

【毒性及防护】 摄入能导致过敏，恶心，呕吐及腹泻。扩散进入肺能导致元气大伤及肺水肿。过多吸入蒸气能导致鼻子过敏，发晕，恶心，损伤协调能力，甚至窒息。

【包装及贮运】 3kg/铁桶，15kg/桶。产品在运输和装卸过程中避免倒放、碰撞和重压，防止日晒、雨淋、高温。25℃以下贮存，防止日光直接照射，远离火源。贮存期 1 年。

【生产单位】 上海康达化工新材料股份有限公司。

Lb009 凯华牌高级万能胶

【英文名】 high performance and multiple-use adhesive

【产品技术性能】 外观：透明或半透明黏稠液体；固体含量：≥26%；黏度：800～2000mPa·s；剥离强度（帆布-铝）：≥80N/25mm。

【特点及用途】 本胶的粘接强度高，施工性能良好。涂胶后指干快、初粘力大。适用于黏合地板、防火板、家具、三合板、木门、复合塑铝板及一般的皮革和橡胶制品。

【施工工艺】 清洁及干燥被粘物表面，均匀涂胶于被粘物的两表面，放置 10～15min（以胶膜略粘手为准），然后合拢压紧。为达到更佳的粘接效果，可用力滚压 2～3 次。一般材料涂胶 1～2 次，多孔性材料 2～3 次。

【包装及贮运】 本品含有有机溶剂，属于易燃品，应放置在阴凉干燥处。使用时注意通风，防止明火。胶液使用后，应随时密封，以免溶剂挥发。如发现胶液黏度变大，不便涂胶，可加入少量甲苯稀释。在室温条件下，本胶的贮存期为 1 年。3L/桶装或根据客户要求进行包装。

【生产单位】 大连凯华新技术工程有限公司。

Lb010 高效装饰装修胶凯华牌 918

【英文名】 high effective decorating adhesive Kaihua 918

【产品技术性能】 外观：黄色黏稠液体；固体含量：≥26%；黏度：3000～4500mPa·s；剥离强度（帆布-铝）：≥80N/25mm。

【特点及用途】 本胶粘接强度高，施工性能良好。涂胶后指干快、初粘力大，该胶耐水、耐腐蚀、抗冲击，可在－30～80℃的条件下长期使用。适用于室内外及车内装饰装修。例如，粘贴瓷砖、地板、广告版、塑料贴面板、家具包边、橡胶与金属板的粘接固定等。

【施工工艺】 清洁及干燥被粘物表面，均匀涂胶于被粘物的两表面，放置 10～15min，胶层将干时，再涂刷第二遍胶，待胶层指干时，一次性对准贴合，然后合拢压紧。为达到更佳的粘接效果，可用力滚压 2～3 次，在室温下放置 24h。

【包装及贮运】 本品含有有机溶剂，属于易燃品，应放置在阴凉干燥处。使用时注意通风，防止明火。胶液使用后，应随时密封，以免溶剂挥发。如发现胶液黏度变大，不便涂胶，可加入少量甲苯稀释。在室温条件下，本胶的贮存期为 1 年。3L/桶装或根据客户要求进行包装。

【生产单位】 大连凯华新技术工程有限公司。

Lb011 装饰装修胶黏剂凯华牌 601

【英文名】 decorating adhesive Kaihua 601

【产品技术性能】 外观：白色或灰白色膏状黏稠物；固体含量：≥60%；黏度：10000～30000mPa·s；压缩剪切强度：≥3MPa。

【特点及用途】 本胶为单组分，常温固化型，具有固化速率快、粘接强度高、抗冻、耐温、价格低廉等特点。本胶适用于室内外及车内装饰装修，用于各种建筑装饰材料如水泥、木材、陶瓷、瓷砖、地板革、钙塑板、泡沫塑料、石棉制品、聚苯板等同种或异种材料之间的相互粘接。

【施工工艺】 1. 清洁并干燥被粘材料表面，将胶液搅拌均匀后涂胶，涂胶施工温度以 0～25℃为宜，涂胶量约为 0.25kg/m²；2. 如果胶液变稠，可用酒精稀释；如有沉淀，搅拌均匀后可继续使用。

【包装及贮运】 本品含有有机溶剂，属于易燃品，应放置在阴凉干燥处。使用时注意通风，防止明火。胶液使用后，应随时密封，以免溶剂挥发。如发现胶液黏度变大，不便涂胶，可加入少量甲苯稀释。在室温条件下，本胶的贮存期为 1 年。950g/桶装或根据客户要求进行包装。

【生产单位】 大连凯华新技术工程有限公司。

Lb012 万能胶 SK-300

【英文名】 general adhesive SK-300

【产品技术性能】 外观：浅黄色黏稠液体；固体含量：(18±2)%；黏度：≥1200mPa·s；剥离强度（牛皮-牛皮，25℃，72h)：≥30N/25mm。

【特点及用途】 本胶初粘性强，附有弹性，耐冲击与震动，有较好的耐酸碱性和耐水性。可应用于粘接橡胶、木材、皮革、毛绒、硬质 PVC 等，不宜用于软质 PVC、聚丙烯、聚乙烯材料的粘接。

【施工工艺】 1. 清洁并干燥被粘材料表面，光滑材料用砂纸和陶挫打毛，用汽油或丙酮清洗干净；2. 将胶液均匀涂于被粘物的两表面，放置 10～15min（以胶膜略粘手为准），然后合拢压紧，所施加的压力越大，粘接效果越好，预涂一遍胶效果更佳。

【包装及贮运】 阴凉通风处密封保存，贮存期为 1 年。按照易燃品贮运，包装规格为 16kg/桶装或根据客户要求进行包装。

【生产单位】 湖南神力胶业集团。

Lb013 一粘即牢 SK-302

【英文名】 adhesive SK-302

【产品技术性能】 外观：浅黄色黏稠液体；不挥发分含量：(20±2)%；黏度：800～1200mPa·s；剥离强度（牛皮-牛皮，25℃/72h)：≥30N/25mm。

【特点及用途】 本胶是一种新型的强力胶黏剂，具有初粘性强、耐老化、耐水性、使用简便的特点。可应用于粘接木材、硬质 PVC 塑料、金属、皮革、棉布、墙纸等，适应于日常用品的粘接和修补。

【施工工艺】 1. 使用前对被粘材料表面可以进行打毛、擦净、干燥；2. 将胶液均匀涂于被粘物的两表面，放置片刻（以胶膜略粘手为准)，然后合拢压紧，稍加压力更为理想，常温下固化 24h 后即可使用。

【包装及贮运】 阴凉通风处密封保存，贮存期为 1 年。如未凝胶，经检验合格后可继续使用，如稍有分层，可以搅拌均匀后使用，不影响其性能。包装规格为 100mL/听、60 听/件。

【生产单位】 湖南神力胶业集团。

Lb014 快干型万能胶 SK-303

【英文名】 fast cure adhesive SK-303

【产品技术性能】 外观：浅黄色黏稠液体；固体含量：22%±2%；黏度：1000～3000mPa·s。

【特点及用途】 本胶初粘性强，附有弹性，耐冲击与震动，有较好的耐酸碱性和耐水性。可应用于建筑装修、皮革服装行业、工艺品、家庭日常修补、人造板墙纸、皮革、橡胶、金属的粘接。

【施工工艺】 1. 清洁并干燥被粘材料表面，光滑材料用砂纸和陶挫打毛，用汽油或丙酮清洗干净；2. 将胶液均匀涂于被粘物的两表面，放置待胶膜不粘手时再涂第二次，晾置片刻，用手触摸有黏性但不粘手时对准黏合、施压；3. 常温固化 24h 后即可投入使用。

【包装及贮运】 阴凉通风处密封保存，贮存期为 1 年。如未凝胶，经检验合格后可继续使用，如稍有分层，可搅拌均匀后使用，不影响其性能。按照易燃品贮运，包装规格为 60mL/听或 750mL/听。

【生产单位】 湖南神力胶业集团。

Lb015 花炮专用胶 SK-310，SK-311

【英文名】 adhesive SK-310，SK-311 for florist bullet

【产品技术性能】

品名	型号	外观	固体含量/%	黏度/mPa·s	用途
花炮底座专用胶	SK-310	浅黄色黏稠液体	36±2	2000～4000	主要用于花炮塑料底座与纸筒的粘接
火箭筒专用胶	SK-311	浅黄色黏稠液体	38±2	2500～4500	主要用于火箭筒座与纸筒的粘接

【特点及用途】 本产品是经多年开发、研制的一种单组分快干改性橡胶胶黏剂，解决了花炮行业对难粘材料（聚乙烯、聚丙烯、ABS、聚苯乙烯等塑料）与纸筒的粘接，其初粘性强，涂覆性好，定位快，具有良好的粘接效果，其粘接性能明显优于一般的氯丁胶。

【施工工艺】 1. 清洁并干燥被粘材料表面，光滑材料用砂纸和陶挫打毛，用汽油或丙酮清洗干净；2. 将胶液均匀涂于被粘物的两表面，晾置片刻，压合即可，压力越大，效果越好，3h 即可投入使用，24h 达到最终强度。

【包装及贮运】 本品在阴凉通风处密封保存，贮存期为 6 个月。过期经检验合格后可继续使用。本品属于易燃品，贮存、运输应远离火源。包装规格为桶装包装，16kg/桶。

【生产单位】 湖南神力胶业集团。

Lb016 强力喷胶 SK-315

【英文名】 strong spray adhesive SK-315

【产品技术性能】 外观：浅黄色黏稠液体；不挥发物含量：≥36%；黏度：200～600mPa·s；T 型剥离强度（帆布-帆布）：≥60N/25mm；剪切强度（木材-木材）：≥2.5MPa。

【特点及用途】 本产品持粘性长，固化速率快，施工方便，耐热性优良，耐高温，耐老化，气味小，不含“三苯”等有毒溶剂，属于环保产品。用于卡纸、织物、酚醛泡沫、PP 及 PE 塑料及木材、金属等材料的粘接。

【施工工艺】 1. 清洁并干燥被粘材料表面；2. 采用气压喷枪涂胶；3. 晾置时间一般为 2～15min；4. 晾置适度后，一次性对准贴合。

【包装及贮运】 本品在阴凉通风处密封保存，贮存期为 12 个月。本品属于易燃品，贮存、运输应远离火源。包装规格为桶装包装，16kg/桶。

【生产单位】 湖南神力胶业集团。

Lb017 强力喷胶 SK-316

【英文名】 strong spray adhesive SK-316

【产品技术性能】 外观：浅黄色黏稠液体；不挥发物含量：≥2.5%；黏度：200～500mPa·s；T 型剥离强度（帆布-帆布）：≥50N/25mm；剪切强度（木材-木材）：≥2MPa。

【特点及用途】 本产品具有易喷涂、不拉丝、初粘性强、固化速率快等特点，不溶解泡沫，不易腐蚀底材。用于海绵沙发、座椅、床垫、各种箱体及各种布艺、皮革与泡沫海绵之间的粘接。

【施工工艺】1. 清洁并干燥被粘材料表面；2. 采用气压喷枪涂胶；3. 晾置时间一般为2～15min；4. 晾置适度后，一次性对准贴合。

【包装及贮运】本品在阴凉通风处密封保存，贮存期为12个月。本品属于易燃品，贮存、运输应远离火源。包装规格为桶装包装，16kg/桶。

【生产单位】湖南神力胶业集团。

Lb018 强力喷胶 SK-317

【英文名】strong spray adhesive SK-317

【产品技术性能】外观：浅黄色黏稠液体；不挥发物含量：≥24%；黏度：400～800mPa·s；T型剥离强度（帆布-帆布）：≥100N/25mm；剪切强度（木材-木材）：≥3.5MPa。

【特点及用途】本产品具有耐高温、耐水、耐候性好等特点。用于汽车内饰件、音响制作、皮革及橡胶与金属的粘接。

【施工工艺】1. 清洁并干燥被粘材料表面；2. 采用气压喷枪涂胶；3. 晾置时间一般为2～15min；4. 晾置适度后，一次性对准贴合。

【包装及贮运】本品在阴凉通风处密封保存，贮存期为12个月。本品属于易燃品，贮存、运输应远离火源。包装规格为桶装包装，16kg/桶。

【生产单位】湖南神力胶业集团。

Lb019 强力喷胶 SK-318

【英文名】strong spray adhesive SK-318

【产品技术性能】外观：无色透明黏稠液体；固体含量：≥32%；黏度：300～600mPa·s；T型剥离强度（帆布-帆布）：≥60N/25mm；剪切强度（木材-木材）：≥4MPa。

【特点及用途】透明、使用方便、固化快、初粘性强。适用于金属、装饰板、织物、纸张、PVC、泡沫海绵等材料的自粘和互粘。

【施工工艺】1. 清洁并干燥被粘材料表面；2. 喷胶：第一次为底胶，待底胶干透后再喷第二次，喷胶时可适量多喷一点，以增强粘接强度；3. 晾置时间一般为2～15min；4. 晾置适度后，一次性对准贴合。

【包装及贮运】本品在阴凉通风处密封保存，贮存期为12个月。本品属于易燃品，贮存、运输应远离火源。包装规格为桶装包装，16kg/桶。

【生产单位】湖南神力胶业集团。

Lb020 金属橡胶胶黏剂系列

【英文名】adhesive for metal/rubber

【主要组成】该产品由合成橡胶、特种硫化粘接促进剂等有机化合物组成。

【产品技术性能】

牌号	IN-501		IN-501-1	
	A组分	B组分	A组分	B组分
外观	黑色黏稠液	棕色黏稠液	黑色黏稠液	棕色黏稠液
不挥发含量/%	14～18	≥98	14～18	≥98
黏度(涂-4杯)/s	≤180	≤90	≤180	≤180
细度/μm	≤100	—	≤100	≤100
异氰酸根含量/%	—	29.5～31.5	—	29.5～31.5
180°剥离强度(橡胶-钢)/(kN/m)	≥15		≥15	
主要用途	适用于天然、丁苯、顺丁、丁腈、氯丁、三元乙丙等橡胶与金属的硫化粘接		适用于天然、丁苯、顺丁等橡胶与金属的热硫化粘接	

【特点及用途】 适用于多种橡胶与金属通过加热硫化进行粘接，其粘接强度高于橡胶本身的强度。

【施工工艺】 1. 表面处理：对金属表面进行喷砂处理，再用丙酮或溶剂汽油擦洗干净并晾干；其它基材表面用丙酮或溶剂汽油擦洗干净并晾干；2. 配胶：使用 IN-501 和 IN-501-1 前，先将 A 组分搅匀，按照 A∶B＝4∶1 的质量比称量，混合后搅拌均匀，用户也可根据橡胶配方适当调整两组分的配比；3. 施胶：用干净毛刷将胶液刷涂在干净的基材表面，胶层厚度控制在 20～50μm；帘子布与橡胶粘接可用浸渍法；如工艺需要，可用甲苯或二甲苯适当稀释；4. 粘接：基材涂胶后在室温下放置 2h，放入预热至硫化温度的模具内与橡胶一起完成硫化。

【包装及贮运】 内包装为桶或瓶，净重 1kg，外包装为瓦楞纸箱，每箱 10kg。阴凉、通风、干燥处保存，注意防火。保质期为 1 年，过期后，粘接强度经检验合格后仍可使用。按照危险品运输。

【生产单位】 中国兵器工业集团第五十三研究所。

Lb021 彩色印刷纸贴塑料胶黏剂

【英文名】 adhesive for colour printed paper/plastic lamination

【主要组成】 该产品由接枝热塑弹性体、增黏树脂、溶剂等组成。

【产品技术性能】

牌号	彩色印刷纸贴塑料胶	彩色印刷纸贴塑料搭边胶
外观	淡黄色或棕色透明黏稠液	淡黄色至红色透明黏稠液
固含量/%	30	40
黏度/mPa·s	300	1500

【特点及用途】 单组分溶剂型胶黏剂，初粘力好，耐温性能好，胶层粘接强度高。应用于彩色印刷纸与 BOPP 薄膜及其它各种彩色印刷的胶版纸、书版纸等难粘接材料的复合、封口和搭边。

【毒性及防护】 易燃品，注意防火，操作时注意环境通风。

【包装及贮运】 本产品密封存放于阴凉干燥处，谨防溶剂挥发，贮存期为 1 年以上。按照危险品运输。

【生产单位】 江苏黑松林粘合剂厂有限公司。

Lb022 多用塑料胶黏剂 102

【英文名】 multi-use plastic adhesive 102

【主要组成】 以热塑性橡胶 SBS 为主要原料的溶液胶黏剂。

【产品技术性能】 外观：棕褐色黏稠液体；固体含量：45%～55%；黏度：5000～50000mPa·s；T 型剥离强度：＞30N/25mm（帆布）、大于 6N/25mm（PE 膜）；以上参数参照 Q/JQY 002—1996。

【特点及用途】 初粘性好，弹性好，粘接强度高，毒性低，有优良的耐水性，能粘接聚丙烯、聚乙烯。该胶为单组分，室温固化。适用于塑料、橡胶、金属、木材、纸张等，可在－40～70℃的范围内使用。

【施工工艺】 1. 被粘接面用丙酮清洗，晾干待用；2. 涂胶晾干后再涂第二次胶，未干透时黏合压紧，放置过夜即牢固。

【包装及贮运】 铁听、管装。本产品可长期存放不变质，太浓时只需以香蕉水搅匀稀释即可。本产品属于易燃品，在涂胶和贮存中注意防火防晒，需存放在阴凉通风处。运输按照危险品规定。

【生产单位】 苏州市胶粘剂厂有限公司。

Lb023 聚烯烃薄膜胶黏剂 M-861

【英文名】 adhesive M-861 for polyolefin films

【主要组成】 以丁苯嵌段共聚物辅以增黏树脂、偶联剂、抗氧剂、混合溶剂等。

【产品技术性能】 外观：淡黄色透明液体；

固体含量：>30%；黏度：1200～1300mPa·s;剥离强度：≥10N/25mm（PE-PE膜）；剪切强度：材质破坏（PE-PE膜）。

【特点及用途】 对聚乙烯薄膜、聚丙烯薄膜等柔性材料有优良的粘接性能，被粘物无需任何特殊处理。用于聚乙烯薄膜、聚丙烯薄膜、纸-塑、塑-塑复合粘接，室内装饰材料的粘接以及金属铭牌和标签的粘接。

【毒性及防护】 含部分甲苯，使用时应加强通风。

【包装及贮运】 以180kg及15kg两种规格的镀锌桶包装。贮存在阴凉干燥处，贮存期为1年。运输按照危险品规定。

【生产单位】 苏州市胶粘剂厂有限公司。

Lb024 开姆洛克402

【英文名】 ChemLok 402

【主要组成】 一种聚合物、有机化合物和填料组成的混合物，溶解或均匀分散于有机溶剂中。

【产品技术性能】 外观：黑色；固含量：13.5%～16.5%；黏度（25℃）：100～350mPa·s；密度：1.188～1.248g/cm³；闪点：94℃。

【特点及用途】 该胶是单组分，单涂层，工艺简单。主要用于未硫化橡胶与织物的热硫化粘接，广泛用于胶管、三角管、运输带、隔膜和其它需织物增强的橡胶产品，也可用于未经RFL处理的织物与帘线的黏合。

【施工工艺】 1. 配胶：可不经稀释直接使用，若实际操作需要，也可用甲苯、二甲苯或氯化溶剂稀释，涂胶之前充分搅匀涂胶；2. 用浸渍法将本胶均匀涂覆于织物纤维表面，室温下干燥60min，或66℃下干燥10～15min，或121℃下干燥6～8min；3. 硫化：干燥后立即硫化，也可停放几天至1个月后硫化，但应避免接触高湿度的空气与污染，硫化条件取决于胶料。

【毒性及防护】 溶剂易挥发，用完将容器盖紧。溶剂蒸气有害，工作场所注意防火、通风，防止长期吸入。

【包装及贮运】 1kg、1gal、5gal包装。贮存于阴凉干燥处，远离热源与明火，贮存期12个月。

【生产单位】 洛德化学（上海）有限公司。

Lb025 开姆洛克5150

【英文名】 ChemLok 5150

【主要组成】 一种聚合物、有机化合物和填料组成的混合物，溶解或均匀分散于有机溶剂中。

【产品技术性能】 外观：无色至淡黄色；固含量：4.6%～5.8%；黏度（25℃）：100～350mPa·s；密度：0.804～0.828g/cm³；闪点：7℃。

【特点及用途】 用于未硫化氟橡胶与金属等多种材料的热硫化黏合。单组分，单涂层，工艺简单，适应多种氟橡胶配方，耐多种油脂。

【施工工艺】 1. 表面喷砂后脱脂或化学处理；2. 可不经稀释直接使用，若实际操作需要，也可用甲醇或乙醇稀释；3. 用浸渍、滚涂、刷涂或喷涂法均匀涂敷；4. 室温下干燥30min，或95℃下干燥5～15min；5. 干燥后立即硫化，也可停放2d内硫化，但应避免接触高湿度的空气与污染，硫化条件取决于胶料；6. 硫化：一段硫化166～188℃，二段硫化204～232℃下12～24h。

【毒性及防护】 溶剂易挥发，用完将容器盖紧。溶剂蒸气有害，工作场所注意防火、通风，防止长期吸入。

【包装及贮运】 1kg、1gal包装。贮存于阴凉干燥处，远离热源与明火，贮存期12个月。

【生产单位】 洛德化学（上海）有限公司。

Lb026 开姆洛克—橡胶与金属胶黏剂

【英文名】 ChemLok adhesive for rubber

to metal

【主要组成】 ChemLok 205：有机聚合物和分散填料，溶解或分散在甲基异丁基酮、二甲苯中。ChemLok 220：有机聚合物和分散填料，溶解或分散在二甲苯或过氯乙烯中。ChemLok 233：高聚物和非挥发性的异氰酸酯和填料，溶解或分散在有机溶剂中。ChemLok 234B：高聚物、有机化合物和填料，溶解或分散在有机溶剂中。ChemLok 238：有机化合物和填料，溶解或分散在二甲苯中。ChemLok 252：聚合物、有机化合物和矿物填料，溶解或分散在有机溶剂中。

【产品技术性能】

性能	205	220	233	234B	238	252
外观	灰色不透明	黑色不透明	黑色	黑色	黑色	黑色
黏度/mPa·s	85～165	135～300	100～300	450～900	200～800	300～900
固含量/%	22～26	23～27	21～25	23～26.5	16～19	17.5～20
密度/(kg/m^3)	912～972	996～1092	1083～1134	1066～1102	900～948	1255～1315
闪点/℃	19	28	33	28	33	94

【特点及用途】 ChemLok 205：黏合丁腈橡胶与金属的单涂层胶，各种金属、塑料与橡胶粘接的底胶；有防锈功能。ChemLok 220：多种未硫化橡胶与涂有ChemLok 205的金属粘接的热硫化型胶黏剂；胶膜坚硬。ChemLok 233：多种未硫化或已硫化的橡胶与涂有CH205的金属粘接的热硫化型胶；粘接件能承受149℃的工作温度。ChemLok 234B：热硫化或较低温硫化型胶；用于粘接多种橡胶与涂有CH-205的金属，也可用于各种橡胶之间的胶接；具有良好的耐腐蚀性。ChemLok 238：热硫化型胶，用于粘接非极性弹性体与涂有CH205的金属或其它基材，也可用于非极性弹性体之间的粘接。ChemLok 252：通用型单涂型橡胶与金属热硫化橡胶。

【施工工艺】 1. 表面喷砂后脱脂或化学处理，有的涂CH205，干燥；2. 可不经稀释直接使用，若实际操作需要，也可用甲醇或乙醇稀释；3. 用浸渍、滚涂、刷涂或喷涂法均匀涂敷；4. 涂胶厚度：干膜5～12μm或有的12～25μm；5. 室温下干燥30～45min，有的需要加热干燥；6. 硫化：硫化前可根据需要立即硫化或可停放较长时间再硫化，但要避免污染。硫化条件取决于胶料。

【毒性及防护】 溶剂易挥发，用完将容器盖紧。溶剂蒸气有害，工作场所注意防火、通风，防止长期吸入。

【包装及贮运】 1kg、1gal、5gal包装。贮存于阴凉干燥处，远离热源与明火，贮存期12个月。

【生产单位】 洛德化学（上海）有限公司。

Lb027 胶黏剂 LM-J-1005

【英文名】 adhesive LM-J-1005

【主要组成】 天然橡胶、增黏剂、填料、溶剂。

【产品技术性能】 外观：淡黄色浆状液体；拉伸强度：0.77MPa；剥离强度：材料断；介电强度：12kV/mm；表面电阻率：$2.29\times10^{14}\Omega$。

【特点及用途】 单组分胶，使用方便，固化快，室温24h固化。在光滑的表面上粘接力强。用于将聚氨酯、聚氯乙烯、聚乙烯等泡沫塑料粘接在其它物体上（如金属、玻璃、木材、水泥制品等）及多孔材料的粘接。

【包装及贮运】 50mL金属软管装，或2.5kg塑料桶装。贮存于阴凉干燥处。

【生产单位】 黎明化工研究设计院有限责任公司。

M 耐高温胶黏剂

随着科学技术的迅速发展，对胶黏剂在特殊环境下的耐热性、耐介质性及其它性能的要求愈加苛刻。耐高温胶黏剂是其中一类非常重要的精细化学品，被广泛应用于航空航天、电子、汽车、机械制造等高技术领域。对于胶黏剂耐高温性的定义、分类及评价标准国内外尚未统一。一般来讲，耐高温性应按照在特定温度、介质、环境及时间下能保持设计所要求的胶接强度或具有一定的强度保持率来评定。也就是说，耐高温胶黏剂除能满足一定的温度要求外，还必须满足以下综合性能：有良好的热物理和热化学性能；有良好的加工性；在较高的温度和使用工作条件下有较高的粘接强度和较好的物理力学性能并在规定的时间内能保持这种性能。

耐高温胶黏剂通常包括无机耐高温胶黏剂和有机耐高温胶黏剂。

有机耐高温胶黏剂包括耐高温环氧类胶黏剂、酚醛树脂类胶黏剂、有机硅胶黏剂及杂环类胶黏剂，其中含氮杂环类胶是有机胶黏剂中耐热性最好的一类，其中包括聚酰亚胺、聚苯并咪唑、聚苯并噻嗯啉、双马来亚酰胺和氰酸酯等。

有机胶黏剂中，环氧类的使用温度一般不超过 200℃，有机硅密封胶不超过 300℃，硅树脂不超过 500℃，耐热的芳杂环树脂胶黏剂也只能在 200～400℃下使用。

聚酰亚胺（PI）是分子主链中含有酰亚胺环状结构的高聚物，是半梯形结构的杂环化合物。它具有优异的热稳定性和耐高低温性、耐水解、耐有机溶剂、燃油及油脂等性能，在航空、航天、空间、电子等领域得到广泛的应用。用于黏合剂的 PI 可分为热塑性 PI、热固型 PI，近年来热固型树脂以其优异的耐热性能越来越受到重视并被开发应用。热固型聚酰亚胺又可分为缩聚型和加成型两种。缩聚型聚酰亚胺胶黏剂具有良好的耐老化性能和优异的机械、电气性能，首先被应用于航空领域。加成型聚酰亚胺胶黏剂的优点是熔融流动性好，固化无挥发物以及加工性能好，但是二者的固化产物的韧性均较差，材料加工比较困难。

双马来酰亚胺（BMI）端基含有双键，它在150℃以上发生自由基聚合而形成高交联密度的高聚物。因此，BMI也可看作是加成型的PI。与其它加聚型PI相比，BMI价格低廉，工艺性优良。它在固化过程中无小分子析出。有与环氧树脂相近的流动性和可模塑性，可用与环氧树脂类同的一般方法进行加工成型，克服了环氧树脂耐热性相对较低的缺点，因此，近二十年来得到迅速发展和广泛应用。BMI具有较高的力学性能和耐热性能等，但是未改性的BMI存在熔点高、溶解性差、固化温度高、固化物脆性大等缺点，其中韧性差是阻碍BMI应用和发展的关键。目前有关BMI树脂的许多改性研究都是围绕韧性进行的。

氰酸酯是指含2个或2个以上—OCN基的二元酚或多元酚的衍生物。氰酸酯胶黏剂具有优异的介电性能，适用于电子工业线路板的粘接与封装；氰酸酯胶黏剂能与金属表面的羟基等基团形成化学键，因而对金属具有极好的粘接性；在固化过程中无小分子产生，可在低压和较低温度下固化成型。总之，氰酸酯（CE）树脂除具有高 T_g（玻璃化转变温度）、高强度、高耐（湿）热性、低吸湿率和良好的电性能外，还具有EP优良的加工性能和与BMI（双马来酰亚胺）树脂相当的耐高温性能，是一类综合性能优异的耐高温胶黏剂。故近年来其被引入耐高温胶黏剂配方中，在提高胶黏剂耐热性的同时，对其韧性和固化工艺等大量改进。

无机胶黏剂耐高温性能优异，可在800℃乃至3000℃使用，且不燃烧、耐久性好、原料来源丰富，价格低廉，不污染环境、施工方便，但是，一般工艺性较差，性质较脆，粘接强度较差，一般不耐冲击，耐水性较差。

无机胶黏剂按其化学成分可以分为硅酸盐、磷酸盐、氧化物、硫酸盐、硼酸盐等类型。按其固化机理可分为四大类。

1. 热熔型胶黏剂：其中包括低熔点金属（焊锡、银焊料）、玻璃、玻璃搪瓷等。在粘接时，将胶黏剂加热到熔点以上使之熔融，润湿被粘接材料，冷却后固化形成粘接。

2. 空气干燥型胶黏剂：其中包括可溶性硅酸盐。在粘接过程中通过失去水分或溶剂而固化形成粘接。其中以水玻璃为水溶性良好的碱性金属硅酸盐，广泛用于纸张粘接、包装材料、建材、铸造等方面。

3. 水硬型胶黏剂：其中包括石膏、硅酸盐水泥、铝酸盐水泥等各种水泥，与水发生反应后固结。

4. 化学反应型胶黏剂：其中包括硅酸盐、磷酸盐、磷酸-氧化铜、胶体二氧化硅、胶体氧化铝等。这种胶黏剂的特点是可以与水之外的物质发生化学反应而固化，而不用通过高温加热熔融，在室温到 300℃可形成粘接。

Ma 无机胶黏剂

Ma001 高温结构胶 HT2712

【英文名】 high temperature resistant adhesive HT2712

【主要组成】 氧化铜、固化剂、助剂等。

【产品技术性能】 外观：黑色胶泥状；密度：1.70g/cm³。固化后的产品性能如下。胶块：结构致密，无裂纹；硬度：硬，较脆；套接压缩剪切强度（钢-钢）：60MPa；电性能：常温绝缘性能好；工作温度：−60～980℃；耐介质性能：耐油、耐水，不耐酸碱；线膨胀系数：与铜铁相近（$12.9\times10^{-6}℃^{-1}$），稍有收缩；固化条件：缓慢升温→80℃×2h→150℃×2h，缓慢冷却；标注测试标准：以上数据测试参照企标 Q/HT 12—2014。

【特点及用途】 双组分胶黏剂，耐温980℃。粘接力强、耐温高、使用方便，适合金属的高温结构粘接和铸造缺陷修补。适用于各种硬质合金及陶瓷车刀、铣刀、钻或齿轮刀具的粘接。套接强度极高，可用于制作加长杆及高温工况铸造缺陷的修复。

【施工工艺】 1. 将粘接面粗化处理，并除锈、油和脂，接头设计以套接最好；2. 调胶：固液相按比例调匀，以调成均匀可流动的糊状物为宜；3. 涂（灌）胶固化：将胶涂（灌）于待粘接（密封）面，装配后稍加接触压力让其固化；若需强度不高和不需要耐介质性能，可让其在室温下自行固化，否则按固化条件固化。上述反应为放热反应，配胶时应注意：1. 调胶量越多，固化反应速率越快；2. 环境温度越高，固化反应速率越快；3. 每次调胶量不宜过多，最好在散热器皿（如铜片）上调胶；4. 要想达到最佳性能，必须严格按照规定的比例配制；5. 完全固化后方可达到最佳物理力学性能。缩短固化时间的方法：1. 提高环境温度；2. 提高待修工件温度；3. 涂敷修补剂后用红外灯、碘钨灯等热源加热，但热源应距修复层 400mm 以外（环境温度不得高于 100℃），不可用火焰直接加热。

【毒性及防护】 1. 远离儿童存放；2. 对皮肤和眼睛有刺激作用，建议在通风良好处使用；3. 若不慎接触眼睛和皮肤，立即擦拭后用清水冲洗。

【包装及贮运】 包装：500g/套，保质期 2 年。贮存条件：室温、阴凉处贮存。本产品按照非危险品运输。

【生产单位】 湖北回天新材料股份有限公司。

Ma002 超高温修补剂 HT2767

【英文名】 super high temperature resistant putty HT2767

【主要组成】 硅酸盐加成物、固化剂、助剂等。

【产品技术性能】 外观：灰白色胶泥状；密度：1.40g/cm³。固化后的产品性能如下。胶块：结构致密，无裂纹；硬度：硬，较脆；套接压缩剪切强度（钢-钢）：

37MPa；电性能：高温绝缘性能好；工作温度：$-60\sim1730$℃；耐介质性能：耐油、耐酸碱，不耐沸水；线膨胀系数：与陶瓷铜铁相近（80×10^{-6}℃$^{-1}$）；固化条件：室温 12h～24h→80℃×2h→150℃×2h，缓慢冷却；标注测试标准：以上数据测试参照企标 Q/HT 12—2014。

【特点及用途】 双组分陶瓷材料，耐温1730℃，耐油、耐酸碱，不耐沸水。适用于修复在高温工况下工作的设备，如修复破损或断裂的耐酸罐、高炉内衬、钢锭模等设备以及燃烧器点火装置、钢水测温探头的灌封。

【施工工艺】 1. 将粘接面粗化处理，并除锈、油和脂，接头设计以套接最好；2. 调胶：固液相按比例调匀，以调成均匀可流动的糊状物为宜；3. 涂（灌）胶固化：将胶涂（灌）于待粘接（密封）面，装配后稍加接触压力让其固化。若需强度不高和不需要耐介质性能，可让其在室温下自行固化。否则按固化条件固化。上述反应为放热反应，配胶时应注意：1. 调胶量越多，固化反应速率越快；2. 环境温度越高，固化反应速率越快；3. 每次调胶量不宜过多，最好在散热器皿（如铜片）上调胶；4. 要想达到最佳性能，必须严格按照规定的比例配制；5. 完全固化后方可达到最佳物理力学性能。缩短固化时间方法：1. 提高环境温度；2. 提高待修工件温度；3. 涂敷修补剂后用红外灯、碘钨灯等热源加热，但热源应距修复层 400mm 以外（环境温度不得高于 100℃），不可用火焰直接加热。

【毒性及防护】 1. 远离儿童存放。2. 对皮肤和眼睛有刺激作用，建议在通风良好处使用。3. 若不慎接触眼睛和皮肤，立即擦拭后用清水冲洗。

【包装及贮运】 包装：500g/套，保质期2年。贮存条件：室温、阴凉处贮存。本产品按照非危险品运输。

【生产单位】 湖北回天新材料股份有限公司。

Ma003 高温修补剂 TS767

【英文名】 high temperture resistant Putty TS767

【主要组成】 硅酸钠、二氧化硅、氧化铝等。

【产品技术性能】 外观：灰白色胶泥状物质；密度：2.2g/cm^3；剪切强度：75.2MPa；压缩强度：56.5MPa；弯曲强度：13.5MPa；介电强度：300kV/cm；工作温度：$-60\sim1200$℃。

【特点及用途】 糊状，双组分无机材料，用于高温工况的修补、粘接和密封，耐温1200℃。适用于金属、陶瓷局部缺陷的填补和粘接，如耐酸罐、高炉内衬、钢（铁）水测温探头、钢锭模及其它耐高温设备破损、断裂的修补粘接。

【施工工艺】 该胶是双组分胶（A/B），A组分和B组分的质量比为2∶1。固化条件：室温 2h→100℃保温 2～3h→150℃保温 2h→室温。注意事项：温度低于 15℃时，应采取适当的加温措施，否则对应的固化时间将适当延长；当混合量大于 200g 时，操作时间将会缩短。

【毒性及防护】 固化前应尽量避免与皮肤、眼睛接触，若不慎溅入眼睛，应迅速用大量清水冲洗并求医。

【包装及贮运】 包装：250g/套，保质期2年。贮存条件：室温、阴凉、干燥处贮存。本产品按照非危险品运输。

【生产单位】 北京天山新材料技术有限公司。

Ma004 高温结构胶 TS812

【英文名】 high temperture structure ahesive TS812

【主要组成】 氧化铜、金属粉、氢氧化铝、磷酸等。

【产品技术性能】 外观：黑色胶泥状物质；密度：2.3g/cm³。固化后的产品性能如下。剪切强度：86.6MPa；拉伸强度：38.5MPa；冲击强度：8 J/cm²；工作温度：−196～780℃。

【特点及用途】 结合强度高，韧性好，应力分布均匀，对零件无热影响和热变形，施工方便，耐温 780℃，用于金属、陶瓷的自粘和互粘，套结强度高。

【施工工艺】 该胶是双组分胶（A/B），A 组分和 B 组分的质量比为 2∶1。固化条件：25℃/24h 可以完全固化，温度低于 15℃，应采取适当的加热措施，这样不仅可以缩短固化时间，同时可以提高粘接强度，重要结构件的粘接可以采用如下固化条件：室温放置 2h，80℃固化 3h。注意事项：温度低于 15℃时，应采取适当的加温措施，否则对应的固化时间将适当延长；当混合量大于 200g 时，操作时间将会缩短。

【毒性及防护】 本产品固化后为安全无毒，混合前应尽量避免与皮肤、眼睛接触，若不慎溅入眼睛，应迅速用大量清水冲洗并求医。

【包装及贮运】 包装：250g/套，保质期 2 年。贮存条件：室温、阴凉、干燥处贮存。本产品按照非危险品运输。

【生产单位】 北京天山新材料技术有限公司。

Ma005 耐磨修补胶 TS215

【英文名】 abrasive resistant repair Putty TS215

【主要组成】 以陶瓷为骨材的胶泥状聚合物复合材料。

【产品技术性能】 剪切强度：≥25MPa；压缩强度：≥100MPa；冲击强度：≥1J/cm²；固化后的硬度：≥90 Shore D。

【特点及用途】 该耐磨修补胶固化前任意成型，固化后耐磨性优异，是一般中碳钢的 2～3 倍。应用于修补摩擦磨损工况下工作的设备和机件，如轴、轴孔、键槽等。

【施工工艺】 该胶是双组分胶（A/B），A 组分和 B 组分的质量比为 6∶1。固化条件：适用期 25℃下 45min。固化时间：25℃下 1h 初固化，24h 达到可用程度。

【包装及贮运】 包装：塑料盒包装，保质期 2 年。贮存条件：室温、阴凉、干燥处贮存。本产品按照非危险品运输。

【生产单位】 北京天山新材料技术有限公司。

Ma006 耐磨修补胶 TS218

【英文名】 abrasive resistant repair Putty TS218

【主要组成】 以陶瓷为骨材的胶泥状聚合物复合材料。

【产品技术性能】 剪切强度：≥25MPa；压缩强度：≥100MPa；冲击强度：≥1J/cm²；固化后的硬度：≥100 Shore D。

【特点及用途】 该复合材料固化前任意成型，固化后耐磨性优异，特别是有介质的环境，耐磨性是耐磨铸铁的 2～8 倍。应用于抗冲蚀和磨粒磨损设备的修复和保护涂层，如泥浆泵、输料槽、高含沙量工况用的水泵、管道弯管严重冲蚀、磨蚀的修复。

【施工工艺】 该胶是双组分胶（A/B），A 组分和 B 组分的质量比为 6∶1。固化条件：适用期 25℃下 45min。固化时间：25℃下 1h 初固化，24h 达到可用程度。

【包装及贮运】 包装：塑料盒包装，保质期 2 年。贮存条件：室温、阴凉、干燥处贮存。本产品按照非危险品运输。

【生产单位】 北京天山新材料技术有限公司。

Ma007 高温腻子 TR-2

【英文名】 high temperature putty TR-2

【主要组成】 磷酸盐、固化剂、助剂等。
【产品技术性能】外观：绿色；密度：2.5g/cm³；固化后的产品性能如下。拉剪强度（玻璃钢-玻璃钢）：室温≥2MPa；压缩强度：≥50MPa；标注测试标准：拉剪强度按 GB/T 7124—2008，压缩强度按 GB/T 9966.1—2001。
【特点及用途】室温固化，耐高温达1500℃。适用于金属、玻璃、陶瓷和玻璃钢复合材料的粘接，可在 500～1500℃长期使用。
【施工工艺】 本胶黏剂为双组分(A/B)胶，A 组分和 B 组分的配比为 100g：30mL。注意事项：固化时间为室温 3d。胶黏剂配制后放热较大，应对配胶容器采取降温措施，每次配胶量不大于 A 组分 100g。
【包装及贮运】 包装：500g/套、1kg/套，保质期半年。贮存条件：室温、阴凉、干燥处存放，应避免阳光直射。
【生产单位】 航天材料及工艺研究所。

Ma008 耐高温胶黏剂 GR-4

【英文名】 heat-resistant adhesive GR-4
【主要组成】磷酸盐、固化剂、助剂等。
【产品技术性能】外观：白色；密度：2.6g/cm³。固化后的产品性能如下。拉剪强度（铝-铝）：室温≥5MPa；压缩强度：≥50MPa；标注测试标准：拉剪强度按 GB/T 7124—2008，压缩强度按 GB/T 9966.1—2001。
【特点及用途】室温固化，耐高温达2500℃。适用于金属、玻璃、陶瓷和玻璃钢复合材料的粘接，可在 500～2500℃长期使用。
【施工工艺】 本胶黏剂为双组分（A/B）胶，A 组分和 B 组分的配比为 100g：30mL。注意事项：固化时间为室温 3d。胶黏剂配制后放热较大，应对配胶容器采取降温措施，每次配胶量不大于 A 组分 100g。
【包装及贮运】 包装：500g/套、1kg/套，保质期半年。贮存条件：室温、阴凉、干燥处存放，应避免阳光直射。
【生产单位】 航天材料及工艺研究所。

Ma009 高温胶黏剂 TR-30

【英文名】 high temperature resistant adhesive TR-30
【主要组成】 磷酸盐、固化剂、助剂等。
【产品技术性能】外观：灰色；密度：2.8g/cm³；拉剪强度（铝-铝）：室温≥5MPa；压缩强度：≥40MPa；标注测试标准：拉剪强度按 GB/T 7124—2008，压缩强度按 GB/T 9966.1—2001。
【特点及用途】 室温固化，耐高温达1000℃。适用于金属、玻璃、陶瓷和玻璃钢复合材料的粘接，可在 500～1000℃长期使用。
【施工工艺】 本胶黏剂为双组分（A/B）胶，A 组分和 B 组分的配比为 100g：30mL。注意事项：固化时间为室温 3d，加温有利于胶黏剂的固化。胶黏剂的适用期大于 30min，每次配胶量不大于 A 组分 500g。
【包装及贮运】 包装：500g/套、1kg/套，保质期半年。贮存条件：室温、阴凉、干燥处存放，应避免阳光直射。
【生产单位】航天材料及工艺研究所。

Ma010 室温固化高温胶黏剂 J-303

【英文名】 ultra-high temperature resistant adhesive J-303
【主要组成】改性磷酸二氢铝溶液、氧化铝、固化剂等。
【产品技术性能】外观：甲组分为墨绿色，乙组分为灰色粉末。固化后的产品性能如下。剪切强度：≥5MPa（－55℃）、≥ 5MPa（25℃）、≥ 5MPa（1000℃）、≥3MPa（1500℃）、≥ 3MPa（1700℃）；工作温度：－55～1700℃；标注测试标准：

以上数据测试参照企标 Q/HSY 195—2012。

【特点及用途】 该产品可室温固化，固化后强度高，同时具有较好的耐水性能和抗热震性能，最高使用温度可达 1700℃。主要用于耐高温材料的粘接与密封。

【施工工艺】 该胶是双组分胶（A/B），A 组分和 B 组分的质量比为 100：(100～150)。注意事项：温度低于 15℃时，应采取适当的加温措施，否则对应的固化时间将适当延长；当混合量大于 200g 时，操作时间将会缩短。

【毒性及防护】 本产品固化后为安全无毒物质，但混合前两组分应尽量避免与皮肤和眼睛接触，若不慎接触眼睛，应迅速用清水清洗。

【包装及贮运】 包装：1kg/套，保质期 1 年。贮存条件：室温、阴凉处贮存。本产品按照非危险品运输。

【生产单位】 黑龙江省科学院石油化学研究院。

Ma011 超高温胶黏剂 J-285

【英文名】 ultra-high temperature resistant adhesive J-285

【主要组成】 改性磷酸二氢铝溶液、氧化铝、固化剂等。

【产品技术性能】 外观：甲组分为墨绿色，乙组分为灰色粉末。固化后的产品性能如下。剪切强度：≥10.0MPa（−55℃）、≥10.0MPa（25℃）、≥8.0MPa（1000℃）、≥5.0MPa（1500℃）、≥4.0MPa（1700℃）；工作温度：−55～1700℃；固化温度：180℃/2h；标注测试标准：以上数据测试参照企标 Q/HSY 194—2012。

【特点及用途】 该产品固化后强度高，耐水性能优异，克服了无机胶黏剂强度低、耐水性能差等缺点，最高使用温度可达 1700℃。主要用于耐高温材料的粘接与密封。

【施工工艺】 该胶是双组分胶（A/B），A 组分和 B 组分的质量比为 100：(100～150)。注意事项：温度低于 15℃时，应采取适当的加温措施，否则对应的固化时间将适当延长；当混合量大于 200g 时，操作时间将会缩短。

【毒性及防护】 本产品固化后为安全无毒物质，但混合前两组分应尽量避免与皮肤和眼睛接触，若不慎接触眼睛，应迅速用清水清洗。

【包装及贮运】 包装：1kg/套，保质期 1 年。贮存条件：室温、阴凉处贮存。本产品按照非危险品运输。

【生产单位】 黑龙江省科学院石油化学研究院。

Ma012 等离子喷涂用修补腻子 WG-3

【英文名】 repair putty WG-3 for plasma spraying

【主要组成】 硅溶胶、金属粉、陶瓷粉、固化剂、固化促进剂、助剂等。

【产品技术性能】 外观：灰色；密度：5.8g/cm^3；剪切强度：＞3MPa；工作温度：−80～1300℃；标注测试标准：以上数据测试参照企标 Q/spb 13—2013。

【特点及用途】 双组分，室温固化，保存期长；固化后可打磨，耐高温。通过配方调整可适用于各种不同材料的等离子喷涂。可用于等离子喷涂金属及陶瓷材料前的工件表面的缺陷修补。

【施工工艺】 该胶是双组分胶（A/B），A 组分和 B 组分的质量比为 6：1。注意事项：液体组分要密封保存。

【毒性及防护】 本产品为安全无毒物质，但混合前两组分应尽量避免与皮肤和眼睛接触，若不慎接触眼睛，应迅速用清水清洗。

【包装及贮运】 包装：1kg/套，保质期 1 年。贮存条件：室温、阴凉处贮存。本产品按照非危险品运输。

【生产单位】 天津市鼎秀科技开发有限公司。

Ma013 高温胶 WG-1

【英文名】 high temperature resistant adhesive WG-1

【主要组成】磷酸盐凝胶、添加剂、固化剂、助剂等。

【产品技术性能】 外观：灰色；密度：2.6g/cm³。固化后的产品性能如下。剪切强度：≥2MPa；工作温度：－196～1200℃；标注测试标准：以上数据测试参照企标 Q/spb 11—2001。

【特点及用途】 耐 1200℃高温，双组分室温固化型，固化时间可自由调节，固化后体积不收缩；耐酸、碱、盐及各种有机溶剂腐蚀；在高温下的热膨胀系数略大于金属材料，因此高温密封性好，对金属材料和非金属材料的粘接性好。可用于多种火箭发动机喷管的固定密封，也可用于金属及玻璃、陶瓷等非金属的粘接与密封。

【施工工艺】该胶是双组分胶（A/B），A 组分和 B 组分的质量比为 2∶1。

【毒性及防护】 本产品固化后为安全无毒物质，但混合前两组分应尽量避免与皮肤和眼睛接触，若不慎接触眼睛，应迅速用清水清洗。

【包装及贮运】 包装：1kg/套，保质期 1 年。贮存条件：室温干燥处贮存。本产品按照非危险品运输。

【生产单位】 天津市鼎秀科技开发有限公司。

Ma014 无机高温黏合剂 WG-2

【英文名】 inorganic high temperature resistant adhesive WG-2

【主要组成】硅溶胶、固化剂、添加剂、助剂等。

【产品技术性能】外观：灰色；密度：2.8g/cm³。固化后的产品性能如下。剪切强度：＞2MPa；工作温度：－196～1300℃；标注测试标准：以上数据测试参照企标 Q/spb 12—2002。

【特点及用途】 可在 1300℃高温长期使用，短时可耐 1800℃，双组分，保存期长；可室温或 100℃固化；电气绝缘性能好；耐酸、碱、盐及各种有机溶剂腐蚀。可用于钛合金和不锈钢等金属材料及陶瓷和玻璃等硬性耐温材料的自粘或互粘。可用于高温传感器的固定粘接及其它高温条件下工件的粘接与密封。

【施工工艺】 该胶是双组分胶（A/B），A 组分和 B 组分的质量比为 6∶1，体积配比为 3.5∶1。注意事项：液体组分要密封保存。

【毒性及防护】 本产品为安全无毒物质，但混合前两组分应尽量避免与皮肤和眼睛接触，若不慎接触眼睛，应迅速用清水清洗。

【包装及贮运】 包装：1kg/套，保质期 1 年。贮存条件：室温、阴凉处贮存。本产品按照非危险品运输。

【生产单位】 天津市鼎秀科技开发有限公司。

Ma015 防火门用无机室温固化防火胶 TH-S501

【英文名】 inorganic fire-proof glue TH-S501for the fire door

【主要组成】 硅溶胶、固化剂、添加剂、助剂等。

【产品技术性能】 外观：灰色；密度：2.7g/cm³。固化后的产品性能如下。剪切强度：≥2MPa；工作温度：1300℃；标注测试标准：以上数据测试参照企标 Q/spw 33—1999。

【特点及用途】 无毒环保，室温固化，不需要热压机和锅炉等配套设施，降低生产成本。粘接力较强，而且是越烧粘接性能越好，耐温高，不燃烧，价格低。可用于防火防盗门在制作中里外层铁板与中间珍珠岩保温板的粘接。

【施工工艺】 该胶是双组分胶（A/B），A组分和B组分的质量比为1∶1，(20±5)℃环境下8h可基本固化。注意事项：粉体组分密封保存，以免受潮。

【毒性及防护】 本产品为安全无毒物质，若不慎接触眼睛，应迅速用清水清洗。

【包装及贮运】 包装：1kg/套，保质期1年。贮存条件：室温、阴凉、干燥处贮存。本产品按照非危险品运输。

【生产单位】 天津市鼎秀科技开发有限公司。

Ma016 纳米无机导电胶

【英文名】 inorganic nano conductive adhesive

【主要组成】 硅溶胶、纳米导电剂、固化剂、助剂等。

【产品技术性能】 外观：黑色；密度：2.6g/cm³。固化后的产品性能如下。剪切强度：≥2MPa；最高发热温度：600℃；工作温度：−60～600℃；标注测试标准：以上数据测试参照企标 Q/spw 16—2008。

【特点及用途】 导电，可高温发热，节能，无电磁辐射危害。可用于代替金属电热丝作电器的发热元件。

【施工工艺】 该胶是双组分胶（A/B），A组分和B组分的质量比为2∶1，分段加温固化。注意事项：B组分密封保存，勿受潮。

【毒性及防护】 本产品固化后为安全无毒物质，但混合前两组分应尽量避免与皮肤和眼睛接触，若不慎接触眼睛，应迅速用清水清洗。

【包装及贮运】 包装：500g/套，保质期1年。贮存条件：室温、阴凉处贮存。本产品按照非危险品运输。

【生产单位】 天津市鼎秀科技开发有限公司。

Ma017 耐高温无机胶 C-2

【英文名】 high temperature resistant inorganic adhesive C-2

【产品技术性能】 外观：灰白色胶泥状；硬度：硬，较脆；套接拉伸强度（钢-钢）：37MPa；电性能：高温绝缘性能好；耐热温度：1730℃；耐介质性能：耐油、耐酸碱，不耐沸水；线膨胀系数：80×10^{-6}℃$^{-1}$（与陶瓷铜铁相近）。

【特点及用途】 可用于高温仪表、电子、测温元件的包覆和灌封，陶瓷等的高温粘接。

【施工工艺】 1. 将粘接面粗化处理，并除锈、油和脂。接头设计以套接最好。2. 调胶：固相1.6～2.5g，液相1mL，调成均匀可流动的糊状物为宜。3. 涂(灌)胶固化：将胶涂（灌）于待粘接（密封）面，装配后稍加接触压力让其固化。若需强度不高和不需要耐介质性能，可让其在室温下自行固化。否则按如下条件固化：室温12～24h，再升温80℃/2h，再升温150℃/2h缓慢冷却。

【包装及贮运】 500g/套，保质期1年。贮存条件：室温、阴凉处贮存。本产品按照非危险品运输。

【生产单位】 湖北回天新材料股份有限公司。

Ma018 耐高温无机胶 C-3

【英文名】 high temperature resistant inorganic adhesive C-3

【产品技术性能】 外观：灰色胶泥；硬度：硬，较脆；套接拉伸强度（钢-钢）：37～82MPa；电性能：高温绝缘性能好；耐热温度：1460℃；耐介质性能：耐油、耐酸碱，不耐沸水；线膨胀系数：12.9×10^{-6}℃$^{-1}$（与钢铁相近）。

【特点及用途】 可用于耐高温金属部件的

粘接和灌封，金属材料的耐高温粘接。

【施工工艺】 1. 将粘接面粗化处理，并除锈、油和脂。接头设计以套接最好。2. 调胶：固相 1.6～2.5g，液相 1mL，调成均匀可流动的糊状物为宜。3. 涂（灌）胶固化：将胶涂（灌）于待粘接（密封）面，装配后稍加接触压力让其固化。若需强度不高和不需要耐介质性能，可让其在室温下自行固化。否则按如下条件固化：室温 12～24h，再升温 80℃/2h，再升温 150℃/2h 缓慢冷却。

【包装及贮运】 500g/套，保质期 1 年。贮存条件：室温、阴凉处贮存。本产品按照非危险品运输。

【生产单位】 湖北回天新材料股份有限公司。

Ma019 耐高温无机胶 C-4

【英文名】 high temperature resistant inorganic adhesive C-4

【产品技术性能】 外观：棕色胶泥；硬度：有韧性可加工；套接拉伸强度（钢-钢）：31～62MPa；电性能：高温绝缘性能好；耐热温度：1210℃；耐介质性能：耐油、耐酸碱，不耐沸水；线膨胀系数：17.8×10^{-6} ℃$^{-1}$（与铜及不锈钢相近）。

【特点及用途】 用作导热胶、耐磨涂层、耐高温铸件的凹陷填补和修复，铜和不锈钢件的耐高温粘接。

【施工工艺】 1. 将粘接面粗化处理，并除锈、油和脂。接头设计以套接最好。2. 调胶：固相 1.6～2.5g，液相 1mL，调成均匀可流动的糊状物为宜。3. 涂（灌）胶固化：将胶涂（灌）于待粘接（密封）面，装配后稍加接触压力让其固化。若需强度不高和不需要耐介质性能，可让其在室温下自行固化。否则按如下条件固化：室温 12～24h，再升温 80℃/2h，再升温 150℃/2h 缓慢冷却。

【包装及贮运】 500g/套，保质期 1 年。贮存条件：室温、阴凉处贮存。本产品按照非危险品运输。

【生产单位】 湖北回天新材料股份有限公司。

Ma020 氧化铜耐高温无机胶 CPS

【英文名】 high temperature resistant copper oxide inorganic adhesive CPS

【产品技术性能】 外观：黑色；硬度：硬，较脆；套接拉伸强度（钢-钢）：86MPa；电性能：常温绝缘性能好；耐热温度：980℃；耐介质性能：耐油、耐酸碱，不耐沸水；线膨胀系数：与钢铁相近，稍有收缩。

【特点及用途】 可用于金属材料的轴套粘接，刀具、量具的粘接。

【施工工艺】 1. 将粘接面粗化处理，并除锈、油和脂。接头设计以套接最好。2. 调胶：固相 3.5～5.5g，液相 1mL，调成均匀可流动的糊状物为宜。3. 涂（灌）胶固化：将胶涂（灌）于待粘接（密封）面，装配后稍加接触压力让其固化，然后升温 80℃/2h，再升温 150℃/2h，缓慢冷却。

【包装及贮运】 750g/套，保质期 1 年。贮存条件：室温、阴凉处贮存。本产品按照非危险品运输。

【生产单位】 湖北回天新材料股份有限公司。

Mb 聚酰亚胺胶黏剂

Mb001 应变片用聚酰亚胺胶 YJ-8

【英文名】 polyimide adhesive YJ-8 for strain gauge

【主要组成】 由芳香族二胺和芳香族二元酸酐在二甲基乙酰胺溶剂中缩聚成聚酰亚胺溶液。

【产品技术性能】 外观：黄色透明的黏稠状液体；固含量：10%～15%；比浓对数黏度：>1.4dL/g。固化后的性能指标如下。胶膜拉伸强度：≥117MPa（常温）、≥39MPa（250℃）；90°剥离强度（铜箔）：≥3N/25mm；绝缘电阻（室温100V）：10^5～10^6MΩ。

【特点及用途】 使用温度为－60～250℃，粘接力强，耐高温，绝缘性好，弹性系数大，线膨胀系数小，能承受较大的应变性。用作高精密级电阻应变计的基底材料，在高精度传感器上的成膜性好，制作的基底胶层达30μm，外观透明度极好以及用于电阻应变计等。

【施工工艺】 1. 涂胶：胶液均匀地刮涂于经表面处理的铜箔或不同应变计的材料上，上胶量以胶膜厚度为0.12～0.2mm为宜。2. 固化条件：80～100℃预固化1h，再逐步升温，120℃加热1h，升温160℃加热1h，再升温200℃加热1h，最后升温220℃固化2h。

【包装及贮运】 棕色玻璃瓶0.5kg装。在密封、防潮、低温下冷藏，贮存期为6个月。本产品属于易燃危险品。

【生产单位】 上海华谊（集团）公司—上海市合成树脂研究所。

Mb002 聚酰亚胺胶黏剂（30号胶）

【英文名】 polyimide adhesive

【主要组成】 由芳香族二胺、芳香族二元酸酐和芳香族二酰胺聚合而成聚酰亚胺的二甲基乙酰胺溶液组成。

【产品技术性能】

1. 铝合金粘接件在不同温度下的测试强度如下。

测试温度/℃	－60	室温	250	300
剪切强度/MPa	≥20	≥20	≥15	≥10

2. 不均匀抽离强度：常温350～400N/cm，250℃/1000h后常温测试为356N/cm。

3. 耐热老化性能：铝合金粘接件经250℃热老化后的测试强度如下。

老化时间/h		0	100	300	500
剪切强度/MPa	室温	22.6	19.4	20	19.1
	250℃	17	17.8	18.3	17

4. 耐介质性能：铝合金粘接件在不同介质中浸泡31d后的常温测试强度如下。

介质		水	民用汽油	人工海水
剪切强度/MPa	室温	18.1	18.6	16.9
	250℃	15.7	16	12.8

5. 胶膜的电气性能如下。体积电阻率：1.4×10^{15}Ω·cm；表面电阻率：2.8×

$10^{14}\Omega$；介电常数：3.34；介电损耗角正切：0.0144。

【特点及用途】 使用温度范围为−60～280℃。耐高温，综合性能好。适用于铝、钛合金、不锈钢、陶瓷、应变片及耐高温、耐辐射方面的粘接。

【施工工艺】 1. 涂胶：涂胶三次，第一次、第二次涂胶后在100℃下烘干40min，最后一次在100℃烘10～15min，合拢；2. 固化条件：压力0.1～0.3MPa，200℃加热1h，最后升温280℃固化2h。

【包装及贮运】 在密封、防潮、低温下冷藏。本产品属于易燃危险品。

【生产单位】 上海华谊（集团）公司─上海市合成树脂研究所。

Mb003 聚酰亚胺胶黏剂 YJ-16

【英文名】 polyimide adhesive YJ-16

【主要组成】 由芳香族二胺和芳香族二元酸酐在二甲基乙酰胺溶剂中缩聚成聚酰亚胺溶液。

【产品技术性能】 外观：棕色透明的黏稠状液体；不挥发物：≥20%；比浓对数黏度：>0.7dL/g。固化后的性能指标如下。铝合金粘接件的剪切强度：≥14.5MPa（25℃）、≥9.5MPa（250℃）；不均匀扯离强度：≥200N/cm；耐老化性：铝合金粘接件经250℃、500h热老化后的剪切强度，室温12～13MPa，250℃时≥10MPa。

【特点及用途】 使用温度为−60～250℃，毒性小，粘接力强，耐高温，绝缘性好，耐腐蚀性及耐热老化性均良好。用于尖端技术中电子电器和航空航天用材料的高温粘接，适用于金属（铝、不锈钢、铁等）材料和无机非金属（陶瓷、硅片）材料的粘接。

【施工工艺】 1. 涂胶：涂胶两次，在经过表面处理过的被粘接材料表面上涂上第一次胶后，在100℃下烘40min，冷却后再第二次施胶，在100℃烘10～15min，然后合拢；2. 固化条件：压力25kPa，采用逐步升温，100℃预固化0.5h，再升温150℃加热1h，再升温200℃加热1h，最后升温280℃固化2h，自然冷却至室温。

【包装及贮运】 棕色玻璃瓶0.5kg、1kg、1.5kg装。在密封、防潮、低温下冷藏，贮存期为6个月（0～5℃）。本产品属于易燃危险品。

【生产单位】 上海华谊（集团）公司─上海市合成树脂研究所。

Mb004 聚酰亚胺胶黏剂 YJ-22

【英文名】 polyimide adhesive YJ-22

【主要组成】 由芳香族二胺和芳香族二元酸酐在二甲基乙酰胺溶剂中缩聚成聚酰亚胺溶液。

【产品技术性能】 固化前的性能指标如下。外观：棕色透明的黏稠状液体；固含量：40%；比浓对数黏度：≥0.1～0.2dL/g。固化后的性能指标如下。铝合金粘接件的剪切强度：≥15MPa（25℃）、≥10MPa（200℃）；不均匀扯离强度：≥150N/cm；耐老化性：铝合金粘接件经200℃、500h热老化后的剪切强度，室温12～13MPa，200℃时≥10MPa。

【特点及用途】 使用温度为−60～200℃，工艺简单，粘接力强，耐高温及耐热老化性均良好。用于金属材料和无机非金属（陶瓷、硅片）材料的自粘和互粘。

【施工工艺】 1. 涂胶：在经过表面处理过的被粘接材料表面上涂上胶后，在100℃下烘箱中预固化15～20min，将被粘接材料黏合；2. 固化条件：压力25kPa，采用逐步升温，100℃预固化0.5h，再升温150℃加热1h，再升温200℃加热3～6h，自然冷却至室温。

【包装及贮运】 棕色玻璃瓶装。在密封、防潮、低温下冷藏，贮存期为6个月

(0～5℃)。本产品属于易燃危险品。

【生产单位】 上海华谊（集团）公司—上海市合成树脂研究所。

Mb005 聚酰亚胺涂胶层 ZKPI 系列

【英文名】 polyimide coating adhesive ZKPI

【主要组成】 高纯度聚酰亚胺树脂。

【产品技术性能】 对于 ZKPI-305 系列 (IA-IIG)，固体含量为 8%～20%；采用 NMP/DMAC 混合溶剂体系，绝对黏度为 100～15000mPa·s；含水率＜0.01%；贮存稳定性：＞2 周（25℃），＞6 个月（0～4℃）。

【特点及用途】 1. 工艺简单，操作方便；2. 纯度高，无机离子含量低，$Na^+<2\times10^{-6}$，$K^+<2\times10^{-6}$；3. 耐高温、耐低温性能优异，可在－269～350℃的范围内长期使用，350～400℃的范围内短期使用；4. 电绝缘性和介电性能优越，体积电阻率＞10^{15} Ω/cm，介电常数：3～3.4；5. 与各种基质表面具有良好的粘接性能；6. 内应力低，尺寸稳定性好；7. 可以有效阻挡 α 粒子；8. 化学稳定性好，抗有机溶剂腐蚀，抗湿热；9. 流平性好，可制作高质量的图形或通孔。用途：1. 二极管、三极管的表面保护；2. 高压硅堆的表面钝化；3. 各种塑封器件的应力缓冲内涂和保护涂层；4. 引线接点的表面保护；5. α 粒子阻挡成膜；6. 多层金属互联结构和 MCM-D 的层间介电绝缘层膜。

【施工工艺】 将涂层直接涂敷在需要保护的器件表面，送入烘箱直接加热固化即可，采用阶梯升温法（80℃/1h＋120℃/1h＋250℃/3h）热固化形成聚酰亚胺层膜。

【生产单位】 北京波米科技有限公司。

Mb006 低温固化型聚酰亚胺涂胶层

【英文名】 low temperature curable polyimide coating adhesive

【主要组成】 聚酰亚胺树脂。

【产品技术性能】

1. 低温固化型聚酰亚胺树脂的固化前性能如下。

项　目	ZKPI-310I	ZKPI-320I	ZKPI-330I
外观	透明均相黏稠液体	透明均相黏稠液体	透明均相黏稠液体
固体含量/%	15～16	10～12	15～16
溶剂体系	有机混合物	有机混合物	有机混合物
绝对黏度(25℃)/mPa·s	1800～2000	1100～1200	1100～1200
密度(25℃)/(g/cm³)	1.01～1.04	1.01～1.04	1.01～1.04
最高固化温度/℃	180～200	160～180	120～160
贮存稳定性			
25℃	＞6 月	＞6 月	＞6 月
0～4℃	＞12 月	＞12 月	＞12 月
含水量/%	＜0.01	＜0.01	＜0.01
杂质含量/×10^6			
Na^+	＜2.0	＜2.0	＜2.0
K^+	＜2.0	＜2.0	＜2.0
Fe^{2+}	＜2.0	＜2.0	＜2.0
Cl^-	＜2.0	＜2.0	＜2.0

2. 固化 PI 层膜的基本物理化学性质如下。

力学性能	ZKPI-310	ZKPI-320	ZKPI-330
拉伸强度/MPa	100～120	100～120	100～120
伸长率/%	8～15	8～15	8～15
密度/(g/cm^3)	1.10～1.12	1.10～1.12	1.10～1.12
吸湿率 (50% RH)/%	<1.0	<1.0	<1.0
耐热性能			
玻璃化温度/℃	300～310	243	243
起始分解温度/℃	>500	>500	>500
5%失重温度/℃	>510	>510	>510
10%失重温度/℃	>530	>530	>530
CTE/($\times 10^{-6}$℃$^{-1}$)	35～40	35～40	35～40
介电/绝缘性能			
介电常数 1MHz(50% RH)	3.0～3.2	3.0～3.2	3.0～3.2
介电损耗(1MHz,50% RH)	$(2\sim6)\times10^{-3}$	$(2\sim6)\times10^{-3}$	$(2\sim6)\times10^{-3}$
介电强度/(V/μm)	200～350	200～350	200～350
体积电阻率/Ω·cm	$>10^{16}$	$>10^{16}$	$>10^{16}$
表面电阻率/Ω	$>10^{15}$	$>10^{15}$	$>10^{15}$

【特点及用途】 1. 低温固化聚酰亚胺为单组分，使用时无需加入固化剂、催化剂等其它助剂，可以直接使用。所用溶剂体系为对人体健康和环境危害小的环境友好溶剂。2. 固化温度低，最高固化温度为180～200℃，特殊情况可降至140～160℃。3. 固化膜的黏附性优良，适用于在玻璃、硅片、铜、铝、氧化铝、氧化硅、陶瓷等不同基质表面的直接涂敷，无需经助黏剂事先处理。4. 成膜的力学性能、耐热介电性能、绝缘性能与标准型树脂相当。5. 成型工艺简单，操作重复性好，性价比高。6. 毒性小，对环境污染小。7. 贮存稳定性：>4 个月 (25℃)，>12 个月 (0～4℃)。适用于无法承受220℃ 以上高温工序的 IC 和电子元器件，具体如下：1. ULSI 电路和微电子器件的芯片表面钝化；2. 多层互联结构的层间绝缘和介电薄膜；3. 各种塑封器件的应力缓冲内涂和保护涂层；4. 液晶显示器的液晶分子取向膜材料等；5. 热敏电阻的保护膜、提高器件使用的高可靠性；6. 电容器的介质层具有高介电性、耐高压性，从而提高电容器的容量和可靠性。

【施工工艺】 将涂层直接涂敷在需要保护的器件表面，送入烘箱直接加热固化即可，采用阶梯升温法热固化形成聚酰亚胺层膜。

【生产单位】 北京波米科技有限公司。

Mc 双马来酰亚胺胶黏剂

Mc001 耐高温双马来酰亚胺结构胶黏剂 J-345

【英文名】 bismaleimide resin structural adhesive J-345 with high temperature resistance

【主要组成】 改性双马树脂、助剂等。

【产品技术性能】 外观：表面均匀无杂质胶膜。固化后的性能指标如下表所示。

项目		指标
挥发分含量/%		≤1.0
玻璃化转变温度(T_g)/℃		≥270
剪切强度(Al-Al、Ti-Ti)/MPa ≥	(−55±2)℃	15.0
	(23±2)℃	15.0
	(232±2)℃	16.0
	(260±2)℃	15.0
	(288±2)℃	13.5
	(316±2)℃	5.0
剪切强度(双马复材-双马复材)/MPa ≥	(−55±2)℃	15.0(或材料破坏)
	(23±2)℃	15.0(或材料破坏)
	(232±2)℃	15.0(或材料破坏)
	(288±2)℃	15.0(或材料破坏)
	(316±2)℃	5.0(或材料破坏)
铝蜂窝滚筒剥离强度/(N/mm) ≥	(23±2)℃	25.0
铝蜂窝平面拉伸强度/MPa ≥	(23±2)℃	4.5
	(177±2)℃	3.0

【特点及用途】 允许230℃或260℃下后处理4h以上。用途：适用于高耐温等级的双马基复合材料的粘接。

【施工工艺】 固化温度：180℃/1h＋200℃/1h＋230℃/3h；压力：0.2～0.3MPa。

【毒性及防护】 本产品固化后为安全无毒物质，但应尽量避免与皮肤和眼睛接触，若不慎接触眼睛，应迅速用清水清洗。

【包装及贮运】 用隔离纸作为隔离层，每卷胶膜为2.0m^2并套有塑料袋。产品必须在干燥、密封、避光的场所贮存。在−18℃以下的贮存期为9个月，常温(20～25℃)存放累计不超过20d。本产品按照非危险品运输。

【生产单位】 黑龙江省科学院石油化学研究院。

Mc002 高韧性双马结构胶膜 J-299

【英文名】 bismaleimide structure adhesive film J-299 with high tougheness

【主要组成】 双马树脂、环氧树脂等。

【产品技术性能】 外观：黄色胶膜，厚度(0.20±0.02) mm（用于板-板区）、(0.35±0.02) mm（用于板-芯区）。固化后的性能指标见下表。

项目		指标
剪切强度(Al-Al) ≥ /MPa	(−55±2)℃	20.0
	(23±2)℃	20.0
	(150±2)℃	15.0

续表

项目		指标
剪切强度(双马复材-双马复材)/MPa ≥	(−55±2)℃	20.0(或材料破坏)
	(23±2)℃	20.0(或材料破坏)
	(150±2)℃	13.0(或材料破坏)
90°板-板剥离强度(Al-Al)/(N/cm) ≥	(−55±2)℃	25
	(23±2)℃	40
	(150±2)℃	25
90°板-芯剥离强度(Al-Al)/(N/cm) ≥	(−55±2)℃	20
	(23±2)℃	30
	(150±2)℃	20
铝蜂窝滚筒剥离强度/(N/mm) ≥	(23±2)℃	100

标注测试标准：以上数据测试参照企标 Q/HSY 169—2012。

【特点及用途】 高韧性双马树脂基胶膜，可与双马预浸料共固化粘接。用途：适用于各种耐高温复合材料的胶接与共固化，亦可粘接金属构件，广泛应用于战斗机。

【施工工艺】 固化压力和时间：室温加热加压至（0.6±0.05）MPa，升温到（185±2)℃，保温 1h，在等压（195±5)℃下后处理 5h；蜂窝区（0.2±0.05）MPa。

【毒性及防护】 本产品固化后为安全无毒物质，但应尽量避免与皮肤和眼睛接触，若不慎接触眼睛，应迅速用清水清洗。

【包装及贮运】 用隔离纸作为隔离层，每卷胶膜为 2.0m² 并套有塑料袋。产品必须在干燥、密封、避光的场所贮存。在 −18℃以下的贮存期为 9 个月，常温（20～25℃）存放累计不超过 20d。本产品按照非危险品运输。

【生产单位】 黑龙江省科学院石油化学研究院。

Mc003 耐高温双马结构胶膜 J-270

【英文名】 bismaleimide structure adhesive film J-270

【主要组成】 双马树脂、环氧树脂等。

【产品技术性能】 外观：表面均匀无杂质胶膜，厚度（0.20±0.02）mm（用于板-板区）、（0.40±0.02）mm（用于板-芯区）。固化后的性能指标见下表。

项目		指标
剪切强度(Al-Al)/MPa ≥	(−55±2)℃	25.0
	(23±2)℃	25.0
	(150±2)℃	22.0
	(200±2)℃	20.0
	(230±2)℃	10.0
剪切强度(双马复材-双马复材)/MPa ≥	(−55±2)℃	25.0(或材料破坏)
	(23±2)℃	25.0(或材料破坏)
	(200±2)℃	15.0(或材料破坏)
滚筒剥离强度/(N/mm) ≥	(23±2)℃	68.0
板-板 90°剥离强度(Al-Al)/(kN/m) ≥	(−55±2)℃	1.5
	(23±2)℃	2.0
	(150±2)℃	1.5
	(200±2)℃	1.5
板-芯 90°剥离强度(Al-Al)/(kN/m) ≥	(−55±2)℃	0.7
	(23±2)℃	0.88
	(150±2)℃	0.7
	(200±2)℃	0.7

标注测试标准：以上数据测试参照企标 Q/HSY 182—2012。

【特点及用途】 耐高温双马树脂基胶膜，可与双马预浸料共固化粘接。用途：适用于金属、非金属及复合材料蜂窝夹层结构和板-板结构的胶接。

【施工工艺】 固化压力：蜂窝区（0.2±0.05）MPa；板-板区（0.4±0.1）MPa。固化温度、时间：200℃/3.0h，与双马基预浸料共固化时可按双马基复材构件的制造工艺进行。升温速率：1.0～2.0℃/min。

【毒性及防护】 本产品固化后为安全无

毒物质，但应尽量避免与皮肤和眼睛接触，若不慎接触眼睛，应迅速用清水清洗。

【包装及贮运】 用隔离纸作为隔离层，每卷胶膜为 2.0m² 并套有塑料袋。产品必须在干燥、密封、避光的场所贮存。在−18℃以下的贮存期为 9 个月，常温（20～25℃）存放累计不超过 20d。本产品按照非危险品运输。

【生产单位】 黑龙江省科学院石油化学研究院。

Mc004 双马胶膜 J-188

【英文名】 bismaleimide adhesive film J-188

【主要组成】 双马树脂、环氧树脂等。

【产品技术性能】 外观：浅黄色胶膜（厚度为 0.18～0.22mm）。固化后的性能指标见下表。

项目			指标
剪切强度/MPa	Al-Al ≥	(−55±2)℃	25.0
		(23±2)℃	25.0
		(200±2)℃	15.0
	复材之间 ≥	(23±2)℃	20.0(或材料破坏)
		(200±2)℃	10.0(或材料破坏)
90°板-板剥离强度/(N/cm)	Al-Al ≥	(23±2)℃	10.0

【特点及用途】 国内第一款双马树脂基胶膜。用途：适用于各种耐高温复合材料的胶接与共固化，亦可粘接金属构件。可在−55～200℃长期使用。该产品已在多种型号的战斗机以及直升机复合材料结构件的制造中大量使用，效果良好。

【施工工艺】 固化温度：180～190℃；固化时间：2～3h；固化压力：0.3～0.4MPa。

【毒性及防护】 本产品固化后为安全无毒物质，但应尽量避免与皮肤和眼睛接触，若不慎接触眼睛，应迅速用清水清洗。

【包装及贮运】 用隔离纸作为隔离层，每卷胶膜为 2.0m² 并套有塑料袋。产品必须在干燥、密封、避光的场所贮存。在−18℃以下的贮存期为 9 个月，常温（20～25℃）存放累计不超过 20d。本产品按照非危险品运输。

【生产单位】 黑龙江省科学院石油化学研究院。

Mc005 耐高温高强度胶黏剂 J-131

【英文名】 high intension and high heat resistant adhesive J-131

【主要组成】 双马来酰亚胺、固化剂等。

【产品技术性能】 剪切强度：≥20MPa（−55℃）、≥20MPa（20℃）、≥20MPa（200℃）、≥10.5MPa（300℃）；不均匀扯离强度：≥30kN/m。

【特点及用途】 单组分，用于耐高温、高强度金属、非金属结构件的粘接。在−55～300℃有较高的剪切强度，耐热和耐老化性能优异，用于火箭制导系统的制造。

【施工工艺】 单组分室温涂胶晾 20min，再涂一层胶晾 20min，100℃烘 10min，升温 200℃固化 2h。

【毒性及防护】 溶剂有毒，应在通风处配胶，固化产物无毒。

【包装及贮运】 用 1kg 以上的铁桶或塑料桶包装。在室温下密封避光贮存，贮存期为 6 个月（0～5℃）。本产品按一般易燃品发运。

【生产单位】 黑龙江省科学院石油化学研究院。

Mc006 耐高温胶黏剂 J-163

【英文名】 adhesive YJ-163 with high heat resistance

【主要组成】 改性双马来酰亚胺、改性酚醛树脂、弹性体、固化剂等。

【产品技术性能】 剪切强度：≥20MPa（−55℃）、≥20MPa（20℃）、≥12MPa（100℃）、≥10.5MPa（200℃）、≥5MPa（300℃）。

【特点及用途】 用于耐高温、高强度金属、非金属结构件的粘接。在−55～300℃有较高的剪切强度，耐热和耐老化性能优异，用于火箭制导系统的制造。

【施工工艺】 按照甲∶乙＝1∶1混合均匀，在经过处理的表面上涂胶，室温涂胶晾20min，再涂一层胶晾20min，80℃烘10min，升温150℃固化1h。

【毒性及防护】 甲组分无毒，乙组分有毒。应在通风处配胶，固化产物无毒。

【包装及贮运】 用1kg以上的铁桶或塑料桶包装。在室温下密封避光贮存，贮存期为6个月（0～5℃）。本产品按一般易燃品发运。

【生产单位】 黑龙江省科学院石油化学研究院。

Md 氰酸酯胶黏剂

Md001 耐高温玻璃布蜂窝夹芯胶 J-328

【英文名】 high temperature resistant adhesive J-328 for glass-fiber honeycomb sandwich

【主要组成】 改性氰酸酯树脂。

【产品技术性能】 外观：均匀液体，不可见杂质；不挥发物含量：(45±5)%。固化物的性能如下所示。

性能		测试值
剪切强度(Al-Al) ≥ /MPa	(23±2)℃	18.0
	(200±2)℃	14.0
	(260±2)℃	5.0
多节点剥离强度 ≥ /(N/cm)	(23±2)℃	3.0（或材料破坏）
蜂窝节点强度 ≥ /(N/cm)	(23±2)℃	3.0(或材料破坏)
介电常数 ≤	(23±2)℃	3.5
介电损耗角正切值 ≤	(23±2)℃	0.015
经 200℃×200h 热老化后，200℃剪切强度保持率 ≥		80%

【特点及用途】 优良的耐热性，良好的节电性能；节点强度高，优异的耐湿热性、耐介质性。主要用于玻璃布蜂窝芯材的制造。

【施工工艺】 胶液调整至适中黏度，用清洁的刷子沿一个方向均匀地涂在胶接的表面上，涂胶 3～4 次，总胶量约 300g/m²，每次涂完一次胶需在室温下晾置 20min，然后在 80℃烘箱中保持 20min，取出后合拢。固化温度为（180±5）℃，固化时间为 3h，固化压力为（0.5±0.02）MPa。

【毒性及防护】 本产品固化后为安全无毒物质，但应尽量避免与皮肤和眼睛接触，若不慎接触眼睛，应迅速用清水清洗。

【包装及贮运】 胶液用 5kg 或 10kg 塑料桶包装。贮存条件：液态，在－18℃以下可存放一年；18～20℃可存放 30d。本产品按照非危险品运输。

【生产单位】 黑龙江省科学院石油化学研究院。

Md002 耐高温胶膜 J-308

【英文名】 high-temperature resistant adhesive film J-308

【主要组成】 改性双邻苯二甲腈树脂。

【产品技术性能】 外观：均匀平整胶膜（厚度为 0.35～0.40mm）。固化后的性能指标见下表。

项目		指标
挥发分/% ≤		1.0
剪切强度(碳钢-碳钢)/MPa ≥	(23±2)℃	15.0
	(316±2)℃	8.0
	(400±2)℃	5.0
滚筒剥离强度/(N/mm) ≥		10.0
90°板-板剥离强度/(kN/m) ≥		0.7

标注测试标准：以上数据测试参照企标 Q/HSY 231—2014。

【特点及用途】 国内第一款双邻苯二甲腈

树脂基胶膜。适用于氰基树脂复合材料及PI复合材料的胶接与共固化，亦可粘接金属构件。

【施工工艺】 固化压力：0.2～0.3MPa；固化温度和固化时间：试片温度［(220±2)℃/2h＋(260±2)℃］/4h；升温速率：1.0～2.0℃/min；卸压条件：试样应在保压下自然降温至60℃以下卸压。

【毒性及防护】 本产品固化后为安全无毒物质，但应尽量避免与皮肤和眼睛接触，若不慎接触眼睛，应迅速用清水清洗。

【包装及贮运】 用隔离纸作为隔离层，每卷胶膜为2.0m^2并套有塑料袋。产品必须在干燥、密封、避光的场所贮存。在－18℃以下的贮存期为6个月，常温(20～25℃)存放累计不超过20d。本产品按照非危险品运输。

【生产单位】 黑龙江省科学院石油化学研究院。

Md003 氰酸酯表面膜 J-306

【英文名】 cyanate ester surface film J-306

【主要组成】 改性氰酸酯、助剂等。

【产品技术性能】 外观：表面均匀无杂质，无明显的贫脂、富脂、皱褶和外来杂质；单位面积质量为(170±12)g/m^2。固化后的性能指标见下表。

项目		指标
挥发分/% ≤		1.5
流动性(质量法) ≤		2%
耐湿热老化性[(70±2)℃，RH (95±5)%，500h]		不出现表面损伤和不规整
耐航空介质性[(23±2)℃，6h]	航空润滑油4109或4106 喷气燃油RP-3或RP-5 航空液压油YH-15	无软化、起泡
耐高低温循环老化性[(80±2)℃～(－55±2)℃，5个循环]		不出现表面损伤和不规整
相容性		能与中高温氰酸酯基预浸料共固化
介电性能		ε≤3.5 tanδ≤0.015

【特点及用途】 具有双重固化能力，与中温、高温固化的氰酸酯预浸料的相容性好，能够共固化。具有低介电性、低吸湿率。主要用于氰酸酯复合材料结构件的制造中。

【施工工艺】 按氰酸酯基预浸料固化工艺执行。

【毒性及防护】 本产品固化后为安全无毒物质，但应尽量避免与皮肤和眼睛接触，若不慎接触眼睛，应迅速用清水清洗。

【包装及贮运】 产品用隔离纸作为隔离层，成卷密封包装。产品必须在干燥、密封、避光的场所贮存。在－18℃以下可存放6个月；常温(20～25℃)存放累计不超过30d。本产品按照非危险品运输。

【生产单位】 黑龙江省科学院石油化学研究院。

Md004 氰酸酯高温胶膜 J-261

【英文名】 cyanate ester adhesive film J-261

【主要组成】 改性氰酸酯树脂、助剂等。

【产品技术性能】 外观：J-261为浅黄色均匀无载体胶膜，厚度为0.15～0.20mm；J-261A为浅黄色均匀有载体胶膜，厚度为(0.35±0.02)mm和(0.25±0.02)mm；J-261B为浅黄色均匀有载体胶膜，厚度为(0.20±0.02)mm。固化后的性能指标见下表。

项目		指标			
牌号		J-261	J-261A		J-261B
挥发分/% ≤		1.0	1.0		1.0
剪切强度(Al-Al) ≥ /MPa	-(55±2)℃	—	20.0	20.0	20.0
	(23±2)℃	23.0	23.0	23.0	23.0
	(150±2)℃	15.0	15.0	15.0	15.0
剪切强度(复材-复材)/MPa ≥	-(55±2)℃	—	20.0 或材料破坏	20.0 或材料破坏	20.0 或材料破坏
	(23±2)℃	—	23.0 或材料破坏	23.0 或材料破坏	23.0 或材料破坏
	(150±2)℃	—	15.0 或材料破坏	15.0 或材料破坏	15.0 或材料破坏
板-板剥离强度 ≥ (Al-Al)/(N/cm)	-(55±2)℃	—	—	—	35.0
	(23±2)℃	—	—	—	35.0
	(150±2)℃	—	—	—	35.0
板-芯剥离强度 ≥ (Al-Al)/(N/cm)	-(55±2)℃	—	30.0	—	—
	(23±2)℃	—	30.0	—	—
	(150±2)℃	—	30.0	—	—
平拉强度[(复材蜂窝 PMI 或 Nomex 纸蜂窝),(23±2)℃]/MPa		—	6.0 或材料破坏	6.0 或材料破坏	—
介电常数(ε) ≤		3.2	3.3	3.3	3.3
介电损耗(tanδ) ≤		0.015	0.015	0.015	0.015

标注测试标准：以上数据测试参照企标 Q/HSY 166—2014。

【特点及用途】 适用于 PMI 泡沫粘接，可与氰酸酯预浸料共固化粘接，匹配性好。用途：主要用于 PMI 泡沫夹层结构件、Nomex 纸蜂窝夹层结构件的制造和氰酸酯复合材料板等材料的粘接，其中 J-261A 适用于板-板区粘接，J-261B 适用于板-芯区粘接，J-261 为无载体胶膜，适用于补强加厚或其它情况的粘接。

【施工工艺】 固化压力：0.2～0.3MPa；固化温度和时间：(180±3)℃，保温 3h；升温速率：0.5～1.0℃/min；卸压条件：试样应在保压下自然降温至 60℃以下卸压。

【毒性及防护】 本产品固化后为安全无毒物质，但应尽量避免与皮肤和眼睛接触，若不慎接触眼睛，应迅速用清水清洗。

【包装及贮运】 用隔离纸作为隔离层，每卷胶膜为 2.0m^2 并套有塑料袋。产品必须在干燥、密封、避光的场所贮存。在 -18℃以下的贮存期为 9 个月，常温（20～25℃）存放累计不超过 20d。本产品按照非危险品运输。

【生产单位】 黑龙江省科学院石油化学研究院。

Md005 耐高温低损耗胶黏剂 J-330

【英文名】 adhesive J-330 with high temperature resistance and low dielectric loss

【主要组成】 改性氰酸酯树脂、助剂等。

【产品技术性能】 外观：浅黄色均匀平整胶膜，厚度为（0.38±0.02）mm，单位面积质量为（430±30）g/m^2。固化后的性能指标见下表。

项 目			指 标
挥发分/%		≤	1.0
剪切强度(碳钢-碳钢)/MPa	≥	(23±2)℃	13.0
		(250±2)℃	12.0
		(350±2)℃	8.0
		(450±2)℃	4.5
滚筒剥离强度/(N/mm)		≥	12.0
介电常数(ε)			3.10±0.10
介电损耗(tanδ)		≤	0.015

标注测试标准：以上数据测试参照企标 Q/HSY 229—2014。

【特点及用途】 该胶具有较好的透波功能，且 260℃ 固化，350℃ 仍保持较高的强度。用途：主要用于耐高温天线罩的制造及耐高温航空航天制件。

【施工工艺】 固化压力：0.2～0.3MPa；固化温度和固化时间：试件温度 (220±2)℃/2h+ (260±2)℃/2h；平均升温速率：1.0～2.0℃/min；卸压条件：试件应在保压下自然降温至 60℃以下卸压。

【毒性及防护】 本产品固化后为安全无毒物质，但应尽量避免与皮肤和眼睛接触，若不慎接触眼睛，应迅速用清水清洗。

【包装及贮运】 用隔离纸作为隔离层，每卷胶膜为 2.0m^2 并套有塑料袋。产品必须在干燥、密封、避光的场所贮存。在 −18℃以下的贮存期为 6 个月，常温 (20～25℃) 存放累计不超过 20d。本产品按照非危险品运输。

【生产单位】 黑龙江省科学院石油化学研究院。

N 其他类型胶黏剂

N001 托架式膨胀胶片 SY-275B

【英文名】 bracket-type expansion adhesive film SY-275B

【主要组成】 EVA树脂、发泡剂、交联剂等。

【产品技术性能】 外观：黄色；密度：(0.97±0.05) g/cm³；硬度：(30±5) Shore D。固化后的产品性能如下。发泡倍率：15～20；吸水率：≤5%；加热流动性：无脱落、位移、流挂等现象；耐磷化液：溶液无污染，材料无异样；电泳漆匹配性：溶液无污染，材料无异样；插入力：≤47N；拔出力：≥149N。

【特点及用途】 体积膨胀率大，材料用料少，密封效率高；以卡扣的形式固定在车身上，定位准确，安装方便；外形、尺寸可根据所需填充的空腔三维数据来设计。可用于汽车空腔结构中，如门柱、车轮罩、顶梁和注蜡空腔等部位，经电泳工序后发泡膨胀，使其膨胀后完全充满空腔以到达减震、降噪的目的。

【施工工艺】 托架式膨胀胶片卡扣部分直接插入车身钣金工艺卡内固定即可。注意事项：置于阴凉干燥处贮存，避免阳光直射和高温。

【毒性及防护】 本产品为安全无毒物质。

【包装及贮运】 纸箱包装，保质期1年。贮存条件：室温、阴凉处贮存。本产品按照非危险品运输。

【生产单位】 三友（天津）高分子技术有限公司。

N002 发泡母粒 SY-275-1

【英文名】 foaming masterbatch SY-275-1

【主要组成】 EVA树脂、发泡剂、交联剂等。

【产品技术性能】 外观：黄色或灰色颗粒；密度：(0.97±0.05) g/cm³；硬度：(30±5) Shore D。固化后的产品性能如下。发泡倍率：8～20；吸水率：≤5%；耐碱性：溶液无污染，材料无异样；耐磷化液：溶液无污染，材料无异样；电泳漆匹配性：溶液无污染，材料无异样；耐盐雾：无腐蚀。

【特点及用途】 颗粒状，无杂质，无反应物，160℃/30min固化，发泡倍率可根据需要定制。发泡制品的注塑成型具有无毒、耐用、低成本等特性，广泛应用于汽车隔音件、减震件等行业。

【施工工艺】 将颗粒直接放入设定好的注塑机中，注塑成型即可。注意事项：置于阴凉干燥处贮存，避免阳光直射和高温。

【毒性及防护】 本产品固化后为安全无毒物质。

【包装及贮运】 包装：25kg/包，保质期1年。贮存条件：室温、阴凉处贮存。本产品按照非危险品运输。

【生产单位】 三友（天津）高分子技术有限公司。

N003 原子灰 SY-291

【英文名】 atomic ash SY-291

【主要组成】 不饱和聚酯树脂、颜料、填料、引发剂、促进剂等。

【产品技术性能】 外观：灰色膏状物（A组分），黄色膏状物（B组分）；密度：(1.7±0.1) g/cm³；稠度：9～12cm。固化后的性能指标如下。柔韧性：≤100mm；附着力：≤2级；耐冲击性：≥15cm；耐高温性（180℃，1h）：不鼓泡、不开裂。

【特点及用途】 具有干燥快、易打磨、机械强度高、与基材的附着力好、耐高温等特点。可作为汽车、摩托车、机械设备、玻璃钢制品涂装用的一种理想填平剂。

【施工工艺】 使用时将两组分按100：2（质量比）的比例混合均匀即可涂刮，配置时速度应尽量快，一次配料量不宜太多。注意事项：施工前用溶剂或打磨器将被涂物表面彻底清除干净，不准有锈蚀、油污、水分等现象；刮灰后45min为最佳湿磨时间，1～2h为最佳干磨时间。

【毒性及防护】 本产品固化后为安全无毒物质，但混合前两组分应尽量避免与皮肤和眼睛接触，若不慎接触眼睛，应迅速用清水清洗。

【包装及贮运】 包装：4kg/罐，保质期6个月。贮存条件：室温、阴凉处贮存。本产品按照非危险品运输。

【生产单位】 三友（天津）高分子技术有限公司。

N004 密封胶 SY-611

【英文名】 sealant SY-611

【主要组成】 本产品由高级耐腐蚀树脂添加适量增塑剂、填料及助剂等组成。

【产品技术性能】 外观：淡黄色黏稠液体；黏度（20℃）：900～1100mPa·s；硬度：20～40 Shore A；断裂伸长率：＞200%；耐溶剂：耐汽油、苯、醇类性能良好。

【特点及用途】 本产品为单组分、无溶剂密封胶，塑化强度高，柔性好，具有良好的耐溶剂性及密封性，同时具有安全无毒、无异味等特点。

【施工工艺】 首先对密封处进行简单的清理，然后将胶液涂敷于密封粘接面上。本产品在140～160℃下固化3～10min。

【包装及贮运】 包装：室温、阴凉处贮存，贮存期为6个月以上。本产品按照非危险品运输。

【生产单位】 三友（天津）高分子技术有限公司。

N005 溶剂型镭射转移涂料

【英文名】 solvent laser transfer coating

【主要组成】 氯醋树脂、助剂等。

【产品技术性能】 外观：无色透明液体；黏度：10～50mPa·s；固含量：20%～30%。固化后的产品性能如下。耐温：可耐温180℃，镀铝膜烘箱烘烤60s不变色；转移性：与PET膜免离型，可剥离；特性：耐醇、切边性好；烘烤特性：180℃烘烤30min，铝面无龟裂纹。

【特点及用途】 固化速率快，60℃以上10s可固化成膜；与PET膜免离型，可剥离性好；同时具有良好的耐醇性、耐高温性、耐黄变性、铝密着性和切边性等。用在PET的转移膜上，干燥固化后镀铝，可转移到纸张、玻璃、织物等材料上。

【施工工艺】 该涂料是将各组分按质量百分比混合即可。注意事项：置于阴凉干燥处贮存，避免阳光直射和高温。

【毒性及防护】 本产品固化后为安全无毒物质，但固化前应尽量避免与皮肤和眼睛接触，若不慎接触眼睛，应迅速用清水清洗。

【包装及贮运】 塑料桶包装，保质期1年。贮存条件：室温、阴凉处贮存。本产品按照非危险品运输。

【生产单位】 三友（天津）高分子技术有限公司。

N006 不饱和聚酯腻子

【别名】 原子灰

【英文名】 unsaturated polyester resin putty

【主要组成】 不饱和聚酯树脂、助剂等。

【产品技术性能】 外观：灰白色膏体；适用期[(23±2)℃]：≥3min；干燥时间[(23±2)℃]：5h内实干；打磨性：易打磨、不粘砂纸；喷漆适应性：漆膜不渗色、不膨胀、不起皱；柔韧性：≤100mm；标注测试标准：以上数据测试参照企标Q/GLH 04—2013。

【特点及用途】 干燥速度快，附着力强，不易脱落，耐冲击性能好。易打磨，柔韧性好，不收缩，不开裂，与各种漆类均能很好的配伍使用。广泛应用于模具、车辆、混凝土砼体类的表面修补和家具、地板、墙体等室内外装饰装修。

【施工工艺】 将被涂物处理洁净，主剂与固化剂按重量计算以 100∶2 进行充分混合，将均匀腻子涂于修补物表面，待原子灰全部干燥硬化后再进行研磨。注意事项：用过的腻子及其它杂物决不允许装入主剂桶内。贮存于低温干燥通风处，远离火源，防止日光直射及雨水等。

【毒性及防护】 固化剂为强氧化剂，有腐蚀性，接触皮肤后应立即用肥皂水清洗。存放时避免与还原剂接触。切勿入口，不要让儿童接触，防止与皮肤接触。

【包装及贮运】 包装：2kg/桶、3kg/桶，保质期 1 年。贮存条件：室温、阴凉处贮存。本产品按照非危险品运输。

【生产单位】 抚顺哥俩好化学有限公司。

N007 醇酸树脂覆膜胶 SP863

【英文名】 alkyd resin conformal coating SP863

【主要组成】 改性醇酸树脂、增黏树脂、溶剂、金属离子催干剂、助剂等。

【产品技术性能】 外观：红棕色；密度：0.85g/cm^3；固含量：36%；指触干时间：30min；固化时间：16h。固化后的产品性能如下。芯轴弯曲试验：180°；附着力：0 级；吸水率（25℃，24h）：1.6%；体积电阻率：$7.0\times10^{14}\Omega\cdot cm$；介电强度：108kV/mm。

【特点及用途】 具有室温表干快和低温快速固化的特点。体系不含铅，气味低，溶剂环保安全。适合全自动喷涂、手工喷涂、刷涂等涂覆工艺，涂覆于印刷线路板、电子元器件、集成电路等表面，形成致密的保护膜，保护各种电子元件及焊接点。用于电子电路的覆膜保护，可增强电子线路和元器件的防潮防污能力，防止焊点和导体受到侵蚀，提高线路板的绝缘性能。

【施工工艺】 可以使用手工刷涂、机械喷涂、浸涂等涂覆方法。在保证覆膜良好的情况下，减少覆膜厚度有利于表干和固化。注意事项：为保证产品性能应尽量减少胶水暴露于空气中的时间，剩余的少量胶水也需尽快用完，防止其固化增黏。贮存过程中胶水可能表面出现结皮，此现象为该类型胶水的正常现象，在黏度满足使用需求的情况下去除上层结皮后可继续使用。

【毒性及防护】 本产品固化后为安全无毒物质，但固化前应尽量避免与皮肤接触，若不慎溅入眼睛，应迅速用大量清水冲洗。

【包装及贮运】 包装：2kg/套，保质期 6 个月。贮存条件：室温、阴凉处贮存。本产品按照涂料类危险品运输。

【生产单位】 北京市海斯迪克新材料技术公司。

N008 改性 MS 密封胶 HT7930

【英文名】 MS modified sealant HT7930

【主要组成】 MS 预聚物、纳米碳酸钙、交联剂等。

【产品技术性能】 外观：白色、黑色细腻膏状物；密度：1.40g/cm^3；表干时间：20min。固化后的产品性能如下。常温拉伸强度：1.5MPa；断裂伸长率：450%（GB/T 528—2009）；剪切强度：1.5MPa（GB/T 7124—2008）；硬度：35 Shore A；工作温度：−20～120℃；标注测试标准：以上数据测试参照企标 HT/Q 3。

【特点及用途】 具有柔韧性好、耐候性优、高强度、抗撕裂、可喷涂的优点，低温 5℃下具有良好的初始粘接力；对木材、石材、金属、塑料等具有良好的粘接力。主要用于集装箱、汽车、电梯等工业领域。

【施工工艺】 清理干净施胶表面，可手动或气动胶枪施胶，1h 初固。注意事项：温度低于 5℃时，应采取适当的加温加湿措施，否则对应的固化时间将适当延长。

【毒性及防护】 本产品固化后为安全无毒物质，但应尽量避免与皮肤和眼睛接触，若不慎接触眼睛，应迅速用清水清洗。

【包装及贮运】 包装：310mL/支，600mL/支，保质期 1 年。贮存条件：室温、阴凉处贮存。本产品按照非危险品运输。

【生产单位】 湖北回天新材料股份有限公司。

N009 改性 MS 密封胶 HT7937

【英文名】 MS modified sealant HT7937

【主要组成】 MS 预聚物、纳米碳酸钙、交联剂等。

【产品技术性能】 外观：白色、黑色细腻膏状物；密度：1.40g/cm^3；表干时间：25min。固化后的产品性能如下。常温拉伸强度：2.5MPa；断裂伸长率：350%（GB/T 528—2009）；剪切强度：2.0MPa（GB/T 7124—2008）；硬度：40 Shore A；工作温度：−20～120℃；标注测试标准：以上数据测试参照企标 HT/Q 3。

【特点及用途】 具有柔韧性好、耐候性优、高强度、抗撕裂、可喷涂的优点，低温 5℃下具有良好的初始粘接力；对木材、石材、金属、塑料等具有良好的粘接力。主要用于集装箱、汽车、电梯等工业领域。

【施工工艺】 清理干净施胶表面，可手动或气动胶枪施胶，1h 初固。注意事项：温度低于 5℃时，应采取适当的加温加湿措施，否则对应的固化时间将适当延长。

【毒性及防护】 本产品固化后为安全无毒物质，但应尽量避免与皮肤和眼睛接触，若不慎接触眼睛，应迅速用清水清洗。

【包装及贮运】 包装：310mL/支，600mL/支，保质期 1 年。贮存条件：室温、阴凉处贮存。本产品按照非危险品运输。

【生产单位】 湖北回天新材料股份有限公司。

N010 改性 MS 密封胶 HT7939

【英文名】 MS modified sealant HT7939

【主要组成】 MS 预聚物、纳米碳酸钙、交联剂等。

【产品技术性能】 外观：白色、黑色细腻膏状物；密度：1.40g/cm^3；表干时间：20min。固化后的产品性能如下。常温拉伸强度：2.5MPa；断裂伸长率：450%（GB/T 528—2009）；剪切强度：1.6MPa（GB/T 7124—2008）；硬度：35 Shore A；工作温度：−20～120℃；标注测试标准：以上数据测试参照企标 HT/Q 3。

【特点及用途】 具有柔韧性好、耐候性优、高强度、抗撕裂、可喷涂的优点，低温 5℃下具有良好的初始粘接力；对木材、石材、金属、塑料等具有良好的粘接力。主要用于集装箱、汽车、电梯等工业领域。

【施工工艺】 清理干净施胶表面，可手动或气动胶枪施胶，1h 初固。注意事项：温度低于 5℃时，应采取适当的加温加湿措施，否则对应的固化时间将适当延长。

【毒性及防护】 本产品固化后为安全无毒物质，但应尽量避免与皮肤和眼睛接触，若不慎接触眼睛，应迅速用清水清洗。

【包装及贮运】 包装：310mL/支，600mL/支，保质期 1 年。贮存条件：室温、阴凉处贮存。本产品按照非危险品运输。

【生产单位】 湖北回天新材料股份有限公司。

N011 改性硅烷密封粘接剂 MS1937

【英文名】 silane modified sealant MS1937

【主要组成】 硅烷改性聚醚、填料、助剂等。

【产品技术性能】 颜色：黑/白/灰；密度（未固化）：约 1.45kg/L；表干时间：5～20min。固化后的产品性能如下。硬度：55 Shore A（GB/T 531.1—2008）；拉伸强度：3.0N/mm^2（GB/T 528—2009）；断裂伸长率：约 200%（GB/T 528—2009）；适用温度：−40～100℃。

【特点及用途】 无味、无溶剂、无异氰酸酯、无 PVC 的物质。对金属、ABS、玻璃钢复合材料等均有良好的粘接性，无需底剂，表面适合喷漆。具有优异的抗紫外线能力。主要用于金属的弹性粘接、玻璃密封、火车内饰件的粘接及密封、集装箱密封。

【施工工艺】 使用 TONSAN1755 清洁待密封、粘接表面，软包装使用相对应的手动或者气动胶枪，当使用气动胶枪时建议控制在 0.2～0.4MPa 内，温度太低将会导致黏度增加，建议应用之前把密封胶先放在室温下预热。在刮平时可使用肥皂水使其表面光滑。MS1937 可以上漆，然而对于种类繁多的油漆推荐进行适应性试验。注意事项：施胶时，保证通风。避免让未固化的胶长时间的接触皮肤。本产品不能用于纯氧体系或富氧体系，同时不能用于密封氯或其它强氧化性材料。

【毒性及防护】 本产品固化后为安全无毒物质，但混合前应尽量避免与皮肤和眼睛接触，若不慎接触眼睛，应迅速用清水清洗。

【包装及贮运】 包装：310mL、400mL、600mL，保质期 12 个月。贮存条件：室温、阴凉处贮存。本产品按照非危险品运输。

【生产单位】 北京市天山新材料技术股份有限公司。

N012 硅烷改性密封胶 MS-1955

【英文名】 modified sealant MS-1955

【主要组成】 硅烷改性聚醚、填料等。

【产品技术性能】 外观：白色或灰色膏状物；密度：约 1.45g/cm^3；表干时间：15～40min。固化后的产品性能如下。硬度：35～50 Shore A；拉伸强度：≥2.0MPa；剪切强度：≥2.0MPa；撕裂强度：≥10.0N/mm；断裂伸长率：≥300%；服务温度：−45～90℃。

【特点及用途】 山泉 MS 系列产品为硅烷改性密封胶，单组分、湿气固化，具有优异的耐候性，挤出性、刮涂性优良，不含溶剂及异氰酸酯，固化过程中及固化后不会产生任何有害物质，对多种基材有很好的附着力，且表面可漆性强。

【施工工艺】 1. 用棉纱清除涂胶部位表面的尘土、油污及明水。如果表面有易剥落锈蚀，应事先用金属刷清除，必要时还可用丙酮等有机溶剂擦拭表面。2. 根据施工部位的形状将密封胶的尖嘴切成一定形状的大小，用手动或气动胶枪将胶涂在施工部位。3. 在表干时间以内进行表面刮平、修饰等工作，表面要求特别严格的部位应在涂胶部位的两侧打上保护胶带，并在刮平后揭去。若不慎将非施工部位沾污，可用蘸有丙酮的棉布擦拭干净。注意事项：1. 开封后应当天用完，否则需严格密封保存；2. 在温度 15～35℃、湿度 55%～75% RH 的条件下施工最佳。

【毒性及防护】 本产品固化后为安全无毒物质，但应尽量避免与皮肤和眼睛接触，若不慎接触眼睛，应迅速用清水清洗。

【包装及贮运】 包装：400mL/支、600mL/支，保质期 9 个月。贮存条件：建议贮存在 25℃ 以下的干燥库房内，避免高温、高湿。

【生产单位】 山东北方现代化学工业有限公司。

N013 硅烷改性密封胶 MS-1959

【英文名】 modified sealant MS-1959

【主要组成】 硅烷改性聚醚、填料等。

【产品技术性能】 外观：白色或灰色膏状物；密度：约 1.35g/cm³；表干时间：15～40min。固化后的产品性能如下。硬度：35～55 Shore A；拉伸强度：≥2.5MPa；剪切强度：≥2.0MPa；撕裂强度：≥12.0N/mm；断裂伸长率：≥300%；服务温度：－45～90℃；标注测试标准：以上数据测试参照企标。

【特点及用途】 MS系列产品为硅烷改性密封胶，单组分、湿气固化，具有优异的耐候性，挤出性、刮涂性优良，不含溶剂及异氰酸酯，固化过程中及固化后不会产生任何有害物质，对多种基材有很好的附着力，且表面可漆性强。

【施工工艺】 1. 用棉纱清除涂胶部位表面的尘土、油污及明水。如果表面有易剥落锈蚀，应事先用金属刷清除，必要时还可用丙酮等有机溶剂擦拭表面。2. 根据施工部位的形状将密封胶的尖嘴切成一定形状的大小，用手动或气动胶枪将胶涂在施工部位。3. 在表干时间以内进行表面刮平、修饰等工作，表面要求特别严格的部位应在涂胶部位的两侧打上保护胶带，并在刮平后揭去。若不慎将非施工部位沾污，可用蘸有丙酮的棉布擦拭干净。注意事项：1. 开封后应当天用完，否则需严格密封保存；2. 在温度 15～35℃、湿度 55%～75%RH 的条件下施工最佳。

【毒性及防护】 本产品固化后为安全无毒物质，但应尽量避免与皮肤和眼睛接触，若不慎接触眼睛，应迅速用清水清洗。

【包装及贮运】 包装：400mL/支、600mL/支，保质期 9 个月。贮存条件：建议贮存在 25℃以下的干燥库房内，避免高温、高湿。

【生产单位】 山东北方现代化学工业有限公司。

N014 染料敏化太阳能电池专用耐电解质防护胶 YSP

【英文名】 protective glue YSP for electrolyte resistant of dye sensitized solar battery

【主要组成】 聚异戊二烯、改性剂、固化剂、助剂等。

【产品技术性能】 外观：无色透明；密度：1.1g/cm³。固化后的产品性能如下。外观：无色透明；剪切强度：2MPa；体积电阻率：≥1×10¹⁵ Ω·cm；工作温度：－60～150℃。

【特点及用途】 单组分，可刷涂或丝网印刷，环保无毒。抗染料敏化太阳能电池的电解质腐蚀，在电解质中能长期保持完好，而且耐户外环境的高低温变化，能很好地保护银电极不受腐蚀。主要用于染料敏化太阳能电池钛电极的耐电解质防护胶。

【施工工艺】 该胶是单组分胶，在紫外光照射 1min 后加热 100℃/15min 固化。

【毒性及防护】 本产品为安全无毒物质，但若不慎接触眼睛，应迅速用清水清洗。

【包装及贮运】 包装：1000g/套，保质期 1 年。贮存条件：室温、阴凉处贮存。本产品按照非危险品运输。

【生产单位】 天津市鼎秀科技开发有限公司。

N015 液态密封胶 SK-603、SK-608

【英文名】 liquid sealant SK-603、SK-608

【产品技术性能】

产品名称	型号	指标		
		外观	耐温范围/℃	表干时间(25℃,50%RH)/min
高分子液态密封胶	SK-603	白色黏稠液体	－30～120	≤30
灰色高分子液态密封胶	SK-603	灰色黏稠液体	－30～130	≤35

【特点及用途】 属于半干性。用于汽车、摩托车、机械设备、仪器仪表等零部件的密封和防漏；用于汽缸垫、变速箱、油底壳等；用于水管、油管、汽管；用于阀门、法兰、盖板、螺栓等。

【施工工艺】 1. 密封面去油、清洁、干燥；2. 空隙较大时，将胶液均匀平涂，贴上固体垫片，装配好即可使用；3. 空隙较小时，单独涂胶，晾置 5～15min，装配紧固即可。

【包装及贮运】 阴凉通风处密封保存，贮存期为 12 个月。按一般易燃品贮运。包装规格：100mL 铝管装，也可由用户指定包装。

【生产单位】 湖南神力胶业集团。

N016 液体密封胶 CD-3188

【英文名】 liquid sealant CD-3188

【产品技术性能】 外观：灰色均匀无机械杂质膏体；不挥发含量：≥40%；黏度：≥2Pa•s，触变性；耐高温（200℃，2h）：性能不变；耐气压：8MPa；耐水介质（90℃，24h）：不脱胶；耐油介质（120#汽油，75℃，24h）：不脱胶。

【特点及用途】 本产品为单组分干性可剥离型高分子液体密封胶。常温固化，使用方便，固化后呈干性弹性体，具有良好的密封性、抗震性和抗冲击性。广泛应用于汽车、摩托车、机械和化工等机械设备及部件配合的密封，并配合垫片使用。具有中性无腐蚀，良好的耐油、水、酸、碱及化学溶剂等性能。工作温度范围广，－40～200℃条件下使用。

【施工工艺】 1. 保证黏合表面清洁、干爽；2. 将胶涂布于密封面并结合垫片，10～20min 后，按照使用要求紧固。

【包装及贮运】 50g/支×100 支/箱，100g/支×100 支/箱。室温、阴凉处贮存。本产品按照非危险品运输。

【生产单位】 泉州昌德化工有限公司。

N017 耐油密封胶

【英文名】 oil-proof sealant

【产品技术性能】 外观：白色均匀膏体；不挥发物含量：≥40%；黏度：≥2 Pa•s，触变性；耐高温（200℃，2h）：性能不变；耐气压：≥7MPa；耐水介质（90℃，24h）：不脱胶；耐油介质（120#汽油，75℃，24h）：不脱胶。

【特点及用途】 本产品为单组分，常温固化，使用方便。溶剂挥发后呈干性弹性体，具有良好的密封性、抗震性和抗冲击性。使用温度范围广，－40～200℃条件下使用。耐油性好、耐化学介质性好，耐臭氧，抗氧化，外部耐候性和抗腐蚀性，应用范围广，不腐蚀金属。在金属表面能形成可剥薄膜，可代替固体垫圈。广泛应用于汽车、摩托车、机械和化工等机械设备及部件配合的密封，并配合垫片使用。

【施工工艺】 1. 保证黏合表面清洁、干爽；2. 将胶均匀平涂，常温晾置 5～10min；3. 合拢密封面，拧紧螺栓进行装配；4. 如密封面间隙较大，需要与其它垫片配合使用。

【包装及贮运】 常温可保存 12 个月，如局部固化，未固化部分仍可使用。

【生产单位】 抚顺哥俩好化学有限公司。

N018 通用密封胶 609

【英文名】 general sealant 609

【产品技术性能】 外观：浅灰白色、半流淌液体；不挥发物含量：30%；黏度：≥50 Pa•s；耐介质性：耐水性（95℃，24h）≤±5%；耐汽油（50℃，24h）≤±5%；耐机油（100℃，24h）≤±5%；剥离强度：≥30N/cm。

【特点及用途】 由进口橡胶为原料，加入特殊的交联材料等配制而成的单组分不干湿型胶黏剂，涂布后不流淌，成膜性好，可代替固体垫片，是一种理想的液态密封材料。广泛应用于减速机、汽车、船舶机械、石油化工管道产品的平面法兰、螺丝接头等结合面的密封。

【施工工艺】 1. 被粘接表面用有机溶剂清洗，去除油污，并使之干燥；2. 将胶均匀平涂，胶层厚度可以按照实际需要而定；3. 如密封面间隙较大，需要与其它垫片配合使用。

【包装及贮运】 常温可保存 12 个月，放在阴凉通风处，切忌接近火源，避免阳光直射。

【生产单位】 江苏黑松林粘合剂厂有限公司。

N019 密封胶 WD8605

【英文名】 sealant WD8605

【产品技术性能】 外观：浅黄色黏稠均匀膏体（A 组分），黑色均匀膏体（B 组分），A、B 混合后为黑色；适用期(23℃)：30～40min；表干时间（23℃）：≤2h；硬度：30～40 Shore A；断裂伸长率：≥100%；拉伸强度：≥1MPa；弹性恢复率：≥90%；相对永久形变：≤2%。

【特点及用途】 耐油、耐水、耐紫外、耐冲击、耐候性好，低透气率。具有良好的柔韧性、低温挠曲性及电绝缘性。对大部分材料都有良好的黏附性。可以用于顶棚、厢体、地板的金属、木材、塑料、泡沫等材料的接缝的粘接和密封。

【施工工艺】 1. 手工施胶时，将 A、B 两组分按比例（10∶1）称量并用油灰刀混合均匀，填入密封槽中，压实、填平，除去多余的胶液。要注意用力沿一个方向反复刮涂，防止大量气泡混入胶内。2. 机械施工由自动计量和混合装置（10∶1）完成混胶，经手动注枪或自动涂胶机来控制涂胶量和涂胶速度。

【包装及贮运】 A 组分，5kg/桶；B 组分，0.5kg/桶；以及 A 组分，300kg/桶；B 组分，300kg/桶。产品在运输和装卸过程中避免倒放、碰撞和重压，防止日晒雨淋、高温。25℃以下贮存，防止日光直接照射，远离火源，贮存期为 6 个月。

【生产单位】 上海康达化工新材料股份有限公司。

N020 点焊密封胶 WD2600 系列

【英文名】 spot welding sealant WD2600 series

【产品技术性能】

产品型号	WD2610	WD2611	WD2612	WD2613
外观	黑色膏状物	灰色膏状物	黑色膏状物	黑色膏状物
特点	发泡型	发泡型	发泡型	发泡型
密度/(g/cm³)	1.3～1.5	1.3～1.5	1.3～1.5	1.3～1.5
黏度/mPa·s	35000～55000	35000～55000	35000～55000	35000～55000
不挥发分/%	≥95	≥98	≥98	≥98
流动性/mm	≤5	≤5	≤5	≤5
固化条件	140℃/1h 160℃/0.5h 180℃/20min	140℃/1h	150℃/0.5h	168℃/0.5h
剪切强度/MPa	≥0.3	≥0.5	≥1	≥0.8
硬度(Shore A)	20～50	20～50	20～40	30～50
耐磷化液性	40℃/4h 不溶失	40℃/4h 不溶失	40℃/4h 不溶失	40℃/4h 不溶失
过热试验	180℃/20min 不开裂	180℃/20min 不开裂	180℃/20min 不开裂	180℃/20min 不开裂

【特点及用途】 单组分、触变性，不流淌，使用方便。对基材的黏附力好，点焊后强度降低，密封效果好。耐油耐水、耐酸碱、耐溶剂性能好，耐候性好，使用寿命长。用于汽车厢体、车门、顶盖、底板、轮罩、发动机罩等钢板焊接部位的密封，起到防水、防气、防尘、防锈的作用。

【施工工艺】 1. 手动或用胶枪将胶涂在清洁的待焊处表面即可进行装配点焊；2. 点焊后的部件可以直接转入除油、磷化、电泳等工序。

【包装及贮运】 塑料管包装，350g/支；铁桶包装，25kg/桶。产品在运输和装卸过程中避免倒放、碰撞和重压，防止日晒雨淋、高温。25℃以下贮存，防止日光直接照射，远离火源。贮存期为 6 个月。

【生产单位】 上海康达化工新材料股份有限公司。

N021 液态密封胶 WD2609

【英文名】 liquid sealant WD2609

【产品技术性能】

性 能	指 标
外观	浅绿色黏稠液体
黏度/mPa·s	40000～60000
不挥发分/%	≥35
耐压性/MPa	≥8(室温) ≥1(250℃)

【特点及用途】 1. 具有较好的弹性，耐震动、耐温、耐压、耐介质；2. 高分子液态密封胶，广泛应用于车船、农机、化工、电气等行业中平面法兰和丝扣连接的密封。

【施工工艺】 除去结合面上的油、水、铁锈等，用手或刷子均匀涂胶，稍待溶剂挥发，贴合上紧，紧固力越大，耐压性越好，在间隙大时，可与固体垫圈并用。

【包装及贮运】 铝管包装，45g/支、90g/支。产品在运输和装卸过程中避免倒放、碰撞和重压，防止日晒雨淋、高温。25℃以下贮存，防止日光直接照射，远离火源。若溶剂挥发，胶液变稠，可用丙酮、甲苯或乙酸乙酯适当稀释。

【生产单位】 上海康达化工新材料股份有限公司。

N022 平面密封胶 WD500 系列

【英文名】 plane sealant WD500 series

【产品技术性能】

性 能	515	518	587	596	598
外观	紫色触变性	红色触变性	蓝色膏状	灰色膏状	黑色膏状
固化时间/h	12	24	24	24	24
最大密压压力/MPa	30	30	10	10	10
伸长率/%	50	30	300	300	300
最大填充间隙/mm	0.25	0.25	6	6	6
工作温度/℃	－55～150	－55～150	－55～150	－55～150	－55～150

【特点及用途】 单组分，触变性，不流淌，使用方便，固化快。固化后收缩小，密封效果好，耐油耐水、耐高低温性能好。用于法兰平面的密封，发动机缸盖、齿轮室、油泵水泵端面的密封，曲轴箱/油底壳、曲轴箱/轴承座、机油冷却器、夜里变矩器平面的密封。

【施工工艺】 1. 将密封平面上的杂质清除干净，再用清洗剂或溶剂将表面清洗干净；2. 将胶涂在要密封的平面上，形成一个封闭的胶条，贴合另一个面，将固定螺栓按照要求紧固。

【包装及贮运】 515，518：50mL×80支/箱、250mL×80支/箱；587，596，598：100g×50支/箱、300mL×20支/箱。产品在运输和装卸过程中避免倒放、碰撞和重压，防止日晒雨淋、高温。25℃以下贮存，防止日光直接照射，远离火源。贮存期1年。

【生产单位】 上海康达化工新材料股份有限公司。

N023 油面快速堵漏胶 WD1224

【英文名】 fast-plugging sealant WD1224 for oil surface

【产品技术性能】 黏度：4～6 Pa·s(A组分)，8～10 Pa·s(B组分)；拉伸强度（钢-钢）：≥15MPa；剪切强度（钢-钢）：≥20MPa；油面粘接剪切强度（钢-钢）：≥20MPa；工作温度：－60～120℃；初步固化定位时间：3～8min；完全固化时间：24h。

【特点及用途】 油污表面可粘接。主要用于各种部件污染表面部分的快速修补和堵漏。适用于汽车、拖拉机及摩托车气缸、油箱、轴套等的快速修复，变压器等电力设备的紧急修理，各种油路、油管的渗漏修补等，可带压堵漏。

【包装及贮运】 50g/双管，100双管/箱，产品应在干燥通风处室温下贮存。

【生产单位】 上海康达化工新材料股份有限公司。

N024 缸体修补剂

【英文名】 cylinder repair adhesive

【主要组成】 金属、陶瓷、石英、纤维、高韧性耐热树脂基固化剂。

【产品技术性能】 外观：A组分为银灰色金属光泽膏体，B组分为白色膏体；压缩强度：＞12MPa；弯曲强度：＞50MPa；剪切强度：＞18MPa；硬度：82 Shore D；工作温度：－60～150℃。

【特点及用途】 耐磨损耐腐蚀、抗冲击。主要用于各种缸体、壳体裂缝、破损的粘接修复，也可填补铸造砂眼、气孔、麻坑等缺陷。

【施工工艺】 1. 表面处理：用砂轮或锉刀整理平整，打磨粗化后用清洗剂反复清洗，确保表面干燥、洁净、无污渍；2. 配制：严格按照配比混合主剂A和固化剂B（2∶1），充分搅拌至不同组分的条纹完全消失至颜色一致为止，随用随配，并在规定时间内用完；3. 涂胶与装配：在被处理后的表面（两面）充分涂胶，粘接合拢，对于破损严重的应加钢（铜）板并用螺栓紧固；4. 固化：修补后应等修补剂完全固化后才能使用。一般25℃/4h初固化，24h后完全固化，低于25℃时应适当延长固化时间。如需缩短固化时间，初固后，加热80～100℃保温3h即可；5. 后加工：一般固化8～12h（25℃）后即可进行加工，以达到要求的尺寸。

【包装及贮运】 50g/组×16组/箱。室温、阴凉处贮存。本产品按照非危险品运输。

【生产单位】 泉州昌德化工有限公司。

N025 热收缩材料用胶黏剂 M-900 系列

【英文名】 adhesive M-900 series for heat-shrinkable materials

【主要组成】 由改性聚乙烯树脂、增黏树脂、填充剂、稀释剂、抗氧剂、偶联剂等共混挤出成型，造粒，成为产品。

【产品技术性能】

型号	软化点/℃	形状	剪切强度(PE-PE)/MPa	剥离强度(PE-PE)/(N/25mm)
M-876	80±3	粒	＞1	＞120
M-903A	90±3	粒/膜	＞1.5	＞120
M-903B	95±3	粒/膜	＞1.5	＞120
M-903C	105±3	粒/膜	＞1.5	＞150
M-903D	115±3	粒/膜	＞1.5	＞150

【特点及用途】 产品粘接力强，适应温度范围宽，具有良好的耐热、耐寒、耐酸碱盐及热稳定性，粘接聚乙烯、聚丙烯等难粘接材料时，其表面不用任何特殊处理。用于辐射交联聚烯烃热缩式电缆附件、聚乙烯包覆钢管防腐工程接头的密封粘接。

【包装及贮运】 聚丙烯编织袋内衬聚乙烯薄膜袋，每袋 25kg 装。贮存于阴凉干燥处。

【生产单位】 山东省科学院新材料研究所。

N026 超硬材料专用胶 SK-120

【英文名】 adhesive SK-120 for superhard material

【产品技术性能】 外观：A 组分为灰白色黏稠液体，B 组分为棕红色或淡黄色黏稠液体；固化速率（常温）：3～4h 固化；剪切强度：>12MPa。

【特点及用途】 双组分结构胶黏剂，强度高，固化快，高硬度，优良的电绝缘性及抗化学溶剂，低温可固化。适用于碳素与碳素、碳素与金属铸件等材料的粘接和快速修补。

【施工工艺】 1. 粘接表面去油、除锈、清洁、干燥；2. A、B 两组分混合均匀后，涂于表面，施压即可。

【包装及贮运】 铁桶、塑料桶包装，包装壳自定。阴凉干燥处密封保存，保质期 1 年。非易燃品，可邮寄、快运。

【生产单位】 湖南神力胶业集团。

N027 水泥管修补胶泥 SK-122

【英文名】 repair putty SK-122 for cement pipe

【产品技术性能】 外观：A 组分为黑色或灰黑色胶泥，B 组分为土黄色胶泥；拉伸强度：≥2MPa；压缩强度：≥25MPa。

【特点及用途】 本品为双组分室温固化铁胶泥，固化速率快，操作简便，耐水、耐老化性能优良，能在潮湿的环境下固化，具有良好的粘接密封性能。适用于水泥管道的粘接和修补，对水塔、水坝、化工管道等有良好的粘接和密封性。

【施工工艺】 1. 清除水泥粘接面的灰尘、水分等其它杂质，清洁干燥后待用；2. 将 A、B 两组分（体积比为 1∶1）混合均匀后，涂于表面，使其铁胶泥黏附于水泥表面或将干燥的水泥撒于铁胶泥的表面，用力压，必须使铁胶泥完全黏附在水泥表面，待固化 24h 即可使用。

【包装及贮运】 铁桶包装，本产品在阴凉干燥处密封保存，保质期 1 年。非易燃品，可邮寄、快运。

【生产单位】 湖南神力胶业集团。

N028 花炮专用胶 SK-200 系列

【英文名】 adhesive SK-200 series for flower gun

【产品技术性能】

品名	型号	外观	不挥发物含量/%	黏度/mPa·s	pH 值	用途
组合胶(Ⅰ)	SK-201	无色透明黏稠状液体	11±2	2000～4000	6～7	用于纸筒与纸筒的组合粘接
组合胶(Ⅱ)	SK-202	乳白色黏稠液体	24±2	≥10000	6～7	用于纸筒间组合、纸板筒卷、硬纸的粘接
闭皮胶	SK-203	无色透明液体	10±2	≥1500	6～7	用于花炮闭皮、纸张等的粘接

【特点及用途】 本产品是经共聚反应而成的一种新型高分子聚合物，是针对花炮行业开发的新一代产品，初粘性强，成膜快，涂布性好，不易脱胶，具有无毒、无味、无腐蚀性、不易燃等特性。

【施工工艺】 1. 将胶均匀涂于清洁、干燥的粘接面上，施压固化，常温 24h 可达使用强度；2. 如果黏度大，可加入 5%～10%的水稀释；3. 温度低于 5℃时，如有凝胶现象，用 30～40℃水浴间接加热，充分搅匀可恢复原状。

【包装及贮运】 5～40℃密封干燥处保存，保质期 3 个月，过期经检验合格后可继续使用。避免贮存在铁制容器中，用后盖严，以防结皮。包装规格为 25kg/桶，纸桶或铁桶，内衬两层塑料袋包装。

【生产单位】 湖南神力胶业集团。

N029 表面安装热固化胶水 PD943、PD944、PD945

【英文名】 SMT adhesive PD943、PD944、PD945

【产品技术性能】 外观：红色；密度：1.2g/cm^3；均匀性：颗粒＜50μm；玻璃化转变温度：80℃；附着力：≥25MPa；表面电阻率：3×10^{10}Ω；电解腐蚀影响：符合 AN1.4 标准。

【特点及用途】 PD943、PD944、PD945 三种胶水的区别在于其黏度的不同，PD945 的黏度最高，PD943 最低。具有非常宽的应用范围，胶点无拖尾丝现象，润湿状态的黏度高，极小的吸湿性，不易成气泡，表面电阻率高。PD944、PD945 适用于自动和手动点胶，PD944、PD943 适用于丝网印刷，PD944、PD945 适用于模块印刷，PD943、PD944 适用于针式转移。

【施工工艺】 1. 固化：标准曲线为 125℃/3min，最高固化温度不能超过 200℃，固化时间与固化温度的相应关系：100℃/8min、125℃/3min、150℃/1.5min、180℃/1min。2. 清洗：固化前，未经固化的胶水在室温下可用 Zestron HC 等清洗，在 50℃可用 Zestron HC 等清洗，干燥后才可放置到机器上去。固化后对剩余胶水继续加热并用锐器清除。

【包装及贮运】 PD944 和 PD945 有根据各种型号而备用的专用针筒包装，PD943 只有 325mL 针筒包装。贮存期为 6 个月，贮存于 5～12℃的冷藏器内，避免贮存在高于 30℃的环境下。

【生产单位】 上海贺利氏工业技术材料有限公司。

N030 表面安装热固化胶水 PD9860002

【英文名】 SMT adhesive PD9860002

【产品技术性能】 外观：红色；密度：1.2g/cm^3；均匀性：颗粒＜50μm；玻璃化转变温度：79℃；热导率：0.45W/(m·K)；附着力：≥25MPa；表面电阻率：2.2×10^{9}Ω（4d）；1.8×10^{8}Ω（21d）（胶水在气候试验箱 40℃/相对湿度 93%下存放，参考西门子标准 SN 59651）；体积电阻率：1.9×10^{16}Ω·cm；介电常数（1kHz，1.5V）：4±1；介电损耗角正切（1kHz，1.5V）：＜0.02。

【特点及用途】 单组分，不含溶剂的聚合型胶黏剂，具有无拖尾现象、黏附性能好、润湿状态黏度高、胶点形状饱满、表面电阻率高、固化温度低及固化时间短、稳定的批次质量等特点。适用于高可靠性针筒分配器点胶、针式转印胶、丝网印刷。

【施工工艺】 最高固化温度不能超过 160℃；固化时间与固化温度的相应关系：100℃/10min、120℃/4min、130℃/3min、140℃/2.5min、150℃/2min。

【包装及贮运】 PD9860002 贴片胶能根据各种点胶机的型号而备用各类专用针筒包

装。贮存期为 6 个月，贮存于 15～23℃的冷藏器内。

【生产单位】 上海贺利氏工业技术材料有限公司。

N031 铸造缺陷修补胶 WD100 系列

【英文名】 casting filling adhesive WD100 series

【产品技术性能】

产品型号	101	111	112	113	114	118
密度/(g/cm³)	1.65～1.85	1.65～1.85	1.7～1.9	1.45～1.65	1.8～2	1.7～1.9
压缩强度/MPa	82～95	82～95	82～100	82～94	82～90	25～32
拉伸强度/MPa	12～16	12～16	12～16	12～16	12～16	15～18
剪切强度/MPa	18～22	18～22	19～23	16～21	18～23	18～20
硬度(Shore)	88～100	88～100	90～105	85～95	84～93	88～100
工作温度/℃	−60～140	−60～150	−60～150	−60～150	−60～150	−60～140
质量比	7∶1	7∶1	7∶1	6∶1	6∶1	5.5∶4.5
体积比	3.5∶1	3.5∶1	3.5∶1	4.5∶1	3.5∶1	1∶1
作业时限/min	20	40	40	40	40	20
可加工时间/h	6	10	10	10	10	6
可使用时间/h	24	24	24	24	24	12
包装规格	500g(双组分)/组，16 组/箱			250g(双组分)/组，16 组/箱		100g/盒，16 盒/箱

【特点及用途】 WD101：铸铁色，适用于铁质铸件砂眼、钢质铸件砂眼、气孔或裂纹等铸造缺陷的填补。WD111：铸铁色，适用于铁质铸件砂眼、气孔或裂纹等铸造缺陷的填补，各类机械设备零部件磨损、破损的修复与再生。WD112：钢色，钢质修补剂，适用于钢质铸件砂眼、气孔或裂纹等铸造缺陷的修补。WD113：铝色，铝质修补剂，适用于铝质铸件砂眼、气孔或裂纹等铸造缺陷的修补，零部件的磨损、破损的修复与再生。WD114：黄铜色，铜质修补剂，适合各种黄铜、青铜等材质，适用于铜质铸件砂眼、气孔或裂纹等铸造缺陷的修补，各类铜质机械设备零部件磨损、破损的修复与再生。WD118：铸铁色，铸工胶，适用于铁质铸件砂眼、钢质铸件砂眼、气孔或裂纹等铸造缺陷的修补及零部件磨损、破损的修复与再生。

【施工工艺】 1. 表面清洗：被修表面应确保无油、无水、无锈、无尘，粗化以增加粘接面积；2. 清洗干燥：用丙酮或酒精清洗打磨过的表面以除去残存油污，然后在短时间内进行干燥处理；3. 混合修补剂：铸造缺陷修补剂由 A、B 两组分组成，使用时要严格按规定的配合比进行配置；4. 固化：按规定的作业时间、室温固化，气温低于 15℃时，应适当延长固化时间或提高温度，一般情况下 80～100℃保温 3h。

【生产单位】 上海康达化工新材料股份有限公司。

N032 固邦 6001 系列快速止水胶

【英文名】 rapid water-stopped adhesive 6001

【产品技术性能】 密度：2.36g/cm³；施工时间：混合水后 1min 内；压缩强度：20MPa；弯曲强度：5MPa；剪切强度：≥0.1MPa。

【特点及用途】 单组分，施工方便，可带水作业；瞬间止水，快速固化，1～3min

固化；抗渗抗裂，耐老化。适用于各类需要快速止渗水基堵水的工程，能迅速在各种水泥地面、墙身、深井、地下室、隧道、工矿井下等阻止裂缝的渗漏。

【包装及贮运】 1kg包装。本品为安全无毒、非易燃物质。贮存期为1年。

【生产单位】 北京固特邦材料技术有限公司。

N033 轴套固持胶 WD600 系列

【英文名】 locking adhesive WD600 series for axle sleeve

【产品技术性能】

性能	609	620	680
外观	绿色液体	绿色触变性	绿色液体
黏度/mPa·s	100～150	7000～20000	1000～2000
初固时间/min	10	60	10
固化时间/h	24	24	24
剪切强度/MPa	≥16	≥20	≥21
最大填充间隙/mm	0.13	0.3	0.25
工作温度/℃	−55～150	−55～230	−55～150

【特点及用途】 单组分，室温固化，使用方便。配合零件的装配强度高，产生的应力和变形小，密封性能好，耐高低温性能好。用于圆柱形零件的固持和密封，代替传统过盈或过渡配合，轴承与轴、轴承与座孔、发动机缸体和缸盖碗型塞、其它圆柱形零件的固持和密封。

【施工工艺】 用清洗剂或溶剂将要装配的两个表面清洗干净。将胶均匀涂在轴面上，慢慢左右转动装入轴承或座孔中。调整好位置，室温固化24h。

【包装及贮运】 50mL×10支×8盒/箱，250mL×10支/箱。产品在运输和装卸过程中避免倒放、碰撞和重压，防止日晒雨淋、高温。25℃以下贮存，防止日光直接照射，远离火源。贮存期1年。

【生产单位】 上海康达化工新材料股份有限公司。

N034 防石击胶 WD2620/WD2621

【英文名】 stone-impact resistant adhesive WD2620/WD2621

【产品技术性能】

性能	WD2620	WD2621
外观	灰色均匀膏状物	灰色均匀膏状物
密度/(g/cm³)	1.3～1.5	1.3～1.5
黏度/mPa·s	1500～5000	1500～5000
不挥发分含量/%	≥90	≥90
流动性/mm	≤5	≤5
固化条件	140℃/0.5h	130℃/0.5h
剪切强度/MPa	≥1	≥1
硬度(Shore A)	40～90	40～90
低温冲击性	不打断，不剥离	不打断，不剥离

【特点及用途】 单组分，触变性，不流淌，可喷涂或刷涂，使用方便。附着力强，弹性好，抗石击性能优异。耐油性、耐水性、耐酸碱性、耐候性好。用于汽车底盘、轮罩、挡板等部位的防石击保护，防止腐蚀，延长使用寿命。

【施工工艺】 手动涂刷或用胶枪将胶喷涂在需要抗石击保护的部件上，加热固化即可。

【包装及贮运】 铁桶包装，25kg/桶，200kg/桶。产品在运输和装卸过程中避免倒放、碰撞和重压，防止日晒雨淋、高温。25℃以下贮存，防止日光直接照射，远离火源。贮存期1年。

【生产单位】 上海康达化工新材料股份有限公司。

N035 减震膨胀胶 WD2700 系列

【英文名】 inpact resistant adhesive WD2700 series

【产品技术性能】

性　能	WD2760	WD2711	WD2712	WD2713
外观	白色膏状	黄色膏状	白色膏状	白色膏状
密度/(g/cm³)	1.3～1.5	1.3～1.5	1.3～1.5	1.3～1.5
不挥发分含量/%	≥98	≥98	≥98	≥98
流动性/mm	≤5	≤5	≤5	≤2
固化条件	140℃/1h	140℃/1h	140℃/1h	160℃/0.5h
剪切强度/MPa	≥0.4	≥0.25	≥0.6	≥1.2
硬度(Shore A)	20～30	20～30	20～40	20～40
膨胀率/%	≤10	≤30	≤10	5～20

【特点及用途】 单组分，触变性，不流淌，可喷涂或刷涂，使用方便。固化后膨胀，粘接强度高，弹性好，有良好的隔音、减震效果。耐油性、耐水性、耐酸碱性、耐候性好。用于汽车车门、发动机机盖、后备箱、顶梁等加强板与外板之间或车身围板与车骨架之间的填充和粘接，起到隔音、减震的作用。

【施工工艺】 手动涂刷或用胶枪将胶喷涂在需要填充或粘接的部位即可进行装配组合。组合后的部件可直接转入除油、磷化、电泳等工序。

【包装及贮运】 铁桶包装，25kg/桶，200kg/桶。产品在运输和装卸过程中避免倒放、碰撞和重压，防止日晒雨淋、高温。25℃以下贮存，防止日光直接照射，远离火源。贮存期1年。

【生产单位】 上海康达化工新材料股份有限公司。

N036 折边胶 WD3100、WD3110

【英文名】 rolling edge adhesive WD3100、WD3110

【产品技术性能】

性　能	WD3100	WD3110
外观	黑棕色膏状物	黑棕色膏状物
密度/(g/cm³)	1.4～1.6	1.4～1.6
黏度/mPa·s	40000～50000	80000～90000
不挥发分含量/%	≥98	≥98

续表

性　能	WD3100	WD3110
流动性/mm	≤5	≤5
固化条件	140℃/1h	160℃/0.5h
剪切强度/MPa	≥20	≥20
硬度(Shore A)	40～90	40～90
剥离强度/(N/25mm)	≥50	≥100

【特点及用途】 单组分，触变性，不流淌，可喷涂或刷涂，使用方便。粘接强度高，密封性能好。耐油性、耐水性、耐酸碱性、耐候性好。用于汽车车门、发动机机盖、后备厢、驾驶室顶盖等折边部位的结构粘接和密封，减少焊点，提高密封性。

【施工工艺】 手动涂刷或用胶枪将胶喷涂在需要折边的部位即可进行折边装配。

【包装及贮运】 塑料管包装，350g/支；铁桶包装，25kg/桶，200kg/桶。产品在运输和装卸过程中避免倒放、碰撞和重压，防止日晒雨淋、高温。25℃以下贮存，防止日光直接照射，远离火源。贮存期1年。

【生产单位】 上海康达化工新材料股份有限公司。

N037 超级透明胶 HSL-666

【英文名】 transparent adhesive HSL-666

【产品技术性能】 透光率：>95%；粘接强度：18～24MPa（钢-钢）、21MPa（铝-铝）；非金属材料被粘物拉损仍不脱落。

【特点及用途】 胶体透明无色，固化速率快，粘接范围广，无毒无味，使用方便安全，耐水，耐油，耐酸碱。适用于粘接金属、玻璃仪器、工艺品。应用于机械、电子、仪表、汽车等领域。

【施工工艺】 1. 被粘接物表面去锈除污，清洁干净，进行打毛处理；2. 将甲、乙两组分按照 1∶(0.5～1) 的配比均匀混合，调配后的胶液在 30min 用完；3. 均匀涂胶，刮平胶层，然后叠合加压，常温 1h 凝胶，24h 后完全固化。

【包装及贮运】 甲、乙两组分分别密封保存于室温下，在低温阴凉处存放，贮存期为 2 年。

【生产单位】 江苏黑松林粘合剂厂有限公司。

N038 高温高压密封胶 H-1

【英文名】 high temperature and high pressure resistant sealant H-1

【产品技术性能】 外观：暗红色黏稠液体；耐温：800℃；耐压：49MPa。

【特点及用途】 主要用于各种高、中、低压设备的平面、凹凸面、丝口、透镜面等的静面密封。胶单组分，无毒，无味，对人体无害，操作方便。产品耐油、耐水、耐蒸汽、抗锈、抗腐。

【施工工艺】 高压设备密封面紧固间隙≤0.02mm，低压设备≤0.01mm，若紧固后间隙过大，可加金属片，两面涂胶密封。涂胶厚度≤0.2mm，设备密封组装后即可投产运转。

【包装及贮运】 50g 铝管装，每箱 140 支。贮存期为 2 年。

【生产单位】 苏州市胶粘剂厂有限公司。

应用篇

O 导电胶和导热绝缘胶

随着科学技术的迅速发展，对胶黏剂的性能提出了一些新的要求。例如，良好的导电性、导热性、耐酸碱性、光学性能、真空密封性能、应变传递性能以及对生物体有较佳的适应性能等。特种胶黏剂就是指具有上述某种特殊性能的一类胶黏剂。

在电子电气领域，由于集成技术和微封装技术的发展，电子元器件和电子设备向小型化和微型化的方向发展，这种趋势的后果便是在有限的体积内产生了更多的热量，如果热量不能及时地散失掉，热量积聚过多将会导致元器件的工作温度升高，影响其正常工作，严重时还会使电子元器件失效。大多数金属材料的散热速度比较快，在一定程度上能够满足导热需求，但是金属材料有密度大、导电、不耐腐蚀、对不同形状的导热界面适应性差的缺点，限制了其在特定领域的应用。因此，广大科研人员转向导热胶黏剂的研究和开发中去。由于胶黏剂自身的热导率低、导热性能不好，所以如何提高胶黏剂的高导热性能引起了广大科研工作者越来越多的关注。目前，提高胶黏剂高导热性的方法主要是在胶黏剂中加入适量的高导热填料，如铝、铜和银等金属粉类填料，氧化铝、氧化镁等金属氧化物类填料，碳化硅、氮化铝和氮化硅等非金属导热填料来实现的。其主要应用于微电子和电子元器件的粘接与散热（图1），半导体管陶瓷基片与铜座的黏合、管心的保护、管壳的密封，整流器、热敏电阻器的导热绝缘，微包装中多层板的导热绝缘以及化工热交换器的粘接和导热灌封等领域。目前，按照导热胶的电绝缘性能来划分，可分为非绝缘导热胶黏剂和绝缘导热胶黏剂两大类，如铜粉环氧胶和三氧化铝环氧胶等。复合型导热胶具有价格低廉、工艺简单、成型加工性能好等优点。

胶黏剂的导热性能与树脂基体、导热填料以及加工工艺有关。粉状、纤维状、片状等导热填料分散于树脂基体中，当用量较少时，填料虽然能均匀分散在体系中，但彼此间未能形成相互接触和相互作用，此时，填料对体系的贡献不大，所得导热胶的导热性能不够理想。只有当填料的添加量达到某一临界值时，填料间才能真正地形成接触和相互作用，此时，体系内形成了大量的类似网状或链状的结构形态，即导热网链，当导热网链的取向与热流方向一致时，导热性能提高很快；体系中在热流方向上未形成导热网链时，会造成热流方向上的热阻很大，导热性能很差。因此，如何在体系内最大限度地在热流方向上形成导热网链成为获得高导热胶黏剂的关键所在。

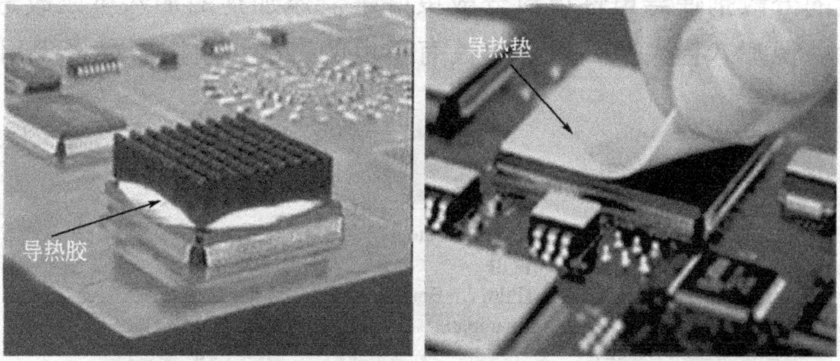

图 1 导热胶（导热垫）在电子元器件上的应用

各向异性导电胶（ACF）是适应电子工业发展需要出现的胶黏剂品种，它被广泛应用于电器和电子装配过程中需要接通电路的地方，以粘代焊（图 2）。目前，许多电子仪器设备中的零部件已开始微型化，并使用一些难以焊接的材料和耐热性不高的高分子材料，在这些零部件的制造与装配过程中，若采用一般的焊料焊接方法进行元件间的导电连接，需要高温高热，极易损伤元器件，且使用极少量的焊料进行极准确的焊接也难以控制，往往会发生连接处的接头不牢，零件变形，使用性能下降。导电胶则是比焊接更理想的连接方法，它不仅可以代替焊接，而且可以制成导电浆料，利用导电胶对很多材料良好的黏结性能，将图形条印刷于不同材质的线路板上，作为导电线路。

导电胶是由胶黏剂、导电性填料、溶剂和添加剂组成的。常用的导电性填料有金属粉、石墨粉等。在金属粉中，金粉的化学稳定性好，导电性高，但价格高昂，只能用于要求高度可靠性的航空、航天或军工等方面和厚膜集成电路上。铜粉、铝粉则易氧化，导电性不稳定。而应用最多的是银粉，银粉具有优良的导电性和耐腐蚀性，在空气中氧化极慢，银粉的大小和形状对配制导电胶的导电性有很大的影响，一般颗粒越小，形状越不规则，导电性越好。常用的胶黏剂有单组分环氧树脂胶，因其固化物坚韧、耐磨和耐热，所以常用于硬件；酚醛树脂胶可以用于要求硬度高和耐磨的地方；聚酰亚胺为基础的胶黏剂，可在高温下使用。使用时，树脂常常可以并用或加增塑剂和添加剂加以改性，如在胶液中可加入醇类、酯类溶剂进行稀释，以调节黏度及干燥速率；可加入适量的分散剂使导电性填料分散良好等。添加剂的加入可以改进胶液的性能，但加入量大了，对导电性有不良的影响，所以要尽量少用。

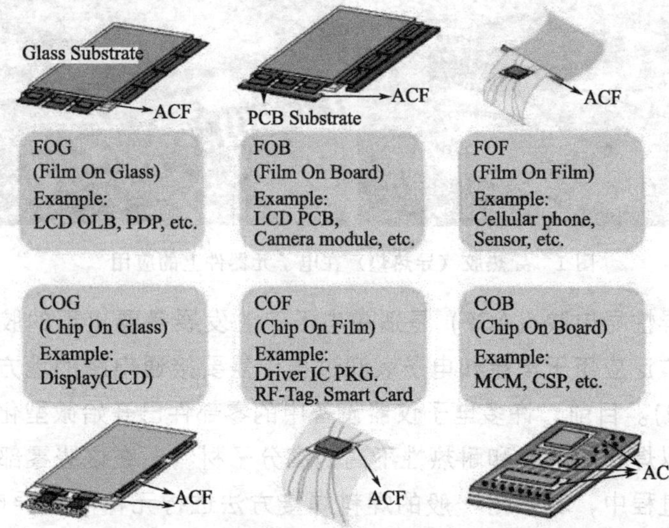

图 2 各向异性导电胶在不同器件上的应用

Oa 导热绝缘胶黏剂

Oa001 导热绝缘胶黏剂 HYJ-51

【英文名】 thermal conductivity adhesive HYJ-51

【主要组成】 环氧树脂、填料、耐高温固化剂、助剂。

【产品技术性能】 外观：灰色或浅黄色；密度：1.9g/cm³。固化后的产品性能如下。铝-铝拉剪强度：≥15MPa（−40℃）、≥18MPa（室温）、≥5MPa（150℃）、≥2MPa（200℃）；热导率：0.8～1W/(m·K)；表面电阻：≥1.2×10¹⁶Ω；体积电阻率：≥4.0×10¹⁴Ω·cm；击穿电压：≥20kV/mm；标注测试标准：拉剪强度按 GB/T 7124—2008，热导率按 GJB 329—1987，表面电阻、体积电阻率按 QJ 1990.2—1990，击穿电压按 QJ 1990.4—1990。

【特点及用途】 室温或中温固化，具有一定的韧性，有较好的耐水、耐油、耐温、导热、绝缘性，可在−40～200℃长期工作，短时耐 250℃。可满足多数金属、非金属的粘接，特别是壁温传感器的粘接，以及需要导热绝缘的工作环境的粘接。

【施工工艺】 本胶黏剂为双组分（A/B）胶，A组分和B组分的配比为 30∶1。注意事项：固化时间：室温 3～5d 或（70±5)℃/2h，本胶黏剂 B 组分为固液混合物，使用前应搅拌。

【包装及贮运】 包装：500g/套、1000g/套，保质期 1 年。贮存条件：室温、阴凉、干燥处存放，应避免阳光直射。

【生产单位】 航天材料及工艺研究所。

Oa002 丙烯酸快固导热胶 SBX-2

【英文名】 fast curable and heat conductive adhesive SBX-2

【主要组成】 丙烯酸酯、环氧树脂、导热剂、固化剂、助剂等。

【产品技术性能】 外观：深灰色；密度：2.85g/cm³；剪切强度：≥13MPa；热导率高：2.4W/(m·K)；工作温度：−46～150℃；标注测试标准：以上数据测试参照企标 Q/THS 702—2012。

【特点及用途】 室温快速固化（15min），热导率高，粘接力强，韧性好，耐水、耐油、耐盐碱性。双组分，保存期长。主要用于金属和非金属部件的导热粘接与密封。

【施工工艺】 该胶是双组分胶（A/B），A组分和B组分的质量比为 1∶1，将 A、B两组分混合均匀后，涂布于被粘接物表面。

【毒性及防护】 本产品固化后为安全无毒物质，但混合前两组分应尽量避免与皮肤和眼睛接触，若不慎接触眼睛，应迅速用清水清洗。

【包装及贮运】 包装：500g/套，保质期 1年。贮存条件：室温、阴凉处贮存。本产品按照非危险品运输。

【生产单位】 天津市鼎秀科技开发有限公司。

Oa003 导热硅脂 SY-16

【英文名】 thermally conductive grease SY-16

【主要组成】 有机硅树脂、金属氧化物、助剂等。

【产品技术性能】 外观：白色膏状物；密度：(1.8±0.1)g/cm^3；针入度（1/10cm)：240～300；油离度（200℃，12h)：≤2%；挥发度（200℃，12h)：≤1%；体积电阻率：1×10^{14} Ω·cm；介电常数：3.5～3.8；使用温度范围：－50～200℃；热导率：≥1.2W/(m·K)。

【特点及用途】 具有极佳的导热性，优异的电绝缘性，高温下不干、不流淌，不含任何重金属，环保。用于半导体元器件中发热部件与散热器或散热板之间的填充或涂布，提高散热效果。

【施工工艺】 清洁待涂覆物表面，确保无锈斑、油污及其它杂物，将导热硅脂直接挤出或用毛刷刷涂等方法将硅膏均匀涂覆在散热工作面并锁紧工作面。注意事项：未使用完的产品请及时密闭保存，防止有异物混入。

【毒性及防护】 本产品固化后为安全无毒物质。

【包装及贮运】 2kg/罐，保质期1年。贮存条件：室温、阴凉处贮存。本产品按照非危险品运输。

【生产单位】 三友（天津）高分子技术有限公司。

Oa004 超低温导热绝缘胶黏剂 DWJ-72

【英文名】 thermal conduction adhesive DWJ-72 with low temperature resistance

【主要组成】 改性聚氨酯、固化剂、助剂等。

【产品技术性能】 外观：棕黑色；密度：1.5g/cm^3。固化后的产品性能如下。铝-铝拉剪强度：≥15MPa（－196℃)、≥8MPa（室温)；热导率：≥0.5W/(m·K)；标注测试标准：拉剪强度按GB/T 7124—2008，热导率按GJB 329—1987。

【特点及用途】 中温固化，耐低温性优异。适用于金属和非金属材料的低温粘接。

【施工工艺】 本胶黏剂为三组分（A/B/C）胶，A组分、B组分和C组分的配比为100∶10∶2。固化工艺为在90℃固化3h。

【包装及贮运】 包装：500g/套、1000g/套，保质期1年。贮存条件：室温、阴凉、干燥处存放，应避免阳光直射。

【生产单位】 航天材料及工艺研究所。

Oa005 阻燃导热型电子粘接剂 WR7168T

【英文名】 fire-retardant and thermal conductive adhesive WR7168E

【主要组成】 硅油、填料、助剂等。

【产品技术性能】 外观：白色膏状物；表干时间：8min。固化后的产品性能如下。拉伸强度：2.5MPa；拉伸剪切强度（Al-Al)：1.5MPa；断裂伸长率：60%；硬度(25℃)：64 Shore A；热导率：0.9W/(m·K)；阻燃性（UL94)：V-0级。

【特点及用途】 单组分、脱醇型、室温硫化硅橡胶，触变性好，使用方便。阻燃UL94V-0级，不含卤素，符合RoHS要求，是安全环保的电子粘接材料。快速固化：产品表干时间短（约8min)，深层固化快。固化后的剪切强度较高，对金属、塑料、橡胶、陶瓷等材质的粘接性好，热导率为0.9W/(m·K)；有优良的挠曲性以及绝缘、防潮、防震功能，耐臭氧和紫外线、耐候和耐老化，可在－65～200℃的条件下使用。主要适用于各类发热电源、发热电子元器件的粘接、散热或传递热量。

【施工工艺】 该胶是单组分室温硫化硅橡胶。注意事项：通常在室温及相对湿度为30%～80%的环境中固化，在24～72h内固化物理性能可达完全性能的90%以上。产品不适用于高度密闭或深层固化，通常7d可固化3～5mm，固化深度依湿度而定。轻微的加温可能会加速固化速率，但建议温度不要超过60℃。所粘接的表面需保持清洁，如果表面有油污残留则会影响粘接。建议先使用溶剂油、丁酮或其它溶剂进行彻底清洁、去脂，最后用丙酮或异丙醇溶剂擦拭表面可有效地去除残余物。对多数活性金属、陶瓷、玻璃、树脂和塑料粘接牢固。但对非活性金属或非活性塑料表面如Teflon、聚乙烯或聚丙烯不具有良好的黏合性。适当的表面处理如化学酸洗或等离子处理可以活化表面，促进黏合。建议在生产以前对粘接基材进行评估。本品在使用后，应将胶管密封，可保存再次使用。

【毒性及防护】 本产品固化后为安全无毒物质，但固化前应尽量避免与皮肤和眼睛接触，若不慎接触眼睛和皮肤，应迅速用清水清洗15min，如果刺激或症状加重应就医处理；若不慎食入，应立即就医。

【包装及贮运】 包装：300mL/支塑料管，保质期半年；也可视用户需要而改为指定规格包装。贮存条件：密封并于阴凉干燥的环境中贮存。本产品按照非危险品运输。

【生产单位】 绵阳惠利电子材料有限公司。

Oa006 导热型电子粘接剂 WR7501D

【英文名】 thermally conductive electronic adhesive WR7501D

【主要组成】 硅油、填料、助剂、交联剂等。

【产品技术性能】 外观：白色膏状物；表干时间：15min；拉伸强度：3.2MPa；拉伸剪切强度（Al-Al）：1.5MPa；断裂伸长率：35%；硬度（25℃）：75 Shore A；阻燃性（UL94）：HB级。

【特点及用途】 单组分、脱醇型、室温硫化硅橡胶，触变性好，使用方便。阻燃UL94 HB级，不含卤素，符合RoHS要求，是安全环保的电子粘接材料。产品表干时间较快（≈15min），适合常规粘接操作。固化物的热导率为1.5W/(m·K)。固化后的剪切强度较高，对金属、塑料、橡胶、陶瓷等材质的粘接性好；有优良的挠曲性以及绝缘、防潮、防震功能，耐臭氧和紫外线、耐候和耐老化，可在－65～200℃的条件下使用。本产品主要适用于各类发热电源、发热电子元器件的固定粘接、散热或传递热量。

【施工工艺】 该胶是单组分室温硫化硅橡胶。注意事项：通常在室温及相对湿度为30%～80%的环境中固化，在24～72h内固化物理性能可达完全性能的90%以上。不适用于高度密闭或深层固化。可在－65～200℃的温度范围内长期使用。在温度范围的上下限，需要进行检验才能核实。所粘接的表面需保持清洁，如果表面有油污残留则会影响粘接。建议先使用溶剂油、丁酮或其它溶剂进行彻底清洁、去脂，最后用丙酮或异丙醇溶剂擦拭表面可有效地去除残余物。对多数活性金属、陶瓷、玻璃、树脂和塑料粘接牢固，使用前请检查适用性。本品在使用后，应将胶管密封，可保存再次使用。

【毒性及防护】 本产品固化后为安全无毒物质，但固化前应尽量避免与皮肤和眼睛接触，若不慎接触眼睛和皮肤，应迅速用清水清洗15min，如果刺激或症状加重应就医处理；若不慎食入，应立即就医。

【包装及贮运】 包装：300mL/支塑料管，保质期半年；也可视用户需要而改为指定规格包装。贮存条件：密封并于阴凉干燥的环境中贮存。本产品按照非危险品运输。

【生产单位】 绵阳惠利电子材料有限公司。

Oa007 双组分导热阻燃灌封胶 WR7306T

【英文名】 two-part fire-retardant and thermal conductive potting adhesive WR7306T

【主要组成】 硅油、填料、助剂等。

【产品技术性能】 外观：A组分为黑色/白色液体，B组分为黑色/白色液体；可操作时间（25℃）：≥30min；介电损耗因数（1MHz）：≤2.0%；介电常数（1MHz）：≤6.0；体积电阻率：≥1.0×10^{13}Ω·cm；击穿强度：≥15.0kV/mm；拉伸强度：≥1.0MPa；阻燃性（UL94）：V-0；热导率：≥1.3W/(m·K)；工作温度：−45～200℃。

【特点及用途】 室温或加温硫化，产品流动性好，可作深层固化，固化过程收缩极小。固化物的导热性非常好。固化物耐臭氧和紫外线，具有良好的耐候性和耐老化性能。阻燃性达到了UL94V-0级。固化物在很宽的温度范围（−45～200℃）内保持橡胶弹性，电气性能优良。本产品用作电子器件的绝缘灌封、导热灌封。

【施工工艺】 该胶是双组分加成型硅橡胶。A、B两组分按照质量比1∶1进行混合，然后在如下条件下进行固化：固化时间≤24h/25℃或者固化时间≤60min/80℃。注意事项：胶料应密封贮存。混合好的胶料应一次用完，避免造成浪费。本品属于非危险品，但勿入口和眼。某些材料、化学品、固化剂及增塑剂会抑制该产品的固化。下列材料需格外注意：1. 有机锡和其它有机金属化合物；2. 含有有机锡催化剂的有机硅橡胶；3. 硫、聚硫、聚砜或其它含硫材料；4. 胺、聚氨酯或含胺材料；5. 不饱和烃类增塑剂；6. 一些焊接剂残留物。

【毒性及防护】 本产品固化后为安全无毒物质，但A、B两组分在固化前应尽量避免与皮肤和眼睛接触，若不慎接触眼睛和皮肤，应迅速用清水清洗15min，如果刺激或症状加重应就医处理；若不慎吸入，应迅速将患者转移到新鲜空气处；如不能迅速恢复，马上就医。若不慎食入，应立即就医。

【包装及贮运】 包装：塑料桶装，保质期一年；也可视用户需要而改为指定规格包装。贮存条件：A、B两组分应分别密封贮存在温度为25℃以下的洁净环境中，容器应尽量保持密闭，减少容器中液面以上的空间，并防火防潮避日晒，贮存有效期一般为1年。本产品为非危险品，按一般化学品贮存、运输。

【生产单位】 绵阳惠利电子材料有限公司。

Oa008 双组分导热阻燃通用型灌封胶 WR7399P1

【英文名】 two-part fire-retardant and thermal conductive potting adhesive WR7399P1

【主要组成】 硅油、填料、助剂、交联剂等。

【产品技术性能】 外观：A组分为白色/黑色流动液体，B组分为无色或浅黄色透明液体；表干时间（25℃）：≤120min（可调）；体积电阻率：≥1.0×10^{14}Ω·cm；击穿强度：≥18.0kV/mm；拉伸强度：≥1.2MPa；断裂伸长率：≥80%；硬度（25℃）：≥40 Shore A；热导率：≥0.4W/(m·K)；阻燃性（UL94，常态）：HB；工作温度：−50～180℃。

【特点及用途】 室温固化，具有一定的导热及阻燃性能，深部固化优良，对金属、塑料等多种材质有一定的粘接性能。固化物在很宽的温度范围（−50～180℃）内保持橡胶弹性，电气性能优良。固化物耐臭氧和紫外线，具有良好的耐候性和耐老化性能。阻燃等级为 HB 级。本产品主要用于电子器件的导热阻燃绝缘灌封。

【施工工艺】 该胶是双组分缩合型硅橡胶。A、B 两组分按照质量比 100∶10 进行混合。注意事项：A 组分在使用前请务必搅拌均匀，否则会出现颜色不均匀的现象，甚至影响固化物的性能，使用后剩余的胶液需重新密封保存；B 组分接触空气易失效，故每次取料后应立即加盖密封；称量应准确，混合时要充分搅拌均匀，混合均匀的胶液，一定要在可操作时间内完成作业；所有粘接的表面必须保持清洁；如果表面有油污残留则会影响粘接，适宜的表面清洁可获得更好的效果，用户应确定最适合的工艺方法；对于灌封后需要完全密封的器件建议灌胶后至少 24h 以后再对器件进行密封；环境温度及湿度不同，胶液的适用期、凝胶及固化时间会有所变化，固化时间越长，胶对基材的粘接越好；建议厂家对产品试用并考察适用性和性能后再确定使用。

【毒性及防护】 本产品固化后为安全无毒物质，但 A、B 两组分在固化前应尽量避免与皮肤和眼睛接触，若不慎接触眼睛和皮肤，应迅速用清水清洗 15min，如果刺激或症状加重应就医处理；若不慎吸入，应迅速将患者转移到新鲜空气处；如不能迅速恢复，马上就医。若不慎食入，应立即就医。

【包装及贮运】 包装：21.5kg/套，其中 A 组分 20kg/桶，B 组分 2kg/桶，也可根据客户的要求包装。贮存条件：A、B 两组分应分别密封贮存在温度为 35℃ 以下的洁净环境中，容器应尽量保持密闭，减少容器中液面以上的空间，并防火防潮避日晒，贮存有效期一般为半年。本产品为非危险品，按一般化学品贮存、运输。

【生产单位】 绵阳惠利电子材料有限公司。

Oa009 双组分高导热灌封胶 WR7155T

【英文名】 two-part thermally conductive adhesive WR7155T

【主要组成】 硅油、填料、助剂等。

【产品技术性能】 外观：A 组分为白色/黑色/灰色流动液体，B 组分为白色流动液体；可操作时间（25℃）：≥60min；体积电阻率：≥1.0×10^{13}Ω·cm；击穿强度：≥16.0kV/mm；介电常数（1MHz）：≤6.0；介质损耗因数（1MHz）：≤0.006；硬度（25℃）：50～80 Shore A；热导率：≥1.5W/(m·K)；阻燃性（UL94，常态）：V-0；工作温度：−50～200℃。

【特点及用途】 室温或加温固化，产品流动性好，可做深层固化，固化过程中收缩极小；固化物的导热性好；固化物耐臭氧和紫外线，具有良好的耐候性和耐老化性能；固化物适用于很宽的温度范围（−50～200℃），电气性能良好；阻燃性能达到 UL94V-0 级。本产品主要用于电子器件的绝缘灌封，导热灌封。

【施工工艺】 该胶是双组分加成型硅橡胶。A、B 两组分按照质量比 1∶1 进行混合，然后在如下条件下进行固化：固化时间≤24h/25℃或者固化时间≤60min/80℃。注意事项：胶料应密封、低温贮存，胶料液面的空间不能太大。本品属于非危险品，但勿入口和眼。某些材料、化学品、固化剂及增塑剂会抑制该产品的固化。下列材料需格外注意：1. 有机锡和其它有机金属化合物；2. 含有有机锡催化剂的有机硅橡胶；3. 硫、聚硫、聚砜或其它含硫材料；4. 胺、聚氨酯或含胺材料；5. 不饱和烃类增塑剂；6. 一些焊接剂残留物。

【毒性及防护】 本产品固化后为安全无毒

物质，但A、B两组分在固化前应尽量避免与皮肤和眼睛接触，若不慎接触眼睛和皮肤，应迅速用清水清洗15min，如果刺激或症状加重应就医处理；若不慎吸入，应迅速将患者转移到新鲜空气处；如不能迅速恢复，马上就医。若不慎食入，应立即就医。

【包装及贮运】 包装：20kg/20kg，桶装，也可根据客户的要求包装。贮存条件：A、B两组分应分别密封贮存在温度为35℃以下的洁净环境中，容器应尽量保持密闭，减少容器中液面以上的空间，并防火防潮避日晒，贮存有效期一般为半年。本产品为非危险品，按一般化学品贮存、运输。

【生产单位】 绵阳惠利电子材料有限公司。

Oa010 高导热硅橡胶黏合剂 SGD-4

【英文名】 high thermal conductive silicon adhesive SGD-4

【主要组成】 端羟基液体硅橡胶、导热剂、固化剂、助剂等。

【产品技术性能】 外观：灰白色；密度：1.83g/cm^3；剪切强度：3MPa；热导率：1.6W/(m·K)；真空热失重：0.2%；可凝挥发物：0.01%；工作温度：−196～280℃；标注测试标准：以上数据测试参照企标 Q/THS 68—2011。

【特点及用途】 双组分，室温固化，电气绝缘性能好，热导率高，粘接力强，真空热失重和可凝挥发物低；保存期长，耐高低温和耐老化性能好，耐水、耐酸、耐盐。可在−196～280℃长期使用。主要用于金属和非金属部件的柔性且导热的粘接与密封。

【施工工艺】 该胶是双组分胶（A/B），A组分和B组分的质量比为3∶1。1. 将要粘接的工件表面用丙酮清洗干净（金属件要先经过砂纸打磨除锈后再用丙酮清洗），然后开始配胶。2. 将黏合剂的A、B两组分按3∶1（质量比，精度0.1）的比例适量称取，然后彻底混合均匀即可进行粘接。称量和混料均在玻璃杯或塑料杯中进行，混料可用玻璃棒或干净的金属棒（注：另有双管并联注射器式精致小包装产品，并配有混胶头。使用时只需把胶挤出即可涂覆粘接，使用非常方便）。3. 胶混好后，分别对两个被粘件的表面进行涂胶，涂胶要尽量均匀，而且胶层不易过厚。把涂好胶的两个工件的胶层对接，并施加适当的接触压以便把多余的胶料挤出，然后用工具把挤出的多余的胶料清理干净。粘接后的工件需在保持接触压下室温放置24h再进行下道工序。

【毒性及防护】 本产品固化后为安全无毒物质，但混合前两组分应尽量避免与皮肤和眼睛接触，若不慎接触眼睛，应迅速用清水清洗。

【包装及贮运】 包装：500g/套，保质期1年。贮存条件：室温、阴凉处贮存。本产品按照非危险品运输。

【生产单位】 天津市鼎秀科技开发有限公司。

Oa011 单组分导热硅橡胶黏合剂 GJS-11

【英文名】 one-part silicone adhesive GJS-11

【主要组成】 乙烯基液体硅橡胶、含氢硅油、氯铂金固化剂、添加剂、助剂等。

【产品技术性能】 外观：白红；密度：1.83g/cm^3；黏度：(60000 ± 3000) mPa·s。固化后的产品性能如下。剪切强度：≥1MPa；硬度：(45±5) Shore A；热导率：1.5W/(m·K)；工作温度：−65～250℃；标注测试标准：以上数据测试参照企标 Q/spb 211—2014。

【特点及用途】 热导率高，绝缘性好，无毒、无挥发物，老化寿命长，耐水、耐酸、耐盐等介质性好，可在－65～250℃长期使用。它适用于金属材料及陶瓷、玻璃、玻璃钢和织物等材料的自粘或互粘，也可作密封胶使用。单组分，便于浸涂、辊涂、印刷等施工操作。加温迅速固化，生产效率高。主要用于聚光太阳能电池的极板粘贴、电子设备散热器的粘接固定等。

【施工工艺】 可浸涂、辊涂、丝网印刷等施工操作。加温 150℃/10min 迅速固化。注意事项：低温保存。

【毒性及防护】 本产品为安全无毒物质，但固化前应尽量避免与皮肤和眼睛接触，若不慎接触眼睛，应迅速用清水清洗。

【包装及贮运】 包装：500g/套，保质期半年。贮存条件：5℃以下贮存。本产品按照非危险品运输。

【生产单位】 天津市鼎秀科技开发有限公司。

Oa012 环氧树脂灌封胶 6305（导热绝缘型）

【英文名】 epoxy potting adhesive 6305

【主要组成】 环氧树脂、固化剂和助剂等。

【产品技术性能】 外观：A 组分为白色胶体状，B 组分为褐色透明液体；A、B 混合后的密度：1.7g/cm^3；A、B 混合后的黏度：1300mPa·s；固化物的性能如下。硬度：＞80 Shore D；体积电阻率：1.5×10^{15} Ω·cm；介电强度：＞25kV/mm；介电常数（25℃，1MHz）：4.2；热导率：0.8W/(m·K)；使用温度：－40～150℃。

【特点及用途】 适用于有一定散热要求的电子元器件的灌封，固化后的导热性能好。

【施工工艺】 1. 配胶：A 胶和 B 胶以质量比为 5∶1 混合，搅拌均匀后，抽真空脱去气泡后进行灌封。通常 100g 混合胶在 25℃下可操作时间为 1.5h，每次配胶量不宜过多，否则可操作时间会相应缩短。2. 固化：在 25℃固化 6～8h 后初固（表面变硬），24h 后可完全固化。

【毒性及防护】 本产品无溶剂、毒性低，但仍不应直接接触，如皮肤、衣服上粘有胶时，可用酒精棉球擦拭，万一进入眼睛时，应立即用水冲洗，并请医生诊治。

【包装及贮运】 塑料瓶包装 6kg/套。属于非危险品，按一般化学品贮运，贮存期为 1 年。A 组分在贮存过程中颜料会有所沉淀，应搅拌均匀后使用。

【生产单位】 上海回天化工新材料有限公司。

Oa013 有机硅导热灌封胶 GT-518F

【英文名】 thermal conductivity silicone adhesive GT-518F

【主要组成】 有机硅树脂、导热填料、助剂等。

【产品技术性能】 外观：A 组分为白色黏稠物，B 组分为黑色黏稠物；A、B 混合后的黏度：1500～2000mPa·s；混合后的密度：1.65g/cm^3；操作时间：120min/25℃；固化物的性能如下。硬度：(50±5) Shore A；体积电阻率：10^{14} Ω·cm；热导率：0.8W/(m·K)；使用温度：－50～200℃；挥发分：≤0.01%；拉伸强度：1.5MPa。

【特点及用途】 该导热胶具有黏度低、导热率高、适用于灌封等特点。该产品主要用于电源、排线管、电子元件的灌封。

【施工工艺】 使用时按 A、B 两组分质量比 1∶1 进行称量，充分混匀，注意刮擦混配容器的底部和边壁。然后置混配容器于真空排泡设备中，抽真空至约 500mmHg。混合物液面将可能升高至原体积的 3～4 倍液面位置，然后自动破泡坍塌。破泡后维持真空 4～6min，最后释放真空。取出胶料即可用于灌封。该胶可以在室温下固化 24h 或者 80℃ 固化 30min。注意事项：本品所用催化剂容易因受污染而失活，从而影响胶料的硫化。因此，凡与本品直接接触的容器、用具以及被灌封的元器件、模腔等，应尽量保持清洁，不附有含氮、磷、硫的化合物及重金属盐类等化学杂质。由于本品放置一段时间以后略微有沉降现象，使用前需要分别将 A、B 两组分上下搅拌均匀后使用以保证其品质。

【毒性及防护】 本产品固化后为安全无毒物质，但混合前两组分应尽量避免与皮肤和眼睛接触，若不慎接触眼睛，应迅速用清水清洗。

【包装及贮运】 该产品有不同的包装规格，如 1kg/套、5kg/套、10kg/套和 20kg/套。在室温、阴凉、干燥处贮存，贮存期为 6 个月。本产品按照非危险品进行运输。

【生产单位】 常州固特易化工科技有限公司，北京化工大学胶接材料与原位固化研究室。

Ob 导电胶黏剂

Ob001 环氧导电胶黏剂 HYJ-40

【英文名】 conductive epoxy adhesive HYJ-40

【主要组成】 环氧树脂、银粉、助剂等。

【产品技术性能】 外观：银灰色；密度：12g/cm³。固化后的产品性能如下。铝-铝拉剪强度：≥15MPa（室温）、≥3MPa（200℃）；体积电阻率：(4～9)×10^{-4} Ω·cm；标注测试标准：拉剪强度按 GB/T 7124—2008，体积电阻率按 GB/T 3048.2—2007。

【特点及用途】 中温固化，导电性能优异。主要适用于各类金属、非金属的导电粘接。

【施工工艺】 本胶黏剂为双组分（A/B）胶，A 组分和 B 组分的配比为 5∶1。固化条件：(70±5)℃/3h。

【包装及贮运】 包装：500g/套、1000g/套，保质期 1 年。贮存条件：室温、阴凉、干燥处存放，应避免阳光直射。

【生产单位】 航天材料及工艺研究所。

Ob002 导电胶黏剂 GXJ-39

【英文名】 conductive adhesive GXJ-39

【主要组成】 改性硅橡胶、银粉、助剂。

【产品技术性能】 外观：银灰色；密度：12g/cm³。固化后的产品性能如下。铝-铝拉剪强度（室温）：≥1MPa；体积电阻率：≤10^{-3} Ω·cm；标注测试标准：拉剪强度按 GB/T 7124—2008，体积电阻率按 GB/T 2439—2001。

【特点及用途】 室温快速固化，固化时间可在 5～60min 间调节。主要用于电子元器件的粘接和密封。

【施工工艺】 本胶黏剂为双组分（A/B）胶，A 组分和 B 组分的配比为 100∶1。固化条件：室温 7d。

【包装及贮运】 包装：100g/套、500g/套、1000g/套，保质期 1 年。贮存条件：室温、阴凉、干燥处存放，应避免阳光直射。

【生产单位】 航天材料及工艺研究所。

Ob003 导电屏蔽胶黏剂 Dq441J-88

【英文名】 shielding and conductive adhesive Dq441J-8

【主要组成】 改性硅橡胶、填料、助剂。

【产品技术性能】 外观：黑色；密度：1.1g/cm³。固化后的产品性能如下。铝-铝拉剪强度（室温）：≥2MPa；拉伸强度：≥2MPa；体积电阻率：≤50Ω·cm；300～7000MHz 屏蔽效能：≥20dB；标注测试标准：拉剪强度按 GB/T 7124—2008，拉伸强度按 GB/T 528—2009，体积电阻率按 GB/T 2439—2001，屏蔽性能按 GJB 6190—2008。

【特点及用途】 胶黏剂为腻子状不流动黏稠物，有触变性，室温固化，导电，屏蔽性能稳定。该产品主要适用于金属和非金属的粘接、导电密封、填缝密封。

【施工工艺】 本胶黏剂为双组分（A/B）

胶，A组分和B组分的配比为100∶0.5。固化条件：室温7d。

【包装及贮运】 包装：500g/套、1000g/套，保质期1年。贮存条件：室温、阴凉、干燥处存放，应避免阳光直射。

【生产单位】 航天材料及工艺研究所。

Ob004 导电胶SY-15

【英文名】 conductive adhesive SY-15 series

【主要组成】 合成树脂、溶剂、导电填料等。

【产品技术性能】 外观：黑色；黏度(25℃)：(2000±500) mPa·s。固化后的产品性能如下。体积电阻率(25℃)：<10^2 Ω·cm；剪切强度：>4MPa。

【特点及用途】 以合成树脂为粘接剂，以导电炭粉或银粉为导电填料，配以适当的溶剂、增韧剂而成，导电性能优良，施工性良好。用于柔性印制电路板的制造及修理，用于非结构件的导电粘接。

【施工工艺】 将被粘物表面用汽油或丙酮等溶剂擦干净，将被粘物两面均匀涂上胶，晾干5min将被粘物粘在一起固定，常温固化24h即可达到粘接效果。注意事项：胶使用时先搅拌均匀，防止炭粉沉淀，影响粘接效果。

【毒性及防护】 本产品固化后为安全无毒物质，但应尽量避免与皮肤和眼睛接触，若不慎接触眼睛，应迅速用清水清洗。

【包装及贮运】 包装：1kg/桶，保质期4个月。贮存条件：室温、阴凉处贮存。本产品按照非危险品运输。

【生产单位】 三友（天津）高分子技术有限公司。

Ob005 导电胶SY-154

【英文名】 conductive adhesive SY-154

【主要组成】 合成树脂、炭粉、增黏剂、增韧剂、溶剂等其它助剂配制而成。

【产品技术性能】 外观：黑色膏状物；表面电阻率：≤0.1Ω；粘接强度：≥0.8MPa；表干时间：≤1h。

【特点及用途】 本胶黏剂为单组分，具有常温固化、贮存稳定、使用方便等特点。用于粘接非结构的导电胶，用于制造柔性印刷电路板及屏蔽的导电印料。

【施工工艺】 将被粘物表面用汽油或丙酮等溶剂擦干净，将被粘物两面均匀涂上胶，晾干5min，将被粘物粘在一起固定，常温固化24h即可达到粘接效果。注意事项：胶使用时先搅拌均匀，防止炭粉沉淀，影响粘接效果。

【毒性及防护】 本产品固化后为安全无毒物质，但应尽量避免与皮肤和眼睛接触，若不慎接触眼睛，应迅速用清水清洗。

【包装及贮运】 包装：1kg/桶，保质期4个月。贮存条件：室温、阴凉处贮存。本产品按照非危险品运输。

【生产单位】 三友（天津）高分子技术有限公司。

Ob006 导电有机硅密封剂HM315A

【英文名】 conductive silicone sealant HM315A

【主要组成】 液体硅橡胶、导电填料、硫化剂、助剂等。

【产品技术性能】 活性期：≥0.5h；密度：≤3.2g/cm^3；体积电阻率：≤0.01Ω·cm；拉伸强度：≥1.0MPa；拉断伸长率：≥80%；硬度：≥50 Shore A；180°剥离强度：≥0.8kN/m；适用温度：−54～150℃；标注测试标准：以上数据测试参照企标Q/6S 2251—2014。

【特点及用途】 具有良好的导电性和耐高温性。与粘接底涂配套使用对钢、钛合金、铝合金等多种金属材料、多种复合材料具有良好的粘接性能。应用于空气介质中有导电、电磁屏蔽要求的器件的灌封和密封。

【施工工艺】 该密封剂为双组分，组分一

和组分二的质量配比为 100 ：(1.0～1.8)，组分三为配套底涂，适合刮涂施工。注意事项：用清洁干燥的棉布蘸汽油仔细地擦拭掉制件表面上的油脂、灰尘等污物，晾干后刷涂配套底涂，晾置 1～5h 干燥后方可涂覆密封剂。该密封剂严禁用三辊研磨机混合。

【毒性及防护】 本产品硫化后为安全无毒物质，但硫化前应尽量避免与皮肤、眼睛接触，若不慎接触眼睛，应迅速用清水清洗。

【包装及贮运】 基膏用塑料桶包装，单元包装为 1kg；硫化剂用螺旋口塑料瓶或玻璃瓶包装，单元包装为 50g；亦可按使用方要求或双方商定进行包装。贮存条件：产品应在 0～30℃、相对湿度小于 80％的库房内密封贮存，自生产之日起贮存期为 6 个月。

【生产单位】 中国航空工业集团公司北京航空材料研究院。

Ob007 双组分导电胶 SY-73

【英文名】 two-part conductive adhesive SY-73

【主要组成】 环氧树脂、导电填料、助剂等。

【产品技术性能】 体积电阻率：0.001Ω·cm；表面电阻率：≤0.1Ω；剪切强度：≥12MPa；标注测试标准：以上数据测试参照企标 Q/6S 2251—2014。

1. 剪切强度和电性能，不同固化条件对胶接铝的剪切强度以及导电本体的导电性能的影响如下。胶接铜，在 120℃固化 3h 的室温剪切强度为 14.4MPa。

固化温度/℃	120	80	45	45	45	45
固化时间/h	3	6	24	48	72	96
剪切强度/MPa	16.8	15.7	2.7	9.9	9.4	10.4
体积电阻率/Ω·cm	0.00125	0.001	0.00207	0.00134	0.00068	0.00061

2. 耐环境性能，热老化和水浸泡后的剪切强度以及体积电阻率的变化如下。

性能	环境条件		
	原始	150℃/48h 热老化	室温水浸 30d
剪切强度/MPa			
铝-铝	17.1	18.7	16.7
铜-铜	14.7	3.3	12.4
体积电阻率/Ω·cm	1.25×10^{-3}	0.96×10^{-3}	0.6×10^{-3}

【特点及用途】 本胶是双组分环氧树脂糊状导电胶黏剂，固化后胶层具有良好的导电性能，具有良好的胶接性能，适用于金属与非金属的粘接，长期使用温度为 −55～160℃，也可在 200℃短期使用。

【施工工艺】 1. 配胶：将甲组分充分搅拌均匀后，按比例配胶，将配好的胶黏剂涂在已经处理好的表面上，厚度为 0.1mm，配胶量为 100g，25℃的适用期为 6h；2. 固化：将已施胶的胶接零部件贴合，固化条件为 120℃/3h 或 80℃/6h，如果胶接强度的要求不高，也可在 45℃固化 72h，固化压力为接触压至 0.1MPa。

【毒性及防护】 本产品硫化后为安全无毒物质，但硫化前应尽量避免与皮肤、眼睛接触，若不慎接触眼睛，应迅速用清水清洗。

【包装及贮运】 分为 100g、200g、500g 和 1000g 不同规格两组分分装。密封贮存于温度不高于 30℃、相对湿度不大于 75％的室内，贮存期为 1 年。

【生产单位】 中国航空工业集团公司北京航空材料研究院。

Ob008 硅橡胶导电黏合剂 GJS-101

【英文名】 conductive silicone adhesive GJS-101

【主要组成】 端羟基液体硅橡胶、固化剂、银粉、助剂等。

【产品技术性能】 外观：灰色；密度：8.7g/cm^3。固化后的产品性能如下。剪切强度：＞3MPa；真空热失重：0.2%；可凝挥发物：0.01%；工作温度：－196～280℃；标注测试标准：以上数据测试参照企标 Q/spb 25—2003。

【特点及用途】 双组分室温固化型，保存期长；真空热失重和可凝挥发物低；粘接强度高，对金属材料的粘接强度大于3MPa，电阻率≤1×10^{-3}Ω·cm，柔性好，不含有机锡，无毒性，长期使用温度≤280℃，老化寿命长。该产品主要用于金属、玻璃、陶瓷、皮革、纸张及大多数塑料、纤维等材料的粘接。

【施工工艺】 该胶是双组分胶（A/B），A组分和B组分的质量比为10∶1。注意事项：未固化前加温不能超过70℃。

【毒性及防护】 本产品为安全无毒物质，但混合前两组分应尽量避免与皮肤和眼睛接触，若不慎接触眼睛，应迅速用清水清洗。

【包装及贮运】 包装：500g/套，保质期1年。贮存条件：室温、阴凉处贮存。本产品按照非危险品运输。

【生产单位】 天津市鼎秀科技开发有限公司。

Ob009 单组分环氧导电胶 HDD-1

【英文名】 one-part epoxy conductive adhesive HDD-1

【主要组成】 环氧树脂、银粉、潜伏性固化剂、助剂等。

【产品技术性能】 外观：银灰色；密度：8.5g/cm^3。固化后的产品性能如下。剪切强度：10MPa；体积电阻率：≤1×10^{-4}Ω·cm；工作温度：－60～150℃；标注测试标准：以上数据测试参照企标 Q/spd 01—1996。

【特点及用途】 单组分，使用方便，可涂刷、丝网印刷、灌封等。粘接强度高，导电性好。该产品主要用于导体和半导体部件的导电性粘接、涂覆和灌封。

【施工工艺】 该胶是单组分胶，150℃/1h固化即可。

【毒性及防护】 本产品固化后为安全无毒物质，若不慎接触眼睛，应迅速用清水清洗。

【包装及贮运】 包装：500g/套，保质期半年。贮存条件：室温、阴凉处贮存。本产品按照非危险品运输。

【生产单位】 天津市鼎秀科技开发有限公司。

Ob010 环氧导电银浆 HDD-2

【英文名】 epoxy conductive silver past HDD-2

【主要组成】 环氧树脂、银粉、潜伏性固化剂、助剂、稀释剂等。

【产品技术性能】 外观：银灰色；密度：6g/cm^3。固化后的产品性能如下。剪切强度：8MPa；体积电阻率：≤1×10^{-4}Ω·cm；工作温度：－60～150℃；标注测试标准：以上数据测试参照企标 Q/spd 02—1996。

【特点及用途】 单组分，使用方便，可涂刷、丝网印刷等。粘接强度高，导电性好。该产品主要用于导体和半导体部件的电极连接。

【施工工艺】 该胶是单组分胶，150℃/1h固化即可。

【毒性及防护】 本产品固化后为安全无毒物质，若不慎接触眼睛，应迅速用清水清洗。

【包装及贮运】 包装：500g/套，保质期半年。贮存条件：室温、阴凉处贮存。本产品按照非危险品运输。

【生产单位】 天津市鼎秀科技开发有限公司。

Ob011 双组分环氧导电胶 HDD-2

【英文名】 two-part epoxy conductive adhesive HDD-2

【主要组成】 环氧树脂、银粉、固化剂、助剂等。

【产品技术性能】 外观：银灰色；密度：8.5g/cm^3。固化后的产品性能如下。剪切强度：15MPa；体积电阻率：≤1×10^{-4} Ω·cm；工作温度：−60～150℃；标注测试标准：以上数据测试参照企标 Q/spd 02—1996。

【特点及用途】 双组分室温固化，具有粘接强度大、体积电阻率小等特点。该产品用于线路板等的导电性粘接。

【施工工艺】 该胶是双组分胶（A/B），A 组分和 B 组分的质量比为 1∶1。注意事项：温度低于 15℃时，应采取适当的加温措施，否则对应的固化时间将适当延长；当混合量大于 200g 时，操作时间将会缩短。

【毒性及防护】 本产品固化后为安全无毒物质，但混合前两组分应尽量避免与皮肤和眼睛接触，若不慎接触眼睛，应迅速用清水清洗。

【包装及贮运】 包装：500g/套，保质期 1 年。贮存条件：室温、阴凉处贮存。本产品按照非危险品运输。

【生产单位】 天津市鼎秀科技开发有限公司。

Ob012 导电胶黏剂 DAD-87

【英文名】 conductive adhesive DAD-87

【主要组成】 环氧树脂、潜伏固化剂、片状银粉和溶剂等。

【产品技术性能】 外观：银白色糊状物；黏度（25℃）：15～25Pa·s；含银量：≥82%；体积电阻率：5×10^{-4} Ω·cm；剪切强度：≥4MPa（室温）、≥2MPa（200℃）；胶料杂质离子含量：Na^+≤5×10^{-6}，Cl^-：≤10×10^{-6}。

【特点及用途】 银粉颗粒细，导电、导热、耐热性优良，使用方便，杂质离子含量低，短期可承受 350℃的高温。用于塑封集成电路、小功率三极管的装片、二极管的引线、PTC 陶瓷发热元件等的黏结。

【施工工艺】 1. 涂胶：先将胶液拌匀，用针或笔将胶液点涂于管座或支架黏结处，放上管芯，稍加压压紧；也可用自动分配器进行点胶。涂胶后应在 1h 内（25℃为基准）放上管芯，否则胶液挥发变干，难以黏结。2. 固化：150℃/4h 或 175℃/3h 或 200℃/2h 或 250℃/0.5～1h。固化温度越高，导电性越好。对中、小功率的三极管装片，固化后如再经 300～350℃热处理 15～30min（在氮或氩氛围保护下）则性能更佳。3. 若胶液太稠，可用乙二醇、乙醚等稀释，但不宜多加，以防银粉下沉，影响导电性能。

【毒性及防护】 本胶属于环氧体系，使用和固化时应注意通风。使用时应尽量避免与皮肤接触，一旦接触可用丙酮等溶剂擦净，用水清洗。

【包装及贮运】 常规包装为 100g，塑料瓶装。本胶应在 0～5℃的冰箱内冷藏，贮存期为 12 个月，20℃下为 3 个月，30℃下为 1 个月。

【生产单位】 上海华谊（集团）公司—上海合成树脂研究所。

Ob013 导电胶黏剂 DAD-91

【英文名】 conductive adhesive DAD-91

【主要组成】 聚酰亚胺改性环氧树脂、潜伏性固化剂、片状银粉和溶剂等。

【产品技术性能】 外观：银白色糊状物；体积电阻率：≤5×10^{-4} Ω·cm；剪切强度：≥8MPa（室温）。

【特点及用途】 银白色单组分中温固化导电胶，导电性能、粘接性、耐热性和工艺性优良，短期可承受 250℃的热压温度。适用于石英谐振器或集成电路芯片等的粘接。

【施工工艺】 1. 涂胶：先将胶糊搅拌均匀，然后用涂胶分配器或棒针将胶点涂在管座装片处，放上芯片，稍施压力压紧；2. 固化：压力为 50～100kPa，在 150℃烘 1h；3. 若胶液太稠，可用乙二醇、乙醚等稀释，但不宜多加，以防银粉下沉，影响导电性能。

【毒性及防护】 本胶属于环氧体系，使用和固化时应注意通风。使用时应尽量避免与皮肤接触，一旦接触可用丙酮等溶剂擦净，用水清洗。

【包装及贮运】 常规包装为 100g，塑料瓶装。本胶应在 0～5℃的冰箱内冷藏，贮存期 12 个月。

【生产单位】 上海华谊（集团）公司—上海合成树脂研究所。

Ob014 印刷银浆

【英文名】 printing silver paste

【主要组成】 改性聚氨酯树脂、片状银粉和溶剂等组成的双液型导电糊状物。

【产品技术性能】 黏度：1.5～2.5Pa·s；体积电阻率：≤9×10^{-4} Ω·cm；固含量：70%。

【特点及用途】 可丝网印刷，固化温度低，导电性能优良。适用于电子线路的修补和触摸开关电路的印刷，可用作屏蔽材料。

【施工工艺】 按银浆∶固化剂＝100∶2 配比。使用前必须充分搅拌均匀，按配比加入固化剂，混合均匀后涂于被涂物表面，也可丝网印刷，丝网网目在 200 目左右，胶层在 0.03～0.05mm，固化条件为室温 24h 或 100℃/0.5h。若胶液较稠可加甲苯稀释，但不宜多加，以防止银粉下沉，影响导电性能。

【毒性及防护】 本胶含易燃溶剂，使用时注意通风。

【包装及贮运】 常规包装为 100g，塑料瓶装。本胶应在 0～5℃的冰箱内冷藏，贮存期 12 个月。

【生产单位】 上海华谊（集团）公司—上海合成树脂研究所。

Ob015 导电胶 DAD-5

【英文名】 conductive adhesive DAD-5

【主要组成】 耐热环氧树脂、增韧剂、咪唑固化剂、银粉等。

【产品技术性能】 外观：银白色糊状物；体积电阻率：≤0.01Ω·cm；剪切强度：≥14.7MPa（室温）、≥9.8MPa（180℃）；不均匀扯离强度：≥14.7kN/m。

【特点及用途】 不含溶剂，固化温度低(100℃)，耐温可达 200℃，粘接强度高。适用于电子工业的导电粘接，具有密封作用。

【施工工艺】 按比例混合搅拌均匀，涂于被粘物表面、叠合。固化温度为 100℃/3h。

【毒性及防护】 本胶为环氧体系，涂胶机固化应保持通风。使用时应尽量避免与皮肤接触，一旦接触可用丙酮擦净，用水清洗。

【包装及贮运】 常规包装为 30g 和 1kg 瓶装。本胶为非危险品，运输按照运输部门的规定办理。

【生产单位】 上海华谊（集团）公司—上海市合成树脂研究所。

Ob016 导电胶黏剂 DAD-8-3

【英文名】 conductive adhesive DAD-8-3

【主要组成】 环氧树脂、潜伏性固化剂、片状银粉和溶剂等。

【产品技术性能】

性 能	DAD-8-3 A	DAD-8-3 B
体积电阻率 /Ω·cm	≤0.0009	≤0.0009

续表

性能	DAD-8-3 A	DAD-8-3 B
剪切强度(室温)/MPa	≥14.7	≥5.89
剪切强度(60℃)/MPa	≥9.8	≥4.9

【特点及用途】 本胶由三组分组成，室温固化，具有较好的粘接强度和导电性。用于室温固化的金属与金属的导电连接和陶瓷的导电粘接。

【施工工艺】 DAD-8-3 A 型，甲∶乙∶丙＝2∶1∶9；DAD-8-3 B 型，甲∶乙∶丙＝2∶1∶12。各组分按比例称量后混合调成糊状，涂于被粘物表面，在室温下露置 15～30min，叠合在25℃以上的环境下固化 48h。

【毒性及防护】 本胶甲组分有易燃溶剂，使用和固化时应注意通风。

【包装及贮运】 常规包装为 30g 和 1kg，塑料瓶装。本胶应密封贮存在通风、干燥、避光的库房内。本胶甲组分属于危险品，运输按照运输部门的规定办理。

【生产单位】 上海华谊（集团）公司—上海市合成树脂研究所。

Ob017 导电胶黏剂 DAD-24

【英文名】 conductive adhesive DAD-24

【主要组成】 环氧树脂、酚醛、银粉等。

【产品技术性能】 体积电阻率：≤5×10⁻⁴Ω·cm；不挥发分：≥92%；剪切强度：≥3.92MPa（室温）。

【特点及用途】 银白色双组分中温固化导电胶，胶液可等体积或等质量配比。胶液对被粘物体的腐蚀小，具有导电性能优良、耐老化、使用期长等特点。适合在－60～125℃的温度范围内使用，主要用于电位器、石英谐振器引出线的粘接。

【施工工艺】 按照甲∶乙＝1∶1 配比。使用前必须充分搅拌均匀，然后按比例称量后混合调成糊状，涂于被粘物表面，叠合在 150℃下固化 2h。若胶液较稠可加乙二醇、乙醚等稀释，但不宜多加，以防止银粉下沉，影响导电性能。

【毒性及防护】 本胶为环氧体系，涂胶机固化应保持通风。使用时应尽量避免与皮肤接触，一旦接触可用丙酮擦净，用水清洗。

【包装及贮运】 常规包装为 200g，塑料瓶装。本胶应在 0～5℃ 的冰箱内冷藏，有效期为 12 个月，必须注意干燥，以防止受潮变质，运输按照运输部门的规定办理。

【生产单位】 上海华谊（集团）公司—上海市合成树脂研究所。

Ob018 导电胶黏剂 DAD-40

【英文名】 conductive adhesive DAD-40

【主要组成】 环氧树脂、酚醛、银粉等。

【产品技术性能】 外观：有微触变性的糊状物；体积电阻率：≤0.001Ω·cm；剪切强度：≥3.92MPa（室温）。

【特点及用途】 具有固化温度低、配比要求不严格、粘接强度和导电性良好等特点。用于电位器、红外热释电探测器、荧光灯引火管、压电陶瓷、屏蔽、电路修补等。一般使用温度及范围为－60～60℃。

【施工工艺】 按照甲∶乙＝1∶1 配比。使用前必须充分搅拌均匀，然后按比例称量后混合调成糊状，涂于被粘物表面，叠合在 100℃下固化 1h，本胶也可室温 48h 或 60℃/3h 固化。但固化温度高，导电性和粘接强度好。若胶液较稠可加乙二醇、乙醚等稀释，但不宜多加，以防止银粉下沉，影响导电性能。

【毒性及防护】 本胶为环氧体系，使用和固化时应注意通风。

【包装及贮运】 常规包装为 100g，塑料瓶装。本胶应在 0～5℃ 的冰箱内冷藏，有效期为 12 个月，必须注意干燥，以防止受潮变质，运输按照运输部门的规定办理。

【生产单位】 上海华谊（集团）公司—上海市合成树脂研究所。

Ob019 导电胶黏剂 DAD-50

【英文名】 conductive adhesive DAD-50

【主要组成】 改性聚氨酯树脂、片状银粉及溶剂等。

【产品技术性能】 外观：银灰色微触性糊状物；体积电阻率：≤9×10^{-4}Ω·cm；涂层硬度：4～6B（铅笔硬度）。

【特点及用途】 固化后胶层柔软，导电性能优良。主要用于石英谐振器晶片的粘接。

【施工工艺】 使用前必须充分搅拌均匀，用小毛笔或针筒点胶。固化条件为150℃下固化0.5～1h。

【毒性及防护】 本胶使用溶剂，故在使用和固化时应注意通风。使用时尽量避免与皮肤接触，一旦接触可用丙酮等溶剂擦净，用水清洗。

【包装及贮运】 常规包装为100g，塑料瓶装。本胶应在0～5℃的冰箱内冷藏，有效期为12个月，必须注意干燥，以防止受潮变质，运输按照运输部门的规定办理。

【生产单位】 上海华谊（集团）公司—上海市合成树脂研究所。

Ob020 导电胶黏剂 DAD-51

【英文名】 conductive adhesive DAD-51

【主要组成】 改性聚氨酯树脂、片状银粉及溶剂等。

【产品技术性能】 外观：银灰色微触性糊状物；体积电阻率：≤0.0005Ω·cm；不挥发物含量：92%；剪切强度：3MPa。

【特点及用途】 固化后胶层具有良好的柔软性和收缩应力小、导电性能优良等特点。用于高频石英晶体谐振器。

【施工工艺】 使用前必须充分搅拌均匀，用小毛笔或针筒点胶。固化条件为150℃下固化1h。若胶液较稠可加乙二醇、乙醚等稀释，但不宜多加，以防止银粉下沉，影响导电胶的性能。

【毒性及防护】 本胶使用溶剂，故在使用和固化时应注意通风。使用时应尽量避免与皮肤接触，一旦接触可用丙酮等溶剂擦净，用水清洗。

【包装及贮运】 常规包装为100g，塑料瓶装。本胶应在0～5℃的冰箱内冷藏，有效期为12个月，必须注意干燥，以防止受潮变质，运输按照运输部门的规定办理。

【生产单位】 上海华谊（集团）公司—上海市合成树脂研究所。

Ob021 导电胶黏剂 DAD-54

【英文名】 conductive adhesive DAD-54

【主要组成】 环氧树脂、潜伏性固化剂、片状银粉和溶剂等。

【产品技术性能】 体积电阻率：≤0.0009Ω·cm；剪切强度：≥5.89MPa（室温）；不挥发分：≥95%。

【特点及用途】 单组分导电胶黏剂，不需称量，使用方便，中温固化，具有粘接强度和导电性能良好等特点。用于发光二极管芯片的粘接，电阻、电容和石英谐振器等的粘接。

【施工工艺】 使用前必须充分搅拌均匀，然后按比例称量后混合调成糊状，涂于被粘物表面。本胶室温48h或100℃/0.5h固化。若胶液较稠可加甲苯等稀释，但不宜多加，以防止银粉下沉，影响导电性能。本胶切忌用乙醇（或无水乙醇）及其它含水量较高的溶剂稀释，以防止潜伏性固化剂潮解引起固化不良。

【毒性及防护】 本胶为环氧体系，涂胶机固化应保持通风。使用时应尽量避免与皮肤接触，一旦接触可用丙酮擦净，用水清洗。

【包装及贮运】 常规包装为100g，塑料瓶装。本胶应在0～5℃的冰箱内冷藏，有效期为12个月，必须注意干燥，以防止受潮变质，运输按照运输部门的规定办理。

【生产单位】 上海华谊（集团）公司—上海市合成树脂研究所。

Ob022 导电屏蔽胶黏剂 Dq441J-110

【英文名】 shielding and conductive adhesive Dq441J-10

【主要组成】 改性硅橡胶、填料、助剂、交联剂等。

【产品技术性能】 外观：黑色；密度：1.1g/cm³。固化后的产品性能如下。铝-铝拉剪强度（室温）：≥2MPa；拉伸强度：≥2MPa；体积电阻率：≤20Ω·cm；300～7000MHz屏蔽效能：≥20dB；标注测试标准：拉剪强度按GB/T 7124—2008，拉伸强度按GB/T 528—2009，体积电阻率按GB/T 2439—2001，屏蔽性能按GJB 6190—2008。

【特点及用途】 单组分，胶黏剂为腻子状不流动黏稠物，有触变性，室温固化，导电，屏蔽性能稳定。该产品适用于金属和非金属的粘接、导电密封填缝密封和电磁屏蔽防护。

【施工工艺】 本胶黏剂为单组分，胶枪挤胶，刮涂。固化条件：室温7d。

【包装及贮运】 包装：250g/套，保质期1年。贮存条件：室温、阴凉、干燥处存放，应避免阳光直射。

【生产单位】 航天材料及工艺研究所。

P 新能源（风电叶片、太阳能电池）

面对化石燃料日益枯竭的威胁，面对日益严峻的能源困局，世界各国都在讨论后续能源的接续问题。在各种各样的选择中，风力发电已逐渐成为最值得考虑的选择。风力发电具有资源再生、容量巨大、无污染和综合治理成本较低等优点，其开发和利用受到世界各国越来越多的关注。全球风电产业 2011 年新增风电装机容量达 41000MW，全球风能发电增长 21%。2011 年中国风电新增装机达 20GW。据预测，到 2020 年，中国风电装机容量达到 3 亿千瓦左右。

大型风力机叶片大多采用组装的方式制造。在两个阴模上分别成型叶片壳体，芯材及其它玻璃纤维复合材料部件分别在专用模具上成型，然后在主模具上把叶片壳体与芯材以及上、下半叶片壳体互相黏结，并将壳体缝隙填实，合模加压固化后制成整体叶片。其中使用的胶黏剂是叶片的重要结构材料，直接关系到叶片的刚度和强度。随着单机装机容量的增加，风轮叶片也越来越长，主流尺寸已达到 40m 以上，最大叶片的长度甚至超过 80m，重达 5t 以上，这就对合模粘接的胶黏剂提出了更严苛的技术要求。为了减轻重量，其中是中空加强结构，制备过程是将叶片分成上下两部分分别制造，用结构胶黏剂将两半粘接，再用手工研磨及去除多余的胶黏剂，除了在合模中使用外，在电机和定子封装中也需要用到胶黏剂和密封剂。伴随着风电产业的迅猛发展，胶黏剂的市场需求越来越大。每生产一个叶片就要使用 50～300kg 的胶黏剂。目前，市场上主流的风电叶片用胶黏剂有环氧胶黏剂、聚氨酯胶黏剂、改性丙烯酸酯胶黏剂。环氧胶黏剂与其它类型的胶黏剂相比，具有胶接强度高、固化收缩率小、易于改性等优点。环氧树脂、固化剂及改性剂的品种很多，可通过合理而巧妙的配方设计，使胶黏剂具有所需要的工艺性，并具有所要求的使用性能。环氧胶黏剂因具有性能和成本优势而成为大多数风电叶片制造厂商的首选。

美国Hexion与Huntsman公司有着良好的环氧树脂及其固化剂开发基础，因而开发的环氧系列合模胶得到了广泛的应用，也成为很多公司开发新产品借鉴的对象。国外相关的生产商和他们的主要产品还包括Tartler GmbH公司和Vantico公司生产的双组分（环氧组分和聚氨酯组分）胶黏剂，具有非坍落性、流动性好、低温快速固化、适于结构黏结的特点；奥地利FWT wickeltechnick Gmbh公司生产的乙烯基酯树脂为基础的胶黏剂，将上、下叶片壳体黏结成整体；SP system公司以增韧环氧为基础生产的环氧糊胶黏剂，粘接厚度可达50mm而不流挂，整个叶片壳体缝隙达到对准、平整的严格要求。

随着风力发电行业的发展，目前向着高功率的方向发展。目前以1.5MW为主，进行5MW和10MW叶片制造的研究工作。目前1.5MW叶片用的主要增强材料是高强玻璃纤维，对于大功率的叶片，需要使用碳纤维或混合纤维进行加强，这时所用的基体树脂、合模胶和工艺都将需要较大的提高，目前所用的体系不能满足要求，因此需要加大力度进行开发。图3展示了风力叶片及风电机组中所涉及的用胶相关部位。

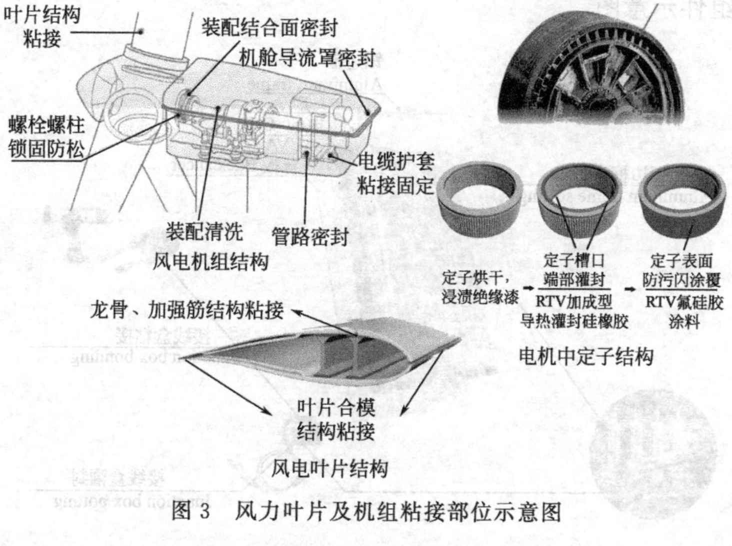

图3 风力叶片及机组粘接部位示意图

除了风能之外，太阳能也是一种非常重要的清洁能源。太阳能的利用主要是通过太阳能电池板将其转化成电能，然后将其转化为其他用途，如太阳能热水器、空调、路灯以及电动汽车等等。由于太阳能电池组件的工作环境主要为室外，而太阳能电池片不能直接暴露在阳光、雨水等自然条件下，因此有必要对其进行密封。目前，主要是采用高透明、抗紫外耐老化性优异、粘接性好、具有弹性的胶层将太阳能电池片包封，并和上层保护材料（前板）、下层保护材料（背板）黏合在一起，共同构成太阳能电池板。用于真空层压封装太阳能电池的材料主要有改性 EVA 胶膜、玻璃、背面材料（聚氟乙烯/胶黏剂/聚酯薄膜）、密封条、金属框和接线盒等。

20 世纪 70 年代，美国 JetPropulsion 和 Springbom 实验室就开始了研究太阳能电池封装用胶黏剂。在太阳能封装材料的发展过程中，如有机硅树脂、环氧树脂、聚乙烯醇缩丁醛（PVB）、乙烯-丙烯酸甲酯共聚物、聚甲基丙烯酸甲酯等聚合物都被试用，但因性能、成本、施工方式等各种原因，有许多被淘汰或仅在小范围内应用。目前，用于太阳能电池的封装材料主要有有机硅密封胶、EVA 胶膜和 PVB 胶。其中 EVA 胶是用于玻璃、电池片和背板材料间的粘接，而有机硅胶用于三元乙丙橡胶密封条与玻璃之间的密封和接线盒与背板之间的粘接，图 4 是太阳能光伏组件示意图。

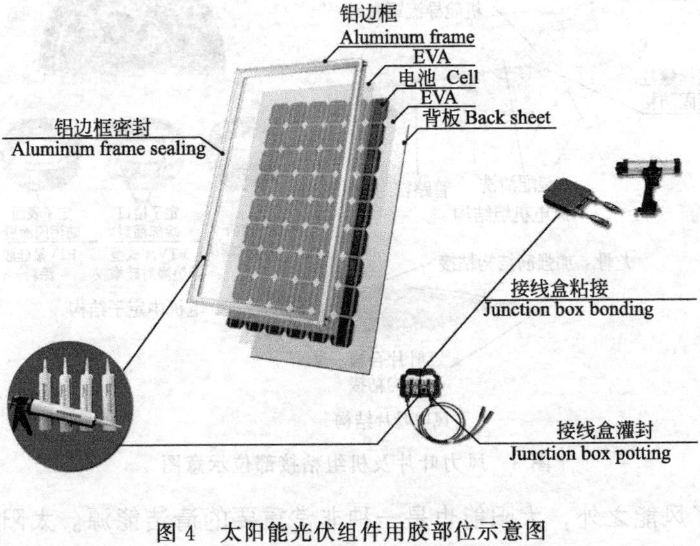

图 4 太阳能光伏组件用胶部位示意图

Pa 风电叶片

Pa001 风电叶片结构胶 WD3135 (3137)

【英文名】 adhesives WD3135 (3137) for wind turbine blade

【主要组成】 改性环氧树脂、改性胺类固化剂、助剂等。

【产品技术性能】 外观：A 组分为米黄色，B 组分为蓝色；密度：1.2～1.4g/cm^3。固化后的性能指标如下。压缩强度：＞80.0MPa；拉伸强度：＞50.0MPa；钢-钢剪切强度：＞30.0MPa；冲击强度：＞8.0kJ/m^2（－45～70℃）；工作温度：－45～70℃。

【特点及用途】 主要应用于风电叶片的结构粘接。

【施工工艺】 该胶是双组分胶（A/B），A 组分和 B 组分的质量比为 2：1（体积比）。

【毒性及防护】 本产品固化后为安全无毒物质，但混合前两组分应尽量避免与皮肤和眼睛接触，若不慎接触眼睛，应迅速用清水清洗。

【包装及贮运】 WD3135：220kg/桶；WD3137：200kg/桶包装。在室温、阴凉处贮存，保质期 1 年。本产品按照非危险品运输。

【生产单位】 上海康达化工新材料股份有限公司。

Pa002 高性能耐湿气风机叶片结构胶黏剂

【别名】 SikaForce®-7815

【英文名】 structural adhesive for wind blade

【产品技术性能】 外观：白色；密度：1.2kg/L。固化后的性能指标如下。硬度：约 80 Shore D（CQP 537-2）；拉伸强度：约 35N/mm^2（CQP 545-2/ISO 527）；断裂伸长率：约 3%（CQP 545-2/ISO 527）；剪切强度：约 20N/mm^2（CQP 546-2/ISO 4587）；工作温度：15～30℃。

【特点及用途】 本产品是双组分聚氨酯胶黏剂的基本组分。优异的施工性能和抗下垂性；在高温高湿环境下的操作时间长；在常温条件下的初始强度生成快。主要用于风机叶片工业中叶片的结构粘接。

【施工工艺】 该胶是双组分胶（A/B），A 组分和 B 组分的质量比为 100：40，体积配比 100：40。

【毒性及防护】 关于对化学品运输、操作、贮存及处理的信息和建议，用户应参照实际的安全数据表，其包括了物理的、生态的、毒理学的及其它的安全相关数据。

【包装及贮运】 大桶装 240kg，大容器装 1200kg 包装。保质期：6 个月。SikaForce®-7710 L35 应在 10～30℃ 的干燥环境下贮存。不要暴露在阳光直射和霜冻的环境下。一旦打开包装，应该避免产品吸收空气中的水汽。运输过程中的最低温度不要低于－20℃且不超过 7d。

【生产单位】 西卡（中国）有限公司。

Pa003 高性能抗下垂风电结构胶黏剂

【别名】 Sika Force®-7818 L7

【英文名】 structural adhesive for wind blade

【产品技术性能】 外观：白色；密度：1.23g/cm^3。固化后的性能指标如下。硬度：约 75 ShoreD(CQP 537-2/DIN 53505)；拉伸强度：约 35MPa（CQP 545-2/ISO 527)；E-模量：约 2500MPa（CQP 545-2/ISO 527)；断裂延伸率：约 2.5%（CQP 036-1/ISO 527)；拉伸剪切强度：约 20MPa（CQP 546-2/ISO 4587)；工作温度：15～30℃。

【特点及用途】 本产品是双组分聚氨酯胶黏剂的基本组分。卓越的抗下垂性；极短的施工和固化时间；高强度、高模量的结构粘接。主要在风车叶片的制造中提供多样的黏结应用，比如：支架和雷电保护部件等。

【施工工艺】 该胶是双组分胶（A)，A组分和B组分的质量比为 100：45，体积配比为 100：45。

【毒性及防护】 关于对化学品运输、操作、贮存及处理的信息和建议，用户应参照实际的安全数据表，其包括了物理的、生态的、毒理学的及其它的安全相关数据。

【包装及贮运】 支装/罐装/小桶装贮存 9 个月，大桶装贮存 12 个月。Sika Force®-7818 L7 必须贮存在干燥的环境，贮存的温度应该在 10～30℃。不要让产品直接暴露在阳光和霜冻的环境里。产品必须隔绝水汽。运输过程中的最低温度不要低于－20℃下且不超过 7d。

【生产单位】 西卡（中国）有限公司。

Pa004 风叶专用密封胶条 WD209

【英文名】 wealing tape WD209

【主要组成】 丁基橡胶、助剂、填料等。

【产品技术性能】 外观：黑红；密度：1.5g/cm^3。固化后的性能指标如下。初粘：≤40；针入度：30～60mm；标注测试标准：以上数据测试参照企标 Q/TECA 225—2013。

【特点及用途】 常温下保持良好的密封性，能干净地从表面揭离，没有残留。主要用于简单省力的真空袋制作和拆除工具，无臭、无毒、无害。

【施工工艺】 用于复合材料制作时即铺即用的真空袋工艺。注意事项：温度低于10℃时，应采取适当的加温措施，否则密封性能受影响，避免密封面有水分及粉尘。

【毒性及防护】 本产品为安全无毒物质。

【包装及贮运】 在室温、阴凉处贮存，保质期 2 年。本产品按照非危险品运输。

【生产单位】 上海康达化工新材料股份有限公司。

Pa005 风力发动机磁铁粘接固定胶 FL-1

【英文名】 wind motor magnet fixing adhesive FL-1

【主要组成】 环氧树脂、改性剂、添加剂、固化剂、助剂等。

【产品技术性能】 外观：灰色；密度：1.5g/cm^3。固化后的产品性能如下。剪切强度：(30±5) MPa；延伸率：6%；玻璃化温度（T_g）：105℃；工作温度：－60～150℃；标注测试标准：以上数据测试参照企标 Q/spf 08—2011。

【特点及用途】 对金属和环氧漆膜有很好的粘接力，粘接拉剪强度为（30±5）MPa，压剪强度可达 50MPa，韧性好，耐腐蚀性好，老化寿命可达 20 年以上。用于直驱永磁风力发动机磁铁的粘接固定和其它硬性物质的粘接。

【施工工艺】 该胶是双组分胶（A/B)，A 组分和 B 组分的质量比为 3：1，室温 8h 以上加 130℃/0.5h 固化。注意事项：

温度低于15℃时，应采取适当的加温措施，否则对应的固化时间将适当延长；当混合量大于200g时，操作时间将会缩短。

【毒性及防护】 本产品固化后为安全无毒物质，但混合前两组分应尽量避免与皮肤和眼睛接触，若不慎接触眼睛，应迅速用清水清洗。

【包装及贮运】 包装：1kg/套，保质期1年。贮存条件：室温、阴凉处贮存。本产品按照非危险品运输。

【生产单位】 天津市鼎秀科技开发有限公司。

Pa006 大功率风力发电叶片用胶黏剂

【别名】 合模胶

【英文名】 adhesive for high power wind turbine blade

【主要组成】 改性环氧树脂、增韧剂、触变剂、助剂等。

【产品技术性能】 外观：为双组分膏体，甲组分为淡黄色，乙组分为蓝色或浅蓝色。固化后的产品性能如下。拉伸强度：60MPa；拉伸模量：≥3.0 GPa；剪切强度（45#钢）：27MPa；玻璃化转变温度：≥70℃。

【特点及用途】 具有优异的触变性和抗流挂性，具有低放热峰和相对长的操作时间，卓越的物理力学性能和优异的抗疲劳性。该产品用于风力发电叶片及其它大型复合材料结构件的粘接。

【施工工艺】 该胶是双组分胶（A/B），A组分和B组分的重量配比为20：9。混合工艺：建议用自动混胶机混合，固化工艺为80℃/8h。

【毒性及防护】 本产品固化后为安全无毒物质，但混合前两组分应尽量避免与皮肤和眼睛接触，若不慎接触眼睛，应迅速用清水清洗并及时就诊。

【包装及贮运】 包装：200kg/铁桶，保质期6个月。贮存条件：室温、阴凉处贮存。本产品按照非危险品运输。

【生产单位】 北京化工大学胶接材料与原位固化研究室。

Pb 太阳能电池

Pb001 硅棒切割胶 WD3637

【英文名】 silicon rod mounting adhesive WD3637

【主要组成】 环氧树脂、固化剂、助剂等。

【产品技术性能】 外观：A 组分为蓝色，B 组分为黄色；黏度：20000～50000mPa·s(A 组分)，20000～50000mPa·s(B 组分)。固化后的性能指标如下。剪切强度(6h)：≥15MPa（GB/T 7124—2008)；操作时间：≥15min；表干时间：≤25min；硬度：≥75 Shore D；标注测试标准：以上数据测试参照企标 Q-TECA-248—2014。

【特点及用途】 适用于自动脱胶工艺，脱胶速度快，气味低，成品合格率高。用于硅棒与玻璃的粘接。

【施工工艺】 该胶是双组分胶（A/B)，A 组分和 B 组分的质量比为 1∶1。注意事项：恒温［(25±2)℃］贮存，低温可能导致胶黏剂变稠或出现结晶，若出现结晶可采用 50～60℃温水或烘箱加热的方式解决。

【毒性及防护】 本产品固化后为安全无毒物质，但混合前两组分应尽量避免与皮肤和眼睛接触，若不慎接触眼睛，应迅速用清水清洗并及时就医。

【包装及贮运】 2kg/套包装。贮存条件：室温、阴凉处贮存，保质期 1 年。本产品按照危险品运输。

【生产单位】 上海康达化工新材料股份有限公司。

Pb002 晶硅切片临时粘接胶 3311

【英文名】 slicing temporary adhesive 3311 for wafer silicon

【主要组成】 环氧树脂、固化剂和助剂等。

【产品技术性能】 外观：A 组分为红色，B组分为蓝色；密度：(1.45±0.05) g/cm³；操作时间：约 20min/25℃；剪切强度：约 20MPa（Al-Al)。

【特点及用途】 具有较长的操作时间、良好的流平性及浸润性；具有较好的柔韧性和强度；在不同溶剂中易于脱胶，可实现临时固定。该产品主要应用于硅棒与玻璃板的粘接、导向条的粘接。

【施工工艺】 该胶是双组分胶（A/B)，A 组分和 B 组分按质量比为 1∶1 进行混合脱泡后施胶。

【毒性及防护】 本产品固化后为安全无毒物质，但混合前两组分应尽量避免与皮肤和眼睛接触，若不慎接触眼睛，应迅速用清水清洗。

【包装及贮运】 2kg/套包装。在室温、阴凉处贮存，保质期 1 年。

【生产单位】 烟台德邦科技有限公司。

Pb003 太阳能背板复合粘接胶 HT8692

【英文名】 laminated adhesive HT8692

for solar photovoltaic backsheet

【主要组成】 羟基封端聚氨酯预聚物、多异氰酸酯固化剂等。

【产品技术性能】 外观：无色至淡黄色液体；初始剥离强度：约 4.5N/10mm；熟化后剥离强度：5.5N/mm；双 85h 老化后剥离强度：≥4N/10mm。

【特点及用途】 开放时间长，剥离强度高，耐老化性能优异。主要应用于太阳能电池背板的复合。

【施工工艺】 将两组分按规定比例混合，稀释至合适的浓度，在复合机上进行上胶复合。复合后的膜一般在 40～50℃熟化 3～5d 后裁剪包装。注意事项：聚氨酯胶在施胶和固化过程中，避免与含有羟基、氨基等的化学品接触，该类物质会导致聚氨酯胶不固化或固化不完全。

【毒性及防护】 本产品固化后为安全无毒物质，但混合前应尽量避免与皮肤和眼睛接触，若不慎接触眼睛，应迅速用清水清洗。

【包装及贮运】 A 组分 200kg/桶和 20kg/桶；B 组分 4kg/桶。在室温、阴凉处贮存，贮存期为 6 个月。本产品按照非危险品运输。

【生产单位】 湖北回天新材料料股份有限公司。

Pb004 光伏组件专用密封胶 XL-333

【英文名】 special sealant XL-333 for solar cell

【主要组成】 有机硅树脂、交联剂、助剂等。

【产品技术性能】 外观：白色；下垂度：0mm（GB/T 13477.2—2002）；挤出性：230mL/min（GB/T 13477.2—2002）；表干时间：15min（GB/T 13477.2—2002）。固化后的性能指标如下。拉伸强度：2.5MPa（GB/T 528—2009）；撕裂强度：14kN/m（GB/T 528—2009）；断裂伸长率：450%（GB/T 528—2009）；介电强度：16kV/mm（GB/T 1695—2005）；体积电阻率：$1.0\times10^{15}\Omega\cdot cm$（GB/T 1692—2008）；硬度：42 Shore A（GB/T 531.1—2008）；工作温度：－60～200℃。

【特点及用途】 优异的黏结性能，对阳极氧化铝材、钢化玻璃、TPT/TPE 复合背材、接线盒 PPO 材料有良好的黏结性；通过双“85”高温高湿试验、抗老化试验、冷热温差冲击试验，具有耐黄变、防潮、抗环境腐蚀、抗机械冲击和热冲击、防震等功能；不含溶剂，具有环保、低气味、无腐蚀性等特点。主要用于太阳电池组件边框以及接线盒的黏结密封，太阳能灯具的黏结密封及其它许多工业用途。

【施工工艺】 所有表面应是清洁干燥的，清除所有对黏结有影响的油脂和沾染物。合适的溶剂包括异丙醇、丙酮或甲基乙基酮。在已经预处理过的表面上涂密封胶，然后迅速盖上需要黏合的另一面。当暴露于湿气时，在室温及 50%相对湿度的条件下，密封胶会在 10～15min 内表面结皮。在表面结皮前应用刀具将其多余的密封胶刮去。注意事项：使用环境应清洁，应在 10～40℃、相对湿度为 40%～80%的条件下使用，最低使用温度不能低于 5℃，最高温度不宜高于 40℃，最大允许相对湿度为 80%。

【毒性及防护】 本产品完全固化后无毒性，但在固化之前应避免与眼睛接触，若与眼睛接触，请用大量水冲洗，并找医生处理。本产品在固化过程中会放出酮肟类物质，在施工及固化区应注意通风，以免酮肟类物质的浓度太高而对人体产生不良影响。避免本产品与食物直接接触并放置于小孩触摸不到的地方。

【包装及贮运】 310mL 塑料筒（净容量 300mL）。本产品应在 27℃以下的阴凉干燥处贮存，保质期 9 个月。本产品按照非危险品运输。

【生产单位】 北京中天星云科技有限公司。

Pb005 太阳电池组件密封剂1527

【英文名】 silicon sealant 1527 for PV modules

【主要组成】 聚二甲基硅氧烷、乙烯基肟基硅烷、白炭黑等。

【产品技术性能】 外观：白色或黑色两种；密度：(1.37±0.03) g/cm^3；表干时间：5～15min；固化速率（24h）：≥2mm。固化后的性能指标如下。工作温度：－54～210℃；硬度：40～60 Shore A；拉伸强度：≥2.2MPa；剪切强度：≥1.0MPa；体积电阻率：≥0.5×10^{15} Ω·cm；击穿强度：≥15kV/mm。

【特点及用途】 单组分，长期可靠的耐老化性能；与玻璃、背板、铝合金边框、接线盒具有良好的粘接性能；优异的抗机械载荷性能；良好的热变形补偿能力；优良的电绝缘性能和阻燃性能。主要用于太阳电池组件边框的密封及接线盒的粘接。

【施工工艺】 1. 为了获得最佳密封效果，密封、粘接表面应保持清洁、干燥；2. 将密封剂在密封表面涂成连续均匀的胶线；3. 涂胶后合拢装配，用工具刀将挤出的多余的胶体一次清除。注意事项：1. 施胶时，保证通风；2. 避免让未固化的胶长时间的接触皮肤；3. 若不慎溅入眼睛，应迅速用大量清水冲洗并求医治疗；4. 本产品不能用于纯氧体系或富氧体系，同时不能用于密封氯或其它强氧化性材料；5. 远离儿童。

【毒性及防护】 毒性：对皮肤和眼睛有轻微的刺激作用，长期接触可能引起皮炎，过量的蒸气吸入可能引起头痛。防护：眼睛接触，立刻用清水冲洗眼睛至少15min，严重时到医院处理；皮肤接触，如果皮肤接触，用肥皂水彻底清洗，除去污染的衣鞋，出现症状时到医院处理。

【包装及贮运】 包装：310mL/支，400mL/支，600mL/支，25kg/桶，270kg/桶。在常温下贮存于阴凉干燥处，保质期1年。远离儿童。

【生产单位】 北京天山新材料技术股份有限公司。

Pb006 双组分光伏组件粘接胶 WR7399E3

【英文名】 two-part adhesive WR7399E3 for PV modules

【主要组成】 聚甲基硅油、填料、助剂、交联剂等。

【产品技术性能】 外观：A组分为白色膏状物；B组分为黑色膏状物；表干时间（25℃）：10～15min；可操作时间（25℃）：3～7min。固化后的性能指标如下。断裂伸长率：≥200%；拉伸强度：≥1.5MPa；粘接剪切强度（Al-Al）：≥1.0MPa；硬度（25℃）：≥30 Shore A；工作温度：－55～180℃。

【特点及用途】 室温固化，固化速率快，作业效率高。良好的工艺性能，胶料不流淌。良好的粘接、防潮、防震性能。电气绝缘性能优良。耐臭氧和紫外线，具有良好的耐候性和耐老化性能。固化物可在－55～180℃的温度范围内使用。本产品主要用于光伏组件的粘接和密封，电子元器件、仪表、机械、石材的粘接、密封。

【施工工艺】 该胶是双组分缩合型硅橡胶。A∶B按照质量比6∶1或者体积比4∶1进行混合。注意事项：固化物可在－55～180℃的温度范围内使用。然而，在低温段和高温段的条件下，材料在某些特殊应用中所呈现的性能表现会变得非常复杂，因此需要考虑到额外的因素。根据需用量，按配比准确称量A、B两组分（建议使用比例为质量比A∶B＝11∶1），充分搅拌均匀，否则会影响产品性能。B料接触空气中的水分后易产生水解反应，故取料后应立即加盖密封。产品一般建议真空打胶，否则在性能上会受到很大的影响。所有粘接的表面必须保持清洁。如果表面有油污残留则会影响粘接，适宜的表面清洁可获得更好的效果，用户应确定最适合的工艺方法。建议先使用溶剂油、丁酮或其它溶剂进行彻底清洁、去脂，最后用丙酮或异丙醇溶剂擦拭表面可有效地去除残余物。对多数活性金属、陶瓷、玻璃、树脂和塑料粘接牢固，但对非活性金属或非活性塑料表面如 Teflon、聚乙烯或聚丙烯不具有良好的黏合性。适当的表面处理如化学酸洗或等离子处理可以活化表面，促进黏合，为达到最好的粘接效果，建议使用特配的底涂剂，同时建议在生产以前对粘接基材进行评估。通常，增加固化温度（不建议超过 60℃）和固化时间会提高黏合。不推荐有油污、增塑剂、溶剂等会影响固化和粘接的表面直接使用，在涂层表面使用时需考虑对涂层的影响。请在通风良好的工作环境下使用产品。不慎接触眼睛和皮肤应立即冲洗、擦洗干净或由医生治疗。

【毒性及防护】 本产品固化后为安全无毒物质，但 A、B 两组分在固化前应尽量避免与皮肤和眼睛接触，若不慎接触眼睛和皮肤，应迅速用清水清洗 15min，如果刺激或症状加重应就医处理；若不慎吸入，应迅速将患者转移到新鲜空气处；如不能迅速恢复，马上就医。若不慎食入，应立即就医。

【包装及贮运】 本产品分 A、B 两组分包装，其规格为：A 组分 200L（220kg）铁桶包装，B 组分 20L（18kg）塑料桶包装。也可根据用户需要而改为其它规格包装。A、B 两组分应分别密封贮存在阴凉干燥的环境中，并防火防潮避日晒，贮存有效期一般为半年。本产品为非危险品，按一般化学品贮存、运输。

【生产单位】 绵阳惠利电子材料有限公司。

Pb007 双组分光伏接线盒灌封胶 WR7399PV

【英文名】 two-part adhesive WR7399PV for PV junction box potting

【主要组成】 硅油、填料、助剂、交联剂等。

【产品技术性能】 外观：A 组分为白色/黑色流动液体，B 组分为无色或浅黄色透明液体；表干时间（25℃）：23min；可操作时间（25℃）：10min；固化后的性能如下。体积电阻率：≥$1.0\times10^{13}\Omega\cdot$cm；击穿强度：≥18.0kV/mm；拉伸强度：1.2MPa；断裂伸长率：100%；硬度（25℃）：40 Shore A；阻燃性（UL94，常态）：HB；工作温度：−50～180℃。

【特点及用途】 室温快速固化，作业效率高，在快速固化的同时仍然具有良好的流动性。固化物对金属、塑料等多种材质具有良好的粘接性能。固化物具有良好的导热性、阻燃性和绝缘性，并在很宽的温度范围（−50～180℃）内保持橡胶弹性，电气性能优良。固化物耐臭氧和紫外线，具有优异的耐候性和耐老化性能。本产品主要用于太阳能光伏接线盒的导热绝缘灌封，各种电子器件的导热绝缘灌封。

【施工工艺】 该胶是双组分缩合型硅橡胶。A∶B 按照质量比 100∶7.5 或者体积比 100∶10 进行混合。注意事项：A 组分长期存放后可能会有轻微的沉降，在使用前需充分搅拌均匀，B 组分对湿气敏感，因此每次取料后应立即加盖密封。A、B 两组分称量应准确，混合时要充分搅拌均匀，混合不均会影响固化物的外观和性能，混合均匀的胶液，一定要在可操作时间内完成作业，在保证 A、B 两组分混合均匀的情况下完成灌胶作业所用的时间越短越有利于提高胶对基材的粘接性。所有粘接的表面必须保持清洁。如果表面有油污残留则会影响粘接，适宜的表面清洁可获得更好的效果，用户应确定最适合的工艺方法。环境温度及湿度不同，胶液的适用期、凝胶及固化时间会有明显的变化。建议厂家对产品试用并考察适用性和性能后再确定使用。

【毒性及防护】 本产品固化后为安全无毒物质，但A、B两组分在固化前应尽量避免与皮肤和眼睛接触，若不慎接触眼睛和皮肤，应迅速用清水清洗15min，如果刺激或症状加重应就医处理；若不慎吸入，应迅速将患者转移到新鲜空气处；如不能迅速恢复，马上就医。若不慎食入，应立即就医。

【包装及贮运】 21.5kg/套，其中A组分20kg/桶，B组分1.5kg/桶，也可根据客户要求包装。A、B两组分应分别密封贮存在温度为35℃以下的洁净环境中，容器应尽量保持密闭，减少容器中液面以上的空间，并防火防潮避日晒，贮存有效期一般为半年。本产品为非危险品，按一般化学品贮存、运输。

【生产单位】 绵阳惠利电子材料有限公司。

Pb008 太阳电池组件接线盒灌封胶1521

【英文名】 potting materials 1521 for PV junction box

【主要组成】 羟基封端的聚二甲基硅氧烷、四乙氧基硅烷、碳酸钙等。

【产品技术性能】 外观：白色或黑色两种；混合后的密度：$(1.40\pm0.05)g/cm^3$；混合后的黏度：2500～3500mPa·s；可操作时间：≥8min；凝胶时间：≤60min。固化后的性能指标如下。工作温度：−50～150℃；硬度：35～45 Shore A；热导率：≥0.25W/(m·K)；拉伸强度：≥0.8MPa；体积电阻率：$\geqslant1.0\times10^{15}\Omega\cdot cm$；击穿强度：≥20kV/mm。

【特点及用途】 双组分，良好的流动性和小间隙填充能力；优良的电绝缘性能和阻燃性能；良好的导热性能；优异的耐环境老化性能；与EVA、汇流条及接线盒材料具有很好的相容性；适合机器混胶，满足自动化要求。主要用于太阳电池组件接线盒的灌封。

【施工工艺】 1. 为了确保填料的均匀分布，组分A和组分B须在混合前各自进行彻底的搅拌；2. 按照比例准确称量两组分，混合均匀，并真空脱泡；3. 灌注混合均匀的胶液，一定要在适用期内完成作业，建议使用自动混胶机施胶。注意事项：1. 施胶时，保证通风；2. 避免让未固化的胶长时间的接触皮肤；3. 若不慎溅入眼睛，应迅速用大量清水冲洗并求医治疗；4. 本产品不能用于纯氧体系或富氧体系，同时不能用于密封氯或其它强氧化性材料；5. 远离儿童。

【毒性及防护】 毒性：对皮肤和眼睛有刺激作用，过量的蒸气吸入可能引起头痛。防护：眼睛接触，立刻用清水冲洗眼睛至少15min，严重时到医院处理；皮肤接触，如果皮肤接触，用肥皂水彻底清洗，除去污染的衣鞋，出现症状时到医院处理。

【包装及贮运】 每只375mL或每套14kg。贮存条件：常温下贮存于阴凉干燥处，保质期半年。远离儿童。

【生产单位】 北京天山新材料技术股份有限公司。

Pb009 太阳电池组件接线盒灌封胶1533

【英文名】 potting materials 1533 for PV junction box

【主要组成】 羟基封端的聚二甲基硅氧烷、四乙氧基硅烷、氢氧化铝等。

【产品技术性能】 外观：白色或黑色两种；混合后的密度：(1.26±0.05)g/cm³；混合后的黏度：1500～2500mPa·s；可操作时间：≥8min；凝胶时间：≤60min。固化后的性能指标如下。工作温度：－50～180℃；硬度：35～45 Shore A；热导率：≥0.25W/(m·K)；拉伸强度：≥0.8MPa；体积电阻率：≥1.0×10¹⁵Ω·cm；击穿强度：≥20kV/mm。

【特点及用途】 良好的流动性和小间隙填充能力；优良的电绝缘性能和阻燃性能；良好的导热性能；优异的耐环境老化性能；与EVA、汇流条及接线盒材料具有很好的相容性；适合机器混胶，满足自动化要求；阻燃等级UL94 -V0。主要用于太阳电池组件接线盒的灌封。

【施工工艺】 1. 为了确保填料的均匀分布，组分A和组分B须在混合前各自进行彻底的搅拌；2. 按照比例准确称量两组分，混合均匀，并真空脱泡；3. 灌注混合均匀的胶液，一定要在适用期内完成作业，建议使用自动混胶机施胶。注意事项：1. 施胶时，保证通风；2. 避免让未固化的胶长时间的接触皮肤；3. 若不慎溅入眼睛，应迅速用大量清水冲洗并求医治疗；4. 本产品不能用于纯氧体系或富氧体系，同时不能用于密封氯或其它强氧化性材料；5. 远离儿童。

【毒性及防护】 毒性：对皮肤和眼睛有刺激作用，过量的蒸气吸入可能引起头痛。防护：眼睛接触，立刻用清水冲洗眼睛至少15min，严重时到医院处理；皮肤接触，如果皮肤接触，用肥皂水彻底清洗，除去污染的衣鞋，出现症状时到医院处理。

【包装及贮运】 每只375mL或每套14kg。贮存条件：常温下贮存于阴凉干燥处，保质期半年。远离儿童。

【生产单位】 北京天山新材料技术股份有限公司。

Pb010 双组分光伏组件专用胶HT-703SL-1

【英文名】 two-part adhesive HT-703SL-1 for photovoltaic assembly

【主要组成】 端羟基液体硅橡胶、固化剂、添加剂、助剂等。

【产品技术性能】

	性能指标	A组分	B组分
固化前	外观	蓝白色流体	白色流体
	密度/(g/cm³)	1.7	2.5
	黏度/mPa·s	25000	10000
操作性能	混合比例(质量比)A：B	1：1	
	混合后黏度/mPa·s	18000	
	可操作时间(25℃)/min	15	
	初固化时间(25℃)/min	20	
	固化时间(25℃)/min	60	
固化后	硬度(Shore A)	60±2	
	拉剪强度/MPa	≥2	
	扯断伸长率/%	200～300	
	剥离强度/(N/mm)	≥1.5	
	介电强度/(kV/mm)	≥18	
	介电常数(1.2MHz)	2.8	
	体积电阻率/Ω·cm	10^{14}	
	使用温度范围/℃	－76～260	
	热导率/[W/(m·K)]	0.7	
	阻燃等级(UL-94)	V0	

以上机械、电气性能均在25℃、相对湿度55%的条件下固化7d后所测。力学性能测试试样为铝合金。标注测试标准：以上数据测试参照企标Q/spg 80—2007。

【特点及用途】 双组分室温缩合型，可深层固化，固化速率快，粘接强度高。固化物经200℃/48h高温老化及在85℃、湿度85%的环境下贮存40d的测试不泛黄，耐紫外线，耐老化30年。耐水、耐酸、耐盐、耐润滑油等化学介质性能优良。阻燃性能达到UL94-V0级。无卤素和重金属，且完全符合RoHS环保指标的要求。

主要用于太阳能光伏组件铝合金型框的密封及接线盒与 TPT/TPE 背膜的粘接密封。也可用于钛合金、不锈钢、铝合金、碳钢等金属材料，陶瓷，玻璃钢，各种橡胶，TPT/TPE、EVA、PA、PPO 等塑料材料的自粘或互粘。

【施工工艺】 该胶是双组分胶（A/B），A组分和B组分的质量比为1∶1。注意事项：未固化前加温不能超过70℃。

【毒性及防护】 本产品为安全无毒物质，但混合前两组分应尽量避免与皮肤和眼睛接触，若不慎接触眼睛，应迅速用清水清洗。

【包装及贮运】 1kg/套、50kg/套包装。在室温、阴凉处贮存，保质期1年。本产品按照非危险品运输。

【生产单位】 天津市鼎秀科技开发有限公司。

胶黏剂在机械工业中已广泛应用，其应用技术迅速发展，主要用于机床、模具、刀具、纺织机械、化工机械、钻头、农机等。从使用实践中归纳起来主要有：①裂纹、破裂的修补和金属的再生；②平面、管螺纹密封、圆柱件固持、螺纹锁固；③零部件磨损划伤的修复；④零部件腐蚀后的修复；⑤冒、滴、漏和渗部位的修复；⑥各种刀具的粘接技术；⑦磨床夹具制造中的粘接技术等。

机械工业中常用的胶黏剂有无机胶［磷酸氧化铜胶黏剂（甲组分为氧化铜，乙组分为磷酸二氢铝溶液）、硅磷酸盐混合型胶黏剂、硅酸盐胶和硼硅酸盐混合型胶］和有机胶；有机胶黏剂包括结构胶、修补胶（金属填补剂、耐磨修补剂、耐腐蚀修补剂和紧急修补剂）、厌氧胶和密封胶（图 5）等。

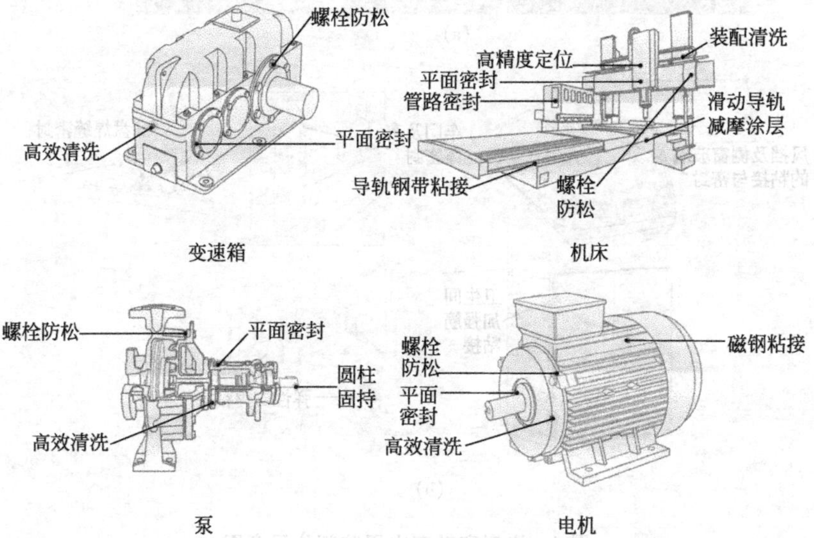

图 5　机械设备用胶部位示意图

胶黏剂粘接技术在车辆制造中的应用也越来越广泛。汽车和动车（包括客货车、轿车、摩托车等）（图 6）应用胶黏剂是为了工艺简单、

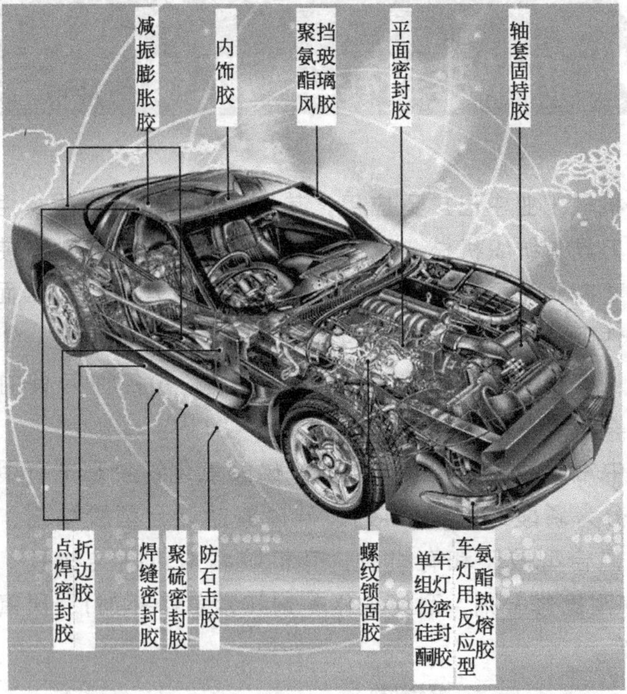

(a)

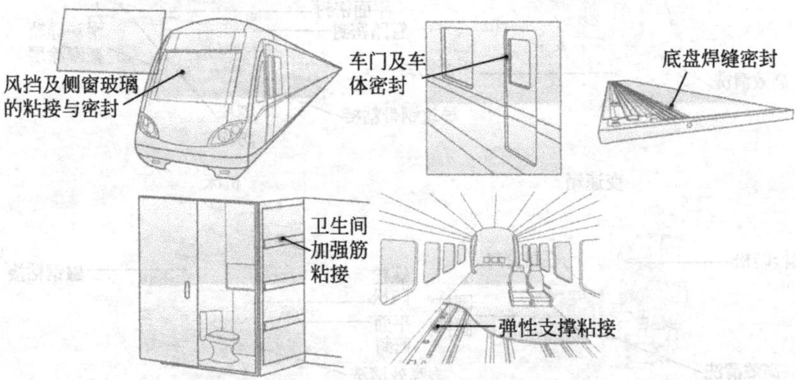

(b)

图 6　汽车和动车中用胶部位示意图

性能可靠、经济高效。主要用于金属、塑料、织物、玻璃、橡胶等车身或相互间的结构连接、固定和密封。车辆用胶黏剂主要指汽车用胶黏剂，采用胶黏剂可达到减轻重量、降低能耗、简化组装工序、提高制品质量的目的达到其它连接方法（如铆接和焊接等）所不能实现的效果。汽车用胶大致可分为结构胶、非结构胶（定位装饰胶）、密封胶和修复胶。其中结构胶是一类以热固性树脂、橡胶和聚合物合金为主的胶黏剂（如环氧、酚醛、不饱和聚酯及其改性树脂等胶黏剂）系列；非结构胶黏剂是一类定位胶黏剂系列，其作用是将一被粘接材料固定到另一被粘接材料上，主要起固定作用，其中的胶层一般不能承受载荷作用，也很少能传递载荷应力。此类胶黏剂具有初粘性高、固定速度快的特点，所以，制备此类胶料一般选用热塑性树脂和橡胶类。此类胶以热熔胶、压敏胶、乳液胶和某些溶剂性胶为主；密封胶黏剂的主要作用是起到密封和固定的作用，胶层一般不受外力作用，不会产生应力，因此，胶层也无应力传递扩散功能。由于对此类胶要求粘接温度低，装配速度快，便于施加，所以，此类胶多以热塑性树脂、橡胶为原料制成。该类胶黏剂以压敏胶、热熔胶、密封腻子、密封垫片为主。

车辆粘接部位包括机车、汽车的车厢、车体、动力系统和运行系统及摩托车制动器、车辆内外装饰和密封等。其具体应用包括如下。

1. 车辆制动器粘接：摩擦片与蹄铁的粘接；液压变速箱自动组件的粘接；摩托车制动器的粘接；花鼓筒胀闸的粘接。

2. 汽车车身用粘接技术：焊接密封胶的应用，完全弥补了原工艺上的不足，使汽车生产进入了新的高科技时代。点焊密封胶按化学组成可分为橡胶型（如以丁苯橡胶、丁基橡胶为基材，加入适量的硫化剂、防老剂、导电剂、填料等组成）、树脂型（如以聚丙烯酸酯、PVC、环氧树脂、聚酯等为基材，配以适量的增黏剂、增塑剂、改性剂、导电剂及填料等组成）及混合型。

3. 汽车车门的粘接组装：手工粘接组装；机械化粘接组装。

4. 汽车内饰物的粘接：聚氨酯泡沫塑料/PVC 膜装饰材料；织物/塑料板材装饰材料。

5. 外装饰物的粘接：包括铭牌和标牌的粘接固定。

6. 冷藏车部件的粘接：冷藏车的玻璃钢车门和冷冻机框的密封条一般要用胶黏剂粘接。实际是把玻璃钢和橡胶密封条粘接在一起，通常选用聚氨酯胶黏剂。

7. 车窗玻璃与窗框的密封：车窗玻璃与窗框的密封一般可采用丁基胶黏剂或者聚硫橡胶胶黏剂。

8. 汽车车身覆盖件和钣金件的焊接密封：胶黏剂取代传统的烫铅锡合金工艺进行密封，减少了铅中毒，减轻了重量，减少了腐蚀作用，有利于汽车的轻量化和延长使用寿命，也有利于操作人员的身体健康。

9. 车体连接内缝的密封：一般多选用增塑的溶胶密封胶或者热熔胶胶黏剂。

Qa 机械修补

Qa001 金属填补胶黏剂 J-611

【英文名】 repairing metal adhesive J-611

【主要组成】 环氧树脂、金属粉末、胺类固化剂等。

【产品技术性能】 外观：A组分为深灰色油状物，B组分为黄棕色膏状物；剪切强度(45# 钢)：≥17MPa(20℃)、≥3.5MPa(125℃)；压缩强度（本体）：>64MPa；线膨胀系数：4.07×10^{-5} K^{-1}。

【特点及用途】 该胶黏剂强度高，使用方便，固化后有与金属相似的线膨胀系数，耐介质性好且机械加工性能优良。主要应用于金属铸件砂眼、巢穴的填补，各种金属管、油箱、油罐的修补，以及胶接各种金属部件。

【施工工艺】 1. 粘接面去油、除锈、清洁和干燥；2. 甲、乙两组分按质量比11∶1混匀后，涂于粘接表面，合拢施压即可，室温下固化，一般15℃/48h或25℃/24h。

【生产单位】 中国兵器工业集团第五三研究所。

Qa002 高温耐磨修补剂 GNXB

【英文名】 wear-resistant putty GNXB

【主要组成】 环氧树脂、改性剂、固化剂、耐磨填料、助剂等。

【产品技术性能】 外观：灰白色；密度：2.7g/cm³。固化后的产品性能如下。剪切强度：(35±5) MPa；工作温度：-60～290℃；硬度：≥96 Shore D。

【特点及用途】 以金刚石粉、硬质金属粉等填充聚合而成，耐温高。可室温或加温固化，固化后胶层硬度高，耐磨性能好，抗冲击。绝缘，粘接强度高，耐酸碱盐和润滑油腐蚀性和耐老化性能好。用于高温工况下设备磨损、划伤、腐蚀、破裂部位的修补，如发动机缸体、造纸烘缸、蒸气管道、成型模具等。

【施工工艺】 该胶是双组分胶（A/B)，A组分和B组分的质量比为3∶1，可室温24h或加温150℃/1h固化。注意事项：温度低于15℃时，应采取适当的加温措施，否则对应的固化时间将适当延长；当混合量大于200g时，操作时间将会缩短。

【毒性及防护】 本产品固化后为安全无毒物质，但混合前两组分应尽量避免与皮肤和眼睛接触，若不慎接触眼睛，应迅速用清水清洗。

【包装及贮运】 包装：500g/套，保质期1年。贮存条件：室温、阴凉处贮存。本产品按照非危险品运输。

【生产单位】 天津市鼎秀科技开发有限公司。

Qa003 高温修补剂 TS737

【英文名】 high temperature putty TS737

【主要组成】 环氧树脂、增韧剂、固化剂、二氧化硅、气相白炭黑、铁粉等。

【产品技术性能】 外观：灰色；密度：1.51g/cm³。固化后的产品性能如下。抗压强度：150.0MPa（GB/T 1041—2008）；剪切强度：20.0MPa（GB/T 7124—2008）；弯曲强度：75.0MPa（GB/T 9341—2008）；硬度：82 Shore D（GB/T 2411—2008）；工作温度：－60～200℃。

【特点及用途】 胶泥状，以陶瓷、金属等为填充物的航空级双组分聚合物材料，耐温 200℃，耐磨损、耐腐蚀，与基体的结合强度高。用于高温工况磨损、划伤、腐蚀、破裂部位的修补，如蒸气及热油管路破裂泄漏，发动机缸体、造纸烘缸边缘腐蚀划伤，烘缸端盖密封面漏气，塑料成型模具修补等。

【施工工艺】 该胶是双组分胶（A/B），A组分和B组分的质量比为2∶1，体积配比为2∶1。固化条件：室温初固 2h后置于100℃下保温 2～3h。注意事项：温度低于 15℃时，应采取适当的加温措施，否则对应的固化时间将适当延长；当混合量大于 200g 时，操作时间将会缩短。

【毒性及防护】 本产品固化后为安全无毒物质，但固化前应尽量避免与皮肤接触，若不慎溅入眼睛，应迅速用大量清水冲洗。

【包装及贮运】 包装：250g/套，保质期9个月。贮存条件：室温、阴凉、干燥处贮存。本产品按照非危险品运输。

【生产单位】 北京天山新材料技术有限公司。

Qa004 耐磨修补剂 HT2216

【英文名】 wear resistant putty HT2216

【主要组成】 环氧树脂、固化剂、耐磨陶瓷等。

【产品技术性能】 外观：灰铁色膏状物；密度：2.10g/cm^3。固化后的产品性能如下。硬度：85 Shore D（GB/T 2411—2008）；剪切强度：15MPa（GB/T 7124—2008）；工作温度：－60～150℃；标注测试标准：以上数据测试参照企标 Q/HT 20—2012。

【特点及用途】 灰色膏状，室温固化，与基体的结合强度高；修复后的涂层耐磨性是中碳钢表面淬火的 4～8 倍。用于磨粒直径小于 3mm 的磨料磨损或冲蚀磨损机件的修复，可作预保护涂层。适用于维修或预保护泵体、叶轮、风机壳体、螺旋输送器等。

【施工工艺】 1. 清理和准备：打磨待修表面，露出金属本体并使之粗糙。清除油污，建议使用回天清洗剂 7755 清洗，效果更好。2. 调胶：根据用量，按质量比 4∶1 称取 A、B 两组分，混合均匀，使之成为均一的颜色。3. 涂胶：将胶刮在修补面上，用力压实，排除胶层中的缝隙、气孔，成型、抹平。4. 固化：常温 1d 可固化，如果要更快固化，可适当加温，80℃/2～3h 即可固化。5. 上述反应为放热反应，配胶时应注意：(1) 调胶量越多，固化反应速率越快；(2) 环境温度越高，固化反应速率越快；(3) 要想达到最佳性能，必须严格按照规定的比例配制；(4) 环境温度低于 10℃时，可预热修补面；(5) 完全固化后方可达到最佳物理力学性能。6. 缩短固化时间的方法：(1) 提高环境温度；(2) 提高待修工件的温度；(3) 涂敷修补剂后用红外灯、碘钨灯等热源加热，但热源应距修复层 400mm 以外（环境温度不得高于 100℃），不可用火焰直接加热。注意事项：1. 未用完的胶液应密封保存，以便下次再用；2. 受过污染的胶液不能再装入原包装罐中，以免影响罐中剩余胶液的性能。

【毒性及防护】 1. 远离儿童存放；2. 对皮肤和眼睛有刺激作用，建议在通风良好处使用；3. 若不慎接触眼睛和皮肤，立即擦拭后用清水冲洗。

【包装及贮运】 包装：500g/套，10kg/套，保质期 2 年。贮存条件：室温、阴凉处贮存。本产品按照非危险品运输。

【生产单位】 湖北回天新材料股份有限公司。

Qa005 减摩修补剂 HT2311

【英文名】 low friction putty HT2311

【主要组成】 环氧树脂、固化剂、助剂等。

【产品技术性能】 外观：黑色膏状胶泥；密度：1.25g/cm³。固化后的产品性能如下。硬度：84 Shore D（GB/T 2411—2008）；剪切强度：18MPa（GB/T 7124—2008）；抗压强度：98MPa（GB/T 1041—2008）；拉伸强度：34MPa（GB/T 6329—1996）；摩擦系数：0.03（GB/T 3960—1983）；磨损率：2.4×10^{-8} mm³/N·m（JB/T 3578—2007）；工作温度：－60～150℃；标注测试标准：以上数据测试参照企标 Q/HT 20—2012。

【特点及用途】 黑色膏状，室温固化，与基体的结合强度高。修复后的涂层摩擦系数低并具有自润滑性，几乎可消除导轨的爬行现象。用于专业修复往复性磨损的机床导轨、液压缸划伤、轴套、活塞杆等，特别适用于机床导轨的磨损修复。

【施工工艺】 1. 清理和准备：打磨待修表面，露出金属本体并使之粗糙。清除油污，建议使用回天清洗剂 7755 清洗，效果更好。2. 调胶：根据用量，按质量比 5∶1 称取 A、B 两组分，混合均匀，使之成为均一的颜色。3. 涂胶：将胶刮在修补面上，用力压实，排除胶层中的缝隙、气孔，成型、抹平。4. 固化：常温 1d 可固化，如果要更快固化，可适当加温，80℃/2～3h 即可固化。5. 上述反应为放热反应，配胶时应注意：(1) 调胶量越多，固化反应速率越快；(2) 环境温度越高，固化反应速率越快；(3) 要想达到最佳性能，必须严格按照规定的比例配制；(4) 环境温度低于 10℃时，可预热修补面；(5) 完全固化后方可达到最佳物理力学性能。6. 缩短固化时间的方法：(1) 提高环境温度；(2) 提高待修工件的温度；(3) 涂敷修补剂后用红外灯、碘钨灯等热源加热，但热源应距修复层 400mm 以外（环境温度不得高于 100℃），不可用火焰直接加热。注意事项：1. 未用完的胶液应密封保存，以便下次再用；2. 受过污染的胶液不能再装入原包装罐中，以免影响罐中剩余胶液的性能。

【毒性及防护】 1. 远离儿童存放；2. 对皮肤和眼睛有刺激作用，建议在通风良好处使用；3. 若不慎接触眼睛和皮肤，立即擦拭后用清水冲洗。

【包装及贮运】 包装：500g/套，保质期 2 年。贮存条件：室温、阴凉处贮存。本产品按照非危险品运输。

【生产单位】 湖北回天新材料股份有限公司。

Qa006 耐腐蚀修补剂 HT2406

【英文名】 erosion resistant putty HT2406

【主要组成】 环氧树脂、固化剂、助剂等。

【产品技术性能】 外观：蓝色流体；密度：1.20g/cm³。固化后的产品性能如下。硬度：84 Shore D（GB/T 2411—2008）；剪切强度：20MPa（GB/T 7124—2008）；抗压强度：108MPa（GB/T 1041—2008）；拉伸强度：45MPa（GB/T 6329—1996）；工作温度：－60～150℃；标注测试标准：以上数据测试参照企标 Q/HT 20—2012。

【特点及用途】 耐化学介质广泛，时间长；涂层致密，防介质渗透；与金属的结合强度高，长期浸泡不脱落；抗冲蚀性能好。用于修复电力、冶金、石化等行业遭受腐蚀的泵、阀、管道、热交换器端板、贮槽、油罐，可作大面积预保护涂层。

【施工工艺】 1. 清理和准备：打磨待修表面，露出金属本体并使之粗糙。清除油污，建议使用回天清洗剂 7755 清洗，效果更好。2. 调胶：根据用量，按质量比 5：1称取 A、B 两组分，混合均匀，使之成为均一的颜色。3. 涂胶：将胶刮在修补面上，用力压实，排除胶层中的缝隙、气孔，成型、抹平。4. 固化：常温 24h 可固化，如果要更快固化，可适当加温，80℃/2～3h 即可固化。5. 上述反应为放热反应，配胶时应注意：(1) 调胶量越多，固化反应速率越快；(2) 环境温度越高，固化反应速率越快；(3) 要想达到最佳性能，必须严格按照规定的比例配制；(4) 环境温度低于 10℃时，可预热修补面；(5) 完全固化后方可达到最佳物理力学性能。6. 缩短固化时间的方法：(1) 提高环境温度；(2) 提高待修工件的温度；(3) 涂敷修补剂后用红外灯、碘钨灯等热源加热，但热源应距修复层 400mm 以外(环境温度不得高于 100℃)，不可用火焰直接加热。注意事项：1. 未用完的胶液应密封保存，以便下次再用；2. 受过污染的胶液不能再装入原包装罐中，以免影响罐中剩余胶液的性能。

【毒性及防护】 1. 远离儿童存放。2. 对皮肤和眼睛有刺激作用，建议在通风良好处使用。3. 若不慎接触眼睛和皮肤，立即擦拭后用清水冲洗。

【包装及贮运】 包装：500g/套，保质期 2 年。贮存条件：室温、阴凉处贮存。本产品按照非危险品运输。

【生产单位】 湖北回天新材料股份有限公司。

Qa007 耐热修补剂 HT-161

【英文名】 repair agent HT-161with heat resistance

【主要组成】 耐高温环氧树脂、固化剂、改性剂等。

【产品技术性能】 外观：甲、乙两组分均为黑色膏状物；剪切强度：≥15MPa (25℃)、≥ 8MPa (150℃)、≥ 5MPa (180℃)。

【特点及用途】 主要用于高温下各种铸件的修补和防渗漏，机械零件的磨损修补，也可用于粘接金属、玻璃、陶瓷等。耐温环氧树脂和特种固化剂组成的双组分触变性胶泥，可耐温 180℃，触变性好，大面积修补不流淌。

【施工工艺】 对被粘面用砂纸进行粗糙化表面处理，再用丙酮进行脱脂处理，按照甲、乙两组分的比例进行混合，以夏季甲：乙＝4：1、冬季甲：乙＝3：1 配胶。双面涂胶定位，自行固化；常温 24h 固化，或 80℃下 2h 固化完全。

【包装及贮运】 500g/组、5kg/组塑料瓶装。贮存于阴凉干燥处，贮存期 12 个月。

【生产单位】 湖北回天新材料股份有限公司。

Qa008 铸铁修补剂

【英文名】 casting iron putty

【主要组成】 环氧树脂、固化剂、改性剂等。

【产品技术性能】 外观：灰色；密度：1.5g/cm^3；压缩强度：90MPa；拉伸强度：29MPa；剪切强度：22MPa；硬度：90 Shore D；最高使用温度：120℃。

【特点及用途】 主要用于铸铁件各类缺陷如砂眼、气孔、缩孔、裂纹等的修补。省时、方便、经济可靠。

【施工工艺】 对待修补表面用丙酮擦洗干净并干燥。按照甲、乙两组分的比例为 2：1 称量，混合均匀后即可使用，随用随配。使用活性期约为 40min，凝胶时间为 1h，24h 达到最高强度。

【包装及贮运】 500g/套塑料瓶装。贮存于阴凉干燥处，贮存期 24 个月。

【生产单位】 湖北回天新材料股份有限

公司。

Qa009 铸铁修补剂 WSJ-6111

【英文名】 repair agent WSJ-6111 for iron casting

【主要组成】 环氧树脂、固化剂和助剂等。

【产品技术性能】 外观：铸铁色胶泥状；密度：1.7g/cm³；抗压强度：90MPa；拉伸强度：25MPa；剪切强度：18.5MPa；弯曲强度：60MPa；硬度：80 Shore D；使用温度：−55～150℃。

【特点及用途】 粘接强度高、使用简便，耐介质性能好且机械加工性能优良。用途：高强度型，综合力学性能佳，用于铸铁件的修补与再生，如气孔、缩孔、砂眼、裂纹等铸造缺陷的填补及工件尺寸超差、锈蚀、磨损的修补。

【施工工艺】 1. 表面处理：待修表面应尽量无油无水、无锈无尘，修补面应尽量粗化，可进行打磨或喷砂处理；2. 清洗干燥：用汽油或丙酮擦净晾干即可涂胶；3. 配胶：严格按规定的比例（质量比A：B＝7：1或体积比A：B＝7：2）准确称取A、B两组分，将其搅拌、混合均匀，至颜色一致为好；4. 涂敷：用刮板或胶刀先将少许混合好的修补剂涂于待修表面，反复压刮至所需厚度，留出余量以便加工；5. 固化：室温固化，一般15℃/48h、25℃/24h加热固化可提高涂层性能，配好的胶应在20min内用完；6. 机械加工：24h后可进行车、铣、刨、磨等机械加工。注意事项：1. 待修表面应尽量保持干燥、清洁、粗糙；2. 应严格按规定的配比进行配制；3. 固化时间、温度必须保证，避免在温度低于15℃和湿度大于90%的低温、潮湿的环境下施工，若温度低于15℃，应采取适当的加温措施。

【毒性及防护】 避免长期接触皮肤，修补剂粘到手上或工具上，固化前可用丙酮、甲苯等溶剂型清洗剂清洗，再用清水冲洗。

【包装及贮运】 包装规格：500g/套、1kg/套、3kg/套。贮存条件：本品无毒、无腐蚀、无污染，非易燃易爆品，可按一般化学品运输。

【生产单位】 济南北方泰和新材料有限公司。

Qa010 钢质修补剂 WS J-6112

【英文名】 steel repair agent WSJ-6112

【主要组成】 环氧树脂、固化剂、填料等。

【产品技术性能】 外观：钢色；密度：1.7g/cm³；抗压强度：90MPa；拉伸强度：24MPa；剪切强度：18MPa；弯曲强度：55MPa；硬度：80 Shore D；使用温度：−55～180℃。

【特点及用途】 综合力学性能高。主要用于各种碳钢、合金钢、不锈钢件的缺陷修补及零件磨损、划伤、腐蚀、断裂的修复。

【施工工艺】 1. 表面处理：待修表面应尽量无油无水、无锈无尘，修补面应尽量粗化，可进行打磨或喷砂处理。2. 清洗干燥：用汽油或丙酮擦净晾干即可涂胶。3. 配胶：严格按规定的比例（质量比A：B＝7：1或体积比A：B＝5：1）准确称取A、B两组分，将其搅拌、混合均匀，至颜色一致为好。4. 涂敷：用刮板或胶刀先将少许混合好的修补剂涂于待修表面，反复压刮至所需厚度，留出余量以便加工。5. 固化：室温固化，一般15℃/48h、25℃/24h加热固化可提高涂层性能。配好的胶应在20min内用完。6. 机械加工：24h后可进行车、铣、刨、磨等机械加工。注意事项：1. 待修表面应尽量保持干燥、清洁、粗糙；2. 应严格按规定的配比进行配制；3. 固化时间、温度必须保证，避免在温度低于15℃和湿度大于90%的低温、潮湿的环境下施工，若温度低于 15℃，应采取适当的加温措施。

【毒性及防护】 避免长期接触皮肤，修补剂粘到手上或工具上，固化前可用丙酮、甲苯等溶剂型清洗剂清洗，再用水冲洗。

【包装及贮运】 包装规格：500g/套。贮存条件：本品无毒、无腐蚀、无污染，非易燃易爆品。

【生产单位】 济南北方泰和新材料有限公司。

Qa011 铁质修补剂 HT2111

【英文名】 iron putty HT2111

【主要组成】 环氧树脂、固化剂、助剂等。

【产品技术性能】 外观：灰铁色膏状物；密度：1.45g/cm³；固化后的性能如下。硬度：82 Shore D(GB/T 2411—2008)；剪切强度：20MPa(GB/T 7124—2008)；抗压强度：105MPa(GB/T 1041—2008)；拉伸强度：40MPa(GB/T 6329—1996)；工作温度：−60～150℃；标注测试标准：以上数据测试参照企标 Q/HT 20—2012。

【特点及用途】 灰铁色膏状物，与基体颜色保持一致，室温固化，固化后硬度高，与基体的结合强度高，综合性能好，可进行机械加工。用途：专业用于铸铁件的修补与再生，特别适合灰铸铁、球墨铸铁缺陷的修补，如气孔、缩孔、砂眼、裂纹的填补及轴承座研伤，零件尺寸超差，锈蚀的修补等。

【施工工艺】 1. 清理和准备：打磨待修表面，露出金属本体并使之粗糙。清除油污，建议使用回天清洗剂 7755 清洗，效果更好。2. 调胶：根据用量，按质量比 7：1 称取 A、B 两组分，混合均匀，使之成为均一的颜色。3. 涂胶：将胶刮在修补面上，用力压实，排除胶层中的缝隙、气孔，成型、抹平。4. 固化：常温 1d 可固化，如果要更快固化，可适当加温，80℃下 2～3h 即可固化。5. 上述反应为放热反应，配胶时应注意：(1) 调胶量越多，固化反应速率越快；(2) 环境温度越高，固化反应速率越快；(3) 要想达到最佳性能，必须严格按照规定的比例配制；(4) 环境温度低于 10℃时，可预热修补面；(5) 完全固化后方可达到最佳物理力学性能。6. 缩短固化时间的方法：(1) 提高环境温度；(2) 提高待修工件的温度；(3) 涂敷修补剂后用红外灯、碘钨灯等热源加热，但热源应距修复层 400mm 以外（环境温度不得高于 100℃），不可用火焰直接加热。注意事项：1. 未用完的胶液应密封保存，以便下次再用；2. 受过污染的胶液不能再装入原包装罐中，以免影响罐中剩余胶液的性能。

【毒性及防护】 1. 远离儿童存放；2. 对皮肤和眼睛有刺激作用，建议在通风良好处使用；3. 若不慎接触眼睛和皮肤，立即擦拭后用清水冲洗。

【包装及贮运】 包装：500g/套，保质期 2 年。贮存条件：室温、阴凉处贮存。本产品按照非危险品运输。

【生产单位】 湖北回天新材料股份有限公司。

Qa012 钢质修补剂 TS112

【英文名】 iron putty TS112

【主要组成】 环氧树脂、增韧剂、固化剂、二氧化硅、气相白炭黑、不锈钢粉等。

【产品技术性能】 外观：钢色；密度：1.68g/cm³；抗压强度：106.5MPa (GB/T 1041—2008)；拉伸强度：35.0MPa (GB/T 6329—1996)；剪切强度：19.0MPa (GB/T 7124—2008)；弯曲强度：58.0MPa (GB/T 9341—2008)；硬度：80.0 Shore D (GB/T 2411—2008)；工作温度：−60～160℃。

【特点及用途】 胶泥状，以不锈钢为填充剂，双组分环氧修补剂，耐磨性及结合强度高，不会生锈。主要用于各种碳钢、合金钢、不锈钢件的修补和再生，气孔、缩孔、砂眼、裂纹等铸造缺陷及钢铁零件磨损、划伤、腐蚀的修复。

【施工工艺】 该胶是双组分胶（A/B），A组分和B组分的质量比为7∶1，体积配比为4∶1。注意事项：温度低于15℃时，应采取适当的加温措施，否则对应的固化时间将适当延长；当混合量大于200g时，操作时间将会缩短。

【毒性及防护】 本产品固化后为安全无毒物质，但固化前应尽量避免与皮肤接触，若不慎溅入眼睛，应迅速用大量清水冲洗。

【包装及贮运】 包装：500g/套，保质期1年。贮存条件：室温、阴凉、干燥处贮存。本产品按照非危险品运输。

【生产单位】 北京天山新材料技术有限公司。

Qb 机械密封

Qb001 平面密封胶 WD6000 系列

【英文名】 plane sealant WD6000 series

【产品技术性能】

产品型号	WD6608	WD6596	WD6598	WD6587
外观	膏状	膏状	膏状	膏状
工作温度/℃	−70～260	−70～260	−70～260	−70～260
最大填充间隙/mm	6	6	6	6
剪切强度/MPa	2.6	2.6	2.8	1.6
最大密封压力/MPa	10	10	10	10
固化时间/h	1～24	1～24	1～24	1～24
伸长率/%	300	300	300	300

【特点及用途】 WD6608：（免垫片胶）膏状，适用于汽车、摩托车和各种机械设备的发动机、齿轮箱等部位结合面的密封；可替代橡胶垫、石棉垫、软木垫、纸垫等预切式垫片，具有就地成型、能密封较大间隙、弹性足、延伸性好、耐温性能好、耐水及耐老化等优点。WD6596：RTV超灰，膏状，耐热性能好，适合密封非石油基介质，能密封较大间隙。WD6598：RTV超灰，膏状，耐热性能好，能密封较大间隙，耐润滑油性能优良，用于内燃机部件的密封。WD6587：RTV超蓝，膏状，通用型，耐温性能好，柔性最好，能密封较大间隙，耐润滑油性能好。

【施工工艺】 1. 箱体结合面及法兰面的密封：对于密封间隙小于0.5mm的结合面，用厌氧密封胶。先清除密封面的残余衬垫、胶层和油污等杂质，不要打磨，避免影响密封面的平面度。涂胶后在45min内随时可以装配。室温固化3h即可密封10MPa以上的压力。2. 大间隙冲压件的密封：对于密封间隙大于0.5mm的平面，如冲压件等，用硅橡胶平面密封剂可形成高弹性中等强度的硅橡胶密封垫。清洗表面的油污、灰尘等杂质并使之干燥，在10min之内合拢装配，一般情况下24h完全固化。

【生产单位】 上海康达化工新材料股份有限公司。

Qb002 平面密封胶 WSJ-6515

【英文名】 plannar sealant WSJ-6515

【产品技术性能】 外观：紫红色黏稠液体或膏状物；黏度：30～250Pa·s(触变性)；固化速率（初固/全固）：2h/24h；最大填充间隙：0.25mm；密封压力：≥16MPa；使用温度：−54～149℃；固化后的胶层性能：柔性胶层。

【特点及用途】 柔韧性胶层，触变性黏度，无腐蚀性，具有优异的耐油、耐水、抗震、密封性能。主要用于工作时法兰变形量不大的平面密封。

【施工工艺】 1. 清除密封界面的油污；2. 将胶液从瓶口嘴部挤出，涂于密封面，使胶液呈连续一圈状；3. 装配密封面并施加适当的预紧力。注意事项：1. 本产品应存放在阴凉通风的库房内，避免高温和日光照射；2. 铜、铁等金属离子会促进胶的固化，不能将涂胶件直接浸入瓶中，以免缩短胶黏剂的贮存期；3. 应避免皮肤长期直接接触；不小心粘在手上的胶液，可用丙酮或乙酸乙酯等溶剂擦洗，也可用肥皂洗掉。

【毒性及防护】 避免长期接触皮肤，不小心粘在手上的胶液，可先用丙酮等溶剂擦洗，再用清水冲洗。

【包装及贮运】 包装为扁形薄壁聚乙烯塑料瓶或桶，装胶量应小于瓶或桶容量的4/5，每瓶或桶的净重分别为50g、250g、2.5kg。外包装为瓦楞纸箱或木箱。贮存条件：应贮存于干燥、通风、阴凉的库房里，避免雨淋、日晒或高温。

【生产单位】 济南北方泰和新材料有限公司。

Qb003 平面密封厌氧胶 HT7515

【别名】 HT5151

【英文名】 aaerobic flange sealant HT7515

【主要组成】 聚氨酯甲基丙烯酸酯、甲基丙烯酸酯、气相白炭黑、糖精、异丙苯过氧化氢等。

【产品技术性能】 外观：紫色膏状物；黏度：150000～500000mPa·s（Brookfield RVT，7#转子，2.5r/min），40000～150000mPa·s（Brookfield RVT，7#转子，20r/min）；密度：1.10g/cm^3（GB/T 13354—1992）；闪点：＞93℃（SH/T 0733—2004）；最大填充间隙：0.25mm；固定时间：≤60min。固化后的产品性能如下。静态剪切强度：≥5MPa（GB/T 18747.2—2002）；固化后的最大密封压力：34MPa（HB 5313—1993）；工作温度：－50～150℃；耐化学/溶剂性能：在下列条件下老化，并在22℃测试。

溶剂	温度/℃	初始强度剩有率/%			
		100h	500h	1000h	5000h
机油	125	160	165	160	160
含铅汽油	22	20	15	15	15
1：1水：乙二醇	87	80	80	80	80

标注测试标准：以上数据测试参照企标 Q/HT-6。

【特点及用途】 7515平面密封厌氧胶是单组分、触变性黏度、柔性胶层、耐流体性能优良、无腐蚀性、低延伸率的通用性平面密封厌氧胶。本品在两个紧密配合的金属表面间并与空气隔绝时固化。用于刚性结构（机械加工）紧密配合的平面密封，使用方便，能够有效填充金属面上的不平，阻塞泄漏通道，形成一个完整、连续、100%平面接触的抗震密封垫，填充间隙可达0.25mm。

【施工工艺】 清洗密封表面，除去油污、杂质，干燥，推荐使用回天7755清洗剂以提高清洗效果。将一定直径的胶液挤到其中一个平面，形成连续封闭的胶线，将需要密封的部位围起。在60min内对准合拢，不得移位。一次上紧螺栓。在配合间隙较大时密封效果差，建议使用回天7769促进剂以提高密封效果。为确保系统达到最大密封以及胶层的最佳耐介质性能，建议固化时间在24h以上，以保证胶层完全固化。注意事项：未用完的胶液应密封保存，以便下次再用。受过污染的胶液不能再装入原包装瓶中，以免影响瓶中剩余胶液的性能。不宜用在塑料件上，不宜用于纯氧体系和富氧系统，不能用于氯气或其它强氧化性物质的密封。远离儿童存放。

【毒性及防护】 本品含丙烯酸和甲基丙烯酸酯类物质，对皮肤和眼睛有刺激。建议在通风良好处使用。若不慎接触眼睛和皮肤，立即用清水冲洗。

【包装及贮运】 包装：50mL/管和 300mL/筒，保质期 18 个月。贮存条件：室温、阴凉处贮存。本产品按照非危险品运输。

【生产单位】 湖北回天新材料股份有限公司。

Qb004 平面密封胶 500 系列

【英文名】 plane sealant 500 series

【主要组成】 甲基丙烯酸酯厌氧型密封胶。

【产品技术性能】

性能	510	515	518
外观	红色	紫色	红色
黏度/mPa·s	膏状触变	膏状触变	膏状触变
最大密封压力/MPa	30	34	34
室温固化速率/h	5	5.2	7.5
剪切强度/MPa	5	1	4

【特点及用途】 510 用于发动机曲轴箱分开面、齿轮箱分开面、盖板等平面的密封；515 用于齿轮箱、驱动桥平面的密封；518 用于铝质平面（如摩托车发动机平面等）的密封。

【毒性及防护】 本产品固化后为安全无毒物质，但混合前两组分应尽量避免与皮肤和眼睛接触，若不慎接触眼睛，应迅速用清水清洗。

【包装及贮运】 50mL/管，85g/管，300mL/筒。保质期 2 年。贮存条件：室温、阴凉处贮存。

【生产单位】 烟台德邦科技有限公司。

Qb005 螺纹锁固密封厌氧胶 WSJ-624

【英文名】 anaerobic adhesive WSJ-624 for thread locking and sealing

【主要组成】 甲基丙烯酸酯、引发剂、助剂等。

【产品技术性能】 外观：蓝色黏稠液体；黏度：2100mPa·s；破坏扭矩：≥20N·m；拆卸扭矩：≤10N·m。

【特点及用途】 具有优异的耐油、耐水、抗震、密封、紧固性能。主要用于 M36 以下螺栓、螺母、螺钉的紧固和密封，使用温度为 −50～149℃，不宜用于塑料、橡胶及多孔材。

【施工工艺】 螺栓、螺母的锁固与密封：1. 用丙酮清除螺纹表面的油污；2. 组装螺栓与零件；3. 将胶液滴涂至螺栓与螺母啮合处；4. 拧上螺母至规定扭矩。螺钉的锁固与密封：1. 清除螺纹表面的油污；2. 滴几滴胶液至内螺纹孔底；3. 再将螺钉螺纹表面涂适量胶液；4. 将螺钉拧入螺孔至规定扭矩。注意事项：用普通工具（扳手或螺丝刀）可将锁固件拆卸，初始扭力较高，一旦松动后较易拆卸；若遇特殊情况难以松动时，可将锁固处局部加热至 200℃，趁热用普通工具拆卸。

【毒性及防护】 避免长期接触皮肤，不小心粘在手上的胶液，可先用丙酮等溶剂擦洗，再用清水冲洗。

【包装及贮运】 包装为扁形薄壁聚乙烯塑料瓶或桶，装胶量应小于瓶或桶容量的 4/5，每瓶或桶的净重分别为 50g、250g、2.5kg。外包装为瓦楞纸箱或木箱。贮存条件：应贮存于干燥、通风、阴凉的库房里，避免雨淋、日晒或高温。

【生产单位】 济南北方泰和新材料有限公司。

Qb006 螺纹锁固密封厌氧胶 HT7263

【英文名】 anaerobic adhesive HT7263 for thread locking and sealing

【主要组成】 甲基丙烯酸酯、富马酸双酚聚酯、糖精、异丙苯过氧化氢等。

【产品技术性能】 外观：红色液体，有荧光；黏度：400～600mPa·s（条件：Brookfield RVT，2# 转子，20r/min）；密度：1.10g/cm³；闪点：＞93℃；最大填充间隙：0.13mm；固定时间：≤45min。

固化后的产品性能如下。室温下全固时间：24h；破坏力矩：30N·m（GB/T 18747.1—2002）；平均拆卸力矩：25N·m（GB/T 18747.1—2002）；静态剪切强度：20MPa（GB/T 18747.2—2002）；油面螺栓破坏力矩：27N·m（GB/T 18747.1—2002）；油面螺栓平均拆卸力矩：22N·m（GB/T 18747.1—2002）；不锈钢螺栓破坏力矩：25N·m；工作温度：－50～180℃；耐化学/溶剂性能：在下列条件下老化，并在22℃测试。

溶剂	温度/℃	初始强度剩有率/%		
		500h	1000h	5000h
机油	125	65	75	75
含铅汽油	22	90	95	95
制动液	22	105	105	100
乙醇	22	95	95	95
丙酮	22	95	95	100
三氯乙烷	22	95	95	95
1：1水：乙二醇	87	75	85	90

标注测试标准：以上数据测试参照企标 Q/HT-6。

【特点及用途】 7263螺纹锁固密封厌氧胶是单组分、中黏度、快速固化、高强度、高容油性、耐高温、耐介质性优良的螺纹锁固密封厌氧胶。本品在两个紧密配合的金属表面间并与空气隔绝时固化。用于M36以下螺纹紧固件的锁固和密封，防止螺纹锈蚀。尤其适用于轻微油面螺栓表面的锁固和密封；惰性表面（不锈钢、铝、镀金等）螺栓表面的锁固和密封；有耐高温（最高180℃）要求的螺栓表面的锁固和密封。

【施工工艺】 清洗螺纹表面，除去油污并干燥，推荐使用回天7755清洗剂以提高清洗效果。将胶均匀地涂于螺纹啮合部位，涂胶量足以填满螺纹间隙，按规范要求一次上紧。间隙较小时密封效果最佳，间隙较大时会影响固化速率。在配合间隙较大时，推荐使用回天7769促进剂以提高密封效果。为确保系统达到最大锁固、密封以及胶层的最佳耐介质性能，建议固化时间在24h以上，以保证胶层完全固化。可加热250℃拆卸，趁热拆卸。注意事项：未用完的胶液应密封保存，以便下次再用；受过污染的胶液不能再装入原包装瓶中，以免影响瓶中剩余胶液的性能；不宜用在塑料件上，不宜用于纯氧体系和富氧系统，不能用于氯气或其它强氧化性物质的密封；远离儿童存放。

【毒性及防护】 本品含丙烯酸和甲基丙烯酸酯类物质，对皮肤和眼睛有刺激。建议在通风良好处使用。若不慎接触眼睛和皮肤，立即用清水冲洗。

【包装及贮运】 包装：50mL/瓶和250mL/瓶，保质期18个月。贮存条件：室温、阴凉处贮存。本产品按照非危险品运输。

【生产单位】 湖北回天新材料股份有限公司。

Qb007 螺纹锁固密封剂 1277

【英文名】 sealant 1277 for thread locker

【主要组成】 （甲基）丙烯酸酯类单体、引发剂、促进剂、阻聚剂等。

【产品技术性能】 外观：红色；密度：1.12g/cm^3；黏度：7000mPa·s；初固时间：30min。固化后的产品性能如下。破坏扭矩/平均拆卸扭矩：32.0N·m/32.0N·m；工作温度：－60～150℃；标注测试标准：JB/T 7311—2008，GB/T 2794，GB/T 18747.1。

【特点及用途】 1. 该胶是单组分胶，操作简单，室温固化；2. 高强度，高黏度，耐化学介质性能优良，初固时间长，适合有二次预紧的工况。主要用于工程机械及重卡底盘螺栓连接件的锁固与密封。

【施工工艺】 1. 表面处理：用1755高效清洗剂清洗螺纹，无油表面可获得最佳锁固效果；2. 涂胶：在螺栓、螺帽、螺孔点胶，建议涂胶至少在3扣以上；3. 装配：装配螺栓、螺帽，拧紧至规定力矩即可；4. 拆卸：如难以用扳手直接拆卸，可将螺栓螺母加热至 260℃趁热拆卸。注意事项：当在温度较低的环境、惰性材质表面或大间隙条件使用该产品时，可通过使用促进剂 1764 提升固化速度。

【毒性及防护】 本产品固化后为安全无毒物质，但固化前应尽量避免与皮肤接触，若不慎溅入眼睛，应迅速用大量清水冲洗，严重时请及时到医院处理。

【包装及贮运】 包装：50mL/瓶、250mL/瓶，保质期 18 个月。贮存条件：在阴凉、干燥、10～28℃的环境下贮存。运输：本产品按照非危险品运输。

【生产单位】 北京天山新材料技术有限责任公司。

Qc 车辆工程

Qc001 轿车车身密封胶 HY-960

【英文名】 sealant HY-960 for automobile body

【主要组成】 （甲）缩水甘油酯环氧树脂、液体聚硫橡胶，（乙）缩胺固化剂和填料等。

【产品技术性能】 1. 铝合金粘接件的常温测试强度如下。剪切强度：15～20MPa；T 型剥离强度：10～15N/cm。2. 铝合金粘接件经±60℃冷热交变五次后的常温测试强度如下。剪切强度：25.8MPa；T 型剥离强度：18N/cm。3. 耐人工老化性能：铝合金粘接件经不同时间老化后的常温测试强度见下表。

人工老化时间/h		0	432	648	864	1080	1286
剪切强度/MPa	第一组	18.9	22.1	20.9	19.6	19.7	21.9
	第二组	22.2	20.2	18.8	20.6	19	20.1

【特点及用途】 特点为毒性小，常温固化，适用期长，触变性良好，垂直面上施工不流淌，主要用于轿车上取代烫锡，涂敷部位有车身顶缝、前后灯框、门缝整型、车身流水槽等。

【施工工艺】 1. 粘接面去油、除锈、清洁和干燥；2. 甲：乙：填料按 110：29：55 混匀后，涂于粘接表面，合拢施压即可，条件为 500g 量（20℃），4h，刮涂，常温 2～3d 或 100～120℃/2h 即可固化。

【包装及贮运】 用 1kg 以上的铁桶或塑料桶按组分分别包装；室温密封避光贮存，贮存期为 1 年，按照一般易燃品发运。

【生产单位】 天津市合成材料工业研究所有限公司。

Qc002 汽车点火线圈灌封胶 WL9019

【英文名】 potting adhesive WL9019 for automobile ignition coil

【主要组成】 环氧树脂、填料、助剂、固化剂等。

【产品技术性能】 外观：A 组分为黑色/白色黏稠液体，B 组分为浅黄色液体；凝胶时间（150℃）：160～240s；可使用时间（60℃）：≥2.0h；介电损耗因数（1MHz）：≤1.50%；介电常数（1MHz）：3.85±0.30；体积电阻率：≥1.0×10^{15} Ω·cm；电气强度：≥22.0kV/mm；固化收缩率：≤2.0%；线膨胀系数：≤4.2×10^{-5} K^{-1}；硬度：≥90 Shore D。

【特点及用途】 与工程塑料的粘接性好。具有优异的电气性能和力学性能。耐湿性、耐冷热冲击性能好。本产品主要用于汽车点火器线圈的绝缘灌封。

【施工工艺】 该胶是双组分环氧树脂，A、B 两组分按照质量比（A：B）100：28 进行混合，然后在 90℃/3h+140℃/3h 的条件下进行固化。注意事项：开桶真空吸入加料时，切忌将杂质、异物带入包装桶内。异物的带入会影响产品的质量和堵塞灌注枪嘴，从而引起产品质量、停产事故等。生产过程中一桶料尽可能一次用完，某些情况下一次不能用完时，应将A料充分混合后再取料。剩余未用完的料应随即加盖密封，以免引入杂质和潮气影响产品质量。所有物料一旦投入，在整个灌封工艺过程中都应避免长时间静态滞留于某处，否则影响生产或产品质量。使用过程中应尽量避免皮肤与灌封料尤其是B料接触，特别要防止B料溅入眼内。一旦接触B料，可用温水和中性洗涤剂清洗，万一溅入眼内，立即用生理盐水或清水清洗，并就医诊治。若接触上A料或混合料可先用丙酮擦净，再用清水和洗涤剂清洗，同时还应尽量避免灌封料蒸气吸入呼吸道。

【毒性及防护】 本产品固化后为安全无毒物质，但固化前，A、B两组分应尽量避免与皮肤和眼睛接触，若不慎接触眼睛和皮肤，应迅速用清水或生理盐水清洗15min，并就医诊治；若不慎吸入，应迅速将患者转移到新鲜空气处；如不能迅速恢复，马上就医。若不慎食入，应立即就医。

【包装及贮运】 采用塑料桶包装，也可视用户需要而改为指定规格包装。A、B两组分应分别密封贮存在温度为35℃以下的洁净环境中，防火防潮避日晒，贮存有效期一般为半年。本产品为非危险品，按一般化学品贮存、运输。

【生产单位】 绵阳惠利电子材料有限公司。

Qc003 摩托车调压器灌封胶 WL9053-1580

【英文名】 potting adhesive WL9053-1580 for motorcycle voltage regulator

【主要组成】 环氧树脂、填料、助剂等。

【产品技术性能】 外观：A组分为黑色/白色黏稠液体，B组分为白色或米黄色液体；凝胶时间（150℃）：120～200s；可使用时间（35℃）：≥2.0h；体积电阻率：≥1.0×10^{15} Ω·cm；电气强度：≥18kV/mm；玻璃化转变温度（TMA法）：≥150℃；固化收缩率：≤2.0%；线膨胀系数：≤2.7×10^{-5} K^{-1}；硬度：≥90 Shore D；热导率：≥0.74W/(m·K)；阻燃性（UL94）：V-0级。

【特点及用途】 由双组分组成，其贮存有效期长；为加温固化型，固化物的机电性能优，耐高温，热膨胀系数小，导热好。本产品主要用于摩托车调压器等功率发热电子元器件的灌封绝缘。

【施工工艺】 该胶是双组分环氧树脂，A、B两组分按照质量比100∶28进行混胶，然后在100℃/1h+150℃/2h的条件下进行固化。注意事项：一次配料应尽快（3h以内）用完，存放时间过长，黏度增高，不便操作，且对产品质量有影响；取料后，包装桶内一次未用完的剩余料应立即加盖密封存放，防止潮气和杂质的引入；并严格防止A、B料相互混合。应尽量避免人体皮肤与灌封料接触，若沾上A料或混合料可用丙酮擦净后再用洗涤剂和清水洗净即可；若B料溅入眼内，立即用清水冲洗，必要时就医诊治。

【毒性及防护】 本产品固化后为安全无毒物质，但固化前，A、B两组分应尽量避免与皮肤和眼睛接触，若不慎接触眼睛和皮肤，应迅速用清水或生理盐水清洗15min，并就医诊治；若不慎吸入，应迅速将患者转移到新鲜空气处；如不能迅速恢复，马上就医。若不慎食入，应立即就医。

【包装及贮运】 采用塑料桶装，也可视用户需要而改为指定规格包装。A、B两组分应分别密封贮存在温度为35℃以下的洁净环境中，防火防潮避日晒，贮存有效期一般为半年。本产品为非危险品，按一般化学品贮存、运输。

【生产单位】 绵阳惠利电子材料有限公司。

Qc004 摩托车点火线圈灌封胶 WL9002G

【英文名】 potting adhesive WL9002G for motorcycle ignition coil

【主要组成】 环氧树脂、填料、助剂、固化剂等。

【产品技术性能】 外观：A组分为乳白色黏稠液体，B组分为浅黄色透明液体；凝胶时间（150℃）：100～160s；可使用时间（35℃）：≥3.5h；体积电阻率：≥1.0×10^{15} Ω·cm；电气强度：≥25kV/mm；玻璃化转变温度：≥100℃；固化收缩率：≤3.0%；硬度：≥87 Shore D；阻燃性（UL94）：V-0级。

【特点及用途】 与其它材料的相容性好，对器件无腐蚀。本产品由双组分组成，其贮存有效期长。可使用时间长，黏度适中，工艺操作性好，浸渍性佳。固化物的物理、电气、力学性能优。本产品为不含有害重金属元素的环保阻燃型，已通过美国UL安全认证，其阻燃性达到了UL94V-0级。本产品主要用于摩托车点火线圈、彩色电视机回扫变压器（FBT）的灌封绝缘，亦可用于其它高压电子、电工器件。

【施工工艺】 该胶是双组分环氧树脂。A、B两组分按照质量比100：30进行均匀混合，然后在75℃/3h+(75～110)℃/0.5h+110℃/2.5h进行固化。注意事项：开桶真空吸入加料时，切忌将杂质、异物带入包装桶内，异物的带入会影响产品质量和堵塞灌注枪嘴，从而引产品质量和停产事故等；生产过程中一桶料应尽可能一次用完，某些情况下一次不能用完时，应将A料充分混合后再取料，剩余未用完的料应随即加盖密封，以免引入杂质和潮气；所有物料一旦投入，在整个灌封工艺过程中都应该避免长时间静态滞留于某处，否则影响生产或产品质量；生产环境应洁净、防尘，且注意通风；使用过程中应尽量避免皮肤与灌封料尤其是B料接触，一旦接触B料，可用温水和中性洗涤剂清洗，特别要防止B料溅入眼内，万一溅入眼内，立即用生理盐水或清水清洗，必要时就医诊治；若接触上A料或混合料，可先用丙酮擦净，再用清水和洗涤剂清洗，同时还应尽量避免灌封料蒸气吸入呼吸道。

【毒性及防护】 本产品固化后为安全无毒物质，但固化前，A、B两组分应尽量避免与皮肤和眼睛接触，若不慎接触眼睛和皮肤，应迅速用清水或生理盐水清洗15min，并就医诊治；若不慎吸入，应迅速将患者转移到新鲜空气处；如不能迅速恢复，马上就医。若不慎食入，应立即就医。

【包装及贮运】 包装：塑料桶装；也可视用户需要而改为指定规格包装。贮存条件：A、B两组分应分别密封贮存在温度为35℃以下的洁净环境中，防火防潮避日晒，贮存有效期一般为半年。本产品为非危险品，按一般化学品贮存、运输。

【生产单位】 绵阳惠利电子材料有限公司。

Qc005 折边胶 SY-24

【英文名】 hemming adhesive SY24

【主要组成】 环氧树脂、增韧剂、固化剂等。

【产品技术性能】 外观：黑色或用户指定颜色；密度：1.6g/cm³ 以下；剪切强度：≥25MPa；剥离强度：≥100N/25mm。

【特点及用途】 单组分无溶剂型胶黏剂，不含对人体有害的物质，油面粘接性好，粘接强度高、韧性好，加热固化不流淌。且具有优异的耐油、耐水、耐酸碱、耐化学品性能及良好的耐热、耐潮湿性能。主要用于汽车车门内外板折边、驾驶室底板结合处、驾驶室顶盖、行李箱盖、发动机罩等折边部位的粘接，起到固定、连接、密封、防锈蚀等作用。

【施工工艺】 1. 手动或用涂胶枪把粘接剂沿钣金件外板的周边涂布，要注意涂胶量和涂布位置必须准确、适当。2. 涂胶后的外板钣金件与内板叠合即可由液压机冲压折边，使两板紧密结合。3. 固化工艺：140～160℃，60～30min 即可完全固化。4. 建议使用环境温度：(20±5)℃。

【毒性及防护】 本产品固化后为安全无毒物质，但固化前应尽量避免与皮肤和眼睛接触，若不慎接触眼睛，应迅速用清水清洗。

【包装及贮运】 300mL/支、25kg/桶、250kg/桶包装。室温、阴凉处贮存，保质期 6 个月。本产品按照非危险品运输。

【生产单位】 三友（天津）高分子技术有限公司。

Qc006 折边胶 LY-38

【英文名】 hemming adhesive LY-38

【主要组成】 环氧树脂、固化剂、助剂等。

【产品技术性能】 外观：黑色糊状；密度：1.30～1.60g/cm^3；不挥发物含量：≥98%；固化条件：150～200℃/30～60min；在标准固化条件（170℃/30min）下的测试性能（参照企标 Q/LY-0038—2011）如下。剪切强度：≥18MPa，实测值约 24MPa；剥离强度：≥50N/25mm，实测值约 150N/25mm。

【特点及用途】 产品施工性能优异，具有良好的抗下垂性，可机械或人工涂布。产品固化温度范围宽，对油面钢板和镀锌钢板有良好的粘接力。产品不含有机溶剂，无毒、无刺激性气味，对环境无污染。客户如要求添加玻璃微珠进行胶层厚度的精确控制和提升初始装配强度，防止工件位移错位，可选择我公司 LY-38A 折边胶。用途：主要用于车门、发动机罩、后备箱罩或类似零件的折边部位，也可用于部分点焊部位，经电泳工序固化后，对折边或点焊部位起到结构粘接、密封防腐的作用。

【施工工艺】 被粘接-密封件尽量少油、干燥无锈蚀。用注胶枪或注胶机将本品呈条状打在被粘接表面，与内板采用包边、点焊等工艺组装。经电泳工序烘烤后固化，即可起到粘接、防腐作用。注意事项：如采用机械注胶方式，涂胶机械压缩比建议最小为 48∶1；冬季施工环境温度低时，本品黏度增大，可能导致注胶困难，建议施工前对本品采用预先加热的方式，加热温度不要超过 45℃，累计加热时间不要超过 8h；未固化前的产品可采用丙酮、二甲苯等有机溶剂清除，固化后的产品只能采取机械方法清除；使用前双方需根据应用方的情况选择合适剪切强度、剥离强度的产品，并做好相应产品的试用工作。

【毒性及防护】 本产品为安全无毒物质，施工应佩戴防护手套，尽量避免与皮肤和眼睛直接接触，若不慎接触眼睛，应迅速用清水清洗，严重时送医。

【包装及贮运】 采用钢桶装，每桶 250kg 或 25kg；硬塑料管装，每支 400g，每箱 50 支。原包装平放贮存在阴凉干燥的库房内，贮存温度以不超过 25℃为宜，严禁侧放、倒放，防止日光直接照射，并远离火源和热源。在上述贮存条件下，贮存期为 6 个月。

【生产单位】 北京龙苑伟业新材料有限公司。

Qc007 点焊胶

【英文名】 spot sealant

【主要组成】 环氧树脂、低温增韧剂、丁苯橡胶、助剂等。

【产品技术性能】 外观：黑色均匀膏状物；密度：1.3～1.5g/cm^3；剪切强度：≥0.8MPa；体积膨胀率：≤10%；点焊强度下降率：≤10%；硬度：10～50 Shore A；流淌性：≤5mm。

【特点及用途】 高温固化型，170℃/20min可固化，固化后与钢板的结合强度高，可以替代或减少部分焊点。该产品主要用于汽车制造行业钢板焊接部位。

【施工工艺】 该胶是单组分，加热固化型。注意事项：在自动化生产线上使用时，涂胶泵需要保持温度恒定。

【毒性及防护】 本产品固化后为安全无毒物质，无重金属或有害物质添加，符合VOC检测标准，但应尽量避免与皮肤和眼睛接触，若不慎接触眼睛，应迅速用清水清洗。

【包装及贮运】 采用400g/管、25kg/桶、200kg/桶的规格包装。在室温、阴凉处贮存，保质期3个月。本产品按照非危险品运输。

【生产单位】 保光（天津）汽车零部件有限公司。

Qc008 减震膨胀胶

【英文名】 shock-absorbing expansion adhesive

【主要组成】 改性环氧树脂、低温增韧剂、低分子橡胶、助剂等。

【产品技术性能】 外观：黑色或蓝色；密度：1.30～1.5g/cm^3；剪切强度：≥0.4MPa；硬度：≥10～30 Shore A；工作温度：−40～100℃。

【特点及用途】 高温固化型，170℃/20min可固化，固化后与钢板的粘接性好，有一定的弹性。主要用于汽车制造行业钢板及钣金之间的部位进行填充加固。

【施工工艺】 该胶是单组分，加热固化型。注意事项：在自动化生产线上使用时，涂胶房需要加温。

【毒性及防护】 本产品固化后为安全无毒物质，无重金属或有害物质添加，符合VOC检测标准，但应尽量避免与皮肤和眼睛接触，若不慎接触眼睛，应迅速用清水清洗。

【包装及贮运】 采用400g/管、25kg/桶、250kg/桶的规格包装。在室温、阴凉处贮存，保质期3个月。本产品按照非危险品运输。

【生产单位】 保光（天津）汽车零部件有限公司。

Qc009 折边胶

【英文名】 hemming adhesive

【主要组成】 环氧树脂、改性环氧树脂、固化剂、填充剂、助剂等。

【产品技术性能】 外观：黑色均匀膏状物；密度：1.4～1.6g/cm^3；剪切强度：≥20MPa；剥离强度：≥150N/25mm；硬度：75～95 Shore D；流动性：≤3mm；工作温度：−40～100℃；以上数据测试参照企标MS 715-32。

【特点及用途】 高温固化型，170℃/20min可固化，固化后与钢板的结合强度高，该胶不仅能起到取代点焊、消除凹坑、保证车美观的作用，并能防止黏结部位因无法涂到漆而过早锈蚀的发生。用途：用于汽车制造行业钢板搭接部位以及折边部位。

【施工工艺】 该胶是单组分，加热固化型。注意事项：在自动化生产线上使用时，涂胶泵需要加温。

【毒性及防护】 本产品固化后为安全无毒物质，无重金属或有害物质添加，符合VOC检测标准，但应尽量避免与皮肤和眼睛接触，若不慎接触眼睛，应迅速用清水清洗。

【包装及贮运】 通常采用400g/管、25kg/桶、200kg/桶包装。在室温、阴凉处贮存，保质期3个月。本产品按照非危险品运输。

【生产单位】 保光（天津）汽车零部件有限公司。

Qc010 汽车折边胶 HT7160T

【英文名】 hemming adhesive HT7160T for automobiles

【主要组成】 环氧树脂、潜伏固化剂、助剂等。

【产品技术性能】 外观：黑色糊状；密度：1.45g/cm³；压流黏度：约40g/min；温度：23℃；测试压力：0.5MPa；喷嘴直径：3mm；固含量：98%（烘烤条件：105℃×3h）；抗流挂性能：较好；剪切强度：26.6MPa（室温）、21.2MPa（80℃）、28.8MPa（−30℃）；耐热老化性（80℃，168h）：27.0MPa；耐过烘烤性（200℃，30min）：27.23MPa；耐热循环性（4循环）：27.6MPa；耐潮湿性（50℃，95%RH，240h）：23.1MPa；耐水性（40℃温水，240h）：24.7MPa；耐腐蚀性（35℃，5%盐溶液，1000h）：23.8MPa；基材：冷轧钢板；试样尺寸：100mm×25mm×1.6mm；拉伸速度：50mm/min；以上数据测试参照企标Q/HT 8—2012。

【特点及用途】 单组分，加热固化，低黏度触变型，具有油面粘接强度高、抗流挂、贮存稳定性好、耐腐蚀、耐热及抗老化等性能。本品不含溶剂和RoHS禁限物质，无异味、环保。主要应用于车身车间折边和结构粘接，可应用于汽车车身车间油面或非油面金属板的结构粘接，通过电泳烘箱时完全固化。

【施工工艺】 1.预知事项：施工前必须先阅读安全手册，了解有关预防措施和安全建议，对于无需标签的化学品预先观察，做好相应的预防措施。2.对于其它任何车间使用的油，建议使用前先检测粘接附着性。3.施工：作为一种室温应用的胶，施工温度为15～30℃，强烈建议在任何时候加热温度最高不能超过40℃，该产品应用在油面金属板上，无需先对钢板预热。4.清洁：施工过程中未固化的胶，可用干净的抹布除去，已固化的胶只能用机械方法除去。注意事项：1.原包装平放贮存在阴凉干燥的库房内，严禁侧放、倒放，防止日光直接照射，并远离热源；2.本产品为非危险物品，可按一般化学产品运输。运输过程应防止雨淋、日光曝晒。

【毒性及防护】 1.远离儿童存放。2.对皮肤和眼睛有刺激作用，建议在通风良好处使用。3.若不慎接触眼睛和皮肤，立即擦拭后用清水冲洗。

【包装及贮运】 采用400g/支、20kg/桶包装。室温、阴凉处密封贮存，保质期3个月。本产品按照非危险品运输。

【生产单位】 湖北回天新材料股份有限公司。

Qc011 顶棚面料胶 PK-6801

【英文名】 roof fabric adhesive PK-6801

【主要组成】 改性聚氨酯树脂、增黏树脂、助剂等。

【产品技术性能】 外观：无色半透明均匀胶液；黏度（25℃）：100～400mPa·s；以上数据测试参照企标ZKLT-ZL-BZ-003。

【特点及用途】 环保型溶剂胶，具有强初粘性，固化后粘接强度高，耐温性好。主要用于湿法汽车顶棚二次成型中PU件与面料的粘接，也可用于类似材料如麻毡板、无纺布、毛毡、泡沫等的复合粘接。

【施工工艺】 喷涂，热压固化黏结。注意事项：本品含有有机溶剂，易燃；作业场所严禁烟火，维持通风良好，操作时穿戴好个人防护用具。

【毒性及防护】 本产品固化后为安全无毒物质，但在使用过程中应尽量避免与皮肤和眼睛接触，若不慎接触眼睛，应迅速用大量清水清洗。

【包装及贮运】 采用 50kg/桶或 200kg/桶包装。在室温、阴凉处贮存，保质期 3 个月。

【生产单位】 重庆中科力泰高分子材料股份有限公司。

Qc012 汽车挡风玻璃胶

【别名】 Sikaflex®-256AP

【英文名】 windshield glass sealant for auto

【主要组成】 单组分聚氨酯、助剂、填料等。

【产品技术性能】 外观：黑色；密度：1.2kg/L；硬度：约 60 Shore A（CQP 023-1/ISO 868）；拉伸强度：约 $6N/mm^2$（CQP 036-1/ISO 37）；断裂延伸率：约 400%（CQP 036-1/ISO 37）；撕裂强度：约 12N/mm（CQP 045-1/ISO 34）；剪切强度：约 $4N/mm^2$（CQP 046-1/ISO 4587）；玻璃化转变温度：约 −50℃（CQP 509-1/ISO 4663）；工作温度：−40～90℃。

【特点及用途】 本品是一种单组分可免底涂玻璃粘接胶，施工性能好，如拉丝短、抗下垂性好，能够承受动态应力，减震降噪，耐候性及耐老化性好。本产品为糊状膏体，施工简便，与空气中的湿气反应固化，生成高强度的弹性体。主要适用于汽车玻璃的粘接。

【施工工艺】 软包装：将胶放入胶枪并剪去封嘴。根据汽车生产商的建议切割胶嘴。注意事项：不要在温度低于 5℃ 或高于 35℃ 的环境下施工，对基材和胶最适宜的温度是 15～25℃。

【毒性及防护】 关于化学品的运输、使用、贮存及处理方面的信息和建议，用户应参考材料安全数据表，其中包含了物理的、生态学的、毒性的以及其它相关的安全数据。

【包装及贮运】 采用软包装 600mL，小桶 23L，大桶 195L 包装。在室温、阴凉处贮存，保质期 6 个月。本产品按照非危险品运输。

【生产单位】 西卡（中国）有限公司。

Qc013 聚氨酯汽车玻璃密封胶 AM-120AT

【英文名】 polyurethane sealant AM-120 AT for auto glass

【主要组成】 聚醚多元醇、异氰酸酯、填料等。

【产品技术性能】 外观：黑色膏状物；表干时间：30～80min；密度：约 $1.2g/cm^3$；硬度：40～60 Shore A；拉伸强度：≥2.0MPa；剪切强度：≥2.0MPa；撕裂强度：≥6.0N/mm；断裂伸长率：≥300%；服务温度：−45～90℃。

【特点及用途】 AM-120AT 汽车玻璃密封胶为高强度、高模量、粘接类聚氨酯密封胶，单组分、室温湿气固化，高固含量，耐候性、弹性好，固化过程中及固化后不会产生任何有害物质，对基材无污染。表面可漆性强，可在其表面涂覆多种漆和涂料。主要用于汽车玻璃的维修。

【施工工艺】 1. 用棉纱清除涂胶部位表面的尘土、油污及明水。如果表面有易剥落锈蚀，应事先用金属刷清除，必要时还可用丙酮等有机溶剂擦拭表面。2. 根据施工部位的形状将密封胶的尖嘴切成一定形状的大小，用手动或气动胶枪将胶涂在施工部位。3. 缝隙中鼓出的胶可用刮板刮平或用肥皂水抹平。如有的部位不慎被胶所污染，则应尽早用丙酮等溶剂清除。如胶已固化，需要用刀片切割或打磨。注意事项：1. 开封后应当天用完，否则需严格密封保存；2. 在温度 15～35℃、湿度 55%～75%RH 的条件下施工最佳。

【毒性及防护】 本产品固化后为安全无毒物质，但应尽量避免与皮肤和眼睛接触，若不慎接触眼睛，应迅速用清水清洗。

【包装及贮运】 300mL/支、400mL/支、600mL/支包装。建议在25℃以下的干燥库房内贮存，避免高温、高湿，保质期9个月。

【生产单位】 山东北方现代化学工业有限公司。

Qc014 聚氨酯汽车玻璃密封胶 AM-120A

【英文名】 polyurethane sealant AM-120A for auto glass

【主要组成】 聚醚多元醇、异氰酸酯、填料等。

【产品技术性能】 外观：黑色膏状物；表干时间：30～60min；密度：约1.2g/cm³；硬度：40～60 Shore A；拉伸强度：≥2.0MPa；剪切强度：≥2.0MPa；撕裂强度：≥7.0N/mm；断裂伸长率：≥400%；服务温度：-45～90℃。

【特点及用途】 AM-120A汽车玻璃密封胶为高强度、高模量、粘接类聚氨酯密封胶，单组分、室温湿气固化，高固含量，耐候性、弹性好，固化过程中及固化后不会产生任何有害物质，对基材无污染，表面可漆性强，可在其表面涂覆多种漆和涂料。可用于汽车玻璃和蒙皮与骨架的结构粘接。

【施工工艺】 1. 用棉纱清除涂胶部位表面的尘土、油污及明水。如果表面有易剥落锈蚀，应事先用金属刷清除，必要时还可用丙酮等有机溶剂擦拭表面。2. 根据施工部位的形状将密封胶的尖嘴切成一定形状的大小，用手动或气动胶枪将胶涂在施工部位。3. 缝隙中鼓出的胶可用刮板刮平或肥皂水抹平。如有的部位不慎被胶所污染，则应尽早用丙酮等溶剂清除。如胶已固化，需要用刀片切割或打磨。注意事项：1. 开封后应当天用完，否则需严格密封保存；2. 在温度15～35℃、湿度55%～75%RH的条件下施工最佳。

【毒性及防护】 本产品固化后为安全无毒物质，但应尽量避免与皮肤和眼睛接触，若不慎接触眼睛，应迅速用清水清洗。

【包装及贮运】 300mL/支、400mL/支、600mL/支包装。建议贮存在25℃以下的干燥库房内，避免高温和高湿，保质期9个月。

【生产单位】 山东北方现代化学工业有限公司。

Qc015 聚氨酯风挡玻璃胶 AM-140

【英文名】 polyurethane sealant AM-140 for windscreen

【主要组成】 聚醚异氰酸酯、填料等。

【产品技术性能】 外观：黑色膏状物；密度：约1.2g/cm³；硬度：45～60 Shore A；拉伸强度：≥5.0MPa；剪切强度：≥3.5MPa；撕裂强度：≥12.0N/mm；断裂伸长率：≥400%；服务温度：-45～90℃；以上数据测试参照企标Q/CL 070—2006。

【特点及用途】 AM-140密封胶为高强度、高模量、粘接类聚氨酯汽车风挡玻璃胶，单组分、室温湿气固化、高固含量、耐候性好、弹性好，固化过程中及固化后不会产生任何有害物质，对基材无污染。可用于风挡玻璃的直接装配及其它高强度结构的粘接。

【施工工艺】 1. 用棉纱清除涂胶部位表面的尘土、油污及明水。如果表面有易剥落锈蚀，应事先用金属刷清除，必要时用丙酮等有机溶剂擦拭表面。2. 根据施工部位的形状将密封胶的尖嘴切成一定形状的大小，用手动或气动胶枪将胶涂在施工部位。3. 在表干时间以内进行表面刮平、修饰等工作，表面要求特别严格的部位应在涂胶部位的两侧打上保护胶带，并在刮平后揭去，若不慎将非施工部位沾污，可用蘸有丙酮的棉布擦拭干净。注意事项：

1. 开封后应当天用完，否则需严格密封保存；2. 在温度 15～35℃、湿度 55%～75%RH 的条件下施工最佳；3. 当环境温度低于 10℃或出胶速度达不到工艺要求时，建议在 60℃ 的烘箱里至少烘烤 30min。

【毒性及防护】 本产品固化后为安全无毒物质，但应尽量避免与皮肤和眼睛接触，若不慎接触眼睛，应迅速用清水清洗。

【包装及贮运】 300mL/支、400mL/支、600mL/支包装。建议在 25℃以下的干燥库房内贮存，避免高温、高湿，保质期 9 个月。

【生产单位】 山东北方现代化学工业有限公司。

Qc016 耐候性的商用车密封胶

【别名】 Sikaflex®-265 Booster

【英文名】 wheather-resistant sealant for auto

【主要组成】 聚氨酯弹性体、助剂、增黏剂等。

【产品技术性能】 外观：黑色；密度：1.2kg/L；硬度：约 50 Shore A（CQP 023-1/ISO 868）；拉伸强度：约 6MPa（CQP 036-1/ISO 37）；断裂延伸率：约 450%（CQP 036-1/ISO 37）；撕裂强度：约 14N/mm（CQP 045-1/ISO 34）；剪切强度：约 4.5MPa（CQP 046-1/ISO 4587）；工作温度：－60～80℃。

【特点及用途】 使用方便，能用 Sika® Booster 加速固化，粘接和密封都可使用，有弹性/可弥补公差、气味低、优异的加工和修整特性；基材的粘接范围广、无溶剂、无 PVC；适合手动施工和泵施工。主要适用于玻璃粘接、一般粘接和密封应用。

【施工工艺】 如果和 Sika® Booster 套装一起使用时，Sikaflex®-265 必须加热到 80℃。推荐使用适于 Sikaflex®-265 施工的气动或电动胶枪或者泵胶系统。特别是和 Sika® Booster 套装一起使用（需要较高压力）。不要在低于 10℃或高于 35℃的温度条件下施工，对基材最佳的温度是 15～25℃。

【毒性及防护】 关于化学品的运输、使用、贮存及处理方面的信息和建议，用户应参考材料安全数据表，其中包含了物理的、生态学的、毒性的以及其它相关的安全数据。

【包装及贮运】 300mL、600mL、23L 和 195L 软包装或硬包装，9 个月保质期；小桶装/大桶装 6 个月保质期。在室温、阴凉处贮存。本产品按照非危险品运输。

【生产单位】 西卡（中国）有限公司。

Qc017 汽车平面密封胶 WR7501N

【英文名】 auto planar sealant WR7501N

【主要组成】 硅油、填料、助剂等。

【产品技术性能】 外观：白色/黑色触变物；挤出速率（0.62MPa×15s）：100～300g/min；表干时间（25℃，50%RH）：≤30min；拉伸强度：≥2.0MPa；拉伸剪切强度（Al-Al）：≥1.8MPa；断裂伸长率：≥150%；硬度（25℃）：40～60 Shore D；工作温度：－60～200℃。

【特点及用途】 单组分脱醇型室温硫化硅橡胶，固化快，施工方便。对多种汽车发动机所用的传动油、机油、冷却液具有卓越的抵抗性能，长时间高温下不降解、不变软。即便高温下超长时间浸泡传动油和冷却液，硅橡胶仍保持优异的粘接性能。固化后的硅橡胶在所承受的环境下有非常优异的密封性能和超长的使用寿命。本产品典型适用于有良好耐油性的刚性法兰的密封，例如变速器和铸造金属外壳。

【施工工艺】 该产品是单组分室温硫化硅树脂。注意事项：本产品接触到空气后，湿气固化立刻会开始，因此物件应在胶水挤出后几分钟内进行黏合。本产品可在

－60～200℃的范围内长期使用。然而在温度范围的上下限，材料的特殊性和表现可能变得复杂化，需要经过对您的部件或者组件进行检验才能核实。本产品通常在室温及相对湿度为30%～80%的条件下固化，性能随时间的延长逐步提高，通常在7d后达到90%拉伸强度和剪切强度，14d后可完全固化。产品不适用于高度密闭或深层固化，通常1d固化2～3mm，7d固化4～6mm，14d固化6～8mm，固化深度依湿度和时间而定。所粘接的表面需保持清洁。如果表面有油污残留则会影响粘接，适宜的表面清洁可获得更好的效果，用户应确定最适合的工艺方法。建议先使用溶剂油、丁酮或其它溶剂进行彻底清洁、去脂，最后用丙酮或异丙醇溶剂擦拭表面可有效地去除残余物。建议在生产以前对粘接基材和粘接性能进行评估。由于基材类型和基材表面状态不同，在黏合强度测试中，应获得100%内聚破坏，确保黏合剂与基材的相容性，达到最佳的粘接。产品固化时会释放出丁酮肟，个别情况下可能对金属铜有微弱的腐蚀性，建议在生产以前对粘接适用性进行评估。请在通风良好的环境下使用产品。不慎接触眼睛和皮肤应立即冲洗、擦洗干净或由医生治疗。

【毒性及防护】 本产品固化后为安全无毒物质，但固化前应尽量避免与皮肤和眼睛接触，若不慎接触眼睛和皮肤，应迅速用清水清洗15min，如果刺激或症状加重应就医处理；若不慎食入，应立即就医。

【包装及贮运】 本产品包装于塑料管中，规格：300mL/支，也可视用户需要而改为指定规格包装。本产品应密封贮存于阴凉干燥的环境中，贮存有效期一般为一年。

【生产单位】 绵阳惠利电子材料有限公司。

Qc018 双组分车灯粘接胶 WR7399E

【英文名】 two-part headlight adhesive WR7399E

【主要组成】 硅油、填料、助剂等。

【产品技术性能】 外观：A组分为白色膏状物，B组分为黑色膏状物；表干时间(25℃)：≥20min；可操作时间(25℃)：20～40min；断裂伸长率：≥200%；拉伸强度：≥1.5MPa；粘接剪切强度(Al-Al)：≥1.0MPa；体积电阻率：$1.0\times10^{15}\Omega\cdot cm$；击穿强度：20kV/mm；硬度(25℃)：40～50 Shore A；工作温度：－55～180℃。

【特点及用途】 室温固化，固化速率快，作业效率高。良好的工艺性能，胶料不流淌。良好的粘接、防潮、防震性能。电气绝缘性能优良。耐臭氧和紫外线，具有良好的耐候性和耐老化性能。固化物可在－55～180℃的温度范围内使用。本产品主要用于汽车车灯（雾灯、大灯等）的粘接和密封，电子元器件、仪表、机械、石材的粘接、密封。

【施工工艺】 该胶是双组分缩合型硅橡胶。注意事项：固化物可在－55～180℃的温度范围内使用。然而在低温段和高温段的条件下，材料在某些特殊应用中所呈现的性能表现会变得非常复杂，因此需要考虑到额外的因素。根据需用量，按配比准确称量A、B两组分（建议使用比例为质量比A∶B＝10∶1），充分搅拌均匀，否则会影响产品的性能。B料接触空气中的水分后易产生水解反应，故取料后应立即加盖密封。产品一般建议真空打胶，否则在性能上会受到很大的影响。所有粘接的表面必须保持清洁。如果表面有油污残留则会影响粘接，适宜的表面清洁可获得更好的效果，用户应确定最适合的工艺方法。建议先使用溶剂油、丁酮或其它溶剂进行彻底清洁、去脂，最后用丙酮或异丙醇溶剂擦拭表面可有效地去除残余物。对多数活性金属、陶瓷、玻璃、树脂和塑料粘接牢固，但对非活性金属或非活性塑料表面如 Teflon、聚乙烯或聚丙烯不具有良好的黏合性。适当的表面处理如化学酸洗或等离子处理可以活化表面，促进黏合，为达到最好的粘接效果，建议使用特配的底涂剂，同时建议在生产以前对粘接基材进行评估。通常增加固化温度（不建议超过 60℃）和固化时间会提高黏合。不推荐有油污、增塑剂、溶剂等会影响固化和粘接的表面直接使用，在涂层表面使用需考虑对涂层的影响。请在通风良好的工作环境下使用产品，不慎接触眼睛和皮肤应立即冲洗、擦洗干净或由医生治疗。

【毒性及防护】 本产品固化后为安全无毒物质，但 A、B 两组分在固化前应尽量避免与皮肤和眼睛接触，若不慎接触眼睛和皮肤，应迅速用清水清洗 15min，如果刺激或症状加重应就医处理；若不慎吸入，应迅速将患者转移到新鲜空气处；如不能迅速恢复，马上就医。若不慎食入，应立即就医。

【包装及贮运】 本产品分 A、B 两组分包装，其规格为：A 组分 200L（240kg）铁桶包装，B 组分 20L（18kg）塑料桶包装。也可根据用户需要而改为其它规格包装。A、B 两组分应分别密封贮存在阴凉干燥的环境中，并防火防潮避日晒，贮存有效期一般为半年。本产品为非危险品，按一般化学品贮存、运输。

【生产单位】 绵阳惠利电子材料有限公司。

Qc019 汽车制动片快速固化胶黏剂 JM-11（FH-118）

【英文名】 fast cure adhesive JM-11 (FH-118) for automobile brake pad

【主要组成】 酚醛树脂、丁腈橡胶、固化剂等。

【产品技术性能】 外观：黑色黏稠液体。固化后的性能如下。剪切强度：≥22MPa（常温）、≥4MPa（250℃）、≥2.5MPa（300℃）；不挥发物含量：(40±5)%；工作温度：－55～250℃；以上数据测试参照技术条件 Q/HSY 093—2006。

【特点及用途】 具有优异的高温热稳定性、粘接性能、耐各种化学介质性能及优良的使用工艺性能。主要适用于汽车、火车、拖拉机、摩托车鼓式或盘式刹车片制造中摩擦片与蹄铁之间的粘接。

【施工工艺】 涂胶前将包装桶中的胶液搅匀，涂两遍胶，每次涂胶后室温晾置15～20min。在 80℃下预热 20～30min，然后合拢固化，放在夹具中，保持压力 0.3～1MPa，固化温度为 180℃，保压40～50min。

【毒性及防护】 本产品固化后为安全无毒物质，使用中应尽量避免与皮肤和眼睛接触，若不慎接触眼睛，应迅速用清水清洗。

【包装及贮运】 10kg/塑料桶、30kg/纸箱、25kg/塑料桶。产品保存最好在 20℃以下贮存，低温避光密封贮存，切忌直接曝晒，保质期 6 个月。本产品按照一般易燃品运输。

【生产单位】 哈尔滨六环胶粘剂有限公司。

Qc020 汽车盘式刹车片制动器专用胶黏剂

【英文名】 adhesive for auto brake

【主要组成】 酚醛树脂、丁腈橡胶、固化剂等。

【产品技术性能】 外观：棕红色和黑色黏稠液体；剪切强度：≥10MPa（20℃）、≥4MPa（250℃）；工作温度：－55～250℃；以上数据测试参照技术条件 Q/HSY 095—2006。

【特点及用途】 该胶具有耐热好、强度高、耐老化、耐介质等优点。用途：主要用于汽车盘式刹车蹄铁片的粘接，能满足盘式刹车蹄铁热压成型工艺的固化要求，亦可用于鼓式片的粘接。

【施工工艺】 将胶液摇匀后，刷涂、辊涂或喷涂在粘接表面，涂胶后室温晾置不粘手，保证溶剂充分发挥，或将涂好胶的蹄铁或摩擦片置于80℃烘箱中预热20～30min，待溶剂充分挥发后加压固化。按照盘片固化的工艺走，盘片一般在160～180℃下保压8min左右。

【毒性及防护】 本产品固化后为安全无毒物质，使用中应尽量避免与皮肤和眼睛接触，若不慎接触眼睛，应迅速用清水清洗。

【包装及贮运】 30kg/纸箱、25kg/塑料桶。贮存条件：产品保存最好在20℃以下贮存，低温避光密封贮存，切忌直接曝晒，保质期6个月。本产品按照一般易燃品运输。

【生产单位】 哈尔滨六环胶粘剂有限公司。

Qc021 耐高温刹车蹄铁上光底胶 JM-10

【别名】 FH909

【主要组成】 酚醛树脂、固化剂等。

【产品技术性能】 外观：红棕色透明液体；剪切强度：≥15MPa（常温）、≥4MPa（250℃）；工作温度：－55～250℃；以上数据测试参照技术条件Q/HSY 092—2004。

【特点及用途】 该胶是J-04B、JM-11（FH-118）胶黏剂的配套产品，具有优异的高温热稳定性、耐各种化学介质性能及优良的使用工艺性能，浸胶后蹄铁表面亮光、耐磨、耐腐蚀。用途：适用于汽车、火车、拖拉机、摩托车等刹车蹄铁的浸胶上光。

【施工工艺】 该胶为双组分浸胶，乙组分为固化剂，浸胶前将包装桶中的胶液搅匀，按4∶1的比例提取甲、乙两组分混合搅拌均匀，将钢试片在溶液中浸一下，挂起来晾置20min后涂上粘胶。在80℃烘箱中预热20～30min，然后合拢。试片放在夹具中，保持压力0.3～1MPa，固化温度与所配套使用粘胶的固化温度、时间相同。

【毒性及防护】 本产品固化后为安全无毒物质，使用中应尽量避免与皮肤和眼睛接触，若不慎接触眼睛，应迅速用清水清洗。

【包装及贮运】 甲：25kg/塑料桶；乙：20kg/塑料桶，保质期6个月。产品保存最好在20℃以下贮存，低温避光密封贮存，切忌直接曝晒。本产品按照一般易燃品运输。

【生产单位】 哈尔滨六环胶粘剂有限公司。

Qc022 盘式刹车片减震胶黏剂 JM-16

【主要组成】 酚醛树脂、丁腈橡胶、固化剂等。

【产品技术性能】 外观：黑色黏稠半流动液体；耐热性［(250±2)℃，1h］：不流淌；不挥发物含量：(40±5)%；成品外观：能形成树杈形花纹；工作温度：－45～250℃；以上数据测试参照技术条件Q/HSY 116—2004。

【特点及用途】 该胶的黏附性、粘接性、耐热性、工艺性能好。使用该胶制造的刹车片具有减震、降低噪声的功能，同时该胶的隔热性能使刹车时产生的高温得以隔阻，从而防止刹车油管内油的汽化，避免刹车失灵，保证刹车系统的正常运作。采用该胶生产的刹车片的自动性、安全性好。用途：适用于汽车、火车、拖拉机、摩托车鼓式或盘式刹车片的粘接。

【施工工艺】 涂胶前将包装桶中的胶液搅匀，将胶液均匀地涂在钢背表面，用一个Φ2cm的圆柱形不锈钢手轮压成树枝状花纹，室温晾置15～20min。将晾置过的试片在（250±2)℃烘箱中放置 1h 后取出，目测是否流淌。

【毒性及防护】 本产品固化后为安全无毒物质，使用中应尽量避免与皮肤和眼睛接触，若不慎接触眼睛，应迅速用清水清洗。

【包装及贮运】 5kg/铁桶、25kg/纸箱，保质期 6 个月。贮存条件：产品保存最好在 20℃以下贮存，低温避光密封贮存，切忌直接曝晒。本产品按照一般易燃品运输。

【生产单位】 哈尔滨六环胶粘剂有限公司。

Qc023 水性汽车内饰胶 PK-2618

【英文名】 water-based adhesive PK-2618 for automotive interior

【主要组成】 改性水性聚氨酯、改性丙烯酸、水性固化剂、助剂等。

【产品技术性能】 外观：浅蓝色黏稠液体（颜色可调）。固化后的性能如下。基体材料（骨架）与装饰薄膜（泡沫）之间的剥离力：终粘强度≥30N/5cm，气候交变后的黏结强度≥30N/5cm，高温存放后的黏结强度≥3 0N/5cm，低温存放后的黏结强度≥30N/5cm（剥离力试验按照标准 TL 496 执行)；工作温度：-80～120℃。

【特点及用途】 1. 水基型，无毒、安全、无刺激性、无甲醛等 VOC 限制物质、易清洁；2. 良好的喷雾性能；3. 固化后耐温性好，弹性佳，粘接强度高。吸塑或模压成型，温度养护 48h 后可以实现完全固化，达到最佳强度，带压施工，方便可靠。适用于 PVC/IXPP 泡沫、PVC/海绵/无纺布等软质材料与 ABS、麻毡板、PU 复合材料等材料进行热压成型，制作汽车顶棚等内饰件。

【施工工艺】 该胶是双组分胶（A/B)，使用前将 A、B 两组分混合均匀再喷涂施胶，胶量为 60～120g/m²。注意事项：两组分混合后室温下 4h 内用完。

【毒性及防护】 本产品为安全无毒水性产品，若不慎接触眼睛，可用清水清洗。

【包装及贮运】 20kg/桶，保质期 6 个月；贮存条件：防冻防晒，贮存于阴凉干燥的环境中，贮存环境温度为 5～35℃。本产品按照非危险品运输。

【生产单位】 重庆中科力泰高分子材料股份有限公司。

Qc024 汽车内饰用水基胶黏剂 063-08A

【英文名】 water-based adhesive for automotive trim 063-08A

【主要组成】 水性聚氨酯乳液、EVA 乳液、各种助剂等。

【产品技术性能】 外观：白色；密度（20℃)：1.05g/cm³；黏度（23℃)：300mPa·s；固含量：45%（测试条件：105℃、1h)；开放时间：混合后 8h/20℃，4h/30℃。

【特点及用途】 环保，黏结强度高，激活温度低，适应性强，可用于汽车内饰中多种基材之间的黏合。

【施工工艺】 采用喷涂的方式进行施胶。

【毒性及防护】 本产品固化前/固化后均为安全无毒物质。

【包装及贮运】 20kg/桶，保质期半年。贮存条件：室温、阴凉处贮存。本产品按照非危险品运输。

【生产单位】 富乐（中国）粘合剂有限公司。

Qc025 汽车内饰用水基胶黏剂 3428-06A

【英文名】 water-based adhesive 3428-06A for automotive trim

【主要组成】 水性聚氨酯乳液、EVA 乳液、各种助剂等。

【产品技术性能】 外观：白色；密度

（20℃）：1.05g/cm³；黏度（23℃）：400mPa·s；固含量：48%（测试条件：105℃、1h）；开放时间：混合后8h/20℃，4h/30℃。

【特点及用途】黏结强度高，适应性强，主要应用于汽车内饰中顶棚的黏结。

【施工工艺】采用喷涂的方式进行施胶。

【毒性及防护】本产品固化前/固化后均为安全无毒物质。

【包装及贮运】20kg/桶，保质期半年。贮存条件：室温、阴凉处贮存。本产品按照非危险品运输。

【生产单位】富乐（中国）粘合剂有限公司。

Qc026 汽车内饰用水基胶黏剂 502-03A

【英文名】water-based adhesive3502-03A for automotive trim

【主要组成】水性聚氨酯乳液、EVA乳液、各种助剂等。

【产品技术性能】外观：白色；密度（20℃）：1.08g/cm³；黏度（23℃）：325mPa·s；固含量：47%（测试条件105℃、1h）；开放时间：混合后8h/20℃，4h/30℃。

【特点及用途】环保，黏结强度高，适应性强，可用于汽车内饰中多种基材之间的黏合。

【施工工艺】采用喷涂的方式进行施胶。

【毒性及防护】本产品固化前/固化后均为安全无毒物质。

【包装及贮运】20kg/桶，保质期半年。贮存条件：室温、阴凉处贮存。本产品按照非危险品运输。

【生产单位】富乐（中国）粘合剂有限公司。

Qc027 汽车装饰用反应型聚氨酯热熔胶 WD8545

【英文名】reactive polyurethane hot-melt adhesive WD8545 for auto decoration

【主要组成】聚氨酯弹性体、增黏剂、交联剂、助剂等。

【产品技术性能】常温外观：白色固体；黏度（120℃）：15～22Pa·s；初始粘接强度（5min，ABS试件的剪切强度）：≥0.25MPa；最终粘接强度（7d，ABS试件的剪切强度）：≥3.5MPa；拉伸断裂强度（14d，ABS试件的剪切强度）：≥10MPa；断裂伸长率（14d，ABS试件的剪切强度）：≥350%。

【特点及用途】单组分，使用方便，定位快。对木材、金属、玻璃、塑料等大多数材料有良好的粘接力，具有良好的柔韧性和弹性，密封防水性好，耐低温、抗震动和抗冲击，具有良好的耐水、耐酸、耐溶剂性能。用于塑料、酚醛模塑料等材料的汽车仪表总成的组装，车身、顶棚、地板等部位接缝的粘接和密封，车门、顶棚等部位金属夹层的缓冲减震，内饰材料的装贴等。

【施工工艺】1.打胶机施胶：将20kg包装的专用胶桶与专用打胶机配套使用，加热温度为115℃，通过胶枪将胶涂布于被粘接物上，黏合加压5～10min即可定位；2.手动胶枪施胶：将300g铝管包装的胶在110～120℃加热45min左右，装入专用的气动或手动胶枪中，将胶涂布于被粘接物上，黏合加压5～10min即可定位。使用非保温枪时，每支胶夏天应在8min内用完，冬天在5min内用完。

【毒性及防护】本产品固化前为固态胶，加热后为液态胶水，固化后为安全无毒物质。

【包装及贮运】铝管包装：30mL/只；铁桶包装：20kg/桶。保质期6个月。贮存条件：产品在25℃以下的干燥处贮存，防止日晒雨淋、高温，远离火源。本产品按照非危险品运输。

【生产单位】上海康达化工新材料股份有

限公司。

Qc028 车灯用反应型聚氨酯热熔胶 WD8548

【英文名】 reactive polyurethane hot-melt adhesive WD8548 for auto-lamp

【主要组成】 聚酯多元醇、聚醚多元醇和异氰酸酯等。

【产品技术性能】 常温外观：白色固体；黏度（120℃）：12～22Pa•s；初始粘接强度（5min，ABS 试件的剪切强度）：≥0.1MPa；最终粘接强度（7d，ABS 试件的剪切强度）：≥4MPa；拉伸断裂强度（14d，ABS 试件的剪切强度）：≥10MPa；断裂伸长率（14d，ABS 试件的剪切强度）：≥500%；以上数据测试参照企标 Q/TECA 164—2013。

【特点及用途】 对金属、玻璃、PC、ABS 等材料的粘接效果好，经过底涂处理，对 PP 材料也有良好的粘接力。固化过程中不会产生小分子腐蚀 PC 灯罩或使玻璃灯罩变乌。具有良好的柔韧性和弹性，密封防水性好，耐低温、抗震动和抗冲击。用于各种灯底座（PP、ABS 材料）和灯罩（玻璃、PC 材料）的粘接和密封。

【施工工艺】 1. 打胶机施胶：将 20kg 包装的专用胶桶与专用打胶机配套使用，加热温度为 115℃，通过胶枪将胶涂布于被粘接物上，黏合加压 5～10min 即可定位；2. 手动胶枪施胶：将 300g 铝管包装的胶在 110～120℃加热 45min 左右，装入专用的气动或手动胶枪中，将胶涂布于被粘接物上，黏合加压 5～10min 即可定位。使用非保温枪时，每支胶夏天应在 8min 内用完，冬天在 5min 内用完。

【毒性及防护】 本产品固化前为固态胶，加热后为液态胶水，固化后为安全无毒物质。

【包装及贮运】 铝管包装：30mL/只；铁桶包装：20kg/桶包装。在室温、阴凉处贮存，保质期 6 个月。本产品按照非危险品运输。

【生产单位】 上海康达化工新材料股份有限公司。

Qc029 汽车减震胶 HT7150

【英文名】 anti-flutter adhesive HT7150 for automobiles

【主要组成】 顺丁橡胶、硫化剂、助剂等。

【产品技术性能】 外观：黑色糊状；密度：1.45g/cm³；压流黏度：约 100g/min（条件：温度 23℃，测试压力 0.5MPa，喷嘴直径 4mm）；固含量：99%（烘烤条件：105℃×3h）；抗流挂性能：好；固化后的性能指标如下。膨胀率：(50±10)%；剪切强度：≥0.5MPa（条件：2mm 胶层，涂油镀锌钢片，拉伸速度为 10mm/min）；在含油钢板上的附着性：镀锌钢板，内聚破坏；冷轧钢板，内聚破坏；以上数据测试参照企标 Q/HT 17—2012。

【特点及用途】 单组分、热固化膨胀，具有良好的油面粘接性及抗流淌性，对各种金属处理工艺如酸洗、碱洗、磷化、电泳涂装等无不良影响。固化物为柔软、富有弹性的泡沫体，具有良好的密封和防震效果。主要用于汽车车门、侧围板、支撑梁、箱盖、发动机盖等外板与加强筋或骨架的减震粘接以及板缝密封。

【施工工艺】 1. 被粘接-密封件无油或少油、干燥无锈蚀；2. 用注胶枪或注胶机将本品呈点状或条状打在加强筋或车身骨架上；3. 与外板组合并采用点焊、卷边、压合等工艺定位（注意：施胶区自然配合不可加压）；4. 经前处理线和涂装线随底漆和面漆一起固化（经预固化更好）。注意事项：1. 本产品对潮湿敏感，开封没有用完的胶要密封保存；2. 本产品为非危险物品，可按一般化学产品运输，运输过程应防止雨淋、日光曝晒；3. 原包装平放贮存在阴凉干燥的库房内，严禁侧放、倒放，防止日光直接照射，并远离热源。

【毒性及防护】 1. 远离儿童存放。2. 对皮肤和眼睛有刺激作用，建议在通风良好处使用。3. 若不慎接触眼睛和皮肤，立即擦拭后用清水冲洗。

【包装及贮运】 400g/支、25kg/桶、200kg/桶包装。在室温、阴凉处密封贮存，保质期6个月。本产品按照非危险品运输。

【生产单位】 湖北回天新材料股份有限公司。

Qc030 汽车折边胶 HT7160

【英文名】 hemming adhesive HT7160 for automobiles

【主要组成】 顺丁橡胶、硫化剂、助剂等。

【产品技术性能】 外观：黑色糊状；密度：1.45g/cm³；压流黏度：约60g/min（条件：温度23℃，测试压力0.5MPa，喷嘴直径3mm）；固含量：99%（烘烤条件：105℃×3h）；抗流挂性能：好。固化后的性能指标如下。剪切强度：≥4MPa（测试条件：23℃；涂膜厚度：0.2mm；固化条件：170℃/25min+200℃/60min；基材：油面镀锌钢片；试样尺寸：100mm×25mm×0.8mm；拉伸速度：5mm/min）；腐蚀试验：无腐蚀；以上数据测试参照企标Q/HT 8—2012。

【特点及用途】 单组分，热固化，触变型，耐高低温及耐湿热老化，具有良好的油面粘接性、抗流挂性、贮存稳定性。本品环保，不含溶剂和RoHS禁限物质。应用于车身车间折边部位的粘接和密封，通过电泳烘箱时完全固化。

【施工工艺】 1. 使用在涂有Quaker N6130油面部件上，对于其它任何车间使用的油，建议使用前先检测粘接附着性；2. 施工：作为一种室温应用的胶，施工温度为15～45℃，强烈建议在任何时候加热温度最高不能超过50℃，该产品应用在油面金属板上，无需先对钢板预热；3. 清洁：施工过程中未固化的胶，可用干净的抹布除去，已固化的胶只能用机械方法除去。注意事项：1. 本产品对潮湿敏感，开封没有用完的胶要密封保存；2. 本产品为非危险物品，可按一般化学产品运输，运输过程应防止雨淋、日光曝晒；3. 原包装平放贮存在阴凉干燥的库房内，严禁侧放、倒放，防止日光直接照射，并远离热源。

【毒性及防护】 1. 远离儿童存放。2. 对皮肤和眼睛有刺激作用，建议在通风良好处使用。3. 若不慎接触眼睛和皮肤，立即擦拭后用清水冲洗。

【包装及贮运】 400g/支，25kg/桶，150kg/桶，保质期6个月。贮存条件：室温、阴凉处密封贮存。本产品按照非危险品运输。

【生产单位】 湖北回天新材料股份有限公司。

Qc031 汽车车身胶

【英文名】 adhesive for automobile body

【主要组成】 聚氯乙烯树脂、增黏剂、触变剂、稀释剂。

【产品技术性能】 外观：白色糊状，均匀无杂物；黏度：3000～4000Pa·s；密度：1.55～1.56g/cm³；不挥发分：≥97%；剪切强度：≥1MPa；固化后的硬度：50～90 Shore A；粘接破坏状态：内聚破坏。

【特点及用途】 具有耐腐蚀、耐油、耐水性及良好的力学性能，施工方便，无毒无味，贮存性好。用于密封汽车车身装焊后残存的一切缝隙和休整汽车外复件接缝，还可起到防震、防腐、防漏、减轻噪声和防污染的作用。

【施工工艺】 可在130～160℃、30min的烘烤条件下固化，固化前后不流淌，且渗透性好。

【生产单位】 天津市合成材料工业研究所有限公司。

Qc032 汽车顶篷胶 HT-306

【英文名】 adhesive HT-306 for auto ceiling

【主要组成】 氯丁橡胶。

【产品技术性能】

性能	指标	测试标准
外观	暗黄色均匀胶液、无杂质	目测
不挥发分	20%～22%	GB/T 2793—1995
黏度	1100～1400mPa·s	GB/T 2794—2013
剥离强度	≥15N/25mm(30min)；≥37N/25mm(24h)；≥45N/25mm(48h)	GB/T 2790—1995

【特点及用途】 具有初粘力大、工艺性好、使用方便的特点。主要用于汽车车顶海绵、聚氯乙烯塑料板材的粘接，也可用于粘接汽车车门内装饰板、车门防风防雨条、隔音材料及前后窗的玻璃密封等。

【施工工艺】 1. 清洁待粘面，去除油污。可使用刷涂、辊涂等施工方法；2. 在室温下晾置5～30min，待胶膜接触不粘手时即可黏合。压实后放置24h即可。

【包装及贮运】 1L/桶，铁桶包装。属于易燃品，易防明火。阴凉处保存，贮存期12个月。

【生产单位】 湖北回天新材料股份有限公司。

Qc033 汽车装饰用反应型聚氨酯热熔胶 WD 8545

【英文名】 reactive polyurethane hot-melt adhesive WD 8545 for auto decoration

【主要组成】 聚酯多元醇、聚醚多元醇、异氰酸酯等。

【产品技术性能】 常温外观：白色固体；黏度（120℃）：15～22Pa·s。固化后的产品性能如下。初始粘接强度（5min，ABS-ABS）：≥0.25MPa；最终粘接强度（7d，ABS-ABS）：≥3.5MPa；拉伸强度（14d）：10MPa；断裂伸长率（14d）：≥350%。

【特点及用途】 单组分，使用方便，定位快。对木材、金属、玻璃、塑料等大多数材料具有良好的粘接力。具有较好的韧性和弹性，耐低温、抗震动和抗冲击。具有良好的耐水、耐酸、耐溶剂性能。用于塑料、酚醛模塑料等材料的汽车仪表总成的组装，车身、顶棚、地板等部位接缝的粘接和密封、车门、顶棚等部位金属夹层的缓冲减震，内饰材料的装贴等。

【施工工艺】 1. 打胶机施胶：将20kg包装的专用胶桶与专用打胶机配套使用，加热温度为115℃，通过胶枪将胶涂布于被粘接物上，黏合加压5～10min即可定位；2. 手动胶枪施胶：将300g铝管包装的胶在110～120℃加热45min左右，装入专用的气动或手动胶枪中，将胶涂布于被粘接物体表面，黏合加压5～10min即可定位，使用非保温胶枪时，每支胶夏天在8min内用完，冬天在5min内用完。

【毒性及防护】 本产品固化前为固态胶，加热后为液态胶水，固化后为安全无毒物质。

【包装及贮运】 包装：铝管包装300g/支，铁桶包装20kg/桶。产品在运输和装卸过程中应避免碰撞和重压，防止因包装物变形而无法使用。产品应在25℃以下的干燥处贮存，保质期6个月。本产品按照非危险品运输。

【生产单位】 上海康达化工新材料股份有限公司。

Qc034 减震胶 SY-22

【英文名】 damping adhesive SY22

【主要组成】 环氧树脂、聚氯乙烯树脂、丁腈橡胶、增塑剂等。

【产品技术性能】 外观：黑色或用户指定颜色；密度：1.60g/cm³ 以下；剪切强度：≥0.5MPa；拉伸强度：≥0.5MPa；拉伸率：≥100%。

【特点及用途】 单组分、无毒、无味、热固化胶黏剂。触变性好，加热不流淌。可粘接带防锈油的钢件，耐酸碱、耐油、耐水，并有良好的耐热性能。固化后的粘接力好，弹性好。具备良好的减震效果。用于汽车车门、发动机罩、后备厢、车顶加强筋等金属夹层之间的隔离粘接，起固定、缓冲、减震、延长汽车使用寿命等作用。

【施工工艺】 可机械或手工将本胶涂于需减震隔离的部位，视减震部位的大小涂覆足量的减震胶，按常规进行装配和后处理。在 140℃下烘烤 1h 或 160～180℃烘烤 20min；建议使用环境温度为 (20±5)℃。

【毒性及防护】 本产品固化后为安全无毒物质，但固化前应尽量避免与皮肤和眼睛接触，若不慎接触眼睛，应迅速用清水清洗。

【包装及贮运】 300mL/支、25kg/桶、250kg/桶包装。在室温、阴凉处贮存，保质期 6 个月。本产品按照非危险品运输。

【生产单位】 三友（天津）高分子技术有限公司。

R 电器设备和电子元器件

电气、电子工业的迅速发展牵引着电子胶黏剂的快速扩展。胶黏剂在电气、电子工业中的应用多种多样，从微电路和 LED 元器件的定位（图 7）到大电机线圈、变压器、家用电器和照明设备（图 8）及移动设备（智能手机、平板电脑）（图 9）等的粘接固定。电气、电子工业使用的胶黏剂除能进行粘接固定外，有时还要求具有导热性、导电性、绝缘性、减震、密封、安装和保护基材等方面的功能。不同的应用要求包括：其使用寿命可从数秒到数年；其工作温度可降至－270℃，高可达500℃；单个器件的用量少可不足微克，多可能超过 1t。在实际应用中，选择胶黏剂除了上述条件外，还要考虑所用胶黏剂的强度性能、导热性、绝缘性、耐湿性、耐热性、工艺性能、固化方式和固化温度及工作环境等。随着电气、电子工业设备向小型化、轻量化、高性能化的方向发展，使用胶黏剂的粘接技术代替或部分代替传统的连接工艺已经成为发展趋势，也被越来越多的部门所接受。

环氧胶黏剂在电气、电子工业中的应用最广，因为它们具有通用性强、粘接性能好、相容性好、工艺性能好、电气性能好和收缩率低的优点，而且具有良好的耐热性。有机硅胶黏剂适用于要求柔韧性好、温度范围大、高频高湿的制件。热熔胶黏剂适用于要求快速装配、强度要求较低及温度不高的制件。丙烯酸系胶黏剂因具有优异的电性能及稳定性，良好的耐老化性能和光学透明性，而且能快速固化，因而用量也在不断增加。聚氨酯胶黏剂能在较宽的温度范围内保持其柔软性、坚韧性和强度性能。聚乙烯醇缩丁醛能形成坚韧且易组装的黏合接头。

在电子部件的使用过程中，其应用具体包括以下几个方面。

1. 管芯粘接：在粘接过程中，要把滴径小到 0.07mm 的胶黏剂微滴

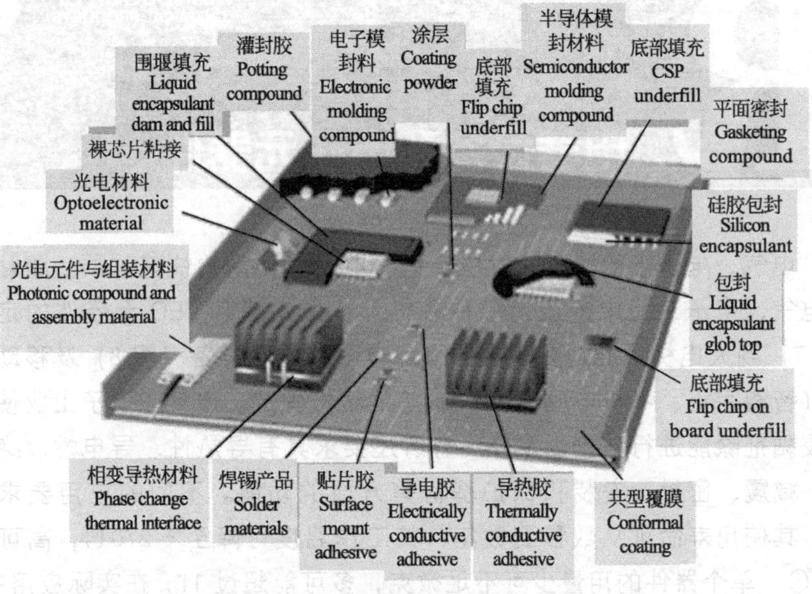

(a) 微电子元器件

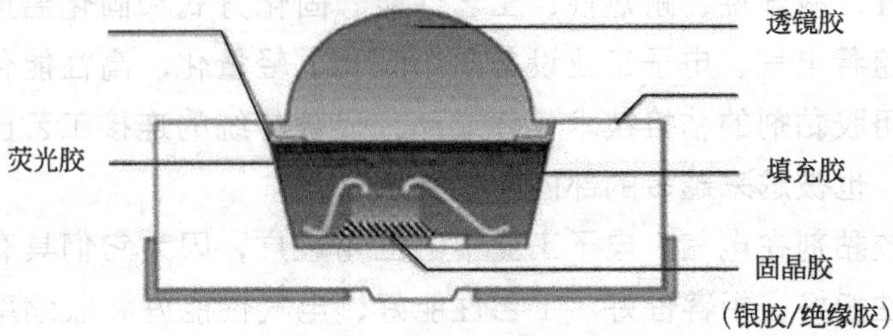

(b) LED器件

图 7 电子元器件用胶部位示意图

精确地涂在基板的指定部位，把集成电路片准确地放在胶黏剂上，然后加热固化。在管芯粘接中，涂胶量和定位是很关键的，不得使胶量过多，造成胶层过厚。所用胶黏剂的黏度和表面张力要足够高，其黏度不得太低或达到流动的程度，这样会使电路焊点绝缘。胶黏剂的固化温度要比低共熔点焊所要求的温度低得多，而且低共熔点焊会降低电路片的性能。管芯定位可以采用单组分和双组分的特制环氧胶黏剂或采用聚酰亚胺胶黏剂。

2. 元器件定位粘接：微电子用胶黏剂的另一个领域是在混合电路中粘接IC封装电路片、电容器和电阻器。主要使用性能与管芯粘接用胶黏剂类似的环氧树脂胶黏剂，有时也使用玻璃布作为支撑或者无支撑的半固化状态的固化环氧树脂胶黏剂胶膜。

3. 灌封：机电产品的灌封工艺是近几年发展起来的一项新的工艺技术。灌封工艺主要是对电子元器件的印刷线路板、微控电机的绕组、气密性机电零部件用树脂灌封胶进行灌封，保证其在各种恶劣而复杂的工

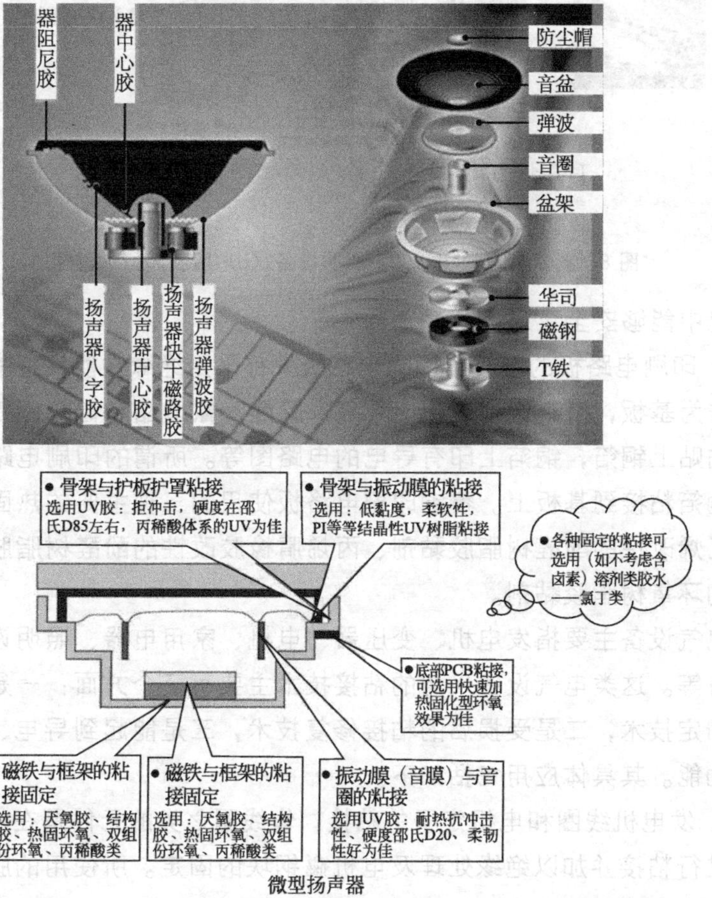

微型扬声器

(a)

图 8

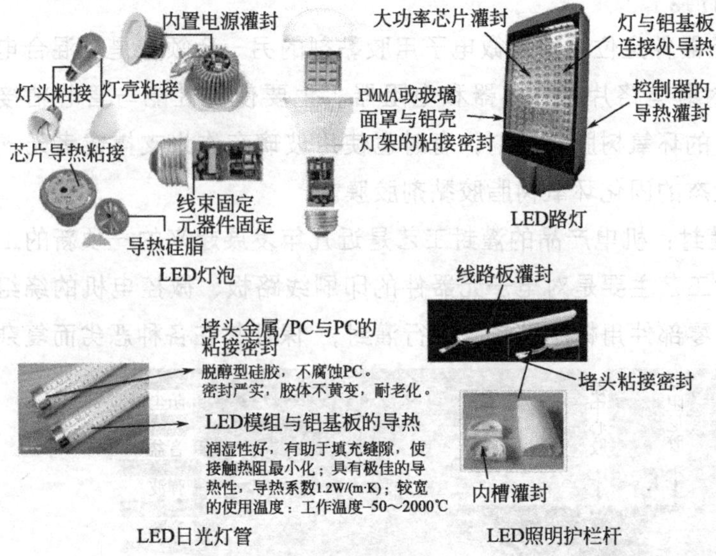

(b)

图 8 扬声器（a）和 LED 照明设备（b）用胶部位示意图

作环境中能够安全可靠。

4. 印刷电路板的粘接：印刷电路板大都采用绝缘性能良好的塑料层压板作为基板，有不饱和聚酯、环氧、酚醛、氰酸酯和硅树脂等。层压板上粘贴上铜箔，铜箔上印有导电的电路图等。所谓的印刷电路板粘接是将铜箔粘接到基板上。覆铜印刷电路板使用的三种主要的热固性胶黏剂有乙烯改性的酚醛树脂胶黏剂、丙烯腈橡胶改性的酚醛树脂胶黏剂和改性的环氧树脂胶黏剂。

电气设备主要指发电机、变压器、电机、家用电器、照明设备和移动设备等。这类电气设备采用的粘接技术主要有三个方面：一是制造用粘接固定技术，二是受损后的粘接修复技术，三是能起到导电、导热和保护功能。其具体应用包括如下。

1. 发电机线圈和电机定子的粘接：像线圈之类的元件是在发电机装配前进行粘接并加以绝缘处理及电机磁钢块的固定。所使用的胶黏剂为环氧树脂、聚酯树脂或有机硅树脂。

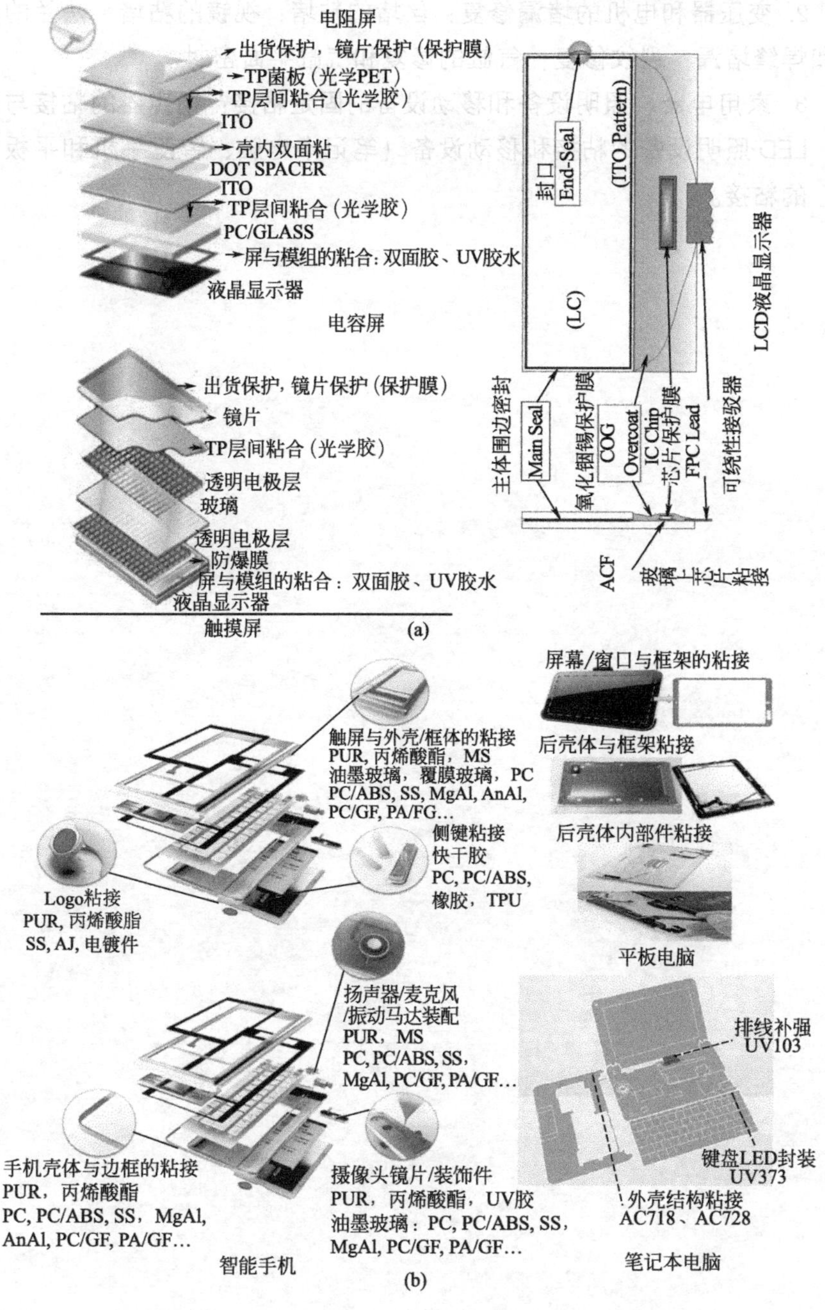

图 9 触摸屏和 LCD 显示器（a）及移动设备（b）用胶示意图

2. 变压器和电机的堵漏修复：丝堵的粘堵；视镜的粘堵；法兰的粘堵和焊缝堵漏；裂纹修复；气缸的修复和气缸平面密封。

3. 家用电器、照明设备和移动设备的固定粘接：扬声器的粘接与固定；LED照明设备的粘接和移动设备（笔记本电脑、智能手机和平板电脑）的粘接。

Ra 电气设备粘接剂和灌封胶

Ra001 点火线圈用灌封胶 J-2080

【英文名】 potting adhesive J-2020 for ignition coil

【主要组成】 环氧树脂、固化剂和助剂等。

【产品技术性能】 外观：黑色；黏度：(65±10) Pa•s(A 组分)，(150±30)Pa•s (B 组分)；密度：1.83g/cm^3 （A 组分），1.2g/cm^3 （B 组分）；体积电阻率：>1×10^{14} Ω•cm；介电强度：>20kV/mm；可使用时间：>4h。

【特点及用途】 本产品主要用于汽车、摩托车点火线圈的绝缘灌封，使其免受灰尘、水汽及其它有害物质的侵蚀，起到绝缘、阻燃等保护作用，提高点火可靠性，延长使用寿命。也可用于其它电器的灌封。

【施工工艺】 1. 配比：A、B 两组分以 100：30（质量比）的比例搅拌均匀；2. 固化条件：80℃下固化 5h；3. 使用时要真空脱泡，有条件者最好真空灌封。

【毒性及防护】 本产品无溶剂、毒性低，但仍不应直接接触，如皮肤、衣服上粘有胶时，可用酒精棉球擦拭，万一进入眼睛时，应立即用水冲洗，并请医生诊治。

【包装及贮运】 20kg/桶，按照一般化工产品运输，A 组分有可能产生沉淀，存放时应定期翻动；B 组分要防止吸湿，贮存期为半年。

【生产单位】 黎明化工研究设计院有限责任公司。

Ra002 单组分继电器密封胶 6402

【英文名】 one-part sealant 6402 for relay

【主要组成】 环氧树脂、固化剂和助剂等。

【产品技术性能】 外观：黑色黏稠液体；密度：1.25～1.38g/cm^3；黏度：50～70Pa•s。固化物的性能如下。硬度：>80Shore D；体积电阻率：1.4×10^{15} Ω•cm；介电强度：25kV/mm；介电常数 (25℃，1MHz)：4.2；线膨胀系数：<5.38×10^{-5} ℃$^{-1}$；耐温：200℃。

【特点及用途】 适用于小型继电器的封装保护。能在较低温度下迅速固化。

【施工工艺】 此胶具有触变性，适用期宜进行适当的搅拌，然后将胶均匀涂布在需密封处。在 100～105℃下固化 30～40min 即可。

【毒性及防护】 本产品无溶剂、毒性低，但仍不应直接接触，如皮肤、衣服上粘有胶时，可用酒精棉球擦拭，万一进入眼睛时，应立即用水冲洗，并请医生诊治。

【包装及贮运】 5kg/铁罐，产品宜贮存在冰柜中。0～5℃下可贮存 3 个月，20～25℃下可贮存 1 个月。

【生产单位】 上海回天化工新材料有限公司。

Ra003 双组分网络变压器灌封胶 WL9053HF

【英文名】 two-part adhesive WL9053HF for transformers potting

【主要组成】 环氧树脂、填料、助剂等。

【产品技术性能】 外观：A组分为黑色黏稠液体，B组分为浅棕色液体；凝胶时间(150℃)：30～60s；可使用时间(25℃)：≥20min；介电损耗因数(1MHz)：≤3.5%；介电常数(1MHz)：≤5；体积电阻率：≥1.0×10^{13} Ω·cm；电气强度：≥18kV/mm；硬度(25℃)：≥75 Shore D；阻燃性(UL94)：V-0级。

【特点及用途】 双组分，其贮存有效期长。黏度低，工艺操作性及浸渍性好。室温固化型，固化物的机械、电气性能佳。不含环保有害物质，为环保绿色产品。本产品主要用于网络变压器等小型电子元器件的灌封。

【施工工艺】 该胶是双组分环氧树脂。A、B两组分按照质量比100：(25±2)混合均匀，然后在室温(≥25℃)/24h或60℃/2h的条件下固化。注意事项：使用前应将A组分充分搅拌均匀再取用。本产品属于常温固化材料，应按需用量随配随用，混合料应尽快用完。手工灌封，最好从一处注入，有利于器件内的空气排出。生产环境应洁净、防尘，避免已灌封器件胶面沾附灰尘及其他杂物。生产工场应注意通风，且尽量避免物料与皮肤接触，一旦皮肤沾上物料，可用丙酮擦净，然后用洗涤剂清洗。

【毒性及防护】 本产品固化后为安全无毒物质，但固化前A、B两组分应尽量避免与皮肤和眼睛接触，若不慎接触眼睛和皮肤，应迅速用清水或生理盐水清洗15min，并就医诊治；若不慎吸入，应迅速将患者转移到新鲜空气处；如不能迅速恢复，马上就医。若不慎食入，应立即就医。

【包装及贮运】 包装：塑料桶装；也可视用户需要而改为指定规格包装。贮存条件：A、B两组分应分别密封贮存在温度为35℃以下的洁净环境中，防火防潮避日晒，贮存有效期一般为半年。本产品为非危险品，按一般化学品贮存、运输。

【生产单位】 绵阳惠利电子材料有限公司。

Ra004 压敏电阻灌封胶 WL9053-87TD

【英文名】 varistor potting adhesive WL9053-87TD

【主要组成】 环氧树脂、填料、助剂等。

【产品技术性能】 外观：A组分为灰绿色黏稠液体，B组分为无色或浅黄色液体；凝胶时间(150℃)：100～200s；可使用时间(25℃)：≥30min；体积电阻率：≥1.0×10^{13} Ω·cm；电气强度：≥25kV/mm；硬度(25℃)：≥75 Shore D；阻燃性(UL94)：V-0级。

【特点及用途】 双组分，其贮存有效期长。黏度低，具有良好的工艺操作性。室温固化型，阻燃，固化物的韧性佳、电气性能较好。本产品主要用于压敏电阻等小型电子元器件的绝缘灌封。

【施工工艺】 该胶是双组分环氧树脂。A、B两组分按照质量比100：12混合均匀，然后在室温(≥25℃)/24h或60℃/2h的条件下固化。注意事项：本产品属于常温固化材料，应按需用量随配随用，混合料应尽快用完。手工灌封，最好从一处注入，有利于器件内的空气排出。在灌封后，室温放置时灌封料胶面应避免沾附灰尘及其他杂物。生产环境应洁净、防尘，且注意通风。尽量避免物料与皮肤接触，一旦皮肤沾上物料，可用丙酮擦净，然后用洗涤剂清洗。

【毒性及防护】 本产品固化后为安全无毒物质，但固化前A、B两组分应尽量避免与皮肤和眼睛接触，若不慎接触眼睛和皮肤，应迅速用清水或生理盐水清洗15min，并就医诊治；若不慎吸入，应迅速将患者转移到新鲜空气处；如不能迅速恢复，马上就医。若不慎食入，应立即就医。

【包装及贮运】 包装：塑料桶装；也可视用户需要而改为指定规格包装。贮存条件：A、B两组分应分别密封贮存在温度为35℃以下的洁净环境中，防火防潮避日晒，贮存有效期一般为半年。本产品为非危险品，按一般化学品贮存、运输。

【生产单位】 绵阳惠利电子材料有限公司。

Ra005 变压器磁芯粘接胶 WL1008-3

【英文名】 adhesive WL1008-3 for transformer core

【主要组成】 环氧树脂、填料、助剂等。

【产品技术性能】 外观：A组分为黑色黏稠液体，B组分为琥珀色黏稠液体；凝胶时间（150℃）：25～80s；可使用时间（25℃）：≥1.0h；体积电阻率：≥$1.0\times10^{13}\Omega\cdot cm$；拉伸剪切强度（Al-Al）：≥10.0MPa；吸水率（室温24h）：≤0.4%。

【特点及用途】 本系列产品为通用型，用途广。双组分型，取用方便，贮存时间长。粘接强度高，机电性能优。本产品主要用于变压器磁芯等电子元器件及木材、石材和金属的粘接。

【施工工艺】 该胶是双组分环氧树脂。A、B两组分按照质量比3∶1混合均匀，然后在室温（≥25℃）/24h或60℃/2h或80℃/1h的条件下固化。注意事项：一次配胶应尽快用完，存放时间过长，会因自固化而影响使用和产品质量。取料配胶时，避免A料和B料的相互污染，否则会影响产品质量和存放期。取料后的剩余料应加盖密封保存，防止吸潮和引入杂质。

【毒性及防护】 本产品固化后为安全无毒物质，但固化前A、B两组分应尽量避免与皮肤和眼睛接触，若不慎接触眼睛和皮肤，应迅速用清水或生理盐水清洗15min，并就医诊治；若不慎吸入，应迅速将患者转移到新鲜空气处；如不能迅速恢复，马上就医。若不慎食入，应立即就医。

【包装及贮运】 包装：塑料桶装；也可视用户需要而改为指定规格包装。贮存条件：A、B两组分应分别密封贮存在温度为35℃以下的洁净环境中，防火防潮避日晒，贮存有效期一般为半年。本产品为非危险品，按一般化学品贮存、运输。

【生产单位】 绵阳惠利电子材料有限公司。

Ra006 玻璃釉电位器粘接胶 WL5052BE

【英文名】 adhesive WL5052BE for glass glaze potentiometer

【主要组成】 环氧树脂、填料、助剂等。

【产品技术性能】 外观：A组分为蓝色黏稠液体，B组分为无色至浅黄色液体；凝胶时间（150℃）：80～120s；可使用时间（25℃）：≥0.5h；体积电阻率：≥$1.0\times10^{14}\Omega\cdot cm$；电气强度：≥20kV/mm；硬度（25℃）：70～80 Shore D。

【特点及用途】 本品由环氧树脂及添加剂A料和固化剂B料两组分组成。本灌封料有一定的触变性，为室温固化型。固化物的表面光泽好，电气性能优，且具有理想的韧性和硬度。本产品主要用于玻璃釉电位器等小型电位器的粘接固定，也可用作其它小型电子元器件的粘接。

【施工工艺】 该胶是双组分环氧树脂。A、B两组分按照质量比100∶(15～20)混合均匀，然后在室温（≥25℃）/24h或60℃/2h的条件下固化。注意事项：B料易与空气中的水分和二氧化碳作用，从而影响产品性能，故必须密封存放在干燥的环境中。由于产品为室温固化型，存放中要注意避免A、B料相互掺杂。

【毒性及防护】 本产品固化后为安全无毒

物质，但固化前A、B两组分应尽量避免与皮肤和眼睛接触，若不慎接触眼睛和皮肤，应迅速用清水或生理盐水清洗15min，并就医诊治；若不慎吸入，应迅速将患者转移到新鲜空气处；如不能迅速恢复，马上就医。若不慎食入，应立即就医。

【包装及贮运】 包装：塑料桶装；也可视用户需要而改为指定规格包装。贮存条件：A、B两组分应分别密封贮存在温度为35℃以下的洁净环境中，防火防潮避日晒，贮存有效期一般为半年。本产品为非危险品，按一般化学品贮存、运输。

【生产单位】 绵阳惠利电子材料有限公司。

Ra007 连接器粘接固定胶 WL5056

【英文名】 connector adhesive WL5056

【主要组成】 环氧树脂、填料、助剂等。

【产品技术性能】 外观：A组分为白色黏稠液体，B组分为无色透明液体；凝胶时间（150℃）：80～150s；可使用时间（25℃）：≥30min；体积电阻率：≥1.0×10^{13}Ω·cm；电气强度：≥20kV/mm；玻璃化转变温度（DSC）：≥60℃；硬度（25℃）：≥75 Shore D。

【特点及用途】 本品由环氧树脂及添加剂A料和固化剂B料两组分组成。本灌封料可常温固化和加温固化。固化物的力学性能和电气性能优良。本产品主要用于连接器等小型电位器的粘接固定，也可用作其它小型电子元器件的粘接。

【施工工艺】 该胶是双组分环氧树脂。A、B两组分按照质量比100∶10混合均匀，然后在室温（≥25℃）/24h或60℃/2h的条件下固化。注意事项：请注意本产品的可使用时间，料混合后应尽快用完，若搁置时间过长，将影响使用工艺和产品质量。使用中不可误将一种料带入另一种料，以免引起污染变质。未使用完的A、B料应分别加盖密封存放，防止吸潮和引入杂质。使用工场应保持清洁，通风良好。若不慎将A料和B料沾在皮肤或衣物上，可用丙酮擦净后再用洗涤剂清洗。

【毒性及防护】 本产品固化后为安全无毒物质，但固化前A、B两组分应尽量避免与皮肤和眼睛接触，若不慎接触眼睛和皮肤，应迅速用清水或生理盐水清洗15min，并就医诊治；若不慎吸入，应迅速将患者转移到新鲜空气处；如不能迅速恢复，马上就医；若不慎食入，应立即就医。

【包装及贮运】 包装：塑料桶装；也可视用户需要而改为指定规格包装。贮存条件：A、B两组分应分别密封贮存在温度为35℃以下的洁净环境中，防火防潮避日晒，贮存有效期一般为半年。本产品为非危险品，按一般化学品贮存、运输。

【生产单位】 绵阳惠利电子材料有限公司。

Ra008 发电机整流二极管灌封胶 WL1580GD

【英文名】 potting adhesive WL1580GD for generator rectifier diode

【主要组成】 环氧树脂、填料、助剂等。

【产品技术性能】 外观：A组分为黑色/白色黏稠液体，B组分为白色或淡灰色液体；凝胶时间（150℃）：160～260s；可使用时间（35℃）：≥2.0h；体积电阻率：≥1.0×10^{15}Ω·cm；电气强度：≥25kV/mm；玻璃化转变温度（DSC法）：≥150℃；固化收缩率（固液密度比）：≤2.0%；线膨胀系数（TMA）：≤2.5×10^{-5} K^{-1}；硬度（25℃）：≥90 Shore D。

【特点及用途】 双组分，其贮存有效期长；为加温固化型，固化物的机电性能优，耐高温，热膨胀系数小，导热较好。本产品主要用于发电机整流二极管等电子元器件的灌封绝缘。

【施工工艺】 该胶是双组分环氧树脂。A、B两组分按照质量比100∶100混合均匀，然后在100℃/1h+160℃/3h的条件下固化。注意事项：一次配料应尽快（3h以内）用完，存放时间过长，黏度增高，不便操作，且对产品质量有影响。取料后，包装桶内的一次未用完的剩余料应立即加盖密封存放，防止潮气和杂质的引入；并严格防止A、B料相互混合。应尽量避免人体皮肤与灌封料接触，若沾上A料或混合料可用丙酮擦净后再用洗涤剂和清水洗净即可。若B料溅入眼内，立即用清水冲洗，必要时就医诊治。

【毒性及防护】 本产品固化后为安全无毒物质，但固化前A、B两组分应尽量避免与皮肤和眼睛接触，若不慎接触眼睛和皮肤，应迅速用清水或生理盐水清洗15min，并就医诊治；若不慎吸入，应迅速将患者转移到新鲜空气处；如不能迅速恢复，马上就医。若不慎食入，应立即就医。

【包装及贮运】 包装：塑料桶装；也可视用户需要而改为指定规格包装。贮存条件：A、B两组分应分别密封贮存在温度为35℃以下的洁净环境中，防火防潮避日晒，贮存有效期一般为半年。本产品为非危险品，按一般化学品贮存、运输。

【生产单位】 绵阳惠利电子材料有限公司。

Ra009 中高端数码管封装胶 WL700-4

【英文名】 encapsulation adhesive WL700-4 for high quality digital tube

【主要组成】 环氧树脂、填料、助剂等。

【产品技术性能】 外观：A组分为淡紫色透明黏稠液体，B组分为无色透明液体；凝胶时间（150℃）：50～150s；可使用时间（25℃）：≥2.0h；体积电阻率：≥$1.0\times10^{15}\ \Omega\cdot cm$；电气强度：≥20kV/mm；折光率：1.50～1.53；透光率（500nm，1mm）：≥95%；吸水性（沸水1h）：≤0.40%；玻璃化转变温度（TMA）：≥135℃；硬度（25℃）：≥88Shore D。

【特点及用途】 混合物黏度低，易脱泡，工艺操作性好。固化物的收缩率小，透光性好，光衰低，耐UV性能好。主要适用于高性能数码管、点阵、指示灯头等电子零部件的灌封，尤其适合于自动生产线使用，还可用于聚碳酸酯壳体、弧形指示灯和平面数码管之类显示器件的封装。

【施工工艺】 该胶是双组分环氧树脂。A、B两组分按照质量比100∶100混合均匀，然后在70℃/3～5h+90℃/4h或75℃/3～5h+100℃/2h的条件下固化。注意事项：配制混合料时，若加入了扩散剂和色膏，应视为增加了其加入量的50%的A料，因而需再加入相应量的B料。取料后应及时将剩余的A料和B料分别加盖密封保存，且避免A、B料相互掺混污染。混合料应连续尽快用完，存放时间不宜过长。尽量避免B料与皮肤接触且切忌溅入眼内，若B料溅入眼内，可用清水冲洗，必要时就医诊治。

【毒性及防护】 本产品固化后为安全无毒物质，但固化前A、B两组分应尽量避免与皮肤和眼睛接触，若不慎接触眼睛和皮肤，应迅速用清水或生理盐水清洗15min，并就医诊治；若不慎吸入，应迅速将患者转移到新鲜空气处；如不能迅速恢复，马上就医。若不慎食入，应立即就医。

【包装及贮运】 包装：塑料桶装；也可视用户需要而改为指定规格包装。贮存条件：A、B两组分应分别密封包装后贮存在洁净的环境中，防火防潮避日晒。贮存温度，A料为30℃以下，B料为15℃以下。按此条件，贮存有效期一般为半年。

本产品为非危险品，按一般化学品贮存、运输。

【生产单位】 绵阳惠利电子材料有限公司。

Ra010 启动电机换向器粘接固定胶 WL8180

【英文名】 motor commutator adhesive WL8180

【主要组成】 环氧树脂、填料、助剂等。

【产品技术性能】 外观：A组分为乳色黏稠液体，B组分为棕色液体；凝胶时间(150℃)：50～100s；可使用时间(25℃)：≥5.0h；体积电阻率：≥1.0×10^{14}Ω·cm；电气强度：≥20kV/mm；介电损耗因数(1MHz)：0.8%～1.3%；介电常数(1MHz)：3.0～3.4；拉伸剪切强度(Al-Al)：≥8.0MPa；硬度(25℃)：80～90 Shore D。

【特点及用途】 加温固化型，固化物与金属、陶瓷、漆包线等的黏结力好，且具有良好的耐热性能和电绝缘性能。本产品主要用于各种电机换向器的粘接固定，亦可用作其它器件的粘接。

【施工工艺】 该胶是双组分环氧树脂。A、B两组分按照质量比100∶100混合均匀，然后在120℃/1h或130℃/45min的条件下固化。注意事项：取料后随即加盖将包装桶内的剩余料密封保存。取料时应避免A料和B料互相掺混污染。一次配料应尽快用完，时间过长，黏度增加，可能影响操作使用和产品质量。

【毒性及防护】 本产品固化后为安全无毒物质，但固化前A、B两组分应尽量避免与皮肤和眼睛接触，若不慎接触眼睛和皮肤，应迅速用清水或生理盐水清洗15min，并就医诊治；若不慎吸入，应迅速将患者转移到新鲜空气处；如不能迅速恢复，马上就医。若不慎食入，应立即就医。

【包装及贮运】 包装：塑料桶装；也可视用户需要而改为指定规格包装。贮存条件：A、B两组分应分别密封贮存在温度为35℃以下的洁净环境中，防火防潮避日晒，贮存有效期一般为半年。本产品为非危险品，按一般化学品贮存、运输。

【生产单位】 绵阳惠利电子材料有限公司。

Ra011 电绝缘密封胶黏剂 J-205

【英文名】 electrical insulation adhesive J-205

【主要组成】 由(A)增韧树脂体系、(B)改性环氧树脂及(C)固化剂构成的多组分胶黏剂。

【产品技术性能】 外观：A组分为灰色黏稠状液体，B组分为橙红色黏稠状液体，C组分为深棕色黏稠状液体。固化后的性能见下表。

性能		指标
相对伸长范围/%	≥	80
收缩率/%	≤	0.7
电绝缘强度/(kV/mm)	≥	15.0
剪切强度/MPa	≥	5.0

标注测试标准：以上数据测试参照企标CB-SH-0132—2003。

【特点及用途】 尺寸稳定性好，固化产物具有较好的弹性。调配好的胶黏剂黏度低，施工方便。用途：适用于浇注高压元件，包覆和密封无线电技术装置电子部件、接头等膨胀系数明显不同的各种材料。该产品已应用于型号武器的生产中。

【施工工艺】 配制比例为A组分∶B组分∶C组分=100∶30∶15；固化条件为室温5～7d；压力为接触压力。

【毒性及防护】 本产品固化后为安全无毒物质，但混合前应尽量避免与皮肤和眼睛接触，若不慎接触眼睛，应迅速用清水清洗。

【包装及贮运】 包装：A、B、C三组分

分别用玻璃容器或马口铁桶包装密封，配套供应。贮存条件：密封保存在阴凉、避光、干燥处。远离火源，自生产之日起，在15℃以下的贮存期为6个月。本产品按照非危险品运输。

【生产单位】 黑龙江省科学院石油化学研究院。

Ra012 单组分玻璃釉电位器灌封胶 6069BE

【英文名】 one-component encapsulation adhesive 6069BE for glass glaze potentiometer

【主要组成】 环氧树脂、填料、助剂等。

【产品技术性能】 外观：蓝色黏稠液体；黏度（25℃，5r/min）：60～200Pa·s；凝胶时间［(150±1)℃］：90～150s；体积电阻率：≥1.0×10^{15} Ω·cm；电气强度：≥20.00kV/mm；介电损耗因数（1MHz）：≤2.00%；介电常数（1MHz）：≤4.50；玻璃化转变温度（DSC，10℃/min）：≥115℃；拉伸剪切强度（Fe-Fe，25℃）：≥20.0MPa；线膨胀系数（TMA）：≤4.0×10^{-5} K^{-1}；硬度（25℃）：≥85 Shore D；吸水性（沸水1h）：≤0.30%；耐热性（270℃，10s）：无烙痕，不开裂。

【特点及用途】 本产品固化温度低，固化时间短，固化收缩率小；固化物表面包括哑光、半哑光和亮光等类型，用户可以根据自己的需要进行选择；粘接强度高，热膨胀系数小，耐冷热冲击性好。本产品主要用于微型电位器和其它电子器件（如IC器件）的封装等。

【施工工艺】 该胶是单组分环氧树脂，本产品在75℃/0.5h＋110℃/0.5h或100℃/1h的条件下进行固化。注意事项：本产品的有效期会随存放温度的上升而迅速缩短，开封后未用完的产品需密封后按存放要求贮存；产品在使用前必须从冷藏环境中取出在常温下放置1h以上解冻后使用。

【毒性及防护】 本产品固化后为安全无毒物质，但固化前应尽量避免与皮肤和眼睛接触，若不慎接触眼睛和皮肤，应迅速用清水或生理盐水清洗15min，并就医诊治；若不慎吸入，应迅速将患者转移到新鲜空气处；如不能迅速恢复，马上就医。若不慎食入，应立即就医。

【包装及贮运】 包装：塑料桶装；也可视用户需要而改为指定规格包装。贮存条件：本产品应密封存放在10℃以下的干燥环境中，有效期为3个月。本产品为非危险品，按一般化学品贮存、运输。

【生产单位】 绵阳惠利电子材料有限公司。

Ra013 单组分继电器封装胶 6090

【英文名】 one-part adhesive 6090 for relay edge encapsulation

【主要组成】 环氧树脂、填料、助剂等。

【产品技术性能】 外观：黑色黏稠液体；黏度（25℃，5r/min）：50～100Pa·s；黏度（40℃）：4000～5000mPa·s；触变性（黏度比值1r/min/5r/min）：1.0～2.0；流动性（80℃，45°斜面）：2.0～3.0cm；固化后的性能如下。体积电阻率：≥1.0×10^{15} Ω·cm；电气强度：≥20.00kV/mm；玻璃化转变温度（DSC，10℃/min）：≥115℃；线膨胀系数（TMA）：≤4.2×10^{-5} K^{-1}；硬度（25℃）：≥85 Shore D；吸水性（沸水1h）：≤0.3%。

【特点及用途】 本产品中温固化，固化速率和产品黏度适中，具有轻微的触变性，操作方便，可适用于点胶工艺；固化物表面哑光，粘接强度高，电性能优良，挥发性有机硅含量低于2×10^{-6}。本产品主要用于中小型继电器底板与外壳及引脚的密封。

【施工工艺】 该胶是单组分环氧树脂。在

80℃/1h的条件下进行固化。注意事项：本产品的有效期会随存放温度的上升而迅速缩短，开封后未用完的产品需密封后按存放要求贮存；产品在使用前必须从冷藏环境中取出在常温下放置1h以上解冻后使用。

【毒性及防护】 本产品固化后为安全无毒物质，但固化前应尽量避免与皮肤和眼睛接触，若不慎接触眼睛和皮肤，应迅速用清水或生理盐水清洗15min，并就医诊治；若不慎吸入，应迅速将患者转移到新鲜空气处；如不能迅速恢复，马上就医。若不慎食入，应立即就医。

【包装及贮运】 包装：塑料桶装；也可视用户需要而改为指定规格包装。贮存条件：本产品应密封存放在10℃以下的干燥环境中，有效期为3个月。本产品为非危险品，按一般化学品贮存、运输。

【生产单位】 绵阳惠利电子材料有限公司。

Ra014 单组分变压器磁芯灌封黏结胶 6082

【英文名】 one-part adhesive 6082 for transformer encapsulation

【主要组成】 环氧树脂、填料、助剂等。

【产品技术性能】 外观：黑色黏稠液体；黏度（25℃，5r/min）：40～80Pa·s；凝胶时间[(150±1)℃]：160～240s；体积电阻率：≥1.0×10^{15} Ω·cm；电气强度：≥20.00kV/mm；介电损耗因数（1MHz）：≤2.00%；介电常数（1MHz）：3.70±0.20；玻璃化转变温度（DSC，10℃/min）：≥105℃；线膨胀系数（TMA）：≤3.8×10^{-5} K^{-1}；硬度（25℃）：≥85 Shore D；吸水性（沸水1h）：≤0.30%；固化收缩率（固液密度比）：≤2.0%。

【特点及用途】 产品黏度适中，流动性好，固化工艺性好，与基板和零部件的粘接力强。固化收缩率和热膨胀系数小，耐冷热冲击性好，固化物具有耐酸碱性和阻燃性，以及优良的电气性能。主要用于微型电位器和其它电子器件（如IC器件）的封装等。

【施工工艺】 该胶是单组分环氧树脂。固化条件：120℃/1.5h或110℃/0.5h＋140℃/1h。注意事项：本产品的有效期会随存放温度的上升而迅速缩短，开封后未用完的产品需密封后按存放要求贮存；产品在使用前必须从冷藏环境中取出在常温下放置1h以上解冻后使用。

【毒性及防护】 本产品固化后为安全无毒物质，但固化前应尽量避免与皮肤和眼睛接触，若不慎接触眼睛和皮肤，应迅速用清水或生理盐水清洗15min，并就医诊治；若不慎吸入，应迅速将患者转移到新鲜空气处；如不能迅速恢复，马上就医。若不慎食入，应立即就医。

【包装及贮运】 包装：塑料桶装；也可视用户需要而改为指定规格包装。贮存条件：本产品应密封存放在10℃以下的干燥环境中，有效期为3个月。本产品为非危险品，按一般化学品贮存、运输。

【生产单位】 绵阳惠利电子材料有限公司。

Ra015 丙烯酸酯电机胶 WD1004

【英文名】 acrylic adhesive WD1004 for motor

【主要组成】 甲基丙烯酸甲酯、甲基丙烯酸、丁腈橡胶、ABS等。

【产品技术性能】 外观：蓝色（A组分），红色（B组分）。固化后的性能如下。拉伸强度：23.1MPa；剪切强度：28.1MPa/24h；工作温度：－60～120℃；标注测试标准：以上数据测试参照企标Q/TECA 37—2014。

【特点及用途】 室温快速固化，轻度油污表面亦可粘接，胶层具有弹性，耐冲击。主要用于电机钢锭与磁瓦之间的粘接。

【施工工艺】 将C加入A中（A：C=100：9），搅拌均匀，（C/A）不能久存，夏季应当天用完，其它季节可在三天内用完；以（A/C）：B=1：1目测计量，混合均匀，即可涂胶粘接；粘接后稍加压力使粘接面贴紧，15min初步定位，1h达到最大强度的70%以上，24h达到最大强度。注意事项：调胶应尽可能使两组分等量，切勿使任一组分过量太多，避免强度降低，固化不完全；混胶须迅速、均匀，尽可能在30s内将两组分混合均匀，并现配现用；A、B两组分用后须盖严，以免产品吸水而影响粘接强度；手上或被粘接物上多余的胶，未固化前可用酒精清洗干净；严防儿童接触，切勿入口。

【毒性及防护】 本产品固化后为安全无毒物质，但混合前两组分应尽量避免与皮肤和眼睛接触，若不慎接触眼睛，应迅速用清水清洗。

【包装及贮运】 包装：A、B、C三组分均为塑料瓶包装，2kg/瓶（3组/箱），保质期6个月。贮存条件：室温、阴凉处贮存。本产品按照危险品运输。

【生产单位】 上海康达化工新材料股份有限公司。

Ra016 双组分LED显示屏灌封胶WR7399LH

【英文名】 two-part adhesive WR7399LH for display potting of LED

【主要组成】 硅油、填料、助剂等。

【产品技术性能】 外观：A组分为白色/黑色流动液体，B组分为无色或浅黄色透明液体；表干时间（25℃）：60～120min；可操作时间（25℃）：20～60min；体积电阻率：≥1.0×10^{13}Ω·cm；击穿强度：≥18.0kV/mm；硬度（25℃）：5～10 Shore A；工作温度：−50～180℃。

【特点及用途】 低黏度、室温固化，具有良好的流动性和可操作性。对各种基材具有良好的粘接性和防潮防尘性。固化物在很宽的温度范围（−50～180℃）内保持橡胶弹性，电气性能优良。固化物耐臭氧和紫外线，具有良好的耐候性和耐老化性能。本产品主要用于LED显示屏的绝缘灌封，各种电子器件的绝缘灌封。

【施工工艺】 该胶是双组分缩合型硅橡胶。A、B的质量比为10：1。注意事项：A组分长期存放后可能会有一定的硅油析出现象，在使用前请务必搅拌均匀，否则会出现颜色不均匀的现象，甚至影响固化物的性能，使用后剩余的胶液需重新密封保存；B组分接触空气易失效，故每次取料后应立即加盖密封。称量应准确，混合时要充分搅拌均匀，混合均匀的胶液，在可操作时间内完成灌胶作业。所有粘接的表面必须保持清洁。如果表面有油污残留则会影响粘接，适宜的表面清洁可获得更好的效果，用户应确定最适合的工艺方法。对于灌封后需要完全密封的器件，建议灌胶后至少24h以后再对器件进行密封。环境温度及湿度不同，胶液的适用期、凝胶及固化时间会有所变化，固化时间越长，胶对基材的粘接越好。建议厂家对产品试用并考察适用性和性能后再确定使用。

【毒性及防护】 本产品固化后为安全无毒物质，但A、B两组分在固化前应尽量避免与皮肤和眼睛接触，若不慎接触眼睛和皮肤，应迅速用清水清洗15min，如果刺激或症状加重应就医处理；若不慎吸入，应迅速将患者转移到新鲜空气处，如不能迅速恢复，马上就医。若不慎食入，应立即就医。

【包装及贮运】 包装：21.5kg/套，其中A组分20kg/桶，B组分2kg/桶，也可根据客户要求包装。贮存条件：A、B两组分应分别密封贮存在温度为35℃以下的洁净环境中，容器应尽量保持密闭，减少容器中液面以上的空间，并防火防潮避日晒，贮存有效期一般为半年。本产品为非危险品，按一般化学品贮存、运输。

【生产单位】 绵阳惠利电子材料有限公司。

Ra017 双组分电器专用密封胶 2530

【英文名】 two-component sealant 2530 for electrical equipment

【主要组成】 乙烯基聚硅氧烷、交联剂、助剂等。

【产品技术性能】 颜色黑色；适用期（混合后，23℃）：30min；固化时间（120℃）：5min；硬度：27 Shore A（GB/T 531.2—2009）；拉伸强度：1.8MPa（GB/T 528—2009）；断裂伸长率：200%（GB/T 528—2009）。

【特点及用途】 双组分加成型硅胶，120℃加温5min即可固化，耐候性、耐热性极佳，用于玻璃、陶瓷和各种金属材料的粘接，通过日本食品级测试。用于电器、家电设备的密封和粘接。

【施工工艺】 采用设备施胶，A：B的体积比为4：1；环境温度不同，胶液的适用期会有明显的变化，在适用期内使用完。注意事项：1. 施胶时，保证通风，避免让未固化的胶长时间的接触皮肤；2. 胶料应避免接触有机锡及含有机锡的硅橡胶、磷、硫及含硫化合物、胺类物质、不饱和烃类增塑剂、含铅材料、焊接剂残留物，否则会使胶料难以固化或不固化。

【毒性及防护】 本产品固化后为安全无毒物质，但混合前应尽量避免与皮肤和眼睛接触，若不慎接触眼睛，应迅速用清水清洗。

【包装及贮运】 包装：18/16kg，保质期6个月。贮存条件：室温、阴凉处贮存。本产品按照非危险品运输。

【生产单位】 北京市天山新材料技术有限公司。

Ra018 扬声器乳白胶 WD4001

【英文名】 adhesive for loudspeaker WD4001

【主要组成】 丙烯酸、丙烯酸异辛酯、丙烯酸丁酯、树脂乳液等。

【产品技术性能】 外观：白色黏稠液体；黏度：6～9Pa•s；不挥发分含量：≥33%；粘接强度：材质（泡沫音盆）破坏。

【特点及用途】 具有无毒和操作安全、粘接强度高、性能稳定、胶液固化后无色透明、有良好的柔韧性和热塑性等特性。适用于扬声器泡沫盆与镀锌盆架或喷塑盆架的粘接，也可用于其它孔性材料的粘接。

【施工工艺】 采用手工涂胶和使用胶枪涂胶均可。

【毒性及防护】 该产品用于建筑行业，涂饰干燥后为安全无毒物质，但涂饰前应尽量避免与皮肤和眼睛接触，若不慎接触眼睛，应迅速用清水清洗。

【包装及贮运】 2kg/瓶（12kg/箱），25kg/桶。有效贮存期为6个月，如超过有效贮存期，经检验各项性能指标合格后仍可使用。贮存条件：本品应通风干燥保存，避免冻结和曝晒，贮运条件为5～35℃，按照非危险品运输。

【生产单位】 上海康达化工新材料股份有限公司。

Ra019 扬声器乳白胶 WD4003

【英文名】 adhesive for loudspeaker WD4003

【主要组成】 由EVA乳液、树脂乳液等组成。

【产品技术性能】 外观：白色黏稠液体；黏度：15～20Pa•s；不挥发分含量：≥50%；粘接强度：材质（泡沫音盆）破坏。

【特点及用途】 具有无毒和操作安全、粘接强度高、性能稳定、胶液固化后无色透明、有良好的柔韧性和热塑性等特性。适用于扬声器泡沫盆与镀锌盆架或喷塑盆架的粘接，也可用于其它孔性材料的粘接。

【施工工艺】 采用手工涂胶和使用胶枪涂胶均可。粘接件涂胶后，在室温经24h后自然干燥就可达到固化。可对极少量的蒸馏水调节黏度，但在使用前应对粘接强度进行小试，最好采用本厂稀释剂。本胶耐水欠佳，易吸潮，故不宜在低温、高湿度的情况下涂胶和自然干燥。冬季低温可能会结冰，影响使用，不应低于5℃保存。

【毒性及防护】 该产品涂饰干燥后为安全无毒物质，但涂饰前应尽量避免与皮肤和眼睛接触，若不慎接触眼睛，应迅速用清水清洗。过多吸入蒸气能导致发晕。

【包装及贮运】 塑料桶包装（2kg、25kg装），有效贮存期为6个月，如超过有效贮存期，经检验各项性能指标合格后仍可使用。贮存条件：本品应通风干燥保存，避免冻结和曝晒，贮运条件为5～35℃，按照非危险品运输。

【生产单位】 上海康达化工新材料股份有限公司。

Ra020 扬声器阻尼胶 WD2006

【英文名】 damping adhesive for loudspeaker WD2006

【主要组成】 乙酸乙烯酯-乙烯溶液、增塑剂、有机溶剂。

【产品技术性能】 外观：无色或微黄色透明液体；黏度：0.40～0.60Pa·s；不挥发物含量：38%～44%；柔韧性：好。

【特点及用途】 提高扬声器的输出功率、改善频向特性、降低失真度。该产品适合于中、小口径的纸盆扬声器的粘接。

【施工工艺】 该胶可以用打胶机、注射器、画笔等工具施胶，胶的浓度、黏度和涂胶量可由用户根据产品和工艺要求自行确定。注意事项：若使用时认为黏度较大，可用本厂生产的专用稀释剂稀释到适宜的黏度使用。

【毒性及防护】 本产品固化后为安全无毒物质，但液态时含有有机溶剂，应尽量避免与皮肤和眼睛接触，若不慎接触眼睛，应迅速用清水清洗。

【包装及贮运】 包装：3kg/听（4听/箱），15kg/听。贮存条件：室温密闭贮存于干燥阴凉处，按危险品运输。

【生产单位】 上海康达化工新材料股份有限公司。

Ra021 冰箱密封热熔胶 RJ-2

【英文名】 hot-melt adhesive RJ-2 for sealing refrigerator

【主要组成】 乙烯-乙酸乙烯共聚物、增黏树脂、防老剂等。

【产品技术性能】 外观：淡黄色颗粒；黏度（180℃）：（10300±300）mPa·s；软化温度：（90±5）℃；剥离强度：120N/25mm。

【特点及用途】 本产品凝固速度适中，无毒，操作简单。主要用于电线电缆护套的粘接，还可粘接塑料、金属、木材等。

【施工工艺】 1. 将被粘接物表面擦干净；2. 将已熔融的胶液迅速涂上，然后指压片刻。

【包装及贮运】 本品25kg聚丙烯编织袋包装。贮存于室温、阴凉、干燥处，贮存期2年。按非危险品运输。

【生产单位】 上海华谊（集团）公司—上海市合成树脂研究所。

Ra022 家电用反应型聚氨酯热熔胶 WD8546

【英文名】 reactive polyurethane hot-melt adhesive WD8546 for household appliance

【主要组成】 聚氨酯弹性体、助剂等。

【产品技术性能】 常温外观：白色固体；黏度（120℃）：12～20Pa·s；初始粘接强度（5min，ABS试件的剪切强度）：≥0.16MPa；最终粘接强度（7d，ABS试件的剪切强度）：≥4.5MPa；拉伸断裂强度（14d，ABS试件的剪切强度）：≥

15MPa；断裂伸长率（14d，ABS 试件的剪切强度）：≥650%。

【特点及用途】 使用时操作温度低，完全固化后耐热性好。对金属、塑料等材料的粘接强度高，密封性好。具有较好的韧性和弹性，耐低温、抗震动和抗冲击。具有良好的耐水、耐酸、耐溶剂性能。用于塑料、木材、密度板、金属等材料的粘接和密封，焊缝的密封防腐及标牌的粘贴。

【施工工艺】 1. 打胶机施胶：将 20kg 包装的专用胶桶与专用打胶机配套使用，加热温度为 115℃，通过胶枪将胶涂布于被粘接物上，黏合加压 5～10min 即可定位；2. 手动胶枪施胶：将 300g 铝管包装的胶在 110～120℃ 加热 45min 左右，装入专用的气动或手动胶枪中，将胶涂布于被粘接物上，黏合加压 5～10min 即可定位。使用非保温枪时，每支胶夏天应在 8min 内用完，冬天在 5min 内用完。

【毒性及防护】 本产品固化前为固态胶，加热后为液态胶水，固化后为安全无毒物质。

【包装及贮运】 铝管包装：30mL/只；铁桶包装：20kg/桶。保质期 6 个月。贮存条件：产品在 25℃ 以下的干燥处贮存，防止日晒雨淋、高温，远离火源。本产品按照非危险品运输。

【生产单位】 上海康达化工新材料股份有限公司。

Ra023 液晶显示器偏光片用压敏胶 LC-610

【英 文 名】 pressure-sensitive adhesive LC-610 for polarizer Film of LCD

【主要组成】 丙烯酸酯共聚物、交联剂、溶剂（甲苯、乙酸乙酯）等。

【产品技术性能】 外观：透明淡黄色黏稠液；固含量：(30.0±1.0)%；黏度(23℃)：1500～5000cPa·s；涂布后的性能如下。黏着力：5.5～9.5N/inch［测试条件：SUS304，180°，(23±2)℃，300mm/min］；持粘力：≤0.5mm/1h（40℃，对 SUS304，1kg/inch，200μm 厚铝箔贴合法）；初粘力：8#～11#［J.DOW 法，(23±2)℃］。测试样品的制作方法：1. 把粘接剂 LC-610 和交联剂 A 按照 100：0.3 的比例混合；2. 将成胶涂布在 25μm 厚的 PET 膜上，于 90℃ 干燥 3min，得到厚度为 (50±2) μm 的胶带，［其中干胶厚度为 (25±2) μm］；3. 将此胶带置于 40℃ 下，放置 3d（或在 23℃ 下，放置 7d）后，按照 JIS Z 0237 8 标准测试方法测试后即可。

【特点及用途】 LC-610 是一种油性双组分丙烯酸酯压敏性粘接剂，可与交联剂 A 混合使用。对玻璃板、偏光片、反射膜、半透膜等有良好的粘接力。主要应用于液晶显示器中的 TN 型偏光片上。

【施工工艺】 1. 该胶是双组分胶，粘接剂 LC-610 和交联剂 A 按照比例 100：0.3 混合；实际的比例可以根据应用情况在一定范围内调整。2. 在搅拌桶内倒入 100kg 的胶水 LC-610，启动搅拌机，慢慢倒入交联剂 A 0.9kg，搅拌均匀（搅拌速率为 1000～2000r/min），时间为 15min 左右。3. 静置片刻，待气泡完全消除（在条件可能的情况下用盖子盖好，最好不要接触水蒸气）后方可上机涂。4. 在使用交联剂前，请观察其形态有无变化，正常时为水状，如变稠或呈胶水状时请勿使用。因交联剂的活性很大，请开启盖子后尽量一次用完，如未用完再次使用前请先查看其形态。交联剂最好不要再次使用，存放时间不宜过长。注意事项：此交联剂 H 易吸收空气中的水分而变质，保质期在 60d 以内，开封过后的交联剂 A 一般只能使用 7d 左右，具体可通过甲苯稀释来判断。

【毒性及防护】 本产品含有有机溶剂，应按照 MSDS 所要求的进行操作。LC-610 和交联剂 A 应尽量避免与皮肤和眼睛接触，若不慎接触眼睛，应迅速用清水清洗。

【包装及贮运】 LC-610 50kg/塑料桶，保质期1年；交联剂A，铝罐包装。贮存条件：室温、阴凉处贮存。本产品按照危险品运输。

【生产单位】 三信化学（上海）有限公司。

Ra024 液晶显示器偏光片用压敏胶 LC-620

【英文名】 pressure-sensitive adhesive LC-620 for polarizer Film of LCD

【主要组成】 丙烯酸酯共聚物、交联剂、溶剂（甲苯、乙酸乙酯）等。

【产品技术性能】 外观：透明淡黄色黏稠液；固含量：(19.0±1.0)%；黏度(23℃)：4500～9000cPa·S。涂布后的性能如下。黏着力：7.0～10N/inch［测试条件：SUS304，180°，(23±2)℃，300mm/min］；持粘力：≤0.5mm/1h(40℃，对SUS304，1kg/inch，200μm厚铝箔贴合法)；初粘力：10#～20#［J. DOW法，(23±2)℃］。测试样品的制作方法：1. 把粘接剂LC-620和交联剂A、交联剂M、交联剂K按照100∶0.253∶0.095∶0.002的比例混合；2. 将成胶涂布在25μm厚的PET膜上，于90℃干燥3min，得到厚度为(50±2)μm的胶带［其中干胶厚度为(25±2)μm］；3. 将此胶带置于40℃下，放置3d（或在23℃下，放置7d）后，按照JIS Z 0237 8标准测试方法测试后即可。

【特点及用途】 LC-620是一种油性多组分压敏胶，与交联剂混合使用。适用于高耐久性的偏光片，具有优异的再剥离性、耐候性、耐热性。对玻璃板、偏光片有良好的粘接力，在长期高温环境中粘贴使用后，剥离时被贴表面无残胶、无鬼影。不影响偏光染料，具有抵抗三酸纤维(TAC)的加水分解性等特性。主要应用于液晶显示器中的STN、TFT型偏光片上。

【施工工艺】 1. 该胶是多组分胶，把粘接剂LC-620和交联剂A、交联剂M、交联剂K按照比例100∶0.253∶0.095∶0.002混合。2. 在搅拌桶内倒入100kg的胶水LC-620，启动搅拌机，慢慢倒入交联剂A 0.253kg，再加交联剂M 0.095kg，再加交联剂K 0.002kg，搅拌均匀（搅拌速率为1000～2000r/min），时间为20min左右。3. 静置片刻，待气泡完全消除（在条件可能的情况下用盖子盖好，最好不要接触水蒸气）后方可上机涂。4. 在使用交联剂前，请观察其形态有无变化，正常时为水状，如变稠或呈胶水状时请勿使用。因交联剂的活性很大，请开启盖子后尽量一次用完，如未用完再次使用前请先查看其形态。交联剂最好不要再次使用，存放时间不宜过长。注意事项：此交联剂A易吸收空气中的水分而变质，保质期在60d以内，开封过后的交联剂A一般只能使用7d左右，具体可通过甲苯稀释来判断。

【毒性及防护】 本产品含有有机溶剂，应按照MSDS所要求的进行操作。LC-620和交联剂A、交联剂M、交联剂K应尽量避免与皮肤和眼睛接触，若不慎接触眼睛，应迅速用清水清洗。

【包装及贮运】 LC-620 50kg/塑料桶，保质期1年；交联剂胶A、交联剂M、交联剂K，铝罐包装。贮存条件：室温、阴凉处贮存。本产品按照危险品运输。

【生产单位】 三信化学（上海）有限公司。

Ra025 液晶显示器偏光片用压敏胶 LC-640

【英文名】 pressure-sensitive adhesive LC-640 for polarizer Film of LCD

【主要组成】 丙烯酸酯共聚物、交联剂、溶剂（甲苯、乙酸乙酯）等。

【产品技术性能】 外观：透明淡黄色黏稠液；固含量：(27.0 ± 1.0)%；黏度(23℃)：4000～8000cPa·S。涂布后的性能如下。黏着力：8.0～13N/inch [测试条件：SUS304，180°，(23±2)℃，300mm/min]；持粘力：≤0.1mm/1h (40℃，对SUS304，1kg/inch，200μm 厚铝箔贴合法)；初粘力：5#～15# [J.DOW 法，(23 ± 2)℃]。测试样品的制作方法：1. 把粘接剂 LC-640 和交联剂 A、交联剂 M、交联剂 B-10 按照 100∶0.24∶0.54∶0.14 的比例混合；2. 胶涂布在一定厚度的隔离纸上，于 90℃干燥 3min，然后转贴在 25μm 的 PET 膜上得到 (50 ± 2) μm的胶带 [其中干胶厚度为 (25 ± 2) μm]；3. 胶带置于 40℃下，放置 3d (或在 23℃下，放置 7d) 后，按照 JIS Z 0237 8 标准测试方法测试后即可。

【特点及用途】 LC-640 是一种油性多组分压敏胶，与交联剂混合使用。适用于各种类型的偏光片和玻璃的粘接，使用范围广泛。同时具有耐候、耐热、再剥离性能，且光学特性优异。用途：主要应用于液晶显示器中的 TN、STN、TFT 型偏光片上。

【施工工艺】 1. 该胶是多组分胶，把粘接剂 LC-640 和交联剂 A、交联剂 M、交联剂 B-10 按照比例 100∶0.24∶0.54∶0.14 混合。2. 在搅拌桶内倒入 100kg 的胶水 LC-640，启动搅拌机，慢慢倒入交联剂 A 0.24kg，再加交联剂 M 0.54kg，再加交联剂 K 0.14kg，搅拌均匀 (搅拌速率为 1000～2000r/min)，时间为 20min 左右。3. 静置片刻，待气泡完全消除 (在条件可能的情况下用盖子盖好，最好不要接触水蒸气) 后方可上机涂。4. 在使用交联剂前，请观察其形态有无变化，正常时为水状，如变稠或呈胶水状时请勿使用。因交联剂的活性很大，请开启盖子后尽量一次用完，如未用完再次使用前请先查看其形态。交联剂最好不要再次使用，存放时间不宜过长。注意事项：此交联剂 A 易吸收空气中的水分而变质，保质期在 60d 以内，开封过后的交联剂 A 一般只能使用 7d 左右，具体可通过甲苯稀释来判断。

【毒性及防护】 本产品含有有机溶剂，应按照 MSDS 所要求的进行操作。LC-640 和交联剂 A、交联剂 M、交联剂 K，应尽量避免与皮肤和眼睛接触，若不慎接触眼睛，应迅速用清水清洗。

【包装及贮运】 LC-640 50kg/塑料桶，保质期 1 年；交联剂胶 A、交联剂 M、交联剂 B-10，铝罐包装。贮存条件：室温、阴凉处贮存。本产品按照危险品运输。

【生产单位】 三信化学 (上海) 有限公司。

Ra026 电梯轿厢专用胶 HT-1011

【英文名】 adhesive HT-1001 for elevator

【主要组成】 丙烯酸酯、引发剂、促进剂、助剂等。

【产品技术性能】 外观：A 组分为红色黏稠液体，B 组分为绿色黏稠液体；黏度：7～8Pa·s(A 组分)，8～10Pa·s(B 组分)；初定位时间：3min；剪切强度 (Al-Al)：≥20MPa。

【特点及用途】 本产品主要用于电梯轿厢中不锈钢、内装饰的粘接，是高黏度、快速硬化的双组分丙烯酸酯结构胶。

【施工工艺】 清除被粘表面的水分、灰尘及污染物。在其中一粘接面涂 A 胶，另一粘接面涂 B 胶，将两粘接面相互贴合即可。黏合后 5min 可得到初期强度。

【毒性及防护】 本产品固化后为安全无毒物质，但混合前两组分应尽量避免与皮肤和眼睛接触，若不慎接触眼睛，应迅速用清水清洗。

【包装及贮运】 A、B 两组分分别为 1kg 包装。在 20℃以下的阴凉处贮存，贮存期为 6 个月。

【生产单位】 湖北回天新材料股份有限公司。

Ra027 丙烯酸电梯胶 WD1001-3

【英文名】 two-part acrylic adhesive WD1001-3 for elevator

【主要组成】 甲基丙烯酸甲酯、甲基丙烯酸、丁腈橡胶、ABS等。

【产品技术性能】 外观：蓝色（A组分），红色（B组分）；拉伸强度：23.1MPa；剪切强度：28.1MPa/24h；工作温度：-60～120℃；标注测试标准：以上数据测试参照企标 Q/TECA 36—2014。

【特点及用途】 室温快速固化定位，优异的粘接性与耐老化性，较好的防流挂性与耐热性，操作简易、使用方便。主要用于电梯不锈钢板与加强筋之间的粘接。

【施工工艺】 被粘接表面不必进行严格的脱脂处理，只需用棉纱或布将被粘表面擦干净即可进行粘接；用打胶机或手工将A、B两组分按1∶1的比例（体积比或质量比）混合均匀，涂在骨架被粘部位，粘上面板，室温压合15min或80℃热压6～8min即可进行下一道工序。注意事项：调胶应尽可能使两组分等量，切勿使任一组分过量太多，避免强度降低，固化不完全；混胶须迅速、均匀，尽可能在30s内将两组分混合均匀，并现配现用；A、B两组分用后须盖严，以免产品吸水而影响粘接强度；手上或被粘接物上多余的胶，未固化前可用酒精清洗干净；严防儿童接触，切勿入口。

【毒性及防护】 本产品固化后为安全无毒物质，但混合前两组分应尽量避免与皮肤和眼睛接触，若不慎接触眼睛，应迅速用清水清洗。

【包装及贮运】 包装：A、B两组分均为塑料瓶包装，2kg/瓶（3组/箱），保质期6个月。贮存条件：室温、阴凉处贮存。本产品按照危险品运输。

【生产单位】 上海康达化工新材料股份有限公司。

Ra028 扬声器高温中芯胶 WD1480

【英文名】 acrylic adhesive WD1480 for loudspeaker

【主要组成】 丙烯酸酯单体、增黏剂、增韧剂、引发剂、稳定剂等。

【产品技术性能】

性能	A组分	B组分
外观	乳白色黏稠液体	黑色黏稠液体
黏度/Pa·s	4～5	4～5
定位时间(20℃)/min	≤15	≤15
耐热性/℃	200	200

【特点及用途】 本产品是用精选原料生产的扬声器用丙烯酸酯AB胶，具有耐热性和耐振动性好的优点，适用于纸盆和PP盆。

【施工工艺】 A、B两组分以1∶1的体积比混合后手工打胶。使用配备静态混合器的打胶机涂胶，打胶前应先调好A、B两组分的比例，再装上静态混合器，停工时要把静态混合器卸下，吹去余胶，浸泡在丙酮等溶剂中以备再用。

【包装及贮运】 A、B两组分塑料瓶包装，2kg/瓶。产品在运输和装卸过程中避免倒放、碰撞和重压，防止日晒雨淋、高温。产品应在25℃以下贮存，防止日光直接照射，远离火源。

【生产单位】 上海康达化工新材料股份有限公司。

Ra029 扬声器快干磁路胶 WD1089

【英文名】 acrylic adhesive WD1089 for loudspeaker

【主要组成】 丙烯酸酯单体、增黏剂、增韧剂、引发剂、稳定剂等。

【产品技术性能】 外观：A组分为绿色黏稠液体，B组分为红色黏稠液体；黏度：

2.5～3.5Pa·s；定位时间（20℃）：5～10min；剪切强度：≥20MPa；拉伸强度：≥15MPa。

【特点及用途】 采用进口优质原料生产的扬声器磁路专用胶，胶液颜色深，不拉丝，固化后胶层透明，具有较好的耐冲击性能，即粘接后的扬声器有较好的抗滑落和抗跌落性能。

【施工工艺】 用打胶机或手工将A、B两组分按照1∶1的比例（体积比或质量比）重叠涂在磁钢的两面，与T铁和盆架装配，稍进行正反方向转动，放置15min左右即可进入下一道工序，打胶机使用静态混合器的粘接效果更佳。

【毒性及防护】 皮肤：刺激，可能发生渗透。眼睛：刺激，可能会损害角膜。吸入：对鼻子、喉咙和肺刺激，对敏感神经系统有暂时性的影响。敏感人群可能会有皮肤过敏反应。

【包装及贮运】 A、B两组分均用塑料瓶包装，2kg/瓶。产品在运输和装卸过程中避免倒放、碰撞和重压，防止日晒雨淋、高温。产品应在25℃以下贮存，防止日光直接照射，远离火源。

【生产单位】 上海康达化工新材料股份有限公司。

Ra030 耐高温扬声器快干磁路胶 WD1001-22

【英文名】 acrylic adhesive WD1089 for loudspeaker

【主要组成】 丙烯酸酯单体、增黏剂、增韧剂、引发剂、稳定剂等。

【产品技术性能】 外观：A组分为蓝绿色透明液体，B组分为暗红色透明液体；黏度：1.8～2.2Pa·s（A组分），1.8～2.2Pa·s(B组分)；定位时间（20℃）：≤10min；剪切强度：≥20MPa；拉伸强度：≥15MPa。

【特点及用途】 室温快速固化，粘接强度高，耐高温。为丙烯酸酯系列扬声器专用AB胶，适用于高温扬声器磁钢-T铁和磁钢-夹板的粘接。

【施工工艺】 用打胶机或手工将A、B两组分按照1∶1的比例（体积比）重叠涂在磁钢的两面，与T铁和盆架装配，稍进行正反方向转动，放置15min左右即可进入下一道工序，打胶机使用静态混合器的粘接效果更佳。

【毒性及防护】 皮肤：刺激，可能发生渗透。眼睛：刺激，可能会损害角膜。吸入：对鼻子、喉咙和肺刺激，对敏感神经系统有暂时性的影响。敏感人群可能会有皮肤过敏反应。

【包装及贮运】 A、B两组分均用塑料瓶包装，2kg/瓶。产品在运输和装卸过程中避免倒放、碰撞和重压，防止日晒雨淋、高温。产品应在25℃以下贮存，防止日光直接照射，远离火源。

【生产单位】 上海康达化工新材料股份有限公司。

Ra031 扬声器高温中芯胶 WD1014

【英文名】 acrylic adhesive WD1089 for loudspeaker

【主要组成】 丙烯酸酯单体、增黏剂、增韧剂、引发剂、稳定剂等。

【产品技术性能】 外观：A组分为浅蓝绿色透明液体，B组分为橘黄色透明液体；黏度：6～8Pa·s（A组分），6～8Pa·s（B组分）；定位时间（20℃）：≤10min；剪切强度：≥25MPa；拉伸强度：≥20MPa。

【特点及用途】 室温快速固化，粘接强度高，固化后硬度和软化点较高。固化物的收缩应力小，使用工艺性好，黏度适中，不拉丝，不厌氧等。适用于扬声器纸盆、弹簧板和音圈的粘接。

【施工工艺】 A、B两组分按照1∶1的比例（体积比）混合后手工打胶。使用配备静态混合器的打胶机涂胶，打胶前应先调好A、B两组分的比例，再装上静态混合器，停工时要把静态混合器卸下，吹去余胶，浸泡在丙酮等溶剂中以备再用。

【毒性及防护】 皮肤：刺激，可能发生渗透。眼睛：刺激，可能会损害角膜。吸入：对鼻子、喉咙和肺刺激，对敏感神经系统有暂时性的影响。敏感人群可能会有皮肤过敏反应。

【包装及贮运】 A、B两组分均用塑料瓶包装，2kg/瓶。产品在运输和装卸过程中避免倒放、碰撞和重压，防止日晒雨淋、高温。产品应在25℃以下贮存，防止日光直接照射，远离火源。

【生产单位】 上海康达化工新材料股份有限公司。

Ra032 扬声器中芯胶 J-62

【英文名】 adhesive J-62 for loudspeaker

【主要组成】 甲基丙烯酸甲酯、增黏剂及氧化还原引发体系。

【产品技术性能】 25℃时的粘接速度（重叠涂胶）：＜10min；软化点：120℃；剪切强度：＞14.7MPa。

【特点及用途】 主要用于扬声器纸盆-音圈-定芯支片的组装黏合，以及航模的组装等。

【施工工艺】 甲、乙两组分重叠涂胶，25℃，小于10min固化。适用于自动胶枪在流水线上的应用，也可手工操作。

【毒性及防护】 本产品固化后为安全无毒物质，但混合前两组分应尽量避免与皮肤和眼睛接触，若不慎接触眼睛，应迅速用清水清洗。

【包装及贮运】 包装：5kg、2.5kg和1kg聚乙烯塑料桶包装。在20℃以下的阴凉处贮存，贮存期为半年。按一般易燃品贮运。

【生产单位】 黑龙江省科学院石油化学研究院。

Ra033 扬声器磁路胶 J-63

【英文名】 adhesive J-62 for loudspeaker

【主要组成】 甲基丙烯酸甲酯、增黏剂及氧化还原引发体系。

【产品技术性能】 20℃时的粘接速度（铁氧体-钝化镀锌铁板）：＜10min；室温剪切强度：＞14.7MPa；室温剪切强度（铁氧体-钝化镀锌铁板）：＞14.7MPa；扬声器半成品从1m高处自由落于水泥地上三次不开胶。

【特点及用途】 固化速率快，主要用于扬声器磁路的装配。

【施工工艺】 甲、乙两组分重叠涂胶，合拢后5～10min即可定位。适用于自动胶枪在流水线上的应用，也可手工操作。

【毒性及防护】 本产品固化后为安全无毒物质，但混合前两组分应尽量避免与皮肤和眼睛接触，若不慎接触眼睛，应迅速用清水清洗。

【包装及贮运】 包装：5kg、2.5kg和1kg聚乙烯塑料桶包装。在20℃以下的阴凉处贮存，贮存期为半年。按一般易燃品贮运。

【生产单位】 黑龙江省科学院石油化学研究院。

Ra034 扬声器中心胶 WD2014HB

【英文名】 center adhesive WD2014 HB for loudspeaker

【主要组成】 氯丁橡胶、树脂、填料、有机溶剂。

【产品技术性能】 外观：黑色黏稠液体；黏度：15.00～18.00Pa·s；不挥发物含量：34%～40%；强度：材质破坏。

【特点及用途】 具有耐高温及高强度，使用方便。用途：用于扬声器音圈、纸盆与弹波三者的粘接。

【施工工艺】 用油壶或胶枪一次性均匀涂胶。注意事项：若放置时间较长后发现有局部沉淀，可搅拌均匀后使用。搅拌后需放置几小时（最好能放置过夜），待搅拌泡自动消失后使用效果较好。

【毒性及防护】 本产品固化后为安全无毒物质，但液态时含有有机溶剂，应尽量避免与皮肤和眼睛接触，若不慎接触眼睛，应迅速用清水清洗。

【包装及贮运】 包装：3kg/听（4听/箱），15kg/听。贮存条件：室温密闭贮存于干燥阴凉处，按危险品运输。

【生产单位】 上海康达化工新材料股份有限公司。

Ra035 扬声器弹波胶 WD2030

【英文名】 elastic wave adhesive WD2030 for loudspeaker

【主要组成】 氯丁橡胶、树脂、填料、有机溶剂。

【产品技术性能】 外观：黄色黏稠液体；黏度：12.00～15.00Pa•s；不挥发物含量：27.50%～33.50%；扯离强度：材质破坏。

【特点及用途】 具有室温快速固化、较高黏度、较高不挥发物含量、较高软化温度、断丝性好、黏接强度高、固化后表面光滑等特点。用途：用于大中功率扬声器盆架与弹波的粘接。

【施工工艺】 适用于胶枪在流水线上使用，亦可手工操作。注意事项：若放置时间较长后发现有局部沉淀，可搅拌均匀后使用。搅拌后需放置几小时（最好能放置过夜），待搅拌泡自动消失后使用效果较好。

【毒性及防护】 本产品固化后为安全无毒物质，但液态时含有有机溶剂，应尽量避免与皮肤和眼睛接触，若不慎接触眼睛，应迅速用清水清洗。

【包装及贮运】 包装：3kg/听（4听/箱），15kg/听。贮存条件：室温密闭贮存于干燥阴凉处，按危险品运输。

【生产单位】 上海康达化工新材料股份有限公司。

Ra036 扬声器中心胶 WD2868

【英文名】 center adhesive WD2868 for loudspeaker

【主要组成】 氯丁橡胶、树脂、填料、有机溶剂。

【产品技术性能】 外观：墨绿色黏稠液体；黏度：9.00～14.00Pa•s；不挥发物含量：32%～38%；强度：材质破坏。

【特点及用途】 具有高不挥发物含量、耐高温及高强度，使用方便。主要用于扬声器音圈、纸盆与弹波三者的粘接。

【施工工艺】 用油壶或胶枪一次性均匀涂胶。注意事项：若放置时间较长后发现有局部沉淀，可搅拌均匀后使用。搅拌后需放置几小时（最好能放置过夜），待搅拌泡自动消失后使用效果较好。

【毒性及防护】 本产品固化后为安全无毒物质，但液态时含有有机溶剂，应尽量避免与皮肤和眼睛接触，若不慎接触眼睛，应迅速用清水清洗。

【包装及贮运】 包装：3kg/听（4听/箱），15kg/听。贮存条件：室温密闭贮存于干燥阴凉处，按危险品运输。

【生产单位】 上海康达化工新材料股份有限公司。

Ra037 扬声器八字胶 WD2008

【英文名】 adhesive WD2008 for loudspeaker

【主要组成】 热塑性弹性体、树脂、填料、有机溶剂。

【产品技术性能】 外观：黑色黏稠液体；黏度：22.00～28.00Pa•s；不挥发物含量：46%～52%；流变性：好；饱满度：高。

【特点及用途】 不拉丝、快干与饱满，使用方便。用途：用于纸盆扬声器音圈引出线的固定。

【施工工艺】 该胶可用油壶或胶枪涂胶，自然干固后即可。注意事项：一般可以不必搅拌，直接使用。若放置时间较长后，发现有一定的分层或沉淀现象，请搅拌后使用；若使用时认为黏度较大，可用本厂生产的专用稀释剂稀释到适宜的黏度使用，也可用甲苯（夏季用较好）或乙酸乙酯（冬季用较好）稀释。搅拌后需放置几小时（最好能放置过夜），待搅拌泡自动消失后使用效果较好。

【毒性及防护】 本产品固化后为安全无毒物质，但液态时含有有机溶剂，应尽量避免与皮肤和眼睛接触，若不慎接触眼睛，应迅速用清水清洗。

【包装及贮运】 3kg/听（4听/箱），15kg/听。贮存条件：室温密闭贮存于干燥阴凉处，按危险品运输。

【生产单位】 上海康达化工新材料股份有限公司。

Ra038 压电陶瓷换能器用胶黏剂 RTP-803

【英文名】 adhesive RTP-803 for piezoelectric ceramics transducer

【主要组成】 环氧树脂、改性胺固化剂等。消耗定额：环氧树脂 800kg/t，固化剂 250kg/t，增韧剂 50kg/t，稀释剂 100kg/t，偶联剂 20kg/t。

【产品技术性能】 黏度：A组分为（6±1）Pa•s，B组分为（2.5±1）Pa•s；常温拉伸强度（LY12CZ铝-被银压电陶瓷）：>22MPa；体积电阻率：$>1\times10^{15}$ Ω•cm。

【特点及用途】 本产品是压电陶瓷换能器用室温固化双组分胶黏剂，可解决其它胶黏剂加热固化时因膨胀系数不匹配而造成压电陶瓷开裂的难题。可广泛用于电声、水声、超声、测量、自动控制等种类压电陶瓷换能器的胶接装配生产。

【施工工艺】 甲、乙两组分按照4∶1（质量比）混合均匀，需要时可另加250目石英粉，将胶液涂于经清洁处理的被粘物表面上，使胶层薄而均匀。若气温较低时，被粘件可稍加加热后再涂胶，25℃需要24h。

【毒性及防护】 本产品无溶剂、毒性低，但仍不应直接接触，如皮肤、衣服上粘有胶时，可用酒精棉球擦去，万一进入眼睛时，应立即用水冲洗，并请医生诊断。

【包装及贮运】 将本产品密封存放于阴凉、干燥处。贮存期为6个月。

【生产单位】 黎明化工研究设计院有限责任公司。

Ra039 家电用反应型聚氨酯热熔胶 WD 8546

【英文名】 reactive polyurethane hot-melt adhesive WD8546 for household applications

【主要组成】 聚酯多元醇、聚醚多元醇、异氰酸酯。

【产品技术性能】 外观：白色固体；黏度（120℃）：12～20Pa•s；初始粘接强度（5min，ABS-ABS）：≥0.16MPa；最终粘接强度（7d，ABS-ABS）：≥4.5MPa；拉伸强度（14d）：15MPa；断裂伸长率（14d）：≥650%。

【特点及用途】 使用时操作温度低，完全固化后耐热性好。对金属、塑料等大多数材料具有良好的粘接力和密封性。具有较好的韧性和弹性，耐低温、抗震动和抗冲击。具有良好的耐水、耐酸、耐溶剂性能。用于塑料、木材、密度板、金属等材料的粘接和密封，焊缝的密封防腐及标牌的粘贴。

【施工工艺】 1. 打胶机施胶：将20kg包装的专用胶桶与专用打胶机配套使用，加热温度为115℃，通过胶枪将胶涂布于被粘接物上，黏合加压5～10min即可定位；2. 手动胶枪施胶：将300g铝管包装的胶在110～120℃加热45min左右，装入专用的气动或手动胶枪中，将胶涂布于被粘接物体表面，黏合加压 5～10min 即可定位，使用非保温胶枪时，每支胶夏天在 8min 内用完，冬天在 5min 内用完。

【毒性及防护】 本产品固化前为固态胶，加热后为液态胶水，固化后为安全无毒物质。

【包装及贮运】 包装：铝管包装 300g/支，铁桶包装 20kg/桶。产品在运输和装卸过程中应避免碰撞和重压，防止因包装物变形而无法使用。产品应在 25℃以下的干燥处贮存，保质期 6 个月。本产品按照非危险品运输。

【生产单位】 上海康达化工新材料股份有限公司。

Rb 电子元器件胶黏剂

Rb001 贴片胶系列 SY-141

【英文名】 SMT adhesive SY141

【主要组成】 改性环氧树脂、增韧剂、固化剂等。

【产品技术性能】 外观：红色或用户指定颜色；固化速率：100℃/120s 或 120℃/60s。固化后的性能如下。剪切强度：≥12MPa；绝缘电阻：$\geqslant 10^{14}\Omega\cdot cm$。

【特点及用途】 单组分快速固化，良好的湿强度，无毒、无害，符合 RoHS 标准；固化后具有良好的电性能及耐高温冲击性。适用于无铅焊接。该胶主要用于电子元器件 SMT 的表面贴装。

【施工工艺】 该胶可丝网印胶或机器自动点胶。

【毒性及防护】 本产品固化后为安全无毒物质，但固化前应尽量避免与皮肤和眼睛接触，若不慎接触眼睛，应迅速用清水清洗。

【包装及贮运】 包装：10mL、30mL 注射筒或 300mL/支，保质期 3 个月。贮存条件：2～10℃下贮存。本产品按照非危险品运输。

【生产单位】 三友（天津）高分子技术有限公司。

Rb002 贴片胶 EP211

【英文名】 SMT adhesive EP211

【主要组成】 改性环氧树脂、潜伏性环氧固化剂、填料、助剂等。

【产品技术性能】 外观：红色膏状；密度：$1.35g/cm^3$；黏度：120000mPa·s；触变指数：4.5。固化后的性能如下。热膨胀系数：$55\times10^{-6}℃^{-1}$；热导系数：0.45W/(m·K)；密度：$1.4g/cm^3$；玻璃化温度：115℃；体积电阻率：$2\times10^{16}\Omega\cdot cm$；表面电阻率：$2\times10^{16}\Omega$；介电常数：3.1；推力强度（90s，150℃）：≥20N（C-0805/FR4 板）、≥30N（NEC-2501/FR4 板）；拉伸剪切强度（15min，150℃）：≥15MPa［标准条件：温度（23±2)℃、相对湿度（50±5)%，碳钢，喷砂处理］。

【特点及用途】 EP211 贴片胶是单组分热固化环氧材料，快速固化，加热不塌落，高粘接强度，可适应不同的刮胶速率，吸潮率低，贮存稳定性好。有优异的电气性能和阻燃性能。主要用作 PCB 板上元件的表面贴装及小器件绑定。

【施工工艺】 采用网板印刷。注意事项：1. 将胶从冷藏箱取出，放置于风扇自然风下回温 2～4h，室温放置回温 4～6h，使胶液温度恢复到室温再使用；2. 推荐环境温度为 25℃，湿度为 50%，环境温度变化将导致黏度变化，影响印刷效果，湿度最高不能超过 70%，否则容易导致胶在使用过程中黏度增加，缩短使用寿命。

【毒性及防护】 本产品固化后为安全无毒物质，但应尽量避免与皮肤和眼睛接触，若不慎接触眼睛，应迅速用清水清洗。

【包装及贮运】 包装：300mL 胶管。贮存条件：在低温、干燥处密封贮存，（5±

3)℃的保质期为 6 个月。本产品按照非危险品运输。

【生产单位】 北京海斯迪克新材料有限公司。

Rb003 贴片胶 6608

【别名】 红胶

【英文名】 SMT adhesive 6608

【主要组成】 环氧树脂、潜伏性固化剂、助剂等。

【产品技术性能】 外观：红色膏状；密度：1.3g/cm^3；黏度：13Pa·s；玻璃化温度（T_g）：113℃；剪切强度：1MPa。

【特点及用途】 单组分加热固化环氧树脂胶黏剂。通用型，适合丝网印刷。本品具有优异的耐热性，良好的贮存稳定性，卤素含量低。用途：用于波峰焊前表面贴装元器件的粘接。

【施工工艺】 采用单组分丝网印刷，固化工艺为 125℃/10min。

【毒性及防护】 本产品固化后为安全无毒物质，但混合前两组分应尽量避免与皮肤和眼睛接触，若不慎接触眼睛，应迅速用清水清洗。

【包装及贮运】 包装：300mL/支，保质期 6 个月。贮存条件：在 2～8℃ 洁净、干燥的仓库内冷藏贮存。

【生产单位】 烟台德邦科技有限公司。

Rb004 无毒电子围坝胶 GJS-13

【英文名】 non-toxic glue dams GJS-13 for electronic circuit

【主要组成】 加成硅橡胶、增黏剂、钛白粉、固化剂、添加剂等。

【产品技术性能】 外观：白红；密度：1.4g/cm^3；黏度：15000mPa·s；固化后的性能如下。剪切强度：≥3MPa；硬度：35 Shore A；工作温度：－65～250℃；标注测试标准：以上数据测试参照企标 Q/spb 211—2014。

【特点及用途】 单组分，无毒，可室温固化也可 150℃/10min 固化，不流淌，形状保持性好，粘接力强，弹性高，对银电极无污染。适用于注射器涂胶，用于电路芯片的银电极围挡胶，也可作弹性黏合剂使用，对金属和非金属都有很好的粘接力。

【施工工艺】 可点胶、浸涂、滚涂、丝网印刷等施工操作。加温 150℃/10min 迅速固化，室温固化需 3d。注意事项：低温冷藏保存。

【毒性及防护】 本产品为安全无毒物质，但固化前应尽量避免与皮肤和眼睛接触，若不慎接触眼睛，应迅速用清水清洗。

【包装及贮运】 包装：500g/套，保质期半年。贮存条件：5℃ 以下贮存。本产品按照非危险品运输。

【生产单位】 天津市鼎秀科技开发有限公司。

Rb005 包封胶 6206

【别名】 邦定胶

【英文名】 bonding adhesive 6206

【主要组成】 改性环氧树脂、固化剂等。

【产品技术性能】 外观：黑色液体；密度：1.3g/cm^3；黏度：68000mPa·s；固化物玻璃化温度（T_g）：125℃；热膨胀系数（CTE）：53×10^{-6}℃$^{-1}$。

【特点及用途】 单组分加热固化环氧树脂胶黏剂。低卤产品，高胶通用型，黑色亮光，本品具有高附着力，低吸水率，成型性好，良好的贮存稳定性。主要适用于 COB 包封或邦定。

【施工工艺】 使用前必须恢复到室温，在恢复到室温以前勿打开包装。在 110～130℃ 下多种温度固化，130℃/45min，120℃/70min，110℃/90min。

【毒性及防护】 本产品固化后为安全无毒物质，但混合前两组分应尽量避免与皮肤和眼睛接触，若不慎接触眼睛，应迅速用清水清洗。

【包装及贮运】 包装：1kg/桶或5kg/桶。贮存条件：在2～8℃洁净、干燥的仓库内冷藏贮存，保质期6个月。

【生产单位】 烟台德邦科技有限公司。

Rb006 保形涂料 4523

【别名】 披覆胶，三防胶

【英文名】 conformal coating adhesive 4523

【主要组成】 改性聚氨酯丙烯酸酯。

【产品技术性能】 外观：琥珀色液体；密度：1.10g/cm^3；黏度：200mPa·s；硬度：2H；介电强度：27kV/mm；工作温度：－45～135℃。

【特点及用途】 单组分，低黏度，紫外光-湿气双固化保形涂料，在一定波长的紫外线照射下几秒钟内便可表干。优异的抗黄变、湿气和化学性能，适用于各种线路板的披覆。主要用作电子元件、PCB线路的披覆保护。

【施工工艺】 将涂料喷涂/刷涂后，紫外线灯进行照射固化。

【毒性及防护】 本产品固化后为安全无毒物质，但混合前两组分应尽量避免与皮肤和眼睛接触，若不慎接触眼睛，应迅速用清水清洗。

【包装及贮运】 包装：1L/桶或者5L/桶。贮存条件：在8～28℃下的阴凉干燥处存放。不要受紫外线或日光照射，保质期12个月。

【生产单位】 烟台德邦科技有限公司。

Rb007 无溶剂型电子涂敷胶 WR7501F

【英文名】 solvent-free conformal coating adhesive WR7501F

【主要组成】 硅油、填料、助剂等。

【产品技术性能】 外观：半透明/黑色流动物；表干时间：10min；硬度（25℃）：22 Shore A；介电损耗因数（1MHz）：0.32%；介电常数（1MHz）：3.3；阻燃性（UL94）：HB级。

【特点及用途】 单组分、脱醇型、室温硫化硅橡胶，快速固化，使用方便。阻燃达UL94 HB级，不含卤素，符合RoHS要求，是安全环保的电子粘接材料。产品表干时间较快（约10min），适合常规粘接操作。固化后具有良好的粘接、防潮、防震性能；电气绝缘性能优良；耐臭氧和紫外线，具有良好的耐候性和耐老化性能。固化物可在－55～180℃的温度范围内使用。可提供CV（控制有机硅低分子环体含量）级产品，其D_3～D_{10}≤300×10^{-6}。本产品主要用于电子元器件的绝缘保护涂覆、灌封。

【施工工艺】 该胶是单组分室温硫化硅橡胶。注意事项：可在－55～180℃的温度范围内使用。在温度的上下限，材料在某些特殊应用中所呈现的性能表现会变得非常复杂，因此需要考虑到额外的因素。通常在室温及相对湿度为30%～80%的条件下固化，在24～72h内固化物理性能可达完全性能的90%以上。产品不适用于高度密闭或深层固化，通常7d可固化3～5mm，固化深度依湿度而定。轻微的加温可能会加速固化，但建议温度不要超过60℃。所有粘接的表面必须保持清洁。建议先使用溶剂油、丁酮或其它溶剂进行彻底清洁、去脂，最后用丙酮或异丙醇溶剂擦拭表面可有效地去除残余物。对多数活性金属、陶瓷、玻璃、树脂和塑料粘接牢固。建议在生产以前对粘接基材进行评估。通常增加固化温度和固化时间会提高黏合。本品在使用后，应将胶管密封，可保存再次使用。

【毒性及防护】 本产品固化后为安全无毒物质，但固化前应尽量避免与皮肤和眼睛接触，若不慎接触眼睛和皮肤，应迅速用清水清洗15min，如果刺激或症状加重应就医处理；若不慎食入，应立即就医。

【包装及贮运】 包装：金属软管或塑料管

装，50mL/支、300mL/支，保质期半年；也可视用户需要而改为指定规格包装。贮存条件：密封并于阴凉干燥的环境中贮存。本产品按照非危险品运输。

【生产单位】 绵阳惠利电子材料有限公司。

Rb008 电子涂敷胶 WR7801C

【英文名】 electronic coating adhesive WR7801C

【主要组成】 硅油、填料、助剂等。

【产品技术性能】 外观：半透明流动液体；表干时间：≤30min；固含量：≥60%；固化后的性能如下。拉伸强度：≥1.5MPa；拉伸剪切强度（Al-Al）：≥1.0MPa；断裂伸长率：≥300%；硬度(25℃)：20～40 Shore A；阻燃性(UL94)：HB级。

【特点及用途】 含溶剂型、单组分、脱醇型、室温硫化硅橡胶，快速固化，使用方便。良好的工艺性能，可刷涂、浸涂和喷涂。固化后具有良好的粘接、防潮、防震性能；电气绝缘性能优良；耐臭氧和紫外线，具有良好的耐候性和耐老化性能。固化物可在−65～200℃的温度范围内使用。本产品主要用作电子印制线路板及电子器件表面的保护，起防潮和绝缘等作用。

【施工工艺】 该胶是单组分室温硫化硅橡胶。注意事项：先将元器件做一般性清洁处理、干燥之后，将本产品从包装中倒出，涂刷、浸涂或喷涂，胶料接触空气中的水分，即由表及里逐渐硫化。可在−65～200℃的温度范围内长期使用。然而在温度范围的上下限，材料的特殊性和表现可能变得复杂化，需要经过对您的部件或者组件进行检验才能核实。通常在室温及相对湿度为30%～80%的条件下固化。产品不适用于高度密闭或深层固化，固化深度依湿度而定。对多数活性金属、陶瓷、玻璃、树脂和塑料粘接牢固。但对非活性金属或非活性塑料表面如Teflon、聚乙烯或聚丙烯不具有良好的黏合性。建议在生产以前对粘接基材进行评估。不推荐有油污、增塑剂、溶剂等会影响固化和粘接的表面直接使用，在涂层表面使用需考虑对涂层的影响。产品固化时会释放出丁酮肟，个别情况下可能对金属铜有微弱的腐蚀性，也可能导致聚碳酸酯的不良影响。建议在生产以前，对粘接适用性进行评估。本产品在使用后应将桶口密封，可保存再次使用。

【毒性及防护】 本产品固化后为安全无毒物质，但固化前应尽量避免与皮肤和眼睛接触，若不慎接触眼睛和皮肤，应迅速用清水清洗15min，如果刺激或症状加重应就医处理；若不慎食入，应立即就医。

【包装及贮运】 包装：300mL/支塑料管，保质期1年；也可视用户需要而改为指定规格包装。贮存条件：密封并于阴凉干燥的环境中贮存。本产品按照非危险品运输。

【生产单位】 绵阳惠利电子材料有限公司。

Rb009 硅树脂三防漆 WR2577

【英文名】 silicone resin conformal coating WR2577

【主要组成】 硅油、填料、助剂等。

【产品技术性能】 外观：透明或半透明的可流动液体；表干时间：≤30min；固含量（25℃）：70%；拉伸强度：3.5MPa；断裂伸长率：80%；介电损耗因数（1MHz）：0.8%；介电常数（1MHz）：2.8；硬度（25℃）：15 Shore D；工作温度：−55～180℃；阻燃性（UL94）：V-0级；测试条件：上述固化后的性能数据均为25℃、50%RH固化24h并在80℃加热固化30min后测试所得。

【特点及用途】 单组分、透明、中等黏度，易于喷涂、浸涂、刷涂或浇涂。室温固化，亦可选择在溶剂闪蒸后加热以加速固化。含 UV 指示剂；UL94V-0 阻燃性等级；具有优良的介电性能。具有良好的粘接性能及抗冷热冲击性能，同时具有很好的耐湿性，以及用于太阳能装置时的优良的光传输能力。固化后的涂层具有良好的耐气候性和抗紫外线能力。本产品典型应用于厚膜电路系统、多孔基材及印刷线路板的涂层，尤其是要求坚韧和抗磨损的线路板。

【施工工艺】 该三防漆是单组分室温硫化硅树脂。注意事项：产品使用后盛装产品的容器需立即进行密封保存，同时充入干燥的空气或其它惰性气体（如氮气）填充容器中液面上的空间。产品固化后能对大多数普通的电子基材和材料提供黏合性。室温下固化时黏合性通常比固化迟，涂料固化后可能需要更长的时间方可达到与基材的黏合性。对于难以黏合、表面能较低的表面，可以通过涂底漆，或者通过特殊的表面处理方法如化学腐蚀或等离子腐蚀来提高黏合力。环境温度及湿度不同，产品的表干时间可能会有较大的差异。建议厂家对产品试用并考察适用性和性能后再确定使用。

【毒性及防护】 本产品固化后为安全无毒物质，但固化前应尽量避免与皮肤和眼睛接触，若不慎接触眼睛和皮肤，应迅速用清水清洗 15min，如果刺激或症状加重应就医处理；若不慎食入，应立即就医。

【包装及贮运】 包装：塑料桶或金属桶装，保质期半年。贮存条件：产品须贮存于阴凉、通风的库房中。远离火种、热源。库温不宜超过 35℃。保持容器密封。应与氧化剂分开存放，切忌混储。禁止使用易产生火花的机械设备和工具。储区应备有泄漏应急处理设备和合适的收容材料。特别需要注意避免产品与湿气接触。容器要保持密封并尽可能地减小容器中液面上的空间。盛装部分产品的容器要用干燥的空气或者其它气体如氮气来封存。本产品按照易燃液体进行贮存、运输。

【生产单位】 绵阳惠利电子材料有限公司。

Rb010 电子元器件粘接胶 WL1008-2

【英文名】 adhesive WL1008-2 for electronic components

【主要组成】 环氧树脂、填料、助剂等。

【产品技术性能】 外观：A 组分为透明/白色/黑色黏稠液体；B 组分为黄色黏稠液体；凝胶时间（150℃）：25～80s；可使用时间（25℃）：≥1.0h；固化后的性能如下。体积电阻率：$\geqslant 1.0\times 10^{13}\Omega\cdot cm$；拉伸剪切强度（Al-Al）：≥10.0MPa；吸水率（室温 24h）：≤0.4%。

【特点及用途】 特点：本系列产品为通用型，用途广。双组分型，取用方便，贮存时间长。粘接强度高，机电性能优。可在 −40～100℃ 的条件下使用。可经受 250℃/30s 的瞬间高温。本产品主要用于小型的电子元器件及木材、石材和金属的粘接。

【施工工艺】 该胶是双组分环氧树脂，A、B 两组分按照质量比 2∶1 在室温（≥25℃）/24h 或 80℃/2h 或 120℃/1h 的条件下进行固化。注意事项：一次配胶应尽快用完，存放时间过长，会因自固化而影响使用和产品质量。取料配胶时，避免 A 料和 B 料的相互污染，否则会影响产品质量和存放期。取料后的剩余料应加盖密封保存，防止吸潮和引入杂质。

【毒性及防护】 本产品固化后为安全无毒物质，但固化前 A、B 两组分应尽量避免与皮肤和眼睛接触，若不慎接触眼睛和皮肤，应迅速用清水或生理盐水清洗 15min，并就医诊治；若不慎吸入，应迅速将患者转移到新鲜空气处；如不能迅速恢复，马上就医。若不慎食入，应立即就医。

【包装及贮运】 包装：塑料桶装；也可视用户需要而改为指定规格包装。贮存条件：A、B两组分应分别密封贮存在温度为35℃以下的洁净环境中，防火防潮避日晒，贮存有效期一般为半年。本产品为非危险品，按一般化学品贮存、运输。

【生产单位】 绵阳惠利电子材料有限公司。

Rb011 元器件用环氧粘接胶 6461HF

【英文名】 epoxy adhesive 6461HF for electronic component

【主要组成】 环氧树脂、固化剂等。

【产品技术性能】 外观：灰色膏体；密度：1.40～1.5g/cm^3；剪切强度（钢-钢）：≥25MPa。

【特点及用途】 单组分，触变性好，有极好的粘接强度和耐温性能，可在－40～180℃的范围内使用。适用于变压器、电感等元器件的粘接和密封。

【施工工艺】 通过设备在产品上点胶，之后产品放入125℃烘箱固化60min，或者150℃烘箱固化20min。注意事项：需低温保存，使用前需回温。

【毒性及防护】 本产品固化后为安全无毒物质，但混合前两组分应尽量避免与皮肤和眼睛接触，若不慎接触眼睛，应迅速用清水清洗。

【包装及贮运】 包装：5kg/桶。贮存条件：在2～8℃密封贮存6个月，常温贮存3个月。

【生产单位】 烟台德邦科技有限公司。

Rb012 阻燃型电子粘接剂 WR7168E

【英文名】 fire-retardant electronic adhesive WR7168E

【主要组成】 硅油、填料、助剂等。

【产品技术性能】 外观：白色或黑色膏状物；表干时间：8min；拉伸强度：2.5MPa；拉伸剪切强度（Al-Al）：1.6MPa；断裂伸长率：180%；硬度（25℃）：50 Shore A；阻燃性（UL94）：V-0级。

【特点及用途】 单组分、脱醇型、室温硫化硅橡胶，触变性好，使用方便。阻燃UL94V-0级，不含卤素，符合RoHS要求，是安全环保的电子粘接材料。快速固化：产品的表干时间短（≈8min），深层固化快。固化后的剪切强度较高，对多数材质具有良好的粘接性能。有优良的挠曲性以及绝缘、防潮、防震功能，耐臭氧和紫外线、耐候和耐老化，可在－65～180℃的条件下使用。本产品是专为电源、控制器等电器开发的阻燃型室温硫化硅橡胶粘接剂。

【施工工艺】 该胶是单组分室温硫化硅橡胶。注意事项：通常在室温及相对湿度为30%～80%的环境中固化，在24～72h内固化物理性能可达完全性能的90%以上。产品不适用于高度密闭或深层固化。所粘接的表面需保持清洁，如果表面有油污残留则会影响粘接。

【毒性及防护】 本产品固化后为安全无毒物质，但固化前应尽量避免与皮肤和眼睛接触，若不慎接触眼睛和皮肤，应迅速用清水清洗15min，如果刺激或症状加重应就医处理；若不慎食入，应立即就医。

【包装及贮运】 包装：300mL/支塑料管，保质期半年；也可视用户需要而改为指定规格包装。贮存条件：密封并于阴凉干燥的环境中贮存。本产品按照非危险品运输。

【生产单位】 绵阳惠利电子材料有限公司。

Rb013 低起雾型电子粘接剂 WR7501G2（CV）

【英文名】 low-volatilized electronic adhesive WR7501G2（CV）

【主要组成】 硅油、填料、助剂等。

【产品技术性能】 外观：黑色/白色/灰色

膏状物；表干时间：20min；拉伸强度：2.4MPa；拉伸剪切强度（Al-Al）：1.7MPa；断裂伸长率：420%；硬度（25℃）：40 Shore A；阻燃性（UL94）：HB级。

【特点及用途】 单组分、脱醇型、室温硫化硅橡胶，触变性好，使用方便。有机硅低分子环体含量 $D_3 \sim D_{10}$ 小于 300×10^{-6}。阻燃 UL94 HB级，不含卤素，符合RoHS要求，是安全环保的电子粘接材料。产品的表干时间较快（≈20min），适合常规粘接操作。固化后的剪切强度较高，对常用的材料如铝、PPO、玻璃等具有长效的粘接性能；具有特别优异的耐湿热性能，在85℃、85% RH×1000h的湿热测试下表现优秀。有优良的挠曲性以及绝缘、防潮、防震功能，耐臭氧和紫外线、耐候和耐老化，可在−65～200℃的条件下使用。本产品是专为光电组件、电子元器件、仪表、机械、汽车雾灯、大灯及其它各种灯具的固定粘接和密封开发的脱除低分子环硅氧烷的室温硫化硅橡胶粘接剂。

【施工工艺】 该胶是单组分室温硫化硅橡胶。注意事项：通常在室温及相对湿度为30%～80%的环境中固化，在24～72h内固化物理性能可达完全性能的90%以上。不适用于高度密闭或深层固化。可在−65～200℃的温度范围内长期使用。然而，在低温段和高温段的条件下，材料在某些特殊应用中所呈现的性能表现会变得非常复杂，因此，需要考虑到额外的因素。所粘接的表面需保持清洁，如果表面有油污残留则会影响粘接。建议先使用溶剂油、丁酮或其它溶剂进行彻底清洁、去脂，最后用丙酮或异丙醇溶剂擦拭表面可有效地去除残余物。对多数活性金属、陶瓷、玻璃、树脂和塑料粘接牢固，但对非活性金属或非活性塑料表面如Teflon、聚乙烯或聚丙烯不具有良好的黏合性。适当的表面处理如化学酸洗或等离子处理可以活化表面，促进黏合。建议在生产以前检查本品的适用性。本品在使用后应将胶管密封，可保存再次使用。

【毒性及防护】 本产品固化后为安全无毒物质，但固化前应尽量避免与皮肤和眼睛接触，若不慎接触眼睛和皮肤，应迅速用清水清洗15min，如果刺激或症状加重应就医处理；若不慎食入，应立即就医。

【包装及贮运】 包装：300mL/支塑料管，保质期半年；也可视用户需要而改为指定规格包装。贮存条件：密封并于阴凉干燥的环境中贮存。本产品按照非危险品运输。

【生产单位】 绵阳惠利电子材料有限公司。

Rb014 环氧灌封胶 6126

【英文名】 epoxy potting adhesive 6126

【主要组成】 环氧树脂、固化剂等。

【产品技术性能】 外观：黑色液体；密度：1.3g/cm³；黏度：48000mPa·s；玻璃化温度（T_g）：114℃；热膨胀系数（CTE）：47×10^{-6}℃$^{-1}$。

【特点及用途】 单组分加热固化环氧树脂胶黏剂。高黏度，黑色液体，本品具有高附着力，高温快速固化，流动性好，良好的贮存稳定性。主要用于电子元件、继电器、电气产品的灌封。

【施工工艺】 使用前必须恢复到室温，在恢复到室温以前勿打开包装。注意事项：在110～150℃下多种温度固化，一般可以选择145℃/10min。

【毒性及防护】 本产品固化后为安全无毒物质，但混合前两组分应尽量避免与皮肤和眼睛接触，若不慎接触眼睛，应迅速用清水清洗。

【包装及贮运】 包装：1kg/桶。贮存条件：在2～8℃洁净、干燥的仓库内冷藏贮存，保质期3个月。

【生产单位】 烟台德邦科技有限公司。

Rb015 电器专用密封胶 1593FR

【英文名】 electronic equipment sealant 1593FR

【主要组成】 聚二甲基硅氧烷、交联剂、助剂等。

【产品技术性能】 外观：灰色；密度（未固化）：约 1.2kg/L；表干时间：5～20min。固化后的性能如下。硬度：50 Shore A（GB/T 531.2—2009）；拉伸强度：2.0N/mm^2（GB/T 528—2009）；断裂伸长率：约 100%（GB/T 528—2009）；适用温度：－45～180℃；体积电阻率：1.5×10^{15}Ω·cm(GB/T 1692—2008)。

【特点及用途】 灰色，单组分室温硫化脱醇型硅橡胶，触变性黏度，快速表干，UL94V0 阻燃等级。主要用于电子元器件、线路板的涂覆、灌封。

【施工工艺】 为了获得最佳密封效果，用TONSAN1755 清理待密封表面，将胶嘴切至要求的尺寸，装入施胶枪，将密封剂在待密封表面涂成一个连续的封闭胶线，涂胶后立即合拢装配，除去被挤出的多余的胶，开封后尽可能一次用完，一次未用完，再次使用时，挤掉已固化的部分后，继续使用。注意事项：施胶时，保证通风。避免让未固化的胶长时间的接触皮肤。本产品不能用于纯氧体系或富氧体系，同时不能用于密封氯或其它强氧化性材料。

【毒性及防护】 本产品固化后为安全无毒物质，但混合前应尽量避免与皮肤和眼睛接触，若不慎接触眼睛，应迅速用清水清洗。

【包装及贮运】 包装：18kg，保质期 9 个月。贮存条件：室温、阴凉处贮存。本产品按照非危险品运输。

【生产单位】 北京市天山新材料技术有限公司。

Rb016 电子电器专用密封胶 1593W

【英文名】 electronic equipment sealant 1593W

【主要组成】 聚二甲基硅氧烷、碳酸钙、白炭黑、交联剂等。

【产品技术性能】 外观：白色；密度（未固化）：约 1.37kg/L；表干时间：5～15min。固化后的性能如下。硬度：39 Shore A（GB/T 531.2—2009）；拉伸强度：1.8N/mm^2（GB/T 528—2009）；断裂伸长率：约 300%（GB/T 528—2009）；剪切强度：1.2N/mm^2（GB/T 7124—2008）；适用温度：－54～180℃；体积电阻率：1.0×10^{14}Ω·cm（GB/T 1692—2008）；击穿电压：15kV/mm（GB/T 1695—2005）。

【特点及用途】 白色、单组分室温硫化硅橡胶，脱醇型，低气味，不含溶剂，无腐蚀性。用于电子、电器行业设备的密封和粘接。可用于电子元器件的粘接和密封，车灯的粘接和密封，汽车喇叭的粘接和密封，家用电器零件的粘接和密封。

【施工工艺】 为了获得最佳密封效果，清理待密封表面，将胶嘴切至要求的尺寸，装入施胶枪，将密封剂在待密封表面涂成一个连续的封闭胶线，涂胶后立即合拢装配，除去被挤出的多余的胶，开封后尽可能一次用完，一次未用完，再次使用时，挤掉已固化的部分后，继续使用。注意事项：施胶时，保证通风。避免让未固化的胶长时间的接触皮肤。本产品不能用于纯氧体系或富氧体系，同时不能用于密封氯或其它强氧化性材料。

【毒性及防护】 本产品固化后为安全无毒物质，但混合前应尽量避免与皮肤和眼睛接触，若不慎接触眼睛，应迅速用清水清洗。

【包装及贮运】 包装：310mL，保质期 12 个月。贮存条件：室温、阴凉处贮存。

本产品按照非危险品运输。

【生产单位】 北京市天山新材料技术有限公司。

Rb017 双组分硅橡胶灌封胶 AS-31

【英文名】 two-part silicone potting sealant AS-31

【产品技术性能】 外观：A、B两组分均为白色或透明黏流体；黏度：1～10Pa·s；体积电阻率：≥1.0×10^{15}Ω·cm；击穿电压：≥20kV/mm；工作温度：−60～200℃。

【特点及用途】 本品易浇注，无腐蚀性，硫化过程中无低分子物放出，不收缩，电绝缘性能优越，极佳的高低温稳定性，耐老化性能优越。用途：本品适合于电子、仪器、仪表、衡器等行业作为灌封材料使用。

【施工工艺】 等体积或等重量称取A、B两组分，充分搅拌，然后真空脱气泡。将脱泡后的胶料浇注于产品中，于温度为70～100℃的电热烘箱中硫化2h即可，或室温24h。如产品体积大，应顺延硫化时间。注意事项：A、B两组分混合后应在60min内用完。P、S、N、Sn等杂质元素会影响硫化，使用时注意避免混入。

【毒性及防护】 本产品固化后为安全无毒物质，固化前应避免与眼睛和皮肤接触，若不慎接触眼睛，应迅速用大量清水清洗。

【包装及贮运】 包装：A组分1kg/罐、3kg/罐；B组分1kg/罐、3kg/罐。保质期1年。贮存条件：贮存在阴凉干燥处。本产品按照非危险品运输。

【生产单位】 上海（华谊）集团公司——上海橡胶制品研究所。

Rb018 IGBT透明灌封胶 WR7306NH2/NF

【英文名】 IGBT transparent potting adhesives WR7306NH2/NF

【主要组成】 硅油、助剂等。

【产品技术性能】 外观：透明流动物；可操作时间（25℃）：≥120min；固化时间（25℃）：≤24h；固化时间（80℃）：≤60min；介电损耗因数（1MHz）：≤0.60%；介电常数（1MHz）：3.20±0.30；体积电阻率：≥1.0×10^{14}Ω·cm；击穿强度：≥15.0kV/mm；锥入度（25℃）：100～300；工作温度：−55～150℃。

【特点及用途】 加温固化，产品流动性好，可作深层固化，固化过程收缩小。产品固化应力小，固化物特别柔软，具有抗冲击、震动的性能。固化物耐臭氧和紫外线，具有良好的耐候性和耐老化性能。固化物在很宽的温度范围（−55～150℃）内保持橡胶弹性，电气性能优良。用途：本产品用作电子器件的绝缘灌封、抗震灌封。

【施工工艺】 该胶是双组分加成型硅橡胶。A、B两组分按照质量比1∶1进行混合。注意事项：A组分与B组分配比准确，否则会影响凝胶硬度。混合时应充分搅拌均匀，混合好的胶料应在可操作时间内一次用完，以免造成浪费。剩余的胶料应密封贮存。本品属于非危险品，但勿入口和眼。某些材料、化学品、固化剂及增塑剂会抑制该产品的固化。下列材料需格外注意：1. 有机锡和其它有机金属化合物；2. 含有有机锡催化剂的有机硅橡胶；3. 硫、聚硫、聚砜或其它含硫材料；4. 胺、聚氨酯或含胺材料；5. 不饱和烃类增塑剂；6. 一些焊接剂残留物。

【毒性及防护】 本产品固化后为安全无毒物质，但A、B两组分在固化前应尽量避免与皮肤和眼睛接触，若不慎接触眼睛和皮肤，应迅速用清水清洗15min，如果刺激或症状加重应就医处理；若不慎吸入，应迅速将患者转移到新鲜空气处；如不能迅速恢复，马上就医。若不慎食入，应立即就医。

【包装及贮运】 包装：塑料桶装，保质期一年；也可视用户需要而改为指定规格包装。贮存条件：A、B两组分应分别密封贮存在温度为25℃以下的洁净环境中，容器应尽量保持密闭，减少容器中液面以上的空间，并防火防潮避日晒，贮存有效期一般为1年。本产品为非危险品，按一般化学品贮存、运输。

【生产单位】 绵阳惠利电子材料有限公司。

Rb019 双组分阻燃灌封胶 WR7306R

【英文名】 two-part fire-retardants potting adhesive WR7306R

【主要组成】 硅油、填料、助剂等。

【产品技术性能】 外观：A组分为黑色/白色液体，B组分为白色液体；可操作时间（25℃）：≥60min；固化时间（25℃）：≤24h；固化时间（80℃）：≤60min；A∶B（质量比）：1∶1；介电损耗因数（1MHz）：≤0.60%；介电常数（1MHz）：3.20±0.30；体积电阻率：≥1.0×10^{14} Ω·cm；击穿强度：≥20.0kV/mm；拉伸强度：≥2.0MPa；断裂伸长率：≥50%；阻燃性（UL94）：V-0；热导率：≥0.4W/(m·K)；工作温度：−60～250℃。

【特点及用途】 室温或加温硫化，产品流动性好，可作深层固化，固化过程收缩极小。固化物的导热性好。固化物的耐臭氧和紫外线，具有良好的耐候性和耐老化性能。阻燃性达到了UL94V-0级。固化物在很宽的温度范围（−60～250℃）内保持橡胶弹性，电气性能优良。用途：本产品用作电子器件的绝缘灌封、导热灌封。

【施工工艺】 该胶是双组分加成型硅橡胶。注意事项：胶料应密封贮存。混合好的胶料应一次用完，避免造成浪费。本品属于非危险品，但勿入口和眼。某些材料、化学品、固化剂及增塑剂会抑制该产品的固化。下列材料需格外注意：1.有机锡和其它有机金属化合物；2.含有有机锡催化剂的有机硅橡胶；3.硫、聚硫、聚砜或其它含硫材料；4.胺、聚氨酯或含胺材料；5.不饱和烃类增塑剂；6.一些焊接剂残留物。

【毒性及防护】 本产品固化后为安全无毒物质，但A、B两组分在固化前应尽量避免与皮肤和眼睛接触，若不慎接触眼睛和皮肤，应迅速用清水清洗15min，如果刺激或症状加重应就医处理；若不慎吸入，应迅速将患者转移到新鲜空气处；如不能迅速恢复，马上就医。若不慎食入，应立即就医。

【包装及贮运】 包装：塑料桶装，保质期一年；也可视用户需要而改为指定规格包装。贮存条件：A、B两组分应分别密封贮存在温度为25℃以下的洁净环境中，容器应尽量保持密闭，减少容器中液面以上的空间，并防火防潮避日晒，贮存有效期一般为1年。本产品为非危险品，按一般化学品贮存、运输。

【生产单位】 绵阳惠利电子材料有限公司。

Rb020 表面粘贴LED封装胶 WL800-4

【英文名】 SMD LED encapsulation adhesive WL800-4

【主要组成】 环氧树脂、填料、助剂、酸酐固化剂等。

【产品技术性能】 外观：A组分为无色透明液体，B组分为无色透明液体；凝胶时间（150℃）：300～400s；可使用时间（25℃）：≥6.0h；体积电阻率：≥1.0×10^{15} Ω·cm；电气强度（常态）：≥20kV/mm；吸水性（沸水1h）：≤0.40%；透光率：≥99%；玻璃化转变温度（DSC）：

≥160℃；硬度（25℃）：≥85 Shore D。

【特点及用途】 混合物黏度低，易脱泡，工艺操作性好。本产品为高透光灌封胶，玻璃化转变温度高，固化物收缩率小，耐热、耐湿热和耐UV黄变十分优异，机电性能佳。主要适用于大功率发光二极管（LED）的封装，尤其适合于自动生产线使用。

【施工工艺】 该胶是双组分环氧树脂。A、B两组分按照质量比100：（130～140）进行混合，然后在100℃/30～60min＋130℃/6～8h＋150℃/1h的条件下进行固化。注意事项：配制混合料时，若加入了扩散剂和色膏，应视为增加了其加入量的50%的A料，因而需再加入相应量的B料。取料后应及时将剩余的A料和B料分别加盖密封保存，且避免A料和B料相互掺混污染。混合料应连续尽快用完，存放时间不宜过长。尽量避免B料与皮肤接触且切忌溅入眼内，若B料溅入眼内，可用清水冲洗，必要时就医诊治。

【毒性及防护】 本产品固化后为安全无毒物质，但固化前A、B两组分应尽量避免与皮肤和眼睛接触，若不慎接触眼睛和皮肤，应迅速用清水或生理盐水清洗15min，并就医诊治；若不慎吸入，应迅速将患者转移到新鲜空气处；如不能迅速恢复，马上就医。若不慎食入，应立即就医。

【包装及贮运】 包装：塑料桶装；也可视用户需要而改为指定规格包装。贮存条件：A、B两组分应分别密封包装后贮存在洁净的环境中，防火防潮避日晒，贮存温度，A料为30℃以下，B料为15℃以下。按此条件，贮存有效期一般为半年。本产品为非危险品，按一般化学品贮存、运输。

【生产单位】 绵阳惠利电子材料有限公司。

Rb021 透明LED封装胶 WR7306H/H1

【英文名】 transparent LED encapsulation adhesives WR7306H/H1

【主要组成】 乙烯基甲基硅油、助剂、含氢甲基硅油、铂催化剂等。

【产品技术性能】 外观：透明液体；可操作时间（25℃）：≥120min；折射率（20℃）：1.41±0.01；透光率（400nm，1mm）：≥90%；透光率（800nm，1mm）：≥90%；硬度（25℃）：60～80 Shore A；线性膨胀系数：≤450×10^{-6}℃$^{-1}$；体积收缩率：≤6.5%；工作温度：－50～250℃。

【特点及用途】 加温固化，产品流动性好，固化过程收缩小且无副产物产生。固化物具有优异的光学特性。固化物具有较高的硬度，固化物耐臭氧和紫外线，具有良好的耐候性和耐老化性能。光衰小，在1W的大功率LED白光灯测试1000h，其光衰≤2.5%。固化物在很宽的温度范围（－50～250℃）内保持橡胶弹性，电气性能优良。本产品用作电子器件的绝缘、灌封，大功率LED的封装。

【施工工艺】 该胶是双组分加成型硅橡胶。A、B两组分按照质量比1：1进行混合，然后在150℃/60～120min的条件下进行固化。注意事项：使用烘箱加热固化时，不能采用裸露的电热丝式加热，并保持空气循环，以防止形成爆炸性的气体环境。酸、碱或某些金属有机化合物有可能对本产品的固化和存放产生不良的影响，还可能使WR7306H、H1 B组分产生可燃性氢气，因此，若有意添加填充物或者颜料时，请事先进行试验验证，确认添加物对产品的影响后再使用。胶料应密封贮存。混合好的胶料应一次用完，避免造成浪费。本品属于非危险品，但勿入口和眼。某些材料、化学品、固化剂及增塑剂会抑制该产品的固化。下列材料需格外注意：1. 有机锡和其它有机金属化合物；2. 含有有机锡催化剂的有机硅橡胶；3. 硫、聚硫、聚砜或其它含硫材料；4. 胺、聚氨酯或含胺材料；5. 不饱和烃类增塑剂；6. 一些焊接剂残留物。

【毒性及防护】 本产品固化后为安全无毒物质，但A、B两组分在固化前应尽量避免与皮肤和眼睛接触，若不慎接触眼睛和皮肤，应迅速用清水清洗15min，如果刺激或症状加重应就医处理；若不慎吸入，应迅速将患者转移到新鲜空气处；如不能迅速恢复，马上就医。若不慎食入，应立即就医。

【包装及贮运】 包装：塑料桶装，保质期一般为半年；也可视用户需要而改为指定规格包装。贮存条件：A、B两组分应分别密封贮存在温度为25℃以下的洁净环境中，容器应尽量保持密闭，减少容器中液面以上的空间，并防火防潮避日晒。本产品为非危险品，按一般化学品贮存、运输。

【生产单位】 绵阳惠利电子材料有限公司。

S 建筑、道路和桥梁

在建筑工业中常用的粘接技术主要涉及预制构件（玻璃幕墙）的制备（图10）、建筑结构件的粘接与补强、道路和桥梁的加固与修补（图11）、装饰材料的粘贴、门窗及管道的密封以及堵漏等技术。在建筑工业领域常使用的胶黏剂大体上可分为粘接用胶黏剂、防腐用胶黏剂、装饰材料粘贴用胶黏剂和密封剂用胶黏剂（灌封料）等。其中主要包括聚乙酸乙烯胶、氯丁胶、聚氨酯、环氧树脂、酚醛树脂、丙烯酸胶、丁苯橡胶、聚乙烯热熔胶、丁基胶、聚硫橡胶和有机硅胶黏剂等。

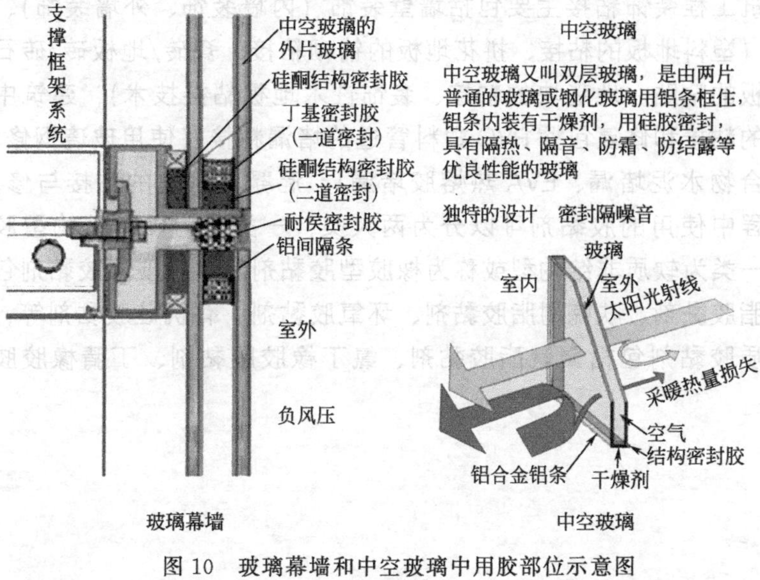

图10　玻璃幕墙和中空玻璃中用胶部位示意图

建筑结构件主要包括混凝土与混凝土，混凝土与钢、水泥结构，水泥结构与沥青结构、房屋构件的粘接制备（木板房屋、楼板用预制件粘接、绝缘板材用粘接、聚苯乙烯发泡绝缘板材粘接）等方面的粘接与修

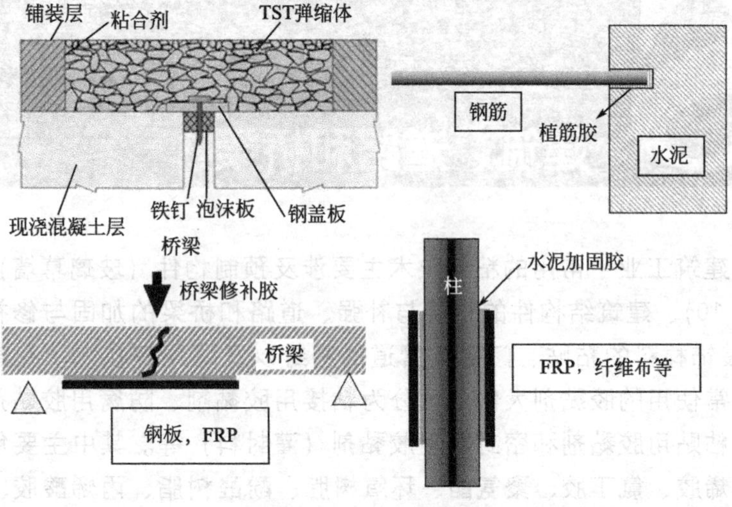

图 11 桥梁、道路和建筑用胶部位示意图

复；建筑工程装饰粘接主要包括墙壁装饰（内墙装饰、外墙装饰）、地板装饰（塑料地板的粘接、拼花地板的铺砌粘接、瓷砖/地板砖/砖石和胶泥地板的粘贴、地毯块的粘接、装饰性木地板粘接技术）；建筑中各种管路的粘接和修复包括 PVC 塑料管道的堵漏粘接（使用玻璃钢修复、新型聚合物水泥堵漏、EVA 热熔胶堵漏）、混凝土管道的粘接与修复。防腐工程中使用的胶黏剂可以分为两大类：一类是为硬质结构型胶黏剂，另一类为软质非结构型或称为橡胶型胶黏剂。其中硬质胶黏剂包括酚醛树脂胶黏剂、呋喃树脂胶黏剂、环氧胶黏剂、有机硅胶黏剂等；常用的软质胶黏剂包括聚氨酯胶黏剂、氯丁橡胶胶黏剂、丁腈橡胶胶黏剂等。

S001 灌注建筑结构胶

【英文名】 potting building adhesive

【产品技术性能】

性能		产品组成	
		甲组分：乳白色液体	乙组分：浅棕色液体
胶体自身强度/MPa	压缩	70	
	拉伸	36	
	弹模	5.7×10^{13}	
钢-钢粘接强度/MPa	剪切	25	
	拉伸	36	
钢-混凝土粘接强度		C70 混凝土破坏	
耐老化性/(时间 h/剪切 MPa)		4000/20	
混合后的黏度/mPa·s		1000～1800	
耐温性/(℃/剪切强度 MPa)		80/22	
混合后的密度/(g/cm³)		1.2～1.4	
混合比例(质量比)		甲：乙＝1：(0.3～0.5)	
操作时的温度/℃		－10～45	
可操作时间/min		＞40(25℃) ＞60(10℃)	
固化时间/h		10～16(25℃) 24～30(5℃)	
耐水性(100℃煮)/(h/剪切强度 MPa)		72/17	

【特点及用途】 有优异的韧性和抗冲击能力；耐老化性、耐化学腐蚀性和耐水性能优良；黏度低，固化条件宽松，配比范围大，可操作时间长；有常温固化、低温固化和潮湿环境下固化三种类型。可用于幕墙安装，花岗石和瓷砖贴面的空鼓灌注粘贴；机器设备支座与基础固定；支座的螺栓灌浆固定，挂物件螺栓的灌浆固定；桥梁支承衬垫基床固定；预应力钢缆灌浆；电子元件、仪表零件的粘接、密封、涂覆、保护及加固；各种金属、瓷器、木制品、橡胶、部分塑料和玻璃的修补与粘接。

【施工工艺】 金刚片打磨混凝土表面，直至露出砂面新面层，将灰尘清除干净；钢板表面先用丙酮清洗油污，再彻底打磨粗化，并再清洗一次；预留灌胶孔直径为 10～12mm，间距为 500～700mm；一定要低压低速灌胶，边灌边用木锤敲钢板，出现空鼓可钻两个以上的孔注胶（一个孔排气）修补；施工完毕，三天内不要冲击钢板。

【包装及贮运】 铁桶包装，每桶质量为 10kg、20kg；可用一般交通工具运输，堆放不应超过五层，不得倾斜或倒置，不得与尖锐金属撞击，不得曝晒雨淋；自生产之日起，贮存时间为 1 年；存放于通风干燥处，存放环境温度为 5～35℃；本产品不属于有毒、易燃、易爆危险品。

【生产单位】 武汉大筑建筑科技有限公司。

S002 粘钢建筑胶

【英文名】 constructive adhesive for steel

【产品技术性能】

性能		产品组成	
		甲组分：乳白色液体	乙组分：浅棕色液体
胶体自身强度/MPa	压缩	80	
	拉伸	30	
	弹模	1.2×10^{13}	
钢-钢粘接强度/MPa	剪切	20	
	拉伸	35	
钢-混凝土粘接强度		C70 混凝土破坏	
耐老化性/(h/剪切强度 MPa)		4000/18	
混合后的黏度/mPa·s		1000～1800	
耐温性/(℃/剪切强度 MPa)		80/22	
混合后的密度/(g/cm³)		1.6～1.8	
混合比例(质量比)		甲：乙＝1：(0.5～0.8)	
操作时的温度/℃		－10～45	

续表

性能	产品组成	
	甲组分：乳白色液体	乙组分：浅棕色液体
可操作时间/min	＞60(25℃) ＞90（10℃）	
固化时间/h	6～12(25℃) 24～30(5℃)	
耐水性(100℃煮)/(h/剪切强度 MPa)	72/17	

【特点及用途】 有明显的触变性，立面、仰面施工不流淌；有优异的韧性、剥离强度和抗冲击能力；耐老化性、耐化学腐蚀性和耐水性能优良；固化条件宽松，配比范围大，可操作时间长；有常温固化、低温固化和潮湿环境下固化三种类型。可用于幕墙安装，大理石、花岗石和瓷砖的粘接安装；机器设备支座的粘接安装；桥梁支承衬垫基床固定；各种金属、瓷器、木制品、橡胶、部分塑料和玻璃的修补与粘接。

【施工工艺】 本产品内的填充剂可能沉淀，但不影响粘接强度，使用前要搅拌均匀；施工前应根据环境、温度、工艺等综合情况试验调制最佳配方；金刚片打磨混凝土表面，直至露出砂面新面层，将灰尘清除干净；钢板表面先用丙酮清洗油污，再彻底打磨粗化，并再清洗一次；搅拌前将胶桶在水浴中进行预热，在混凝土和钢板上每间距 500～1000mm 进行施胶，黏胶后用 M8 粘接内胀螺栓固定加压。

【包装及贮运】 铁桶包装，每桶质量为 10kg、20kg；可用一般交通工具运输，堆放不应超过五层，不得倾斜或倒置，不得与尖锐金属撞击，不得曝晒雨淋；自生产之日起，贮存时间为 1 年；存放于通风干燥处，存放环境温度为 5～35℃；本产品不属于有毒、易燃、易爆危险品。

【生产单位】 武汉大筑建筑科技有限公司。

S003 锚固（植筋）胶

【英文名】 anchor adhesive

【产品技术性能】

性能		指标
胶体自身强度/MPa	压缩	75
	拉伸	34
	弹模	1.1×10^4
钢-钢粘接强度/MPa	剪切	20
	拉伸	33
Ⅱ级钢筋锚固于 C30 混凝土 15d,拉拔力		钢筋断裂
耐老化性/(h/剪切强度 MPa)		4000/＞18
耐温性/(℃/剪切强度 MPa)		80/＞22
操作时的温度/℃		－10～60
可操作时间/min		15～25
固化时间/min		20～60

【特点及用途】 使用这种胶可以使施工简化，质量从根本上得到保证；特点：粘接强度高，特别是钢-钢、钢-混凝土的粘接，处于国内领先水平；耐老化、耐化学腐蚀和耐水性优良；有常温固化、低温固化和潮湿环境下固化、常规速度固化、快速固化和慢速固化等各类产品；又新增圆钢、螺纹钢筋与旧混凝土构件的锚固（植筋）；此外，各类承重螺栓、非承重螺栓与混凝土、砖石的锚固。

【施工工艺】 钢筋应除去油污、锈蚀；孔内灰尘清除干净；拔掉大玻璃管胶盖后置于孔内；用反时针搅拌杆击碎玻璃，搅拌 30s 以上，并上下移动 5 次以上；钢筋旋转插入，直至孔径，再轻轻敲击钢筋，使胶与钢筋表面更密实；固化前，不得撞动钢筋；在混凝土构件下表面（即仰面）锚固（植筋）时，在搅拌杆上装置一块三夹板（板上开孔），以防搅拌时胶倒出，钢筋插入后，快速凝胶封口。

【包装及贮运】 本产品用硬塑料盒包装，每盒装 25～40 支玻璃管胶，每层设海绵垫层，运输过程中不得用力碰撞、倾斜或倒置、乱扔，堆放不应超过五层，不得曝晒雨淋；自生产之日起，贮存时间为 1

年；存放于通风干燥处，存放环境温度为5～35℃；本产品不属于有毒、易燃、易爆危险品。

【生产单位】 武汉大筑建筑科技有限公司。

S004 建筑结构胶WDZ型系列

【英文名】 building structural adhesive WDZ series

【主要组成】 环氧树脂、有机胺类固化剂、增韧剂、偶联剂、触变剂等。

【产品技术性能】

性能		指标
胶体自身强度/MPa	压缩	77～80
	拉伸	37～39
钢-钢粘接强度/MPa	剪切	27～30
	拉伸	39～43
耐老化性/(时间h/剪切MPa)		4000/22
耐温性/(℃/剪切强度MPa)		60/27,80/22
钢-混凝土粘接强度		C80混凝土破坏
混凝土-混凝土粘接强度		C80混凝土破坏

【特点及用途】 25℃下100min初步固化，24h后达到最大强度，适用期为25℃下，所调胶在60min内用完；适用温度为−10～60℃；可配制不同用途的结构胶，如灌注结构胶、粘钢结构胶、植筋胶、粘贴碳纤维胶、修补胶、灌封胶、喷射底胶、低温胶、高温胶、快干胶和水下胶等。可粘接建筑构件，可用于加固各种建筑构件，各种类型螺栓的粘接固定，机器设备支座的粘接安装，桥梁支承衬垫基床固定，可灌注混凝土构件裂缝，可修补混凝土构件缺陷，可在潮湿环境中固化。

【施工工艺】 打磨清除混凝土表层的灰尘，若有油污先用丙酮清洗；将甲、乙两组分按照1∶0.4（质量比）称量，混合均匀；被粘接后，应以适当的方法固定，25℃下，24h可撤去固定装置。粘钢胶3～4kg/m²，灌注胶5～7kg/m²，碳纤维胶1～1.5kg/m²。

【毒性及防护】 本产品不属于有毒、易燃、易爆危险品。若不慎溅于皮肤或衣服，可用丙酮或酒精清洗，溅入眼睛，应立即就医。施工需配护目镜、口罩和手套等。

【包装及贮运】 1kg、5kg、10kg和20kg铁桶或塑料桶包装，用一般交通工具运输，不宜曝晒雨淋，贮存时间为2年；存放于通风干燥处，存放环境温度为5～35℃。

【生产单位】 武汉大筑建筑科技有限公司。

S005 石材挂干胶611

【英文名】 adhesive 611 for stone material

【主要组成】 环氧树脂、固化剂、助剂等。

【产品技术性能】 剪切强度（钢-钢）：＞15MPa；拉伸强度（钢-钢）：＞30MPa；压缩强度：＞70MPa。

【特点及用途】 主要用于大理石内外墙干挂接着剂、石材拼花背涂接着剂、石材勾缝剂等。

【施工工艺】 A组分和B组分以质量比1∶1（体积比为1∶0.9左右）在容器内混合均匀，然后将胶涂于粘接槽，每次配胶不宜过多，现用现配；固化过程的可操作时间为40～60min（25℃），固化时间为25℃/3.5h。

【包装及贮运】 2kg/套，28kg/套，贮存于通风干燥处（10℃以上），用后应马上封盖。

【生产单位】 上海回天化工新材料有限公司。

S006 建筑结构胶816

【英文名】 building structure adhesive 816

【主要组成】 环氧树脂、固化剂、助剂等。

【产品技术性能】

性能		A组分	B组分
混合前	外观	灰白色糊状	黄色糊状
	密度/(g/cm³)	1.2～1.4	1.2～1.4
混合后	外观	灰黄色均匀糊状	
	混合后密度/(g/cm³)	1.31	
操作时间/min		40～60	
最短固化时间/h		6～8	
固化性能(25℃/7d)	压缩强度/MPa	95	
	拉伸强度/MPa	31	
	剪切强度/MPa	25	
	弯曲强度/MPa	50	
	与混凝土的结合力/MPa	40	
	热膨胀系数/K^{-1}	19×10^{-6}	
	无约束线性收缩率/%	0.003	

【特点及用途】 主要用于桥梁建筑钢筋、螺栓的锚固，桥梁铺设建筑结构的补强，混凝土裂缝的修补。

【施工工艺】 A组分和B组分以质量比4∶1在容器内混合均匀，然后将胶涂于被粘接处，室温固化6～8h变硬，完全固化24h。

【包装及贮运】 5kg/套，贮存于通风干燥处（10℃以上），贮存期为12个月。

【生产单位】 上海回天化工新材料有限公司。

S007 桥面弹性铺装专用胶黏剂 QS-1403

【英文名】 adhesive QS-1403 for bridge deck pavement

【主要组成】 聚氨酯改性环氧树脂、改性胺固化剂、助剂等。

【产品技术性能】 外观：甲组分为浅色黏稠液体，乙组分为棕黄色液体；拉伸强度：＞17MPa；断裂伸长率：＞40%；钢-钢粘接剪切强度：＞15MPa。

【特点及用途】 施工方便，固化速度快，固化物的强度及伸长率高，在潮湿基材表面上也具有良好的粘接力。主要用作桥面及路面的弹性铺装。

【施工工艺】 该胶是双组分胶（A/B），A组分和B组分的质量比为3∶1，并辅助级配填料进行施工。

【毒性及防护】 本产品固化后为安全无毒物质，但混合前两组分应尽量避免与皮肤和眼睛接触，若不慎接触眼睛，应迅速用清水清洗。

【包装及贮运】 20kg/套，保质期1年。贮存条件：室温、阴凉处贮存。本产品按照非危险品运输。

【生产单位】 北京金岛奇士材料科技有限公司。

S008 灌浆树脂工程师® AB-1

【英文名】 grouting resin engineer® AB-1

【主要组成】 改性环氧树脂、改性胺类固化剂、助剂等。

【产品技术性能】 外观：浅黄透明；密度：1.0g/cm³。固化后的性能如下。抗拉强度：20MPa；抗压强度：47MPa；抗弯强度：30MPa；拉伸抗剪强度：11.4MPa；测试标准：以上数据测试参照JC/T 1041—2007。

【特点及用途】 低黏度，高强度，干燥环境用，可灌注宽度＞0.05mm的混凝土细微裂缝，与基体的结合强度高，方便可靠。主要用于混凝土裂缝与空鼓的灌注修复，对于微细裂缝（＞0.05mm）、较宽裂缝（＞1.0mm）以及砂浆、混凝土、砖板空鼓缝隙等各种状况尽可进行灌浆处理。

【施工工艺】 该胶是双组分胶（A/B），A组分和B组分的质量比为4∶1。注意事项：温度低于5℃时，应采取适当的加温措施，否则对应的固化时间将延长；当混合量大于200g时，操作时间会缩短。

【毒性及防护】 本产品固化后为安全无毒物质，但混合前两组分应尽量避免与皮肤和眼睛接触，若不慎接触眼睛，应迅速用清水清洗。

【包装及贮运】 5kg/套包装。在室温、阴凉处贮存，保质期1年。本产品按照非危险品运输。

【生产单位】 北京冶建工程裂缝处理中心。

S009 微细裂缝封闭膏工程师® A6

【英文名】 gaulking sealant engineer® A6

【主要组成】 改性环氧树脂、助剂、胺类固化剂等。

【产品技术性能】 外观：灰色膏状（A组分），白色膏状（B组分）；密度：1.6g/cm³。固化后的性能如下。抗拉强度：10MPa；抗压强度：65MPa；抗弯强度：30MPa；拉伸抗剪强度：11.5MPa；标注测试标准：以上数据测试参照JC/T 1041—2007。

【特点及用途】 特别针对混凝土微细裂缝的封闭及表面缺损的修补而研制。具有极强的粘接力和韧性，刚柔结合，有效防止水汽、化学物质和二氧化碳的侵蚀，并防止开裂混凝土结构的进一步损坏，提高建筑物的耐久性。可以用作混凝土表面龟裂的封闭、小于0.1mm混凝土微细裂缝的封闭、宽裂缝开槽嵌填、混凝土蜂窝麻面的修补。

【施工工艺】 该胶是双组分胶（A/B），A组分和B组分的质量比为2∶1。注意事项：温度低于5℃时，应采取适当的加温措施，否则对应的固化时间将延长；当混合量大于200g时，操作时间会缩短。

【毒性及防护】 本产品固化后为安全无毒物质，但混合前两组分应尽量避免与皮肤和眼睛接触，若不慎接触眼睛，应迅速用清水清洗。

【包装及贮运】 9kg/套包装。在室温、阴凉处贮存，保质期1年。本产品按照非危险品运输。

【生产单位】 北京冶建工程裂缝处理中心。

S010 加固型界面处理剂工程师® B10

【英文名】 interface treatment agent engineer® B10

【主要组成】 改性环氧乳液、固化剂、助剂等。

【产品技术性能】 外观：棕红色液体（A组分），白色液体（B组分）；密度：1.1g/cm³。固化后的性能如下。剪切粘接强度：3.5MPa；拉伸粘接强度：2.5MPa；标注测试标准：以上数据测试参照JC/T 907—2002。

【特点及用途】 具备极高的黏结强度；经处理后界面压剪强度提高3倍，砂浆与混凝土的粘接力提高10倍以上，均为混凝土本体破坏、界面完好。用途：新老混凝土界面永久性粘接：用于施工缝、梁柱加固、硬化地坪找平层等新老混凝土连接，代替碱洗、除油、凿毛，彻底解决脱层、空鼓、裂缝等难题。

【施工工艺】 该胶是双组分胶（A/B），A组分和B组分的质量比为4∶1。注意事项：施工温度为5～35℃，涂刷后的施工时间不要超过24h，室外作业避免在雨天、大风、冰冻时施工。

【毒性及防护】 本产品为安全无毒物质，若不慎接触眼睛，应迅速用清水清洗。

【包装及贮运】 包装：50kg/套，保质期1年。贮存条件：室温、干燥处贮存。本产品按照非危险品运输。

【生产单位】 北京冶建工程裂缝处理中心。

S011 高强环氧砂浆工程师® D30

【英文名】 high strength epoxy mortar engineer® D30

【主要组成】 改性环氧树脂、固化剂和无机粉料等。

【产品技术性能】 外观：浅黄色液体（A组分），浅黄色液体（B组分），灰色粉料（C组分）；密度：1.8g/cm³。固化后的性能如下。抗拉强度：10MPa；抗压强度：85MPa；抗弯强度：32MPa；拉伸抗剪强度：8.4MPa；标注测试标准：以上数据测试参照 GB/T 2567—2008，GB50367—2013。

【特点及用途】 抗冲击，耐震动，抗压强度高；对混凝土基层有良好的黏结力；可潮湿基层粘接，绿色环保。用途：是一种用于混凝土缺损快速修补和加固的专用材料。具有高强度，高粘接力，良好的防腐性和耐久性。

【施工工艺】 该胶是三组分胶（A/B/C），A、B两组分为环氧树脂及固化剂，C组分为粉料，A组分、B组分和C组分的质量比为4∶1∶20。注意事项：现场使用时，严禁在D30中掺入任何外加剂、外掺剂。不得与其它生产的材料混用，使用后立即用酒精清洗工具，固化后的材料只能用机械方法清除。

【毒性及防护】 本产品为安全无毒物质，若不慎接触眼睛，应迅速用清水清洗。

【包装及贮运】 包装：62.5kg/套，保质期6个月。贮存条件：室温、干燥处贮存。本产品按照非危险品运输。

【生产单位】 北京冶建工程裂缝处理中心。

S012 聚氨酯建筑嵌缝密封胶 AM-111

【英文名】 polyurethane building sealant AM-111

【主要组成】 羟基封端聚醚预聚物、异氰酸酯、填料等。

【产品技术性能】 外观：黑色、白色或灰色膏状物；密度：约1.4g/cm³。固化后的性能如下。下垂度：≤3mm；挤出性：≥80mL/min；表干时间：≤6h；拉伸粘接性（100%定伸应力）：≥0.4MPa（23℃）、≥0.6MPa（20℃）；断裂伸长率：≥200%；使用温度：－45～90℃；标注测试标准：以上数据测试参照企标 Q/CL 085—2000。

【特点及用途】 AM-111为聚氨酯建筑嵌缝密封胶，中性、固化后无毒无味，与建筑材料表面有良好的粘接力。具有良好的耐候性、耐紫外光及耐低温性能，耐水抗烟雾性强。用途：1. 可用于大理石、玻璃、铝塑板幕墙等嵌缝密封；2. 内外墙填缝、防水密封，采光天棚、建筑伸缩缝、沉降缝的密封；3. 市政工程、排污管道的防水密封等，隧道及道路工程的混凝土伸缩缝密封，陶瓷工程的粘接及填缝密封；4. 水环境工程、排污管道的防水防漏密封。

【施工工艺】 1. 用棉纱清除施工表面的灰尘、油污、水分；2. 根据施工部位的形状将密封胶的尖嘴切成一定的形状和大小，用手动或气动枪将胶涂在施工部位；3. 在表干时间以内进行表面刮平、修改等工作。表面要求特别严格的部位应在涂胶部位的两侧打上保护胶带，并在胶表干后揭去。若不慎将非施工部位沾污，可用蘸有丙酮的棉布擦拭干净。注意事项：1. 使用过程中，可根据需要选用适当的底涂剂；2. 胶未一次用完，应将胶嘴处挤出少许，再次使用时将固化部分弃去，见到新鲜胶即可；3. 不慎粘到非施工面或皮肤上，应立即用酒精清洗。

【毒性及防护】 本产品固化后为安全无毒物质，但应尽量避免与皮肤和眼睛接触，若不慎接触眼睛，应迅速用清水清洗。

【包装及贮运】 包装：300mL/支、400mL/

支、600mL/支，保质期 9 个月。贮存条件：建议在 25℃以下的干燥库房内贮存，避免高温、高湿。

【生产单位】 山东北方现代化学工业有限公司。

S013 建筑硅酮耐候密封胶 XL-1214

【英文名】 weather-proof silicone sealant XL-1214

【主要组成】 有机硅树脂、交联剂、助剂等。

【产品技术性能】 外观：黑色，或其它颜色；下垂度：0mm；挤出性：230mL/min；表干时间：30min。固化后的性能如下。常温拉伸黏结强度：0.8MPa；最大拉伸黏结强度时的伸长率：180%；位移能力：±25%；100%定伸黏结性：无破坏；热失重：5%；硬度：40 Shore A；工作温度：−50～150℃；标注测试标准：以上数据测试参照 GB/T 13477。

【特点及用途】 高模量，中性固化，对金属、镀膜玻璃、混凝土及大理石等建筑材料无腐蚀性；优异的耐气候老化性能；耐高低温性能卓越；对大部分建筑材料具有优良的黏结性。用于各种玻璃幕墙的耐候密封，包括金属、陶瓷等幕墙的耐候密封；混凝土等各种接缝的密封；其它许多建筑及工业用途。

【施工工艺】 基材的黏结表面必须经过清洗。清洗后的基材必须在 1h 内完成施胶。挤注结构胶应稳定连续地进行，不能产生气泡或空穴。施胶后整形表面应在密封剂表干之前进行。在胶完全固化前，不得搬动和承受外力。注意事项：使用环境应清洁，应在 10～40℃、相对湿度为 40%～80%的条件下使用，最低使用温度不能低于 5℃，最高温度不宜高于 40℃，最大允许相对湿度为 80%。使用场所应具有良好的通风条件。

【毒性及防护】 本产品完全固化后无毒性，但在固化之前应避免与眼睛接触，若与眼睛接触，请用大量水冲洗，并找医生处理。本产品在固化过程中会放出酮肟类物质，在施工及固化区应注意通风，以免酮肟类物质的浓度太高而对人体产生不良影响。避免本产品与食物直接接触并放置于小孩触摸不到的地方。

【包装及贮运】 310mL 塑料筒（净容量 300mL）或 590mL 复合膜软包装。保质期 9 个月。贮存条件：产品应在 27℃以下的阴凉干燥处贮存。本产品按照非危险品运输。

【生产单位】 北京中天星云科技有限公司。

S014 硅酮耐候密封胶 MF889

【英文名】 weather-proofing silicone sealant MF889

【主要组成】 硅橡胶、硅油、碳酸钙、偶联剂等。

【产品技术性能】

项 目	技术指标
颜色	透明、黑、灰、棕、白等
下垂度/mm	≤0
表干时间/h	≤2
在温度(23±2)℃，相对湿度(50±5)%的条件下放置 21d 后	
拉伸黏结强度/MPa	≥0.60
硬度(Shore A)	20～60
固化时间(T=25℃，RH=50%)/d	7～14
符合标准	MF889 符合下列标准： 1. 行业标准 JC/T 882 2. 国家标准 GB/T 14683 3. 美国标准 ASTM C920

【特点及用途】 1. 可在 10～50℃的条件下直接挤出使用，无需底漆即可对玻璃、铝材等大多数建筑材料具有良好的黏结性；2. 中性固化，不会对被粘表面产生

腐蚀；3. 优异的耐气候老化性能；4. 良好的耐高低温性能，在－60～180℃仍保持良好的性能；5. 位移能力±25%；6. 对环境无污染。用途：适用于建筑中玻璃幕墙、铝板幕墙的耐候防水密封。

【施工工艺】 可在10～50℃的条件下直接挤出使用，接缝尺寸按JGJ 102的规定进行。为确保施工时密封胶不污染接缝周边，必须使用护面胶带保护，当注胶完成后，将其除去。注意事项：使用前请做黏结性试验并参阅本公司技术资料及安全数据表。

【毒性及防护】 本产品固化后为安全无毒物质，但固化前应尽量避免与皮肤和眼睛接触，若不慎接触眼睛，应迅速用清水清洗。

【包装及贮运】 塑料管装：每管300mL，每支25管；软包装：每支592mL，每箱20支。在27℃以下的阴凉、通风、干燥处可贮存12个月。本产品按照非危险品运输。

【生产单位】 郑州中原应用技术研究开发有限公司。

S015 硅酮耐候密封胶 MF889-25

【英文名】 weather-proof slicone sealant MF889-25

【主要组成】 硅橡胶、硅油、碳酸钙、偶联剂等。

【产品技术性能】 1. JC/T 882 指标

项目		技术指标
下垂度/mm	垂直	≤3
	水平	无变形
挤出性/(mL/min)		≥80
表干时间/h		≤3
弹性恢复率/%		≥80
拉伸模量/MPa	23℃	≤0.4
	－20℃	≤0.6
定伸黏结性		无破坏
热压-冷拉后的黏结性		无破坏
浸水光照后的定伸黏结性		无破坏
质量损失率/%		≤10

2. ISO 11600技术指标

项目		技术指标
下垂度/mm		≤3
弹性恢复率/%		≥60
拉伸模量/MPa	23℃	≤0.4
	－20℃	≤0.6
定伸黏结性		无破坏
浸水后的定伸黏结性		无破坏
可变温度下的定伸黏结性		无破坏
经过热、透过玻璃的人工光源和水暴露后的黏结性		无破坏
抗压性能/(N/mm²)		报告实测值
体积收缩率/%		≤10
符合标准	MF889-25符合下列标准： 1. 行业标准 JC/T 882 2. 国际标准 ISO 11600	

【特点及用途】 1. 可在10～50℃的条件下直接挤出使用，无需底漆即可对玻璃、铝材等大多数建筑材料具有良好的黏结性；2. 中性固化，不会对被粘表面产生腐蚀；3. 优异的耐气候老化性能；4. 良好的耐高低温性能，在－60～180℃仍保持良好的性能；5. 高弹性、低模量(25LM、50LM、100/50LM)；6. 对环境无污染。适用于建筑中各类玻璃幕墙、铝板幕墙等建筑幕墙的耐候防水密封。

【施工工艺】 可在10～50℃的条件下直接挤出使用，接缝尺寸按JGJ 102的规定进行。为确保施工时耐候密封胶不污染接缝周边，必须使用护面胶带保护，当注胶完成后，将其除去。注意事项：为确保耐候密封胶具有良好的黏结性，所有被粘材料表面必须清洁、干燥、无污物。

【毒性及防护】 本产品固化后为安全无毒物质，但固化前应尽量避免与皮肤和眼睛接触，若不慎接触眼睛，应迅速用清水清洗。

【包装及贮运】 塑料管装：每管300mL，每箱25管；软包装：每支592mL，每箱20支。在27℃以下的阴凉、通风、干燥处可贮存 12 个月。本产品按照非危险品运输。

【生产单位】 郑州中原应用技术研究开发有限公司。

S016 高铁 CA 砂浆用聚合物乳液

【英文名】 polymer emulsion for high-speed CA mortar

【主要组成】 丙烯酸树脂、助剂等。

【产品技术性能】 外观：乳白色液体；固含量：(45±3)%；pH 值：6.0～8.0；黏度（NDJ-1）：0～200mPa·s；密度：1020～1060kg/m³；粒径：200～400nm。

【特点及用途】 产品属于水性丙烯酸酯类黏合剂，与其它水性聚合物具有很好的相容性，与硅酸盐水泥具有极佳的高分散性、配伍性以及和易性。具有良好的耐候性、抗老化性和抗碱性，可有效的封闭混凝土内部的毛细孔。适用于高速铁路的弹性垫层。

【施工工艺】 本产品用于与混凝土等物料混合，然后固化即可。注意事项：产品使用前，应先将其在包装桶中缓慢搅拌 5～10min，保证胶水整体性能的一致性。

【毒性及防护】 该产品使用固化后为安全无毒物质，但使用前应尽量避免与皮肤和眼睛接触，若不慎接触眼睛，应迅速用清水清洗。

【包装及贮运】 50kg/桶，有效贮存期为 6 个月，如超过有效贮存期，经检验各项性能指标合格后仍可使用。贮存条件：本品应通风干燥保存，避免冻结和曝晒，贮运条件为 5～35℃，按照非危险品运输。

【生产单位】 浙江艾迪雅科技股份有限公司。

S017 真石漆用乳液 BC-3208

【英文名】 lacquer emulsion BC-3208

【主要组成】 丙烯酸树脂、助剂等。

【产品技术性能】 外观：乳白色蓝相液体；固含量：(48±1)%；pH 值：7.0～9.0；黏度（NDJ-1)：400～1500mPa·s。

【特点及用途】 产品属于水性丙烯酸酯类黏合剂，良好的耐水白性、高黏结力和硬度，优良的耐碱性、耐候性、耐沾污性和涂层温变性。用于建筑行业的外墙涂饰。

【施工工艺】 本产品用于建筑用外墙装饰方面，涂覆后干燥即可。注意事项：产品涂布前，应先将其在包装桶中缓慢搅拌 5～10min，保证胶水整体性能的一致性。

【毒性及防护】 该产品用于建筑行业，涂饰干燥后为安全无毒物质，但涂饰前应尽量避免与皮肤和眼睛接触，若不慎接触眼睛，应迅速用清水清洗。

【包装及贮运】 50kg/桶，有效贮存期为 6 个月，如超过有效贮存期，经检验各项性能指标合格后仍可使用。贮存条件：本品应通风干燥保存，避免冻结和曝晒，贮运条件为 5～35℃，按照非危险品运输。

【生产单位】 浙江艾迪雅科技股份有限公司。

S018 网状裂缝封闭剂工程师® A9

【英文名】 gaulking sealant engineer® A9

【主要组成】 丙烯酸改性环氧树脂乳液、水泥。

【产品技术性能】 外观：灰色粉料（A 组分），白色液体（B 组分）；密度：1.2g/cm³；固化后的性能如下。粘接强度：1.1MPa；拉伸强度：2.5MPa；断裂伸长率：45%；不透水性：0.3MPa/30min；标注测试标准：以上数据测试参照 GB/T 16776—2005。

【特点及用途】 优良的黏结性、耐候性，良好的柔韧性，封闭并跟随裂缝变化；水性无毒，绿色环保，使用方便，价格便宜。用途：封闭混凝土表面的网状裂缝，阻止水分进入混凝土内部，防止微细裂缝的进一步扩展；用于钢筋混凝土的防渗、防碳化、防腐蚀，保护混凝土，提高混凝土的使用寿命。

【施工工艺】 该胶是双组分胶（A/B），A组分和B组分的质量比为2.5：1。注意事项：A、B两组分混合后，应在2h内用完；施工温度不低于5℃，在干燥与成膜过程中应避免阳光曝晒或高温，以防水分蒸发过快。

【毒性及防护】 本产品为安全无毒物质，若不慎接触眼睛，应迅速用清水清洗。

【包装及贮运】 包装：35kg/套，保质期6个月。贮存条件：室温、干燥处贮存。本产品按照非危险品运输。

【生产单位】 北京冶建工程裂缝处理中心。

S019 永久性界面粘胶工程师® B9

【英文名】 interface agent engineer® B9

【主要组成】 丙烯酸改性环氧树脂乳液、助剂等。

【产品技术性能】 外观：白色液体；密度：1.0g/cm³；剪切粘接强度：3.5MPa；拉伸粘接强度：2.5MPa；标注测试标准：以上数据测试参照JC/T 907—2002。

【特点及用途】 极高的黏结强度；良好的抗裂性；耐水性、耐碱性良好，无毒无味，健康环保。可用于新老混凝土界面的永久性粘接，用于施工缝、梁柱加固、硬化地坪找平层等新老混凝土的连接，代替碱洗、除油、凿毛，彻底解决脱层、空鼓、裂缝等难题。

【施工工艺】 先用稀释2倍的B9胶液湿润基层，10min后，使用B9胶液直接涂刷，60min后打混凝土。注意事项：施工温度为5～35℃，涂刷后的施工时间不要超过24h，室外作业避免在雨天、大风、冰冻时施工。

【毒性及防护】 本产品为安全无毒物质，若不慎接触眼睛，应迅速用清水清洗。

【包装及贮运】 包装：10kg/套，保质期1年。贮存条件：室温、干燥处贮存。本产品按照非危险品运输。

【生产单位】 北京冶建工程裂缝处理中心。

S020 耐久性高强修补料工程师® A3

【英文名】 high strength repair putty engineer® A3

【主要组成】 丙烯酸改性环氧树脂乳液、水泥等。

【产品技术性能】 外观：土灰色；密度：1.6g/cm³；抗折强度：12.8MPa；抗压强度：55.6MPa；与混凝土的粘接强度：1.62MPa；标注测试标准：以上数据测试参照GB 50212—2002。

【特点及用途】 本产品是一种既具有环氧树脂的粘接性，又具有无机材料的耐久性的新型混凝土修补材料；抗压强度高，固化迅速，粘接性能好；有很好的耐高温性能和抗裂性、高耐碱性、耐紫外线；操作简便，可潮湿基层施工，健康环保。主要用于混凝土重要构件的加固；混凝土缺损、蜂窝麻面的修补，保护层的加厚、找平等；混凝土梁、板等构件表面碳化、剥落、露筋等缺损的修复。

【施工工艺】 将粉料：乳液按质量比7：1称取，混合，搅拌均匀无结块，配好的浆料应保证在1h内用完。注意事项：立面或顶面的面层厚度大于10mm时，应分层施工。每层抹面厚度宜为5～10mm，待前一层指触干时方可进行下层施工。

【毒性及防护】 本产品为安全无毒物质，若不慎接触眼睛，应迅速用清水清洗。

【包装及贮运】 包装：60kg/套，保质期6个月。贮存条件：室温、干燥处贮存。本产品按照非危险品运输。

【生产单位】 北京冶建工程裂缝处理

中心。

S021 耐久性薄层修补料工程师® A2

【英文名】 thin layer repairing material engineer® A2

【主要组成】 丙烯酸改性环氧树脂乳液、水泥。

【产品技术性能】 密度：1.2g/cm³；固化后的性能如下。抗折强度：8.9MPa；抗压强度：42MPa；与混凝土的粘接强度：1.65MPa；标注测试标准：以上数据测试参照 GB 50212—2014。

【特点及用途】 固化后有一定的弹性；良好的抗渗性、抗裂性、耐冲击、耐磨性；耐老化性及耐酸、耐碱性能；使用方便，可潮湿基层施工，健康环保。用于修补混凝土出现的蜂窝、漏洞等缺陷，修复混凝土构件的表面色差。

【施工工艺】 将粉料：乳液按质量比5：1（或者体积配比 3.5：1）称取，混合；搅拌均匀无结块，配好的浆料应保证在 1h 内用完。注意事项：室外作业不宜在雨天、冰冻时施工，施工温度宜为 10～35℃；粉料胶料一次拌和量不宜太多，应在 1h 内用完。

【毒性及防护】 本产品为安全无毒物质，若不慎接触眼睛，应迅速用清水清洗。

【包装及贮运】 包装：60kg/套，保质期 6 个月。贮存条件：室温、干燥处贮存。本产品按照非危险品运输。

【生产单位】 北京冶建工程裂缝处理中心。

S022 公路桥梁伸缩缝密封剂 HM197

【英文名】 sealant HM197 for road bridge expansion joint

【主要组成】 聚硫橡胶、二氧化锰、助剂等。

【产品技术性能】 外观：黑色；密度：1.67g/cm³。固化后的性能如下。拉伸模量：≤0.3MPa；拉伸模量（－20℃）：≤0.6MPa；浸水后的定伸粘接性：无破坏（GB/T 13477.2—2002）；工作温度：－55～120℃。

【特点及用途】 低模量，高伸长率，与钢、混凝土及防腐底漆有良好的粘接性，优异的耐水稳定性，耐自然老化性能，长期使用无油性物析出，施工方便可靠。用途：主要用于模数式公路桥梁伸缩缝的密封及修补，修补时伸缩缝中破损的密封橡胶带（止水带）可以更换新的后使用密封剂，也可以直接应用密封剂密封。

【施工工艺】 该胶是双组分胶（A/B），A 组分和 B 组分的质量配比为 100：(7～13)，两个组分应混合为均匀无色差的膏状物。注意事项：施工温度为 5～32℃，高温高湿环境下，密封剂的硫化时间短，反之，则硫化时间长；与密封剂粘接的界面应清洗干净。

【毒性及防护】 本产品固化后为安全无毒物质，但混合前两组分应尽量避免与皮肤和眼睛接触，若不慎接触眼睛，应迅速用清水清洗。

【包装及贮运】 5.5kg/套、27.5kg/套，保质期 9 个月。贮存条件：室温、阴凉处贮存。本产品按照非危险品运输。

【生产单位】 中国航空工业集团公司北京航空材料研究院。

S023 桥梁锚杆隔离防护密封剂 HM196

【英文名】 sealant HM196 for the bridge anchorage bar

【主要组成】 聚硫橡胶、二氧化锰、助剂等。

【产品技术性能】 外观：黑色；密度：1.68g/cm³。固化后的性能如下。拉伸模量：≤0.3MPa；拉伸模量（－20℃）：≤

0.6MPa；拉断伸长率：≥600%（GB/T 528—2009）；浸水后的定伸粘接性：无破坏（GB/T 13477.2—2002）；冷拉-热压后的粘接性：无破坏（GB/T 13477.2—2002）；工作温度：−55～120℃。

【特点及用途】 低模量，高伸长率，与钢、混凝土及防腐底漆有良好的粘接性，老化性能稳定，优异的耐水稳定性，长期使用无油性物析出，施工方便可靠。主要用于公路、桥梁大变形量接缝、结构的密封防护，尤其适用于桥梁主缆锚固系统中锚杆与混凝土锚碇的隔离和锚杆的防护。

【施工工艺】 该胶是双组分胶（A/B），A组分和B组分的质量配比为100：(7～13)，两个组分应混合为均匀无色差的膏状物；注意事项：施工温度为5～32℃，高温高湿环境下，密封剂的硫化时间短，反之，则硫化时间长；与密封剂粘接的界面应清洗干净。

【毒性及防护】 本产品固化后为安全无毒物质，但混合前两组分应尽量避免与皮肤和眼睛接触，若不慎接触眼睛，应迅速用清水清洗。

【包装及贮运】 包装：5.5kg/套、27.5kg/套，保质期9个月；贮存条件：室温、阴凉处贮存。本产品按照非危险品运输。

【生产单位】 中国航空工业集团公司北京航空材料研究院。

S024 柏油路面环保修补胶

【英文名】 repair glue for asphalt pavement

【主要组成】 耐磨橡胶乳液、补强剂、助剂等。

【产品技术性能】 外观：黑色；密度：1.42g/cm^3；黏度：30000mPa·s。固化后的性能如下。剪切强度：≥5MPa；工作温度：−45～140℃；标注测试标准：以上数据测试参照企标Q/spb 333—2013。

【特点及用途】 水性胶，自然干燥固化。施工中无需加热，而且无挥发物和异味释放，节能环保。粘接强度高，耐磨性好，耐老化。修补后车辆通过时震动小。用于柏油马路和飞机场的局部缺陷和裂缝的修补。

【施工工艺】 采用浇注的方式。注意事项：保存时防冻。冬季和雨雪天禁止施工。

【毒性及防护】 本产品固化后为安全无毒物质，但固化前应尽量避免与皮肤和眼睛接触，若不慎接触眼睛，应迅速用清水清洗。

【包装及贮运】 包装：500g/套，保质期6个月。贮存条件：−5℃以上的环境下保存。本产品按照易燃危险品运输。

【生产单位】 天津市鼎秀科技开发有限公司。

S025 聚氨酯水平建筑接缝密封胶 U-SEAL807

【英文名】 polyurethane sealant U-SEAL807 for building joint

【主要组成】 聚氨酯预聚物、催化剂、助剂等。

【产品技术性能】 密度：1.32g/cm^3；表干时间（23℃，50%湿度）：约50min；固化速率（23℃，50%湿度，24h）：3mm；硬度：约45 Shore A；100%弹性模量：0.4MPa；弹性恢复率：>98%；拉伸强度：1.2MPa；断裂伸长率：>500%；拉伸压缩位移量：±15%；施工温度：5～35℃；耐温性：−40～80℃。

【特点及用途】 U-SEAL807是单组分、湿气固化的聚氨酯弹性体密封膏，它具有较高的力学强度，极好的耐气候性和耐化学腐蚀性。1. U-SEAL807适用于密封地板缝、停车场、桥梁、瓦屋顶、金属材料的粘接和密封（通风管、风道和喷嘴）等；2. U-SEAL807在以下材料中有极好的粘接性：混凝土、木材、石材、玻璃、铝材、钢材、镀锌及预涂钢材、硬塑料和橡胶等。

【施工工艺】 1. 首先清除接口处表面的油脂，清洗干净，保持干燥，使表面无灰尘、油渍；2. 如应用需要，需要在接缝处使用底涂剂，底涂剂 U110 用于多孔表面，U120 用于无孔表面；3. 使用前建议进行基材粘黏试验；4. 不作为结构胶使用，不可用在直接暴露于紫外线下的透明材料上。

【包装及贮运】 310mL 铝管，600mL 铝/塑软包装。颜色为白、灰及用户要求的其它颜色。应贮存于 5～25℃。贮存期自生产之日起为 9 个月。

【生产单位】 北京中天星云科技有限公司。

S026 聚氨酯垂直建筑接缝密封胶 U-SEAL907

【英文名】 sealant U-SEAL907 for building joint

【主要组成】 聚氨酯预聚物。

【产品技术性能】 密度：1.32g/cm³；表干时间（23℃，50%湿度）：约 3h；固化速率（23℃，50%湿度，24h）：2mm；硬度：约 15 Shore A；100%弹性模量：<0.2MPa；弹性恢复率：>98%；拉伸强度：1.2MPa；断裂伸长率：>500%；拉伸压缩位移量：±25%；施工温度：5～35℃；耐温性：－40～80℃。

【特点及用途】 U-SEAL907 是单组分、低模量、湿气固化的聚氨酯弹性密封膏，它耐紫外线辐射性好，特别适用于伸缩缝位移。U-SEAL907 适用于混凝土、砖制结构、天然及合成石材、钢铁、铝材、木材、陶瓷管道、硬塑料等建筑结构中伸缩缝的密封。

【施工工艺】 1. 首先清除接口处表面的油脂，清洗干净，保持干燥，使表面无灰尘、油渍；2. 如应用需要，需要在接缝处使用底涂剂，底涂剂 U110 用于多孔表面，U120 用于无孔表面；3. 使用前建议进行基材粘黏试验。

【包装及贮运】 310mL 铝管，600mL 铝/塑软包装。颜色为白、灰及用户要求的其它颜色。应贮存于 5～25℃。贮存期自生产之日起为 9 个月。

【生产单位】 北京中天星云科技有限公司。

S027 建筑密封胶 WJW

【英文名】 acrylic latex sealant WJW

【主要组成】 以丙烯酸乳液为基料，添加分散剂、增塑剂、填料等辅料混合配制而成。

【产品技术性能】 表干时间（25℃，50% RH）：2h；挤出性：200mL/min；下垂度：0mm；低温柔性：－40℃；恢复率：≥70%；拉伸强度：0.05～0.15MPa；伸长率：≥250%；颜色：白、古铜、黑、银灰。

【特点及用途】 用于铝合金、PVC、木材等各种材料的门、窗框与墙体之间的粘接密封；浴缸、洗脸盆、水池等与墙体的接缝密封；外墙板缝、混凝土、刚性屋面伸缩缝的防水密封；各种人造板（石膏板、TK 板、GRC 板、稻草板等）建筑内隔墙拼缝的密封；石棉水泥瓦的搭接处、钉孔、楼板裂缝等的密封；代替油灰应用于钢、木质门窗，寿命可达 10 年以上。

【施工工艺】 被密封表面必须干燥、清洁、无油污、无松脱微粒，避免在 5℃以下施工和使用，表干前应防止雨淋和水冲，避免在长期浸水的条件下使用。

【包装及贮运】 450g 塑料胶管。应贮存在干燥阴凉处，贮存期为 1 年。

【生产单位】 无锡市建筑材料科研所有限公司。

S028 建筑密封剂 WTX-883

【英文名】 building sealant WTX-883

【主要组成】 高固含量丙烯酸乳液、分散剂、增塑剂、填料等。

【产品技术性能】 外观：不流动膏状；固体含量：83%；挤出性：<30s；触变时间：<2h；硬度：40～50 Shore A；耐久性：15～20 年；适用温度：−30～80℃；断裂伸长率：>400%；拉伸粘接强度(水泥砂浆-铝合金)：>0.4MPa。

【特点及用途】 室温固化，粘接性、延伸性、耐低温性、耐老化性均优良。可用于钢、铝合金、PVC 塑料、木材、玻璃、石料等多种材质的门、窗框与墙体之间嵌缝的防水密封。

【施工工艺】 1. 先清除缝道内的浮土、油污、积水；2. 施工温度为 0～40℃；3. 将喷嘴切成斜面（一般为 45°），用胶枪挤到施工部位刮平即可。

【包装及贮运】 室温条件下贮存期为 1 年。

【生产单位】 江苏黑松林粘合剂厂有限公司。

S029 建筑防水胶黏剂 A-827（Ⅰ）

【英文名】 water-proof building adhesive A-827（Ⅰ）

【产品技术性能】 外观：浅灰色液体；黏度（25℃）：约 2000mPa·s；涂布量：2～4kg/m²；定位时间：1h；最高强度时间：24h；剥离强度：苯板破坏。

【特点及用途】 粘接强度高，耐水性好，不咬蚀苯板泡沫且无毒无味等。专用于苯板泡沫和木材、陶瓷及混凝土面的粘接。

【施工工艺】 粘接前，先用少量水将水泥预凝固，然后加入 A-827（Ⅰ），水泥质量：A-827（Ⅰ）质量＝4：1。若要提高固化物的弹性，可酌量增加 A-827（Ⅰ）的用量；最后再加少量水调至合适的施工黏度，搅拌均匀后，进行涂敷、粘接。

【包装及贮运】 本产品应在−5℃以上保存，防止冻结凝胶。

【生产单位】 海洋化工研究院有限公司。

S030 建筑防水胶黏剂 A-827（Ⅱ）

【英文名】 water-proof building adhesive A-827（Ⅱ）

【产品技术性能】 外观：白色黏稠液体；固含量：≥65%；黏度（25℃）：6000mPa·s；涂布量：1.2～1.5kg/m²；定位时间：6h；剥离强度（2d）：苯板破坏。

【特点及用途】 A-827（Ⅱ）具有不咬蚀苯板泡沫、初粘力强、最终粘接强度高且无毒无味等特点。专用于苯板泡沫和吸水性较差的基材之间的粘接，也可用于苯板泡沫与木材、陶瓷及混凝土面等吸水性较好的基材之间的粘接。

【施工工艺】 对于吸水性较差的基材之间的粘接，可采用点式涂胶工艺。平均每隔 10cm 左右涂一点，涂胶均匀后，与被粘接面压紧；而当粘接面至少有一面为吸水性较好的基材时，可用刮刀刮涂均匀，然后进行黏合，并压紧约 30min。

【包装及贮运】 本产品应在−5℃以上保存，防止冻结凝胶。

【生产单位】 海洋化工研究院有限公司。

S031 阳光板专用硅酮密封胶 XL-1217

【英文名】 silicone sealant XL-1217 for polycarbonate board

【产品技术性能】 表干时间：30～120min（GB/T 13477.2—2002）；下垂度：≤1mm（GB/T 13477.2—2002）；挤出性：≤10s（GB/T 13477.2—2002）；硬度：25～40 Shore A（ASTM C 661）；剥离强度：≥0.9N/mm（GB/T 13477.2—2002）；位移能力：±25%（ASTM C 719）；加热失重：≤6%（ASTM C 792）；老化试验：合格（ASTM C 793）。

【特点及用途】 使用本公司生产的 XL-

017底漆，对阳光板类基材有优异的粘接性能。良好的弹性、拉伸性能，使用方便。优秀的耐候性、耐老化性。中性固化，对金属、镀膜玻璃、混凝土及大理石无腐蚀。对大多数材料具有优异的粘接性。色泽光亮，表面光洁。用于专为阳光板类基材粘接而设计的密封胶。用于各类门窗安装，铝合金、铝板、玻璃幕墙填缝及屋顶的一般性密封，中空玻璃的二道粘接密封，以及其它多种用途。

【施工工艺】 1. 阳光板类基材在施胶前应使用本公司的底漆；2. 不能在潮湿表面施工或长期浸泡在水中；3. 不用于含油表面或渗油表面。

【包装及贮运】 300mL 塑料桶。应贮存于5～25℃的阴凉干燥处。贮存期自生产之日起为9个月。

【生产单位】 北京中天星云科技有限公司。

S032 石材硅酮密封胶 XL-1213

【英文名】 stone silicone sealant XL-1213

【产品技术性能】 表干时间：20～40min (GB/T 13477.2—2002)；下垂度：≤1mm (GB/T 13477.2—2002)；挤出性：≤8s (GB/T 13477.2—2002)；硬度：20～50 Shore A (ASTM C 661)；剥离强度：≥0.9N/mm (GB/T 13477.2—2002)；位移能力：±25% (ASTM C 719)；加热失重：≤8% (ASTM C 792)；老化试验：合格 (ASTM C 793)。

【特点及用途】 单组分，中模量，使用方便。优秀的耐候性、耐老化性。中性固化，对金属、镀膜玻璃、混凝土及大理石无腐蚀。对石材、陶瓷及水泥物构件等有优异的粘接性能，且无污染。用于干挂石材幕墙工程和水泥预制板工程的填缝密封，隧道及道路工程混凝土伸缩缝填缝密封，陶瓷工程的粘接及填缝密封及其它多种用途。

【施工工艺】 1. 不作为结构密封胶使用；2. 不能在潮湿表面施工或长期浸泡在水中；3. 不用于含油表面或渗油表面。

【包装及贮运】 300mL 塑料桶。应贮存于5～25℃的阴凉干燥处。贮存期自生产之日起为12个月。

【生产单位】 北京中天星云科技有限公司。

S033 无醛实木复合地板黏合剂 ZKLT168

【英文名】 formaldehyde-free adhesive ZKLT168 for solid wood composite floor

【主要组成】 聚氨酯、固化剂、助剂等。

【产品技术性能】

性能	主剂	固化剂
外观	乳白色黏稠状液体	棕红色
黏度(25℃)/mPa·s	>3500	150～250
pH值	6～7	5.0±0.5
剪切强度/MPa：≥0.7		

【特点及用途】 1. 具有良好的初粘性，无需添加面粉；2. 冷压成型较好；3. 胶量比脲醛胶低30%；4. 不含游离醛和酚；5. 优异的耐煮性和粘接性能。主要用于胶合板、细木工板和各种复合地板的生产。

【施工工艺】 该胶是双组分胶 (A/B)，A组分和B组分的质量比为10：(1.2～1.7)。

【毒性及防护】 本产品固化后为安全无毒物质，但混合前两组分应尽量避免与皮肤和眼睛接触，若不慎接触眼睛，应迅速用清水清洗。

【包装及贮运】 包装：200kg/套、100kg/套、50kg/套、25kg/套，保质期1年。贮存条件：室温、阴凉处贮存。本产品按照非危险品运输。

【生产单位】 浙江中科绿太科技有限公司。

S034 新型地板胶 A-02

【英文名】 floor adhesive A-02

【主要组成】 天然橡胶、顺丁橡胶、增黏树脂等。

【产品技术性能】 180°剥离强度：≥10N/cm；0°持粘力（负重 2kg 砝码）：15min 不位移；初粘性：按照 GB 4852—84 斜面滚球法，可粘住 33# 钢球（为最大球）和 29# 钢球；耐介质性：在海水中浸泡 1 周，强度下降率小于 30%。

【特点及用途】 无毒、无味、无可燃气体。施工不受季节限制，初粘性好，对 PVC 板的黏附力强，耐海水性能好。适用于船舰、建筑地面贴 PVC 的地板及布；也可用于水泥地面、涂料地面、钢板上的粘贴。

【施工工艺】 1. 涂胶量：以 PVC 板为例，一般是 150 干胶/m^2 左右，或 30% 固含量胶液 0.5kg/m^2 左右（手工涂），胶膜 300g 干胶/m^2 左右（手工涂），适用于使用时将胶膜转移到人造革地布。2. 粘接工艺：将 PVC 板胶层上的防粘纸揭去，粘接到没有灰尘、油污、积水、铁锈等的干净地面上，用木锤敲打，使之与地面吻合好即可。

【包装及贮运】 以胶带的各种 PVC 地板或胶膜供应，用硬纸箱或木板箱包装。贮存温度为−10～30℃，贮存期超过 1 年，按非危险品贮运。

【生产单位】 海洋化工研究院有限公司。

S035 双组分聚氨酯嵌缝胶 HT8807

【英文名】 two-part polyurethane sealant HT8807

【主要组成】 多元醇、异氰酸酯等。

【产品技术性能】 可工作时间：60min（GB/T 2794—2013）；表干时间：8h（GB/T 16777—2008）；实干时间：20h（GB/T 16777—2008）；质量损失率：2%（GB/T 13477.19—2002）；弹性恢复率（定伸 150%）：92%（GB/T 13477.17—2002）；100%拉伸模量：0.1MPa（23℃）、0.2MPa（−20℃）（GB/T 16777—2008）；拉伸强度：0.94MPa(23℃)、1.9MPa(−20℃)、1.79MPa(热老化 80℃，168h)、1.04MPa（碱处理 168h）、0.89MPa（紫外老化 720h）（GB/T 528—2009）；断裂伸长率：824%（23℃）、728%（−20℃）、633%（热老化 80℃，168h)、873%（碱处理 168h)、702%（紫外老化 720h）（GB/T 528—2009）；定伸粘接性：无破坏（23℃）、无破坏（−20℃）、无破坏（热老化 80℃，168h)、无破坏（浸水 96h)（GB/T 13477.2—2002）；冷拉-热压后的粘接性（幅度±50%）：无破坏（GB/T 13477.2—2002）；拉伸压缩循环后的粘接性（循环 100 次）：无破坏（GB/T 13477.2—2002）；工作温度：−40～90℃；标注测试标准：以上数据测试参照企标 HT3/JS-C07-019。

【特点及用途】 HT 8807 为双组分聚氨酯嵌缝胶，本产品是双组分的防水嵌缝材料，其甲组分是含有活性氢化合物的复合固化剂，乙组分是含有异氰酸酯基（—NCO）的预聚体，两者混合后固化成伸长率很高的弹性嵌缝材料。不含游离的 TDI，安全、环保。主要用于公（铁）路桥梁、箱涵、机场跑道的伸缩缝的密封；混凝土施工缝、伸缩缝，预应力混凝土构件的接缝的密封。

【施工工艺】 1. 伸缩缝的清理：缝内必须干燥、清洁，不可存留油污、养护剂等，比如黏附在侧壁上的水泥浆及养护剂，建议使用云石机或手磨砂轮将表层及浮层打磨掉，露出新鲜水泥面，然后使用高压风机去除杂物及浮尘。2. 灌胶前的准备工作：嵌缝胶堆积过高后仍有一定的流动性，建议先用胶带将缝隙两端封住。线上施工时，为防止胶黏剂污染到床板，建议用透明胶带对伸缩缝两侧做防护处理。

3. 物料的准备：将嵌缝胶按甲：乙＝2：1（质量比）的比例均匀混合，使用量大时可直接将乙组分倒入甲组分的包装桶中，建议使用搅拌机械搅拌至少 3min，保证物料混合均匀。4. 灌胶：使用刮刀或灌胶机将混合好的嵌缝胶灌注到伸缩缝中，再将表面刮平。5. 养护：施工完毕，对胶黏剂进行养护至少 24h，防止水分、灰尘进入。如遇预报有雨的天气应提前停止施工。注意事项：1. 嵌缝胶施工可以在－5～40℃的温度条件下进行；2. 两组分混合完毕后有一定的适用期，务必在适用期以内进行灌注，实际施工时，随着伸缩缝深浅、宽窄的不同，用胶量有所不同，应注意根据缝宽适当调整配胶量，防止配胶过多无法使用而浪费；3. 运输过程中应避免包装破损，注意防雨、防潮，要严防水分进入，受潮或进水均可能导致产品贮存期缩短；4. 本产品应贮存于通风、干燥、阴凉处，避免露天贮存及在阳光下曝晒；5. 本产品暴露在空气中后会缓慢的反应或吸潮，影响产品质量，因此一旦开启需尽快用完。

【毒性及防护】 本产品固化后为安全无毒物质。B组分含异氰酸酯类物质，对皮肤和眼睛有刺激。建议在通风良好处使用。若不慎接触眼睛和皮肤，立即用清水冲洗。

【包装及贮运】 A组分 13.3kg/桶，B组分 6.7kg/桶；保质期 1 年。贮存条件：室温、阴凉处贮存。

【生产单位】 湖北回天新材料股份有限公司。

S036 凯华牌桥梁悬拼胶

【别名】 桥梁悬拼胶 JGN-Ⅰ（BX）

【英文名】 adhesive for cantilever installation of bridges

【主要组成】 改性环氧树脂、改性固化剂、助剂等。

【产品技术性能】 外观：甲组分为白色膏状物，乙组分为黑色膏状物；密度：1.4～1.6g/cm³；不挥发物含量（固体含量）：≥99%（GB/T 2793—1995）。固化后的产品性能如下。抗拉强度：≥40MPa（GB/T 2567—2008）；受拉弹性模量：≥3500MPa；伸长率：≥1.3%；抗弯强度：≥50MPa（GB/T 2567—2008）；抗压强度：≥70MPa（GB/T 2567—2008）；钢-钢拉伸抗剪强度：≥20MPa（GB/T 7124—2008）；钢-钢不均匀扯离强度：≥20kN/m（GJB 94—1986）；与混凝土的正拉黏结强度：≥2.5MPa，且为混凝土内聚破坏（C50 砼）（GB 50367—2013）。

【特点及用途】 拉伸、剪切强度高，抗冲击、耐老化、耐疲劳性能优良；具有优异的触变性，较好的抗水、油、碱及稀酸介质的能力；夏季施工不流淌，冬季低温施工可操作性好，性能卓越。不掺有挥发性溶剂和非反应性稀释剂；固化剂主成分不含乙二胺；不含甲醛，无毒无害，绿色环保。主要应用于桥梁、隧道、工业等设施中混凝土模块和节段的粘接组装。

【施工工艺】 该胶是双组分胶（甲/乙），甲组分和乙组分的质量比为 3：1。1. 混凝土表面清理：清除干净混凝土表面的松散物、灰尘、水、油污等杂质。2. 配胶：JGN-Ⅰ（BX）结构胶由两个独立的组分（甲组分和乙组分）构成，其中甲组分为主剂，乙组分为固化剂。JGN-Ⅰ（BX）结构胶分为夏用（25～40℃）和冬用（5～25℃）两个型号，使用时，严格按质量比（甲：乙＝4：1）配胶，充分搅拌均匀，即配即用。每次配胶总量不宜超过 10kg，如果环境温度过高（例如超过 30℃），每次配胶量应适当减少。称重时，宜选用量程不超过 50kg、最小刻度不超过 50g 的计量器具。配胶器皿用 10～20L 的圆柱（或圆台）形广口金属容器，搅拌形式为电动搅拌，转速为 300r/min 左右。3. 涂（抹）胶：用刮板、抹刀或其它有效工具将搅拌混合后的胶黏剂均匀涂抹在需要粘接密封的混凝土表面（相互对接的两表面都要涂满胶，边沿部分的胶层要薄一些），胶层要均匀饱满。4. 箱梁拼装：将涂好胶液的箱梁对正贴合，从边沿部分挤出的胶液应及时清理。5. 固化及养护：JGN-Ⅰ（BX）的甲乙组分混合后开始固化，1d就能基本固化完全。如果环境温度升高，固化过程会相应缩短；反之，固化时间将延长。箱梁定位贴合后至胶黏剂固化完全前的过程为养护阶段，在此阶段，箱梁不得受任何形式的外力干扰。6. 适用期：以夏用为例，甲乙组分混合物在环境温度为23℃时的适用期约为120min。大量混合物集中放置在一起，有加速反应，从而导致适用期缩短的现象。如果甲乙组分混合后及时在混凝土面上铺展开，将会延长适用期。7. 用量：胶的用量与混凝土表面的平整度相关，表面越平，用胶量越少。以胶层平均厚度为3mm计，每平方米表面需要JGN-Ⅰ（BX）5kg左右。注意事项：温度低于15℃时，应采取适当的加温措施，否则对应的固化时间将适当延长；当混合量大于4kg时，操作时间将会缩短。

【毒性及防护】 本产品固化后为安全无毒物质，但混合前两组分应尽量避免与皮肤和眼睛接触，若不慎接触眼睛，应迅速用清水清洗。

【包装及贮运】 包装：12kg/桶，保质期1年。贮存条件：室温、阴凉处贮存。本产品按照非危险品运输。

【生产单位】 大连凯华新技术工程有限公司。

S037 凯华牌桥梁动荷载结构胶

【别名】 桥梁动荷载结构胶JGN-Ⅰ（A）

【英文名】 structural adhesive for bridge

【主要组成】 改性环氧树脂、韧性固化剂、助剂等。

【产品技术性能】 外观：甲组分为灰白色膏状物；乙组分为黑色膏状物；密度：1.4～1.6g/cm^3；不挥发物含量：≥99%（GB/T 2793—1995）。固化后的产品性能如下。抗拉强度：≥30MPa（GB/T 2567—2008）；受拉弹性模量：≥3600MPa；伸长率：≥1.5%；抗弯强度：≥45MPa（GB/T 2567—2008）；抗压强度：≥65MPa（GB/T 2567—2008）；钢-钢拉伸抗剪强度：≥18MPa（GB/T 7124—2008）；钢-钢抗拉强度：≥33MPa；钢-钢不均匀扯离强度：≥16kN/m（GJB 94—1986）；与混凝土的正拉黏结强度：≥2.5MPa，且为混凝土内聚破坏（C50砼）（GB 50367—2013）；适用环境温度：＞80℃；人工加速老化3000h：强度不降低；水中浸泡360d：强度不降低；50次冻融循环：强度不降低；耐介质：10%硫酸、10%烧碱、20%盐水、酒精、汽油、丙酮、甲苯中浸泡三个月后，钢-钢剪切强度保持率≥95%；国内首家通过GB 50728—2011产品认证。

【特点及用途】 特点：拉伸、剪切强度高，抗冲击、耐老化、耐疲劳性能优良；具有优异的触变性，较好的抗水、油、碱及稀酸介质的能力；夏季施工不流淌，冬季低温施工可操作性好，性能卓越。JGN-Ⅰ型建筑结构胶通过了中国科学院和中国建设部主持的成果鉴定，并获得中国科学院重大科技成果二等奖。经国检中心认证检验，JGN-Ⅰ粘钢结构胶的各项技术指标均满足《混凝土结构加固技术规范CECS25：90》的要求，为该规范推荐用胶，并已通过国家强制性标准GB 50367—2006《混凝土结构加固设计规范》的检测。用途：经过200万次大型桥梁预应力混凝土板梁（6300×600×300）动荷载疲劳试验，性能良好。除了主要应用于钢筋混凝土新旧建筑物受弯受拉构件粘钢、植筋加固外，还适用于动荷载建筑构件的补强、加固。目前已应用于铁路桥梁、公路桥梁、吊车梁的加固等。

【施工工艺】 该胶是双组分胶（甲/乙），甲组分和乙组分的质量比为 3∶1。注意事项：温度低于 15℃时，应采取适当的加温措施，否则对应的固化时间将适当延长；当混合量大于 2000g 时，操作时间将会缩短。

【毒性及防护】 本产品固化后为安全无毒物质，但混合前两组分应尽量避免与皮肤和眼睛接触，若不慎接触眼睛，应迅速用清水清洗。

【包装及贮运】 包装：12kg/桶，保质期 1 年。贮存条件：室温、阴凉处贮存。本产品按照非危险品运输。

【生产单位】 大连凯华新技术工程有限公司。

S038 道路修补胶 XL-301

【英文名】 road repair adhesive XL-301

【主要组成】 环氧树脂、固化剂、增韧剂和助剂等。

【产品技术性能】 外观：具有一定黏稠度的液体；指干时间：≥3h/50℃；拉伸强度：≥3MPa；断裂延伸率：≥100%。

【特点及用途】 该产品具有相对长的操作时间和较小的黏度，有利于冬季、夏季施工；高断裂延伸率和相对较低的价格。主要用于道路、桥梁的修补。

【施工工艺】 该胶是双组分胶（A/B），A 组分和 B 组分的重量配比为 2∶1。混合工艺：建议自动混胶机混合；固化工艺：25℃/24h。注意事项：单次混胶量超过 25kg 应在 1h 内用完。

【毒性及防护】 本产品固化后为安全无毒物质，但混合前两组分应尽量避免与皮肤和眼睛接触，若不慎接触眼睛，应迅速用清水清洗并及时就诊。

【包装及贮运】 采用 200kg/铁桶包装，该产品需要在室温、阴凉、干燥处贮存，贮存期为 6 个月。本产品按照非危险品运输。

【生产单位】 北京化工大学胶接材料与原位固化技术研究室。

T 包装、皮革制品和纺织品

胶黏剂在包装行业中的应用历史悠久。现在的包装粘接技术主要用来粘接、密封纸、布、塑料、金属、木材和复合材料等制作的包装容器或对其封口。在包装行业，胶黏剂的品种不断增加，除了一些天然胶黏剂仍在使用外，还大量地使用合成胶黏剂，如天然胶乳、乙酸乙烯类乳液、丁苯胶乳、氯丁胶乳、丙烯酸系列、聚乙烯醇、聚氨酯、热熔胶等。伴随着人民生活水平的不断提高，对商品的包装尤其是对食品、药品等包装的要求也越来越高。对药品的包装要求卫生、无毒等，对食品的包装不但要求卫生、无毒，还要求无味、可蒸煮、可热灌装等。在包装工业，胶黏剂消费量较大的包装领域包括瓦楞纸板及其箱、盒、纸板箱的封装、袋类、管材和芯材等。

纸制品粘接包括纸蜂窝、瓦楞纸及瓦楞纸箱的粘接、纸袋的粘接、层压纸的粘接、纸盒的粘接、波纹板的加工粘接、信封的粘接、标签的粘接等。食品工业利用复合薄膜制造包装材料，它具有很好的阻隔性能、强度高、形变小和良好的热合能力。复合薄膜材料在使用条件下具有高而稳定的粘接强度，能够经受住高温和腐蚀介质的作用。用不同性能的胶黏剂黏合复合薄膜是制造复合薄膜最先进的方法之一。用这类复合薄膜制作的包装称为软包装袋。由于这类包装袋内装物经常需要高温消毒，即要进行“蒸煮”加工，所以也称为“蒸煮袋”。可用作软包装袋复合薄膜的材料，包括聚乙烯、低密度聚乙烯、中密度聚乙烯、聚丙烯、聚苯乙烯、乙烯乙酸乙烯共聚物、聚乙烯醇、铝箔、铜箔、玻璃纸、人造羊皮纸、中皮纸等。对于其它复合包装粘接可包括纸-塑复合粘接、纸-维棉网布复合粘接、贴身包装和纸制快餐盒粘接和卷烟金银卡包装等。

胶黏剂除了在包装领域应用外，在皮革制品和纺织品领域也得到广泛的应用，尤其是在制鞋和服装领域。胶黏剂粘接技术是实现制鞋生产机械化和自动化的基础，也是鞋靴类产品成型的主要工艺之一。粘接工艺目前发展的趋势是冷粘工艺。冷粘制鞋是当今制鞋技术的一大潮流，世界上风行的高档品牌运动鞋几乎都是冷粘制鞋技术生产的。制鞋用胶黏剂以氯丁橡胶（接枝氯丁胶）和聚氨酯胶为主，另外还有天然胶乳、聚乙烯醇缩甲醛胶、聚乙酸乙烯乳液、聚酯或聚酰胺热熔胶等。

T001 食品包装用复合胶黏剂 UR7505

【英文名】 adhesive UR7505 for food packaging

【主要组成】 聚氨酯预聚物。

【产品技术性能】 外观：浅黄色黏稠透明液体；固含量：100%；黏度：(600±300) mPa·s。

【特点及用途】 1. UR7505 为无溶剂型单组分聚氨酯胶黏剂，使用方便，无污染；2. UR7505 为交联和固化的胶黏剂薄膜，具有极好的弹性、抗老化性，良好的粘接强度，高透明性，无气味；3. 适用于赛璐玢预处理过的聚乙烯、聚丙烯、尼龙、聚酯等薄膜之间的复合。

【施工工艺】 1. UR7505 专用于无溶剂复合机，不能用于普通复合机；2. UR7505 胶黏剂通过无溶剂复合机极低涂布量的涂布系统涂布，并通过加热（可调节）辊缝直接涂布；3. 涂布辊温度为 80～100℃，建议在使用前将 UR7505 胶黏剂在密闭容器中 60～80℃ 的条件下 2h，然后倒置涂布辊缝，并调节涂布温度到使用温度涂布；4. 涂布量：通常对于透明复合膜来讲，足够的涂布量为 1.2～1.8g/cm^2，对于纸的复合需要高一点的涂布量；5. 熟化：为迅速、完全地熟化，也为了获得良好的粘接强度，与 UR7505 反应的潮气（湿气）可以通过向辊缝中喷水而得到。

【包装及贮运】 铁桶包装，20kg/桶。UR7505 胶黏剂在未开封混合前贮存于干燥、阴凉的地方，贮存期可达 6 个月，开封的桶在不用时应立刻密封以避免胶与空气中的潮气反应，并应在短期内用完，存放在敞开的容器中而不密封，则胶液在很短的时间内失效，不能再使用。

【生产单位】 北京市化学工业研究院。

T002 食品包装用复合胶黏剂 UR7506

【英文名】 adhesive UR7506 for food packaging

【主要组成】 聚氨酯预聚物。

【产品技术性能】 外观：浅黄色黏稠透明液体；固含量：100%；黏度：800～1000mPa·s。

【特点及用途】 1. UR7506 为无溶剂型单组分聚氨酯胶黏剂，使用方便，无污染；2. UR7506 为交联和固化的胶黏剂薄膜，具有极好的弹性、抗老化性，良好的粘接强度，高透明性，无气味；3. 适用于赛璐玢预处理过的聚乙烯、聚丙烯、尼龙、聚酯等薄膜之间的复合及铝箔和纸之间的复合。

【施工工艺】 1. UR7506 专用于无溶剂复合机，不能用于普通复合机；2. UR7506 胶黏剂通过无溶剂复合机极低涂布量的涂布系统涂布，并通过加热（可调节）辊缝直接涂布；3. 涂布辊温度为 80～100℃，建议在使用前将 UR7506 胶黏剂在密闭容器中 60～80℃ 的条件下 2h，然后倒置涂布辊缝，并调节涂布温度到使用温度涂布；4. 涂布量：通常对于透明复合膜来讲，足够的涂布量为 1.2～1.8g/cm^2，对于纸的复合需要高一点的涂布量；5. 熟化：为迅速、完全地熟化，也为了获得良好的粘接强度，与 UR7506 反应的潮气（湿气）可以通过向辊缝中喷水而得到。

【包装及贮运】 铁桶包装，20kg/桶。UR7506 胶黏剂在未开封混合前贮存于干燥、阴凉的地方，贮存期可达 6 个月，开封的桶在不用时应立刻密封以避免胶与空气中的潮气反应，并应在短期内用完，存放在敞开的容器中而不密封，则胶液在很短的时间内失效，不能再使用。

【生产单位】 北京市化学工业研究院。

T003 食品包装用复合胶黏剂 UK2851/UK5015

【英文名】 laminate adhesive UK2851/UK5015 for food packaging

【主要组成】 聚酯多元醇、异氰酸酯和溶剂乙酸乙酯。

【产品技术性能】 UK2851：外观为黄色透明液体；固体含量（75±2）%；黏度（20℃）（6500±500）mPa·s。UK5015：外观为黄色透明液体；固体含量（75±2）%；黏度（20℃）（3600±600）mPa·s。NCO含量：（13.0±0.5）%。

【特点及用途】 黏度较低，可以在固体含量较高（最高38%）的情况下使用；有良好的初粘性和良好的机械加工性能、润湿性能，复合制品有较好的粘接强度；对塑-塑复合制品可耐121℃、30min杀菌、消毒。复合制品有良好的透明度和弹性，耐老化，无气味。适用于软包装复合膜制品用的聚氨酯胶黏剂。

【施工工艺】 ①混合比：UK2851∶UK5015=7∶1（实际使用时一般不超过6∶1），透明蒸煮袋建议UK2851∶UK5015=7∶（1.05～1.1）。②溶剂：乙酸乙酯、丙酮；溶剂水含量不得超过300μg/g，醇含量不得超过200μg/g；芳香族和醇类溶剂不宜使用。③稀释：根据固含量的要求现将溶剂加入UK2851中充分搅拌后，再将固化剂UK5015加入到稀释好的UK2851中充分搅拌。④适用期：取决于胶液固含量、存放温度和稀释剂中的水分，各种条件正常的情况下1～2d无明显的黏度增加。⑤涂布：适合任何光辊及网线辊的干法复合机。⑥涂布量：干基涂布量在2～3.5g/m²之间选择，需进行热加工或深度加工的涂胶量增加，印刷过的膜的涂胶量应相应调整。⑦工作浓度：推荐使用浓度在25%～38%之间选择，最佳使用浓度为30%～35%。⑧复合压力：在不损坏薄膜的情况下，应尽可能提高复合压力。⑨熟化：熟化室24～48h［熟化温度一般在（50±5）℃］，室温不低于20℃自然熟化4～5d，冬天注意作业环境。

【毒性及防护】 本产品固化后为安全无毒物质，但混合前两组分应尽量避免与皮肤和眼睛接触，若不慎接触眼睛，应迅速用清水清洗。

【包装及贮运】 包装：UK2850 21kg/桶，UK5000 3kg/桶。在包装完整的情况下存放在防晒、阴凉、干燥处，贮存期为1年。

【生产单位】 北京市化学工业研究院。

T004 单组分无溶剂覆膜胶 WD8198

【英文名】 one-part solventless laminating adhesive WD8198

【主要组成】 聚氨酯预聚体、固化剂、助剂等。

【产品技术性能】 固含量：100%；外观：无色或淡黄色液体；使用温度：75～85℃；操作时间：60min（80℃黏度≤5000mPa·s）。固化后的性能指标如下。T型剥离强度（N/15mm）：纸破坏（纸-BOPP*）（*表示薄膜经过电晕处理后表面张力>38达因，处理效果越好，最终剥离强度越大）。

【特点及用途】 后期固化时间快，而操作时间长、黏度低，改善了操作性能。用途：适用于软包装薄膜材料与纸张的复合。

【施工工艺】 该胶是单组分胶；75～85℃使用。注意事项：上胶量应根据复合材质的不同、环境条件的不同、使用工艺的不同以及产品性能要求的不同进行适当的调整；批量使用前须进行小试试验确认。

【毒性及防护】 本产品固化后为安全无毒物质，但固化前应尽量避免与皮肤和眼睛接触，若不慎接触眼睛，应迅速用清水清洗。

【包装及贮运】 包装：20kg/桶或 200kg/桶，保质期 6 个月。贮存条件：室温、阴凉处贮存。本产品按照非危险品运输。

【生产单位】 上海康达化工新材料股份有限公司。

T005 单组分覆膜铁专用黏合剂 RS6380

【英文名】 one-part adhesive RS6380 for steel lamination

【主要组成】 改性聚氨酯树脂、助剂等。

【产品技术性能】 外观：无色至淡黄色透明液体；固含量（105℃/4h）：(30±2)%；黏度（25℃）：(200±100)mPa·s；密度：0.92g/cm³。复膜铁的性能指标如下。耐深冲性能：杯突 8～9mm 合格（GB/T 9753—2007）；耐冲击性能：9J 冲击合格（ASTM D 2794）；耐水煮性能：100℃水煮 1h 合格（GB/T 1733—1993）；耐高温性能：160℃高温 2h 合格；耐盐雾性能：240h 合格（GB/T 1771—2007/ISO 7253：1996）。

【特点及用途】 本品具有粘接强度大、耐候性耐水性好、成型性好、耐深冲等突出特点。用途：主要复合结构为 PVC 膜、PVC 高光膜、PET 膜、PET 印刷膜等薄膜与马口铁、铝板、冷轧板、镀锌板、镀铬板、不锈钢板等金属板的高温热复合。可应用于家电面板（VCM 板）、铝扣天花板、防火门板、厨卫建材、电梯门板等复膜铁材料的复合。

【施工工艺】 将黏合剂均匀涂布于金属板上，通过高温烘道经溶剂烘干，并将金属板板温加热到 180℃以上，将薄膜贴合到金属板上后立即用冷水冷却即可。注意事项：金属板表面需清洁、无油污、无杂尘，最好经过碱洗和钝化处理。在不影响产品外观的前提下尽量提高复合板温和复合压力。

【毒性及防护】 本产品含有有机溶剂，在使用过程中应尽量避免与皮肤和眼睛接触，若不慎接触眼睛，应迅速用肥皂水清洗。

【包装及贮运】 包装：18kg/桶，保质期 1 年。贮存条件：室温、阴凉处贮存。本产品按照非危险品运输。

【生产单位】 北京高盟新材料股份有限公司。

T006 双组分无溶剂覆膜胶 WD8118

【英文名】 two-part solventless laminating adhesive WD8118

【主要组成】 MDI、聚醚多元醇、聚酯多元醇、调节剂等。

【产品技术性能】 固含量：100%；外观：无色或淡黄色液体；密度：1.12g/cm³（A 组分），0.975g/cm³（B 组分）；使用温度：20～40℃；操作时间：30min（黏度≤4000mPa·s）。固化后的性能指标如下。

材 质	剥离强度/(N/15mm)
CPP*-PVDC	≥1.3
100℃水煮 30min 后	≥1.3
PE*-PVDC	≥1.3
100℃水煮 30min 后	≥1.3
NY-CPP*	≥1.8
PET-CPP*	≥1.8

* 表示薄膜经过电晕处理后表面张力>38 达因，处理效果越好，最终剥离强度越大。

【特点及用途】 后期固化时间快，而操作时间长、黏度低，改善了操作性能；能够耐 100℃水煮 30min 以上。适用于各种软包装薄膜材料的复合。

【施工工艺】 该胶是双组分胶（A/B），A 组分和 B 组分的重量建议配比为 100∶75，体积配比为 100∶85。注意事项：配胶比例应根据复合材质的不同、环境条件的不同、使用工艺的不同以及产品性能要求的不同进行适当的调整；批量使用前须进行小试试验确认。

【毒性及防护】 本产品固化后为安全无毒物质，但混合前两组分应尽量避免与皮肤和眼睛接触，若不慎接触眼睛，应迅速用清水清洗。

【包装及贮运】 包装：35kg/套，保质期6个月。贮存条件：室温、阴凉处贮存，本产品按照非危险品运输。

【生产单位】 上海康达化工新材料股份有限公司。

T007 双组分耐蒸煮无溶剂覆膜胶 WD8156

【英文名】 two-part solventless laminating adhesive WD8156

【主要组成】 聚氨酯预聚体、固化剂、助剂等。

【产品技术性能】 固含量：100%；外观：无色或淡黄色液体；密度：1.12g/cm^3（A组分），0.975g/cm^3（B组分）；使用温度：20～40℃；操作时间：30min（黏度≤4000mPa·s）。固化后的性能指标如下。

材 质	外 观
CPP* -PA(121℃蒸煮40min后)	外观完好,无破袋、分层现象
CPP* -PET(121℃蒸煮40min后)	外观完好,无破袋、分层现象

*表示薄膜经过电晕处理后表面张力>38达因，处理效果越好，最终剥离强度越大。

【特点及用途】 后期固化时间快，而操作时间长、黏度低，改善了操作性能；能够耐121℃蒸煮40min以上。适用于各种软包装薄膜材料的复合。

【施工工艺】 该胶是双组分胶（A/B），A组分和B组分的重量建议配比为100∶70，体积配比为100∶80。注意事项：配胶比例应根据复合材质的不同、环境条件的不同、使用工艺的不同以及产品性能要求的不同进行适当的调整；批量使用前须进行小试试验确认。

【毒性及防护】 本产品固化后为安全无毒物质，但混合前两组分应尽量避免与皮肤和眼睛接触，若不慎接触眼睛，应迅速用清水清洗。

【包装及贮运】 包装：34kg/套，保质期6个月。贮存条件：室温、阴凉处贮存，本产品按照非危险品运输。

【生产单位】 上海康达化工新材料股份有限公司。

T008 高透明复合黏合剂 YH2969A/YH2969B

【别名】 聚醚快干胶

【英文名】 high transparent laminating adhesive YH2969A/YH2969B

【主要组成】 聚氨酯树脂、乙酸乙酯、助剂等。

【产品技术性能】 YH2969A，外观：黄色至无色液体；黏度：3000～8000mPa·s；固含量：(70±2)%；YH2969B，外观：浅黄色透明液体；黏度：1000～4000mPa·s；固含量：(75±2)%。标注测试标准：以上数据测试参照国标GB/T 2793—1995，GB/T 2794—2013。

【特点及用途】 1.抗助剂和耐化学性良好；2.固化速率快；3.流平性好，涂布效果佳；4.固化物柔软，透明性好。用途：用于BOPP、PET、CPP、VMCPP、PE等材料之间的复合。

【施工工艺】 先往主剂中加入溶剂，充分搅拌，再加入固化剂，搅匀后方可使用。YH2969A和YH2969B（质量比）以3∶1混合。

【毒性及防护】 本产品干燥后为安全无毒物质，但干燥前应尽量避免与皮肤和眼睛接触，若不慎接触眼睛，应迅速用清水清洗。

【包装及贮运】 包装：YH2969A 18kg/

桶，保质期 12 个月；YH2969B 6kg/桶，保质期 10 个月。贮存条件：室温、阴凉处贮存。

【生产单位】 北京高盟新材料股份有限公司。

T009 抗介质聚氨酯复合黏合剂 YH2000S/YH10

【英文名】 polyurethane composite adhesive YH2000S/YH10 with resistance to aggressive media

【主要组成】 改性聚氨酯树脂、助剂等。

【产品技术性能】 主剂 YH2000S，外观：无色至淡黄色透明液体；固含量（105℃/4h）：(72±2)%；黏度（25℃）：(5000±1000) mPa·s。固化剂 YH10，外观：无色至浅黄色透明液体；固含量（105℃/4h）：(75±2)%；黏度（25℃）：(2000±1000) mPa·s。复合后的性能指标：本产品可用于 PET、尼龙、R-CPP、LLDPE、VMPET、铝箔等薄膜之间的复合，以铝箔食品包装袋（印刷 PET//铝箔//R-CPP）表层复合结构 PET//铝箔为例，熟化后剥离强度大于 38N/15mm；内层复合结构 AL//R-CPP 为例，熟化后的剥离强度＞8N/15mm。

【特点及用途】 1. 初粘力高，适用于加工含铝箔的复合材料，可有效防止隧道现象；2. 通用性强。可广泛用于塑-塑、铝-塑等结构的包装袋的复合。

【施工工艺】 本产品为双组分黏合剂，主剂：固化剂＝20：3.5。使用时可用乙酸乙酯稀释至合适的黏度在薄膜上上胶复合。注意事项：1. 聚乙烯、聚丙烯薄膜必须经电晕处理，表面张力尽可能大于 40mN/m；PA 薄膜的表面张力不得小于 50mN/m；PET 薄膜的表面张力不得小于 50mN/m。2. 主剂和固化剂的配比为常规配比，实际环境湿度及印刷聚氨酯油墨对复合效果有明显的影响，客户应根据实际情况适当调整固化剂的用量。

【毒性及防护】 本产品含有有机溶剂，在使用过程中应尽量避免与皮肤和眼睛接触，若不慎接触眼睛，应迅速用肥皂水清洗。

【包装及贮运】 包装：主剂 20kg/桶，保质期 1 年；固化剂 3.5kg/桶，保质期 6 个月。贮存条件：室温、阴凉处贮存，本产品按照非危险品运输。

【生产单位】 北京高盟新材料股份有限公司。

T010 高温蒸煮聚氨酯复合黏合剂 YH3166/YH3166B

【英文名】 polyurethane laminate adhesive YH3166/YH3166B with high temperature resistance

【主要组成】 改性聚氨酯树脂、助剂等。

【产品技术性能】 主剂 YH3166，外观：无色至淡黄色透明液体；固含量（105℃/4h）：(66±2)%；黏度（25℃）：(5000±1000) mPa·s。固化剂 YH3166B，外观：无色至浅黄色透明液体；固含量（105℃/4h）：(75±2)%；黏度（25℃）：(2000±1000) mPa·s。复合后的性能指标：对薄膜具有良好的润湿性和涂布性，对于 NY、PET、CPP 和铝箔材料之间有较高的初粘力和优异的复合强度。

【特点及用途】 1. 对盖膜材料具有较高的初粘力和优异的复合强度；2. 可适用于可耐 135℃、30min 蒸煮杀菌包装；3. 耐化学性及耐热性良好。

【施工工艺】 本产品为双组分黏合剂，主剂：固化剂＝20：3.5。使用时可用乙酸乙酯稀释至合适的黏度在薄膜上上胶复合。注意事项：1. 聚乙烯、聚丙烯薄膜必须经电晕处理，表面张力尽可能大于 40mN/m；PA 薄膜的表面张力不得小于 50mN/m；PET 薄膜的表面张力不得小于 50mN/m；2. 主剂和固化剂的配比为常规配比，实际环境湿度及印刷聚氨酯油墨对复合效果有明显的影响，客户应根据实际情况适当调整固化剂的用量。

【毒性及防护】 本产品含有有机溶剂，在使用过程中应尽量避免与皮肤和眼睛接触，若不慎接触眼睛，应迅速用肥皂水清洗。

【包装及贮运】 包装：主剂 20kg/桶，保质期 1 年；固化剂 4kg/桶，保质期 6 个月。贮存条件：室温、阴凉处贮存，本产品按照非危险品运输。

【生产单位】 北京高盟新材料股份有限公司。

T011 抗介质聚氨酯复合黏合剂 YH3160/YH3160B

【英文名】 polyurethane laminate adhesive YH3160/YH3160 B with media resistance

【主要组成】 改性聚氨酯树脂、助剂等。

【产品技术性能】 主剂 YH3160，外观：无色至淡黄色透明液体；固含量（105℃/4h）：(60±2)%；黏度（25℃）：(1500±500) mPa·s。固化剂 YH3160B，外观：无色至浅黄色透明液体；固含量（105℃/4h）：(75±2)%；黏度（25℃）：(2000±1000) mPa·s。复合后的性能指标：本产品可用于 PET、尼龙、R-CPP、LLDPE、VMPET、铝箔等薄膜之间的复合，并可做 100℃水煮、125℃蒸煮、131℃蒸煮。以铝箔食品包装袋（印刷 PET//铝箔//R-CPP）内层复合结构 AL//R-CPP 为例，熟化后的剥离强度>4.5N/15mm，装填肉类食品或食用醋后进行 100℃水煮 1h 后的剥离强度>4.5N/15mm，再进行室温放置 100d 后的剥离强度>6N/15mm，强度不衰减。

【特点及用途】 1. 耐酸耐碱性及耐热性良好；2. 黏度低，适于高速复合机；3. 适于从普通包材到铝箔的蒸煮，应用广泛。可用于榨菜、番茄酱、肉类食品如鸡翅、鱿鱼丝、小鱼等辛辣食品的包装袋的复合。

【施工工艺】 本产品为双组分黏合剂，主剂：固化剂＝6：1。使用时可用乙酸乙酯稀释至合适的黏度在薄膜上上胶复合。注意事项：1. 聚乙烯、聚丙烯薄膜必须经电晕处理，表面张力尽可能大于 40mN/m；PA 薄膜的表面张力不得小于 50mN/m；PET 薄膜的表面张力不得小于 50mN/m。2. 主剂和固化剂的配比为常规配比，实际环境湿度及印刷聚氨酯油墨对复合效果有明显的影响，客户应根据实际情况适当调整固化剂的用量。

【毒性及防护】 本产品含有有机溶剂，在使用过程中应尽量避免与皮肤和眼睛接触，若不慎接触眼睛，应迅速用肥皂水清洗。

【包装及贮运】 包装：主剂 20kg/桶，保质期 1 年；固化剂 4kg/桶，保质期 6 个月。贮存条件：室温、阴凉处贮存，本产品按照非危险品运输。

【生产单位】 北京高盟新材料股份有限公司。

T012 软包装复合胶 HT8720

【英文名】 flexible packaging adhesive HT8720

【主要组成】 多异氰酸酯、聚酯多元醇、乙酸乙酯、助剂等。

【产品技术性能】

性能	8720 A 组分	8720 B 组分
混合比	20：3(质量比)	
固含量/%	72±2	75±2
黏度/mPa·s	4500±500 (Brookfield LVT,2 号转子,30r/min,20℃)	2000±1000 (Brookfield LVT,2 号转子,30r/min,20℃)
溶剂	乙酸乙酯	乙酸乙酯
颜色	无色至浅黄色	无色至浅黄色

【特点及用途】 本品具有初始粘力和剥离强度高、透明性好等特点，可有效防止隧道现象。用途：用于制作高性能的复合膜，在多种塑-塑、塑-铝复合工艺中表现

出优异的粘接性能。

【施工工艺】 该胶是双组分胶（A/B），A组分和B组分的质量比为20∶3。注意事项：由于本品含聚异氰酸酯，应该避免与皮肤接触。

【毒性及防护】 本产品固化后为安全无毒物质，但混合前两组分应尽量避免与皮肤和眼睛接触，若不慎接触眼睛，应迅速用清水清洗。

【包装及贮运】 包装：8720A组分20kg/桶，8720B组分3kg/罐，保质期9个月。贮存条件：室温、阴凉处贮存，本产品按照非危险品运输。

【生产单位】 湖北回天新材料股份有限公司。

T013 软包装复合胶 HT8740

【英文名】 flexible packaging adhesive HT8740

【主要组成】 多异氰酸酯、聚酯多元醇、乙酸乙酯、助剂等。

【产品技术性能】

性能	8740 A组分	8740 B组分
混合比	50∶1(质量比)	
固含量/%	60±2	98.5%～100%（活性物质）
黏度/mPa·s	350±150（Brookfield LVT,2号转子,30r/min,20℃）	(15±2)s（福特杯4mm,20℃）
溶剂	乙酸乙酯	不含溶剂
颜色	无色至浅黄色	无色至浅黄色
密度/(g/cm³)	1.1	1.1

【特点及用途】 当该黏合剂的固含量在30%～35%时，具有极好的机械加工性能、润湿性能及很高的初始粘接强度。用于制作高性能的复合膜，它除了具有极好的耐热性外，用它制作的塑-塑和塑-铝复合膜还显示了极强的对各种刺激性内容物的卓越的耐化学性能。适用于制作需高温灭菌（如121℃、30min）、煮沸和巴氏消毒的复合软包装。

【施工工艺】 该胶是双组分胶（A/B），A组分和B组分的质量比为50∶1。注意事项：由于本品含聚异氰酸酯，应该避免与皮肤接触。

【毒性及防护】 本产品固化后为安全无毒物质，但混合前两组分应尽量避免与皮肤和眼睛接触，若不慎接触眼睛，应迅速用清水清洗。

【包装及贮运】 包装：8740A组分25kg/桶。8740B组分0.5kg/罐，保质期9个月。贮存条件：室温、阴凉处贮存，本产品按照非危险品运输。

【生产单位】 湖北回天新材料股份有限公司。

T014 软包装复合胶 HT8766

【英文名】 flexible packaging adhesive HT8766

【主要组成】 多异氰酸酯、聚酯多元醇、乙酸乙酯、助剂等。

【产品技术性能】

性能	8766 A组分	8766 B组分
混合比	10∶1(质量比)	
固含量/%	65±2	75±2
黏度/mPa·s	1150±350（Brookfield LVT,3号转子,30r/min,20℃）	3000±1500（Brookfield LVT,2号转子,30r/min,20℃）
溶剂	乙酸乙酯	乙酸乙酯
颜色	无色至浅黄色	无色至浅黄色
密度/(g/cm³)	1.05	1.20

【特点及用途】 本品具有极高的初始粘接强度，在塑-铝复合工艺中的性能优异。用途：适用于铝箔、预处理的聚乙烯和聚丙烯、聚酯、聚酰胺、镀铝薄膜、赛璐玢等材料的复合，根据薄膜爽滑剂的添加量（如PE薄膜中的油酸酰胺或EVA薄膜中的芥酸酰胺）和薄膜厚度的不同，黏合剂

的性能会有所不同。

【施工工艺】 该胶是双组分胶（A/B），A组分和B组分的质量比为10∶1。注意事项：由于本品含聚异氰酸酯，应该避免与皮肤接触。

【毒性及防护】 本产品固化后为安全无毒物质，但混合前两组分应尽量避免与皮肤和眼睛接触，若不慎接触眼睛，应迅速用清水清洗。

【包装及贮运】 包装：8766A组分25kg/桶。8766B组分2.5kg/罐，保质期9个月。贮存条件：室温、阴凉处贮存，本产品按照非危险品运输。

【生产单位】 湖北回天新材料股份有限公司。

T015 软包装复合胶 HT8770

【英文名】 flexible packaging adhesive HT8770

【主要组成】 多异氰酸酯、聚酯多元醇、乙酸乙酯、助剂等。

【产品技术性能】

性 能	8770 A组分	8770 B组分
混合比	7∶1(质量比)	
固含量/%	70±2	75±2
黏度/mPa·s	8000±1000（Brookfield LVT，2号转子，30r/min，20℃）	2800±1500（Brookfield LVT，2号转子，30r/min，20℃）
溶剂	乙酸乙酯	乙酸乙酯
颜色	无色至浅黄色	无色至浅黄色
密度/(g/cm³)	1.1	1.1

【特点及用途】 用于制作高性能的复合膜，在多种薄膜-薄膜、薄膜-铝箔复合工艺中表现出优异的粘接性能。适用于透明薄膜、镀金属薄膜及铝箔结构的复合。采用合适材料生产的复合膜耐巴氏杀菌、水煮与蒸煮（121℃、30min）。可以用于含铝箔结构的杀菌包装。121℃以上蒸煮时需要和我司应用技术部门详谈。

【施工工艺】 该胶是双组分胶（A/B），A组分和B组分的质量比为7∶1。注意事项：由于本品含聚异氰酸酯，应该避免与皮肤接触。

【毒性及防护】 本产品固化后为安全无毒物质，但混合前两组分应尽量避免与皮肤和眼睛接触，若不慎接触眼睛，应迅速用清水清洗。

【包装及贮运】 包装：8770A组分25kg/桶。8770B组分3.57kg/罐，保质期9个月。贮存条件：室温、阴凉处贮存，本产品按照非危险品运输。

【生产单位】 湖北回天新材料股份有限公司。

T016 软包装复合胶 HT8788

【英文名】 flexible packaging adhesive HT8788

【主要组成】 多异氰酸酯、聚酯多元醇、乙酸乙酯、助剂等。

【产品技术性能】

性 能	8788 A组分	8788 B组分
混合比	7∶1(质量比)	
固含量/%	70±2	75±2%
黏度/mPa·s	8000±1000（Brookfield LVT，2号转子，30r/min，20℃）	2800±1500（Brookfield LVT，2号转子，30r/min，20℃）
溶剂	乙酸乙酯	乙酸乙酯
颜色	无色至浅黄色	无色至浅黄色
密度/(g/cm³)	1.1	1.1

【特点及用途】 推荐用于薄膜-薄膜、薄膜-铝箔结构的复合，适用于含铝箔结构以及耐穿刺包装，适用于软包装制品的沸煮与蒸煮（135℃下30min）。用于制作高性能的复合膜，在多种薄膜-薄膜、薄膜-铝箔复合工艺中表现出优异的粘接性能。

【施工工艺】 该胶是双组分胶（A/B），A组分和B组分的质量比为7∶1。注意事项：由于本品含聚异氰酸酯，应该避免与皮肤接触。

【毒性及防护】 本产品固化后为安全无毒物质，但混合前两组分应尽量避免与皮肤和眼睛接触，若不慎接触眼睛，应迅速用清水清洗。

【包装及贮运】 包装：8788A 组分 25kg/桶。8788B 组分 3.57kg/罐，保质期 9 个月。贮存条件：室温、阴凉处贮存，本产品按照非危险品运输。

【生产单位】 湖北回天新材料股份有限公司。

T017 软包装复合胶 HT8818

【英文名】 flexible packaging adhesive HT8818

【主要组成】 多异氰酸酯、聚酯多元醇、聚醚多元醇、助剂等。

【产品技术性能】

性　能	8818 A 组分	8818 B 组分
成分	异氰酸酯组分	羟基组分
混合比	10：9(质量比)	
固含量/%	100	100
黏度/mPa·s	4000±2000（Brookfield LVT，25℃）	1000±500（Brookfield LVT，25℃）
颜色	无色至浅黄色	无色至浅黄色
密度/(g/cm³)	1.17g	0.95

【特点及用途】 无溶剂，双组分反应后得到的高聚合物黏合剂薄膜，对不同的基材都具有良好的粘接性。固化后的胶水粘膜透明、无味、有弹性、抗老化。主要应用于透明薄膜、镀铝薄膜以及铝箔之间的复合，可以用于含 PVDC 的薄膜的耐水煮复合制品。

【施工工艺】 该胶是双组分胶（A/B），A 组分和 B 组分的质量比为 10：9。注意事项：由于本品含聚异氰酸酯，应该避免与皮肤接触。

【毒性及防护】 本产品固化后为安全无毒物质，但混合前两组分应尽量避免与皮肤和眼睛接触，若不慎接触眼睛，应迅速用清水清洗。

【包装及贮运】 包装：8818A 组分 25kg/桶。8818B 组分 25kg/罐，保质期 9 个月。贮存条件：室温、阴凉处贮存，本产品按照非危险品运输。

【生产单位】 湖北回天新材料股份有限公司。

T018 软包装复合胶 HT8823

【英文名】 flexible packaging adhesive HT8823

【主要组成】 多异氰酸酯、聚酯多元醇、聚醚多元醇、助剂等。

【产品技术性能】

性　能	8823 A 组分	8823 B 组分
成分	异氰酸酯组分	羟基组分
混合比	10：9(质量比)	
固含量/%	100	100
黏度/mPa·s	3200±1400（Brookfield LVT，25℃）	1000±500（Brookfield LVT，25℃）
颜色	无色至浅黄色	无色至浅黄色
密度/(g/cm³)	1.17	1.02

【特点及用途】 无溶剂。用途：主要应用于透明薄膜、镀铝薄膜以及铝箔之间的复合，用于食品类包装材料的复合工艺。

【施工工艺】 该胶是双组分胶（A/B），A 组分和 B 组分的质量比为 10：9。注意事项：由于本品含聚异氰酸酯，应该避免与皮肤接触。

【毒性及防护】 本产品固化后为安全无毒物质，但混合前两组分应尽量避免与皮肤和眼睛接触，若不慎接触眼睛，应迅速用清水清洗。

【包装及贮运】 包装：8823A 组分 25kg/桶，8823B 组分 25kg/罐，保质期 9 个月。贮存条件：室温、阴凉处贮存，本产品按照非危险品运输。

【生产单位】 湖北回天新材料股份有限

公司。

T019 软包装复合胶 HT8826

【英文名】 flexible packaging adhesive HT8826

【主要组成】 多异氰酸酯、聚酯多元醇、聚醚多元醇、助剂等。

【产品技术性能】

性能	8826 A 组分	8826 B 组分
成分	异氰酸酯组分	羟基组分
混合比	100∶80(质量比)	
固含量	100%	100%
黏度	1900～2500mPa·s（Brookfield LVT，25℃）	1500～3300mPa·s（Brookfield LVT，25℃）
颜色	透明至淡黄色	透明至清澈淡黄色
密度	1.14g/cm³	1.17g/cm³

【特点及用途】 无溶剂、快速固化、熟化时间短。主要应用于透明薄膜、NY、PET、PE、RCPP 的复合工艺，用于一般产品镀铝薄膜以及铝箔之间的复合，用于食品类包装材料的复合工艺。

【施工工艺】 该胶是双组分胶（A/B），A 组分和 B 组分的质量比为 10∶8。注意事项：由于本品含聚异氰酸酯，应该避免与皮肤接触。

【毒性及防护】 本产品固化后为安全无毒物质，但混合前两组分应尽量避免与皮肤和眼睛接触，若不慎接触眼睛，应迅速用清水清洗。

【包装及贮运】 包装：8826A 组分 25kg/桶，8826B 组分 25kg/罐，保质期 9 个月。贮存条件：室温、阴凉处贮存，本产品按照非危险品运输。

【生产单位】 湖北回天新材料股份有限公司。

T020 食品包装用复合薄膜胶黏剂 J-615、J-616

【英文名】 laminating adhesive J-615、J-616 for package food

【主要组成】 聚烯烃化学接枝改性制得的热熔胶固体胶黏剂。

【产品技术性能】

性能	J-615	J-616
熔点/℃	160～163	161～164
熔体指数(190℃)/(g/10min)	3～9	2～8
T 型剥离强度/(N/15mm)	≥6.86 (Al-PP)	(PA-PP)
120℃/40min 或 135℃/10min 蒸煮性	复合薄膜不脱层、不起泡	
卫生性	符合 GB 9685—2008、GB 9683—1988	

【特点及用途】 具有卫生性好、粘接强度高、复合速度快、耐高温蒸煮、使用工艺先进等特点。J-615 主要用于铝箔-聚丙烯薄膜复合，J-616 主要用于尼龙-聚丙烯薄膜复合。

【施工工艺】 J-615 胶黏剂采用 T-模挤出涂敷工艺，模外复合铝箔-聚丙烯薄膜，加工温度在熔点以上至 260℃；J-616 胶黏剂采用多层共挤出吹塑复合工艺，模内复合尼龙-聚丙烯薄膜制取复合膜、复合瓶、复合板、复合管等，加工温度在熔点以上至 260℃。

【毒性及防护】 本产品固化后为安全无毒物质，应尽量避免与皮肤和眼睛接触，若不慎接触眼睛，应迅速用清水清洗。

【包装及贮运】 包装：20kg/袋，保质期 24 个月。贮存条件：在室温阴凉干燥处密封贮存。

【生产单位】 中国兵器工业集团五十三研究所。

T021 蒸煮型聚氨酯覆膜胶黏剂

【英文名】 distillable polyurethane laminate adhesive

【产品技术性能】

性 能	主剂		固化剂	
	5006	7506	G5006	G7506
外观	浅黄色透明黏稠液体		浅黄色透明黏稠液体	
固含量/%	50±2	75±2	50±2	75±2
黏度/mPa·s	300～800	9000～15000	50～100	2500～8000
—NCO 含量/%			9±0.5	13±1
T 型剥离强度/(N/15mm)	≥5(或基材破坏)			
pH 值	5～7		5～7	
贮存期	12 个月		12 个月	

两组分及稀释剂的参考配比如下。

型号	主剂	稀释剂	固化剂	固含量/%	备 注
5004	10	10～13	2.2～2.5	30～24	厚油墨,铝-塑复合固化剂取上限,稀释剂取下限
7504	10	14～25	2.2～2.5	35～25	

【特点及用途】 蒸煮型聚氨酯胶黏剂是能耐121℃高温30min蒸煮的双组分聚氨酯复膜胶，专用于聚酯、聚酰胺、改性聚丙烯等塑料薄膜之间及铝箔的复合。本产品复合后的制品具有初粘力强、持粘强度高、耐蒸煮等特点。

【施工工艺】 1. 配胶：根据所选配比，先将稀释剂倒入已经称量好的主剂中，搅拌均匀后再加入固化剂，经充分搅拌后即可倒入胶槽使用。配制数量级选择的配比都应做好记录，防止配胶发生错误。2. 涂布量：胶液的固含量为24%～35%，干胶质量为2.5～4.5g/m^2。3. 烘道温度：55～65℃，65～75℃，75～85℃分三级逐渐提高。4. 压辊温度和压力：55～85℃，15～20MPa。5. 熟化：复合后的薄膜应放在44～55℃的熟化室中熟化48～72h，72h后可达到最高强度。

【包装及贮运】 1. 包装：镀锌铁桶，50%，主剂20kg/桶，固化剂4kg/桶；75%，主剂22kg/桶，固化剂4.6kg/桶。2. 贮运：本产品为易燃易爆物品，应存放于阴凉、干燥处，贮运时必须要注意防水、防潮、隔热。3. 本胶主剂的贮存期为1年，固化剂为半年。

【生产单位】 浙江金鹏化工股份有限公司。

T022 纸塑复合用胶黏剂 KF-A/KF-B

【英文名】 adhesive KF-A/KF-B for paper/plastic laminate

【主要组成】 聚酯多元醇、异氰酸酯和溶剂乙酸乙酯。

【产品技术性能】 KF-A，外观：淡黄色透明液体；固含量：(38±3)%；黏度(20℃)：90～150mPa•s。KF-B，外观：淡黄色透明液体；固体含量：(32±2)%。

【特点及用途】 本产品粘接牢度高，塑膜与油墨之间不可剥离。成膜后的柔韧性好，耐折皱，外观平整，透亮，色彩鲜艳，有极好的装饰欣赏性。另一个特点是涂布量低，每令纸的用量在6～10kg，复合制品可经得住120℃热烫10min不起泡，无剥离，适用于各种书籍的装帧；也适用于国内外多种类型的纸-塑复合机。本胶黏剂适用于双向拉伸聚丙烯薄膜(BOPP)、聚酯薄膜(PET)与彩色印刷纸的复合；适用于各类纸张如铜版纸、胶版纸的复合，对于各类各色油墨都能适应，对大墨底重彩印刷品更有独特的良好效果。

【施工工艺】 1. 混合比：KF-A∶KF-B=(4～6)∶1，夏季配比为6∶1，冬季配比

为4∶1；KF-A∶KF-B∶稀释剂量=(4～6)∶1∶(2～4)；2. 薄膜涂胶后应尽量使溶剂挥发，再与纸张复合，以保证得到最佳的复合效果；热复合温度一般控制在60℃以下，如设备条件限制，复合辊可以不加热；因溶剂易挥发，在复合过程中如果胶液变稠，可根据情况适当补充溶剂；复合后的产品必须在20℃的温度下放置12h固化后方可裁剪。如果冬天室温低于18℃，复合制品上的胶黏剂不会固化，从而影响产品质量；聚丙烯薄膜需经电晕处理，表面张力≥38×10^{-5}N；上胶量不是一成不变的，一般视纸张薄厚、油墨的深浅而变化，这样才会既经济又美观。

【毒性及防护】 本产品固化后为安全无毒物质，但混合前两组分应尽量避免与皮肤和眼睛接触，若不慎接触眼睛，应迅速用清水清洗。

【包装及贮运】 KF-A 16kg/桶，KF-B 4kg/桶。在阴凉通风的条件下的贮存期为1年。双组分配制后应立即使用，如剩余过多保存的方法是将其倒入桶中，严格密封后放入冰柜中于-5℃保存，可贮存一个月（必须注意，冰柜中的电磁开关必须移到冰柜外面，以防发生着火和爆炸事故）。

【生产单位】 北京市化学工业研究院。

T023 纸塑复合胶 LA-2105

【英文名】 adhesive LA-2105 for paper/plastic

【主要组成】 丙烯酸树脂、助剂等。

【产品技术性能】 外观：乳白色液体；固含量：(45±1)%；pH值：6.0～8.0；黏度（NDJ-1）：50～300mPa·s。

【特点及用途】 产品属于水性丙烯酸酯类黏合剂，无毒、无污染、安全性好；复膜的透明性好，光亮度优异，复膜前后无色差；优异的盖粉能力，对金、银色印刷表面具有较强的粘接强度；优异的印刷油墨附着力，后期压花处理工艺的适应性强，适用于纸张印刷封面的复合。

【施工工艺】 根据纸张类型的不同，该产品使用时的涂布量在6.0～12.0g/m^{2}的范围内，复合时温度在80℃以上。注意事项：产品使用前，应先将其在包装桶中缓慢搅拌5～10min，保证胶水整体性能的一致性；印金产品复合时，胶水一定要烘干后复合。

【毒性及防护】 该产品复合干燥（干胶）后为安全无毒物质，但使用前应尽量避免与皮肤和眼睛接触，若不慎接触眼睛，应迅速用清水清洗。

【包装及贮运】 包装：50kg/桶，有效贮存期为6个月，如超过有效贮存期，经检验各项产品的技术性能合格后仍可使用。贮存条件：本品应通风干燥保存，避免冻结和曝晒，贮运条件为5～35℃，按照非危险品运输。

【生产单位】 浙江艾迪雅科技股份有限公司。

T024 水性纸塑干复胶 IDY-308

【英文名】 emulsion adhesive IDY-308 for the lamination of paper/polymer films

【主要组成】 丙烯酸酯类、助剂等。

【产品技术性能】 外观：乳白色流动性液体；固含量：35%～55%；黏度（涂-4杯）：8～10s；T型剥离强度：材料破坏或者剥离强度≥2.6N/15mm；pH值：5～7；耐模切性：无跳膜现象；贮存稳定性：6个月。

【特点及用途】 本产品干燥速度快，加工方便，亮度好，成本低，环保卫生，无毒无污染。用途：用于各种纸张和聚合物膜的复合。广泛用于包装、宣传品和书封面的制备。

【施工工艺】 本产品涂布在聚合物膜表面，经过烘道烘干后在一定的温度和压力下经热辊压合在纸张表面。注意事项：聚合物膜表面张力必须达到 39 达因以上。上胶量由纸张的表面状况决定。

【毒性及防护】 本产品无毒，但若不慎接触眼睛，应迅速用清水清洗。

【包装及贮运】 包装：50kg/桶，保质期半年。贮存条件：室温、阴凉处密封贮存，本产品按照非危险品运输。

【生产单位】 宁波阿里山胶粘制品科技有限公司。

T025 人造皮革用乳液 BC-650

【英文名】 artificial leather emulsion BC-650

【主要组成】 丙烯酸树脂、助剂等。

【产品技术性能】 外观：乳白色液体；固含量：(28±1)%；pH 值：6.5～7.5；黏度 (NDJ-1)：20～40mPa·s。

【特点及用途】 产品属于水性丙烯酸酯类黏合剂，乳液颗粒细，成膜流平性好，膜透明而光亮，耐光耐老化、保色透气性优良，胶膜的物理力学性能良好。用在皮革涂饰上面，起到美化革面、遮盖和修正粒面缺陷、增加皮革样式以及提高皮革档次的作用。

【施工工艺】 本产品涂布在皮革表面，为了增加底层黏结牢固度，允许树脂适度渗入皮革内，加强机械黏附力，使涂层不易脱落。注意事项：产品涂布前，应先将其在包装桶中缓慢搅拌 5～10min，保证胶水整体性能的一致性。

【毒性及防护】 该产品用于皮革涂饰上面，干燥后为安全无毒物质，但涂饰前应尽量避免与皮肤和眼睛接触，若不慎接触眼睛，应迅速用清水清洗。

【包装及贮运】 50kg/桶，有效贮存期为 6 个月，如超过有效贮存期，经检验各项产品的技术性能合格后仍可使用。贮存条件：本品应通风干燥保存，避免冻结和曝晒，贮运条件为 5～35℃，按照非危险品运输。

【生产单位】 浙江艾迪雅科技股份有限公司。

T026 无纺布胶接剂 165

【英文名】 nonwoven cloth adhesive 165

【主要组成】 甲基丙烯酸酯与 N-羟甲基丙烯酰胺的共聚物等组成的乳液。

【产品技术性能】 外观：乳白色黏稠液体；固含量：30%；pH 值：2.5～3；黏度 (25℃)：＜200mPa·s；残余单体含量：＜1%。

【特点及用途】 使用温度为常温，耐热、耐湿性能良好。可应用于将聚酯无纺布与聚酯薄膜黏合制成 B 级电机槽绝缘材料，供湿热带特殊环境的电机使用。

【施工工艺】 1. 涂胶：浸渍或涂胶；2. 固化：70～80℃ 烘干，再 150℃ 固化 5min。

【包装及贮运】 50kg 塑料桶包装。本品贮存于通风阴凉干燥处，贮存温度为 5～35℃，防止低温冻结，贮存期为 6 个月。搬运时轻装轻卸，不得倒置，防止渗漏。

【生产单位】 上海市纺织科学研究院。

T027 纸盒胶

【英文名】 paper box adhesive

【产品技术性能】

产品	型号	外观	固含量/%	黏度/mPa·s	用途
环保型纸盒胶	SK-211	乳白色黏稠液体	56±2	—	适用于纸盒糊盒机配套使用，进行高速纸盒封口，也适用于手工糊盒封口
溶剂型纸盒胶	SK-313	浅黄色黏稠液体	36±2	2000～4000	适用于手工糊盒封口，初粘强度高

【特点及用途】 单组分，快干型，主要用于包装复膜纸盒、上光纸折叠糊盒封口，对各种彩印纸张、BOPP膜、PE膜、PVC、塑胶片等难粘材料有良好的粘接效果。

【施工工艺】 1. 环保型纸盒胶与纸盒机配套高速封口使用时，涂胶在封口部分中线，压辊压合后捆扎施压；2. 手工涂胶是沿糊盒封口部分刷涂均匀，特别是纸盒外边缘部分不可缺胶，对准折叠后压合，压力越大，黏合时间越长，粘接效果越好；3. 本品黏合固化24h达使用强度。

【包装及贮运】 环保型纸盒胶，25kg/桶，塑料桶包装；溶剂型纸盒胶，16kg/桶，铁桶包装。阴凉干燥处密封保存，保质期6个月。按照易燃品贮运。

【生产单位】 湖南神力胶业集团。

T028 包装热熔胶 CHM-7688

【英文名】 packaging hot-melt adhesive CHM-7688

【主要组成】 聚合物、合成树脂、蜡等。

【产品技术性能】 外观：白色；密度（25℃）：0.98g/cm³；软化点：112℃（ASTM E 28）；黏度：1300mPa·s（160℃）（ASTM D 3238）；工作温度：150~175℃。

【特点及用途】 固化速率快，操作性能优异，热稳定性能好，宽广的耐候范围，黏结范围广。主要用于纸箱、纸盒的封接。

【施工工艺】 适应喷涂、滚涂等多种形式的上机。注意事项：佩戴安全防护装备。

【毒性及防护】 本产品固化后为安全无毒物质，注意烧伤，若接触到熔融状态的热熔胶时，应迅速用冷水降温。

【包装及贮运】 包装：25kg/袋，保质期1年。贮存条件：室温、阴凉处贮存，本产品按照非危险品运输。

【生产单位】 富乐（中国）粘合剂有限公司。

T029 纸箱纸盒包装热熔胶 KB-1

【英文名】 hot-melt adhesive KB-1 for paper box package

【主要组成】 EVA、助剂等。

【产品技术性能】 外观：微黄或无色片状；熔融黏度：988MPa·s（180℃）、1300MPa·s（170℃）、1625MPa·s（160℃）；软化温度：104～110℃；操作温度：160～180℃；固化时间：1～3s。

【特点及用途】 低黏性，快速固化，良好的热粘性，高抗热性能，高抗寒性能，高软化点，好的热稳定性，稳定的黏度，低气味。主要用于密封纸箱、纸盒，纸业的大卷筒包装。

【包装及贮运】 贮存于阴凉干燥处，室温长期存放不变质，按照非危险品运输。

【生产单位】 无锡市万力粘合材料有限公司。

T030 纸箱纸盒包装热熔胶 BX-1

【英文名】 hot-melt adhesive BX-1 for sealing cold storage

【主要组成】 EVA、助剂等。

【产品技术性能】 外观：微黄或无色片状；熔融黏度（160℃）：700MPa·s；软化温度（环球法）：(83±2)℃；操作温度：130～170℃；固化速率：中速；有效结合时间：中速。

【特点及用途】 固化速率快，黏附力强，对纸张、木材、塑料、纤维等多种材料有较强的黏合力。用于冰箱、冷柜中电子产品的填充密封黏合。

【包装及贮运】 贮存于阴凉干燥处，室温长期存放不变质，按照非危险品运输。

【生产单位】 无锡市万力粘合材料有限公司。

T031 鞋用聚氨酯胶黏剂 PU-820 系列

【英文名】 polyurethane adhesive PU-820

for shoes

【主要组成】 聚氨酯弹性体（12～15份），溶剂（75～78份）。

【特点及用途】 本品具有突出的耐低温性及优良的耐油、耐溶剂、耐磨、耐候性，粘接力强，工艺性好，用途广泛。适用于天然合成橡胶、EVA、TPR、SBS底材与PVC人造革、皮革、尼龙涤纶织物及棉、麻织物等帮面材料的冷粘工艺，并用于注塑鞋帮面的预涂，是制鞋工业的“万能胶”。

【施工工艺】 使用时，鞋材表面先进行表面处理，均匀涂胶1～2次，每次晾干15～20min至表干，于60～70℃热活化5～10min，立即贴合，施压0.5～0.6MPa，10～20s，室温放置24h。使用时添加3%～5%的异氰酸酯交联剂可提高综合性能。

【毒性及防护】 本胶黏剂采用低毒混合配方，但含有甲苯，施工环境应通风良好，本品易燃，切忌接触明火，用后盖紧容器，以防挥发。

【包装及贮运】 30g、40g铝管加纸盒，外加瓦楞纸箱；1kg、15kg铁桶，外加瓦楞纸箱。贮存于阴凉、通风处，防火。贮存期12个月。

【生产单位】 浙江金鹏化工有限公司。

T032 聚氨酯鞋用胶黏剂 J-619

【英文名】 polyurethane adhesive J-619 for shoe

【主要组成】 聚氨酯、溶剂、助剂等。

【产品技术性能】 外观：无色透明至浅黄色黏稠液体；软化点：≥110℃；黏度：>450mPa·s；固体含量：≥10%；粘接强度（PVC革对粘）：>20N/cm。

【特点及用途】 1. 适用于各种鞋用材料的粘接，包括天然橡胶、合成橡胶、EVA、SBS、各种PVC革、PU革、真皮、尼龙布等；2. 不仅可以用于一般的冷粘鞋、热粘鞋的生产使用，而且可用于注塑鞋的生产，既可以用于自动化程度较高的生产线使用，也可以适用自动化程度较低的生产线使用；3. 用于水利工程中“土工膜”的粘接，粘接强度超过材料的自身强度，而且耐水性好，如在水中浸泡8个月后检测表明仍然是材料破坏。

【施工工艺】 1. 冷粘：首先将被粘材料表面处理干净，然后两面涂胶一遍，晾干后，再涂第二遍胶，再晾至指触干时贴合即可；2. 热粘：首先将被粘材料表面处理干净，然后两面涂胶一遍，进行热活化，然后再涂第二遍胶，再进行热活化，然后立即贴合。

【包装及贮运】 贮存于阴凉干燥处，贮存期6个月。

【生产单位】 中国兵器工业集团第五三研究所。

T033 纺织聚氨酯热熔胶 SWIFTLOCK 6C6286

【英文名】 polyurethane hot-melt adhesvie SWIFTLOCK 6C6286 for textile

【主要组成】 聚酯多元醇、聚醚多元醇、异氰酸酯等。

【产品技术性能】 外观：米白色；密度（25℃）：1.12g/cm^3；黏度：8000mPa·s（100℃）；开放时间：>5min；工作温度：110～120℃。

【特点及用途】 单组分，反应型热熔胶。初粘力较好，黏结强度高。主要用于内衣粘接。

【施工工艺】 施胶可以采用多种方式，如喷涂、辊涂、印涂、注入法。

【毒性及防护】 本产品固化后为安全无毒物质，注意烧伤，若接触到熔融状态的热熔胶时，应迅速用冷水降温。

【包装及贮运】 包装：16kg/桶，保质期1年。贮存条件：室温、阴凉处贮存。本产品按照非危险品运输。

【生产单位】 富乐（中国）粘合剂有限公司。

T034 纺织聚氨酯热熔胶 TL5502FR

【英文名】 polyurethane hot-melt adhesvie TL5502FR for textile

【主要组成】 聚酯多元醇、聚醚多元醇、合成树脂、异氰酸酯等。

【产品技术性能】 外观：透明；密度(25℃)：1.24g/cm^3；黏度：6 000mPa·s (110℃)；开放时间：>5min；工作温度：100～110℃。

【特点及用途】 单组分，反应型热熔胶。具有良好的防火性、透气性，初粘力较好，固化后手感柔软，黏结强度高。用于纺织复合。

【施工工艺】 施胶可以采用多种方式，如喷涂、辊涂、印涂、注入法。

【毒性及防护】 本产品固化后为安全无毒物质，注意烧伤，若接触到熔融状态的热熔胶时，应迅速用冷水降温。

【包装及贮运】 包装：16kg/桶，保质期1年。贮存条件：室温、阴凉处贮存。本产品按照非危险品运输。

【生产单位】 富乐（中国）粘合剂有限公司。

T035 涂料印花胶黏剂 HT-1

【英文名】 binder HT-1 for pigment printing

【主要组成】 丙烯酸丁酯、丙烯腈、N-羟甲基丙烯酰胺的共聚物乳液等。

【产品技术性能】 固体含量：(38±2)%；pH 值：7～8；黏度（涂-4 杯）：60～70s；未反应单体：≤1%。

【特点及用途】 色泽鲜艳，结膜透明，牢度好，印花后的织物手感柔软。不粘滚筒、筛网，高温烘焙不泛黄，透气性好。适用于涤纶、涤棉混纺织物、化纤织物的涂料印花用胶黏剂。

【施工工艺】 将乳液与燃料等按一定的比例调制成涂料浆，用于滚筒、平网、圆网印花。

【包装及贮运】 50kg 塑料桶包装。密闭保存于防晒、防冻的阴凉干燥处，保质期为 6 个月。本品按一般难燃油类的规定贮运。

【生产单位】 海洋化工研究院有限公司。

U 宇航工业及船舶港口

粘接技术在船舶工业的制造、维修和修复中得到了广泛的应用。众多的零部件和船舶的许多部位采用胶黏剂粘接和密封，粘接技术的广泛采用对加工工艺的简化、劳动强度的降低、生产效率的提高和产品安全可靠性的增强起到了巨大的作用，现已成为船舶工业中必不可少的使用技术之一。胶黏剂粘接技术广泛地应用于船舱地板的各种隔音隔热材料、装饰材料及其受力构件的粘接，而粘接密封技术广泛地应用于船舶甲板、舷窗、舱孔以及各种水、油管路和舱室电缆的贯通和密封等[图12 (c)]。

船舶舱室的粘接通常根据不同的用途选用下列胶黏剂：环氧胶和改性环氧胶[金属与多孔材料（泡沫塑料、海绵和木材)、铝和天然橡胶]、氯丁/酚醛胶（钢材与聚氨酯泡沫塑料粘接、帆布与氯丁橡胶粘接、铝和丁腈橡胶粘接)、聚乙烯醇缩甲醛或者聚乙酸乙烯乳液（舱室内塑料装饰部的粘贴）等。甲板粘接包括聚氯乙烯塑料地板粘贴、弹性体甲板制造（聚氨酯弹性体甲板的制造)；船舶机械系统粘接包括艉轴与螺旋桨的粘接、主副机垫片的粘接、主副机拂螺栓的粘接和艉轴与铜套的粘接；船舶修造粘接与密封包括甲板捻缝粘接、氯丁橡胶密封、腻子条密封、船舶冷库用铁皮搭接密封和电缆贯穿绝缘密封等。

在航空工业中，各种飞机及其它飞行器中的零部件的连接是通过胶黏剂粘接和混合连接（胶焊、胶铆和胶螺）[图12 (a)] 实现的。该连接方法使得飞行器的结构强度高、结构重量轻、耐疲劳性能好、使用寿命长、性能可靠等。在航空工业中应用的胶黏剂种类很多，按其使用目的不同可以分为结构胶、非结构胶和密封胶黏剂。蜂窝结构是飞机用量最大的结构材料之一，对于其与面板的粘接最常用的胶黏剂为改性环氧胶或改性酚醛胶，主要是因为它们具有粘接强度高、耐热性好、耐冲击、

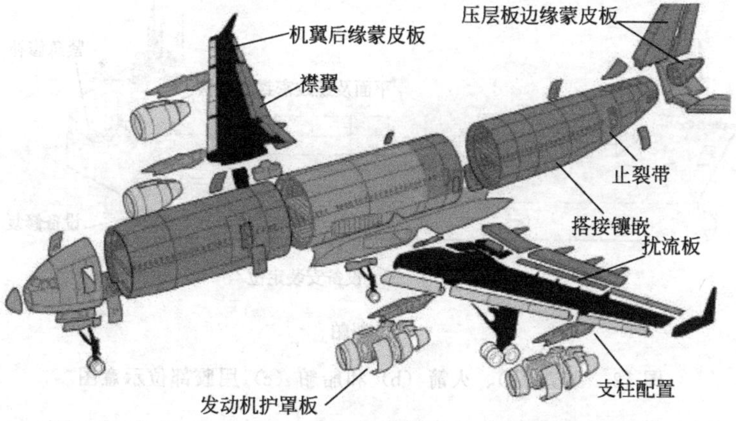
机翼后缘蒙皮板
压层板边缘蒙皮板
襟翼
止裂带
搭接镶嵌
扰流板
支柱配置
发动机护罩板

(a) 飞机

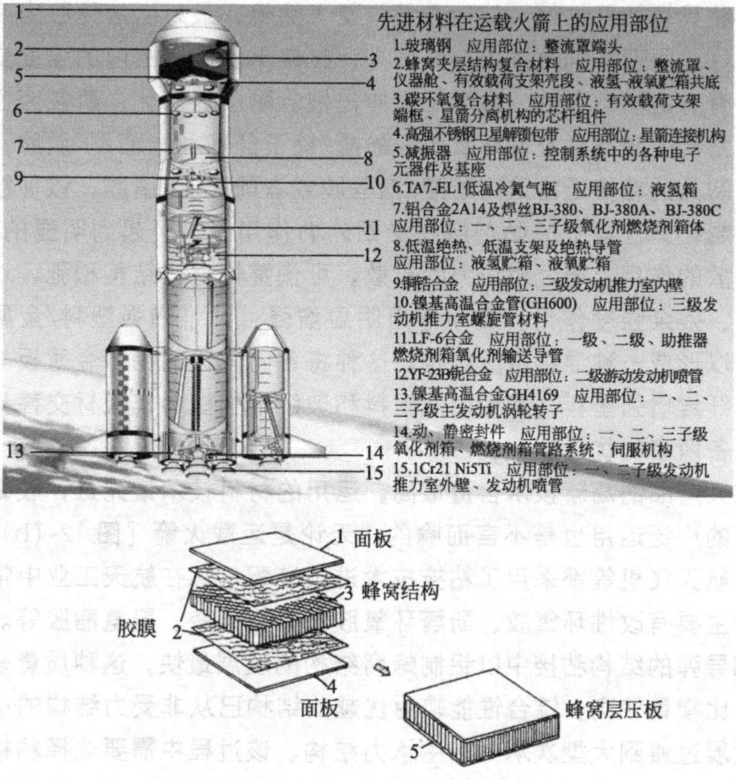
先进材料在运载火箭上的应用部位
1.玻璃钢 应用部位：整流罩端头
2.蜂窝夹层结构复合材料 应用部位：整流罩、仪器舱、有效载荷支架壳段、液氢-液氧贮箱共底
3.碳环氧复合材料 应用部位：有效载荷支架端框、星箭分离机构的芯杆组件
4.高强不锈钢卫星解锁包带 应用部位：星箭连接机构
5.减振器 应用部位：控制系统中的各种电子元器件及基座
6.TA7-EL1低温冷氦气瓶 应用部位：液氢箱
7.铝合金2A14及焊丝BJ-380、BJ-380A、BJ-380C 应用部位：一、二、三子级氧化剂燃烧剂箱体
8.低温绝热、低温支架及绝热导管 应用部位：液氢贮箱、液氧贮箱
9.铜锆合金 应用部位：三级发动机推力室内壁
10.镍基高温合金管(GH600) 应用部位：三级发动机推力室螺旋管材料
11.LF-6合金 应用部位：一级、二级、助推器燃烧剂箱氧化剂输送导管
12.YF-23B铌合金 应用部位：二级游动发动机喷管
13.镍基高温合金GH4169 应用部位：一、二、三子级主发动机涡轮转子
14.动、静密封件 应用部位：一、二、三子级氧化剂箱、燃烧剂箱管路系统、伺服机构
15.1Cr21 Ni5Ti 应用部位：一、二子级发动机推力室外壁、发动机喷管
1 面板
3 蜂窝结构
胶膜 2
4
面板
蜂窝层压板
5

(b) 火箭

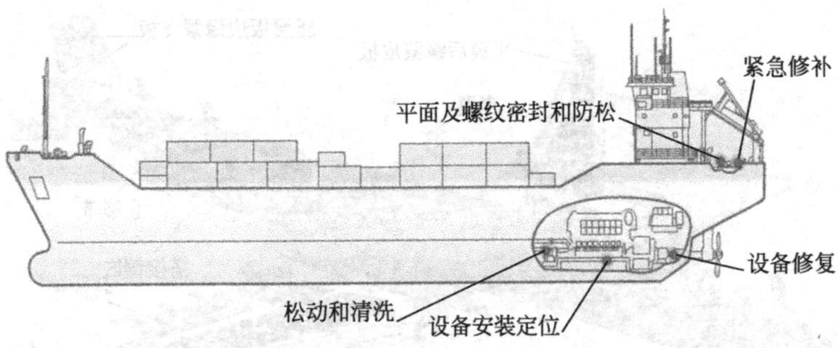

(c) 船舶

图 12 飞机（a）、火箭（b）和船舶（c）用胶部位示意图

变形小等特点；飞机中钣金件的制造基本上全靠胶黏剂粘接技术，要求所用的胶具有初粘性好，使用方便，便于涂覆，最好以液体胶为底胶加胶膜为好，所形成的粘接接头强度高，在使用温度范围内的强度变化不大，具有一定的回弹性、耐高低温冲击性、耐湿热老化、耐疲劳性和耐久性，常用的胶包括改性环氧胶、酚醛/缩丁醛胶和酚醛/丁腈胶；铝合金层压制品的粘接通常选用酚醛/缩醛胶或者酚醛/丁腈胶，该种结构中具有优越黏弹性能的胶黏剂层在受到外力作用时，可起到明显的减震、应力分散的作用，通过对应力的扩散，可使整体材料结构松弛，对裂纹扩展力、残余强度作用、缓冲作用明显增强；纤维增强塑料/金属交替粘接可以形成一种混杂层压结构。这种将各向同性的铝合金薄板与各向异性的纤维增强塑料（芳纶增强塑料和玻纤增强塑料）板材交替粘接的结构兼备两者的优点。

航天产品的高新技术含量最高，运用的材料技术最先进，胶黏剂粘接技术的广泛运用也是不言而喻的。无论是运载火箭［图 12（b)］、卫星还是航天飞机等都采用了粘接技术进行装配等。在航天工业中常用的胶黏剂主要有改性环氧胶、酚醛环氧胶、有机硅胶、聚氨酯胶等。运载火箭和导弹的结构粘接中以铝制蜂窝结构的发展最快，这种质量轻，比强度、比模量较高，综合性能较为优越的结构已从非受力结构的小型舱口盖发展过渡到大型次承力和主承力结构。该过程中需要选择粘接强度高、阻尼减震效果好的结构胶，如酚醛/丁腈胶、改性环氧/橡胶等，而对于火箭和导弹的发动机药柱采用有机硅胶黏剂；宇航飞船和航天飞机的结构粘接主要是涉及蒙皮件与陶瓷隔热瓦之间的粘贴，由于陶瓷比较脆，并且两者的热膨胀系数差异较大，需要选用过渡层纤维毡进行粘接；卫星结构粘接时需要选用较高强度和韧性的胶黏剂，通常以酚醛/橡胶、改性环氧/橡胶、有机硅胶为主，主要是因为卫星发射和返回地面时要经受加速过程中极大的冲击、震颤和过载作用，以及热应力作用。另外，卫星中采用粘接技术的部件还包括蜂窝夹层结构的粘接、太阳能电池片的粘接、桁架（碳纤维复合材料与铝合金或钛合金制造）的粘接等。

U001 船用环氧垫片 TS365

【英文名】 marine chocking compound TS365

【主要组成】 环氧树脂、增强剂、触变剂、固化剂等。

【产品技术性能】 外观：橘黄色流体；密度：1.78g/cm³；压缩强度：156MPa（ISO 604）；压缩弹性模量：6300MPa（ISO 604）；拉伸强度：54MPa（ISO 527-2）；拉伸弹性模量：8470MPa（ISO 527-2）；弯曲强度：75MPa（ISO 178）；弯曲模量：8054MPa（ISO 178）；热膨胀系数：37×10^{-6}℃$^{-1}$（ASTM E 228）；体积收缩率：0.58%（ISO 3521）；缺口冲击强度：2.8MPa（ISO 180）；玻璃化转变温度：121℃（ISO 11357-2）；巴柯尔硬度：59 EN；工作温度：−60～120℃。

【特点及用途】 双组分，含有惰性填料的灌注型环氧混合物。固化后，具有优异的耐热性、抗冲击性和抗压缩性能，同时具备离火自熄性。主要适用于各类船舶设备的安装定位，如主机、辅机、艉轴管、甲板机械等。

【施工工艺】 该胶是双组分胶（A/B），A组分和B组分的质量比为20∶1（根据灌胶温度和厚度的不同调整比例）。注意事项：避免在温度低于15℃或高于30℃或湿度大于90%RH的环境下施工。

【毒性及防护】 本产品固化后为安全无毒物质，但固化前应尽量避免与皮肤接触，若不慎溅入眼睛，应迅速用大量清水冲洗。

【包装及贮运】 包装：8kg/套，保质期12个月。贮存条件：室温、阴凉、干燥处贮存。本产品按照非危险品运输。

【生产单位】 北京天山新材料技术有限公司。

U002 船用环氧树脂浇注垫块 3465

【别名】 环氧垫块

【英文名】 supper chock 3465

【主要组成】 改性环氧树脂、固化剂和助剂等。

【产品技术性能】 外观：A组分为绿色黏稠液体，B组分为无色液体；密度：（1.55±0.05）g/cm³；抗压弹性模量：5000MPa。

【特点及用途】 3465具有极高的抗压强度，能实现高精度定位，并且能长久保持定位的精准度，该产品的流动性好，固化速率快，施工方便快捷，能显著提高工作效率，降低生产成本，是现代船舶制造领域中的一种优良材料。3465是室温固化的双组分环氧胶，适用于垫塞各种型号、不同吨位的船舶主机、辅机与其它需要精确定位的机械，以及尾轴管的定位。它能免除机座表面的机械精密预加工。

【施工工艺】 双组分按照质量比1∶1进行混合均匀后浇注。

【毒性及防护】 本产品固化后为安全无毒物质，但混合前两组分应尽量避免与皮肤和眼睛接触，若不慎接触眼睛，应迅速用清水清洗。

【包装及贮运】 6.1kg/罐包装，保质期18个月。贮存条件：8～28℃的阴凉干燥处贮存。

【生产单位】 烟台德邦科技有限公司。

U003 凯华牌船舶专用胶

【别名】 船舶结构修补胶

【英文名】 structural repair adhesive for vessel

【主要组成】 改性环氧树脂、改性固化剂、助剂等。

【产品技术性能】 外观：甲组分为白色膏状物，乙组分为黑色膏状物；密度：1.4～1.6g/cm³。固化后的性能指标如下。抗拉强度：≥40MPa（GB/T 2567—2008）；受拉弹性模量：≥3500MPa；伸长率：≥1.3%；抗弯强度：≥50MPa

(GB/T 2567—2008)；抗压强度：≥70MPa（GB/T 2567—2008）；钢-钢拉伸抗剪强度：≥20MPa（GB/T 7124—2008）；钢-钢不均匀扯离强度：≥20kN/m（GJB 94—1986）；与混凝土的正拉黏结强度：≥2.5MPa，且为混凝土内聚破坏（C50砼）（GB 50367—2013）；不挥发物含量（固体含量）：≥99%（GB/T 2793—1995）。

【特点及用途】 拉伸、剪切强度高，抗冲击、耐老化、耐疲劳性能优良；具有优异的触变性，较好的抗水、油、碱及稀酸介质的能力；夏季施工不流淌，冬季低温施工的可操作性好，性能卓越。不掺有挥发性溶剂和非反应性稀释剂；固化剂主成分不含乙二胺；不含甲醛，无毒无害，绿色环保。可用于船舶工业的结构补强、缝隙填补、表面修补。

【施工工艺】 该胶是双组分胶（甲/乙），甲组分和乙组分的质量比为3∶1。注意事项：温度低于15℃时，应采取适当的加温措施，否则对应的固化时间将适当延长；当混合量大于4kg时，操作时间将会缩短。

【毒性及防护】 本产品固化后为安全无毒物质，但混合前两组分应尽量避免与皮肤和眼睛接触，若不慎接触眼睛，应迅速用清水清洗。

【包装及贮运】 12kg/桶包装，保质期1年。贮存条件：室温、阴凉处贮存。本产品按照非危险品运输。

【生产单位】 大连凯华新技术工程有限公司。

U004 集装箱密封胶山泉 AM-120B

【英文名】 container sealant AM-120B

【主要组成】 聚醚、异氰酸酯、填料等。

【产品技术性能】 外观：白色、灰色膏状物或客户要求的其它颜色；表干时间：≤120min；密度：1.4g/cm³。固化后的性能指标如下。硬度：30～45 Shore A；拉伸强度：≥1.5MPa；剪切强度：≥1.0MPa；撕裂强度：≥6.0N/mm；断裂伸长率：≥400%；服务温度：−45～90℃。

【特点及用途】 山泉AM-120B集装箱密封胶为中强度、中模量、密封类聚氨酯密封胶，单组分，室温湿气固化，高固含量，耐候性、弹性好，固化过程中及固化后不会产生任何有害物质，对基材无污染。表面可漆性强，可在其表面涂覆多种漆和涂料。可用于集装箱、厢式车的缝密封，木材或其它金属材料之间的粘接。

【施工工艺】 1.用棉纱清除涂胶部位表面的尘土、油污及明水。如果表面有易剥落锈蚀，应事先用金属刷清除，必要时还可用丙酮等有机溶剂擦拭表面。2.根据施工部位的形状将密封胶的尖嘴切成一定形状的大小，用手动或气动胶枪将胶涂在施工部位。3.缝隙中鼓出的胶可用刮板刮平或用肥皂水抹平。如有的部位不慎被胶所污染，则应尽早用丙酮等溶剂清除。如胶已固化，需要用刀片切割或打磨。注意事项：1.开封后应当天用完，否则需严格密封保存；2.在温度15～35℃、湿度55%～75%RH的条件下施工最佳。

【毒性及防护】 本产品固化后为安全无毒物质，但应尽量避免与皮肤和眼睛接触，若不慎接触眼睛，应迅速用清水清洗。

【包装及贮运】 300mL/支、400mL/支、600mL/支包装，保质期9个月。贮存条件：建议在25℃以下的干燥库房内贮存，避免高温、高湿。

【生产单位】 山东北方现代化学工业有限公司。

U005 铝蜂窝夹芯胶黏剂 J-71

【英文名】 adhesive J-71 for aluminum honeycomb sandwich

【主要组成】 改性环氧、芳胺类固化剂等。

【产品技术性能】 外观：胶液为浅棕色液体；胶干，甲组分为固体树脂块，乙组分为含有配合剂的橡胶块，丙组分为透明低黏度液体。固化后的性能指标如下。

项目		指标
多节点 T 型剥离强度/(kN/m)	室温	≥1.8
	150℃	≥0.8
剪切强度/MPa	室温	≥25.0
	150℃	≥8.0
90°板-板剥离强度/(kN/m)		≥10.0

标注测试标准：以上数据测试参照企标 CB-SH-0057-86。

【特点及用途】 节点强度高，优异的耐湿热性、耐介质性等，可在－55～150℃长期使用。适用于制造铝蜂窝芯材。

【施工工艺】 将干胶溶解后稀释到所需浓度，涂在表面处理过的铝箔上，然后在80℃烘箱中烘 5min，合拢被粘铝箔。固化温度为 175～180℃，固化时间为 3h，固化压力为（0.5±0.02）MPa。

【毒性及防护】 本产品固化后为安全无毒物质，但混合前应尽量避免与皮肤和眼睛接触，若不慎接触眼睛，应迅速用清水清洗。

【包装及贮运】 胶液用 5kg 或 10kg 聚乙烯桶包装。胶干以 2kg 份为单位。甲、乙、丙三个组分独立包装。贮存条件：液态在－18℃以下可存放 1 年；固态在－18℃以下可存放 1 年，0～4℃可存放 6 个月。本产品按照非危险品运输。

【生产单位】 黑龙江省科学院石油化学研究院。

U006 纸蜂窝夹芯胶黏剂 J-80B

【英文名】 adhesive J-80B for nomex honeycomb sandwich

【主要组成】 改性环氧、芳胺类固化剂等。

【产品技术性能】 外观：胶液为浅棕色液体；胶干，甲组分为黏稠的树脂，乙组分为含有配合剂的橡胶块，丙组分为固体树脂块。

固化后的性能指标如下。

项目		指标
剪切强度/MPa	室温	≥30.0
	150℃	≥10.0
多节点 T 型剥离强度(常温)/(N/cm)		≥3.0

标注测试标准：以上数据测试参照企标 CB/HSY 006—2009。

【特点及用途】 节点强度高，优异的耐湿热性、耐介质性等，可在－55～150℃长期使用。主要用于 Nomex 纸及其它各类纸蜂窝芯材的制造。

【施工工艺】 干胶溶解后将胶液调整至适中的黏度，用清洁的刷子沿一个方向均匀地涂在胶接的表面上，涂胶 3～4 次，总胶量约 300g/m^2，每涂完一次胶需在室温下晾置 20min，然后在 80℃烘箱中保持20min，取出后合拢。固化温度为（180±5)℃，固化时间为 3h，固化压力为（0.5±0.02）MPa。

【毒性及防护】 本产品固化后为安全无毒物质，但应尽量避免与皮肤和眼睛接触，若不慎接触眼睛，应迅速用清水清洗。

【包装及贮运】 胶液用 5kg 或 10kg 等塑料桶包装。胶干以 2kg 份为单位。甲、乙、丙三个组分独立包装。液态在－18℃以下可存放 1 年，0～4℃可存放 8 个月，18～20℃可存放 30d；固态在－18℃以下可存放 1 年，0～4℃可存放 6 个月，18～20℃可存放 15d。本产品按照非危险品运输。

【生产单位】 黑龙江省科学院石油化学研究院。

U007 蜂窝夹芯耐蚀底胶 J-122

【英文名】 primer J-122 for honeycomb

sandwich

【主要组成】 改性环氧、芳胺类固化剂等。

【产品技术性能】 外观：胶液为浅棕色液体；胶干，甲组分为浅黄色固体树脂，乙组分为白色粉状促进剂。固化后的性能指标如下。

项目		指标
剪切强度/MPa	室温	≥25.0
	150℃	≥12.5
多节点T型剥离强度（与J-123夹芯胶配套）/(kN/m)		≥2.3
耐点滴腐蚀试验		碱洗铝箔浸底胶后提高10倍

标注测试标准：以上数据测试参照企标 Q/HSY 068—2003。

【特点及用途】 与J-123铝蜂窝夹芯胶黏剂具有良好的匹配性，可在−55～150℃长期使用。适用于制造耐腐蚀铝蜂窝。

【施工工艺】 将底胶稀释到所需浓度，然后将表面处理过的铝箔浸底胶，室温晾干或180℃下烘1～2min。固化温度为175～180℃，固化时间为3h，固化压力为(0.5±0.02) MPa。

【毒性及防护】 本产品固化后为安全无毒物质，但混合前两组分应尽量避免与皮肤和眼睛接触，若不慎接触眼睛，应迅速用清水清洗。

【包装及贮运】 胶液用5kg或10kg聚乙烯桶包装。胶干以1kg份为单位。甲、乙两组分分别独立包装。产品在干燥、密封、避光的场所贮存。−18℃下的贮存期为6个月。本产品按照非危险品运输。

【生产单位】 黑龙江省科学院石油化学研究院。

U008 铝蜂窝夹芯胶黏剂 J-123

【英文名】 adhesive J-123 for aluminum honeycomb sandwich

【主要组成】 改性环氧、芳胺类固化剂等。

【产品技术性能】 外观：浅棕色液体；黏度（涂-4）：40～200s。固化后的性能指标如下。

项目		指标
多节点T型剥离强度/(kN/m)	室温	≥2.3
	150℃	≥0.9
90°板-板剥离强度/(kN/m)		≥10.0

标注测试标准：以上数据测试参照企标 Q/HSY 069—2003。

【特点及用途】 剥离强度及节点强度高，综合性能好，耐介质、耐老化性能优异，可在−55～150℃长期使用。适用于制造铝蜂窝芯材。由该胶制造的高强度铝蜂窝芯材已成功应用于我国航空最先进武器的研制和生产中；民用方面：建筑、电器、客车、列车及地铁等等。其成品芯材已大量出口。

【施工工艺】 胶液稀释到所需浓度，涂在表面处理过的铝箔上，然后在80℃烘箱中烘5min，合拢被粘铝箔。固化温度为(180±5)℃；时间为3h；固化压力为(0.5±0.02) MPa。

【毒性及防护】 本产品固化后为安全无毒物质，但应尽量避免与皮肤和眼睛接触，若不慎接触眼睛，应迅速用清水清洗。

【包装及贮运】 胶液用5kg或10kg聚乙烯桶包装。在−18℃以下可存放1年，0～4℃可存放8个月，18～20℃可存放30d。本产品按照非危险品运输。

【生产单位】 黑龙江省科学院石油化学研究院。

U009 铝蜂窝芯材拼接胶膜 J-177

【英文名】 splice film adhesive J-177 for aluminum honeycomb

【主要组成】 改性环氧树脂、胺类固化剂等。

【产品技术性能】 外观：厚度为(0.40±

0.45) mm的蓝色胶膜。固化后的性能指标如下。

项目		指标
蜂窝节点强度(固化前,室温)/(N/cm)		≥14.7
蜂窝节点强度(130℃×2h,室温)/(N/cm)		≥14.7
蜂窝节点强度(175℃×2h)/(N/cm)	室温	≥14.7
	150℃	≥8.0

标注测试标准：以上数据测试参照企标 CB-SH-0081—98。

【特点及用途】 固化前的初始粘接力强，拼接后（不需要固化）的铝蜂窝芯材与结构件一同固化成型即可，具有重量轻、胶接强度高、工艺简便等特点。一种专门用来拼接铝蜂窝芯材的改性环氧胶黏剂，该产品已广泛应用于大型蜂窝夹层结构的制造中。

【施工工艺】 固化温度和时间：130℃/2h 或 175℃/2h；固化压力：接触压。

【毒性及防护】 本产品固化后为安全无毒物质，但应尽量避免与皮肤和眼睛接触，若不慎接触眼睛，应迅速用清水清洗。

【包装及贮运】 用隔离纸作为隔离层，每卷胶膜为 $2.0m^2$ 并套有塑料袋。产品必须在干燥、密封、避光的场所贮存。在−18℃以下的贮存期为6个月。常温存放累计时间不超过15d。本产品按照非危险品运输。

【生产单位】 黑龙江省科学院石油化学研究院。

U010 国产对位芳纶纸蜂窝夹芯胶黏剂 J-255

【英文名】 adhesive J-255 for PPTA honeycomb sandwich

【主要组成】 改性环氧、芳胺类固化剂等。

【产品技术性能】 外观：胶液为粉红色均匀液体；不挥发物含量：(40±5)%；胶干：甲组分为黏稠的树脂，乙组分为含有配合剂的橡胶块，丙组分为固体树脂块；不挥发物含量：99%以上。固化后的性能指标如下。

项目		指标
剪切强度/MPa	常温	≥30.0
	(150±2)℃	≥10.0
多节点T型剥离强度(常温)/(N/cm)		≥4.0
蜂窝节点强度(常温)/(N/cm)		≥4.0

标注测试标准：以上数据测试参照企标 Q/SHY 190—2012。

【特点及用途】 高温固化改性环氧型胶黏剂，具有节点强度高、优异的耐湿热性、耐介质性等特点。主要用于国产对位芳纶纸蜂窝芯材的制造。

【施工工艺】 干胶溶解后将胶液调整至适中的黏度，用清洁的刷子沿一个方向均匀地涂在胶接的表面上，涂胶3～4次，总胶量约 $300g/m^2$，每涂完一次胶需在室温下晾置20min，然后在80℃烘箱中保持20min，取出后合拢。固化温度为(180±5)℃，固化时间为3h，固化压力为(0.5±0.02) MPa。

【毒性及防护】 本产品固化后为安全无毒物质，但应尽量避免与皮肤和眼睛接触，若不慎接触眼睛，应迅速用清水清洗。

【包装及贮运】 胶液用5kg或10kg等塑料桶包装。胶干以2kg份为单位。甲、乙、丙三个组分独立包装。液态在−18℃以下可存放一年，0～4℃可存放8个月，18～20℃可存放30d；固态在−18℃以下可存放一年，0～4℃可存放6个月，18～20℃可存放15d。本产品按照非危险品运输。

【生产单位】 黑龙江省科学院石油化学研究院。

U011 航空气动密封剂 MJ-1

【主要组成】 聚硫橡胶、硫化剂、促进

剂等。

【产品技术性能】 基料黏度：150～280 Pa•s；流淌性：3～25mm；不挥发分含量：≥98%；硬度：30～60 Shore A；拉伸强度：≥1.37MPa；断裂伸长率：≥200%；T型剥离强度：≥2.7kN/m；以上测试参照Q/HSY-098—2000。

【特点及用途】 黏度低，耐介质，耐老化。已用于飞机表面的密封。

【施工工艺】 按照甲：乙：丙＝100：10：1混合均匀。在经过处理的表面上薄薄涂胶，室温硫化7d或室温硫化1d后70℃/1d。

【毒性及防护】 本产品固化后为安全无毒物质，但应尽量避免与皮肤和眼睛接触，若不慎接触眼睛，应迅速用清水清洗。

【包装及贮运】 用1kg以上的铁桶或塑料桶按组分分别包装。室温密封避光贮存，贮存期为1年。按照一般易燃品发运。

【生产单位】 黑龙江省科学院石油化学研究院。

HANDBOOK OF
CHEMICAL PRODUCTS

V 其他应用

V001 水处理环氧树脂灌封胶 WD3168

【别名】 通用型水处理灌封硬胶

【英文名】 epoxy potting adhesive WD3168

【主要组成】 改性环氧树脂、改性胺类固化剂、助剂等。

【产品技术性能】 外观：A 组分为无色，B 组分为浅黄色或黄色；密度：1.03g/cm³。固化后的性能如下。压缩强度：97.2MPa；拉伸强度：34.8MPa；剪切强度：＞4.0MPa/ABS，＞1.7MPa/PVC，＞0.2MPa/PP（GB/T 7124—2008）；弯曲强度：70.6MPa（GB/T 9341—2008）；硬度：81 Shore D；工作温度：－50～120℃；标注测试标准：以上数据测试参照企标 KQ/281。

【特点及用途】 黏度小，流动性好，操作时间相对充裕；适应于 PAN、PVC、PS、PES、PP 等一般膜材料和 ABS、PVC 等壳材料的灌注成型和耐压性粘接，也局部适应于 PVDF 等膜组件；潮湿膜表面对固化的影响不大；有较高的透明度；粘接牢靠。主要用于工业或家用超滤膜组件或膜片的端部灌封。

【施工工艺】 该胶是双组分胶（A/B），A 组分和 B 组分的质量比为 2∶1。注意事项：温度低于 15℃时，应采取适当的加温措施，否则 A 组分的黏度偏大，对应的固化时间也将延长；当混合量大于 500g 时，操作时间将会明显缩短。

【毒性及防护】 本产品固化后为安全无毒物质，但混合前两组分应尽量避免与皮肤和眼睛接触，若不慎接触眼睛，应迅速用清水清洗。

【包装及贮运】 20kg/桶，60kg/套。在室温、阴凉处贮存，保质期 2 年。本产品按照非危险品运输。

【生产单位】 上海康达化工新材料股份有限公司。

V002 反渗透膜纤维浸渍粘接胶 WL5011-11

【英文名】 impregnated adhesive WL5011-11for reverse osmosis membrane fiber

【主要组成】 环氧树脂、填料、助剂等。

【产品技术性能】 外观：透明黏稠液体（A 组分），无色透明液体（B 组分）；凝胶时间（150℃）：40～80s；可使用时间（25℃）：≥1.0h；体积电阻率：≥1.0×10¹³Ω·cm；电气强度：≥20kV/mm；吸水性（常温 24h）：≤0.25%；硬度（25℃）：≥75 Shore D。

【特点及用途】 由环氧树脂及添加剂 A 料和固化剂 B 料双组分组成。本灌封料可常温固化和加温固化。固化物的机械性能和电气性能优良。本产品主要用于连接器等小型电位器的粘接固定，也可用作其它小型电子元器件的粘接。

【施工工艺】 该胶是双组分环氧树脂。A、B 两组分按照质量比 100∶50 进行混合，然后在 25℃/12h 或 60℃/1.5h 或 80℃/1h 的条件下进行固化。注意事项：请注意本产品的可使用时间，料混合后应尽快用完，若搁置时间过长，将影响使用工艺和产品质量。使用中不可误将一种料带入另一种料，以免引起污染变质。未使用完的 A、B 料应分别加盖密封存放，防止吸潮和引入杂质。使用工场应保持清洁，通风良好。若不慎将 A 料和 B 料沾在皮肤或衣物上，可用丙酮擦净后再用洗涤剂清洗。

【毒性及防护】 本产品固化后为安全无毒物质，但固化前 A、B 两组分应尽量避免与皮肤和眼睛接触，若不慎接触眼睛和皮肤，应迅速用清水或生理盐水清洗 15min，并就医诊治；若不慎吸入，应迅速将患者转移到新鲜空气处；如不能迅速恢复，马上就医。若不慎食入，应立即就医。

【包装及贮运】 塑料桶装包装，也可视用户需要而改为指定规格包装。贮存条件：A、B两组分应分别密封贮存在温度为35℃以下的洁净环境中，防火防潮避日晒，贮存有效期一般为半年。本产品为非危险品，按一般化学品贮存、运输。

【生产单位】 绵阳惠利电子材料有限公司。

V003 超滤膜组件粘接固定胶 WL5011-13

【英文名】 bonding adhesive WL5011-13 for ultrafiltration membrane module

【主要组成】 环氧树脂、填料、助剂等。

【产品技术性能】 外观：透明黏稠液体（A组分），浅黄色透明液体（B组分）；凝胶时间（150℃）：85s；可使用时间（25℃）：150min；吸水性（常温 24h）：0.11%；弯曲强度（常态）：37.6MPa；硬度（25℃）：75 Shore D。

【特点及用途】 本产品为无溶剂型，挥发分低，闪燃点高；混合物黏度适中，使用工艺性好，浸渍性优，可室温固化或加温固化；产品固化过程中的放热量低，不烧丝，可操作时间长；固化物的透明性好，硬度适中，耐水性好。本产品主要用于超滤膜组件等水处理膜组件的粘接固定或灌封。

【施工工艺】 该胶是双组分环氧树脂。A、B两组分按照质量比100∶50进行混合，然后在如下条件进行固化，组件可掉头时间：16～24h/25℃；组件可下水时间：7～10d/25℃。注意事项：取料后剩余料应立即加盖封严，避免受潮和引入杂质；混合料应尽快用完，避免因存放时间过长而使黏度增大后，影响使用工艺和产品质量；若在室温下固化，应将器件放在洁净无尘的环境中；若皮肤粘上液体物流，用丙酮擦洗干净后再用洗涤剂清洗。

【毒性及防护】 本产品固化后为安全无毒物质，但固化前A、B两组分应尽量避免与皮肤和眼睛接触，若不慎接触眼睛和皮肤，应迅速用清水或生理盐水清洗15min，并就医诊治；若不慎吸入，应迅速将患者转移到新鲜空气处；如不能迅速恢复，马上就医。若不慎食入，应立即就医。

【包装及贮运】 塑料桶装包装，也可视用户需要而改为指定规格包装。贮存条件：A、B两组分应分别密封贮存在温度为35℃以下的洁净环境中，防火防潮避日晒，贮存有效期一般为半年。本产品为非危险品，按一般化学品贮存、运输。

【生产单位】 绵阳惠利电子材料有限公司。

V004 水处理反渗透膜粘接用胶黏剂 HT8642

【英文名】 adhesive HT8642 for water reverse osmosis membrane treatment

【主要组成】 多元醇、异氰酸酯等。

【产品技术性能】 外观：琥珀色黏稠体（A组分），稍具触变性；琥珀色黏稠体（B组分）；黏度：24000mPa·s（A组分）、20000mPa·s（B组分）；密度：1.0g/cm^3（A组分）、1.1g/cm^3（B组分）；硬度：80 Shore A（GB/T 2411—2008）；拉伸强度：18.0MPa（GB/T 528—2009）；断裂伸长率：120%（GB/T 528—2009）；工作温度：−40～90℃；标注测试标准：以上数据测试参照企标 HT3/JS-C07-013。

【特点及用途】 本产品是一种为反渗透膜设计的双组分聚氨酯胶黏剂，具有优异的耐水解性能以及耐酸、耐碱性能。符合NSF 61的要求。主要用于水处理卷式反渗透膜组件的粘接。

【施工工艺】 1. 表面处理：将被粘材料表面清理干净，聚烯烃类材料的表面必须进行电晕处理或火焰处理；确保清洁、干燥，无油性污染物。2. 配胶：A、B两组分按 A∶B＝1∶1（体积比）或 9∶10（质量比）的比例混匀，建议使用自动混胶设备，如采用手动混胶，建议脱泡后使用，可采用真空脱泡或离心脱泡，脱泡及施胶必须在适用期内完成。3. 施胶：将混匀后的胶液均匀涂于被粘表面，确保两个粘接表面之间完全布满胶水；由于没有初粘力，定位后施加接触压力。4. 固化：50℃加热 3h 或室温固化 8h 后即可进入下道工序加工。注意事项：未用完的胶液应密封保存，以便下次再用。受过污染的胶液不能再装入原包装桶中。

【毒性及防护】 本产品固化后为安全无毒物质。B 组分含异氰酸酯类物质，对皮肤和眼睛有刺激。建议在通风良好处使用。若不慎接触眼睛和皮肤，立即用清水冲洗。

【包装及贮运】 A 组分：180kg/桶、18kg/桶；B 组分：200kg/桶、20kg/桶。贮存条件：室温、阴凉处贮存，保质期 1 年。

【生产单位】 湖北回天新材料股份有限公司。

V005 隔热夹芯板胶黏剂

【别名】 聚苯板泡沫胶

【英文名】 adhesive for insulated heat sandwich plate

【产品技术性能】 粘接强度：≥200kPa（PS 泡沫被拉断）；抗冻融性（－25℃/16h，25℃/8h，循环/次）：30 次（粘接层无变化）；抗湿热性［(47±1)℃，RH：95%］：150h。

【特点及用途】 本产品由 A、B 两组分组成，具有优良的粘接性、耐低温、耐湿热、抗冷热急变性、防虫性等特点。主要用于各种彩色钢板与保温材料和保温芯材的连续生产工艺。

【施工工艺】 1. 配合比：A 组分∶B 组分＝1∶（1.1～1.3），一般可选 1.2；2. 无论用机械成型或手工成型，必须将 A、B 两组分快速均匀混合，并在发白前均匀涂布于被粘接的芯材表面，使用温度以 15～30℃ 为宜，最低不低于 10℃；3. 本产品可常温固化，升温可加速固化。

【毒性及防护】 操作时注意环境通风，远离火源。

【包装及贮运】 包装铁桶应严密封口，运输中需防潮、防火。本产品属于危险品，贮存在阴凉、通风、干燥处，贮存期为 6 个月。

【生产单位】 江苏黑松林粘合剂厂有限公司。

V006 聚氯乙烯塑料地板胶 SK-309

【英文名】 PVC floor adhesive SK-309

【产品技术性能】 外观：白色黏稠液体；固含量：≥65%；pH 值：5～6；黏度：≥5000mPa·s；粘接强度：≥2MPa（水泥-水泥）、≥2MPa（PVC-PVC）；耐水性（25℃，48h）：胶膜不起泡不脱落，表面无明显变化。

【特点及用途】 初粘性好，固化快，耐老化性能优良。溶剂中不含甲苯，可用于水泥、PVC 地板、地板泡沫塑料、木材、砖瓦、陶瓷、PVC 塑料地板与水泥的粘接及室内装修、建筑施工等。

【施工工艺】 1. 去除粘接面的油污、杂物、灰尘，使粘接面保持清洁；2. 使用前先将胶液上下搅拌均匀；3. 用刮刀涂胶，根据不同材料的不同使用要求可分别采用点、线的涂胶方法；4. 涂胶后即可粘接，并稍微施加压力，使粘接面与被粘接物充分贴合，常温下 2～3h 定位，48h 可达到使用强度；5. 如胶液黏度过大，可使用 2%～3%的丙酮稀释。

【包装及贮运】 塑料桶、铁桶包装，20kg/桶。－5～35℃密封干燥处贮运，保质期 3 个月。

【生产单位】 湖南神力胶业集团。

V007 礼花弹定位胶 SK-312

【英文名】 setting adhesive SK-312 for fire works display bomb

【产品技术性能】 外观：白色黏稠液体；固体含量：(54 ± 2)%；黏度：≥30000mPa·s；长期工作温度：−10～90℃。

【特点及用途】 本产品是采用最新技术，用高分子材料研制而成的单组分室温快干胶黏剂，具有定位快、粘接强度高、耐水和耐老化性能优良、气味小、毒性低、耐冲击与振动等特点。本产品主要用于礼花弹球壳与中心管的粘接与密封。

【施工工艺】 1. 清洁并干燥被粘材料表面；2. 将胶液均匀涂于礼花弹与中心管连接的四周，胶层应保证 2～3mm 的厚度，粘接的四周不可缺胶，自然干燥，常温下 10min 后表干，3～4h 后可进入下道工序，48h 达到最终强度。

【包装及贮运】 包装规格为桶装包装，16kg/桶。本品在阴凉通风处密封保存，贮存期为 6 个月。过期经检验合格后可继续使用。本品属于易燃品，贮存、运输应远离火源。

【生产单位】 湖南神力胶业集团。

V008 刹车片胶黏剂 WSJ-671 系列

【英文名】 brake adhesive WSJ-671

【产品技术性能】

性 能	WSJ-671B	WSJ-671C
外观	黑紫均一液体	黑紫均一液体
固含量/%	50±2	50±2
凝胶时间(150℃)/s	14～18	14～18
稀释剂	乙醇	丙酮

【特点及用途】 具有粘接强度高、耐热性能好、适用范围广、干燥时间短、使用方便等特点。

【施工工艺】 1. WSJ-671B：将刹车片钢背喷丸或酸洗除锈干净，涂上本胶黏剂室温自然晾干 2～8h 或 60～80℃烘烤 0.5h，与摩擦材料复合后，在 160～180℃、0.3～0.4MPa 的压力条件下固化 6～10min 即可获得足够的粘接强度。该胶黏剂可用乙醇稀释。适用于刷涂或喷涂工艺。2. WSJ-671C：将刹车片钢背喷丸或酸洗除锈干净，涂上本胶黏剂室温自然晾干 1～2h 或 60～80℃烘烤 10～15min，与摩擦材料复合后，在 160～180℃、0.3～0.4MPa 的压力条件下固化 6～10min 即可获得足够的粘接强度。该胶黏剂可用乙醇稀释。适用于刷涂或喷涂工艺。

【包装及贮运】 马口铁桶 5kg、15kg。密封存放于阴凉干燥处，谨防溶剂挥发，贮存期为半年以上，过期经检验合格后仍可使用。按照危险品运输。

【生产单位】 中国兵器工业集团第五十三研究所。

V009 环氧导磁胶 HDC01

【英文名】 epoxy adhesive HDC01 with magnetic conductive

【主要组成】 环氧树脂、羰基铁粉、固化剂、补强剂、助剂等。

【产品技术性能】 外观：灰色；密度：7.2g/cm³。固化后的产品性能如下。剪切强度：≥12MPa；工作温度：−60～150℃；老化寿命：可达 20 年以上。

【特点及用途】 单组分，可刷涂、滚涂和印刷，加温固化，粘接牢固，耐腐蚀性和耐老化性能好。主要用于变压器和继电器等矽钢片的粘接。

【施工工艺】 该胶是单组分胶，加热 130℃固化 1h 即可。

【毒性及防护】 本产品固化后为安全无毒物质，但施工中若不慎接触眼睛，应迅速用清水清洗。

【包装及贮运】 包装：1kg/套，保质期半年。贮存条件：室温（25℃以下）、阴凉处贮存。本产品按照非危险品运输。

【生产单位】 天津市鼎秀科技开发有限公司。

V010 电磁屏蔽胶 HPB01

【英文名】 electromagnetic shielding adhesive HPB01

【主要组成】 环氧树脂、金属粉、炭粉、固化剂、补强剂、助剂等。

【产品技术性能】 外观：黑色；密度：5.2g/cm³。固化后的产品性能如下。剪切强度：≥5MPa；电磁屏蔽效果：4～8GHz，吸收率 15dB，涂层厚 1.5mm；8～18GHz，吸收率 10dB，涂层厚 1.5mm；26～40GHz，吸收率 8dB，涂层厚 1.8～2.2mm；工作温度：－60～150℃；老化寿命：可达15年以上。

【特点及用途】 双组分室温固化型，粘接强度高，固化后的胶层能阻挡电磁波穿透，耐老化性能好。用于军用设备的隐身防护和手机、微波炉等设备的防辐射。

【施工工艺】 该胶是双组分胶（A/B），A组分和B组分的质量比为 3∶1，室温或加 130℃1h 固化。注意事项：温度低于15℃时，应采取适当的加温措施，否则对应的固化时间将适当延长；当混合量大于200g时，操作时间将会缩短。

【毒性及防护】 本产品固化后为安全无毒物质，但混合前两组分应尽量避免与皮肤和眼睛接触，若不慎接触眼睛，应迅速用清水清洗。

【包装及贮运】 包装：1kg/套，保质期1年。贮存条件：室温、阴凉处贮存。本产品按照非危险品运输。

【生产单位】 天津市鼎秀科技开发有限公司。

V011 内燃机机油滤清器胶黏剂 LQE

【英文名】 adhesive LQE for oil filter of diesel

【主要组成】 聚氯乙烯树脂、助剂等。

【产品技术性能】 外观：白色至微黄色黏稠液体；黏度（25℃）：10～20Pa·s；拉伸强度（钢-钢）：＞1MPa；粘接滤芯抗拉力：＞500N；耐高油温性能：在130℃机油中浸泡192h，滤芯不脱胶；耐高低温交变性能：在－30℃和80℃的空气中各放置24h的高低温交变试验，滤芯不脱胶。

【特点及用途】 该胶为单组分、高温固化胶黏剂，固化时间短，使用方便，成品的柔韧性及耐热、耐油性好。

【施工工艺】 将胶料注入滤清器端盖，插入纸芯，即可加温固化。固化条件：170℃/5min，160℃/10min，160℃/10～20min。

【包装及贮运】 塑料桶装，每桶20kg。需在干燥、阴凉密闭的条件下贮存，贮存时间为1年。

【生产单位】 上海理日化工新材料有限公司。

V012 压电陶瓷芯片固定胶

【英文名】 bonding adhesive for piezoelectric ceramics chip

【主要组成】 环氧树脂、增韧剂、助剂等。

【产品技术性能】 外观：具有一定黏稠度的较稀液体；固化时间：≤3h（120℃）；拉伸强度：≥2MPa；断裂延伸率：≥5％。

【特点及用途】 该胶是双组分，具有相对长的操作时间和较小的黏度，具有良好的耐冷热冲击性能，良好的耐高温性能。该产品主要用于压电陶瓷芯片和惰性金属（镀金或镀银合金）之间的粘接。

【施工工艺】 该胶是双组分胶（A/B），A组分和B组分的重量配比为2∶1。混合工艺：建议自动混胶机混合；固化工艺：120℃/3h。

【毒性及防护】 本产品固化后为低毒物质，但混合前两组分应尽量避免与皮肤和眼睛接触，若不慎接触眼睛，应迅速用清水清洗并及时就诊。

【包装及贮运】 200g/套包装规格。该产品需要在干燥、阴凉密闭的条件下贮存，贮存时间为1年。本产品按照非危险品运输。

【生产单位】 北京化工大学胶接材料与原位固化研究室。

V013 低应力定位胶

【英文名】 low internal stress positioning adhesive

【主要组成】 环氧树脂、增韧剂、稀释剂、助剂等。

【产品技术性能】 外观：具有一定黏稠度的较稀液体；指干时间：≥12h（25℃）；拉伸强度：≥2MPa；断裂延伸率：≥15%。

【特点及用途】 该胶是双组分，具有相对长的操作时间和较小的黏度，适于点胶机精确点胶，具有较高的粘接强度，极低的固化内应力以及优异的耐紫外性能。主要用于玻璃和不锈钢之间的粘接。

【施工工艺】 该胶是双组分胶（A/B），A组分和B组分的重量配比为1∶1。混合工艺：建议自动混胶机混合；固化工艺：25℃/3d。

【毒性及防护】 本产品固化后为低毒物质，但混合前两组分应尽量避免与皮肤和眼睛接触，若不慎接触眼睛，应迅速用清水清洗并及时就诊。

【包装及贮运】 150g/套包装规格。该产品需要在干燥、阴凉密闭的条件下贮存，贮存时间为1年。本产品按照非危险品运输。

【生产单位】 北京化工大学胶接材料与原位固化研究室。

附录A 胶黏剂（密封剂）有关的（专用）名词术语汇编

一、一般术语

黏合（粘接）adhesion 通过界面力使两个表面处于结合在一起的状态。界面力可由（化合）价力或连锁作用或两者组成。

内聚 cohesion 单一物质内部各粒子靠主价力、次价力结合在一起的状态。

机械黏合（机械黏附）mechanica1 adhesion 通过连锁作用使工件与胶黏剂结合在一起的表面间的粘接力。

黏附破坏 adhesive fai1ure；adhesion fai1ure 胶黏剂和被粘物界面处发生的目视可见的破坏现象。

内聚破坏 cohesive fai1ure；cohesion fai1ure 胶黏剂或被粘物中发生的目视可见的破坏现象。

相容性 compatibility 两种或多种物质混合时具有相互亲和的能力。

胶黏剂 adhesive 通过黏合作用，能使被粘物结合在一起的物质。

被粘物 adherend 准备胶接的物体或胶接后胶层两边的物体。

基材 substrate 用于在表面涂布胶黏剂的材料。这是比“被粘物”更广义的术语。

湿润（润湿）wetting 液体对固体的亲和性。两者间的接触角越小，固体表面就越容易被液体湿润。

干燥 dry 通过蒸发、吸收，使溶剂或分散介质减少，以改变被粘物上胶黏剂物理状态的过程。

胶接（黏结）bond 用胶黏剂将被粘物表面连接在一起。

固化（硬化）curing；cure 胶黏剂通过化学反应或物理作用（如聚合反应、氧化反应、凝胶化作用、水合作用、冷却、挥发性组分的蒸发等），获得并提高胶接强度、内聚强度等性能的过程。

胶层 adhesive layer 胶接件中的胶黏剂层。

交联 crosslinking；crosslink 在分子间形成化学键，并产生一个三维空间网络结构的过程。

分层 delamination 在层压制品中，由胶黏剂、被粘物或它们的界面破坏所引起的层间分离现象。

溢胶 squeeze out 对装配件加压后，从胶层中挤出的胶黏剂。

粘连 blocking 材料之间出现的一种不希望有的黏合现象。

干枯性 dry tack；aggressive tack 某些胶黏剂（特别是非硫化的橡胶型胶黏剂）的

一种特性。当胶黏剂中挥发性的组分蒸发至一定程度，在手感似乎是干的情况下，本身接触就会相互黏合。

胶瘤 fillet 填充在两被粘物交角处的那部分胶黏剂（如蜂窝夹芯与面材胶接时，夹芯端部所形成的胶黏剂圆角）。

固化度 degree of cure 胶黏剂固化时所表征的化学反应程度。

老化 aging 胶接件的性能随时间变化的现象。

黏性 tack 胶黏剂与被粘物接触后稍施压力立即形成相当胶接强度的性质。

二、胶黏剂成分

黏料 binder 胶黏剂配方中主要起黏合作用的物质。

固化剂 curing agent; hardening agent; hardener 直接参与化学反应使胶黏剂发生固化的物质。

潜伏性固化剂 latent curing agent 在常态下呈化学惰性，在特定条件下起作用的固化剂。

封存性固化剂 blocked curing agent 一种会暂时失去化学活性的固化剂或硬化剂，可以按要求以物理的或化学的方法使其重新活化。

促进剂 accelerator; promoter 在配方中促进化学反应、缩短固化时间、降低固化温度的物质。

稀释剂 diluent 用来降低胶黏剂黏度和固体成分浓度的液体物质。

活性稀释剂 reactive diluent 分子中含有活性基团的能参与固化反应的稀释剂。

分散剂 dispersing agent 使胶黏剂成分分散在介质中的物质。

填料 filler 为了改善胶黏剂的性能或降低成本等而加入的一种非胶黏性固体物质。

改性剂 modifier; modifying agent 加入胶黏剂配方中用以改善其性能的成分。如填料、增韧剂等物质。

稳定剂 stabilizer 有助于胶黏剂在配制、贮存和使用期间保持其性能稳定的物质。

增黏剂 tackifier 能增加胶膜黏性或扩展胶黏剂黏性范围的物质。

增稠剂 thickener 为了增加胶黏剂的表观黏度而加入的物质。

增韧剂 flexibilizer 配方中改善胶黏剂的脆性，提高其韧性的物质。

催化剂 catalyst 一种能改变化学反应的速率，并且在反应结束时，理论上保持其化学性质不变的物质。

增量剂 extender 有一点胶黏作用，但加入胶黏剂中主要起降低成本作用的物质。

阻聚剂 inhibitor; retarder 一种能抑制化学反应，用于某些类型的胶黏剂能延长其贮存期或适用期的物质。

隔离纸 release paper 胶膜、胶带的保护用纸。使用前，它很容易从胶膜或胶带上揭去。

三、胶黏剂分类名词

天然高分子胶黏剂 natural glue 以动植物高分子化合物为原料制成的胶黏剂。

动物胶 animal glue 以动物的皮、骨、腱、血等制成的胶黏剂。如骨胶、明胶、血阮胶等。

植物胶 vegetable glue 以淀粉、植物蛋白质等植物成分为黏料制成的胶黏剂。如淀粉胶黏剂、蛋白质胶黏剂、树胶等。

有机胶黏剂 organic adhesive 以有机化合物为黏料制成的胶黏剂。

树脂型胶黏剂 resin adhesive 以天然树脂（如明胶、松香）或合成树脂（如酚醛、环氧、聚丙烯酸酯、聚乙酸乙烯酯等树脂）为黏料制成的胶黏剂。

橡胶型胶黏剂 rubber adhesive 以天然橡胶或合成橡胶（如丁腈橡胶、氯丁橡胶、硅橡胶等）为黏料制成的胶黏剂。

黏胶胶黏剂 viscose adhesive 以黏胶（如纤维素黄原酸钠）为黏料制成的胶黏剂。

纤维素胶黏剂 cellulose adhesive 以纤维素衍生物为黏料制成的胶黏剂。

无机胶黏剂 inorganic adhesive 以无机化合物为黏料制成的胶黏剂。如硅酸盐、磷酸盐以及碱性盐类、氧化物、氮化物等。

陶瓷胶黏剂 ceramic adhesive 以无机化合物（如金属氧化物等）为黏料，固化后具有陶瓷结构的胶黏剂。

玻璃胶黏剂 glass adhesive 以氧化物（如氧化硅、氧化钠、氧化铅等）为黏料，经热熔而使被粘物胶接并具有玻璃组成和性能的无机胶黏剂。

膜状胶黏剂（胶膜）film adhesive 通常采用加热加压的方法进行硬化的带载体或不带载体的薄膜状胶黏剂。

棒状胶黏剂（胶棒）adhesive bar；adhesive stick 由树脂等制成的不含溶剂的在常温下呈棒状的胶黏剂。

粉状胶黏剂 powder adhesive 由树脂等制成的不含溶剂的在常温下呈粉末状的胶黏剂。

糊状胶黏剂 paste adhesive 呈糊状的胶黏剂。

腻子胶黏剂 mastic adhesive 在室温下可以塑造的不流淌的胶黏剂，它用于较宽缝隙的填封。

胶黏带 adhesive tape 在纸、布、薄膜、金属箔等基材的一面或两面涂胶的带状制品。

结构型胶黏剂 structural adhesive 用于受力结构件胶接的、能长期承受许用应力、环境作用的胶黏剂。

底胶 primer 为了改善胶接性能，涂胶前在被粘物表面涂布的一种胶黏剂。

溶剂型胶黏剂 solvent adhesive 含有挥发性有机溶剂的胶黏剂。它不包括以水为溶剂的胶黏剂。

溶剂活化胶黏剂 solvent activated adhesive 使用前用溶剂对干胶膜活化，使之具有黏性而完成胶接的胶黏剂。

无溶剂胶黏剂 solventless adhesive 不含溶剂的呈液状、糊状、固态的胶黏剂。

密封胶黏剂 sealing adhesive 起密封作用的胶黏剂。

厌氧胶黏剂 anaerobic adhesive 氧气存在时起抑制固化作用，隔绝氧气时就自行固化的胶黏剂。

光敏胶黏剂 photosensitive adhesive 依靠光能引发固化的胶黏剂。

压敏胶黏剂 pressure sensitive adhesive 以无溶剂状态存在时，具有持久黏性的黏弹性材料。该材料经轻微压力即可瞬间与大部分固体表面黏合。

压敏胶黏带 pressure sensitive adhesive tape 将压敏胶黏剂涂于基材上的带状制品。

复合膜胶黏剂 multiple layer adhesive 两面有不同胶黏剂组成的膜，通常带有载体。一般用于蜂窝夹层结构中的芯材与面板的胶接。

发泡胶黏剂 foaming adhesive 固化时在原位发泡膨胀，靠分散在整个胶黏剂层内的大量气体泡孔来减小其表观密度的胶黏剂。

泡沫胶黏剂 foamed adhesive 已含无数充气微泡，而使其表观密度明显降低的胶黏剂。

胶囊型胶黏剂 encapsulated adhesive 把反应性组分的颗粒或液滴包封在保护膜（微胶囊）中，在用适当的方法破坏保护膜之前能防止固化的胶黏剂。

导电胶黏剂 electric conductive adhesive 具有导电性能的胶黏剂。这种胶黏剂一般含有银、铜、石墨等导电粉末。

热活化胶黏剂 heat activated adhesive 用加热的方法使它具有黏性的一种干性胶黏剂。

热熔胶黏剂 hot melt adhesive 在熔融状态下进行涂布，冷却成固态就完成胶接的一种胶黏剂。

接触型胶黏剂 contact adhesive 涂于两个被粘物表面，经晾干叠合在一起，无需保持压力即可形成具有胶接强度的胶黏剂。

水基胶黏剂 water-borne adhesive; aqueous adhesive 以水为溶剂或分散介质的胶黏剂。

耐水胶黏剂 water-resistant adhesive 胶接件经常接触水分、湿气仍能保持其胶接性能（或使用性能）的胶黏剂。

热硬化胶黏剂 hot setting adhesive 一种需加热才能硬化的胶黏剂。

四、胶接工艺

表面处理 surface treatment; surface preparation 为使被粘物适于胶接或涂布而对其表面进行的化学处理或物理处理。

脱脂 degrease 清除被粘物表面的油污。通常用碱液、有机溶剂等化学药品进行处理，有的还借助于超声波等设备。

打磨 abrading 用砂纸、钢丝刷或其它工具对被粘物表面进行处理。

喷砂处理 blasting treatment 利用喷砂机喷射出的高速砂流对被粘物表面进行的处理。

化学处理 chemical treatment 将被粘物放在酸或碱等溶液中进行处理，使表面活化或钝化。

阳极氧化 anodic oxidation 为保护金属表面或使其适于胶接，将金属被粘物作阳极，利用电化学法使其表面形成氧化物薄膜的过程。

喷涂 spray coating 用涂胶枪把胶黏剂喷涂在被粘物的胶接面上。

涂胶量 spread 涂于被粘物单位胶接面积上的胶黏剂量。[注：单面涂胶量（single spread）指胶黏剂仅涂于胶接接头的一个被粘物上的量；双面涂胶量（double spread）指胶黏剂涂于胶接接头的两个被粘物上的量]。

分开涂胶法 separate application 双组分胶黏剂涂胶时，两组分分别涂于两个被粘物上，将两者叠合在一起即可形成胶接的方法。

浸胶 impregnation 把被粘物浸入胶黏剂溶液或胶黏剂分散液中进行涂布的一种工艺。

刷胶 brush coating 用毛刷将胶黏剂涂布在被粘物表面的一种手工涂布法。适用于溶剂挥发速度较慢的胶黏剂。

干燥时间 drying time 在规定的温度和压力下，从涂胶到胶黏剂干燥的时间。

干燥温度 drying temperature 涂胶后胶黏剂干燥所需的温度。

滑动 slippage 在胶接过程中，被粘物彼此间相对的移动。

定位 fixing 胶接时，被粘物在理想位置上的固定。

晾置时间 open assembly time 被粘物表面涂胶后至叠合前暴露于空气中的时间。

叠合时间 closed assembly time 涂胶表面叠合后到施加压力前的时间。

装配时间 assembly time 从胶黏剂施涂于被粘物到装配件进行加热或加压或既加热又加压的时间。（注：装配时间是晾置时间和叠合时间之和）。

层压 laminating 将涂有胶黏剂的基材重叠压合在一起的方法或过程。

热压 hot pressing 对装配件加热加压的一种胶接方法。

冷压 cold pressing 对装配件不加热只加压的一种胶接方法。

高频胶接 high frequency bonding 把装配件置于高频（几兆周）强电场内，由电感应产生的热进行胶接的方法。

固化时间 curing time；cure time 在一定的温度、压力等条件下，装配件中的胶黏剂固化所需的时间。

硬化时间 setting time；set time 在一定的温度、压力等条件下，装配件中的胶黏剂硬化所需的时间。

固化温度 curing temperature；cure temperature 胶黏剂固化所需的温度。

硬化温度 setting temperature；set temperature 胶黏剂硬化所需的温度。

室温固化 room temperature curing 在常温范围内进行的固化。

后固化 post curing；post cure 对初步固化后的胶接件进行的进一步处理（如加热等）。

过固化 overcure 装配件中的胶黏剂固化时，超过胶接工艺要求（温度过高、时间过长等）使胶接性能变坏的现象。

欠固化 undercure 胶黏剂固化不足，引起胶接性能不良的一种现象。

气囊施压成型 bag moulding 一种使用流体加压进行胶接的方法。一般是通过空气、蒸汽、水等或抽真空对韧性隔膜或袋子施压，这隔膜或袋子（有时与刚性模子相连）把要胶接的材料完全覆盖起来。可以对不规则形状的胶接件施以均匀的压力，使其胶接。

五、加工机械及涂布设备

调胶机 adhesive mixer 混合或配制胶黏剂用的机械装置。

涂胶枪 glue gun 在压力作用下，将胶黏剂喷涂或注射到被粘物表面的器械。

涂胶机 applicator 将胶黏剂涂布在被粘物表面上的装置。

刮胶刀、刮胶板、刮胶棒 doctor knife；doctor blade；doctor bar 一种能调节胶层

的厚度并使之均匀地涂布在涂胶辊或待涂表面的器械。

涂胶调节辊 doctor roll 以不同的表面速率正向或反向旋转所产生的揩抹作用来调节涂胶厚度的辊筒。

浸胶机 impregnator；saturator 用胶黏剂浸渍纸张、织物之类的设备。它一般由转辊、浸胶槽、压辊、刮刀和干燥装置等部件组成。

固化夹具 curing fixture 装配件在固化时所用的定位加压装置。

垫片 filler sheet 一种可变形的或弹性的片状材料。将它放在待胶接的装配件与加压器之间，或者分布在装配件的叠层之间时，有助于胶接面受压均匀。

衬板 caul 胶接时，把装配件夹在中间一同放入压机进行加压的上下板材。

压机 press 对装配件施加压力使之胶接的机器。

真空加压袋 vacuum bag 用抽真空的方法对袋内装配件施加压力的一种软质袋。

热压罐 autoclave 用于装配件固化的一种加热加压的圆筒形装置。

六、胶接制品及其缺陷

装配件 assembly (for adhesives) 涂胶后叠在一起的或已完成胶接的组合件。

胶接件 bonded assembly 已完成胶接的组合件。

结构胶接件 Structural bond 能长期承受许用应力、环境作用的胶接件。

蜂窝芯 honeycomb core 用金属箔材、纸或玻璃纤维布等骨架材料和胶黏剂制成的蜂窝状材料。用于制造蜂窝夹层结构等。

夹层结构 sandwich structure 在两层面板材料之间夹一层芯材（如蜂窝芯、泡沫塑料、波纹板等）胶接而成的结构。

胶接接头 joint 用胶黏剂把两个相邻的被粘物胶接在一起的部位。

单搭接接头 lap joint 两个被粘物主表面部分地叠合、胶接在一起所形成的接头。

对接接头 butt joint 被胶接的两个端面或一个端面与被粘物主表面垂直的胶接接头。

角接接头 angle joint 两被粘物的主表面端部形成一定角度的胶接接头。

斜接接头 scarf joint 将两被粘物切割成非90°的对应断面，并使该两断面胶接成具有同一平面的接头。

槽接接头 dado joint 棒槽式的胶接接头。

套接接头 dowel joint 两被粘物的胶接部位形成销孔或环套结构的接头（如棒材与管材、管材与管材）。

欠胶接头 starved joint 胶量不足，未能得到满意的胶接效果的接头。（注：这种情况的出现，是由于涂胶太薄，不足以填满被粘物之间的孔隙；胶黏剂过量地渗入被粘物；装配时间过短或胶接压力过大所造成的。）

层压制品 laminate 由两层或两层以上的材料胶接而成的制品。

正交层压制品 cross laminate；crosswise laminate 一种层压制品，其中某些层的纹理（或最大拉伸强度方向）的取向与邻层的纹理（或最大拉伸强度方向）的取向呈90°角。

顺纹层压制品 parallel laminate 一种层压制品，其所有层的纹理（或最大拉伸强度方向）的取向近似平行。

胶合板 p1ywood 一组单板通常按相邻层木纹方向互相垂直组坯胶合而成的板材，通常其表板和内层板对称地配置在中心层或板芯的两侧。

七、性能及测试

贮存期 storage life; shelf life 在规定条件下，胶黏剂仍能保持其操作性能和规定强度的最长存放时间。

适用期（使用期）pot life; working life 配制后的胶黏剂能维持其可用性能的时间。

固体含量（不挥发物含量）solids content 在规定的测试条件下，测得的胶黏剂中不挥发性物质的重量百分数。

耐化学性 chemical resistance 胶接试样经酸、碱、盐类等化学品作用后仍能保持其胶接性能的能力。

耐溶剂性 solvent resistance 胶接试样经溶剂作用后仍能保持其胶接性能的能力。

耐水性 water resistance 胶接试样经水分或湿气作用后仍能保持其胶接性能的能力。

耐烧蚀性 ablation resistance 胶层抵抗高温火焰及高速气流冲刷的能力。

耐久性 permanence; durability 在使用条件下，胶接件长期保持其性能的能力。

耐候性 weather resistance 胶接试样抵抗日光、冷热、风雨、盐雾等气候条件的能力。

胶接强度 bonding strength 使胶接试样中的胶黏剂与被粘物界面或其邻近处发生破坏所需的应力。

湿强度 wet strength 在规定的条件下，胶接试样在液体中浸泡后测得的胶接强度。

干强度 dry strength 在规定的条件下，胶接试样干燥后测得的胶接强度。

剪切强度 shear strength 在平行于胶层的载荷作用下，胶接试样破坏时，单位胶接面所承受的剪切力，用 MPa 表示。

拉伸剪切强度 tensile shear strength; longitudinal shear strength; lap joint strengt 在平行于胶接界面层的轴向拉伸载荷的作用下，使胶黏剂胶接接头破坏的应力，用 MPa 表示。

拉伸强度 tensile strength 在垂直于胶层的载荷作用下，胶接试样破坏时，单位胶接面所承受的拉伸力，用 MPa 表示。

剥离强度 peel strength 在规定的剥离条件下，使胶接试样分离时单位宽度所能承受的载荷，用 kN/m 表示。

冲击强度 impact strength 胶接试样承受冲击负荷而破坏时，单位胶接面所消耗的最大功，用 J/m^2 表示。

弯曲强度 bending strength 胶接试样在弯曲负荷的作用下破坏或达到规定挠度时，单位胶接面所承受的最大载荷，用 MPa 表示。

持久强度 persistent strength 在一定条件下，在规定时间内，单位胶接面所能承受的最大净载荷，用 MPa 表示。

扭转剪切强度 torsional shear strength 在扭转力矩的作用下，胶接试样破坏时，单位胶接面所能承受的最大切向剪切力，用 MPa 表示。

套接压剪强度 compressive shear strength of dowel joint 在轴向力的作用下，套接接头破坏时单位胶接面所能承受的压剪力，用 MPa 表示。

疲劳寿命 fatigue life 在规定的载荷、频率等条件下，胶接试样破坏时的交变应力或应变循环次数。

破坏试验 destructive test 通过破坏胶接件以检测其胶接质量的试验。

非破坏性试验 non-destructive test 在不破坏胶接件的条件下进行的胶接质量的检测试验（如 X 光分析，超声波探伤等）。

煮沸试验 boiling test 将胶接试样按规定的时间在沸水中浸渍后，测定其胶接强度的试验。

高低温交变试验 high low temperature cycles test 使胶接试样承受规定的高低温周期交变后，检测其性能变化的试验。

耐候性试验 weathering test 将胶接试样暴露在自然气候条件或模拟条件下，检测其性能变化的试验。

加速老化试验 accelerated ageing test 设计一组试验条件，能使在短时期内产生正常老化作用（一般包括温度、光、氧气、水和其它所有环境条件的因素）。

疲劳试验 fatigue test 在规定的频率、载荷等条件下，胶接试样施加交变载荷测定其疲劳极限强度或疲劳寿命或裂纹扩展速率或研究整个疲劳断裂过程的试验。

附录 B 胶黏剂国家标准目录

一、基础标准

GB/T 2943—2008 胶黏剂术语
GB/T 13553—1996 胶黏剂分类
GB/T 16997—1997 胶黏剂　主要破坏类型的表示法
HG/T 3075—2003 胶黏剂产品包装、标志、运输和贮存的规定
LY/T 1280—2008 木材工业胶黏剂术语
GB/T 22376.1—2008 胶黏剂　本体试样的制备方法第 1 部分：双组分体系
GB/T 22376.2—2008 胶黏剂　本体试样的制备方法第 2 部分：热固化单组分体系

二、胶黏剂试验方法

GB/T 31113—2014 胶黏剂抗流动性试验方法
GB/T 30777—2014 胶黏剂闪点的测定　闭杯法
GB/T 30774—2014 密封胶黏连性的测定
GB/T 2790—1995 胶黏剂 180 度剥离强度试验方法　挠性材料对刚性材料
GB/T 2791—1995 胶黏剂 T 剥离强度试验方法　挠性材料对挠性材料
GB/T 2793—1995 胶黏剂不挥发物含量的测定
GB/T 2794—2013 胶黏剂黏度的测定　单圆筒旋转黏度计法
GB/T 6328—1999 胶黏剂剪切冲击强度试验方法
GB/T 6329—1996 胶黏剂对接接头拉伸强度的测定
GB/T 7122—1996 高强度胶黏剂剥离强度的测定　浮辊法
GB/T 7123.1—2002 胶黏剂适用期的测定
GB/T 7123.2—2002 胶黏剂适用期和贮存期的测定
GB/T 7124—2008 胶黏剂　拉伸剪切强度的测定（刚性材料对刚性材料）
GB 7749—1987 胶黏剂劈裂强度试验方法（金属对金属）
GB/T 7750—1987 胶黏剂拉伸剪切蠕变性能试验方法（金属对金属）
GB/T 11175—2002 合成树脂乳液试验方法
GB 11177—1989 无机胶黏剂套接压缩剪切强度试验方法
GB/T 12954.1—2008 建筑胶黏剂试验方法　第 1 部分：陶瓷砖胶黏剂试验方法
GB/T 13353—1992 胶黏剂耐化学试剂性能的测定方法　金属与金属
GB/T 13354—1992 液态胶黏剂密度的测定方法　重量杯法

GB/T 14074—2006 木材胶黏剂及其树脂检验方法
GB/T 14518—1993 胶黏剂的 PH 值测定
GB/T 14903—1994 无机胶黏剂套接扭转剪切强度试验方法
GB/T 15332—1994 热熔胶黏剂软化点的测定　环球法
GB/T 16998—1997 热熔胶黏剂热稳定性测定
GB/T 17517—1998 胶黏剂压缩剪切强度试验方法　木材与木材
GB/T 18747.1—2002 厌氧胶黏剂扭矩强度的测定（螺纹紧固件）
GB/T 18747.2—2002 厌氧胶黏剂剪切强度的测定（轴和套环试验法）
GJB 94—1986 胶黏剂不均匀扯离强度试验方法（金属与金属）
GJB 444—1988 胶黏剂高温拉伸剪切强度试验方法（金属对金属）
GJB 445—1988 胶黏剂高温拉伸强度试验方法（金属对金属）
GJB 446—1988 胶黏剂 90°剥离强度试验方法（金属对金属）
GJB 447—1988 胶黏剂高温 90°剥离强度试验方法（金属与金属）
GJB 448—1988 胶黏剂低温 90°剥离强度试验方法（金属与金属）
GJB 1709—1993 胶黏剂低温拉伸剪切强度试验方法
HB 6686—1992 胶黏剂拉伸剪切蠕变性能试验方法（金属对金属）
HG/T 2409—1992 聚氨酯预聚体中异氰酸酯基含量的测定
HG/T 2815—1996 鞋用胶黏剂耐热性试验方法　蠕变法
HG/T 3660—1999 热熔胶黏剂熔融黏度的测定
HG/T 3716—2003 热熔胶黏剂开放时间的测定

三、胶粘带试验方法

GB/T 30776—2014 胶黏带拉伸强度与断裂伸长率的试验方法
GB/T 2792—2014 胶黏带剥离强度的试验方法
GB/T 4850—2002 压敏胶黏带低速解卷强度的测定
GB/T 4851—2014 胶黏带持黏性的试验方法
GB/T 31125—2014 胶黏带初黏性试验方法　环形法
GB/T 4852—2002 压敏胶黏带初黏性试验方法（滚球法）
GB/T 7125—2014 胶黏带厚度的试验方法
GB 7752—1987 绝缘胶黏带工频击穿强度试验方法
GB/T 15330—1994 压敏胶黏带水渗透率试验方法
GB/T 15331—1994 压敏胶黏带水蒸气透过率试验方法
GB/T 15333—1994 绝缘用胶黏带电腐蚀试验方法
GB/T 15903—1995 压敏胶黏带耐燃性试验方法　悬挂法
GB/T 17875—1999 压敏胶黏带加速老化试验方法

四、产品标准

GB 30982—2014 建筑胶黏剂有害物质限量
GB/T 30779—2014 鞋用水性聚氨酯胶黏剂
GB/T 30778—2014 聚醋酸乙烯-丙烯酸酯乳液纸塑冷贴复合胶

GB/T 30775—2014 聚乙烯（PE）保护膜压敏胶黏带
GB/T 29848—2013 光伏组件封装用乙烯-醋酸乙烯酯共聚物（EVA）胶膜
GB/T 29755—2013 中空玻璃用弹性密封胶
GB 19340—2014 鞋和箱包用胶黏剂
GJB1087—1991 室温固化高温无机胶黏剂
HG/T 2406—2014 通用型压敏胶标签纸
HG/T 20631—2006 电气用压敏胶黏带
HG/T 2408—1992 牛皮纸压敏胶黏带
HG/T 2492—2005α-氰基丙烯酸乙酯瞬间胶黏剂
HG 2727—2010 聚乙酸乙烯酯乳液木材胶黏剂
HG/T 3738—2004 溶剂型多用途氯丁橡胶胶黏剂
HG/T 2814—2009 溶剂型聚酯聚氨酯胶黏剂
HG/T 3318—2002 修补用天然橡胶胶黏剂
HG/T 3737—2004 单组分厌氧胶黏剂
HG/T 3658—1999 双面压敏胶黏带
HG/T 3659—1999 快速粘接输送带用氯丁胶黏剂
HG/T 3697—2002 纺织品用热熔胶黏剂
HG/T 3698—2002 EVA 热熔胶黏剂
JC/T 438—2006 水溶性聚乙烯醇建筑胶黏剂
JC/T 547—2005 陶瓷墙地砖胶黏剂
JC/T 548—1994 壁纸胶黏剂
JC/T 549—1994 天花板胶黏剂
JC/T 550—2008 聚氯乙烯块状塑料地板胶黏剂
JC/T 636—1996 木地板胶黏剂
JC/T 863—2011 高分子防水卷材胶黏剂
JC/T 887—2001 干挂石材幕墙用环氧胶黏剂
LY/T 1206—2008 木工用氯丁橡胶胶黏剂
LY/T 1601—2011 水基聚合物—异氰酸酯木材胶黏剂
QB/T 2568—2002 硬聚氯乙烯（PVCU）塑料管道系统用溶剂型胶黏剂

五、其他相关标准

GB/T 14732—2006 木材工业胶黏剂用脲醛、酚醛、三聚氰胺甲醛树脂
GB 18583—2008 室内装饰装修材料 胶黏剂中有害物质限量
GB/T 22377—2008 装饰装修胶黏剂制造、使用和标识通用要求
GB 18587—2001 室内装饰装修材料 地毯、地毯衬垫及地毯胶黏剂有害物质释放限量
GJB 1480—1992 铝蜂窝芯材拼接用发泡结构胶黏剂规范
GJB 2356—1995 飞机金属结构胶接用耐热胶黏剂规范
SJ/T 11187—1998 表面组装用胶黏剂通用规范

产品名称中文索引

C

D

F

H

J

K

L

M

N

P

Q

R

T

W

X

Y

Z

产品名称英文索引

A

D

E

F

I

P

Q

R

S

V

W